Hamburger Klimabericht – Wissen über Klima, Klimawandel und Auswirkungen in Hamburg und Norddeutschland

Hans von Storch
Insa Meinke
Martin Claußen
(Hrsg.)

Hamburger Klimabericht – Wissen über Klima, Klimawandel und Auswirkungen in Hamburg und Norddeutschland

OPEN

Springer Spektrum

Herausgeber
Hans von Storch
Institut für Küstenforschung
Helmholtz-Zentrum Geesthacht,
Zentrum für Material- und Küstenforschung GmbH
Geesthacht, Deutschland

Martin Claußen
Max-Planck-Institut für Meteorologie und
Meteorologisches Institut
Universität Hamburg
Hamburg, Deutschland

Insa Meinke
Norddeutsches Küsten- und Klimabüro,
Institut für Küstenforschung
Helmholtz-Zentrum Geesthacht,
Zentrum für Material- und Küstenforschung GmbH
Geesthacht, Deutschland

ISBN 978-3-662-55378-7 ISBN 978-3-662-55379-4 (eBook)
https://doi.org/10.1007/978-3-662-55379-4

Die Deutsche Nationalbibliothek verzeichnet diese Publikation in der Deutschen Nationalbibliografie; detaillierte bibliografische Daten sind im Internet über http://dnb.d-nb.de abrufbar.

Planung: Dr. Stephanie Preuss
Coverdesigner: deblik, Berlin
Einbandabbildung: Hafen City, Georg HH, Lizenz: http://creativecommons.org/licenses/by-sa/3.0/legalcode

Gedruckt auf säurefreiem und chlorfrei gebleichtem Papier

Springer Spektrum ist Teil von Springer Nature
Die eingetragene Gesellschaft ist Springer-Verlag GmbH Deutschland
Die Anschrift der Gesellschaft ist: Heidelberger Platz 3, 14197 Berlin, Germany

Beteiligte

Herausgeber

Prof. Dr. Martin Claußen,
Max-Planck Institut für Meteorologie und Meteorologisches Institut der Universität Hamburg

Dr. Insa Meinke,
Norddeutsches Küsten- und Klimabüro am Institut für Küstenforschung des Helmholtz-Zentrums Geesthacht, Zentrum für Material- und Küstenforschung GmbH

Prof. Dr. Hans von Storch,
Institut für Küstenforschung des Helmholtz-Zentrums Geesthacht, Zentrum für Material- und Küstenforschung GmbH

Lenkungsausschuss

Prof. Dr. Timo Busch (Universität Hamburg)
Prof. Dr. Martin Claußen (Max-Planck Institut für Meteorologie und Meteorologisches Institut der Universität Hamburg)
Dr. Lydia Gates (Deutscher Wetterdienst)
Dr. Birgit Gruner (Behörde für Wissenschaft und Forschung)
Dr. Hartmut Heinrich (Bundesamt für Seeschifffahrt und Hydrographie)
Prof. Dr. Daniela Jacob (GERICS/Helmholtz-Zentrum Geesthacht)
Prof. Dr. Jörg Knieling (HafenCity Universität)
Prof. Dr. Bernd Leitl (Universität Hamburg)
Dr. Sven Schulze (Hamburgisches WeltWirtschaftsInstitut)
Dr. Norbert Winkel (Bundesanstalt für Wasserbau)
Prof. Dr. Hans von Storch (Institut für Küstenforschung des Helmholtz-Zentrums Geesthacht, Zentrum für Material- und Küstenforschung GmbH

Projektmanagement

Dr. Insa Meinke
Norddeutsches Küsten- und Klimabüro[1] am Institut für Küstenforschung, Helmholtz-Zentrum Geesthacht, Zentrum für Material- und Küstenforschung GmbH

1 Bis Juni 2017: Norddeutsches Klimabüro

Leitautoren

Dr. Jobst Augustin
Universität Hamburg, Universitätsklinikum Eppendorf, Hamburg
Dokumentation des Forschungsstandes zum Themenfeld Gesundheit (► Kap. 8)

Dr. Justus E. E. van Beusekom
Universität Hamburg, Institut für Hydrobiologie und Fischereiwissenschaft, Hamburg, und Helmholtz-Zentrum Geesthacht, Zentrum für Material- und Küstenforschung GmbH, Institut für Küstenforschung, Geesthacht
Dokumentation des Forschungsstandes zum Themenfeld Aquatische Ökosysteme (► Kap. 5)

Prof. Dr. Michael Brüggemann
Universität Hamburg, Journalistik und Kommunikationswissenschaft, Hamburg
Dokumentation des Forschungsstandes zum Themenfeld Klimawandel in den Medien (► Kap. 12)

Prof. Dr. Michael Brzoska
Universität Hamburg, Institut für Friedensforschung, Hamburg
Dokumentation des Forschungsstandes zum Themenfeld Migration (► Kap. 10)

Prof. Dr. Anita Engels
Universität Hamburg, Fakultät für Wirtschafts- und Sozialwissenschaften, Hamburg
Dokumentation des Forschungsstandes zum Themenfeld Lokale Klima-Governance im Mehrebenen-System (► Kap. 14)

Prof. Dr. Annette Eschenbach
Universität Hamburg, Institut für Bodenkunde, Hamburg
Dokumentation des Forschungsstandes zum Themenfeld Terrestrische und semiterrestrische Ökosysteme (► Kap. 6)

Ulf Gräwe
Leibniz-Institut für Ostseeforschung, Rostock-Warnemünde
Dokumentation des Forschungsstandes zum Themenfeld Deutsche Bucht mit Tideelbe und Lübecker Bucht (► Kap. 4)

Dr. Markus Groth
GERICS, Helmholtz-Zentrum Geesthacht, Zentrum für Material- und Küstenforschung GmbH, Hamburg
Dokumentation des Forschungsstandes zum Themenfeld Infrastrukturen (► Kap. 9)

Prof. Dr. Harald Heinrichs
Leuphana Universität Lüneburg, Institut für Nachhaltigkeitssteuerung, Lüneburg
Dokumentation des Forschungsstandes zum Themenfeld Nachhaltigkeit und Transformationsdesign (► Kap. 16)

Prof. Dr. Rolf Horstmann
Bernhard-Nocht-Institut für Tropenmedizin, Hamburg
Dokumentation des Forschungsstandes zum Themenfeld Gesundheit (► Kap. 8)

Dr. Birgit Klein
Bundesamt für Seeschifffahrt und Hydrographie (BSH), Hamburg
Dokumentation des Forschungsstandes zum Themenfeld Deutsche Bucht mit Tideelbe und Lübecker Bucht (► Kap. 4)

Prof. Dr. Michael Köhl
Universität Hamburg, Zentrum Holzwirtschaft, Hamburg
Dokumentation des Forschungsstandes zum Themenfeld Land- und Forstwirtschaft und Fischerei (► Kap. 7)

Dr. Insa Meinke
Norddeutsches Küsten- und Klimabüro am Institut für Küstenforschung, Helmholtz-Zentrum Geesthacht, Zentrum für Material- und Küstenforschung GmbH
Dokumentation des Forschungsstandes zum Themenfeld Klima der Region (► Kap. 2)

Prof. Dr. Christian Möllmann
Universität Hamburg, Institut für Hydrobiologie und Fischereiwissenschaft, Hamburg
Dokumentation des Forschungsstandes zum Themenfeld Land- und Forstwirtschaft und Fischerei (► Kap. 7)

Prof. Dr. Irene Neverla
Universität Hamburg, Journalistik und Kommunikationswissenschaft, Hamburg
Dokumentation des Forschungsstandes zum Themenfeld Klimawandel in den Medien (► Kap. 12)

Prof. Dr. Jürgen Oßenbrügge
Universität Hamburg, Institut für Geographie, Hamburg
Dokumentation des Forschungsstandes zum Themenfeld Migration (► Kap. 10)

Prof. Dr. Beate M.W. Ratter
Universität Hamburg, Institut für Geographie, Hamburg, und Helmholtz-Zentrum Geesthacht, Zentrum für Material- und Küstenforschung GmbH, Geesthacht
Dokumentation des Forschungsstandes zum Themenfeld Wahrnehmung des Klimawandels in der Region (► Kap. 13)

Dr. Diana Rechid
GERICS, Helmholtz-Zentrum Geesthacht, Zentrum für Material- und Küstenforschung GmbH, Hamburg
Dokumentation des Forschungsstandes zum Themenfeld Klima der Region (► Kap. 2)

Wolfgang Riecke
Deutscher Wetterdienst (DWD), Hamburg (bis 2016)
Dokumentation des Forschungsstandes zum Themenfeld Stadtklima in Hamburg (► Kap. 3)

Dr. Julia Rose
Hamburgisches WeltWirtschaftsInstitut, Hamburg
Dokumentation des Forschungsstandes zum Themenfeld Infrastrukturen (► Kap. 9)

Prof. Dr. Udo Schickhoff
Universität Hamburg, Institut für Geographie, Hamburg
Dokumentation des Forschungsstandes zum Themenfeld Terrestrische und semi-terrestrische Ökosysteme (► Kap. 6)

Prof. Dr. K. Heinke Schlünzen
Universität Hamburg, Meteorologisches Institut, CEN, Hamburg
Dokumentation des Forschungsstandes zum Themenfeld Stadtklima in Hamburg (► Kap. 3)

Prof. Dr. Detlef Schulz
Helmut Schmidt Universität Hamburg, Fakultät für Elektrotechnik, Hamburg
Dokumentation des Forschungsstandes zum Themenfeld Technischer Klimaschutz und Folgen (► Kap. 15)

Dr. Rita Seiffert
Bundesanstalt für Wasserbau, Hamburg
Dokumentation des Forschungsstandes zum Themenfeld Deutsche Bucht mit Tideelbe und Lübecker Bucht (► Kap. 4)

Prof. Dr. Ralf Thiel
Universität Hamburg, Centrum für Naturkunde, Hamburg
Dokumentation des Forschungsstandes zum Themenfeld Aquatische Ökosysteme (► Kap. 5)

Dr. Birger Tinz
Deutscher Wetterdienst (DWD), Hamburg
Dokumentation des Forschungsstandes zum Themenfeld Klima der Region (► Kap. 2)

Prof. Dr. Birgit Weiher
Hochschule für Angewandte Wissenschaften Hamburg, Dept. Wirtschaft Recht, Hamburg
Dokumentation des Forschungsstandes zum Themenfeld Hafen Hamburg, Schifffahrt und Verkehr (► Kap. 11)

Prof. Dr. Martin Wickel
HafenCity Universität, Recht und Verwaltung, Hamburg
Dokumentation des Forschungsstandes zum Themenfeld Lokale Klima-Governance im Mehrebenen-System (► Kap. 14)

Beitragende Autoren

Dr. Benjamin Bechtel
Institut für Geographie, CEN, Universität Hamburg, Hamburg
Beitrag zu ► Kap. 3 Stadtklima in Hamburg

Dr. Ivo Bobsien
GEOMAR, Helmholtz-Zentrum für Ozeanforschung, Kiel
Beitrag zu ► Kap. 5 Aquatische Ökosysteme

Prof. Dr. Maarten Boersma
Biologische Anstalt Helgoland, Alfred Wegener Institut, Helmholtz-Zentrum für Polar- und Meeresforschung, Helgoland
Beitrag zu ► Kap. 5 Aquatische Ökosysteme

Marita Boettcher
Meteorologisches Institut, CEN, Universität Hamburg, Hamburg
Beitrag zu ► Kap. 3 Stadtklima in Hamburg

Dr. Saskia Buchholz
Deutscher Wetterdienst (DWD), Offenbach
Beitrag zu ► Kap. 3 Stadtklima in Hamburg

Dr. Christian Buschbaum
Alfred-Wegener-Institut, Helmholtz-Zentrum für Polar- und Meeresforschung, Wattenmeerstation Sylt, List/Sylt
Beitrag zu ► Kap. 5 Aquatische Ökosysteme

Dr. Andreas Dänhardt
Institut für Hydrobiologie und Fischereiwissenschaft, Universität Hamburg, Hamburg
Beitrag zu ► Kap. 5 Aquatische Ökosysteme

Dr. Alexander Darr
Institut für Ostseeforschung, Rostock-Warnemünde
Beitrag zu ► Kap. 5 Aquatische Ökosysteme

Dr. René Friedland
Institut für Ostseeforschung, Rostock-Warnemünde
Beitrag zu ► Kap. 5 Aquatische Ökosysteme

Dr. Christiane Fröhlich
Universität Hamburg, Institut für Geographie, Hamburg
Beitrag zu ► Kap. 10 Migration

Prof. Dr. Jörg Fromm
Zentrum Holzwirtschaft, Universität Hamburg, Hamburg
Beitrag zu ► Kap. 7 Land- und Forstwirtschaft und Fischerei

David Grawe
Meteorologisches Institut, CEN, Universität Hamburg, Hamburg
Beitrag zu ► Kap. 3 Stadtklima in Hamburg

Dr. Peter Hoffmann
Meteorologisches Institut, CEN, Universität Hamburg, Hamburg; jetzt Fachbereich Mathematik, Universität Hamburg, Hamburg
Beitrag zu ► Kap. 3 Stadtklima in Hamburg

Dr. Jürgen Holfort
Bundesamt für Seeschifffahrt und Hydrographie (BSH), Hamburg
Beitrag zu ► Kap. 4 Deutsche Bucht mit Tideelbe und Lübecker Bucht

Dr. Timo Homeier-Bachmann
Friedrich-Löffler-Institut (FLI), Greifswald – Insel Riems
Beitrag zu ► Kap. 8 Gesundheit

Dr. Imke Hoppe
Journalistik und Kommunikationswissenschaft, CEN, Universität Hamburg, Hamburg
Beitrag zu ► Kap. 12 Klimawandel in den Medien

Elke Isokeit
Deutscher Wetterdienst (DWD), Hamburg
Beitrag zu ► Kap. 2 Klima der Region

Prof. Dr. Kai Jensen
Biozentrum Klein Flottbek, Universität Hamburg, Hamburg
Beitrag zu ► Kap. 8 Gesundheit

Holger Klein
Bundesamt für Seeschifffahrt und Hydrographie (BSH), Hamburg
Beitrag zu ► Kap. 4 Deutsche Bucht mit Tideelbe und Lübecker Bucht

Dr. Matthias Kloppmann
Thünen-Institut für Seefischerei, Hamburg
Beitrag zu ► Kap. 5 Aquatische Ökosysteme

Prof. Dr. Jörg Knieling
HafenCity Universität Hamburg (HCU), Hamburg
Beitrag zu ► Kap. 8 Gesundheit und zu ► Kap. 14 Lokale Klima-Governance im Mehrebenen-System

Dr. Gerd Kraus
Thünen-Institut für Seefischerei, Hamburg
Beitrag zu ► Kap. 7 Land- und Forstwirtschaft und Fischerei

Dr. Anne Caroline Krefis
Universität Hamburg, Universitätsklinikum Hamburg-Eppendorf, Hamburg
Beitrag zu ► Kap. 8 Gesundheit

Nancy Kretschmann
HafenCity Universität Hamburg (HCU), Hamburg
Beitrag zu ► Kap. 14 Lokale Klima-Governance im Mehrebenen-System

Prof. Dr. Ingrid Kröncke
Senckenberg am Meer, Wilhelmshaven
Beitrag zu ► Kap. 5 Aquatische Ökosysteme

PD Dr. Andreas Krüger
Bundeswehrkrankenhaus, Institut Fachbereich Tropenmedizin am Bernhard-Nocht-Institut für Tropenmedizin (BNITM), Hamburg
Beitrag zu ► Kap. 8 Gesundheit

Christiana Lefebvre
Deutscher Wetterdienst (DWD), Hamburg
Beitrag zu ► Kap. 2 Klima der Region

Peter Loewe
Bundesamt für Seeschifffahrt und Hydrographie (BSH), Hamburg
Beitrag zu ► Kap. 4 Deutsche Bucht mit Tideelbe und Lübecker Bucht

Moritz Maneke
Norddeutsches Küsten- und Klimabüro, Helmholtz-Zentrum Geesthacht, Zentrum für Material- und Küstenforschung GmbH, Institut für Küstenforschung, Geesthacht
Beitrag zu ► Kap. 2 Klima der Region

Jens Möller
Bundesamt für Seeschifffahrt und Hydrographie (BSH), Hamburg
Beitrag zu ► Kap. 4 Deutsche Bucht mit Tideelbe und Lübecker Bucht

Dr. Volker Mues
Zentrum Holzwirtschaft, Universität Hamburg, Hamburg
Beitrag zu ► Kap. 7 Land- und Forstwirtschaft und Fischerei

Dr. Sylvin Müller-Navarra
Bundesamt für Seeschifffahrt und Hydrographie (BSH), Hamburg
Beitrag zu ► Kap. 4 Deutsche Bucht mit Tideelbe und Lübecker Bucht

Dr. Ronny Petrik
Meteorologisches Institut, CEN, Universität Hamburg, Hamburg; jetzt: Helmholtz-Zentrum Geesthacht, Zentrum für Material- und Küstenforschung GmbH, Institut für Küstenforschung, Geesthacht
Beitrag zu ► Kap. 3 Stadtklima in Hamburg

Prof. Dr. Markus Quante
Helmholtz-Zentrum Geesthacht, Zentrum für Material- und Küstenforschung GmbH, Institut für Küstenforschung, Geesthacht
Beitrag zu ► Kap. 8 Gesundheit

Dr. habil. Johannes Rick
Alfred-Wegener-Institut, Helmholtz-Zentrum für Polar- und Meeresforschung, Wattenmeerstation Sylt, List/Sylt
Beitrag zu ► Kap. 5 Aquatische Ökosysteme

Henner Sandmann
Bundesamt für Strahlenschutz (BfS), Neuherberg
Beitrag zu ► Kap. 8 Gesundheit

Prof. Dr. Jürgen Scheffran
Institut für Geographie, CEN, Universität Hamburg, Hamburg
Beitrag zu ► Kap. 10 Migration

Dipl.-Ing. Christian Schlamkow
Universität Rostock, Rostock
Beitrag zu ► Kap. 4 Deutsche Bucht mit Tideelbe und Lübecker Bucht

Robert Schoetter
Meteorologisches Institut, CEN, Universität Hamburg, Hamburg; jetzt: CNRM-GAME, Toulouse, Frankreich
Beitrag zu ► Kap. 3 Stadtklima in Hamburg

Prof. Dr. Christina Strube
Stiftung Tierärztliche Hochschule, Hannover
Beitrag zu ► Kap. 8 Gesundheit

Kristina Trusilova
Deutscher Wetterdienst (DWD), Offenbach
Beitrag zu ► Kap. 3 Stadtklima in Hamburg

Stefanie Walter, PhD
Journalistik und Kommunikationswissenschaft, Universität Hamburg, Hamburg
Beitrag zu ► Kap. 12 Klimawandel in den Medien

Kerstin Walz
Fakultät für Wirtschafts- und Sozialwissenschaften, Universität Hamburg, Hamburg
Beitrag zu ► Kap. 14 Lokale Klima-Governance im Mehrebenen-System

Dr. Markus Wetzel
Bundesanstalt für Gewässerkunde (BfG), Koblenz
Beitrag zu ► Kap. 5 Aquatische Ökosysteme

Dr. Thomas Weiß
Helmut Schmidt Universität Hamburg, Fakultät für Elektrotechnik, Hamburg
Beitrag zu ► Kap. 15 Technischer Klimaschutz und Folgen

Dr. Sarah Wiesner
Meteorologisches Institut, CEN, Universität Hamburg, Hamburg
Beitrag zu ► Kap. 3 Stadtklima in Hamburg

Korrektorat und technische Unterstützung

Jessica Klepgen
Norddeutsches Küsten- und Klimabüro am Institut für Küstenforschung des Helmholtz-Zentrums Geesthacht, Zentrum für Material- und Küstenforschung GmbH

Ingeborg Nöhren
Institut für Küstenforschung des Helmholtz-Zentrums Geesthacht, Zentrum für Material- und Küstenforschung GmbH

Finanzielle Unterstützung

Exzellenzcluster CliSAP

Helmholtz-Zentrum Geesthacht Zentrum für Material- und Küstenforschung GmbH (HZG)

Max-Planck-Institut für Meteorologie Hamburg (MPI)

Bundesanstalt für Wasserbau (BAW)

Bundesamt für Seeschifffahrt und Hydrographie (BSH)

BUNDESAMT FÜR
SEESCHIFFFAHRT
UND
HYDROGRAPHIE

Deutscher Wetterdienst (DWD)

Technische Universität Hamburg (TUHH)

HafenCity Universität Hamburg (HCU)

Inhaltsverzeichnis

II Auswirkungen des Klimawandels in der Region

III Regionaler Klimawandel und Gesellschaft

Einleitung und Zusammenfassung

Hans von Storch, Insa Meinke, Martin Claußen

H. Storch, I. Meinke, M. Claußen (Hrsg.),
Hamburger Klimabericht – Wissen über Klima, Klimawandel und Auswirkungen in Hamburg und Norddeutschland,
https://doi.org/10.1007/978-3-662-55379-4_1

1.1 Kurzdarstellung

Das Ziel des 2. Hamburger Klimaberichtes (HKB) ist es, das wissenschaftliche Wissen über den vergangenen, den derzeitigen und den zukünftig möglichen Klimawandel und seine Wirkung in der Metropolregion Hamburg und Norddeutschland zu dokumentieren und zusammenzufassen. 2011 erschien der erste „Klimabericht für die Metropolregion Hamburg“ (1. HKB), erstellt von einer Autorengruppe des KlimaCampus Hamburg und externen Partnern. Dieses Projekt wurde von Hans von Storch initiiert, vom Norddeutschen Küsten- und Klimabüro (HZG) organisiert und im Rahmen des Klima-Exzellenzclusters CliSAP (Integrated Climate System Analysis and Prediction) der Universität Hamburg und ihren außeruniversitären Partnern gefördert. Der Bericht sollte das Wissen über den regionalen Klimawandel in der Metropolregion Hamburg, mögliche Klimafolgen in der Region und mögliches Management, wie es in wissenschaftlichen Publikationen belegt ist, sichten und im Hinblick auf Konsens und Dissens bewerten. Vorbilder dieses Wissensberichtes waren auf globaler Ebene der IPCC-Bericht und auf regionaler Ebene der BACC-Report „BALTEX Assessment of Climate Change in the Baltic Sea Basin“, der als erster regionaler Wissensbericht 2008 veröffentlicht wurde.

Der 1. HKB spiegelt den Stand des Wissens im Sommer 2009 wider, da für den Bericht Material gesichtet wurde, das vor dem 1. August 2009 veröffentlicht worden war. Etwa 3 Jahre nach Erscheinen dieses Klimaberichtes wurde von den Partnern des KlimaCampus Hamburg im Herbst 2014 beschlossen, einen zweiten Bericht zu erarbeiten. Dieser 2. Hamburger Klimabericht – Wissen über Klima, Klimawandel und Auswirkungen in Hamburg und Norddeutschland – liegt nun vor. Das Material des ersten Berichtes wurde kritisch vor dem Hintergrund neuer Erkenntnisse analysiert. Neue Themen, die im ersten Bericht aufgrund fehlender Forschung keine Berücksichtigung fanden, wurden aufgegriffen. Das vorliegende Buch dokumentiert den Forschungsstand bis Oktober 2015.

Die im 1. HKB getroffenen Aussagen zum **Klima** und seinen bisherigen sowie künftig möglichen Entwicklungen in der Metropolregion Hamburg (MRH) werden durch neue Veröffentlichungen sowie zusätzliche Datensätze seit 2009 im Wesentlichen bestätigt. Im Vergleich zum ersten Bericht haben zusätzliche regionale Klimaprojektionen jedoch zu der Einschätzung geführt, dass größere Spannbreiten möglicher zukünftiger Änderungen bestimmter Klimaelemente erwartet werden, insbesondere was Niederschlag und Windverhältnisse angeht. Hinsichtlich der Aussagen im ersten Klimabericht zeigt sich vor allem für die künftige sommerliche Niederschlagsentwicklung ein Unterschied, da auf der Grundlage weiterer inzwischen ausgewerteter Klimaprojektionen bis Ende des Jahrhunderts auch eine deutliche Niederschlagszunahme in der MRH plausibel ist. Die Einschätzung des Wissensstandes zum **Hamburger Stadtklima** hat sich seit dem ersten Bericht weiterentwickelt, sodass diesem Themenfeld im vorliegenden Bericht ein eigenes Kapitel gewidmet ist.

Das Wissen über die Veränderungen der ozeanographischen Eigenschaften in der **Deutschen Bucht** war schon Gegenstand des ersten Berichtes. Hinsichtlich erwarteter Sturmfluthöhen haben neue Szenarien keine wesentlichen Änderungen gegenüber dem ersten Bericht ergeben. Neu sind Einschätzungen des Wissensstandes zu Veränderungen in der **Lübecker Bucht**. Dort hat sich der Meeresspiegel im letzten Jahrhundert um 13–15 cm erhöht, und die mittlere Wassertemperatur ist in den letzten Dekaden angestiegen, wobei die Erwärmung im Sommer, vor allem bedingt durch die heißen Sommer der letzten Jahre, stärker ausgeprägt ist als im Winter. Für die nächsten Jahrzehnte ist mit einem weiteren Anstieg des Meeresspiegels und der Wassertemperatur sowie einem Absinken des Salzgehaltes aufgrund erhöhter Niederschläge in der nördlichen Ostsee und verminderter Salzwassereinbrüche zu rechnen.

Neue Erkenntnisse über klimabedingte Änderungen in **aquatischen Ökosystemen** bestätigen die Ergebnisse des ersten Berichtes, dass insbesondere Wassertemperatur und Hydrodynamik die Variabilität der Ökosysteme prägen, während zur Küste hin Interaktionen mit anthropogenen Faktoren zunehmen und vermutlich die zukünftige ökologische Entwicklung prägen werden. Für die **Lübecker Bucht** werden im zweiten Bericht neu mögliche Änderungen der Algenblüte im Frühjahr sowie höhere Phytoplanktonproduktivität und vermehrtes Auftreten von Blaualgen im Sommer diskutiert.

Der Wissensstand zur Reaktion von **terrestrischen und semiterrestrischen Ökosystemen** auf den Klimawandel ist weiterhin unvollständig, aber seit dem ersten Bericht wurden Fortschritte im Detail erzielt. Relativ differenzierte Aussagen zu den direkten Wirkungen des Klimawandels auf den **Wasser- und Wärmehaushalt** der Böden für die wichtigsten Böden der MRH sind möglich. In der MRH bilden **Wälder** eine Senke für atmosphärisches CO_2, da der Holzzuwachs die Holznutzung übersteigt. Hingegen trägt die **Landwirtschaft** durch Emissionen – insbesondere Methan und Distickstoffoxid – aus der Tierhaltung und landwirtschaftlich genutzten Böden zur Erhöhung der Treibhausgaskonzentration der Atmosphäre bei.

Bei der Einschätzung der Veränderung der **Fischerei** wird von einer Verringerung der globalen Produktivität der Ozeane bei steigenden Temperaturen ausgegangen. Die Nordsee und ihre Fischbestände werden jedoch vermutlich von den geänderten Umständen eher profitieren, selbst wenn es bisher noch keine belastbaren quantitativen Vorhersagen der Auswirkungen des Klimawandels gibt.

In einem neuen Kapitel wird das Wissen über mögliche Auswirkungen des Klimawandels auf die **Gesundheit in der Metropolregion** Hamburg zusammengefasst. Dabei zeigt sich, dass eine steigende thermische Belastung z. B. in Form von Hitzewellen möglich ist, die vor allem Auswirkungen auf ältere Menschen und Kinder haben kann. Veränderungen der Vegetation können eine verlängerte Pollensaison bewirken und so die Beschwerdezeit von Allergikern verlängern. Die Bewertung des gegenwärtigen Wissenstandes macht allerdings auch deutlich, dass bislang kaum quantitative Ergebnisse zu den gesundheitlichen Folgen des Klimawandels vorliegen. Die Ursachen dafür liegen vor allem in der Komplexität multikausaler dynamischer Zusammenhänge. Nur in Einzelfällen lassen sich Zusammenhänge zwischen klimatischen Veränderungen und Gesundheit belegen, etwa in Bezug auf vulnerable Bevölkerungsgruppen, zu denen in erster Linie ältere Menschen und Kinder zählen.

Ein neues Kapitel im zweiten Bericht ist der **Energie- und Wasserversorgung** gewidmet. In der wissenschaftlichen Literatur werden die meisten Bereiche der Wertschöpfungskette des Energiesektors als negativ betroffen beschrieben, wobei Anpassungsmaßnahmen oftmals grundsätzlich verfügbar und umsetzbar sind. Wissenschaftliche Untersuchungen mit spezifischem regionalem Fokus auf die MRH liegen derzeit kaum vor. Der **Wassersektor** in Hamburg wäre vor allem im Bereich der Abwasserentsorgung durch eine Zunahme von Starkregenereignissen und im Bereich der Wassernachfrage durch einen Anstieg von Hitzeperioden betroffen. Eine Bewertung der Wasserversorgungsinfrastruktur auf ihre Hochwassersicherheit in den entsprechend gefährdeten Gebieten sowie auf die steigenden Anforderungen aufgrund stärkerer Schwankungen in der Wassernachfrage fehlt bisher.

Die wissenschaftliche Forschung zu den **Folgen des Klimawandels für Migration** steckt ebenso wie die zu den Auswirkungen von Migration auf Anpassungsmaßnahmen noch in den Anfängen. Das gilt besonders auch für die lokale Ebene. Mikrostudien für einzelne Städte existieren bislang nicht. Obwohl in der öffentlichen Diskussion die Frage von „Klimaflüchtlingen" besonders prominent geführt wird, ist eine Isolierung des Fluchtgrundes „Klimawandel" nicht zielführend, weil Migration häufig multikausal verursacht ist. Ein gewisser Konsens scheint dahingehend zu bestehen, dass eine Zunahme umweltbedingter Migration im 21. Jahrhundert erwartet wird und dass damit auch die Stadtregion Hamburg als Wanderungsziel bedeutungsvoll bleibt.

In einem neuen Kapitel wird der Wissensstand bezüglich Klimawandel und **Hafen Hamburg, Schifffahrt und Verkehr** analysiert. Für die Stadt Hamburg sind die Studien in diesem Bereich überschaubar. Festzustellen ist aber, dass viele der möglichen zukünftigen Auswirkungen des Klimawandels für den Hafen Hamburg als bekannt anzusehen sind. Allerdings sind Aussagen zum Bedrohungspotenzial im Hinblick auf die Eintrittswahrscheinlichkeit sowie Gefährdungslage des Hafens Hamburg nur schwer zu treffen. Die **Berichterstattung über den Klimawandel** stimmt in vielen Ländern mit dem wissenschaftlichen Befund überein, dass es eine außergewöhnliche globale Erwärmung gibt, die menschlich durch Emission von Treibhausgasen verursacht wird und mit gravierenden Problemen und Risiken verbunden ist. Im Fallbeispiel Hamburg wird Klimawandel zu einem Topos, um den herum aktuelles Geschehen (Sturmfluten heute, Stadtentwicklung in der HafenCity, regionale Landwirtschaft) und vergangenes Geschehen (Sturmflutkatastrophe von 1962) enge Verflechtungen eingehen.

Studien zum Thema **Wahrnehmung des Klimawandels in der MRH** zeigen, dass das Problem des Klimawandels im Alltag der Bürgerinnen und Bürger durchaus präsent ist. Für Hamburg zeigten Befragungen, dass für die Befragten der Klimawandel ein „ernsthaftes Problem" darstellt, auch wenn es nicht zu den wichtigsten Problemen gehört. Umfragen über längere Zeiträume belegen, dass sich die Besorgnis über die Risiken durch den Klimawandel bislang auf einem gleichbleibenden, wenn auch schwankenden Niveau hält. Der Klimawandel wird vor allem mit subjektiv wahrgenommenen Wetteränderungen assoziiert und erst in zweiter Linie mit dem Anstieg des Meeresspiegels oder mit Überschwemmungen gleichgesetzt. Sturmfluten spielen hierbei eine besondere Rolle.

Die Diskussion zum Thema **lokale Klima-Governance** verdeutlicht, dass der Klimaschutz besondere Herausforderungen an regionales und kommunales Handeln stellt. Insbesondere die erforderliche Langfristigkeit ist eine Rahmenbedingung, die in Politik, Verwaltung und Wirtschaft Entscheidungsprozesse zugunsten des Klimaschutzes erschwert.

Das Thema **technischer Klimaschutz** wurde erstmalig in den HKB aufgenommen. Dabei wurde der Wissensstand insbesondere in den Bereichen Energieversorgung und Mobilität analysiert.

Als letztes, gegenüber dem ersten Bericht ebenfalls neues Thema wurde der Bereich **Klimawandel, Nachhaltigkeit und Transformationsgestaltung** untersucht. Durch die von 193 Mitgliedstaaten der Vereinten Nationen angenommene Transformationsagenda 2030 und die darin enthaltenen 17 universellen Nachhaltigkeitsziele einerseits und die Ergebnisse des Klimaschutzgipfels von Paris andererseits sind die Anforderungen an die internationale Gemeinschaft, die Nationalstaaten, Wirtschaft, Zivil- und Bürgergesellschaft, Klimawandel und nachhaltige Entwicklung ernsthafter in Angriff zu nehmen, erhöht worden. Untersuchungen zeigen, dass für den Stadtstaat Hamburg die lokale Umsetzung der globalen Nachhaltigkeits- und Klimaziele eine noch zu meisternde Herausforderung darstellt.

1.2 Methode der Erstellung des Berichtes

1.2.1 Wissen, Konsens, Szenarien

Der Bericht beschreibt das Wissen über das Klima, den Klimawandel und die Klimawirkung im Großraum Hamburg, genauer: solches Wissen, das in wissenschaftlich legitimer Weise veröffentlicht worden ist und in Bibliotheken oder – im Ausnahmefall – im Internet eingesehen werden kann. Bevorzugt werden Publikationen, die begutachtet wurden, wie es bei „weißen" Publikationen im Wissenschaftsbetrieb üblich ist. Urheber dieser „Beschreibungen" von Wissen sind Wissenschaftler in einschlägig bekannten Forschungseinrichtungen, in Universitäten und in Behörden, also Einrichtungen, die einer Unparteilichkeit verpflichtet und auf die wissenschaftliche Methodik festgelegt sind. Nicht berücksichtigt werden Schriften und Darstellungen, die politischen, ideologischen oder wirtschaftlichen Interessen verpflichtet sind.

Eine Einflussnahme politischer und wirtschaftlicher Interessen auf den Fragenkatalog ist möglich; diese Interessen sind aber vom Prozess der Beantwortung der Fragen ausgeschlossen. Eine politische und wirtschaftliche Bewertung der Ergebnisse erfolgt durch den Bericht nicht.

Dieser Bericht bietet nicht „bestes" Wissen – schon deshalb, weil es dies entweder nicht gibt oder zumindest keine zuverlässige Methode bekannt ist, dies zu bestimmen. In der Praxis läuft „bestes Wissen" darauf hinaus, den bekanntesten Wissenschaftlern und Wissenschaftlerinnen zu glauben. Der Bericht beschreibt stattdessen „konsensuales" Wissen. Nicht, dass ein Konsens per se ein Qualitätsmerkmal ist, aber es ist immerhin ein Hinweis, dass die Wissensansprüche in sich und mit der allgemeinen Denkschule konsistent sind. „Konsens" in diesem Report beschreibt aber auch immer wieder: Konsens über die Tatsache der Uneinigkeit, Konsens über den Dissens.

Abb. 1.1 Karte der Metropolregion Hamburg mit den dazugehörigen Landkreisen in Schleswig-Holstein, Niedersachsen und Mecklenburg-Vorpommern. (Metropolregion Hamburg, Lizenz CC BY 3.0 DE)

Ferner sei darauf hingewiesen, dass, wie beim 1. HKB, für die Beschreibung der Zukunft des Klimas der MRH nur Szenarien und keine Klimavorhersagen vorliegen. Vorhersagen oder Prognosen stellen einen Ausblick in die Zukunft dar, der wahrscheinlicher ist als alle anderen Ausblicke. Szenarien hingegen, oder synonym: Projektionen, beschreiben Entwicklungen des Klimas, die möglich, plausibel und naturwissenschaftlich konsistent, aber nur wahrscheinlich sind, sofern gewisse mögliche Annahmen erfüllt sind. Wenn alle Szenarien – oder Projektionen – in die gleiche Richtung weisen, dann stellen diese „Richtungen" erwartete Entwicklungen dar, deren Intensitäten nicht klar sind, deren Vorzeichen aber als Vorhersage angesehen werden dürfen. Dies betrifft z. B. steigende Temperaturen und den Meeresspiegel.

1.2.2 Prozess

Der Hamburger Klimabericht ist ein Projekt des KlimaCampus Hamburg, das maßgeblich durch den Exzellenzcluster „Integrated Climate System Analysis and Prediction" CliSAP finanziert wird. Die Organisation liegt beim Norddeutschen Küsten- und Klimabüro des IfK/HZG. Herausgegeben wird das Buch von Hans von Storch, Insa Meinke und Martin Claußen. Medial wird das Buch-Projekt von der CliSAP-Öffentlichkeitsarbeit begleitet. Entsprechend der Vergrößerung der MRH bezieht sich der Bericht auf die Metropolregion Hamburg mit den dazugehörigen Küstenregionen an Nord- und Ostseeseeküste (Stand 2016, Abb. 1.1).

Im Herbst 2014 wurden Partner des KlimaCampus Hamburg eingeladen, den Lenkungsausschuss zu bilden. Dieser trifft strategische Entscheidungen bezüglich des Projektes und sorgt für die Wissenschaftlichkeit des Prozesses. Das Kick-off-Meeting des Lenkungsausschusses fand im Dezember 2014 statt. Dabei wurde über Ziel, Titel, methodische Grundsätze, mögliche Leitautoren, Kapitelstruktur und Zeitplan entschieden.

Dem Lenkungsausschuss gehören an: Timo Busch (Uni HH), Martin Claussen (UniHH/MPI-M), Lydia Gates (DWD), Birgit Gruner (BWFG), Hartmut Heinrich (BSH), Daniela Jacob (GERICS/HZG), Bernd Leitl (UniHH), Sven Schulze (HWWI), Hans von Storch (HZG) und Norbert Winkel (BAW).

Der HKB soll das in wissenschaftlich legitimer Weise veröffentlichte Wissen beschreiben. Daher wurden bei der Sichtung des wissenschaftlichen Materials Publikationen berücksichtigt, die von einschlägig bekannten Forschungseinrichtungen erstellt wurden. Dazu zählen Universitäten und Behörden, also Einrichtungen, die einer Unparteilichkeit verpflichtet und auf die wissenschaftlichen Methoden festgelegt sind. Nicht berücksichtigt werden Schriften und Darstellungen von Urhebern, die politischen, ideologischen oder wirtschaftlichen Interessen verpflichtet sind. Bevorzugt wurden Publikationen, die einem den Regeln guter wissenschaftlicher Praxis folgenden Begutachtungsprozess begutachtet worden sind.

Um eine gewisse Unabhängigkeit und kritische Reflexion des ersten Berichtes zu ermöglichen, wurden durch den Lenkungsausschuss als Leitautoren des zweiten Berichtes nur solche Kolleginnen und Kollegen eingeladen, die am ersten Bericht nicht mitgearbeitet hatten. Die Leitautoren trugen jeweils Verantwortung für ein ganzes Kapitel. Manche Leitautoren haben weitere Fachkollegen eingeladen, als Koautoren zum Kapitel beizutragen. Nach der Fertigstellung der ersten Entwürfe der einzelnen Kapitel wurden diese einer anonymen, unabhängigen fachlichen Begutachtung unterzogen; die Leitautorinnen und

-autoren haben anschließend gemeinsam mit den beitragenden Autoren ihre Manuskripte entsprechend überarbeitet. Der gesamte Prozess wurde vom Norddeutschen Küsten- und Klimabüro koordiniert und von den Mitgliedern des Lenkungsausschusses überwacht.

Berücksichtigt wurden bis zum 01.10.2015 veröffentlichte wissenschaftliche Publikationen. Der vorliegende Bericht spiegelt somit den Stand des Wissens von Oktober 2015 wider.

1.3 Zusammenfassung

Im Folgenden fassen wir die wesentlichen Ergebnisse der insgesamt 15 Kapitel zusammen.

1.3.1 Klima der Region – Zustand, bisherige Entwicklung und mögliche Änderungen bis 2100 (▸ Kap. 2)

Größtenteils werden die im 1. HKB getroffenen Aussagen zum Klima und seinen bisherigen sowie künftig möglichen Entwicklungen in der Metropolregion durch neue Veröffentlichungen sowie zusätzliche Datensätze seit 2009 bestätigt. Es besteht insbesondere Konsens hinsichtlich einer bereits stattfindenden Erwärmung, die sich im Laufe des 21. Jahrhunderts in der MRH weiter fortsetzen wird. Im optimistischen RCP2.6-Szenario, dass eine weltweit erfolgreiche Umsetzung von Klimaschutzmaßnahmen voraussetzt, kann zum Ende des Jahrhunderts eine Stabilisierung der Temperaturänderung im Jahresmittel auf etwa 2 °C gegenüber dem vorindustriellen Niveau erreicht werden. In anderen Szenarien mit höheren Freisetzungen von Treibhausgasen gelingt dies nicht. Vielmehr ist dann mit einer beschleunigten Erwärmung zu rechnen, die bis Ende des Jahrhunderts in der MRH bis +5 °C erreichen kann.

Im Vergleich zum 1. HKB haben zusätzliche regionale Klimaprojektionen zu der Einschätzung geführt, dass größere Spannbreiten möglicher zukünftiger Änderungen bestimmter Klimaelemente abgebildet werden, insbesondere was Niederschlag und Windverhältnisse angeht. Die simulierten zeitlichen Entwicklungen des Niederschlags zeigen eine hohe dekadische Variabilität. Für den Winter projizieren fast alle Simulationen eine Niederschlagszunahme ab der Mitte des Jahrhunderts. Hinsichtlich der Aussagen im 1. HKB zeigt sich vor allem für die künftige sommerliche Niederschlagsentwicklung ein Unterschied, da auf der Grundlage weiterer inzwischen ausgewerteter Klimaprojektionen bis Ende des Jahrhunderts auch eine deutliche Niederschlagszunahme in der MRH plausibel ist.

1.3.2 Stadtklima in Hamburg (▸ Kap. 3)

Die Einschätzung des Wissensstandes zum Stadtklima für Hamburg hat sich kontinuierlich seit dem 1. Bericht weiterentwickelt, sodass dieses Themenfeld im vorliegenden Bericht in einem eigenständigen Kapitel dokumentiert wird.

Städtische Gebiete sind durch Veränderungen der Oberflächen zusätzlich zu den regionalen Klimaänderungen von einem im Vergleich zum freien Umland modifizierten Klima betroffen, aber auch von hohen lokalen Gas- und Partikelemissionen. Generell herrschen in städtischen Gebieten bodennah höhere Lufttemperaturen als im Umland, besonders bei Nacht. Die Temperaturdifferenzen zum Umland können sich im Bereich von wenigen Grad im Monatsmittel bewegen und reichen bis ca. 7 K in bestimmten Wetterlagen.

Die größten Unsicherheiten betreffen die Niederschläge: Neben dem regionalen Klimasignal (▸ Kap. 2) wirken noch andere Faktoren auf den Niederschlag. Die Hügel Hamburgs, ggf. auch im Zusammenspiel mit hohen Gebäuden, scheinen Aufstiegs- und Absinkprozesse zu induzieren, die in Konkurrenz zum eigentlichen Stadteffekt stehen. Schließlich hängen Niederschläge auch von der Verdunstung ab, die innerhalb von Städten in verschiedenen Höhen stattfindet und von der geringeren Wasserverfügbarkeit in Siedlungsflächen abhängt.

Im Zuge der anhaltenden Modernisierung der Stadt gibt es eine Chance, diese kontinuierlich an den kommenden Klimawandel anzupassen und gleichzeitig Emissionen zu reduzieren.

1.3.3 Deutsche Bucht mit Tideelbe und Lübecker Bucht (▸ Kap. 4)

Das Wissen über die Veränderungen der ozeanographischen Eigenschaften in der Deutschen Bucht war schon Gegenstand des 1. HKB. Seit 1995 haben sich die Oberflächentemperaturen auf einem hohen Niveau stabilisiert, mit einem Maximum von 11,9 °C in 2014. Die Änderung des Oberflächensalzgehaltes ist nicht signifikant. Der Trend des mittleren Meeresspiegels variiert zwischen 1,4 und 2,8 mm/Jahr. Eine systematische Beschleunigung des Meeresspiegelanstiegs lässt sich derzeit nicht ableiten. Für die Gezeitenamplitude zeigen die Pegelzeitreihen geringe Änderungen vor 1955 und Änderungen von mehr als 0,4 mm/Jahr für den Zeitraum danach. Diese Änderungen des Gezeitenregimes können teilweise mit wasserbaulichen Maßnahmen erklärt werden.

Für das Ende des 21. Jahrhunderts liegt die Bandbreite der projizierten Erhöhungen der Oberflächentemperatur zwischen 1 und 3 K. Szenarien zur Veränderung des Salzgehaltes und zum Gezeitenregime liefern keine eindeutigen Trends. In Bezug auf Sturmfluthöhen haben neue Szenarien keine wesentlichen Änderungen gegenüber dem 1. HKB ergeben.

Bedingt durch die zahlreichen wasserbaulichen Maßnahmen sind gegenwärtige klimatische Veränderungen im Bereich der Tideelbe kaum erkennbar. Ebenso sind Aussagen zur zukünftigen Entwicklung im 21. Jahrhundert aufgrund der Unkenntnis bzgl. künftiger wasserbaulicher Maßnahmen und deren Zusammenspiel mit einem möglicherweise beschleunigten Meeresspiegelanstieg unsicher.

Dieses Kapitel erweitert die Einschätzung des 1. HKB um das Wissen zu Veränderungen in der Lübecker Bucht. Seit den 1980er-Jahren erhöht sich die mittlere Wassertemperatur mit 0,6 K/Dekade. Diese Erwärmung ist im Sommer stärker als im

Winter ausgeprägt und wird vor allem durch die heißen Sommer der letzten Jahre bedingt.

Für die nächsten Jahrzehnte ist mit einem weiteren Anstieg der Wassertemperatur zu rechnen. Erhöhte Niederschläge im Einzugsbereich der Ostsee und eine verminderte Salzwasserzufuhr aus der Nordsee deuten für die Zukunft auf eine Verminderung des Salzgehaltes zwischen 1,5 und 2,0 psu hin.

Insgesamt ist der Meeresspiegel (Mittelwasserstand) in der südwestlichen Ostsee im letzten Jahrhundert um etwa 13–15 cm angestiegen. Dieser Trend wird sich in den nächsten Jahrzehnten möglicherweise verstärkt fortsetzen. In den sich verändernden Sturmflutwasserständen macht sich vor allem dieser Trend des mittleren Meeresspiegels bemerkbar.

1.3.4 Aquatische Ökosysteme: Nordsee, Wattenmeer, Elbeästuar und Ostsee (► Kap. 5)

Bei diesem Kapitel handelt es sich weitgehend um eine Aktualisierung des entsprechenden Kapitels aus dem 1. HKB. Die hier dargestellten neuen Erkenntnisse über klimabedingte Änderungen in aquatischen Ökosystemen bestätigen die Ergebnisse des 1. HKB, dass insbesondere die Wassertemperatur und Hydrodynamik die Variabilität der Ökosysteme prägen, während zur Küste hin Interaktionen mit anthropogenen Faktoren zunehmen und vermutlich die zukünftige ökologische Entwicklung prägen werden.

Steigende Wassertemperaturen, zunehmende atlantische Einflüsse und Fischerei haben eine deutliche Auswirkung auf das Ökosystem der **Nordsee**. Das Plankton entwickelt sich durch bessere Lichtbedingungen und höhere Temperaturen früher im Jahr. Makrobenthos und Fischfauna reagieren auf höhere Temperaturen mit einer Zunahme südlicher wärmeliebender und einer Abnahme kälteliebender Arten. Höhere Temperaturen haben die Reproduktionszeiten des Makrobenthos verlängert, nicht aber die Ernährungstypen des Makrobenthos durch verändertes Nahrungsangebot geändert. Wie sich die Wechselwirkung von Klimawandel und Fischerei auf die Fischfauna auswirken wird, ist unklar.

Temperatur und Nährstofffrachten prägten die Langzeitdynamik des **Wattenmeeres** während der letzten Dekaden. In einem wärmeren Wattenmeer können schnellere Stoffumsätze insbesondere des Phosphats zu einer erhöhten Produktivität führen. Weiter sinkende Nährstofffrachten der Flüsse werden dem entgegenwirken. Langfristig werden sich heimische kälteliebende Arten in höhere Breiten zurückziehen, weitere Organismen aus südlicheren Gebieten ihr Verbreitungsareal nach Norden ausdehnen, und eingeschleppte Arten von wärmeren Küsten werden sich weiterhin etablieren. Offen ist nach wie vor die Frage, ob das Wattenmeer genügend Sediment aus der Nordsee importieren kann, um mit dem Anstieg des Meeresspiegels Schritt zu halten.

Im stark von menschlichen Eingriffen geprägten **Elbeästuar** sind klimabedingte Änderungen schwer zu erkennen. Klar ist aber, dass ein Temperaturanstieg die jetzige Sauerstoffproblematik im Hamburger Hafenbereich verstärken wird. Weiterhin fehlen Wissen und Daten für eine fundierte Aussage über eine klimabedingte Änderung des Planktonsystems und des Makrozoobenthos im Elbeästuar. Eine Zunahme der Sauerstoffmangelsituationen wird die Fischwanderungen beeinträchtigen, und Änderungen des Salinitätsgradienten können zur Verringerung von Laich- und Aufwuchsarealen bestimmter Arten führen.

Neu im 2. HKB ist die Einbeziehung der Ostsee/**Lübecker Bucht**. Eine Folge der erwarteten Klimaänderungen (vgl. ► Kap. 4) wären frühere Algenblüten im Frühjahr sowie eine höhere Phytoplanktonproduktivität und – vorausgesetzt, dass andere Faktoren unverändert bleiben – mehr Blaualgen im Sommer. Sollte es zu Sauerstofflosigkeit kommen, wird sich die Zusammensetzung des Makrobenthos hin zu kurzlebenden Formen verschieben.

1.3.5 Terrestrische und semiterrestrische Ökosysteme (► Kap. 6)

Das Wissenskorpus zur Reaktion von Ökosystemen auf den Klimawandel ist weiterhin unvollständig, aber seit dem 1. HKB wurden Fortschritte im Detail erzielt.

Relativ differenzierte Aussagen sind heute zu den direkten Wirkungen des Klimawandels auf den Wasser- und Wärmehaushalt der wichtigsten **Böden** der MRH möglich. Die hohe Diversität der Böden in der Metropolregion und ihre sehr unterschiedlich ausgeprägten Eigenschaften und Funktionen führen allerdings dazu, dass die Auswirkungen des Klimawandels auf die Böden sogar innerhalb eines Naturraumes unterschiedlich und teilweise sogar gegenläufig sein können.

Bei den indirekt wirkenden Effekten gibt es weiterhin eine Vielzahl offener Fragen, so dass es einen beträchtlichen Diskussions- und Forschungsbedarf in dieser Hinsicht gibt. Ein genereller Schutz des Bodens vor den Wirkungen des Klimawandels kann nicht geleistet werden, wohl aber in Bezug auf einzelne Aspekte wie die Wiederherstellung der Kohlenstoffspeicherfunktion.

Um dem Mitigations- und Anpassungspotenzial der Böden gegenüber dem Klimawandel gerecht zu werden, ist eine sehr differenzierte Betrachtung erforderlich. Modelle zu entsprechenden Simulationen sind in den letzten Jahren weiterentwickelt worden, sind aber noch mit großen Unsicherheiten behaftet.

Aufgrund artspezifischer Reaktionen auf klimatische Veränderungen wird es zu einem Wandel der Konkurrenzverhältnisse und zur Entwicklung neuartiger Lebensgemeinschaften mit veränderten Artabundanzen und -dominanzen und veränderter ökologischer Funktionalität kommen, was eine potenzielle Beeinträchtigung ökologischer Serviceleistungen bedeutet.

Bisher liegen wenige Untersuchungen zu den Auswirkungen des Klimawandels auf terrestrische und semiterrestrische **Ökosysteme** in der MRH vor. Das Artenspektrum der Wälder wird sich ändern, wobei die Rotbuche auf tiefgründigen Böden mittlerer bis guter Wasserspeicherkapazität die potenziell vorherrschende Baumart bleiben dürfte. Die Wachstumsbedingungen für die Buche könnten sich bei geringeren Sommerniederschlägen und erhöhten Temperaturen indes so weit verschlechtern, dass Anbauflächen zukünftig von der Kiefer und den Eichenarten eingenommen werden. Für die verbliebenen Moorlebensräume im Hamburger Stadtgebiet wird das klimatische Risiko weiter ansteigen; häufige und lang andauernde Trockenperioden würden die Sukzession in Richtung trockenere Vegetationstypen (vor allem Moorwälder) vorantreiben. Bezüglich der Artenvielfalt der Marschenvegetation wird ein Rückgang infolge der Temperaturerhöhung erwartet, da konkurrenzschwache kleinwüchsige und annuelle Arten verdrängt werden. Artenverschiebungen in den ausgedehnten Sandheiden der Metropolregion sind insbesondere bei zunehmender sommerlicher Trockenheit und über erhöhte Nährstoffverfügbarkeit zu erwarten. Die Keimlinge der Besenheide reagieren empfindlich auf Trockenheit. Vermehrt zu erwartende Trockenperioden im Sommer dürften die Keimlingsetablierung gefährden. Im artenreichen Feuchtgrünland werden neben erhöhten Temperaturen vor allem Veränderungen des Wasserhaushaltes deutliche Verschiebungen im Arteninventar hervorrufen. Modellierungen des zukünftigen Grundwasserstandes im Feuchtgrünland lassen für die MRH, z. B. für die Brenndolden-Wiesen in den niedersächsischen Elbtalauen, vermehrt kritische Phasen der Wasserversorgung erwarten. Im Bereich urbaner Ökosysteme werden Invasionsprozesse bei erhöhten Temperaturen begünstigt. Die Habitatbedingungen für viele einheimische Arten werden sich verschlechtern, während angepasste neophytische Arten sich weiter ausbreiten dürften.

1.3.6 Land- und Forstwirtschaft, Fischerei (► Kap. 7)

In der MRH stellen **Wälder** keine Ursache des Klimawandels dar. Sie bilden eine Senke für atmosphärisches CO_2, da der Holzzuwachs die Holznutzung übersteigt. Hingegen trägt die **Landwirtschaft** durch Emissionen – insbesondere von Methan und Distickstoffoxid – aus der Tierhaltung und landwirtschaftlich genutzten Böden zur Erhöhung der Treibhausgaskonzentration der Atmosphäre bei.

Für Norddeutschland können Hitze- und Trockenstress die Vitalität, das Wachstum und die Kohlenstoffsequestrierung von Wäldern negativ beeinflussen sowie das Risiko für Borkenkäferkalamitäten und Waldbrände steigern. Für die Landwirtschaft in der MRH können sich sowohl Chancen als auch Risiken durch den zu erwartenden Klimawandel ergeben. Mildere Winter und wärmere und möglicherweise trockenere Sommer könnten das Auftreten von Krankheiten, Pflanzenschädlingen und Unkräutern begünstigen und zu Ertragseinbußen oder gar dem Ausfall ganzer Kulturen führen.

Der zukünftige Klimawandel könnte unterschiedliche Anpassungsmaßnahmen erforderlich machen. Eine zukünftige Erhöhung der Temperatur würde zur Notwendigkeit von langfristigen adaptiven Maßnahmen in der Forstwirtschaft (z. B. Baumartenwahl) führen, während in der Landwirtschaft einer zunehmenden Klimavariabilität wie Hitzewellen oder Dürreperioden mit kurzfristigen Anpassungsmaßnahmen (z. B. Bewässerung) zu begegnen wäre.

Bei der Einschätzung der Veränderung der **Fischerei** wird von einer Verringerung der globalen Produktivität der Ozeane bei steigenden Temperaturen ausgegangen. Die Nordsee und ihre Fischbestände werden von den geänderten Umständen aber eher profitieren, selbst wenn es bisher keine belastbaren quantitativen Vorhersagen zu den Auswirkungen des Klimawandels gibt. Grundlegende Trends zeichnen sich allerdings schon heute ab.

Auch wenn das Wasser der Nordsee in der Zukunft deutlich wärmer sein und deswegen weniger Sauerstoff aufnehmen wird, sind keine gravierenden physiologischen Auswirkungen oder ein Rückgang der Produktion durch Sauerstoffmangel zu erwarten. Die Wachstumsraten der Fische werden bei ausreichender Nahrungsverfügbarkeit steigen. Das heißt, bezogen auf das Sauerstoffproblem werden die Fischbestände der Nordsee eher zu den Profiteuren der wärmeren Wassertemperaturen gehören, wobei diese Betrachtung mögliche Zunahmen von Extremereignissen nicht einschließt.

Die Erwärmung der Nordsee hat zu einer Zunahme von Nordseegarnele, Scholle oder Makrele, aber auch von fischereilich interessanten, z. T. hochpreisigen Arten wie Wolfsbarsch und Roter Meerbarbe oder auch Sardellen geführt. Verschiedene Cephalopodenarten dehnen sich ebenfalls massiv in die Nordsee aus und dominieren z. B. im Nordosten Schottlands schon über traditionelle Zielarten der Fischerei. Trotz eines langfristigen Rückgangs kaltadaptierter Arten (z. B. Kabeljau) wird die deutsche Fischerei in der Nordsee von den neuen Arten und der positiven Entwicklung anpassungsfähiger heutiger Zielarten profitieren. Fischerei und Management werden sich jedoch an die neuen Gegebenheiten anpassen müssen, um in der sich stark ändernden Umgebung konkurrenzfähig zu bleiben.

Weil sich der Klimawandel auf die Verteilung und Produktivität der Bestände in der Nordsee auch über die Grenzen der nationalen Hoheitsgewässer der EU-Staaten hinaus auswirken wird und damit auf die politische Dimension der Fangmöglichkeiten, wird die Ökonomie der Fischereiwirtschaft in Europa und Deutschland ebenfalls betroffen sein. Bioökonomische Modellstudien prognostizieren allerdings, dass die ökonomischen Konsequenzen eher davon abhängen, wie sich die Gesellschaft und die Märkte auf die Situation einstellen, als von den Klimawandelauswirkungen selbst.

1.3.7 Gesundheit (► Kap. 8)

In diesem neuen Kapitel wird das Wissen über mögliche Auswirkungen des Klimawandels auf die Gesundheit in der MRH zusammengefasst. Dabei zeigt sich, dass eine steigende thermische Belastung z. B. in Form von Hitzewellen möglich ist, die vor allem Auswirkungen auf ältere Menschen und Kinder haben kann. Phänologische Veränderungen der Vegetation können die Pollensaison und damit die Beschwerdezeit von Allergikern verlängern. Möglicherweise begünstigt der Klimawandel auch die Verbreitung von Erregern bzw. Überträgern von Infektionskrankheiten.

In allen Unterkapiteln wird aber auch deutlich, dass bislang kaum quantitative Ergebnisse zu den gesundheitlichen Folgen des Klimawandels vorliegen. Die Ursachen dafür liegen vor allem in der Komplexität multikausaler, dynamischer Zusammenhänge. Konkrete Aussagen oder Prognosen zu den Auswirkungen klimatischer Veränderungen auf die Gesundheit sind daher sehr schwierig zu treffen und mit großen Unsicherheiten behaftet. Anhand eines Beispiels wird dies demonstriert – so wird in der Literatur ein Zusammenhang zwischen der Außentemperatur und der Herzinfarkthäufigkeit hergestellt. Andere Studien zeigen allerdings, dass für über 90 % aller Herzinfarkte neun klimaunabhängige Risikofaktoren verantwortlich gemacht werden können, darunter Konsumverhalten (Rauchen, Alkohol), Ernährung, Bewegung, individueller Gesundheitszustand (z. B. Übergewicht) und genetische Veranlagung. Damit wird deutlich, dass klimatische Veränderungen zwar einen Einfluss auf die Gesundheit haben können, die dominanten Einflussgrößen vermutlich jedoch im individuellen (Gesundheits-)Verhalten zu suchen sind. Insofern sind klimatische Wirkungen nach jetzigem Kenntnisstand oftmals eher als beeinflussende „Hintergrundgröße" oder auslösender Faktor zu betrachten und nicht als maßgebliche Einflussgröße auf die Gesundheit.

In Einzelfällen lassen sich aber durchaus Zusammenhänge zwischen klimatischen Veränderungen und Gesundheit belegen, etwa in Bezug auf verwundbare (vulnerable) Bevölkerungsgruppen, zu denen in erster Linie ältere Menschen und Kinder zählen.

1.3.8 Infrastrukturen (Energie- und Wasserversorgung) (▶ Kap. 9)

Dieses Kapitel ist ein neues Element im HKB.

In der wissenschaftlichen Literatur werden die meisten Bereiche der Wertschöpfungskette des Energiesektors als negativ betroffen beschrieben, wobei Anpassungsmaßnahmen oftmals grundsätzlich verfügbar und umsetzbar sind. Als wesentliche Einflussfaktoren werden die Wasserverfügbarkeit, Extremwetterereignisse und steigende Durchschnittstemperaturen identifiziert. Die Netzinfrastruktur ist die verletzlichste Komponente des Energiesystems. Die entscheidenden Betroffenheiten durch den Klimawandel für die Energiewirtschaft sind derzeit insgesamt jedoch im regulatorischen Bereich zu sehen.

Die zu erwartenden Auswirkungen des Klimawandels auch in Hamburg und der Metropolregion für anstehende Infrastrukturmaßnahmen sind für die Planung von zeitgerechten Anpassungsmaßnahmen schon jetzt relevant. Dabei ist zu berücksichtigen, dass Investitionen in Infrastrukturen – wie Anlagen zur Energieerzeugung oder Netze – in der Regel sehr langfristige Konsequenzen und Nutzungsdauern haben.

Der Stand des Wissens im Hinblick auf die Energieversorgung in Hamburg und der Metropolregion ist jedoch noch unzureichend. Wissenschaftliche Untersuchungen mit diesem spezifischen regionalen Fokus liegen derzeit kaum vor, insbesondere nicht für die Wärme- und die Gasversorgung sowie für Kosten-Nutzen-Abschätzungen von Anpassungsmaßnahmen. Auch das Wissen zur möglichen zukünftigen Ausgestaltung regulatorischer Rahmenbedingungen sowie im Hinblick auf die damit verbundenen ökonomischen Anreizsetzungen ist lückenhaft.

Der **Wassersektor** in Hamburg wäre vor allem im Bereich der Abwasserentsorgung durch eine Zunahme von Starkregenereignissen und im Bereich der Wassernachfrage durch einen Anstieg von Hitzeperioden betroffen. Daraus ergibt sich eine wesentliche Herausforderung der Anpassung an die Folgen des Klimawandels im Hinblick auf die Ausgestaltung von Sielkapazitäten für die Ableitungen von Regenwasser bei Starkregenereignissen. Eine Bewertung der Wasserversorgungsinfrastruktur auf ihre Hochwassersicherheit in den entsprechend gefährdeten Gebieten sowie auf die steigenden Anforderungen aufgrund stärkerer Schwankungen in der Wassernachfrage fehlt bisher.

Im Hinblick auf spezifische Aussagen zur klimawandelbedingten Betroffenheit der Energie- und Wasserversorgung in Hamburg und der Metropolregion zeigen sich somit insgesamt Wissenslücken. Auch ist bislang wenig bekannt über die monetäre Betroffenheit von Versorgungsinfrastrukturen sowie über Aspekte der notwendigen Berücksichtigung von Klimawandelfolgen im Rahmen der zukünftigen Ausgestaltung regulatorischer Rahmenbedingungen und damit verbundener ökonomischer Anreizsetzungen.

1.3.9 Migration (▶ Kap. 10)

Die wissenschaftliche Forschung zu den Folgen des Klimawandels für Migration steckt ebenso wie die Forschung zu den Auswirkungen von Migration auf Anpassungsmaßnahmen noch in den Anfängen. Das gilt besonders auch für die lokale Ebene. Mikrostudien für einzelne Städte existieren bislang nicht. Obwohl in der öffentlichen Diskussion die Frage von „Klimaflüchtlingen" besonders prominent geführt wird, ist eine Isolierung des Fluchtgrundes „Klimawandel" nicht zielführend, weil Migration häufig multikausal verursacht ist. Es besteht ein komplexes Zusammenspiel von Migrationsanreizen, -möglichkeiten und -hindernissen sowie die Attraktivität von Zielregionen. Weiterhin spielen auch Entfernungen eine große Rolle. So sind etwa die von Dürren, Überschwemmungen oder schweren Stürmen Betroffenen selten in der Lage, weiter als bis zum nächsten Flüchtlingslager zu wandern.

Die Stadt Hamburg ist seit langer Zeit ein Ort mit hohen Zuwanderungsraten und vielfältigen Erfahrungen in der Integration von Migranten. In der Stadtforschung herrscht weitgehende Einigkeit, dass der Zustrom unterschiedlicher Migrantengruppen eine wichtige Ressource für die wirtschaftliche und kulturelle Weiterentwicklung von Großstädten darstellt. Gleichzeitig sind mit der internationalen Migration auch große Herausforderungen an die Stadtpolitik verbunden. Stichworte sind die Wohnungsversorgung, die soziale Infrastruktur wie Kindergärten, Schulen und die Versorgungsleistungen der älteren Mitbewohner sowie der Zugang zum Arbeitsmarkt. Hinzu tritt die Integrationsaufgabe, deren erfolgreiche Lösung vom Alltagshandeln aller Stadtbewohner abhängig ist. Die Komplexität dieses Zusammenspiels von Zuwanderung und Stadtentwicklung ist politisch zumeist kontrovers begleitet worden.

Die bereits bestehenden und in Zukunft möglichen Herausforderungen, die durch die Verbindungen von Klimawandel mit Migration für Hamburg entstehen, lassen sich benennen, sind aber bisher nicht exakt zu bestimmen. Allerdings besteht Konsens, dass umweltbedingte Migration im 21. Jahrhundert zunehmen wird und damit auch die Stadtregion Hamburg als Wanderungsziel bedeutungsvoll bleibt.

1.3.10 Hafen Hamburg, Schifffahrt und Verkehr (▶ Kap. 11)

Auch dies ist ein neues Kapitel.

Für die internationalen Seehäfen zeigt die Studienlage, dass sich der Klimawandel regional unterschiedlich auswirkt, sodass generalisierende Aussagen zu den daraus erwachsenen Chancen und Risiken von Häfen, Schifffahrt und Verkehr nicht möglich sind. Für die Stadt Hamburg sind die Studien überschaubar, die Übertragbarkeit der zahlreichen Studienergebnisse bzgl. anderer Häfen wäre im Detail zu evaluieren. Festzustellen ist aber, dass viele der zukünftigen Auswirkungen des Klimawandels für den Hafen Hamburg als bekannt anzusehen sind. Allerdings sind Aussagen zum Bedrohungspotenzial im Hinblick auf die Eintrittswahrscheinlichkeit sowie die Gefährdungslage des Hafens Hamburg nur schwer zu treffen. Um den Entscheidungsträgern belastbare Entscheidungsgrundlagen an die Hand zu geben, wäre hier vertiefte Forschung nötig.

Für die Entwicklung einer Anpassungsstrategie sind wichtige Aspekte die geographische Lage des Hafens Hamburg, der Fahrrinnenerhalt und ihre Verbreiterung im Spannungsfeld mit möglichen Restriktionen infolge des Urteils des Europäischen Gerichtshofes vom 1. Juli 2015, die zukünftig mögliche schiffbare Nordostpassage Richtung Asien und der klimapolitisch herausragende „Modal Split" bei der Hinterlandanbindung.

Schließlich werden zukünftige auf die Reduzierung oder Vermeidung von Klimawandelfolgen gerichtete politische und gesetzgeberische Maßnahmen Anpassungsmaßnahmen erforderlich machen. Die bisherigen Regulierungen zeigen bereits einen nicht unerheblichen Einfluss auf die Wettbewerbsfähigkeit internationaler Häfen auf.

1.3.11 Klimawandel in den Medien (▶ Kap. 12)

Auch dieses Thema wird erstmalig im HKB behandelt.

Gegenstand der kommunikationswissenschaftlichen Analyse des Klimawandels ist es, zu beschreiben und zu erklären, wie der Klimawandel als soziales Problem in klassischen und in neuen digitalen Medien konstruiert wird und welche Folgen das für die Gesellschaft hat. Von zentraler Bedeutung ist die mediale Debatte, weil sie Bürgern und Eliten Orientierung bei der Meinungsbildung bietet und Folgen für die gesellschaftliche Reaktion auf das physikalische Phänomen Klimawandel hat. Erstmals werden nun in einem Kapitel des HKB zentrale Befunde dieser Forschung dargestellt und erläutert.

Grundsätzlich stimmt die Berichterstattung in vielen Ländern mit dem wissenschaftlichen Befund überein, dass es eine außergewöhnliche globale Erwärmung gibt, die menschlich durch Emission von Treibhausgasen verursacht wird und mit gravierenden Problemen und Risiken verbunden ist. Für die Entstehung dieses „Masterframes" in den Medien spielt auch die Arbeit des Weltklimarates eine große Rolle. Dennoch finden sich noch immer klimaskeptische Stimmen in der Medienberichterstattung wieder. Der Grund ist nicht, dass Journalisten selbst Klimaskeptiker wären. Vielmehr spielen berufliche Routinen wie Ausgewogenheit und Orientierung am Nachrichtenwert-Konflikt eine Rolle dabei, den Abstreitern des Klimawandels Gehör zu verschaffen. Jenseits dieses allgemeinen Musters der Klimadebatte gibt es starke Unterschiede: Die Intensität der Klimaberichterstattung ist stark von politischen Events wie den jährlichen Klimagipfeln getrieben. Nationale Politik prägt länderspezifische Muster. Vor allem in wenigen konservativen und populären Medien sowie in vielen Blogs kommen Leugner des anthropogenen Klimawandels noch immer prominent zu Wort.

Die Rezeptions- und Wirkungsforschung untersucht, wie Medien genutzt werden und welche Folgen das für Einstellungen, Wissen und Handeln hat. Journalistische Berichterstattung wirkt in erster Linie in der Agenda-Setting-Funktion, generiert also Aufmerksamkeit für das Thema Klimawandel. Sie vermittelt auch bis zu einem gewissen Grad Wissen und „Klimabewusstsein". Am wenigsten Wirkung zeigt sie im Hinblick auf klimabezogene Handlungsintentionen. Die Wirkkraft der Medien hängt aber von verschiedenen Faktoren ab: erstens von den tatsächlich genutzten Medien (journalistische und auch nichtjournalistische wie fiktionale und dokumentarische Spielfilme) sowie konkreten Medieninhalten und zweitens von den individuellen Eigenschaften, vom Bildungsgrad und nicht zuletzt auch von der bestehenden Einstellung zu Umweltfragen und der allgemeinen politischen Einstellung der Rezipienten.

Im Fallbeispiel Hamburg wird Klimawandel zu einem Topos, um den herum aktuelles Geschehen (Sturmfluten heute, Stadtentwicklung in der HafenCity, regionale Landwirtschaft) und vergangenes Geschehen (Sturmflutkatastrophe von 1962) enge Verflechtungen eingehen.

1.3.12 Wahrnehmung des Klimawandels in der Metropolregion Hamburg (▶ Kap. 13)

Die vorliegenden Studien zur Wahrnehmung von Klimawandel in Norddeutschland und Hamburg ergeben wegen ihrer unterschiedlichen Ziele, eingesetzten Methoden und unterschiedlichen Untersuchungsräume ein mosaikartiges Bild der Klimawandelwahrnehmung in der Bevölkerung. Sie bestätigen die in internationalen Studien herausgestellten Trends zur und Einflussfaktoren auf Klimawandelwahrnehmung.

Das Problem des Klimawandels ist im Alltag der Bürgerinnen und Bürger durchaus präsent, das gilt für alle Studien gleichermaßen. Für Hamburg zeigten Befragungen, dass für die Befragten der Klimawandel ein „ernsthaftes Problem" darstellt, auch wenn es nicht zu den wichtigsten Problemen gehört. Umfragen über längere Zeiträume belegen, dass sich die Besorgnis über die Risiken durch den Klimawandel bislang auf einem gleichbleibenden, wenn auch schwankenden Niveau hält.

Der Klimawandel wird vor allem mit subjektiv wahrgenommenen Wetteränderungen assoziiert und erst in zweiter Linie mit dem Anstieg des Meeresspiegels oder mit Überschwemmungen gleichgesetzt. Sturmfluten spielen hierbei eine besondere Rolle, insbesondere weil diese einen wichtigen Faktor als Erfahrung mit Extremereignissen in der Vergangenheit darstellen.

In den Vergleichsstudien zwischen Hamburg und Nachbarstädten erweisen sich Wahrnehmungsunterschiede von Klimarisiken größer als erwartet. Diese Unterschiede sind in spezifische städtische Traditionslinien eingebettet. Die bis heute prägende Sturmflut in Hamburg 1962 hat sich im Laufe von Jahrzehnten als Erinnerung an „Naturkatastrophen" ins kollektive Gedächtnis eingebrannt, und zugleich wird diese Erinnerung überformt und mit Themen des Klimawandels verbunden. Der Klimawandel brachte so einen neuen Begründungszusammenhang für das Phänomen Sturmflut in Hamburg. Dieser Zusammenhang zwischen Sturmfluten und Klimabewusstsein zeigt sich in den regelmäßig stattfindenden Umfragen in der Hamburger Bevölkerung, wonach sich die Einschätzungen der Gefährdung Hamburgs durch den Klimawandel im Anschluss an Sturmfluten erhöhen, mit zeitlicher Distanz zu Sturmfluten jedoch wieder zurückgehen.

Insgesamt ergeben sich unterschiedliche individuelle Einstellungen und Bedeutungszuschreibungen zum Klimawandel, und diese sind dynamisch und verändern sich mit neuen Erfahrungen und neuen Informationen. Aber Informationen allein reichen nicht aus, um ein Engagement zu stimulieren. Information ist nicht mit Wissen gleichzusetzen, und sie führt nicht zwangsläufig zur Handlung oder zur Umsetzung von Anpassung- und Vermeidungsstrategien von Klimawandel. Klimaanpassungshandeln ist zunächst individuell – man schützt sich und sein Hab und Gut. Die Entscheidung über die Art und den Umgang von und mit geeigneten Maßnahmen wird durch die lokale und regionale Verwundbarkeit bedingt (z. B. Maßnahmen zum Hochwasserschutz). Die Einwohner Hamburgs fühlen sich derzeit weitgehend sicher vor den Auswirkungen des Klimawandels.

1.3.13 Lokale Klima-Governance im Mehrebenen-System: formale und informelle Regelungsformen (► Kap. 14)

Der Klimaschutz stellt besondere Herausforderungen an regionales und kommunales Handeln. Die Langfristigkeit der Klimaänderung sowie die damit verbundenen Unsicherheiten sind Rahmenbedingungen, die in Politik, Verwaltung und Wirtschaft Entscheidungsprozesse zugunsten des Klimaschutzes erschweren. Städte und Kommunen sind die zentrale Umsetzungsebene für die auf internationaler und nationaler Ebene getroffenen Entscheidungen zum Klimaschutz.

Der Umfang des Engagements auf kommunaler und regionaler Ebene liegt im eigenen Ermessen und weist in der Praxis eine große Vielfalt auf. Dies gilt auch für die MRH, wo zahlreiche Aktivitäten zum Klimaschutz zu finden sind. Das Land Hamburg hat schon 1997 Regelungen aus verschiedenen Rechtsbereichen gebündelt und mit dem HmbKlSchG in einem Gesetz zusammengeführt. Inzwischen ist ein weitgehendes „Klimaschutz-Mainstreaming" in der Gesetzeslandschaft zu beobachten. Ergänzend zu bestehenden bzw. fehlenden formellen Regularien tragen informelle Instrumente zur Umsetzung von Klimaschutzmaßnahmen bei.

Für die beteiligten Bundesländer sowie fast flächendeckend auf kommunaler Ebene für die (Land-)Kreise und kreisfreien Städte gibt es Klimaschutzkonzepte, die allerdings nicht für die MRH zusammengeführt worden sind. Diese Konzepte unterscheiden sich in Alter, Ziel- und Schwerpunktsetzung, beteiligten Akteuren, Umfang und Grad der Umsetzung. Es fehlen formale Vorgaben zum Aufstellungsverfahren, quantifizierte gemeinsame Ziele und eine nachvollziehbare Methodik der CO_2-Bilanzierung und Konkretisierung, etwa zur Finanzierung. Hinsichtlich der Bindungswirkung bei der Umsetzung von Klimaschutzplänen weist Hamburg jedoch gegenüber den Flächenländern einen Vorteil auf. Die Flächenstaaten benötigen zur Erzeugung einer landesweiten Bindungswirkung ihrer Klimaschutzkonzepte, insbesondere auch gegenüber den Kommunen, formelle Instrumente. Der Hamburger Senat ist hingegen in der Lage, die Vorgaben des Klimaplans mit bereits vorhandenen Instrumenten für die gesamte Hamburger Verwaltung verbindlich zu machen.

1.3.14 Technischer Klimaschutz (► Kap. 15)

Das Thema technischer Klimaschutz wurde erstmalig in den HKB aufgenommen.

In den Bereichen Energieversorgung und Mobilität lassen sich der technische und der organisatorische Klimaschutz nicht mehr voneinander trennen. Forschung und Entwicklung im Bereich neuer Technologien für die Energieversorgung und neue Mobilitätskonzepte sind ein Grundpfeiler für den Paradigmenwechsel in Richtung sauberer und regenerativer Energieerzeugungs- und Antriebskonzepte. Die Hamburger Forschungslandschaft unterstreicht mit den behandelten Themen den hohen Stellenwert des Klimaschutzes in der Technik. Zudem werden auf industrieller Seite klimafreundliche Lösungen auch aus Marketingsicht immer attraktiver.

In der Energieversorgung ist es für Hamburg als Stadtstaat schwer, sich im Bereich regenerativer Erzeugung mit Flächenstaaten gleichzustellen. Aufgrund der Flächenknappheit wird Hamburg immer von Stromimport und dem Ausbau der regenerativen Erzeugungskapazitäten in benachbarten Bundesländern abhängig sein. Nichtsdestotrotz wird bei der Stromerzeugung bei Neubauten und Ertüchtigungen auf neueste Technologie und die Reduzierung von Treibhausgasen geachtet. In der Wärmeversorgung hat Hamburg mit einem sehr gut ausgebauten Fernwärmenetz noch großes Potenzial, den regenerativen Anteil zu erhöhen. Bei Forschung und Entwicklung baut sich Hamburg zu einem führenden Bundesland bei der nichtnuklearen Forschung aus.

In der Mobilität ist Hamburg in den Bereichen Luft, Wasser, Land stark vertreten und verfolgt in all diesen Bereichen innovative Konzepte für neue, klimaschonende Technologien. Gerade im Bereich des ÖPNV wird viel unternommen, und durch den geplanten flächendeckenden Ausbau der Ladeinfrastruktur wird Hamburg als Stadt auch für Elektromobilität im Allgemeinen interessanter. Bei der Schiff- und Luftfahrt ist der Umstieg auf nichtfossile Energieträger deutlich schwerer. Es sind zwar erste Schritte in Richtung einer regenerativen Land- bzw. Bodenstromversorgung unternommen worden, jedoch sind in diesen Bereichen die Potenziale noch bei Weitem nicht ausgeschöpft.

1.3.15 Klimawandel, Nachhaltigkeit und Transformationsgestaltung (► Kap. 16)

Auch dieser Bereich wird erstmalig im HKB behandelt.

Durch die von 193 Mitgliedstaaten der Vereinten Nationen angenommene Transformationsagenda 2030 und die darin enthaltenen 17 universellen Nachhaltigkeitsziele einerseits und die Ergebnisse des Klimaschutzgipfels von Paris andererseits sind die Anforderungen an die internationale Gemeinschaft, die Nationalstaaten, die Wirtschaft sowie die Zivil- und Bürgergesellschaft erhöht worden, Klimawandel und nachhaltige Entwicklung ernsthafter in Angriff zu nehmen. Dass beide Themen gerade auch auf lokaler Ebene zusammengedacht und bearbeitet werden müssen, ergibt sich aus der Natur der Herausforderung: Es handelt sich um sozial und sachlich komplexe, also durch vielfältig miteinander wechselwirkende Entwicklungsdynamiken gekennzeichnete Phänomene, die eine stärker integrative und transformative Analyse- und Gestaltungsperspektive erfordern.

Für den Stadtstaat Hamburg sind Politik und Verwaltung organisationsstrukturell, prozedural, instrumentell und in der inhaltlichen Konkretisierung für die lokale Umsetzung der globalen Nachhaltigkeits- und Klimaziele noch nicht hinreichend aufgestellt.

Klima der Region und Einfluss auf Ökosysteme

Klima der Region – Zustand, bisherige Entwicklung und mögliche Änderungen bis 2100

Insa Meinke, Diana Rechid, Birger Tinz, Moritz Maneke, Christiana Lefebvre, Elke Isokeit

Verantwortliche, vom Lenkungsausschuss berufene Leitautoren: Insa Meinke, Diana Rechid, Birger Tinz
Von den Leitautoren hinzugezogene Autoren: Moritz Maneke, Christina Lefebvre, Elke Isokeit

H. Storch, I. Meinke, M. Claußen (Hrsg.),
Hamburger Klimabericht – Wissen über Klima, Klimawandel und Auswirkungen in Hamburg und Norddeutschland,
https://doi.org/10.1007/978-3-662-55379-4_2

2.1 Einführung

Das Fachwissen zum Klima in der Metropolregion Hamburg (MRH) und seinen Änderungen wurde bis 2008 ausführlich im „Klimabericht für die Metropolregion Hamburg" dokumentiert (Rosenhagen und Schatzmann 2011; Daschkeit 2011). Im Jahr 2013 haben die Leitautoren im Rahmen einer Aktualisierung des Klimaberichtes bzgl. dieses Themenfeldes auf das BMBF-Projekt KLIMZUG-NORD und das Hamburger Exzellenzcluster CliSAP sowie erste daraus entstandene Arbeiten verwiesen (Rosenhagen 2013), die sich vielfach auf das Stadtklima Hamburgs beziehen (vgl. ► Kap. 3). Inzwischen stehen für weitere Regionen in Norddeutschland Ergebnisse aus verschiedenen Forschungsprojekten wie KLIWAS (Bülow et al. 2014), KLIFF (Moseley et al. 2012), KLIMZUG-NORD (Rechid et al. 2014b, 2014c) und RADOST (Martinez und Blobel 2014) zur Verfügung. Zudem sind seit 2013 weitere Fachartikel erschienen, die das Klima und den Klimawandel in der Region thematisieren. Bezüglich der Veröffentlichungen ist insbesondere der 2015 veröffentlichte Klimabericht für den Ostseeraum (BACC II Author Team 2015) zu nennen, der ähnlich wie der Hamburger Klimabericht (HKB) den Stand des Wissens zum regionalen Klima sowie dessen zeitliche Veränderungen und Folgen für den Ostseeraum dokumentiert. Zudem wurden neben neuen Fachartikeln webbasierte Informationsangebote entwickelt, die das Klima und den Klimawandel in der Region thematisieren (◻ Tab. 2.1).

2.2 Klimazustand

Durch lange homogene In-situ-Messreihen lässt sich der Klimazustand eines bestimmten Ortes am besten bestimmen. Neben der räumlichen Variabilität der Messgrößen entscheiden vor allem der Standort der Messstation sowie die Beschaffenheit und Änderungen des direkten Messumfeldes über die Repräsentativität der Messungen für eine größere Umgebung. Messnetze unterschiedlicher Stationsdichte tragen dieser Tatsache Rechnung. Datensätze aus räumlich interpolierten Messdaten geben Informationen für die Fläche. Neben den In-situ-Beobachtungen haben sich in den letzten Jahrzehnten zunehmend Fernerkundungsverfahren und Reanalysen etabliert (American Meteorological Society 2012). Letztere beruhen auf numerischen Atmosphärenmodellen und bieten Gitterpunktfelder von physikalisch konsistenten meteorologischen Größen mit einer größeren Vielfalt an Parametern auch in verschiedenen Höhen der Atmosphäre und in hoher zeitlicher Auflösung. Jedes Verfahren hat seine Stärken und Schwächen, und so können die verschiedenen methodischen Ansätze zu Unterschieden in den Datensätzen führen. Die voneinander abweichenden Werte zeigen die Unschärfe beispielsweise bei der Bestimmung des Klimazustandes auf. Sowohl die Messreihen als auch die Zeitreihen der Reanalysen können Inhomogenitäten aufweisen, die bei den Messreihen auf Stationsverlegungen, Änderungen von Messgeräten und Beobachtungsvorschriften oder auf Veränderungen in der Stationsumgebung zurückzuführen sind. In den Reanalysen können Inhomogenitäten durch eine sich zeitlich verändernde Datenbasis erfolgen, indem neue Datenquellen wie Satelliten- oder Radardaten assimiliert werden. Auch wenn es sich bei den Reanalysen um homogenisierte Datensätze handelt, ist weiterhin zu berücksichtigen, dass es sich um Modelldaten handelt, die kein exaktes Abbild der Realität liefern können. Zudem ist die Unterschiedlichkeit der räumlichen Repräsentativität der verschiedenen Datensätze zu beachten. Während es sich bei den Beobachtungsdaten um Punktmessungen handelt, denen eine gewisse Repräsentativität für das Umfeld zugesprochen wird, beziehen sich die Werte der räumlich homogenen Reanalysen auf Modellgitterpunkte, deren räumliche Auflösung je nach Modelllauf variiert.

◻ **Tab. 2.1** Webbasierte Informationsangebote zum Klimawandel in der MRH und Norddeutschland

Name	Anbieter	Inhalt	Literatur/Website
Climate Data Center	DWD	30-jährige Mittelwerte von DWD-Stationsdaten, phänologischen Daten, abgeleiteten Parametern, Rasterfelder	Kaspar et al. 2013 www.dwd.de/cdc
Deutscher Klimaatlas	DWD	Rasterkarten und Zeitreihen meteorologischer Größen Vergangenheit und Zukunft	Kaspar et al. 2013 www.deutscher-klimaatlas.de
Dokumentenserver Klimawandel	GERICS, SUB Hamburg	Dokumentenarchiv der KLIMZUG-Projekte	www.edoc.sub.uni-hamburg.de/klimawandel/home
Klimanavigator	Nationales Portal, GERICS & Partner	Überblick zu klimarelevanter Forschung und Klimawandel	www.klimanavigator.de
Norddeutscher Klimaatlas	Norddeutsches Küsten- und Klimabüro/Institut für Küstenforschung/HZG	Analysen und Interpretationen von regionalen Klimaprojektionen bis 2100 in Norddeutschland	Meinke und Gerstner 2009 www.norddeutscher-klimaatlas.de
Norddeutscher Klimamonitor	Norddeutsches Küsten- und Klimabüro/Institut für Küstenforschung/HZG und DWD	Analysen und Interpretationen von Stationsdaten, Rasterkarten und Reanalysen bzgl. Klimazustand, bisherigen Klimaentwicklungen und Konsistenz mit regionalen Klimaprojektionen in Norddeutschland	Meinke et al. 2014 www.norddeutscher-klimamonitor.de
Regionaler Klimaatlas	Regionale Klimabüros der Helmholtz-Gemeinschaft	Analysen und Interpretationen von regionalen Klimaprojektionen bis 2100 für alle Bundesländer	Meinke et al. 2010 www.regionaler-klimaatlas.de

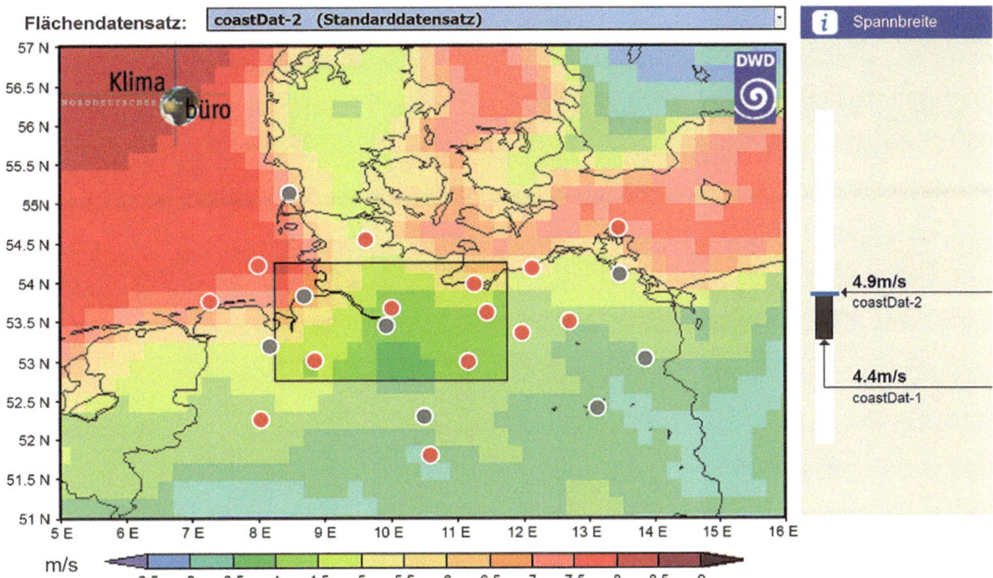

Abb. 2.1 Jahresmittel der Windgeschwindigkeit in m/s im Bereich der Metropolregion Hamburg 1981–2010. Dargestellt ist die räumliche Verteilung gemäß der Reanalyse coastDat2 (Geyer 2014). Die Punkte markieren die Lage von Klimastationen des DWD (*rot* = Stationen mit hinreichend wenigen Fehlwerten im Zeitraum 1981–2010, *grau* = Stationen mit zu vielen Fehlwerten. (Norddeutscher Klimamonitor, Meinke et al. 2014)

Den nachfolgenden Ausführungen liegt die Klimabeschreibung der Metropolregion Hamburg (Rosenhagen und Schatzmann 2011) aus dem 1. HKB zugrunde. Die Auswertungen wurden durch Beobachtungsdaten des DWD (Kaspar et al. 2013), weiteren räumlich interpolierten Beobachtungsdaten und regionalen Reanalysen für den Zeitraum 1981–2010 aktualisiert. Die Ergebnisse werden mit den Auswertungen im Norddeutschen Klimamonitor (Stand Oktober 2015) verglichen. Dieser entstand in einer Kooperation des Norddeutschen Küsten- und Klimabüros am Helmholtz-Zentrum Geesthacht mit dem Deutschen Wetterdienst und basiert auf den Reanalysen coastDat1 und coastDat2, sechs Flächendatensätzen (CRU TS3.2, Matsuura-Willmott V3.01, EOBS 9.0, DWD NKDZ, DWD REGNIE, GPCC v6) sowie 22 Messstationen des DWD-Messnetzes (Stand Oktober 2015[1], Meinke et al. 2014).

2.2.1 Wind

Der Wind ist eines der die Metropolregion Hamburg am stärksten prägenden meteorologischen Elemente. Einst hatte die Seefahrt unter Segeln die Küsten- und handeltreibenden Städte reich gemacht, den Menschen Fortschritt und eine Verbindung mit der ganzen Welt gebracht; heute ist Norddeutschland mit tausenden Windkraftwerken auf dem Weg zum Zentrum einer neuen regenerativen Energiewirtschaft.

Das Jahresmittel der Windgeschwindigkeit in 10 m Höhe über Grund (1981–2010) liegt – je nach Datengrundlage – in der Hamburger Metropolregion (Gebietsmittel über Land- und Meeresflächen) bei 4,5–5 m/s. Räumlich nimmt die jährliche mittlere Windgeschwindigkeit von 3–5 m/s im Landesinnern auf 5–7 m/s an den Küsten zu. Bezogen auf die Stationsmessungen in der Hamburger Metropolregion ist sie mit 8 m/s auf Helgoland in der Deutschen Bucht am höchsten und mit 3 m/s in Lüchow am niedrigsten (Norddeutscher Klimamonitor, Meinke et al. 2014); vgl. auch ◘ Abb. 2.1, in der die räumliche Struktur auf Basis der Reanalyse coastDat2 (Geyer 2014) gezeigt wird. Im jahreszeitlichen Verlauf weist die mittlere Windgeschwindigkeit (1981–2010) in der Metropolregion Hamburg mit Werten von rund 4–4,5 m/s (je nach Datensatz) ein Minimum im Sommer (Juni, Juli, August) auf. Im Winter (Dezember, Januar, Februar) zeigen die mittleren Windgeschwindigkeiten maximale Werte etwa zwischen 5 und 5,5 m/s (Norddeutscher Klimamonitor, Meinke et al. 2014).

Hohe Windgeschwindigkeiten werden vor allem im Winterhalbjahr von den außertropischen Tiefdruckgebieten ausgelöst, die vom Nordatlantik auf Europa übergreifen. In den letzten Jahren wurden sehr hohe Windgeschwindigkeiten im Bereich der dicht aufeinanderfolgenden Orkane CHRISTIAN (28.10.2013) und XAVER (5.–7.12.2013) registriert (von Storch et al. 2014; Leiding et al. 2014). Bei CHRISTIAN trat an der Station Sankt-Peter-Ording mit einer Spitzenbö von 172 km/h die höchste Windgeschwindigkeit dieses Ereignisses in Deutschland auf. Bemerkenswert ist ebenfalls, dass im nördlichen Schleswig-Holstein auch im 10-min-Mittel volle Orkanstärke herrschte (Büsum 127 km/h, Haeseler und Lefebvre 2013). Beim Orkan XAVER kam es zu einer Kettensturmflut an der deutschen Nordseeküste mit Wasserständen von 2,5 bis knapp 4 m über dem mittleren Hochwasser (BSH 2013; Deutschländer et al. 2013, vgl. ► Kap. 4). Hohe Windgeschwindigkeiten treten auch im Bereich sommerlicher Gewitter auf. Diese haben ebenfalls ein großes Schadenspotenzial, da sie oft mit Starkregen oder Hagel verbunden sind, hin und wieder aber auch zur Ausbildung von Tornados führen, wie am 05.05.2015 knapp östlich der Metropolregion (Haeseler et al. 2015).

Einen Überblick über die Häufigkeit der höchsten täglichen Windgeschwindigkeiten im Verlauf eines Jahres gibt ◘ Tab. 2.2. Sie zeigt, dass an Standorten mit hohen jährlichen Windgeschwindigkeiten wie auf See auch häufiger hohe Spitzenböen auftreten als an windärmeren Standorten im Binnenland. Schwere Sturm- und Orkanböen mit Windgeschwindigkeiten von mehr als 24,5 m/s kommen auf Helgoland im Mittel an 26 Tagen im Jahr vor, an der Elbmündung (Cuxhaven) an knapp 12 Tagen, an

1 Der Norddeutsche Klimamonitor wurde im Frühjahr 2017 aktualisiert. Dabei wurde der Datenbestand um den Zeitraum 2011 bis 2015 erweitert. (Meinke 2017).

Tab. 2.2 Mittlere Häufigkeit (Tage pro Jahr) der täglichen Spitzenböen im Zeitraum 1981–2010. (Quelle: eigene Auswertung auf der Grundlage der Daten des Climate Data Center des DWD, teilweise ergänzt mit Daten der DWD-Datenbank MIRAKEL)

Bft	Windgeschwindigkeit in m/s	Helgoland	Cuxhaven	Hamburg-Fuhlsbüttel	Boltenhagen	Schwerin	Lüchow
0	0–0,2	0,0	0,0	0,0	0,0	0,0	0,0
1	0,3–1,5	0,0	0,0	0,1	0,0	0,0	0,2
2	1,6–3,3	0,0	0,1	1,3	0,0	0,6	5,3
3	3,4–5,4	1,5	3,8	16,5	7,6	11,7	39,2
4	5,5–7,9	12,3	33,9	61,4	37,6	69,5	95,6
5	8,0–10,7	57,9	83,5	106,3	89,2	104,9	108,3
6	10,8–13,8	73,6	95,8	97,4	98,4	88,9	66,4
7	13,9–17,1	92,0	75,1	53,0	71,1	50,4	32,2
8	17,2–20,7	65,5	41,5	20,6	34,7	20,5	12,0
9	20,8–24,4	35,6	18,0	5,5	14,2	8,5	3,5
10	24,5–28,4	18,7	8,2	2,2	4,5	3,5	1,4
11	28,5–32,6	5,2	2,3	0,4	1,7	1,0	0,4
12	32,7 und mehr	2,0	1,1	0,2	0,9	0,6	0,1

Tab. 2.3 Monats- und Jahresmittel der Lufttemperatur in °C von Stationen in der Metropolregion Hamburg für die Referenzperiode 1981–2010. (Quelle: Climate Data Center des DWD)

Station	Jan	Feb	Mrz	Apr	Mai	Jun	Jul	Aug	Sep	Okt	Nov	Dez	Jahr
Boltenhagen	1,4	1,6	4,0	7,4	11,7	14,8	17,5	17,5	14,2	10,0	5,4	2,2	9,0
Cuxhaven	2,2	2,3	4,7	8,3	12,4	15,2	17,7	17,7	14,7	10,6	6,2	2,9	9,6
Hamburg-Fuhlsbüttel	1,6	1,9	4,6	8,6	12,9	15,6	18,1	17,6	14,0	9,8	5,4	2,2	9,4
Helgoland	3,4	2,8	4,3	7,1	10,9	14,0	16,8	17,4	15,3	11,9	7,8	4,7	9,7
Lüchow	0,9	1,3	4,5	8,6	13,3	15,8	18,3	17,7	13,8	9,3	4,9	1,6	9,2
Schwerin	0,7	1,2	4,1	8,3	12,9	15,5	18,1	17,7	13,9	9,5	4,8	1,5	9,0

der Ostseeküste bei Boltenhagen an 9 Tagen, weiter landeinwärts an 5 Tagen pro Jahr oder seltener. Dies stimmt mit den Ergebnissen des Norddeutschen Klimamonitors überein, wonach die jährliche Anzahl der Sturmtage (maximale Windgeschwindigkeit in Böen überschreitet 17,2 m/s; entsprechend Beaufort-Skala 8 = stürmischer Wind) über See mit beispielsweise 126 Sturmtagen pro Jahr auf Helgoland am größten ist, während die Sturmhäufigkeiten im Landesinnern deutlich geringer ausfallen, so z. B. in Lüchow, wo im Mittel nur 17 Sturmtage pro Jahr auftreten. Im Jahresverlauf treten die meisten Sturmtage im Winter auf, im Sommer ist die Sturmhäufigkeit in der Hamburger Metropolregion am geringsten. Die Häufigkeit windstiller Tage ist komplementär auf See gering und im Landesinnern etwas häufiger, jedoch ohne klaren Jahresgang (Meinke et al. 2014).

2.2.2 Lufttemperatur

In der Metropolregion Hamburg weisen die Messstationen im Bereich der Deutschen Bucht die höchsten Jahresmittelwerte der 2-m-Temperaturen auf (Tab. 2.3). In Richtung Südosten nehmen sie leicht ab. Der Jahresgang der Temperatur ist durch die Abnahme des maritimen Einflusses mit der Entfernung von Nord- und Ostsee und nach Osten hin durch zunehmende Kontinentalität geprägt. Im Vergleich zu den Küsten und Inseln werden die Sommer nach Süden hin wärmer und die Winter kälter.

Die räumliche Struktur der jährlichen Temperaturverteilung für den Zeitraum 1981–2010 wird im Norddeutschen Klimamonitor (Meinke et al. 2014) anhand der Analysen von derzeit (Stand Oktober 2015) vier interpolierten Klimadatensätzen und zwei Reanalysen angezeigt, von denen Abb. 2.2 den sogenannten Standarddatensatz zeigt. Mit dem Ziel einer realistischen Darstellung wurde im Norddeutschen Klimamonitor je Aspekt (Klimazustand, Klimaentwicklung und Konsistenztest) für jede meteorologische Größe ein Standarddatensatz identifiziert. Das Gebietsmittel dieses Standarddatensatzes weist über alle Jahreszeiten die kleinste Differenz sowohl a) zum Ensemble-Mittel der im Klimamonitor zugrunde liegenden Flächendaten für Norddeutschland auf als auch b) zum Mittel der vollständig vorliegenden Stationen in Norddeutschland. Für alle meteorologischen

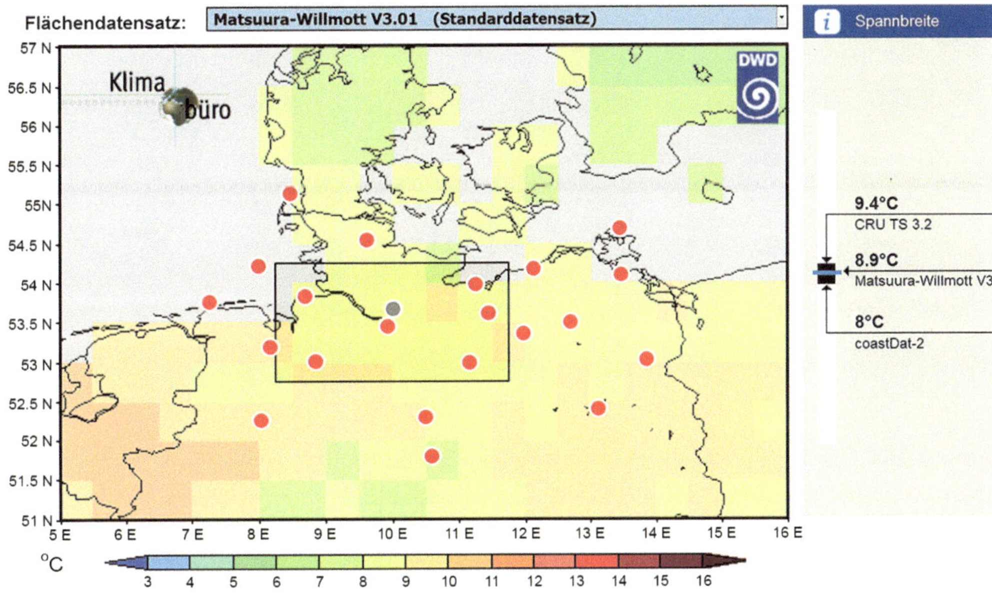

Abb. 2.2 Jahresmittel der Lufttemperatur in °C gemäß der Klimatologie Matsuura-Willmott V3 (Willmott und Matsuura 2012). Die Punkte markieren die Lage von Klimastationen des DWD (*rot* = Stationen mit hinreichend wenigen Fehlwerten im Zeitraum 1981–2010, *grau* = Stationen mit zu vielen Fehlwerten. (Norddeutscher Klimamonitor, Meinke et al. 2014)

Tab. 2.4 Mittlere monatliche und jährliche Anzahl von Ereignistagen an der Station Hamburg-Fuhlsbüttel für die Referenzperiode 1981–2010. (Quelle: Climate Data Center des DWD)

Station	Jan	Feb	Mrz	Apr	Mai	Jun	Jul	Aug	Sep	Okt	Nov	Dez	Jahr
Eistag	6,1	3,7	0,6	0,0	0,0	0,0	0,0	0,0	0,0	0,0	0,7	5,2	16,4
Frosttag	15,1	14,5	10,6	4,4	0,3	0,0	0,0	0,0	0,0	2,4	7,7	15,0	70,0
Sommertag	0,0	0,0	0,0	0,5	2,3	4,6	9,5	8,2	1,5	0,0	0,0	0,0	26,5
Heißer Tag	0,0	0,0	0,0	0,0	0,0	0,6	2,3	1,4	0,0	0,0	0,0	0,0	4,5
Tropennacht	0,0	0,0	0,0	0,0	0,0	0,0	0,5	0,3	0,0	0,0	0,0	0,0	0,8

Größen, für die keine Beobachtungsstationen über den gesamten Untersuchungszeitraum vorhanden sind, wurde im Norddeutschen Klimamonitor coastDat-2 als Standarddatensatz festgelegt, da dieser Datensatz die längste homogene Zeitreihe aufweist.

Entsprechend dem Standarddatensatz liegt das Gebietsmittel der Temperatur für die Metropolregion Hamburg im Zeitraum 1981–2010 bei etwa 9 °C. Die Spannbreite aus den Gebietsmittelwerten aller verwendeten Datensätze reicht in dieser Region von 8 bis 9,4 °C (vgl. Abb. 2.2). Mittlere Lufttemperaturen liegen im Sommer bei etwa 17 °C, während sie im Winter Mittelwerte von etwa 1,5 °C aufweisen. Im Frühjahr und Herbst liegen die mittleren Lufttemperaturen nahe den Jahresmittelwerten (Meinke et al. 2014).

Trusilova und Riecke (2015) analysieren Gebietsmittel der Metropolregion Hamburg aus einem räumlich interpolierten Flächendatensatz in verschiedenen 30-jährigen Bezugszeiträumen. Der jüngste betrachtete Zeitraum umfasst die Jahre 1981–2010. Das Flächenmittel der Jahrestemperatur des Bezugszeitraums 1981–2010 beträgt hier 9,4 °C und liegt im Vergleich zu 1971–2000 um 0,2 °C und in Relation zu 1961–1990 um 0,6 °C höher. Ähnliche Ergebnisse zeigen die Auswertungen des Norddeutschen Klimamonitors (vgl. Meinke et al. 2014).

Die räumliche Verteilung von Tagen mit Lufttemperaturen ober- und unterhalb markanter Schwellenwerte (Ereignistage) hängt eng mit dem Monatsmittel der Lufttemperatur zusammen (s. DWD-Klimaatlas, Norddeutscher Klimamonitor). Durch den auf den Jahres- und Tagesgang der Temperatur dämpfenden Einfluss von Nord- und Ostsee ist die Zahl der Sommer- und heißen Tage und der Frosttage auf Helgoland und direkt an den Küsten am geringsten und in der Lüneburger Heide am größten. Hamburg (vgl. Tab. 2.4) liegt mit etwa 27 Sommertagen (Tagestemperaturmaximum ≥ 25 °C) pro Jahr in der Mitte der räumlichen Spannweite, die sich zwischen zwei Sommertagen auf Helgoland, 11–13 an den Küsten bei Cuxhaven bzw. Boltenhagen und 36 Sommertagen in der Lüneburger Heide (Lüchow) erstreckt (Norddeutscher Klimamonitor, Meinke et al. 2014). Heiße Tage (max. Tagestemperatur ≥ 30 °C) treten derzeit in der Hamburger Metropolregion im Mittel etwa fünfmal pro Jahr auf, wobei es auch hier deutliche Unterschiede zwischen Küste (z. B. Cuxhaven mit zwei heißen Tagen) und Binnenland (z. B. Lüchow mit acht heißen Tagen) gibt. Tropische Nächte (tiefste Nachttemperatur ≥ 20 °C) treten derzeit ausschließlich im Sommer (Juni bis August) auf. Während die Häufigkeit heißer Tage landeinwärts zunimmt, sind tropische Nächte an der Küste häufiger. So gibt es derzeit in Cuxhaven etwa eine tropische Nacht pro Jahr, während beispielsweise in Lüchow seit Messbeginn im November 1971 keine einzige tropische Nacht verzeichnet wurde. In Hamburg-Neuwiedenthal kamen sie im Zeitraum 1981–2010 im Mittel etwa alle zwei Jahre einmal vor (Meinke et al. 2014). Trusilova und Riecke (2015) finden im Zeitraum 1989–2008 in der Stadt Ham-

Tab. 2.5 Mittlere Monats- und Jahressummen der Niederschlagshöhen in mm von Stationen in der Metropolregion Hamburg für die Referenzperiode 1981–2010. (Quelle: Climate Data Center des DWD)

Station	Jan	Feb	Mrz	Apr	Mai	Jun	Jul	Aug	Sep	Okt	Nov	Dez	Jahr
Boltenhagen	43,8	34,0	41,2	33,8	53,0	63,4	61,1	72,1	50,0	45,7	45,5	48,1	591,7
Cuxhaven	67,3	47,1	56,4	38,4	51,6	79,7	80,9	81,3	86,5	90,0	79,7	71,9	830,8
Hamburg-Fuhlsbüttel	67,8	49,9	68,5	43,0	57,4	78,6	76,7	78,9	67,4	67,0	69,2	68,9	793,3
Helgoland	58,4	42,5	49,5	33,9	41,6	54,4	63,6	79,7	87,4	87,0	78,9	67,5	744,4
Lüchow	46,0	34,5	41,2	32,3	50,0	53,0	66,6	59,1	45,5	41,6	43,0	43,9	556,7
Schwerin	53,6	40,5	48,5	38,8	52,4	61,1	69,7	62,9	55,3	50,6	51,3	55,4	640,1

burg bis zu fünf Tropennächte in einem Jahr. Im Bezugszeitraum 1981–2010 traten in der Metropolregion drei Hitzeperioden auf, wenn diese Ereignisse an Hamburg festgemacht werden. Dabei trat die erste und zugleich stärkste seit 1950 im Sommer 1994 auf (Imbery et al. 2015). Imbery et al. (2015) definieren die Hitzeperiode als einen 14-tägigen Zeitraum mit einem mittleren Tagesmaximum der Lufttemperatur von mindestens 30 °C. Frost- und Eistage treten in der Hamburger Metropolregion derzeit (1981–2010) ganzjährig, außer im Sommer (Juni bis August) auf. Ein typischer Winter besteht derzeit etwa zur Hälfte aus Frosttagen (Temperaturminimum < 0 °C), wobei davon an etwa 14 Tagen Eistage auftreten (max. Tagestemperatur < 0 °C).

2.2.3 Niederschlag

Wie bereits bei Rosenhagen und Schatzmann (2011) ausgeführt, nimmt die jährliche Niederschlagshöhe mit zunehmender Kontinentalität im Mittel von West nach Ost ab, was sich sowohl in den Messdaten in Tab. 2.5 als auch in den interpolierten Messdatenanalysen und Reanalysen widerspiegelt, die im Norddeutschen Klimamonitor dargestellt sind. Entsprechend dem Standarddatensatz des Norddeutschen Klimamonitors (Beschreibung s. o.) liegt die mittlere Niederschlagssumme (1981–2010) in der Metropolregion Hamburg bei etwa 720 mm (Gebietsmittel über Landflächen). Vergleicht man die gemessenen jährlichen Niederschlagshöhen an den Messstationen in der Metropolregion, wird deutlich, dass an der Küste, z. B. an der Station Cuxhaven, mit 831 mm deutlich mehr Niederschlag fällt als im Binnenland, wie z. B. in der Lüneburger Heide an der Station Lüchow (557 mm). Im Vergleich zum Zeitraum 1971–2000 (Rosenhagen und Schatzmann 2011) haben die mittleren Jahresniederschläge um rund 5 % zugenommen. Dabei zeigen sich im jahreszeitlichen Wechsel kaum Unterschiede zwischen den beiden Zeiträumen (1971–2000 und 1981–2010). Das Niederschlagsmaximum liegt in der Metropolregion Hamburg im Sommer bei etwa 220 mm. Am wenigsten Niederschlag fällt hier im Frühjahr mit etwa 150 mm (Norddeutscher Klimamonitor; Meinke et al. 2014). Bezogen auf einzelne Monate zeigt der Jahresgang jedoch markante Unterschiede. Im Zeitraum 1981–2010 ist der trockenste Monat an allen Stationen der April, während es im Zeitraum 1971–2000 meist noch der Februar war (Rosenhagen und Schatzmann 2011).

Zu dieser Veränderung trug insbesondere der April 2007 bei – der trockenste April seit 1893, in dem in der Metropolregion durchweg weniger als 10 mm, regional sogar nur 1 mm Niederschlag fiel (Müller-Westermeier et al. 2008). Aber auch in den Jahren 2009–2011 war der April deutlich zu trocken. Die Niederschlagsmaxima sind an den Stationen auf verschiedene Jahreszeiten verteilt. An den Stationen Helgoland und Cuxhaven fallen sie auf die Herbstmonate (Helgoland im September, Cuxhaven im Oktober), an den anderen Stationen auf die Sommermonate Juli und August. Auffällig ist die zwischen beiden Bezugszeiträumen teilweise kräftige Zunahme der Niederschläge im August um meist 10–20 mm. Hohe tägliche Niederschlagshöhen können in der Hamburger Metropolregion in allen Jahreszeiten vorkommen. Im Sommerhalbjahr sind sie meist mit Gewittern verbunden. Innerhalb kurzer Zeit kann mehr als 100 mm Niederschlag fallen und für lokale Überschwemmungen sorgen. Im Winterhalbjahr sind es oft über mehrere Tage andauernde Niederschlagsereignisse, in Kombination mit gesättigten Böden oder einer schmelzenden Schneedecke, die für Hochwasser in den Flüssen sorgen. Besonders kritisch wirkt sich dies an den Nebengewässern der Tideelbe (z. B. Krückau und Este) aus, wenn gleichzeitig eine Sturmflut die Entwässerung der Nebenflüsse verhindert.

■ Schnee

Die mittlere jährliche Anzahl der Tage mit Schneedecke liegt in der Metropolregion Hamburg zwischen 12 Tagen auf Helgoland und 25 Tagen im Bereich der Lüneburger Heide (Tab. 2.6, Station Amelinghausen). Sie nimmt mit zunehmender Entfernung von der Nordseeküste zu und zeigt damit den mildernden Einfluss des Meeres in den Wintermonaten. Im Vergleich zum Zeitraum 1971–2000 (Rosenhagen und Schatzmann 2011) nahm die Anzahl der Tage mit Schneedecke in Hamburg um 5 zu. Dazu trug insbesondere das schneereiche Jahr 2010 bei, das mit 97 Tagen (davon 31 im Januar und 26 im Februar) den Höchstwert des Zeitraums 1971–2000 mit 72 Tagen (1979) deutlich übertraf.

Insbesondere im Bereich der Ostseeküste kann es in Kombination von starken Schneefällen und hohen Windgeschwindigkeiten zu folgenreichen Schneeverwehungen kommen. Das stärkste Ereignis der letzten Jahrzehnte war der blizzardartige Wintereinbruch zum Jahreswechsel 1978/79, der mit meterhohen Schneeverwehungen und fast flächenhaft blockiertem Verkehr verbunden war. Eine teilweise vergleichbare Entwicklung gab es

Tab. 2.6 Mittlere monatliche und jährliche Anzahl von Tagen mit Schneedecke an Stationen in der Metropolregion Hamburg für die Referenzperiode 1981–2010. (Eigene Auswertung auf der Basis der Daten des Climate Data Center des DWD)

Station	Jan	Feb	Mrz	Apr	Mai	Jun	Jul	Aug	Sep	Okt	Nov	Dez	Jahr
Boltenhagen	7,8	7,4	3,8	0,1	0	0	0	0	0	0,0	1,0	4,4	24,6
Cuxhaven	7,0	5,9	2,9	0,2	0	0	0	0	0	0,0	0,9	4,7	21,6
Hamburg-Fuhlsbüttel	8,9	7,4	3,6	0,3	0	0	0	0	0	0,0	1,6	6,2	28,0
Helgoland	4,5	3,2	1,9	0,1	0	0	0	0	0	0,0	0,3	2,6	12,5
Amelinghausen	8,4	7,4	3,0	0,1	0	0	0	0	0	0,1	1,5	5,1	25,6
Schwerin	10,4	10,3	4,5	0,3	0	0	0	0	0	0,0	2,3	6,2	34,0

Tab. 2.7 Mittlere Monats- und Jahressummen der Sonnenscheindauer in h von Stationen in der Metropolregion Hamburg für die Referenzperiode 1981–2010. (Quelle: Climate Data Center des DWD)

Station	Jan	Feb	Mrz	Apr	Mai	Jun	Jul	Aug	Sep	Okt	Nov	Dez	Jahr
Boltenhagen	47,5	69,0	121,8	189,4	252,0	227,8	243,3	218,0	154,8	116,6	56,7	38,7	1735,4
Cuxhaven	49,6	75,2	120,9	184,9	235,5	212,0	227,2	210,2	150,1	110,5	57,6	37,9	1671,4
Hamburg-Fuhlsbüttel	46,9	69,0	108,9	171,6	223,5	198,7	217,5	203,1	144,6	107,9	53,0	37,4	1582,0
Helgoland	49,5	77,5	127,1	194,5	251,5	234,4	244,7	222,7	153,8	106,5	54,9	39,4	1756,4
Lüchow	48,3	72,3	112,9	176,9	229,3	213,9	225,7	208,5	153,6	113,0	53,9	39,1	1647,3
Schwerin	46,6	67,8	115,9	182,1	238,9	214,7	228,6	207,6	151,5	110,2	53,7	37,8	1655,3

im Bereich der Sturmtiefs DAISY im Januar 2010. Auch hier kam es zu von der Außenwelt abgeschnittenen Dörfern, gesperrten Autobahnen sowie unterbrochenen Zug- und Fährverbindungen. Gleichzeitig trat an der Ostseeküste eine Sturmflut mit Schäden an Deichen und Infrastruktur auf (Booß et al. 2011).

2.2.4 Sonnenscheindauer

Die mittleren Jahressummen der Sonnenscheindauer der Referenzperiode 1981–2010 liegen an den DWD-Messstationen der Metropolregion zwischen 1580 und 1760 h (Tab. 2.7) und sind mit Ausnahme von Hamburg – hier wurde eine leichte Abnahme verzeichnet – meist geringfügig (< 1 %) höher als im Zeitraum 1971–2010 (Rosenhagen und Schatzmann 2011). Lediglich im Osten der Metropolregion schien die Sonne abseits der Küste im Mittel um knapp 10 % mehr. Sonnenscheinbegünstigt sind Helgoland sowie die Küsten. Der sonnenscheinreichste Monat ist übereinstimmend der Mai, im Mittel scheint hier die Sonne an annähernd 7–8 h/Tag, während die Sonnenscheindauer im Dezember meist weniger als 2 h/Tag beträgt (Tab. 2.7). Im Vergleich zum Zeitraum 1971–2000 steht einer Zunahme um rund 10 h im April eine entsprechende Abnahme der Sonnenscheindauer im August gegenüber. Die Werte im Norddeutschen Klimamonitor, die auf den Reanalysen coastDat1 und coastDat2 basieren, liegen mit Flächenmittelwerten von 2150 bzw. 1900 h deutlich über den Messwerten an den einzelnen Stationen. Dies könnte mit der unterschiedlichen Bestimmungsmethode der Sonnenscheindauer zusammenhängen. Demgegenüber können die stationsbasierten Aussagen hinsichtlich der jahreszeitlichen Verteilung der Sonnenscheindauer durch die Gebietsmittelwerte für die Metropolregion Hamburg und Norddeutschland bestätigt werden. Wie auch die Messstationen zeigen, ist der Frühling in der gesamten Metropolregion im Mittel deutlich sonnenreicher als der Herbst (Meinke et al. 2014).

2.3 Bisherige klimatische Entwicklung in der Region

In diesem Abschnitt wird die bisherige klimatische Entwicklung in der Region beschrieben. Dabei basieren die Aussagen vor 1950 auf Veröffentlichungen, die vereinzelte, teils lückenhafte Stationsdaten auswerten. Auswertungen ab 1950 basieren auf einem dichteren Messnetz mit weniger Lücken, Reanalysen der Atmosphäre und Flächendaten aus interpolierten Beobachtungsdaten (vgl. ► Abschn. 2.2). Der inhaltliche Fokus des Abschnitts liegt auf den bisherigen Schwankungen und Änderungen der großräumigen atmosphärischen Zirkulation sowie der oberflächennahen Klimaelemente wie Wind, Temperatur und Niederschlag und den daraus abgeleiteten Größen. Dabei werden im Zuge der Dokumentation wissenschaftlicher Erkenntnisse auch jeweils Bezüge zum Klimabericht im Ostseeraum (BACC II Author Team 2015) hergestellt, da ein Teil der Hamburger Metropolregion zum Ostseeeinzugsgebiet gehört und auf diese Weise ein übergeordneter regionaler Kontext hergestellt werden kann. Außerdem werden die Aussagen des 1. HKB aufgegriffen und neueren Arbeiten (Stand Oktober 2015) gegenübergestellt.

2.3.1 Die atmosphärische Zirkulation

Der Luftdruckunterschied zwischen den subpolaren und subtropischen Drucksystemen bestimmt die Nordatlantische Oszillation, die für das Klima in Nord- und Mitteleuropa sowie im Nordostatlantik eine wichtige Rolle spielt und damit auch das Klima in Norddeutschland beeinflusst. Die Intensität dieses Druckgefälles über dem Nordatlantik wird durch den Nordatlantischen Oszillationsindex (NAO-Index) ausgedrückt. Hohe Indexwerte sind mit einer intensiven nordatlantischen Westdrift verbunden, durch die im Winter milde Atlantikluft nach Europa advehiert wird. Ein hoher NAO-Index ist daher mit erhöhten Wintertemperaturen in Norddeutschland verbunden. Bei negativem NAO-Index ist die atlantische Westdrift schwach, sodass die winterliche Kaltluftproduktion über dem Kontinent weniger gestört wird. Dies führt zu unterdurchschnittlichen Wintertemperaturen in Norddeutschland (DWD 2015). Langfristig unterliegt die Nordatlantische Oszillation unregelmäßigen jährlichen und dekadischen Schwankungen. Innerhalb der letzten 50 Jahre wurden jedoch Phasen mit spezifischen Trends beobachtet: So wurde ab Mitte der 1960er-Jahre ein positiver Trend des NAO-Index beobachtet. Dies ging mit zonaler Zirkulation, milden und regenreichen Wintern sowie erhöhter Sturmaktivität einher (BACC II Author Team 2015; Hurrel et al. 2003). Ab Mitte der 1990er-Jahre traten dann vermehrt negative NAO-Indizes auf, mit denen eine verstärkt meridionale Zirkulation einhergeht (BACC II Author Team 2015).

Viele Studien untersuchen die Langzeitänderungen der atmosphärischen Zirkulation; sie stimmen in der Erkenntnis überein, dass sich die Zugbahnen von Tiefdruckgebieten über dem Nordatlantik nach Nordosten verlagert haben (BACC II Author Team 2015, S. 73). Diese Verlagerung ist konsistent mit dem beobachteten positiven Trend des NAO-Index bis Mitte der 1990er-Jahre (s. o.). Weiterhin unklar ist jedoch, ob dies auf den anthropogenen Klimawandel zurückzuführen ist (BACC II Author Team 2015:76). In diesem Zusammenhang konstatiert auch der IPCC in seinem 5. Sachstandsbericht, dass seit den 1970er-Jahren eine polwärtige Verlagerung der Zirkulation inklusive der Zugbahnen von Sturmzyklonen stattgefunden hat (IPCC 2013). Einige Autoren sind der Frage nachgegangen, ob die NAO durch ENSO (El Nino Southern Oscillation) beeinflusst wird (BACC II Author Team 2015, S. 75). Der direkte Einfluss wird jedoch aufgrund schwacher Korrelation als gering eingeschätzt. Ein nichtlinearer Einfluss der ENSO auf das europäische Klima wird aber für möglich gehalten. Bhend und Storch (2008, 2009) untersuchen den Einfluss des anthropogenen Klimawandels in Relation zur NAO auf Temperatur und Niederschlag im Ostseeraum und kommen zu dem Ergebnis, dass der anthropogene Einfluss einen großen Teil der beobachteten Änderungen erklären kann. Eine zufällige Schwankung ist hingegen als Ursache für die beobachteten Änderungen auszuschließen. Unter der Annahme, dass ein großer Teil der NAO nicht durch den anthropogenen Klimawandel beeinflusst wird, wurde die Analyse ohne Berücksichtigung der NAO wiederholt. Dabei zeigte sich, dass die Änderungen in Temperatur und Niederschlag weiterhin bestehen bleiben und als robust einzustufen sind, wohingegen jahreszeitliche Schwankungen und räumliche Ausprägungen von Temperatur und Niederschlag ohne Berücksichtigung der NAO gegenüber den beobachteten Werten unterschätzt wurden.

2.3.2 Wind

Lange Zeitreihen von Windmessungen können durch verschiedene Faktoren, insbesondere durch Stationsverlegungen, ein sich änderndes Messumfeld oder den Wechsel der Messinstrumente bzw. -methode, gestört werden (vgl. auch ▶ Abschn. 2.2). Auch die Detektion von Tiefdruckgebieten aus historischen Luftdruckfeldern wird durch eine sich mit der Zeit verändernde Datendichte beeinflusst. Aufgrund der zunächst geringen Datendichte können für die Vergangenheit auch nur entsprechend wenige Tiefdruckgebiete detektiert werden. Mit der Zeit hat die Datendichte fortlaufend zugenommen. Geht die zunehmende Datendichte in einen Langzeitdatensatz ein, werden hier allein aufgrund der im Vergleich zur Vergangenheit höheren Datendichte auch mehr Zyklonen detektiert. Diese veränderte Häufigkeit kann leicht fehlinterpretiert werden, ist jedoch nicht auf natürliche Schwankungen oder anthropogene Einflüsse, sondern auf Inhomogenitäten des Datensatzes zurückzuführen (BACC II Author Team 2015, S. 79).

Feser et al. (2015) dokumentieren Ergebnisse zur Änderung der Sturmklimas über dem Nordatlantik, der Ostsee und Nordwesteuropa, die in begutachteten Fachartikeln veröffentlicht wurden. Die wichtigste Erkenntnis dieser Dokumentation ist, dass Trends in der Sturmaktivität in einer bestimmten Region stark von dem jeweils zugrunde liegenden Untersuchungszeitraum abhängen (Feser et al. 2015, S. 350). Insgesamt zeigen die Ergebnisse der Langzeitanalysen von Sturmintensitäten über dem Nordatlantik und Nordwesteuropa starke dekadische Schwankungen, wodurch auch die Sensitivität der Trends hinsichtlich des Untersuchungszeitraums erklärt werden kann. Auch die größtenteils hohe Übereinstimmung der zeitlichen Abfolge von Sturmindizes mit den oben beschriebenen Schwankungen des NAO-Index unterstützt diese Annahme. So weist der Sturmindex nach Alexanderson et al. (2000) zu Beginn des 19. Jahrhunderts hohe Werte für Nordwesteuropa auf, gefolgt von einer Abnahme der Sturmindizes bis Mitte der 1960er-Jahre. Ab Mitte der 1960er-Jahre nimmt die Sturmintensität erneut zu, bis sie Mitte der 1990er-Jahre wieder abnimmt (Feser et al. 2015). Auch eine von Rosenhagen und Schatzmann (2011) im 1. HKB dokumentierte Analyse des geostrophischen Windes über der Deutschen Bucht zeigt im Zeitraum 1879–2005 keinen bzw. einen leicht negativen Trend (Rosenhagen 2008).

Viel mehr als durch einen linearen Trend wird die zeitliche Entwicklung der Sturmintensitäten durch starke Schwankungen geprägt. Zudem werden die hohen jährlichen Windgeschwindigkeiten der 1990er-Jahre in Relation zu länger zurückliegenden sturmreichen Jahren bewertet. Dabei zeigt sich, dass die hohen Windgeschwindigkeiten mit denen in den 1880er-Jahren und Mitte der 1920er-Jahre vergleichbar sind (Rosenhagen 2008), als ebenfalls hohe NAO-Indizes auftraten. Dies bestätigt auch eine Aktualisierung der Zeitreihe bis 2012 (Trusilova und Riecke 2015).

Auch weitere Autoren bestätigen das Fehlen eines langfristigen Trends und die ausgeprägte Variabilität der Sturmaktivität (Kaas und Schmith 1996; WASA Group 1998; Alexandersson et al. 2000; Matulla et al. 2008). Auf der Basis eines räumlich und zeitlich homogenen Langzeitdatensatzes finden Weisse et al. (2005) eine Zunahme der mittleren Windgeschwindigkeit über der südlichen Nord- und Ostsee seit 1960. Auch Auswertungen im Rahmen des Norddeutschen Klimamonitors (Stand Oktober 2015[2], Meinke et al. 2014) auf Basis der Reanalysen coastDat1 (Weisse et al. 2009) und coastDat2 (Geyer 2014) zeigen im Zeitraum 1951–2010 in der Metropolregion Hamburg und Norddeutschland eine leichte Zunahme der mittleren jährlichen Windgeschwindigkeit.

Die Auswertung der Reanalysen coastDat1 und 2 zeigt weiterhin, dass diese Zunahme der mittleren Windgeschwindigkeit deutliche Unterschiede in den Jahreszeiten aufweist. Die deutlichsten Zunahmen der mittleren Windgeschwindigkeiten sind in der Metropolregion Hamburg und in Norddeutschland seit 1950 in den Wintermonaten zu verzeichnen, während die mittlere Windgeschwindigkeit in den Frühlings- und Sommermonaten nahezu unverändert bleibt. In ähnlicher Weise haben sich auch die Sturmintensitäten in der Hamburger Metropolregion und in Norddeutschland seit 1950 verändert. Wobei die Zunahme über der Nordsee stärker ausfällt als über der Ostsee und über Land. Bezüglich der Sturmhäufigkeit zeigen Feser et al. (2015), dass die meisten Studien seit den 1970er-Jahren bis etwa Mitte der 1990er-Jahre in einer Zunahme der Sturmhäufigkeit in der Region zwischen 55 und 60° N über dem Nordatlantik übereinstimmen.

Andere Studien, die auf der Basis von Proxys oder Messdaten einen längeren, etwa 100-jährigen Untersuchungszeitraum berücksichtigen, zeigen große dekadische Schwankungen, jedoch weder eine Zu- noch eine Abnahme der Sturmhäufigkeit über dem Nordatlantik. Kalnay et al. (1996) und Kistler et al. (2001) kommen durch die Auswertung von NCEP/NCAR-Reanalysen ab 1948 zu der Erkenntnis, dass die Häufigkeit von Tiefdruckgebieten unter 980 hPa in den 1970er-Jahren im Winter ein Minimum aufweisen, in den darauffolgenden Dekaden zunehmen und in der letzten Dekade des 20. Jahrhunderts ein Maximum erreichen. Diese Entwicklung bestätigen auch Auswertungen im Rahmen des Norddeutschen Klimamonitors auf Basis der coastDat-1 und coastDat-2-Datensätze (Meinke et al. 2014). Die Ergebnisse zeigen für die letzten 60 Jahre im Mittel eine Zunahme der jährlichen Anzahl von Sturmtagen in Norddeutschland. Auch bei der Sturmhäufigkeit treten die größten Zunahmen im Winterhalbjahr auf, während in den Frühlings- und Sommermonaten wenige Änderungen in der Sturmhäufigkeit zu verzeichnen sind. Seit Beginn der 1980er-Jahre hat sich jedoch erneut ein negativer Trend in der Sturmhäufigkeit eingestellt. Dieser ist nicht konsistent mit den Trends der regionalen Klimaprojektionen (vgl. ► Abschn. 2.4) und weist erneut auf den möglicherweise größeren dominanten Einfluss natürlicher Schwankungen (z. B. NAO) hin (Norddeutscher Klimamonitor, vgl. Meinke et al. 2014).

2.3.3 Lufttemperatur

Zahlreiche Studien belegen die Erwärmung in Nord- und Mitteleuropa (z. B. BACC II Author Team 2015). Beispielsweise liegt der lineare Trend der jährlichen mittleren Temperaturanomalien im Ostseeeinzugsgebiet südlich des 60. Längengrades im Zeitraum 1871–2011 bei etwa 0,08 °C/Dekade und erreicht ein Signifikanzniveau von 95 % (BACC II Author Team 2015, S. 83). Diese Erwärmung entspricht in etwa dem Trend der globalen mittleren Lufttemperatur von etwa 0,09 °C/Dekade im Zeitraum 1880–2012 (IPCC 2013, S. 187). Zudem weisen auch alle jahreszeitlichen Trends in dieser Region einen signifikanten positiven Trend in der bodennahen Lufttemperatur auf (BACC II Author Team 2015, S. 83).

Rosenhagen und Schatzmann (2011) dokumentieren im Rahmen des 1. HKB ebenfalls einen positiven Trend der Jahresmitteltemperaturen anhand von Auswertungen der Station Hamburg-Fuhlsbüttel und stellen fest, dass die Intensität linearer Trends entscheidend von der Auswahl des Bezugszeitraums und dessen Länge abhängen. Um potenzielle Beschleunigungen im Anstieg der Jahresmitteltemperaturen mittels linearer Trends aufzuzeigen, unterteilen Schlünzen et al. (2009) lange Zeitreihen in mehrere Perioden, für die jeweils der lineare Trend bestimmt wird (s. auch KLIMZUG-NORD Verbund 2014). Für die Jahresmitteltemperatur in Hamburg-Fuhlsbüttel ergeben sich so folgende Trends, die als signifikant getestet wurden:

- 1891–2007: 0,07 °C/Dekade
- 1948–2007: 0,19 °C/Dekade
- 1978–2007: 0,6 °C/Dekade

Trusilova und Riecke (2015) analysieren Gebietsmittel der Metropolregion Hamburg aus einem räumlich interpolierten Beobachtungsdatensatz hinsichtlich des zeitlichen Temperaturverlaufs von 1881 bis 2013. Für diesen Zeitraum zeigt sich eine Temperaturzunahme von etwa 1,4 °C. Diese entspricht einem linearen Trend von etwa 0,1 °C/Dekade und liegt damit leicht über dem Trend von Rosenhagen und Schatzmann (2011) sowie Schlünzen et al. (2009) für den etwas kürzeren Zeitraum 1891–2007. Auch Auswertungen im Rahmen des Norddeutschen Klimamonitors (Stand Oktober 2015[3]) zeigen für die Metropolregion Hamburg und Norddeutschland eine deutliche Erwärmung: Basierend auf den Datensätzen coastDat1 (Weisse et al. 2009) und coastDat2 (Geyer 2014) liegt dieser Trend der mittleren jährlichen Lufttemperatur in Norddeutschland und in der Metropolregion Hamburg im Zeitraum 1951–2010 bei 0,2 °C/Dekade. Aktualisierungen der Auswertungen des Norddeutschen Klimamonitors hinsichtlich einer Ergänzung der Datensätze bis zum Jahr 2015 bestätigen die oben genannten

2 Der Norddeutsche Klimamonitor wurde im Frühjahr 2017 aktualisiert. Dabei wurde der Datenbestand um den Zeitraum 2011 bis 2015 erweitert. Außerdem basieren Aussagen zur Klimaentwicklung nun nicht mehr auf linearen Trends zwischen 1951 bis 2010 sondern auf dem Vergleich der Zeitscheibe 1986-2015 mit 1961-1990. In diesem Kapitel werden Ergebnisse des Klimamonitors, Stand Oktober 2015 dokumentiert. Größtenteils weist die Klimaentwicklung in der aktualisierten Webseite weiterhin in dieselbe Richtung wie im Stand Oktober 2015. Bei Klimaelementen mit hoher Variabilität (z.B. Niederschlag) können sich manche Aussagen in diesem Kapitel jedoch von der inzwischen aktualisierten Webseite unterscheiden (Meinke 2017).

3 Siehe Fußnote 2.

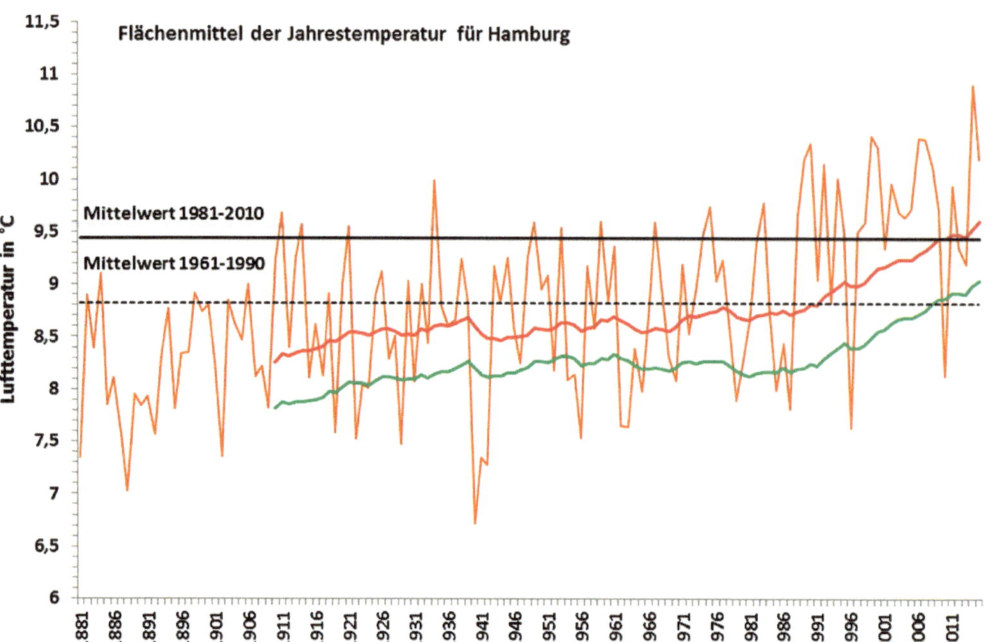

Abb. 2.3 Entwicklung der Jahresmitteltemperaturen von 1881 bis 2015 für das Land Hamburg (braune Linie). Die *dicke rote Linie* stellt den langfristigen Trend als 30-jähriges gleitendes Mittel dar. Zum Vergleich ist das 30-jährige gleitende Mittel für Deutschland (*dicke grüne Linie*) gezeigt. Die *schwarzen Linien* kennzeichnen die Mittelwerte der Referenzperioden 1961–1990 (*gestrichelt*) und 1981–2010 (*durchgezogen*) für Hamburg. (Nach Trusilova und Riecke 2015, ergänzt durch Jahresmittel 2014 und 2015)

Erkenntnisse. Außerdem verdeutlicht die Aktualisierung, dass im Jahr 2014 die bisher größte jährliche Temperaturanomalie seit 1950 aufgetreten ist. Dies bestätigt auch die Ergänzung der Auswertung von Trusilova und Riecke (2015, vgl. ◘ Abb. 2.3) für das Flächenmittel der Lufttemperatur. Am kältesten war hier mit 6,7 °C das Jahr 1940 (◘ Abb. 2.3).

Bei den zwölf Messstationen, die laut DWD in Norddeutschland größtmögliche Homogenität bzgl. der Messmethode und der Standorteigenschaften liefern und mindestens seit 1961 messen (vgl. Meinke et al. 2014), liegt der lineare Trend der 2-m-Lufttemperatur zwischen 0,2 °C/Dekade (Brocken) und 0,28 °C/Dekade (Rostock-Warnemünde). Alle Trends sind auf einem Signifikanzniveau von 95 % statistisch signifikant (Norddeutscher Klimamonitor (Stand Oktober 2015[4], Meinke et al. 2014)). Im jahreszeitlichen Vergleich dokumentiert das BACC II Author Team (2015) für den Zeitraum 1871–2011 in der südlichen Ostsee stärkste Trends im Frühjahr und Winter, während sie im Sommer am schwächsten ausfallen. Rosenhagen und Schatzmann (2011) zeigen im 1. HKB, dass auch die jahreszeitlichen Trends der mittleren Lufttemperatur stark vom Untersuchungszeitraum abhängen und beziehen sich dabei auf eine Untersuchung von Schlünzen et al. (2009). Für den Zeitraum 1948–2007 werden an der Station Hamburg-Fuhlsbüttel ähnlich hohe Trends im Frühjahr, im Sommer und im Winter festgestellt, während im Herbst ein deutlich geringerer Trend zu verzeichnen ist (Schlünzen et al. 2009). Dies bestätigen auch Auswertungen von Trusilova und Riecke (2015) in einem Vergleich der jahreszeitlichen Temperaturerhöhungen in den Zeiträumen 1981–2010 und 1961–1990 für die Flächenmitteltemperatur von Hamburg. Auch hier fiel die Erhöhung mit 0,1 °C im Herbst am geringsten aus, während die Erwärmungen in den übrigen Jahreszeiten vergleichbar ausfielen (+0,7 °C im Sommer, +0,8 °C im Winter und +0,9 °C im Frühjahr).

Auch Meinke et al. (2014) bestätigen diese Ergebnisse auf Basis von Stationsmessungen und Reanalysen für den Zeitraum 1951–2010 in Norddeutschland und in der Metropolregion Hamburg. Beide Reanalysen coastDat1 und coastDat2 weisen ähnliche Trends im Frühjahr, Sommer und Winter von etwa 0,2 °C/Dekade in Norddeutschland auf, während der Trend im Herbst mit 0,12 °C (coastDat1) und 0,13 °C (coastDat2) pro Dekade die niedrigsten Werte zeigt. Auch die Stationsdaten weisen vergleichbare lineare Trends innerhalb der Jahreszeiten auf, wobei die größten Trends jedoch an allen Stationen im Zeitraum 1951–2010 im Frühjahr liegen und Werte zwischen 0,33 °C (Cuxhaven) und 0,39 °C (Schwerin) pro Dekade aufweisen. Im Herbst weisen auch alle Stationsdaten die kleinsten Trends auf (Meinke et al. 2014). So liegen beispielsweise die herbstlichen Trends der Lufttemperaturen mit 0,12 °C/Dekade in Cuxhaven und 0,08 °C/Dekade in Schwerin deutlich unter dem linearen Trend der Jahresmitteltemperaturen.

2.3.3.1 Thermische Vegetationsindizes

Das BACC II Author Team (2015) stellt für den Ostseeraum eine Verlängerung der thermischen Vegetationsperiode fest. Dabei handelt es sich um die Anzahl der Tage zwischen thermischem Vegetationsbeginn (erstes Aufkommen von mindestens 6 aufeinanderfolgenden Tagen mit einer Durchschnittstemperatur über 5 °C) und thermischem Vegetationsende (erstes Aufkommen von mindestens 6 aufeinanderfolgenden Tagen mit einer Durchschnittstemperatur unter 5 °C im Winterhalbjahr). Chmielewski (2011) dokumentiert im 1. HKB für den Zeitraum 1961–2005 ebenfalls eine Verlängerung der thermischen Vegetationsperiode. Diese Verlängerung beträgt für Deutschland 25 Tage, wobei jedoch der Trend im Vegetationsbeginn (+19 Tage) wesentlich stärker ausfällt als beim Vegetationsende (+6 Tage). Der Norddeutsche Klimamonitor (Stand Oktober 2015) zeigt für Norddeutschland und für die Metropolregion Hamburg ebenfalls eine deutliche Verlängerung der thermischen Vegetationsperiode von etwa 3 Wochen seit 1950, wobei es in Norddeutschland deutliche regionale Unterschiede hinsichtlich des Ausmaßes der Verlängerung gibt (Meinke et al. 2014). Während sich die thermische Vegetationsperiode beispielsweise in Cuxhaven von 1952 bis 2010 um etwa 1,5 Monate

4 Siehe Fußnote 2.

(43 Tage) verlängert hat, fällt die Verlängerung der thermischen Vegetationsperiode auf dem Brocken mit zwei Wochen (14 Tage innerhalb des Zeitraums 1951–2010) deutlich kürzer aus.

Weiterhin bestätigen die Auswertungen im Norddeutschen Klimamonitor auch für Norddeutschland und für die Metropolregion Hamburg die Erkenntnis, dass die Verlängerung der thermischen Vegetationsperiode zum größten Teil auf eine deutliche Verfrühung des Vegetationsbeginns zurückzuführen ist. In diesem Zusammenhang kann die zeitliche Verlagerung des letzten Frosttages im Frühjahr relevant sein. Diese hat sich an allen im Norddeutschen Klimamonitor berücksichtigten Messstationen in Norddeutschland deutlich weniger verfrüht als der thermische Vegetationsbeginn. Aufgrund dieser unterschiedlichen Entwicklungen fallen Vegetationsbeginn und der letzte Frost an den jeweiligen Messstationen heute etwa 20–30 Tage weiter auseinander als vor 60 Jahren, wodurch das Spätfrostrisiko für die Vegetation höher geworden ist (Norddeutscher Klimamonitor (Stand Oktober 2015[5]), Meinke et al. 2014).

2.3.3.2 Temperaturextreme

Mit der Erwärmung hat sich auch die Häufigkeit von Extremereignissen geändert. Rosenhagen und Schatzmann (2011) dokumentieren im 1. HKB eine Zunahme der Überschreitungswahrscheinlichkeit der 90 %-Perzentil-Schwelle der Lufttemperatur an verschiedenen deutschen Wetterstationen. Dabei zeigt sich auch in der Metropolregion Hamburg eine Häufigkeitszunahme höherer Temperaturen. Diese Trends sind – außer im Herbst – in allen Jahreszeiten im Zeitraum 1951–2000 statistisch signifikant. Zudem wird eine Studie von Riecke und Rosenhagen (2010) zitiert, in der anhand von Auswertungen der Station Hamburg-Fuhlsbüttel für den Zeitraum 1891–2007 eine Häufigkeitszunahme sowohl von Sommertagen (Temperaturmaximum ≥ 25 °C) als auch von heißen Tagen (Temperaturmaximum ≥ 30 °C) aufgezeigt wird. Eine entsprechende Auswertung bzgl. der Häufigkeitsänderungen von Eistagen (Temperaturmaximum < 0 °C) zeigt dagegen erwartungsgemäß einen abnehmenden Trend. Trusilova und Riecke (2015) bestätigen diese Ergebnisse für Hamburg für den Zeitraum 1951–2013 und stellen fest, dass hier die Anzahl der Sommertage in den Jahren 2001–2013 durchgängig über dem langjährigen Mittel von 1961 bis 1990 lag. Auswertungen im Rahmen des Norddeutschen Klimamonitors (Stand 2015[6]) bestätigen ebenfalls die Aussagen bzgl. der Häufigkeitsveränderungen von Temperaturkenntagen in Norddeutschland für den Zeitraum 1951–2010. Dabei wird deutlich, dass sich die Häufigkeitszunahme von Sommertagen und heißen Tagen vor allem in den Sommermonaten vollzogen hat. Im Frühjahr und Herbst sind diese hohen Temperaturmaxima nach wie vor selten. Eine entsprechende Auswertung der Eistage zeigt die stärkste Häufigkeitsabnahme im Winter. Bezüglich der Häufigkeit von Frosttagen (Temperaturminimum < 0 °C) ergeben sich jedoch auch im Frühjahr starke negative Trends im Zeitraum 1951–2010 (Meinke et al. 2014).

Untersuchungen von Imbery et al. (2015) zur jährlichen Häufigkeit einer 14-tägigen Hitzeperiode mit einem mittleren Tagesmaximum der Lufttemperatur von mindestens 30 °C für den Zeitraum 1950–2014 zeigen, dass in Hamburg solche Extremereignisse vor 1994 gar nicht auftraten, ab 1994 jedoch viermal. Insgesamt lässt sich festhalten, dass die bisherigen positiven Trends der Lufttemperatur und die bisherigen Trends der abgeleiteten Temperaturkenntage in der Metropolregion Hamburg seit 1980 mit den Trends der regionalen Klimaprojektionen konsistent sind (Norddeutscher Klimamonitor (Stand Oktober 2015[7]), vgl. Meinke et al. 2014). Schriebe man den bisherigen Trend seit 1981 gemäß dem Standarddatensatz coastDat-2 bis 2100 linear fort, läge die Änderung der durchschnittlichen Temperatur im Jahr bis Ende des 21. Jahrhunderts im Vergleich zur Referenzperiode (1961–1990) bei +3 °C. Diese Zunahme von +3 °C ist mit den regionalen Klimaprojektionen konsistent: Aufgrund menschlicher Treibhausgasemissionen lassen die Projektionen eine Zunahme von etwa +1 bis +5 °C bis 2100 plausibel erscheinen (vgl. ► Abschn. 2.4). Diese Konsistenz zwischen dem Trend bisheriger Änderungen und den Trends der regionalen Klimaprojektionen kann ein Indiz dafür sein, dass anthropogene Treibhausgasemissionen bereits zu der bisher stattgefundenen Erwärmung in der Hamburger Metropolregion beigetragen haben. In diesem Fall können die bisherigen Änderungen als Vorbote zu erwartender anthropogener Klimaänderungen gewertet werden (Meinke et al. 2014).

2.3.4 Niederschlag

Bezüglich der Niederschlagsentwicklung konstatiert das BACC 2 Author Team (2015) für den Ostseeraum eine größere Variabilität als bei der Temperaturentwicklung. Demnach variieren im Ostseeraum die Vorzeichen der Niederschlagstrends im 20. Jahrhundert sowohl regional als auch innerhalb der Jahreszeiten. In diesem Zusammenhang wird auch eine Studie von Casty et al. (2007) zitiert, in der für Europa hinsichtlich der mittleren Niederschlagshöhe große jährliche und dekadische Schwankungen festgestellt werden, jedoch kein Langzeittrend für den Zeitraum 1766–2000. Diese Ergebnisse legen eine regionalspezifischere Auswertung nahe, wobei auch hier methodische Hindernisse zu berücksichtigen sind. So sind Stationsmessungen insbesondere bei konvektiven Niederschlagsereignissen oft nicht räumlich repräsentativ und weisen systematische Fehler bei der Messung des Niederschlags auf (Rosenhagen und Schatzmann 2011). Auch Reanalysen des Niederschlags sind mit Unsicherheiten behaftet, da z. B. die räumliche Auflösung der Modelle oft noch zu niedrig ist, um konvektive Prozesse realitätsnah abzubilden. Rosenhagen und Schatzmann (2011) dokumentieren eine Zunahme der jährlichen Niederschlagshöhe in Deutschland während des Zeitraums 1900–2007 von etwa 750 auf ca. 800 mm. Gleichzeitig wird jedoch eine hohe Variabilität festgestellt, wodurch der Signifikanztest verfehlt wird. Auswertungen der Niederschlagszeitreihe von Hamburg-Fuhlsbüttel (Schlünzen et al. 2009) bestätigen auch für Hamburg eine Zunahme der jährlichen Niederschlagshöhe von 1891 bis 2007 von 8 mm/Dekade (Rosenhagen und Schatzmann 2011). Auch Trusilova und Riecke (2015) zeigen für den Zeitraum 1881–2013 einen

5 Siehe Fußnote 2.
6 Siehe Fußnote 2.
7 Siehe Fußnote 2.

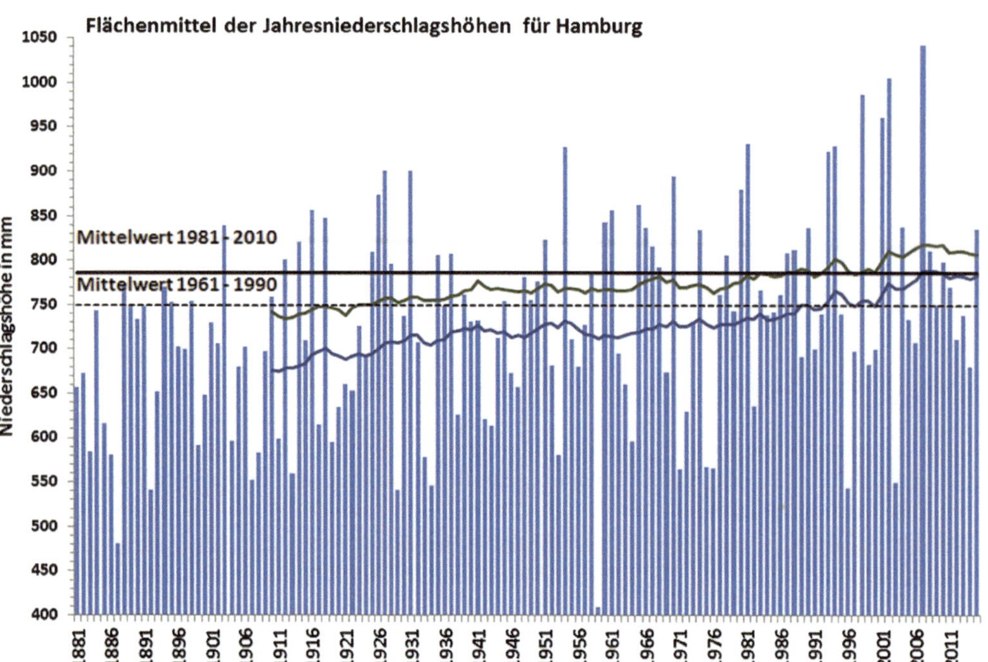

Abb. 2.4 Entwicklung der Gebietsmittel der Jahresniederschlagshöhen von 1881 bis 2015 für das Land Hamburg (*blaue Säulen*). Die *dicke blaue Linie* stellt den langfristigen Trend als 30-jähriges gleitendes Mittel dar. Zum Vergleich ist das 30-jährige gleitende Mittel für Deutschland (*dicke grüne Linie*) gezeigt. Die *schwarzen Linien* kennzeichnen den Mittelwert der Referenzperioden 1961–1990 (*gestrichelt*) und 1981–2010 (*durchgezogen*) für Hamburg. (Nach Trusilova und Riecke 2015, ergänzt durch Jahressummen 2014 und 2015)

ansteigenden Trend der Niederschlagshöhen von ca. 120 mm in Hamburg (entsprechend 0,9 mm/Dekade, Abb. 2.4).

Auswertungen von Stationsdaten (Helgoland, Cuxhaven und Schwerin) bestätigen eine mittlere Niederschlagszunahme über die letzten Jahrzehnte in der Metropolregion Hamburg (Norddeutscher Klimamonitor (Stand Oktober 2015[8]), Meinke et al. 2014). Für ganz Norddeutschland können jedoch bzgl. der Niederschlagsentwicklung von 1951 bis 2010 keine einheitlichen Ergebnisse abgeleitet werden. Für den genannten Zeitraum existieren in Norddeutschland sechs Stationen mit hinreichend wenigen Fehlwerten bei der Niederschlagsmessung, wobei sich diese zumeist im Osten Norddeutschlands befinden (Brocken, Potsdam, Waren, Marnitz, Rostock und Arkona). Trotz dieser regionalen Häufung von langfristigen Niederschlagsmessungen weisen die Stationsdaten jährliche Niederschlagstrends mit unterschiedlichen Vorzeichen auf. So haben auf dem Brocken, in Waren und in Rostock die jährlichen Niederschlagssummen von 1951 bis 2010 zugenommen, während sie in Potsdam, Marnitz und Arkona im selben Zeitraum abnahmen. Auch die Reanalysen coastDat1 und coastDat2 weisen bei der Auswertung der Gebietsmittel ganz Norddeutschlands hinsichtlich der Entwicklung der jährlichen Niederschlagshöhe unterschiedliche Vorzeichen im Zeitraum 1951–2010 auf. In der räumlichen Ausprägung der jährlichen Niederschlagshöhe innerhalb Norddeutschlands lassen sich jedoch auch Übereinstimmungen beider Datensätze erkennen. So zeigen sowohl coastDat1 als auch coastDat2 Zunahmen der jährlichen Niederschlagshöhen an der deutschen Nordseeküste und über der Deutschen Bucht. Niederschlagsabnahmen zeigen beide Datensätze im südlichen Mecklenburg-Vorpommern und im nördlichen Brandenburg.

Im jahreszeitlichen Vergleich dokumentieren Rosenhagen und Schatzmann (2011) außer im Sommer einen leicht zunehmenden Trend der jahreszeitlichen Niederschlagshöhen in der Metropolregion Hamburg. Dies gilt sowohl für den Zeitraum 1901–2000 als auch für den kürzeren Zeitabschnitt 1971–2000. Auch die Auswertungen der Niederschlagsmessungen an der Messstation Hamburg-Fuhlsbüttel bestätigen diese Ergebnisse, wobei der positive Trend im Frühjahr am schwächsten ausfällt. Auswertungen im Norddeutschen Klimamonitor (Stand Oktober 2015[9], Meinke et al. 2014) bestätigen im Wesentlichen diese Ergebnisse für Norddeutschland und die Metropolregion Hamburg. Im Zeitraum 1951–2010 weisen alle sechs Stationsdaten, die diesen Zeitraum abdecken, im Frühjahr, Herbst und Winter Zunahmen der jahreszeitlichen Niederschlagshöhen auf. Dies zeigt sich ebenfalls bei den Zeitreihen der Gebietsmittel für Norddeutschland und für die Metropolregion Hamburg, basierend auf den Datensätzen coastDat1 und coastDat2. Im Sommer stimmen beide coastDat-Datensätze für diesen Zeitraum in einer Abnahme der saisonalen Niederschlagshöhen überein. Auch an den Messstationen weisen die Niederschlagstrends im Sommer überwiegend auf eine Abnahme der Niederschlagshöhe hin. Trusilova und Riecke (2015) finden in Hamburg durch Vergleich von zwei 30-jährigen Zeitscheiben (1961–1990 und 1981–2010) für alle Jahreszeiten Zunahmen in den Niederschlagshöhen. Diese fallen im Winter und im Herbst am deutlichsten aus. Dies zeigt, dass neben der Auswahl des Untersuchungszeitraums auch die Auswertemethode Einfluss auf das Ergebnis hat. Dies verdeutlicht ein Vergleich der Methoden im Norddeutschen Klimamonitor hinsichtlich der zeitlichen Entwicklung des Sommerniederschlags. Werden die beiden Zeitscheiben 1961–1990 und 1981–2010 verglichen, zeigen die meisten Datensätze für die Metropolregion Hamburg eine Zunahme des Sommerniederschlags. Werden jedoch lineare Trends von 1951 bis 2010 ausgewertet, ergeben die Datensätze, die den gesamten Zeitraum

8 Siehe Fußnote 2.

9 Siehe Fußnote 2.

abdecken, eine Abnahme. Insgesamt lässt sich zusammenfassen, dass bei der langzeitlichen Entwicklung der jahreszeitlichen Niederschlagshöhen eine starke Abhängigkeit der Trends vom jeweils zugrunde liegenden Untersuchungszeitraum gegeben ist. Dies wiederum ist bei der starken natürlichen Variabilität des Niederschlags zu erwarten.

Rosenhagen und Schatzmann (2011) zitieren im 1. HKB eine Studie von Schlünzen et al. (2009), in der die Auswertungen von neun Stationen während des Zeitraums 1978–2007 eine zunehmende Tendenz bei der Anzahl von regenreichen Tagen (10 mm/Tag) im Hamburger Raum erkennen lassen. Außerdem wird eine Studie von Hoffmann (2009) zitiert, in der belegt wird, dass zwar die Anzahl der Niederschlagstage seit 1890 etwa gleich geblieben ist, die Anzahl von Tagen mit wenig Niederschlag jedoch abgenommen und die Häufigkeit von Tagen mit starkem Niederschlag (≥ 10 mm/Tag) um etwa 24 % zugenommen hat. Daraus wird geschlossen, dass die Zunahme der jährlichen Niederschlagshöhe vor allem auf die Zunahme von Tagen mit stärkerem Niederschlag zurückzuführen ist. Insgesamt dokumentieren Rosenhagen und Schatzmann (2011) jedoch keine statistisch signifikanten Trends bei der Häufigkeit von Starkniederschlagsereignissen. Auch Auswertungen im Norddeutschen Klimamonitor (Stand Oktober 2015[10], Meinke et al. 2014) stellen eine Häufigkeitszunahme von regenreichen Tagen (≥ 10 mm/Tag) pro Jahr in Norddeutschland während des Zeitraums 1951–2010 fest. Dies zeigen sowohl die Auswertungen von Stationsdaten als auch die beiden Reanalysen coastDat1 und coastDat2, wobei auch diese Trends nicht signifikant sind. Im jahreszeitlichen Vergleich ist diese Häufigkeitszunahme im Winter am stärksten. Im Sommer ist die Datenlage bzgl. der Häufigkeitsänderungen von regenreichen Tagen (≥ 10 mm/Tag) sowohl bei den Stationsdaten als auch bei den Reanalysen coastDat1 und 2 uneinheitlich, da es auch Hinweise auf Häufigkeitsabnahmen von regenreichen Tagen (≥ 10 mm/Tag) gibt. Insgesamt hat sich die Anzahl der sommerlichen Niederschlagstage von 1951 bis 2010 leicht reduziert, sodass es scheint, als sei die Abnahme der sommerlichen Niederschlagshöhe in manchen Regionen Norddeutschlands eher einer abnehmenden Häufigkeit von Niederschlagstagen insgesamt als einer Häufigkeitsänderung von regenreichen Tagen (≥ 10 mm/Tag) zuzuordnen. Im Herbst hingegen nehmen die Häufigkeiten von regenreichen Tagen etwa gleich stark zu, sodass die Niederschlagszunahme im Herbst vor allem mit einer Zunahme regenreicher Tage einherzugehen scheint.

Weiterhin zeigt sich, dass die Dauer der längsten Trockenperiode in Norddeutschland von 1951–2010 vor allem im Sommer und im Frühjahr zugenommen hat. Die Anzahl der Trockenperioden hat sich im Jahresverlauf jedoch nicht nennenswert verändert (Norddeutscher Klimamonitor (Stand 2015[11], Meinke et al. 2014)).

10 Siehe Fußnote 2.

11 Siehe Fußnote 2.

2.4 Mögliche Änderungen des Klimas im 21. Jahrhundert

2.4.1 Einleitung: Klimaprojektionen für das 21. Jahrhundert

Die zukünftige Entwicklung des Klimas im 21. Jahrhundert wird zum einen durch die interne Variabilität des Klimas, zum anderen durch externe Faktoren bestimmt. Die interne Variabilität des Klimas entsteht durch natürliche Prozesse innerhalb des Klimasystems und durch Wechselwirkungen zwischen seinen Komponenten. Sie führt zu stochastischen Schwankungen der Klimaparameter auf unterschiedlichen Zeitskalen. Zum Beispiel entstehen bei Prozessen zum Austausch von Wärme zwischen Atmosphäre und Ozean natürliche Klimaschwankungen, die sich auch über mehrere Jahrzehnte bemerkbar machen können. Bei den externen Faktoren werden natürliche und anthropogene unterschieden. Natürliche externe Faktoren sind z. B. vulkanische Aktivität oder Schwankungen der Sonneneinstrahlung. Emissionen von Treibhausgasen und Aerosolen spielen als externer anthropogener Faktor eine wesentliche Rolle für das Klima im 21. Jahrhundert. Um abzuschätzen, wie sich bei weiteren anthropogenen Emissionen das Klima in Zukunft entwickeln kann, werden Klimamodelle verwendet. Dazu werden Emissionsszenarien für das 21. Jahrhundert entwickelt, die auf verschiedenen Annahmen z. B. zur Entwicklung der Bevölkerung, der menschlichen Kultur, der Technologie und der Wirtschaft beruhen. Mit Klimamodellen werden die Auswirkungen der veränderten atmosphärischen Zusammensetzung auf das Klimasystem der Erde simuliert. Um die regional unterschiedlichen Ausprägungen der Klimaänderungen genauer zu untersuchen, werden die Simulationen der globalen Modelle mit regionalen Klimamodellen räumlich verfeinert. Eine ausführlichere Beschreibung der Methodik von Klimaprojektionen findet sich in Box „Methodik Klimaprojektionen". Für Europa und Deutschland wurden zahlreiche regionale Klimaprojektionen für das 21. Jahrhundert erstellt und in verschiedenen Projekten und Studien für die Metropolregion Hamburg ausgewertet. Nachfolgend wird der aktuelle Kenntnisstand zu möglichen Klimaänderungen in der Region im 21. Jahrhundert dargestellt.

Methodik Klimaprojektionen

Emissionsszenarien

Um die zukünftig möglichen anthropogenen Emissionen von klimawirksamen Substanzen abzuschätzen, werden Emissionsszenarien für das 21. Jahrhundert entwickelt. Zur Erstellung der im „Special Report on Emission Scenarios (SRES)" publizierten Szenarien von Nakicenovic und Swart (2000) wurden zunächst in sich konsistente Annahmen zur globalen demographischen, sozioökonomischen und technologischen Entwicklung in der Zukunft getroffen und daraus die Entwicklungen der anthropogenen Emissionen abgeleitet (die SRES-Szenarien werden im 1. HKB näher erläutert). Daraus werden die atmosphärischen Konzentrationen von Treibhausgasen und Aerosolen berechnet und deren Wirkung auf die Strahlungsbilanz der Erde mit Klimamodellen berechnet.

Um 2010 wurde ein weiteres Konzept für die Erstellung globaler Szenarien entwickelt, das auf „repräsentativen Konzentrationspfaden" („representative concentration pathways", RCPs) beruht (Moss et al. 2010). Sie werden durch den Strahlungsantrieb zum Ende des 21. Jahrhunderts definiert und repräsentieren verschiedene Entwicklungspfade der Treibhausgaskonzentrationen und zugehöriger Emissionen. So führt beispielsweise der Konzentrationspfad des RCP4.5 zum Ende des 21. Jahrhunderts zu einem Strahlungsantrieb von etwa 4,5 W/m2. Diese physikalischen Schwellenwerte können durch verschiedene sozio-ökonomische Entwicklungen erreicht werden, die z. B. auch klimapolitische Maßnahmen berücksichtigen. Der Konzentrationspfad des RCP2.6 beinhaltet sehr ambitionierte Maßnahmen zur Reduktion von Treibhausgasemissionen und zum Ende des 21. Jahrhunderts sogar „negative Emissionen" (Fuss et al. 2014). Er führt zum Strahlungsantrieb von etwa 3 W/m2 um 2040 und geht dann gegen Ende des 21. Jahrhunderts auf einen Wert von 2,6 W/m2 zurück. RCP2.6 repräsentiert damit den im Vergleich zu allen RCP- und SRES-Szenarien geringsten Strahlungsantrieb. Mit RCP8.5 dagegen wird ein kontinuierlicher Anstieg der Treibhausgasemissionen beschrieben und zum Ende des 21. Jahrhunderts ein Strahlungsantrieb von 8,5 W/m2 erreicht. Gegenwärtig befinden wir uns auf dem Pfad des RCP8.5 (Fuss et al. 2014). In ◘ Abb. 2.5 sind die anthropogenen Strahlungsantriebe auf Basis der SRES- und RCP-Szenarien gemeinsam dargestellt.

Erdsystemmodelle

Klimamodelle sind dreidimensionale Zirkulationsmodelle der Atmosphäre, meist gekoppelt mit Modellen des Ozeans. Die gekoppelten Atmosphären-Ozean-Modelle wurden zu Erdsystemmodellen weiterentwickelt, die auch Modelle der Biosphäre, des Meereises und von Eisschilden sowie Aerosole und chemische Prozesse in der Atmosphäre beinhalten. Damit werden auch biogeochemische Kreisläufe wie z. B. der Kohlenstoff-, der Stickstoff- und der Schwefelkreislauf abgebildet. Die interaktive Kopplung biogeochemischer Kreisläufe mit physikalischen Prozessen im Klimasystem ist eine wesentliche Neuerung von Erdsystemmodellen. Damit können anthropogene Emissionen direkt im Modell vorgegeben, die Verteilung des zusätzlichen Kohlendioxids in Atmosphäre, Ozean und Biosphäre simuliert und dabei auch Rückkopplungsprozesse im Klimasystem erfasst werden. Die Weiterentwicklung der Klimamodelle hat das Verständnis von Prozessen im Klimasystem fortlaufend erweitert. Weltweit wurden und werden an vielen Zentren Klimamodelle entwickelt. Die Modelle reagieren z. T. unterschiedlich empfindlich auf die veränderten Treibhausgaskonzentrationen in der Atmosphäre. Sie unterscheiden sich z. B. in numerischen Lösungsmethoden und physikalischen Parametrisierungen sowie in der Repräsentierung und Kopplung von Teilsystemen und Prozessen im Klimasystem. Dabei kann nicht gesagt werden, welches der Modelle richtig oder besser ist als andere. Es kann zwar untersucht werden, wie gut die Modelle das historische Klima und beobachtete Prozesse im Klimasystem wiedergeben, doch das lässt nicht automatisch darauf schließen, ob diese Modelle auch das zukünftige Klima in gleicher Güte abbilden.

Ensemble-Simulationen

Um die unterschiedlichen Klimasensitivitäten der Klimamodelle zu berücksichtigen, werden nach aktuellem Kenntnisstand Klimaprojektionen mit vielen Klimamodellen in Multi-Modell-Ensembles auf der Basis mehrerer Emissionsszenarien erstellt. Um den Einfluss der internen Variabilität auf die zukünftige Klimaentwicklung unter veränderten äußeren Randbedingungen zu berücksichtigen, werden die Simulationen für heutiges und zukünftiges Klima auf der Basis ein und desselben Emissionsszenarios mehrmals durchgeführt. Die Simulationen unterscheiden sich im Ausgangszustand des Klimasystems und bilden jeweils unterschiedliche zeitliche Verläufe der Klimaentwicklung ab. Insgesamt ergeben sich aus den Ensemble-Simulationen Bandbreiten möglicher Reaktionen des Klimasystems für jedes der betrachteten Emissionsszenarien. Zur Durchführung von Multi-Modell-Ensemble-Simulationen sind koordinierte Experimente notwendig, um die Vergleichbarkeit und einen geeigneten Austausch von Daten zu gewährleisten.

So wurden vom World Climate Research Program (WCRP) internationale Modellvergleichsprojekte initiiert. Beim „Coupled Model Intercomparison Project Phase 3" (CMIP3, Meehl et al. 2007) wurden koordinierte Simulationen mit gekoppelten Atmosphäre-Ozean-Modellen auf der Basis verschiedener SRES-Emissionsszenarien erstellt. Im CMIP5 (Taylor et al. 2012) wurden Simulationen mit gekoppelten Atmosphäre-Ozean-Modellen und Erdsystemmodellen auf der Basis verschiedener RCPs erstellt. Die Daten werden in standardisierter Form weltweit über die Earth System Grid Federation (ESGF) bereitgestellt. Vergleiche zu den Ergebnissen der Klimaprojektionen auf Basis

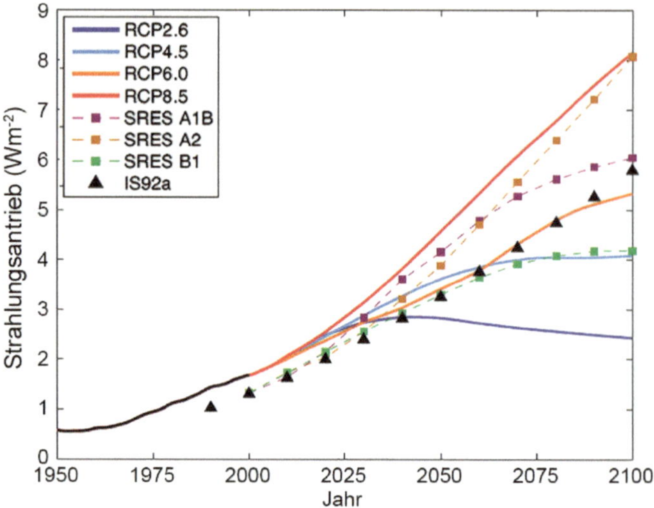

◘ **Abb. 2.5** Historischer und projizierter anthropogener Strahlungsantrieb (W m-2) für 1950–2100, relativ zum vorindustriellen Wert um 1765. Es sind die Werte auf Basis der SRES-Emissionsszenarien im Vergleich zu den RCPs und im Vergleich zu einem „Business as usual"-Szenario IS92a dargestellt. (IPCC 2013, Fig. 1.15)

von CMIP3 und CMIP5 finden sich z. B. in Rogelj et al. (2012) sowie Knutti und Sedláček (2013). Am internationalen Modellvergleichsprojekt „Coupled Model Intercomparison Project – Phase 5" (CMIP5; Taylor et al. 2012) waren etwa 20 Modellierungsgruppen mit mehr als 40 Modellen beteiligt – fast doppelt so viele wie beim Vorgängerprojekt CMIP3 (Meehl et al. 2007). Die Simulationen des CMIP5 „Multi-Modell-Ensemble" bilden die Basis für den 5. Sachstandsbericht des IPCC (2013). Einerseits bestätigen und bekräftigen die Ergebnisse des 5. Sachstandsberichtes die Ergebnisse des Vorgängerberichtes. Zugleich konnte das Verständnis zu den Prozessen im Klimasystem deutlich erweitert werden.

Die Regionalisierung globaler Klimaprojektionen ermöglicht die Untersuchung der Auswirkungen globaler Klimaänderungen auf einzelne Regionen. Mit der dynamischen Regionalisierungsmethode wird ein dreidimensionaler Ausschnitt des Klimasystems mit einem regionalen Klimamodell simuliert. Statistische Verfahren beruhen auf empirischen Zusammenhängen zwischen der beobachteten großräumigen Zirkulation in der Atmosphäre und dem lokalen Wettergeschehen an Messstationen. Mit regionalen Klimamodellen werden zunehmend international koordinierte Multi-Modell-Ensembles erstellt. Zum einen werden Simulationen verschiedener Globalmodelle regionalisiert, da unterschiedliche abgebildete großskalige Strömungsmuster auch in den regionalen Modellen übernommen werden. Zum anderen unterscheiden sich auch Regionalmodelle durch physikalische Parametrisierungen und numerische Lösungsmethoden. Deshalb werden Simulationen verschiedener Globalmodelle mit verschiedenen regionalen Modellen kombiniert. Solche Multi-Global-/Regionalmodell-Kombinationen wurden für Europa zunächst im Rahmen der EU-Projekte PRUDENCE (Christensen et al. 2002) und ENSEMBLES (van der Linden und Mitchell 2009) auf der Basis der SRES-Szenarien erstellt. Im Rahmen der internationalen Initiative EURO-CORDEX wurden und werden koordinierte Simulationen mit einer horizontalen Auflösung von 12 km für Europa, basierend auf den RCPs, durchgeführt (Jacob et al. 2014).

2.4.2 Projizierte Klimaänderungen in der Metropolregion Hamburg im 21. Jahrhundert

Insgesamt wurden für Europa und Deutschland zahlreiche regionale Klimaprojektionen für das 21. Jahrhundert erstellt (z. B. Christensen et al. 2002; Spekat und Kreienkamp 2007; Orlowsky et al. 2008; Hollweg et al. 2008; van der Linden und Mitchell 2009; Kreienkamp et al. 2011; Jacob et al. 2008, 2012, 2014; Wagner et al. 2013; Rechid et al. 2014a, 2014b, 2014c, 2014d). Sie unterscheiden sich in den verwendeten globalen Klimamodellen und Regionalisierungsmethoden, in den zugrunde liegenden Emissionsszenarien und in den Startbedingungen der Simulationen. Aus den Modellsimulationen können Bandbreiten möglicher zukünftiger Änderungen der verschiedenen Klimaelemente und den daraus abgeleiteten Größen in Norddeutschland und der Metropolregion Hamburg ausgewertet werden (z. B. Meinke und Gerstner 2009; Meinke et al. 2011; Moseley et al. 2012; Jacob et al. 2012; Linde et al. 2014a, 2014b; Schötter et al. 2012; Rechid et al. 2014a, 2014b, 2014c, 2014d). Die Ergebnisse des 1. HKB wurden aus regionalen Klimaprojektionen für verschiedene SRES-Emissionsszenarien abgeleitet. Diese wurden mit verschiedenen dynamischen und statistischen Methoden auf der Grundlage globaler Projektionen des gekoppelten Modellsystems ECHAM5-MPIOM erstellt. In dem Verbundprojekt KLIMZUG-NORD („Strategische Anpassungsansätze zum Klimawandel in der Metropolregion Hamburg") wurden weitere Simulationen des regionalen Klimamodells CLM (Hollweg et al. 2008) und des regionalen Klimamodells REMO (Rechid et al. 2014a) verwendet; auch sie basieren alle auf den globalen Projektionen des gekoppelten Modellsystems ECHAM5-MPIOM sowie den SRES-Szenarien A2, A1B und B1.

Im Mai 2015 wurde der 2. Klimabericht für das Einzugsgebiet der Ostsee veröffentlicht (BACC II Author Team 2015). Die darin zusammengeführten Studien und Informationen zu möglichen Klimaänderungen in der Region, die am Rand auch das Gebiet der Metropolregion Hamburg einschließen, basieren zum großen Teil auf den regionalen Klimaprojektionen des ENSEMBLES-Projektes in 25 km horizontaler Auflösung für Europa auf Basis von globalen Simulationen des CMIP3 für das SRES-Emissionsszenario A1B. Im Rahmen der internationalen CORDEX-Initiative (Giorgi et al. 2009) werden koordinierte regionale Simulationen auf Basis der repräsentativen Konzentrationspfade RCPs und globaler Simulationen des CMIP5 mit einer horizontalen Auflösung von etwa 50 km auch für Europa (EUR-44) durchgeführt (z. B. Kotlarski et al. 2014). Im Rahmen der Initiative EURO-CORDEX wurden zudem hochaufgelöste Klimaänderungssimulationen auf Rastern mit Kantenlängen von 12 km (EUR-11) auf Basis der RCPs und globaler Simulationen des CMIP5 erstellt (Jacob et al. 2014; Kotlarski et al. 2014; Vautard et al. 2013). Sie erweitern die aktuelle Datenbasis zu projizierten Klimaänderungen für die Metropolregion Hamburg im 21. Jahrhundert.

Der Norddeutsche Klimaatlas integriert die regionalen Klimaprojektionen aus den bisherigen (Stand Oktober 2015) europäischen Multi-Model-Ensemble-Initiativen PRUDENCE, ENSEMBLES und EURO-CORDEX sowie aus nationalen Initiativen zur Erstellung regionaler Klimaprojektionen auf Basis der SRES- (A2, A1B, B2 und B1) und RCP-Szenarien (EUR-11 und EUR-44) mit dem Ziel, Spannbreiten möglicher künftiger Klimaänderungssignale von Wetterelementen und abgeleiteten Größen für Norddeutschland und Teilregionen darzustellen (siehe Datengrundlage der Webseite Norddeutscher Klimaatlas). Die Datenbasis bilden derzeit 123 regionale Klimaprojektionen, die Norddeutschland räumlich abdecken und öffentlich verfügbar sind. Neben den Auswertungen für Norddeutschland werden für alle norddeutschen Bundesländer und verschiedene Naturräume wie auch für die Metropolregion Hamburg Spannbreiten möglicher Änderungen angegeben. Die Auswahl der jeweiligen Simulationen innerhalb der Emissionsszenarien (SRES) bzw. innerhalb der repräsentativen Konzentrationspfade (RCP) erfolgt, indem für jedes Klimaelement die regionale Klimaprojektion mit dem jeweils kleinsten und dem jeweils größten Änderungssignal für das jeweilige Zeitfenster ausgewählt wird. Auf diese Weise werden Spannbreiten möglicher künftiger Klimaänderungen in Norddeutschland auf Basis von RCP- und SRES-Szenarien abgeleitet.

Im Folgenden wird ein Überblick zu Studien projizierter Änderungen atmosphärischer Klimaparameter auf Basis der oben aufgeführten Klimaprojektionen gegeben, die nach dem 1. HKB erschienen sind. Insgesamt sind bei der Synthese und Interpretation von veröffentlichten Zahlen zu projizierten Klimaänderungen immer die verwendeten Datengrundlagen und Auswertemethoden, die dabei verwendeten zeitlichen und räumlichen Kennwerte sowie die betrachteten Zeitperioden zu beachten.

2.4.2.1 Lufttemperatur

Die projizierten Änderungen der bodennahen Lufttemperatur für Simulationen der regionalen Klimamodelle CLM und REMO wurden für die Metropolregion Hamburg, für Niedersachsen und Deutschland konsistent ausgewertet (Jacob et al. 2012; Moseley et al. 2012; Rechid et al. 2014a, 2014b, 2014c, 2014d). Die Simulationen und Auswertemethoden sind ausführlich in Rechid et al. (2014a) beschrieben. Dort sind kontinuierliche Zeitreihen sowie die beiden Zeitscheiben 2036–2065 und 2071–2100 im Vergleich zum Zeitraum 1971–2000 ausgewertet. Die verschiedenen Realisierungen für ein Emissionsszenario zeigen Unterschiede der klimatologischen Jahresmitteltemperatur von bis zu 1 °C. Das verdeutlicht die durch natürliche interne Klimavariabilität verursachte Schwankungsbreite, wie sie in der Modellkette Globalmodell-Regionalmodell abgebildet wird. In allen Simulationen steigt die mittlere Jahrestemperatur für das Gebietsmittel der Metropolregion Hamburg an, zur Mitte des 21. Jahrhunderts um etwa 1–2 °C und zum Ende des Jahrhunderts um etwa 2 bis mehr als 3 °C. Dabei ist die Erwärmung im Winter mit 2–4 °C etwas stärker als im Sommer mit 1–3 °C. Werden allerdings regionale Klimaprojektionen auf der Basis von Simulationen mit verschiedenen Globalmodellen betrachtet – z. B. in BACC II Author Team (2015) im Vergleich zu 1961–1990 und in Jacob et al. (2014) im Vergleich zu 1971–2000 –, dann reicht die projizierte Temperaturänderung im Sommer von etwa 1 bis 4 °C.

In ◘ Abb. 2.6 sind die auf der Basis der EURO-CORDEX-Simulationen EUR-11 (Jacob et al. 2014) projizierten Änderungen der jährlichen bodennahen Lufttemperatur im Vergleich zum Zeitraum 1971–2000 als gleitendes 30-Jahres-Mittel (jeweils abgebildet auf das 30. Jahr) für das Gebietsmittel der Metropolregion Hamburg dargestellt. Die gesamte Bandbreite der simulierten jährlichen Temperaturänderungen mit dem EURO-CORDEX-Ensemble im Vergleich zu 1971–2000 beträgt für die Zeitperiode 2036–2065 etwa 1–2,5 °C und für 2071–2100 etwa 1–4 °C. Die Ergebnisse für Sommer, Herbst und Winter sehen sehr ähn-

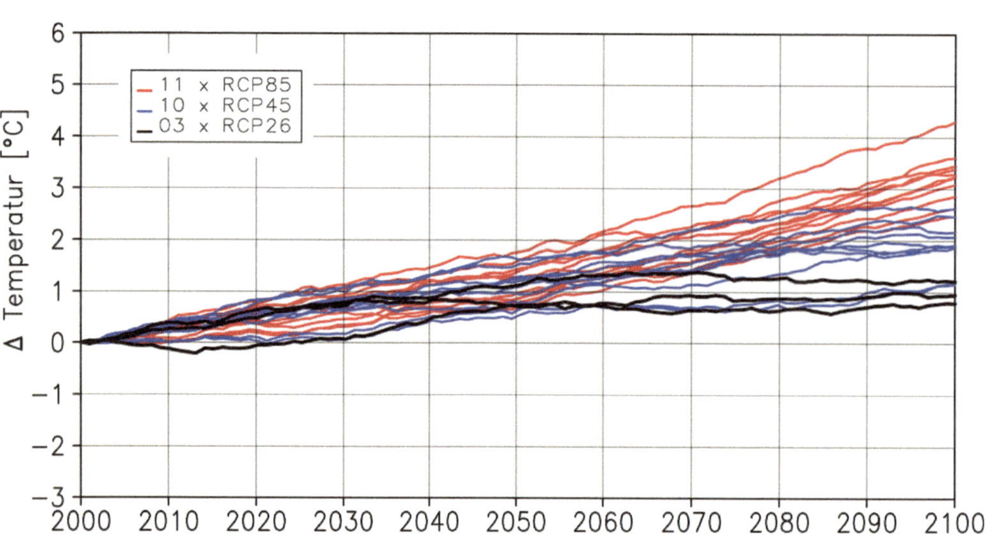

Abb. 2.6 Projizierte Änderungen der jährlichen bodennahen Lufttemperatur (2 m über Grund) im Vergleich zu 1971–2000 als gleitendes 30-Jahres-Mittel, abgebildet jeweils auf das 30. Jahr für das Gebietsmittel der Metropolregion Hamburg, EURO-CORDEX-Simulationen (Jacob et al. 2014) verschiedener Global-/Regionalmodell-Kombinationen auf Basis von RCP8.5 (*rot*), RCP4.5 (*blau*) und RCP2.6 (*schwarz*). (Abb. nach Rechid et al. 2014a)

lich aus, im Frühjahr ist die Erwärmung im Vergleich geringer (ohne Abb.). Im RCP2.6 kann zum Ende des Jahrhunderts eine Stabilisierung der Temperaturänderung im Jahresmittel um rund 1 °C erreicht werden. Insgesamt zeigt sich, dass zur Mitte des Jahrhunderts die Bandbreiten der projizierten Temperaturänderungen hauptsächlich durch die Verwendung unterschiedlicher Modelle und die simulierte interne Klimavariabilität bestimmt wird, zum Ende des Jahrhunderts werden sie zunehmend durch die Emissionsszenarien beeinflusst. Im Verlauf des Jahrhunderts unterscheiden sich die für das B1- und RCP2.6- sowie RCP4.5-Szenario simulierten Temperaturen immer deutlicher von den Ergebnissen für die A1B- und A2- sowie RCP8.5-Szenarien. Das bedeutet, dass durch eine Verminderung der Treibhausgasemissionen und damit geringere Treibhausgaskonzentrationen in der Atmosphäre auch in der Metropolregion Hamburg deutlich geringere Temperaturänderungen zu erwarten sind.

Im Norddeutschen Klimaatlas (Meinke und Gerstner 2009) werden Spannbreiten der jeweiligen Änderungen bezogen auf 30-jährige Zeitfenster zwischen 2011 und 2100 durch Differenzen zur Referenzperiode 1961–1990 ausgedrückt und sind somit nicht direkt mit den oben beschriebenen Auswertungen vergleichbar. Dennoch ist davon auszugehen, dass sich bestimmte Aussagen in beiden Auswertungen gleichermaßen wiederfinden, sofern es sich um robuste Trends handelt. Entsprechend den Auswertungen im Norddeutschen Klimaatlas scheint in der Metropolregion Hamburg und in Norddeutschland bis Mitte des 21. Jahrhunderts (2036–2065) eine Erwärmung zwischen etwa 1 und 3 °C plausibel. Bis Ende des 21. Jahrhunderts (2071–2100) kann sich diese Region um etwa 1–5 °C erwärmen. Die Minima werden jeweils für Szenarien mit moderaten Treibhausgasemissionen projiziert (RCP2.6), während die Maxima dieser Spannbreiten für Szenarien mit hohen künftigen Treibhausgasemissionen abgebildet werden (RCP8.5). Somit werden die oben vorgestellten Auswertungen bestätigt und eingeordnet. Sowohl bis Mitte des Jahrhunderts als auch bis Ende des Jahrhunderts zeichnet sich den Auswertungen des Norddeutschen Klimaatlas zufolge die schwächste Erwärmung im Frühjahr ab. Bis Mitte des Jahrhunderts (2036–2065) können die mittleren Frühjahrstemperaturen je nach künftigem Treibhausgasausstoß nahezu unverändert bleiben bzw. bis etwa 3 °C ansteigen. Bis Ende des Jahrhunderts (2071–2100) sind Erwärmungen zwischen 0,7 und 4,5 °C im Frühjahr plausibel. Mit den stärksten jahreszeitlichen Erwärmungen ist im Sommer und im Herbst zu rechnen. Bis Ende des 21. Jahrhunderts können in dieser Jahreszeit die durchschnittlichen Temperaturen in der Hamburger Metropolregion und Norddeutschland um bis zu etwa 6 °C zunehmen. Gleichzeitig weisen diese Jahreszeiten auch die größten Spannbreiten plausibler Änderungen auf.

Die Verteilungen der täglichen Temperaturwerte in Rechid et al. (2014a) veranschaulichen, wie häufig welche Tagestemperaturen im heutigen und zukünftigen Klima auftreten. Eine markante Veränderung, die übereinstimmend in den Simulationen und Projektionszeiträumen von Rechid et al. (2014a) und BACC II Author Team (2015) auftritt, ist, dass im Winter die Anzahl sehr kalter und kalter Tage sehr viel stärker abnimmt als die Anzahl der milden Tage zunimmt. Das zeigt sich besonders deutlich bei der Auswertung der Perzentiländerungen. Die Verteilung der simulierten Tagesmitteltemperaturen im Winter wird danach im Zukunftsklima etwas schmaler. Auch die Auswertungen der thermischen Klimaindizes zeigen, dass niedrige Schwellenwerte deutlich seltener unterschritten werden, also Eis- und Frosttage seltener auftreten (Meinke et al. 2011; Rechid et al. 2014a). So zeigen auch die Auswertungen des Norddeutschen Klimaatlas, dass je nach Treibhausgasszenario Frosttage in der Hamburger Metropolregion gegen Ende des Jahrhunderts auf wenige Wochen beschränkt sein könnten und Tage, an denen das Temperaturmaximum 0 °C nicht überschreitet (Eistage), möglicherweise gar nicht mehr auftreten (Norddeutscher Klimaatlas (Stand Oktober 2015), Meinke und Gerstner 2009; Meinke et al. 2011). Die Anzahl der Tage mit Temperaturen von > 5 °C nimmt deutlich zu, was auf eine Verlängerung der thermischen Vegetationsperiode hindeutet. So könnte sich der thermische Vegetationsbeginn bis Ende des Jahrhunderts in der Hamburger Metropolregion um etwa 2–10 Wochen nach vorne verlagern und somit im Januar oder Februar liegen (vgl. Norddeutscher Klimaatlas; Meinke und Gerstner 2009; Meinke et al. 2011). Nach Rechid et al. (2014a) nehmen im B1-Szenario die Tageswerte der Temperatur im Sommer zur Mitte und zum Ende des Jahrhunderts gleichmäßig zu, d. h., die Häufigkeitsverteilung verschiebt sich weitgehend gleichmäßig zu höheren

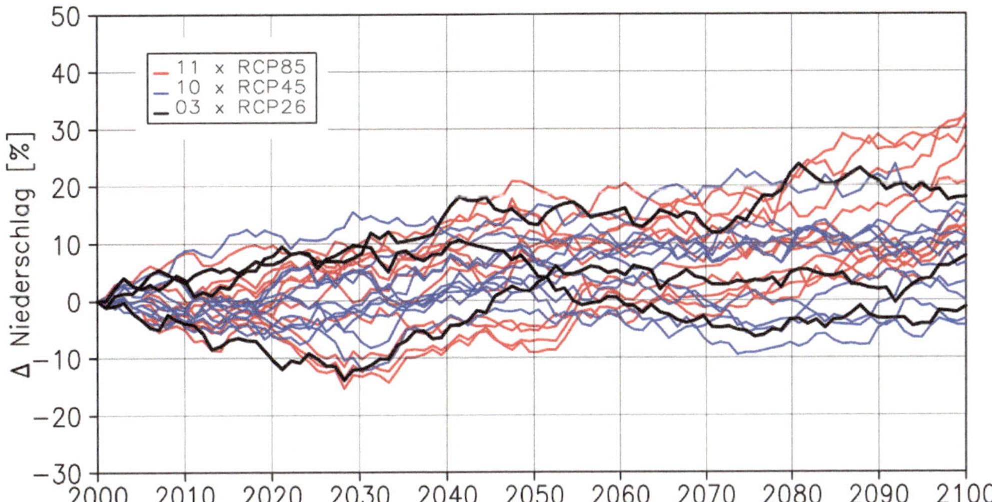

Abb. 2.7 Projizierte relative Änderungen der Niederschlagsmenge im Winter im Vergleich zu 1971–2000 als gleitendes 30-Jahres-Mittel, abgebildet jeweils auf dem 30. Jahr für das Gebietsmittel der Metropolregion Hamburg, EURO-CORDEX-Simulationen (Jacob et al. 2014) verschiedener Global-/Regionalmodell-Kombinationen auf der Basis von RCP8.5 (*rot*), RCP4.5 (*blau*) und RCP2.6 (*schwarz*). (Abb. nach Rechid et al. 2014a)

Temperaturen. Für das A1B- und das A2-Szenario zeigt sich dagegen zur Mitte und noch ausgeprägter zum Ende des Jahrhunderts ein etwas stärkerer Anstieg der höheren Perzentile, also der warmen bis heißen Tage, im Vergleich zu den niedrigeren Perzentilen, also den vergleichsweise kühlen Tagen. Dadurch wird die Verteilung auftretender Temperaturwerte etwas breiter, d. h., die Temperaturen können im Sommer stärker schwanken und warme und heiße Tage sehr viel häufiger auftreten. Das zeigen auch die Auswertungen in Rechid et al. (2014a) zu den Klimaindizes. Eine deutlich höhere Anzahl an Tagen erreicht oder überschreitet die 25 °C-Schwelle (Sommertage), und auch heiße Tage mit einer Maximumtemperatur von 30 °C und mehr treten häufiger auf. Auch die Auswertungen im Norddeutschen Klimaatlas weisen in diese Richtung. So könnte sich bei starkem Anstieg künftiger Treibhausgasemissionen die Anzahl der Sommertage bis Ende des 21. Jahrhunderts in der Metropolregion Hamburg etwa verdoppeln, während heiße Tage dann ungefähr so häufig auftreten könnten wie gegenwärtig die Sommertage. Auch tropische Nächte ($T_{min} \geq 20$ °C) könnten in Zukunft bis zu viermal in jedem Jahr auftreten (vgl. Rechid et al. 2014a). Die Auswertungen im Norddeutschen Klimaatlas lassen bei starkem künftigem Treibhausgasausstoß (RCP8.5) Ende des Jahrhunderts sogar Jahre mit bis zu 34 tropischen Nächten plausibel erscheinen (Meinke und Gerstner 2009; Meinke et al. 2011). Werden Treibhausgasemissionen künftig jedoch nennenswert reduziert, kann die Häufigkeitszunahme von Sommertagen und heißen Tage bis Ende des Jahrhunderts auf wenige Tage begrenzt und die Häufigkeit tropischer Nächte sogar unverändert bleiben (Norddeutscher Klimaatlas (Stand Oktober 2015); Meinke und Gerstner 2009; Meinke et al. 2011).

Entsprechend den hier dokumentierten Ergebnisse liegt Konsens hinsichtlich einer Erwärmung im Laufe des 21. Jahrhunderts in der Metropolregion Hamburg vor. Bei weltweit erfolgreicher Umsetzung von Klimaschutzmaßnahmen kann die Erwärmung in dieser Region im Vergleich zum heutigen Temperaturniveau auf 1 °C bis Ende des Jahrhunderts begrenzt werden. Gelingt dies jedoch nicht, ist künftig mit einer beschleunigten Erwärmung zu rechnen, die bis Ende des Jahrhunderts in der Hamburger Metropolregion bis etwa +5 °C erreichen kann. Zudem können sich die Temperaturextrema hin zu einem wärmeren Klima mit mehr heißen Tagen und weniger Frosttagen verschieben. Diese Aussagen bestätigen im Wesentlichen die dokumentierten Erkenntnisse des 1. HKB. Es zeichnet sich jedoch ab, dass sich mit einer zunehmenden Zahl von regionalen Klimaprojektionen die Spannbreiten von plausiblen Änderungen für die MRH erweitern. Auch die im Vergleich zu anderen Jahreszeiten eher moderate Erwärmung im Frühjahr ist mit den Aussagen des 1. HKB konsistent.

2.4.2.2 Niederschlag

Projizierte Änderungen des Niederschlags für die Metropolregion Hamburg auf Basis der SRES-Szenarien (s. o.) wurden in Rechid et al. (2014a) konsistent ausgewertet. Dort nimmt der Jahresniederschlag ab der Zeitperiode 2015–2045 in allen Simulationen zu, zum Ende des Jahrhunderts mit Werten zwischen 5 und 20 %. Die Zeitreihen zeigen eine hohe interannuelle und dekadische Variabilität des Niederschlags, die im Winter größer ist als im Sommer. Zur Mitte des Jahrhunderts liegen im Sommer die Ergebnisse aller Simulationen innerhalb von ca. −10 bis +9 % und damit etwa innerhalb der natürlichen Schwankungsbreite. Zum Ende des Jahrhunderts liegt im Sommer die Spannbreite zwischen etwa −20 und +5 %. Werden allerdings regionale Klimaprojektionen basierend auf Simulationen mit verschiedenen Globalmodellen betrachtet (z. B. BACC II Author Team 2015; Jacob et al. 2014), dann reicht in der Metropolregion Hamburg die Bandbreite der mittleren Niederschlagsänderungen im Sommer zum Ende des 21. Jahrhunderts von etwa −30 bis +20 %. In ■ Abb. 2.7 sind die auf der Basis der EURO-CORDEX-EUR-11-Simulationen projizierten prozentualen Änderungen des Niederschlags im Vergleich zum Zeitraum 1971–2000 für den Winter als gleitendes 30-Jahres-Mittel (jeweils abgebildet auf das 30. Jahr) für das Gebietsmittel der Metropolregion Hamburg dargestellt, in ■ Abb. 2.8 findet sich die entsprechende Darstellung für die Niederschlagsänderung im Sommer. Auch hier zeigt sich die hohe dekadische Variabilität, die auch in den 30-jährigen Mittelwerten deutlich zu sehen ist. Für den Winter zeigen fast alle Simulationen eine Niederschlagszunahme mit einer Bandbreite von leicht negativen Werten bis etwa +30 % zum Ende des Jahrhunderts im Vergleich zu 1971–2000. Im Sommer hingegen zeigen etwa gleich viele Simulationen eine Zunahme wie

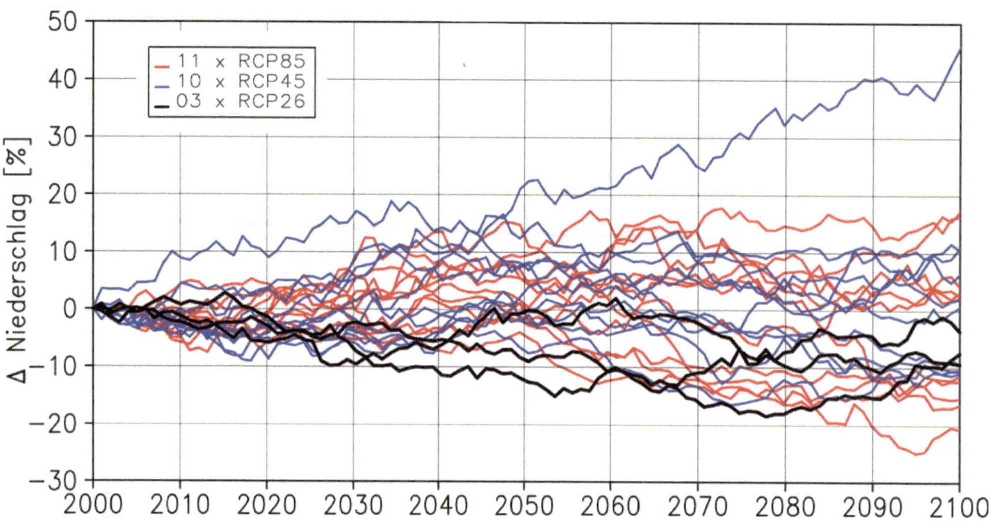

■ **Abb. 2.8** Projizierte relative Änderungen der Niederschlagsmenge im Sommer im Vergleich zu 1971–2000 als gleitendes 30-Jahres-Mittel, abgebildet jeweils auf dem 30. Jahr für das Gebietsmittel der Metropolregion Hamburg, EURO-CORDEX-Simulationen (Jacob et al. 2014) verschiedener Global-/Regionalmodell-Kombinationen auf der Basis von RCP8.5 (*rot*), RCP4.5 (*blau*) und RCP2.6 (*schwarz*). (Abb. nach Rechid et al. 2014a)

Abnahme. Für eine einzelne Simulation wird bis etwa +40 % Niederschlag zum Ende des Jahrhunderts simuliert, sonst etwa zwischen −20 und +20 % (■ Abb. 2.8).

Großräumig betrachtet verläuft im Sommer durch Deutschland im Ensemble-Mittel der Übergangsbereich von abnehmenden Niederschlägen in Südwesteuropa und zunehmenden Niederschlägen in Nordeuropa (Jacob et al. 2014).

Die Auswertungen im Norddeutschen Klimaatlas (Stand Oktober 2015, Meinke und Gerstner 2009) bestätigen im Wesentlichen die oben beschriebenen möglichen Niederschlagentwicklungen im 21. Jahrhundert: Auf Basis des gemischten Ensembles von regionalen SRES-Szenarien (A2, A1B, B2 und B1) und RCP-Szenarien (CORDEX-EUR-44- und EUR-11-Simulationen) sind in der Metropolregion Hamburg bis Ende des 21. Jahrhunderts (2071–2100) im Vergleich zum Referenzzeitraum 1961–1990 jährliche Niederschlagszunahmen um bis zu etwa 30 % plausibel, wobei auch eine leichte Abnahme der jährlichen Niederschlagsmenge von 8 % bis Ende des Jahrhunderts nicht auszuschließen ist. Die größte Übereinstimmung der 123 regionalen Klimaszenarien hinsichtlich jahreszeitlicher Niederschlagsänderungen bis Ende des Jahrhunderts liegt im Winter mit Zunahmen von bis zu 41 % vor. Im Sommer weisen viele regionale Projektionen auf Abnahmen hin, die bis zu 45 % betragen können. Wie sich bereits bei den oben beschriebenen Ensemble-Auswertungen abzeichnet, ist die Entwicklung des Sommerniederschlags in der Hamburger Metropolregion jedoch unklar, da die Modellsimulationen Niederschlagsentwicklungen mit unterschiedlichen Vorzeichen projizieren. Demnach sind aus heutiger Sicht bis Ende des Jahrhunderts auch deutliche sommerliche Niederschlagszunahmen von bis zu 47 % plausibel. Auch in den anderen Jahreszeiten weisen die Simulationen bzgl. der Niederschlagsentwicklung unterschiedliche Vorzeichen auf, sodass die künftige Niederschlagsentwicklung aus heutiger Sicht unklar bleibt. Maximale Änderungen werden aber auch beim Niederschlag für Szenarien mit hohen künftigen Treibhausgasemissionen projiziert (Norddeutscher Klimaatlas; Meinke und Gerstner 2009; Meinke et al. 2011).

Um räumlich differenzierte Aussagen zu projizierten Niederschlagsänderungen zu treffen, kann eine Analyse zur Robustheit der simulierten Änderungssignale z. B. nach Pfeifer et al. (2015) oder nach Meinke (2013) durchgeführt werden. Nach dieser Methode werden die Übereinstimmung der Modellergebnisse in der Richtung des Änderungssignals und die Signifikanz der Ergebnisse für jede Simulation untersucht und daraus eine Aussage zur Robustheit der projizierten Änderungen auf Basis jeweils eines konsistenten Modellensembles abgeleitet. Für den mittleren Sommerniederschlag kann danach für kein Gebiet in der Metropolregion Hamburg eine robuste Veränderung für die verschiedenen Szenarien und Modellensembles gezeigt werden. Für den mittleren Winterniederschlag werden auf Basis der EURO-CORDEX-EUR-11-Simulationen für RCP8.5 robuste Zunahmen gegen Ende des 21. Jahrhunderts projiziert, auf Basis der ENSEMBLES-Simulationen für SRES A1B hingegen schon zur Mitte des 21. Jahrhunderts (Pfeifer et al. 2015).

Die Verteilung der Niederschlagswerte im Jahr und in den Jahreszeiten, die an Tagen mit mehr als 1 mm Niederschlag auftreten, wurden in Rechid et al. (2014a) auf Basis der REMO- und CLM-Simulationen ausgewertet. Dabei zeigt sich für den Winter in allen Simulationen eine generelle Zunahme aller Tagesniederschlagswerte und besonders zum Ende des Jahrhunderts mit einer Tendenz zur stärkeren Zunahme hoher Niederschlagsmengen. Auch auf Basis der ENSEMBLES-Projektionen konnte eine Zunahme des 95. Perzentils der Tagesniederschläge gezeigt werden (Rudolf 2011). Im Sommer wird zum Ende des 21. Jahrhunderts in allen Simulationen eine Abnahme der Niederschlagsmengen an Tagen mit leichten bis mittleren Niederschlagsintensitäten projiziert. An Tagen mit hohen Niederschlagsmengen zeigt sich dagegen eine Zunahme der Niederschläge. Nach Auswertungen im Norddeutschen Klimaatlas (Stand Oktober 2015) ist die Häufigkeitsentwicklung von Tagen mit mindestens 1 mm Niederschlag unklar, da die jahreszeitlichen und jährlichen Trends in den einzelnen Simulationen unterschiedliche Vorzeichen aufweisen. Bei der Häufigkeitsentwicklung von Niederschlagstagen mit mehr als 10 bzw. 20 mm Niederschlag pro Tag stimmen die Simulationen jedoch in allen Jahreszeiten außer im Sommer in einer möglichen Zunahme überein.

Entsprechend den hier dokumentierten Ergebnissen bzgl. der möglichen zukünftigen Niederschlagsentwicklung in der Metropolregion Hamburg lässt sich dahingehend Konsens ableiten, dass die plausiblen Trends große Spannbreiten und unterschiedliche Vorzeichen aufweisen. Vor allem im Sommer und im Winter muss künftig mit deutlich veränderten Niederschlagsmengen gerechnet werden. Bei geringem Treibhausgasausstoß sind auch beim Niederschlag geringere Änderungen zu erwarten. Insgesamt kann die Häufigkeit von Tagen mit hohen Niederschlagsmengen in der Hamburger Metropolregion bis Ende des Jahrhunderts zunehmen. Hinsichtlich der Aussagen im 1. HKB zeigt sich vor allem für die künftige sommerliche Niederschlagsentwicklung ein Unterschied, da auf der Grundlage weiterer inzwischen ausgewerteter Klimaprojektionen bis Ende des Jahrhunderts auch eine deutliche Niederschlagszunahme in der Hamburger Metropolregion plausibel ist.

2.4.2.3 Atmosphärische Zirkulation und Wind

Die anthropogen verursachten projizierten Änderungen der Strahlungsbilanz, des Energiehaushalts und des Wasserkreislaufs beeinflussen die Massen- und Druckverteilung in der Atmosphäre und damit die atmosphärische Zirkulation. Die atmosphärischen Zirkulationsverhältnisse unterliegen zugleich natürlichen periodischen Schwankungen und in Wechselwirkung mit dem Ozean auch auf vergleichsweise langen Zeitskalen von mehreren Jahren und Jahrzehnten. Deshalb ist eine Ableitung von langfristigen robusten Trends für die Zukunft bislang kaum möglich, da die projizierten Änderungen meist in der Größenordnung der natürlichen Schwankungen liegen.

Diese natürlichen Schwankungen (interne Variabilität) des Klimas in Mitteleuropa und der Metropolregion Hamburg werden maßgeblich durch die Zirkulationsverhältnisse über dem Nordatlantik – die „Nordatlantische Oszillation" (NAO) geprägt (▶ Abschn. 2.3.1). Die NAO beeinflusst die Bewegung der planetaren Wellen und die Zugbahnen von Tiefdruckgebieten über den Nordatlantik. Studien zu möglichen Änderungen der NAO auf der Basis von unterschiedlichen Klimaprojektionen mit verschiedenen globalen Klimamodellen führen zu unterschiedlichen und oft widersprüchlichen Ergebnissen (IPCC 2013; BACC II Author Team 2015). Zudem gibt es verschiedene Methoden zur Bestimmung der NAO, die ebenfalls zu unterschiedlichen Ergebnissen führen können (z. B. Ulbrich et al. 2013). ▶ Abschn. 2.3.1 hat gezeigt, dass sich in der Vergangenheit Zugbahnen von Tiefdruckgebieten über dem Nordatlantik nach Nordosten verlagert haben. Ob diese Veränderungen auf natürlichen Schwankungen beruhen oder durch den Einfluss des Menschen auf das Klima verursacht wurden und wie sich die Zirkulationsverhältnisse in der Region in Zukunft verändern können, ist weiterhin unklar.

Die Simulation zukünftig möglicher Änderungen der Windgeschwindigkeiten hängen sehr stark davon ab, wie die großskalige atmosphärische Zirkulation in den globalen Klimamodellen für die Zukunft abgebildet wird und in welchem Modus der periodischen Schwankungen sie sich jeweils befinden. Dabei gehen die Ergebnisse unterschiedlicher Modelle deutlich auseinander, sodass keine generellen Aussagen zu Veränderungen der Windgeschwindigkeiten getroffen werden können (BACCII Author Team 2015).

Die klimatischen Windverhältnisse können auch durch vorherrschende Windrichtungen charakterisiert werden. Besonders die Windrichtungen bei hohen Windgeschwindigkeiten beeinflussen neben der Windstärke die Sturmflutgefährdung in der deutschen Bucht. De Winter et al. (2013) z. B. untersuchen die projizierten Änderungen der Windrichtungen der jährlichen Windmaxima auf der Basis von 12 Globalmodellen des CMIP5 für das RCP4.5 und RCP8.5. Zunächst zeigt auch diese Studie, dass die Windgeschwindigkeiten großen Schwankungen unterliegen und keine Trends z. B. für die jährlichen Maxima der Windgeschwindigkeit abgeleitet werden können. Auch die Schwankungen der Windrichtungen sind groß; allerdings weisen hier die Ergebnisse darauf hin, dass die Ereignisse mit den jährlich maximalen Windgeschwindigkeiten im Verlauf des 21. Jahrhunderts häufiger aus südwestlicher und westlicher Richtung kommen können. Für Winde aus nordwestlicher und nordnordwestlicher Richtung hingegen, die für die Entwicklung von Sturmfluten entscheidend sind, wurden keine Änderungen der Windrichtung projiziert. Die Ergebnisse dieser Studie bestätigen Ergebnisse auf der Basis von globalen Modellsimulationen des CMIP3 (de Winter et al. 2013). Gaslikova et al. (2013) untersuchen das Windklima der deutschen Bucht auf der Basis von regionalen Klimamodelldaten eines dynamischen Regionalmodells in Kombination mit einem Globalmodell mit je zwei Realisierungen für die beiden SRES-Szenarien B1 und A1B. Auch diese Studie zeigt für die Deutsche Bucht im Verlauf des 21. Jahrhunderts eine Tendenz zur Zunahme starker Winde ($> 17{,}2\ \mathrm{ms}^{-1}$) aus westlicher Richtung, auch hier überlagert durch große multidekadische Schwankungen.

Insgesamt zeigt sich, dass es zur Interpretation von Klimaprojektionen auf der Grundlage verschiedener Studien wichtig ist, die jeweils verwendeten Daten, Methoden und zeitlichen Referenzperioden zu beachten. Das gilt insbesondere auch für die Projektionen von Windgeschwindigkeiten und der Häufigkeit von Sturmereignissen. Feser et al. (2015) geben einen systematischen Überblick über Studien zur Entwicklung der Sturmaktivitäten im Nordatlantik und Nordwesteuropa, die sie nach verwendeten Datensätzen, Analysemethoden und jeweils betrachteten geographischen Regionen und räumlichen Zeitperioden klassifizieren. Aufgrund der großen zeitlichen Variabilität der Sturmaktivitäten in Nordwesteuropa sind die Ergebnisse sehr stark von der Länge der untersuchten Zeitperiode abhängig. Die Projektionen für mögliche zukünftige Entwicklungen weisen zudem eine sehr starke Abhängigkeit von dem zugrunde liegenden Modellensemble auf. Nach Feser et al. (2015) stimmen viele Studien darin überein, dass unter zukünftigen Klimabedingungen die Intensität von Sturmereignissen in allen dort untersuchten geographischen Regionen und damit auch der Metropolregion Hamburg zunimmt. Outten und Esau (2013) hingegen erhalten auf der Basis von Klimaprojektionen für das A1B-Szenario des ENSEMBLES-Projekts keine wesentliche Änderung in der Statistik hoher Windgeschwindigkeiten in Bodennähe. Laut Feser et al. (2015) deutet die Mehrzahl der Artikel auf eine künftige Häufigkeitszunahme von Sturmereignissen über der Nordsee hin. Für die Ostsee konnte dies jedoch nicht festgestellt werden. Entsprechend heterogene Ergebnisse zeigen auch die Auswertungen des Norddeutschen Klimaatlas (Stand Oktober 2015, Meinke und Gerstner 2009; Meinke et al. 2011) bzgl. möglicher künftiger Änderungen der Windgeschwindigkeiten bei Sturmereignissen und deren Häufigkeit in der Metropolregion Hamburg. Bis Ende des Jahrhunderts (2071–2100) sind im Vergleich zur Referenzperiode 1961–1990 Änderungen der maximalen Windgeschwindigkeiten (maximaler Betrag des Windvektors in 10 m Höhe) von −4 bis +4 % plausibel. Auch innerhalb der Jahreszeiten weisen die regionalen Klimaprojektionen unterschiedliche Vorzeichen in den Trends künftiger Sturmintensitäten auf. Die größten Spannbreiten in der Änderung maximaler Windstärken treten in der Metropolregion Hamburg im Winter auf: Sie liegen zwischen −8 und +10 %. Bei der Häufigkeit von Sturmereignissen zeigen die zugrunde gelegten Klimaprojektionen eine Spannweite von −8 bis +14 Sturmtagen (max. Windgeschwindigkeit überschreitet 8 Bft), wobei die höchste Zunahme im Winter zu erwarten ist.

Insgesamt können zur potenziellen künftigen Entwicklung von Sturmereignissen in der Metropolregion Hamburg keine robusten Aussagen getroffen werden. Bis Ende des 21. Jahrhunderts erscheint sowohl eine Zunahme als auch eine Abnahme der Windgeschwindigkeiten bei Sturmereignissen und ihrer Häufigkeit in der Metropolregion Hamburg möglich.

2.5 Zusammenfassung und Ausblick

Größtenteils werden die im 1. Klimabericht für die Metropolregion Hamburg getroffenen Aussagen zum Klima und seinen bisherigen sowie künftig möglichen Entwicklungen in der Metropolregion durch neue Veröffentlichungen seit 2009 bestätigt. Entsprechend den hier dokumentierten Ergebnissen besteht insbesondere Konsens hinsichtlich einer bereits stattfindenden Erwärmung, die sich im Laufe des 21. Jahrhunderts in der MRH weiter fortsetzen wird. Bei weltweit erfolgreicher Umsetzung von Klimaschutzmaßnahmen kann die Erwärmung in dieser Region im Vergleich zum heutigen Temperaturniveau auf 1 °C bis Ende des Jahrhunderts begrenzt werden. Gelingt dies jedoch nicht, ist künftig mit einer beschleunigten Erwärmung zu rechnen, die bis Ende des Jahrhunderts in der MRH etwa +5 °C erreichen kann.

Im Vergleich zum 1. HKB wirken sich hinsichtlich der bisherigen Entwicklung bei einigen meteorologischen Größen der zwischenzeitlich fortgeschrittene Klimawandel, fortlaufende natürliche Schwankungen und ggf. weitere anthropogene Einflüsse auf die Statistiken aus. Hinsichtlich der Aussagen zu möglichen zukünftigen Klimaänderungen haben zusätzliche regionale Klimaprojektionen dazu geführt, dass größere Spannbreiten möglicher zukünftiger Änderungen bestimmter Klimaelemente abgebildet werden. Dies betrifft vor allem mögliche zukünftige Änderungen des Niederschlags und der Windverhältnisse.

Insgesamt zeigt sich, dass die Verwendung möglichst vieler Global-/Regionalmodell-Kombinationen wichtig ist, um das breite Spektrum der Ergebnisse verschiedener Modelle in den Klimaprojektionen abzubilden. Zur Interpretation der Ergebnisse verschiedener Studien ist es wichtig, die jeweils verwendeten Daten, Methoden sowie räumlichen Skalen und zeitlichen Referenzperioden zu beachten. Im Verlauf des 21. Jahrhunderts unterscheiden sich die für das B1- und RCP2.6- sowie das RCP4.5-Szenario simulierten Temperaturzunahmen immer deutlicher von den Ergebnissen für die A1B- und A2- sowie die RCP8.5-Szenarien. Das bedeutet, dass durch eine Verminderung der Treibhausgasemissionen in der ersten Hälfte des 21. Jahrhunderts und damit geringere Treibhausgaskonzentrationen in der Atmosphäre zum Ende des 21. Jahrhunderts deutlich geringere Klimaänderungen zu erwarten sind. Im RCP2.6 kann zum Ende des Jahrhunderts gegenüber 1971–2000 eine Stabilisierung der Temperaturänderung im Jahresmittel auf 1 °C und damit auf etwa 2 °C gegenüber dem vorindustriellen Niveau erreicht werden. Die simulierten zeitlichen Entwicklungen des Niederschlags zeigen eine hohe dekadische Variabilität, die auch in den 30-jährigen Mittelwerten deutlich zu sehen ist. Für den Winter projizieren fast alle Simulationen eine Niederschlagszunahme ab der Mitte des Jahrhunderts. Für den Sommer hingegen können keine robusten Niederschlagsänderungen aus den Simulationen abgeleitet werden.

Bisherige Klimaentwicklungen und deren Konsistenz mit regionalen Klimaprojektionen sollen alle 5–10 Jahre hinsichtlich der jüngsten Entwicklungen aktualisiert werden. Die Analyse von Beobachtungsdaten, Rasterdatensätzen und Reanalysen über das Jahr 2010 hinaus bis 2015 zeigen übereinstimmend, dass sich die Erwärmung und die winterliche Niederschlagszunahme in der Metropolregion weiter fortgesetzt haben.

Derzeit werden in dem vom BMBF geförderten nationalen Verbundprojekt ReKliEs-De die EURO-CORDEX-Simulationen durch weitere dynamische und auch statistische Regionalisierungen auf der Basis weiterer globaler Projektionen ergänzt, um dem neuesten Wissensstand entsprechende regionale Klimaprojektionen auf der Grundlage großer Multi-Modell-Ensembles für Deutschland zu erstellen. Dabei soll auch die Stabilität von Ergebnissen auf Grundlage unterschiedlicher Ensemblegrößen untersucht werden. Ziel des Projekts ist die Bereitstellung verlässlicher Informationen über die Bandbreite und Extreme der zukünftigen Klimaentwicklung für das Gebiet von Deutschland einschließlich der Einzugsgebiete der großen nach Deutschland entwässernden Flüsse. Hierzu gehört insbesondere auch die nutzerorientierte Aufbereitung der wissenschaftlichen Ergebnisse für die Verwendung in der Klimafolgenforschung und der Politikberatung.

Literatur

Alexandersson H, Tuomenvirta H, Schmith T, Iden K (2000) Trends of storms in NW Europe derived from an updated pressure data set. Clim Res 14:71–73

American Meteorological Society (2012) Glossary of meteorology. Webseite der AMS. Zugegriffen: 17. März 2017

Author Team BACC II (2015) Second assessment of climate change for the baltic sea Basin. Springer, Heidelberg, New York, Dordrecht, London

Bhend J, von Storch H (2008) Consistency of observed winter precipitation trends in northern Europe with regional climate change projections. Clim Dynam 31:17–28

Bhend J, von Storch H (2009) Is greenhouse gas warming a plausible explanation for the observed warming in the Baltic Sea catchment area? Boreal Environ Res 14:81–88

Booß A, Lefebvre C, Löpmeier F-J, Müller-Westermeier G, Pietzsch S, Riecke W, Schmitt H-H (2011) Die Witterung in Deutschland 2010. Klimastatusbericht 2010. Deutscher Wetterdienst, Offenbach am Main

BSH (2013) Sturmflut vom 07.12.2013 (Webseiten des BSH)

Bülow K, Ganske A, Hüttl-Kabus S, Klein B, Klein H, Löwe P, Möller J, Schade N, Tinz B, Heinrich H, Rosenhagen G (2014) Klimabedingte Auswirkungen auf Schifffahrt, Küsten und Meeresnutzung in der Nordseeregion. Schlussbericht KLIWAS-Projekt 3.01. KLIWAS-35/2014

Casty C, Raible CC, Stocker TF, Wanner H, Luterbacher J (2007) A European pattern climatology 1766–2000. Clim Dyn 29:791–805

Chmielewski F-M (2011) Der Einfluss des Klimawandels auf den Wirtschaftssektor Landwirtschaft. In: von Storch H, Claussen M (Hrsg) Klimabericht für die Metropolregion Hamburg. Springer, Berlin, Heidelberg, S 211–230

Christensen JH, Carter T, Giorgi F (2002) PRUDENCE employs new methods to assess european climate change. Eos (Washington DC) 83:147

Daschkeit A (2011) Das Klima der Region und mögliche Entwicklungen in der Zukunft bis 2100. In: von Storch H, Claussen M (Hrsg) Klimabericht für die Metropolregion Hamburg. Springer, Berlin, Heidelberg, S 61–90

Deutschländer T, Friedrich K, Haeseler S, Lefebvre C (2013) Orkantief XAVER über Nordeuropa vom 5. bis 7. Dezember 2013 (Webseiten des DWD)

DWD (2015) Wetterlexikon, Webseiten des DWD. Zuletzt zugegriffen am 30.10.2015

De Winter RC, Sterl A, Ruessink BG (2013) Wind extremes in the North Sea basin under climate change: an ensemble study of 12 CMIP5 GCMs. J Geophys Res 118:1601–1612

Feser F, Barcikowska M, Krueger O, Schenk F, Weisse R, Xia L (2015) Storminess over the North Atlantic and northwestern Europe – A review. Q J R Meteorol Soc 141:350–382

Fuss S, Canadell JG, Peters GP, Tavoni M, Andrew RM, Ciais P, Jackson RB, Jones CD, Kraxner F, Nakicenovic N, Le Quéré C, Raupach MR, Sharifi A, Smith P, Yamagata (2014) Betting on negative emissions. Nat Clim Chang 4:850–853

Gaslikova L, Grabemann I, Groll N (2013) Changes in North Sea storm surge conditions for four transient future climate realizations. Nat Hazards 66:1501–1518

Geyer B (2014) High resolution atmospheric reconstruction for Europe 1948–2012: coastDat2. Earth Syst Sci Data 6:147–164

Giorgi F, Jones C, Asrar G (2009) Addressing climate information needs at the regional level: the CORDEX framework. WMO Bull 58:175–183

Haeseler S, Lefebvre C (2013) Orkantief CHRISTIAN am 28. Oktober 2013. Zugegriffen: 17. März 2017 (Webseite des DWD)

Haeseler S, Lefebvre C, Friedrich A (2015) Unwetter mit Tornados richten am 5. Mai 2015 schwere Schäden in Norddeutschland an. Zugegriffen: 17. März 2017 (Webseite des DWD)

Hoffmann P (2009) Modifikation von Starkniederschlägen durch urbane Gebiete. Fachbereich Geowissenschaften Universität Hamburg, Diplomarbeit

Hollweg HD, Böhm U, Fast I, Hennemuth B, Keuler K, Keup-Thiel E, Lautenschlager M, Legutke S, Radtke K, Rockel B, Schubert M, Will A, Woldt M, Wunram C (2008) Ensemble simulations over europe with the regional climate model CLM forced with IPCC AR4 global scenarios. M & D technical report 3.

Hurrel JW, Kushnir Y, Ottersen G, Visbeck M (2003) An overview of the North Atlantic oscillation. In: Hurrel JW, Kushnir Y, Ottersen G, Visbeck M (Hrsg) The North Atlantic oscillation: climatic significance and environmental impact. Geophyical Monograph series 134. American Geophysical Union, Washington DC, S 1–36

Imbery F, Friedrich K, Koppe-Schaller C, Rösner S, Bissolli P, Schreiber K-J (2015) Erste klimatologische Einschätzung der Hitzewelle 2015 (Webseiten des DWD)

IPCC (2013) Climate change 2013: the physical science basis. Contribution of working group I to the fifth assessment report of the intergovernmental panel on climate change. Cambridge University Press, New York, Cambridge

Jacob D, Göttel H, Kotlarski S, Lorenz P, Sieck K (2008) Klimaauswirkungen und Anpassung in Deutschland: Erstellung regionaler Klimaszenarien für Deutschland mit dem Klimamodell REMO. Forschungsbericht 204 41 138 Teil 2. UBA, Dessau

Jacob D, Bülow K, Kotova L, Moseley C, Petersen J, Rechid D (2012) Regionale Klimaprojektionen für Europa und Deutschland: Ensemble Simulationen für die Klimafolgenforschung. CSC Report 6. Climate Service Center, Hamburg

Jacob D, Petersen J, Eggert B, Alias A, Christensen OB, Bouwer LM, Braun A, Colette A, Déqué M, Georgievski G, Georgopoulou E, Gobiet A, Menut L, Nikulin G, Haensler A, Hempelmann N, Jones C, Keuler K, Kovats S, Kröner N, Kotlarski S, Kriegsmann A, Martin E, van Meijgaard E, Moseley C, Pfeifer S, Preuschmann S, Radermacher C, Radtke K, Rechid D, Rounsevell M, Samuelsson P, Somot S, Soussana J-F, Teichmann C, Valentini R, Vautard R, Weber B, Yiou P (2014) EURO-CORDEX: new high-resolution climate change projections for European impact research. Reg Environ Change 14:563–578

Kaas E, Li TS, Schmith T (1996) Statistical hindcast of wind climatology in the North Atlantic and Northwestern European region. Clim Res 7:97–110

Kalnay E, Kanamitsu M, Kistler R, Collins W, Deaven D, Gandin L, Iredell M, Saha S, White G, Woollen J, Zhu Y, Leetmaa A, Reynolds R, Chelliah M, Ebisuzaki W, Higgins W, Janowiak J, Mo KC, Ropelewski C, Wang J, Jenne R, Joseph D (1996) The NCEP/NCAR 40-year reanalysis project. Bull Am Meteorol Soc 77:437–471

Kaspar F, Müller-Westermeier G, Penda E, Mächel H, Zimmermann K, Kaiser-Weiss A, Deutschländer T (2013) Monitoring of climate change in Germany – data, products and services of Germany's National Climate Data Centre. Adv Sci Res 10:99–106

Kistler R, Kalnay E, Collins W, Saha S, White G, Woollen J, Chelliah M, Ebiszusaki W, Kanamitsu M, Kousky V, van den Dool H, Jenne R, Fiorino M (2001) The NCEP-NCAR 50 year reanalysis. Bull Am Meteorol Soc 82:247–267

KLIMZUG-NORD Verbund (2014) Kursbuch Klimaanpassung. Handlungsoptionen für die Metropolregion Hamburg. TuTech, Hamburg. ISBN 978-3941492660

Knutti R, Sedláček J (2013) Robustness and uncertainties in the new CMIP5 coordinated climate model projections. Nat Clim Chang 3:369–373

Kotlarski S, Keuler K, Christensen OB, Colette A, Déqué M, Gobiet A, Goergen K, Jacob D, Lüthi D, van Meijgaard E, Nikulin G, Schär C, Teichmann C, Vautard R, Warrach-Sagi K, Wulfmeyer V (2014) Regional climate modeling on European scales: a joint standard evaluation of the EURO-CORDEX RCM ensemble. Geosci Model Dev 7:1297–1333

Kreienkamp F, Spektat A, Enke W (2011) Ergebnisse regionaler Szenarienläufe für Deutschland mit der statistischen Methode WETTREG auf der Basis der SRES Szenarios A2 und B1 modelliert mit ECHAM5/MPI-OM. CSC Report 2. Climate Service Center,

Leiding T, Tinz B, Rosenhagen G, Lefebvre C, Haeseler S, Hagemann S, Bastigkeit I, Stein D, Schwenk P, Müller S, Outzen O, Herklotz K, Kinder F, Neumann T (2014) Meteorological and oceanographic conditions at the FINO platforms during the severe storms Christian and Xaver. DEWI-Magazin 44:16–25 (Webseite des DWD. Zugegriffen: 17.3.2017)

Linde M, Hoffmann P, Petersen J, Rechid D, Schlünzen KH, Schoetter R (2014a) Veränderungen des Klimas in der Region Elmshorn. In: Nehlsen E, Kunert L, Fröhle P, Knieling J (Hrsg) Wenn das Wasser von beiden Seiten kommt – Bausteine eines Leitbildes zur Klimaanpassung für Elmshorn und Umland. Berichte aus den KLIMZUG-NORD Modellgebieten, Bd. 3. TuTech, Hamburg

Linde M, Hoffmann P, Petersen J, Rechid D, Schlünzen KH, Schoetter R (2014b) Klimaänderungen. In: Schlünzen KH, Linde M (Hrsg) Wilhelmsburg im Klimawandel. Ist-Situation und mögliche Veränderungen. Berichte aus den KLIMZUG-NORD Modellgebieten, Bd. 4. TuTech, Hamburg

van der Linden P, Mitchell JFB (Hrsg) (2009) ENSEMBLES: climate change and its impacts: summary of research and results from the ENSEMBLES project. Met Office Hadley Centre,

Matulla C, Schoener W, Alexandersson H, von Storch H, Wang XL (2008) European storminess: Late 19th century to present. Clim Dynam 31:125–130

Martinez G, Blobel D (2014) RADOST Abschlussbericht 156. Ecologic Institute, Berlin

Meehl GA, Covey C, Taylor KE, Delworth T, Stouffer RJ, Latif M, McAvaney B, Mitchell JFB (2007) THE WCRP CMIP3 multimodel dataset: a new era in climate change research. Bull Am Meteorol Soc 88:1383–1394

Meinke I (2013) Übereinstimmungskarten im Klimaatlas. REKLIM Newsletter Nr. 3 27-27 Oktober 2013

Meinke I: Bisherige Klimaentwicklung in Norddeutschland: Norddeutscher Klimamonitor aktualisiert. REKLIM Report Oktober 2017 (in print)

Meinke I, Gerstner E-M (2009) Digitaler Norddeutscher Klimaatlas informiert über möglichen künftigen Klimawandel. DMG Mitt 3/2009:17

Meinke I, Gerstner E-M, von Storch H, Marx A, Schipper H, Kottmeier C, Treffeisen R, Lemke P (2010) Regionaler Klimaatlas Deutschland der Helmholtz-Gemeinschaft informiert im Internet über möglichen künftigen Klimawandel. DMG Mitt 2/2010:5–7

Meinke I, Weisse R, von Storch H (2011) Regionale Klimaszenarien in der Praxis – Beispiel Norddeutschland. Helmholtz-Zentrum Geesthacht, Geesthacht

Meinke I, Maneke M, Riecke W, Tinz B (2014) Norddeutscher Klimamonitor – Klimazustand und Klimaentwicklung in Norddeutschland innerhalb der letzten 60 Jahre (1951–2010). DMG Mitt 01/2014:2–11

Moseley C, Panferov O, Döring C, Dietrich J, Haberlandt U, Ebermann V, Rechid D, Beese F, Jacob D (2012) Klimaentwicklung und Klimaszenarien. In: Niedersächsisches Ministerium für Umwelt, Energie und Klimaschutz, Regierungskommission Klimaschutz (Hrsg) Empfehlung für eine niedersächsische Strategie zur Anpassung an die Folgen des Klimawandels

Moss RH, Edmonds JA, Hibbard KA, Manning MR, Rose SK, van Vuuren DP, Carter TR, Emori S, Kainuma M, Kram T, Meehl GA, Mitchell JFB, Nakicenovic N, Riahi K, Smith SJ, Stouffer RJ, Thomson AM, Weyant JP, Wilbanks TJ (2010) The next generation of scenarios for climate change research and assessment. Nature 463:747–756

Müller-Westermeier G, Lefebvre C, Nitsche H, Riecke W, Zimmermann K (2008) Die Witterung in Deutschland, Klimastatusbericht 2007 (Webseiten des DWD)

Nakicenovic N, Swart R (Hrsg) (2000) Emission scenarios. Cambridge University Press, Cambridge (UK)

Orlowsky B, Gerstengarbe FW, Werner PC (2008) A resampling scheme for regional climate simulations and its performance compared to a dynamical RCM. Theor Appl Climatol 92:209–223

Outten SD, Esau I (2013) Extreme winds over Europe in the ENSEMBLES regional climate models. Atmos Chem Phys 13:5163–5172

Pfeifer S, Bülow K, Gobiet A, Hänsler A, Mudelsee M, Otto J, Rechid D, Teichmann C, Jacob D (2015) Robustness of ensemble climate projections analyzed with climate signal maps: seasonal and extreme precipitation for Germany. Atmosphere (Basel) 6:677–698

Rechid D, Petersen J, Schoetter R, Jacob D (2014a) Klimaprojektionen für die Metropolregion Hamburg. Berichte aus den KLIMZUG-NORD Modellgebieten, Bd. 1. TuTech, Hamburg

Rechid D, Petersen J, Schoetter R, Jacob D (2014b) Klimaprojektionen für das Modellgebiet Lüneburger Heide. In: Urban B, Becker J, Mersch I, Meyer W, Rechid D, Rottgardt E (Hrsg) Klimawandel in der Lüneburger Heide – Kulturlandschaften zukunftsfähig gestalten. Berichte aus den KLIMZUG-NORD Modellgebieten, Bd. 6. TuTech, Hamburg

Rechid D, Petersen J, Schoetter R, Jacob D (2014c) Klimaprojektionen für das Biosphärenreservat Niedersächsische Elbtalaue. In: Prüter J, Keienburg T, Schreck C (Hrsg) Klimafolgenanpassung im Biosphärenreservat Niedersächsische Elbtalaue – Modellregion für nachhaltige Entwicklung. Berichte aus den KLIMZUG-NORD Modellgebieten, Bd. 5. TuTech, Hamburg

Rechid D, Petersen J, Jacob D (2014d) „Klimaprojektionen für die Metropolregion Hamburg. In: KLIMZUG-NORD Verbund (Hrsg) (2014) Kursbuch Klimaanpassung. Handlungsoptionen für die Metropolregion Hamburg. TuTech, Hamburg

Riecke W, Rosenhagen G (2010) Das Klima in Hamburg – Entwicklung des Klimas in Hamburg und der Metropolregion. Berichte des DWD 234. Selbstverlag des Deutschen Wetterdienstes, Offenbach

Rogelj J, Meinshausen M, Knutti R (2012) Global warming under old and new scenarios using IPCC climate sensitivity range estimates. Nat Clim Chang 2:248–253

Rosenhagen G (2008) Meteorologischer Hintergrund II: Zur Entwicklung der Sturmaktivität in Mittel und Westeuropa. Promet 34 (1/2). Selbstverlag des Deutschen Wetterdienstes, Offenbach

Rosenhagen G (2013) Das Klima der Metropolregion auf Grundlage meteorologischer Messungen und Beobachtungen. Klimabericht für die Metropolregion Hamburg. Internet-Update 2013 (Webseiten des Klimaberichts Hamburg)

Rosenhagen G, Schatzmann M (2011) Das Klima der Metropolregion auf Grundlage meteorologischer Messungen und Beobachtungen. In: von Storch H, Claußen M (Hrsg) Klimabericht für die Metropolregion Hamburg. Springer, Berlin, Heidelberg, S 19–59

Rudolf E-M (2011) Untersuchung von Starkniederschlägen der ENSEMBLES Regionalmodelle in der Metropolregion Hamburg. Bachelorarbeit im Studiengang Meteorologie, Universität Hamburg

Schlünzen KH, Hoffmann P, Rosenhagen G, Riecke W (2009) Long term changes and regional differences in temperature and precipitation in the metropolitan area of Hamburg. J Clim 30:1121–1136

Schoetter R, Hoffmann P, Rechid D, Schlünzen KH (2012) Evaluation and bias correction of regional climate model results using model evaluation measures. J Appl Meteor Clim 51:1670–1684

Spekat A, Enke W, Kreienkamp F (2007) Neuentwicklung von regional hoch aufgelösten Wetterlagen für Deutschland und Bereitstellung regionaler Klimaszenarios auf der Basis von globalen Klimasimulationen mit dem Regionalisierungsmodell WETTREG auf der Basis von globalen Klimasimulationen mit ECHAM5/MPI-OM T63 L31 2010 bis 2100 für die SRES-Szenarios B1, A1B und A2. Endbericht. Umweltbundesamt, Dessau

von Storch H, Feser F, Haeseler S, Lefebvre C, Stendel M (2014) A violent midlatitude storm in northern Germany and Denmark 28 October 2013. Explaining extreme events of 2013 from a climate perspective. Bull Am Meteorol Soc 95(Suppl 9):76–78

Taylor KE, Stouffer RJ, Meehl GA (2012) An overview of CMIP5 and the experiment design. Bull Am Meteorol Soc 93:485–498

Trusilova K, Riecke W (2015) Klimauntersuchung für die Metropolregion Hamburg zur Entwicklung verschiedener meteorologischer Parameter bis 2050. Berichte des Deutschen Wetterdienstes 247. Selbstverlag des DWD, Offenbach

Ulbrich U, Leckebusch GC, Grieger J, Schuster M, Akperov M, Bardin MY, Feng Y, Gulev S, Inatsu M, Keay K, Kew SF, Liberato MLR, Lionello P, Mokhov II, Neu U, Pinto JG, Raible CC, Reale M, Rudeva I, Simmonds I, Tilinina ND, Trigo IF, Ulbrich S, Wang XL, Wernli H, The IMILAST TEAM (2013) Are greenhouse gas signals of Northern Hemisphere winter extra-tropical cyclone activity dependent on the identification and tracking algorithm? Meteorol Z 22:61–68

Vautard R, Gobiet A, Jacob D, Belda M, Colette A, Déqué M, Fernández J, García-Díez M, Goergen K, Güttler I, Halenka T, Karacostas T, Katragkou E, Keuler K, Kotlarski S, Mayer S, Meijgaard E, Nikulin G, Patarčić M, Scinocca J, Sobolowski S, Suklitsch M, Teichmann C, Warrach-Sagi K, Wulfmeyer V, Yiou P (2013) The simulation of European heat waves from an ensemble of regional climate models within the EURO-CORDEX project. Clim Dyn 41:2555–2575

Wagner S, Berg P, Schädler G, Kunstmann H (2013) High resolution regional climate model simulations for Germany: Part II – projected climate changes. Clim Dynam 40(1–2):415–427

WASA Group (1998) Changing waves and storms in the Northeast Atlantic? Bull Am Meteorol Soc 79(5):741–760

Weisse R, von Storch H, Feser F (2005) Northeast Atlantic and North Sea storminess as simulated by a regional climate model 1958-2001 and comparison with observations. J Clim 18:465–479

Weisse R, von Storch H, Callies U, Chrastansky A, Feser F, Grabemann I, Günther H, Winterfeldt J, Woth K, Pluess A, Stoye T, Tellkamp J (2009) Regional meteorological-marine reanalyses and climate change projections. Bull Am Meteorol Soc 90:849–860

Willmott CJ, Matsuura K (2012) Terrestrial air temperature: 1900–2010. Gridded Monthly Time Series (V 3.01). University of Delaware, Delaware

Stadtklima in Hamburg

K. Heinke Schlünzen, Wolfgang Riecke, Benjamin Bechtel, Marita Boettcher, Saskia Buchholz, David Grawe, Peter Hoffmann, Ronny Petrik, Robert Schoetter, Kristina Trusilova, Sarah Wiesner

Verantwortliche, vom Lenkungsausschuss berufene Leitautoren: K. Heinke Schlünzen, Wolfgang Riecke
Von den Leitautoren hinzugezogene Autoren: Benjamin Bechtel, Marita Boettcher, Saskia Buchholz, David Grawe, Peter Hoffmann, Ronny Petrik, Robert Schoetter, Kristina Trusilova, Sarah Wiesner

H. Storch, I. Meinke, M. Claußen (Hrsg.),
Hamburger Klimabericht – Wissen über Klima, Klimawandel und Auswirkungen in Hamburg und Norddeutschland,
https://doi.org/10.1007/978-3-662-55379-4_3

3.1 Einführung

Weltweit lebt jeder zweite Mensch in einer Stadt; in Deutschland leben sogar etwa 76 % der Bevölkerung in städtischen Gebieten (■ Abb. 3.1). Schätzungen der künftigen Bevölkerungsentwicklung zeigen eine noch stärker zunehmende Urbanisierung (■ Abb. 3.1) mit geschätzten 8 von 10 Bürgern, die bis zur Mitte dieses Jahrhunderts in Deutschland in einem Stadtgebiet leben werden. Die Urbanisierung ist auch in der Metropolregion Hamburg (MRH) hoch und höher als im weltweiten Durchschnitt. Von den etwa 4,3 Mio. Menschen (Metropolregion 2009) leben allein 55 % in den 20 größten Städten (mehr als 25.000 Einwohner). Daher ist es von größter Bedeutung, die Zusammenhänge von Klima und Stadtklima zu verstehen und zu analysieren, wie sich beides in Zukunft entwickeln wird.

Im 1. Klimabericht für die MRH (1. HKB, von Storch und Claussen 2011) wurden Aspekte des Hamburger Stadtklimas aufgrund der damals für Hamburg vorhandenen Untersuchungen bzw. Literatur zusammengestellt. Die dort beschriebenen Wirkweisen von städtischen Siedlungsflächen bleiben grundsätzlich bestehen; in der vorliegenden Neuauflage werden einzelne Aspekte des Stadtklimas deutlich umfassender beschrieben und mit Zitaten belegt. Inzwischen liegen nicht nur detailliertere Studien zur Temperatur und erste Analysen zu Niederschlägen für den Sommer vor (► Abschn. 3.3), sondern auch zu den Folgen von Klimaänderungen (► Abschn. 3.4) und von Stadtentwicklungsmaßnahmen (► Abschn. 3.5) für das Stadtklima. Herausforderungen des Klimawandels werden in ► Abschn. 3.6 diskutiert. In den Schlussbemerkungen (► Abschn. 3.7) wird auch darauf eingegangen, welche Ergebnisse für Hamburg noch sehr unsicher sind und wo dementsprechend Forschungsbedarf besteht. ► Abschn. 3.2 befasst sich zunächst mit den Besonderheiten des Stadtklimas insgesamt.

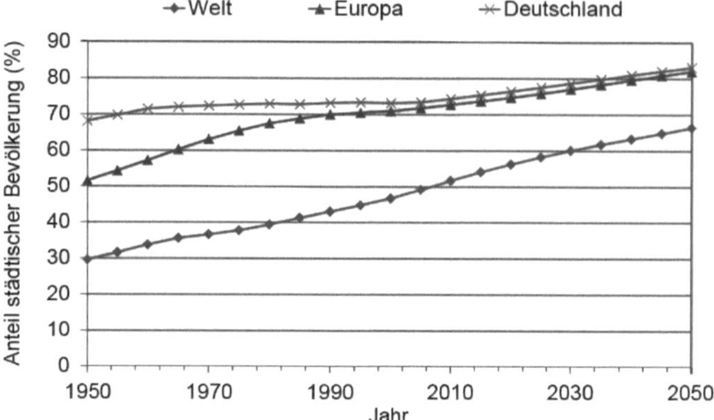

■ **Abb. 3.1** Urbanisierung weltweit, in Europa und in Deutschland. Abbildung basiert auf Daten aus UN (2012)

3.2 Besonderheiten des Stadtklimas gegenüber dem regionalen Klima

Jegliche Umgestaltungen der natürlichen Oberflächen und ihrer Eigenschaften verändern lokal das Klima. In urbanen Gebieten mit ihren zahlreichen künstlichen Materialien und Formen resultiert daraus das Stadtklima. Die Modifikationen des regionalen Klimas hängen dabei entscheidend ab von der Stadtstruktur (z. B. Gebäudehöhe, Anteil der versiegelten Flächen, verwendeter Baustoff, …) und den damit verbundenen Besonderheiten (Emissionen in die Atmosphäre, Bewässerung, …), was zu den in diesem Abschnitt betrachteten Besonderheiten des Stadtklimas führt.

3.2.1 Erhöhte Temperaturen (UHI)

Das bekannteste Merkmal des Stadtklimas ist die städtische Wärmeinsel, welche die Temperaturdifferenz in der bodennahen Atmosphäre zwischen städtischen und ländlichen Gebieten beschreibt (Oke 1982). Aus Satellitendaten lassen sich Oberflächentemperatur-Wärmeinseln (SUHI) ableiten (z. B. Parlow et al. 2014); dabei werden die Differenzen der Oberflächentemperaturen von städtischen und ländlichen Flächen betrachtet. Die SUHI sind dabei von größerer Amplitude als die Temperaturdifferenz basierend auf Messungen in der bodennahen Atmosphäre. Die SUHI bildet ihr Maximum vor allem tagsüber aus. Das Maximum der Wärmeinsel in den bodennahen Luftschichten (UHI) bildet sich hingegen vor allem in den späten Abendstunden sowie in der Nacht aus. Die folgenden Ausführungen beziehen sich auf diesen Typ der Wärmeinsel.

Städtische Wärmeinseln prägen sich besonders in ruhigen sommerlichen Nächten bei klarem Himmel aus (z. B. Schlünzen et al. 2010; Richter et al. 2013; Wienert et al. 2013). Die erhöhten Nachttemperaturen sind von besonderer Bedeutung, da sie die nächtliche Erholung während einer Hitzeperiode für einen Menschen erschweren. Höhere Temperaturen lassen die Sterblichkeit bei längeren heißen Sommerperioden ansteigen, wie es z. B. für London (Armstrong et al. 2011), aber auch für deutsche Städte (Heudorf und Meyer 2005; Gabriel und Endlicher 2011) gefunden wurde. So wurde z. B. für Berlin ein erhöhtes relatives Mortalitätsrisiko bei starker Wärmebelastung (gefühlte Temperaturen für 3 h über 32 °C) gefunden (Scherber 2014) sowie eine Zunahme der Morbidität bei über 64-Jährigen mit Atemwegserkrankungen, wobei hier auch sozioökonomische Faktoren eine Rolle spielen (Scherber et al. 2013). Weitere Betrachtungen der gesundheitlichen Auswirkungen sind ► Abschn. 8.2 zu entnehmen.

Die UHI ergibt sich aus Veränderungen des Oberflächenenergiehaushalts aufgrund der Stadtstruktur mit erhöhter Wärmespeicherung während des Tages und Wärmeabgabe bei Nacht, der geringeren Verdunstung, der veränderten Strahlungsbilanz und darüber hinaus aus anthropogenen Wärmeemissionen. Sie hat einen Tages- und einen Jahreszyklus, wobei die Überwärmung, wie schon erwähnt, vor allem abends und in der Nacht vorhanden ist. Die Intensität der UHI hängt von der vorherrschenden Windgeschwindigkeit und von den Bewölkungsverhältnissen ab. Bei strahlungsintensiven und windschwachen Wetterlagen ist die UHI am deutlichsten ausgeprägt. Als Schwellenwerte für eine windschwache Strahlungswetterlage werden durchweg Windgeschwindigkeiten von weniger als 3 m/s und ein Bedeckungsgrad des Himmels von weniger als 4/8 angesetzt (s. dazu auch von Storch und Claussen 2011:56). Für die Station Hamburg-Fuhlsbüttel ergibt sich eine mittlere Jahressumme für windschwache Strahlungsnächte von 65 (Bezugszeitraum 1981–1990; Augter 1997).

Überwärmung und insbesondere Hitze bedeuten eine zusätzliche Gefahr für die Gesundheit. Die Hitzewelle 2003 verursachte etwa 70.000 zusätzliche Todesfälle in Europa, davon etwa 20–38 % infolge von zusätzlicher Luftverschmutzung (Jalkanen 2011). Da sowohl regionale Hitzewellen als auch intensive Wärmeinseln im Sommer bei stationären, antizyklonalen Wetterlagen mit Windstille (sog. autochthone Wetterlagen) zu beobachten sind, ist die städtische Überwärmung sogar von noch größerer Bedeutung in Hitzewellensituationen. Nach der Sommerperiode 2003 wurde deutlich, dass während einer Hitzewelle die zusätzlichen Temperaturerhöhungen in städtischen Gebieten zu gesundheitsgefährdenden Temperaturen führen können, auch in der MRH. Näheres zu den Wirkweisen kann dem ► Abschn. 8.2 zum Thema Gesundheit entnommen werden.

3.2.2 Erhöhte horizontale Heterogenität der Temperaturverteilung

Durch vielfältige Verschattungen, Reflexion der kurzwelligen Sonnenstrahlung, Wärmespeicherung durch Gebäude, Wärmeabstrahlung und damit verbundenem Strahlungseinfang in Straßenschluchten sowie einem erhöhten Energieverbrauch in Städten und die Emission der damit verbundenen überschüssigen Wärmeenergie entsteht eine kleinräumige Verteilung des Temperaturfeldes. Diese Faktoren beeinflussen insbesondere die Oberflächentemperaturen. Die Lufttemperatur ist aufgrund horizontaler und vertikaler Austausche relativ homogener als die Oberflächentemperaturen.

3.2.3 Erhöhte Grenzschichten und verstärkt instabile Schichtung in der Nacht

Durch die Gebäude wird mechanische Turbulenz induziert, die zu gegenüber dem Umland verstärkter vertikaler Durchmischung und einer verminderten Stabilität der Schichtung innerhalb der städtischen Hindernisschicht führt. Eine geringere Stabilität der atmosphärischen Schichtung in Stadtgebieten ist aber auch eine Folge des Wärmeinsel-Effekts; die bodennahe Temperatur nimmt nachts in der Stadt weniger stark ab als im Umland, sodass eine veränderte atmosphärische Schichtung resultieren kann (Bohnenstengel et al. 2014). Dieses kann auch einen Einfluss auf die turbulente Mischung von Schadstoffen haben und z. B. die Ozonkonzentration nahe der Oberfläche während der Nacht erhöhen (Zhang und Rao 1999).

3.2.4 Reduzierte Verdunstung

Infolge der geringeren Vegetation und Wasserspeicherung, der verbreiteten Abführung von Niederschlagswasser durch die Kanalisation und des oft niedrigen Grundwasserspiegels ist in Städten auch die Verdunstung geringer. In der MRH können auch Gebiete mit hohem Grundwasserspiegel eine reduzierte Verdunstung aufweisen, wenn die Oberflächen versiegelt sind.

3.2.5 Reduzierte Windgeschwindigkeit und verstärkte Böigkeit

Aufgrund der vielen Gebäude ist die durchschnittliche Windgeschwindigkeit in Städten reduziert. Lokale Maxima treten vor allem in Straßenschluchten mit Öffnung in Richtung Seen, Flüssen oder großer unbebauter Brachflächen auf. Vor allem dort verursachen die Gebäude eine hohe Böigkeit; der Windkomfort ist daher in Städten nahe Gewässern oder großen unbebauten Brachflächen geringer als in dicht bebauten Teilen des Stadtgebietes.

3.2.6 Auftreten von Flurwindsysteme und regionaler Windsysteme

Durch horizontale Temperaturdifferenzen benachbarter Gebiete (Stadt/Umland) wird eine allgemein schwache, meist nicht kontinuierliche fließende Ausgleichströmung zum wärmeren Gebiet hin initiiert. Da die stärksten Temperaturdifferenzen in der Regel abends und nachts auftreten, ist ein solcher Flurwind eher zu diesen Tageszeiten als schwach ausgeprägte Brise und jahreszeitlich eher von Juni bis September wahrzunehmen (Barlag und Kuttler 1990/91). Trotz schwacher Ausprägung führt dieser Flurwind an Tagen mit ausgeprägter UHI nachts zu einer Zufuhr kühlerer Luft aus dem Umland in die Stadt. Auch innerhalb der Stadt können derartige temperaturausgleichende Strömungen entstehen, z. B. im Einflussbereich großer Wasser- oder Grünflächen. Allerdings ist die Eindringtiefe in die Siedlungsfläche in Abhängigkeit von der Bebauungsstruktur auf wenige hundert Meter begrenzt (GEONET 2012). Die Mindestgröße einer Grünfläche für Flurwinde sollte etwa 1 ha betragen (Scherer 2007). Die Windgeschwindigkeit solcher Flurwindsysteme liegt meist unter 2 m/s (Mosimann et al. 1999).

Bei hoher nächtlicher Ausstrahlung bildet sich vor allem über Grünland bodennah Kaltluft aus, die bei ausreichender Geländeneigung (mindestens 1°) aufgrund der Schwerkraft dem Hang folgend abfließt. Diese Kaltluft hat für angrenzende Siedlungsräume bei sommerlichen Hitzeperioden für die Abkühlung und den Luftaustausch eine besondere Bedeutung. Auch diese Kaltluftflüsse treten in der Regel intervallartig auf und versiegen im nächtlichen Verlauf, insbesondere wenn die Höhenunterschiede im Gelände nur gering sind.

Küstennahe Städte der MRH sind zudem von nachmittäglichen Seewinden beeinflusst, insbesondere im Frühjahr und Frühsommer. In einer Stadt im Landesinnern wie Hamburg (ca. 100 km landeinwärts von der Nordsee, 80 km von der Ostsee entfernt) tritt der küstennah wirkende Seewind selten auf, da die Seewindfronten in der Regel nur bis etwa 40 km ins Landesinnere vordringen (Schlünzen 1990). Die tatsächlichen Ausprägungen des Seewindes hängen von meteorologischer Situation, Wasser- und Landtemperaturen, Küstenform, Orographie, bei Wattflächen von der Tide und mehr ab. Untersuchungen meteorologischer und landspezifischer Einflüsse auf die

Land-Seewind-Zirkulation sind bei Crosman und Horel (2010) zusammengefasst.

3.2.7 Bewölkung, Sonnenscheindauer, Strahlung

Die höheren Temperaturen über der Stadt können eine Intensivierung konvektiver Prozesse auslösen und damit zu früherer und kräftigerer Wolkenbildung führen. Entsprechend wirkt der über der Stadt deutlich erhöhte Anteil von Aerosolteilchen bzw. Kondensationskernen. Diese Unterschiede lassen sich insbesondere bei geringeren Gesamtbedeckungsgraden feststellen. Mit der höheren Dichte von Aerosolteilchen über der Stadt sinkt aufgrund höherer atmosphärischer Trübung die Sonneneinstrahlung auch bei wolkenlosem Himmel, wobei das Winterhalbjahr stärker betroffen ist als die sommerliche Zeit. Die geänderte Aerosoldichte muss über der Stadt nicht unbedingt zu einer markanten Minderung der Sonnenscheindauer führen. Hier mag eher der „Umweg" über die Bewölkung maßgeblich sein. Landsberg (1981) gibt in seiner Übersicht über Städte ein Mehr an Bewölkung von 5–10 % sowie entsprechend eine Reduktion für die Sonnenscheindauer von 5–15 % an. Untersuchungen zeigen, dass sich die atmosphärischen Trübungsverhältnisse über dem zentralen Europa durch verringerte Emissionen in den letzten Jahrzehnten sichtbar gebessert haben (Schütz und Kandler 2006; Behrens 1998).

3.2.8 Veränderte Niederschlagsverteilung

Die städtische Wärmeinsel und das Stadtgefüge führen zu Konvergenzen und mehr Aufwinden im Strömungsfeld, was zu erhöhten Niederschlägen im Lee einer Stadt führen kann (Shepherd et al. 2002). Wenn ein Stadtgebiet eine hohe Emission von z. B. Schwefeldioxid (SO_2) aufweist, könnte das Stadtgebiet selbst den Niederschlag reduzieren; jedoch ist der Einfluss von Aerosolen noch unsicher (Pielke et al. 2007). Sowohl die Erhöhung als auch die Verringerung von Niederschlägen im Lee der Stadt kann u. a. von der Aerosolzusammensetzung, der Wetterlage und den städtischen Gegebenheiten abhängig sein (Han et al. 2014). Urbane Niederschlagseinflüsse sind in Veränderungen des Niederschlags in Windrichtung sichtbar, wie z. B. Pagenkopf (2011) mit einer leeseitigen Niederschlagserhöhung bei Schauerlagen zeigt. Für Köln (Ptak et al. 2013) werden derartige Einflüsse allerdings nicht aufgezeigt; dort dominieren orographische Effekte.

Große Niederschlagsmengen stellen die städtische Infrastruktur vor Herausforderungen und könnten zur Überflutung von Straßen und Häusern oder sogar zum Zusammenbruch der Infrastruktur führen. Die Sommerniederschläge von konvektiven Wolkensystemen könnten lokale Überschwemmungen verursachen, wie das Ereignis vom 6. Juni 2011 in der Innenstadt von Hamburg zeigt, als innerhalb kürzester Zeit auf engem Raum mehr Niederschlag fiel als im vieljährigen Mittel im Monat zu erwarten ist (de Paus et al. 2011), oder einige Wochen später in Rostock (22./23. Juli 2011), als fast das Doppelte des durchschnittlichen monatlichen Niederschlags innerhalb eines Tages fiel (Miegel et al. 2014). Die Zunahme der klimatologischen mittleren Winterniederschläge um 12–38 % gegen Ende dieses Jahrhunderts (Rechid et al. 2014, ▶ Abschn. 2.4) stellt eine zusätzliche Herausforderung für Stadtplaner vor allem im Winter dar, wenn die Verdunstung gering ist. Sobald der Boden gesättigt ist, ist es sogar noch wichtiger, Pläne für die Verteilung des überschüssigen Wassers in städtischen Gebieten zu entwickeln. Dazu gehört auch, das Mehr des winterlichen Niederschlags zum Ausgleich zukünftig geringerer Niederschläge im Sommerhalbjahr bzw. für Dürreperioden zu speichern.

3.2.9 Verstärkte Luft- und Lärmbelastung

Die Emission von Luftschadstoffen hat bundesweit seit 1990 z. T. erheblich abgenommen (UBA 2016). Einzelquellen wurden durch emissionsmindernde Maßnahmen stark reduziert, während die Emissionen aus Verkehr und Landwirtschaft heute relativ bedeutender geworden sind. Die durch neue Emissionsnormen möglichen Emissionsreduktionen im Verkehr sind dabei teilweise durch die zunehmende Anzahl von Fahrzeugen kompensiert worden, teilweise entsprechen die tatsächlichen Fahrmodi nicht denen bei den Zulassungsprüfungen verwendeten. Die Konzentrationen haben so insgesamt weniger abgenommen, als die theoretischen Emissionswerte der Fahrzeuge erwarten lassen. Primär emittierte Stoffe (z. B. Stickstoffoxide, Ammoniak, organische Verbindungen) können in der Atmosphäre chemisch reagieren und als sekundäre Luftschadstoffe Ozon oder Partikel (PM2.5) bilden. Die zeitliche und räumliche Verteilung der Konzentrationen der primär emittierten Stoffe wird dabei erheblich von den Emissionen bestimmt, bei den sekundär gebildeten Stoffen spielen in Mitteleuropa die vorherrschenden Wetterlagen eine wesentliche Rolle. Kaminski (2014) zeigt hierzu Zusammenhänge auf.

Größere Partikel (PM10: Grobstaub) entstehen primär mechanisch durch Verwitterung, Aufwirbelung, Abrieb und Zerplatzen von Tröpfchen oder sekundär durch Wachstum kleinerer Partikel oder Umwandlung von Vorläufergasen (PM2.5: Feinstaub). Sie können in unserer Umwelt natürlich vorkommen oder anthropogen verursacht sein. Zu vermuten ist, dass der relative Anteil der Partikelemissionen des Personen- und Güterverkehrs (z. B. Abriebprozesse) an der PM10-Fraktion weiter ansteigen wird. Für das Jahr 2050 wird je nach Wirtschafts- und gesellschaftlichem Szenario ein Pkw-Bestand zwischen 614 und 706 Pkw pro 1000 Einwohner projiziert (BMVBS 2006), was gegenüber 2003 mit 544 Pkw/1000 Einwohner (nach Dudenhöfer 2004) nochmals eine deutliche Zunahme bedeutet. Auch wenn Emissionsminderungen in vielen Sektoren stattfanden und stattfinden werden, so könnten neue Emittenten hinzukommen, wie seit einigen Jahren PM10 aus Holzfeuerungen, die inzwischen über den PM10-Emissionen aus Auspuffen liegen (Dauert et al. 2015). In Städten wird an mehr als der Hälfte der verkehrsnahen Stationen der Grenzwert von 40 μg/m^3 für den NO_2-Jahresmittelwert überschritten – ohne Tendenz zur Abnahme (Dauert et al. 2015).

Partikelkonzentrationen aus anthropogenen Quellen entstehen vor allem in Städten. Durch die Emissionen aus einer Vielzahl anthropogener Quellen (Verkehr, Haushalte, Industrie) in hoher räumlicher Dichte sind in Städten die Konzentrationen der

Primärschadstoffe erhöht. Speziell in den Hafenstädten kommen noch die Emissionen von Schiffen hinzu.

Ein Großteil der Emittenten für Stoffe sind auch Verursacher von Lärm in der Stadt. Dieses gilt insbesondere für den Verkehr. Für Lärm existieren im Gegensatz zur Luftbelastung keine Grenzwerte, sondern Richtwerte, die im Hinblick auf die Gesundheit gewählt sind. Nach Heinrichs et al. (2015:38) werden in den meisten europäischen Ländern 45 Dezibel (dB(A)) als Empfehlungswert für die Nacht und 50–55 dB(A) für den Gesamttag verwendet. Richard et al. (2015) stellen fest, dass in Deutschland allein „… an den betrachteten Straßen … rund 10,2 Mio. Menschen von … über 55 dB(A) betroffen" sind, was etwa 12 % der Bevölkerung entspricht. Da die Verkehrslärmquellen in der Stadt verstärkt vorkommen, ist hier eine mindestens ebenso hohe Betroffenheit vorhanden.

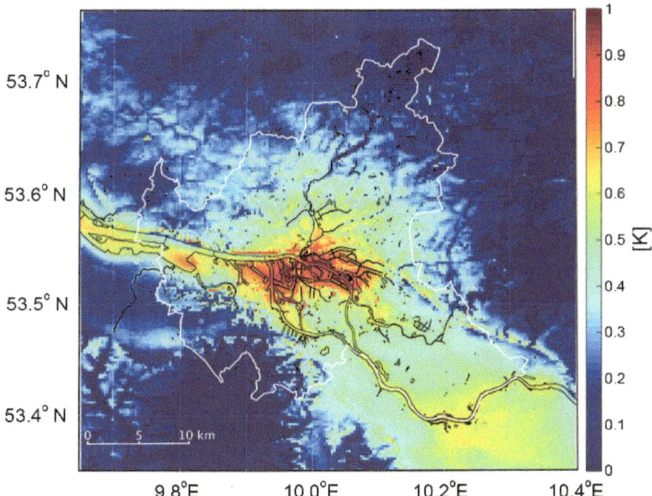

▪ **Abb. 3.2** Mittlere nächtliche Wärmeinsel im Sommer für Ist-Klima und Ist-Bebauung. Die Werte wurden auf einem 250-m-Raster mit dem Modell METRAS (Schlünzen 1990; Grawe et al. 2013; Schoetter et al. 2013) aus halbstündlichen Mittelwerten für die Zeit von 20 bis 24 Uhr als Differenz zu den mittleren Werten an der Station Grambek und Ahrensburg errechnet. Bild bereitgestellt von Boettcher. (Pers. Mitteilung)

3.3 Gegenwärtiges Stadtklima Hamburgs

3.3.1 Stadteffekte auf die Temperatur

3.3.1.1 Mittlere Temperaturen

Im Stadtbereich Hamburgs liegt, auf größere Flächen bezogen, die Jahresmitteltemperatur im klimatischen Mittel etwa 0,1 K oberhalb der des Umlandes (Trusilova und Riecke 2015). Lokal sind die Unterschiede höher und können im Jahresmittel bis zu 1,2 K betragen (Regression mit floristischen Proxidaten und Messungen; Bechtel und Schmidt 2011). Je nach städtischer Überprägung betragen die mittleren Temperaturunterschiede zum Umland basierend auf Messungen zwischen 0,25 K (suburbane Stadtteile; Wiesner et al. 2014) über 0,5–0,7 K (Fuhlsbüttel, Wandsbek, Kirchwerder, Neuwiedental; Schlünzen et al. 2010) und 0,9 K am Wettermast (umgerechnet aus Brümmer et al. 2012) bis zu 1,2 K (Innenstadt und HafenCity; Bechtel et al. 2014; Schlünzen et al. 2010; Wiesner et al. 2014).

3.3.1.2 Temperaturen tagsüber

Die mittleren Unterschiede sind tagsüber geringer ausgeprägt (0,4 K in der Innenstadt bzw. in Wandsbek, Wiesner et al. 2014 bzw. Schlünzen et al. 2010) und weisen meist einen Jahresgang auf. Dieser zeigt im Sommer lokal sogar Verminderungen der Maximaltemperatur gegenüber dem Umland (etwa −0,4 K für Neuwiedental und Fuhlsbüttel) oder nur leicht höhere Werte als im Umland (etwa 0,1 K in St. Pauli und 0,2 K in Kirchwerder; Schlünzen et al. 2010). Im Winter sind die Maximaltemperaturen im Bundesland Hamburg fast überall höher als im Umland (zwischen 0 K in Kirchwerder und 0,6 K in St. Pauli; Schlünzen et al. 2010).

3.3.1.3 Temperaturen nachts

Die größten Differenzen der Lufttemperaturen entstehen erwartungsgemäß nachts, allerdings auch hier mit großen räumlichen Unterschieden, wie ▪ Abb. 3.2 verdeutlicht. Hier ergeben sich für den Sommer mittlere Temperaturüberhöhungen (20–24 Uhr) von 0,2 K (Vororte) bis 0,9 K (südliche Innenstadt und Hafengebiet; Klimamittel 1981–2010 gegenüber Mittel der Stationen Grambek und Ahrensburg; METRAS 250 m Auflösung; Boettcher pers. Mitteilung). Bei Modellrechnungen auf 4 km Gitter betragen die Unterschiede etwa 0,8 K (Boettcher et al. 2015). Hoffmann et al. (2016), die mit METRAS bei 1 km Auflösung mit Wetterlagen von 1971–2000 die Wärmeinsel mit einer statistisch-dynamischen Verfeinerung errechneten, simulierten klimatisch mittlere abendliche sommerliche Temperaturdifferenzen für die starke Wärmeinsel von bis zu 1,2 K für die Innenstadt (20–24 Uhr; Hoffmann et al. 2016, Fig. 8). Die Modellrechnungen sind alle Flächenmittel und enthalten nicht den Effekt anthropogener Wärme, der je nach Uhrzeit und Ort zwischen 0,1 und 0,5 K beträgt (Petrik et al., pers. Mitteilung). Messwerte dagegen enthalten alle Einflüsse und zeigen dementsprechend auch im dekadischen Mittel höhere Unterschiede, die in den Minimaltemperaturen noch ausgeprägter sind. Diese reichen lokal von 0,7 K (Fuhlsbüttel) bis 1,7 K (St. Pauli) im Winter und von 0,9 K (Fuhlsbüttel) bis 2,7 K (St. Pauli) im Sommer gegenüber der Messstation Grambek (s. dazu auch von Storch und Claussen 2011, S. 54).

3.3.1.4 Einzelwerte

Auch kürzere Messzeitreihen führen auf Unterschiede zwischen 1 und 3 K (Arnds et al.2015; De Ridder et al. 2015; Seidel et al. 2016; Wiesner et al. 2014), die durch aus Satellitendaten abgeleitete Lufttemperaturen bestätigt werden können (Bechtel et al. 2014). In seltenen Einzelfällen werden deutlich höhere Werte ermittelt: Bechtel et al. (2014) fanden über 6 K für die HafenCity und die Innenstadt, Wiesner et al. (2014) bestimmten 6,9 K als 90. Perzentil für den Stadtbereich, GEONET (2012) simulierte 9,5 K für eine autochthone Wetterlage, und Hoffmann et al. (2012) fanden 10,5 K als Einzelwert aus Messdaten. Derartig hohe Temperaturunterschiede zum Umland sind selten und nicht eindeutig auf anthropogenen Einfluss zurückzuführen.

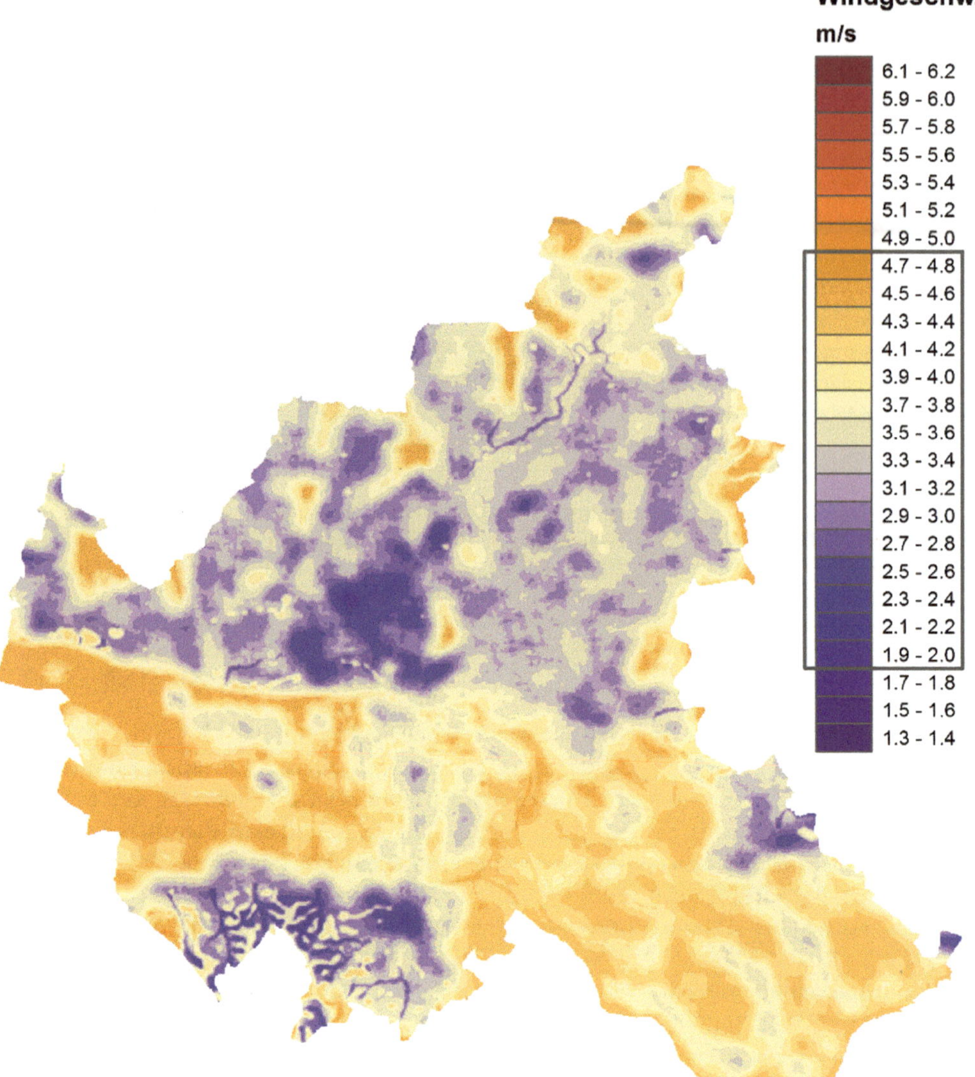

Abb. 3.3 Mittleres Jahresmittel (1980–1989) der Windgeschwindigkeit in 10 m über Grund auf der Basis des Statistischen Windfeldmodells des Deutschen Wetterdienstes auf einem 50-m-Raster. (Gerth und Riecke 1999)

3.3.1.5 Ursachen der Unterschiede

Die Temperaturüberhöhungen sind im Stadtgebiet ungleich verteilt. Neben der Versiegelung haben Gewässer einen nicht unerheblichen Einfluss (Abb. 3.2). Mehr als 3 % der Fläche des Stadtstaates Hamburg sind Wasserflächen (Kanäle, Teiche, Seen, Flüsse; Teichert 2013). Nahe den innerstädtischen Gewässern ist im Sommer eine advektive Kühlung tagsüber und eine verminderte Abkühlung bei Nacht spürbar, da die Wasserflächen den Tagesgang dämpfen. Dies führt zu wärmeinselähnlichen Effekten bei Nacht durch Advektion warmer Luft von den angrenzenden Gewässern (Schlünzen et al. 2010).

Tagsüber können die großen Gewässer wie die Elbe stromabwärts des Hamburger Hafens eine Flussbrise hervorrufen, die im Bereich der Unterelbe Auswirkungen auf die Temperaturen bis in einige 1000 m abseits des Flusses haben könnte, wie Teichert (2013) für eine ruhige Wetterlage im Sommer in einer Simulation mit METRAS zeigte. Allerdings sind um diese Zeit die stadtbedingten Zusatzeffekte sowieso relativ gering (0,4 K in der Innenstadt gegenüber Langenhorn; Wiesner et al. 2014). Dabei ist zu beachten, dass eine Kühlung am Tage durch Gewässer nur gewährleistet ist, wenn die Wassertemperatur niedriger ist als die Temperaturen der Landflächen. Die Temperatur des Wassers wird jedoch u. a. durch dessen Verwendung beeinflusst: Wasser wird u. a. für die Trinkwasserversorgung entnommen, für die Industrieproduktion oder für die Kraftwerkskühlung und teilweise als Abwasser wieder eingeleitet – gereinigt, aber mit Temperaturen, die oft oberhalb der Temperatur des entnommenen Wassers liegen. Dies kann die Temperaturen der Flüsse ganzjährig erhöhen, insbesondere wenn der Fluss Gezeiten unterworfen ist und dasselbe Wasser mehrfach genutzt werden könnte. So gibt es für die Tideelbe Vorschriften (Sonderaufgabenbereich Tideelbe 2008), um eine Flusstemperatur über 28 °C zu vermeiden. Ein Fluss, der für die Einleitung von warmem Abwasser genutzt wird, könnte als ganzjähriges Zentralheizungssystem wirken, vor allem nachts. Dies kann im Winter von Vorteil sein, im Sommer aber eine advektiv bedingte Abkühlung tagsüber und insbesondere nachts vermindern.

Derartige von Gewässern induzierte Kühleffekte werden in den nicht bebauten, niedriger gelegenen Fluss- und Kanalbereichen nördlich der Elbe sichtbar (Abb. 3.2). Auch die weniger

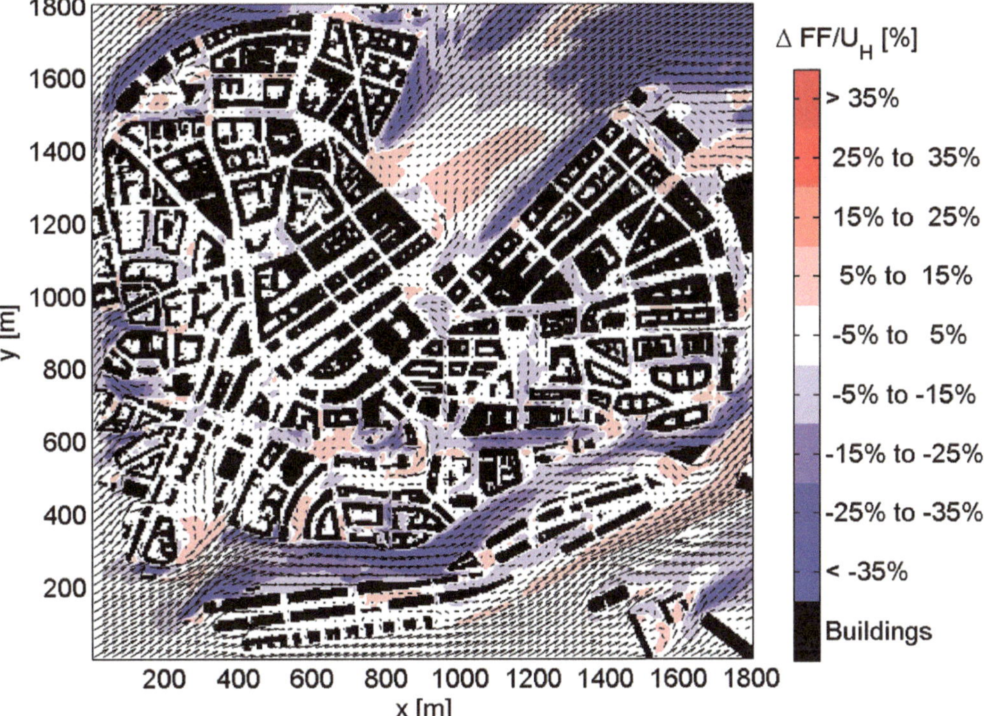

Abb. 3.4 Modellsimulation der Windverhältnisse in der Hamburger Innenstadt unter Berücksichtigung des Bewuchses bei westlicher Anströmung. Farbig ist der Bewuchseinfluss auf die Windgeschwindigkeit in Form von Verstärkungen und Minderungen der Windgeschwindigkeit im Vergleich zur Situation ohne Bewuchs gezeigt. (Aus Salim et al. 2015; reprint permitted under Creative Commons Attribution-Non-Commercial-No Derivatives License [CC BY NC ND])

Wärme speichernden großen Grünflächen im innenstadtnahen Bereich sowie in den weniger dicht bebauten nördlichen Stadtteilen Hamburgs führen auf eine im Sommermittel geringere UHI dort als im innenstadtnahen Bereich. Die nach Südwesten orientierten Geesthänge zeigen sich als noch durch die nachmittägliche und abendliche Sonne erwärmte Bereiche nördlich des Elbtals. Die niedrigeren Temperaturen im Süden Hamburgs haben zwei andere Ursachen: Zum einen liegen die Harburger Berge etwa 50–150 m höher als die Innenstadt und sind dadurch kühler, zum anderen ist das Gebiet recht grün und wenig bebaut.

Neben der Beschreibung der stadtbedingten Temperaturunterschiede zum Umland geben Kenntage ein Bild über Unterschiede in der Temperaturverteilung. Dies sind z. B. die sog. Sommertage bzw. die heißen Tage (Tageshöchsttemperatur mindestens 25 bzw. 30 °C) oder die Tropennächte (Minimaltemperatur nicht unterhalb 20 °C). Trusilova und Riecke (2015) stellen anhand von Messungen 22 Sommertage bzw. 3 heiße Tage und 0 Tropennächte, anhand von COSMO-CLM-Modellrechnungen (2,8 km Gitter) 29 Sommertage bzw. 6 heiße Tage und 3 Tropennächte im Umland fest (Periode 1989–2008). Aus den Modellergebnissen abgeleitet, liegt die Anzahl im Stadtgebiet gegenüber dem freien Umland im Mittel um 5 bzw. 2 Tage höher. Die Zahl der Tropennächte ist gleich. Etwas geringere Werte findet GEONET (2012) mit, je nach Siedlungsstruktur, 10–21 Sommertagen, 2–6 heißen Tagen und 0,5–1 Tropennächten bei einem nur 10-jährigen Bezugszeitraum (2001–2010). In diesem Zusammenhang soll auch auf andere Datenquellen (u. a. klimafolgenonline, norddeutscher-klimaatlas, klimanavigator) hingewiesen werden, da sie vielfach auf unterschiedlichen Berechnungsansätzen beruhen und somit die Ergebnisse gewisse Abweichungen voneinander aufweisen. So gibt z. B. die Webseite von klimafolgenonline als 30-jähriges Mittel (1981–2010) für die Fläche des Bundeslandes Hamburg 26,5 Sommertage an. Es wird zukünftig von besonderer Bedeutung sein, sich mit den Bandbreiten der Klimaparameter zu befassen und dabei sehr genau auf die Ergebnisherleitung zu achten.

3.3.2 Stadteffekte auf den Wind

Der von der allgemeinen Luftdruckverteilung bestimmte Wind wird in Geschwindigkeit und Richtung durch städtische Gegebenheiten unterschiedlich stark modifiziert (▶ Abschn. 3.2). Abb. 3.3, die das Jahresmittel der Windgeschwindigkeit, berechnet mit dem statistischen Windfeldmodell (Gerth und Christoffer 1994) des Deutschen Wetterdienstes (Gerth und Riecke 1999), zeigt, veranschaulicht mit Werten zwischen 1,9 und 4,8 m/s die Heterogenität der Windgeschwindigkeitsstruktur im Bundesland Hamburg, ohne die Bebauungsstruktur selbst im Detail aufzulösen bzw. zu berücksichtigen. Die dadurch möglichen Kanalisierungen fehlen hier; nur die mittleren Abbremsungseffekte wurden berücksichtigt. Gebiete mit hoher Bebauungsdichte (Innenstadt und Bereiche westlich der Alster oder Harburg) bzw. Waldflächen (z. B. im Norden Hamburgs und Harburger Berge) weisen verminderte Windgeschwindigkeiten auf, während Lagen mit geringeren Bodenrauigkeiten vor allem entlang der Elbmarschen insgesamt ein höheres Windgeschwindigkeitspotenzial zeigen.

Für die kleinräumige Betrachtung des Einflusses der Stadt auf das Windfeld ist es wichtig, die Bebauung und auch den Bewuchs aufgelöst zu betrachten. Abhängig von verschiedenen Wetterlagen und den daraus resultierenden unterschiedlichen Anströmrichtungen stellen sich lokal in Schneisen oder Straßenschluchten Geschwindigkeitsüberhöhungen bzw. -verminderungen ein. Die Ge-

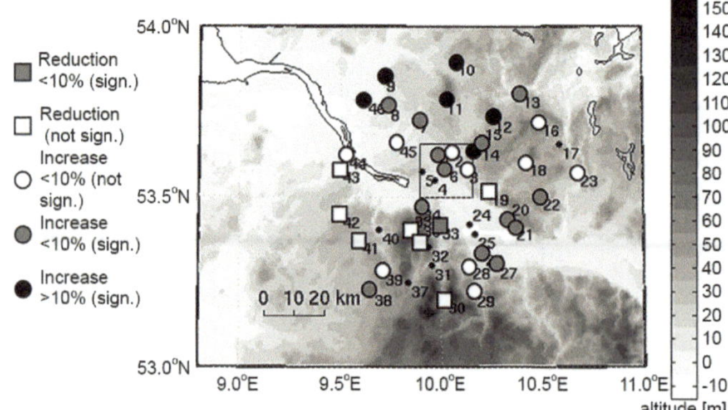

◘ Abb. 3.5 Durchschnittliche Änderung der Niederschläge (in %) pro Ereignis, wenn der Standort in Lee des Stadtzentrums liegt (gekennzeichnet mit Quadrat). Abbildung basiert auf Ergebnissen von Schlünzen et al. (2010). *Schwarz und grau markierte Kreise* bezeichnen signifikante Anstiege, *graue Quadrate* signifikante Abnahmen. *Weiße Quadrate und Kreise* entsprechen nichtsignifikanten Veränderungen

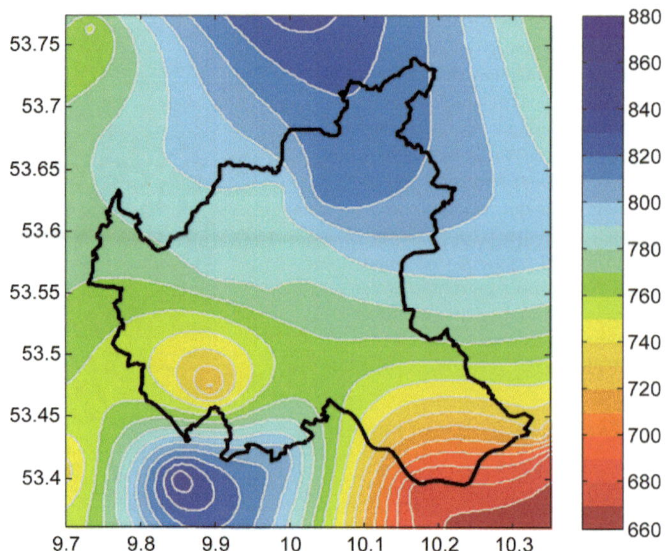

◘ Abb. 3.6 Klimatisch mittlere Niederschlagsverteilung für Hamburg. (Ertl 2010)

schwindigkeitszunahmen in Schluchten oder auf Plätzen können durch Straßenbäume reduziert werden. Salim et al. (2015) stellen mittels Modellsimulationen mit dem Modell MITRAS (Schlünzen et al. 2003) die Windverhältnisse im Hamburger Stadtkern unter spezieller Berücksichtigung des Baumbestandes dar (◘ Abb. 3.4). In den blau angelegten Bereichen wird die Windgeschwindigkeit durch den Straßenbaumbestand im Vergleich zum baumfreien Zustand gemindert und damit der Windkomfort erhöht, in den rötlichen wird der Wind verstärkt. Letztere Zunahmen interpretieren Salim et al. (2015) als Ausgleichsströmungen zu Bereichen mit Geschwindigkeitsreduktionen.

Unter dem Aspekt des Stadtklimas (Wärmeinsel, Schattenwirkung, Böenreduzierung etc.) ist hoher Bewuchs hilfreich, allerdings mit dem Nachteil, die nächtliche Frischlufterneuerung im Sommer zu behindern. Einige Stadtbäume können zudem biogene Kohlenwasserstoffe emittieren, die als Vorläufergase eine wesentliche Rolle bei der Ozonbildung einnehmen. Dies gilt etwa für Isopren, das die höchsten Konzentrationen am Nachmittag heißer Sommertage erreicht (Wagner und Kuttler 2014).

Nächtliche Kaltlufterneuerung für Stadtbereiche ist an nachbarliche größere Grünflächen als Kaltluftentstehungsgebiete bzw. an eine ausreichende Geländeneigung gebunden (► Abschn. 3.2). Solche Areale sind z. B. in den Bereichen der Harburger Berge (Schlünzen et al. 2011) oder auch in Teilen des Stadtparks anzutreffen (GEONET 2012). Die Eindringtiefen werden von GEONET (2012) im innerstädtischen Bereich mit bis zu 150 m angegeben, bei geringer Bebauung bis 1300 m. Ein Anteil von 17 % der Hamburger Grünflächen wird als hoch bis sehr hoch für die stadtplanerische Bedeutung eingeschätzt.

3.3.3 Stadteffekte auf den Niederschlag

Die städtische Niederschlagsauswirkung kann zu einer Niederschlagsverstärkung in Lee des Stadtgebietes führen. Dies wurde auch für Hamburg aus Messdaten bestimmt (Schlünzen et al. 2010). Die Zuwächse liegen im Bereich von 5–10 % pro Niederschlagsereignis und gelten für viele (aber nicht alle) Lagen in Lee der Stadt (◘ Abb. 3.5). Die leeseitige Niederschlagserhöhung ist im Winter höher (Ertl 2010). Angenommen, es gäbe nur eine Windrichtung, dann könnte die Differenz 80 mm pro Jahr ausmachen. Dies ist immer noch fast um den Faktor 2 geringer als die klimatischen Unterschiede in der Region (◘ Abb. 3.6; s. auch ► Abschn. 2.2.3); sie weisen eine Abnahme von 130 mm von Norden in Richtung Südosten auf (Hoffmann und Schlünzen 2010). Somit könnten trotz der städtischen Auswirkungen die regionalen Effekte für Hamburg von größerer Bedeutung sein.

Schlünzen et al. (2010) untersuchten auch langfristige Veränderungen der Niederschläge. Die dortige Abbildung 6 zeigt, dass an einem Standort in Luv der Stadt die Niederschläge mehr zunehmen als an Standorten in Lee des Stadtgebietes (Trend 1947–2007), was auf einen veränderten städtischen Einfluss hindeuten könnte. Eindeutige Ursachen hierfür konnten aber nicht identifiziert werden. Detaillierte Modellstudien mit METRAS von Schoetter (2013) zeigen, dass die Auswirkungen des städtischen Einflusses auf den Niederschlag für Hamburg nur in einigen meteorologischen Situationen zu beobachten sind. Han et al. (2014) weisen darauf hin, dass die Orographie eine zusätzliche Rolle spielt. Auch wenn in Hamburg die höchsten Erhebungen nur 100–150 m betragen, sind bei den niedrigen Gebäuden (nur vier Gebäude von mehr als 100 m Höhe) orographische Effekte auf die Niederschlagsverteilung beobachtbar (Schlünzen et al. 2010) und modellierbar (Schoetter 2013). Die Effekte sind sehr lokal (wie auch aus ◘ Abb. 3.5 abgeleitet werden kann) und hängen von der betrachteten Wetterlage ab. Alles in allem sind die Auswirkungen der Stadtstruktur für den Sommer nicht signifikant.

Hinsichtlich der Anzahl von Starkregentagen mit Tageshöhen von 10 und 20 mm zeigen die Berechnungen von Trusilova und Riecke (2015) im Durchschnitt über dem Stadtgebiet von Hamburg einen zusätzlichen Tag im Vergleich zum Umland. Der Einfluss auf die täglichen Niederschlagshöhen von mindestens 20 mm

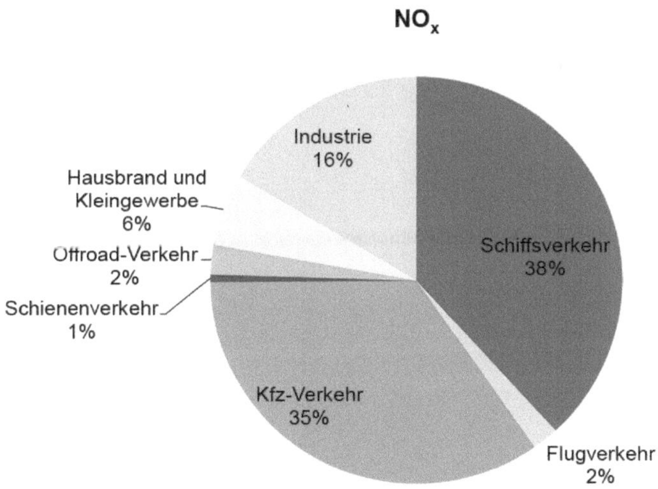

Abb. 3.7 Emissionen aus verschiedenen Sektoren für Hamburg. (Basiert auf Daten von Böhm und Wahler 2012)

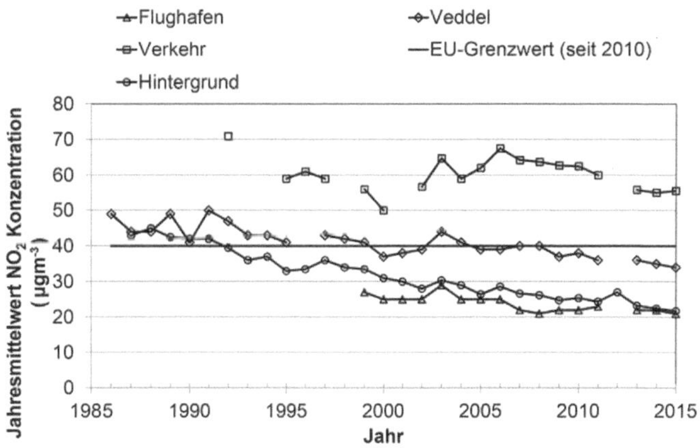

Abb. 3.8 Zeitliche Entwicklung der NO_2-Jahresmittelwerte in Hamburg. Verkehrsstationen und alle Hintergrundstationen (ohne Flughafen und Veddel) sind jeweils zusammengefasst (Datenquelle: Hamburger Luftmessnetz 2016, eigene Darstellung). Der Jahresgrenzwert beträgt für NO_2 40 µg m^{-3}

entspricht der im 1. HKB (von Storch und Claussen 2011) zitierten Größenordnung (dortige auf die Jahre 1954–1967 bezogene Abbildung 2.36). Für eine Tageshöhe von 30 mm ergeben sich keine erkennbaren Unterschiede.

3.3.4 Stadteffekte in der Luftqualität

Auto- und Schiffsverkehr sind in Hamburg Hauptquellen für NO_x und Partikel. 78 % der NO_x-Emissionen, und 53 % der PM10-Emissionen stammen aus dem Verkehr. Dabei haben die Schiffsemissionen einen Anteil von 38 % an den gesamten NO_x-Emissionen (Abb. 3.7).

Verkehrsemissionen (mit Ausnahme des Luftverkehrs) sind bodenbasiert und erhöhen damit direkt die Konzentrationen im Stadtgebiet. Messungen zeigen Überschreitungen des Jahresgrenzwertes der NO_2-Konzentration von 40 µg m^{-3} hauptsächlich an verkehrsbelasteten Orten (Abb. 3.8), an denen die Luftmassen durch Gebäude begrenzt und weniger durchmischt sind als in weniger bebauten Gebieten (Böhm und Wahler 2012). In Hafennähe (Veddel) liegen die Werte derzeit unter dem Jahresgrenzwert von 40 µg m^{-3}, jedoch oberhalb des städtischen Hintergrundes von 29 µg m^{-3} in 2010 (Böhm und Wahler 2012, S. 48).

Die Luftbelastung ist in der Stadt zwar kontinuierlich zurückgegangen, da aber auch die Grenzwerte in den vergangenen Jahren verschärft wurden, haben sich die Überschreitungen kaum verändert (Dauert et al. 2015, Abbildung 6). Die Grobstaubentwicklung zeigt ein Einhalten der Grenzwerte sowohl für PM10 als auch für PM2.5 (FHH 2016b).

Mit der Entwicklung neuer Wohngebiete an den Flussufern werden die Luftmassen in Hafennähe begrenzter sein, und die Schiffsemissionen könnten lokal zu höheren Luftkonzentrationen führen, die mehr und mehr Menschen betreffen. Daher berücksichtigen Pläne zur Reduzierung der Luftschadstoffkonzentrationen heute auch Schiffsemissionen (Böhm und Wahler 2012).

Die Konzentrationen haben einen ausgeprägten Jahresgang, der für NO_2 zu niedrigeren Werten im Sommer führt (höhere atmosphärische Grenzschichten, geringere Emissionswerte), während Ozon dann maximale Werte aufweist, da die Ozonbildung stark von der Sonneneinstrahlung abhängig ist. Je stärker die Sonne scheint, desto mehr Ozon wird in der Atmosphäre gebildet. In Straßenschluchten wird dieses Ozon abgebaut (Abb. 3.9). In Quellentfernung wird die vor allem durch den Kfz-Verkehr emittierte und quellnah gebildete Vorläufersubstanz Stickstoffdioxid unter UV-Strahlung in Stickstoffmonoxid bei gleichzeitiger Bildung eines Sauerstoffatoms umgewandelt, das wiederum mit einem Sauerstoffmolekül zu Ozon reagiert. Parallel dazu werden durch organische Verbindungen weitere chemische Reaktionen initiiert, die letztlich zu zusätzlicher NO_2-Bildung in der Atmosphäre beitragen und so die Ozonbildung verstärken.

In der Gesamtbelastungssituation nimmt Hamburg im europäischen Maßstab eine noch vergleichsweise günstige Position ein (Schümann et al. 2007).

3.3.5 Lärmbelastung in der Stadt

Wie schon in ► Abschn. 3.2 erwähnt, sind Quellen für Lärm und Luftbelastung ähnlich, wobei die startenden und landenden Flugzeuge eine Zusatzquelle für Lärm vor allem tagsüber darstellen. Die Empfehlungswerte (► Abschn. 3.2) auf Hamburg anzuwenden ist nicht direkt möglich, da der Hamburger Lärmaktionsplan (FHH 2008, 2013) für die Nacht nur Werte ab 50 dB(A) ausweist. Werden diese angewendet, so sind hiervon etwa 15 % der Bewohner betroffen, von der Überschreitung der Empfehlungswerte für den gesamten Tag (55 dB(A)) etwa 25 %. Die höchsten Betroffenheiten entstehen durch Straßenverkehr, der für den gesamten Tag (nachts) für 85 % (95 %) der betroffenen Bewohner die Hauptursache ist. Analog zur Ausbreitung von Luftbeimengungen (Abb. 3.9) ist auch die Ausbreitung von durch Straßenverkehr verursachten Lärm in der Straßenschlucht behindert und führt zu lokal erhöhtem und in der Straßenschlucht gefangenem Lärm, sodass die Betroffenheit dort lokal höher oder geringer ausfallen kann. Genaues hierzu lässt sich zurzeit noch nicht angeben, da die Lärmausbreitung in der Stadt noch vergleichsweise einfach ermittelt wird.

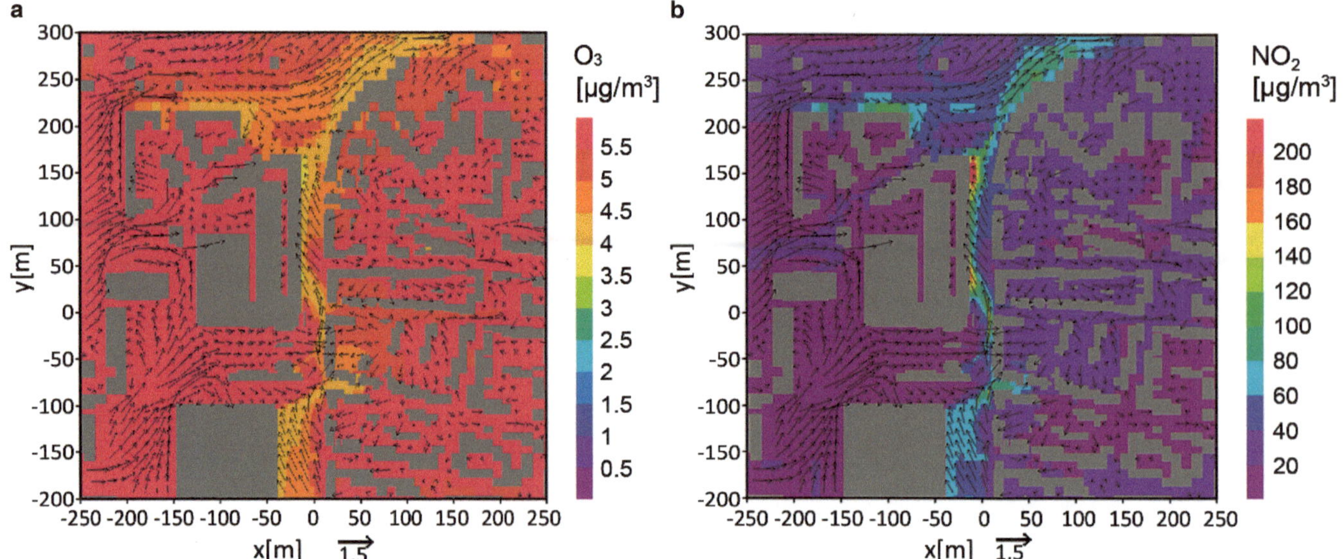

Abb. 3.9 Luftbelastung in einer Straßenschlucht: **a** Ozon und **b** Stickstoffdioxid im Horizontalschnitt 1,5 m über dem Boden für den 11. April 2003, 7:00–7:30 Uhr, simuliert mit dem MITRAS/MICTM-Modellsystem. Die Konzentrationsmuster werden durch gebäudeinduzierte Heterogenität im Windfeld verursacht und führen im Beispiel zu zwei lokalen NO_2-Maxima. (Abbildung b aus Schatzmann et al. 2006)

3.4 Stadtklima Hamburgs bei Klimawandel

3.4.1 Entwicklung der Temperaturunterschiede zwischen Stadt und Umland

Für Hamburg fanden Hoffmann et al. (2012) nur geringe Veränderungen in der Intensität der UHI für Klimawandelszenarien, sofern die Stadtstruktur unverändert bleibt. Dieses Ergebnis basiert auf einem statistischen Modell für die Minimaltemperaturen an der Station St. Pauli, wobei Ergebnisse regionaler Klimamodelle genutzt werden. Signifikant sind eine leichte Abnahme der UHI im April sowie geringe Veränderungen der UHI im Winterhalbjahr, die allerdings nur aus Ergebnissen eines von zwei verwendeten regionalen Klimamodellen abgeleitet werden können (Hoffmann et al. 2012, Abbildung 7). Die Intensität der sommerlichen UHI wird auf Basis dieser Ergebnisse zum Ende des Jahrhunderts leicht zunehmen (Hoffmann et al. 2012, Abbildung 8). Analoge Untersuchungen, aber unter Nutzung von Wetterlagenklassifikationen, bestätigen eine fast unveränderte Wärmeinsel im innerstädtischen Bereich Hamburgs (Hoffmann und Schlünzen 2013). METRAS-Modellrechnungen (1 km Auflösung) mit statistisch-dynamischer Verfeinerung zeigen mit unveränderter Stadtstruktur keine Veränderung des sommerlichen UHI-Musters (Temperaturmittel 20 bis 24 Uhr) in der Mitte, wohl aber eine leichte Zunahme zum Ende des Jahrhunderts (+0,1 K im Westen von Hamburg; Hoffmann 2012; Hoffmann et al. 2016). Im Gegensatz dazu finden Trusilova und Riecke (2015) eine geringe Abnahme der UHI von −0,1 K, basierend auf dynamischer Verfeinerung mit dem COSMO-CLM-Modell (2,8 km Auflösung). Beide Ergebnisse zeigen, dass die Interaktion von verändertem Klima und stadtklimatischen Prozessen keine nichtlinearen Reaktionen mit starken Veränderungen auslöst, die andernfalls bei zukünftigen Stadtentwicklungen (► Abschn. 3.5) bedacht werden müssten.

Wenn Schwellenwerte (wie 20 °C bei den Nachttemperaturen) verwendet werden, muss das Gesamtsignal betrachtet werden. Schwellenwerte werden wegen des allgemein höheren Temperaturniveaus in einem zukünftigen Klima häufiger überschritten. Auch die absolute Zahl der zusätzlichen Überschreitungen könnte in den städtischen Gebieten höher als im ländlichen Raum ausfallen, sofern eine zusätzliche Temperatursteigerung im Stadtgebiet dazu beiträgt. Die Projektionsrechnungen von Trusilova und Riecke (2015) zeigen allerdings bis 2050 einen Temperaturanstieg pro 100 Jahre von 1,2 K für den Stadtbereich und von 1,3 K für das Umland. Diese geringfügig stärkere Temperaturzunahme über der ländlichen Umgebung beruht auf einer stärkeren Erwärmung und sommerlichen „Austrocknung" des Umlands gegenüber der schon vom Grund her wärmeren und trockeneren Stadt. Die Anzahl der Sommertage nimmt sowohl im Stadtgebiet als auch im Umland zu, allerdings aufgrund der leicht höheren Temperaturzunahme im Umland dort etwas weniger stark. Die stärkere Temperaturzunahme insbesondere im südlichen und östlichen Umland Hamburgs wird von verschiedenen Klimamodellen gestützt (vgl. STAR auf Webseiten von klimafolgenonline und diverse Modellergebnisse auf der Webseite des Norddeutschen Klimaatlasses). Insgesamt sind nach den durchgeführten COSMO-CLM-Rechnungen (2,8 km Auflösung) für den Zeithorizont Mitte des Jahrhunderts in der Metropolregion zusätzlich bis zu knapp +3 Sommertage zu erwarten; GEONET (2012) bestimmen zusätzliche 6–8 Tage. Hinsichtlich der heißen Tage ergeben sich nach Trusilova und Riecke (2015) maximal +4 Tage in der Stadt gegenüber +1,5 Tagen im Umland. Diese Zahl könnte den Stadteffekt überschätzen, da auch im Ist-Klima der städtische Effekt durch COSMO-CLM etwas überschätzt wird. Die Zunahme ist im gleichen Rahmen wie die von GEONET (2012) bestimmte (+1 bis +5 Tage).

3.4.2 Entwicklung der Bewölkung und Niederschläge

Nach Angaben von Trusilova und Riecke (2015) wird der Niederschlag in ihrer Modellsimulation unterschätzt, da lokale Niederschlagsereignisse vom Modellgitter gar nicht oder nur mit schwächerer Intensität simuliert werden und das Modell die Bildung von konvektivem Niederschlag noch nicht ausreichend berechnen kann. Trotz dieser Einschränkungen lassen sich Hinweise auf die Niederschlagsentwicklung über der Stadt im Vergleich zum Umland ableiten. So zeigt sich, dass es bis zum Jahr 2050 in der Metropolregion zu höherem Jahresniederschlag kommt; die Zunahme ist dabei über der Stadt höher (+40 mm in 100 Jahren: 2000–2100) als über dem Umland (+33 mm in 100 Jahren). Die Niederschlagszunahme wird in der Metropolregion in den 100 Jahren auf bis zu +4 mm/Monat für Winter, Frühjahr und Herbst abgeschätzt, die sommerliche Änderung auf −6 bis +2 mm/Monat. Für die Niederschlagskenntage mit einer täglichen Niederschlagshöhe von ≥ 10 mm bzw. ≥ 20 mm zeigt sich in der Metropolregion ein verbreiteter Anstieg. In Hamburg ist mit +2,5 Tagen (≥ 10 mm) bzw. 1,5 Tagen (≥ 20 mm) pro Jahr für die jeweiligen Kennzahlen zu rechnen. Hinsichtlich einer Tagesniederschlagshöhe von ≥ 30 mm nimmt in Hamburg die Anzahl im Mittel mit etwa 0,5 Tagen/Jahr wie in der Umgebung zu. Im Nordosten der Stadt und im angrenzenden Schleswig-Holstein beträgt die Zunahme derartiger Starkniederschlagstage bis zu 1 Tag pro Jahr (Trusilova und Riecke 2015). Die Zunahme ist dabei in einer Region erhöht (◘ Abb. 3.5), in der die vermutlich auch orographisch verstärkten städtischen Lee-Effekte auftreten (► Abschn. 3.3.3).

Mit dem Niederschlagstrend der Modellläufe ist eine Abnahme der Globalstrahlung in Norddeutschland verbunden, wobei die Differenz zwischen Stadt und Umland sich nicht wesentlich ändert.

3.5 Einflüsse der Stadtentwicklung auf das Stadtklima (Szenarien)

Wie bereits in ► Abschn. 3.2 ausgeführt, verändern die städtischen Gebiete das regionale Klima, indem die Stadt ihren „urbanen Fußabdruck" in lokalen und regionalen Veränderungen des Klimas hinterlässt. Diese Auswirkungen bedeuten gleichzeitig eine Chance, die regionalen Auswirkungen des Klimawandels abzumildern – oder sie zu verstärken, wenn die falschen Maßnahmen ergriffen werden. Daher wurden in mehreren Forschungsprojekten die Auswirkungen von geplanten Änderungen in der Stadtstruktur auf das Stadtklima untersucht.

3.5.1 Stadtentwicklung und Temperatur

Trusilova und Riecke (2015) beziehen in Modellierungen bis 2030 auch Entwicklungen von Landnutzungsänderungen ein. Die den Modellierungen für Hamburg zugrunde gelegte Siedlungsentwicklung ist dabei einem BBSR-Forschungsprojekt entnommen (Teilprojekt Landnutzungsszenarien 2030 – Für eine Klimawandel optimierte Stadtentwicklung in Deutschland), stellt also keine von der Stadt Hamburg selbst konkret geplante Entwicklung dar. Die Ergebnisse geben einen Anhalt, wie sich in Hamburg Flächenumwidmungen auf die Temperatur auswirken können. Im Szenario werden Flächen mit niedriger Vegetation in eine versiegelte, städtisch verdichtete Fläche bzw. alternativ in eine Waldfläche umgewidmet. Die Änderungen werden für eine trocken-heiße und eine regenreiche Wetterlage berechnet. Die besondere Wirkung von Straßenschluchten auf das „Einfangen" solarer Einstrahlung und die Schattenwirkung durch Bäume werden nicht berücksichtigt. Tatsächlich bekommt die Schattenwirkung durch Bäume vor allem dann eine besondere Bedeutung, wenn in sommerlichen Dürreperioden Grünflächen einschließlich Dachbegrünungen zunehmend austrocknen und ihr abkühlender Charakter gemindert wird. Der Landnutzungswechsel „Vegetation in Stadt" führt im Falle der trocken-heißen Verhältnisse zu allen Tageszeiten für den Bereich der umgewidmeten Fläche zu einer Temperaturzunahme von bis zu +0,5 K, während unter regenreichen Bedingungen eine Temperaturänderung zwischen −0,1 K und +0,3 K verbleibt. Hinsichtlich einer Aufforstung zeigt sich sowohl unter den sommerlich trockenen als auch bei nassen Bedingungen eine Temperaturreduktion von bis zu −0,2 K.

Die vom Bund sowie von der DFG geförderten Forschungsprojekte KLIMZUG-NORD (Endergebnisse in KLIMZUG-NORD 2014) und CliSAP (Schlünzen et al. 2009) untersuchten verschiedene Aspekte der Entwicklung Hamburgs für das sommerliche Stadtklima. Auch diese Szenarien sind wissenschaftlicher Natur und prognostizieren nicht die tatsächliche Entwicklung Hamburgs, sondern eine potenziell mögliche. In allen Szenarien ist das Wachstum Hamburgs im Wesentlichen auf die im Flächennutzungsplan (Stand 2005) ausgewiesenen Gebiete beschränkt und die Gebäudehöhe vertikal auf unter 50 m begrenzt. In der Tat sollen im Zentrum von Hamburg keine Hochhäuser gebaut werden. Insgesamt sind in den Szenarien die Änderungen der Oberflächenbedeckung relativ gering, was dem Konzept der kompakten Stadt folgt und Aspekte von Anpassungsmaßnahmen an den Klimawandel einschließt. Mehr Begrünung (vor allem der Dächer) und erhöhte Albedo-Werte auf Dächern und anderen versiegelten Flächen, die nicht begrünt werden können (z. B. Straßen), wurden z. B. im KLIMZUG-Szenario „Wachstum der kompakten Stadt" angenommen. Darin sowie im Szenario BSU-HH50 (◘ Abb. 3.10) wurden die Aufstockung von Mehretagenhäusern um ein Stockwerk und ein Umbau von Einzelhäusern in Doppel- oder Reihenhäuser oder deren Ersatz durch Wohnblocks angenommen. Bei all diesen Veränderungen wurde außerdem ein größerer Anteil an Begrünung mit ausschließlich intensiven Gründächern (KLIMZUG-Szenario) oder teilweise auch extensiven Gründächern (BSU-HH50-Szenario) angenommen und in der Modellierung berücksichtigt. Die Wirkung dieser Gründächer wie allgemein aller Grünflächen hängt markant von der Feuchtigkeit des Substrates bzw. der Bodenfeuchte ab. Bei den intensiven Gründächern wird eine auch in Trockenperioden ausreichende Bewässerung angenommen, bei den extensiven Gründächern wie bei allen anderen Grünflächen eine Austrocknung des Substrates berücksichtigt. Mit zunehmender Austrocknung verlieren die Grünflächen an Bedeutung für eine

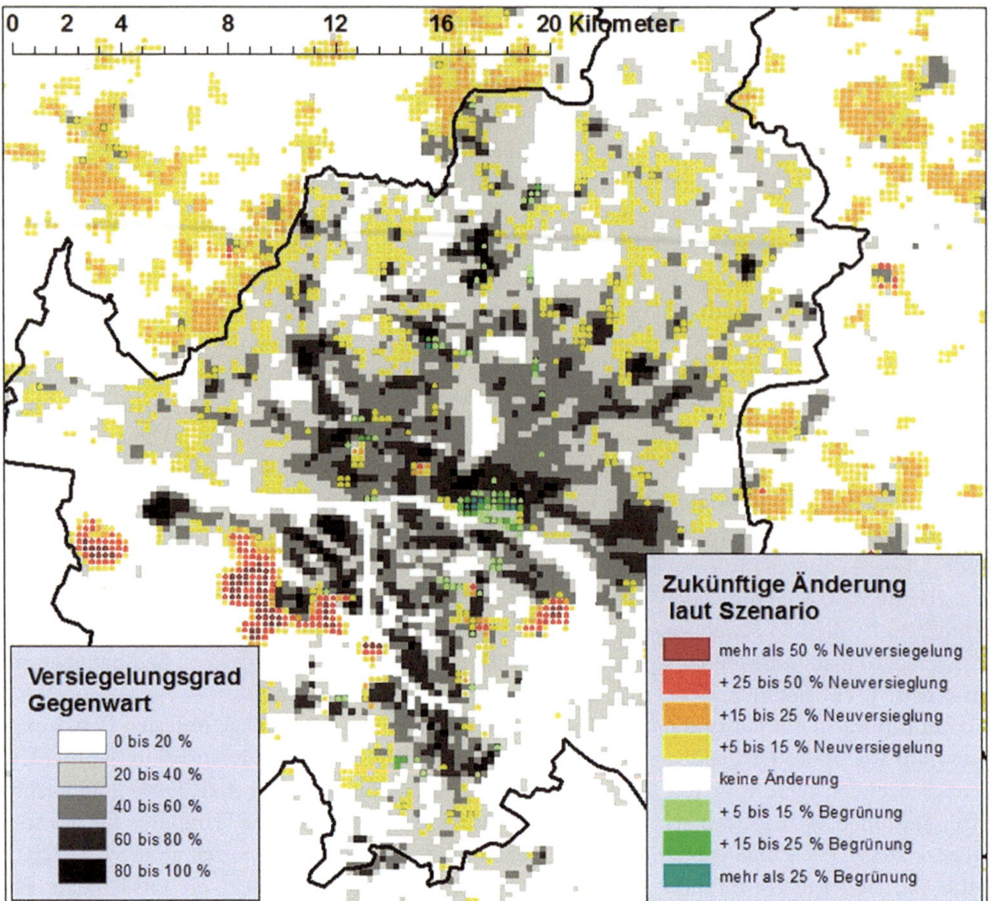

Abb. 3.10 Versiegelung in der Gegenwart und potenzielle Änderungen im Szenario BSU-HH50. Dachbegrünung ist in der Abbildung nicht berücksichtigt. (Teichert et al. 2014)

Temperaturreduktion, da die Verdunstung zurückgeht. Neben der Minderung hoher Tagestemperaturen kommt den Grünflächen auch eine Funktion zur Reduzierung des Staubeintrages in die Atmosphäre zu, der auch von den Feuchtigkeitsverhältnissen abhängt.

Mit dem mesoskaligen Modell METRAS (250 m Auflösung) wurden über eine statistisch-dynamische Verfeinerung diverse sommerliche meteorologische Situationen gerechnet, um klimatologisch repräsentative Werte zu erhalten. Durch ausgewählte Anpassungsmaßnahmen (Szenario KLIMZUG-NORD) kann die mittlere Sommertemperatur lokal um 0,2 K reduziert werden, wobei die stärkste Verringerung in den Bereichen liegt, in denen die Versiegelung sehr hoch ist (KLIMZUG-NORD 2014). Die Begrünung hat dabei nicht nur nachts, sondern auch tagsüber einen Einfluss. Gleichzeitig steigen die UHI-Effekte in vollständig neu bebauten Gebieten im Sommermittel um bis zu +0,2 K an (BSU-HH50 Szenario; Petrik et al. 2013). Eine Einschätzung der Wirkung der Stadtentwicklungsszenarien für den Winter steht noch aus.

Die Bedeutung von Grünflächen zur Minderung hoher Tagestemperaturen in urbanen Räumen stellen Steeneveld et al. (2011) anhand von mit Norddeutschland geografisch vergleichbaren niederländischen Siedlungsflächen nochmals deutlich heraus. In ihrem Beispiel sinkt der UHI bei einer Zunahme des Grünflächenanteils von 5 auf 55 % um etwa 2 K, bei extremer Hitze auch um mehr. Das Informationsportal KlimaAnpassung in Städten (INKAS; Buchholz und Kossmann 2015) des Deutschen Wetterdienstes ermöglicht für den Anwender erste grobe Abschätzungen zu entsprechenden Wirkweisen. Grundlage für INKAS bilden Modellrechnungen mit dem mikroskaligen urbanen Klimamodell MUKLIMO 3. (Sievers und Zdunkowski 1986; Sievers 1990) bei 50–100 m Auflösung.

Anthropogene Wärme wurde in allen bisher in diesem Abschnitt genannten Modellstudien als unverändert angenommen. Da aufgrund des Umbaus von Häusern hin zu besserer Wärmedämmung künftig im Winter weniger Energie zum Wärmen, im Sommer weniger zum Kühlen genutzt wird, wird die anthropogene Wärmefreisetzung zukünftig geringer sein. Dies führt zu einer Verringerung des Wärmeinsel-Effekts im Sommer, da auch die in Industrie und Verkehr eingesetzte Energie voraussichtlich effektiver genutzt wird. Reduktionen sind auch im Winter gegeben; hier kann der Effekt noch größer sein, da gegenwärtig viel Energie zur Erwärmung der Gebäude genutzt wird.

3.5.2 Stadtentwicklung und Niederschläge

Für das KLIMZUG-NORD-Szenario der Stadtentwicklung wurden dessen Auswirkungen auf starke Niederschläge untersucht. Wie bereits in ▶ Abschn. 3.3.3 erwähnt, sind die Auswirkungen der Stadtstruktur auf Niederschlagsentstehung und -menge gering, zumindest für Hamburg. Dies wurde auch durch die Modellrechnungen mit METRAS (Schoetter 2013) abgesichert. Dennoch stellen mehr versiegelte Flächen zusätzliche Herausforderungen für die Stadtplaner dar, da diese Oberflächen kein Wasser aufnehmen können und somit das Wasser abgeleitet werden muss, um Hochwasser durch Niederschläge zu vermeiden. Andererseits stellt das Wasser vor allem für Trockenperioden ein wichtiges Gut dar, sodass das einfache „Ableiten" in eine „Speicherung" des Wassers zu überführen ist (▶ Abschn. 3.2.8).

3.5.3 Stadtentwicklung und Wind

In Bezug auf das Windfeld sind die zu erwartenden Veränderungen lokal begrenzt; sie können in der Nähe von Bauwerken sehr groß sein (Schlünzen und Linde 2014). Auswirkungen von neuen Gebäuden auf das Windklima in einem wachsenden Vorort von Hamburg auf der großen Insel Wilhelmsburg wurden mit dem hindernisauflösenden Modell MITRAS (Schlünzen et al. 2003) mit einer Auflösung von 5 m untersucht. Auswirkungen in einer Entfernung von 1000 m von Neubauten wurden nicht nur nahe der Oberfläche, sondern auch in größerer Höhe gefunden und beeinflussen somit auch die Belüftung der Gebäude in den oberen Stockwerken (Schlünzen und Linde 2014). Einerseits könnten einige Straßen, Plätze oder sogar Balkone in oberen Stockwerken weniger nutzbar werden, da die Menschen dort hohen Windgeschwindigkeiten durch Umströmung der Neubauten ausgesetzt wären. Andererseits kann ein früher gut durchlüfteter Ort windstill werden; an einem sonnigen Tag können die Temperaturen dann lokal bis hin zu einer Hitzebelastung für die Menschen ansteigen. Weiterhin können aufgrund von Wind- und Temperaturänderungen hohe Konzentrationen an anderen Orten als zuvor entstehen, womit sich auch das Expositionsmuster ändern könnte. Auch Stadtbäume haben einen Einfluss auf das Windfeld (Salim et al. 2015), wirken aber vor allem vermindernd und führen über größeren Freiflächen zu lokalen Erhöhungen (▶ Abschn. 3.3.2).

3.5.4 Stadtentwicklung und Klimawandel

Änderungen von Temperatur und Niederschlag, wie sie aus Stadtentwicklungsszenarien resultieren, die auf Klimaschutz- und Anpassungsmaßnahmen zielen, können die vom Klimawandel verursachten Temperaturerhöhungen und Niederschlagsänderungen nur geringfügig reduzieren. Allerdings könnten sie in Hitzeperioden relevant werden, indem sie die Stadttemperaturen bei Nacht etwas niedriger halten. Um den kühlenden Effekt des Stadtgrüns zu sichern, muss dessen Bewässerung gewährleistet sein, z. B. durch Wasserspeicherung während Feuchteperioden. Trocknet das städtische Grün aus, geht seine kühlende Wirkung verloren. Eine besonders große Bedeutung kommt dabei den Bäumen in der Stadt zu, die nicht nur eine erhebliche Verdunstungsleistung aufweisen, sondern zudem durch ihre Schattenwirkung direkt dazu beitragen, dass sich Oberflächen weniger erwärmen.

3.6 Herausforderungen des Klimawandels und absehbarer Stadtstrukturänderungen sowie mögliche Reduktions- und Anpassungsmaßnahmen

Eine der großen Umstrukturierungsmaßnahmen zur Reduktion der CO_2-Emissionen ist die verstärkte Einführung regenerativer Energien. Auch sie greifen allerdings in den natürlichen Energiehaushalt des Erdsystems ein und können insofern Wetter und Klima beeinflussen. Boettcher et al. (2015) untersuchten den Einfluss von Offshore-Windparks in der Deutschen Bucht bei maximaler Installation und fanden selbst in der 100 km entfernten Stadt Hamburg geringe Einflüsse. So nimmt die mittlere Sommertemperatur geringfügig ab (bis zu 0,1 K), während der Wärmeinsel-Effekt geringfügig zunimmt (bis zu 0,2 K). Ursache hierfür sind vor allem Veränderungen in der Wolkenentwicklung.

Viele Städte der MRH liegen in der Nähe der Küste oder eines Flusses und müssen für Sturmfluten gerüstet sein. Dies kann durch Deiche wie z. B. in den Niederlanden oder entlang der Elbe geschehen oder auch durch Barrieren wie bei der Themse in London. All diese Maßnahmen sind teuer, aber sie schützen nicht nur wertvolle Infrastruktur, sondern retten auch Leben. Wie sich in den letzten Jahren herausstellte, werden durch Niederschläge verursachte Hinterlandüberschwemmungen zu einer immer größeren Herausforderung, und es müssen ähnliche Vorkehrungen getroffen werden wie für Sturmfluten. Während flussaufwärts (z. B. am Rhein oder oberhalb der Tideelbe) Deiche auch vor Flusshochwasser schützen und ständig verbessert und verstärkt werden, scheinen Küstenstädte keinen Fokus auf Regenereignisse zu legen, die gleichermaßen eine Herausforderung sein können. Konzepte zur Ableitung des Wassers bei Starkniederschlagsereignissen sind nötig. Methoden sind bereits vorhanden; so hat Hamburg in den letzten Jahren bereits ein separates Regenentwässerungssystem eingeführt und erhebt Extragebühren, wenn Regenwasser nicht lokal versickert.

Inzwischen sind erste Überschwemmungsgebiete nicht nur für Sturmfluten, sondern auch für durch Niederschläge bedingte hohe Wasserstände im Bereich der kleineren Flüsse Hamburgs ausgewiesen (FHH 2016a). Für intensive Niederschlagsereignisse, die in einem zukünftigen Klima zu erwarten sind (▶ Abschn. 2.4.2), und für erhöhte Mengen an Winterniederschlägen wird es für städtische Gebiete erforderlich sein, sich auch auf eine Wasserspeicherung über das Jahr einzustellen. Dies muss auch im Winter geschehen, um genügend Wasser für die Sommerperioden zu haben, die in einem zukünftigen Klima im Mittel wahrscheinlich trockener sein werden (▶ Abschn. 2.4.2). Das Wasser wird nicht nur in der gleichen Menge wie heute gebraucht, um städtische Grünflächen zu bewässern; es werden eher noch größere Mengen benötigt, und zwar aus zwei Gründen: Erstens kann die wärmere Luft mehr Wasser aufnehmen, weshalb auch die Verdunstung (in Litern) höher sein wird, und zweitens erfordert mehr Stadtgrün, das helfen soll, die urbanen Temperaturen zu reduzieren, auch mehr Wasser. Begrünung von Stadtgebieten ist tatsächlich nur hilfreich, wenn das städtische Grün frisch gehalten wird und Verdunstung stattfinden kann.

Mehr versiegelte Flächen (manchmal auch zum Schutz vor Hochwasser eingesetzt, z. B. neue Deiche mit Bitumen- oder Steinabdeckung oder Wände) sollten vermieden werden, da sie die Menge der Wärmespeicherflächen und damit die Nachttemperaturen erhöhen. Auch der aktuelle Ersatz von Grünflächen und Gärten in städtischen und vorstädtischen Gebieten durch Gebäude und versiegelte Flächen (Nachverdichtung) wird zu einem Anstieg der städtischen Nachttemperaturen führen. Zudem ist die Tendenz zur Ausdehnung der Stadt in die umliegenden ländlichen Gebiete nicht gebremst. All dies wird die Überhöhung der Nachttemperaturen in den städtischen Gebieten noch verstärken und sollte durch den Erhalt und die Schaffung von möglichst vielen grünen Flächen (auch auf Dächern, dann intensive Begrünung) vermieden werden.

Höhere Temperaturen in den Städten führen zu diversen Stressfaktoren. Wärme selbst wird als gesundheitsrelevanter Faktor wahrgenommen. Morbidität und Mortalität können steigen (Scherber 2014; Scherber et al. 2013). Auch wenn im Gegenwartsklima die gesundheitlichen Beeinträchtigungen in Hamburg noch recht gering sind, werden bei zukünftig höheren Temperaturen gesundheitliche Folgen im Sommer zu erwarten sein (vgl. ▶ Abschn. 8.2). Planer in der MRH sollten sicherstellen, dass bestehende städtische Grünflächen erhalten und neue geschaffen werden. Darüber hinaus sollten alle Wärmeemissionen (in die Atmosphäre und in Gewässer) vor allem im Sommer reduziert werden, um die nächtliche Wärmebelastung in städtischen Gebieten zu verringern.

Projektionen von Iamarino et al. (2011) deuten auf einen Anstieg von 16 % der anthropogenen Wärmeentwicklung aufgrund einer größeren Erwerbsbevölkerung in der Stadt London bis zum Jahr 2025 im Vergleich zu 2005 hin. Dies würde dort zu noch höheren Temperaturen im Stadtgebiet führen, wenn keine Schutzmaßnahmen ergriffen würden. An dieser Stelle wird deutlich, dass es Synergien zwischen Anpassungs- und Klimaschutzmaßnahmen gibt: Wenn es weniger Strom verbrauchende Computer, Fabriken und Fahrzeuge gibt, werden nicht nur die CO_2-Emissionen (oder Äquivalente) und damit langfristig die globale Temperaturerhöhung begrenzt, sondern auch direkt und sehr schnell die Abwärmeemissionen in das Stadtgebiet und damit die dort vorherrschenden Temperaturen. Das Gleiche gilt für gut gedämmte Gebäude: Weniger Energie für Heizung und weniger Kühlung (Hitze von außen dringt nicht so leicht in das Gebäude) reduzieren den CO_2-Ausstoß (für die Energieproduktion). Die reduzierten CO_2-Emissionen führen zu geringerer globaler Erwärmung in der Zukunft, während die bessere Wärmedämmung jetzt und in der Zukunft zu einer reduzierten Wärmeinsel führt. Unklar ist bei der veränderten Isolierung aber noch im Detail, wie sich die Energiebilanz der Stadt dadurch verändern wird und ob durch die verminderte Wärmeaufnahme tagsüber nicht die Tagestemperaturen ansteigen könnten.

Die zu erwartenden höheren Temperaturen könnten zu höheren biogenen VOC-Emissionen aus der Vegetation führen, die schließlich die Ozonwerte ansteigen lassen, wenn die NO_x-Emissionen nicht wesentlich reduziert werden (Meyer und Schlünzen 2011). Um zusätzliche organische Emissionen als Vorläufergase für die Ozonproduktion zu vermeiden, muss neues städtisches Grün so gewählt werden, dass sein VOC-Emissionspotenzial gering ist (Kuttler 2013, S. 281).

Aufgrund der vermutlich steigenden Sommertrockenheit können mehr Partikel von trockenen Oberflächen abgetragen werden, was die ohnehin schon hohe Partikelbelastung in städtischen Gebieten noch weiter erhöht. Dies ist ein weiteres Argument für die Bepflanzung (oder natürliche Begrünung) von möglichst vielen Flächen in städtischen Gebieten und deren Wasserversorgung in Trockenperioden, sodass die Erosion so gering wie möglich bleibt. Hier nachhaltig voranzukommen bedeutet für die Zukunft, den Weg der Emissionsminderung – sei es durch technische Lösungen (z. B. andere Kfz-Antriebssysteme) oder durch andere Mobilitätskonzepte – konsequent fortzusetzen. Andere Sofortmaßnahmen zur Reduzierung der PM-Werte (z. B. Befeuchtung von Straßenoberflächen) helfen meist nur kurzfristig und sind mit hohen Kosten verbunden und so als eher nicht effektiv anzusehen.

3.7 Schlussbemerkungen

Städtische Gebiete sind nicht nur von regionalen Klimaänderungen betroffen, sondern tragen auch selbst mit ihren hohen Emissionen und Veränderungen der Oberflächen zu Modifikationen des regionalen Klimas bei. Dadurch hinterlassen sie ihren eigenen städtischen Fußabdruck. Dies wird vor allem durch Konzentrationen oberhalb der EU-Grenzwerte für NO_X (gelegentlich Tagesmittelwert überschritten), NO_2 (Jahresmittelwert) und Partikel (gelegentlich PM10-Tagesmittelwerte überschritten) deutlich. Aufgrund der Stadtstrukturen, der Veränderungen im Oberflächenenergiehaushalt und zusätzlicher Emission von anthropogener Wärme herrschen in städtischen Gebieten bodennah höhere Lufttemperaturen, besonders bei Nacht. Die Werte können sich im Bereich von ein paar Grad im Monatsmittel bewegen und erreichen Werte von ca. 7 K in besonders ungünstigen autochthonen Wetterlagen (klarer Himmel, hohe Strahlungswirkung, niedrige großskalige Druckgradienten).

Auch wenn die für Hamburg gefundenen Stadtklimaergebnisse auf andere Städte der Metropolregion näherungsweise übertragbar sind, bestehen doch Unterschiede zwischen den Städten der MRH in Bezug auf den Stadtplanungsbedarf. Während einige Bereiche in den Jahren 2011–2013 gewachsen sind (z. B. Hamburg und Landkreise Harburg, Stormarn), verändern sich andere wenig in Bezug auf die Zahl der Einwohner, wachsen aber hinsichtlich Wohnraumbedarf; in anderen Regionen nimmt die Einwohnerzahl ab (z. B. Uelzen, Cuxhaven, Lüchow-Dannenberg). Die Folgen des Klimawandels werden immer deutlicher; erste Hinweise darauf, was Mitte bis Ende des Jahrhunderts kommen wird, sind z. B. Hinterlandüberschwemmungen, intensiverer Niederschlag, sehr trockene und warme Sommerperioden. Da auch eine sich nicht verändernde Stadt Einwohner hat, die Gebäude renovieren, und junge Menschen, die neue Infrastrukturen und neue Technologien nutzen, welche eines Tages Standard für alle sein werden, gibt es eine Chance, die Städte kontinuierlich an den kommenden Klimawandel anzupassen und gleichzeitig Emissionen zu reduzieren. Die schlimmsten Auswirkungen des Klimawandels können mittels gut durchdachter und vorab in der Wirkung eingeschätzter Anpassungsmaßnahmen vermindert werden.

Damit Maßnahmen in ihrer Wirkung besser eingeschätzt werden können, soll an dieser Stelle auch noch einmal darauf hingewiesen werden, wo Unsicherheiten bestehen oder noch weitere wissenschaftliche Untersuchungen erforderlich sind. Das regionale, das Stadtklima beeinflussende Klimasignal hängt von den globalen Veränderungen ab. Je nachdem, welche Emissionsreduktionen dort erfolgen, können die in diesem Kapitel analysierten Signale stärker ausfallen (ohne Emissionsreduktion) oder auch etwas schwächer (globaler Temperaturanstieg unter 2 K). Die Analysen hier beziehen sich auf das A1B-Szenario (in der regionalen Wirkung vergleichbar mit RCP4.5). Wie in ▶ Abschn. 2.4.1 ausgeführt, haben alle Szenarien eine Bandbreite; hier sind eher mittlere Veränderungen betrachtet worden. Zukünftig sollten auch für regionale und stadtklimatische Untersuchungen nicht nur mittlere Veränderungen, sondern auch die zugehörigen Wahrscheinlichkeiten extremer Ereignisse betrachtet werden.

Fast alle hier gezeigten Analysen beziehen sich auf den Sommer. Eine Einschätzung der Wirkung insbesondere der im Sommer positiv das Stadtklima beeinflussenden Stadtentwicklungsszenarien für den Winter steht ebenso aus wie Einschätzungen in den Übergangsjahreszeiten. Hier wurden auch noch keine Wechselwirkungen untersucht, z. B. von verfrühter Pollenblüte in der Stadt auf Partikelbelastung und Gesundheit.

Die hier aufgeführten Ergebnisse beruhen ganz wesentlich auf meteorologischen Grundgrößen (Temperatur, Windgeschwindigkeit, Niederschlag). In Hinblick auf die menschliche Gesundheit sind hieraus abgeleitete Größen relevant. Für Innen- und Außenräume müssen die geeigneten Indizes aus einer großen Auswahl gewählt und errechnet werden (z. B. gefühlte Temperatur und weitere über 100 Indizes; de Freitas und Grigorieva 2015), auch hinsichtlich der Zusammenhänge mit gesundheitlichen Wirkungen. Dabei gilt es, Unsicherheiten der Eingabegrößen in Hinblick auf die klimatischen Parameter ebenso zu berücksichtigen wie die Aufenthaltsorte der Menschen zu integrieren. Weiterhin reagiert der Mensch altersabhängig unterschiedlich auf seine klimatischen Umgebungseinflüsse. Damit hier Fortschritte erzielt werden, müssen die meteorologischen Informationen auch zwischen und in den Häusern einbezogen werden. Hier sind noch Weiterentwicklungen bestehender Methoden und Modelle nötig, um flächendeckend für Städte auch zwischen Gebäuden alle meteorologischen Parameter und daraus abgeleitete Indizes berechnen zu können, wie es für Luftbelastungen bereits auf Stadtteile bezogen möglich ist (◘ Abb. 3.9). Vegetationseffekte sind dabei nicht nur in Hinblick auf das Windfeld und Abschattungen zu berücksichtigen, sondern auch in Hinblick auf mögliche Emissionen und Ablagerungen für Partikel und Gase.

Die größten Unsicherheiten bei den meteorologischen Parametern bestehen gegenwärtig in Bezug auf Niederschläge. Dieses gilt für das regionale Klimasignal, wo zwar eine winterliche Niederschlagszunahme angenommen werden kann, von einer sommerlichen Niederschlagsabnahme aber ebenso wenig sicher für die Zukunft ausgegangen werden kann wie von einer Zunahme. Daher muss gegenwärtig bei der Entwicklung von Anpassungsmaßnahmen mit beidem gerechnet werden. Zudem müssen sehr lange Mittelungszeiträume betrachtet werden (wenigstens 30 Jahre), um zu signifikanten Aussagen zu kommen.

Auch der Stadteffekt auf den Niederschlag ist unsicher; er wird für unterschiedliche Städte verschieden gefunden. Während oftmals eine Lee-Intensivierung attestiert wurde (diese ist auch für Hamburg bei vielen Windrichtungen gefunden worden), so ist die Stadt nicht allein ursächlich hierfür. Han et al. (2014) weisen auf den zusätzlichen Orographieeinfluss hin. Auch für Hamburg scheinen die Hügel der Umgebung Aufstiegs- und Absinkprozesse zu induzieren, die stärker als der Stadteffekt sind. Diese Hypothese muss sowohl für Szenarien im Ist-Klima als auch für das Zukunftsklima weiter geprüft werden, insbesondere im Zusammenspiel mit der Gebäudehöhe. Sollten hohe Gebäude erheblichen Einfluss auf Niederschläge haben, so muss dieses bei der Stadtplanung berücksichtigt werden können. Der zusätzliche Effekt von anthropogenen Aerosolen auf den Niederschlag wurde in der MRH bisher noch nicht untersucht. Er ist in Hinblick auf Trendanalysen im Niederschlag und in Anbetracht der Emissionsentwicklungen mit anderer Zusammensetzung der Aerosole erforderlich, um dadurch bedingte lokal induzierte Veränderungen in Niederschlagsmengen und Niederschlagsmustern einschätzen zu können. Schließlich hängen Niederschläge auch von der Verdunstung ab, die innerhalb von Städten in verschiedenen Höhen stattfindet und von der Wasserverfügbarkeit abhängt. Um hier zu belastbareren Aussagen zu kommen, müssen die meteorologischen Modelle mit Grundwassermodellen verbunden werden.

Auch wenn noch Forschungsbedarf im Zusammenhang mit Stadtklima, Stadtentwicklung, Klimawandel und den jeweiligen Auswirkungen besteht, zeigen die bisherigen Erkenntnisse, dass es notwendig ist, die bekannten Einflüsse bereits heute angemessen in stadtplanerische Maßnahmen einzubeziehen.

Literatur

Armstrong BG, Chalabi Z, Fenn B, Hajat S, Kovats S, Milojevic A, Wilkinson P (2011) Association of mortality with high temperatures in a temperature climate: England and Wales. J Epidemiol Community Health 65:340–345

Arnds D, Böhner J, Bechtel B (2015) Spatio-temporal variance and meteorological drivers of the urban heat Island in a European city. Theor Appl Clim 128:43

Augter G (1997) Berechnung der Häufigkeiten windschwacher Strahlungsnächte und windschwacher Abkühlungsnächte. Deutscher Wetterdienst, interne Ausarbeitung, unveröffentlicht

Barlag A-B, Kuttler W (1991) The significance of country breezes for urban planning. Energy Build 15(1):291–297

Bechtel B, Schmidt KJ (2011) Floristic mapping data as a proxy for the mean urban heat island. Clim Res 49:45–58

Bechtel B, Wiesner S, Zakšek K (2014) Estimation of dense time series of urban air temperatures from multitemporal geostationary satellite data. Ieee JSTARS 7(10):4129–4137

Behrens K (1998) Die atmosphärische Trübung in Potsdam. Ann Meteorol 37(1):113–114

BMVBS (Bundesministerium für Verkehr, Bau und Stadtentwicklung) (2006) Szenarien der Mobilitätsentwicklung unter Berücksichtigung von Siedlungsstrukturen bis 2050. Forschungsvorhaben des Bundesministeriums für Verkehr, Bau und Stadtentwicklung, unter FE-Nr. 070.757/2004 (FOPS) – Abschlussbericht (Webseiten des Bundesministerium für Verkehr und digitale Infrastruktur (BMVI))

Bohnenstengel SI, Hamilton I, Davies M, Belcher SE (2014) Impact of anthropogenic heat emissions on London's temperatures. Q J R Meteor Soc 140:687–698

Boettcher M, Hoffmann P, Lenhart H-J, Schlünzen KH, Schoetter R (2015) Influence of large offshore wind farms on North German climate. Meteorol Z 24(5):465–480

Böhm J, Wahler G (2012) Luftreinhalteplan für Hamburg. 1. Fortschreibung 2012. Behörde für Stadtentwicklung und Umwelt, Amt für Immissionsschutz und Betriebe, Hamburg. http://www.hamburg.de/contentblob/3744850/f3984556074bbb1e95201d67d8085d22/data/fortschreibung-luftreinhalteplan.pdf. Zuletzt zugegriffen am 28.08.2017

Brümmer B, Lange I, Konow H (2012) Atmospheric boundary layer measurements at the 280 m high Hamburg weather mast 1995–2011: mean annual and diurnal cycles. Meteorol Z 21(4):319–335

Buchholz S, Kossmann M (2015) Research note. Visualisation of summer heat intensity for different settlement types and varying surface fraction partitioning. Landsc Urban Plan 144:59–64

Crosman ET, Horel JD (2010) Sea and lake breezes: a review of numerical studies. Bound Layer Meteor 137:1–29

Dauert U, Feigenspan S, Minkos A, Langner M (2015) Luftqualität 2014 – Vorläufige Auswertung. Umweltbundesamt, Dessau. https://www.umweltbundesamt.de/publikationen/luftqualitaet-2014. Zuletzt zugegriffen am 28.08.2017

De Freitas CR, Grigorieva EA (2015) A comprehensive catalogue and classification of human thermal climate indices. Int J Biometeorol 59(1):109–120

De Ridder K, Lauwaet D, Maiheu B (2015) UrbClim – A fast urban boundary layer climate model. Urban Clim 12:21–48

Dudenhöfer F (2004) Die Langfrist-Entwicklung des Automobilmarktes in Deutschland. Jahrb Absatz Verbrauchsforsch 50(3):62–275

Ertl G (2010) Charakteristika und Repräsentativität von Niederschlag in Norddeutschland. Diplomarbeit im Fach Meteorologie, Meteorologisches Institut, Universität Hamburg

FHH (2008) Strategischer Lärmaktionsplan Hamburg. Freie und Hansestadt Hamburg, Behörde für Stadtentwicklung und Umwelt, Hamburg. http://www.hamburg.de/contentblob/914000/efd38637d37b64cc85144c5741c92db3/data/strategischer-lap.pdf>. Zuletzt zugegriffen am 28.08.2017

FHH (2013) Lärmaktionsplan Hamburg 2013 (Stufe 2). Freie und Hansestadt Hamburg, Behörde für Stadtentwicklung und Umwelt, Hamburg. http://www.hamburg.de/contentblob/4088786/data/laermaktionsplan-hamburg-2013.pdf. Zuletzt zugegriffen 28.08.2017

FHH (2016a) Überschwemmungsgebiete in Hamburg – Leitfaden. Freie und Hansestadt Hamburg, Behörde für Umwelt und Energie, Hamburg. http://www.hamburg.de/ueberschwemmungsgebiete. Zuletzt zugegriffen am 28.08.2017

FHH (2016b) Hamburger Luftmessnetz. Messkomponente – NO_2. http://luft.hamburg.de/clp/schadstoffe/clp1/clp1/. Zuletzt zugegriffen am 28.08.2017

Gabriel K, Endlicher W (2011) Urban and rural mortality rates during heat waves in Berlin and Brandenburg, Germany. Environ Pollut 159(8–9):2044–2050

GEONET (2012) Stadtklimatische Bestandsaufnahme und -bewertung für das Landschaftsprogramm Hamburg, Klimaanalyse und Klimawandelszenario 2050 (Untersuchung f. die Freie und Hansestadt Hamburg, Behörde für Stadtentwicklung und Umwelt). http://www.hamburg.de/contentblob/3519382/b3ca0bd3483c0397fdf1a87ce4e1846a/data/gutachten-stadtklima.pdf. Zuletzt zugegriffen am 28.08.2017

Gerth W-P, Christoffer J (1994) Windkarten von Deutschland. Meteorol Z 3:67–77

Gerth W-P, Riecke W (1999) Klimauntersuchung für die Freie und Hansestadt Hamburg. Amtliches Gutachten des Deutschen Wetterdienstes für die Stadtentwicklungsbehörde Hamburg, interner Bericht

Grawe D, Flagg DD, Daneke C, Schlünzen KH (2013) The urban climate of Hamburg for a 2K warming scenario considering urban development. Presentation at EMS 2013 in Reading, 13.09.2013

Han J-Y, Baik J-J, Lee H (2014) Review: Urban impacts on precipitation. Asia-pac J Atmos Sci 50(1):17–30

Heinrichs E, Leben J, Straubinger A, Cancik P (2015) TUNE ULR Technisch wissenschaftliche Unterstützung bei der Novellierung der EU-Umgebungslärmrichtlinie. Arbeitspaket 3: Ruhige Gebiete. Umweltforschungsplan des Bundesministeriums für Umwelt, Naturschutz, Bau und Reaktorsicherheit, Forschungskennzahl 3712 55 101, TEXTE 74/2015. https://www.umweltbundesamt.de/sites/default/files/medien/378/publikationen/texte_33_2015_tune_url_0.pdf. Zuletzt zugegriffen am 28.08.2017

Heudorf U, Meyer C (2005) Gesundheitliche Auswirkungen extremer Hitze – am Beispiel der Hitzewelle und der Mortalität in Frankfurt am Main im August 2003. Gesundheitswesen 67:369–374

Hoffmann P (2012) Quantifying the influence of climate change on the urban heat island of Hamburg using different downscaling methods. Dissertation, Fachbereich Geowissenschaften, Univ. Hamburg

Hoffmann P, Schlünzen KH (2010) Das Hamburger Klima. In: Poppendieck H-H, Bertram H, Brandt I, Engelschall B, von Prondzinski J (Hrsg) Hamburger Pflanzenatlas von A bis Z. Dölling & Galitz, München, Hamburg

Hoffmann P, Schlünzen KH (2013) Weather pattern classification to represent the urban heat island in present and future climate. J Appl Meteorol Clim 52:2699–2714

Hoffmann P, Krueger O, Schlünzen KH (2012) A statistical model for the urban heat island and its application to a climate change scenario. Int J Climatol 32:1238–1248

Hoffmann P, Schoetter R, Schlünzen KH (2016) Statistical-dynamical downscaling of the urban heat island in Hamburg, Germany. Meteorol Z, PrePub. https://doi.org/10.1127/metz/2016/0773

Iamarino M, Beevers S, Grimmond CSB (2011) High-resolution (space, time) anthropogenic heat emissions: London 1970–2025. Int J Climatol 32:1754–1767

Jalkanen L (2011) WMO addressing climate and air quality. Technical Workshop on Science and Policy of Short-lived Climate Forcers, Mexico City, 9.–10. September 2011. http://www.mce2.org/SLCFWorkshop/docs/(Jalkanen)%20SLCF%20Mexico%20WMO.pdf. Zuletzt zugegriffen am 28.08.2017

Kaminski U (2014) Zukünftige Wetterlagen und ihr Einfluss auf die Staubkonzentrationen (PM10, PM2,5 und PM10-2,5). DWD, interne Untersuchung, unveröffentlicht

KLIMZUG-NORD Verbund (2014) Kursbuch Klimaanpassung. Handlungsoptionen für die Metropolregion Hamburg. TuTech, Hamburg. http://klimzug-nord.de/file.php/2014-03-20-KLIMZUG-NORD-Verbund-Hrsg.-2014-Kursbuch-Klimaanpassung. Zuletzt zugegriffen am 28.08.2017

Kuttler W (2013) Klimatologie, 2. Aufl. UTB-Bd 3099. Schöningh, Paderborn

Landsberg HE (1981) The urban climate. International Geophysics Series 28. Academic Press, New York

Metropolregion (2009) Metropolregion Hamburg – Fakten und Beispiele aus der Regionalkooperation. Geschäftsstelle der Metropolregion Hamburg. Zugegriffen: 18. März 2017 (Webseite der Metropolregion Hamburg)

Meyer EMI, Schlünzen KH (2011) The influence of emission changes on ozone concentrations and nitrogen deposition into the southern North Sea. Meteorol Z 20(1):75–84

Miegel K, Mehl D, Malitz G, Ertel H (2014) Ungewöhnliche Niederschlagsereignisse im Sommer 2011 in Mecklenburg-Vorpommern und ihre hydrologischen Folgen – Teil 1: hydrometeorologische Bewertung des Geschehens. Hydrol Wasserbewirtsch (hywa) 58(1):18–28

Mosimann T, Trute P, Frey T (1999) Schutzgut Klima/Luft in der Landesplanung. Informationsdienst Naturschutz Niedersachsen Heft 4/99.

Oke TR (1982) The energetic basis of the urban heat island. Q J R Met Soc 108:1–24

Pagenkopf A (2011) Urbane Niederschlagsbeeinflussung – Genese und räumliche Differenzierung am Beispiel von Berlin. Dissertation. Geographisches Institut, Humboldt-Universität zu Berlin

Parlow E, Vogt R, Feigenwinter C (2014) The urban heat island of Basel – seen from different perspectives. Erde 145:96–110

de Paus T, Riecke W, Rosenhagen G, Tinz B (2011) Meteorologische Referenzdaten für die Metropolregion Hamburg, Klimzug-Nord, Projekt des Monats August 2011. Zugegriffen: 18. März 2017 (Webseite von Klimzug-Nord)

Petrik R, Grawe D, Schlünzen KH (2013) Machbarkeitsstudie Modellierung von Stadtklima – Abschlussbericht für Teil 2a: Modellrechnungen zur Ermittlung des Einflusses von städtebaulichen Maßnahmen (Dachbegrünung und allgemeine Oberflächenänderungen). Meteorologisches Institut, Universität Hamburg

Pielke RA, Adegoke J, Beltran-Przekurat A, Hiemstra CA, Lin J, Nair US, Niyogi D, Nobis TE (2007) An overview of regional land-use and land-cover impacts on rainfall. Tellus B 59:587–601

Ptak D, Grothues E, Köllner B, Halbig G, Kesseler-Lauterkorn T (2013) Klimawandelgerechte Metropole Köln, Abschlussbericht. LANUV-Fachbericht 50. Landesamt für Natur, Umwelt und Verbraucherschutz Nordrhein-Westfalen, Recklinghausen

Rechid D, Petersen J, Schoetter R, Jacob D (2014) Klimaprojektionen für die Metropolregion Hamburg. Berichte aus den KLIMZUG-NORD Modellgebieten, Bd. 1. TuTech, Hamburg. http://klimzug-nord.de/file.php/2014-03-25-Rechid-D.-Petersen-J.-Schoetter-R.-Jacob-D.-2014-Klim. Zuletzt zugegriffen am 28.08.2017

Richard J, Mazur H, Lauenstein D (2015) Handbuch Lärmaktionspläne. Handlungsempfehlungen für eine lärmmindernde Verkehrsplanung. Umweltbundesamt Texte 81/2015. UBA, Dessau. https://www.umweltbundesamt.de/sites/default/files/medien/378/publikationen/texte_81_2015_handbuch_laermaktionsplaene.pdf. Zuletzt zugegriffen am 28.08.2017

Richter M, Deppisch S, von Storch H (2013) Observed changes in long-term climatic conditions and inner-regional differences in urban regions of the Baltic Sea coast. Atmos Climate Sci 3:165–176

Salim MMH, Schlünzen KH, Grawe D (2015) Including trees in the numerical simulations of wind flow in urban areas: should we care? J Wind Eng Ind Aerodyn 144:84–95

Schatzmann M, Bächlin W, Emeis S, Kühlwein J, Leitl B, Müller WJ, Schäfer K, Schlünzen H (2006) Development and validation of tools for the implementation of European air quality policy in Germany (Project VALIUM). Atmos Chem Phys 6:3077–3083

Scherber K (2014) Auswirkungen von Wärme- und Luftschadstoffbelastungen auf vollstationäre Patientenaufnahmen und Sterbefälle im Krankenhaus während Sommermonaten in Berlin und Brandenburg. Dissertation, Humboldt-Universität zu Berlin, Mathematisch-Naturwissenschaftliche Fakultät II. Zugegriffen: 18. März 2017 (Webseite der Humboldt-Universität Berlin)

Scherber K, Langner M, Endlicher W (2013) Spatial analysis of hospital admissions for respiratory diseases during summer months in Berlin taking bioclimatic and socio-economic aspects into account. Erde 144:217–237

Scherer D (2007) Viele kleine Parks verbessern das Stadtklima (Webseiten von ScienceTicker)

Schlünzen KH (1990) Numerical studies on the inland penetration of sea breeze fronts at a coastline with tidally flooded mudflats. Beitr Phys Atmosph 63:243–256

Schlünzen KH, Linde M (Hrsg) (2014) Wilhelmsburg im Klimawandel. Ist-Situation und mögliche Veränderungen. Berichte aus den KLIMZUG-NORD Modellgebieten, Bd. 4. TuTech, Hamburg. http://klimzug-nord.de/file.php/2014-09-11-Schluenzen-K.-H.-Linde-M.-Hrsg.-2014-Wilhelmsburg-im-. Zuletzt zugegriffen am 28.08.2017

Schlünzen KH, Hinneburg D, Knoth O, Lambrecht M, Leitl B, Lopez S, Lüpkes C, Panskus H, Renner E, Schatzmann M, Schoenemeyer T, Trepte S, Wolke R (2003) Flow and transport in the obstacle layer – First results of the microscale model MITRAS. J Atmos Chem 44:113–130

Schlünzen KH, Ament F, Bechtel B, Böhner J, Eschenbach A, Fock B, Hoffmann P, Kirschner P, Leitl B, Oßenbrügge J, Rosenhagen G, Schatzmann M (2009) Development of mitigation measures for the metropolitan region of Hamburg (Germany). Climate Change: Global Risks, Challenges and Decisions. IOP Conf. Series: Earth and Environmental Science 6 332034

Schlünzen KH, Hoffmann P, Rosenhagen G, Riecke W (2010) Long-term changes and regional differences in temperature and precipitation in the metropolitan area of Hamburg. Int J Climatol 30:1121–1136

Schlünzen KH, Ries H, Kirschner P, Grawe D (2011) Machbarkeitsstudie Modellierung von Stadtklima: Bewertung etablierter Methoden zur Einschätzung des Stadtklimas und Nutzung der vielfältigen Informationen zu vorhandenen Flächennutzungen für numerische Modelle. Meteorologisches Institut, Universität Hamburg. Zugegriffen: 18. März 2017 (Webseite Universität Hamburg)

Schoetter R (2013) Can local adaptation measures compensate for regional climate change in Hamburg Metropolitan Region. Dissertation, Fachbereich Geowissenschaten, Universität Hamburg

Schoetter R, Grawe D, Hoffmann P, Kirschner P, Grätz A, Schlünzen KH (2013) Impact of local adaptation measures and regional climate change on perceived temperature. Meteorol Z 22:117–130

Schümann M, Neus H, Ollroge I, Reich T (2007) Abschätzung der gesundheitlichen Auswirkungen von Luftschadstoffen. Stadtbericht Hamburg. EU-Projekt: ENHIS-1: WP5 Health Impact Assessment. Hamburg. http://www.hamburg.de/contentblob/122188/90a8b9503f50117245ef1b3d4ff04c29/data/apeis-bericht-englisch.pdf;jsessionid=E032AEAB5B60C5B12D1E234DA2CD8644.liveWorker2. Zuletzt zugegriffen am 28.08.2017

Schütz L, Kandler K (2006) Transport und Verteilung des atmosphärischen Aerosols über dem Rhein-Main-Gebiet. Mainz Naturwiss Arch 44:29–51

Seidel J, Ketzler G, Bechtel B, Thies B, Philipp A, Böhner J, Egli S, Eisele M, Herma F, Langkamp T, Petersen E, Sachsen T, Schlabing D, Schneider C (2016) Mobile measurement techniques for local and micro-scale studies in urban and topo-climatology. Erde 147(1):15–39

Sievers U (1990) Dreidimensionale Simulationen in Stadtgebieten. Umweltmeteorologie, Schriftenreihe, Bd. 15. Kommission Reinhaltung der Luft im VDI und DIN, Düsseldorf, S 92–105

Sievers U, Zdunkowski W (1986) A microscale urban climate model. Beitr Phys Atmosph 59:13–40

Shepherd JM, Pierce H, Negri AJ (2002) Rainfall modification by major urban areas: Observations from spaceborne rain radar on the TRMM satellite. J Appl Meteor 41:689–701

Sonderaufgabenbereich Tideelbe der Länder Hamburg, Niedersachsen, Schleswig-Holstein (Hrsg) (2008) Wärmelastplan für die Tideelbe. Landesamt für Natur und Umwelt Schleswig-Holstein, Flintbek. https://www.kuestendaten.de/publikationen/Datencontainer/P/08WaermelastplanTideelbe.pdf. Zuletzt zugegriffen am 28.08.2017

Steeneveld GJ, Koopmans S, Heusinkveld BG, van Hove LWA, Holtslag AAM (2011) Quantifying urban heat island effects and human comfort for cities of variable size and urban morphology in the Netherlands. J Geophys Res 116. D20129, https://doi.org/10.1029/2011JD015988

von Storch H, Claussen M (2011) Klimabericht für die Metropolregion Hamburg. Springer, Berlin

Teichert N (2013) Analyse von Oberflächeneinflüssen auf die sommerlichen Temperaturen in der Metropolregion Hamburg unter Anwendung eines GIS. Diploma Thesis Meteorology, Fachber. Geowissenschaften, Univ. Hamburg, S 113

Teichert N, Petrik R, Schlünzen KH, Grawe D (2014) Machbarkeitsstudie Modellierung von Stadtklima – Abschlussbericht für Projektteil 2b: Darstellung von Ergebnissen für stadtplanerische Anwendungen im Stadtklima Tool. Meteorologisches Institut, Universität Hamburg, Hamburg

Trusilova K, Riecke W (2015) Klimauntersuchung für die Metropolregion Hamburg zur Entwicklung verschiedener meteorologischer Parameter bis zum Jahr 2050. Berichte des Deutschen Wetterdienstes Nr. 247. Selbstverlag des Deutschen Wetterdienstes, Offenbach am Main

UBA (2016) Nationale Trendtabellen für die deutsche Berichterstattung atmosphärischer Emissionen seit 1990, Emissionsentwicklung 1990 bis 2014 (Stand 03/2016). Umweltbundesamt, Dessau-Roßlau (Webseiten des Umweltbundesamtes)

UN (2012) World urbanization prospects: the 2011 revision. CD-ROM edition - data in digital form (POP/DB/WUP/Rev.2011), United Nations, Department of Economic and Social Affairs, Population Division (Webseiten der UN)

Wagner P, Kuttler W (2014) Biogenic and anthropogenic isoprene in the near-surface urban atmosphere – A case study in Essen, Germany. Sci Total Environ 475:104–115

Wienert U, Kreienkamp F, Spekat A, Enke W (2013) A simple method to estimate the urban heat island intensity in data sets used for simulation of the thermal behavior of buildings. Meteorol Z 22(2):179–185

Wiesner S, Eschenbach A, Ament F (2014) Urban air temperature anomalies and their relation to soil moisture observed in the city of Hamburg. Meteorol Z 23(2):143–157

Zhang J, Rao ST (1999) The role of vertical mixing in the temporal evolution of the ground-level ozone concentrations. J Appl Meteor 38:1674–1691

Deutsche Bucht mit Tideelbe und Lübecker Bucht

Birgit Klein, Rita Seiffert, Ulf Gräwe, Holger Klein, Peter Loewe, Jens Möller, Sylvin Müller-Navarra, Jürgen Holfort, Christian Schlamkow

Verantwortliche, vom Lenkungsausschuss berufene Leitautoren: Birgit Klein, Rita Seiffert, Ulf Gräwe
Von den Leitautoren hinzugezogene Autoren: Holger Klein, Peter Loewe, Jens Möller, Sylvin Müller-Navarra, Jürgen Holfort, Christian Schlamkow

H. Storch, I. Meinke, M. Claußen (Hrsg.),
Hamburger Klimabericht – Wissen über Klima, Klimawandel und Auswirkungen in Hamburg und Norddeutschland,
https://doi.org/10.1007/978-3-662-55379-4_4

4.1 Deutsche Bucht

In diesem Kapitel werden die aktuellen Erkenntnisse bzgl. der vergangenen, derzeitigen und künftigen klimatischen Bedingungen in der Deutschen Bucht zusammengefasst und die Erkenntnisse des 1. Hamburger Klimaberichtes (kurz 1. HKB, von Storch und Claussen 2011) aktualisiert. Das Klima der Metropolregion Hamburg (MRH) wird maßgeblich von den ozeanographischen und meteorologischen Verhältnissen in und über der Nordsee beeinflusst, insbesondere aber von den Verhältnissen in der Deutschen Bucht. Diese grenzt direkt an die Metropolregion und ist auch die seewärtige Begrenzung der Tideelbe (◘ Abb. 4.1).

Vor den Küsten der Deutschen Bucht liegen die friesischen Wattengebiete mit den vorgelagerten küstennahen Inseln. Seewärts der Inseln nehmen die Wassertiefen zu und erreichen südwestlich der Insel Helgoland im Helgoländer Loch eine Tiefe von 56 m. Die im Langzeitmittel zyklonale, d. h. gegen den Uhrzeigersinn gerichtete Zirkulation der Nordsee und der Deutschen Bucht enthält gezeiten-, wind- und dichteinduzierte Anteile. Sie ist charakterisiert durch den Einstrom atlantischen Wassers am nordwestlichen Rand der Nordsee und einen entsprechenden Ausstrom über der Norwegischen Rinne. Im Mittel kommt es durch den Englischen Kanal zu einem zusätzlichen, volumenmäßig aber deutlich geringeren Einstrom. In der Deutschen Bucht treten wetterlagenbedingt Abweichungen vom großräumigen Zirkulationsmuster auf. Dies führt sowohl zu einer zwischenjährlichen Variabilität der Muster als auch zu einer Umverteilung der Zirkulationsmuster von Saison zu Saison innerhalb eines bestimmten Jahres (Persistenz, d. h. die Andauer der beobachteten großräumigen Strömungsmuster, beträgt in der Regel nur wenige Tage, nur für das zyklonale Muster wurde eine Persistenz von mehr als 10 Tagen beobachtet: BSH 2009).

Die Wassertemperatur und insbesondere die Meeresoberflächentemperatur („sea surface temperature", SST) und der Salzgehalt werden durch die großräumige atmosphärische und ozeanographische Zirkulation und den Energieaustausch mit der Atmosphäre sowie durch die Süßwassereinträge von Weser und Elbe bestimmt (Loewe et al. 2003). Die kältesten Temperaturen treten im Februar auf. Die sommerliche Erwärmung beginnt im Mai, und die Oberflächentemperaturen erreichen ihr Maximum im August. Auf Basis räumlicher Mitteltemperaturen für die Deutsche Bucht finden Schmelzer et al. (2015) für den Zeitraum 1968–2015 Extremwerte von 3,5 °C im Februar und 17,8 °C im August. Das entspricht einer mittleren Amplitude von 14,3 K[1], wobei die jährlichen Differenzen zwischen Maximum und Minimum zwischen 10 und 20 K variieren.

Zu Beginn eines Jahres ist die Deutsche Bucht vertikal durchmischt. Zwischen Ende März und Anfang Mai bildet sich infolge zunehmender Einstrahlung und Erwärmung der oberflächennahen Schichten in der nordwestlichen Deutschen Bucht bei Wassertiefen über 25–30 m eine thermische Schichtung aus. Bei ausgeprägter Schichtung werden in der Temperatursprungschicht (Thermokline) vertikale Gradienten von bis zu 3 K/m gemessen,

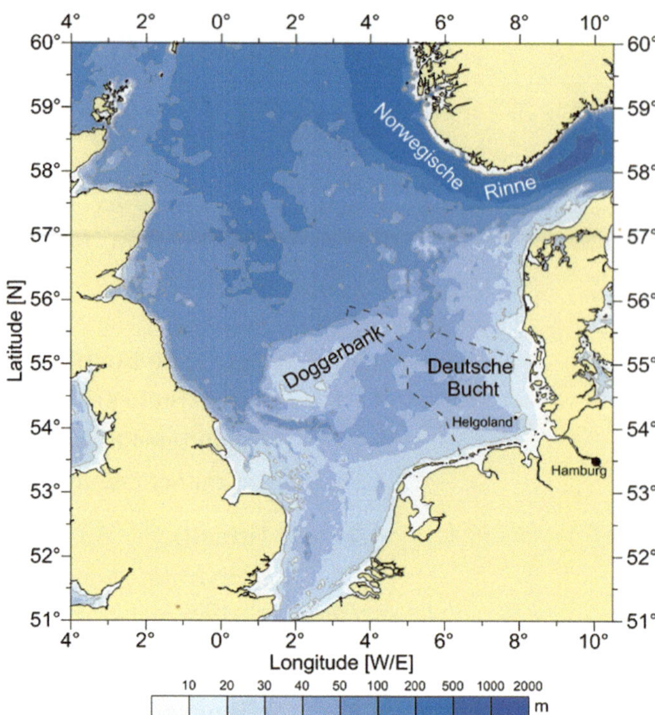

◘ **Abb. 4.1** Lage des Meeresgebietes Deutsche Bucht in der Nordsee (BSH)

der Temperaturunterschied zwischen Oberflächen- und Bodenschicht kann bis zu 10 K betragen (Loewe et al. 2013). Flachere Gebiete sind in der Regel infolge der turbulenten Gezeitenströme und windinduzierter Turbulenz auch im Sommer durchmischt. Ab etwa Ende September herrschen mit Einsetzen der ersten Herbststürme in der gesamten Deutschen Bucht wieder vertikal homotherme Verhältnisse vor.

Der Salzgehalt der Nordsee ist abhängig vom Einstrom salzreichen atlantischen Wassers mit Salzgehalten von > 35 psu[2] über den nördlichen Rand und durch den Englischen Kanal sowie vom salzarmen baltischen Ausstrom im Skagerrak und über der Norwegischen Rinne. Der Süßwassereintrag durch Niederschlag über der Nordsee wird weitgehend durch Verdunstung kompensiert. Im Gegensatz zur Temperatur hat der Salzgehalt keinen deutlich ausgeprägten Jahresgang. Ausgeprägte Salzgehaltsschichtungen treten in der Nordsee in den Mündungsgebieten der großen Flüsse und in den vom Brackwassereintrag des baltischen Ausstroms beeinflussten Bereichen auf. Dabei vermischt sich der Abfluss der großen Flüsse innerhalb der Mündungsgebiete mit dem Küstenwasser aufgrund der gezeitenbedingten Turbulenz bei geringen Wassertiefen, schichtet sich aber bei größeren Tiefen in der Deutschen Bucht über das Nordseewasser. Generell weisen die Flusseinträge einen Jahresgang mit z. T. erheblicher zwischenjährlicher Variabilität auf, z. B. durch hohe Schmelzwasserabflüsse im Frühjahr nach starken Schneewintern. So sind z. B. die Salzgehalte bei Helgoland Reede negativ mit den Abflussvolumina der Elbe korreliert. Diese Frischwassereinträge bedingen die deutlich reduzierten oberflächennahen Salzgehalte

1 Temperaturunterschiede werden in Kelvin (K) angegeben. Die Differenz von 1 K entspricht der Differenz von 1 °C. Unter Amplitude wird hier die Differenz zwischen den saisonalen Extrema des Jahresgangs verstanden.

2 Der Salzgehalt ist eine dimensionslose Größe und hat daher keine Einheit. Zur besseren Lesbarkeit wird im gesamten Text psu („practical salinity units") in Verbindung mit Salzgehaltswerten verwendet.

in Küstennähe (Loewe et al. 2013), wobei die Elbe mit einem Abfluss von 21,9 km^3/Jahr den stärksten Einfluss bzgl. des Salzgehaltes in der Deutschen Bucht hat.

Der vom Elbeabfluss beeinflusste Wasserkörper in der Deutschen Bucht, die sog. Elbfahne, wird durch Fronten mit starken horizontalen Temperatur-, Salzgehalt-, Gelbstoff- und Schwebstoffgradienten vom Küstenwasser der Deutschen Bucht abgegrenzt. Diese Fronten haben auch eine große Auswirkung auf die lokale Bewegungsdynamik des Wassers sowie auf die Biologie und Ökologie. Im Bereich der 30-m-Tiefenlinie finden sich während der Zeit der saisonalen Schichtung (etwa von Ende März bis September) die Tidal-Mixing-Fronten, die den Übergangsbereich zwischen dem thermisch geschichteten tiefen Wasser der offenen Nordsee und dem flacheren vertikal durchmischten Bereich markieren. Optische Fernerkundungsdaten zeigen, dass SST-Fronten ganzjährig in der Deutschen Bucht auftreten, wobei die Stärke des räumlichen Gradienten in der Regel zur Küste hin zunimmt (Kirches et al. 2013a, 2013b, 2013c).

Der Seegang in der Nordsee entsteht durch die Überlagerung von Windsee (Wellen, die vom lokalen Wind erzeugt werden) und Dünung (Seegang, der nicht mehr dem unmittelbaren Windeinfluss unterliegt). Die Wellenhöhe der Windsee hängt von der Stärke des lokalen Windes, seiner Wirkdauer und -länge[3] sowie von der Wassertiefe ab. Für den Küstenschutz sind vor allem die Seegangsverhältnisse bei Sturmlagen entscheidend, da sie für die größeren Küstenabbrüche verantwortlich sind und der Wellenauflauf am Deich eine wichtige Belastungsgröße darstellt (Generalplan Küstenschutz für Schleswig-Holstein 2013). In der Deutschen Bucht liegen die jährlichen Mittelwerte des 50. Perzentils der signifikanten Wellenhöhe[4] in der Größenordnung von 1,0–1,3 m (Grabemann und Weisse 2008). Die höchsten Werte werden im Nordwesten der Deutschen Bucht beobachtet, nach Südosten und in Richtung Küste nehmen die Werte ab. Dieses Verteilungsmuster gilt auch für das 99. Perzentil der Wellenhöhe (das ist der Wert dar, der lediglich in 1 % der betrachteten Fälle überschritten wird) mit Wellenhöhen von 5–6 m in der nordwestlichen Deutschen Bucht (Weisse und Günther 2007). Die Wellenhöhen weisen einen klimatologischen Jahresgang auf, der eng an die Windgeschwindigkeiten gekoppelt ist (BSH 2009). Stürme mit Windstärken von ≥ 8 Beaufort und Wellenhöhen von ≥ 4 m weisen ein deutliches Maximum im November auf. Der Frühsommer (Mai bis Juni) hingegen ist durch Schwachwindsituationen geprägt (≤ 2 Beaufort), und der Seegang weist entsprechend häufig Wellenhöhen von weniger als 1,5 m auf (Korevaar 1990).

Der Wasserstand[5] in der Deutschen Bucht setzt sich aus der astronomischen Gezeit (Tide) und einem meteorologischen Anteil zusammen. Die Nordseetide besteht im Wesentlichen aus halbtägigen astronomischen Signalen, von denen die halbtägige Hauptmondtide (M2) und die halbtägige Hauptsonnentide (S2) die bedeutendsten sind. In der Deutschen Bucht reichen die Amplituden der M2-Gezeit von ungefähr 1 m bis zu 1,5 m und mehr an der Küste (Seiss und Plüß 2003). Zu diesen zyklischen Wasserstandsschwankungen addiert sich der langfristige Anstieg des mittleren Meeresspiegels. Um langjährige Änderungen des Meeresspiegels zu detektieren, müssen zunächst geeignete Parameter und repräsentative Zeiträume definiert werden. Zu diesen Größen gehören der mittlere Meeresspiegel („mean sea level", MSL) als arithmetisches Mittel von zeitlich hochaufgelösten Wasserständen, das mittlere Tidehochwasser (MThw), das mittlere Tideniedrigwasser (MTnw) sowie das mittlere Tidehalbwasser (MT1/2w), das nicht mit dem MSL identisch ist. Während aus numerischen Modellen nur absolute MSL-Änderungen (ohne Berücksichtigung der Landbewegung) geliefert werden, erhält man aus Pegelzeitreihen relative MSL-Änderungen (im Folgenden mit rMSL bezeichnet), die noch den Einfluss von Landhebungen oder -senkungen auf die Pegelmessung beinhalten. Im Bereich der deutschen Nordseeküste senkt sich das Land mit regional unterschiedlichen Raten um 0,5–1,0 mm/Jahr. In den Flussmündungen findet man sogar deutlich stärkere lokale Absenkungen (Leonhard 1987; Weiß und Sudau 2013).

4.1.1 Beobachtete Klimaänderungen bis 2014

4.1.1.1 Temperatur und Salzgehalt

Temperatur und Salzgehalt sind die wichtigsten Variablen zur Charakterisierung einer Wassermasse und zur Beschreibung und Bewertung des physikalischen Meereszustands. Von besonderer Bedeutung ist die Meeresoberflächentemperatur, die durch solare Einstrahlung und den unmittelbaren Kontakt zur Atmosphäre auch einen starken Tagesgang aufweisen kann. Für die Bestimmung langfristiger Trends in der Deutschen Bucht sind aufgrund ihres zeitlichen Umfangs zwei Zeitserien von Bedeutung: die Zeitserie der räumlichen Mitteltemperatur der gesamten Nordsee (abgeleitet aus den seit September 1968 vom BSH wöchentlich herausgegebenen Analysen der Oberflächentemperaturverteilung in der Nordsee) sowie die Zeitserie der Oberflächentemperatur bei Helgoland Reede, die auf 1873 begonnenen werktäglichen Beobachtungen der Biologischen Anstalt Helgoland beruhen (Wiltshire und Manly 2004) In ◘ Abb. 4.2a sind die Jahresmittel der Nordsee-SST (1968–2014) zusammen mit der lokalen SST bei Helgoland Reede ab 1950 zu entnehmen. Beide Reihen zeigen eine zeitlich kohärente Entwicklung und einen abrupten Temperatursprung, mit dem das rezente Warmregime Ende der 1980er-Jahre einsetzte. Eine differenzierte Analyse des bistabilen Regimecharakters der Nordsee-SST bietet ◘ Abb. 4.2b, in der sprunghafte Regimewechsel zwischen trendfreien Kalt- und Warmepisoden dargestellt sind (Loewe et al. 2009; Klein et al. 2015).

Der Verlauf der SST wird nicht durch den linearen Trend in ◘ Abb. 4.2b charakterisiert, sondern durch die Regimewechsel zwischen wärmeren und kälteren Phasen (s. hierzu auch Abb. 3-28 in Loewe et al. 2005). Das extreme Warmregime der

3 So ist z. B. die Wirklänge in der Deutschen Bucht bei Ost- und Südwinden deutlich kleiner als bei Nord- und Westwinden.

4 Die signifikante Wellenhöhe wird oft auch als kennzeichnende Wellenhöhe bezeichnet und ist definiert als der Mittelwert der Einzelwellen des oberen Drittels der Wellenhöhenverteilung innerhalb eines gewissen Zeitintervalls, typischerweise etwa 20 min. Die signifikante Wellenhöhe entspricht in etwa der Wellenhöhe, die ein erfahrener Beobachter auf See per Auge als vorherrschende Wellenhöhe ermitteln würde.

5 Der Wasserstand ist eine zeitlich variable Größe und schwankt in der Deutschen Bucht etwa zweimal täglich zwischen Tidehochwasser (Thw) und Tideniedrigwasser (Tnw).

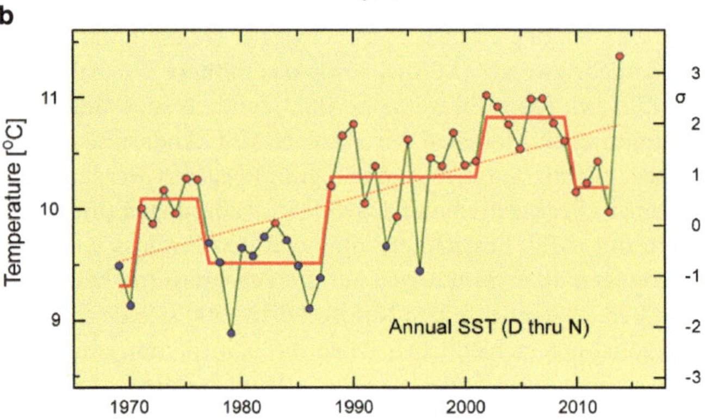

◘ Abb. 4.2 **a** Jahresmittelwerte der SST bei Helgoland Reede 1950–2014 (AWI) und für die gesamte Nordsee 1968–2014 (BSH). **b** Zeitserie der jährlichen (Dez. bis Nov.) Nordsee-SST mit linearem Trend sowie Regimes. Jahreswerte in *blau*, falls < 9,86 °C (Mittelwert der Basisperiode 1971–1993), sonst *rot*. Rechte Achse: standardisierte Abweichungen (*s* = 0,46 K). (Nach Klein et al. 2016)

ersten Dekade des neuen Jahrtausends, bei dem die Jahresmittel der Nordsee-SST um ein mittleres Niveau von 10,8 °C fluktuierten, endete mit dem kalten Winter 2010. Seitdem schwankten die Jahrestemperaturen um ein moderateres Niveau von 10,2 °C. Der extreme Temperatursprung des Jahresmittels der Nordsee-SST von 10,0 °C im Jahr 2013 auf 11,4 °C im Jahr 2014 ist in der 46 Jahre umspannenden Zeitserie ohne Beispiel.

Emeis et al. (2014) berichten ebenfalls über diese Regimeshifts. Nach ihrer Analyse des HadSST-Datensatzes für den Zeitraum 1870–2013 waren die Oberflächentemperaturen bis ungefähr 1975 auf einem stabilen Niveau und wiesen mit einer Steigung von 0,03 K/Dekade nur einen geringen Aufwärtstrend auf, der zudem von dekadischen Variationen mit Amplituden von 0,5 K überlagert war. Um 1980 herum setzte dann eine stufenweise Erhöhung der Temperatur ein, die zum Ende des 20. Jahrhunderts zu mittleren Nordseetemperaturen führt, die ≈1,2 K höher liegen als im langjährigen Mittel vor 1980.

In den tieferen saisonal geschichteten Regionen der Deutschen Bucht ist auch die Advektion von Atlantikwasser über den offenen nördlichen Rand der Nordsee und durch den Englischen Kanal für die Temperaturentwicklung in der Wassersäule von Bedeutung. Je nach vorherrschender Zirkulation kann sich der atlantische Einstrom bis in die Deutsche Bucht auswirken (Loewe et al. 2013). Dies hat zur Folge, dass die zwischenjährlichen Temperaturänderungen in der saisonalen Deckschicht und in der Bodenschicht unterschiedlich verlaufen können. Ein besserer Parameter ist deshalb der Gesamtwärmeinhalt der Nordsee, da

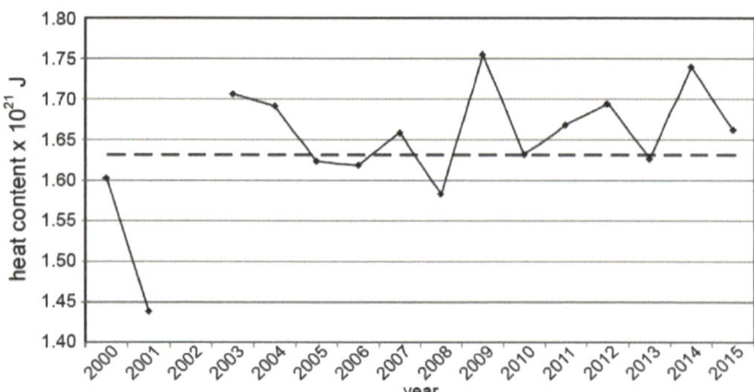

◘ Abb. 4.3 Gesamtwärmeinhalt der Nordsee im Sommer in 10^{21} J von 2000 bis 2015 (ohne 2002). *Gestrichelte Linie*: Mittelwert der Referenzperiode 2000–2010 (1,631 ± 0,086 × 10^{21} J), basierend auf den Daten der BSH-Sommeraufnahmen. (Klein et al. 2015)

dieser den Wärmegehalt angibt, der nach der vertikalen Durchmischung im Herbst für den Energieaustausch mit der Atmosphäre zur Verfügung steht. Basierend auf den jährlichen BSH-Sommeraufnahmen wurde der Gesamtwärmeinhalt der Nordsee berechnet (◘ Abb. 4.3). Dieser zeigt eine deutliche zwischenjährliche Variabilität mit relativen Maxima in den Jahren 2003, 2009 und 2014. Auffällig ist, dass aufgrund des kalten Bodenwassers der Gesamtwärmeinhalt 2006 unter dem 10-Jahres-Mittel lag, obwohl in diesem Jahr die Oberflächentemperaturen mit Anomalien von bis zu 2,4 K Rekordhöhen erreichten.

Dieser Befund zeigt die Bedeutung der saisonalen Schichtung, die bei einer starken Ausprägung der Thermokline das Wasser der Deckschicht von der Bodenschicht trennt. Die relativ hohen Wärmeinhalte zum Ende der Beobachtungsperiode stehen in Übereinstimmung mit Beobachtungen aus dem Ostatlantik (Rockall-Graben), wo Holliday et al. (2015) in den späten 2000er-Jahren deutlich erhöhte Temperaturen und Salzgehalte in den oberen 800 m (atlantisches Oberflächenwasser) beobachtet haben. Die Temperatur- und Salzgehaltsveränderungen dieses atlantischen Oberflächenwassers beeinflussen über eine Reihe von Austauschprozessen auch die hydrographischen Verhältnisse in der Deutschen Bucht. Das Minimum des Gesamtwärmeinhalts in 2001 (◘ Abb. 4.3) ist Folge einer unter dem langjährigen Mittel liegenden Globalstrahlung und einer geringen Deckschichttiefe.

In der Deutschen Bucht wird der Salzgehalt insbesondere durch die jährlich stark variierenden Abflussmengen der Festlandabflüsse geprägt. Insbesondere schneereiche Winter im Einzugsbereich der großen Flüsse führen im März/April zu großen Abflussmengen, die den Salzgehalt des Küstenwassers verringern. ◘ Abb. 4.4 zeigt die jährlichen Abflussraten der Elbe, gemessen am Pegel Neu Darchau. Hier ist bis 2014 kein signifikanter Trend feststellbar.

Salzgehaltsmessungen an festen Orten, z. B. bei Helgoland Reede, werden durch die variablen Festlandsabflüsse und durch die Lage der Flussfahnenfronten beeinflusst (z. B. durch die Elbfahne), da sich die Positionen dieser Fronten in Abhängigkeit von den vorherrschenden Windlagen verändern. Aber auch der Einfluss des Nordatlantiks wirkt sich bis in die Deutsche Bucht aus. Atlantisches Wasser (> 35 psu) kann im Winter sowohl von Norden als auch vom Englischen Kanal bis zur jütländischen Küste vordringen (BSH 2016). Das von Jahr zu Jahr unterschiedliche

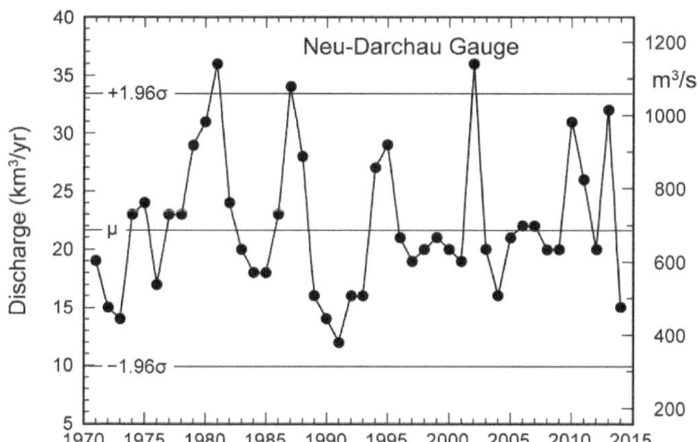

Abb. 4.4 Jahresabflussraten der Elbe am Pegel Neu Darchau von 1970 bis 2014 mit Langzeitmittel (1970–2000) und 95 %-Grenzen. (Klein et al. 2015)

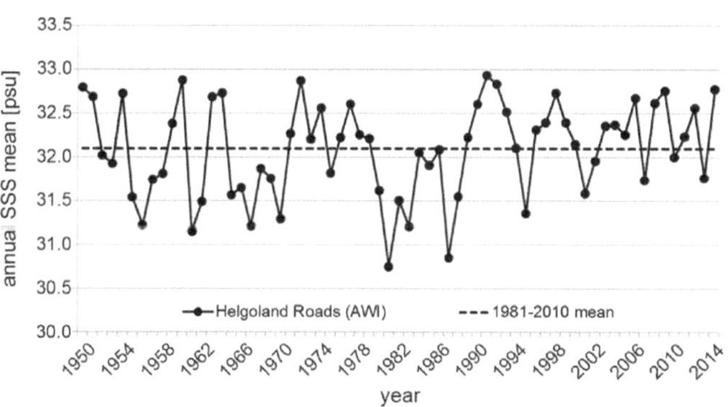

Abb. 4.5 Jährliche Mittel des Oberflächensalzgehaltes bei Helgoland Reede. (AWI/Biologische Anstalt Helgoland) von 1950 bis 2014

Vordringen des atlantischen Wassers ist einer der Hauptfaktoren für die Variabilität des Gesamtsalzinhalts der Nordsee (Loewe et al. 2013).

Für die Deutsche Bucht stehen seit 1873 die Salzgehaltsmessungen von Helgoland Reede zur Verfügung, seit etwa 1980 Daten an den Positionen der ehemaligen Feuerschiffe, die später zumindest teilweise durch automatisierte Messsysteme ersetzt wurden. Die Verlagerungen von Feuerschiffspositionen und methodische Probleme, auch bei den Messungen bei Helgoland, führten zu Brüchen und Unsicherheiten in den langen Zeitserien und erschwerten belastbare Trendabschätzungen (Heyen und Dippner 1998). Abb. 4.5 zeigt die jährlichen Mittel des Oberflächensalzgehaltes bei Helgoland für die Jahre 1950–2014. Wie schon in Abb. 4.4 für die Abflussraten zeichnet sich auch im Salzgehalt bei Helgoland Reede kein langfristiger Trend ab.

4.1.1.2 Zirkulation

Die Wissensgrundlage für Änderungen in der Oberflächenzirkulation in der Deutschen Bucht hat sich seit dem 1. HKB (Weisse 2011) nicht wesentlich verändert. Generell ist die Beobachtungsdatenlage zur Zirkulation in der Nordsee auf wenige Positionen beschränkt, die in der Mehrzahl am Schelfrand zu finden sind (Huthnance et al. 2009; Albretsen et al. 2012). Die im 1. HKB zitierten Arbeiten von Becker und Pauly (1996) sowie Leterme et al. (2008) deuten eine starke Abhängigkeit der Zirkulation vom NAO-Zustand[6] an. In der Modellrekonstruktion der Oberflächenzirkulation von Leterme et al. (2008) für den Zeitraum 1958–2003 wurde zusätzlich noch eine langfristige Abnahme des Einstroms durch den Englischen Kanal identifiziert, deren physikalische Ursachen aber unklar bleiben. Hjøllo et al. (2009) fanden in ihrer Modellstudie für die südliche Nordsee separate Zirkulationsmuster und eine wesentlich abgeschwächte Abhängigkeit vom NAO in diesem Gebiet. Durch die Installation eines HF-Radar-Systems im Rahmen des COSYNA-Projektes[7] gibt es aber in Zukunft zum ersten Mal die Möglichkeit, flächendeckende und direkte Strömungsmessungen in der Deutschen Bucht auszuwerten (Stanev und Schulz-Stellenfleth 2014; Stanev et al. 2015).

4.1.1.3 Wasserstand

Mittlerer Meeresspiegel

Die zeitliche Entwicklung des Wasserstandes an der Nordseeküste lässt sich aus langjährigen Pegelbeobachtungen ableiten. Da sich das Land aber im zeitlichen Verlauf heben und senken kann, spricht man vom relativen Meeresspiegel (rMSL). Es sollte beachtet werden, dass in diesen Zeitreihen in der Regel auch Effekte aus wasserbaulichen Maßnahmen und meteorologischen Veränderungen (Windstau) mit enthalten sind. Auf die Größenordnung der meteorologischen Beiträge wird im Abschn. 4.1.1.3.2 noch genauer eingegangen. Im Falle des Pegels Cuxhaven Steubenhöft umfasst die Zeitreihe stündlicher Wasserstände fast 100 Jahre. Bildet man aus den Stundenwerten monatliche Mittelwerte, ergeben sich im betrachteten Zeitraum Jan. 1918 bis Okt. 2015 Werte zwischen 4,23 m (Feb. 1947) und 5,66 m (Jan. 1983), was einer Schwankungsbreite von 1,43 m entspricht (Abb. 4.6).

Die tiefpassgefilterte Reihe der Monatswerte lässt den bekannten Anstieg des rMSL deutlich erkennen[8]. Die blaue Linie zeigt, dass immer wieder Phasen eines ansteigenden rMSL von Zeiten des Absinkens abgelöst werden. Das wird auch durch die zugehörige Kurve der Beschleunigung des Anstiegs verdeutlicht (Abb. 4.6, rechte Ordinate), die ausgeprägten dekadischen Wechseln unterliegt. Für die letzten drei Dekaden konnte keine signifikante Abweichung von früheren Beschleunigungsmustern des Meeresspiegelanstiegs beobachtet werden. Allerdings könnte selbst eine starke Beschleunigung des relativen mittleren Mee-

6 Der NAO-Index beschreibt die Differenz standardisierter Luftdruckanomalien zwischen den atmosphärischen Aktionszentren Azorenhoch und Islandtief. Ein positiver Index steht für einen anomal starken, südwärts gerichteten Druckgradienten und entsprechend anomal starke geostrophische Westwinde. Ein stark negativer Index kann eine Umpolung dieses Druckgradienten mit Ostströmung bedeuten. Eine detaillierte Beschreibung findet sich bei Loewe et al. (2003:15 ff).

7 HZG COSYNA Plattform.

8 Um potenzielle Beeinflussungen durch variable Monatslängen zu vermeiden, gewichtet der Tiefpassfilter (s. Müller-Navarra 2009b: S.383 mit λ = 1600) Monate unterschiedlicher Länge mit Skalierungsfaktoren. Demnach werden Monate mit 31, 30 und 28 Tagen mit Wichtungsfaktoren von 1,02, 0,984 und 0,924 multipliziert. Wegen der sehr stark schwankenden Werte in den Herbst- und Wintermonaten werden 12 vorhergesagte Monatswerte, die im Grunde trendbehaftete saisonale Werte darstellen, am Ende der Zeitreihe angehängt.

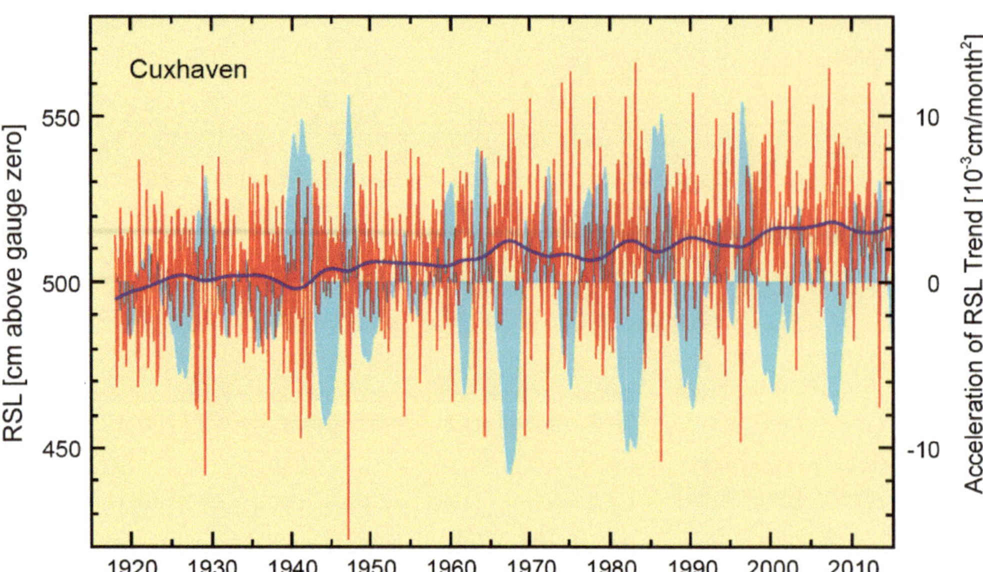

Abb. 4.6 Monatsmittelwerte (*rot*) des relativen Meeresspiegels am Pegel Cuxhaven von 1918 bis 2015 (s. Webseiten des BSH) mit geglätteter Kurve (*dunkelblau*) sowie Beschleunigung des Anstiegs (*hellblau, rechte Ordinate*) (Siehe hierzu Webseite der Universität Siegen zum AMSEL Projekt)

resspiegelanstiegs (z. B. bei einem Anstieg um 2 m bis 2100) in der Deutschen Bucht voraussichtlich nicht vor den 2020er-Jahren eindeutig detektiert werden (Dangendorf et al. 2014c). Der Lineartrend über die gesamte Analyseperiode von 1918 bis heute beläuft sich auf rund 2,0 mm/Jahr und unterscheidet sich nicht signifikant vom globalen Meeresspiegelanstieg. Bemerkenswert ist auch, dass die gefilterte Kurve mit ihren dekadischen Schwankungen zum Ende hin immer noch weit innerhalb der monatlichen Schwankungen zu Beginn des 20. Jahrhunderts liegt. Für den leicht unterschiedlichen Zeitraum von 1924 bis 2008 haben Albrecht et al. (2011) einen Trend des rMSL von 1,93 mm/Jahr für Cuxhaven ermittelt. Dieser Wert unterscheidet sich von dem auf 15 Pegeln basierenden Mittel für die gesamte Deutsche Bucht, das je nach Methode einen Anstieg des rMSL zwischen 1,64 und 1,74 mm/Jahr ergibt.

In den Generalplänen Küstenschutz der Länder Schleswig-Holstein (2013), Niedersachsen und Bremen (2007) finden sich auch Angaben zu den langfristigen Änderungen im mittleren Tidehoch- (MThw) oder Tideniedrigwasser (MTnw), die aufgrund der Existenz langfristiger Trends im mittleren Tidehub (MThb) nicht mit dem Verlauf des mittleren Meeresspiegels (MSL) verwechselt werden sollten (Jensen et al. 2012). Im aktualisierten Generalplan Küstenschutz für Schleswig-Holstein (2013) wird als Mittelwert aus sieben Nordseeküstenpegeln ein starker positiver Trend für das relative MThw von 3,8 mm/Jahr für den Zeitraum 1940–2007 abgeleitet. Im Generalplan Küstenschutz der Länder Niedersachsen und Bremen (2007) wird dagegen anhand des Einzelpegels Norderney-Riffgat ein geringerer säkularer Anstieg für das relative MThw von 2,5 mm/Jahr diagnostiziert. Die Diskrepanz beruht darauf, dass Werte an den einzelnen Pegeln erheblich vom Mittelwert abweichen können (vgl. z. B. Wahl et al. 2011, 2013; Albrecht et al. 2011) und die abgeleiteten Trends zudem von der Beobachtungsperiode abhängen.

Für das relative MTnw werden an den sieben Nordseeküstenpegeln (List, Hörnum, Wittdün, Dagebüll, Husum, Büsum und Helgoland), die die Datengrundlage für den aktuellen Generalplan Küstenschutz für Schleswig-Holstein (2013) bilden, derzeit keine signifikanten Änderungen beobachtet. Laut Generalplan Küstenschutz Schleswig-Holstein 2013 lag der Trend über den Zeitraum 1940–2007 für das mittlere relative Tidehalbwassers basierend auf diesen Pegeln bei 1,8 mm/Jahr.

Schon die Studie von Albrecht et al. (2011) hatte gezeigt, dass die lange Zeitreihe bei Cuxhaven nicht repräsentativ für die gesamte Deutsche Bucht ist und Trends des rMSL dieser Pegelzeitreihe nicht unerheblich (bis zu 17 %) vom Mittel über 15 Pegel im Untersuchungsgebiet abweicht. Albrecht et al. (2011) machten wasserbauliche Veränderungen für die Diskrepanzen verantwortlich. Die erhebliche regionale Variabilität in den Trends des mittleren relativen Meeresspiegels in der Deutschen Bucht im Zeitraum 1951–2008 zeigt sich auch in der Arbeit von Wahl et al. (2011). Die Trends des relativen Meeresspiegelanstiegs über diesen Zeitraum variieren zwischen 1,4 mm/Jahr bei Bremerhaven und bis zu 2,8 mm/Jahr bei Norderney. Das räumliche Muster aller 13 analysierten Pegel zeigt generell höhere Raten des relativen Meeresspiegeltrends entlang der Küste Schleswig-Holsteins (östliche Deutsche Bucht) und niedrigere entlang der Küste Niedersachsens (südliche Deutsche Bucht). Da die Pegelmessungen relativ zur Landoberfläche stattfinden, machen Wahl et al. (2011) unterschiedliche vertikale Landbewegungen für die Unterschiede in den Trends verantwortlich.

Jensen et al. (2012) sowie Mudersbach et al. (2013) untersuchten an Pegeln in der Deutschen Bucht, ob extrem hohe und niedrige Wasserstände die gleichen Langzeittrends wie der mittlere relative Meeresspiegel (rMSL) aufweisen (◘ Abb. 4.7). Von 1900 bis 1950 sind die Trends noch synchron, Ende der 1950er- und mit Beginn der 1960er-Jahre laufen die Trends des rMSL und der Extremwerte (Perzentile) aber auseinander. Während für hohe Wasserstände signifikant größere positive Trends als für den mittleren Meeresspiegel (rMSL) gefunden werden, sind die Trends für die niedrigen Wasserstände signifikant negativ. Potenzielle Einflussfaktoren für die beobachteten Veränderungen können sowohl das lokale oder regionale Sturmklima als auch das lokale und regionale Tideregime sein. Die Auswertung der

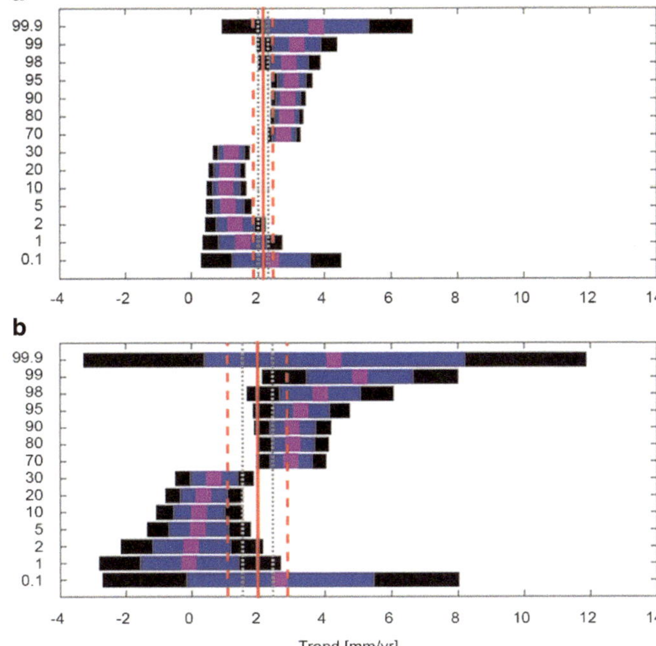

Abb. 4.7 Perzentilzeitreihen für Cuxhaven: **a** für den Zeitraum 1953–2008, **b** für 1937–2008 aus Jensen et al. (2012). Die *pinkfarbenen Punkte* kennzeichnen die Lineartrends, wobei die *blauen und schwarzen Balken* die Unsicherheiten des Trends (1σ und 2σ) angeben. Die *rote Linie* kennzeichnet den für die jeweilige Periode gemessenen Trend des relativen Meeresspiegels mit den entsprechenden Unsicherheiten (*grau und rot gestrichelte Linie*)

Wasserstände bei Sturmlagen (repräsentiert über Effektivwinde[9]) konnte aber keine klare Erklärung für die divergente Entwicklung in den Wasserständen liefern (Jensen et al. 2012) und bestätigt damit frühere Arbeiten (von Storch und Reichart 1997; Gönnert 1999), die ebenfalls kein Indiz für eine systematische Veränderung der meteorologisch induzierten Wasserstandsanteile feststellen konnten. Dangendorf et al. (2014a) weisen ebenfalls auf die Variabilität in den Sturmflutwasserständen hin und kommen zu der Schlussfolgerung, dass es trotz der erheblichen Variationen in den Wasserständen zwischen den Perioden höherer Sturmflutaktivität sowohl im späten 19. als auch im 20. Jahrhundert keinen signifikanten langfristigen Trend gibt.

Windstau (meteorologisch bedingter Anteil des Meeresspiegelanstiegs)

Wie schon im 1. HKB (Weisse 2011) angeführt, wiesen erste Untersuchungen von Langenberg et al. (1999) für die Wintermonate (November bis März) auf eine meteorologisch bedingte Erhöhung der Hochwasserstände um 1–2 mm/Jahr hin. Weisse und Plüß (2006) betonen aber, dass die Aussagen sensitiv hinsichtlich der betrachteten Periode sind und die Trends über den längeren Zeitraum 1958–2002 rückläufig sind. Auch in der Zusammenfassung bisheriger Arbeiten durch von Storch und Woth (2008) wird ein Anstieg wetterbasierter Hochwasserstände entlang der südlichen und östlichen Nordseeküste diagnostiziert, der seit 1960 Nettoeffekte von bis zu 15 cm ausmacht, der aber mit der Intensivierung der Nordatlantischen Oszillation in diesem Zeitraum in Verbindung gebracht wird.

Die Verlaufscharakteristik von Windstauereignissen in der Deutschen Bucht in den letzten etwa 100 Jahren zeigt nach der Analyse von Gönnert (2004) heutzutage ein langsameres Absinken nach dem Hochwasserstand und damit eine längere Andauer hoher Wasserstände, wobei die Änderungen aber noch im Rahmen der natürlichen Schwankungen liegen.

Gönnert und Gerkensmeier (2015) führten die Arbeiten des KFKI[10]-Projekts MUSE (MUSE 2005) fort und nutzten im Rahmen des XtremRisk-Projekts einen multimethodischen Ansatz, um extreme Sturmfluten für die Adaptationsplanung zu ermitteln. Dabei dienen alle verfügbaren beobachteten Extremereignisse als Basis, um die entsprechenden Extrembedingungen im Klimawandel abzuleiten.

Da die Berechnung der Extremwerte methodenspezifisch zu unterschiedlichen Ergebnissen führt, werden in dieser Arbeit verschiedene Methoden unter Berücksichtigung nichtlinearer Effekte kombiniert, um den Wert für die höchstmögliche Sturmflut zu ermitteln. Gönnert und Sossidi (2011) hatten gezeigt, dass eine auf der Superposition extremer Einzelkomponenten (Sturmflut, Gezeit und Fernwelle) entstehende höchstmögliche Sturmflut physikalisch sinnvoll ist, obwohl sie bislang noch nicht aufgetreten ist. Als Ergebnis der Analyse ergeben sich Werte von 6,1 m über NHN[11] bei Cuxhaven und 5,13 m über NHN bei Hörnum. Im Dezember 2013 ereignete sich als Folge des Sturms Xaver eine außergewöhnlich starke Sturmflut und führte zu den höchsten bislang beobachteten Wasserständen an der ostfriesischen Küste (Thw von 9,91 m über PN entsprechend 4,92 über NHN bei Norderney am 06.12.2013). Als Folge dieses Extremereignisses berechneten Dangendorf et al. (2016) eine Erhöhung der Wasserstände für eine als Bemessungsgrenze benutze Wiederkehrperiode von 1 in 200 Jahren um 40 cm. Nach ihrer Analyse stellen diese Extremwasserstände aber noch nicht das Maximum einer höchstmöglichen Sturmflut dar, da weder Windstau, Gezeit noch mittlerer Meeresspiegel auf dem Maximum der beobachteten Werte waren.

Langzeitliche Veränderungen des Windstaus in der Deutschen Bucht wurden von Jensen et al. (2013) analysiert. Basierend auf den Daten des Pegels Cuxhaven wurden für die Periode 1918–2008 unterschiedliche Sturmindizes berechnet, von denen keiner einen signifikanten Langzeittrend aufweist. Dies bestätigt frühere Ergebnisse aus den Analysen des geostrophischen Windes im Gebiet der Deutschen Bucht (Schmidt und von Storch 1993; Weisse und von Storch 2009; Rosenhagen und Schatzmann 2011 [im 1. HKB]). Jedoch deuten alle Indizes auf eine ausgeprägte multidekadische Variabilität hin, mit einer Phase verminderter Sturmhäufigkeit in den 1930er- und 1940er-Jahren und einer Phase erhöhter Intensität zwischen 1960 und ca. 1995. Im letzten Jahrzehnt der Zeitreihe (1998–2008) dagegen zeigen die Beobachtungen in der Tendenz eine rückläufige Entwicklung.

9 Im Flächenmittel über die Deutsche Bucht ist der Effektivwind ein Maß dafür, wie stark sich das Wasser durch den Wind an der Küste der Deutschen Bucht aufstaut. Er wird definiert aus dem 10-m-Wind aus Richtung 295°.

10 Kuratorium für Forschung im Küsteningenieurwesen.

11 Normalhöhennull.

Gezeiten

Neben den bereits diskutierten Änderungen im Wasserstand werden in der Nordsee ebenfalls langfristige Schwankungen und Trends der astronomisch bedingten Wasserstandsanteile beobachtet. Diese sind im Wesentlichen bisher nicht ausreichend verstanden (Müller et al. 2011). Wie schon im 1. HKB (Weisse 2011) angeführt, kommen als mögliche Ursachen für Gezeitenänderungen in der Nordsee Änderungen der Beckengeometrie, Änderungen im atlantischen Gezeitenregime und langfristige periodische Änderungen infrage.

Langfristige Änderungen im mittleren Tidehub werden für unterschiedliche Gebiete der Nordsee beschrieben. Jensen und Mudersbach (2004) berichten von zunächst relativ geringen Anstiegen des Tidehubs im Bereich der Deutschen Bucht bis etwa 1955 und danach von einer deutlichen Zunahme der langfristigen Trends. Hollebrandse (2005) beschreibt ähnliche Ergebnisse für die niederländische Küste. Auffallend ist jedoch, dass einzelne Pegel zwischen ca. 1940 und 1980 mehr oder weniger stark ausgeprägte Inhomogenitäten aufweisen, die Folge wasserbaulicher Maßnahmen, Änderungen an der Station oder anderer lokaler Einflüsse sein könnten. Das über mehrere Pegel gemittelte Signal könnte daher einen realen Effekt oder eine Überlagerung lokaler, zeitlich aufeinander folgender Inhomogenitäten darstellen. Es ist allerdings davon auszugehen, dass zumindest ein Teil der beobachteten Änderungen großskaliger Natur ist, wie in der globalen Analyse von Müller et al. (2011) zu erkennen ist.

Auch neuere Arbeiten (Jensen et al. 2012) zeigen signifikante Trends in den Amplituden und Phasen der Hauptpartialtiden[12], vor allem in der M2-Tide. Jensen et al. (2012) kommen daher zu der Schlussfolgerung, dass die umfangreichen anthropogenen Eingriffe im Nordseebereich die Ursache für diese Veränderungen darstellen, und stützen damit die Hypothese von Woodworth et al. (1991). Die räumliche Kohärenz der Änderungen wird auf zeitgleich ausgeführte Arbeiten an verschiedenen Orten zurückgeführt.

Seegang

Für den Seegang gibt es nur wenige Beobachtungsdaten, vor allem fehlen lange und konsistente Zeitreihen. Hier gibt es seit dem 1. HKB (Weisse 2011) keine zusätzlichen Erkenntnisse. Die meisten der zeitlich weit zurückreichenden Datenreihen stammen aus visuellen Beobachtungen des Seegangs, d. h., die Seegangshöhen wurden von Seeleuten an Bord der Schiffe geschätzt und variieren daher je nach Beobachter und Schiff. Bei fast allen Studien, die sich mit der beobachteten Entwicklung der Seegangshöhe in der Deutschen Bucht beschäftigen, besteht daher eine Unsicherheit, die auf der Art der Messung bzw. Beobachtung beruht. Für die Quantifizierung des Seegangs wird meist die signifikante Wellenhöhe (Hs), das Mittel über das höchste Drittel aller Wellen, verwendet. Als Beispiel sei hier die Arbeit von Gulev und Griegorieva (2004) genannt, die weltweite Schiffsbeobachtungen für die Zeiträume 1900–2002 bzw. 1950–2002 ausgewertet haben. Sie konnten keinen einheitlichen Trend für die Nordsee nachweisen, wiesen aber eine hohe Korrelation der Seegangshöhen mit der NAO nach.

Wegen der unzureichenden Beobachtungslage wurde vielfach auf Modellstudien (Hindcasts[13]) zurückgegriffen, um Aussagen über Änderungen der Wellenhöhe bis in die Gegenwart abzuleiten. Während frühe Publikationen wie z. B. die Studie der WASA-Gruppe (WASA-Group 1998) im Wesentlichen auf eine Zunahme der extremen Wellenhöhen in der südlichen Nordsee und der Deutschen Bucht verweisen (weitere Literatur s. 1. HKB), wird in späteren Arbeiten wie z. B. Weisse und Plüß (2006) die erhebliche dekadische Variabilität in den Zeitreihen hervorgehoben, die mit der Sturmaktivität verbunden ist. Weisse et al. (2006) berichten daher von einem positiven Trend in Hs von 1960 bis etwa 1990 und danach wieder abnehmenden Werten.

4.1.1.4 Eis

Umfang und Dauer der Eisbedeckung in der Deutschen Bucht hängen von der Anzahl, Stärke und Länge der Kälteperioden ab. Abgesehen von den meteorologischen Faktoren spielen auch die Gezeiten, die Wassertiefe und die morphologische Großgliederung der Deutschen Bucht in offene See, Wattenmeere und Zuflüsse eine große Rolle bei der Entwicklung der Eisverhältnisse. Während in den ufernahen Wattengebieten etwa 30 % aller Winter eisfrei bleiben, bildet sich im Seegebiet vor den nord- und ostfriesischen Inseln nur in starken bis extrem starken Eiswintern Eis. In mäßigen Eiswintern beschränkt sich die Eisbildung auf die Wattenbereiche und auf die inneren Bereiche von Ems, Unterweser und Unterelbe. Der offene Teil der Deutschen Bucht bleibt in den meisten Wintern eisfrei (Schmelzer et al. 2015).

Hinsichtlich langfristiger Veränderungen der Eisverhältnisse in der Deutschen Bucht liegen nur sehr wenige Arbeiten vor. Das BSH hat 2015 einen klimatologischen Eisatlas für die Deutsche Bucht und angrenzende Gebiete (einschließlich Limfjord) herausgegeben (Schmelzer et al. 2015), der auf Daten der Jahre 1961–2010 basiert. Zusätzlich wurde dieser Zeitraum auch noch in drei 30-jährige Zeiträume[14] aufgeteilt, um zeitliche Änderungen aufzuzeigen. In den analysierten 50 Jahren von 1961 bis 2010 gab es in der Nordsee 26 (52 %) sehr schwache bis schwache, 16 (32 %) mäßige, 4 (8 %) starke und 4 (8 %) sehr starke bis extrem starke Eiswinter. Im Vergleich zu einer 114-jährigen Periode ab 1897 ist eine Abnahme der extrem starken und sehr starken Eiswinter bei gleichzeitiger Zunahme der schwachen Eiswinter und Winter ohne Eisvorkommen festzustellen. Diese Tatsache spiegelt sich auch im Rückgang der Häufigkeit des Eisauftretens in drei 30-jährigen Perioden 1961–1990, 1971–2000 und 1981–2010 wider.

4.1.2 Zukünftige Klimaänderungen bis 2100

Während bei Erscheinen des 1. HKB noch sehr wenige Arbeiten publiziert waren, die sich mit zukünftigen Klimaänderungen in

12 Eine Partialtide ist das Resultat einer harmonischen Analyse, bei der einem Cosinusterm der Form $a*\cos(\omega t-\varphi)$ mit astronomisch begründeter Winkelgeschwindigkeit eine Amplitude a und eine Phase φ zugeordnet wird.

13 Ein Hindcast (Nachhersage) bezeichnet eine Modellstudie, in der die Vergangenheit simuliert wird, indem das Modell mit beobachteten Werten angetrieben wird.

14 Die 30-jährigen Perioden sind wegen der Kürze der Zeitreihe überlappend.

der Nordsee und dem Bereich der Deutschen Bucht befassten, sind in den vergangenen Jahren etliche neue regionale Klimasimulationen für die Nordsee hinzugekommen. Der aktuelle Wissensstand ist im NOSCCA-Bericht (North Sea Region Climate Change Assessment) von Quante et al. (2016) zusammengefasst. Die Frage, wie sich das globale Klima durch den weiteren Anstieg der anthropogenen Emissionen von Treibhausgasen entwickelt, ist von ökonomischen, sozialen und politischen Entwicklungen abhängig, die im Grundsatz nicht vorhersagbar sind. Daher werden in der Klimaforschung sog. Emissionsszenarien genutzt, die ein möglichst breites Spektrum von Annahmen über die künftige Entwicklung der Menschheit darstellen sollen. Die Simulationen sollen statistische Durchschnittswerte über größere Zeitabschnitte liefern, die sich in der Zukunft unter den vorgegebenen Entwicklungen ergeben könnten. Die meisten verfügbaren Ergebnisse beziehen sich auf die sog. SRES-Szenarien[15], die in der Vergangenheit für die Assessment Reports des IPCC festgelegt wurden. Diese SRES-Szenarien unterteilen sich in vier Haupttypen A1, B1, A2 und B2, die jeweils für eine mögliche klimatische Entwicklung in der Zukunft stehen und nicht mit Vorhersagen verwechselt werden sollten. Für den aktuellen IPCC-Bericht wurden in den Simulationen statt der SRES-Szenarien RCPs[16] verwendet, zurzeit sind aber noch kaum Ergebnisse für die Nordsee verfügbar. Die atmosphärischen Änderungen werden im ▶ Abschn. 2.4 behandelt.

4.1.2.1 Meeresoberflächentemperaturen

Der NOSCCA-Bericht (Quante et al. 2016) kommt zu dem Schluss, dass trotz erheblicher Unterschiede in den Modellsimulationen (Setup, Antrieb aus Global Climate Model [GCM], Biaskorrektur, Zeithorizont) die Projektionen der zukünftigen SST-Änderungen ein konsistentes Bild zeigen. Im Jahresmittel ergibt sich auf der Basis aller verfügbaren Studien ein Anstieg der SST in der Nordsee zum Ende des 21. Jahrhunderts zwischen 1 und 3 K. Basierend auf Multimodellstudien sind die Unsicherheiten in den projizierten Änderungen im Wesentlichen dem unterschiedlichen Antrieb aus den globalen Klimamodellen zuzuschreiben (Wakelin et al. 2012; Holt et al. 2010, 2012, 2014). Im Vergleich dazu sind bei gleichem Globalmodellantrieb in verschiedenen Regionalmodellen nur geringe Unterschiede (< 1/10 K) in den simulierten SST-Änderungen zu erkennen (Wakelin et al. 2012; Holt et al. 2014; Mathis 2013; Gröger et al. 2013; Bülow et al. 2014).

Während die Mehrzahl der veröffentlichten Studien auf ungekoppelten ozeanischen Regionalmodellstudien beruht, steht aus dem KLIWAS-Projekt das einzige Ensemble mit gekoppelten Ozean-Atmosphärenmodell-Projektionen zur Verfügung. Rückkopplungsmechanismen verbessern vor allem in den Wintermonaten die modellierten Meeresoberflächentemperaturen (Gröger et al. 2015) und durch die verbesserten Land-See-Gradienten der Temperatur auch die küstennahen Niederschläge (Wang et al. 2015; Attema und Lenderink 2014). Die drei gekoppelten Modelle des KLIWAS-Ensembles (MPIOM-REMO, Elizalde et al. 2014; HAMSOM-REMO, Su et al. 2014 und RCA-NEMO, Dieterich et al. 2014) zeigen für die Differenz der Zeiträume (2070–2099) und (1970–1999) in den Jahresmitteln einen Temperaturanstieg zwischen 1,7 und 3,0 K (Bülow et al. 2014). Allerdings sind die Unterschiede zwischen den gekoppelten Simulationen geringfügig größer als in den ungekoppelten Simulationen. Die vorhandenen regionalen und saisonalen Unterschiede zwischen den drei KLIWAS-Modellen weisen darauf hin, dass die Temperaturentwicklung stark von den verwendeten Parametrisierungen in den Regionalmodellen abhängt (z. B. Deckschichttiefe, Parametrisierungen der Oberflächenflüsse und lokale Wechselwirkungen).

4.1.2.2 Meeresoberflächensalzgehalte

Bei Erstellung des 1. HKB gab es ebenfalls nur wenige Arbeiten, die sich mit möglichen Änderungen des Salzgehaltes in der Deutschen Bucht befassten. Die damaligen Ergebnisse waren insgesamt nur wenig konsistent und die Belastbarkeit entsprechend gering. Neuere Studien prognostizieren eine Abnahme des Oberflächensalzgehaltes in der Nordsee (Gröger et al. 2013; Mathis und Pohlmann 2014; Bülow et al. 2014; Holt et al. 2010, 2012; Wakelin et al. 2012; Friocourt et al. 2012). Dies widerspricht den Studien aus dem 1. HKB (Weisse 2011), die, wie in der Studie von Kauker (1999), eine Erhöhung der Salzgehalte in der Deutschen Bucht infolge eines verringerten Elbeabflusses um etwa 0,5 psu simuliert hatten. Eine mögliche Erhöhung der Salzgehalte in der Deutschen Bucht könnte auch aus einer Verstärkung der Westwinde resultieren. Dies war in den Sensitivitätsexperimenten von Schrum (2001) unter Annahme einer Verstärkung der Westwinde zwischen 52 und 62° N abgeleitet worden. Eine derartige signifikante Änderung der Windgeschwindigkeiten konnte in neueren Studien aber nicht bestätigt werden (s. ▶ Abschn. 2.2.1 Meteorologie). Auch wurden mögliche Änderungen des Salzgehaltes im Nordatlantik nicht berücksichtigt.

Eine zukünftige Abnahme des Salzgehaltes im Bereich der Nordsee wäre hingegen konsistent mit der Verstärkung des hydrologischen Kreislaufs in den Zukunftssimulationen und der damit verbundenen generellen Abnahme der Salzgehalte im Nordatlantik in den Globalmodellen. Allerdings variieren die Ergebnisse zwischen den regionalen Simulationen für die Nordsee stark bzgl. der Größenordnung der vorhergesagten Salzgehaltabnahme und dem zeitlichen Verlauf im 21. Jahrhundert. Der NOSCCA-Bericht (Quante et al. 2016) kommt daher zu der Schlussfolgerung, dass die Vorhersagekapazität der Regionalmodelle für Änderungen des Salzgehaltes weiterhin gering ist und in nichtquantifizierbarem Maß von methodischen Ansätzen für die atmosphärischen Frischwasserflüsse, Randbedingungen für den atlantischen Einstrom und den baltischen Ausstrom sowie weiteren modellspezifischen Ansätzen abhängt.

Dies liegt auch daran, dass in den meisten Modellsimulationen keine konsistenten Ansätze für die verschiedenen Komponenten der Frischwasserflüsse gewählt wurden. Dagegen wurden alle notwendigen Komponenten im KLIWAS-Ensemble

15 Für weitere Informationen zur Definition der Szenarien s. die Webseiten des IPCC.

16 Für den 5. Sachstandsbericht des IPCC (2013) wurden die SRES-Szenarien durch sog. repräsentative Konzentrationspfade („representative concentration pathways", RCPs) ersetzt. Bei diesen Szenarien bilden die Treibhausgaskonzentration und der Strahlungsantrieb den Ausgangspunkt und nicht, wie bei den traditionellen SRES-Szenarien, die Entwicklung von sozioökonomischen Faktoren.

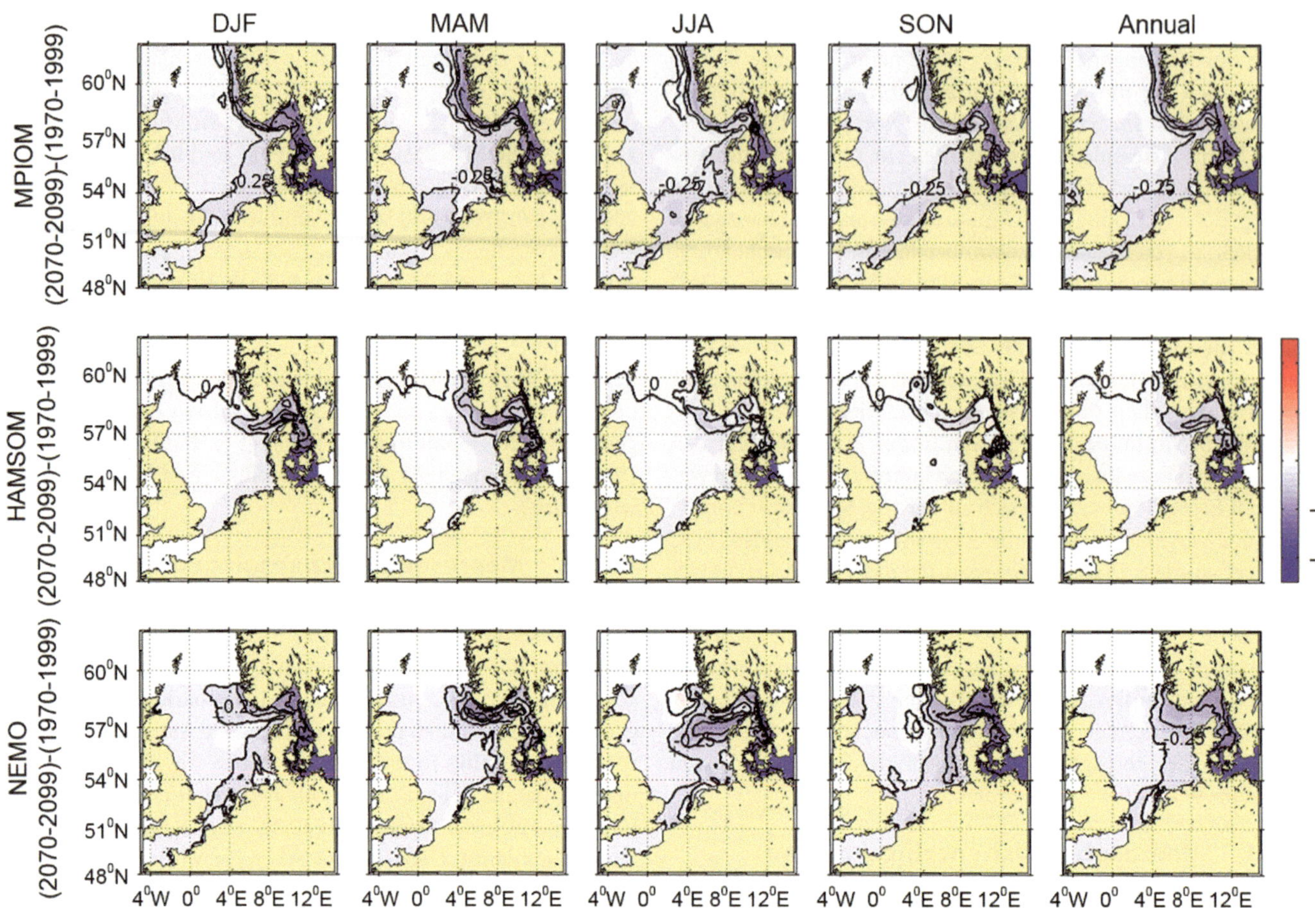

Abb. 4.8 Änderung des Oberflächensalzgehaltes in der Nordsee in der fernen Zukunft für das A1B-Szenario in drei gekoppelten Modellsimulationen aus dem KLIWAS-Projekt. Abgebildet sind Differenzen für das Jahresmittel und Jahreszeiten für den Zeitraum zwischen den Perioden (1970–1999) und (2070–2099). *Obere Reihe* MPIOM-Lauf 215, *mittlere Reihe* HAMSOM-Lauf 202 und *untere Reihe* NEMO-Nordic-Lauf 470. (Aus Bülow et al. 2014)

explizit modelliert (Bülow et al. 2014). In dem Ensemble liegt die Abnahme des Salzgehaltes zum Ende des 21. Jahrhunderts bei 0,2 psu, es zeigen sich aber bei den drei Modellen auch signifikante Abweichungen in den räumlichen Mustern (Abb. 4.8). Beide Regionalmodelle des Ensembles zeigen große Differenzen in der zeitlichen Entwicklung der Salzgehalte im baltischen Ausstrom und im Einstrom über die nördliche Berandung der Nordsee zum Atlantik.

Bezogen auf das Mittel über die gesamte Nordsee fanden Mathis und Pohlmann (2014) in einem ungekoppelten HAMSOM-Lauf mit Antrieb aus einer globalen MPIOM/ECHAM-Simulation eine deutliche höhere Salzgehaltabnahme von 0,6 psu bis zum Ende des 21. Jahrhunderts. Gröger et al. (2013) simulierten ebenfalls eine deutlichere Salzgehaltabnahme von 0,75 psu in der Nordsee mit einem Modellsetup, das durch die geringere Modellauflösung vom MPIOM-Modell in dem KLIWAS-Ensemble abweicht. Dies legt nach den Ergebnissen des NOSCCA-Berichtes (Quante et al. 2016) die Schlussfolgerung nahe, dass die Ergebnisse auch von der gewählten Modellauflösung abhängen.

4.1.2.3 Zirkulation

Zu möglichen Änderungen der Zirkulation in der Zukunft gibt es weiterhin wenige veröffentlichte Untersuchungen, die Aussagen bzgl. der Deutschen Bucht machen. In dem im ▶ Abschn. 4.1.2.2 zitierten Sensitivitätsexperiment von Schrum (2001) führte eine verstärkte Westwindzirkulation zu einer Verstärkung der mittleren zyklonalen Zirkulation in der Nordsee. Zu ähnlichen Schlussfolgerungen kommen Mathis (2013) sowie Mathis und Pohlmann (2014) in ihren Untersuchungen. Zum Ende des 21. Jahrhunderts verstärkt sich nach diesen Analysen der Einstrom über den nördlichen Rand im Frühjahr, konsistent mit den verstärkten westlichen Winden aus dem antreibenden Globalmodell. In den anderen Jahreszeiten schwächt sich die Zirkulation dagegen leicht ab. Weiterhin wird eine deutliche Abnahme der Transporte über die Straße von Dover diagnostiziert (Mathis 2013; Mathis und Pohlmann 2014).

4.1.2.4 Wasserstand

Komponenten des Meeresspiegelanstiegs

Global ändert sich der Meeresspiegel durch Änderungen des Volumens der Wassermassen im Ozean infolge von Temperatur- und Salzgehaltsänderung und durch Eintrag von Masse aufgrund des Abschmelzens von Landeismassen. Räumlich kann es zu ausgeprägten Variationen in den Meeresspiegeländerungen kommen, da die Zirkulation im Ozean zur regionalen Umverteilung der Wassermassen führen kann. Für die Projektionen zukünftiger Meeresspiegeländerungen ist man auf globale Klimamodelle angewiesen, wobei aber gegenwärtig existierende Klimamodelle nur die Veränderungen des mittleren Wasserstandes aufgrund der Volumenänderungen beschreiben. Effekte, die durch das Abschmelzen von Gletschern und Landeis auftreten, müssen separat modelliert werden (Details s. Church et al. 2013). Nachträglich müssen dann die regionalen Beiträge der postglazialen Ausgleichsbewegungen, der Abschmelzung von Gletschern und der Änderung der Eismassen zu den Ergebnissen der Klimaprojektionen addiert werden (◘ Abb. 4.9).

Für die Nutzung der Projektionen auf lokaler Ebene (z. B. in der Deutschen Bucht) müssen ggf. weitere lokale vertikale Landbewegungen berücksichtigt werden, da viele geologische Prozesse zu vertikalen Landbewegungen führen können, z. B. Sedimentkompaktierung, Entnahme von Grundwasser oder Gas und tektonische Prozesse. Für die niederländische Küste haben Kooi et al. (1998) eine Aufteilung der derzeitigen Landsenkungsrate von etwa 0,7–1,1 mm/Jahr in ihre unterschiedlichen Anteile geliefert. Vertikalbewegungen an den Pegelstationen im Bereich der Deutschen Bucht und Norddeutschlands wurden von Weiß und Sudau (2011, 2013) mit einer Kombination von GNSS und Nivellements untersucht und zeigen lokale variierende Absenkungen zwischen 0,5 und 2,5 mm/Jahr. In einer aktuellen Arbeit schlagen Wöppelmann et al. (2014) die Nutzung des GPS (Global Positioning System) für die Korrekturen der vertikalen Landbewegungen vor. Nach ihrer Einschätzung ergibt sich durch die zusätzliche Korrektur der lokalen Vertikalbewegungen vor der GIA-Korrektur[17] ein kohärenteres räumliches Muster in den Meeresspiegelanstiegen und damit auch eine Verbesserung der globalen Rekonstruktionen der langfristigen (dekadischen bis säkularen) Meeresspiegeländerungen mittels der Gezeitenpegel.

Mittlerer Meeresspiegel

Im Vergleich zum 4. Sachstandsbericht des IPCC (IPCC 2007), der einen wahrscheinlichen Bereich[18] von 18 bis 59 cm für den globalen Meeresspiegelanstieg (MSL, Summe aller Komponenten) im Zeitraum 2090–2099 gegenüber dem Ende des vorigen Jahrhunderts angibt (Meehl et al. 2007), sind im 5. Sachstandsbericht (IPCC 2013) etwas größere Spannbreiten angegeben. Je nach Szenario wird der wahrscheinliche Anstieg zwischen den Klimaperioden 1986–2005 und 2081–2100 im Bereich[19] von 26 bis 82 cm liegen (Church et al. 2013). Die Werte beider Berichte sind aber nicht direkt vergleichbar, da unterschiedliche Kriterien und Methoden zur Abschätzung herangezogen wurden. Gegenüber dem 4. Sachstandsbericht sind allerdings in vielen Bereichen der Meeresspiegelmodellierung substanzielle Fortschritte erzielt worden und die Verlässlichkeit der Abschätzungen ist gestiegen.

Die Einschätzung der möglichen regionalen Änderungen des Meeresspiegelanstiegs in der Deutschen Bucht hat sich gegenüber den im 1. HKB (Weisse 2011) zitierten Werten ebenfalls nicht stark verändert. In einer aktuellen Studie mit dem regionalen Schelfmodell HAMSOM erhielten Mathis et al. (2013) und Mathis (2013) einen Anstieg des Meeresspiegels von 60 cm zum Ende des 21. Jahrhunderts und liegen damit im Bereich der 40–80 cm, die Katsman et al. (2008) in ihren Szenarien ermittelt hatten. Wie in der Studie von Katsman et al. (2008) war es notwendig, Komponenten aus den Masseänderungen durch Abschmelzen der Gletscher und Eisdynamik basierend auf Angaben aus der Literatur (Solomon et al. 2007; Jungclaus et al. 2006) nachträglich zu addieren (◘ Abb. 4.10). Wie schon in der Studie von Landerer et al. (2007) fällt der Meeresspiegelanstieg in der Nordsee höher aus als im globalen Mittel. Mathis et al. (2013) führen die zusätzlichen 10–20 cm auf Salzgehaltänderungen im Ostseeausstrom (halosterische Effekte) und atmosphärisch bedingte Änderungen im Windstau in der südlichen und östlichen Nordsee zurück. In ihrem Modelllauf war die Salzgehaltänderung sehr groß und betrug im volumetrischen Mittel über die Nordsee 0,6 psu. Landerer

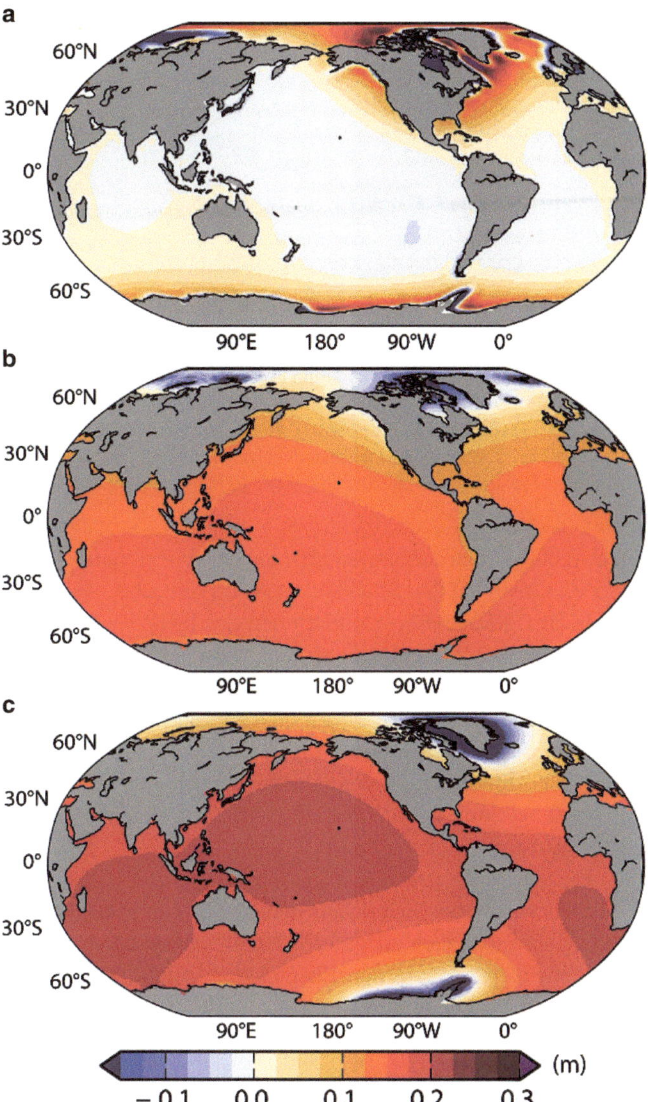

◘ **Abb. 4.9** Mittlere Abschätzungen der regionalen Beiträge zum Meeresspiegel aus **a** den postglazialen Ausgleichsbewegungen, **b** der Abschmelzung von Gletschern und **c** der Änderung der Eismasse des Grönländischen und Antarktischen Eisschildes für das RCP4.5-Szenario (IPCC 2013). Alle Änderungen beziehen sich auf die Unterschiede zwischen den Perioden 1996–2000 und 2081–2100

17 GIA steht für „glacial isostic adjustment" und beschreibt die postglazialen Vertikalbewegungen infolge der Eiszeiten.

18 Angegeben sind Minimum und Maximum des 5- bis 95 %-Bereichs für alle ausgewerteten Szenarien B1, B2, A1B, A1T, A2 und A1F1.

19 Angegeben sind Minimum und Maximum des 5- bis 95 %-Bereichs für die Szenarien RCP 2.6, 4.5, 6.0 und 8.5 (Tabelle 13.5 in Church et al. 2013).

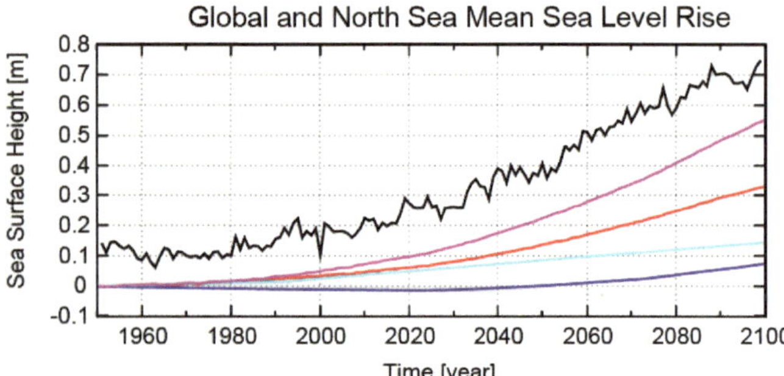

Abb. 4.10 Komponenten des globalen Meeresspiegelanstiegs und resultierende Meeresspiegelentwicklung in der Nordsee simuliert durch das Schelfmodell HAMSOM (*schwarz*) für das A1B-Szenario. Globaler thermosterischer und halosterischer Meeresspiegelanstieg (*rot*), globale Abschätzungen der Gletscherschmelze (*türkis*), Balance der Eisschilde (*blau*) und globales Gesamtbudget (*magenta*) als Summe der drei Terme. (Mathis et al. 2013)

et al. (2007) hatten auf Massenumverteilungen vom tiefen angrenzenden Ozean auf den Schelf aufmerksam gemacht.

In den gekoppelten Simulationen des KLIWAS-Ensembles (Bülow et al. 2014) ergaben sich zum Ende des Jahrhunderts thermo[20]- und halosterische[21] Meeresspiegeländerungen von 24–28 cm in der Nordsee, die etwas geringer ausfallen als die Werte aus dem Schelfmodell von Mathis et al. (2013). Regional fielen die Abweichungen vom Nordseemittel mit 1–2 cm gering aus und betreffen vor allem die Bereiche mit verstärktem Süßwassereinstrom in die Nordsee.

Zusätzlich zu dem im 5. Sachstandsbericht (IPCC 2013) angegebenen wahrscheinlichen Bereich für den Meeresspiegelanstieg sind aber auch extremere Szenarien möglich, die aus verstärkter Eisdynamik in den Eisschilden (Instabilitätsprozesse) resultieren könnten. Der UK-Sachstandsbericht (Lowe et al. 2009b) kommt zu dem Schluss, dass für die Adaptationsmaßnahmen auch extreme Meeresspiegelanstiege von etwa 2 m nicht ausgeschlossen werden können. Er betont aber, dass selbst unter den hohen Emissionsszenarien Meeresspiegelanstiege unter 1 m weitaus wahrscheinlicher sind.

Windstau (meteorologisch bedingter Anteil des Meeresspiegelanstiegs)

Albrecht und Weisse (2014) untersuchten den Effekt großräumiger Luftdruckänderungen auf die regionalen Meeresspiegeländerungen in der Deutschen Bucht mit einem statistischen Modell. Basierend auf der Analyse von insgesamt 78 Simulationen des Luftdrucks aus globalen Klimamodellen wurde ein mittlerer Beitrag des Luftdrucks zu Meeresspiegeländerungen in der Deutschen Bucht von 1,4 cm pro Jahrhundert ermittelt. Dies ist gering im Vergleich zu den sterischen und dynamischen Anteilen und daher von untergeordneter Bedeutung. Dangendorf et al. (2014b) benutzten ebenfalls einen atmosphärischen Proxy[22], um den atmosphärischen Anteil am mittleren Meeresspiegelanstieg in acht verschiedenen Globalmodellergebnissen für das A1B-Szenario zu untersuchen. Auch in dieser Arbeit ergibt sich zum Ende des 21. Jahrhunderts nur ein leichter Anstieg des atmosphärischen Anteils, der in der Deutschen Bucht am größten ist. Für das stärkste Szenario A2 ergeben sich 5–6 cm und für das A1B- und B1-Szenario ca. 3 cm pro Jahrhundert.

Neben den langfristigen mittleren Änderungen sind für den aktuellen Küstenschutz aber auch die kurzfristigen, extremen Wasserstandsänderungen (Sturmfluten) von Bedeutung. Bei Sturmfluten überlagern sich Windstau und Gezeit in Zeiträumen von wenigen Stunden. Änderungen in der Häufigkeit und Intensität von Sturmfluten beruhen entweder auf Änderungen des mittleren Meeresspiegels oder auf Änderungen in den atmosphärischen Bedingungen. Nach den globalen Analysen von Menendez und Woodworth (2010) gilt bislang der Anstieg des mittleren Meeresspiegels als Hauptgrund für die Änderungen der Sturmflutniveaus. Auch für den Englischen Kanal konnte dies in der Studie von Haigh et al. (2010) bestätigt werden. Bislang gehen viele Studien davon aus, dass sich Meeresspiegelanstieg und Änderung des Windklimas linear addieren und separat studiert werden können (Howard et al. 2010; Haigh et al. 2010). Die Belastbarkeit einer solchen linearen Addition von Prozessen erwies sich in der Arbeit von Howard et al. (2010) selbst für einen extremen Meeresspiegelanstieg von 5 m (was einem totalen Kollaps des Antarktischen Eisschildes entsprechen würde) als gegeben.

Die zukünftige Entwicklung der Sturmflutwasserstände hängt maßgeblich von der zukünftigen Entwicklung des Windklimas ab. Modellstudien, die seit dem 4. Sachstandsbericht durchgeführt wurden, zeigen, dass bzgl. des Windes noch große Unsicherheiten existieren. In der Arbeit von Weisse et al. (2012) zeigt sich, dass neben Unsicherheiten in den Projektionen, die das Emissionsszenario und Modellunterschiede betreffen, auch die natürliche Klimavariabilität zu einer großen Spannbreite von Änderungen der Sturmflutwasserstände führt. Auf der Basis von 17 Realisationen des A1B-Szenarios reicht die Spannbreite der Änderungen der Sturmflutwasserstände zum Ende des 21. Jahrhunderts von ungefähr +18 bis −8 cm (Weisse et al. 2012). Nach den übereinstimmenden Untersuchungen von Lowe et al. (2009a) und Sterl et al. (2009) kommt es im Bereich der Nordsee im 21. Jahrhundert zu keinen signifikanten Änderungen der Sturmflutwasserstände. Dies widerspricht älteren Studien (Woth 2005; Woth et al. 2006), die z. T. nur auf Basis von kürzeren Zeitscheiben erstellt wurden. Aufgrund der fehlenden kontinuierlichen Simulationen bestand bei diesen Zeitscheiben die Problematik, dass langfristige (multidekadische) natürliche Schwankungen Klimatrends vortäuschen können.

Diese Einschätzung deckt sich auch mit den Ergebnissen von Gaslikova et al. (2013) und Befort et al. (2014, 2015), die in ihren Arbeiten auf die Größenordnung der natürlichen multidekadischen Variabilität im Vergleich zu den langfristigen Trends hinweisen. Für die extremen Sturmfluten (99. Perzentil) finden

20 Thermosterisch weist auf Ausdehnung der Wassersäule mit steigenden Temperaturen hin.

21 Halosterische Meeresspiegeländerungen beruhen auf Änderungen des Meeresspiegels durch den Salzgehalt, dabei steigt der Meeresspiegel mit abnehmendem Salzgehalt.

22 Zur Konstruktion des Proxys wurden zwei Zeitreihen des atmosphärischen Drucks auf Meeresniveau benutzt, die atmosphärische Aktionszentren über Skandinavien (14–22 °E, 60–66 °N) und der Iberischen Halbinsel (10–0 °W, 40–44 °N) beschreiben. Die Druckdifferenz zwischen den beiden Zentren ist ein Maß für die Stärke der Westwinde und damit des Windstaus.

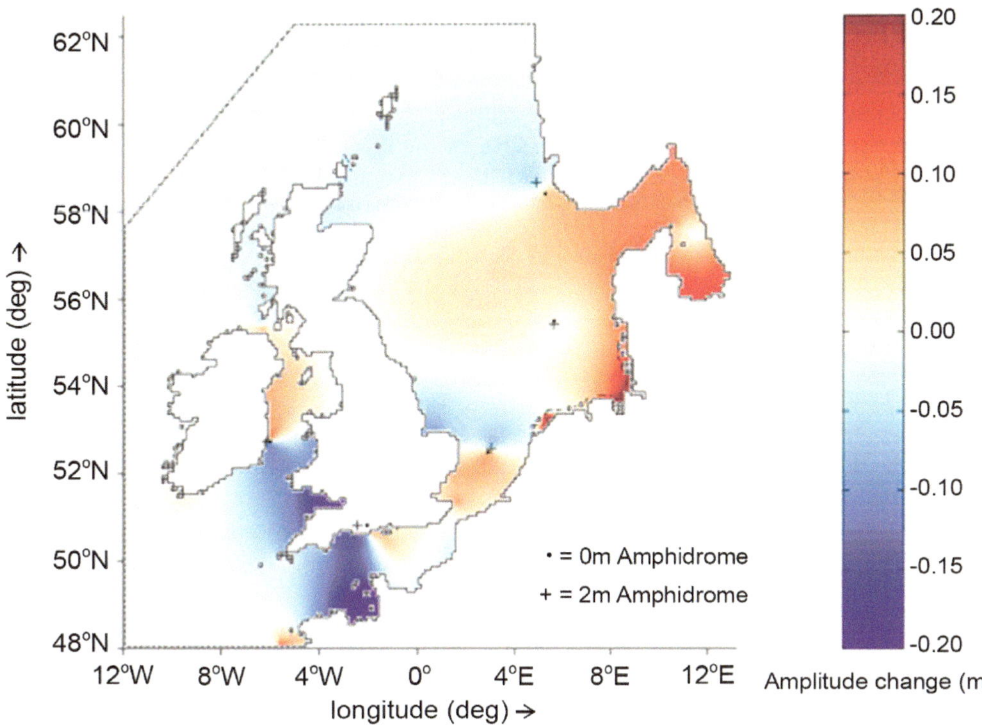

Abb. 4.11 Anstieg (*rot*) und Abnahme (*blau*) der Amplitude der halbtägigen Gezeit bei einem Meeresspiegelanstieg von 2 m. *Punkte* und *Kreuze* geben die Lage der amphidromischen Punkte unter aktuellen Meeresspiegelbedingungen (0 m, *Kreis*) und bei zukünftigem Meeresspiegel (2 m, *Kreuz*) an. Der amphidromische Punkt im Englischen Kanal bei Dorset ist geschätzt. (Pickering et al. 2012)

Gaslikova et al. (2013) bis zum Ende des 21. Jahrhunderts für eines der Szenarien einen Anstieg in der südöstlichen Nordsee mit Maximalwerten von 15 cm in der Deutschen Bucht und 6–8 cm im Ensemble-Mittel. Nach Interpretation der Autoren könnte dies jedoch auf eine vermehrte Sturmhäufigkeit hindeuten und nicht auf eine Verstärkung der Sturmintensität. Innerhalb der vier simulierten Szenarien sind die Unterschiede in den projizierten Sturmflutwasserständen für weite Teile der Nordsee klein (±3 cm); lediglich ein Lauf des B1-Szenarios zeigt höhere Änderungssignale mit positiven Abweichungen von 4–6 cm. Befort et al. (2014) finden in den Analysen dreier A1B-Läufe des Klimamodells ECHAM5/OM einen Anstieg der Sturmflutereignisse von ca. 21 % zum Ende des 21. Jahrhunderts, allerdings im Rahmen der erwähnten großen multidekadischen Schwankungen und bei starken Unterschieden in den drei Läufen. Räumlich sind die Gebiete mit signifikantem Anstieg auf die Deutsche Bucht und die südliche Nordsee begrenzt.

Alle neueren Ergebnisse weisen darauf hin, dass es keinen signifikanten, sondern – wenn überhaupt –nur einen geringen Anstieg des Windstaus bei Sturmfluten in der Nordsee geben wird. Räumlich sind die Gebiete mit signifikantem Anstieg auf die Deutsche Bucht und die südliche Nordsee begrenzt. Untersuchungen von Hunter (2012) und Hunter et al. (2013) haben für die Deutsche Bucht ergeben, dass die Erhöhungen der Schutzbauwerke den Bereich der zu erwartenden Änderungen in den Extremereignissen abdecken und sich somit die Wiederkehrhäufigkeiten von Überflutungen nicht ändert.

Gezeiten

Ein ansteigender mittlerer Meeresspiegel führt automatisch zur Änderung der Beckengeometrie der Nordsee und könnte dadurch Auswirkungen auf die gezeitenbedingten Wasserstände haben. Zum Zeitpunkt des 1. HKB gab es nur wenige Arbeiten, die sich mit diesen Effekten beschäftigten und die im Wesentlichen auf eine Erhöhung der Gezeitenamplituden in der Deutschen Bucht in der Größenordnung von 2–4 cm bei steigendem Meeresspiegel hinwiesen (Kauker 1999; Plüß 2004). Als Ursache für die Zunahme der Gezeitenamplitude wurde eine schnellere Propagation der Gezeitenwelle infolge des erhöhten Wasserstandes identifiziert.

Neuere Arbeiten weisen aber auf methodische Probleme bei der Implementierung des Meeresspiegelanstiegs in den Modellen hin, die zu sehr unterschiedlichen Einschätzungen der räumlichen Muster und Änderungen in den Gezeitenamplituden führen. So finden Pickering et al. (2012) bei einem Meeresspiegelanstieg von 2 m eine große Zunahme der halbtägigen Gezeitenamplitude (Abb. 4.11) für das Wattenmeer im Bereich der holländischen Küste und der Deutschen Bucht (Springtidenänderungen von +35 cm). Dabei ähneln die räumlichen Muster den Ergebnissen der idealisierten Modellstudie von Roos et al. (2012). Diese zeigen bei Cuxhaven eine Erhöhung der Amplituden von 6 cm bei einem Meeresspiegelanstieg von 1 m.

Zu völlig entgegengesetzten Ergebnissen kommen aber Ward et al. (2012), die in zwei Szenarien (2 und 5 m Meeresspiegelanstieg) jeweils die größte Abnahme der M2-Amplitude in der Deutschen Bucht finden. Im 5-m-Szenario halbiert sich die Amplitude der M2-Gezeit sogar, die Amphidromie[23] verschiebt sich in beiden Szenarien ostwärts.

Die Unterschiede ihrer Ergebnisse für die Deutsche Bucht im Vergleich zu anderen Studien (Pickering et al. 2012) werden von Ward et al. (2012) in der Behandlung des Küstenstreifens bei steigendem Meeresspiegel vermutet. Während in der Studie von Ward et al. (2012) die niedriger liegenden Gebiete überflutet

23 Eine Amphidromie ist eine Drehwelle. In der Nordsee überlagern sich zwei Kelvinwellen, die in entgegengesetzter Richtung fortschreiten und drei amphidromische (hubfreie) Punkte bilden.

werden können, wird in der Studie von Pickering et al. (2012) an der ursprünglichen Küstenlinie als laterale Randbedingung eine vertikale Wand mit entsprechender Höhe vorausgesetzt.

Die Studien von Pelling et al. (2013) sowie Pelling und Green (2014) griffen diese Thematik auf und führten erste methodische Untersuchungen durch. Sie zeigen, dass die zusätzliche Gezeitendissipation in den neu dazugekommenen gefluteten Gebieten wichtig ist und zu einer Verlagerung der Amphidromien in Richtung der neuen Küste führt. Anders als in der Studie von Pelling et al. (2013) kommt aber die Studie von Pelling und Green (2014) zu der Schlussfolgerung, dass für die Deutsche Bucht ein Anstieg der halbtägigen Gezeitenamplituden zu erwarten ist.

4.1.2.5 Seegang

Aussagen zu potenziellen Änderungen des Seegangsklimas basieren auf Seegangsmodellen, die mit Wind- und Luftdruckdaten aus globalen Klimaszenarien angetrieben werden. Während in den frühen Studien noch Zeitscheibenexperimente (z. B. für 1970–2000 und 2070–2100) durchgeführt wurden, sind jetzt durchgängige Berechnungen möglich, die auch die dekadische Variabilität abbilden. Für den Nordostatlantik und die Nordsee führten Debernard und Røed (2008) sowie Grabemann und Weisse (2008) erste Ensemblerechnungen mit verschiedenen Modellen und Szenarien durch. Debernard und Røed (2008) benutzten eine Kombination aus den A1-, B2- und A1B-Szenarien mit drei globalen Klimamodellen (GCM). Grabemann und Weisse (2008) analysierten ein Ensemble aus zwei GCMs und den A2- und B2-Szenarien. Beide Studien verglichen das Wellenklima der Zeitscheiben 1961–1990 und 2071–2100 und kamen zu ähnlichen Ergebnissen, welche die größten Zunahmen der Seegangshöhen entlang der östlichen Nordseeküste (also auch in der Deutschen Bucht) und im Skagerrak verorteten, während die Änderungen in der westlichen und nördlichen Nordsee kleiner oder sogar negativ waren. In beiden Studien zeigte sich, dass die Unsicherheiten aus der Wahl des Modells größer sind als diejenigen aus der Szenarienwahl. Zu vergleichbaren Ergebnissen kamen auch die Ensemblestudien von Groll et al. (2014a, 2014b) mit durchgängigen Projektionen von 1961 bis 2100.

Groll et al. (2014b) analysierten zusätzlich das Auftreten von Wetterfenstern, d. h. von Zeiträumen, in denen die signifikante Wellenhöhe unter einem definierten Schwellenwert bleibt. Eine eventuelle zukünftige Änderung der Häufigkeit dieser Wetterfenster ist u. a. für die Offshore-Industrie von Interesse, die auf einer Mindestandauer günstiger Wetterfenster für die Arbeiten auf See angewiesen ist. Dabei wurde eine starke dekadische Variabilität im jährlichen Auftreten dieser Wetterfenster, aber kein signifikanter Trend festgestellt. Zusätzlich wurde mit den simulierten signifikanten Wellenhöhen eine Extremwertanalyse durchgeführt, um das Auftreten von sehr hohen Wellen mit einer Wiederkehrperiode von 1 bis zu 100 Jahren zu untersuchen. Auch hier zeigte sich – wie für die mittleren und hohen Wellen (99. Perzentil) – eine signifikante Zunahme in der östlichen und eine leichte Abnahme in der westlichen Nordsee, wobei die Trends aber die des 99. Perzentils nicht übersteigen.

De Winter et al. (2012) führten für die niederländische Küste eine Ensemblestudie durch, bestehend aus einem GCM, dem Szenario A1B und 17 verschiedenen Anfangsbedingungen. Auch sie verglichen die Zeitscheiben 1961–1990 und 2071–2100. Hier blieben mittlere Wellenhöhe, Wellenperiode und Wiederkehrperioden unverändert, während sich das jährliche Maximum leicht abschwächte. Ferner nahm, in Übereinstimmung mit den zukünftig häufigeren Westwinden im Modell, die Wellenausbreitung in östliche Richtungen zu.

4.1.2.6 Eis

Es sind in der Literatur keine Arbeiten zu zukünftigen Änderungen der Eisbedeckung in der Nordsee zu finden. Wie in ▶ Abschn. 4.1.3 dargestellt, tritt schon unter aktuellen Bedingungen seewärts der Inseln aufgrund der starken Gezeitenströme sowie der relativ hohen Temperaturen und Salzgehalte kaum Eisbildung in der Deutschen Bucht auf. Die simulierte Temperaturerhöhung zum Ende des 21. Jahrhunderts würde daher auf eine weitere Abnahme der Eisbedeckung und eine Zunahme milder Eiswinter hindeuten.

4.1.3 Zusammenfassung

Ozeanographische Zustandsgrößen in der Deutschen Bucht unterliegen einer ausgeprägten natürlichen Variabilität mit Zeitskalen von intraannuell bis multidekadisch. Die Qualität der Datengrundlage zur Abschätzung und Bewertung solcher Änderungen ist dabei je nach betrachtetem Parameter höchst unterschiedlich. Relativ verlässliche Daten liegen für die Bewertung langfristiger Oberflächentemperaturänderungen in der Deutschen Bucht vor. Demnach hat sich die Meeresoberflächentemperatur bei Helgoland im Zeitraum 1873–1995 um etwa 0,6–0,8 K erwärmt, mit einem verstärkten Anstieg seit den 1980er-Jahren. Die Oberflächentemperaturen haben sich nach 1995 auf einem hohen Niveau stabilisiert, und in 2014 wurde ein Maximum des Jahresmittels von 11,9 °C beobachtet. Für das Ende des 21. Jahrhunderts liegt die Bandbreite der projizierten Temperaturerhöhungen zwischen 1 und 3 K. Parallel zu dem beobachteten Anstieg der SST in der Deutschen Bucht nehmen die starken Eiswinter in den Beobachtungen ab. Für den Oberflächensalzgehalt ist in der jetzigen Beobachtungszeitreihe kein signifikanter Trend zu erkennen, die Zeitreihe wird vielmehr von ausgeprägter dekadischer Variabilität geprägt. Obwohl eine Vielzahl der Modellprojektionen für den Salzgehalt zum Ende des 21. Jahrhunderts auf eine Abnahme des Salzgehaltes in der Nordsee um 0,2 bis 0,6 psu hinweist, ist die Größenordnung der Abnahme nicht ausreichend konsistent und hängt von modellspezifischen Ansätzen für die Frischwasserflüsse ab.

Der Meeresspiegel ist laut dem letzten IPCC-Bericht im globalen Mittel in den letzten ca. 100 Jahren um etwa 1,7 mm/Jahr gestiegen. Die Ergebnisse für den Trend des mittleren Meeresspiegels für den Bereich der Deutschen Bucht schwanken regional in den unterschiedlichen Studien zwischen 1,4 und 2,8 mm/Jahr. Diese Trends beinhalten aber auch durch wasserbauliche Maßnahmen hervorgerufene Änderungen. Aufgrund unterschiedlicher Analysezeiträume und -methoden sind diese Studien zudem oft nicht direkt vergleichbar. Eine systematische Beschleunigung des Meeresspiegelanstiegs lässt sich aus Pegelmessungen derzeit weder für die niederländische noch für die deutsche Nordseeküste ableiten. Modellprojektionen für den Meeresspiegelanstieg in der Deutschen Bucht zum Ende des 21. Jahrhunderts zeigen weiterhin eine wahrscheinliche Bandbreite von 40–80 cm.

Wie stark sich Sturmflutwasserstände an der deutschen Nordseeküste ändern werden, hängt in erster Line vom Meeresspiegelanstieg und von Änderungen des Windklimas in der Deutschen Bucht ab. Die Windverhältnisse in den letzten ca. 100 Jahren sind von starker natürlicher Variabilität geprägt und haben sich in diesem Zeitraum nicht systematisch verändert. Dementsprechend ist anzunehmen, dass bis zum gegenwärtigen Zeitpunkt Sturmfluten nur aufgrund des Meeresspiegelanstiegs höher auflaufen. Die Modellprojektionen weisen nach wie vor große Unsicherheiten bzgl. der Winde auf, sodass eine Zunahme der Sturmaktivität in der Deutschen Bucht innerhalb der vorhandenen Unsicherheitsbereiche nicht statistisch signifikant belegbar ist.

Für das zukünftige Seegangsklima lässt sich zusammenfassend festhalten, dass die neueren Studien übereinstimmend eine Zunahme des 99. Perzentils der signifikanten Wellenhöhe Hs für die östliche Nordsee und das Skagerrak zeigen, während die Abnahme der Hs in der westlichen Nordsee in den Studien unterschiedlich stark ausfällt bzw. dort teilweise kein signifikanter Trend festzustellen ist.

Für die Gezeitenamplitude zeigen die bisherigen Untersuchungen der Pegelzeitreihen geringe Änderungen vor 1955 und Änderungen von mehr als 0,4 mm/Jahr für den Zeitraum danach, die mit Änderungen des Gezeitenregimes aufgrund wasserbaulicher Maßnahmen in Verbindung gebracht werden. Projektionen zukünftiger Änderungen des Gezeitenregimes zum Ende des 21. Jahrhunderts sind noch wenig konsistent und weisen auf methodische Unterschiede in den Modellsimulationen hin.

4.2 Tideelbe

Die Tideelbe umfasst den tidebeeinflussten Teil der Elbe (◘ Abb. 4.12). Sie ist etwa 140 km lang und reicht von der Nordseemündung bis zum Wehr Geesthacht. Die Tideelbe unterliegt vielen anthropogenen Einflussfaktoren. Der anthropogene Klimawandel stellt nur einen dieser Einflussfaktoren dar. Im Rahmen dieses Berichtes soll der Fokus auf Änderungen des Systems Tideelbe liegen, die durch den Klimawandel bedingt sind. Zur besseren Einordnung der Änderungen wird aber auch auf Änderungen eingegangen, die nicht durch den Klimawandel bedingt sind. Eine ausführliche Beschreibung des Systems Tideelbe findet sich im 1. HKB (Winkel 2011). Im Folgenden werden kurz einige Eigenschaften zusammengefasst.

Die Hydrodynamik der Tideelbe wird durch die Wechselwirkung der aus der Nordsee einschwingenden Tidewelle mit der Topographie und dem Oberwasserzufluss bestimmt. Die Tidewelle bewegt sich von der Mündung stromauf bis zur Tidegrenze am Wehr Geesthacht. Im Mündungsbereich ist die Welle nahezu symmetrisch. Je weiter die Tidewelle stromauf wandert, umso mehr wird sie verformt. Der Flutast[24] wird steiler und der Ebbeast[25] flacher. Diese Asymmetrie der Tidekurve führt in Abhängigkeit vom Oberwasserzufluss häufig dazu, dass die Flutstromgeschwindigkeiten in vielen Bereichen höher sind als die Ebbestromgeschwindigkeiten. Das System ist dort flutstromdominant. Aus diesem Grund ist der stromaufgerichtete Sedimenttransport im Mittel größer als der stromabgerichtete Sedimenttransport. Zur Erhaltung der erforderlichen Wassertiefen für die Schifffahrt muss in der Fahrrinne der Tideelbe regelmäßig gebaggert werden.

Der Salzgehalt in der Tideelbe variiert zwischen etwa 30 psu im Mündungsbereich und Werten nahe null (Süßwasser) im oberen Bereich. Die Mischzone, in der sich das salzige Meerwasser und das süße Oberwasser vermischen, wird als Brackwasserzone bezeichnet. Die Lage der Brackwasserzone variiert mit jeder Tide. Sie hängt zudem maßgeblich von der Menge des Oberwasserzuflusses und vom mittleren Wasserstand in der Nordsee ab.

Die Wassertemperatur der Tideelbe hängt von der Lufttemperatur ab und unterliegt einem Jahresgang. Im Mündungsbereich wird sie von der Wassertemperatur der Nordsee dominiert. Hier folgt sie dem Jahresgang der Lufttemperatur mit einer deutlichen Zeitverzögerung (Deutscher Wetterdienst 1996). Weiter stromaufwärts wird die Elbe schmaler, und der maritime Einfluss lässt nach. In einigen Bereichen der Tideelbe erhöhen Kühlwassereinleitungen die Wassertemperatur.

4.2.1 Beobachtete Klimaänderungen bis 2014

4.2.1.1 Topographie

Die Topographie, d. h. das Relief der Erdoberfläche von der Gewässersohle bis zum Deich, ist eine entscheidende Randbedingung für die Hydrodynamik. In der Vergangenheit hat sich die Topographie der Elbe stark gewandelt. Ein wesentlicher Grund ist anthropogenen Ursprungs. Zum Beispiel wurde an beiden Ufern eine durchgängige Deichlinie errichtet, Buhnen und Lahnungen wurden angelegt, tidebeeinflusste Nebenarme abgetrennt und das Wehr bei Geesthacht gebaut. Zur Verbesserung der Schiffbarkeit wurde die Fahrrinne in mehreren Stufen vertieft (1. HKB, Winkel 2011). Aber auch natürliche morphodynamische Prozesse führen zu Veränderungen in der Topographie (Weilbeer 2014).

Li et al. (2014) beschreiben anhand eines Vergleichs historischer Seekarten von 1927 bis 2006 die Dynamik der Topographie im Elbmündungsgebiet. Priele verlagern sich, Inseln/Sände verschwinden und entstehen neu und Watten verändern sich. Im nördlichen Teil des Elbmündungsgebietes sind die Wattflächen aufgewachsen. Dieser Trend ist auch großräumig zu beobachten. Die im Rahmen eines funktionalen Bodenmodells aggregierten bathymetrischen Vermessungsdaten deuten darauf hin, dass die Watten im Zeitraum 2002–2012 in der Deutschen Bucht im Mittel 7,4 mm/Jahr aufgewachsen sind (Milbradt et al. 2015).

Der Mündungsbereich der Elbe (◘ Abb. 4.13) ist morphologisch sehr dynamisch. ◘ Abb. 4.14 aus Milbradt (2011) zeigt deutliche morphologische Änderungen zwischen 1995 und 2011 im Bereich der Medemrinne. Die Medemrinne verlagert sich nach Norden. Es entsteht ein Durchbruch zum Klotzenloch. Diese

24 Abschnitt der Tidekurve vom Tideniedrigwasser zum Tidehochwasser

25 Abschnitt der Tidekurve vom Tidehochwasser zum Tideniedrigwasser

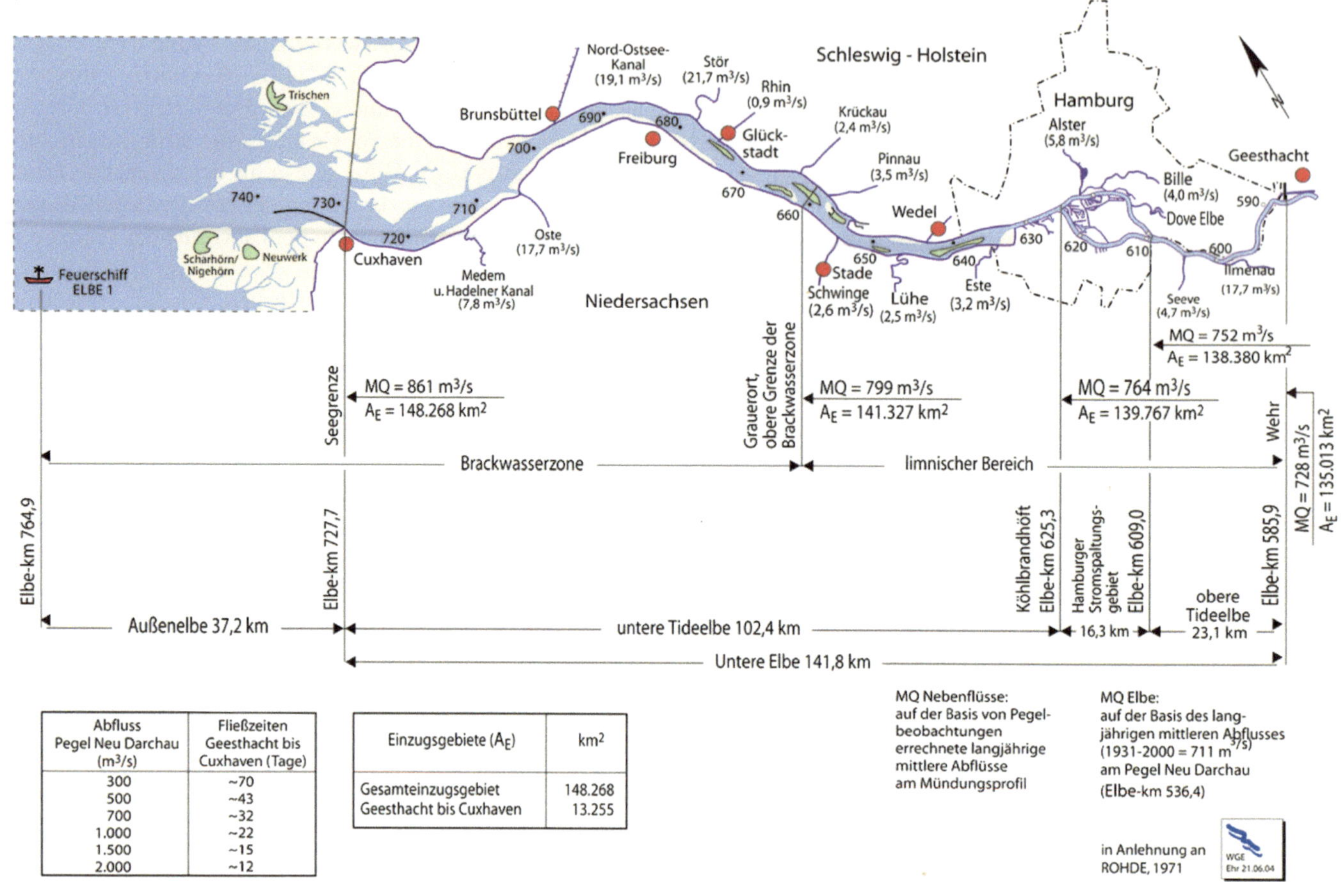

Abfluss Pegel Neu Darchau (m³/s)	Fließzeiten Geesthacht bis Cuxhaven (Tage)
300	~70
500	~43
700	~32
1.000	~22
1.500	~15
2.000	~12

Einzugsgebiete (A_E)	km²
Gesamteinzugsgebiet	148.268
Geesthacht bis Cuxhaven	13.255

Abb. 4.12 Karte der Tideelbe. (IKSE 2005)

morphologische Entwicklung ist nicht außergewöhnlich. Die Topographie im Elbmündungsgebiet hat sich in den letzten Jahrhunderten in einer zyklischen Weise verändert (1. HKB, Winkel 2011). Zyklische morphologische Veränderungen sind auch auf kleineren Raum- und Zeitskalen beobachtbar (Albers 2012).

4.2.1.2 Wasserstand und Strömung

Die Zeitreihen von Wasserstand und Strömung sind durch eine hohe Variabilität auf verschiedenen Zeitskalen gekennzeichnet. Generell ist es daher schwierig, Änderungen der Hydrodynamik, die durch Klimaänderungen hervorgerufen wurden, herauszufiltern. Einige Zeitreihen zeigen deutliche Trends, die aber nicht auf den anthropogenen Klimawandel zurückzuführen sind.

Der gemessene mittlere Wasserstand am Pegel Cuxhaven steigt an. Je nach betrachtetem Zeitraum unterscheiden sich die Zahlen. Im Zeitraum 1918–2015 stieg er im Mittel um 2,0 mm/Jahr (▶ Abschn. 4.1.1). Für den Zeitraum 1843–2008 geben Jensen et al. (2011) einen Anstieg von 2,3 mm/Jahr an. Die Veränderung des mittleren Wasserstandes am Pegel Cuxhaven spiegelt den Anstieg des relativen mittleren Meeresspiegels in der Deutschen Bucht wider (▶ Abschn. 4.1.1). Eine Beschleunigung des relativen mittleren Meeresspiegelanstiegs in den letzten Jahrzehnten, die sich eindeutig von Beschleunigungen früherer Zeitspannen unterscheidet, ist nicht erkennbar (Jensen et al. 2011; Müller-Navarra et al. 2013).

Die Aussagen zur langfristigen Entwicklung des mittleren Tideniedrigwassers (MTnw), des mittleren Tidehochwassers (MThw) und des mittleren Tidehubs (MThb) an den Pegeln Cuxhaven und St. Pauli bleiben im Vergleich zum 1. HKB (Winkel 2011) grundsätzlich unverändert. Am Pegel St. Pauli ändern sich die Tidekennwerte deutlich. Während das MTnw abnimmt, steigt das MThw. Der MThb erhöht sich von 2,40 m (1950) auf 3,80 m (2013) (Büscher und Rudolph 2014). Die Erhöhung des Tidehubs am Pegel St. Pauli[26] ist auch in ◘ Abb. 4.15 sichtbar. ◘ Abb. 4.15 macht deutlich, dass Anfang des 20. Jahrhunderts der Tidehub stromaufwärts entlang der Tideelbe stetig abnahm. Seit den 1970er-Jahren nimmt der Tidehub ab km 680 bis nach Hamburg zu (Winterwerp et al. 2013). Diese Entwicklung ist zum großen Teil auf Veränderungen der Topographie zurückzuführen, die durch anthropogene Eingriffe (Ausbauten der Elbe-Fahrrinne, Zuschütten von Hafenbecken, Abtrennen von Nebenarmen, Eindeichung etc.) verursacht wurden. Aber auch großräumige natürliche Sedimentumlagerungen können einen deutlichen Einfluss auf die Tidedynamik haben (Boehlich und Strotmann 2008).

Am Pegel Cuxhaven haben sich die Tidekennwerte im Vergleich zum Pegel St. Pauli nur wenig geändert (Büscher und Rudolph 2014). Aber auch hier steigt das MThw an, und der MThb nimmt zu (Jensen et al. 2014). Ein Grund könnte der steigende Meeresspiegel sein. Aber auch natürliche morphologische Änderungen im Elbmündungsbereich sowie die zahlreichen

26 St. Pauli liegt bei km 623.

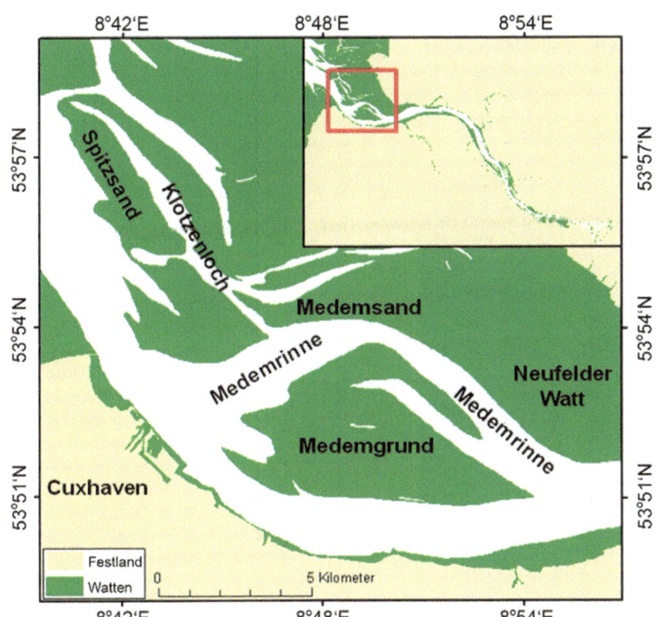

Abb. 4.13 Übersicht über die Wattgebiete im Mündungsbereich der Tideelbe. (Heyer und Schrottke 2013)

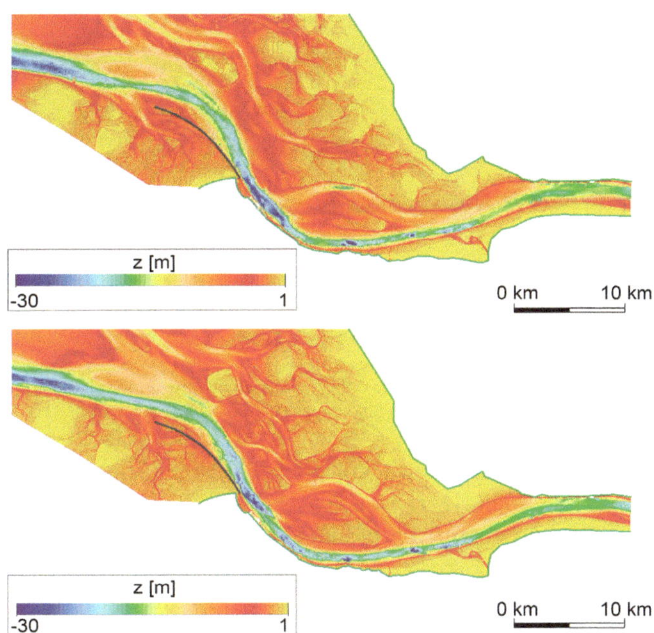

Abb. 4.14 Digitales Geländemodell des Mündungsbereichs der Tideelbe zum 01.07.1995 (*oben*) und zum 01.07.2011 (*unten*). (Milbradt 2011)

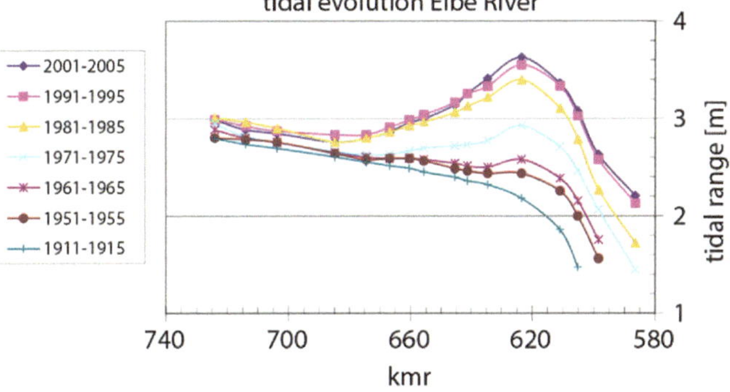

Abb. 4.15 Entwicklung des Tidehubs („tidal range") entlang eines Längsprofils in der Tideelbe (Winterwerp et al. 2013). Auf der x-Achse sind die Flusskilometer (kmr) aufgetragen

Baumaßnahmen können in ihrer Summe zu einer veränderten Tidedynamik im Außenbereich führen.

Die Differenz des Tidemittelwassers zwischen Cuxhaven und St. Pauli ist ein Maß für das Gefälle des Ruhewasserspiegels. Zwischen 1952 und 2008 hat sie von 50 auf 25 cm abgenommen (Fickert und Strotmann 2009). Die genauen Ursachen sind unbekannt. Eine deutliche Abnahme Mitte der 1970er-Jahre ordnen Fickert und Strotmann (2009) dem Ausbau der Fahrrinne auf eine Tiefe von 13,5 m zu. Die Fahrrinnenanpassung 1999/2000 ist dagegen in den Auswertungen nicht erkennbar. Auch der Meeresspiegelanstieg trägt zu einer Abnahme der Differenz des Tidemittelwassers zwischen Cuxhaven und St. Pauli bei.

Die Aussagen zur mittleren Flutdauer (mittlere Dauer zwischen Tideniedrigwasser und Tidehochwasser) und zur mittleren Ebbedauer (mittlere Dauer zwischen Tidehochwasser und Tideniedrigwasser) bleiben im Vergleich zum 1. HKB (Winkel 2011) unverändert. Während sich die mittlere Flutdauer in der Tideelbe verlängert hat, hat sich die mittlere Ebbedauer entsprechend verkürzt. Eine verlängerte Flutphase steht scheinbar den beobachteten höheren Anstiegsraten des Wasserstandes an einem Pegel entgegen. Die gleichzeitige Zunahme des Tidehubs überwiegt aber gegenüber der längeren Flutdauer (Fickert und Strotmann 2007).

Zur vergangenen Entwicklung der Strömungsgeschwindigkeiten gibt es wenig Literatur. Im Rahmen der Beweissicherung der 1999 durchgeführten Fahrrinnenanpassung wurden Strömungsmessungen aus dem Zeitraum 1998–2010 ausgewertet (Wasser- und Schifffahrtsamt Hamburg 2012). In dem aus klimatologischer Sicht kurzen Zeitraum treten sowohl Zunahmen als auch Abnahmen auf. Im Allgemeinen hängen die Strömungsverhältnisse an einem Messpunkt stark von der lokalen Topographie ab. Die beobachteten Zu- und Abnahmen werden daher primär auf die natürliche Sedimentdynamik im Mündungstrichter und lokale morphologische Veränderungen zurückgeführt.

Im Rahmen einer Masterarbeit vergleicht Gérard (2013) Strömungsmessungen seit Anfang der 1960er-Jahre mit aktuellen Messungen (2001–2011). Der Vergleich ist mit vielen Unsicherheiten behaftet (z. B. aufgrund wechselnder Messmethoden und Messorte). An den vier betrachteten Messprofilen zwischen Elbe-km 643 und 676,5 deuten die Analysen auf einen Anstieg der Strömungsgeschwindigkeiten hin. Als Ursachen benennt Gérard (2013) verschiedene wasserbauliche Maßnahmen.

4.2.1.3 Sturmfluten

Bei Sturmfluten sind die Wasserstände aufgrund starker Winde aus nordwestlichen Richtungen erhöht. Die Sturmaktivität in der Nordseeregion ist durch eine hohe Variabilität geprägt und weist keinen langfristigen Trend auf (▶ Abschn. 2.3.2). Daher unterliegen auch die Häufigkeit und Intensität von Sturmfluten deutlichen zeitlichen Schwankungen (Jensen et al. 2011; Weisse et al. 2012). Am Pegel Cuxhaven gibt es laut 1. HKB (Weisse 2011) keine systematische Veränderung der meteorologisch bedingten Wasserstandsanteile. Diese Aussage bleibt bestehen. Extreme

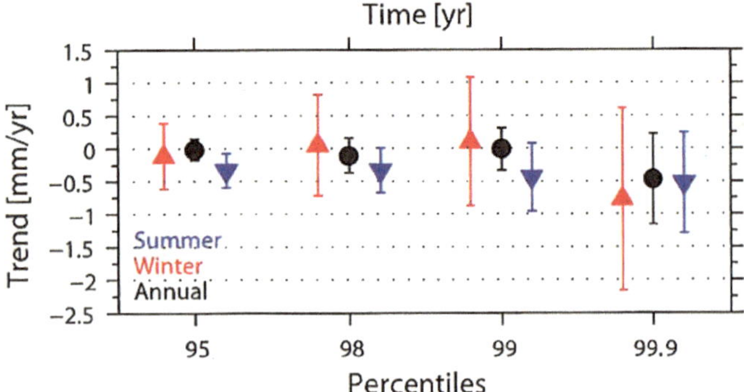

Abb. 4.16 Lineare Trends für vier Perzentile der Windstauzeitreihen am Pegel Cuxhaven im Zeitraum 1843–2012. (Dangendorf et al. 2014c)

Wasserstände haben sich im Zeitraum zwischen 1843 und 2006 zwar erhöht, dies ist aber auf den Anstieg des relativen mittleren Meeresspiegels zurückzuführen und nicht auf veränderte meteorologische Einflüsse (Weisse et al. 2012). Auch die Analysen von Dangendorf et al. (2014c) stützen diese Aussage. Dangendorf et al. (2014c) analysieren die Windstauzeitreihe am Pegel Cuxhaven zwischen 1843 und 2012. Die Windstauzeitreihe ergibt sich, indem von der beobachteten Wasserstandszeitreihe die astronomische Tide subtrahiert wird. Die Zeitreihen der 95., 98., 99. und 99,9. Perzentilen weisen keinen signifikanten Langzeittrend auf (Abb. 4.16).

Für den Pegel Hamburg St. Pauli beschreibt Winkel (2011) im 1. HKB eine Zunahme der Häufigkeit von Sturmflutereignissen und eine Erhöhung der Sturmflutscheitelwasserstände, die über den Anstieg des relativen mittleren Meeresspiegels hinausgeht. Die Sturmflutscheitelwasserstände haben insbesondere seit den 1970er-Jahren zugenommen. In Tab. 4.1 sind die zehn höchsten gemessenen Sturmflutscheitelwasserstände am Pegel St. Pauli aufgelistet. Die meisten Ereignisse traten innerhalb der letzten 40 Jahre auf. Diese unterschiedliche Entwicklung zwischen den Pegeln Cuxhaven und Hamburg St. Pauli spiegelt sich in der Zunahme der Differenz der Scheitelwasserstände zwischen den beiden Pegeln wider (1. HKB, Winkel 2011). Die Zunahme der Differenz ist nicht auf veränderte meteorologische Einflüsse zurückzuführen und nicht dem anthropogenen Klimawandel geschuldet (von Storch et al. 2008). Der Scheitelwasserstand am Pegel St. Pauli hängt stark von der Topographie des Elbeästuars und den Deichhöhen ab. Beide wurden im letzten Jahrhundert durch den Menschen verändert. Die Erhöhung der Sturmflutscheitelwasserstände in St. Pauli wird auf den verbesserten Sturmflutschutz durch höhere Deiche[27] und weitere Strombaumaßnahmen wie z. B. Fahrrinnenvertiefungen und veränderte Hafenbecken zurückgeführt (von Storch et al. 2008; Müller-Navarra 2009a).

4.2.1.4 Salzgehalt

Die Lage der Brackwasserzone hängt in erster Linie vom Oberwasserzufluss und von Vermischungsprozessen aufgrund der Tidedynamik ab. Wind und Fernwellen aus dem Nordatlantik können die Lage der Brackwasserzone je nach Stärke bzw. Größe ebenfalls beeinflussen.

Tab. 4.1 Zehn höchste Sturmflutscheitelwasserstände (HThw) am Pegel St. Pauli, bezogen auf den Pegelnullpunkt (PN), PN = NHN – 5,00 m. (Persönliche Kommunikation mit Hamburg Port Authority 2014)

Rang	Datum	HThw* [cm]
1	03.01.1976	1145
2	06.12.2013	1108
3	10.01.1995	1102
4	28.01.1994	1102
5	03.12.1999	1095
6	24.11.1981	1081
7	23.01.1993	1076
8	28.02.1990	1075
9	05.02.1999	1074
10	17.02.1962	1070

* HThw ist der höchste Wert des Tidehochwassers (Thw) eines bestimmten Zeitraums.

Der Oberwasserzufluss der Tideelbe (gemessen bei Neu Darchau[28]) ist durch eine hohe Variabilität auf verschiedenen Zeitskalen bis hin zu dekadischer Variabilität geprägt (Ionita et al. 2011). Trendauswertungen der Abflussmessungen bei Neu Darchau zeigen für den Zeitraum 1944–2011 keine signifikanten Änderungen (Kohn et al. 2014). Die Tidedynamik hat sich dagegen verändert (s. o.). Diese Veränderung spiegelt sich in einer Verlagerung der Brackwassergrenze bei niedrigem Oberwasserzufluss wider. Bergemann (2004) zeigt, dass sich die Brackwassergrenze bei niedrigem Oberwasserzufluss zwischen 1953 und 2003 nach stromauf verlagert hat. Für hohe und mittlere Oberwasserzuflüsse kann keine statistisch abgesicherte Verschiebung der Lage der Brackwasserzone ermittelt werden (Bergemann 1995).

4.2.1.5 Wassertemperatur und Eis

Im Rahmen der Literaturrecherche konnten keine Studien gefunden werden, die explizit die langfristige Entwicklung der Wassertemperatur in der Tideelbe analysieren. Aufgrund der Zunahme der Lufttemperatur (▶ Abschn. 2.3.3) liegt die Vermutung nahe, dass auch die Wassertemperatur zunimmt. Eine Zeitreihe der Jahresmittel der gemessenen Wassertemperatur bei Seemannshöft scheint diese These zu stützen (Abb. 4.17). Für eine fundierte Aussage zur Entwicklung der Wassertemperatur sind tiefergehende Analysen notwendig.

Die Eissituation an den deutschen Küsten einschließlich der Tideelbe wird regelmäßig in Eisberichten des Bundesamts für Seeschifffahrt und Hydrographie beschrieben (Schmelzer und Holfort 2009; Schmelzer et al. 2014). Die Eiswinter werden anhand der flächenbezogenen Eisvolumensumme an den deutschen Küsten in fünf Klassen (schwach, mäßig,

27 Der gemessene Sturmflutscheitelwasserstand kann maximal so hoch wie der Deich sein. Der Wasserstand kann nicht weiter steigen, da der Deich dann überströmt wird.

28 Neu Darchau befindet sich etwa 47 km stromauf von Geesthacht.

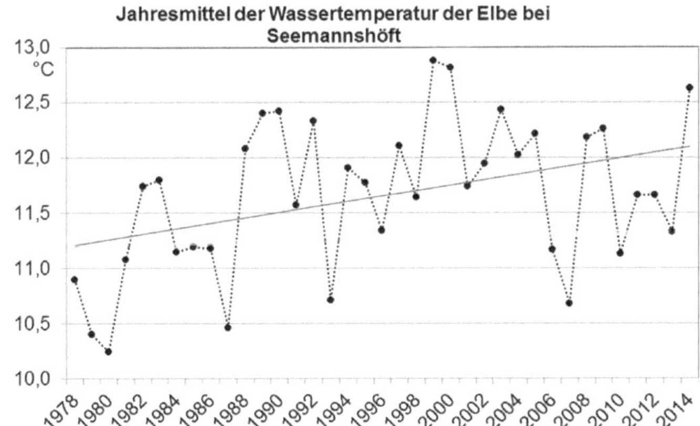

Abb. 4.17 Wassertemperatur bei Seemannshöft. (Persönliche Kommunikation mit Bergemann 2015, Daten Fachinformationssystem der FFG Elbe, verfügbar auf dem Elbe-Datenportal)

stark, sehr stark, extrem stark) eingeteilt. In den letzten Jahren gab es überwiegend mäßige und schwache Eiswinter (s. auch ► Abschn. 4.1.1).

4.2.2 Zukünftige Klimaänderungen bis 2100

4.2.2.1 Methoden und Unsicherheiten

Für lokale Systeme wie die Tideelbe ist es schwer, konkrete Aussagen über zukünftige klimabedingte Änderungen zu treffen. Für das System Tideelbe kann mithilfe einer Kette von Modellen (ausgehend von globalen Klimamodellen über regionale Klimamodelle, hydrologische Modelle und hydrodynamische Modelle) das globale Klimaänderungssignal Schritt für Schritt auf immer kleinere räumliche Skalen übertragen werden. Auf diesem Weg vom globalen Signal zu lokalen Auswirkungen nehmen aber die Unsicherheiten und damit die Bandbreiten der möglichen Ergebnisse bei jedem Schritt zu. Wenn alle Unsicherheiten konsequent berücksichtigt werden, ist die Unsicherheitsspanne für lokale Auswirkungen sehr groß (Wilby und Dessai 2010; Carter et al. 2007). Oft ist auch das Zusammenspiel verschiedener klimarelevanter Prozesse in Systemen wie der Tideelbe noch nicht ausreichend verstanden. Aus diesem Grund wurden verstärkt Systemstudien durchgeführt.

In Systemstudien werden die Haupteinflussfaktoren des Systems einzeln und in Kombination im Rahmen der erwarteten Bandbreite variiert. Auf diese Weise erhält man ein vertieftes Prozessverständnis im Zusammenhang mit zukünftigen Klimaänderungen. Zudem können Punkte, an denen das System einen kritischen Zustand erreichen würde, erkannt werden (Kwadijk et al. 2010). Der Nachteil von Systemstudien ist, dass sie keine konsistenten Projektionen liefern und häufig nicht alle Feedbackprozesse berücksichtigt werden. Dafür bieten sie die Möglichkeit, klare Wenn-dann-Aussagen zu treffen.

4.2.2.2 Topographie

Eine der größten Herausforderungen bei der Abschätzung der zukünftigen Entwicklung der Tideelbe besteht darin, Aussagen zur morphologischen Entwicklung der Tideelbe zu treffen. Prognosen zur mittel- bis langfristigen Veränderung der Morphodynamik sind mit großen Unsicherheiten behaftet (Heyer und Schrottke 2013). Zum einen ist es schwer, natürliche morphologische Entwicklungen, die sich über längere Zeiträume z. B. im Zusammenhang mit einem beschleunigten Meeresspiegelanstieg entwickeln, korrekt zu simulieren. Zum anderen lassen sich anthropogene Eingriffe (Unterhaltungsbaggerungen und wasserbauliche Maßnahmen) schwer vorhersagen. Für die Tideelbe gibt es aus diesem Grund keine konkreten Aussagen zur zukünftigen Entwicklung der Topographie.

Systemstudien mit einem Meeresspiegelanstieg von 80 cm deuten aber auf einen verstärkten stromaufgerichteten Netto-Schwebstofftransport hin (Weilbeer und Paesler 2012; Seiffert et al. 2014). Weilbeer und Paesler (2012) beschreiben Modellsimulationen, in denen die Topographie der Tideelbe zusammen mit dem Meeresspiegel variiert wird. Sie zeigen, wie wichtig die Wattgebiete im Elbmündungsbereich für die gesamte Tideelbe sind. Ein Verlust der Wattgebiete würde zu einer verstärkten Flutstromdominanz und einem erhöhten stromaufgerichteten Netto-Schwebstofftransport führen. Mit gezielten anthropogenen Eingriffen besteht die Möglichkeit, die Topographie nach bestimmten Kriterien zu beeinflussen. Auf diese Weise könnte z. B. das Wachsen der Watten unterstützt und der stromaufgerichtete Netto-Schwebstofftransport vermindert werden (Weilbeer und Paesler 2012).

4.2.2.3 Wasserstand und Strömung

Aufgrund des Klimawandels wird im 21. Jahrhundert ein beschleunigter Anstieg des mittleren Meeresspiegels in der Nordsee erwartet (► Abschn. 4.1.2). Ein Anstieg des mittleren Meeresspiegels hat einen direkten Einfluss auf die Tidedynamik in der Tideelbe. Simulationen mit einem hochaufgelösten 3D-hydrodynamisch-numerischen Modell (Büscher und Rudolph 2014; Seiffert et al. 2014) zeigen, dass sich bei einem Meeresspiegelanstieg nicht nur die Wasserstände, sondern auch die Strömungsgeschwindigkeiten verändern (◘ Abb. 4.18). Bei Brunsbüttel nehmen die Flutstromgeschwindigkeiten stärker zu als die Ebbestromgeschwindigkeiten. Die Tidekennwertanalyse dieser Simulationsergebnisse entlang des Längsprofils der Tideelbe (◘ Abb. 4.19) bestätigt die Ergebnisse von Plüß (2004). Durch den Meeresspiegelanstieg wird das mittlere Tidehochwasser stärker angehoben als das mittlere Tideniedrigwasser. Der mittlere Tidehub nimmt dadurch zu. Ähnliche Ergebnisse für Tideniedrigwasser, Tidehochwasser und Tidehub beschreiben auch Hein et al. (2014b). ◘ Abb. 4.20 zeigt, dass das Verhältnis von maximaler Flutstromgeschwindigkeit zu maximaler Ebbestromgeschwindigkeit in den meisten Bereichen aufgrund des Meeresspiegelanstiegs zunimmt. Durch die verstärkte Flutstromdominanz erhöht sich der stromaufgerichtete Sedimenttransport (Weilbeer und Paesler 2012; Seiffert et al. 2014).

Es ist zu beachten, dass zukünftige morphodynamische Änderungen der Topographie in den Studien nicht berücksichtigt werden. Die Aussagen gelten daher nur für die heutige Topographie der Tideelbe. Die Topographie wird sich aber insbesondere über lange Zeiträume ändern. Neben anthropogenen Eingriffen wird auch die aufgrund des Meeresspiegelanstiegs veränderte Tidedynamik morphologische Änderungen herbeiführen. Eine veränderte Topographie hat wiederum Einfluss auf die Tidedy-

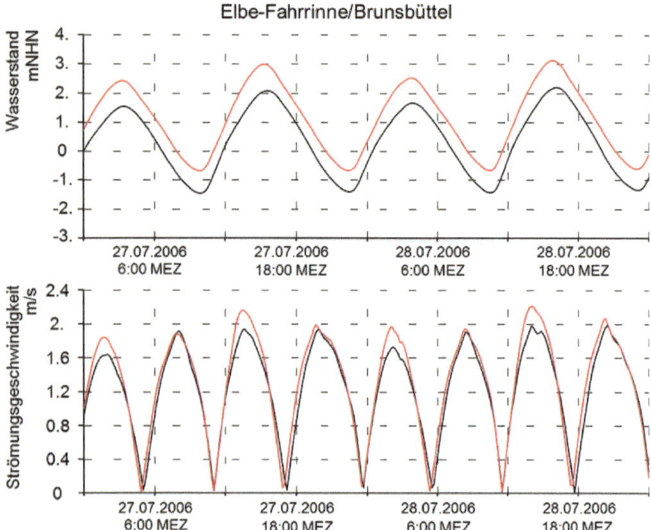

Abb. 4.18 Zeitreihen des Wasserstandes und des Betrags der Strömungsgeschwindigkeit bei Brunsbüttel, *schwarz*: ohne Meeresspiegelanstieg, *rot*: mit einem Meeresspiegelanstieg von 80 cm. (Bundesanstalt für Wasserbau 2015)

namik. Um konkrete Aussagen zur zukünftigen Entwicklung der Hydrodynamik zu treffen, sind langfristige morphodynamische Simulationen notwendig. Die Unsicherheiten langfristiger morphodynamischer Simulationen sind aber noch groß (Heyer und Schrottke 2013).

4.2.2.4 Sturmfluten

Ob sich die Intensität von sturmfluterzeugenden Stürmen in Zukunft verändert, ist nach aktuellem Stand nicht eindeutig. Insgesamt deuten aktuelle Studien aber auf keinen oder nur einen geringen Anstieg der Intensität der Stürme (► Abschn. 2.4.2 und ► Abschn. 4.1.2). Neben der Intensität der Stürme beeinflusst auch der Meeresspiegelanstieg die Sturmflutscheitelwasserstände. Abhängig von den topographischen Verhältnissen können Sturmflutwasserstände nichtlinear mit dem Meeresspiegel zunehmen (Arns et al. 2015). In der Tideelbe deuten Simulationen mit einem hochaufgelösten 3D-hydrodynamisch-numerischen Modell auf eine weitestgehend lineare Abhängigkeit zwischen Meeresspiegelanstieg und Sturmflutscheitelwasserständen (◘ Abb. 4.21) hin. Die Sturmflutscheitelwasserstände entlang des Längsprofils bis nach Hamburg nehmen etwa um den im Mündungsbereich angenommenen Meeresspiegelanstieg zu. Abhängig von Sturmflutszenario und Ort kann die Zunahme aber ±10 cm über oder unter dem angenommenen Meeresspiegelanstieg liegen (Rudolph 2014). Wenn der Meeresspiegelanstieg bei St. Pauli wie bei Grossmann et al. (2006) als additive Komponente betrachtet wird, ist daher mit einer zusätzlichen Unsicherheit zu rechnen.

4.2.2.5 Salzgehalt

Verschiedene Studien zeigen, dass sich der Oberwasserzufluss der Tideelbe durch den Klimawandel verändern wird. Ergebnisse eines Ensembles aus 18 Abflusssimulationen deuten z. B. bei mittlerem Sommerabfluss und bei Niedrigwasserabflüssen auf abnehmende Werte des Oberwasserzuflusses zum Ende des 21. Jahrhunderts hin (Nilson et al. 2014). Phasen mit dauerhaft niedrigem Oberwasserzufluss können häufiger auftreten (Winterscheid et al. 2014). Eine Folge niedriger Oberwasserzuflüsse ist eine Verschiebung der Brackwasserzone nach stromauf. Bei mittleren Winterabflüssen und bei Hochwasserabflüssen sind dagegen keine klaren Änderungen sichtbar (Nilson et al. 2014).

Aber auch die aufgrund eines Meeresspiegelanstiegs veränderte Tidedynamik (s. o.) hat einen Einfluss auf die Lage der Brackwasserzone. Die Brackwasserzone verschiebt sich stromauf (Seiffert et al. 2014). Ein Vergleich der Wirkung eines Meeresspiegelanstiegs von 80 cm und eines sehr lang andauernden geringen Oberwasserzuflusses von 304 m^3/s[29] zeigt, dass die Wirkung des Meeresspiegelanstiegs im Vergleich zu diesem niedrigen Oberwasserzufluss deutlich geringer ist (Seiffert et al. 2012). Die Zeitskalen, auf denen Änderungen des Meeresspiegels und des Oberwasserzuflusses auf die Brackwasserzone wirken, sind unterschiedlich. Da der Meeresspiegel stetig steigt, ist die Wirkung auf den Salzgehalt stetig und dauerhaft. Die Oberwasserverhältnisse variieren dagegen stark und führen im Vergleich zum Meeresspiegelanstieg zu kurzfristigen Verschiebungen der Brackwasserzone.

4.2.2.6 Wassertemperatur und Eis

Zur zukünftigen Entwicklung der Wassertemperatur in der Tideelbe gibt es kaum Studien. Hein et al. (2014a) untersuchen den Sauerstoffhaushalt der Tideelbe und simulieren dabei auch die Wassertemperatur. Im Rahmen von Sensitivitätsuntersuchungen variieren sie die Lufttemperatur und den Oberwasserzufluss systematisch in vorgegebenen Bandbreiten. Wie zu erwarten, führt eine Zunahme der Lufttemperatur zu einer Zunahme der Wassertemperatur. In die Antwortflächen der Sensitivitätsstudien ordnen sie projizierte Änderungen der Lufttemperatur und des Oberwasserzuflusses aus 13 Simulationen des A1B-Szenarios ein. Die Ergebnisse deuten darauf hin, dass sich der Saisonmittelwert (April bis Oktober) der Wassertemperatur in der Tideelbe[30] um 0,3–1,4 K für die nahe Zukunft (2021–2050) und um 1,4–3,0 K für die ferne Zukunft (2071–2100) erhöht (Hein et al. 2014a). Im Mündungsbereich ist die Wassertemperatur der Tideelbe auch von der Wassertemperatur in der Nordsee abhängig, die ebenfalls zunehmen wird (► Abschn. 4.1.2).

Für die Tideelbe selbst konnten keine Studien zur zukünftigen Eisentwicklung gefunden werden. Es gibt jedoch eine Studie zur Eisbildung im Binnenbereich der Elbe und anderer deutscher Flüsse (Hatz und Maurer 2014). Der Fokus der Studie liegt auf den Einschränkungen für die Schifffahrt, die durch Eisbildung entstehen, und wie sich diese in Zukunft verändern. Wie zu erwarten, nehmen aufgrund des Klimawandels die Winterkältesummen (Summe der negativen Tagesmitteltemperatur der Luft) und damit die Anzahl der Winter mit eisbedingten Sperrungen im Binnenbereich ab.

29 Entspricht dem langjährigen Mittel der niedrigsten Oberwasserzuflüsse im Sommer.

30 Betrachtet wurde der Bereich von Elbe-km 609–660.

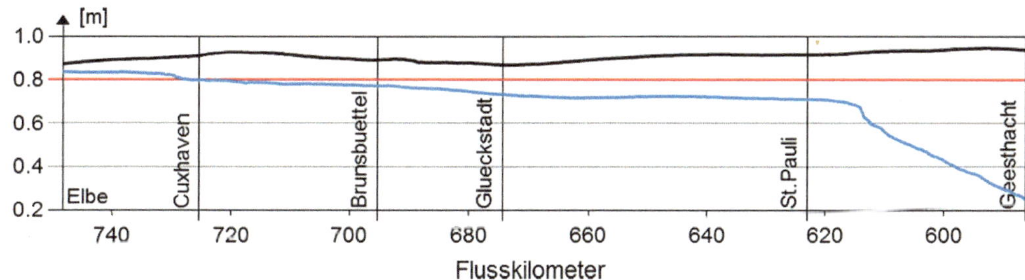

Abb. 4.19 Differenz des mittleren Tidehochwassers (*schwarz*) und des mittleren Tideniedrigwassers (*blau*) zwischen einer Simulation mit Meeresspiegelanstieg minus einer Simulation ohne Meeresspiegelanstieg. Die *rote Linie* markiert den am Nordseerand vorgegebenen Meeresspiegelanstieg von 80 cm. (Seiffert et al. 2014)

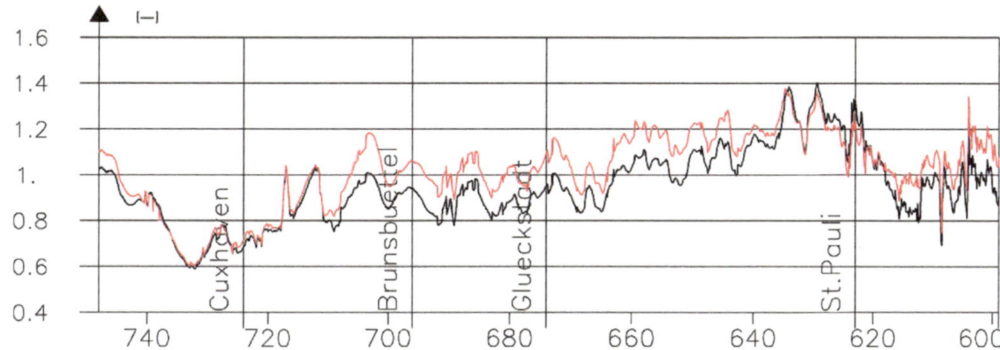

Abb. 4.20 Verhältnis der maximalen Flutstromgeschwindigkeit zur maximalen Ebbestromgeschwindigkeit (gemittelt über einen Spring-Nipp-Zyklus); *schwarz*: ohne Meeresspiegelanstieg, *rot*: mit einem Meeresspiegelanstieg von 80 cm. (Bundesanstalt für Wasserbau 2015)

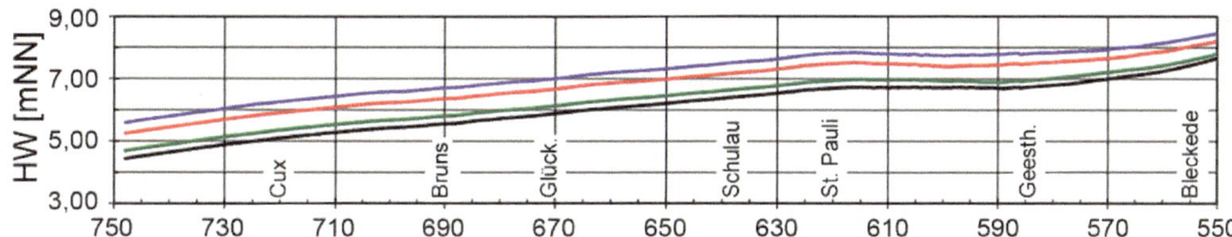

Abb. 4.21 Sturmflutscheitelwasserstände entlang der Tideelbe für verschiedene Meeresspiegelanstiege im Mündungsbereich (25 cm [*grün*], 80 cm [*rot*], 115 cm [*blau*]) für ein Sturmflutszenario basierend auf der Sturmflut vom 03.01.1976. (Rudolph 2014)

4.2.3 Zusammenfassung

Änderungen aufgrund des anthropogenen Klimawandels sind im System Tideelbe kaum sichtbar. Ein Grund ist die natürliche Dynamik und die damit verbundene Variabilität. Außerdem wurde die Tideelbe in der Vergangenheit stark durch den Menschen verändert. Insbesondere die Topographie wurde durch zahlreiche wasserbauliche Maßnahmen modifiziert. Aufgrund der anthropogenen und natürlichen Änderungen der Topographie hat sich die Tidedynamik der Tideelbe verändert. Die veränderte Tidedynamik führt bei niedrigen Oberwasserzuflüssen zu einer Verschiebung der Brackwasserzone nach stromauf. Obwohl sich die Sturmaktivität in der Vergangenheit langfristig gesehen nicht signifikant verändert hat, haben die Sturmflutscheitelwasserstände in St. Pauli zugenommen. Auch diese Entwicklung ist auf wasserbauliche Maßnahmen zurückzuführen.

Aussagen zur zukünftigen Entwicklung des Systems Tideelbe im 21. Jahrhundert sind mit großen Unsicherheiten behaftet. Die größten Unsicherheitsfaktoren stellen die zukünftigen Entwicklungen wichtiger Randbedingungen dar. Insbesondere die morphologische Entwicklung der Topographie und die Höhe des Meeresspiegelanstiegs sind entscheidend. Aufgrund des Meeresspiegelanstiegs werden sich die Hydrodynamik und die Lage der Brackwasserzone verändern. Abhängig von der Entwicklung der Topographie könnte der Meeresspiegelanstieg zu einer weiter verstärkten Flutstromdominanz führen. Die Brackwasserzone wird sowohl durch den Meeresspiegelanstieg als auch durch lang anhaltend niedrige Oberwasserzuflüsse nach stromauf verschoben. Die Sturmflutscheitelwasserstände werden durch den Meeresspiegelanstieg in der gesamten Tideelbe angehoben.

4.3 Lübecker Bucht

Die Lübecker Bucht ist der südwestliche Teil der Mecklenburger Bucht (Abb. 4.22), der größten Bucht in der südwestlichen Ostsee. Sie wird begrenzt durch eine gedachte Linie von der Ostspitze der Insel Fehmarn in Schleswig-Holstein bis zur Nordspitze der Halbinsel Darß (Darßer Ort) in Mecklenburg-Vorpommern.

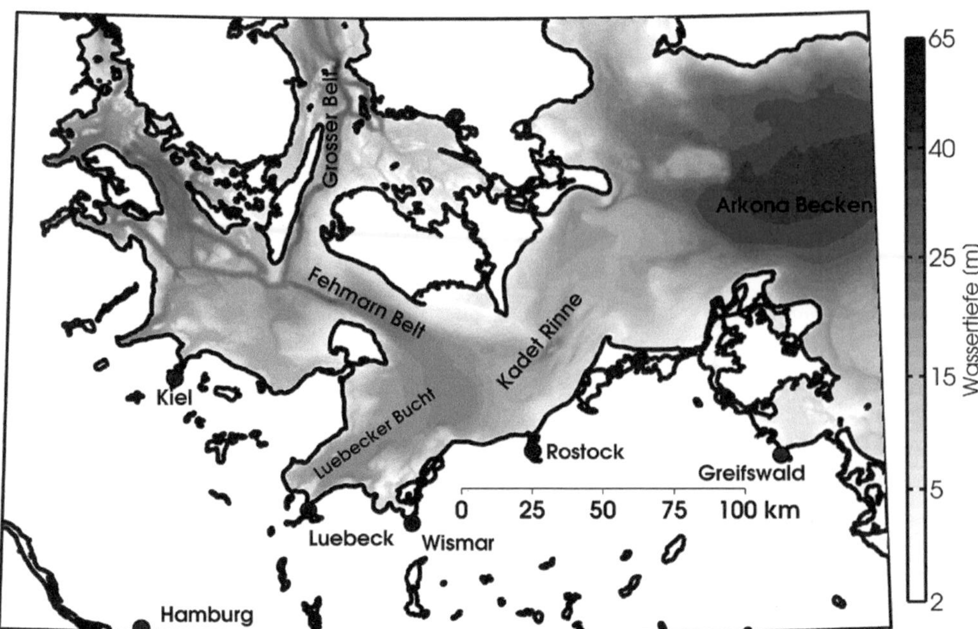

Abb. 4.22 Karte der westlichen Ostsee. Die *Graustufen* stellen die Wassertiefe in Meter dar

Bisher gibt es relativ wenige wissenschaftliche Studien, die sich mit der Physik der Lübecker Bucht befassen. Der Großteil dieser Studien beschäftigt sich mit der großskaligen Zirkulation und dem Wasseraustausch in der Ostsee, der über den Großen Belt, den Fehmarnbelt, die Kadetrinne und das Arkonabecken erfolgt. In diesem Prozess spielt die Lübecker Bucht nur eine untergeordnete Rolle. Ihre Physik wird weitgehend durch ihre Bathymetrie und den Küstenverlauf bestimmt, die moderate Wassertiefe von 20 m ermöglicht aber eine thermische und/oder haline Schichtung. Infolge ihrer geringen Ausdehnung im Verhältnis zur Gesamtausdehnung der Ostsee wird die Lübecker Bucht in vielen Ostseemodellen nur unzureichend aufgelöst (Meier et al. 2004; Burchard et al. 2009; Gräwe et al. 2013). Daher ist die Datenlage gering, und es ist schwierig, belastbare Ergebnisse zu generieren. Im Folgenden werden wir uns nur auf eine Zusammenfassung des bisherigen Wissens für die Lübecker Bucht konzentrieren. Für einen Überblick über die ostseeweiten Veränderungen empfehlen wir die Zusammenfassungen in den beiden BACC-Büchern (The BACC Author Team 2008, 2015).

4.3.1 Beobachtete Klimaänderungen bis 2014

4.3.1.1 Temperatur- und Salzgehalt

Abb. 4.23 zeigt die mittleren Oberflächen- (SST) und Bodentemperaturen (basierend auf Computersimulationen) der westlichen Ostsee für den Zeitraum 1971–2000 (Gräwe et al. 2013). Die mittleren Temperaturen an der deutschen Küste (Lübeck und Kiel) zeigen Maximalwerte von ca. 10,5 °C. Die SST vor der schwedischen Küste ist mit ca. 9 °C etwas niedriger (Abb. 4.23). Dieser räumliche Temperaturgradient ist eine Folge des Auftriebs von kaltem Bodenwasser entlang der südschwedischen Küste und in der Bodenschicht nicht zu beobachten (Abb. 4.23; Lehmann und Myrberg 2008). Die mittlere Bodentemperatur beträgt in der westlichen Ostsee ca. 9,0–9,5 °C. Die Bodentemperatur liegt im Mittel etwa 1–2 K unter der SST, sodass große Teile der Lübecker Bucht und des Fehmarnbelts eine saisonale thermische Schichtung aufweisen. Auch die seit 1982 verfügbaren Satellitendaten zeigen für die westliche Ostsee eine Jahresmitteltemperatur der SST von 10 °C (Siegel et al. 2006; Stramska und Białogrodzka 2015). Diese Daten belegen außerdem eine langsame Erwärmung der westlichen Ostsee mit einem Anstieg der mittleren Jahrestemperatur um etwa 0,6 K/Dekade seit 1982 (Stramska und Białogrodzka 2015). Dieser Trend ist aber nicht gleichmäßig über das Jahr verteilt. Die stärkste Erwärmung mit 0,8 K/Dekade findet im Sommer statt, während die Wintertemperaturen nur um 0,2 K/Dekade ansteigen.

Siegel et al. (2006) zeigen, dass der Anstieg der mittleren SST in der Periode von 1990–2004 mit 0,2 K/Dekade um einen Faktor 3 kleiner war als in den Ergebnissen von Stramska und Białogrodzka (2015). Dieser Unterschied beruht auf den heißen Sommern der letzten 10 Jahre (2005–2015), die zu einer Beschleunigung der Erwärmung geführt haben. Hierzu gibt es aber noch keine wissenschaftlichen Studien. Der Anstieg der Wassertemperatur der westlichen Ostsee – und somit auch der Lübecker Bucht – beruht vor allem auf einem Anstieg der Lufttemperatur (The BACC Author Team 2008; Rutgersson et al. 2014). Großskalige Veränderungen in den Strömungsmustern und im Wasseraustausch können ausgeschlossen werden.

Abb. 4.24 zeigt die mittlere Verteilung des Salzgehaltes mit einem deutlichen oberflächennahen Salzgradienten zwischen dem Arkonabecken und dem Großen Belt, beruhend auf dem extrem salzarmen Wasser der nördlichen Ostsee (0–2 psu) und dem salzreichen Nordseewasser (um 34 psu). Dieser Gradient verschwindet im Bodenwasser (Abb. 4.24), da hier das salzreiche Nordseewasser bis in die Lübecker Bucht und die Kadetrinne vordringen kann und den Salzgehalt auf 18–20 psu anhebt. Während großer Salzwassereinbrüche kann der Bodensalzgehalt bis auf 24 psu in der Kadetrinne und im Arkonabecken ansteigen (Franck et al. 1987; Matthäus und Franck 1992; Mohrholz et al. 2015). Somit weist die westliche Ostsee neben der saisonalen thermischen Schichtung eine nahezu ganzjährige Salzschichtung auf.

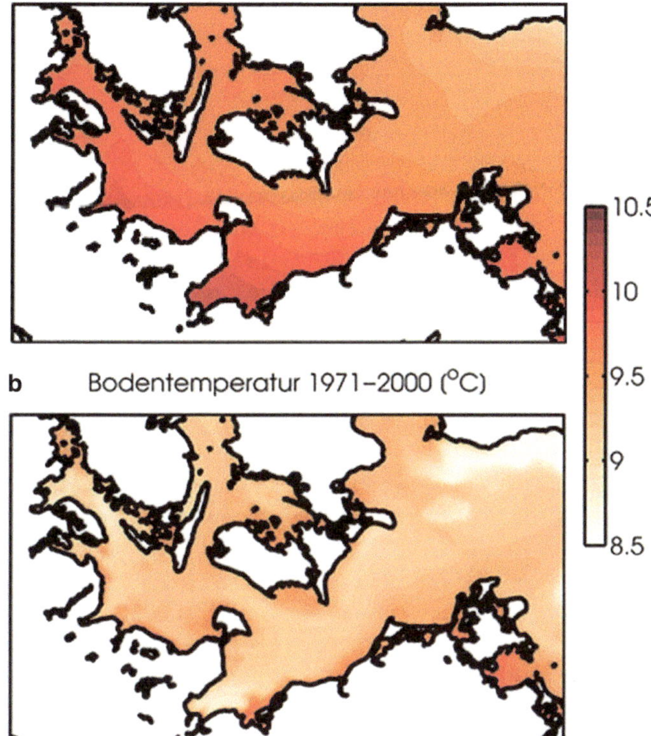

Abb. 4.23 Jahresmittel der Bodentemperatur und der Oberflächentemperatur der westlichen Ostsee für den Zeitraum 1971–2000, basierend auf Computersimulationen. (Gräwe et al. 2013)

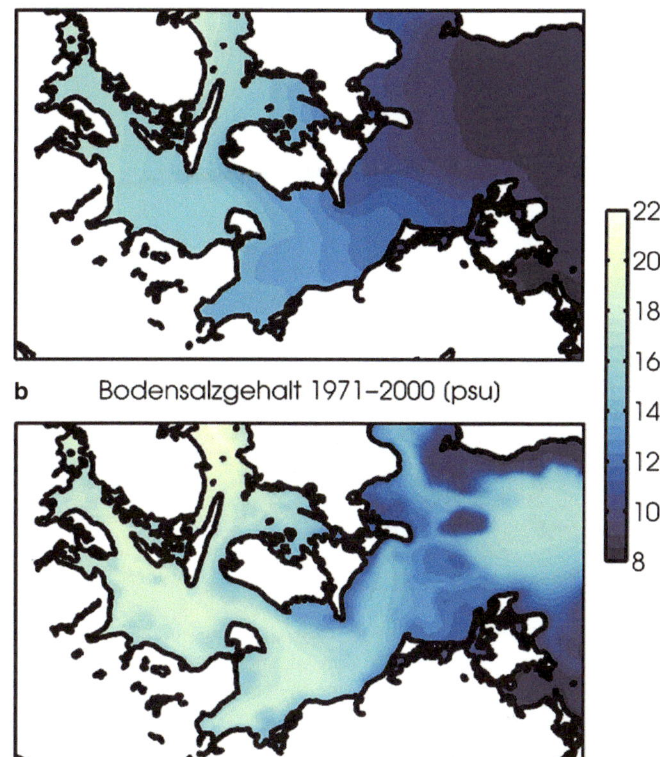

Abb. 4.24 Jahresmittel des Bodensalzgehaltes und des Oberflächensalzgehaltes der westlichen Ostsee für den Zeitraum 1971–2000, basierend auf Computersimulationen. (Gräwe et al. 2013)

In den letzten 25 Jahren war ein Absinken des mittleren Salzgehaltes der Ostsee von 0,4 psu/Dekade zu beobachten (Meier et al. 2006; The BACC Author Team 2008). Solche Variationen wurden aber auch schon zu früheren Zeiten festgestellt und können mit der natürlichen Variabilität erklärt werden. Es wird vermutet, dass die Verringerung des Salzgehaltes mit dem Ausbleiben der großen Salzwassereinbrüche zu tun hat. Seit den 1990er-Jahren lässt sich eine Verringerung der großen Salzwassereinbrüche beobachten. Während bis Anfang der 1990er-Jahre diese Ereignisse alle 3–4 Jahre auftraten, hat sich die Dauer zwischen den Einstromereignissen mehr als verdoppelt. Die letzten großen Salzwassereinbrüche fanden 1993, 2003 und 2014 statt (Feistel et al. 2008; The BACC II Author Team 2015). Die genauen Ursachen sind allerdings noch unklar (The BACC II Author Team 2015). Lass und Matthäus (1996) konnten eine negative Korrelation zwischen der Anzahl der Einströme und der mittleren Stärke der Westwinde nachweisen. Somit führen stärkere Westwinde zu einer Abnahme der Einstromaktivität. Schimanke et al. (2014) konnte durch die Analyse von Luftdruckfeldern die Einstromaktivität reproduzieren. Somit scheint eine großskalige Veränderung der Luftdruckfelder einen Teil der Variabilität zu erklären. Neuere Untersuchungen lassen außerdem vermuten, dass durch Veränderungen der Messmethoden die Anzahl der kleineren und mittleren Salzwassereinbrüche in den letzten 25 Jahren unterschätzt wurde (Mohrholz et al. 2015). Die Änderung der Statistik der Salzwassereinbrüche hat aber nur mittelbar Auswirkungen auf den Wasseraustausch in der westlichen Ostsee und der Lübecker Bucht. Vor allem die kleineren und mittleren Salzwassereinbrüche, die ein- bis dreimal pro Jahr auftreten (Matthäus und Franck 1992), sorgen für einen nahezu kompletten Wasseraustausch in der Lübecker und Mecklenburger Bucht. Bei diesen Ereignissen konnte bisher noch keine Änderung festgestellt werden (Feistel et al. 2008).

4.3.1.2 Wasserstand

Die wichtigsten Faktoren, die den Wasserstand beeinflussen, sind bereits in ▶ Abschn. 4.1.1.3 über die Deutsche Bucht aufgeführt. Für die Ostsee sind die isostatische (postglaziale) Landhebung (Fennoskandische Landhebung) und die Wasserstandsänderungen der Weltmeere, insbesondere der Nordsee, von Bedeutung. Für die Ostsee sind vor allem die isostatischen Prozesse gut verstanden, und die jährlichen Veränderungen können sehr gut abgeschätzt werden (Ekman 1988; Johansson et al. 2004; Hünicke et al. 2015). Während sich große Teile von Skandinavien immer noch heben, verzeichnet die gesamte deutsche Ostseeküste ein Absinken (◘ Abb. 4.25). Für die Lübecker Bucht beträgt die Absinkrate ca. 1 mm/Jahr, d. h., dass die deutsche Ostseeküste um 10 cm je 100 Jahre absinkt und es auch weiterhin tun wird.

Zum mittleren Anstieg des Meeresspiegels entlang der deutschen Ostseeküste gibt es nur wenige Studien. Aus der Analyse von Pegelwasserständen in der westlichen Ostsee (1848–2005) konnte Barbosa (2008) für den Pegel Wismar einen relativen mittleren Meeresspiegelanstieg von 1,21 ± 0,3 bis 1,35 ± 0,07 mm/Jahr ableiten. An der Nordspitze von Dänemark (Hirtshals)

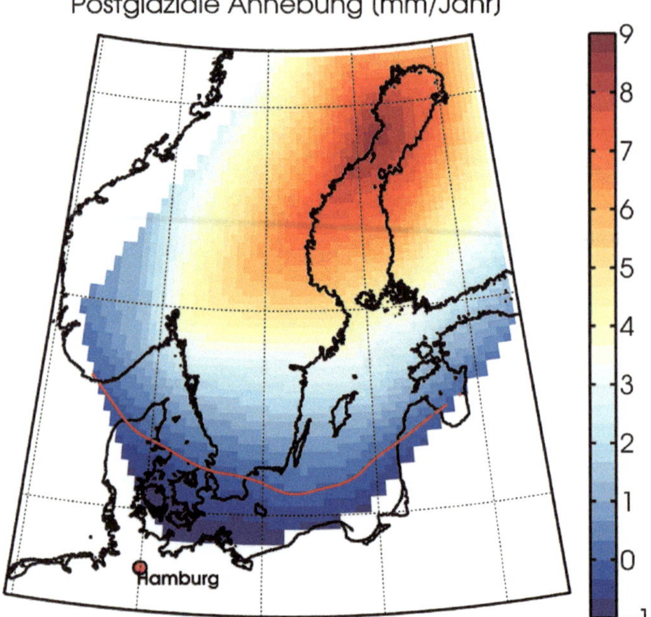

Abb. 4.25 Karte des mittleren Anstiegs/Absenkens der Landmassen infolge der letzten Eiszeit. Positive Werte stellen eine Landhebung dar, negative Werte eine Landsenkung. Die Landhebung ist in mm/Jahr dargestellt. Die rote Linie kennzeichnet die „Null"-Linie, Orte, an denen die postglaziale Landhebung keinen Effekt hat. (Adaptiert nach Ekman 1996)

konnten Wahl et al. (2013) für den Zeitraum 1993–2011 einen relativen mittleren Meeresspiegelanstieg von 1,9 ± 1,8 mm/Jahr bestimmen. Da die Studie von Wahl et al. (2013) ein kürzeres, aber auch viel aktuelleres Zeitfenster abdeckt, sind beide Werte nicht direkt miteinander vergleichbar. Unter der Annahme, dass der mittlere Meeresspiegel der Ostsee den Veränderungen in der Deutschen Bucht folgt, können die Studien von Albrecht et al. (2011) oder Wahl et al. (2011) ähnliche Werte für den mittleren relativen Meeresspiegeltrend liefern: 1,95 ± 0,4 für den Zeitraum 1936–2008 (Albrecht et al. 2011) bzw. 2,00 ± 0,3 mm/Jahr für den Zeitraum 1937–2008 (Wahl et al. 2011). Für den Übergangsbereich zur Ostsee findet man in der Arbeit von Wahl et al. (2011) auch noch eine Angabe für die östliche Deutsche Bucht, die mit 2 ± 0,4 mm/Jahr sogar noch etwas höher liegt. Aber auch in diesen Studien ergeben sich Werte, die etwas höher sind als die Beobachtungen für die Ostsee. Dies kann aber auf die Landabsenkung zurückzuführen sein, die in den genannten Studien nicht korrigiert wurde. Eine weitere Erklärung wäre die stärkere Erwärmung, die, verbunden mit der Abnahme des Salzgehaltes, zu einem Anstieg des mittleren relativen Meeresspiegels führt. Diese Hypothesen wurden aber noch nicht untersucht.

Hünicke und Zorita (2007) sowie Hünicke et al. (2008) zeigen, dass die mittleren Wasserstände im Winter generell höher sind als die Wasserstände im Sommer. Dies ist vor allem durch die Winterstürme und eine damit verbundene höhere Westwindkomponente zu erklären. Diese führt zu einem höheren Füllstand und somit zu einem Anstieg des mittleren Wasserstandes in der Ostsee. Ein kleiner Teil der Variation der mittleren Wasserstände kann außerdem durch die höheren Niederschläge im Winter erklärt werden (Hünicke et al. 2008). Für Warnemünde beträgt diese Differenz zwischen dem mittleren Wasserstand im Winter und im Sommer in etwa 50 cm im Mittel über die letzten 50 Jahre. In den letzten Jahren vergrößert sich diese Differenz in der gesamten Ostsee. Die Untersuchungen von Hünicke und Zorita (2007) belegen, dass die Winter-Sommer-Differenz der Wasserstände mit etwa 0,2–0,4 mm/Jahr langsam zunimmt. Dieser Wert ist zwar in Anbetracht der großen jährlichen Variationen klein, aber statistisch belastbar.

Jevrejeva et al. (2005) diskutieren, dass die NAO[31] einen starken Einfluss auf die Wintervariabilität des Meeresspiegels hat, der nach Hünicke et al. (2006) im nördlichen Teil der Ostsee am größten ist. Auch wenn für die westliche Ostsee nur ein schwacher statistischer Zusammenhang abgeleitet werden kann, hat die NAO einen direkten Einfluss auf den Wasserstand der Lübecker Bucht, da die großräumige atmosphärische Zirkulation und Luftdruckunterschiede den Wasserstand in der Ostsee mit bestimmen (Omstedt et al. 2004; Lehmann et al. 2011). Diese Abhängigkeit ist wichtig, um die Auswirkungen von Sturmfluten in der westlichen Ostsee besser abschätzen zu können.

4.3.1.3 Sturmfluten

In Abb. 4.26 ist der Wasserstand einer Sturmflut[32] dargestellt (Gräwe und Burchard 2012), der statistisch alle 30 Jahre auftritt[33]. Vergleichbare Sturmfluten traten seit Beginn der Pegelaufzeichnungen drei- bis viermal auf. Die höchsten Pegelstände von über 1,7 m werden in Kiel, Lübeck und Greifswald erreicht. Die Darstellung zeigt deutlich, dass die höchsten Wasserstände vor allem an südwestlichen Küsten auftreten. In der Nordsee dagegen treten die höchsten Sturmfluten an östlichen und südöstlichen Küstenabschnitten auf. Typische Westwindwetterlagen, die an der Nordseeküste für Sturmfluten sorgen, führen an der deutschen Ostseeküste zu Niedrigwasserständen. Das Wasser wird bei Westwindstürmen entlang der Küste des Baltikums und im Finnischen Meerbusen aufgestaut. In der Ostsee werden dann die höchsten Pegel in St. Petersburg erreicht (Alenius et al. 1998; Meier et al. 2004; Wolski et al. 2014). Für Extremwasserstände an der deutschen Ostseeküste sind vor allem Wetterlagen mit Winden von Nordost bedeutend. Bei Nordostwind hat der Wind mit gut 1000 km die längste Wirklänge, von Finnland bis nach Rügen. Bis jetzt gibt es keine wissenschaftlichen Studien, die sich mit der Veränderung der Häufigkeit oder der Intensität von Ostwindwetterlagen der letzten Jahrzehnte beschäftigen. Die Rekonstruktionen der Wasserstände der Ostsee mithilfe von Computersimulationen (Meier et al. 2004) ergab aber keine statistisch belastbaren Veränderungen der Sturmfluthäufigkeit

31 Siehe Fußnote 6.

32 In der Ostsee wird anstelle der „Sturmflut" sehr häufig der Begriff „Sturmhochwasser" benutzt. Um aber konsistent mit den vorherigen Kapiteln zu bleiben, werden wir weiterhin den Begriff „Sturmflut" verwenden.

33 In den Kapiteln über die Deutsche Bucht und die Elbe werden für Extremwasserstände Perzentile benutzt. Obwohl sie relativ einfach zu berechnen sind, sind sie für den Küstenschutz nicht ausreichend. Für die Bemessung von Deichen werden z. B. Sturmflutwasserstände angenommen, die einmal alle 100 Jahre auftreten. Um diese Sturmflutwasserstände zu berechnen, wird die Mathematik der Extremwertstatistik herangezogen. Obwohl diese sehr fundiert ist, müssen einige Annahmen getätigt werden, welche die Statistik beeinflussen können. Somit sind auch diese Maße mit Unsicherheiten behaftet. Sie sind aber wichtig, um Küstenschutzingenieuren Entscheidungshilfen zu liefern.

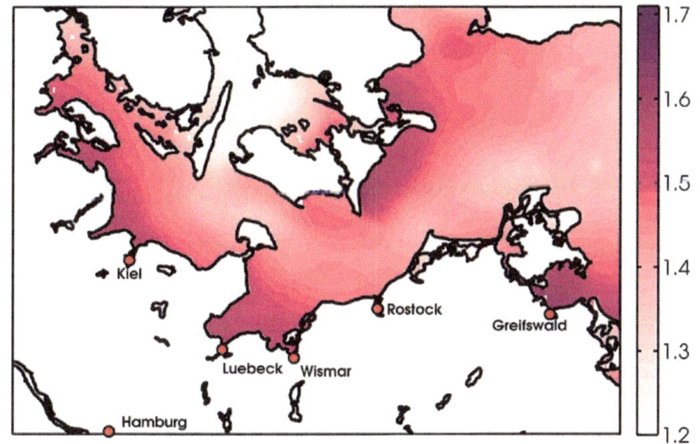

Abb. 4.26 Wasserstand einer Sturmflut, die etwa alle 30 Jahre auftritt. (Adaptiert nach Gräwe und Burchard 2012)

oder -intensität. Durch die Analyse von Pegelständen für den Zeitraum 1916–2005 konnten Ribeiro et al. (2014) aber einen statistisch signifikanten Anstieg der Sturmflutwasserstände von 0,4 ± 0,22 mm/Jahr in der westlichen Ostsee nachweisen. Über eine mögliche Veränderung der Intensität oder Häufigkeit wurden keine Aussagen getroffen.

Wie auch schon in Hünicke et al. (2015) diskutiert, gibt es eine Diskrepanz zwischen dem Anstieg der Sturmflutwasserstände und dem mittleren Meeresspiegelanstieg. Die Analysen von Pegeldaten deuten darauf hin, dass die Extremereignisse schneller steigen als der mittlere Wasserstand (Barbosa 2008). Hierfür gibt es aber noch keine abschließende Erklärung.

4.3.1.4 Seegang

In den vergangenen Jahren wurden mehrere Modelluntersuchungen zu den Seegangsverhältnissen in der Ostsee durchgeführt. Bezüglich der Veränderungen in der Lübecker Bucht gibt es jedoch aufgrund mangelnder Auflösung oder Gebietswahl nur wenige belastbare Untersuchungen. So werden z. B. von Räämet und Soomere (2010) die Verhältnisse in der nordöstlichen Ostsee mit Modellauflösungen von drei Seemeilen untersucht. Bei Kelpšaite et al. (2011) endet das Modellgebiet, das sich um Litauen konzentriert, etwa auf Usedom. Auf der Grundlage der von Soomere und Räämet (2011) beschriebenen Seegangsmodellierung könnten auch Aussagen über die Lübecker Bucht getroffen werden, die Autoren hatten sich jedoch auf großräumige Veränderungen konzentriert und nicht die Daten für die Lübecker Bucht analysiert. Dies gilt in gleicher Weise für die von Soomere et al. (2012) beschriebenen Untersuchungen. Das von Soomere und Räämet (2011) beschriebene Modell weist ebenfalls eine zu grobe Auflösung zur Beschreibung der Verhältnisse in der Lübecker Bucht auf. Obwohl sich die meisten Untersuchungen auf das Baltikum oder die zentrale Ostsee konzentrieren, können wir dennoch einige Schlüsse für die westliche Ostsee ziehen. Die Arbeiten von Soomere et al. (2012) legen nahe, dass die signifikante Wellenhöhe in der Kadetrinne mit 0,8 cm in den letzten Jahrzehnten relativ konstant war und keine signifikanten Trends aufwies. Ähnliches lässt sich für die Lübecker Bucht vermuten. Genauso wie die Kadetrinne ist die Lübecker Bucht durch ihre nach Westen geschützte Lage nur dem lokalen Wellenfeld ausgesetzt. Dünung aus der zentralen Ostsee wird durch die geringen Wassertiefen ausgedämpft. Für die Untersuchung möglicher Trends in Extremwellen fehlt zurzeit die Datenbasis. Aus der Analyse von Beobachtungen in der Kadetrinne konnten Soomere et al. (2012) erste Schlüsse über solche Extremwerte ziehen. Wellen mit einer Höhe von über 2 m treten in etwa an 100 h im Jahr auf. Die größte verlässlich gemessene Einzelwelle in der Kadetrinne hatte eine Höhe von 4,46 m (3. November 1995). Solche hohen Wellen werden – wie auch starke Sturmfluten – vor allem durch Nordoststürme erzeugt. Da diese Wetterlagen in der Ostsee aber äußerst selten sind, kann bisher keine statistisch belastbare Aussage über Veränderungen von Extremwellen getroffen werden. Dies wird auch durch Ergebnisse aus dem RADOST-Projekt bestätigt (RADOST-Verbund 2011, 2012, 2014).

4.3.2 Zukünftige Klimaänderungen bis 2100

4.3.2.1 Temperatur- und Salzgehalt

Die Änderungen der potenziellen Temperatur und des Salzgehaltes in der Lübecker Bucht sind auf Veränderungen in der Nordsee und in der zentralen Ostsee zurückzuführen. Letztere wurden insbesondere von Meier (2006), Neumann (2010) oder Meier et al. (2012) untersucht. Unter den A1B- oder A2-Szenarien des IPCC (Solomon et al. 2007) zeigt die SST der zentralen Ostsee eine mittlere Erwärmung von 3–4 K für die nächsten 100 Jahre. Die stärkste Erwärmung ist aber im nördlichen Teil der Ostsee zu erwarten. Hier spielt der Rückgang der Eisbedeckung eine entscheidende Rolle (Meier et al. 2011a). Meier et al. (2012) konnten zeigen, dass die Erwärmung einen robusten Trend zeigt und dass der Trend größer ist als die Unsicherheit durch die verschiedenen Modellsysteme oder antreibenden Globalmodelle.

Die projizierten Änderungen der SST in der westlichen Ostsee und der Lübecker Bucht folgen der Veränderung in der zentralen Ostsee (Gräwe et al. 2013). Die mittlere Erwärmung der SST ist in Abb. 4.27 dargestellt. Hier wird die stärkste Erwärmung im Arkonabecken erwartet. Für die A1B-Szenarien zeigt aber auch die Lübecker Bucht einen stärkeren Anstieg der Wassertemperatur als die restliche deutsche Ostseeküste. Generell folgt die Erwärmung der SST den Veränderungen in der Atmosphäre, sodass in den nächsten 100 Jahren eine Erwärmung der westlichen Ostsee von 2–3 K zu erwarten ist (Meier 2006; Meier et al. 2012; Gräwe et al. 2013). Gräwe et al. (2013) konnten außerdem zeigen, dass die Schichtungsverhältnisse im Arkonabecken nahezu konstant bleiben; d. h., dass sich die Temperaturprofile über die gesamte Wassersäule linear verschieben.

Den Untersuchungen von Neumann et al. (2012) zufolge wird sich die Wahrscheinlichkeit, dass die SST in der Mecklenburger Bucht in den nächsten 100 Jahren im Sommer über 18 °C steigt, nahezu verdoppeln. Mit der SST-Erhöhung ist aber auch eine Verringerung der Sauerstofflöslichkeit im Wasser verbunden, sodass sich die Sauerstoffarmut (Hypoxie) in der gesamten Ostsee ausbreiten wird (Meier et al. 2011b; Bendtsen und Hansen 2013).

Für den Salzgehalt der Ostsee ist bis zum Ende des Jahrhunderts eine Verringerung zu erwarten (Meier 2006; Neumann

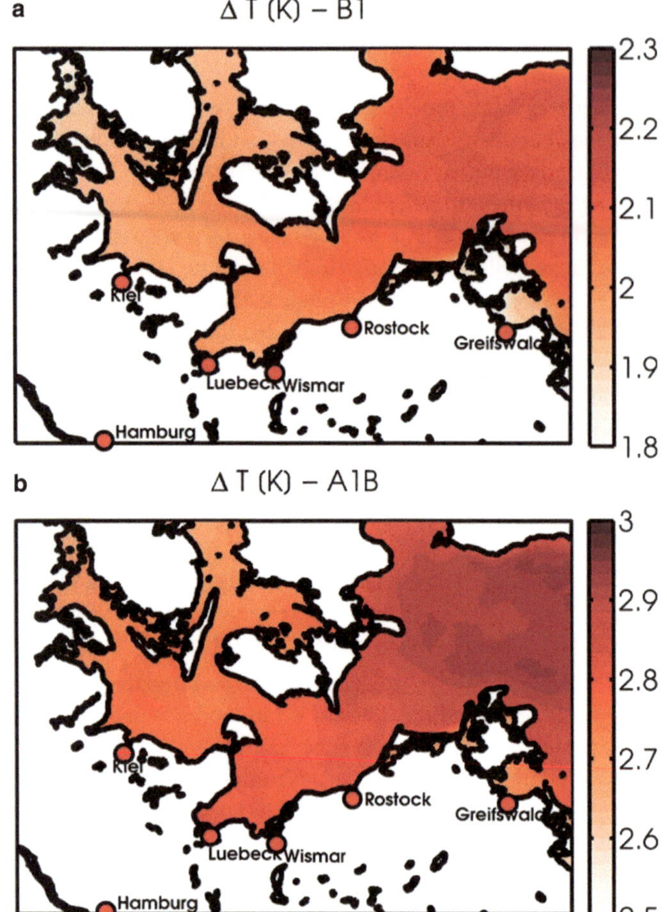

■ **Abb. 4.27** Veränderung der mittleren Oberflächentemperatur für 2071–2100 im Vergleich zum Referenzzeitraum1971–2000: **a** für die Szenarien B1 und **b** für die Szenarien A1B. (Gräwe et al. 2013)

2010; Meier et al. 2012; Gräwe et al. 2013). Die Abnahme des Salzgehaltes der Ostsee um 1,5–2,0 psu ist durch die zu erwartende Erhöhung der Niederschläge über der gesamten Ostsee und in den Flusseinzugsgebieten bedingt. Dies führt zu einer Erhöhung der Flusseinträge und somit zu einem Absinken des Salzgehaltes. Schimanke et al. (2014) konnten zeigen, dass es unter fast allen IPCC-Szenarien zu einer Verringerung der großen Salzwassereinbrüche kommen kann, was zu einer weiteren Verringerung des Salzgehaltes führt. Gräwe et al. (2013) vermuteten, dass unter dem A1B-Szenario eine Verringerung der Salzwassereinbrüche um bis zu 50 % möglich ist. Die Arbeit von Hordoir et al. (2015) zeigt aber, dass durch den Anstieg des Meeresspiegels die Intensität der Salzwassereinbrüche zunehmen kann. Da sich die Querschnittsfläche der dänischen Straßen (z. B. des Großen Belts) erhöht, kann während eines einzelnen Salzwassereinbruchs mehr Salz transportiert werden. Die zu erwartende Abnahme der Salzwassereinbrüche wird aber mit einer Veränderung der Windverhältnisse erklärt (Gräwe et al. 2013; Schimanke et al. 2014). Wie schon Lass und Matthäus (1996) zeigen konnten, führt eine Verstärkung von Westwinden zu einem höheren Füllstand der Ostsee und somit zu einer geringeren Wahrscheinlichkeit für große Salzwassereinbrüche. Die genauen Ursachen werden aber noch diskutiert (Schimanke et al. 2014).

4.3.2.2 Wasserstand

Wie schon in ▶ Abschn. 4.3.1 beschrieben, wird sich die deutsche Ostseeküste durch die postglaziale Landhebung weiter absenken. Dieses Absenken wird auch noch die nächsten Hunderte von Jahren anhalten und weiterhin bei ≈1 mm/Jahr liegen.

Überlagert wird die Landabsenkung aber vom globalen Anstieg des Meeresspiegels. Wie schon in ▶ Abschn. 4.1.1 diskutiert, gibt der aktuelle IPCC-Bericht global eine wahrscheinliche Bandbreite von +26 cm bis zu +82 cm an (Church et al. 2013). Dieser globale Wert muss aber noch um regionale Effekte korrigiert werden (Solomon et al. 2007; Stocker et al. 2013). Nach Landerer et al. (2007) ist für die Nord- und Ostseeregion mit einem zusätzlichen Anstieg von +10 cm zu rechnen (s. auch z. B. Gregory et al. 2001). Diese globale Umverteilung beruht vor allem auf Veränderungen von Niederschlagmustern und thermischen Effekten (Bryan 1996).

Albrecht und Weisse (2012) untersuchten, inwieweit Luftdruckeffekte infolge großskaliger Veränderungen des atmosphärischen Zirkulationsmusters einen Einfluss auf den Meeresspiegelanstieg in der Nordsee haben, und zeigten, dass dieser Effekt zwar gering (+1,4 cm), aber mit großen Unsicherheiten behaftet ist. Hünicke (2010) konnte zeigen, dass in der nördlichen Ostsee die jährliche Variabilität des mittleren Meeresspiegels zunimmt. Durch Veränderungen des regionalen Luftdrucks ist ein Anstieg des mittleren Winterwasserstandes von 1 mm/Jahr möglich. Für die südliche Ostsee wies Hünicke (2010) nach, dass der Anstieg des mittleren Wasserstandes im Winter vor allem auf Veränderungen der Niederschlagsmuster beruht, diese Veränderungen aber mit +0,4 mm/Jahr gering sind.

4.3.2.3 Sturmflutwasserstände

Bis zum Ende des Jahrhunderts ist mit einer Zunahme der Sturmflutwasserstände zu rechnen. Gräwe und Burchard (2012) zeigen, dass die Zunahme der Sturmflutwasserstände nahezu linear dem mittleren Anstieg des Meeresspiegels folgt. Somit führt ein Meeresspiegelanstieg von 50 cm zu 50 cm höheren Sturmpegeln. Eine hypothetische Erhöhung der Windgeschwindigkeit von 5 % führt in der Lübecker Bucht zu einer Erhöhung der Sturmpegel von 10 %. Durch den Fjordcharakter kann für Kiel oder Flensburg eine Zunahme von bis zu 20 % erwartet werden (Gräwe und Burchard 2012).

In ■ Abb. 4.28 sind die erwarteten Veränderungen der Pegelstände für eine Sturmflut mit 30jähriger Wiederkehrwahrscheinlichkeit dargestellt. Für das B1-Szenario ergibt sich für die Lübecker Bucht eine Erhöhung der absoluten Sturmflutwasserstände von etwa 20–25 cm/pro 100 Jahre. ■ Abb. 4.28a zeigt aber auch, dass die Veränderungen in der westlichen Ostsee relativ gleichmäßig sind. Dies ändert sich, wenn man das A1B-Szenario betrachtet (■ Abb. 4.28). Die Mecklenburger Bucht weist die größte Zunahme auf, die Ursachen sind aber noch nicht geklärt. Die zukünftigen Sturmflutwasserstände werden, hauptsächlich durch den mittleren Meeresspiegelanstieg bedingt, etwa 80 cm über den heutigen Wasserständen liegen. Die Ensemble-Simulationen von Meier (2006) zeigen ähnliche Ergebnisse. Aus den Analysen für die beiden Szenarien (B1 und A1B) ist somit für die westliche Ostsee mit einer Zunahme der Sturmflutwasserstände von 20–80 cm zu rechnen. Wenn man

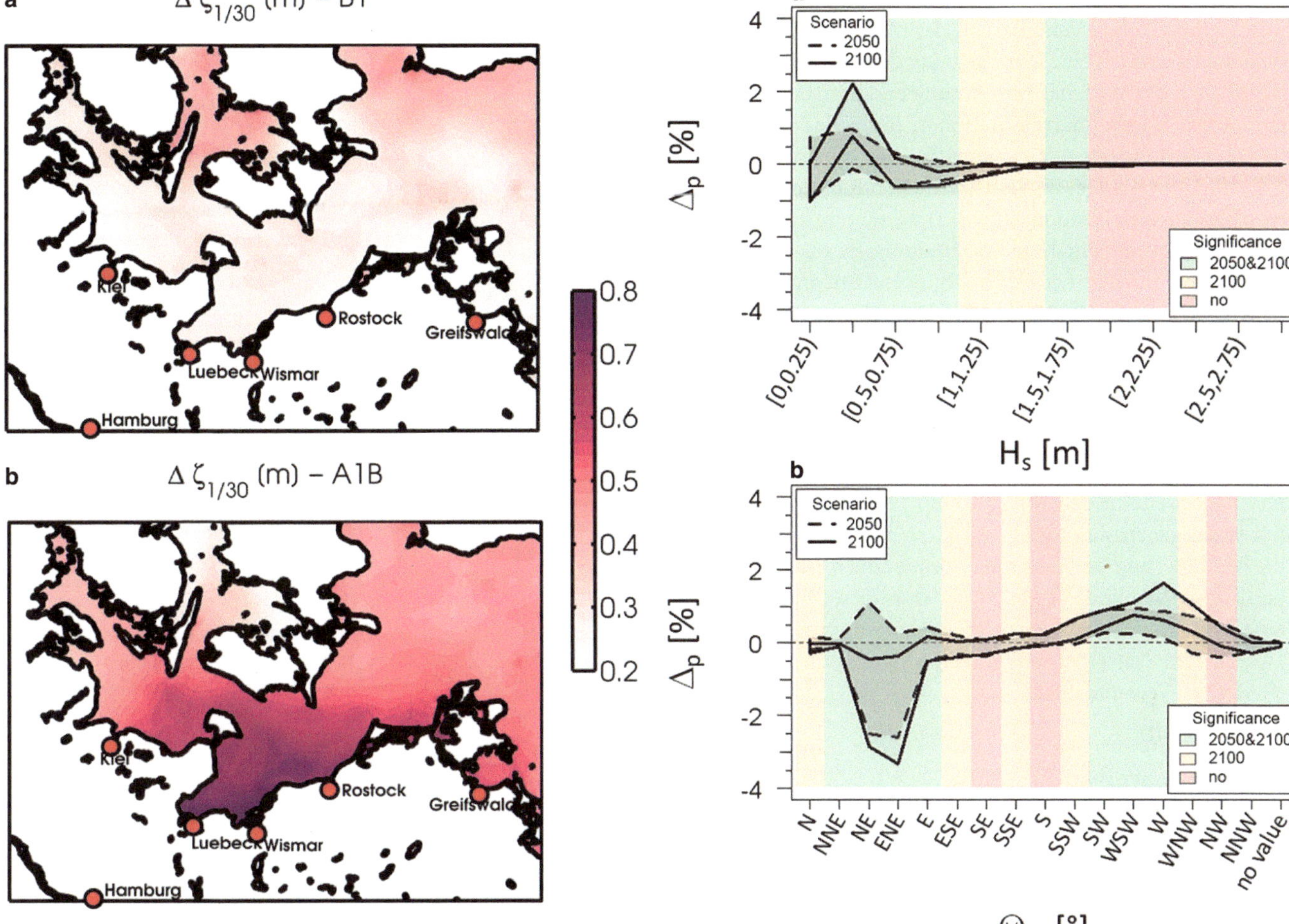

◘ Abb. 4.28 Veränderungen der Sturmflutwasserstände (für eine 30-jährige Wiederkehrzeit) zum Ende des 21. Jahrhunderts für die Szenarien: **a.** B1 und **b.** A1B. (Gräwe und Burchard 2012)

◘ Abb. 4.29 **a** Änderung der Häufigkeiten der Wellenhöhen der Szenarienläufe A1B und B1 für das Szenario 2050 und 2100 im Vergleich zum Referenzlauf C20 (1971–2000) an der Station Travemünde. **b** Änderung der Häufigkeiten der Wellenanlaufrichtungen der Szenarienläufe A1B und B1 für das Szenario 2050 und 2100 im Vergleich zum Referenzlauf C20 (1971–2000) an der Station Travemünde. (Beide aus RADOST-Verbund 2014)

die postglaziale Landhebung (Ekman1996) und regionale Effekte (Gregory et al. 2001; Landerer et al. 2007) berücksichtigt, kann eine weitere Zunahme der Sturmflutwasserstände (die mehr oder weniger unabhängig vom Szenario ist) um 20 cm erwartet werden.

4.3.2.4 Seegang

Der aus dem veränderten Windklima resultierende Seegang zeigt in fast allen Gebieten der Ostsee konsistent eine Zunahme der signifikanten Wellenhöhe[34]. Besonders stark ist diese Zunahme im Bereich der östlichen Ostsee und im Finnischen Meerbusen ausgeprägt, während die projizierten Änderungen in der südwestlichen Ostsee innerhalb der untersuchten Simulationen nicht signifikant sind (RADOST-Verbund 2012). Selbst eine Aussage über eine mögliche Zu- oder Abnahme der signifikanten Wellenhöhe war nicht möglich, da die Bandbreite der zu erwarteten Änderungen zu groß war (Dreier et al. 2011).

Für Travemünde wurden die relativen Häufigkeiten der Wellenhöhen bzw. Wellenanlaufrichtungen zwischen dem Referenzzeitraum (1971–2000) sowie den Szenarien 2050 (2021–2050) und 2100 (2071–2100) für alle verwendeten Klimaszenarien miteinander verglichen (◘ Abb. 4.29). Anschließend wurde die Bandbreite der Veränderung der Häufigkeiten (Abstand zwischen minimaler und maximaler Änderung) für die beiden Szenarien dargestellt. Anhand der Bandbreite kann die Variabilität des Änderungssignals beurteilt werden. Statistische Signifikanztests bestätigten, dass die beobachtete Veränderung der Häufigkeiten mit einer Wahrscheinlichkeit von 95 % nicht zufällig ist (RADOST-Verbund 2014).

Die Signifikanz der Veränderungen ist in ◘ Abb. 4.29 durch farbige Hinterlegungen der Kurven dargestellt. Die Veränderungen unterscheiden sich je nach Ausrichtung der betrachteten Küstenlinie. Während für westwindexponierte Positionen insbesondere zum Ende des 21. Jahrhunderts eine signifikante Verschiebung der Häufigkeitsverteilung hin zu höheren Wellenhöhen festgestellt wurde (hier nicht gezeigt), verschieben sich die Häufigkeiten für ostwindexponierte Lagen, wie z. B. bei Travemünde üblich, zu geringeren Wellenhöhen hin. Die mittleren Wellenhöhen können an dieser Position um bis zu 3 % ab-

34 Die signifikante Wellenhöhe ist definiert als das Mittel über das höchste Drittel aller Wellen. Siehe auch Fußnote 4.

nehmen. Die dargestellten Veränderungen lassen sich weniger durch eine absolute Veränderung der mittleren Windgeschwindigkeiten als durch eine Verschiebung der Windrichtungen und damit auch der Wellenanlaufrichtung erklären. So kommt es an den westwindexponierten Stationen insbesondere zum Ende des 21. Jahrhunderts zu einer signifikanten Zunahme von Ereignissen aus westlichen bis nordwestlichen Richtungen. Die ostwindexponierten Positionen (z. B. Travemünde) hingegen zeigen eine signifikante Abnahme von Ereignissen aus nordöstlichen Richtungen und eine leichte Zunahme von Ereignissen aus westlichen Richtungen (◼ Abb. 4.29b). Die mittlere Anlaufrichtung kann sich an der Position Travemünde um bis zu 4 Grad in östliche Richtungen verschieben.

Für die maximalen Wellenhöhen können keine belastbaren Aussagen zu Veränderungen gemacht werden, da die Unterschiede in den Häufigkeitsverteilungen nur sehr gering sind. Die Bandbreite in den Projektionen[35] ist für extreme Wellenhöhen vergleichsweise groß, ein eindeutiges Signal/Muster für die Veränderung der extremen Wellenhöhen ist nicht erkennbar. Für Travemünde zeigen zwei der ausgewerteten Zeitreihen eine Erhöhung der extremen Wellenhöhen um bis zu 13 % an, zwei andere Zeitreihen zeigen keine signifikante Veränderung (RADOST-Verbund 2012).

4.3.3 Zusammenfassung

In der Lübecker Bucht sind seit einigen Jahrzehnten Anzeichen eines sich verändernden Klimas erkennbar. Seit den 1980er-Jahren erhöht sich die mittlere Wassertemperatur mit 0,6 K/Dekade. Diese Erwärmung ist im Sommer stärker als im Winter ausgeprägt und ist vor allem durch die heißen Sommer der letzten Jahre bedingt. Obwohl seit den 1990er-Jahren ein langsames Absinken des mittleren Salzgehaltes zu beobachten ist, kann diese Veränderung mit langfristigen Schwankungen erklärt werden.

Für die nächsten Jahrzehnte ist mit einem weiteren Anstieg der Wassertemperatur zu rechnen, der dem Anstieg der Lufttemperatur linear folgt. Es ist außerdem zu erwarten, dass sich die Anzahl der Tage mit Wassertemperaturen von über 18 °C in den nächsten 60 Jahren nahezu verdoppelt. Die höheren Temperaturen werden wahrscheinlich zu vermehrten Algenblüten führen. Für den Salzgehalt ist ein Absinken zwischen 1,5 und 2,0 psu zu erwarten. Dies wird durch erhöhte Niederschläge vor allem in der nördlichen Ostsee und eine zusätzliche Verringerung der großen Salzwassereinbrüche bedingt.

Seit der letzten Eiszeit weist die deutsche Ostseeküste ein Absinken von 1 cm/Dekade[36] auf; dieser Prozess wird sich fortsetzen. Zusätzlich wird ein Ansteigen des Meeresspiegels um 1,35 cm/Dekade beobachtet. Für die nächsten Jahrzehnte ist mit einem weiteren Anstieg des mittleren Meeresspiegels zu rechnen. In den sich verändernden Sturmflutwasserständen machen sich vor allem der Trend des mittleren Meeresspiegels und in geringerem Ausmaß Änderungen im Windstau bemerkbar.

35 Definiert als Differenz zwischen maximaler und minimaler Veränderung.
36 1 cm/Dekade entspricht wertmäßig 1 mm/Jahr.

Literatur

Albers T (2012) Messung und Analyse morphologischer Änderungen von Ästuarwatten. Untersuchungen im Neufelder Watt in der Elbmündung. Dissertation. Technische Universität Hamburg-Harburg, Institut für Wasserbau, Hamburg

Albrecht F, Weisse R (2012) Pressure effects on past regional sea level trends and variability in the German Bight. Ocean Dynam 62(8):1169–1186

Albrecht F, Weisse R (2014) Pressure effects on regional mean sea level trends in the German Bight in the twenty-first century. Ocean Dynam 64(5):633–642

Albrecht F, Wahl T, Jensen J, Weisse R (2011) Determining sea level change in the German Bight. Ocean Dynam 61(12):2037–2050

Albretsen J, Aure J, Sætre R, Danielssen DS (2012) Climatic variability in the Skagerrak and coastal waters of Norway. ICES J Mar Sci 69:758–763

Alenius P, Myrberg K, Nekrasov A (1998) The physical oceanography of the Gulf of Finland: a review. Boreal Environ Res 3(2):97–125

Arns A, Wahl T, Dangendorf S, Jensen J (2015) The impact of sea level rise on storm surge water levels in the northern part of the German Bight. Coast Eng 96:118–131

Attema JJ, Lenderink G (2014) The influence of the North Sea on coastal precipitation in the Netherlands in the present-day and future climate. Clim Dynam 42(1-2):505–519

Author Team TBACC (2008) Assessment of climate change for the baltic sea basin. 1. A. regional climate studies. Springer, Berlin, Heidelberg

Barbosa SM (2008) Quantile trends in Baltic sea level. Geophys Res Lett 35(22):L22704

Becker GA, Pauly M (1996) Sea surface temperature changes in the North Sea their causes. ICES J Mar Sc 53:887–898

Befort DJ, Leckebusch GC, Ulbrich U, Rosenhagen G, Heinrich H, Ganske A (2014) Potentielle Auswirkungen des anthropogenen Klimawandels auf das Sturmflutrisiko an der deutschen Nordseeküste. KLIWAS Schriftenreihe KLIWAS-62/2014. KLIWAS, Koblenz (Webseiten von KLIWAS)

Befort DJ, Fischer M, Leckebusch GC, Ulbrich U, Ganske A, Rosenhagen G, Heinrich H (2015) Identification of storm surge events over the German Bight from atmospheric reanalysis and climate model data. Nat Hazards Earth Sys Sci 15(6):1437–1447

Bendtsen J, Hansen JLS (2013) Effects of global warming on hypoxia in the Baltic Sea–North Sea transition zone. Ecol Modell 264:17–26

Bergemann M (1995) Die Lage der oberen Brackwassergrenze im Elbeästuar. Dtsch Gewässerkundliche Mitteilungen 39(4/5):34–137 (Webseiten der Flussgebietsgemeinschaft Elbe (FGG Elbe))

Bergemann M (2004) Die Trübungszone in der Tideelbe - Beschreibung der räumlichen und zeitlichen Entwicklung. Wassergütestelle Elbe. Fachbericht. Wassergütestelle Elbe, Hamburg (Webseiten der Flussgebietsgemeinschaft Elbe (FGG Elbe))

Boehlich MJ, Strotmann T (2008) The Elbe-Estuary. Küste 74:288–306 (Webseiten des Kuratoriums für Forschung im Küsteningenieurwesen (KFKI))

Bryan K (1996) The steric component of sea level rise associated with enhanced greenhouse warming: a model study. Clim Dynam 12(8):545–555

BSH (2009) Umweltbericht zum Raumordnungsplan für die deutsche ausschließliche Wirtschaftszone (AWZ) Teil Nordsee. BSH, Hamburg (Webseite des BSH)

BSH (2016) Nordseezustand 2008 – 2011. Berichte des Bundesamtes für Seeschifffahrt und Hydrographie 54. BSH, Hamburg Rostock

Bülow K, Dieterich C, Elizalde A, Gröger M, Heinrich H, Hüttl-Kabus S, Klein B, Mayer B, Meier HEM, Mikolajewicz U, Narayan N, Pohlmann T, Rosenhagen G, Schimanke S, Sein D, Su J (2014) Comparison of three regional coupled ocean atmosphere models for the North Sea under today's and future climate conditions. KLIWAS Schriftenreihe KLIWAS-27/2014. KLIWAS, Koblenz

Bundesanstalt für Wasserbau (2015) Bildatlas zu den Sensitivitätsstudien zum Bildatlas zu den Sensitivitätsstudien zum Meeresspiegelanstieg in den Ästuaren Elbe, Jade-Weser und Ems. Ergebnisse aus den Forschungsprogrammen KLIWAS und KLIMZUG-NORD (Webseiten der Bundesanstalt für Wasserbau (BAW))

Burchard H, Janssen F, Bolding K, Umlauf L, Rennau H (2009) Model simulations of dense bottom currents in the Western Baltic Sea. Cont Shelf Res 29(1):205–220

Büscher A, Rudolph E (2014) Einfluss möglicher Klimaänderungen auf mittlere Tide- und Sturmflutverhältnisse. In: Schlünzen KH, Linde M (Hrsg) Wilhelmsburg im Klimawandel. Ist-Situation und mögliche Veränderungen. Berichte aus den KLIMZUG-NORD Modellgebieten, Bd. 4. TuTech, Hamburg, S 50–55 (Webseiten des BMBF-Forschungsprojekts KLIMZUG-NORD – Strategische Anpassungsansätze zum Klimawandel in der Metropolregion Hamburg)

Carter TR, Jones RN, Lu X, Bhadwal C, Conde C, Mearns LO et al (2007) New assessment methods and the characterization of future conditions. In: Parry ML, Canziani OF, Palutikof JP, van der Linden PF, Hanson CE (Hrsg) Climate change 2007: impacts, adaptation and vulnerability. Contribution of working group II to the fourth assessment report of the intergovernmental panel on climate change. Cambridge University Press, Cambridge New York, S 133–171

Church JA, Clark PU, Cazenave A, Gregory JM, Jevrejeva S, Levermann A, Merrifield MA, Milne GA, Nerem RS, Nunn PD, Payne AJ, Pfeffer WT, Stammer D, Unnikrishnan AS (2013) Sea level change. In: Stocker TF, Qin D, Plattner GK, Tignor M, Allen SK, Boschung J, Nauels A, Xia Y, Bex V, Midgley PM (Hrsg) Climate change 2013: the physical science basis. Contribution of working group I to the fifth assessment report of the intergovernmental panel on climate change. Cambridge University Press, Cambridge, New York, S 1137–1216

Dangendorf S, Müller-Navarra S, Jensen J, Schenk F, Wahl T, Weisse R (2014a) North Sea Storminess from a novel storm surge record since AD 1843. J Clim 27:3582–3595

Dangendorf S, Wahl T, Nilson E, Klein B, Jensen J (2014b) A new atmospheric proxy for sea level variability in the southeastern North Sea: observations and future ensemble projections. Clim Dynam 438(1):447–467

Dangendorf S, Calafat FM, Arns A, Wahl T, Haigh ID, Jensen J (2014c) Mean sea level variability in the North Sea: processes and implications. J Geophys Res Oceans 119(10):6820–6841

Dangendorf S, Arns A, Pinto JG, Ludwig P, Jensen J (2016) The exceptional influence of storm 'Xaver' on design water levels in the German Bight. Environ Res Lett 11:054001

Debernard JB, Røed LP (2008) Future wind, wave and storm surge climate in the Northern Seas: a revisit. Tellus 60A:427–438

De Winter RC, Sterl A, de Vries JW, Weber SL, Ruessink G (2012) The effect of climate change on extreme waves in front of the Dutch coast. Ocean Dyn 62:1139–1152

Deutscher Wetterdienst (1996) UVU zur Anpassung der Fahrrinne der Unter- und Außenelbe an die Containerschifffahrt. Materialband VIII Klima. Umweltverträglichkeitsuntersuchung (UVU). Antragsunterlagen zur Fahrrinnenanpassung 1999/2000. Wasser- und Schifffahrtsamt Hamburg und Wirtschaftsbehörde Strom- und Hafenbau der Freien und Hansestadt Hamburg, Hamburg (Webseiten Portal Tideelbe)

Dieterich C, Wang S, Schimanke S, Gröger M, Klein B, Hordoir R, Samuelsson P, Liu Y, Axell L, Höglund A, Meier HEM, Döscher R (2014) Surface heat budget over the North Sea in climate change simulations. In: International Baltic Earth Secretariat Publication No. 3 3rd International Lund Regional-Scale Climate Modelling Workshop, Lund, 06.2014.

Dreier N, Schlamkow C, Fröhle P (2011) Assessment of future wave climate on basis of wind-wave-correlations and climate change scenarios. J Coast Res Spec Issue 64:210–214

Ekman M (1988) The world's longest continued series of sea level observations. Pure Appl Geophys 127(1):73–77

Ekman M (1996) A consistent map of the postglacial uplift of Fennoscandia. Terra Nova 8(2):158–165

Elizalde A, Gröger M, Mathis M, Mikolajewicz U, Bülow K, Hüttl-Kabus S, Klein B, Ganske A (2014) MPIOM-REMO. A coupled regional model for the North Sea. KLIWAS Schriftenreihe KLIWAS-58/2014. KLIWAS, Koblenz

Emeis KC, van Beusekom J, Callies U, Ebinghaus R, Kannen A, Kraus G, Kröncke I, Lenhart H, Lorkowski I, Matthias V, Möllmann C, Pätsch J, Scharfe M, Thomas H, Weisse R, Zorita E (2014) The North Sea – a shelf sea in the Anthropocene. J Mar Sys 141:18–33

Feistel R, Nausch G, Wasmund N (Hrsg) (2008) State and evolution of the Baltic Sea, 1952-2005: a detailed 50-year survey of meteorology and climate, physics, chemistry, biology and marine environment. Wiley, Hoboken

Fickert M, Strotmann T (2007) Hydrodynamische Entwicklung der Tideelbe. In: Gönnert G, Pflüger B, Bremer JA (Hrsg) Von der Geoarchäologie über die Küstendynamik zum Küstenzonenmanagement. Coastline Reports 9:59–68

Fickert M, Strotmann T (2009) Zur Entwicklung der Tideverhältnisse in der Elbe und dem Einfluss steigender Meeresspiegel auf die Tidedynamik in Ästuaren. In: Hafentechnische Gesellschaft (Hrsg) Tagungsband zum HTG-Kongress 2009 HTG-Kongress, Lübeck, 9.–12. September. In., S 92–199

Franck H, Matthäus W, Sammler R (1987) Major inflows of saline water into the Baltic Sea during the present century. Gerlands Beitr Geophys 96(6):517–531

Friocourt YF, Skogen M, Stolte W, Albretsen J (2012) Marine downscaling of a future climate scenario in the North Sea and possible effects on dinoflagellate harmful algal blooms. Food Addit Contam A 29(10):1630–1646

Gaslikova L, Grabemann I, Groll N (2013) Changes in North Sea storm surge conditions for four transient future climate realizations. Nat Hazards 66(3):1501–1518

Generalplan Küstenschutz des Landes Schleswig-Holstein (2013) (Fortschreibung 2012), Ministerium für Energiewende, Landwirtschaft, Umwelt und ländliche Räume des Landes Schleswig-Holstein

Gérard M (2013) Strömungs- und Durchflussmessungen im Bereich der Tideelbe seit Anfang der 1960er Jahre. Ergebnisse aus Untersuchungen der Wasser- und Schifffahrtsverwaltung im Bereich Elbe-k 638,9 und 689,1. Masterarbeit, Ostfalia Hochschule für angewandte Wissenschaften, Wolfenbüttel. Webseiten Portalsystem Küstendaten

Gönnert G (1999) The analysis of storm surge climate change along the German Coast during the 20th century. Quatern Int 56:115–121

Gönnert G (2004) Sturmfluten und Windstau in der Deutschen Bucht. Charakter, Veränderungen und Maximalwerte im 20. Jahrhundert. Küste 67:185–365

Gönnert G, Gerkensmeier B (2015) A multi-method approach to develop extreme storm surge events to strengthen the resilience of highly vulnerable coastal areas. Coast Eng J 57(1)

Gönnert G, Sossidi K (2011) A new approach to calculate extreme storm surges: analyzing the interaction of storm surge components. In: Brebbia CA, Benassai G, Rodriguez GR (Hrsg) Coastal Processes II. WIT Press, Southampton, Boston, S 139–150

Grabemann I, Weisse R (2008) Climate change impact on extreme wave conditions in the North Sea: an ensemble study. Ocean Dynam 58:199–212

Gräwe U, Burchard H (2012) Storm surges in the Western Baltic Sea: The present and a possible future. Clim Dynam 39(1-2):165–183

Gräwe U, Friedland R, Burchard H (2013) The future of the western Baltic Sea: two possible scenarios. Ocean Dynam 63(8):901–921

Gregory JM, Church JA, Boer GJ, Dixon KW, Flato GM, Jackett DR, Lowe JA, O'Farrell SP, Roeckner E, Russell GL, Stouffer RJ, Winton M (2001) Comparison of results from several AOGCMs for global and regional sea-level change 1900–2100. Clim Dynam 18(3):225–240

Gröger M, Maier-Reimer E, Mikolajewicz U, Moll A, Sein D (2013) NW European shelf under climate warming: Implications for open ocean - shelf exchange, primary production, and carbon absorption. Biogeosciences 10(6):3767–3792

Gröger M, Dieterich C, Meier MHE, Schimanke S (2015) Thermal airsea coupling in hindcast simulations for the North Sea and Baltic Sea on the NW European shelf. Tellus A 67:26911

Groll N, Grabemann I, Gaslikova L (2014a) North Sea wave conditions: an analysis of four transient future climate realizations. Ocean Dynam 64(1):1–12

Groll N, Weisse R, Behrens A, Günter H, Möller J (2014b) Berechnung von Seegangsszenarien für die Nordsee. KLIWAS-Schriftenreihe KLIWAS-64/2014. KLIWAS, Koblenz

Grossmann I, Woth K, von Storch H (2006) Localization of global climate change: storm surge scenarios for Hamburg in 2030 and 2085. Küste 71:169–182 (Webseiten des Kuratoriums für Forschung im Küsteningenieurwesen (KFKI))

Gulev SK, Grigorieva V (2004) Last century changes in ocean wind wave height from global visual wave data. Geophys Res Lett 31:L24302

Haigh I, Nicholls R, Wells N (2010) Assessing changes in extreme sea levels: application to the English Channel 1900-2006. Cont Shelf Res 30(9):1042–1055

Hatz M, Maurer T (2014) Prozessstudien über die Eisbildung auf Wasserstraßen und mögliche klimabedingte Änderungen. Schlussbericht KLIWAS-

Projekt 4.05. KLIWAS Schriftenreihe KLIWAS-47/2014. KLIWAS, Koblenz (Webseiten des BMVBS-Forschungsprogramms KLIWAS (Auswirkungen des Klimawandels auf Wasserstraßen und Schifffahrt - Entwicklung von Anpassungsoptionen))

Hein B, Wyrwa J, Viergutz C, Schöl A (2014a) Projektionen für den Sauerstoffhaushalt des Elbe-Ästuars – Folgen für die Sedimentbewirtschaftung und das ökologische Potenzial. KLIWAS Schriftenreihe KLIWAS-42/2014. KLIWAS, Koblenz (Webseiten des BMVBS-Forschungsprogramms KLIWAS (Auswirkungen des Klimawandels auf Wasserstraßen und Schifffahrt - Entwicklung von Anpassungsoptionen))

Hein H, Mai S, Barjenbruch U (2014b) Klimabedingt veränderte Tidekennwerte und Seegangsstatistik in den Küstengewässern. Schlussbericht KLIWAS-Projekt 2.03. KLIWAS Schriftenreihe KLIWAS-33/2014, Koblenz. Webseiten des. BMVBS, Forschungsprogramms KLIWAS (Auswirkungen des Klimawandels auf Wasserstraßen und Schifffahrt - Entwicklung von Anpassungsoptionen)

Heyen H, Dippner JW (1998) Salinity variability in the German Bight in relation to climate variability. Tellus 50A:545–556

Heyer H, Schrottke K (2013) Aufbau von integrierten Modellsystemen zur Analyse der langfristigen Morphodynamik in der Deutschen Bucht (AufMod). Gemeinsamer Abschlussbericht mit Beiträgen aus allen 7 Teilprojekten (Webseiten des Kuratoriums für Forschung im Küsteningenieurwesen (KFKI))

Hjøllo SS, Skogen MD, Svendsen E (2009) Exploring currents and heat within the North Sea using a numerical model. J Mar Sys 78:180–192

Hollebrandse FAP (2005) Temporal development of the tidal range in the Southern North Sea. Dissertation. Delft University of Technology, The Netherlands

Holliday NP, Cunnigham S, Johnson C, Gary S, Griffiths C, Read JF, Sherwin T (2015) Multidecadal variability of potential temperature, salinity and transport in the eastern sub-polar Atlantic. J Geophys Res Oceans 120:5945–5967

Holt J, Wakelin S, Lowe J, Tinker J (2010) The potential impacts of climate change on the hydrography of the northwest European Continental shelf. Prog Oceanogr 86:361–379

Holt J, Butenschön M, Wakelin SL, Artioli Y, Allen JI (2012) Oceanic controls on the primary production of the northwest European continental shelf: model experiments under recent past conditions and a potential future scenario. Biogeosciences 9:97–117

Holt J, Schrum C, Cannaby H, Daewel U, Allen I, Artioli Y, Bopp L, Butenschon M, Fach BA, Harle J, Pushpadas D, Salihoglu B, Wakelin S (2014) Physical processes mediating climate change impacts on regional sea ecosystems. Biogeosciences Discuss 11:1909–1975

Hordoir R, Axell L, Löptien U, Dietze H, Kuznetsov I (2015) Influence of sea level rise on the dynamics of salt inflows in the Baltic Sea. J Geophys Res 120(10):6653–6668

Howard T, Lowe J, Horsburgh K (2010) Interpreting century-scale changes in southern North Sea storm surge climate derived from coupled model simulations. J Clim 23(23):6234–6247

Hünicke B (2010) Contribution of regional climate drivers to future winter sea-level changes in the Baltic Sea estimated by statistical methods and simulations of climate models. Int J Earth Sci 99(8):1721–1730

Hünicke B, Zorita E (2007) Trends in the amplitude of Baltic Sea level annual cycle. Tellus A 60(1):154–164

Hünicke B, Zorita E, Munksgaard B (2006) Influence of temperature and precipitation on decadal Baltic Sea level variations in the 20th century. Tellus 58(1):141–153

Hünicke B, Luterbacher J, Pauling A, Zorita E (2008) Regional differences in winter sea level variations in the Baltic Sea for the past 200 yr. Tellus A 60(2):384–393

Hünicke B, Zorita E, Soomere T, Madsen K, Johansson M, Suursaar Ü (2015) Recent change – sea level and wind waves. In: The BACC II author team. Second assessment of climate change for the baltic sea basin. Regional climate studies. Springer, Cham, S 155–185

Hunter J (2012) A simple technique for estimating an allowance for uncertain sea-level rise. Clim Change 113:239–252

Hunter JR, Church JA, White NJ, Zhang X (2013) Towards a global regionally varying allowance for sea level rise. Ocean Eng 71:17–27

Huthnance JM, Holt JT, Wakelin SL (2009) Deep ocean exchange with west-European shelf seas. Ocean Sci 5:621–634

IKSE (2005) Die Elbe und ihr Einzugsgebiet - ein geographisch-hydrologischer und wasserwirtschaftlicher Überblick. Internationale Kommission zum Schutz der Elbe, Magdeburg (Webseiten der Internationalen Kommission zum Schutz der Elbe (IKSE))

Ionita M, Rimbu N, Lohmann G (2011) Decadal variability of the Elbe River streamflow. Int J Climatol 31:22–30

IPCC (2007) The physical science basis: working group I contribution to the fourth assessment report of the IPCC. Cambridge University Press, Cambridge, New York

IPCC (2013) Climate change. In: Stocker TF, Qin D, Plattner GK, Tignor M, Allen SK, Boschung J, Nauels A, Xia Y, Bex V, Midgley PM (Hrsg) The physical science basis. Contribution of working group I to the fifth assessment report of the intergovernmental panel on climate change. Cambridge University Press, Cambridge, New York

Jensen J, Mudersbach C (2004) Zeitliche Änderungen der Wasserstandszeitreihen an den Deutschen Küsten. In: Gönnert G, Grassl H, Kelletat D, Kunz H, Probst B, von Storch H, Sündermann J (Hrsg) Klimaänderung und Küstenschutz, Proceedings. Universität Hamburg, Hamburg, S 115–128

Jensen J, Frank T, Wahl T (2011) Analyse von hochaufgelösten Tidewasserständen und Ermittlung des MSL an der deutschen Nordseeküste (AMSeL). Küste 78:59–163 (Webseiten des Kuratoriums für Forschung im Küsteningenieurwesen (KFKI))

Jensen J, Mudersbach C, Dangendorf S (2012) Untersuchungen zum Einfluss eines veränderten Meeresspiegels auf die Extremwasserstände an der Deutschen Nordseeküste. 2. Sachstandsbericht. KLIWAS interner Bericht. KLIWAS, Koblenz

Jensen J, Mudersbach C, Dangendorf S (2013) Untersuchungen zum Einfluss der Astronomie und des lokalen Windes auf sich verändernde Extremwasserstände in der Deutschen Bucht. KLIWAS Schriftenreihe KLIWAS-25/2013. KLIWAS, Koblenz

Jensen J, Dangendorf S, Wahl T, Steffen H (2014) Meeresspiegeländerungen in der Nordsee: Vergangene Entwicklungen und zukünftige Herausforderungen mit einem Fokus auf die Deutsche Bucht. Hydrol Wasserbewirtsch 58(6):304–323

Jevrejeva S, Moore JC, Woodworth PL, Grinsted A (2005) Influence of large-scale atmospheric circulation on European sea level: results based on the wavelet transform method. Tellus A 57:183–193

Johansson JM, Davis JL, Scherneck HG, Milne GA, Vermeer M, Mitrovica JX, Bennett RA, Jonsson B, Elgered G, El´osegui P, Koivula H, Poutanen M, Rönnäng BO, Shapiro II (2004) Continuous GPS measurements of postglacial adjustment in Fennoscandia: 2. Modeling results. J Geophys Res 107(B8):2157

Jungclaus JH, Haak H, Esch M, Roeckner E, Marotzke J (2006) Will Greenland melting halt the thermohaline circulation? Geophys Res Lett 33:L17708

Katsman CA, Hazeleger W, Drijfhout SS, van Oldenborgh GJ, Burgers G (2008) Climate scenarios of sea level rise for the northeast Atlantic Ocean: a study including the effects of ocean dynamics and gravity changes induced by ice melt. Clim Change 91:351–374

Kauker F (1999) Regionalization of climate model results for the North Sea. Dissertation. GKSS Report 99/E/6. Dissertation, Universität Hamburg

Kelpšaite L, Dailidiene I, Soomere T (2011) Changes in wave dynamics at the south-eastern coast of the Baltic Proper during 1993-2008. Boreal Environ Res 16(Suppl A):220–232

Kirches G, Paperin M, Klein H, Brockmann C, Stelzer K (2013a) The KLIWAS climatology for sea surface temperature and ocean colour fronts in the North Sea. Part A: methods, data, and algorithms. KLIWAS Schriftenreihe. KLIWAS-23A/2013. KLIWAS, Koblenz

Kirches G, Paperin M, Klein H, Brockmann C, Stelzer K (2013b) The KLIWAS climatology for sea surface temperature and ocean colour fronts in the North Sea. Part B: SST products. KLIWAS Schriftenreihe KLIWAS-23B/2013. KLIWAS, Koblenz

Kirches G, Paperin M, Klein H, Brockmann C, Stelzer K (2013c) The KLIWAS climatology for sea surface temperature and ocean colour fronts in the North Sea. Part C: ocean colour products. KLIWAS Schriftenreihe KLIWAS-23C/2013. KLIWAS, Koblenz

Klein H, Frohse A, Loewe P, Schulz A (2015) Oceanographic status report North Sea 2014. In: ICES 2016 Report of the Working Group on Oceanic Hydrography (WGOH) San Sebastian, 24–26 March 2015. ICES CM 2014/SSGEF:10., S 76–90

Klein H, Loewe P, Schmelzer N, Frohse A, Schulz A (2016) Temperatur. In: Nordseezustand 2008-2011. Berichte des BSH 54. BSH, Hamburg, Rostock

Kohn I, Freudiger D, Rosin K, Stahl K, Weiler M, Belz JU (2014) Das hydrologische Extremjahr 2011: Dokumentation, Einordnung, Ursachen und Zusammenhänge. In: Mitteilungen der Bundesanstalt für Gewässerkunde Nr. 29 (Webseiten der Bundesanstalt für Gewässerkunde)

Kooi H, Johnston P, Lambeck K, Smither C, Molendijk R (1998) Geological causes of recent (~100 yr) vertical land movement in the Netherlands. Tectonophysics 299:297–316

Korevaar CG (1990) North Sea climate based on observations from ships and lightvessels. Kluwer, Dordrecht

Kwadijk JCJ, Haasnoot M, Mulder JPM, Hoogvliet MMC, Jeuken ABM, van der Krogt RAA, van Oostrom NGC, Schelfhout HA, van Velzen EH, van Waveren H, de Wit MJM (2010) Using adaptation tipping points to prepare for climate change and sea level rise: a case study in the Netherlands. WIREs Clim Chang 1(5):729–740

Landerer FW, Jungclaus JH, Marotzke J (2007) Regional dynamic and steric sea level change in response to the IPCC-A1B scenario. J Phys Oceanogr 37:296–312

Langenberg H, Pfizenmayer A, von Storch H, Sündermann J (1999) Storm related sea level variations along the North Sea coast: natural variability and anthropogenic change. Cont Shelf Res 19:821–842

Lass HU, Matthäus W (1996) On temporal wind variations forcing salt water inflows into the Baltic Sea. Tellus A 9:663–671

Lehmann A, Myrberg K (2008) Upwelling in the Baltic Sea – a review. J Marine Syst 74(1):3–12

Lehmann A, Getzlaff K, Harlaß J (2011) Detailed assessment of climate variability in the Baltic Sea area for the period 1958 to 2009. Clim Res 46:185–196

Leonhard T (1987) Zur Berechnung von Höhenänderungen in Norddeutschland – Modelldiskussion, Lösbarkeitsanalyse und numerische Ergebnisse. Hannover, Universität Hannover, Fachrichtung Vermessungswesen, Dissertation, 1987.

Leterme SC, Pingree RD, Skogen MD, Seuront L, Reid PC, Attrill MJ (2008) Decadal fluctuations in North Atlantic water inflow in the North Sea between 1958 and 2003: impacts on temperature and phytoplankton populations. Oceanologia 50:59–72

Li M, Ge J, Kappenberg J, Much D, Nino O, Chen Z (2014) Morphodynamic processes of the Elbe River estuary, Germany: the Coriolis effect, tidal asymmetry and human dredging. Front Earth Sci 8(2):181–189

Loewe P, Becker G, Brockmann U, Frohse A, Herklotz K, Klein H, Schulz A (2003) Nordsee und Deutsche Bucht 2002 – Ozeanographischer Zustandsbericht. Berichte des BSH 33. BSH, Hamburg, Rostock

Loewe P (Hrsg) (2005) Nordseezustand 2003. Berichte des Bundesamtes für Seeschifffahrt und Hydrographie 38. BSH, Hamburg, Rostock

Loewe P (Hrsg) (2009) System Nordsee – Zustand 2005 im Kontext langzeitlicher Entwicklungen. Berichte des Bundesamtes für Seeschifffahrt und Hydrographie 44. BSH, Hamburg und Rostock

Loewe P, Klein H, Frohse A, Schulz A, Schmelzer N (2013) Temperatur. In: Loewe P, Klein H, Weigelt S (Hrsg) System Nordsee – 2006 & 2007: Zustand und Entwicklungen. Berichte des Bundesamtes für Seeschifffahrt und Hydrographie 49. BSH, Hamburg, Rostock, S 142–155

Lowe JA, Woodworth PL, Knutson T, McDonald RE, McInnes K, Woth K, von Storch H, Wolf J, Swail V, Bernier N, Gulev S, Horsburgh K, Unnikrishnan AS, Hunter J, Weisse R (2009a) Past and future changes in extreme sea levels and waves. In: Church JA, Woodworth PL, Aarup T, Wilson S (Hrsg) Understanding sea-level rise and variability. Wiley-Blackwell, London, S 326–370

Lowe JA, Howard TP, Pardaens A, Tinker J, Holt J, Wakelin S, Milne G, Leake J, Wolf J, Horsburgh K, Reeder T, Jenkins G, Ridley J, Dye S, Bradley S (2009b) UK climate projections science report: marine and coastal projections. Met Office Hadley Centre, Exeter (UK)

Mathis M (2013) Projected Forecast of Hydrodynamic Conditions in the North Sea for the 21st Century. Dissertation. Department of Geosciences Hamburg University

Mathis M, Pohlmann T (2014) Projection of physical conditions in the north sea for the 21st century. Clim Res 61:1–17

Mathis M, Mayer B, Pohlmann T (2013) An uncoupled dynamical downscaling for the North Sea: method and evaluation. Ocean Model 72:153–166

Matthäus W, Franck H (1992) Characteristics of major Baltic inflows - a statistical analysis. Cont Shelf Res 12(12):1375–1400

Meehl GA, Stocker TF, Collins WD, Friedlingstein P, Gaye AT, Gregory JM, Kitoh A, Knutti R, Murphy JM, Noda A, Raper SCB, Watterson IG, Weaver AJ, Zhao ZC (2007) Global climate projections. In: Solomon S, Qin D, Manning M, Chen Z, Marquis M, Averyt KB, Tignor M, Miller HL (Hrsg) Climate change 2007: the physical science basis, contribution of working group I to the fourth assessment report of the intergovernmental panel on climate change. Cambridge University Press, Cambridge, New York, S 747–845

Meier HEM (2006) Baltic Sea climate in the late twenty-first century: a dynamical downscaling approach using two global models and two emission scenarios. Clim Dynam 27(1):39–68

Meier HEM, Broman B, Kjellström E (2004) Simulated sea level in past and future climates of the Baltic Sea. Clim Res 27(1):59–75

Meier HEM, Kjellström E, Graham LP (2006) Estimating uncertainties of projected Baltic Sea salinity in the late 21st century. Geophys Res Lett 33:L15705

Meier HEM, Eilola K, Almroth E (2011a) Climate-related changes in marine ecosystems simulated with a 3-dimensional coupled physical biogeochemical model of the Baltic Sea. Clim Res 48(1):31–55

Meier HEM, Andersson HC, Eilola K, Gustafsson BG, Kuznetsov I, Müller-Karulis B, Neumann T, Savchuk OP (2011b) Hypoxia in future climates: A model ensemble study for the Baltic Sea. Geophys Res Lett 38(24):L24608

Meier HEM, Hordoir R, Andersson HC, Dieterich C, Eilola K, Gustafsson BG, Höglund A, Schimanke S (2012) Modeling the combined impact of changing climate and changing nutrient loads on the Baltic Sea environment in an ensemble of transient simulations for 1961–2099. Clim Dynam 39(9–10):2421–2441

Menendez M, Woodworth PL (2010) Changes in extreme high water levels based on a quasi-global tide-gauge data set. J Geophys Res-oceans 115:C1001

Milbradt P (2011) Analyse morphodynamischer Veränderungen auf Basis zeitvarianter digitaler Bathymetrien. Küste 78:33–57 (Webseiten des Kuratoriums für Forschung im Küsteningenieurwesen (KFKI))

Milbradt P, Valerius J, Zeiler M (2015) Das Funktionale Bodenmodell: Aufbereitung einer konsistenten Datenbasis für die Morphologie und Sedimentologie. Küste 83:19–38 (Webseiten des Kuratoriums für Forschung im Küsteningenieurwesen (KFKI))

Mohrholz V, Naumann M, Nausch G, Krüger S, Gräwe U (2015) Fresh oxygen for the Baltic Sea - An exceptional saline inflow after a decade of stagnation. J Marine Syst 148:152–166

Mudersbach C, Wahl T, Haigh ID, Jensen J (2013) Trends in high sea levels along the German North Sea coastline compared to regional mean sea level changes. Cont Shelf Res 65:111–120

Müller M, Arbic BK, Mitrovica JX (2011) Secular trends in ocean tides: observations and model results. J Geophys Res 116:C05013

Müller-Navarra SH (2009a) Sturmfluten in der Elbe und deren Vorhersage im Wandel der Zeiten. In: Ohlig C (Hrsg) Hamburg - die Elbe und das Wasser sowie weitere wasserhistorische Beiträge. Schriften der Deutschen Wasserhistorischen Gesellschaft e. V., Bd. 13. Deutsche Wasserhistorische Gesellschaft e. V., Siegburg, S 77–95

Müller-Navarra SH (2009b) Über neuere Verfahren der Wasserstands und Sturmflutvorhersage für die deutsche Nordseeküste. Küste 76:193–198

Müller-Navarra SH, Jensen J, Rosenhagen G, Dangendorf S (2013) Rekonstruktion von Gezeiten und Windstau am Pegel Cuxhaven 1843 bis 2013. Ann Meteorol 46:50–56

MUSE (2005) Modellgestützte Untersuchungen zu Sturmfluten mit sehr geringen Eintrittswahrscheinlichkeiten an der deutschen Nordseeküste. Abschlussbericht des KFKI-Forschungsvorhabens 03KIS039. Universität Siegen, Forschungsinstitut Wasser und Umwelt, Siegen

Neumann T (2010) Climate-change effects on the Baltic Sea ecosystem: a model study. J Marine Syst 81(3):213–224

Neumann T, Eilola K, Gustafsson B, Muller-Karulis B, Kuznetsov I, Meier MHE, Savchuk OP, Müller-Karulis B (2012) Extremes of temperature, oxygen and blooms in the Baltic sea in a changing climate. Ambio 41(6):574–585

Niedersächsischer Landesbetrieb für Wasserwirtschaft, Küsten- und Naturschutz und Senator für Bau, Umwelt und Verkehr Bremen (2007) Generalplan Küstenschutz Niedersachsen/Bremen - Festland

Nilson E, Krahe P, Klein B, Lingemann I, Horsten T, Carambia M (2014) Auswirkungen des Klimawandels auf das Abflussgeschehen und die Binnenschifffahrt in Deutschland. Schlussbericht KLIWAS-Projekt 4.01. KLIWAS Schriftenreihe KLIWAS-43/2014. KLIWAS, Koblenz (Webseiten des BMVBS-Forschungsprogramms KLIWAS (Auswirkungen des Klimawandels auf Wasserstraßen und Schifffahrt - Entwicklung von Anpassungsoptionen))

Omstedt A, Pettersen C, Rodhe J, Winsor P (2004) Baltic Sea climate: 200 yr of data on air temperature, sea level variation, ice cover, and atmospheric circulation. Clim Res 25(3):205–216

Pelling HE, Green JAM (2014) Impact of flood defences and sea-level rise on the European Shelf tidal regime. Cont Shelf Res 85:96–105

Pelling HE, Green JAM, Ward SL (2013) Modelling tides and sea-level rise: to flood or not to flood. Ocean Model 63:21–29

Pickering MD, Wells NC, Horsburgh KJ, Green JAM (2012) The impact of future sea-level rise on the European Shelf tides. Cont Shelf Res 35:1–15

Plüß A (2004) Nichtlineare Wechselwirkung der Tide auf Änderungen des Meeresspiegels im Übergangsbereich Küste/Ästuar am Beispiel der Elbe. In: Gönnert G, Graßl H, Kelletat D, Kunz H, Probst B, von Storch H, Sündermann J (Hrsg) Klimaänderung und Küstenschutz. Proceedings. 21. HDT-Tagung „Klimaänderung und Küstenschutz". Universität Hamburg 29.-30. Nov. 2004. Hafenbautechnische Gesellschaft (HTG) 21:129–138

Quante M, Colijn F, the NOSCCA Author Team (2016) North Sea region climate change assessment. Regional climate studies. Springer, Berlin, Heidelberg

Räämet A, Soomere T (2010) The wave climate and its seasonal variability in the northeastern Baltic Sea. Est J Earth Sci 59(1):100–113

RADOST-Verbund (2011) 2. RADOST Jahresbericht. RADOST-Berichtsreihe Bericht 3. Tech rep. Ecologic Institute, Berlin

RADOST-Verbund (2012) 3. RADOST Jahresbericht. RADOST-Berichtsreihe Bericht 14. Tech rep. Ecologic Institute, Berlin

RADOST-Verbund (2014) RADOST-Abschlussbericht. RADOST-Berichtsreihe Bericht 27. Tech rep. Ecologic Institute, Berlin

Ribeiro A, Barbosa SM, Scotto MG, Donner RV (2014) Changes in extreme sea-levels in the Baltic Sea. Geophys Res Lett 66:20921

Roos PC, Velema JJ, Hulscher SJMH, Stolk A (2012) An idealized model of tidal dynamics in the North Sea: resonance properties and response to large-scale changes. Ocean Dynam 61(12):2019–2035

Rosenhagen G, Schatzmann M (2011) Das Klima der Metropolregion auf Grundlage meteorologischer Messungen und Beobachtungen. In: von Storch H, Claussen M (Hrsg) Klimabericht für die Metropolregion Hamburg. Springer, Berlin, Heidelberg, S 19–59

Rudolph E (2014) Storm Surges in the Elbe, Jade-Weser and Ems Estuaries. Küste 81:291–300 (Webseiten des Kuratoriums für Forschung im Küsteningenieurwesen (KFKI))

Rutgersson A, Jaagus J, Schenk F, Stendel M (2014) Observed changes and variability of atmospheric parameters in the Baltic Sea region during the last 200 years. Clim Res 61(2):177–190

Schimanke S, Dieterich C, Meier HEM (2014) An algorithm based on sea level pressure fluctuations to identify major Baltic inflow events. Tellus 16:58–64

Schmelzer N, Holfort J (2009) Eiswinter 2004/2005 bis 2008/2009 an den deutschen Nord- und Ostseeküsten. Berichte des Bundesamtes für Seeschifffahrt und Hydrographie 46. BSH, Hamburg, Rostock (Webseiten des Bundesamts für Seeschifffahrt und Hydrographie (BSH))

Schmelzer N, Holfort J, Tegtmeier J, Düskau T (2014) Eiswinter 2009/2010 bis 2013/2014 an den deutschen Nord- und Ostseeküsten. Berichte des Bundesamtes für Seeschifffahrt und Hydrographie 53. BSH, Hamburg, Rostock (Webseiten des Bundesamts für Seeschifffahrt und Hydrographie (BSH))

Schmelzer N, Holfort J, Loewe P (2015) Klimatologischer Eisatlas für die Deutsche Bucht (mit Limfjord). Berichte des Bundesamtes für Seeschifffahrt und Hydrographie. BSH, Hamburg, Rostock

Schmidt H, von Storch H (1993) German Bight storms analyzed. Nature 365:791

Schrum C (2001) Regionalization of climate change for the North Sea and Baltic Sea. Clim Res 18:31–37

Seiffert R, Hesser FB, Schulte-Rentrop A, Seiß G (2012) Potential effects of climate change on the brackish water zone in German estuaries. In: Hinkelmann RP, Liong Y, Savic D, Nasermoaddeli MH, Daemrich KF, Fröhle P, Jacob D (Hrsg) Hydroinformatics 2012. Understanding changing climate and environment and finding solutions Proceedings of the 10th International Conference on Hydroinformatics, 14.-18. July 2012. TuTech Verlag, Hamburg

Seiffert R, Hesser F, Büscher A, Fricke B, Holzwarth I, Rudolph E (2014) Auswirkungen des Klimawandels auf die deutsche Küste und die Ästuare. Mögliche Betroffenheiten der Seeschifffahrtsstraßen und Anpassungsoptionen hinsichtlich der veränderten Hydrodynamik und des Salz- und Schwebstofftransports. Schlussbericht KLIWAS-Projekt 2.04/3.02. KLIWAS Schriftenreihe KLIWAS-36/2014. KLIWAS, Koblenz (Webseiten des BMVBS-Forschungsprogramms KLIWAS (Auswirkungen des Klimawandels auf Wasserstraßen und Schifffahrt - Entwicklung von Anpassungsoptionen))

Seiss G, Plüß A (2003) Tideverhältnisse in der Deutschen Bucht. Mitteilungsbl Bundesanst Wasserbau 86(10):61–64

Siegel H, Gerth M, Tschersich G (2006) Sea surface temperature development of the Baltic Sea in the period 1990–2004. Oceanologia 48:119–131

Solomon S, Qin D, Manning M, Chen Z, Marquis M, Averyt KB, Tignor M, Miller HL (Hrsg) (2007) Contribution of working group I to the fourth assessment report of the intergovernmental panel on climate change. Cambridge University Press, Cambridge, New York

Soomere T, Räämet A (2011) Long-term spatial variations in the Baltic Sea wave fields. Ocean Sci 7(1):141–150

Soomere T, Weisse R, Behrens A (2012) Wave climate in the Arkona Basin, the Baltic Sea. Ocean Sci 8(2):287–300

Stanev E, Schulz-Stellenfleth J (2014) Methods of data assimilation. Küste 81:133–151

Stanev E, Ziemer F, Schulz-Stellenfleth J, Seemann J, Staneva J (2015) Blending surface currents from HF radar observations and numerical modeling: tidal hindcasts and forecasts. J Atmos Ocean Tech 32:256–281

Sterl A, den Brink H, Vries H, Haarsma R, Meijgaard E (2009) An ensemble study of extreme storm surge related water levels in the North Sea in a changing climate. Ocean Sci 5(3):369–378

Stocker T, Qin D, Plattner GK, Tignor M, Allen S, Boschung J, Nauels A, Xia Y, Bex V, Midgley P (2013) IPCC 2013 climate change 2013: the physical science basis. Contribution of working group I to the fifth assessment report of the intergovernmental panel on climate change IPCC AR5:1535

von Storch H, Claussen M (Hrsg) (2011) Klimabericht für die Metropolregion Hamburg. Springer, Heidelberg

von Storch H, Reichart H (1997) A scenario of storm surge statistics for the German Bight at the expected time of doubled atmospheric carbon dioxide concentration. J Clim 10:2653–2662

von Storch H, Woth K (2008) Storm surges, perspectives and options. Sustain Sci 3:33–44

von Storch H, Gönnert G, Meine M (2008) Storm surges – An option for Hamburg, Germany, to mitigate expected future aggravation of risk. Environ Sci Policy 11(8):735–742

Stramska M, Białogrodzka J (2015) Spatial and temporal variability of sea surface temperature in the Baltic Sea based on 32-years (1982–2013) of satellite data. Oceanologia 57(3):223–235

Su J, Yang H, Pohlmann T, Ganske A, Klein B, Klein H, Narayan N (2014) A regional coupled atmosphere-ocean model system REMO/HAMSOM for the North Sea. KLIWAS Schriftenreihe KLIWAS 60/2014. KLIWAS, Koblenz

The BACC II Author Team (2015) Second assessment of climate change for the baltic sea basin. 1. A. regional climate studies. Springer, Berlin, Heidelberg

Wahl T, Jensen J, Frank T, Haigh ID (2011) Improved estimates of mean sea level changes in the German Bight over the last 166 years. Ocean Dyn 61(5):701–715

Wahl T, Haigh ID, Woodworth PL, Albrecht F, Dillingh D, Jensen J, Nicholls RJ, Weisse R, Wöppelmann G (2013) Observed mean sea level changes around the North Sea coastline from 1800 to present. Earth Sci Rev 124:51–67

Wakelin S, Daewel U, Schrum C, Holt J, Butenschön M, Artioli Y, Beecham J, Lynam C, Mackinson S (2012) MEECE deliverable D3.4: synthesis report for climate simulations part 3: NE Atlantic/North Sea. Plymouth, MEECE Project/Plymouth Marine Laboratory. Zugegriffen: 19. März 2017 (Webseite von NERC Open Research Archive Nora.)

Wang S, Dieterich C, Döscher R, Hoglund A, Hordoir R (2015) Development and evaluation of a new regional coupled atmosphere-ocean model in the North Sea and Baltic Sea. Tellus A 67:24284

Ward SL, Green JAM, Pelling HE (2012) Tides, sea-level rise and tidal power extraction on the European shelf. Ocean Dyn 62:1153–1167

WASA-Group (1998) Changing waves and storms in the Northeast Atlantic? Bull Am Meteor Soc 79:741–760

Wasser- und Schifffahrtsamt Hamburg (2012) Anpassung der Fahrrinne der Unter- und Außenelbe an die Containerschifffahrt Bericht 2011 (Abschlussbericht). Bericht zur Beweissicherung 2000 bis 2010. Wasser- und Schifffahrtsamt Hamburg und Hamburg Port Authority, Hamburg (Webseiten Portal Tideelbe)

Weilbeer H (2014) Sediment transport and sediment management in the Elbe estuary. Küste 81:409–426 (Webseiten des Kuratoriums für Forschung im Küsteningenieurwesen (KFKI))

Weilbeer H, Paesler A (2012) Systemanalysen für hypothetische zukünftige morphologische Zustände der Tideelbe. In: Bundesanstalt für Gewässerkunde (Hrsg) Dynamik des Sedimenthaushaltes von Wasserstraßen 14. Geomorphologisches Kolloquium, Koblenz, 09.–10. November 2011, S 20–30 (Webseiten der Bundesanstalt für Gewässerkunde)

Weiß R, Sudau A (2011) Satellitengestützte Überwachung der Pegelnullpunkthöhe in der Deutschen Bucht. Küste 78:1–32

Weiß R, Sudau A (2013) GNSS@tidegauge in der Deutschen Bucht. Auswertung und Ergebnisse im Referenzsystem IGS05/IGS08. KLIWAS Schriftenreihe KLIWAS-11/2013. KLIWAS, Koblenz

Weisse R (2011) Klima der Region und mögliche Änderungen in der Deutschen Bucht. In: von Storch H, Claussen M (Hrsg) Klimabericht für die Metropolregion Hamburg. Springer, Berlin, Heidelberg, S 91–119

Weisse R, Günther H (2007) Wave climate and long-term changes for the Southern North Sea obtained from a high-resolution hindcast 1958–2002. Ocean Dyn 57:161–172

Weisse R, Plüß A (2006) Storm-related sea level variations along the North Sea coast as simulated by a high-resolution model 1958–2002. Ocean Dyn 56:16–25

Weisse R, von Storch H (2009) Marine climate and climate change: storms, wind waves, and storm surges. Springer, Heidelberg

Weisse R, von Storch H, Günther H, Feser F, Plüß A (2006) A multi-decadal medium-resolution wind, wave and storm surge hindcast suitable for coastal applications. Third Chinese-German Joint Symposium on Coastal and Ocean Engineering, National Cheng Kung University, Tainan, 8.–16. November 2006

Weisse R, von Storch H, Niemeyer HD, Knaack H (2012) Changing North Sea storm surge climate: an increasing hazard? Ocean Coast Manage 68:58–68

Wilby RL, Dessai S (2010) Robust adaptation to climate change. Weather 65(7):180–185

Wiltshire KH, Manley BFJ (2004) The warming trend at Helgoland Roads, North Sea: phytoplankton response. Hel Mar Res 58:269–273

Winkel N (2011) Das Klima der Region und mögliche Änderungen in der Tideelbe. In: von Storch H, Claussen M (Hrsg) Klimabericht für die Metropolregion Hamburg. Springer, Berlin, Heidelberg, S 121–140

Winterscheid A, Gehres N, Cron N (2014) Einfluss von klimabedingten Änderungen auf den Sedimenthaushalt der Nordsee-Ästuare. Schlussbericht KLIWAS-Projekt 3.03. KLIWAS Schriftenreihe KLIWAS-37/2014. KLIWAS, Koblenz (Webseiten des BMVBS-Forschungsprogramms KLIWAS (Auswirkungen des Klimawandels auf Wasserstraßen und Schifffahrt - Entwicklung von Anpassungsoptionen))

Winterwerp JC, Wang ZB, van Braeckel A, van Holland G, Kösters F (2013) Man-induced regime shifts in small estuaries - II: a comparison of rivers. Ocean Dyn 63:1293–1306

Wolski T, Wisniewski B, Giza A, Kowalewska-Kalkowska H, Boman H, Grabbi-Kaiv S, Hammarklint T, Holfort J, Lydeikaite Z (2014) Extreme sea levels at selected stations on the Baltic Sea coast. Oceanologia 56(2):259–290

Woodworth PL, Shaw SM, Blackman DL (1991) Secular trends in mean tidal range around the British Isles and along the adjacent European coastline. Geophysical J Int 104(3):593–609

Wöppelmann G, Marcos M, Santamaría-Gómez A, Martín-Míguez B, Bouin MN, Gravelle M (2014) Evidence for a differential sea level rise between hemispheres over the twentieth century. Geophys Res Lett 41:1639–1643

Woth K (2005) North Sea storm surge statistics based on projections in a warmer climate: How important are the driving GCM and the chosen emission scenario? Geophys Res Lett 32:L22708

Woth K, Weisse R, von Storch H (2006) Climate change and North Sea storm surge extremes: an ensemble study of storm surge extremes expected in a changed climate projected by four different regional climate models. Ocean Dynam 56:3–15

Aquatische Ökosysteme: Nordsee, Wattenmeer, Elbeästuar und Ostsee

Justus van Beusekom, Ralf Thiel, Ivo Bobsien, Maarten Boersma, Christian Buschbaum, Andreas Dänhardt, Alexander Darr, René Friedland, Matthias Kloppmann, Ingrid Kröncke, Johannes Rick, Markus Wetzel

Verantwortliche, vom Lenkungsausschuss berufene Leitautoren: Justus van Beusekom, Ralf Thiel
Von den Leitautoren hinzugezogene Autoren: Ivo Bobsien, Maarten Boersma, Christian Buschbaum, Andreas Dänhardt, Alexander Darr, René Friedland, Matthias Kloppmann, Ingrid Kröncke, Johannes Rick, Markus Wetzel

H. Storch, I. Meinke, M. Claußen (Hrsg.),
Hamburger Klimabericht – Wissen über Klima, Klimawandel und Auswirkungen in Hamburg und Norddeutschland,
https://doi.org/10.1007/978-3-662-55379-4_5

5.1 Einleitung

Langzeitbeobachtungen von aquatischen Ökosystemen zeigen nicht nur eine hohe Variabilität, sondern auch graduelle Änderungen und sog. Regimeshifts: sprunghafte Änderungen im Funktionieren des gesamten Ökosystems. Sowohl die natürliche Variabilität hydrodynamischer und atmosphärischer Prozesse auf verschiedenen Zeitskalen als auch menschliche Einflussnahmen wie beispielsweise CO_2-Ausstoß, Fischerei, Deichbau, Vertiefungen oder Eutrophierung tragen zu dieser komplexen ökologischen Dynamik bei (z. B. Emeis et al. 2015).

Im 1. Klimabericht für die Metropolregion Hamburg (1. HKB; Colijn und Fanger 2011) wurde die Klimaauswirkung auf das Phyto- und Zooplankton, das Makrozoobenthos und die Fische in Nordsee, Wattenmeer und Elbeästuar dargelegt. Die Autoren zeigten, dass insbesondere die Wassertemperatur und Hydrodynamik die Variabilität der Ökosysteme prägten, während hin zum Wattenmeer und Elbeästuar die Interaktion mit anthropogenen Faktoren zunahm und vermutlich die zukünftige ökologische Entwicklung prägen wird.

In der Nordsee traten abrupte Änderungen vor allem am Ende der 1980er-Jahre auf, die zu einem deutlichen Regimeshift geführt haben. Wärmeliebende und eingeschleppte Arten breiteten sich aus. Das Ausbleiben kalter Winter prägte die Entwicklung von Makrozoobenthos, Fischfauna und Plankton, Letzteres durch eine Zunahme des Fraßdrucks von Copepoden (Ruderfußkrebsen) nach warmen Wintern. Eine zunehmende Dominanz von Quallen und negative Effekte der Versauerung auf die Planktongemeinschaft wurden erwartet.

Auch im Wattenmeer prägten höhere Temperaturen sowohl im Winter als auch im Sommer die Langzeitdynamik. Die Wechselwirkung von natürlichen und anthropogenen Faktoren wurde hervorgehoben. Die Temperaturerhöhung hat zu einer verstärkten Ausbreitung eingeschleppter Arten geführt. Insbesondere hat die nichtheimische pazifische Auster das Ökosystem des Wattenmeeres grundlegend verändert. Im Gegensatz zur Nordsee nahmen im Pelagial die Copepoden zu. Für die Zukunft wurde erwartet, dass insbesondere der Meeresspiegelanstieg (und als Folge ein verstärkter Deichbau) das Wattenmeer prägen wird. Offen ist die Frage, ob Wattflächen trotz Meeresspiegelanstiegs durch Sedimentationsprozesse in vergleichbarer Ausdehnung wie bisher erhalten bleiben.

Das Elbeästuar wurde vor allem durch menschliche Einflussnahmen wie Eindeichung und Baggerung geprägt. Die ökologische Auswirkung einer Klimaänderung wird in hohem Maße vom Ausmaß der strombaulichen Maßnahmen abhängen. Mit weiteren Verlusten von Flachwassergebieten, Wattflächen und Vordeichland und den damit zusammenhängenden ökologischen Werten sollte gerechnet werden. Eine Verstärkung der bereits auftretenden Sauerstoffdefizite im Zusammenhang mit einer Verlagerung der oberen Brackwassergrenze stromaufwärts wurde als wahrscheinlich erachtet.

Colijn und Fanger (2011) hoben hervor, dass Vorsicht geboten ist bei der Extrapolation in die Zukunft der o. g., auf der Variabilität des Systems basierenden Trends. Interaktive Prozesse zwischen den klimabedingten Änderungen und anthropogen bedingten Veränderungen sind schwer vorhersagbar.

In diesem Kapitel werden neue Erkenntnisse zu klimabedingten Änderungen in aquatischen Ökosystemen mit Bezug zur Metropolregion Hamburg zusammengefasst und die Aussagen aus dem 1. HKB ggf. kritisch beleuchtet. Neu ist hierbei die ökologische Betrachtung der Lübecker Bucht.

5.2 Nordsee

Die Nordsee ist ein flaches Schelfmeer, das sowohl durch natürliche Variabilität als auch durch menschliche Faktoren beeinflusst wird (Emeis et al. 2015). Menschliche Eingriffe fingen vor etwa 1000 Jahren mit Eindeichungen an, beschleunigten sich in den 1950er-Jahren und erstreckten sich z. B. durch Windkraftanlagen und Fischerei immer weiter in die offene Nordsee hinein. Darüber hinaus hat sich die Nordsee während der letzten Jahrzehnte deutlich erwärmt (s. auch ► Abschn. 4.1). Die Analyse ökologischer Langzeitdaten zeigt die überragende Bedeutung des Temperaturregimes z. B. durch die prägende Auswirkung von extrem kalten Wintern auf das Überleben bestimmter Arten, durch die Etablierung eingeschleppter Arten infolge wärmerer Sommer oder durch eine geänderte Schichtung der Nordsee. Letzteres bezieht sich auf die Ausbildung einer leichteren, wärmeren Oberflächenschicht im Sommer durch die erhöhte Sonneneinstrahlung und geringere Durchmischung. Es ist nach wie vor schwierig, anthropogene und natürliche Faktoren zu trennen (Emeis et al. 2015).

5.2.1 Plankton

Das Phytoplankton steht an der Basis der Nahrungsketten, und jegliche Änderungen können das gesamte Ökosystem beeinflussen. Licht, Nährstoffe und Wegfraß bestimmen die Wachstumsmöglichkeiten des Phytoplanktons. Die Ausbildung einer Schichtung führt z. B. dazu, dass das Phytoplankton mehr Licht zur Verfügung hat und dadurch zunächst besser wachsen kann, bis die Nährstoffe aufgebraucht sind. Winder und Sommer (2012) fassten den Stand des Wissens zusammen und zeigten, dass eine Klimaerwärmung in erster Linie zu einer verstärkten Schichtung und dadurch zu einem geringeren Nährstofffluss in die obere Wasserschicht führen wird. Die dadurch verursachte stärkere Nährstofflimitierung wird zu kleineren Phytoplanktonarten führen. Wärmere Temperaturen werden die maximale Photosynthese steigern. Weil erhöhte Temperaturen die heterotrophen Prozesse beschleunigen, wird der Fraßdruck zunehmen. Phytoplankton und Zooplankton reagieren zudem oft unterschiedlich auf Änderungen der Umweltbedingungen. Dies kann zur Veränderung der Planktonzusammensetzung und den damit verknüpften Nahrungsbeziehungen führen (Mackas et al. 2012).

Es ist zu erwarten, dass die ansteigende Kohlendioxidkonzentration durch Veränderungen im Karbonatsystem vor allem das kalzifizierende Phytoplankton (vor allem Coccolithophoriden) beeinflusst (IPCC 2014). Beaugrand et al. (2013) zeigten aber, dass die Langzeitvariabilität des kalzifizierenden Planktons noch nicht durch pH-Regime, sondern durch Temperatur gesteuert wird.

Seit den 1960er-Jahren gewinnt das Phytoplankton bei Helgoland nun früher im Jahr an Bedeutung (Wiltshire et al. 2015; ◘ Abb. 5.1). Lohmann und Wiltshire (2012) fanden eine enge Verknüpfung des Beginns der Diatomeenfrühjahrsblüten mit der winterlichen Atmosphärenzirkulation. Erlaubte die Zirkulation über Skandinavien einen vermehrten Einstrom von klarem, mehr marinem und wärmerem atlantischem Wasser in die Nordsee, so trat die Blüte eher auf. Sie erfolgte später, wenn eine mehr kontinental geprägte Zirkulation aus dem Osten vorherrschte. Tian et al. (2011) zeigten, dass in Jahren, in denen relativ trübes Küstenwasser dominierte, die Frühjahrsblüte noch vor der Entwicklung einer Schichtung begann und von der mittleren Lichtverfügbarkeit in der Wassersäule abhängig war (s. auch Scharfe 2013). Dominierte hingegen mehr küstenfernes Nordseewasser, folgte die Frühjahrsblüte eher der Ausbildung einer Schichtung und erschien weniger abhängig von der Lichtverfügbarkeit im Wasser.

Schlüter et al. (2012) untersuchten die Saisonalität dreier bestandsbildender Diatomeen seit den 1960er-Jahren. Während bei *Guinardia delicatula* und *Odontella aurita* ein signifikanter Trend hin zu früheren Blütezeitpunkten festgestellt werden konnte, zeigte *Thalassionema nitzschioides* einen ebenfalls signifikanten Trend hin zu einem früheren Zusammenbrechen der Blüte. Zeitgleich zum oft zitierten Regimeshift in der Nordsee Ende der 1980er-Jahre finden sich z. T. Ausweitungen artspezifischer Nischen von planktischen (z. B. *Skeletonema* sp.) und tychopelagischen (*Paralia sulcata*) Diatomeen (Freund et al. 2012; Gebühr et al. 2009).

Inwieweit das erstmalige Auftreten der großen, sehr auffälligen Kieselalge *Mediopyxis helysia* in der Deutschen Bucht mit der Temperaturerhöhung zusammenhängt, ist momentan noch unklar. Die Art wurde 2003 zunächst in der Sylt-Rømø-Bucht und dann 2009 auch bei Helgoland nachgewiesen (Kraberg et al. 2012). Sie entwickelte sich zunächst zu einem wichtigen Vertreter des Phytoplanktons der Deutschen Bucht mit maximalen Häufigkeiten von > 300.000 Zellen/l. Seit 2012 sind die maximalen Biomassen dieser neuen Art allerdings wieder deutlich rückläufig (Kraberg et al. 2012; Rick et al. 2015).

In diesem Jahrhundert hat sich die Erhöhung der Diatomeendichten und eine Verringerung der Dichten der Dinoflagellaten weiter durchgesetzt (Wiltshire et al. 2010; Boersma et al. 2015). Da Dinoflagellaten eine sehr wichtige Nahrungsquelle für neritische Copepoden darstellen (Gentsch et al. 2009), hat sich die Nahrungssituation für die Copepoden verschlechtert (Alvarez-Fernandez et al. 2012), was potenziell zu einer Verringerung der Dichten der herbivoren und omnivoren Copepoden geführt hat (Boersma et al. 2015). Zudem hat durch die abnehmenden Phosphoreinträge in die Deutsche Bucht die Qualität der Algen als Futter für Copepoden (Malzahn und Boersma 2012) wahrscheinlich abgenommen. Tatsächlich korreliert die Copepodendichte mit der Gesamtmenge an Phosphor (Boersma et al. 2015). Eine weitere Abnahme der Phosphorfrachten in die Deutsche Bucht könnte Auswirkungen auf höhere trophische Ebenen haben.

Wie das Phytoplankton entwickeln sich auch die Copepoden fast fünf Wochen früher als noch vor 40 Jahren (Wiltshire und Boersma 2016; ◘ Abb. 5.1). Während das Phytoplankton vor allem auf die ständig steigende Transparenz des Wassers reagiert (s. o.), steuern die Frühjahrstemperaturen das Zooplankton (Wiltshire und Boersma 2016, ◘ Abb. 5.1). Es ist daher vielleicht ein Zufall, dass es in der Deutschen Bucht noch nicht zu einem Mismatch zwischen Angebot und Nachfrage von Nahrung für die Copepoden gekommen ist.

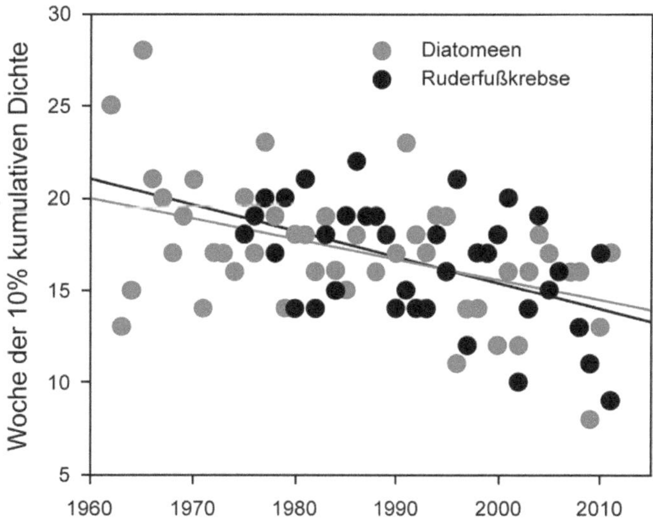

◘ **Abb. 5.1** Woche, in der für Diatomeen und Ruderfusskrebse10 % der jährlichen kumulativen Dichte erreicht werden. Die Änderungen in diesem Maß für den Anfang der Wachstumsphase in jedem Jahr sind für beide Gruppen identisch. (Wiltshire und Boersma 2016)

Im letzten Klimabericht wurde über das an Bedeutung gewinnende gelatinöse Zooplankton (Quallen) berichtet. Die damals gerade eingewanderte Rippenqualle *Mnemiopsis leidyi* hat sich scheinbar ohne negative Folgen im Ökosystem etabliert. Die im Vergleich zu Fischen höhere Toleranz vieler Quallen gegenüber den mit dem globalen Wandel zusammenhängenden Faktoren Sauerstoffmangel, Wassertemperatur und pH-Stress (z. B. Gambill und Peck 2014) kann dazu führen, dass sie als Gewinner der globalen Wandlungsprozesse hervortreten.

5.2.2 Makrozoobenthos

Neumann et al. (2013b) analysierten und verglichen die räumliche Verbreitung der Gemeinschaften von Fischen sowie In- und Epifauna in der deutschen Ausschließlichen Wirtschaftszone (AWZ), um darauf basierend benthische Habitate zu identifizieren. Es wurden drei Habitate identifiziert: die Küstenzone, der Oyster Ground und der Entenschnabel der Doggerbank, die mit spezifischen Umweltfaktoren und deren saisonaler Variabilität korreliert sind. Trotz Temperaturanstieg sind die Habitate bislang stabil. Dennoch zeigen Langzeituntersuchungen der Epifauna-Gemeinschaften seit 1998 in der südöstlichen Nordsee, dass besonders die küstennahen Gebiete stärker von einem Temperaturanstieg beeinflusst wurden (Neumann et al. 2009) und wahrscheinlich auch weiterhin werden.

Seit 1978 werden die Infauna-Gemeinschaften im Inselvorfeld von Norderney untersucht und zeigten über zwei Jahnzehnte eine hohe Korrelation mit dem Nordatlantischen Oszillationsindex (NAOI). Dieser Zusammenhang existiert seit 2001 nicht mehr, da die NAOI ihre Persistenz und ihre Autokorrelation verloren hat und deshalb kein guter Klimaprädiktor ist (Dippner et al. 2014). Ausgangspunkt war 2000/2001 ein nichtlinearer

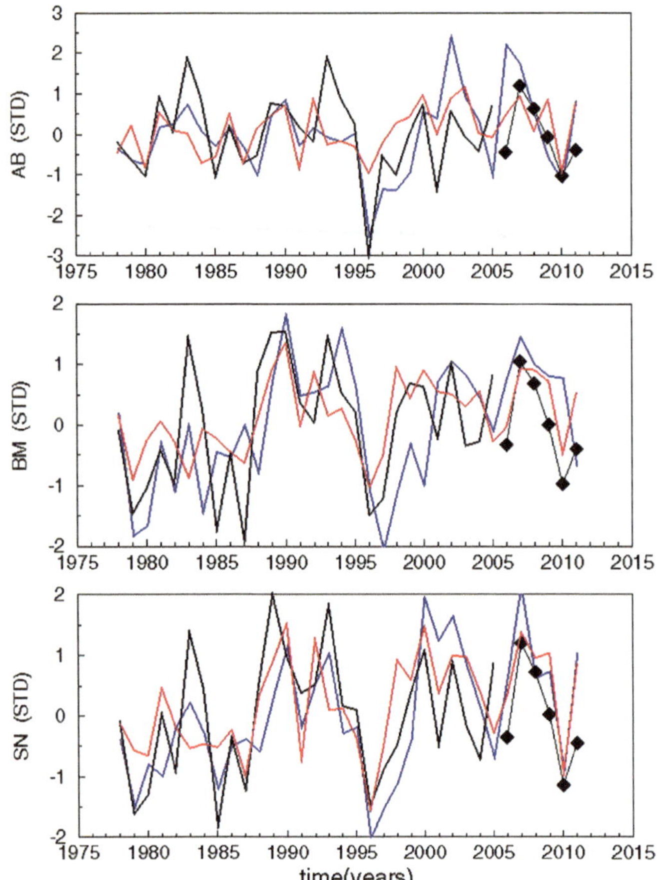

■ **Abb. 5.2** Vergleich von Modellergebnissen und Felddaten. Modellierte Datenreihe (Winter-NSE und Infauna 2. Quartal (*blaue Linie*) und 2. Quartal NSE und 2. Quartal Infauna (*rote Linie*) aus standardisierten Anomalien der log Abundanz (AB), log Biomasse (BM) und Artenzahl (SN) der Infauna-Gemeinschaften vor Norderney, Felddaten der „Fitting"-Periode 1978–2005 (*schwarze Linie*) und unabhängigen Felddaten in der 6-Jahres-Vorhersageperiode 2006–2011 (*Linie mit Diamant*)). (Aus Dippner und Kröncke 2015)

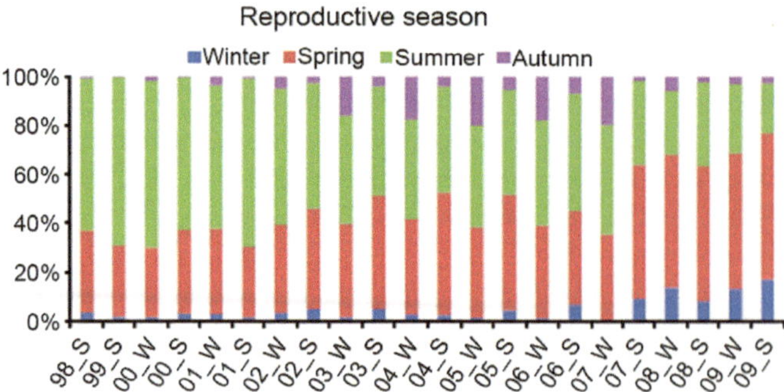

■ **Abb. 5.3** Veränderung in der Reproduktionszeit der Epifauna in Verbindung mit der Erhöhung der Oberflächentemperatur der Deutschen Bucht von 1998 bis 2009. (Aus Neumann und Kröncke 2011)

Regimeshift, der zu höheren Varianzen in der Abundanz, der Artenzahl und der Biomasse der Infauna geführt hat. Um bessere Vorhersagen treffen zu können, haben Dippner und Kröncke (2015) einen neuen Klimaprädiktor für die südliche Nordsee entwickelt, den North Sea Environment (NSE) Index, in den die Arktische Oszillation, die Oberflächentemperatur der südlichen Nordsee, der Niederschlag sowie zonale und meridionale Winde einfließen. Die Korrelationen zwischen der Infauna und dem NSE-Index sind nach 2001 wieder signifikant (■ Abb. 5.2). Das weist darauf hin, dass großräumige Veränderungen im Klimasystem auf der nördlichen Hemisphäre die Infauna-Gemeinschaften in der südlichen Nordsee beeinflussen.

Die Infauna-Gemeinschaften der Doggerbank wurden 2006/2007 beprobt und die Daten mit eigenen Daten aus den 1980er-, 1990er- und 2000er-Jahren und weiteren Daten aus den 1950er- und 1920er-Jahren verglichen (Kröncke 2011). Der Langzeitvergleich zeigte, dass zu Beginn des 20. Jahrhunderts die Intensivierung der Fischerei auf der Doggerbank zu einer Dezimierung von großen Muschelbänken führte, die sich bis heute aufgrund der kontinuierlichen Fischerei nicht erholt haben. Seit 1985 werden zudem durch die Temperaturerhöhung bedingte Veränderungen in den Infauna- und Epifauna-Gemeinschaften der Doggerbank beobachtet, die zu einer Zunahme von heimischen wärmeliebenden und einer Abnahme von kälteliebenden Arten geführt haben (Kröncke 2011).

Ein Beispiel für das Auftreten von neuen Arten in der Nordsee ist die Trapezkrabbe *Goneplax rhomboides*. Habitatmodelle deuten darauf hin, dass Wassertemperaturen von mehr als 5,5 °C im Winter ihre Etablierung in der Nordsee begünstigt haben. Tatsächlich gab es seit 1996/1997 keinen extrem kalten Winter mehr, und auch die mittlere Wassertemperatur für die kalten Monate Februar und März war von 1997 bis 2010 mit 6 °C überdurchschnittlich hoch (Neumann et al. 2013a).

Die ökologische Funktion von Benthos-Gemeinschaften lässt sich besser durch ihre funktionelle Zusammensetzung beschreiben als durch die Artenzusammensetzung per se. Veränderungen in der funktionellen Zusammensetzung von Epifauna-Gemeinschaften wurden in der Deutschen Bucht zwischen 1998 und 2009 anhand von 12 funktionellen Eigenschaften untersucht (Neumann und Kröncke 2011). Seit 2002 kam es zu einer Abnahme von Eigenschaften der Arten, die charakteristisch für eine angepasste Lebensweise sind. Diese traten vermehrt im Zusammenhang mit dem kalten Winter 1995/96 auf, in dessen Folge es zu einer Sukzession nach dem temperaturbedingten Massensterben der benthischen Fauna kam.

Mit den steigenden Oberflächentemperaturen seit 2001 korrelierten die Zunahme von Reproduktionszeiten im Herbst und Winter (■ Abb. 5.3). Die Ergebnisse deuten daher darauf hin, dass sich Klimaveränderungen primär auf die Reproduktion der Epifauna und weniger auf ihre Ernährungstypen durch ein verändertes Nahrungsangebot auswirken.

5.2.3 Fische

Nach wie vor bestimmt die Fischerei die Fischbestände der Nordsee am stärksten. Als Reaktion auf zurückgehende Fischbestände wurden die Regularien der gemeinsamen Fischereipolitik der EU verschärft und schränken die Fischerei in den letzten Jahren zunehmend ein (EAA 2015). Des Weiteren wird die Fischerei in Zukunft durch die zunehmenden Installationen zur Gewinnung von Offshore-Windenergie wie auch durch die Einrichtung von Schutzgebieten aus manchen Gebieten fast vollständig verdrängt werden (Berkenhagen et al. 2010). Es ist daher schwierig, die Einflüsse des sich ändernden Klimas auf die Fischbestände im Wechselspiel mit weiteren anthropogenen Einflüssen zu bewerten.

Ein weiteres Problem bei der Bewertung der sich ändernden Zustände ist die relative Kürze bestehender Zeitserien systematischer Aufnahmen der Nordsee-Fischfauna. Oft reichen diese bestenfalls nur einige Dekaden zurück, wie z. B. die Aufnahmen des International Bottom Trawl Surveys, die konsistente Abundanzindizes für Nordseefische längstens bis in die späten 1970er-Jahre liefern (Heessen et al. 2015). Damit überspannen diese Beobachtungen nur wenige Zyklen mittelfristiger Klimaschwankungen wie die der Nordatlantischen Oszillation (NAO) und kaum einen Zyklus der langfristigen Multidekadischen Atlantischen Oszillation (AMO). Die Bedeutung dieser Zyklen für die Fischfauna der Nordsee wurde mehrfach nachgewiesen und reicht aus, die meisten zurzeit zu beobachtenden Änderungen in der Fischfauna zu erklären (z. B. Gröger et al. 2010; Alheit und Bakun 2010). Auch die im 1. HKB (Colijn und Fanger 2011) beschriebenen Änderungen in der Fischfauna – insbesondere das Auftreten lusitanischer Arten in der südlichen Nordsee – können mit den natürlichen Wechseln kalter und warmer Phasen des Klimas erklärt werden. Gerade die beiden Arten Roter Knurrhahn (*Chelidonichthys lucerna*) und Streifenbarbe (*Mullus surmuletus*) sind keine neuen „Player" im Nordseeökosystem (vgl. Heincke 1894). Das verstärkte Auftreten des Roten Knurrhahns insbesondere in der Mitte der 1990er-Jahre (Sell und Heessen 2015) scheint eher im Zusammenhang mit dem gut dokumentierten Regimewechsel Ende der 1980er-Jahre (z. B. Schlüter et al. 2008) zu stehen.

Genauso kann der beschriebene Wechsel von einer Gadidendominierten zu einer Plattfischdominierten Fischgemeinschaft in der deutschen AWZ eher als die Rückkehr zum Normalzustand nach dem Gadoid-Outburst in den späten 1960er- bis frühen 1980er-Jahren gesehen werden denn als eine Folge des Klimawandels (vgl. Hislop et al. 2015, S. 193). Der Gadoid-Outburst beschreibt eine Phase starker Zunahmen in den kabeljauartigen Beständen der Nordsee, deren Aufblühen und Niedergang oft mit langfristigen Schwankungen des Klimas in Verbindung gebracht wird (Beaugrand 2009). Jedoch zeigen neuere Analysen, dass ohne den Einfluss der Fischerei sowohl der starke Anstieg als auch das Zusammenbrechen der Bestände nur schwer zu erklären sind (Fauchald 2010). Dieses Beispiel unterstreicht deutlich die Verwobenheit klimatischer und anthropogener (hier Überfischung) Einflüsse auf Ökosysteme. Diese aufzulösen und anthropogene von klimatischen Einflüssen zu trennen ist schwierig, aber unerlässlich, um realistische Vorhersagen für die Folgen des Klimawandels auf das Nordsee-Ökosystem und seine Fischbestände zu tätigen (Möllmann und Diekmann 2012).

Rijnsdorp et al. (2010) formulieren eine Reihe von Arbeitshypothesen zu möglichen Auswirkungen des Klimawandels auf die Physiologie und die Ökologie der Fische, durch deren Prüfung eine Abschätzung zu den Auswirkungen des Klimawandels auf Fischbestände ermöglicht werden soll. Diese werden im Folgenden stark verkürzt wiedergegeben.

1. Populationen an den Verbreitungsgrenzen ihrer Art werden stärker beeinflusst als solche, die sich im Zentrum der Verbreitung befinden. So können z. B. die erhöhten Temperaturen im Sommer den Sauerstoffhaushalt der eher kälteliebenden Arten negativ beeinflussen und deren Verschwinden aus der Nordsee begünstigen (Pörtner und Knust 2007).
2. Habitat- und Nahrungsansprüche der Arten spielen eine übergeordnete Rolle. So werden pelagische Fische anders beeinträchtigt als demersale Arten, da Erstere in Bezug auf Änderungen im Wasser anders reagieren können als Letztere, deren Habitate geographisch stärker eingeschränkt sind.
3. Fischarten mit räumlich stark eingeschränkten Habitatansprüchen während mindestens eines Teils ihres Lebenszyklus reagieren empfindlicher auf den Klimawandel als solche ohne spezifische Ansprüche. Dies gilt insbesondere für die frühen Lebensstadien von Fischen, die oft ein engeres Temperaturoptimum haben als ältere Stadien (Rijnsdorp et al. 2010).
4. Fischbestände reagieren unter dem Einfluss des Klimawandels empfindlicher auf Fischereidruck. Neben der Dezimierung des Laicherbestandes übt Fischerei durch den Wegfang großer Tiere einen Selektionsdruck auf Fischpopulationen aus. So werden z. B. Individuen, die früher und bei kleinerer Größe zur Geschlechtsreife gelangen, bevorzugt (Rijnsdorp et al. 2010), was den Genpool verändert. Dies kann negative Auswirkungen auf die Möglichkeiten der Anpassung an Umweltveränderungen haben.

Der Klimawandel könnte sich zukünftig auch indirekt auf die Fischgemeinschaft der Nordsee auswirken, indem der Mensch auf den Klimawandel reagiert (EEA 2015). Durch die vermehrte Gewinnung erneuerbarer Energie aus Offshore-Windparks werden in großem Umfang künstliche Hartsubstrate in die Nordsee eingebracht und damit Habitate für Arten geschaffen, die sonst nicht in den betreffenden Gebieten vorkommen (Ehrich et al. 2007). Auf der anderen Seite werden dadurch auch Schutzgebiete für Fische eingerichtet, da Fischerei in diesen Gebieten weitgehend untersagt sein wird.

Der Klimawandel im Zusammenspiel mit den anthropogenen Einflüssen wird Auswirkungen auf die Fischbestände und die Fischerei der Nordsee haben (Hollowed et al. 2013). Es besteht nach wie vor immenser Forschungsbedarf auf Basis der oben aufgezeigten Arbeitshypothesen, um die Folgen realistisch abschätzen zu können (Rijnsdorp et al. 2009, 2010; Hollowed et al. 2013).

5.3 Wattenmeer

Das Wattenmeer ist das größte zusammenhängende intertidale Gezeitengebiet der gemäßigten Breiten und wurde 2009 als Weltnaturerbe anerkannt. Begründet wurde dies mit der jungen und ursprünglichen, durch Wind und Gezeiten ständig neu geformten Landschaft, in der Naturkräfte walten und sich eine enorme Vielfalt des Lebens entwickeln kann. Die bestehenden Regelungen garantieren die Wahrung dieses Gebietes. Fortschritte wurden bei der Reduzierung von Kontaminanten und Nährstoffen erzielt. Problematisch sind aber weiterhin die hohe Anzahl eingeschleppter nichtheimischer Arten, und unsicher ist, ob der Aufwuchs der Gezeitenflächen und Salzwiesen mit dem steigenden Meeresspiegel (s. auch ► Abschn. 4.1) Schritt halten kann (Wolff et al. 2010; Reise et al. 2010).

5.3.1 Plankton

Die für die Nordsee beschriebenen allgemeinen Effekte einer Klimaänderung auf das Plankton, wie eine Tendenz zu kleineren Arten, ein potenzieller Mismatch zwischen Phyto- und Zooplankton und eine höhere Produktivität, treffen im Prinzip auch auf das Wattenmeer zu (vgl. Winder und Sommer 2012). Wie die tatsächliche Auswirkung genau sein wird, ist unklar (Philippart und Epping 2009) und wird von lokalen Gegebenheiten abhängen (vgl. Cloern und Jassby 2010). Insbesondere können Wechselwirkungen mit dem filtrierenden Makrozoobenthos eine entscheidende Rolle spielen: Sowohl eine Zunahme der Filter-Feeder z. B. durch eingewanderte Arten (s. u.) als auch eine Abnahme infolge wärmerer Winter (schlechtere Rekrutierung) sind möglich (Philippart und Epping 2009).

Während saisonale und interannuelle Dynamik des Phytoplanktons der offenen Nordsee stark durch Temperatur und Hydrographie bestimmt werden, spielen im Wattenmeer und im angrenzenden Küstenwasser Nährstoffe eine zusätzliche Rolle. Infolge der Abnahme der Nährstofffrachten durch Rhein, Maas, Weser, Ems und Elbe sind Algenblüten und Biomasse im Wattenmeer vor allem im Sommer zurückgegangen (Cadée und Hegeman 2002; Philippart et al. 2007; van Beusekom et al. 2009a, 2009b). Einige Wissenschaftler erwarten, dass die Abflüsse im Sommer ab- und im Winter zunehmen (z. B. Huang et al. 2010) und dass die Nährstofffrachten im Sommer ab- und im Winter zunehmen werden (z. B. Andersen et al. 2006). Aber auch gegenläufige Szenarien mit zunehmenden Abflüssen und Nährstofffrachten im Sommer und abnehmenden Abflüssen und Nährstofffrachten im Winter sind möglich (► Abschn. 4.1 und 4.2). Die Nährstoffumsätze werden mit steigenden Temperaturen wahrscheinlich ansteigen (Beck und Brumsack 2012) und in Kombination mit höheren Temperaturen die Produktivität erhöhen. Beide Faktoren werden verstärkt zu anoxischen Bedingungen in Sedimenten und demzufolge zu verstärkten Phosphorfluxen führen. Da das Wattenmeer zumindest im Frühjahr phosphat-limitiert sein kann (Ly et al. 2014), wird eine erhöhte Temperatur die Frühjahrsblüte im Prinzip stärken.

Ein Temperaturanstieg kann das Potenzial von Frühjahrsblüten prinzipiell erhöhen. Aber auch die Top-down-Kontrolle von Phytoplankton wird insbesondere durch höhere Wintertemperaturen nachweislich gestärkt: Langzeitdaten aus dem nordfriesischen Wattenmeer bei List/Sylt zeigen, dass der Umfang der Frühjahrsblüte mit zunehmender Temperatur abnimmt (van Beusekom et al. 2009b; ◘ Abb. 5.4). Auch das Zooplankton reagiert stark auf die Wintertemperaturen (Martens und van Beusekom 2008) mit einer früheren Entwicklung des Zooplanktons und höheren mittleren Biomassen nach warmen Wintern. Ein Treiber für die geringere und später einsetzende Frühjahrsblüte scheint das verstärkte Copepodengrazing in und nach warmen Wintern zu sein (s. auch Wiltshire und Boersma 2016). Auch eine temperaturabhängige Kontrolle durch benthische Filter-Feeder kann zum erhöhten Grazingdruck beitragen (Keller et al. 1999). Weil Wachstums- und Grazingpotenzial zunehmen, wird sich die Dynamik mit ungewissem Endergebnis erhöhen.

Neben dem Phytoplankton trägt auch das Phytobenthos zur Produktivität des Wattenmeeres bei. De Jonge et al. (2012) beschrieben, dass eine höhere mittlere Jahrestemperatur zu einer erhöhten Phytobenthosbiomasse führt. Dieser Effekt ist nur z. T. auf physiologische Prozesse zurückzuführen und wird wahrscheinlich auch durch Top-down-Effekte hervorgerufen.

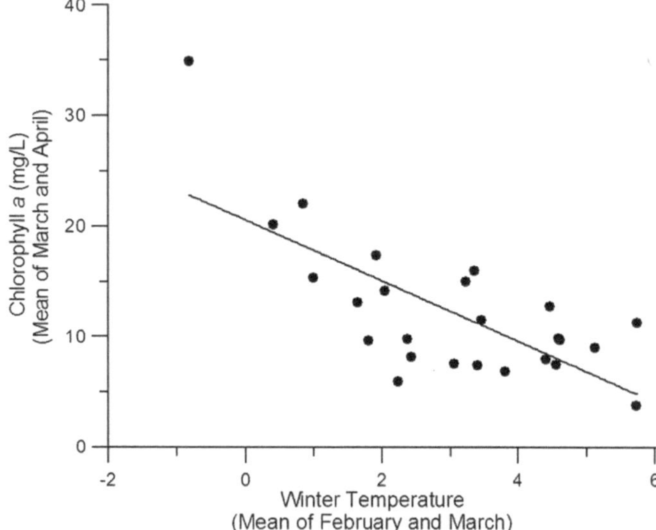

◘ **Abb. 5.4** Die Auswirkung der Wintertemperatur (Mittelwert Februar bis März; 1980–2007) auf die mittlere Phytoplanktonbiomasse (als Chlorophyll a) der Frühjahrsblüte (Mittelwert März bis April). (Aus van Beusekom et al. 2009b)

Die Reaktion des Wattenmeerplanktons auf den Klimawandel wird komplex sein und auch davon abhängen, wie sich Umweltpolitik und Klimaänderung auf die Nährstoffflüsse auswirken werden.

5.3.2 Makrozoobenthos

Der Klimawandel bedingt langfristig einen Wechsel der Dominanzverhältnisse von Organismen im Wattenmeer (s. 1. HKB; Colijn und Fanger 2011). Neben diesen gleitenden Entwicklungen sind es derzeit aber auch spontane Ereignisse und deren Folgen, welche die Sedimentlebensgemeinschaften der südöstlichen Nordseeküste grundlegend neu strukturieren. Globaler Schiffsverkehr und Aquakultur führen zu einem steten Einstrom von Organismen ferner Küstenlebensräume. Bis zum Jahr 2010 wurden 66 exotische Arten durch menschliches Handeln vor allem aus wärmeren Meeresgebieten eingeschleppt (Buschbaum et al. 2012). Eine seit 2009 durchgeführte Erfassung exotischer Arten zeigt, dass sich derzeit im Mittel etwa 1,5 bodenlebende Arten pro Jahr neu und dauerhaft etablieren, dreimal mehr als in der ersten Hälfte des 20. Jahrhunderts. Mit einem weiterhin anhaltenden Trend der Erwärmung finden die Neuankömmlinge geeignete Bedingungen vor, den Sprung ins Wattenmeer zu schaffen.

Es sind aber nicht nur die Neueinschleppungen, welche die Gemeinschaftsstrukturen des Wattenmeeres klimabedingt verändern. Besonders anschaulich wird dies bei der Australischen Seepocke *Austrominius modestus* (◘ Abb. 5.5). Diese festsitzende und aus dem Pazifikraum stammende Krebsart ist schon zu Beginn des Zweiten Weltkrieges mit Kriegsschiffen in die Nordsee

Abb. 5.5 Wärmere Temperaturen führen zu Dominanzverschiebungen von Arten im Wattenmeer. Die boreal-arktische Seepocke *Semibalanus balanoides* (*oben*) leidet unter der Erwärmung, wobei die eingeschleppte Australische Seepocke *Austrominius modestus* (*unten*) zunimmt

eingebracht worden (Lackschewitz et al. 2015). Kalte Winter dezimierten immer wieder ihre geringe Populationsstärke. Eine Reihe warmer Sommer und milder Winter bewirkten eine exponentielle Zunahme des Vorkommens von *A. modestus* (Witte et al. 2010). Mitte der 1990er-Jahre lagen ihre Dichten bei wenigen Tieren pro m^2, um bis 2008 auf etwa 100.000 Individuen pro m^2 anzusteigen. Ähnliche Muster zeigen eine Reihe weiterer thermophiler eingeschleppter Arten, die von den ansteigenden Temperaturen profitieren und mit einem anschließenden Massenvorkommen reagieren. Dazu gehören die Pazifische Auster *Crassostrea gigas* und auch die Amerikanische Pantoffelschnecke *Crepidula fornicata* (Buschbaum und Reise 2010).

Im Jadebusen, einer Bucht im Nationalpark Niedersächsisches Wattenmeer, lassen sich die Veränderungen der Infauna-Gemeinschaften über einen Zeitraum von fast acht Jahrzehnten überblicken (Schückel und Kröncke 2013; Schückel et al. 2013). Die Artenzahl stieg zwischen 1930, 1970 und 2009 teils durch eingeschleppte Arten an. Die seit 1997 vorherrschenden milden Winter führten zu einem starken Abundanzrückgang der heimischen Muschelpopulationen (*Mytilus edulis, Macoma balthica, Cerastoderma edule*). Abundanzen ehemals charakteristischer Arten wie des Schlickwattkrebses *Corophium volutator* (Schlickwatt), des Flohkrebses *Bathyporeia sarsi* (Sandwatt) oder des Vielborstenwurms *Pygospio elegans* (Mischwatt) nahmen ebenfalls ab. Eine starke Zunahme zeigte dagegen der Wenigborstenwurm *Tubificoides benedii* (Schlickwatt) zwischen 1930 und 2009. Mögliche Ursachen könnten Veränderungen in der Sedimentzusammensetzung und der Morphologie der Watten sein, die durch den Meeresspiegelanstieg bedingt sind.

Ein Vergleich der benthischen Nahrungsnetze im Jadebusen mithilfe der „Ecological Network Analysis“ (ENA) zeigte, dass Eutrophierungseffekte zwischen den 1930er- und 1970er-Jahren dazu geführt haben, dass weniger organisches Material im benthischen System wiederverwendet wurde und der Energietransfer des benthischen Nahrungsnetzes abnahm, während er zwischen den 1970er-Jahren und 2009 in Verbindung mit Temperaturerhöhung und warmen Wintern und einem höheren Sedimenteintrag anstieg (Schückel et al. 2015).

Insgesamt verursacht der Klimawandel weitreichende Folgen im Wattenmeer. Langfristig werden sich heimische kälteliebende Arten in höhere Breiten zurückziehen, weitere Organismen aus südlicheren Gebieten ihr Verbreitungsareal nach Norden ausdehnen und eingeschleppte Arten von wärmeren Küsten sich weiterhin etablieren.

5.3.3 Fische

Nur ein geringer Anteil der Fischarten des Wattenmeeres vollzieht den gesamten Lebenszyklus auch dort. Vielmehr prägen wandernde Arten die Fischfauna des Wattenmeeres, weswegen die Mechanismen ihrer strukturellen und funktionellen Veränderungen infolge oder unter Beteiligung des Klimawandels grundsätzlich denen der Nordsee und den Flüssen entsprechen oder dort oft sogar ihre Ursachen haben.

Selten ist ausschließlich der Klimawandel für tief greifende Veränderungen der Fischgemeinschaften verantwortlich. Als wiederkehrendes Muster manifestiert die Kombination von Überfischung und Klimaveränderungen einen alternativen Ökosystemzustand in der Nordsee (Kirby et al. 2009), der mitunter bis ins Wattenmeer wirkt.

Aktuelle Analysen der Abundanzmuster von Fischen im Niederländischen Wattenmeer zwischen 1960 und 2011 ergaben einen signifikanten Zusammenhang mit dem NAO-Winterindex und der Chlorophyll-a-Konzentration im Sommer. Dieser Zusammenhang war bei verwandten Fischarten mit vergleichbaren Lebenszyklen sehr ähnlich (van der Veer et al. 2015). Es konnte eine starke Abnahme der kaltadaptierten Aalmutter *Zoarces viviparus* (vgl. Pörtner und Knust 2007) bei gleichzeitiger Zunahme des warmadaptierten Wolfsbarsches *Dicentrarchus labrax* (vgl. Henderson und Corps 1997) nachgewiesen werden. Diese auch im Wattenmeer beobachteten Trends werden einer klimabedingten Verschiebung der Verbreitungsgebiete dieser beiden Arten mit spezifischen Temperaturpräferenzen und -toleranzen zugeschrieben und entsprechen nordseeweiten Beobachtungen (Perry et al. 2005).

Seegraswiesen des Eulitorals weisen nicht nur höhere Dichten an mobilem Epibenthos auf als andere Habitate (Polte et al. 2005). Sie bieten auch saisonal massenhaft auftretenden Fischarten wie Dreistachligen Stichlingen *Gasterosteus aculeatus*,

Heringen *Clupea harengus* und Hornhechten *Belone belone* ein wichtiges Laichhabitat (Polte und Asmus 2006a, 2006b), wodurch eine Veränderung dieses Habitattyps im Wattenmeer auch den Lebenszyklus der o. g. Fischarten beträfe. Während sich die eulitoralen Seegrasbestände insbesondere des schleswig-holsteinischen Wattenmeeres jüngst positiv entwickelten und eine direkte Auswirkung höherer Wassertemperaturen als unwahrscheinlich erachtet wird (van der Graaf et al. 2009), sind die Seegraswiesen sensibel gegenüber instabilen Sedimenten (Cabaco und Santos 2007). Dieser Umstand könnte sich in der Folge von häufigeren und stärkeren Sturmereignissen indirekt auf Qualität und Quantität dieses Fischhabitats auswirken.

Ein weiteres Habitat, das grundsätzlich von Fischen genutzt wird, sind tidebeeinflusste Salzmarschen (Mathieson et al. 2000). Mit über 40.000 ha beherbergt die Wattenmeerregion etwa 20 % aller europäischen Salzmarschenflächen (Doody 2008), deren Priele und Grüppen bei entsprechenden Wasserständen von einer Vielzahl an Fischarten genutzt werden. Küstenmarschen gehören zu den potenziell am stärksten von einem steigenden Meeresspiegel betroffenen Habitaten (Kirwan und Megonigal 2013).

Eine der auffälligsten strukturellen Veränderungen der Fischfauna des Wattenmeeres ist das vermehrte Auftreten der Sardelle *Engraulis encrasicolus*. Dieser warmadaptierte pelagische Schwarmfisch reproduziert nach ca. 40 Jahren weitgehender Abwesenheit aus Nordsee und Wattenmeer seit Mitte der 1990er-Jahre wieder erfolgreich im Gebiet (Boddeke und Vingerhoed 1996). Allerdings wurden im Wattenmeer seit Anfang des 20. Jahrhunderts wiederholt Laichereignisse beschrieben (Meyer 1930; Aurich 1953), sodass die Laichereignisse der jüngeren Vergangenheit möglicherweise nur eine weitere Beschreibung eines dauerhaften Laichvorkommens variabler Intensität und Ausdehnung sind.

5.4 Elbeästuar

Flussmündungen (Ästuare) wie die Tideelbe sind Übergangszonen, in denen Süßwasser- und Meereslebensräume aufeinandertreffen. Obwohl weltweit nur 5,8 % aller Küstengebiete Ästuare sind (Wetzel et al. 2014), sind sie von hohem ökologischem Wert für viele Pflanzen- und Tierarten (Barbier et al. 2011). Gleichzeitig sind viele Ästuare weltweit stark vom Menschen beeinflusst (Ahlhorn 2009; s. auch ► Abschn. 4.2). Sie gehören heute mit zu den am stärksten anthropogen überformten aquatischen Lebensräumen auf der Erde: durch Deichbau und Landgewinnung (Barbier et al. 2011), Befestigung der Ufer mit Steinschüttungen (Wetzel et al. 2014), Vertiefungen von Fahrrinnen, ihre Unterhaltung (z. B. Drabble 2012) und die Verbringung des Sediments (z. B. Taupp und Wetzel 2013) sowie durch die Belastung mit chemischen Substanzen (z. B. Wetzel et al. 2013).

5.4.1 Plankton

Die Produktivität des Phytoplanktons im Elbeästuar ist stark lichtlimitiert (Fast und Kies 1990). Nach Winder und Sommer (2012) ist daher zu erwarten, dass wärmere Temperaturen kaum zu einer höheren Produktivität führen werden, die heterotrophen Prozesse aber deutlich gestärkt werden. Schon heute wird die meiste Organik nicht lokal produziert, sondern in das Ästuar importiert. Quellen sind sowohl das Meer als auch die Elbe (van Beusekom und Brockmann 1998). Diese Quellen haben sich in den letzten Dekaden deutlich geändert. Die Produktivität des Küstenwassers ist infolge der Abnahme der Nährstoffeinträge zurückgegangen (Philippart et al. 2007; van Beusekom et al. 2009a). Dementsprechend kann angenommen werden, dass auch der Eintrag von partikulärem organischem Material aus der Nordsee abgenommen hat. Die Frachten von organischem Material aus der Elbe haben sich aber deutlich geändert: Amann et al. (2012) beschrieben eine Zunahme der Phytoplanktonblüten in der Elbe trotz abnehmender Nährstofffrachten infolge einer verringerten Toxizität des Elbewassers. Die Algenblüten entwickeln sich im Oberlauf der Elbe (Scharfe et al. 2009), können sich aber im limnischen Teil des Elbeästuars infolge der schlechten Lichtbedingungen nicht weiter entwickeln, sterben entweder durch Lichtlimitierung oder durch Grazing ab und führen letzten Endes zu sehr niedrigen Sauerstoffkonzentrationen (Schöl et al. 2014). Es ist zu erwarten, dass ein Temperaturanstieg sowohl die Blütenbildung in der Elbe als auch das Sauerstoffdefizit verstärken wird. Die Rolle des Zooplanktons und die Folgen für das Zooplankton sind wegen mangelnder Forschung unklar.

Flussvertiefungen können die Schwebstoffkonzentrationen des Ästuars stark erhöhen, wie z. B. in der Ems geschehen (de Jonge et al. 2014). Obwohl an sich nicht klimarelevant, wären schlechtere Lichtbedingungen und weniger Sauerstoffproduktion zu erwarten. Die Folgen eines Klimawandels würden die Ausbildung von Sauerstoffdefiziten verstärken. Für das Zooplankton haben höhere Schwebstoffkonzentrationen wahrscheinlich eine geringere Fruchtbarkeit zur Folge (Gasparini et al. 1999). Es ist wahrscheinlich, dass diese Art von interaktiven Effekten die zukünftige Entwicklung des Planktons prägen wird.

Wie im letzten Klimabericht schon festgestellt, fehlen rezente Forschungsergebnisse, um eine fundierte Aussage über die Änderung des Planktonsystems im Elbeästuar bzgl. Klimaänderung machen zu können. Es gibt zwar eine Reihe von Beobachtungen aus anderen Ästuaren, die Hinweise auf mögliche Änderungen geben. Es ist aber festzuhalten, dass ästuarine Systeme schwer zu vergleichen sind, weil die Phänologie der Planktondynamik stark von lokalen Effekten geprägt wird (z. B. Cloern und Jassby 2010).

5.4.2 Makrozoobenthos

Die Makrobenthosfauna von Ästuaren ist generell weit weniger arten- und individuenreich als die Mikro- und Meiofauna, weist aber eine deutlich höhere Biomasse auf (Kennish 2002). In der Tideelbe ist die mittlere Abundanz des Makrozoobenthos im Bereich des Trübungsmaximums (etwa bei Flusskilometer 690) mit 4414 Individuen/m^2 am höchsten, während die mittlere Artenzahl im äußeren Bereich (Flusskilometer 730–740) mit 5,1 Arten am höchsten ist (Taupp und Wetzel 2014).

Das Makrozoobenthos in der Tideelbe ist einer Vielzahl von anthropogenen Stressoren ausgesetzt, die einen Einfluss auf die Verbreitung der einzelnen Arten haben. Die chemische

Belastung des Sediments (Wetzel et al. 2013) spielt – neben der rein mechanischen Störung durch z. B. Umlagerung von Sedimenten (Taupp und Wetzel 2013) – eine wichtige Rolle für die Benthosfauna und den ökologischen Zustand des Gewässers (Wetzel et al. 2012). Diese Stressoren sorgen dafür, dass die Individuenzahlen der meisten Benthosarten geringer als möglich ausfallen, obwohl Nahrung ausreichend vorhanden ist. Alle diese anthropogenen Stressoren beeinflussen die Benthosfauna und erschweren das Auffinden klimarelevanter Veränderungen in Ästuaren. Weltweit sind solche Untersuchungen in Ästuaren bisher sehr selten und beschränken sich meist auf die Diskussion potenzieller Einflüsse des Klimawandels (Struyf et al. 2004) oder auf spezielle Themen wie z. B. die benthisch-pelagische Kopplung (Fulweiler und Nixon 2009). Das Hauptproblem ist das Fehlen historischer Langzeitdaten (Bianchi 1997). Für das Elbeästuar stehen derzeit Daten für das Makrozoobenthos nur seit 1997 aus dem Ästuarmonitoring der Bundesanstalt für Gewässerkunde zur Verfügung (Nehring und Leuchs 1999). Ein Vergleich mit historischen Daten für die Tideelbe seit 1954 (■ Abb. 5.6) zeigt vor allem starke Schwankungen in der Abundanz des Makrozoobenthos, dem Vorkommen aller Individuen, und der Anzahl der Arten. Dies ist nicht ungewöhnlich und in Ästuaren häufig zu beobachten (McLusky et al. 1993). Ein klarer statistisch signifikanter Trend ist hier nicht auszumachen und noch weniger einem einzelnen Einflussfaktor wie dem Klimawandel zuzuordnen. Selbst das extreme Hochwasser der Elbe im Jahr 2002 ist in diesen Daten nicht eindeutig identifizierbar. Gerade solche Extremereignisse sollen aber laut den Projektionen über den Klimawandel in den nächsten Jahrzenten zunehmen (Bronstert 1995; Menzel und Bürger 2002). Untersucht man die zeitliche Veränderung des Makrozoobenthos auf Artniveau, so werden die Schwankungen zwischen den einzelnen Jahren noch deutlicher: An der Station Flusskilometer 749 (vgl. ■ Abb. 5.6) wechseln von einem zum anderen Jahr bis zu 60 % der Arten. Solche Schwankungen machen eine genaue Identifikation möglicher klimabedingter Veränderungen derzeit unmöglich; die bisher vorhandene Datenbasis reicht noch nicht aus, um belastbare Aussagen über den Einfluss des Klimawandels auf das Makrozoobenthos in der Tideelbe zu machen.

Schon ein relativ kleiner Anstieg der Wassertemperatur kann im Prinzip aber zu einer deutlichen Verschiebung der Verbreitungsgrenzen von Arten führen (Brierley und Kingsford 2009). Wärmeliebende Arten würden sich so weiter ausbreiten, während kälteliebende Arten sich zurückziehen oder verschwinden würden. Gerade im Hinblick darauf, dass eingewanderte Arten (Neozoen) in der Regel wärmeliebend sind, ist anzunehmen, dass diese aufgrund ihrer physiologischen Fähigkeiten (Becker et al. 2015) in ihrer Verbreitung besonders bevorzugt sind (Orendt et al. 2010), sodass auch in der Tideelbe in Zukunft mit einem erhöhten Vorkommen von Neozoen zu rechnen ist (Nehring 2006).

Insgesamt kann davon ausgegangen werden, dass der Klimawandel auch im Elbeästuar zu einer deutlichen Veränderung der Makrobenthosfauna führen wird. Die Zunahme von extremen Abflussereignissen aufgrund von starken Regenfällen oder lang anhaltenden Trockenperioden bevorzugt Arten, die an stark wechselnde Lebensbedingungen angepasst sind. Langfristig ist auch mit einem erhöhten Vorkommen von wärmeliebenden Neozoen zu rechnen. Um Untersuchungen zum Einfluss des Klimawandels auf die Benthosfauna im Elbeästuar voranzutreiben, muss die vorhandene Datenbasis weiter ausgebaut und, wo möglich, um Daten aus älteren Veröffentlichungen ergänzt werden. Zusammen mit den sich, gerade in letzter Zeit, immer weiter entwickelnden mathematischen Analyseverfahren sollten damit in Zukunft genauere Aussagen über klimabedingte Veränderung der Benthosfauna möglich sein.

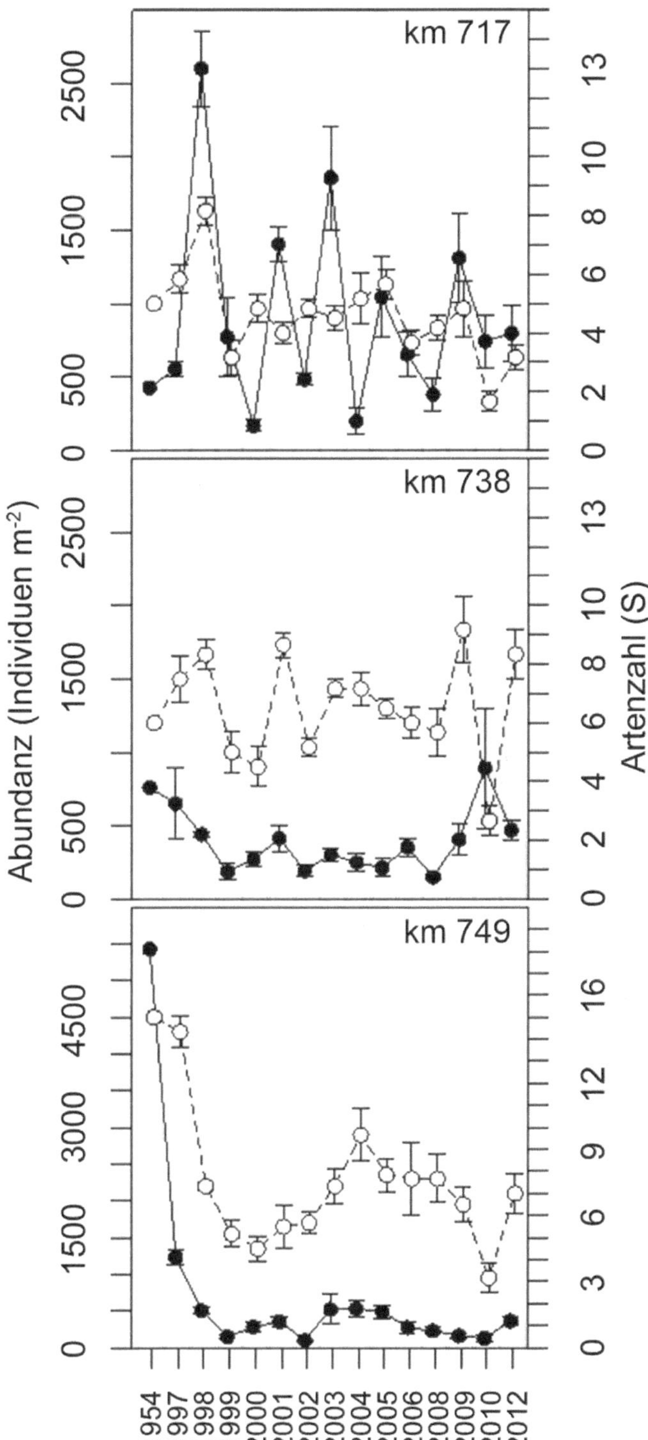

■ **Abb. 5.6** Verteilung der Makrobenthos-Abundanzen entlang des Elbeästuars

5.4.3 Fische

Im Elbeästuar zwischen Stade und Cuxhaven wurden im Zeitraum 1981–2010 insgesamt 64 Fischarten nachgewiesen (Möller 1984, 1988; Thiel et al. 1995; Thiel und Potter 2001; Eick und Thiel 2014). Die darunter befindlichen 49 marinen, ästuarinen und diadromen Arten lassen sich einer der drei biogeographischen Kategorien lusitanisch (südlich), boreal (nördlich) bzw. atlantisch zuordnen (z. B. Dulvy et al. 2008; Engelhard et al. 2011).

In der ersten Hälfte der 1990er-Jahre und im Zeitraum 2009–2010 war im Brackwasserbereich der Elbe eine höhere Anzahl lusitanischer Fischarten zu verzeichnen als in der ersten Hälfte der 1980er-Jahre (◘ Abb. 5.7), was jedoch nicht eindeutig auf einen Einfluss des Klimawandels zurückgeführt werden kann. Auch Einflüsse mittelfristiger Klimaschwankungen und/oder anthropogener Faktoren können hierfür Ursachen sein.

Bei Verwendung der gleichen Erfassungsmethodik mit kommerziellen Hamenkuttern auf jeweils vier in allen Untersuchungsperioden ähnlich lokalisierten Fangstationen wurden im Elbeästuar zwischen Stade und Cuxhaven von 1981 bis 1986 insgesamt 9, von 1990 bis 1994 dagegen 21 und von 2009 bis 2010 immerhin 16 lusitanische Fischarten (◘ Abb. 5.7) gefangen. Die Anzahl atlantischer und borealer Fischarten blieb hier seit den 1980er-Jahren mit 2–3 bzw. 15–19 Arten dagegen relativ konstant.

Innerhalb der Gruppe der schon in den 1980er-Jahren nachgewiesenen und aktuell mit Präsenzen von über 10 % vorkommenden heimischen lusitanischen Arten ist ein stetiger Anstieg der Präsenzen seit den 1980er-Jahren bei der Finte (*Alosa fallax*) und der Kleinen Seenadel (*Syngnathus rostellatus*) festzustellen (◘ Abb. 5.7). Für den Laicherbestand der Finte im Elbeästuar ermittelten Magath und Thiel (2013) im Zeitraum 2009–2010 signifikant höhere Abundanzen im Vergleich zum Zeitraum 1992–1993 bei auch höheren mittleren Wassertemperaturen zu Beginn der Laichperiode der Art. Ein direkter Zusammenhang zwischen dem Rekrutierungserfolg bzw. der Laicherbestandsgröße der Finte und der Wassertemperatur wurde bei anderen Studien vermutet (z. B. Aprahamian et al. 2010; Thiel et al. 2008).

Auch der Etablierungserfolg der invasiven Schwarzmundgrundel (*Neogobius melanostomus*), die seit 2008 nachweislich im Hamburger Abschnitt der limnischen Tideelbe vorkommt (Hempel und Thiel 2013) und seitdem in ihrem Bestand anwächst (Thiel und Thiel 2015), scheint durch höhere Temperaturen begünstigt zu werden.

In Zukunft könnten höhere Wassertemperaturen in der Winterperiode in der Elbe den Fortpflanzungserfolg der Winterlaicher Schnäpel (*Coregonus maraena*) und Quappe (*Lota lota*) beeinträchtigen (Thiel 2014). Dagegen könnten höhere Wassertemperaturen in den Sommermonaten das Auftreten von Sauerstoffmangelsituationen begünstigen, was ein zusätzliches Gefährdungspotenzial für die Fischfauna darstellt (Thiel und Thiel 2015). Das sog. Sauerstoffloch wirkt insbesondere für Wanderfischarten als Barriere, die stromauf oder stromab gerichtete Wanderungen verzögern oder sogar unterbrechen könnte (Thiel 2011).

Als Folge des Meeresspiegelanstiegs ist auch eine Verschiebung der oberen Brackwassergrenze stromaufwärts zu erwarten (Schönberg et al. 2014). Eine Zunahme der Anzahl und der Abundanz mariner Fischarten stromauf und eine entsprechende Abnahme bei limnischen Fischarten stromab wäre eine mögliche Folge (Schönberg et al. 2014). Die Verlagerung des Salinitätsgradienten in der Tideelbe könnte unterhalb des Hamburger Hafens außerdem die Größe der Laichareale und Aufwuchsgebiete bestimmter Arten (z. B. Finte und Schnäpel) verringern.

In welchem Maße sich der Klimawandel zukünftig tatsächlich auf die Fischgemeinschaft der Elbe auswirken wird, wird auch maßgeblich von menschlichen Aktivitäten abhängen, welche die Anpassungsmöglichkeiten der Fische beeinträchtigen (z. B. Ausbau von Fließgewässern, Verengung des Überflutungsraumes durch Eindeichung) oder fördern können (z. B. Errichtung von Fischaufstiegsanlagen, Schaffung neuer oder Anbindung bestehender Flachwasser- und Nebenstromgebiete sowie Anlage neuer Überflutungsräume) (vgl. Schönberg et al. 2014; Thiel und Thiel 2015).

5.5 Lübecker Bucht

Im Rahmen des zweiten Klimaberichtes wird erstmals die Lübecker Bucht – das südwestliche Ende der Mecklenburger Bucht in der Ostsee – betrachtet. Im Vergleich zur Nordsee ist die Ostsee gegen Einwirkungen des Atlantischen Ozeans und Gezeiten weitestgehend geschützt. Weite Teile der Ostsee sind permanent geschichtet, und anoxische Bedingungen kommen in den tieferen Teilen regelmäßig vor.

Das Phytoplankton in der Region ist durch zwei Maxima der Chlorophyllkonzentrationen gekennzeichnet. Einmal im März, wenn es zur Kieselalgenfrühjahrsblüte kommt, und zum zweiten im Herbst. Die für die zentrale Ostsee charakteristische Sommerblüte der stickstofffixierenden Blaualgen (Cyanobakterien) tritt nur in sehr geringem Umfang auf. Grund dafür sind die für Ostseeverhältnisse hohen Salzgehalte der Mecklenburger Bucht (mit einem Sommermittel von etwa 11,5 Promille), die sich in deutlich verringerten Wachstumsraten der Stickstofffixierer niederschlagen (Stal et al. 1999). Das Mesozooplankton in der Mecklenburger Bucht ist generell durch einen starken Abundanzrückgang charakterisiert (Wasmund et al. 2011a), wobei insbesondere mikrophage Rotatorien auf dem Rückzug sind. Dies lässt sich in einzelnen Jahren mit kalten und lang anhaltenden Wintern begründen. Hinzu kommt ein Rückgang der Eutrophierung, der sich negativ auf das Mesozooplankton auswirkt (Wasmund et al. 2011a). Auf der anderen Seite zeigt sich ein ansteigender Trend bei *Acartia longiremis*.

In den flacheren Randgebieten treten submerse Makrophyten auf, wobei Seegras und Blasentang dominieren (Fürhaupter et al. 2008; Mossbauer et al. 2013). Dabei wird ihre Verbreitung in größere Tiefen vor allem durch die geringen Sichttiefen im Sommer verhindert (Duarte 1991; Krause-Jensen et al. 2008), während die Wellenexposition die obere Verbreitungstiefe bestimmt (Koch 2001).

Die benthische Besiedlung der Lübecker Bucht unterteilt sich stark in die Bereiche mit und ohne Sprungschicht. Auf den vorwiegend sandigen Böden im Flachwasser ist eine stellenweise artenreiche Gemeinschaft dokumentiert (Zettler et al. 2000). Hartböden in der aphotischen Zone werden vorwiegend von Miesmuscheln besiedelt. Die Weichbodengemeinschaft un-

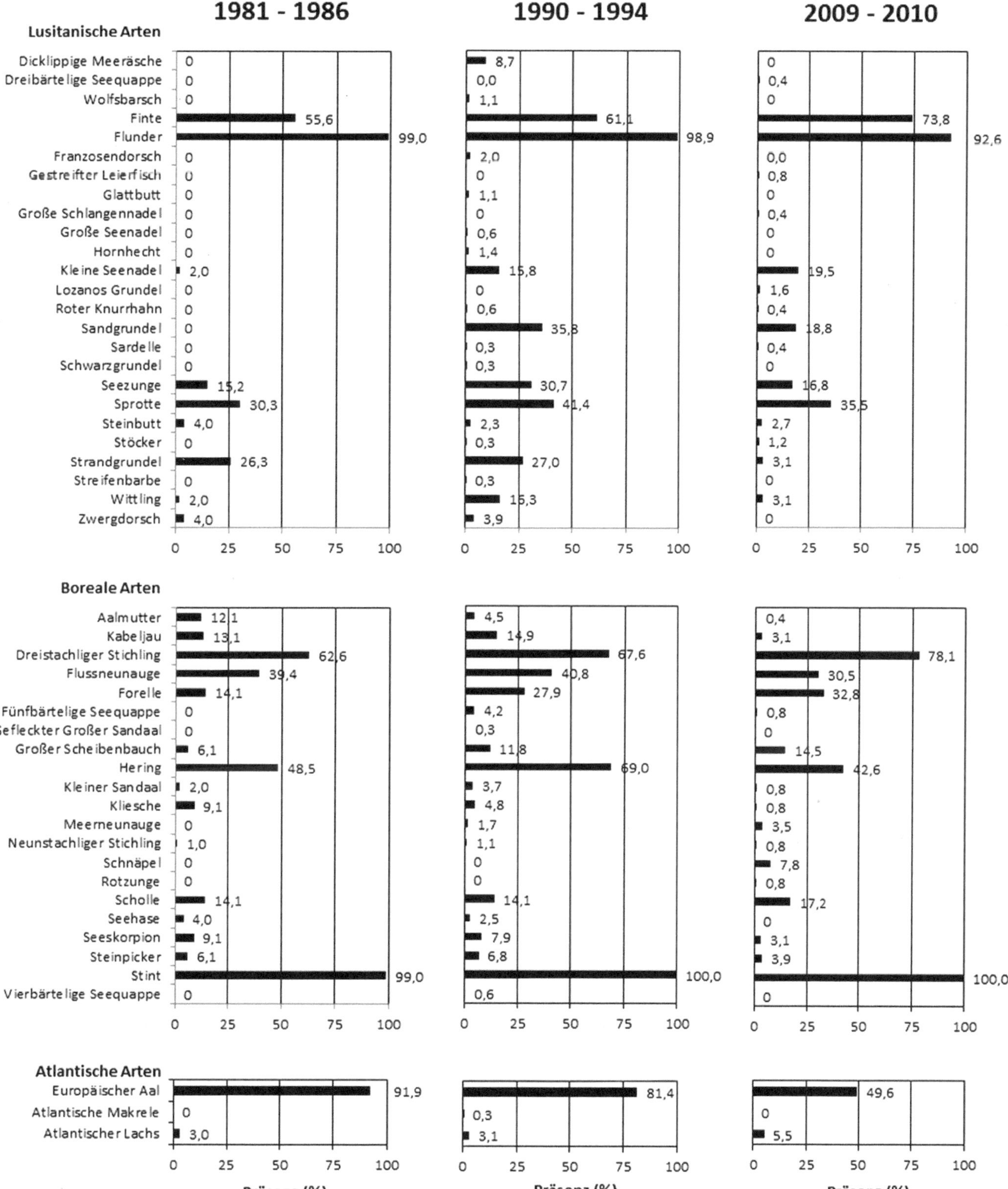

Abb. 5.7 Präsenzen der mit Hamen im Elbeästuar zwischen Stade und Cuxhaven von 1981 bis 2010 gefangenen Fischarten nach Daten für 1981–1986 von Möller (1984) und Möller (1988), für 1990–1994 von Thiel et al. (1995), Thiel und Potter (2001) und Thiel et al. (2003) sowie für 2009–2010 von Eick und Thiel (2014)

terhalb der Sprungschicht ist dagegen artenarm. Sie wird von einer hohen Fluktuation der Artenzusammensetzung geprägt (Prena et al. 1997) und ist einem permanenten Stress ausgesetzt, der durch die sich im Jahresgang ändernden Sauerstoffkonzentrationen und Salzgehalte induziert wird. Insbesondere in der inneren Lübecker Bucht sind daher die langlebigen Muscheln nahezu verschwunden (Zettler et al. 2000; Schiele et al. 2014). Vor allem opportunistische Borstenwürmer gehören zu den Erstbesiedlern nach den saisonalen anoxischen Phasen (Zettler et al. 2000).

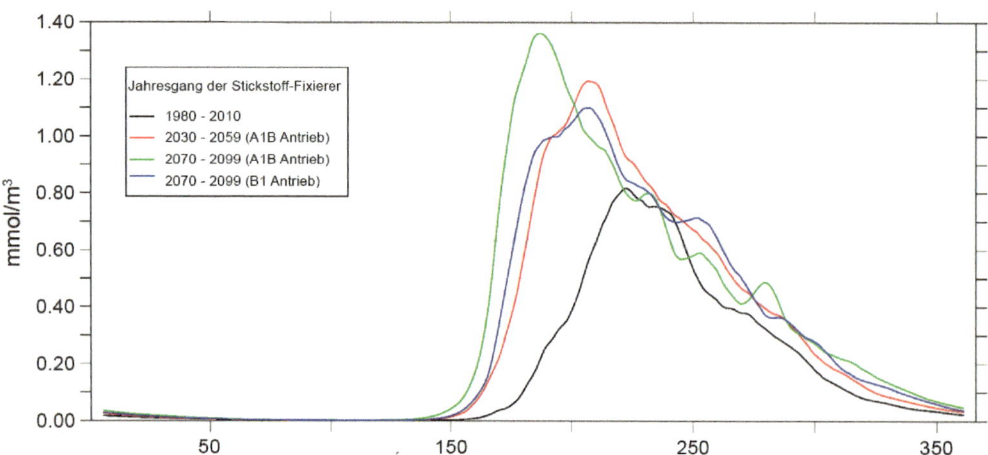

Abb. 5.8 Stickstofffixierende Blaualgen hängen in ihren Wachstumsbedingungen insbesondere von Temperatur und Salzgehalt ab. Aufgrund der Temperaturzunahme und der Salzgehaltabnahme zeigen die Simulationen, dass sich ihre Blüten bis zum Ende des 21. Jahrhunderts verstärken und verlängern werden

Im Spätsommer/Frühherbst kommt es regelmäßig zu subtoxischen Bedingungen in Bodennähe (weniger als 2 mg/l gelöster Sauerstoff), die insbesondere aufgrund der starken Schichtung des Wassers mit Salzgehaltdifferenzen von mehr als 10 Promille zwischen Oberfläche und Bodenwasser entstehen (Wasmund et al. 2011a). Bei Sauerstoffmangel wird Phosphat aus dem Sediment freigesetzt, was wiederum verstärkte Blaualgenblüten nach sich zieht, die nach ihrem Absterben mehr totes organisches Material am Boden und somit eine Verstärkung der sauerstoffverbrauchenden Prozesse hervorrufen (Carstensen et al. 2014). Daneben führen Anoxien zu einer Degradation bis hin zum Absterben der benthischen Fauna, was u. a. einen Rückgang der Bioturbation bewirkt (Josefson et al. 2012).

Es ist davon auszugehen, dass die Mecklenburger Bucht sich aufgrund des Klimawandels in ihren abiotischen und biotischen Gegebenheiten verändern wird, was deutliche Veränderungen des Ökosystems nach sich ziehen wird (BACC Author Team 2015). Die Veränderungen werden aber auch von vielen anderen Faktoren wie der Eutrophierung oder dem Fischereidruck abhängen (Niiranen et al. 2013). Unmittelbar verändern wird sich insbesondere der pH-Wert, der aufgrund des Anstiegs der globalen CO_2-Konzentration der Luft deutlich abnehmen wird (Omstedt et al. 2012). Die Wassertemperaturen werden etwa 2–3 K bis zum Ende des 21. Jahrhunderts (Friedland et al. 2012) steigen. Die Wahrscheinlichkeit, dass die mittlere Oberflächentemperatur in der Mecklenburger Bucht im Sommer 18 °C übersteigt, wird sich bis zum Ende des Jahrhunderts verdoppeln (Neumann et al. 2012).

Induziert durch den Temperaturanstieg, kommt es zu einem Rückgang der Eisbildung im Winter. Dies kann ostseeweit dazu führen, dass nur noch die Hälfte bis ein Drittel der heutigen Fläche mit Eis bedeckt wird (Neumann 2010). Die reduzierte Eisbedeckung wird dabei zu Veränderungen der biogeochemischen Kreisläufe führen. So kann sich die winterliche Durchmischung verstärken, ebenso wie die Resuspension des Sedimentes (Eilola et al. 2013).

Die zukünftige Entwicklung des Salzgehaltes ist deutlich unsicherer; eine Abnahme kann im Bereich der Mecklenburger Bucht zwischen 0,5 und 3 Promille betragen (Gräwe et al. 2013; Friedland et al. 2012). Aufgrund des Meeresspiegelanstiegs wird die mit den großen Salzwassereinströmen in die Ostsee transportierte Salzmenge aber größer, die Häufigkeit der Einströme verändert sich dabei nicht (Gräwe et al. 2013) und bleibt ein insbesondere vom Wind abhängiger stochastischer Vorgang.

5.5.1 Plankton

Mit einer Abnahme des Salzgehaltes und einer Zunahme der Temperatur (s. auch ► Abschn. 2.3 und 4.3) werden die Sommerblüten der Stickstofffixierer, die zurzeit in der Mecklenburger Bucht nahe an ihrer Wachstumsgrenze von 12 Promille leben, wahrscheinlich früher anfangen und länger andauern (Friedland et al. 2012; Paerl und Paul 2012; Hense et al. 2013; Abb. 5.8). In Modellsimulationen kommt es daher zu einer Zunahme der Chlorophyllkonzentrationen in den Sommermonaten, während sich die Frühjahrs- und Herbstblüten nur wenig ändern. Dem widersprechen Mesokosmos-Experimente von Sommer et al. (2012), die eine Beschleunigung der Entwicklung der Frühjahrsblüte beobachtet haben, und auch Eilola et al. (2013), die gezeigt haben, dass der Rückgang der Eisbedeckung zu einem früheren Beginn der Frühjahrsblüte führt. Hier besteht noch Klärungsbedarf. Einen Anstieg der Gesamtprimärproduktion durch das Phytoplankton zeigen alle Ökosystemmodelle (Meier et al. 2012b). In Verbindung mit dem Temperaturanstieg steigt auch die Gefahr, dass potenziell nicht nur toxische Blaualgen deutlich häufiger auftreten, sondern auch pathogene Vibrionen (Baker-Austin et al. 2013), die sich bei Wassertemperaturen über 20 °C verstärkt vermehren.

Aufgrund der Zunahme des Phytoplanktons und der Biomasse im Allgemeinen wird mehr totes organisches Material vorhanden sein. Damit ist auch von einer Verstärkung der sauerstoffzehrenden mikrobiellen Abbauprozesse auszugehen, die wiederum zu einer stärkeren Sauerstoffschuld im Bodenwasser führen wird (Friedland et al. 2012; Meier et al. 2011, 2012a). Da es daneben bei einer Erwärmung und Versüßung des Wasser zu einer Reduktion der Sauerstofflöslichkeit kommen wird (Neumann und Friedland 2011), zeigen die Simulationen (Friedland et al. 2012), dass sich der Zeitraum mit sauerstoffarmen Bedin-

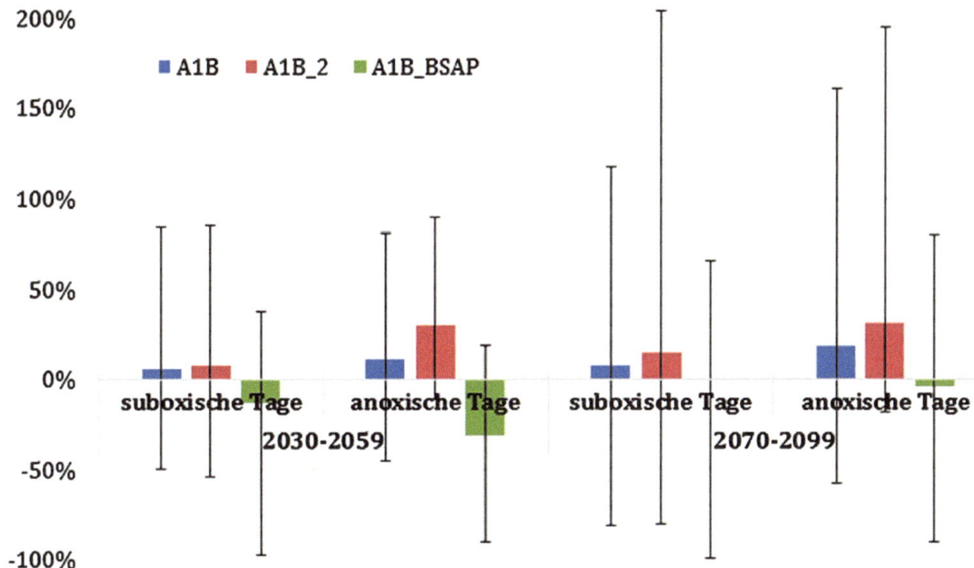

Abb. 5.9 Die Simulationen des IOW unter Verwendung der zwei Realisierungen des A1B-Szenarios zeigen, wenn sich die Nährstoffeinträge nicht ändern, eine deutliche Zunahme der Tage mit weniger als 2 (0) mg/l Sauerstoff am Boden gegenüber dem Mittel von 1980–2009. Dies geschieht größtenteils bereits bis zur Mitte des 21. Jahrhunderts; danach steigt ihre absolute Anzahl pro Jahr nur noch wenig, aber die Standardabweichung nimmt deutlich zu, d. h., einzelne Ereignisse können deutlich länger als zuvor dauern. Einzig die Umsetzung der Frachtreduktionen entsprechend dem Baltic Sea Action Plan (BSAP, *graue Balken*) führt zu einem leichten Rückgang des Sauerstoffstresses, wobei sich der Effekt am Ende des 21. Jahrhunderts mit den klimawandelinduzierten Veränderungen ausgleicht, sodass sich die Anzahl der sub- oder anoxischen Tage gegenüber der heutigen Situation kaum verändert

gungen aufgrund des Klimawandels um bis 30 % verlängern kann (Abb. 5.9). Dabei nimmt die Anzahl der Tage mit anoxischen Bedingungen stärker zu als bei den suboxischen Bedingungen. Zwischen der ersten Hälfte und dem Ende des 21. Jahrhunderts zeigen sich nur noch geringfügige Unterschiede in der mittleren Anzahl der anoxischen/suboxischen Tage, während die Standardabweichung am Ende deutlich zunimmt. Das heißt, dass die Extremsituationen weiter zunehmen werden und sich somit der Sauerstoffstress für die am Boden lebenden Organismen deutlich verstärkten wird.

Dieses Bild ändert sich partiell, wenn man annimmt, dass die Nährstofffrachten in die Ostsee substanziell verringert werden, wie dies im BSAP (HELCOM 2007) vorgesehen ist. Simulationen mit den maximal erlaubten Frachten von 2007 (und auch denen von 2013) in Kombination mit verschiedenen Klimawandelszenarien (Friedland et al. 2012) zeigen jeweils, dass die Frachtreduktionen, die vorrangig auf Phosphor fokussiert sind, Reduktionen der Blaualgenblüten sowohl in der offenen Ostsee als auch in der Mecklenburger Bucht bewirken können. Dies würde dazu führen, dass die anoxischen Bedingungen in der Mecklenburger Bucht auf dem heutigen Niveau verbleiben (Abb. 5.9) ohne sich weiter zu verschlimmern. Dies wurde u. a. auch von Meier et al. (2012a) berichtet. Einen ähnlichen Effekt sehen Lennartz et al. (2014) in Analysen der Langzeitdaten für Boknis Eck.

5.5.2 Benthos

Da in den tieferen Zonen bereits heute schon Organismengruppen dominieren, die an Sauerstoffstress angepasst sind (Schiele et al. 2014), kann es sein, dass der Klimawandel insgesamt nur wenig Veränderungen der Benthos-Artengemeinschaften nach sich ziehen wird. Die Verringerung des Salzgehaltes in Kombination mit den verschlechterten Sauerstoffbedingungen kann aber zu einer Verringerung der Biodiversität oder zumindest zu einem Rückgang ihrer Biomasse führen, da zurzeit bereits viele Arten an ihrem Salzgehalttoleranzlimit vorkommen (z. B. *Arctica islandica*, RADOST 2014). Eine weitere Reduktion des Salzgehaltes kann in Kombination mit den zusätzlichen prognostizierten Veränderungen des Klimawandels (Temperatur, pH-Wert) zu erhöhtem Dauerstress für die Islandmuschel führen, sodass ihre Stressresistenz weiter sinkt. In den Randbereichen der Lübecker Bucht kann es zukünftig zu anoxischen Ereignissen kommen, die bislang nur selten oder nie aufgetreten sind, und damit zu einer Verschiebung der Artengemeinschaft von langlebigen Arten zu kurzlebigen (z. B. Meeresborstenwürmer, RADOST 2014).

Ein etwas überraschender Zusammenhang wurde zwischen der Eisbedeckung und der Entwicklung der Muschelbiomasse hergestellt (RADOST 2014). So stellt das Eis zurzeit einen Schutz der Muscheln gegenüber dem Fraß durch die Eisente dar. Nimmt die Eisbedeckung ab, verstärkt sich also der Fraßdruck durch die Eisente, sodass mit einem Rückgang der winterlichen Muschelbiomasse zu rechnen ist.

Die Blasentang- und Seegrasvorkommen in der Lübecker Bucht sind zwar auf der einen Seite relativ tolerant gegenüber Veränderungen der äußeren Bedingungen, insbesondere gegenüber den prognostizierten Salzgehalt- und Temperaturveränderungen (Bobsien 2014). Aber ob sie sich evolutionär an die durch den Klimawandel induzierten Veränderungen ausreichend schnell anpassen können, ist offen. Kritisch sind für sie vor allem die Entwicklung der Sichttiefe und die Sauerstoffsituation, da insbesondere Seegras anoxische Bedingungen in der Wassersäule über Nacht nur sehr kurz toleriert (Bobsien 2014). Zudem belasten extreme Ereignisse wie Hitzewellen die Makrophyten.

Insbesondere die Kombination von hohen Wassertemperaturen, geringer Lichtverfügbarkeit und sauerstofffreiem Wasser mit hohen Schwefelwasserstoffkonzentrationen in der Wassersäule und im Sediment können Seegraswiesen nachhaltig schädigen (Moore und Jarvis 2008; Höffle et al. 2011). So stellen für den Blasentang bereits Wassertemperaturen über 20 °C einen Stressfaktor dar – ohne jedoch letal zu sein. Gleichzeitig steigt dann die Sensitivität gegenüber weiteren Stressoren (Wahl et al. 2011).

Aufgrund der Veränderungen im Jahresgang des Phytoplanktons kommt es zu einem deutlichen Rückgang der mittleren Sichttiefe bzw. der Klarwasserphase im Juni und Juli. Zur Verbesserung der Wachstumsbedingungen wurde daher im Rahmen des BSAP festgelegt, dass in der Mecklenburger Bucht die Sichttiefe mindestens 7,43 m betragen soll (Tab. F1 bei HELCOM 2013). Friedland et al. (2012) zeigen, dass die Umsetzung des BSAP Verbesserungen der Sichttiefe von bis zu 2 m nach sich ziehen können, was entsprechend Mossbauer et al. (2013) eine Verdoppelung der potenziell geeigneten Siedlungsgebiete für submerse Makrophyten bewirken kann.

Die fehlende Eisbedeckung kann dazu führen, dass die mechanische Beanspruchung emerser Makrophyten deutlich abnimmt (Friedland et al. 2012), wobei offen ist, ob sie nur positiv auf die fehlende Eisbedeckung reagieren, da dies ihrer bisherigen evolutionären Entwicklung entgegenläuft. So kann die Eisbedeckung auch einen Schutz vor Fraßfeinden darstellen.

5.5.3 Fische

Auch in der Ostsee muss der Klimawandel in seiner Wirkung auf Fische stets in Kombination mit anderen Faktoren betrachtet werden. Die Interaktion zwischen Klimaveränderungen (Anstieg von Temperatur- und Sauerstoffstress, Rückgang des Salzgehaltes und ph-Wertes) und Fischerei kann weitreichende Auswirkungen auf die Fischpopulationen haben (Peltonen et al. 2012).

Das generelle Muster einer nordwärtigen Verschiebung der geografischen Artverbreitung im Atlantik wird vom Salinitätsgradienten überlagert, der die Verbreitung mariner Arten begrenzt. So existiert sowohl im Kattegatt als auch in der südlichen Ostsee eine erhöhte Artenvielfalt (Hiddink und Coleby 2012), u. a. durch Sardellen, die seit den 1990er-Jahren in der südlichen Ostsee reproduzieren (Alheit et al. 2012). Der verfügbare Lebensraum mariner Fischarten könnte sich ostseeweit verkleinern, während süßwasseradaptierte Arten potenzielles Verbreitungsgebiet hinzugewännen (MacKenzie et al. 2007).

Möllmann et al. (2009) beschreiben zwei alternative Zustände der Fisch- und Zooplanktonzönosen in der zentralen Ostsee, bei denen entweder Dorsch und *Pseudocalanus acuspes* oder Sprotte und *Acartia* spp. dominieren. Welche der beiden Ausprägungen dominant ist, hängt dabei von natürlichen und anthropogenen Faktoren ab, wozu auch die atmosphärischen Klimabedingungen zählen. So kam es zwischen 1988 und 1993 zu einem Umschlagen vom Dorsch- zum Sprottenregime bzw. von *Pseudocalanus* zu *Acartia* (einem sog. Regimeshift), wobei die abiotischen Eigenschaften der Ostsee in dieser Zeit mit geringen Salz- und Sauerstoffgehalten und relativ hohen Wassertemperaturen den prognostizierten Bedingungen entsprachen (Meier 2015). Zusätzlich wird für *Acartia* spp. berichtet (Otto et al. 2014), dass sie auf erhöhte Frühjahrstemperaturen positiv reagieren und es somit zu einem Anstieg ihrer Biomasse kommen kann, d. h., das Sprotten- bzw. *Acartia*-Regime wäre zukünftig weiter dominant.

Durch eine frühzeitige Erwärmung des Wassers kann aber auch die Synchronizität zwischen der temperaturgesteuerten Zooplanktonentwicklung und der tageslängengesteuerten Phytoplanktonentwicklung verringert werden. Dies hätte negative Konsequenzen für die Nahrungsversorgung planktivorer Fische. Beispielsweise sind Heringslarven nach Aufbrauchen ihres Dottervorrats auf eine ausreichende Zooplanktondichte angewiesen, was durch einen zunehmenden Mismatch zwischen der Phyto- und Zooplanktonentwicklung jedoch beeinträchtigt wäre (Houde 2009; Polte et al. 2013).

Die prognostizierten Temperaturveränderungen wirken sich auf die Planktonentwicklung (Dahlgren et al. 2011; Wasmund et al. 2011b) und die Reproduktion der Fische (Margonski et al. 2010) aus und können auf diesem Wege schließlich die Nahrungsverfügbarkeit der Endglieder der trophischen Kaskade wie Seevögel beeinflussen. Der Klimawandel ist jedoch nur einer unter vielen Faktoren, welche die Fischpopulationen der Ostsee beeinflussen. So kann die Entwicklung der Fischbestände in der Ostsee zwischen 1900 und 1980 größtenteils durch den Rückgang der Robbenpopulation (und damit die fehlende Top-down-Kontrolle) und die starke Eutrophierung erklärt werden (Österblom et al. 2007).

5.6 Fazit

Die Dynamik der Ökosysteme der Nordsee, des Wattenmeeres, des Elbeästuars und der Lübecker Bucht werden alle durch klimabedingte Faktoren wie Temperatur, Niederschlag oder Meeresströmungen beeinflusst. Die tatsächliche Auswirkung ist aber meistens komplex, weil mehrere natürliche und anthropogene Faktoren interagieren. Die anthropogenen Faktoren sind an der Küste am größten und nehmen zum offenen Meer ab, während der Einfluss klimaabhängiger Faktoren wie Temperatur oder Meeresströmungen zunimmt.

Steigende Wassertemperaturen, zunehmende atlantische Einflüsse und Fischerei haben eine deutliche Auswirkung auf das Ökosystem der Nordsee. Das Plankton entwickelt sich durch bessere Lichtbedingungen und höhere Temperaturen früher im Jahr. Makrobenthos und Fischfauna reagieren auf höhere Temperaturen durch eine Zunahme südlicher wärmeliebender und eine Abnahme kälteliebender Arten. Höhere Temperaturen haben die Reproduktionszeiten des Makrobenthos verlängert, nicht aber die Ernährungstypen des Makrobenthos durch verändertes Nahrungsangebot geändert. Wie die Wechselwirkung von Klimawandel und Fischerei sich auf die Fischfauna auswirken wird, ist unklar.

Temperatur und Nährstofffrachten prägten die Langzeitdynamik des Wattenmeeres während der letzten Dekaden. In einem wärmeren Wattenmeer können schnellere Stoffumsätze insbesondere des Phosphats zu einer erhöhten Produktivität führen. Weiter sinkende Nährstofffrachten der Flüsse infolge der Umsetzung von EU-Umweltgesetzen werden dem entgegenwirken und unklar ist, wie die Klimaänderung die Abflussmengen und damit auch die Nährstofffrachten ändern wird. Langfristig werden sich heimische kälteliebende Arten in höhere Breiten zurückziehen, weitere Organismen aus südlicheren Gebieten ihr Verbreitungsareal nach Norden ausdehnen, und eingeschleppte Arten von wärmeren Küsten werden sich weiterhin etablieren. Offen ist nach wie vor die Frage, ob das Wattenmeer genügend Sediment aus der Nordsee importieren kann, um mit dem Anstieg des Meeresspiegels Schritt halten zu können. Sollte das nicht der Fall sein, werden wichtige Habitate wie Gezeitenflächen verschwinden, und das Ökosystem des Wattenmeeres wird sich grundlegend ändern.

Im stark von menschlichen Eingriffen geprägten Elbeästuar sind klimabedingte Änderungen schwer zu erkennen. Klar ist aber, dass ein Temperaturanstieg die jetzige Sauerstoffproblematik im Hamburger Hafenbereich verstärken wird. Wie im letzten Klimabericht schon festgestellt, fehlen rezente Forschungsergebnisse, um eine fundierte Aussage über die Änderung des Planktonsystems im Elbeästuar bzgl. Klimaänderung treffen zu können. Es gibt zwar eine Reihe von Beobachtungen aus anderen Ästuaren, die Hinweise auf mögliche Änderungen geben. Es sei aber festzuhalten, dass ästuarine Systeme schwer zu vergleichen sind, weil die Phänologie der Planktondynamik stark von lokalen Effekten geprägt wird. Die bisher vorhandene Datenbasis reicht ebenfalls noch nicht aus, belastbare Aussagen über den Einfluss des Klimawandels auf das Makrozoobenthos in der Tideelbe zu treffen. Es ist aber anzunehmen, dass die Zahl eingeschleppter Arten zunehmen wird. Eine Zunahme der Sauerstoffmangelsituationen wird die Fischwanderungen beeinträchtigen, Änderungen des Salinitätsgradienten können zur Verringerung von Laicharealen und Aufwuchsgebieten bestimmter Arten führen. In welchem Maße sich der Klimawandel zukünftig tatsächlich auf die Fischgemeinschaft der Elbe auswirken wird, wird auch maßgeblich von menschlichen Aktivitäten abhängen, welche die Anpassungsmöglichkeiten der Fische beeinträchtigen oder fördern können.

Neu im 2. HKB ist die Einbeziehung der Ostsee/Lübecker Bucht. Eine Erwärmung wird zu weniger Eisbedeckung im Winter und wärmeren Temperaturen im Sommer führen. Die Folgen wären frühere Algenblüten im Frühjahr sowie eine höhere Phytoplanktonproduktivität und mehr Blaualgen im Sommer. Höhere Produktivität und Temperaturen führen im Prinzip zu weniger Sauerstoff im Bodenwasser. Das Makrobenthos der Ostsee ist an solche Bedingungen angepasst. Sollte es aber zu Sauerstofflosigkeit kommen, wird sich die Zusammensetzung des Makrobenthos hin zu kurz lebenden Formen verschieben. Wie im Wattenmeer und Nordsee ist die zukünftige anthropogene Belastung mit Nährstoffen unklar.

Die in diesem Klimabericht dargestellten neuen Erkenntnisse über klimabedingte Änderungen in aquatischen Ökosystemen bestätigen die Ergebnisse des 1. HKB, dass insbesondere die Wassertemperatur und Hydrodynamik die Variabilität der Ökosysteme prägen, während hin zur Küste Interaktionen mit anthropogenen Faktoren zugenommen haben und vermutlich die zukünftige ökologische Entwicklung prägen werden. Ein Vergleich der im 1. HKB erwähnten möglichen Auswirkungen des Klimawandels auf die ökologische Entwicklung mit neuen Erkenntnissen unterstreicht aber die Schwierigkeit von Vorhersagen. So wurden eine zunehmende Dominanz von Quallen und negative Effekte der Versauerung auf die Planktongemeinschaft erwartet. Beide Vorhersagen sind (noch) nicht eingetroffen. Die Beispiele machen den Bedarf an weiteren Langzeitbeobachtungen und Begleitforschung klar.

Literatur

Ahlhorn F (2009) Long-term perspective in coastal zone development. Springer, Heidelberg

Alheit J, Bakun A (2010) Population synchronies within and between ocean basins: Apparent teleconnections and implications as to physical-biological linkage mechanisms. J Marine Syst 79:267–285

Alheit J, Pohlmann I, Casini M, Greve W, Hinrichs R, Mathis M, O'Driscoll K, Vorberg R, Wagner C (2012) Climate variability drives anchovies and sardines into the North and Baltic Seas. Prog Oceanogr 96:128–139

Alvarez-Fernandez S, Lindeboom H, Meesters E (2012) Temporal changes in plankton of the North Sea: community shifts and environmental drivers. Mar Ecol-prog Ser 462:21–38

Amann T, Weiss A, Hartmann J (2012) Carbon dynamics in the freshwater part of the Elbe estuary, Germany: implications of improving water quality. Estuar Coast Shelf S 107:112–121

Andersen HE, Kronvang B, Larsen SE, Hoffmann CC, Jensen TS, Rasmussen EK (2006) Climate-change impacts on hydrology and nutrients in a Danish lowland river basin. Sci Total Environ 365:223–237

Aprahamian MW, Aprahamian CD, Knights AM (2010) Climate change and the green energy paradox: the consequences for twaite shad Alosa fallax from the River Severn, UK. J Fish Biol 77:1912–1930

Aurich HJ (1953) Verbreitung und Laichverhältnisse von Sardelle und Sardine in der südöstlichen Nordsee und ihre Veränderungen als Folge der Klimaänderung. Helgoländer Wissensch Meeresunters 4:175–204

Author Team BACC II (2015) Second Assessment of climate change for the Baltic Sea basin. Regional climate studies. Springer, Berlin

Baker-Austin C, Trinanes JA, Taylor NGH, Hartnell R, Siitonen A, Martinez-Urtaza J (2013) Emerging Vibrio risk at high latitudes in response to ocean warming. Nat Clim Change 3:73–77

Barbier EB, Hacker SD, Kennedy C, Koch EW, Stier AC, Silliman BR (2011) The value of estuarine and coastal ecosystem services. Ecol Monogr 81:169–193

Beaugrand G (2009) Decadal changes in climate and ecosystems in the North Atlantic Ocean and adjacent seas. Deep Sea Research II 56:656–673

Beaugrand G, McQuatters-Gollop A, Edwards M, Goberville E (2013) Long-term responses of North Atlantic calcifying plankton to climate change. Nat Clim Change 3:263–267

Beck M, Brumsack HJ (2012) Biogeochemical cycles in sediment and water column of the Wadden sea: the example Spiekeroog island in a regional context. Ocean Coast Manage 68:102–113

Becker J, Ortmann C, Wetzel MA, Koop JH (2015) Metabolic activity and behavior of the invasive amphipod *Dikerogammarus villosus* and two common Central European gammarid species (*Gammarus fossarum, G. roeselii*): Low metabolic rates may favor the invader. Comp Biochem Physiol A Mol Integr Physiol 191:119–126

Berkenhagen J, Döring R, Fock HO, Kloppmann MHF, Pedersen SA, Schulze T (2010) Decision bias in marine spatial planning of offshore wind farms: Problems of singular versus cumulative assessments of economic impacts on fisheries. Mar Pol 34:733–736

van Beusekom JEE, Brockmann UH (1998) Transformation of phosphorus in the Elbe estuary. Estuaries 21:518–526

van Beusekom JEE, Loebl M, Martens P (2009a) Distant riverine nutrient supply and local temperature drive the long-term phytoplankton development in a temperate coastal basin. J Sea Res 61:26–33

van Beusekom JEE, Bot P, Carstensen J, Goebel J, Lenhart H, Pätsch J, Petenati T, Raabe T, Reise K, Wetsteijn B (2009b) Eutrophication. Thematic Report No. 6. In: Marencic H, de Vlas J (Hrsg) Quality Status Report 2009, WaddenSea Ecosystem. No 25. Common Wadden Sea Secretariat, Trilateral Monitoring and Assessment Group, Wilhelmshaven

Bianchi CN (1997) Climate change and biological response in the marine benthos. In: Proceedings of the Italian Association for Oceanology and Limnology, S 3–20

Bobsien I (2014) Mögliche Auswirkungen des Klimawandels auf den Blasentang *(Fucus vesiculosus)* und das Gewöhnliche Seegras *(Zostera marina)* in der Ostsee. RADOST-Berichtsreihe Nr. 24.

Boddeke R, Vingerhoed B (1996) The anchovy returns to the Wadden Sea. Ic J seMar Sci 53:1003–1007

Boersma M, Wiltshire KH, Kong SM, Greve W, Renz J (2015) Long-term change in the copepod community in the southern German Bight. J Sea Res 101:41–50

Brierley AS, Kingsford MJ (2009) Impacts of climate change on marine organisms and ecosystems. Curr Biol 19:R602–R614

Bronstert A (1995) River flooding in Germany: Influenced by climate change? Phys Chem Earth 20:445–450

Buschbaum C, Reise K (2010) Globalisierung unter Wasser – Neues Leben im Weltnaturerbe Wattenmeer. Biol Zeit 3:202–210

Buschbaum C, Lackschewitz D, Reise K (2012) Nonnative macrobenthos in the Wadden Sea ecosystem. Ocean Coast Manage 68:89–101

Cabaco S, Santos R (2007) Effects of burial and erosion on the seagrass *Zostera noltii*. J Exp Mar Biol Ecol 340:204–212

Cadée GC, Hegeman J (2002) Phytoplankton in the Marsdiep at the end of the 20th century; 30 years monitoring biomass, primary production, and *Phaeocystis* blooms. J Sea Res 48:97–110

Carstensen J, Conley DJ, Bonsdorff E, Gustafsson BG, Hietanen S, Janas U, Jilbert T, Maximov A, Norkko A, Norkko J, Reed DC, Slomp CP, Timmermann K, Voss M (2014) Hypoxia in the baltic sea: biogeochemical cycles, benthic fauna, and management. AMBIO 43(1):26–36

Cloern JE, Jassby SD (2010) Patterns and scales of phytoplankton variability in estuarine–coastal ecosystems. Estuar Coast 33:230–241

Colijn F, Fanger HU (2011) Klimabedingte Änderungen in aquatischen Ökosystemen: Elbe, Wattenmeer und Nordsee. In: von Storch H, Claussen M (Hrsg) Klimabericht für die Metropolregion Hamburg. Springer, Berlin

Dahlgren K, Eriksson Wiklund AK, Andersson A (2011) The influence of autotrophy, heterotrophy and temperature on pelagic food web efficiency in a brackish water system. Aquat Ecol 45:307–323

Dippner JW, Kröncke I (2015) Ecological forecasting in the presence of abrupt regime shifts. J Marine Syst 150:34–40

Dippner JW, Müller C, Kröncke I (2014) Loss of persistence of the North Atlantic Oscillation and its biological implication. Front Ecol Evol 2(57):1–8

Doody JP (2008) Saltmarsh conservation, management and restoration. Springer, Dordrecht

Drabble R (2012) Monitoring of East channel dredge areas benthic fish population and its implications. Mar Pollut Bull 64:363–372

Duarte CM (1991) Seagrass depth limits. Aquat Bot 363:363–377

Dulvy NK, Rogers SI, Jennings S, Stelzenmüller V, Dye SR, Skjoldal HR (2008) Climate change and deepening of the North Sea fish assemblage: a biotic indicator of regional warming. J Appl Ecol 45:1029–1039

EEA (2015) State of the Europe's seas. EEA Report No 2/2015. European Environment Agency. Publications Office of the European Union, Luxembourg (Webseite der European Environment Agency)

Ehrich S, Adlerstein S, Brockmann U, Floeter JU, Garthe S, Hinz H, Kröncke I, Neumann H, Reiss H, Sell AF, Stein M, Stelzenmüller V, Stransky C, Temming A, Wegner G, Zauke GP (2007) 20 years of the German Small-scale Bottom Trawl Survey (GSBTS): a review. Senckenb Maritima 37:13–82

Eick D, Thiel R (2014) Fish assemblage patterns in the Elbe estuary: guild composition, spatial and temporal structure, and influence of environmental factors. Mar Biodivers 44(4):559–580

Eilola K, Mårtensson S, Meier HEM (2013) Modelling the impact of reduced sea ice cover in future climate on the Baltic Sea biogeochemistry. Geophys Res Lett 40(1):149–154

Emeis KC, van Beusekom J, Callies U, Ebinghaus R, Kannen A, Kraus G, Kröncke I, Lenhart H, Lorkowski I, Matthias V, Möllmann C, Pätsch J, Scharfe M, Thomas H, Weisse R, Zorita E (2015) The North Sea – a shelf sea in the anthropocene. J Mar Syst 141:18–33

Engelhard GH, Elis JR, Payne MR, Ter Hofstede Pinnegar RJK (2011) Ecotypes as a concept for exploring responses to climate change in fish assemblages. ICES J Mar Sci 68(3):580–591

Fast T, Kies L (1990) Biomass and production of phytoplankton in the Elbe estuary. In: Michaelis W (Hrsg) Estuarine water quality management. Springer, Berlin, S 395–398

Fauchald P (2010) Predator-prey reversal: a possible mechanism for ecosystem hysteresis in the North Sea. Ecology 91:2191–2197

Freund JA, Grüner N, Brüse S, Wiltshire KH (2012) Changes in the phytoplankton community at Helgoland, North Sea: Lessons from single spot time series analyses. Mar Biol 159:2561–2571

Friedland R, Neumann T, Schernewski G (2012) Climate change and the Baltic Sea action plan: model simulations on the future of the Western Baltic Sea. J Mar Syst 105–108:175–186

Fulweiler RW, Nixon SW (2009) Responses of benthic-pelagic coupling to climate change in a temperate estuary. In: Andersen JH, Conley DJ (Hrsg) Eutrophication in coastal ecosystems, developments in hydrobiology. Springer, Drodrecht, S 147–156

Fürhaupter K, Wilken H, Grage A, Meyer T (2008) Kartierung der marinen Pflanzenbestände im Flachwasser der Ostseeküste – Schwerpunkt *Fucus* und *Zostera*. Bericht des Landesamtes für Natur und Umwelt des Landes Schleswig-Holstein (LANU)

Gambill M, Peck MA (2014) Respiration rates of the polyps of four jellyfish species: Potential thermal triggers and limits. J Exp Mar Biol Ecol 459:17–22

Gasparini S, Castel J, Irigoien X (1999) Impact of suspended particulate matter on egg production of the estuarine copepod, *Eurytemora affinis*. J Mar Syst 22:195–205

Gebühr C, Wiltshire KH, Aberle N, van Beusekom JEE, Gerdts G (2009) Influence of nutrients, temperature, light and salinity on the occurrence of *Paralia sulcata* at Helgoland Roads. North Sea Aquat Biol 7:185–197

Gentsch E, Kreibich T, Hagen W, Niehoff B (2009) Dietary shifts in the copepod *Temora longicornis* during spring: evidence from stable isotope signatures, fatty acid biomarkers and feeding experiments. J Plankton Res 31:45–60

van der Graaf S, Jonker I, Herlyn M, Kohlus J, Fogh Vinther H, Reise K, de Jong D, Dolch T, Bruntse G, de Vlas J (2009) Seagrass. Thematic report. In: Marencic H, de Vlas J (Hrsg) Quality status report 2009. Waddensea ecosystem no. 25, Bd. 12. Common Wadden Sea Secretariat.Trilateral Monitoring and Assessment Group, Wilhelmshaven

Gräwe U, Friedland R, Burchard H (2013) The future of the Western Baltic Sea: two possible scenarios. Ocean Dynam 63(8):901–921

Gröger JP, Kruse GH, Rohlf N (2010) Slave to the rhythm: how large-scale climate cycles trigger herring *(Clupea harengus)* regeneration in the North Sea. ICES J Mar Sci 67(3):454–465

Heessen H, Daan N, Ellis J (2015) Trawl surveys. In: Heessen HJL, Daan N, Ellis JR (Hrsg) Fish atlas of the Celtic Sea, North Sea and Baltic Sea. KNNV Publishing, Wageningen, S 31–40

Heincke F (1894) Die Fische Helgolands. Beitr Meeresfauna Helgol 1:93–120

HELCOM (2007) HELCOM Baltic Sea action plan. HELCOM Ministerial Meeting, Krakow. Helsinki Commission (HELCOM), Helsinki, S 1–101

HELCOM (2013) Approaches and methods for eutrophication target setting in the Baltic Sea region. Balt Sea Environ Proc 133:1–134

Hempel M, Thiel R (2013) First records of the round goby *Neogobius melanostomus* (Pallas, 1814) in the Elbe River, Germany. Bioinvasions Rec 2(4):291–295

Henderson PA, Corps M (1997) The role of temperature and cannibalism in interannual recruitment variation of bass in British waters. J Fish Biol 50:280–295

Hense I, Meier HEM, Sonntag S (2013) Projected climate change impact on Baltic Sea cyanobacteria. Clim Chang 119(2):391–406

Hiddink JG, Coleby C (2012) What is the effect of climate change on marine fish biodiversity in an area of low connectivity, the Baltic Sea? Global Ecol Biogeogr 21(6):637–646

Hislop J, Bergstad OA, Jakobsen T, Sparholt H, Blasdale T, Wright P, Kloppmann MHF, Hillgruber N, Heessen H (2015) 32. Cod fishes (Gadidae). In: Heessen H, Daan N, Ellis JR (Hrsg) Fish atlas of the Celtic Sea, North Sea, and Baltic Sea: based on international research-vessel surveys. Academic Publ, Wageningen, S 186–194

Höffle H, Thomsen MS, Holmer M (2011) High mortality of Zostera marina under high temperature regimes but minor effects of the invasive macroalgae *Gracilaria verminculophylla*. Estuar Coast Shelf Sci 92:35–46

Hollowed AB, Barange M, Beamish RJ, Brander K, Cochrane K, Drinkwater K, Foreman MGG, Hare JA, Holt J, Ito S, Kim S, King JR, Loeng H, MacKenzie BR, Mueter FJ, Okey TA, Peck MA, Radchenko VI, Rice JC, Schirripa MJ, Yatsu A, Yamanaka Y (2013) Projected impacts of climate change on marine fish and fisheries. ICES J Mar Sci 70:1023–1037

Houde ED (2009) Recruitment variability. In: Jakobsen T, Fogarty MJ, Megrey BA, Moksness E (Hrsg) Fish reproductive biology: implications for assessment and management. Wiley-Blackwell, West Sussex, S 91–171

Huang SC, Krysanova V, Osterle H, Hattermann FF (2010) Simulation of spatiotemporal dynamics of water fluxes in Germany under climate change. Hydrol Process 24:3289–3306

IPCC (2014) Climate change 2014: Impacts, Adaptation and Vulnerability. Working Group II Contribution to the Fifth Assessment Report of the Intergovernmental Panel on Climate Change. Field et al. (Hrsg). Cambridge University Press, Cambridge

de Jonge VN, de Boer WF, de Jong DJ, Brauer VS (2012) Long-term mean annual microphytobenthos chlorophyll a variation correlates with air temperature. Mar Ecol Prog Ser 468:43

de Jonge VN, Schuttelaars HM, van Beusekom JEE, Talke SA, de Swart HE (2014) The influence of channel deepening on estuarine turbidity levels and dynamics, as exemplified by the Ems estuary. Estuar Coast Shelf Sci 139:46–59

Josefson AB, Norkko J, Norkko A (2012) Burial and decomposition of plant pigments in surface sediments of the Baltic Sea – role of oxygen and benthic fauna. Mar Ecol Prog Ser 455:33–49

Keller AA, Oviatt CA, Walker HA, Hawk JD (1999) Predicted impacts of elevated temperature on the magnitude of the winter-spring phytoplankton bloom in temperate coastal waters: a mesocosm study. Limnol Oceanogr 44:344–356

Kennish MJ (2002) Environmental threats and environmental future of estuaries. Environ Conserv 29:78–107

Kirby RR, Beaugrand G, Lindley JA (2009) Synergistic effects of climate and fishing in a marine ecosystem. Ecosystems 12(4):548–561

Kirwan ML, Megonigal JP (2013) Tidal wetland stability in the face of human impacts and sea-level rise. Nature 504:53–60

Koch EM (2001) Beyond light: physical, geological, and geochemical parameters as possible submersed aquatic vegetation habitat requirements. Estuaries 24(1):1–17

Kraberg AC, Carstens K, Peters S, Tilly K, Wiltshire KH (2012) The diatom *Mediopyxis helysia* at Helgoland Roads: a success story? Helgol Mar Res 66:463–468

Krause-Jensen D, Sagert S, Schubert H, Boström C (2008) Empirical relationships linking distribution and abundance of marine vegetation to eutrophication. Ecol Indic 8:515–529

Kröncke I (2011) Changes in Dogger Bank macrofauna communities in the 20th century caused by fishing and climate. Estuar Coast Shelf Sci 94(3):234–245

Lackschewitz D, Reise K, Buschbaum C, Karez R (2015) Neobiota in deutschen Küstengewässern. Schriftenreihe Landesamt für Landwirtschaft, Umwelt und ländliche Räume Schleswig-Holstein (LLUR)

Lennartz ST, Lehmann A, Herrford J, Malien F, Hansen HP, Biester H, Bange HW (2014) Long-term trends at the Boknis Eck time series station (Baltic Sea), 1957–2013: Does climate change counteract the decline in eutrophication? Biogeosciences 11:6323–6339

Lohmann G, Wiltshire KH (2012) Winter atmospheric circulation signature for the timing of the spring bloom of diatoms in the North Sea. Mar Biol 159:2573–2581

Ly J, Philippart CJ, Kromkamp JC (2014) Phosphorus limitation during a phytoplankton spring bloom in the western Dutch Wadden Sea. J Sea Res 88:109–120

Mackas DL, Greve W, Edwards M, Chiba S, Tadokoro K, Eloire D, Mazzocchi MG, Batten S, Richardson AJ, Johnson C, Head E, Conversi A, Peluso T (2012) Changing zooplankton seasonality in a changing ocean: comparing time series of zooplankton phenology. Prog Oceanogr 97-100:31–62

MacKenzie BR, Gislason H, Möllmann C, Kösters FW (2007) Impact of 21st century climate change on the Baltic Sea fish community and fisheries. Glob Chang Biol 13(7):1348–1367

Magath V, Thiel R (2013) Stock recovery, spawning period and spawning area expansion of the twaite shad *Alosa fallax* in the Elbe estuary, southern North Sea. Endanger Species Res 20:109–119

Malzahn AM, Boersma M (2012) Effects of poor food quality on copepod growth are dose dependent and non-reversible. Oikos 121:1408–1416

Margonski P, Hansson S, Tomczak MT, Grzebielec R (2010) Climate influence on Baltic cod, sprat, and herring stock-recruitment relationships. Progr Ocean 87:277–288

Martens P, van Beusekom JEE (2008) Zooplankton response to a warmer northern Wadden Sea. Helgoland Mar Res 62:67–75

Mathieson S, Cattrijsse A, Costa MJ, Drake P, Elliott M, Gardner J, Marchand J (2000) Fish assemblages of European tidal marshes: a comparison based on species, families and functional guilds. Mar Ecol Prog Ser 204:225–242

McLusky DS, Hull SC, Elliott M (1993) Variations in the intertidal and subtidal macrofauna and sediments along a salinity gradient in the upper Forth Estuary. Netherland J Aquat Ecol 27:101–109

Meier HEM (2015) Projected change – marine physics. In: The BACC II author team second assessment of climate change for the baltic sea basin. Regional Climate Studies. Springer, Heidelberg, New York, Dordrecht, London

Meier HEM, Andersson HC, Eilola K, Gustafsson BG, Kuznetsov I, Müller-Karulis B, Neumann T, Savchuk OP (2011) Hypoxia in future climates: a model ensemble study for the Baltic Sea. Geophys Res Lett 38(24):L24608

Meier HEM, Hordoir R, Andersson HC, Dieterich C, Eilola K, Gustafsson BG, Höglund A, Schimanke S (2012a) Modeling the combined impact of changing climate and changing nutrient loads on the Baltic Sea environment in an ensemble of transient simulations for 1961–2099. Clim Dynam 39(9):2421–2441

Meier HEM, Müller-Karulis B, Andersson HC, Dieterich C, Eilola K, Gustafsson BG, Höglund A, Hordoir R, Kuznetsov I, Neumann T, Ranjbar Z, Savchuk OP, Schimanke S (2012b) Impact of climate change on ecological quality indicators and biogeochemical fluxes in the Baltic Sea: a multi-model ensemble study. AMBIO 41(6):558–573

Menzel L, Bürger G (2002) Climate change scenarios and runoff response in the Mulde catchment (Southern Elbe, Germany). J Hydrol 267:53–64

Meyer PF (1930) Beobachtungen über das Auftreten von Sardellenschwärmen im Jadebusen 1931. Der Fischerbote 24.

Möller H (1984) Daten zur Biologie der Elbfische. Möller Verlag, Kiel

Möller H (1988) Fischbestande und Fischkrankheiten in der Unterelbe 1984–1986. Möller Verlag, Kiel

Möllmann C, Diekmann R (2012) Marine ecosystem regime shifts induced by climate and overfishing: a review for the northern hemispere. Adv Ecol Res 47:303–347

Möllmann C, Diekmann R, Müller-Karulis B, Kornilovs G, Plikshs M, Axe P (2009) Reorganization of a large marine ecosystem due to atmospheric and anthropogenic pressure: a discontinuous regime shift in the central Baltic Sea. Glob Change Biol 15:1377–1393

Moore KA, Jarvis JC (2008) Environmental factors affecting recent summertime eelgrass diebacks in the Lower Chesapeake Bay: implications for long-term persistence. J Coast Res Spec Issue 55:135–147

Mossbauer M, Dahlke S, Friedland R, Schernewski G (2013) Consequences of climate change and environmental policy for macroalgae accumulations on beaches along the German Baltic coastline. In: Schmidt-Thome P, Klein J (Hrsg) Climate change adaptation in practice: from strategy development to implementation. Wiley, Chichester, S 215–224

Nehring S (2006) Four arguments why so many alien species settle into estuaries, with special reference to the German river Elbe. Helgol Mar Res 60:127–134

Nehring S, Leuchs H (1999) The BfG-Monitoring in the German North Sea estuaries: macrozoobenthos. Senck Marit 29:107–111

Neumann H, Kröncke I (2011) The effect of temperature variability on ecological functioning of epifauna in the German Bight. Mar Ecol 32:49–57

Neumann H, Reiss H, Rakers S, Ehrich S, Kröncke I (2009) Temporal variability of southern North Sea epifauna communities after the cold winter 1995/1996. ICES J Mar Sci 66:2233–2243

Neumann H, de Boois I, Kröncke I, Reiss H (2013a) Climate change facilitated the range expansion of the non-native angular crab *Goneplax rhomboides* (Linnaeus, 1758) into the North Sea. Mar Ecol Prog Ser 484:143–153

Neumann H, Reiss H, Ehrich S, Sell A, Panten K, Kloppmann M, Wilhelms I, Kröncke I (2013b) Benthos and demersal fish habitats in the German Exclusive Economic Zone (EEZ) of the North Sea. Helgoland Mar Res 67:445–459

Neumann T (2010) Climate-change effects on the Baltic Sea ecosystem: a model study. J Mar Syst 81(3):213–224

Neumann T, Friedland R (2011) Climate change impacts on the Baltic Sea. In: Schernewski G, Hofstede J, Neumann T (Hrsg) Global change and baltic coastal zones. Springer, Dordrecht, S 23–32

Neumann T, Eilola K, Gustafsson B, Müller-Karulis B, Kuznetsov I, Meier HEM, Savchuk OP (2012) Extremes of temperature, oxygen and blooms in the Baltic Sea in a changing climate. AMBIO 41(6):574–585

Niiranen S, Yletyinen J, Tomczak MT, Blenckner T, Hjerne O, MacKenzie BR, Müller-Karulis B, Neumann T, Meier HEM (2013) Combined effects of global climate change and regional ecosystem drivers on an exploited marine food web. Glob Change Biol 19(11):3327–3342

Omstedt A, Edman M, Claremar B, Frodin P, Gustafsson E, Humborg C, Hägg H, Mörth M, Rutgersson A, Schurgers G, Smith B, Wällstedt T, Yurova A (2012)

Future changes in the Baltic Sea acid-base (pH) and oxygen balances. Tellus B 64:19586

Orendt C, Schmitt C, van Liefferinge C, Wolfram G, de Deckere E (2010) Include or exclude? A review on the role and suitability of aquatic invertebrate neozoa as indicators in biological assessment with special respect to fresh and brackish European waters. Biol Invasions 12:265–283

Österblom H, Hansson S, Larsson U, Hjerne O, Wulff F, Elmgren R, Folke C (2007) Human-induced trophic cascades and ecological regime shifts in the Baltic Sea. Ecosystems 10:877–889

Otto SA, Diekmann R, Flinkman J, Kornilovs G, Möllmann C (2014) Habitat heterogeneity determines climate impact on zooplankton community structure and dynamics. PLOS ONE 9:e90875

Paerl HW, Paul VJ (2012) Climate change: Links to global expansion of harmful cyanobacteria. Water Res 46(5):1349–1363

Peltonen H, Varjopuro R, Viitasalo M (2012) Climate change impacts on the Baltic Sea fish stocks and fisheries: review with a focus on Central Baltic herring, sprat and cod. Coastline Reports 35

Perry AL, Low PJ, Ellis JR, Reynolds JD (2005) Climate change and distribution shifts in marine fishes. Science 308:1912–1915

Philippart K, Epping E (2009) Climate change and ecology. Quality Status Report of the Wadden Sea (Webseiten des CWSS (international Wattenmeersekretariat) in Wilhelmshaven)

Philippart CJM, Beukema JJ, Cadée GC, Dekker R, Goedhart PW, von Iperen JM, Leopold MF, Herman PMJ (2007) Impact of nutrients on coastal communities. Ecosystems 10:95–118

Polte P, Asmus H (2006a) Intertidal seagrass beds (*Zostera noltii*) as spawning grounds for transient fishes in the Wadden Sea. Mar Ecol Prog Ser 312:235–243

Polte P, Asmus H (2006b) Influence of seagrass beds (*Zostera noltii*) on the species composition of juvenile fishes temporarily visiting the intertidal zone of the Wadden Sea. J Sea Res 55:244–252

Polte P, Schanz A, Asmus H (2005) The contribution of seagrass beds (*Zostera noltii*) to the function of tidal flats as a juvenile habitat for dominant, mobile epibenthos in the Wadden Sea. Mar Biol 147:813–822

Polte P, Kotterba P, Hammer C, Gröhsler T (2013) Survival bottlenecks in the early ontogenesis of Atlantic herring (*Clupea harengus*, L.) in coastal lagoon spawning areas of the western Baltic Sea. Ices J Mar Sci 71(4):982–990

Pörtner HO, Knust R (2007) Climate change affects marine fishes through the oxygen limitation of thermal tolerance. Science 315:95–97

Prena J, Gosselck F, Schroeren V, Voss J (1997) Periodic and episodic benthos recruitment in southwest Mecklenburg Bay (western Baltic Sea). Helgol Meeresunters 51(1):1–21

RADOST (2014) RADOST-Abschlussbericht. RADOST-Berichtsreihe Nr. 27. Ecologic Institute, Berlin

Reise K, Baptist M, Burbridge P, Dankers N, Fischer L, Flemming B, Oost A, Smit C (2010) The Wadden Sea-a universally outstanding tidal wetland. The Wadden Sea 2010. Common Wadden Sea Secretariat (CWSS). Trilateral Monitoring and Assessment Group, Wilhelmshaven (Wadden Sea Ecosystem 29)

Rick JJ, Kraberg AC, Asmus R, Wiltshire KH (2015) Phytoplankton and microzooplankton abundance in the Wadden Sea off List, Sylt. North Sea 2011–2013 Pangaea data base.

Rijnsdorp AD, Peck MA, Engelhard GH, Möllmann C, Pinnegar JK (2009) Resolving the effect of climate change on fish populations. ICES J Mar Sci 66:1570–1583

Rijnsdorp AD, Möllmann C, Peck MA, Engelhard GH, Pinnegar JK (2010) Synthesis and Working Hypotheses. In: Rijnsdorp AD, Möllmann C, Peck MA, Engelhard GH, Pinnegar JK (Hrsg) Resolving climate impacts on fish stocks. ICES CRR 301:208–221

Scharfe M (2013) Analyse biologischer Langzeitveränderungen auf Basis hydroklimatischer Parameter in der südlichen Nordsee. Dissertation Universität Hamburg

Scharfe M, Callies U, Blöcker G, Petersen W, Schroeder F (2009) A simple Lagrangian model to simulate temporal variability of algae in the Elbe River. Ecol Model 220:2173–2186

Schiele KS, Darr A, Zettler M (2014) Verifying a biotope classification using benthic communities – an analysis towards the implementation of the European Marine Strategy Framework Directive. Mar Pollut Bull 78(1–2):181–189

Schlüter MJ, Merico A, Wiltshire KH, Greve W, von Storch H (2008) A statistical analysis of climate variability and ecosystem response in the German Bight. Ocean Dynam 58:169–186

Schlüter MH, Kraberg A, Wiltshire KH (2012) Long-term changes in the seasonality of selected diatoms related to grazers and environmental conditions. J Sea Res 67:91–97

Schöl A, Hein B, Wyrwa J, Kirchesch V (2014) Modelling water quality in the Elbe and its estuary – Large scale and long term applications with focus on the oxygen budget of the estuary. Küste 81:203–232

Schönberg W, Butzeck C, Eick D, Jensen K, Magath V, Thiel R, Rottgart E, Runge K (2014) Lebensraum Elbeästuar – auch 2050 alles im Fluss? In: KLIMZUG-NORD Verbund (Hrsg) Kursbuch Klimaanpassung. Handlungsoptionen für die Metropolregion Hamburg. TuTech, Hamburg, S 96–97

Schückel U, Kröncke I (2013) Temporal changes in intertidal macrofauna communities over 8 decades: a result of eutrophication and climate change. Estuar Coast Shelf Sci 117:210–218

Schückel U, Beck M, Kröncke I (2013) Spatial variability in structural and functional aspects of macrofauna communities and their environmental parameters in the Jade Bay (Wadden Sea Lower Saxona, southern North Sea). Helgol Mar Res 67:121–136

Schückel U, Kröncke I, Baird D (2015) Linking long-term changes in trophic structure and function of an intertidal macrobenthic system to eutrophication and climate change using ecological network analysis. Mar Ecol Prog Ser 536:25–38

Sell A, Heessen H (2015) 46. Gurnards (Triglidae). In: Heessen H, Daan N, Ellis JR (Hrsg) Fish atlas of the Celtic Sea, North Sea, and Baltic Sea: based on international research-vessel surveys. Academic Publ, Wageningen, S 289–302

Sommer U, Aberle N, Lengfellner K, Lewandowska A (2012) The Baltic Sea spring phytoplankton bloom in a changing climate: an experimental approach. Mar Biol 159(11):2479–2490

Stal LJ, Staal M, Villbrandt M (1999) Nutrient control of cyanobacterial blooms in the Baltic Sea. Aquat Microb Ecol 18(2):165–173

Struyf E, van Damme S, Meire P (2004) Possible effects of climate change on estuarine nutrient fluxes: a case study in the highly nutrified Schelde estuary (Belgium, The Netherlands). Estuar Coast Shelf Sci 60:649–661

Taupp T, Wetzel MA (2013) Relocation of dredged material in estuaries under the aspect of the Water Framework Directive – a comparison of benthic quality indicators at dumping areas in the Elbe estuary. Ecol Indic 34:323–331

Taupp T, Wetzel MA (2014) Leaving the beaten track – approaches beyond the Venice System to classify estuarine waters according to salinity. Estuar Coast Shelf Sci 148:27–35

Thiel R (2011) Die Fischfauna europäischer Ästuare. Eine Strukturanalyse mit Schwerpunkt Tideelbe. Abhandlungen des Naturwissenschaftlichen Vereins Hamburg 43. Dölling & Galitz, München, Hamburg, S 1–157

Thiel R (2014) Wie geht es Finte, Stint & Co? Aktuelles über Zustand und zukünftige Entwicklung der Fischfauna in der Tideelbe. Nat Wissen 11:11–13

Thiel R, Potter IC (2001) The ichthyofaunal composition in the Elbe estuary: an analysis in space and time. Mar Biol 138(3):603–616

Thiel R, Thiel R (2015) Atlas der Fische und Neunaugen Hamburgs. Freie und Hansestadt Hamburg, Behörde für Stadtentwicklung und Umwelt, Hamburg

Thiel R, Sepúlveda A, Kafemann R, Nellen W (1995) Environmental factors as forces structuring the fish community of the Elbe estuary. J Fish Biol 46:47–69

Thiel R, Cabral H, Costa MJ (2003) Composition, temporal changes and ecological guild classification of the ichthyofaunas of large European estuaries – a comparison between the Tagus (Portugal) and the Elbe (Germany). J Appl Ichthyol 19:330–342

Thiel R, Riel P, Neumann R, Winkler HM, Böttcher U, Gröhsler T (2008) Return of twaite shad *Alosa fallax* (Lacépède, 1803) to the Southern Baltic Sea and the transitional area between the Baltic and North Seas. Hydrobiologia 602:161–177

Tian T, Su J, Flöser G, Wiltshire KH, Wirtz K (2011) Factors controlling the onset of spring blooms in the German Bight 2002-2005: light, wind and stratification. Cont Shelf Res 31:1140–1148

van der Veer HW, Dapper R, Henderson PA, Jung AS, Philippart CJM, Witte JIJ, Zuur AF (2015) Changes over 50 years in fish fauna of a temperate coastal sea: degradation of trophic structure and nursery function. Estuar Coast Shelf Sci 155:156–166

Wahl M, Jormalainen V, Eriksson BK, Coyer JA, Molis M, Schubert H, Dethier M, Karez R, Kruse I, Lenz M, Pearson G, Rohde S, Wikström SA, Olsen JL (2011)

Stress ecology in fucus: abiotic, biotic and genetic interactions. In: Lesser (Hrsg) Advances in marine biology. Academic Press, Oxford, S 37–106

Wasmund N, Pollehne F, Postel L, Siegel H, Zettler ML (2011a) Biologische Zustandseinschätzung der Ostsee im Jahre 2010. Meereswissenschaftliche Berichte 85. Institut für Ostseeforschung, Warnemünde

Wasmund N, Tuimala J, Suikkanen S, Vandepitte L, Kraberg A (2011b) Long-term changes in phytoplankton composition in the western and central Baltic Sea. J Mar Syst 87:145–159

Wetzel MA, von der Ohe PC, Manz W, Koop JHE, Wahrendorf DS (2012) The ecological quality status of the Elbe estuary. A comparative approach on different benthic biotic indices applied to a highly modified estuary. Ecol Indic 19:118–129

Wetzel MA, Wahrendorf DS, von der Ohe PC (2013) Sediment pollution in the Elbe estuary and its potential toxicity at different trophic levels. Sci Total Environ 449:199–207

Wetzel MA, Scholle J, Teschke K (2014) Artificial structures in sediment-dominated estuaries and their possible influences on the ecosystem. Mar Environ Res 99:125–135

Wiltshire KH, Boersma M (2016) Meeting in the middle: on the interactions between microalgae and their predators or zooplankton and their food. In: Gilbert PM, Kana TM (Hrsg) Aquatic nutrient biogeochemistry and microbial ecology: a dual perspective. Springer, Berlin, S 215–223

Wiltshire KH, Kraberg A, Bartsch I, Boersma M, Franke HD, Freund J, Gebuhr C, Gerdts G, Stockmann K, Wichels A (2010) Helgoland Roads, North Sea: 45 years of change. Estuaries Coasts 33:295–310

Wiltshire KH, Boersma M, Carstens K, Kraberg AC, Peters S, Scharfe M (2015) Control of phytoplankton in a shelf sea: determination of the main drivers based on the Helgoland Roads Time Series. J Sea Res 105:42–52

Winder M, Sommer U (2012) Phytoplankton response to a changing climate. Hydrobiologia 698:5–16

Witte S, Buschbaum C, van Beusekom JEE, Reise K (2010) Does climatic warming explain why an introduced barnacle finally takes over after a lag of more than 50 years? Biol Invasions 12:3597–3589

Wolff WJ, Bakker JP, Laursen K, Reise K (2010) The wadden sea quality status report – synthesis report 2010. Wadden Sea Ecosystem 29. Common Wadden Sea Secretariat (CWSS), Wilhelmshaven, S 25–74

Zettler ML, Bönsch R, Gosselck F (2000) Verbreitung des Makrozoobenthos in der Mecklenburger Bucht (südliche Ostsee) – rezent und im historischem Vergleich. Meereswissenschaftliche Berichte Institut für Ostseeforschung, Warnemünde

Terrestrische und semiterrestrische Ökosysteme

Udo Schickhoff, Annette Eschenbach

Verantwortliche, vom Lenkungsausschuss berufene Leitautoren: Udo Schickhoff, Annette Eschenbach

H. Storch, I. Meinke, M. Claußen (Hrsg.),
Hamburger Klimabericht – Wissen über Klima, Klimawandel und Auswirkungen in Hamburg und Norddeutschland,
https://doi.org/10.1007/978-3-662-55379-4_6

6.1 Die Naturräume der Metropolregion Hamburg

Die Metropolregion Hamburg (MRH) erstreckt sich auf einer Gesamtfläche von ca. 26.000 km^2 über insgesamt 19 (Land-) Kreise/kreisfreie Städte in den Bundesländern Hamburg, Schleswig-Holstein, Mecklenburg-Vorpommern und Niedersachsen. Entsprechend vielgestaltig sind die naturräumlichen Verhältnisse, die im Hinblick auf die Landschaftsentwicklung maßgeblich durch die quartären Vereisungen geprägt sind. Das Klima der MRH lässt sich in ein stärker ozeanisch geprägtes in Küstennähe und in ein weniger ozeanisch geprägtes der südöstlichen Teilgebiete differenzieren. Die Zunahme kontinentaler Klimaeinflüsse entlang eines von Nordwest nach Südost verlaufenden Gradienten kommt u. a. in einer um 0,4 °C ansteigenden Jahresmitteltemperatur und einer von 831 mm/Jahr (Station Cuxhaven) auf 557 mm/Jahr (Station Lüchow) zurückgehenden Niederschlagsmenge zum Ausdruck (► Abschn. 2.2.3).

Wie fast das gesamte Norddeutsche Tiefland sind auch die Naturräume der MRH ein Produkt des jüngeren Eiszeitalters, in dem die aus Norden vorstoßenden Eismassen der Saale- (310.000 bis 128.000 Jahre vor heute) und der Weichseleiszeit (115.000 bis 11.700 Jahre vor heute) Material zum Aufbau transportiert und abgelagert haben und das Relief geformt wurde. Lediglich Nordseemarschen, Flussauen und Moore sind in der Postglazialzeit hinzugekommen (Behre 2008). An den Fronten der weit nach Norddeutschland vordringenden Gletscher bildeten sich Endmoränen, denen Schwemmfächer aus Schmelzwassersanden (Sander) oder Flugsanddecken sowie breite Urstromtäler vorgelagert waren, die als Abflussbahnen für die Schmelzwassermengen fungierten. Im rückwärtigen Bereich der Endmoränen hinterließen die Gletscher nach ihrem endgültigen Abtauen die aus mitgeführtem Material bestehende flächenhaft verbreitete Grundmoräne.

Relief und oberflächennaher Untergrund der MRH lassen sich postglazial räumlich-genetisch in die größeren Einheiten Altmoränenlandschaft, Jungmoränenlandschaft und Urstromtal der Elbe gliedern (■ Abb. 6.1), die eine unterschiedliche landschaftsgeschichtliche Entwicklung sowohl hinsichtlich der ursprünglichen Anlage als auch in Bezug auf die nachträgliche Überformung und Überprägung aufweisen (Benda 1995; Schipull 1999). Das Glazial- und Glazifluvialrelief der Altmoränenlandschaft, die weite Teile der Geest beiderseits des Elbtals einnimmt, wurde in der Saaleeiszeit angelegt und während der Weichseleiszeit durch Solifluktion, Kryoturbation und äolische Prozesse intensiv periglazial umgestaltet. Im Holozän erfolgte eine nur geringe Weiterentwicklung durch Verwitterung, Boden- und Moorbildung sowie fluviale Aktivität. Die den Nordosten der Region einnehmende Jungmoränenlandschaft ist in der Weichseleiszeit entstanden. Eine nachträgliche periglaziale Überprägung fehlt hier nahezu vollständig, was in abweichenden Relief- und Bodenmerkmalen (► Abschn. 6.2.1) zum Ausdruck kommt. Über das Urstromtal der Elbe wurden die gewaltigen Schmelzwassermengen abgeführt. Die im Spätglazial eingeschnittene Talsohle wurde im Holozän durch Akkumulationsprozesse überformt, die vom Anstieg des Meeresspiegels und damit verbundenem

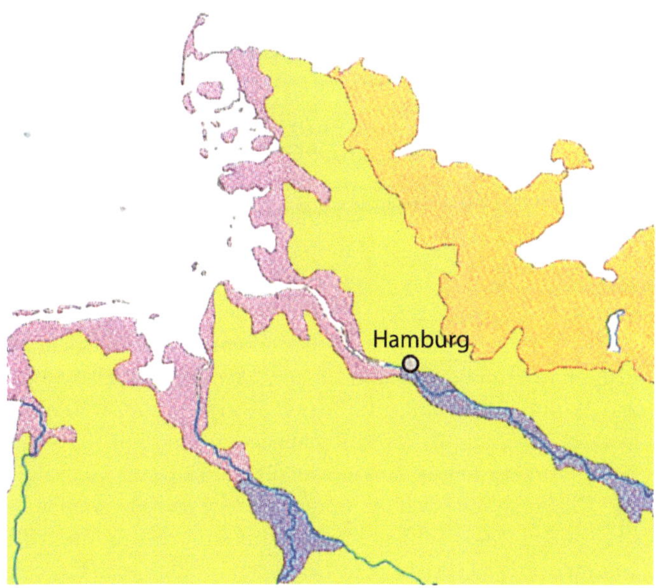

■ **Abb. 6.1** Die Naturräume der MRH mit der Grobgliederung in die Landschaftsräume der Jungmoräne (*braun*), der Altmoräne (*gelb*), der großen Flussniederungen (*blau*) sowie der Marschen der Ästuare und der Nordseeküste (*violett*). (AG Boden 2005)

Vordringen gezeitengesteuerter perimariner Prozesse in das Elbeästuar ausgingen (Schipull 1999).

Diese im Pleistozän angelegten Landschaftseinheiten werden durch die küstennahen Gebiete der Nordsee ergänzt (vgl. ■ Abb. 6.1), die als holozäne Entwicklung durch Trans- und Regression gekennzeichnet werden. Auch die Vernässung von küstennahen Niederungen und die Entstehung von Geestrandmooren geht auf den holozänen Meeresspiegelanstieg zurück (Benda 1995; Jensen et al. 2011).

Die nacheiszeitliche Landschaft ist durch den Einfluss des Menschen, insbesondere durch Waldrodungen, umfangreiche Entwässerungsmaßnahmen und Eindeichungen von Fluss- und Küstenmarschen, gravierend verändert worden. Die potenziell natürliche Vegetation sind weithin von Rotbuchen (*Fagus sylvatica*) dominierte Wälder, d. h., ohne anthropogene Eingriffe würden große Flächenanteile der Alt- und Jungmoränenlandschaften von Buchenwäldern eingenommen (Jensen et al. 2014). In abflusslosen Senken und in Gebieten mit hoch anstehendem Grundwasser wären Hoch- und Niedermoore kennzeichnend, während Auwälder die großen Flusstäler prägen würden. Entlang der Küsten und in den äußeren Bereichen des Elbeästuars würden Salzmarschen dominieren, die bei abnehmendem Salzgehalt stromaufwärts in Brack- und Süßwassermarschen sowie Tide-Auwälder übergehen würden (Jensen et al. 2014; Jensen und Schoenberg 2015). Naturnahe Lebensräume sind heute aufgrund der lang andauernden und vielfältigen Tätigkeiten des wirtschaftenden Menschen auf kleine Restflächen reduziert. Gleichzeitig sind Lebensräume der Kulturlandschaft wie Heiden oder Feuchtgrünland entstanden, die von der Aufrechterhaltung landwirtschaftlicher Flächennutzung abhängig sind. Im Fokus der Betrachtungen zu den Auswirkungen des Klimawandels in ► Abschn. 6.5 stehen sowohl die naturnahen Lebensräume der MRH (Wälder, Ästuare und Küstenökosysteme, Moore) als auch jene der Kulturlandschaft (Heiden, Feuchtgrünland) und der urbanen Räume.

6.2 Diversität der Böden in der Metropolregion Hamburg

Böden bilden die Schnittstelle zwischen Lithosphäre, Hydrosphäre, Biosphäre und Atmosphäre. Organismen, Relief, Ausgangsmaterial, Klima, Zeit und seit einigen Jahrhunderten vermehrt auch der Mensch beeinflussen die Bodenbildung, die Bodeneigenschaften und die daraus abgeleiteten Funktionen von Böden. Durch das standortspezifisch ausgeprägte Zusammenspiel dieser Faktoren entstehen weltweit viele Hunderte unterschiedlicher Bodentypen. Bodentypen unterscheiden sich in ihren Horizontkombinationen und ihren Eigenschaften und in den in ihnen ablaufenden Prozessen. Anhand dieser werden sie, je nach System (z. B. World Reference Base for Soil Resources, IUSS Working Group 2006) oder für die in Deutschland gültige Klassifikation nach der bodenkundlichen Kartieranleitung (AG Boden 2005) angesprochen und klassifiziert. In der MRH kommen über 30 verschiedene Leitböden vor. Ihre verschiedenen Eigenschaften und Funktionen müssen im Hinblick auf die Auswirkungen des Klimawandels differenziert betrachtet werden.

6.2.1 Die natürlichen Böden der MRH

Die wesentlichen Leitböden und Bodengesellschaften der MRH sind in ◘ Abb. 6.2 ausgewiesen. Ihre Entwicklung und Ausprägung hängt maßgeblich von den im Quartär und Holozän ausgeprägten Landschaftsräumen mit ihren charakteristischen Ausgangsmaterialien ab. Die Darstellung der wichtigsten Böden und Bodenregionen erfolgt hier auf der Basis von LANU (2006); AG Boden (2005); Schlichting (1960); Scheffer und Schachtschabel (2010) sowie Miehlich (2010). Im ersten „Klimabericht für die Metropolregion Hamburg" (1. HKB, Jensen et al. 2011) findet sich eine detailliertere Beschreibung der Böden für den damals enger gefassten Bereich der Metropolregion. Zur MRH sind die folgenden markanten Bodenregionen zu zählen:

- die Bodenregionen des östlichen Hügellands in der Jungmoränenlandschaft,
- die Bodenregion der Niederen Geest als Übergang zwischen Jung- und Altmoränenlandschaft,
- die Bodenregion der Hohen Geest in der Altmoränenlandschaft,
- die Bodenregionen des Küstenholozän und
- die Bodenregion der überregionalen Flusslandschaften.

Die **Jungmoränenlandschaft** in der MRH ist durch eine kuppige Grundmoränenlandschaft mit abflusslosen Hohlformen geprägt. Oberflächennah ist Geschiebemergel und in entkalkter Form Geschiebelehm das am weitesten verbreitete Ausgangsmaterial. Daneben kommen Geschiebesande, Schmelzwassersande und in Talauen holozäne Flusssedimente sowie Flugsandflächen und Torfbildungen vor. Dominierende Bodentypen sind Parabraunerden mit Übergängen zu Pseudogleyen, wenn ein Einfluss von Stauwasser vorhanden ist. Die kuppigen Bereiche der Endmoränen sind durch Braunerden und Parabraunerden gekennzeichnet, in Senken und Unterhanglagen treten Kolluvien, Niedermoore und Gleye auf. Auf sandigen Ausgangssubstraten sind vorwiegend Braunerden, Podsol-Braunerden und vereinzelt auch Humus-Podsole ausgebildet.

Die **Niedere Geest**, auch Vorgeest oder Sandergeest genannt, bildet den Übergang zwischen der Jung- und der Altmoränenlandschaft mit den Schmelzwasserablagerungen der Weichselvereisung. Zum Teil sind die Sanderflächen durch Flugsanddecken überlagert. Auf den Sanderflächen haben sich nährstoff- und tonarme Böden entwickelt, namentlich Braunerden und Podsole sowie deren Übergangsformen. In Niederungsbereichen finden sich in Abhängigkeit vom Wasserhaushalt Gleye und Gley-Podsole sowie an feuchteren Standorten Anmoorgleye und Niedermoore.

Die **Hohe Geest** bzw. Altmoränenlandschaft ist durch Endmoränen, Grundmoränen und Sander der Saalevereisung geprägt. Das Relief wurde durch Periglazialprozesse wie Solifluktion und Ausblasung stark eingeebnet. Auf den Geschiebesanden, Geschiebedecksanden und Geschiebelehmen als Ausgangsmaterialien der Bodenbildung dominieren Podsole und Braunerden mit ihren Übergangsformen. Bei oberflächennahem Stauwassereinfluss treten Pseudogleye auf, in den Niederungen auch Hoch- und Niedermoore sowie Gleye, Gley-Podsole und Anmoorgleye.

Im **Küstenholozän** haben sich infolge von Meeresspiegeländerungen (Trans- und Regression) feinkörnige Meeres- und Flusssedimente im Bereich der heutigen Marschgebiete an der Nordseeküste und im Elbeästuar abgelagert. An der Nordsee wurden aufgrund der Gezeiten vorwiegend schluffige bis tonige Feinsedimente abgelagert. Auf den Sedimenten entwickelt sich nach der Entsalzung die Kalkmarsch, und aus dieser bildet sich mit zunehmender Kalkauswaschung die Kleimarsch. Der postglaziale Meeresspiegelanstieg verursachte zudem die Vernässung von Niederungen in Küstennähe und die Bildung von Mooren (Jensen und Schoenberg 2015). Im Elbtal sind auf den holozänen Ablagerungen Flussrohmarschen und Flusskleimarschen mit Übergängen zu Organomarschen ausgebildet.

Auf den Sedimenten der **überregionalen Flusslandschaften**, d. h. im nicht tidebeeinflussten Bereich des Elbeurstromtals östlich des Wehres von Geesthacht und im äußersten Süden der MRH im Tal der Aller, sind grundwasserbeeinflusste Auenböden ausgeprägt. Diese werden periodisch oder episodisch überflutet und sind durch wechselnde Grundwasserstände charakterisiert. Als Bodentypen kommen Vega-Gleye und Auengleye vor, auf den Dünensanden des Elbtals auch Regosole und Gley-Regosole, vergesellschaftet mit Niedermooren.

Diese natürlichen Bodenformen sind in der MRH z. T. stark durch den Menschen überprägt. Im Rahmen der Heidebauernwirtschaft entstanden beispielsweise Plaggenesche und ausgedehnte Heideflächen mit vorwiegend Podsolen. Auf vernässten Standorten wurden durch Entwässerung und Drainage eine landwirtschaftliche Nutzung ermöglicht und die Böden dadurch tiefgehend verändert. Im Stadtgebiet Hamburgs tritt der anthropogene Einfluss besonders deutlich hervor.

6.2.2 Urbane Böden im Hamburger Stadtgebiet

Im Hamburger Stadtgebiet ist aufgrund der naturräumlich bedingten engen Verzahnung der unterschiedlichen Ausgangsma-

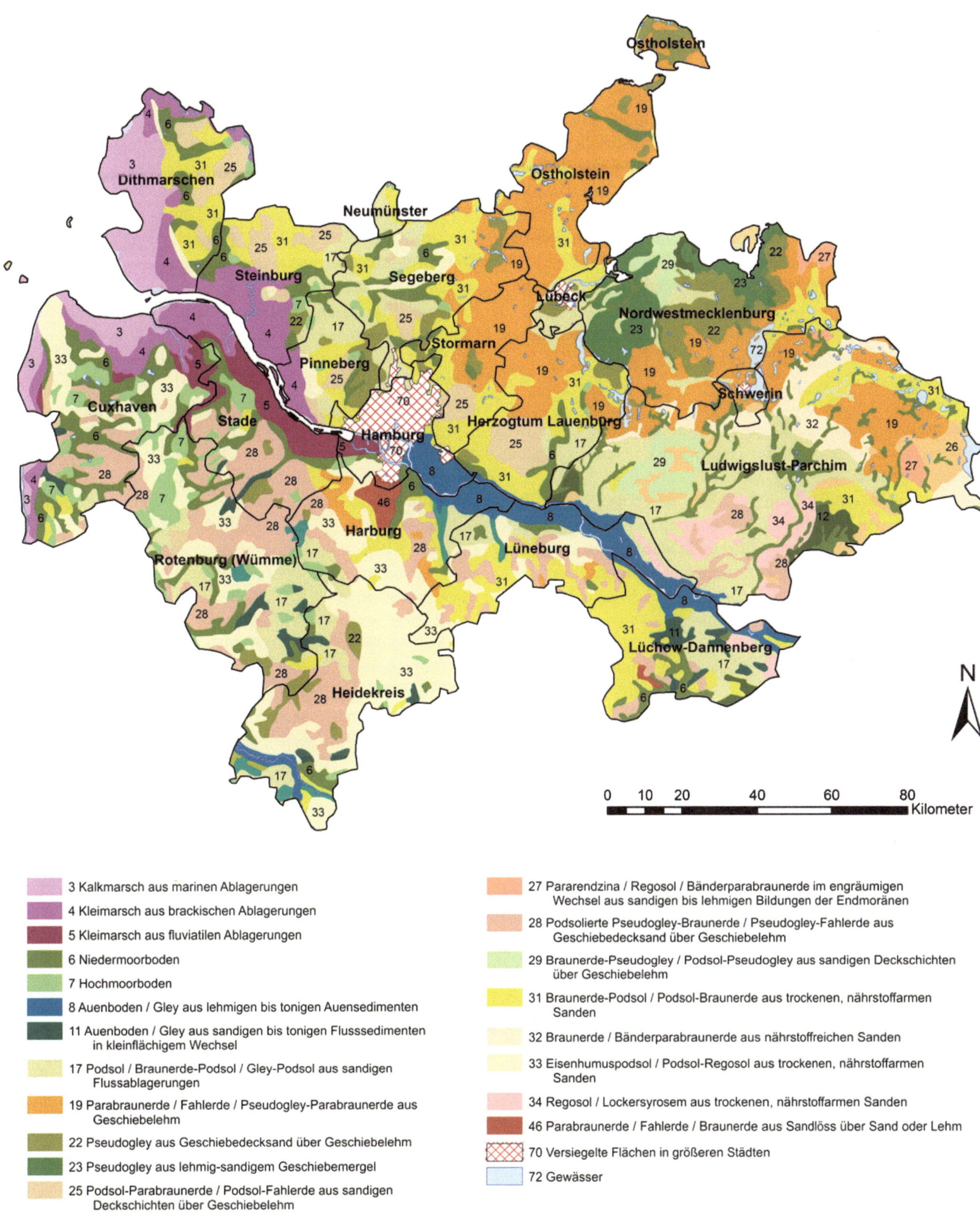

Abb. 6.2 Typische Leitböden in der MRH. Leicht generalisierte Darstellung unter Verwendung von Daten des Bundesamtes für Kartographie und Geodäsie (2011) und der BÜK 1000 nach BGR (2013). (Eigene Darstellung Eschenbach)

terialien – im Hamburger Stadtgebiet sind alle der genannten Bodenregionen der MRH ausgeprägt – und der kleinräumigen Unterschiede im Relief und Wasserhaushalt eine hohe Diversität von Böden vorhanden. Im Stadtgebiet sind die natürlichen Bodenformengesellschaften durch die anthropogene Nutzung stark überprägt. Die Böden im stark besiedelten Bereich sind insbesondere durch Abtrag, Auftrag und Eintrag von Stoffen sowie von Durchmischung und Versiegelung betroffen. Die häufig verwendete unpräzise Bezeichnung „Stadtböden“ erfasst diesen Zusammenhang nur unzureichend. Im urbanen Raum werden generell folgende Böden unterschieden:

- Böden mit natürlicher Bodenentwicklung (naturnahe Böden),
- Böden anthropogener Aufträge natürlicher oder technogener Substrate bzw. Mischungen,
- versiegelte Böden.

Der Anteil von tiefgründig gestörten und teilweise versiegelten Böden und der Böden auf Aufschüttungen im Hamburger Stadtgebiet wird in ◘ Abb. 6.3 deutlich.

Eine Auswertung von über 1700 Bohrungen in der Stadt Hamburg ergab, dass etwa 90 % dieser untersuchten Böden meist sandige Aufträge unterschiedlicher Mächtigkeit und ca. 30 % der Böden erhebliche Mengen technogener Substrate enthalten (Miehlich 2015); dies ist auch für andere Städte charakteristisch (Greinert 2015). Als technogene Substrate der Bodenbildung sind besonders ausgeprägt Bauschutt, Schlacken, Müll sowie Aschen (Henninger 2011; Endlicher 2012). In der Stadt Hamburg sind aktuell nahezu 60 % der Fläche als Siedlungs- und Verkehrsfläche genutzt (Jahr 2014, Metropolregion Hamburg o.J.), etwa 38 % der Böden des Stadtgebietes sind versiegelt. Auch in den letzten Jahren hat der Grad der Versiegelung in der Stadt Hamburg zugenommen: Im Zeitraum 2000–2014 ist die versiegelte Fläche im Mittel um 100 ha pro Jahr gestiegen (Arbeitskreis Umweltökonomische Gesamtrechnungen der Länder 2015). Bei versiegelten Standorten ist neben anderen Bodenfunktionen auch der Wasser- und Gashaushalt stark beeinträchtigt. In Abhängigkeit der Versiegelungsmaterialien, der Vollständigkeit der Versiegelung und dem Alter der Versiegelung können die Niederschläge nur zu einem deutlich geringeren Anteil in den Boden eindringen als auf unversiegelten und nicht verdichteten Standorten (Wessolek et al. 2010).

6.3 Auswirkungen des Klimawandels auf Bodenökosysteme und deren Funktionen

6.3.1 Einleitung

Böden spielen eine zentrale Rolle im Erd- und Klimageschehen. Der Boden als natürliche und nicht erneuerbare Ressource bildet die Lebensgrundlage für Menschen, Tiere und Pflanzen und hat wichtige Produktions- und Regelungsfunktionen für terrestrische Ökosysteme. Die Bodenfunktionen sind in Deutschland seit 1998 über das Bundesbodenschutzgesetz unter Schutz gestellt (BBodSchG 1998). Zu den Regelungsfunktionen gehören u. a. der Ab- und Umbau der organischen Substanzen, der Abbau von Schadstoffen, die Mobilisierung von Nähr-, aber auch von Schadstoffen sowie die Regulierung des Wasser- und Lufthaushalts. Der Boden trägt über die landwirtschaftliche Nutzungsfunktion zur Sicherung der Ernährung bei. Die Bodenorganismen spielen eine zentrale Rolle bei der Aufrechterhaltung und Kontrolle dieser Funktionen und der zugrunde liegenden Prozesse.

Von den erwarteten Klimaänderungen sind Böden mit ihren Eigenschaften und Prozessen sowohl direkt als auch indirekt betroffen: direkt z. B. durch die Einwirkungen auf den Wasser- und Wärmehaushalt der Böden, indirekt beispielsweise über die Aktivität der Bodenorganismen, die Veränderung der Primärproduktion der Pflanzen und die Streunachlieferung sowie durch die damit verknüpften Einwirkungen auf den Stoff- und Nährstoffhaushalt. Andererseits wirken sich klimabedingte Änderungen von Bodeneigenschaften sowie menschliche Eingriffe wiederum auf das Klima aus, z. B. durch Freisetzung oder Festlegung von Treibhausgasen im Boden oder durch veränderte Verdunstungsprozesse an der Grenzschicht Boden-Vegetation-Atmosphäre.

Das Klima beeinflusst viele Bodenprozesse und ist – neben dem Ausgangsgestein, dem Relief, den Organismen, dem Menschen und der Zeit – ein wesentlicher Faktor der Bodengenese. Komplexe Wechselbeziehungen bestehen mit den angrenzenden bzw. verwobenen Ökosystemkomponenten wie den in und auf dem Boden lebenden Organismengemeinschaften und der Hydrosphäre. Des Weiteren besteht ein deutlicher Einfluss der jeweiligen anthropogenen Landnutzung auf die Bodeneigenschaften. Bei einer veränderten bodenschonenden Landnutzung und Bewirtschaftung besteht somit z. T. ein großes Anpassungspotenzial. Bedingt durch diese vielfältigen Interaktionen und durch die zugleich große Unsicherheit der projizierten Veränderungen der Klimaparameter basieren Projektionen zu den Auswirkungen des erwarteten Klimawandels auf das System Boden bisher z. T. auf Annahmen und sind zeitlich und räumlich noch wenig aufgelöst (Varallyay 2010).

Beim Einwirken von äußeren Faktoren auf den Boden ergeben sich nach Varallyay (1990, 2010) unterschiedliche Zeitskalen der Veränderung von Bodeneigenschaften und -merkmalen. Kurzfristige Veränderungen – in einer Zeitspanne innerhalb eines Jahres bis zu einer Dekade – sind beim Wärmehaushalt, der Bodenfeuchte und dem Bodenwasserhaushalt, der Zusammensetzung und Aktivität des Bodenlebens, der Qualität und Quantität von Streu und Pflanzenrückständen sowie pH-Änderungen, Kationenaustauschkapazität, Basensättigung und der Zusammensetzung der Bodenlösung möglich. Langsamer – in einer Zeitspanne von mehreren Dekaden – reagieren die Zusammensetzung und der Gehalt der organischen Bodensubstanz (SOM), die Aggregatform und Aggregatstabilität, Porengrößenverteilung, Wasserhaltekapazität und beispielsweise die Infiltrationskapazität. Bodenhorizonte, Bodenfarbe, Bodentextur und Gründigkeit weisen erst nach mehreren Jahrhunderten merkbare Veränderungen auf (Varallyay 1990). Bei direkten anthropogenen Eingriffen, z. B. durch Verdichtung, können jedoch auch kurzfristige Änderungen im System Boden verursacht werden.

Zumeist werden die möglichen Auswirkungen des Klimawandels über Modellierungen und Simulationen abgeleitet (Ker-

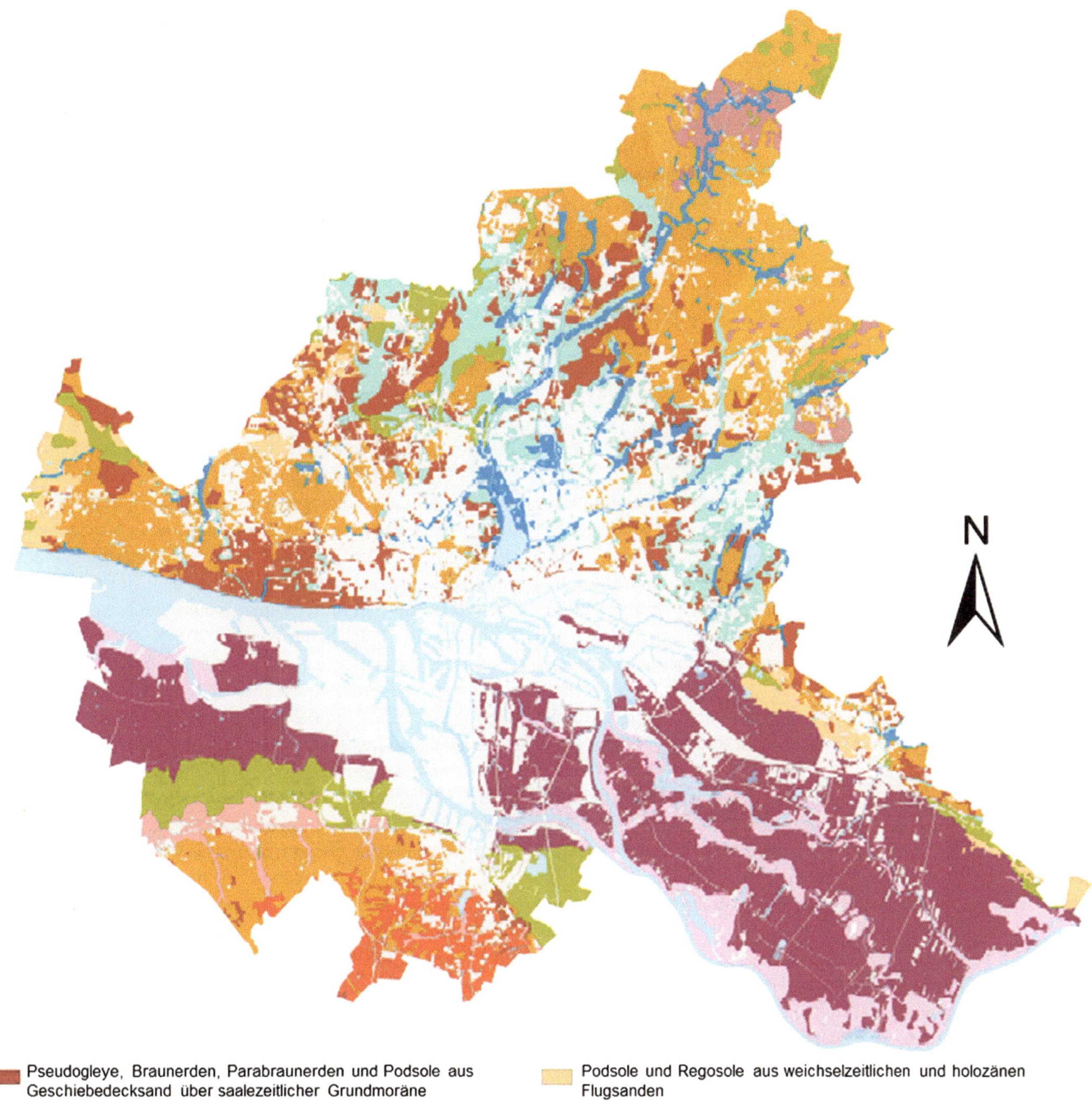

Abb. 6.3 Im Stadtgebiet Hamburg verbreitete Bodenformengesellschaften und tiefgründig gestörte und versiegelte Böden. (Verändert nach FHH 2012)

sebaum und Nendel 2014; Trnka et al. 2013; Jones et al. 2009), die ebenfalls mit z. T. erheblichen Unsicherheiten behaftet sind (Asseng et al. 2013).

Die projektierten Veränderungen der Klimaparameter sind regional unterschiedlich ausgeprägt und treffen auf eine große regionale Diversität der Böden, mit unterschiedlicher Vulnerabilität gegenüber Änderungen (Lal 2010; Kimble et al. 1998). Daher sind die erwarteten Auswirkungen in einzelnen Regionen sehr unterschiedlich, und eine differenzierte Betrachtung von regionalen Ausprägungen und Mustern sowohl des Klimawandels als auch der möglichen Bodenveränderungen in Abhängigkeit der jeweiligen Standortbedingungen ist erforderlich (◘ Tab. 6.1).

6.3.2 Potenzielle Auswirkungen des Klimawandels auf den Bodenwasserhaushalt

Der Bodenwasserhaushalt wird direkt durch die Klimaparameter Niederschlag und Temperatur beeinflusst, die über Wassernachlieferung und Verdunstung den pflanzenverfügbaren Wasservorrat im Boden steuern. Bei steigenden Temperaturen nimmt die Verdunstung generell zu. Die tatsächliche Evapotranspiration unterscheidet sich aber deutlich von der potenziellen, die im Wesentlichen über die Klimaparameter errechnet wird. Bei der tatsächlichen Evapotranspiration werden der vorhandene Bodenwasservorrat und die Wassernachlieferung, die z. B. durch kapillaren Aufstieg aus oberflächennahen Stau- oder Grundwasser generiert werden kann, berücksichtigt.

Durch eine für möglich gehaltene **Temperaturerhöhung und gleichzeitige Abnahme der Sommerniederschläge** sowie eine **Zunahme der Trockentage** (▶ Abschn. 2.4) kann es während der Vegetationsperiode zu einer raschen Reduzierung des Bodenwasserspeichers kommen. Wird der Speicher des pflanzenverfügbaren Bodenwassers zu stark vermindert und liegt dieser unter einem Mindestwert von ca. 30–40 % nutzbarer Feldkapazität (nFK) im effektiven Wurzelraum (Heidt 2009; Schmelmer und Urban 2014), treten langfristig Implikationen für die Vegetation ein, wie z. B. vermindertes Pflanzenwachstum, Trockenschäden an Pflanzen und auf landwirtschaftlichen Nutzflächen reduzierte Ernteerträge (Olde Venterink et al. 2002; Asseng et al. 2013). Die pflanzenverfügbaren Bodenwassermengen im effektiven Wurzelraum variieren in Abhängigkeit von standortspezifischen Bodeneigenschaften – wie Bodenart, Lagerungsdichte, Humusgehalt, Substanzvolumen, um nur einige zu nennen – stark.

Heidt (2009) hat die Auswirkungen des Klimawandels auf die Wasservorräte in landwirtschaftlich genutzten Böden in Nordostniedersachsen anhand von Simulationen auf Basis der Regionalisierung von IPCC-Szenarien untersucht. Die klimatische Wasserbilanz in der Hauptvegetationsperiode wird sich gemäß dieser Simulationen in der Region, die in großen Teilen Bereiche der MRH abdeckt, von ca. −45 mm/v (Millimeter pro Vegetationsperiode) in den Referenzjahren 1961–1990 auf ca. −190 mm/v für den Zeitraum 2071–2100 verringern. Innerhalb des Untersuchungsraumes wird dieser Simulation zufolge die klimatische Wasserbilanz dabei im Südosten (Bereich Lüchow-Dannenberg) mit erwarteten Wasserbilanzdefiziten zwischen −250 und −200 mm/v bis zum Jahr 2021 am negativsten ausgebildet sein.

Die Auswirkungen einer möglichen Abnahme der Sommerniederschläge und einer Verschiebung der Niederschlagsperioden sind je nach Bodeneigenschaften verschieden: Marschen, feuchte Gleye, feuchte Pseudogleye und Moore werden Heidt (2009) zufolge nicht oder nur unwesentlich von zu geringen pflanzenverfügbaren Bodenwassermengen betroffen sein. Eine gute Wasserspeicherfähigkeit der Marschen und Elbmarschböden, kombiniert mit zumeist nur geringen Grundwasserflurabständen, wird eine gute Wasserversorgung und -nachlieferung ermöglichen. Die Auenböden der Elbe können jedoch auch von einer für möglich gehaltenen Zunahme der Sommertrockenheit betroffen sein. Nach Simulationen von Scharnke et al. (2014) wird eine Abnahme des pflanzenverfügbaren Bodenwassers für möglich erachtet, sodass sich Trockenstress für Pflanzen vor allem in den Monaten Juli bis November deutlich ausprägen könnte. Die Überschwemmungsgebiete der Elbe sind unter gegebenen Klimabedingungen und auch unter projizierten künftigen Klimabedingungen durch sehr variable Feuchtezustände charakterisiert. Diese dynamischen hydrologischen Bedingungen mit den auentypischen Gradienten sind aber eine Grundvoraussetzung zum Erhalt dieser dynamischen Landschaftsstrukturen (Schwartz et al. 2000; Scharnke et al. 2014).

An der Westküste Schleswig-Holsteins und in den südwestlichen Geestgebieten wird keine das Pflanzenwachstum beeinträchtigende Abnahme der nutzbaren Feldkapazität erwartet, da ein generell höheres Niveau der Niederschlagssumme vorhanden ist und auch weiterhin projiziert wird (Böhm 2008). Auch im östlichen Hügelland wird die Veränderung der Wasserverfügbarkeit der Böden, die auf Geschiebelehmen und Geschiebemergeln ausgebildet sind, als gering bewertet.

Demgegenüber sind Böden mit nur geringem Wasserspeichervermögen und geringer Wasserleitfähigkeit besonders trockenheitsgefährdet. In der MRH sind dies Braunerde-Podsole, Gley-Podsole und Podsole, Pseudogley-Podsole sowie Podsol-Braunerden. Auf den sandigen Böden mit geringer nutzbarer Feldkapazität vor allem im Bereich der Niederen Geest sowie der Flugsanddecken oder glazifluviatilen Ablagerungen werden die erwarteten Klimaänderungen aber die Wasserverfügbarkeit einschränken. Diese Böden werden nur geringe Mengen der Winter- und Frühjahrsniederschläge bis in die Vegetationsperiode hinein speichern können. Für das Gebiet der Lüneburger Heide haben Schmelmer und Urban (2014) auf Basis von Bodenwasserhaushaltssimulationen für sandige Ackerböden der Region eine Zunahme der Tage mit trockenheitsbedingtem Wasserstress um 67–69 % simuliert. Die Trockenphasen werden sich diesen Untersuchungen zufolge weiter in das Frühjahr und den Herbst ausdehnen.

Das für möglich erachtete sommerliche Wasserbilanzdefizit kann zu einer verminderten **Sickerwasserrate** im Sommer und somit zu einer Abnahme der Sickerwasserspende führen. Für die jährliche Sickerwassermenge wird in der Lüneburger Heide eine Änderung zwischen +1,3 und −19 % erwartet; die Spannbreite verdeutlicht den Einfluss der jeweiligen Bodeneigenschaften (Schmelmer und Urban 2014). Höhere winterliche Niederschläge steigern dagegen die Sickerwasserrate. Allerdings findet

Tab. 6.1 Potenzielle Auswirkungen von für möglich gehaltenen Klimaänderungen auf Böden in der MRH

Auswirkungen auf Bodenfunktionen und -gefährdungen	für möglich gehaltene Klimaänderungen				
	Temperaturanstieg	Abnahme Sommerniederschläge	Zunahme Winterniederschläge	Zunahme extremer Niederschläge	Zunahme hoher Windgeschwindigkeiten
Bodenbildung und -diversität	⬍	⬍	⬍	⬍	⇳
Diversität und Aktivität von Bodenorganismen	⬍	⬍	⬍	⬍	⇳
Bodenwasserspeicherung, Grundwasserneubildung	⬊	⬊	⬈	⇳	
Regulation Nährstoffkreislauf	⬍	⬍	⬍	⇘	
Kohlenstoffspeicherung	⬍	⬍	⬍	⇘	
Schadstoffabbau und -Pufferung	⬈	⇳	⇳	⇳	
Abkühlungsfunktion in Städten	⬊	⬊	⇗	⇳	
Bodenerosion durch Wind	⇗	⬈	⇘		⬈
Bodenerosion durch Wasser	⇳	⇗	⬈	⬈	
Bodenverdichtung	⇳	⇘	⇗	⇗	

 Zunahme möglich

 durch indirekte Wirkungen Zunahme möglich

 Abnahme möglich

durch indirekte Wirkungen Abnahme möglich

 in Abhängigkeit von Standortbedingungen Zu- oder Abnahme möglich

 durch indirekte Wirkungen in Abhängigkeit von Standortbedingungen Zu- oder Abnahme möglich

in der betrachteten Region die Grundwasserneubildung unter den gegebenen Klimabedingungen im Wesentlichen im Winter statt, während die Niederschläge im Sommer meist vollständig verdunsten bzw. der Wasserversorgung und Transpiration der Vegetation dienen. In der Folge des Klimawandels werden durch die projizierten zunehmenden Winterniederschläge und die für möglich gehaltene Verschiebung der sommerlichen Niederschläge in spätere Phasen der Vegetationsperiode (Heidt 2009) in weiten Teilen der MRH höhere Grundwasserneubildungsraten zu erwarten sein. Vor allem auf den sandigen und gut wasserdurchlässigen Geeststandorten kann es zu erhöhter Grundwasserneubildung kommen. Auf den Böden geringer Durchlässigkeit in den Marschen und dem Östlichen Hügelland wird diese mögliche erhöhte Niederschlagswasserzufuhr in den Wintermonaten als für den Bodenwasser- und Lufthaushalt ungünstig einzuschätzen sein, da zeitweilige Vernässungen und Stauwasserbildung zunehmen werden, mit Implikationen für Verdichtung und Erosion. Nur in den Regionen, in denen gemäß dieser Simulationen eine nur geringe Zunahme der Winterniederschläge einer deutlichen Abnahme der Sommerniederschläge gegenübersteht, ist auch mit einem Rückgang der Grundwasserneubildung im Jahresverlauf zu rechnen. Insgesamt wird der Grundwasserspiegel höheren Schwankungen unterliegen (Heidt 2009).

In einem direkten Zusammenhang mit dem Bodenwasser- sowie dem Temperaturhaushalt steht der Stoffhaushalt des Bodens mit seinen Umwandlungs- und Verlagerungsprozessen. Durch erwartete höhere Winterniederschläge und erhöhte Niederschlagsintensitäten kann es zu einer vermehrten **Verlagerung von Stoffen**, auch Schadstoffen, mit dem Sickerwasser kommen. Durch kurzfristige Änderungen u. a. der Redoxbedingungen und der mikrobiellen Aktivität können Freisetzungen und Mobilisierungsprozessen stattfinden, die eine Änderung des pH und der Nähr- und Schadstoffgehalte in der Bodenlösung bedingen.

Regional ist durch eine projektierte winterliche Niederschlagszunahme und vermehrte Sickerwasserbildung mit einer erhöhten winterlichen Nitratverlagerung und -auswaschung zu rechnen. Ein potenziell hohes Verlagerungsrisiko besteht in den Böden der Geestgebiete mit hohen bis sehr hohen Sandanteilen. In den Gebieten mit mittlerer bis geringerer Wasserleitfähigkeit, in den Marschen und den Böden der Jungmoränenlandschaft, ist bei lehmigen bis tonigen Böden das Verlagerungsrisiko geringer zu bewerten. Bei Steigerung der Niederschläge und geringem Pflanzenentzug kann allerdings auch hier der Austrag erhöht werden, wie Dahl (2001) für Salzmarschen zeigte. Auch Taylor et al. (2004) verweisen auf eine erhöhte Stickstoffauswaschung als Effekt eines veränderten Niederschlagsregimes, bedingt durch beeinträchtigte Leistungen von Bodenorganismen.

Die bisherigen Untersuchungen zu den Auswirkungen des Klimawandels – auch der sommerlichen Trockenperioden – auf Sickerwasserchemie und Stoffverlagerungen zeichnen noch kein einheitliches Bild. Der Gehalt und potenziell durch Klimawandel erhöhte Abbau der organischen Substanz des Bodens beeinflusst die Mobilität von pflanzenverfügbaren Nähr- und Schadstoffen; ebenso sind die Mikroorganismen maßgeblicher Treiber für die Stoffflüsse zwischen den (Boden-)Kompartimenten (Scholes und Scholes 2013).

Für die z. T. in hohem Maße mit Schadstoffen belasteten Auenböden in den Überflutungsbereichen der Elbe ergeben sich im Zuge des Klimawandels durch veränderte Überschwemmungsbedingungen und ein verändertes Bodenfeuchteregime Beeinflussungen. Durch zunehmende Hochwasser können einerseits weitere Sedimentablagerungen eines im Vergleich zur Vergangenheit weniger belasteten Sedimentes zu einem Verdünnungseffekt oder andererseits durch Remobilisierung von hoch belasteten Sedimenten oder Altlasten zu einer erhöhten Schadstoffbelastung der Überflutungsbereiche führen. Längere Zeiten von reduzierenden Bedingungen könnten darüber hinaus zu einer Mobilisierung von Schwermetallen und Arsen beitragen (Krüger und Urban 2014). Es besteht Forschungsbedarf, um mögliche Interaktionen zwischen dem Verhalten organischer und anorganischer Schadstoffe, einer möglichen Temperaturerhöhung und längeren Überflutungsphasen bzw. veränderten Redoxbedingungen detaillierter zu erfassen.

Im stark besiedelten Bereich sollte aufgrund der beschriebenen möglichen Auswirkungen der Klimaänderungen auf den Bodenwasser- und Stoffhaushalt mit den Konsequenzen für langfristig angelegte Maßnahmen zur Sanierung schädlicher Bodenveränderungen und Altlasten gerechnet werden. Dies betrifft insbesondere Sanierungsmaßnahmen, die auf dem Konzept des Monitored Natural Attenuation (MNA) basieren, bei dem auf die natürlicherweise im Boden ablaufenden Prozesse zur Verringerung der Schadstoffverfügbarkeit vertraut wird. Zu den Auswirkungen des Klimawandels auf Schadstoffabbau, -festlegung und -bioverfügbarkeit besteht allerdings noch erheblicher Forschungsbedarf.

Durch einen im Zuge des Klimawandels bedingten **Meeresspiegelanstieg** (vgl. z. B. Gönnert et al. 2009 sowie Schlünzen und Linde (2014) für die MRH) ist in einigen Gebieten mit episodischen Überflutungen salzhaltigen oder brackischen Wassers zu rechnen. In Teilen der MRH wird durch wasserwirtschaftliche Maßnahmen der Tide- bzw. Grundwasserstand reguliert (z. B. Elbinsel Wilhelmsburg, Schlünzen und Linde 2014). An den Küsten der MRH schützen Deiche die eingedeichten Böden der Marschen weitgehend vor weiteren Überspülungen. In den küstennahen Niederungen kann der Meeresspiegelanstieg zu einem veränderten Bodenwasserhaushalt führen (Huang et al. 2013; Morris et al. 2002), auch wenn die Akkretionsraten in der MRH ausreichend groß sind, um einen moderaten Meeresspiegelanstieg zu kompensieren (▶ Abschn. 6.5.3). Die Folge können veränderte Stickstoffmineralisationsraten mit einer erhöhten Nitratauswaschung (Dahl 2001) und veränderte Kohlenstoffumsatzprozesse mit erhöhten Treibhausgasfreisetzungen (z. B. Pfeiffer 1998; Blume und Müller-Thomsen 2007) sein.

6.3.3 Potenzielle Auswirkungen des Klimawandels auf die Erosionsgefährdung

Das Risiko der Bodenerosion ist aufgrund kleinräumig variierender Einflussfaktoren (Niederschlag, Windgeschwindigkeit, Topographie, Bodenstruktur und -eigenschaften sowie die Bewirtschaftung durch den Menschen) lokal sehr verschieden.

Die projektierte Zunahme der winterlichen Niederschläge und die in regionalen Simulationen abgeleitete Zunahme der Starkregenereignisse (▶ Abschn. 2.4) können zu einem häufigeren und erhöhten Oberflächenabfluss und somit bei Relief zu erhöhter Gefährdung durch **wasserbedingte Bodenerosion** führen (Jones et al. 2009). Der mögliche Anstieg der Winterniederschläge führt primär zu einer erhöhten Infiltration, d. h. einem Eindringen des Wassers in den Boden, bis die Wasseraufnahmekapazität des Bodens erschöpft ist. Die Infiltration hängt neben der zur Verfügung stehenden Wassermenge maßgeblich vom Bodenwassergehalt zu Beginn der Infiltration, von der Beschaffenheit der Bodenoberfläche (Verschlämmung und Aggregatstabilität), von der Benetzbarkeit der Bodenteilchen (Hydrophobizität) und vom Vorhandensein sekundärer Grobporen (Trocknungsrisse, Wurmgänge etc.) ab. Bei der Abschätzung der Bodenerosion durch Wasser ist besonders zu berücksichtigen, dass die Starkniederschläge bei Fortführung der bisherigen (konventionellen) Bewirtschaftung auf im Winterhalbjahr nur schwach von Vegetation bedeckte oder unbewachsene Bodenoberflächen treffen können, was die Verschlämmung und damit den Oberflächenabfluss und das Erosionsrisiko erhöht.

Ein erhöhtes Erosionsrisiko ist aber auch durch die für möglich erachteten geringeren Sommerniederschläge gegeben, da durch abnehmende Bodenwassergehalte und längere Trockenperioden die Hydrophobizität humoser Oberböden steigt, was zu einer Verminderung der Infiltration führen kann. Stärkere Verschlämmungen, erhöhter Oberflächenabfluss bei Starkregenereignissen und Erosionserscheinungen wären die Folge. Bei tonreichen Böden wirken dem allerdings die möglicherweise ausgebildeten Trockenrisse entgegen, die ein schnelles Eindringen und Abtransportieren des Wassers in tiefere Bodenschichten ermöglichen. Weitere durch den Klimawandel ausgelöste Bodenveränderungen können die Erosionsanfälligkeit der Böden negativ beeinflussen: Durch einen möglichen Humusabbau (s. u.) und die projektierte geringe Anzahl von Frosttagen verschlechtern sich die Bodenstruktur und Gefügestabilität, die Verschlämmungsneigung nimmt zu und somit auch die Erodierbarkeit der Böden.

In der MRH werden insbesondere Böden des östlichen Hügellandes sowie in geringerem Umfang auch die der südwestlichen Hohen Geest durch wasserbedingte Erosion gefährdet sein. An den ackerbaulich genutzten Hängen des östlichen Hügellandes betrifft dies besonders die lehmigen Parabraunerden und in der Hohen Geest die feinsandigen Braunerden (Böhm 2008). Weniger bis gar nicht werden die Böden der Marschen und der Niederen Geest betroffen sein, und zwar aufgrund des geringeren Gefälles bzw. wegen hoher Grobsandanteile.

Zu beachten ist, dass durch eine klimawandelbedingte Verlängerung der Vegetationsperiode (▶ Abschn. 6.2.2) auch eine Abnahme der Erodierbarkeit der Standorte möglich ist, da bereits früher im Jahr eine bodenbedeckende Vegetation ausgebildet sein kann (Engel und Müller 2009). Diese möglichen Effekte des Klimawandels müssten vor allem im Zusammenhang mit Änderungen der landwirtschaftlichen Nutzung und Bewirtschaftung genauer untersucht werden, da durch Änderungen der Bodennutzung ein deutliches Adaptationspotenzial an den Klimawandel vorhanden ist.

Als Folge eines möglicherweise erhöhten Oberflächenabflusses nimmt die Wahrscheinlichkeit von lokalen und regionalen Hochwasserereignissen zu. Die Gefahr von Hochwasser und Überschwemmungen kann entlang von natürlichen, aber auch von stark menschlich überprägten Flussläufen und in urbanen Regionen auftreten.

Windbedingte Bodenerosion tritt dort auf, wo hohe Windgeschwindigkeiten auf Böden geringer Vegetationsbedeckung mit geringer Oberbodenfeuchte und feinsand- und schluffhaltiger Bodentextur oder trockene, vererdete Moore und Anmoore treffen. In der MRH ist unter gegebenen Klimabedingungen mit einem Maximum der windbedingten Erosionsgefährdung in den Monaten April und Mai zu rechnen (Hassenpflug 2005). Als Folge des Klimawandels ist durch die möglicherweise geringeren Sommerniederschläge und eine erhöhte Verdunstung mit einer schnelleren und stärkeren Austrocknung der Oberböden zu rechnen. Dies beeinflusst die Erodierbarkeit der Böden maßgeblich, sodass dann bei Beibehaltung oder sogar möglicherweise erhöhten Windgeschwindigkeiten in weiten Teilen der MRH von einer Zunahme der Bodenerosion durch Wind auszugehen wäre. Allerdings spielt der Bedeckungsgrad durch Vegetation eine große Rolle, weshalb sich Veränderungen der Vegetationsperiode oder der Bewirtschaftung deutlich auswirken können.

Als winderosionsgefährdet gelten in der MRH besonders die sandigen und trockenen Geeststandorte sowie die Niedermoorböden in den Niederungen der Geestlandschaften, falls sie sich unter Ackernutzung befinden, sowie die sich südlich anschließenden Gebiete der Norddeutschen Tiefebene. Die Auen und Marschenböden weisen, außer möglicherweise den sehr stark sandig ausgeprägten Kalkmarschen, kein erhöhtes Erosionsrisiko auf. Es ist nach Untersuchungen von Engel und Müller (2009) davon auszugehen, dass das zukünftige Erosionsrisiko besonders auf den unter heutigen Bedingungen als mittel erosionsgefährdet eingestuften Standorten zunehmen wird.

Auswirkungen erhöhter Erosion sind der Verlust von nährstoffreichem und auch kohlenstoffhaltigem Oberbodenmaterial. Dieser Verlust hat negative Implikationen für die Bodenfruchtbarkeit, Wasserspeicherfähigkeit und Gefügestabilität. Durch Verlust an Bodenmaterial wird zudem langfristig die Gründigkeit der Bodenprofile abnehmen.

Ziel des Bodenschutzes – insbesondere unter den Bedingungen des Klimawandels – sollte es sein, das Ausmaß der Bodenerosion durch eine angepasste Landnutzung und Bodenbewirtschaftung (▶ Abschn. 6.2.3) zu minimieren.

6.3.4 Potenzielle Auswirkungen des Klimawandels auf die Gefährdung der Bodenverdichtung

Bodenverdichtung ist ein standortspezifisches, bodenfeuchteabhängiges und bewirtschaftungsbedingtes Problem auf landwirtschaftlich genutzten Standorten, das sich unter den Bedingungen des Klimawandels verschärfen könnte. Bei der landwirtschaftlichen Bodenbearbeitung kann es zu dauerhaften Schäden durch Bodenverdichtung kommen, wenn die Tragfähigkeit der Böden bei der Bearbeitung bzw. Befahrung mit landwirtschaftlichen Geräten überschritten wird. Die Stabilität des Bodengefüges hängt von der Bodentextur, dem Gehalt an organischer Substanz und der mikrobiellen Aktivität ab und wird ganz wesentlich durch hohe Bodenwassergehalte herabgesetzt. Durch eine für möglich gehaltene Zunahme der Winterniederschläge kann somit auch die Gefahr einer Bodenverdichtung zunehmen. Die Stabilität des Bodengefüges kann darüber hinaus durch eine mögliche Abnahme der Frosttage reduziert werden.

In der MRH sind insbesondere die ackerbaulich genutzten Böden der Marschen, der Auen und der Jungmoränenlandschaft mit hohen Ton-, Schluff- oder Lehmanteilen von zunehmender Verdichtung betroffen. Die überwiegend sandigen Böden der Geest, die vielfach als Grünland genutzt werden, weisen dagegen eine geringere Verdichtungsanfälligkeit auf. Infolge des Klimawandels zunehmend hoch anstehendes Grundwasser oder Stauwasser kann jedoch auch hier die Verdichtungsanfälligkeit erhöhen.

Längere Feuchtephasen, gerade im Zusammenhang mit einem früheren Beginn der Vegetationsperiode, wie diese für möglich gehalten werden, können das Risiko einer Bodenbearbeitung unter nicht optimalen Bedingungen erhöhen. Die für die Region projektierte Verlängerung der Vegetationsperiode um bis zu 25 Tage (Chmielewski 2007; ▶ Abschn. 6.4.1) mit erhöhten Nutzungspotenzialen bis hin zu zwei Ernten kann das Verdichtungsrisiko durch mehrfache Bearbeitung im Jahresablauf zusätzlich erhöhen. Durch eine an die Bodeneigenschaften und die Witterung angepasste Bodenbearbeitung kann allerdings auch zukünftig eine mögliche Bodenverdichtung landwirtschaftlicher Nutzflächen weitgehend vermieden werden (▶ Abschn. 6.2.2).

6.3.5 Potenzielle Auswirkungen des Klimawandels auf Bodenorganismen und Bodenbiodiversität

Die im Boden lebenden Organismen weisen eine außerordentlich hohe Diversität und Individuenzahl auf. Die Biodiversität der im Boden lebenden Organismen ist wesentlich höher als diejenige der auf dem Boden lebenden Organismen (Wall und Virginia 2000; Theuerl und Buscot 2010; Hüttl et al. 2012; Wall et al. 2008). Die Bodenmikroorganismen und die Bodenfauna sind an den Transformationsprozessen der Pedogenese, an der Entwicklung der Bodenstruktur und Aggregatstabilität maßgeblich beteiligt und beeinflussen so den Wasser- und Lufthaushalt. Wichtigste Funktion ist der Abbau der organischen Substanz und die Humifizierung, also die Umwandlung und der Aufbau des Bodenhumus. Der Bodenkohlenstoffhaushalt (s. u.) wird von der Aktivität der Organismen gesteuert. Bodenorganismen sind auch für die Nährstoffbereitstellung im Boden verantwortlich und maßgeblich für die Stoffflüsse und die Freisetzung klimarelevanter Spurengase.

Standortspezifische klimarelevante Faktoren wie Bodenfeuchtigkeit und Bodentemperatur haben einen Einfluss auf das Vorkommen, den Artenreichtum, die Populationsdynamik und die Leistung der Bodenorganismen und somit auf die Nahrungsnetzstruktur im Boden (Kardol et al. 2011; Briones et al. 2009; Carrera et al. 2009). Es besteht ein direkter Zusammenhang zwischen der Lufttemperatur und der Bodentemperatur. Die Bodentemperatur ist allerdings über die unterschiedliche Wärmeleitfähigkeit und -kapazität unterschiedlich feuchter Böden eng an den Bodenwasserhaushalt geknüpft. Generell begünstigt eine Erhöhung der Bodentemperatur die biologische Aktivität im Boden (Kimble et al. 1998).

Ein multifaktorielles Experiment zum Einfluss klimawandelrelevanter Parameter auf die Bodenrespiration an einem der MRH durchaus vergleichbaren Heidestandort in Dänemark zeigt deutlich die Relevanz sich überlagernder Effekte (Selsted et al. 2012). Eine Erhöhung der CO_2-Konzentration um 130 ppm führte zu einer um ca. 38 % erhöhten Bodenatmung, die simulierte Sommertrockenheit führte zu einer Abnahme der Bodenatmung um 14 %, während eine um 0,4 °C erhöhte Temperatur hier keinen signifikanten Effekt zeigte. Die Kombination von Sommertrockenheit und erhöhter Temperatur resultierte jedoch in einer ca. 50-prozentigen Reduktion der Bodenatmung, und diese war wiederum eng mit der Bodenfeuchte korreliert.

Die Aussagen zu der Auswirkung von möglicherweise auftretenden höheren Sommertemperaturen auf die Abundanz und die Aktivität der Bodenfauna sind bisher widersprüchlich. In Abhängigkeit der Standortbedingungen profitieren einigen Untersuchungen zufolge einige Arten der Bodenfauna von höheren Sommertemperaturen, etwa durch erhöhtes Populationswachstum, schnellere Reproduktion und erhöhte Biomasse, z. B. Regenwürmer (Uvarov et al. 2011) oder Enchytraeiden (Carrera et al. 2009; Briones et al. 2009). Eine durch die Temperatursteigerung erhöhte Organismenaktivität führte nach Carrera et al. (2009) zu einem verstärkten Umsatz von C-Vorräten im Boden. Andererseits ist nach Eggleton et al. (2009) und Russel et al. (2014) durch eine für möglich gehaltene sommerliche Trockenheit eine starke Abnahme der Biodiversität und Aktivität der Bodenorganismen zu erwarten. Ein weltweit durchgeführtes Dekompositionsexperiment zeigte die große Bedeutung des Faktors Klima für den Abbau der organischen Substanz: Das Klima erklärt 70 % der Abbaurate (Wall et al. 2008). Die Aktivität der Bodenfauna wurde in dieser Studie durch Trockenheit und höhere Temperaturen meist gehemmt, diese Hemmung ist allerdings regionenspezifisch unterschiedlich ausgeprägt (Wall et al. 2008).

Ein weiterer Effekt des Klimawandels ist durch die projektierten erhöhten CO_2-Konzentrationen in der Atmosphäre und die daraus folgende Erhöhung des C/N-Verhältnisses im Pflanzengewebe und in der Streu zu erwarten. Damit würde sich die Nahrungsressource für Bodenorganismen verschlechtern. Studien zeigen auf, dass die organische Substanz mit erhöhten C/N-Verhältnissen einem langsameren Abbau unterliegt (Marhan et al. 2010; Coûteaux und Bolger 2000).

Dorendorf et al. (2015) konnten diesen Effekt des C/N-Verhältnisses auf den Abbau von Streu unterschiedlicher Herkunft (urban und periurban) nicht bestätigen, jedoch spielten hier weitere Faktoren wie die chemische Zusammensetzung (z. B. der Ligningehalt) eine Rolle für die Abbaugeschwindigkeit.

Es besteht noch erheblicher Forschungsbedarf zu den Auswirkungen der Klimaveränderungen – insbesondere in ihrer Kombination – auf die Biodiversität im Boden und zu den ökologischen Folgen einer klimabedingten Veränderung der Abundanz und Aktivität von Bodenmikroorganismen und der Bodenfauna.

6.3.6 Potenzielle Auswirkungen des Klimawandels auf die organische Substanz

Böden spielen als Kohlenstoffspeicher, als Senke und Quelle von Treibhausgasen eine essenzielle Rolle im Klimageschehen. Sie sind nach den Ozeanen der zweitgrößte Speicher für Kohlenstoff. In ihnen ist nach dem IPCC-Report 2013 mit weltweit ca. 1500–2400 Pg C bis zu viermal so viel Kohlenstoff gespeichert wie in der Atmosphäre (589 PgC) und etwa drei- bis fünfmal so viel wie in der Vegetation (350–550 PgC) (Ciais et al. 2013). Durch Kohlenstofffestlegung, auch als C-Sequestrierung bezeichnet, leistet der Boden einen Beitrag zur Minderung der Treibhausgase in der Atmosphäre und wirkt somit dem Klimawandel entgegen. Steigt allerdings die Freisetzungsrate durch Humusabbau, wirkt sich dies verstärkend auf den Klimawandel aus. Eine Veränderung des Humushaushaltes, auch um nur geringe Prozentanteile, hat daher gravierende Folgen (Schils et al. 2008; LABO 2010).

Der Gehalt der organischen Substanz des Bodens hängt von einer Reihe von interagierenden Faktoren ab. Zentral sind Bodentyp und Textur, die mikrobielle Aktivität sowie die der Bodentiere, das Klima, die Quantität und Qualität der ober- und unterirdisch gelieferten pflanzlichen Rückstände und Ausscheidungen und somit die Vegetation mit Bedeckungsgrad und Zusammensetzung sowie die Landnutzung. Bodentemperatur und Bodenfeuchte als Steuergrößen der biologischen Umsatzprozesse sind wichtige Standorteigenschaften, die den Abbau oder die Anreicherung von organischer Substanz im Boden regeln.

Eine Erhöhung der Bodentemperatur führt durch erhöhte Mineralisationsprozesse zu einem erhöhten Abbau der organischen Substanz (z. B. Carrera et al. 2009). Allerdings kann dieser Faktor nicht getrennt von anderen gekoppelten Einflüssen und Feedbackreaktionen wie veränderter Nährstoffnachlieferung, erhöhter Biomasseproduktion durch höhere Temperaturen oder auch höhere atmosphärische CO_2-Konzentrationen und somit einem erhöhten C-Input in Böden gesehen werden (Trumbore und Czimczik 2008; Davidson und Janssens 2006). Neben der Reduktion des Humusgehaltes durch Temperaturerhöhung ist an einigen Standorten auch eine Humusanreicherung als gegenläufiger Prozess denkbar. Der Abbau der organischen Substanz kann entweder durch zu trockene Bodenbedingungen (Reduktion der Sommerniederschläge und Zunahme der Trockentage, Wan et al. 2007; Poll et al. 2013) oder durch zu feuchte, wassergesättigte Bodenbedingungen (zunehmende Winterniederschläge) mit einer Abnahme der Abbauraten – bei gleichzeitig erhöhtem anaeroben C-Umsatz mit erhöhter Methanbildung – gehemmt werden (Scheffer und Schachtschabel 2010).

Ob und in welchem Maße der Klimawandel zu einem vermehrten Humusabbau oder zu einer Humusanreicherung führen kann, hängt davon ab, inwieweit der erwartete zusätzliche Eintrag an Biomasse die erhöhten Abbauraten ausgleichen kann. Die Zusammenhänge sind so komplex, dass die regional ausgeprägten Effekte der zu erwartenden Änderungen bislang nicht gesichert vorhergesagt werden können (Trumbore und Czimczik 2008). Nach wie vor sind die Aussagen zu den Auswirkungen des Klimawandels auf den im Boden gespeicherten Kohlenstoff uneinheitlich und mit hohen Unsicherheiten behaftet (Davidson und Janssens 2006; Tang und Riley 2014; Morales et al. 2007; Knorr et al. 2005; Varallyay 2010; Schils et al. 2008; Subke und Bahn 2010). Zum einen sind die Prozesse und Interaktionen des Bodenkohlenstoffhaushaltes noch nicht vollständig verstanden, zum anderen wirken sich regional ausgeprägte Klimabedingungen und deren Änderungen sowie Bodeneigenschaften und Bewirtschaftungsmaßnahmen z. T. gegenläufig und in komplexer Weise interagierend aus.

Hoch- und Niedermoore weisen die höchste Empfindlichkeit gegenüber dem Abbau der organischen Substanz auf. Eine Entwässerung und Austrocknung erhöht den Humusabbau in Mooren erheblich (z. B. Wessolek et al. 2003; Erwin 2009; Drösler et al. 2009) und lässt Moore zu Quellen von Treibhausgasen werden, während intakte Moore eine Senke darstellen (Erwin 2009). Vanselow-Algan (2014) hat durch ein Regenausschlussexperiment die Auswirkungen zunehmender Sommertrockenheit auf die Treibhausgasemissionen (CO_2-, CH_4- und N_2O-Flüsse) in dem nordwestlich von Hamburg gelegenen Himmelmoor untersucht. In der von Torfmoosen und Heide dominierten Untersuchungsfläche nahmen die Treibhausgasemissionen bei Sommertrockenheit zu, während sie sich bei der von Pfeifengras bewachsenen Fläche durch eine deutliche Reduzierung der CH_4-Emissionen verringerte. Die Untersuchungen zeigten darüber hinaus einen deutlich positiven Effekt der Renaturierung von Teilflächen des Moores auf die Treibhausgasemissionen. Die entwässerte Torfabbaufläche zeigte deutlich höhere Emissionen als die renaturierten Bereiche, die jedoch nach wie vor eine Quelle für Treibhausgase darstellten (Vanselow-Algan et al. 2015).

Insgesamt wird in der Fachdiskussion davon ausgegangen, dass veränderte Bodennutzungen wesentlich schneller als der Klimawandel zu Veränderungen der Humusgehalte in Böden führen (Lal 2014). Höper und Schäfer (2012) vergleichen die Kohlenstofffreisetzung aus Böden bei unterschiedlichen Bewirtschaftungsmaßnahmen und zeigen deutlich eine relevante Abnahme des Kohlenstoffpools durch Entwässerung von Mooren nachfolgender Bewirtschaftung und durch Grünlandumbruch von hydromorphen Böden.

Der Humusgehalt ist für viele Bodeneigenschaften und -funktionen ausschlaggebend und steuert maßgeblich die Bodenfruchtbarkeit (Lal 2010; Kimble et al. 1998; Scheffer und Schachtschabel 2010). Er steuert und beeinflusst z. B. die Wasserspeicherung und nutzbare Feldkapazität, die Nährstoffkreisläufe und Nährstoffnachlieferung, das Filter- und Puffervermögen des Bodens, die biologische Aktivität sowie die Speicherung von klimarelevanten Treibhausgasen und trägt zur Verbesserung des Bodengefüges bei. Böden mit ihrer organischen Substanz vermögen also über diese Eigenschaften und Funktionen Auswirkungen des Klimawandels z. B. durch erhöhte Wasserspeicherfähigkeit zu mildern bzw. diesen entgegenzuwirken. Die Steuerung des Kohlenstoffhaushaltes und Erhöhung des Humusgehaltes ist eine der wichtigsten Größen zur Sicherung der Ressource Boden und deren Anpassung an den Klimawandel (Lal 2014; Willand et al. 2014; Umweltbundesamt (2011)).

6.3.7 Potenzielle Auswirkungen des Klimawandels auf die Abkühlungsfunktion

Eine weitere im besiedelten Raum wichtige Bodenfunktion, die durch den Klimawandel beeinflusst werden könnte, ist die Abkühlungsfunktion der Böden in der Stadt. Nicht versiegelte Böden nehmen am Wasserhaushalt teil und können durch Evapotranspiration, bei der flüssiges Wasser aus dem Bodenwasserspeicher unter Energieverbrauch in Wasserdampf umgewandelt wird, den Wärmehaushalt und damit das lokale Klima beeinflussen (Goldbach und Kuttler 2012). Durch Evapotranspiration wird die Umwandlung der eingestrahlten Energie in fühlbare Wärme reduziert und diese in Form von latenter Wärme abgegeben. Diese Verdunstungsleistung und Umwandlung von Energie in latente Wärme wird durch die Wasserverfügbarkeit und -nachlieferung im Boden gesteuert (Goldbach und Kuttler 2012). In Städten beeinträchtigen die Versiegelung des Bodens mit verringerter Infiltration und erhöhtem Oberflächenabfluss sowie die Grundwasserabsenkung und auch die weit verbreiteten urbanen Böden mit oft geringen nutzbaren Feldkapazitäten diese natürliche Klimafunktion (Wessolek et al. 2010; Jansson et al. 2007; Damm et al. 2012).

In Modellberechnungen wurde der Bereich des Grundwasserflurabstands von 2–5 m als kritische Zone identifiziert, da hier eine enge Korrelation zwischen dem Grundwasserflurabstand und der latenten Wärme gefunden wurde (Maxwell und Kollet 2008). Für Stadtböden in Hamburg mit unterschiedlichen Grundwasserflurabständen und mit sehr heterogener Bodenzusammensetzung zeigte sich, dass zwischen 11 und 17 % der maximalen Temperaturunterschiede der Luft durch die unterschiedlichen Oberbodenwassergehalte erklärt werden können (Wiesner et al. 2014). Für Nordrhein-Westfalen wurde kürzlich ein Leitpfaden zur Einbringung der Kühlleistung von Böden in stadtklimatische Konzepte vorgelegt und die ökonomische Relevanz dieser Bodenfunktion dargestellt (LANUV 2015). Es ist davon auszugehen, dass sich die möglicherweise zu erwartende Verringerung der Sommerniederschläge und die Temperaturerhöhung ungünstig auf die Kühlfunktion auswirken werden. Das Problem der städtischen Überwärmung in den Sommermonaten wird durch die zu erwartende Klimaerwärmung voraussichtlich weiter verstärkt (Damm et al. 2012); es kann also eine unerwünschte positive Rückkopplung vermutet werden. Es besteht Forschungsbedarf, um diese Effekte des Klimawandels in der Stadt differenzierter betrachten zu können und gleichzeitig die Leistung von stark gestörten Böden und von künstlich konstruierten urbanen Böden und Pflanzengemeinschaften, die mit zunehmender Urbanisierung eine immer größere Rolle spielen werden, zu erfassen. Berechnungen weisen darauf hin, dass die gestörten neuen Bodenlandschaften in der Regel deutlich geringere potenzielle Kühlleistungen erzielen als der natürlicherweise ausgeprägte Boden (Willand et al. 2014).

6.4 Auswirkungen des Klimawandels auf Arten, Lebensgemeinschaften und Ökosysteme

Der robuste Erwärmungstrend, den wir mit Fortschreiten der Industrialisierung seit einigen Jahrzehnten weltweit beobachten, ist ungebrochen und wird sich wegen der Trägheit des Klimas auch im weiteren Verlauf des 21. Jahrhunderts fortsetzen. Der Anstieg der globalen Mitteltemperaturen geht mit Veränderungen der Niederschlagsmuster und einer Zunahme bislang als extrem geltender Witterungsereignisse einher. Der global gemittelte Temperaturanstieg zwischen 1880 und 2012 betrug 0,85 °C, in Deutschland sogar 1,3 °C, und in Hamburg ist die Mitteltemperatur seit 1881 um gut 1 °C angestiegen (IPCC 2014; Trusilova und Riecke 2015). Ohne umfangreiche Maßnahmen zur Vermeidung der Emission von Treibhausgasen ist bis zum Jahr 2100 im globalen Mittel ein Temperaturanstieg von 3–5 °C gegenüber dem ersten Jahrzehnt des 20. Jahrhunderts zu erwarten (IPCC 2014). Der in den letzten Dekaden ermittelte rasche Temperaturanstieg ist erdgeschichtlich nicht extrem, gilt jedoch für die Jahrtausende mit menschlicher Zivilisation als bisher einmalig und ist gegenüber paläoklimatischen Veränderungen zum ersten Mal überwiegend durch anthropogene Aktivitäten verursacht.

Die Frage nach der Entwicklung der belebten Umwelt unter den Bedingungen des Klimawandels gehört zu den aktuellen Kernfragen der Erdsystemwissenschaften. Die Bedeutung der Vegetation in den globalen biogeochemischen Stoffkreisläufen (vor allem Kohlenstoff, Wasser) oder deren Rolle als strukturelle und funktionale Komponente in Ökosystemen führt die Dringlichkeit vor Augen, ein besseres Verständnis der ökosystemaren Auswirkungen des Klimawandels zu entwickeln. Dass Klimaänderungen in der Erdgeschichte in der Regel tief greifende Konsequenzen für Ökosysteme gehabt haben, lehren uns Pollenanalysen und andere paläoökologische Untersuchungen (z. B. Giesecke et al. 2014; Jackson und Blois 2015). Die Wälder Nord- und Mitteleuropas wurden beispielsweise während der Eiszeiten mehrfach massiv zurückgedrängt und mussten sich in den Warmzeiten jeweils neu etablieren, was zu großen Artenverlusten führte. Die ökologische Anpassung an solche Klimaänderungen beanspruchte einen Zeitraum von Jahrtausenden. Allerdings lassen sich Erkenntnisse aus der Paläo-Vegetationsentwicklung aufgrund der unterschiedlichen ökologischen Rahmenbedingungen kaum auf die zukünftige Vegetationsdynamik übertragen. Es bestehen nach wie vor erhebliche Unsicherheiten bzgl. der konkreten Reaktion von Ökosystemen auf den Klimawandel. Die Kenntnisse über die Biosphäre mit ihren vielfältigen und hoch komplexen lebenden Systemen, die durch unterschiedlichste funktionelle Interaktionen und Prozesse gekennzeichnet sind, reichen bisher keinesfalls aus, um gesicherte Vorhersagen künftiger Entwicklungen in Ökosystemen treffen zu können (z. B. Luo et al. 2011; Bellard et al. 2012). Auch neuere Simulationsmodelle zur globalen Vegetationsentwicklung liefern allenfalls großräumige Übersichten zur Verschiebung von Vegetationszonen und zur Biomasseentwicklung. Aufgrund ihrer geringen räumlichen Auflösung und des hohen Komplexitätsgrades der Biosphäre können sie jedoch keine konkreten ökosystemaren Auswirkungen des Klimawandels prognostizieren. Wissensdefizite betreffen nahezu alle Konsequenzen sowohl für Artenzusammensetzung und Artenvielfalt als auch für Strukturen und Funktionalität von Ökosystemen, insbesondere jedoch die Auswirkungen auf den Stoffhaushalt, die Konkurrenzverhältnisse von Pflanzenarten und viele weitere biotische Interaktionen, die Wanderungsmöglichkeiten von Populationen und Arten sowie die zu erwartenden Verluste an Biodiversität.

Da die Geschwindigkeit des Klimawandels die Anpassungsfähigkeit vieler Arten überfordern wird, sind Verluste an Biodiversität unvermeidlich, zumindest auf globaler Ebene (vgl. Moritz und Agudo 2013; Warren et al. 2013). Jede Art reagiert individuell unterschiedlich auf klimatische Veränderungen (Anderson et al. 2012). Spezifische Ausbreitungsgeschwindigkeiten von sich neu etablierenden Arten sowie artspezifische Reaktionen z. B. auf verlängerte Wuchsperioden, die in unterschiedlichen Biomassezuwächsen zum Ausdruck kommen können, oder auf eine veränderte Spätfrostgefährdung werden einen Wandel der Konkurrenzverhältnisse und somit der Artabundanzen und Artdominanzen zur Folge haben. Biomverschiebungen werden daher nicht ohne grundlegende Änderungen von Artenzusammensetzung und Dominanzstrukturen der Lebensgemeinschaften erfolgen (z. B. Lurgi et al. 2012). Neuartige Biozönosen werden entstehen, deren Struktur und Funktion indes auch von anderen anthropogenen Einflüssen (Habitatkonversion und -fragmentierung, Ressourcenübernutzung, stoffliche Belastungen, Artenverschleppungen) stark bestimmt sein wird. Veränderte Dominanzverhältnisse, Konkurrenzbedingungen und Populationsdichten wirken sich zwangsläufig auf die funktionelle Vielfalt von Ökosystemen und damit auf die ökologische Funktionalität aus, die für die Bereitstellung ökologischer Serviceleistungen oder auch für die Resilienz gegenüber Störungen durch klimatische Veränderungen oder Extremereignisse entscheidend ist. Die Aufrechterhaltung von ökologischen Serviceleistungen wie sauberes Grundwasser, Bestäubung von Obstbäumen oder Hangstabilität ist für das Leben und auch das Wirtschaften des Menschen essenziell. Eine Beeinträchtigung der ökologischen Funktionalität und Stabilität von Ökosystemen durch den Verlust an Biodiversität hätte tief greifende Konsequenzen für Wirtschaft und Gesellschaft (Beierkuhnlein und Foken 2008).

Zu den Auswirkungen des Klimawandels auf Arten, Lebensgemeinschaften und Ökosysteme gibt es bisher kaum Studien, die sich konkret auf die MRH beziehen. Die in Mitteleuropa und darüber hinaus gewonnenen Erkenntnisse zu den Klimawandelfolgen können jedoch prinzipiell auf die MRH übertragen werden, auch wenn es regionale Abweichungen gibt. Auf diese wird bei der Bearbeitung ausgewählter Ökosysteme der MRH (► Abschn. 6.5.1, 6.5.2, 6.5.3, 6.5.4, 6.5.5, 6.5 .6) hingewiesen, die sowohl naturnahe Ökosysteme (Wälder, Ästuare und Küstenökosysteme, Moore) als auch solche der Kulturlandschaft (Heiden, Feuchtgrünland) und des Siedlungsraums umfasst. Der Behandlung spezieller Lebensraumtypen wird in den nächsten Abschnitten der Kenntnisstand zu generellen Effekten des Klimawandels auf Arten und Ökosysteme vorangestellt, um einen Verständnisrahmen für die weiteren Ausführungen zu schaffen. Dabei stehen Auswirkungen auf Pflanzen und Vegetation im Vordergrund.

6.4.1 Phänologie

Standardisierte Erfassungen des Deutschen Wetterdienstes, der Internationalen Phänologischen Gärten und anderer Institutionen dokumentieren seit einigen Jahrzehnten, dass sich phänologische Ereignisse in Reaktion auf den rezenten Klimawandel verschieben. Diese im Jahresablauf periodisch wiederkehrenden Ereignisse im Lebenszyklus von Organismen sind im temperaten Klima der feuchten Mittelbreiten maßgeblich von Temperatur und Photoperiode (Tages- und Nachtlänge) abhängig (Rabitsch und Herren 2013). Dazu gehören beispielsweise Blattaustrieb, Blattentfaltung, Knospung, Blüten- und Fruchtbildung, Reifestadien bei Getreide, Beginn und Ende des Winterschlafs, Vogelzugtermine, Wanderungen, Eiablage oder herbstliche Blattverfärbung und Blattfall. Charakteristische Eintrittszeiten der jahreszeitlich wiederkehrenden Entwicklungsstadien in der Pflanzen- und Tierwelt, auch als Phänophasen bezeichnet, verschieben sich in der Regel bei Änderungen der klimatischen Rahmenbedingungen, auch wenn die Phänologie einiger Arten, z. B. alpiner Pflanzenarten, eine gewisse Sensitivität gegenüber der Photoperiode zeigt (Keller und Körner 2003; Körner und Basler 2010).

Die Verschiebung phänologischer Ereignisse gilt als sensible Indikation der Reaktion von Organismen auf klimatische Trends. Zahlreiche Studien haben weltweit und bei verschiedensten Pflanzen- und Tierarten einen phänologischen Fingerabdruck des rezenten Klimawandels nachgewiesen, wobei besonders deutliche phänologische Verschiebungen in höheren Breiten aufgetreten sind (Walther et al. 2002; Parmesan und Yohe 2003; Root et al. 2003; Menzel et al. 2006a, 2006b; Amano et al. 2010; Cook et al. 2012; Ovaskainen et al. 2013; Peñuelas et al. 2013). Die rezente Klimaerwärmung hat in den letzten Jahrzehnten in der Nordhemisphäre zu einer Verschiebung phänologischer Ereignisse um einige Tage pro Dekade geführt (Rabitsch und Herren 2013; Settele et al. 2014). Davon sind insbesondere Ereignisse im zeitigen Frühjahr betroffen. Der Eintritt des phänologischen Frühlings hat sich in der Nordhemisphäre im Mittel um 3 Tage pro Dekade vorverlegt (Parmesan 2007), während die Verspätung der Herbstphasen geringer ausfällt (Menzel et al. 2006b). In den mittleren Breiten der Nordhalbkugel ergibt sich dadurch insgesamt eine Verlängerung der Vegetationsperiode um 14–24 Tage in den letzten 5–7 Jahrzehnten (vgl. Menzel 2013; Kolářová et al. 2014; Schuster et al. 2014), die mit anderen Proxydaten (z. B. Vegetationsindizes aus Satellitenbildern, Jahresgang des CO_2-Gehaltes der Atmosphäre) und abiotischen Signalen (z. B. Auftauen und Zufrieren von Flüssen und Seen) sehr gut übereinstimmt (Tucker et al. 2001; Nemani et al. 2003).

In Mitteleuropa werden die deutlichsten phänologischen Änderungen bei Pflanzen im Frühling festgestellt. Eine signifikante Verfrühung der Pflanzenentwicklung ist sowohl für Wild- als auch für Kulturpflanzen vielfach nachgewiesen worden (Chmielewski und Rötzer 2001; Chmielewski et al. 2004; Menzel et al. 2006a; Estrella et al. 2007; Wittich und Liedtke 2015; Chmielewski 2016), wobei sich der Trend im Zeitraum 2000–2011 verlangsamt hat (Fu et al. 2014). Eine der längsten kontinuierlichen phänologischen Datenreihen Europas (seit 1808) dokumentiert das Öffnen der Blattknospen der Rosskastanie (*Aesculus hippo-*

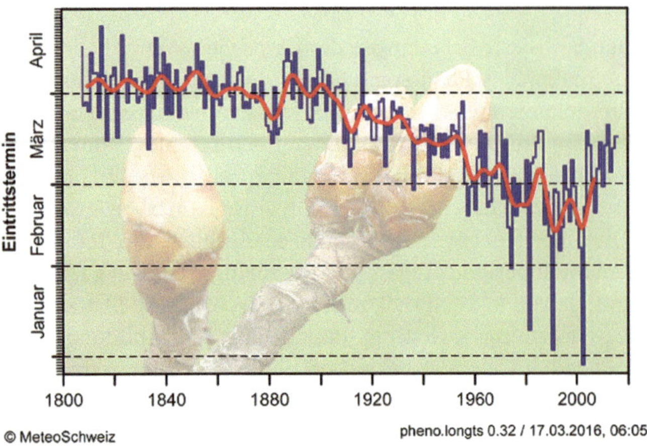

Abb. 6.4 Das Öffnen der Blattknospen der Rosskastanie (*Aesculus hippocastanum*) in Genf im Zeitraum 1808–2016. *Blaue Linie*: Eintrittstermine, *rote Linie*: 20-jähriges gewichtetes Mittel. (Meteo-Schweiz)

castanum) in Genf (Abb. 6.4), das den deutlichen Trend zu früheren Eintrittsterminen ab etwa 1900 sowie eine abrupte Verfrühung seit Ende der 1980er-Jahre belegt. Diese Verschiebung wird in langen Datenreihen auch am Beispiel des Blühbeginns für viele Arten sehr deutlich. Der Blühbeginn der Obstgehölze in Deutschland hat sich in den letzten 55 Jahren für Süßkirsche, Birne, Sauerkirsche und Apfel um mindestens 15 Tage verfrüht (Tab. 6.2). Im selben Zeitraum hat sich der Erntetermin für Gerste und Winterweizen um 16 bzw. 11 Tage vorverlegt (Prochnow et al. 2015). Für den Zeitraum 1959–1993 ist eine durchschnittliche Vorverlegung von Frühlingsereignissen um 6 Tage und eine Verspätung von Herbstereignissen um 4,8 Tage dokumentiert, was einer Verlängerung der Vegetationsperiode um etwa 11 Tage entspricht (Menzel und Fabian 1999; Sparks et al. 2011). Bei unveränderten klimatischen Trends könnte sich die Vegetationsperiode im Zeitraum 2071–2100 um mehr als einen Monat verlängert haben (Krause 2010). Auch für die MRH sind entsprechende phänologische Änderungen dokumentiert. So hat sich der Blühbeginn der Forsythie (*Forsythia intermedia*) seit 1945 um etwa 4 Wochen verfrüht (Abb. 6.5; Rötzer et al. 2000; Jensen et al. 2011). In städtischen Ballungszentren setzen aufgrund des Effektes der städtischen Wärmeinsel phänologische Frühlingsereignisse oftmals früher ein als im Umland (vgl. Lu et al. 2006; Jochner et al. 2012).

6.4.2 Ökophysiologie, Primärproduktion und Kohlenstoffspeicherung

Die Frage nach den Auswirkungen der klimatischen Veränderungen auf die Fitness und Produktivität von Pflanzen ist in hohem Maße klimarelevant, da der terrestrischen Biosphäre eine zentrale Rolle im globalen Kohlenstoffkreislauf zukommt und Änderungen der Primärproduktion mit Änderungen in der Kohlenstoffspeicherung von Ökosystemen einhergehen. Die Photosyntheseleistung einer Pflanze hängt von Faktoren wie der Temperatur, der Wasserverfügbarkeit und der CO_2-Konzentration in der Atmosphäre ab, die sich im Zuge des rezenten Klimawandels verändern. Änderungen der Wuchsbedingungen können sich wiederum indirekt auf die Wasser- und Nährstoffnutzungseffizienz auswirken; auch Stressreaktionen der Pflanzen sind oftmals klimasensitiv, z. B. die Reaktion auf zunehmende Sommertrockenheit. Je nach Konstellation der an einem Standort zusammenwirkenden Faktoren kann eine Pflanze in ihrer Biomasseproduktion, die generell durch das natürliche Angebot an CO_2 limitiert ist, unterschiedlich auf eine Erhöhung der Temperatur und der CO_2-Konzentration reagieren.

Theoretisch zu erwarten und empirisch belegt ist eine Steigerung der Primärproduktion durch ein erhöhtes CO_2-Angebot und höhere Temperaturen, wobei das Ausmaß der Erwärmung eine Rolle spielt und der positive Effekt einer CO_2-Anreicherung auf die Nettophotosynthese bei Leguminosen deutlicher festzustellen ist als bei Nichtleguminosen, bei Wildpflanzen deutlicher als bei Kulturpflanzen und bei Gehölzen deutlicher als bei krautigen Pflanzen (Wang et al. 2012). Die Unterschiede zwischen Leguminosen und Nichtleguminosen deuten darauf hin, dass die Effekte der sich wechselseitig beeinflussenden Faktoren Erwärmung und erhöhtes CO_2-Angebot auch von der Stickstoffversorgung der Pflanzen beeinflusst werden. Aus den Ergebnissen zahlreicher experimenteller Untersuchungen (zusammengefasst in Ainsworth und Long 2005; Ainsworth und Rogers 2007; Leakey et al. 2009; Wang et al. 2012) lässt sich für C3-Pflanzen die mehr oder weniger einheitliche Tendenz ableiten, dass sich die Nettoprimärproduktion langfristig trotz reduzierter Assimilationskapazität erhöht, dass sowohl die Stickstoff- als auch die Wassernutzungseffizienz ansteigt und dass die produzierte organische Substanz ein höheres C/N-Verhältnis und einen höheren Kohlenhydratgehalt aufweist, was sich wiederum auf die Abbaurate der abgestorbenen Biomasse auswirken kann (vgl. Jensen et al. 2011). Bei C3-Pflanzen geht die effizientere Ausnutzung des Photosyntheseapparates unter erhöhter CO_2-Konzentration mit einer Reduktion des Carboxylierungspotenzials und einer Verringerung der Kapazität des photosynthetischen Elektronentransports einher (Ainsworth und Rogers 2007). Geringere Gehalte des carboxylierenden Enzyms RuBisCO ziehen einen Rückgang des Stickstoffgehaltes der Blätter nach sich, der wiederum in einem erhöhten C/N-Verhältnis resultiert. Das Wachstum von C3-Pflanzen wird unter erhöhtem CO_2-Angebot selbst bei defizitärer Wasserversorgung stimuliert (Xu et al. 2013). Die höhere Wassernutzungseffizienz (geringere Transpiration pro fixiertem CO_2) geht auf die Reduktion der stomatären Leitfähigkeit unter erhöhten CO_2-Konzentrationen zurück, die sich in entsprechenden Freilandexperimenten um durchschnittlich 20 % verringerte (Ainsworth und Long 2005). Eine reduzierte Transpirationsleistung wirkt sich potenziell auf die Wasserbilanz ganzer Ökosysteme aus.

Aufgrund der CO_2-Konzentrationsmechanismen des C4-Photosyntheseweges ist bei den in subtropischen und tropischen Regionen verbreiteten C4-Pflanzen von geringeren Effekten einer CO_2-Anreicherung auf Nettophotosynthese und Biomasseproduktion auszugehen (Wang et al. 2012). Bei C4-Pflanzen wird die Photosynthese bei erhöhter CO_2-Konzentration nicht direkt stimuliert, die Assimilation von Kohlenstoff wird aber auf trockenen Standorten bzw. in Dürrezeiten, wenn die höhere Wassernutzungseffizienz wirksam wird, indirekt begünstigt (Leakey et al. 2009; Xu et al. 2013). Die Steigerung der Primärproduktion

Tab. 6.2 Mittlere Eintrittstermine und Trends im Blühbeginn von Obstgehölzen in Deutschland. (Chmielewski 2016)

Obstart	x	Datum	s	T in 55 Jahren	Konfidenzintervall ±Tage
Süßkirsche	113	23.04.	8,0	−14,9***	2,2
Birne	117	27.04.	9,0	−19,1***	2,4
Sauerkirsche	118	28.04.	7,7	−16,1***	2,1
Apfel	124	04.05.	7,4	−14,5***	2,0

x: mittlerer Eintrittstermin in Tagen nach Jahresbeginn; s: Standardabweichung der Jahreswerte; T: Trend 1961–2015 mit 95 %-Konfidenzintervall in Tagen
Trends signifikant mit einer Irrtumswahrscheinlichkeit ***$p > 0{,}1$ %

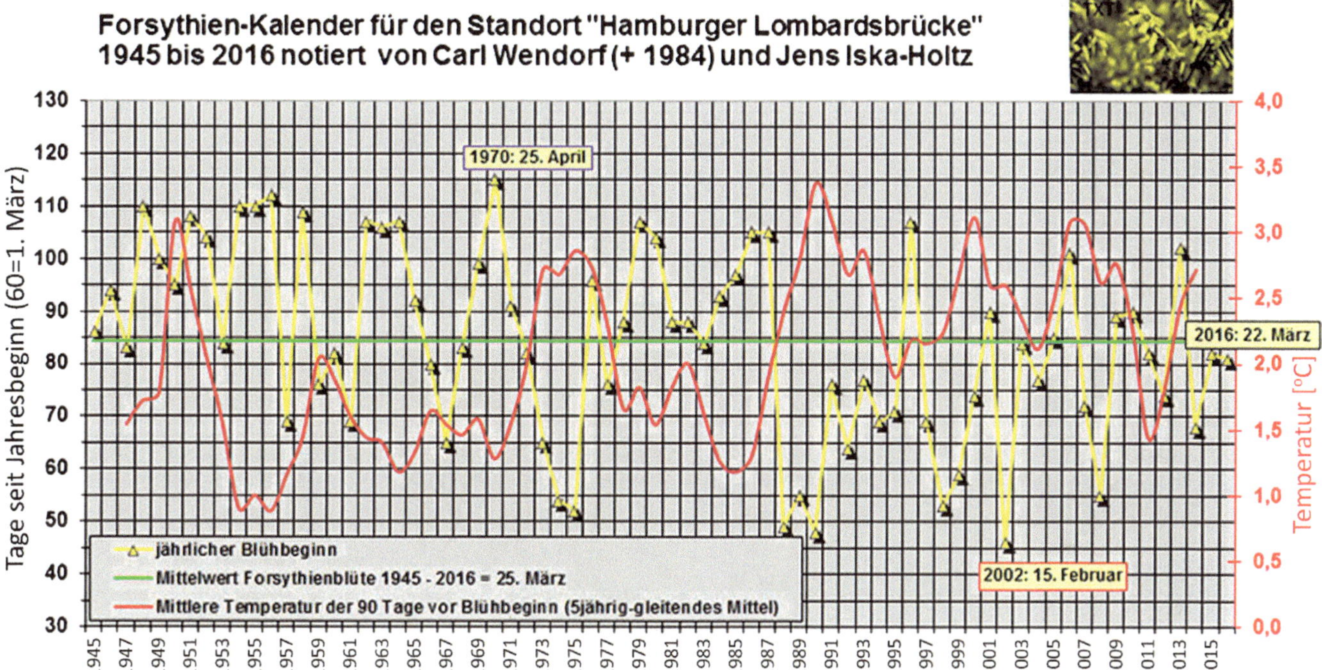

Abb. 6.5 Forsythien-Kalender (*Forsythia intermedia*) für den Standort „Hamburger Lombardsbrücke" 1945–2016. (Deutscher Wetterdienst)

fällt sowohl bei Wild- als auch bei Kulturpflanzen insgesamt geringer aus, als lange Zeit angenommen wurde. Auch ist zu berücksichtigen, dass erhebliche Unterschiede zwischen Ökosystemen, funktionalen Pflanzentypen (z. B. Bäume, Sträucher, Gräser) sowie auch zwischen Arten eines funktionalen Typs auftreten können, was das Ausmaß der Erhöhung der Nettoprimärproduktion betrifft.

In den letzten Jahrzehnten ist die Nettoprimärproduktion global leicht angestiegen. Im Zeitraum 1982–1999 betrug der Anstieg etwa 6 % (Myneni et al. 1997; Zhou et al. 2001; Nemani et al. 2003), in der Dekade 2000–2009 setzte sich der Anstieg mit etwa 5 % relativ zum vorindustriellen Level fort, sodass die terrestrische Vegetation erhebliche Mengen des vom wirtschaftenden Menschen freigesetzten Kohlenstoffs gebunden hat (Raupach et al. 2008; Le Quéré et al. 2009; Settele et al. 2014). Aus der Erhöhung der Nettoprimärproduktion lässt sich ableiten, dass die wachstumsfördernden Effekte von CO_2-Anstieg (Kohlenstoffdüngung) und Klimawandel bisher überwiegen. Allerdings muss berücksichtigt werden, dass auch andere Faktoren wie Stickstoffdeposition, Aufforstung und Landmanagement den Biomassenzuwachs und die Kohlenstoffspeicherung positiv beeinflussen. In den Wäldern Mitteleuropas wurden in den letzten Jahrzehnten überwiegend Zuwachssteigerungen festgestellt, die temperaten Wälder sind eine bedeutende Senke für Kohlenstoff (Hasenauer et al. 1999; Karnosky et al. 2007). Dieser positive Zusammenhang könnte sich jedoch mit fortschreitendem Klimawandel in der zweiten Hälfte dieses Jahrhunderts umkehren, da andere Prozesse die Kohlenstoffspeicherung in der Biosphäre reduzieren können (Essl et al. 2013a). Die Intensivierung von Störungsregimen

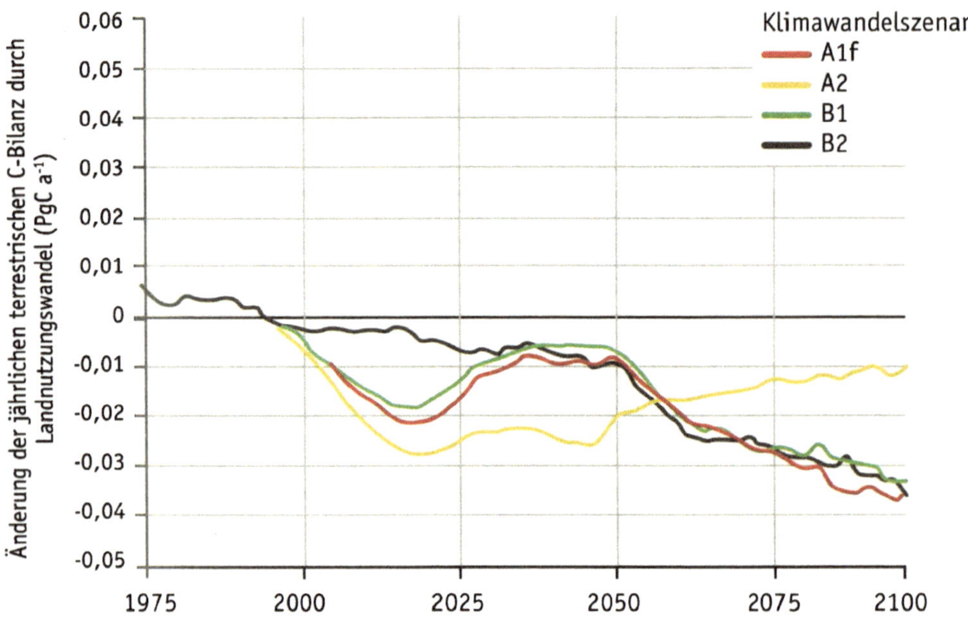

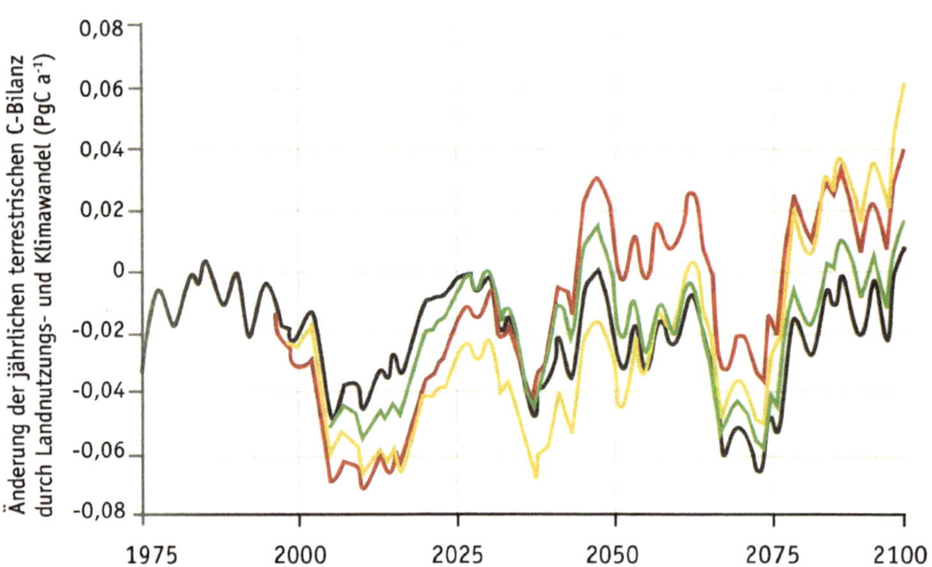

Abb. 6.6 Änderung des globalen terrestrischen Kohlenstoffspeicherungspotenzials unter verschiedenen Klimawandelszenarien im 21. Jahrhundert. Negative Werte bedeuten eine zunehmende und positive Werte eine abnehmende Kohlenstoffsequestrierung der terrestrischen Biosphäre. (Essl et al. 2013a)

(z. B. klimatische Extremereignisse, Insektenkalamitäten, Feuer) kann über die Mortalität von Wäldern zu einem Rückgang der Primärproduktion führen. Bezüglich der Steuerung der Kohlenstoffspeicherung in der terrestrischen Biosphäre kommt der Niederschlagssumme eine besondere Bedeutung zu (Beer et al. 2010). Vermehrter Trockenstress in den Sommermonaten, wie er für Mitteleuropa projiziert wird (z. B. Kovats et al. 2014), würde die Kohlenstoffspeicherung einschränken und könnte die Landflächen zu einer CO_2-Quelle werden lassen. Gegenwärtige Modellberechnungen gehen in ihrer Mehrzahl von einem Rückgang der Netto-Kohlenstoffaufnahme der terrestrischen Ökosysteme im Verlauf des 21. Jahrhunderts aus; einige Modelle sagen mit weiterem Voranschreiten des Klimawandels den Wandel von terrestrischer Vegetation und Böden zu einer CO_2-Quelle voraus (Abb. 6.6; Zaehle et al. 2007; Le Quéré et al. 2009; Settele et al. 2014).

6.4.3 Biotische Interaktionen

Die Auswirkungen des Klimawandels auf die funktionellen Beziehungen und Wechselwirkungen zwischen Organismen, die als biotische Interaktionen bezeichnet werden, sind immer noch weitgehend unklar. Das für Ökosysteme charakteristische enge Netzwerk gegenseitiger Abhängigkeiten und Beeinflussungen (z. B. Nahrungsnetze, Nahrungsketten, Pflanzenbestäubergemeinschaften) ermöglicht ein gewisses Maß an Selbstregulation und Resilienz gegenüber Umweltveränderungen. Die dynamische Stabilität und die Gewährleistung der Funktionsfähigkeit von Ökosystemen wären bei einem Verlust von funktionellen Beziehungen und ökologischer Komplexität beeinträchtigt (Beierkuhnlein und Jentsch 2005; Schmid et al. 2009; Hillebrand und Fitter 2013). Der Klimawandel wird sich zwangsläufig auf das auf verschiedensten Interaktionen basierende Beziehungsgeflecht in Ökosystemen auswirken. Arten weisen individuelle Kombinationen von Merkmalen, Nischenbedürfnissen und Reaktionstoleranzen auf und reagieren somit artspezifisch auf klimatische Änderungen. Aufgrund von Individualität und intraspezifischer Variabilität ändert sich die Wettbewerbsfähigkeit von Arten bei einer klimawandelbedingten Änderung des standörtlichen Beziehungsgefüges. Es kommt zu Änderungen von Artenzusammensetzung und Dominanzstrukturen, teilweise zum Ausfall von Arten. Dadurch entstehen veränderte Lebensgemeinschaften („novel communities"), die einstweilen durch das Fehlen von koevolvierten, d. h. lang etablierten biotischen Interaktionen charakterisiert sind (Schweiger et al. 2013). Neben einer weiteren Beeinflussung der Konkurrenzverhältnisse können davon so fundamentale ökologische Beziehungen wie Herbivorie, Bestäubung, Prädation oder Parasitismus betroffen sein, was potenziell in einer Beeinträchtigung von Ökosystemfunktionen und damit zusammenhängenden ökologischen Serviceleistungen resultiert (Tylianakis et al. 2008; Montoya und Raffaelli 2010; Schweiger et al. 2010).

Trotz des defizitären Kenntnisstandes ist inzwischen eine Vielzahl von klimawandelbedingten Änderungen in ökologischen Beziehungen belegt. Bekannt sind die Beispiele phänologischer Entkopplung, bei denen die zeitliche Abstimmung des Lebenszyklus z. B. von Herbivoren und ihren Nahrungspflanzen nicht mehr gegeben ist, weil Pflanzen früher austreiben als Tiere aktiv werden oder umgekehrt. Die zeitliche Entkopplung von interagierenden Arten kann gravierende Änderungen in Nahrungsnetzen über verschiedene trophische Ebenen hinweg zur Folge haben, die erst durch evolutive Anpassungen ausgeglichen werden können (van der Putten et al. 2004; van Asch und Visser 2007; Both et al. 2009). Aufgrund von Arealänderungen treten auch räumliche Entkopplungen zwischen Pflanzen und ihren Herbivoren auf, die neuartige Nahrungsbeziehungen zwischen Schädlingen und Wirtspflanzen entstehen lassen können. Wie Hódar und Zamora (2004) gezeigt haben, befällt der südeuropäische Pinien-Prozessionsspinner (*Thaumetopoea pityocampa*) nach seiner Arealausweitung nach Norden bzw. in größere Höhenlagen auch Arten wie die Waldkiefer (*Pinus sylvestris*), die nicht in dem bisherigen Verbreitungsgebiet vorkamen.

Der Klimawandel gilt nach Landnutzungsveränderungen als zweitwichtigste Ursache für den Rückgang von Bestäubern (Potts et al. 2010). Er wirkt sich in vielfältiger Weise und in der Regel negativ auf die Interaktionen zwischen Blütenpflanzen und Bestäubern aus (Hegland et al. 2009; Schweiger et al. 2010; Kjøhl et al. 2011). Da 60–80 % der Wildpflanzen und etwa 35 % der Feldfrüchte von Bestäubern abhängig sind (Kearns et al. 1998), stellt die Bestäubung eine fundamental wichtige ökologische Serviceleistung dar, die durch den massiven Rückgang von Bienenarten und anderen Bestäubern gefährdet ist (Burkle et al. 2013). Der Klimawandel führt über die Beeinflussung von Metabolismus, Phänologie, Verbreitung und Merkmalen von Pflanzen und Bestäubern zu Diskrepanzen in deren Interaktionen, die sich wiederum auf Reproduktionserfolg und Populationsdynamik auswirken (Schweiger et al. 2013). Für den verbreitet zu beobachtenden Rückgang von Honigbienen sind Faktoren wie Pestizideinsatz, Krankheiten und Stress bzw. deren Kombination relevanter als der Klimawandel, Letzterer erhöht jedoch innerhalb des Faktorenkomplexes die Sensitivität gegenüber anderen Einflüssen (Le Conte und Navajas 2008). In welchem Ausmaß die Ökosysteme der Zukunft durch klimawandelbedingte Änderungen von biotischen Interaktionen in Mitleidenschaft gezogen werden, kann gegenwärtig nur schwer abgeschätzt werden. Die Wechselwirkungen sind extrem vielschichtig und schwierig zu erfassen. Andererseits werden zuverlässige Abschätzungen der sich verändernden Bereitstellung von ökologischen Serviceleistungen zunehmend wichtiger, um potenziell erhebliche Konsequenzen für Gesellschaft und Wirtschaft abmildern zu können.

6.4.4 Arealerweiterungen und Arealverluste

Das Areal oder Verbreitungsgebiet einer Art hängt in seiner Größe und Lage vom Einfluss der Umweltbedingungen auf die Populationsdynamik der einzelnen Individuen (Überleben, Reproduktion, Ausbreitung) ab. Die äußere Grenze des potenziellen Areals ist großklimatisch bedingt. Selbst wenn ausreichend Zeit für die Ausbreitung zur Verfügung steht, gelangt eine Art aber niemals in alle Teile ihres potenziellen Areals, da Ausbreitungsschranken (Meere, Gebirge) und Ansiedlungshindernisse (z. B. ungeeignete Bodenverhältnisse, Konkurrenz, Prädation, Mangel an Symbionten, Wirten, Bestäubern) die Arealausfüllung einschränken. Das reale Areal, die räumliche Entsprechung der realisierten ökologischen Nische, ist daher in der Regel kleiner als das potenzielle Areal. Die Wettbewerbsfähigkeit, die durch Umweltbedingungen im Bereich der realen Arealgrenzen herabgesetzt wird, spielt oft eine entscheidende Rolle: In botanischen Gärten, in denen die Konkurrenz ausgeschaltet wird, lassen sich Arten noch weit jenseits der realen Arealgrenzen kultivieren. Da die Umweltbedingungen nie konstant bleiben, unterliegen die Areale stets einer gewissen Dynamik, die an den Arealrändern in progressiven oder regressiven Arealentwicklungen zum Ausdruck kommt. Arealänderungen sind begleitet von veränderter Abundanz von Arten, von Kolonisierungsprozessen sowie lokalen Aussterbeereignissen. Wenn von diesen Veränderungen dominante Arten wie Bäume, Schlüsselarten wie Bestäuber oder z. B. Arten, die als Vektoren für Krankheitserreger fungieren, betroffen sind, kann dies gravierende Auswirkungen auf ökologische Serviceleistungen haben (Zarnetske et al. 2012; Settele et al. 2014).

Im Zuge des Klimawandels werden zunehmend Veränderungen der Verbreitungsgebiete von Arten dokumentiert, wobei Arealerweiterungen gegenüber Arealverlusten sehr stark überrepräsentiert sind (Parmesan und Yohe 2003; Parmesan 2007; Chen et al. 2011). Thermophile Arten können bei sich verändernden bioklimatischen Voraussetzungen ihre polwärtigen Arealgrenzen bzw. ihre Höhengrenzen in Gebirgen im Rahmen komplexer Reaktionen auf neue Konstellationen von Umweltfaktoren (neben der Erwärmung insbesondere Veränderungen von Niederschlagsmustern, Landnutzung, biotischen Interaktionen, daneben viele weitere Faktoren) verschieben. Solche Arealexpansionen können rasch ablaufen und sind deutlich sichtbar, während Arealverkleinerungen an äquatorwärtigen Arealgrenzen oder unteren Grenzen in Gebirgen das Ergebnis längerfristiger populationsökologischer Veränderungsprozesse sind, die nur mit aufwendigem quantitati-

Abb. 6.7 Verbreitung der Stechpalme (*Ilex aquifolium*) im nördlichen Mitteleuropa und Nordeuropa Mitte des 20. Jahrhunderts (*links*) und zu Beginn des 21. Jahrhunderts (*rechts*) mit entsprechenden Verläufen der 0 °C-Januar-Isotherme (*blaue Linie*). (Rabitsch et al. 2013a)

vem Monitoring über längere Zeiträume nachzuweisen sind (vgl. Dullinger et al. 2012). Die Reaktion von Pflanzenarten auf günstiger werdende Klimabedingungen in Form einer Kolonisation von neuen Lebensräumen ist in der Regel kurzfristiger und viel deutlicher erkennbar als die Reaktion auf ungünstiger werdende klimatische Verhältnisse in Form lokalen Aussterbens (Doak und Morris 2010; Chen et al. 2011). So kann es zeitweilig zu einer Zunahme der Artenzahlen durch in höhere Breiten oder Lagen einwandernde Arten kommen. Da die Populationen auf dem Rückzug befindlicher Arten kühlerer (Hoch-)Lagen langfristigen Aussterbeprozessen unterliegen („Aussterbeschuld"; Dullinger et al. 2012), werden sich die Artenzahlen wieder verringern, möglicherweise bis unter den Ausgangswert. Die Einflüsse sich verändernder Umweltbedingungen können ebenfalls zu Arealerweiterungen führen, die äquatorwärts bzw. bergabwärts gerichtet sind (Crimmins et al. 2011; McCain und Colwell 2011).

Globale Metaanalysen belegen zunehmende, durch den Klimawandel ausgelöste Arealerweiterungen zahlreicher Pflanzen- und Tierarten. Parmesan und Yohe (2003) ermittelten für 279 Arten eine mittlere polwärtige Arealverschiebung um 6,1 km/Dekade. Chen et al. (2011) stellten für verschiedene taxonomische Gruppen eine mittlere Arealverschiebung in höhere Breiten um 16,9 km/Dekade und in höhere Lagen in Gebirgen um 11 m/Dekade fest. Für Großbritannien wurde eine Arealverschiebung nach Norden um 12–25 km/Dekade für 275 Arten aus 16 verschiedenen Tiergruppen dokumentiert (Hickling et al. 2006). Im nördlichen Mitteleuropa ist eine auffällige Arealerweiterung nach Norden für die Stechpalme (*Ilex aquifolium*) belegt (Abb. 6.7) (Walther et al. 2005; Berger et al. 2007). Dieser kälteempfindliche, in atlantisch beeinflussten Regionen Westeuropas vorkommende immergrüne kleine Baum hat sein Areal in den letzten Jahrzehnten in Anpassung an mildere Wintertemperaturen und weniger extreme Frostereignisse nach Norden und in Deutschland nach Osten ausgedehnt. Neben den horizontalen Arealausdehnungen ist für verschiedene Pflanzen- und Tierarten auch ein Anstieg in der Höhenverbreitung nachgewiesen. In den Gipfellagen der meisten europäischen Gebirge hat die Anzahl der Gefäßpflanzen rezent deutlich zugenommen, lediglich in von stärkerer Sommertrockenheit betroffenen mediterranen Gebirgen geht die Artenzahl leicht zurück (Grabherr 2003; Pauli et al. 2007, 2012). Auch für Moose ist ein deutlicher Anstieg der Höhenverbreitung (24 m/Dekade) in den Alpen dokumentiert (Bergamini et al. 2009). Aufwärtswanderungen von Pflanzenarten gehen einher mit einer graduellen Transformation alpiner Pflanzengesellschaften durch erhöhte Abundanz thermophiler Arten auf Kosten kälteadaptierter Arten, die europaweit festgestellt wurde (Gottfried et al. 2012). In der Waldstufe europäischer Gebirge ist eine signifikante Höhenverschiebung des Optimalvorkommens von Pflanzenarten ermittelt worden, die im Mittel 29 m/Dekade im 20. Jahrhundert betrug (Lenoir et al. 2008).

Viele Arten werden unter mittleren bis hohen Raten der Klimaerwärmung (RCP4.5-, RCP6.0- und RCP8.5-Szenarien) im 21. Jahrhundert nicht in der Lage sein, in ihrer Ausbreitungs- und Wanderungsgeschwindigkeit mit der Verlagerung klimatisch geeigneter Lebensräume Schritt zu halten (Kühn et al. 2013; Settele et al. 2014). Dies gilt insbesondere für krautige Pflanzen und Bäume, die häufig eine geringe Ausbreitungsfähigkeit aufweisen. Modelle der potenziellen zukünftigen Verbreitung von 845 Pflanzenarten in Deutschland deuten darauf hin, dass sich die geeigneten Lebensräume für viele Arten verkleinern werden, insbesondere in Nordost- und Südwestdeutschland, während die Auswirkungen auf die Artenzahlen in Nordwestdeutschland mit der MRH geringer ausfallen (Pompe et al. 2008, 2011). Bei starkem Klimawandel (+4 °C-Szenario) könnten 20 % der Pflanzenarten mehr als drei Viertel ihrer heute bioklimatisch geeigneten Gebiete bis zum Jahr 2080 verlieren, bei gemäßigtem Klimawandel (+2 °C-Szenario) wären immerhin noch 7 % der Arten betroffen (Kühn et al. 2013).

Tab. 6.3 Flächenanteile der Waldbäume (in %) in Hamburg, Schleswig-Holstein und im west- und ostniedersächsischen Tiefland. (Jensen et al. 2011)

	Hamburg	Schleswig-Holstein	Westniedersächsisches Tiefland	Ostniedersächsisches Tiefland
Laubbäume	**56**	**61**	**46**	**27**
Buche	12	19	4	2
Eiche	11	15	15	9
Esche, Ahorn, Ulme, Hainbuche, Kirsche	7	8	2	1
Birke, Weide, Erle, Pappel	26	19	25	15
Nadelbäume	**44**	**39**	**54**	**73**
Kiefer, Lärche	32	17	38	58
Fichte, Douglasie	12	22	16	15

6.4.5 Biologische Invasionen

In den letzten Jahrzehnten hat die absichtliche oder unabsichtliche Einbringung von Arten durch den Menschen in Gebiete, die sie natürlicherweise zuvor nicht erreicht haben, zugenommen (Kowarik 2010). Die Ausbreitung von invasiven Arten, d. h. von nichteinheimischen Arten, die sich nach Etablierung stark vermehren, hat zunehmend negative Auswirkungen auf ökologische Serviceleistungen und die Biodiversität und richtet hohe wirtschaftliche Schäden an (Nentwig 2010; Simberloff et al. 2013). Die meisten gebietsfremden Arten weisen Eigenschaften auf, die sie zu Gewinnern des Klimawandels machen. Sie sind häufig wärmeliebend, haben eine breite ökologische Amplitude und sind anpassungsfähig, sodass sie einen Konkurrenzvorteil gegenüber einheimischen Arten besitzen und vom Anstieg der Temperaturen und entsprechenden Lebensraumänderungen profitieren (Rabitsch et al. 2013b). Die Etablierung bisher unbeständig auftretender Neophyten und Neozoen und der Aufbau eigenständiger Populationen werden durch den Klimawandel ebenso begünstigt wie die beginnende Ausbreitung in höhere Lagen im Gebirge (Walther et al. 2009; Pauchard et al. 2009). Modellsimulationen legen eine zunehmende Habitateignung für verschiedene Neophyten in Mitteleuropa nahe (Kleinbauer et al. 2010).

Die Expansion von gebietsfremden Arten wird zu Artenverschiebungen und zur Neuorganisation von Lebensgemeinschaften beitragen und damit ökologische Interaktionen und ökologische Serviceleistungen verändern. In Mitteleuropa trägt der Klimawandel zum Vordringen immergrüner Gehölze in wintermilde Lagen bei, wie die Beispiele der Hanfpalme (*Trachycarpus fortunei*) und der Lorbeerkirsche (*Prunus laurocerasus*) verdeutlichen (Berger et al. 2007; Walther et al. 2007). Die Lorbeerkirsche zeigt in städtischen Regionen, z. B. im Ruhrgebiet, eine starke Ausbreitungstendenz (Hetzel 2012) und findet auch im wintermilden Hamburger Klima gute Bedingungen vor, sodass sie in siedlungsnahen Wäldern in Ausbreitung begriffen ist (Poppendieck et al. 2010). Als weitere Beispiele für großenteils klimawandelinduzierte rezente Ausbreitung lassen sich Kakteen der Gattung *Opuntia*, die in Deutschland und der Schweiz Populationen aufgebaut haben (Essl und Kobler 2009), oder der aus China stammende Blauglockenbaum (*Paulownia tomentosa*) anführen, der sich in warmen Tieflagen Deutschlands ausbreitet (Nehring et al. 2013). Auch die ungewöhnlich starke Ausbreitungstendenz des Walnussbaums (*Juglans regia*) in Hamburg und anderen Stadtregionen Mitteleuropas in den letzten 10–15 Jahren (Hetzel 2012) steht offenbar in Zusammenhang mit milderen Wintern und verlängerten Vegetationsperioden.

6.5 Auswirkungen des Klimawandels auf terrestrische und semiterrestrische Ökosysteme in der MRH

6.5.1 Wälder

Obwohl die Hamburger Stadtlandschaft gegenüber der ersten Hälfte des 20. Jahrhunderts heute wieder einen höheren Waldanteil aufweist, zählt sie zu den waldärmsten Verdichtungsräumen Deutschlands (Bertram und Poppendieck 2010). Die Waldflächen nehmen etwa 6,7 % der gesamten Bodenfläche der Freien und Hansestadt Hamburg ein, während im angrenzenden niedersächsischen Tiefland und in Schleswig-Holstein (mit Ausnahme der westlich gelegenen Kreise) der Waldanteil meist deutlich höher liegt (Jensen et al. 2011). Das heutige Erscheinungsbild der Wälder ist das Ergebnis einer viele Jahrhunderte langen land- und forstwirtschaftlichen Nutzungsgeschichte, in deren Verlauf nicht nur die ursprüngliche Waldfläche sehr stark reduziert und fragmentiert wurde, sondern auch die Bestandsstrukturen (Bestandsdichte, Schichtung, Altersstrukturen, Alt- und Totholzanteile) und die Baumartenzusammensetzung grundlegenden Veränderungen unterworfen waren. Darauf geht der gegenüber natürlichen Verhältnissen deutlich überhöhte Anteil von Nadelbäumen in der MRH zurück, die im ostniedersächsischen Tiefland einen Flächenanteil von etwa 75 % erreichen und auch im Stadtgebiet Hamburgs noch deutlich überrepräsentiert sind (Tab. 6.3).

Die Rotbuche (*Fagus sylvatica*) ist aufgrund ihrer Vitalität und Konkurrenzkraft sowohl auf basischen als auch auf sauren Böden mit stark unterschiedlicher Nährstoffversorgung und aufgrund ihrer Toleranz gegenüber unterschiedlichen Bodenfeuchteverhältnissen die von Natur aus vorherrschende Baumart in Mitteleuropa (Ellenberg und Leuschner 2010). Buchenwälder bilden auch in der MRH die potenziell natürliche Vegetation auf oligo- bis eutrophen sowie mäßig trockenen bis mäßig feuchten Böden, d. h. über weite Bereiche der Trophie- und Feuchtegradienten. Eindrucksvolle Buchenhallenwälder sind auf kuppigen, trockenen und schon weitgehend entkalkten Moränen des Wohldorfer Waldes erhalten. Auf grundwassernahen Böden mit höherem Basengehalt gehen die Buchenwälder in Eichen-Hainbuchen-Wälder und andere Laubmischwälder über, die in nassen Senken und Tälern von Erlen-Eschen-Wäldern und Erlen-Bruchwäldern sowie auf sehr nährstoffarmen Torfböden von Birken-Bruchwäldern abgelöst werden (vgl. Bertram und Poppendieck 2010). Auenwälder kommen noch in kleinen Fragmenten an der Alster und im Außendeichgebiet der Elbe vor.

Spezielle Untersuchungen zu den Auswirkungen des Klimawandels auf die Wälder der MRH liegen bisher nicht vor. Es gibt jedoch inzwischen zahlreiche Forschungsergebnisse zur Reaktion von Bäumen in den Wäldern Mitteleuropas, die sich auf die Stadt Hamburg und deren Umland übertragen lassen, auch wenn die vorliegenden Ergebnisse aufgrund der Komplexität der Zusammenhänge nicht immer eindeutig sind, was den nach wie vor hohen Forschungsbedarf unterstreicht. Den Waldökosystemen kommt aufgrund ihrer vielfältigen ökologischen, wirtschaftlichen und sozialen Funktionen eine besondere Bedeutung zu. Diese Multifunktionalität wird durch den sich rasch vollziehenden Klimawandel gefährdet, denn Bäume sind sehr langlebig und ortsfest, und Waldbestände sind daher gezwungen, sich in ihrer gesamten Lebensspanne an sehr unterschiedliche Umwelt- und Wachstumsbedingungen anzupassen. Der Klimawandel ändert die ökologischen Rahmenbedingungen für den Wald und ist somit auch eine bedeutende Herausforderung für die durch langfristige Planung und lange Produktionszeiträume gekennzeichnete Forstwirtschaft, die Anpassungsstrategien entwickeln muss, um ökologische und ökonomische Unsicherheiten und Risiken der Waldbewirtschaftung so gering wie möglich zu halten.

Veränderte Rahmenbedingungen und Risiken für den Wald ergeben sich insbesondere durch die ansteigenden Temperaturen, die biotische und abiotische Prozesse beschleunigen (z. B. Massenvermehrung von Schädlingen, Waldbrände), durch veränderte Niederschlagsmuster und durch die Zunahme von klimatischen Extremereignissen (Trockenperioden, Stürme, Überschwemmungen, Nassschneefälle). Rezent zeichnet sich die verschärfte Trockenheit zur Vegetationszeit als bedeutender Faktor ab, der Wachstum, Verjüngung und Mortalität der Bäume beeinflusst (Wohlgemuth et al. 2014). Veränderungen im Zuwachs der Bäume, der wesentlich von der Nährstoff- und Wasserversorgung der Standorte und den vorherrschenden Temperaturen abhängt, sind in Mitteleuropa zeitlich und räumlich differenziert. Für die letzten Dekaden des 20. Jahrhunderts ist in zahlreichen Arbeiten ein deutlicher Trend zur Zuwachssteigerung bei den meisten Baumarten dokumentiert worden, die sowohl den Höhen- als auch den Volumenzuwachs betreffen (Spiecker et al. 1996; Pretzsch 1999; Dittmar et al. 2003). Die teilweise beträchtlichen Zuwachsanstiege für alle Hauptbaumarten stehen offenbar in Zusammenhang mit verstärkter sommerlicher Erwärmung der Atmosphäre und des Bodens und der Verlängerung der Vegetationszeit; daneben sind auch anhaltend hohe Stickstoffeinträge sowie der Rückgang der Schwefeleinträge zu berücksichtigen. Düngungseffekte infolge des steigenden CO_2-Gehaltes der Atmosphäre sind wahrscheinlich (Karnosky et al. 2007), experimentell bisher jedoch nicht nachgewiesen (Bader et al. 2013). Die bis zum Ende des 20. Jahrhunderts ermittelten hohen durchschnittlichen Holzzuwächse der Wälder sind im Zeitraum 2002–2008 zurückgegangen, insbesondere bei der Fichte (*Picea abies*) (Umweltbundesamt 2015). Die Produktivitätseinbußen werden vorrangig auf die heißen und trockenen Jahre 2003 und 2006 zurückgeführt, die auch die Mortalität von Laub- und Nadelbäumen deutlich erhöht haben (Bréda et al. 2006). Auch im Folgezeitraum 2008–2012 sind die Holzzuwächse im bundesweiten Mittel weiter zurückgegangen, am stärksten bei der Kiefer (*Pinus sylvestris*), gefolgt von der Buche (Umweltbundesamt 2015). Es wird davon ausgegangen, dass die Zuwachsrückgänge vornehmlich aus verschärfter Wasserknappheit in ausgeprägteren und häufigeren Trockenperioden resultieren, die das Baumwachstum physiologisch durch „Verdursten" infolge von Dampfbläschenbildung (Kavitation) sowie durch „Verhungern" infolge von ungenügender Versorgung mit Kohlenhydraten („carbon starvation") limitiert (vgl. Charru et al. 2010; Kint et al. 2012; Wohlgemuth et al. 2014). Verringertes Baumwachstum wirkt sich auf die Rolle temperater Wälder als bedeutende globale Kohlenstoffsenke negativ aus (Pan et al. 2011). Nachteilige Auswirkungen auf die Holzzuwächse sind zukünftig insbesondere auf Standorten zu erwarten, auf denen schon heute Hitze und Trockenheit das Wachstum begrenzen. Auf bisher wärmelimitierten Standorten dürfte es dagegen bei ausreichender Wasserversorgung zu Zuwachssteigerungen kommen.

Die klimatischen Toleranzgrenzen der Hauptbaumarten Mitteleuropas sind vergleichsweise groß; allerdings kann schon eine moderate Klimaerwärmung von 1–2 °C deutliche Verschiebungen in der Baumartenzusammensetzung hervorrufen (Essl et al. 2013b; Lexer et al. 2014). Die Klimaansprüche lassen sich als sog. Klimahüllen darstellen und zu heutigem bzw. wärmerem Klima in Beziehung setzen (◘ Abb. 6.8). Aus der klimatischen Amplitude, weiteren standörtlichen Toleranzgrenzen und der Anfälligkeit für Schadinsekten können zukünftige Wuchs- und Existenzbedingungen abgeleitet werden. Diese würden sich für die Fichte bei der erwarteten Erwärmung, bei verstärktem Auftreten von Trockenperioden und häufigeren Sturmereignissen auf vielen Standorten verschlechtern. Hinzu käme die destabilisierende Rolle der Wechselwirkung zwischen Trockenheit, Totholzangebot und Borkenkäferbefall (Müller-Kroehling et al. 2009; Bolte et al. 2010; Hickler et al. 2012; Falk und Hempelmann 2013). Von der erwarteten erheblichen Reduzierung der Fichtenanbaufläche dürfte die Buche profitieren, deren Vitalität und Produktivität jedoch ebenfalls durch vermehrte Trockenstressbedingungen beeinträchtigt werden (Kölling und Zimmermann 2014). Sie weist jedoch eine größere Plastizität auf und dürfte auf tiefgründigen Böden mittlerer bis guter Wasserspeicherkapazität die vorherrschende Baumart Mitteleuropas bleiben (Kölling et al. 2007; Manthey et al. 2007; Sutmöller et al. 2008). In die gleiche Richtung weisen Modellierungen der zukünftigen Verbreitung von Buchenwald-Lebensraumtypen, die für Deutschland nur geringfügige Änderungen bis Ende dieses Jahrhunderts projizieren (Bittner und Beierkuhnlein 2014). Eine verringerte ökologische Fitness und Konkurrenzkraft

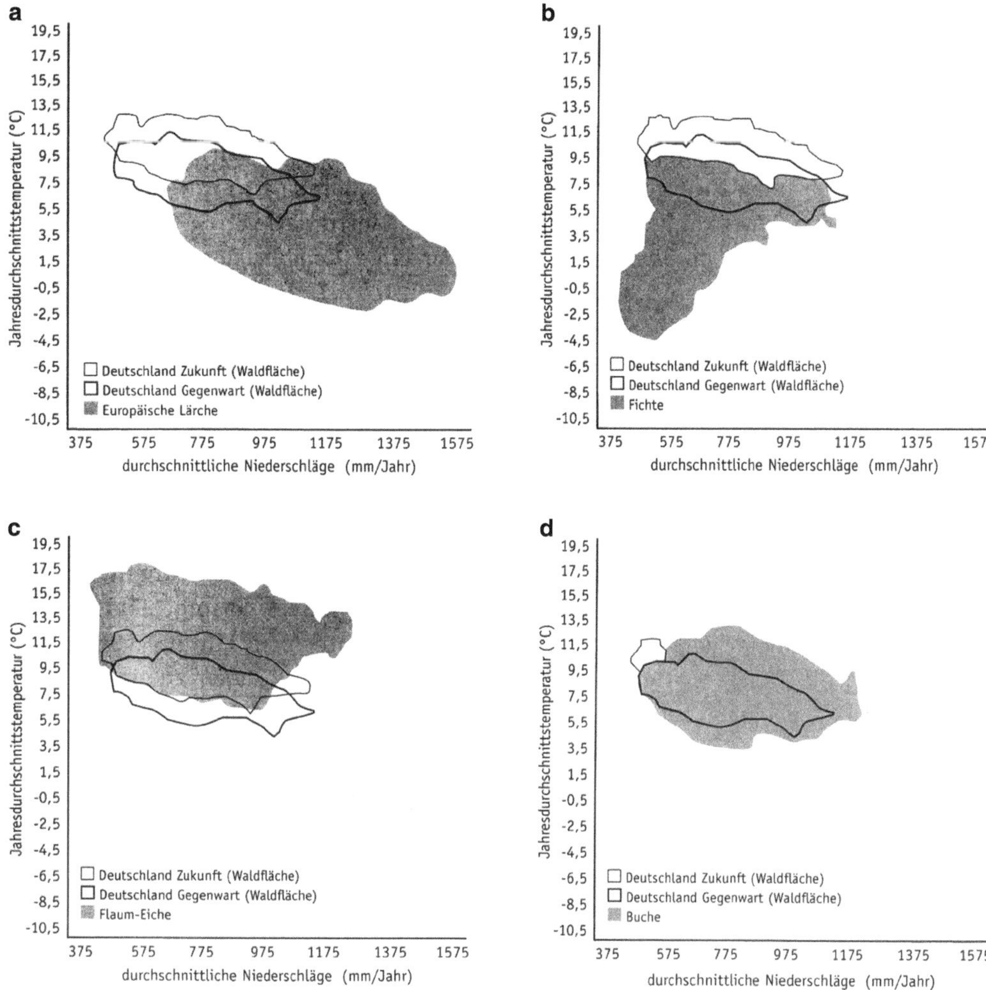

Abb. 6.8 Klimahüllen aus Jahresniederschlag und Jahresmitteltemperatur für Lärche (**a**), Fichte (**b**), Flaumeiche (**c**) und Buche (**d**), dargestellt in Bezug zum heutigen Klima in Deutschland und zu einem 1,8 °C wärmeren Klima. (Essl et al. 2013b)

der Buche wird jedoch auf flachgründigen oder sandigen Standorten sowie an den westlichen und südlichen Arealrändern erwartet. Im Norddeutschen Tiefland könnten sich die Wachstumsbedingungen für die Buche bei geringeren Sommerniederschlägen und erhöhten Temperaturen so weit verschlechtern, dass Anbauflächen zukünftig von der Kiefer und den Eichenarten (*Quercus robur*, *Quercus petraea*, *Quercus pubescens*) eingenommen werden (Hickler et al. 2012). Die Forstwirtschaft strebt proaktiv eine Erhöhung der Trockenheitstoleranz der Buche über die Einmischung von Provenienzen aus randlichen Verbreitungsgebieten mit heute bereits trockenerem und wärmerem Klima an (Walentowski et al. 2009; Bolte und Degen 2010). Die höhere Toleranz der Eichen und der Kiefer gegenüber Sommertrockenheit könnte im Norden und Nordosten Deutschlands zu einer Ausbreitung dieser Arten führen, wenn sie eine ausreichende Resistenz gegenüber Schädlingen (Schadinsekten, Pilze) entwickeln (vgl. Walentowski et al. 2007; Bolte et al. 2009).

Nicht nur die Baumartenzusammensetzung der Wälder wird sich – in bisher noch unklarem Umfang – infolge des Klimawandels ändern, sondern das gesamte Artenspektrum wird betroffen sein (Jantsch et al. 2014). Mehr als die Hälfte der europäischen Pflanzenarten gilt als durch den Klimawandel gefährdet (Thuiller et al. 2005). Stickstoffeinträge, Ausbreitung von Neophyten, neu eingeschleppte Parasiten oder modifizierte Waldbewirtschaftung verstärken die Dynamik der Artenverschiebungen, sodass neue Lebensgemeinschaften entstehen werden (Essl et al. 2013b). Es ist zu erwarten, dass wärmeliebende nichteinheimische Gehölzarten wie Robinie (*Robinia pseudacacia*), Götterbaum (*Ailanthus altissima*), Douglasie (*Pseudotsuga menziesii*) oder Walnuss (*Juglans regia*) sowie immergrüne lorbeerblättrige Gehölze in diesen neuartigen Waldgesellschaften viel prominenter vertreten sein werden als bisher (Kowarik 2010; Kleinbauer et al. 2010).

6.5.2 Moore

Für die Entstehung von Mooren – Standorte mit Torfbildung oder oberflächlich anstehendem Torf – bestanden nach Ende der letzten Eiszeit in der MRH günstige geomorphologische, hydrogeologische und klimatische Voraussetzungen. Die Akkumulation von Torf setzt ein, wenn der Abbau organischer Substanz unter wassergesättigten Bedingungen aufgrund von Sauerstoffmangel gehemmt ist. Moore bilden sich bei der Versumpfung terrestrischer Lebensräume oder bei der Verlandung von Gewässern. Dabei wird unterschieden zwischen Niedermooren, die überwiegend von Grund- und Oberflächenwasser gespeist werden, und Hochmooren, die ihr Wasser und ihre Nährstoffe überwiegend aus der Atmosphäre erhalten (Succow und Joosten

2001; Dierßen und Dierßen 2001). In den Kulturlandschaften Europas gibt es heute kaum noch ungestörte Moore. In Deutschland sind ca. 99 % der einstigen Moorflächen von 15.000 km^2 zerstört, d. h., sie sind entwässert bzw. weisen kein Torfwachstum mehr auf (vgl. Couwenberg und Joosten 2001). In Ländern wie Dänemark, den Niederlanden oder Belgien sind Moore als Landschaftstyp fast vollständig vernichtet worden (Joosten 2012).

Im Stadtgebiet Hamburgs entstanden Moore primär durch Überflutungen und Versumpfungen entlang der Flüsse Elbe und Alster, daneben auch in Senken saalezeitlicher Sanderflächen oder durch Verlandung von Eisstauseen der Jungmoränenlandschaft im Nordosten. Moorbildungen waren für die gesamte MRH charakteristische Landschaftselemente (Overbeck 1975; Behre 2008), etwa die großen Moorkomplexe im Wirkungsbereich tidebeeinflusster Flüsse, die Küstenüberflutungsmoore an Nord- und Ostsee, die Versumpfungsmoore in den Niederungen der Geest und in den Marschen, die Hochmoorkomplexe in den Niederungen der Tieflandflüsse oder die Verlandungsmoore im östlichen Hügelland Schleswig-Holsteins. Die Moorflächen mit Hochmooren, Niedermooren und verschiedenen Ausprägungen von Zwischenmooren hatten in Nordwestdeutschland einst eine beträchtliche Ausdehnung. Hier sind durch großflächige Umwandlung von Mooren und intensive Torfnutzung seit 1950 Hochmoorflächen in der Größenordnung von etwa 50.000 ha verschwunden (Jeschke und Joosten 2003), in Schleswig-Holstein sind lediglich 11 % der ursprünglichen Moorflächen mit einem naturnahen Wasserstand erhalten (Drews et al. 2000). Im Hamburger Stadtgebiet beträgt die heute von naturnahen Mooren mit moortypischer Vegetation bedeckte Fläche bestenfalls noch 3 km^2 – ein Rückgang von über 90 % in den letzten 200 Jahren (vgl. Engelschall 2010). Die verbliebenen Restmoore liegen in der Regel am Stadtrand und sind sämtlich als Naturschutzgebiete geschützt.

Mit dem massiven Rückgang der Moorflächen sind wesentliche Funktionen im Wasser- und Stoffhaushalt der Landschaft verloren gegangen. Degradierung und Zerstörung von Mooren wirken sich insbesondere negativ auf die Funktion im globalen Kohlenstoffhaushalt aus. Moore speichern doppelt so viel Kohlenstoff in ihrem Torf wie die Wälder der Erde in ihrer Biomasse und sind somit die wichtigsten und raumeffektivsten terrestrischen Kohlenstoffspeicher (Joosten und Couwenberg 2008; Joosten et al. 2013). Mit 400–550 Gigatonnen speichern sie 20–30 % des weltweit in Böden festgelegten Vorrats an Kohlenstoff, obwohl sie nur 3 % der Landoberfläche bedecken (Frolking et al. 2011). Wachsende Moore beeinflussen die Kohlenstoffbilanz jedoch auch durch die Emission von Methan (CH_4), da unter wassergesättigten Bedingungen ein Teil des Pflanzenmaterials anaerob umgesetzt wird. Der klimatische Effekt der CO_2-Aufnahme ist langfristig indes viel bedeutender als jener der CH_4-Emission, da Methan in der Atmosphäre vergleichsweise schnell abgebaut wird (Ciais et al. 2013; Joosten et al. 2013). Anthropogene Eingriffe haben die Moore von wichtigen Kohlenstoffsenken zu bedeutenden Quellen von Kohlenstoffemissionen umfunktioniert. Vor allem durch großflächige Entwässerung und Landnutzung wird der Kohlenstoff infolge des oxidativen Torfabbaus als CO_2 und N_2O (Lachgas) wieder freigesetzt (Drösler et al. 2012). Etwa 6 % der globalen anthropogenen CO_2-Emissionen gehen von entwässerten Moorflächen aus (Frolking et al. 2011; Joosten et al. 2013); in Deutschland ist die landwirtschaftliche Moornutzung für etwa 5 % der Emissionen verantwortlich (Drösler et al. 2012).

Moore zählen als nährstoffarme Feuchtlebensräume zu den im Zuge globaler Umweltveränderungen außerordentlich gefährdeten Lebensräumen und sind dem Klimawandel unmittelbar ausgesetzt. Erhöhte Temperaturen und zurückgehende Sommerniederschläge führen insbesondere in Hochmooren zu sinkenden Moorwasserspiegeln. Wachstum und physiologische Leistungen der für die Torfbildung so wichtigen Sphagnum-Torfmoose werden viel stärker vom Wasserstand in den Mooren als direkt von der Menge des Niederschlags beeinflusst (Schmidt 2014; Jensen und Schoenberg 2015). Zunehmende sommerliche Trockenphasen und sinkende Moorwasserstände werden nicht nur die CO_2-Aufnahme der Torfmoose durch Photosynthese vermindern, sondern auch die Konkurrenzbedingungen hin zu einer Förderung von Gefäßpflanzen verändern, deren Deckungsgrade bei vermindertem Sommerniederschlag auf Kosten der Torfmoose zunehmen (Schmidt 2014). Der Klimawandel wird in einer Verschiebung der Vegetationsgürtel in Mooren von außen nach innen resultieren. Sinkende Moorwasserspiegel und Mineralisierung bewirken eine Verbuschung zentraler offener Moorbereiche und eine zunehmende Gehölzsukzession in Richtung Bewaldung, welche die Austrocknung der Moore weiter forciert. In der Schweiz sind über einen Zeitraum von nur 5 Jahren Austrocknung und Verbuschung bei über einem Viertel der Moore festgestellt worden (Klaus 2007). In den Hochmooren Bayerns ist in den letzten Jahrzehnten die Umwandlung von natürlicherweise gehölzfreien Hochmoorkernen in bewaldungsfähige Standorte beobachtet worden; Fichtenbestände haben sich zunehmend vom Randgehänge in Richtung Moorzentrum ausgebreitet (Walentowski et al. 2008). Mit fortschreitendem Klimawandel wird das klimatische Risiko für alle Moorlebensräume weiter ansteigen, häufige und lang andauernde Trockenperioden werden die Sukzession von Hochmooren in Richtung trockenere Vegetationstypen (vor allem Moorwälder) vorantreiben (Essl et al. 2012). Neben den negativen Konsequenzen für das Kohlenstoffspeicherpotenzial ist damit auch der Rückgang der moortypischen Artenausstattung (viele Reliktarten und Endemiten) und der spezifischen Biodiversität verbunden. Ombrotrophe Hochmoore sind weitaus stärker gefährdet, insbesondere an ihrer südlichen Arealgrenze, als die von durchsickerndem Grundwasser geprägten Niedermoore.

6.5.3 Ästuare und Küstenökosysteme

Hohe Bevölkerungsdichten und hohe Nutzungsintensität bedrohen die Küstenregionen und deren Biodiversität weltweit, insbesondere in den gemäßigten Breiten, wo Einflüsse wie Küstenschutzmaßnahmen, Fischerei, die Einleitung toxischer Substanzen, Verschmutzung und Eutrophierung, Offshore-Windparks sowie Tourismus und Bebauung zu großen Veränderungen geführt haben. Im Zuge des Klimawandels kommen gravierende Auswirkungen der Erwärmung selbst, des Meeresspiegelanstiegs und der Versauerung der Meere hinzu (Wiltshire und Kraberg 2013). Aufgrund des sich beschleunigenden Meeresspiegelanstiegs von derzeit 3–4 mm pro Jahr (Church et al. 2013) werden charakteristische Lebensräume der Flachküsten wie Watt, Salzmarschen, ästuarine Marschen und Dünen beeinträchtigt. Falls die Akkretionsraten nicht ausreichen, um den Meeresspiegelanstieg zu kompensieren, werden sie infolge zunehmender Überstauung teilweise verloren gehen (s. u.). Die Reduzierung von Wattflächen und terrestrischen Habitaten hat schwerwiegende Konsequenzen für Lebensgemeinschaften und Arten, insbesondere für Vogelarten (Kröncke et al. 2012). Die Verschiebung der Küstenlinie in Richtung Inland wird sich langfristig nur durch aufwendige Küstenschutzmaßnahmen verhindern lassen.

In der MRH sind Küstenökosysteme im Vergleich zu anderen Ökosystemen noch häufig naturnah erhalten, was insbesondere für die heute auf Vordeichflächen der Nordsee sowie auf das Elbe- und Weserästuar beschränkten Küstenmarschen und ästuarinen Marschen gilt. Sie liegen meist in Naturschutzgebieten bzw. in den Wattenmeer-Nationalparks und sind daher nur geringen Nutzungseinflüssen ausgesetzt. Im tidebeeinflussten Wechselwasserbereich der Ästuare werden bis in den oligohalinen Bereich vordringende Süßwassermarschen (Salinität bis 5 ppt), mesohaline Brackwassermarschen (5–18 ppt) und Salzmarschen im euhalinen Bereich (18–30 ppt) unterschieden, deren Vegetationszusammensetzung sowohl durch den Salinitätsgradienten als auch durch den Überflutungsgradienten geprägt wird (Jensen et al. 2011). Untersuchungen von Baldwin et al. (2014) deuten darauf hin, dass die Artenvielfalt der Marschenvegetation durch eine Temperaturerhöhung zurückgehen wird. Demnach würde die Erwärmung zwar zu einer Erhöhung der Biomasseproduktion führen, aber gleichzeitig die Artenzahl der Pflanzen aufgrund zunehmender Konkurrenz verringern (◘ Abb. 6.9). Die erhöhte Biomasseproduktion steht in Zusammenhang mit erwärmungsbedingt höheren Streuabbauraten und Stickstoff-Mineralisationsraten, die von Dahl (2001) sowie Blume und Müller-Thomsen (2007) für Salzmarschen der deutschen Nordseeküste aufgezeigt wurden. Es ist zu erwarten, dass erheblich ansteigende jährliche N-Mineralisationsraten die Konkurrenzkraft von Arten mit hohem N-Aufnahme- und -Speichervermögen (z. B. *Elymus athericus*, *Atriplex portulacoides*) fördern und als Folge konkurrenzschwache kleinwüchsige und annuelle Arten verdrängt werden. Veränderte Konkurrenzbeziehungen durch Verbesserung von Wuchsleistungen werden sich auch auf das Verhältnis zwischen C3- und C4-Pflanzen auswirken, die in unterschiedlichem Maße von Temperaturerhöhung und erhöhter CO_2-Konzentration profitieren (► Abschn. 6.2). Experimentell konnte gezeigt werden, dass das verbreitete C3-Gras *Puccinellia maritima* gegenüber dem in Ausbreitung begriffenen C4-Gras *Spartina anglica* unter entsprechenden Bedingungen konkurrenzüberlegen ist (Gray und Mogg 2001). Die gegenwärtig starke Expansion von *Spartina anglica* in den Salzmarschen der Nordseeküste (Nehring und Hesse 2008; Roberts 2012) könnte somit zukünftig eingeschränkt werden. Andererseits sind bis 2050 erwärmungsbedingte Arealverluste von *Puccinellia maritima* und anderen Schlüsselarten der deutschen Küste, z. B. der Krähenbeere (*Empetrum nigrum*) in Dünenökosystemen, zu erwarten (Metzing 2005).

Substanzielle Einflüsse auf die Biodiversität der ästuarinen Marschen sind darüber hinaus durch eine Stromaufverschiebung der Brackwassergrenze zu erwarten – eine unausweichliche Folge des Meeresspiegelanstiegs (Neubauer und Craft 2009). Die ohnehin bereits durch Strombaumaßnahmen um etwa 25 km stromauf verschobene Brackwassergrenze an der Tideelbe (Bergemann 1995) würde sich infolge des Meeresspiegelanstiegs sowie durch verminderten Oberwasserzustrom weiter stromaufwärts verschieben (Schoenberg et al. 2014). Die Konsequenz wäre eine Habitateinengung der tidebeeinflussten Süßwassermarschen, da diese an einem stromaufwärtigen Ausweichen durch das Wehr Geesthacht gehindert werden. Davon wären insbesondere die an der Tideelbe vorkommenden Endemiten *Oenanthe conioides* und *Deschampsia wibeliana* betroffen, deren Areal weitgehend auf den Bereich der tidebeeinflussten Süßwassermarschen beschränkt ist und für die ein beträchtlicher Verlust des Lebensraumes prognostiziert wird (Jensen und Schoenberg 2015).

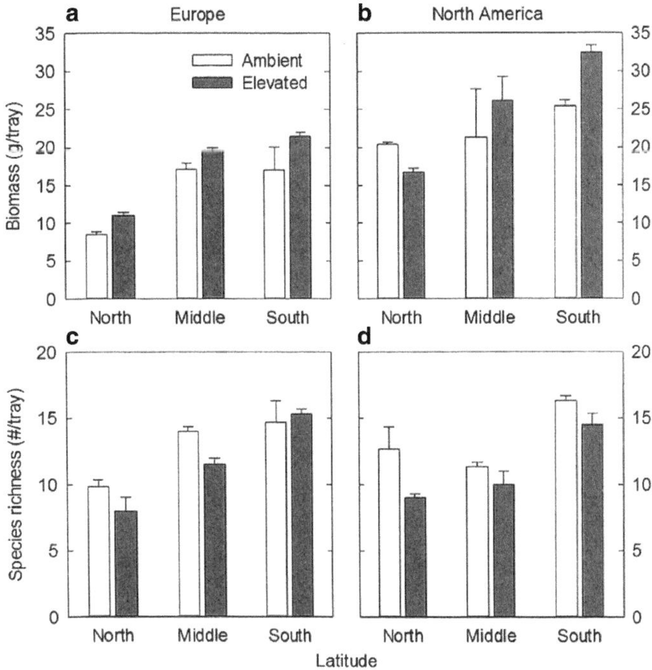

◘ **Abb. 6.9 a–d** Biomasseproduktion und Artenzahl experimenteller Lebensgemeinschaften tidebeeinflusster Süßwassermarschen aus Ästuaren in Europa und den USA bei zwei Temperaturregimen (ambient, erhöht). Der Nord-Süd-Gradient wird durch das Elbe-, Loire- und Minho-Ästuar (Europa) bzw. durch das Connecticut-, Pamunkey- und Waccamaw-Ästuar (USA) repräsentiert. (Jensen und Schoenberg 2015)

Voraussetzung für die langfristige Erhaltung von ästuarinen Marschen und Salzmarschen der Nordseeküste ist, dass die Sedimentakkretionsraten mit dem Meeresspiegelanstieg Schritt halten (Jensen und Schoenberg 2015). Aktuelle Untersuchungen, die auch in den ästuarinen Marschen der Tideelbe sowie in den Salzmarschen der Wattenmeerküste durchgeführt wurden, deuten darauf hin, dass in der MRH die Akkretionsraten mit Werten zwischen 0,6 und 1,0 cm/Jahr bis hin zu 2,0 cm/Jahr in der Brackwassermarsch bei Neufeld ausreichend sind, um einen moderaten Anstieg des Meeresspiegels zu kompensieren (Suchrow et al. 2012, Nolte et al. 2013, Butzeck et al. 2014). Obere Salzmarschen könnten jedoch durch unzureichende Sedimentzufuhr gefährdet sein (Butzeck 2015). Da Ausmaß und Geschwindigkeit des zukünftigen Meeresspiegelanstiegs noch ungewiss sind und bereits mehrfach nach oben revidiert werden mussten, könnten sich die vertikalen Zuwachsraten der Sedimentoberflächen für viele Marschen der Nordseeküste mittel- bis langfristig als unzureichend erweisen (vgl. Gönnert et al. 2009).

6.5.4 Heiden

Heiden des Binnenlandes sind in Mitteleuropa überwiegend durch Weidenutzung ursprünglicher Waldstandorte, d. h. anthropogen, entstanden, und stellen einen auch in der MRH vorkommenden Lebensraumtyp der Kulturlandschaft dar. Natürlicherweise waren Heiden auf den Randbereich von Mooren, auf saure Anmoor- und Torfböden mit stagnierendem Grundwasser sowie auf den Bereich von Küstendünen beschränkt (Hüppe 1993; Wilmanns 1993). In der MRH sind sie heute als Küstenheiden, Feuchtheiden und trockene Tieflandheiden verbreitet, mit je nach klimatischen und edaphischen Bedingungen unterschiedlicher Artenzusammensetzung (Dierßen 1996). Charakteristisch für die MRH sind die ausgedehnten Sandheiden mit von Ericaceen dominierter Zwergstrauchvegetation auf podsolierten Böden im Naturschutzgebiet Lüneburger Heide, die dort eine Gesamtfläche von etwa 5000 ha einnehmen (Pott 1999; Härdtle et al. 2009).

Auswirkungen des Klimawandels sind insbesondere direkt bei zunehmender sommerlicher Trockenheit und indirekt über erhöhte Nährstoffverfügbarkeit zu erwarten. Eine Erhöhung des Stickstoffangebots führt in den stickstofflimitierten Heideökosystemen zu Artenverschiebungen, wobei die in den Sandheiden vorherrschende Besenheide (*Calluna vulgaris*) von unter nährstoffreicheren Verhältnissen konkurrenzkräftigeren Arten wie Drahtschmiele (*Deschampsia flexuosa*) oder Pfeifengras (*Molinia caerulea*) verdrängt werden könnte (vgl. Britton et al. 2003). In Gewächshausexperimenten mit *Calluna vulgaris* zeigte sich bei einer Erhöhung der N-Verfügbarkeit ein starker Anstieg der Biomasseproduktion, Trockenphasen riefen dagegen keine Effekte hervor (Gordon et al. 1999; Meyer-Grünefeldt et al. 2015a). Es ist dennoch von einer erhöhten Empfindlichkeit gegenüber Trockenheit auszugehen, da sich der Wasserverbrauch der *Calluna*-Individuen bei erhöhter N-Verfügbarkeit erhöhte. Vor allem für junge Individuen wird die Gewährleistung der Wasserversorgung in trockenen Jahren wegen des größeren Verhältnisses von oberirdischer zu unterirdischer Biomasse und noch relativ geringer Wurzelmasse zukünftig ein Problem (Meyer-Grünefeldt et al. 2015b). Insbesondere die Keimlinge der Besenheide reagieren empfindlich auf Trockenheit, und vermehrt zu erwartende Trockenperioden im Sommer dürften die Keimlingsetablierung gefährden (Gordon et al. 1999; Britton et al. 2003). Untersuchungen in verschiedenen N-limitierten Ökosystemen haben gezeigt, dass fortgesetzte Stickstoffdeposition in der Mehrzahl der Fälle zu einem Wechsel hin zu einer Phosphorlimitierung führt (Menge und Field 2007). Dieser Effekt könnte auch in Sandheiden eintreten, in denen die überwiegend in der organischen Auflage wurzelnde Besenheide dann gegenüber Arten mit tiefer reichendem Wurzelsystem, die größere Phosphorvorräte im Mineralboden erschließen können, Konkurrenznachteile erleiden würde (Jensen et al. 2011).

6.5.5 Grünland

Wiesen und Weiden, d. h. landwirtschaftliches Grünland, sind in Mitteleuropa aufgrund des großen Flächenanteils von erheblicher landschaftlicher, ökologischer und ökonomischer Bedeutung. Etwa ein Drittel der landwirtschaftlichen Nutzfläche in Deutschland wird als Grünland genutzt (Eitzinger et al. 2009; Schaller et al. 2012). In Hamburg wird mehr als die Hälfte der landwirtschaftlichen Nutzfläche von Grünland eingenommen, was etwa 13 % der Landesfläche entspricht (Poppendieck und Brandt 2010). Dauergrünland leistet bei extensiver Nutzung einen besonderen Beitrag zum Erhalt von Biodiversität (Stoate et al. 2009). Der Begriff des Grünlandes umfasst eine Vielzahl unterschiedlicher Ökosysteme, wobei das in starkem Rückgang begriffene Extensivgrünland die gesamte Bandbreite von extrem trockenen bis zu ganzjährig nassen Standorten umspannt, während das stark gedüngte, ertragreiche Intensivgrünland inzwischen zum dominierenden Grünlandtyp in Mitteleuropa geworden ist (Essl 2013). Die Umwandlung von Grünland in Ackerland hat zu einem deutlichen Verlust an Grünlandfläche geführt (Schaller und Weigel 2007). Auf den verbliebenen Flächen hält der Trend zu Nutzungsintensivierung und Düngung weiter an, viele Flächen sind andererseits von Nutzungsaufgabe betroffen. Beides hat dazu geführt, dass nährstoffarmes, artenreiches Grünland zu den am stärksten gefährdeten Lebensräumen in Mitteleuropa gehört und viele Pflanzen- und Tierarten des Grünlandes auf den Roten Listen gefährdeter Arten geführt werden (Ellenberg und Leuschner 2010; Essl 2013). In Norddeutschland sind insbesondere artenreiche Auwiesen in den letzten Jahrzehnten stark zurückgegangen, und mit ihnen viele typische Arten des Feuchtgrünlandes (Krause et al. 2011; Wesche et al. 2012).

Auch in der MRH ist es zu einem massiven Flächenrückgang des artenreichen Feuchtgrünlandes gekommen. Während im südwestlichen Niedersachsen und im westlichen Schleswig-Holstein vor allem die Umwandlung in Acker- und Grasackerland dafür verantwortlich ist, sind die Feuchtwiesen am Oberlauf der Flüsse der Geestgebiete und des Östlichen Hügellandes in Schleswig-Holstein überwiegend brach gefallen (Rosenthal et al. 1998; Jensen et al. 2011). Für die heutigen isolierten kleinflächigen Vorkommen wie die noch etwas ausgedehnteren Feuchtwiesen im Duvenstedter Brook, im Biosphärenreservat Niedersächsische Elbtalaue und in der Wümme-Niederung im westlichen Niedersachsen ist mit negativen Auswirkungen des Klimawandels zu rechnen, die allerdings gegenüber den Effekten der Landnutzung zurücktreten. Neben erhöhten Temperaturen werden vor allem Veränderungen des Wasserhaushaltes deutliche Verschiebungen im Arteninventar hervorrufen. Voraussichtlich wird der Rückgang winterlicher Schneeniederschläge und die Zunahme sommerlicher Trockenperioden in Kombination mit erhöhten Transpirationsleistungen der Pflanzen auf vielen Standorten zu geringeren Wassergehalten im Boden und zu niedrigeren Grundwasserständen führen, wodurch sich die Wuchsbedingungen für charakteristische Arten des Feuchtgrünlandes verschlechtern und auftretender Trockenstress ihre Wettbewerbsfähigkeit reduziert (Geißler 2007; Jensen et al. 2011). Modellierungen des zukünftigen Grundwasserstandes im Feuchtgrünland (z. B. Thompson et al. 2008) lassen auch für die MRH, z. B. für die Brenndoldenwiesen in den niedersächsischen

Elbtalauen, vermehrt kritische Phasen der Wasserversorgung erwarten (Jensen et al. 2011).

Dass insbesondere die Artenzusammensetzung des Feuchtgrünlandes entlang der Elbe sensitiv auf klimatische Veränderungen reagiert, konnten Ludewig et al. (2014a) mit Vegetationsanalysen entlang eines klimatischen Gradienten von eher ozeanischen zu eher kontinentalen Bedingungen im Bereich der Mittelelbe zeigen. Im Vergleich zu frischen Auwiesen gab es deutliche Veränderungen in der Artenzusammensetzung der feuchten Auwiesen, die zudem eine starke Korrelation mit klimatischen Parametern wie Jahresniederschlag und Jahrestemperaturen zeigten. Dies lässt ebenso auf substanzielle Artenverschiebungen im Klimawandel der nächsten Jahrzehnte schließen wie die Ergebnisse eines Niederschlagsreduktionsexperiments in den Auwiesen der Sude und der Havel (Ludewig et al. 2014b), die eine Verringerung der Biomasseproduktion bei typischen Auwiesenarten wie der Brenndolde (*Cnidium dubium*) ergaben und auf eine deutliche Beeinflussung des Konkurrenzgefüges der Arten hindeuten. Artenverluste würden die Leistungsfähigkeit extensiv genutzten Grünlandes vermindern. Wie die Ergebnisse der Experimente zur funktionellen Bedeutung der Artenvielfalt im Grünland gezeigt haben, bedingt die funktionelle Unterschiedlichkeit der Pflanzenarten die Vielfalt zahlreicher weiterer Gruppen von Lebewesen (Scherber et al. 2010). Eine höhere Biodiversität erhöht die ökosystemare Leistung über komplementäre Ressourcennutzung und positive Interaktionen zwischen Arten (Beierkuhnlein und Jentsch 2005), wobei die funktionelle Rolle der Artenvielfalt erst im Zuge des Klimawandels deutlich zum Tragen kommen könnte (Yachi und Loreau 1999).

6.5.6 Urbane Ökosysteme

Urbane Ökosysteme weisen im Vergleich zum Umland große Struktur- und Klimaunterschiede auf, die u. a. in starker Bebauung und Oberflächenversiegelung, eingeschränkter Verdunstung, erhöhtem Abfluss, geringerer Wasserverfügbarkeit, veränderter Strahlungsbilanz, höherer Lufttemperatur, veränderten Niederschlagsmustern, geringerer Luftfeuchtigkeit, erhöhter CO_2-Konzentration sowie erhöhter Luftverunreinigung und Bodenverschmutzung zum Ausdruck kommen (Kuttler 2010; Endlicher 2012; Mathey et al. 2012). Daraus ergeben sich für das Pflanzenwachstum in der Stadt und für die städtische Biodiversität stark modifizierte Standortbedingungen. Anpassungen sind insbesondere an die höheren Temperaturen der städtischen Wärmeinseln, die Trockenheit der Standorte und die Bodenalkalinität erforderlich. In Hamburg beträgt der urbane Wärmeinseleffekt z. B. im Mittel 1,1 °C, in Sommernächten sogar bis zu 3 °C (Schlünzen et al. 2010). Zudem unterliegen städtische Ökosysteme aufgrund des hohen Grades an anthropogener Störung ständigen Veränderungen durch permanente Zerstörung und Neuschaffung von Lebensräumen, an die sich die Vegetation ebenfalls anpassen muss (Wittig 1991, 2002). Die räumliche Verzahnung von anthropogenen Lebensräumen wie Gärten, Grünanlagen sowie Bahn- und Industriebrachen mit landwirtschaftlich geprägter Kulturlandschaft am Stadtrand und naturnahen Resthabitaten (Wälder, Feuchtwiesen, Fließ- und Stillgewässer) schafft in Kombination mit der hohen Störungsfrequenz die Voraussetzung für eine hohe Artenvielfalt. Tier- und Pflanzenwelt weisen in Städten in der Regel einen höheren Artenreichtum auf als im Umland, obwohl die zunehmende Urbanisierung global zu den wesentlichen Ursachen für die Gefährdung von biologischer Vielfalt zählt (Kühn et al. 2004; Kowarik 2011; Herberg und Kube 2013). Allerdings unterscheidet sich die Artenzusammensetzung in Städten sehr deutlich vom Umland. Die Mehrzahl der Arten sind Generalisten und weltweit verbreitete Arten (Kosmopoliten). Daneben sind Neobiota stark vertreten, die hier gute Entwicklungsmöglichkeiten vorfinden und deren Anteil in Richtung der städtischen Zentren zunimmt (Kowarik 2010; Wittig et al. 2012). Stadttypische Lebensräume sind inzwischen im Hinblick auf das Arteninventar weltweit sehr stark homogenisiert (Wittig und Becker 2010). Der regionale oder nationale Artenpool ist jedoch auch mit etwa 50 % in den Städten der Nordhemisphäre vertreten (Werner und Zahner 2009).

Eine vergleichsweise hohe Artenvielfalt von Stadtgebieten ist beispielsweise für Städte wie Frankfurt am Main (Wittig et al. 2008) oder Hamburg (Poppendieck 2010) sehr gut dokumentiert. Die mehr als 1500 Arten umfassende rezente Flora Hamburgs besiedelt zu etwa einem Viertel die urban-industriellen Habitate der Stadt und bildet hier eine überwiegend krautige Vegetation oft gestörter Flächen, die sich halbmondförmig von Billwerder über den Hafen nach Harburg erstrecken (Jensen et al. 2011). Der Hafen ist für die Einführung und Ausbreitung von Neophyten immer noch von besonderer Bedeutung, während die hohe Störungsfrequenz durch Substrataufspülung und -aufschüttung insbesondere in den letzten Jahrzehnten zur Diversität stadttypischer Arten beigetragen hat (Ringenberg und von Prondzinski 2010). Eine Auswertung der floristischen Kartierung Hamburgs zeigte, dass der Urbanisierungsgrad im Stadtgebiet die Gesamtartenzahl nur unwesentlich beeinflusst, dass jedoch mit zunehmender Urbanisierung der Anteil gebietsfremder Arten zunimmt und der Anteil gefährdeter Arten abnimmt (Schmidt et al. 2014). Die städtische Wärmeinsel über Hamburg wird durch das vermehrte Vorkommen von thermophilen Arten in zentrumsnahen Bereichen widergespiegelt (Bechtel und Schmidt 2011).

Im Zuge des Klimawandels werden sich städtische Gebiete stärker erwärmen als das Umland, wodurch die städtischen Wärmeinseln noch deutlicher hervortreten werden als bisher (Wittig et al. 2012). Die stadttypische Flora und Vegetation wird davon in unterschiedlicher Weise beeinträchtigt. Die Habitatbedingungen für viele der als Stadtbäume gepflanzten einheimischen Baumarten werden sich deutlich verschlechtern (◘ Abb. 6.10), während sich gut an Trockenheit angepasste neophytische Baumarten wie der Götterbaum (*Ailanthus altissima*) oder der Blauglockenbaum (*Paulownia tomentosa*) weiter ausbreiten dürften. Letzteres gilt ebenfalls für häufig gepflanzte gebietsfremde Straucharten wie Forsythie (*Forsythia* spp.), Flieder (*Syringa emodi*) oder Liguster (*Ligustrum vulgare*), die aufgrund ihrer südlichen Herkunft relativ unempfindlich gegenüber trockenen und warmen Sommern sind. Auch die einheimischen, an relativ kühle und niederschlagsreiche Sommer angepassten krautigen Zierpflanzen der Gärten und Parkanlagen und die entsprechenden Grasarten der Nutz-,

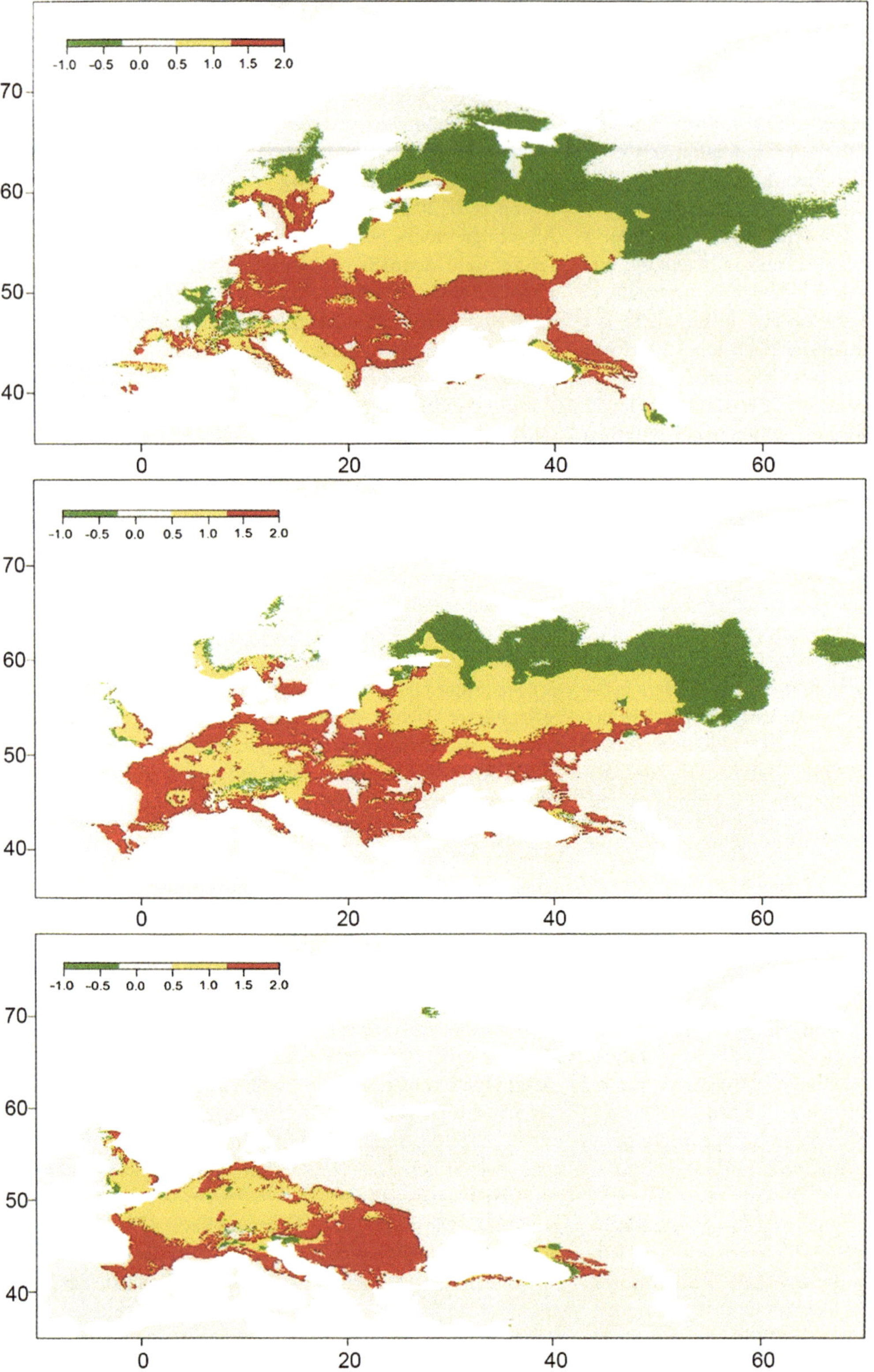

Abb. 6.10 Veränderung der Habitateignung im Jahr 2050 gegenüber heute für drei in Städten häufig gepflanzte Baumarten: Spitzahorn (*Acer platanoides*) (*oben*); Winterlinde (*Tilia cordata*) (*Mitte*); Sommerlinde (*Tilia platyphyllos*) (*unten*). Grundlage: A2A-Klimaszenario mit dem Zirkulationsmodell HadCM3. *Rot*: deutliche Abnahme der Habitateignung; *grün*: deutliche Zunahme der Habitateignung; *gelb*: Gebiete ohne deutliche Veränderung der Habitateignung. (Wittig et al. 2012)

Park- und Zierrasen (z. B. *Lolium perenne*, *Festuca rubra*) werden gegenüber den aus wärmeren Gebieten stammenden oder an Trockenstandorte adaptierten Arten weniger gut verwendet werden können (Wittig et al. 2012). Im Vergleich zu den gepflanzten Arten enthält die spontane Stadtflora, insbesondere jene in stark urbanen Bereichen, als Folge des Wärmeinseleffektes bereits heute viele an Trockenheit angepasste Arten, die weiter zunehmen und sich teilweise bis ins Umland ausbreiten werden (Wittig 2008). Invasionsprozesse werden bei erhöhten Temperaturen begünstigt (Kowarik 2010). Darüber hinaus ist zu erwarten, dass die spontane, aus urbanophilen Arten aufgebaute Vegetation, die z. B. lokalklimatisch extreme Industrie- und Verkehrsbrachen großflächig besiedelt, in Zukunft auch auf eher mittleren Standorten städtischer Agglomerationen konkurrenzfähig sein wird.

6.6 Zusammenfassung: Auswirkungen des Klimawandels auf terrestrische und semiterrestrische Ökosysteme in der MRH

Es bestehen nach wie vor beträchtliche Wissensdefizite bzgl. der konkreten Reaktion von Ökosystemen auf den Klimawandel. Dennoch lassen sich auf der Grundlage bisher gewonnener Erkenntnisse Konsequenzen für Böden, Arten, Lebensgemeinschaften und Ökosysteme klar erkennen und Entwicklungstendenzen darstellen.

Einzelne Auswirkungen von sich ändernden Klimabedingungen auf Bodeneigenschaften wurden in den vergangenen Jahren intensiv untersucht. Relativ differenzierte Aussagen sind heute zu den direkt wirkenden Klimaänderungen von Niederschlagsverteilung und Temperaturerhöhung auf den Wasser- und Wärmehaushalt der Böden möglich. Die zu erwartenden Veränderungen des Bodenwasserregimes können beispielsweise in Abhängigkeit der regional projizierten Klimaänderungen und der heute ausgeprägten Bodeneigenschaften für die wichtigsten Böden der MRH (◘ Abb. 6.2) abgeleitet werden, wenn auch mit Unsicherheiten behaftet. Die hohe Diversität der Böden in der MRH und ihre sehr unterschiedlich ausgeprägten Eigenschaften und Funktionen führen allerdings dazu, dass die Auswirkungen des Klimawandels auf die Böden sogar innerhalb eines Naturraumes unterschiedlich und teilweise sogar gegenläufig sein können.

Bei den indirekt wirkenden Effekten gibt es derzeit noch eine Vielzahl offener Fragen aufgrund der Komplexität der Interaktionen im System Boden. Zu den Risiken und Auswirkungen des Klimawandels auf Böden, deren Resilienz oder Empfindlichkeit gegenüber den projizierten Änderungen des Klimas besteht ein beträchtlicher Diskussions- und Forschungsbedarf. Dies betrifft sowohl die Böden mit natürlicher Entwicklung als auch die stark vom Menschen ge- und überprägten Böden in den Ballungsräumen. Bei einzelnen Parametern und Funktionen, wie z. B. beim Humushaushalt und bei der Kohlenstofffestlegung, sind die indirekten Folgen, Interaktionen und Feedbackprozesse noch nicht in ihrer ganzen Komplexität erfasst und verstanden, sodass trotz hohen Forschungsaufwands z. T. keine gesicherten Aussagen möglich sind.

Um den geschilderten komplexen Wirkungszusammenhängen des Klimawandels auf Bodeneigenschaften, Funktionen und Gefährdungen, aber auch Interaktionen wichtiger Bodeneigenschaften untereinander und nicht zuletzt dem Mitigations- und Anpassungspotenzial der Böden gegenüber dem Klimawandel gerecht zu werden, ist eine sehr differenzierte Betrachtung erforderlich. Erschwert wird die Analyse der Folgen des Klimawandels durch die langen Zeiträume, die erforderlich sind, bzw. durch die zeitliche Verzögerung, die auftritt, bis Effekte und Rückkopplungsmöglichkeiten erfassbar und quantitativ messbar sind. Die Simulation und Modellierung der Auswirkungen des Klimawandels auf Böden ist in den letzten Jahren immer weiter vorangeschritten. Allerdings sind die Ergebnisse bisher noch mit großen Unsicherheiten behaftet (Asseng et al. 2013).

Grundlagen zur Anpassung an den Klimawandel aus Sicht des Bodenschutzes wurden von Willand et al. (2014) erarbeitet, die Maßnahmen zum Schutz, zur Erhaltung und (Wieder-)Herstellung der Kohlenstoffspeicherfunktion des Bodens, der Kühlfunktion des Bodens und des Schutzes des Bodens vor negativen Folgen des Klimawandels empfehlen. Die Autoren halten fest, dass ein genereller Schutz des Bodens vor den Wirkungen des Klimawandels nicht erfolgen kann. Möglich sind aber (Willand et al. 2014; Umweltbundesamt (2011)):

- die Wiederherstellung der Kohlenstoffspeicherfunktion der Böden durch Vermeidung von großflächigen Grundwasserabsenkungen, Abtorfungen und/oder landwirtschaftlicher Nutzung in Gebieten mit Mooren und hydromorphen Böden, durch Überbauungsschutz besonders speicherfähiger Böden, durch Vermeidung des Grünlandumbruchs sowie durch Regeneration und Schutz von Hoch- und Niedermooren,
- die Konkretisierung und Weiterentwicklung der guten fachlichen Praxis der landwirtschaftlichen Bodennutzung im Sinne des Klimaschutzes und möglicher Klimafolgen,
- ein besserer Schutz von wind- und wassererosionsempfindlichen Böden gegen die zunehmende Erosionsgefährdung durch Anpassung der Landnutzung, Vermeidung von Flurbereinigung und nicht fachgerechter Landwirtschaft,
- die Reduktion der Flächeninanspruchnahme und der Schutz klimafunktionsstarker Böden zur Kühlung der unteren Atmosphäre der Stadt durch Vermeidung von Überbauung sowie durch Flächenentsiegelung,
- die Sicherstellung und Weiterentwicklung der betriebenen Mess- und Erhebungsprogramme für Bodendaten im Hinblick auf die Erfordernisse eines auf den Klimawandel bezogenen Bodenmonitorings.

In der Pflanzen- und Tierwelt wird es aufgrund artspezifischer Reaktionen auf klimatische Veränderungen zu einem Wandel der Konkurrenzverhältnisse und zur Entwicklung neuartiger Lebensgemeinschaften mit veränderten Artabundanzen, Artdominanzen und veränderter ökologischer Funktionalität kommen, was eine potenzielle Beeinträchtigung ökologischer Serviceleistungen bedeutet.

In den letzten Jahrzehnten sind deutliche phänologische Änderungen bei zahlreichen Pflanzen- und Tierarten aufgetreten. In der Nordhemisphäre ist es zu einer Verschiebung phänologischer Ereignisse um einige Tage pro Dekade gekommen. In den mittleren Breiten hat sich die Vegetationsperiode um 14–24 Tage in den letzten 5–7 Jahrzehnten verlängert. Höhere Temperaturen und ein erhöhtes CO_2-Angebot führen langfristig zu einer Steigerung der Primärproduktion; sie fällt jedoch geringer aus, als lange Zeit angenommen wurde. Die Nettoprimärproduktion ist in den letzten Dekaden global leicht angestiegen. Die Netto-Kohlenstoffaufnahme der terrestrischen Ökosysteme wird indes im Verlauf des 21. Jahrhunderts zurückgehen, falls intensivierte Störungsregime und/oder vermehrter Trockenstress in Sommermonaten die Kohlenstoffspeicherung einschränken sollten. Der Klimawandel wird sich ebenfalls zwangsläufig auf das auf verschiedensten biotischen Interaktionen wie Herbivorie, Bestäubung, Prädation, Parasitismus etc. basierende Beziehungsgeflecht in Ökosystemen auswirken, da neuartige Lebensgemeinschaften („novel communities“) einstweilen durch das Fehlen von koevolvierten, d. h. lang etablierten biotischen Interaktionen charakterisiert sind. Die zeitliche Entkopplung von interagierenden Arten kann gravierende Änderungen in Nahrungsnetzen über verschiedene trophische Ebenen hinweg zur Folge haben. Globale Metaanalysen belegen zunehmende, durch den Klimawandel ausgelöste Arealerweiterungen zahlreicher Pflanzen- und Tierarten. Für verschiedene taxonomische Gruppen wurde rezent eine mittlere Arealverschiebung in höhere Breiten um 16,9 km/Dekade und in höhere Lagen in Gebirgen um 11 m/Dekade ermittelt. In den Gipfellagen der meisten europäischen Gebirge hat die Anzahl der Gefäßpflanzen deutlich zugenommen, mit erhöhter Abundanz thermophiler Arten auf Kosten kälteadaptierter Arten. Modelle der potenziellen zukünftigen Verbreitung deuten darauf hin, dass sich geeignete Lebensräume für viele Arten verkleinern werden, in Deutschland insbesondere im Nordosten und im Südwesten. Der Klimawandel begünstigt darüber hinaus die Etablierung bisher unbeständig auftretender Neophyten und Neozoen. Nichteinheimische thermophile Gehölze wie Lorbeerkirsche oder Walnussbaum zeigen im Bereich städtischer Wärmeinseln starke Ausbreitungstendenzen, so auch in Hamburg.

Bisher liegen erst wenige Untersuchungen zu den Auswirkungen des Klimawandels auf terrestrische und semiterrestrische Ökosysteme in der MRH vor. Das Artenspektrum der Wälder wird sich ändern, wobei die Rotbuche auf tiefgründigen Böden mittlerer bis guter Wasserspeicherkapazität die potenziell vorherrschende Baumart bleiben dürfte. Die Wachstumsbedingungen für die Buche könnten sich bei geringeren Sommerniederschlägen und erhöhten Temperaturen indes soweit verschlechtern, dass Anbauflächen zukünftig von der Kiefer und den Eichenarten eingenommen werden. Für die verbliebenen Moorlebensräume im Hamburger Stadtgebiet wird das klimatische Risiko weiter ansteigen, häufige und lang andauernde Trockenperioden werden die Sukzession in Richtung trockenerer Vegetationstypen (vor allem Moorwälder) vorantreiben. Bezüglich der Artenvielfalt der Marschenvegetation wird ein Rückgang infolge der Temperaturerhöhung erwartet, da konkurrenzschwache kleinwüchsige und annuelle Arten verdrängt werden. Voraussetzung für die langfristige Erhaltung von ästuarinen Marschen und Salzmarschen der Nordseeküste ist, dass die Sedimentakkretionsraten mit dem Meeresspiegelanstieg Schritt halten, was gegenwärtig der Fall ist. Artenverschiebungen in den ausgedehnten Sandheiden der MRH sind insbesondere bei zunehmender sommerlicher Trockenheit und über erhöhte Nährstoffverfügbarkeit zu erwarten. Die Keimlinge der Besenheide reagieren empfindlich auf Trockenheit, und vermehrt zu erwartende Trockenperioden im Sommer dürften die Keimlingsetablierung gefährden. Im artenreichen Feuchtgrünland werden neben erhöhten Temperaturen vor allem Veränderungen des Wasserhaushaltes deutliche Verschiebungen im Arteninventar hervorrufen. Modellierungen des zukünftigen Grundwasserstandes im Feuchtgrünland lassen für die MRH, z. B. für die Brenndoldenwiesen in den niedersächsischen Elbtalauen, vermehrt kritische Phasen der Wasserversorgung erwarten. Im Bereich urbaner Ökosysteme werden Invasionsprozesse bei erhöhten Temperaturen begünstigt. Die Habitatbedingungen für viele einheimische Arten werden sich deutlich verschlechtern, während sich gut an Trockenheit angepasste neophytische Arten weiter ausbreiten dürften.

Literatur

AG Boden (2005) Bodenkundliche Kartieranleitung, 5. Aufl. Schweizerbart, Hannover

Ainsworth EA, Long SP (2005) What have we learned from 15 years of free-air CO_2 enrichment (FACE)? A meta-analytic review of the responses of photosynthesis, canopy properties and plant production to rising CO_2. New Phytol 165(2):351–372

Ainsworth EA, Rogers A (2007) The response of photosynthesis and stomatal conductance to rising [CO_2]: mechanisms and environmental interactions. Plant Cell Environ 30(3):258–270

Amano T, Smithers RJ, Sparks TH, Sutherland WJ (2010) A 250-year index of first flowering dates and its response to temperature changes. P Roy Soc Lond B Bio 277:2451–2457

Anderson JT, Panetta AM, Mitchell-Olds T (2012) Evolutionary and ecological responses to anthropogenic climate change. Plant Physiol 160:1728–1740

Arbeitskreis Umweltökonomische Gesamtrechnungen der Länder (2015) Statistische Ämter der Länder. Webseiten der Statistischen Ämter der Länder

van Asch M, Visser ME (2007) Phenology of forest caterpillars and their host trees: the importance of synchrony. Annu Rev Entomol 52:37–55

Asseng S, Ewert F, Rosenzweig C, Jones JW, Hatfield JL, Ruane AC, Boote KJ, Thorburn PJ, Rötter RP, Cammarano D, Brisson N, Basso B, Martre P, Aggarwal PK, Angulo C, Bertuzzi P, Biernath C, Challinor AJ, Doltra J, Gayler S, Goldberg R, Grant R, Heng L, Hooker J, Hunt LA, Ingwersen J, Izaurralde RC, Kersebaum KC, Müller C, Naresh Kumar S, Nendel C, O'Leary G, Olesen JE, Osborne TM, Palosuo T, Priesack E, Ripoche D, Semenov MA, Shcherbak I, Steduto P, Stöckle C, Stratonovitch P, Streck T, Supit I, Tao F, Travasso M, Waha K, Wallach D, White JW, Williams JR, Wolf J (2013) Uncertainty in simulating wheat yields under climate change. Nat Clim Change 3:827–832

Bader MK-F, Leuzinger S, Keel SG, Siegwolf RTW, Hagedorn F, Schleppi P, Körner C (2013) Central European hardwood trees in a high-CO_2 future: synthesis of an 8-year forest canopy CO_2 enrichment project. J Ecol 101(6):1509–1519

Baldwin AH, Jensen K, Schönfeldt M (2014) Warming increases plant biomass and reduces diversity across continents, latitudes, and species migration scenarios in experimental wetland communities. Glob Change Biol 20(3):835–850

BBodSchG (1998) Gesetz zum Schutz des Bodens. BGBl I, G 5702, Nr. 16 v. 24.3.1998, S 502–510

Bechtel B, Schmidt KJ (2011) Floristic mapping data as a proxy for the mean urban heat island. Clim Res 49:45–58

Beer C, Reichstein M, Tomelleri E, Ciais P, Jung M, Carvalhais N, Rödenbeck C, Altaf Arain M, Baldocchi D, Bonan GB, Bondeau A, Cescatti A, Lasslop G, Lindroth A, Lomas M, Luyssaert S, Margolis H, Oleson KW, Roupsard O, Veenendaal E, Viovy N, Williams C, Woodward FI, Papale D (2010) Terrestrial gross carbon dioxide uptake: global distribution and covariation with climate. Science 329(5993):834–838

Behre KE (2008) Landschaftsgeschichte Norddeutschlands. Umwelt und Siedlung von der Steinzeit bis zur Gegenwart. Wachholtz, Neumünster

Beierkuhnlein C, Foken T (2008) Klimawandel in Bayern. Auswirkungen und Anpassungsmöglichkeiten. Bayreuther Forum Ökologie, Bd. 113

Beierkuhnlein C, Jentsch A (2005) Ecological importance of species diversity. A review on the ecological implications of species diversity in plant communities. In: Henry RJ (Hrsg) Plant diversity and evolution: genotypic and phenotypic variation in higher plants. CAB International, Wallingford, S 249–285

Bellard C, Bertelsmeier C, Leadley P, Thuiller W, Courchamp F (2012) Impacts of climate change on the future of biodiversity. Ecol Lett 15(4):365–377

Benda L (Hrsg) (1995) Das Quartär Deutschlands. Gebr. Borntraeger, Berlin

Bergamini A, Ungricht S, Hofmann H (2009) An elevational shift of *cryophilous bryophytes* in the last century – an effect of climate warming? Divers Distrib 15(5):871–879

Bergemann M (1995) Die Lage der oberen Brackwassergrenze im Elbeästuar. Dtsch Gewässerkdl Mitt 39:134–137

Berger S, Söhlke G, Walther G-R, Pott R (2007) Bioclimatic limits and range shifts of cold-hardy evergreen broad-leaved species at their northern distributional limit in Europe. Phytocoenologia 37(3-4):523–539

Bertram H, Poppendieck HH (2010) Wälder. In: Poppendieck HH, Bertram H, Brandt I, Engelschall B, von Prondzinski J (Hrsg) Der Hamburger Pflanzenatlas von A bis Z. Dölling & Galitz, München, Hamburg, S 32–39

BGR – Bundesanstalt für Geowissenschaften und Rohstoffe (2013) Bodenübersichtskarte der Bundesrepublik Deutschland 1 : 100.000 (BÜK1000). Digit. Archiv FISBo BGR, Hannover, Berlin

Bittner T, Beierkuhnlein C (2014) Entwicklung von Szenarien zur Beeinflussung und Veränderung von Lebensräumen durch den Klimawandel. In: Beierkuhnkein C, Jentsch A, Reineking B, Schlumprecht H, Ellwanger G (Hrsg) Auswirkungen des Klimawandels auf Fauna, Flora, Lebensräume sowie Anpassungsstrategien des Naturschutzes. Naturschutz und Biologische Vielfalt 137., S 274–367

Blume HP, Müller-Thomsen U (2007) A field experiment on the influence of the postulated global climatic change on coastal marshland soils. J Plant Nutr Soil Sc 170(1):145–156

Böhm J (2008) Potentielle Auswirkungen des Klimawandels auf die Eigenschaften und Entwicklung der Böden Schleswig-Holsteins. Diplomarbeit am Institut für physische Geographie und Landschaftsökologie an der Leibniz Universität Hannover

Bolte A, Degen B (2010) Anpassung der Wälder an den Klimawandel: Optionen und Grenzen. Landbauforsch – Vti Agric For Res 60(3):111–118

Bolte A, Eisenhauer D-R, Ehrhart H-P, Groß J, Hanewinkel M, Kölling C, Profft I, Rohde M, Röhe P, Amereller K (2009) Klimawandel und Forstwirtschaft – Übereinstimmungen und Unterschiede bei der Einschätzung der Anpassungsnotwendigkeiten und Anpassungsstrategien der Bundesländer. Landbauforsch – Vti Agric For Res 59(4):269–278

Bolte A, Hilbrig L, Grundmann B, Kampf F, Brunet J, Roloff A (2010) Climate change impacts on stand structure and competitive interactions in a southern Swedish spruce–beech forest. Eur J Forest Res 129(3):261–276

Both C, van Asch M, Bijlsma RG, van den Burg AB, Visser ME (2009) Climate change and unequal phenological changes across four trophic levels: constraints or adaptations? J Anim Ecol 78(1):73–83

Bréda N, Huc R, Granier A, Dreyer E (2006) Temperate forest trees and stands under severe drought: a review of ecophysiological responses, adaptation processes and long-term consequences. Ann Sci 63(6):625–644

Briones MJI, Ostle NJ, McNamara NP, Poskitt J (2009) Functional shifts of grassland soil communities in response to soil warming. Soil Biol Biochem 41:315–322

Britton A, Marrs R, Pakeman R, Carey P (2003) The influence of soil-type, drought and nitrogen addition on interactions between *Calluna vulgaris* and *Deschampsia flexuosa*: implications for heathland regeneration. Plant Ecol 166(1):93–105

Bundesamt für Kartographie und Geodäsie (2011) Verwaltungsgrenzen Deutschland. Datensatz mit 4 Shape Dateien

Burkle LA, Marlin JC, Knight TM (2013) Plant-pollinator interactions over 120 years: loss of species, co-occurrence, and function. Science 339(6127):1611–1615

Butzeck C (2015) Tidal marshes of the Elbe estuary: spatial and temporal dynamics of sedimentation and vegetation. Dissertation. Universität Hamburg, Hamburg

Butzeck C, Eschenbach A, Gröngröft A, Hansen K, Nolte S, Jensen K (2014) Sediment deposition and accretion rates in tidal marshes are highly variable along estuarine salinity and flooding gradients. Estuaries Coasts 38:434–450

Carrera N, Barreal ME, Gallego PP, Briones MJI (2009) Soil invertebrates control peatland C fluxes in response to warming. Funct Ecol 23:637–648

Charru M, Seynave I, Morneau F, Bontemps J-D (2010) Recent changes in forest productivity: an analysis of national forest inventory data for common beech (*Fagus sylvatica L.)* in north-eastern France. Ecol Manag 260(5):864–874

Chen I-C, Hill JK, Ohlemüller R, Roy DB, Thomas CD (2011) Rapid range shifts of species associated with high levels of climate warming. Science 333(6045):1024–1026

Chmielewski FM (2007) Folgen des Klimawandels für die Land- und Forstwirtschaft. In: Endlicher W, Gerstengarbe FW (Hrsg) Der Klimawandel – Einblicke, Rückblicke und Ausblicke. Eigenverlag, Potsdam, S 75–85

Chmielewski FM (2016) Was bringt der Klimawandel dem Obstbau? Geogr Rdsch 68(3):12–19

Chmielewski FM, Rötzer T (2001) Response of tree phenology to climate change across Europe. Agr For Meteorol 108(2):101–112

Chmielewski FM, Müller A, Bruns E (2004) Climate changes and trends in phenology of fruit trees and field crops in Germany, 1961 2000. Agr For Meteorol 121(1):69–78

Church JA, Clark PU, Cazenave A, Gregory JM, Jevrejeva S, Levermann A, Merrifield MA, Milne GA, Nerem RS, Nunn PD, Payne AJ, Pfeffer WT, Stammer D, Unnikrishnan AS (2013) Sea level change. In: Stocker TF, Qin D, Plattner G-K, Tignor M, Allen SK, Boschung J, Nauels A, Xia Y, Bex V, Midgle PM (Hrsg) Climate change 2013: the physical science basis. Contribution of working group I to the fifth assessment report of the intergovernmental panel on climate change. Cambridge University Press, Cambridge, S 1137–1216

Ciais P, Sabine C, Bala G, Bopp L, Brovkin V, Canadell J, Chhabra A, DeFries R, Galloway J, Heimann M, Jones C, Le Quéré C, Myneni RB, Piao S, Thornton P (2013) Carbon and other biogeochemical cycles. In: Stocker TF, Qin D, Plattner G-K, Tignor M, Allen SK, Boschung J, Nauels A, Xia Y, Bex V, Midgle PM (Hrsg) Climate change 2013: the physical science basis. Contribution of working group I to the fifth assessment report of the intergovernmental panel on climate change. Cambridge University Press, Cambridge, S 465–570

Cook BI, Wolkovich EM, Davies TJ, Ault TR, Betancourt JL, Allen JM, Bolmgren K, Cleland EE, Crimmins TM, Kraft NJB, Lancaster LT, Mazer SJ, McCabe GJ, McGill BJ, Parmesan C, Pau S, Regetz J, Salamin N, Schwartz MD, Travers SE (2012) Sensitivity of spring phenology to warming across temporal and spatial climate gradients in two independent databases. Ecosystems 15(8):1283–1294

Coûteaux M-M, Bolger T (2000) Interactions between atmospheric CO_2 enrichment and soil fauna. Plant Soil 224:123–134

Couwenberg J, Joosten H (2001) Bilanzen zum Moorverlust – das Beispiel Deutschland. In: Succow M, Joosten H (Hrsg) Landschaftsökologische Moorkunde, 2. Aufl. Schweizerbart, Stuttgart, S 409–411

Crimmins SM, Dobrowski SZ, Greenberg JA, Abatzoglou JT, Mynsberge AR (2011) Changes in climatic water balance drive downhill shifts in plant species' optimum elevations. Science 331(6015):324–327

Dahl M (2001) Mögliche Effekte eines Klimawandels auf die Stickstoffnettomineralisation in Vorlandsalzwiesen. Dissertation. Universität Kiel, Kiel

Damm E, Höke S, Doetsch P (2012) Erfassung und Optimierungspotential der Kühlleistung von Böden dargestellt an ausgewählten Beispielflächen der Stadt Bottrop. Bodenschutz Erhalt Nutz Wiederherstell Böden 3:94–98

Davidson EA, Janssens IA (2006) Temperature sensitivity of soil carbon decomposition and feedbacks to climate change. Nature 440:165–173

Dierßen K (1996) Vegetation Nordeuropas. Ulmer, Stuttgart

Dierßen K, Dierßen B (2001) Moore. Ulmer, Stuttgart

Dittmar C, Zech W, Elling W (2003) Growth variations of common beech (*Fagus sylvatica L.*) under different climatic and environmental conditions in Europe – a dendroecological study. For Ecol Manag 173(1):63–78

Doak DF, Morris WF (2010) Demographic compensation and tipping points in climate-induced range shifts. Nature 467(7318):959–962

Dorendorf J, Wilken A, Eschenbach A, Jensen K (2015) Urban-induced changes in tree leaf litter accelerate decomposition. Ecol Process 4:1

Drews H, Jacobsen J, Trepel M, Wolter K (2000) Moore in Schleswig-Holstein unter besonderer Berücksichtigung der Niedermoore – Verbreitung, Zustand und Bedeutung. Telma 30:241–278

Drösler M, Adelmann W, Augustin J, Bergmann L, Beyer M, Gibels M, Förster C, Freibauer A, Höper H, Petschow U, Hahn-Schöfl M, Kantelhardt J, Liebersbach H, Schägner JP, Schaller L, Sommer M, Thuille A, Wehrhan M (2009) Klimaschutz durch Moorschutz. In: Mahammadzadeh M, Biebeler H, Hubertus B (Hrsg) Klimaschutz und Anpassung an die Klimafolgen. Institut der deutschen Wirtschaft Köln Medien GmbH, Köln, S 89–97

Drösler M, Schaller L, Kantelhardt J, Schweiger M, Fuchs D, Tiemeyer B, Augustin J, Wehrhan M, Förster C, Bergmann L, Kapfer A, Krüger GM (2012) Beitrag von Moorschutz- und -revitalisierungsmaßnahmen zum Klimaschutz am Beispiel von Naturschutzgroßprojekten. Nat Landsch 87:70–76

Dullinger S, Gattringer A, Thuiller W, Moser D, Zimmermann NE, Guisan A, Willner W, Plutzar C, Leitner M, Mang T, Caccianiga M, Dirnböck T, Ertl S, Fischer

A, Lenoir J, Svenning J-C, Psomas A, Schmatz DR, Silc U, Vittoz P, Hülber K (2012) Extinction debt of high-mountain plants under twenty-first-century climate change. Nat Clim Change 2(8):619–622

Eggleton P, Inward K, Smith J, Jones DT, Sherlock E (2009) A six year study of earthworm (*Lumbricidae*) populations in pasture woodland in southern England shows their responses to soil temperature and soil moisture. Soil Biol Biochem 41:1857–1865

Eitzinger J, Kersebaum KC, Formayer H (2009) Landwirtschaft im Klimawandel. Auswirkungen und Anpassungsstrategien für die Land- und Forstwirtschaft in Mitteleuropa. Agrimedia, Clenze

Ellenberg H, Leuschner C (2010) Vegetation Mitteleuropas mit den Alpen in ökologischer, dynamischer und historischer Sicht, 6. Aufl. Ulmer, Stuttgart

Endlicher W (2012) Einführung in die Stadtökologie. Ulmer, Stuttgart

Engel N, Müller U (2009) Auswirkungen des Klimawandels auf Böden in Niedersachsen. Landesamt für Bergbau, Energie und Geologie, LBEG, Hannover

Engelschall B (2010) Moore. In: Poppendieck HH, Bertram H, Brandt I, Engelschall B, von Prondzinski J (Hrsg) Der Hamburger Pflanzenatlas von A bis Z. Dölling & Galitz, München, Hamburg, S 40–45

Erwin K (2009) Wetlands and global climate change: the role of wetland restoration in a changing world. Wetl Ecol Manag 17:71–84

Essl F (2013) Grünland – im Spannungsfeld von Klima- und Nutzungswandel. In: Essl F, Rabitsch W (Hrsg) Biodiversität und Klimawandel. Auswirkungen und Handlungsoptionen für den Naturschutz in Mitteleuropa. Springer, Berlin, Heidelberg, S 212–216

Essl F, Kobler J (2009) Spiny invaders – patterns and determinants of cacti invasion in Europe. Flora 204(7):485–494

Essl F, Dullinger S, Moser D, Rabitsch W, Kleinbauer I (2012) Vulnerability of mires under climate change: implications for nature conservation and climate change adaptation. Biodivers Conserv 21(3):655–669

Essl F, Knapp HD, Lexer MJ, Seidl R, Riecken U (2013a) Vegetation und Boden als Kohlenstoffsenken und -speicher. In: Essl F, Rabitsch W (Hrsg) Biodiversität und Klimawandel. Auswirkungen und Handlungsoptionen für den Naturschutz in Mitteleuropa. Springer, Berlin, Heidelberg, S 264–277

Essl F, Lexer MJ, Seidl R (2013b) Wälder: Anbaugrenzen, Klimaextreme, Parasiten und Störungen. In: Essl F, Rabitsch W (Hrsg) Biodiversität und Klimawandel. Auswirkungen und Handlungsoptionen für den Naturschutz in Mitteleuropa. Springer, Berlin, Heidelberg, S 179–192

Estrella N, Sparks TH, Menzel A (2007) Trends and temperature response in the phenology of crops in Germany. Glob Change Biol 13(8):1737–1747

Falk W, Hempelmann N (2013) Species favourability shift in Europe due to climate change: a case study for *Fagus sylvatica* L. and *Picea abies* (L.) Karst. Based on an ensemble of climate models. J Climatol 2013:787250

FHH – Freie und Hansestadt Hamburg, Behörde für Stadtentwicklung und Umwelt (2012) Bodenformengesellschaften in der FHH. FFH, Hamburg

Frolking S, Talbot J, Jones MC, Treat CC, Kauffman JB, Tuittila E-S, Roulet N (2011) Peatlands in the Earth's 21st century climate system. Environ Rev 19(NA):371–396

Fu YH, Piao S, Op de Beeck M, Cong N, Zhao H, Zhang Y, Menzel A, Janssens IA (2014) Recent spring phenology shifts in Western Central Europe based on multiscale observations. Global Ecol Biogeogr 23(11):1255–1263

Geißler K (2007) Lebensstrategien seltener Stromtalpflanzen. Autökologische Untersuchung von *Cnidium dubium*, *Gratiola officinalis* und *Juncus atratus* unter besonderer Berücksichtigung ihrer Stressresistenz. Dissertation. Universität Potsdam, Potsdam

Giesecke T, Davis B, Brewer S, Finsinger W, Wolters S, Blaauw M, de Beaulieu JL, Binney H, Fyfe RM, Gaillard MJ, Gil-Romera G, van der Knaap WO, Kunes P, Kühl N, van Leeuwen JFN, Leydet M, Lotter AF, Ortu E, Semmle M, Bradshaw RHW (2014) Towards mapping the late Quaternary vegetation change of Europe. Veg Hist Archaeobot 23(1):75–86

Goldbach A, Kuttler W (2012) Quantification of turbulent heat fluxes for adaptation strategies within urban planning. Int J Climate 33:143–159

Gönnert G, von Storch H, Jensen J, Thumm S, Wahl T, Weise R (2009) Der Meeresspiegelanstieg. Ursachen, Tendenzen und Risikobewertung. Küste 76:225–256

Gordon C, Woodin SJ, Alexander IJ, Mullins CE (1999) Effects of increased temperature, drought and nitrogen supply on two upland perennials of contrasting functional type: *Calluna vulgaris* and *Pteridium aquilinum*. New Phytol 142(2):243–258

Gottfried M, Pauli H, Futschik A, Akhalkatsi M, Barančok P, Alonso BJL, Coldea G, Dick J, Erschbamer B, Fernandez Calzado MR, Kazakis G, Krajči J, Larsson P, Mallaun M, Michelsen O, Moiseev D, Moiseev P, Molau U, Merzouki A, Nagy L, Nakhutsrishvili G, Pedersen B, Pelino G, Puscas M, Rossi G, Stanisci A, Theurillat JP, Tomaselli M, Villar L, Vittoz P, Vogiatzakis I, Grabherr G (2012) Continent-wide response of mountain vegetation to climate change. Nat Clim Chang 2:111–115

Grabherr G (2003) Alpine vegetation dynamics and climate change – a synthesis of long-term studies and observations. In: Nagy L, Grabherr G, Körner C, Thompson DBA (Hrsg) Alpine biodiversity in Europe. Ecol Stud 167., S 399–409

Gray AJ, Mogg RJ (2001) Climate impacts on pioneer saltmarsh plants. Clim Res 18(1/2):105–112

Greinert A (2015) The heterogeneity of urban soils in the light of their properties. J Soil Sediment 15:1725–1737

Härdtle W, Assmann T, van Diggelen R, von Oheimb G (2009) Renaturierung und Management von Heiden. In: Zerbe S, Wiegleb G (Hrsg) Renaturierung von Ökosystemen in Mitteleuropa. Spektrum Akademischer Verlag, Heidelberg, S 317–347

Hasenauer H, Nemani RR, Schadauer K, Running SW (1999) Forest growth response to changing climate between 1961 and 1990 in Austria. Forest Ecol Manag 122(3):209–219

Hassenpflug W (2005) Winderosion. In: Blume H-P (Hrsg) Handbuch des Bodenschutzes. Bodenökologie und -belastung. Vorbeugende und abwehrende Schutzmaßnahmen, 3. Aufl. ecomed Medizin, Landsberg am Lech, S 231–253

Hegland SJ, Nielsen A, Lázaro A, Bjerknes A-L, Totland Ø (2009) How does climate warming affect plant-pollinator interactions? Ecol Lett 12(2):184–195

Heidt L (2009) Auswirkungen des Klimawandels auf die potenzielle Beregnungsbedürftigkeit Nordost-Niedersachsens. Geo Ber 13:1–109

Henninger S (Hrsg) (2011) Stadtökologie: Bausteine des Ökosystems Stadt. Schöningh, Paderborn

Herberg A, Kube A (2013) Klimawandel und Städte: Naturschutz und Lebensqualität. In: Essl F, Rabitsch W (Hrsg) Biodiversität und Klimawandel. Auswirkungen und Handlungsoptionen für den Naturschutz in Mitteleuropa. Springer, Berlin, Heidelberg, S 254–262

Hetzel I (2012) Ausbreitung klimasensitiver ergasiophygophytischer Gehölzsippen in urbanen Wäldern im Ruhrgebiet. Dissertationes Botanicae 411. Cramer, Stuttgart

Hickler T, Bolte A, Hartard B, Beierkuhnlein C, Blaschke M, Blick T, Brüggemann W, Dorow WHO, Fritze M-A, Gregor T, Ibisch P, Kölling C, Kühn I, Musche M, Pompe S, Petercord R, Schweiger O, Seidling W, Trautmann S, Waldenspuhl T, Walentowski H, Wellbrock N (2012) Folgen des Klimawandels für die Biodiversität in Wald und Forst. In: Mosbrugger V, Brasseur G, Schaller M, Stribrny B (Hrsg) Klimawandel und Biodiversität – Folgen für Deutschland. WBG, Darmstadt, S 164–221

Hickling R, Roy DB, Hill JK, Fox R, Thomas CD (2006) The distributions of a wide range of taxonomic groups are expanding polewards. Glob Change Biol 12(3):450–455

Hillebrand H, Fitter A (2012) Neue Erkenntnisse zu einem ökologischen Paradigma. In: Beck E (Hrsg) Die Vielfalt des Lebens: Wie hoch, wie komplex, warum?. Wiley-VCH, Weinheim, S 111–118

Hódar JA, Zamora R (2004) Herbivory and climatic warming: a Mediterranean outbreaking caterpillar attacks a relict, boreal pine species. Biodivers Conserv 13(3):493–500

Höper H, Schäfer W (2012) Die Bedeutung der organischen Substanz von Mineralböden für den Klimaschutz. Bodenschutz 17:72–79

Huang S, Hattermann FF, Krysanova V, Bronstert A (2013) Projections of climate change impacts on river flood conditions in Germany by combining three different RCMs with a regional eco-hydrological model. Clim Change 116:631–663

Hüppe J (1993) Entwicklung der Tieflands-Heidelandschaften Mitteleuropas in geobotanisch-vegetationsgeschichtlicher Sicht. Ber Reinhold Tüxen Ges 5:49–75

Hüttl RF, Russel DJ, Sticht C, Schrader S, Weigel H-J, Bens O, Lorenz K, Schneider BU (2012) Auswirkungen auf Bodenökosysteme. In: Mosbrugger V, Brasseur G, Schaller M, Stribrny B (Hrsg) Klimawandel und Biodiversität: Folgen für Deutschland. WBG, Darmstadt, S 128–163

IPCC (2014) Climate Change 2014: Synthesis Report. Contribution of Working Groups I, II and III to the Fifth Assessment Report of the Intergovernmental Panel on Climate Change [Core Writing Team, Pachauri RK und Meyer LA (Hrsg). IPCC, Geneva, Switzerland

Jackson ST, Blois JL (2015) Community ecology in a changing environment: perspectives from the quaternary. Proc Nat Acad Sci 112(16):4915–4921

Jansson C, Jansson P-E, Gustafsson D (2007) Near surface climate in an urban vegetated park and its surroundings. Theor Appl Climatol 89:185–193

Jantsch MC, Fischer HS, Winter S, Fischer A (2014) How are plant species in central European beech (Fagus sylvatica L.) forests affected by temperature changes? Shift of potential suitable habitats under global warming. Ann Di Bot 4:97–113

Jensen K, Schoenberg W (2015) Mögliche Effekte des Klimawandels auf Vegetation und Funktionen ausgewählter Ökosysteme der Metropolregion Hamburg. Abh Naturwiss Verein Hambg 45:107–132

Jensen K, Härdtle W, Meyer-Grünefeldt M, Pfeiffer EM, Reisdorff C, Schmidt K, Schmidt S, Schrautzer J, von Oheimb G (2011) Klimabedingte Änderungen in terrestrischen und semi-terrestrischen Ökosystemen. In: von Storch H, Claussen M (Hrsg) Klimabericht für die Metropolregion Hamburg. Springer, Berlin, Heidelberg, S 143–176

Jensen K, Knieling J, Rechid D (2014) Charakteristika der Metropolregion Hamburg. In: KLIMZUG-NORD Verbund (Hrsg) Kursbuch Klimaanpassung. Handlungsoptionen für die Metropolregion Hamburg. TuTech, Hamburg, S 4–7

Jeschke L, Joosten H (2003) Moore – gefährdete Ökosysteme. In: Leibniz-Institut für Länderkunde (Hrsg) Nationalatlas Bundesrepublik Deutschland – Klima, Pflanzen- und Tierwelt. Spektrum Akad. Verlag, Heidelberg, Berlin, S 112–115

Jochner SC, Sparks TH, Estrella N, Menzel A (2012) The influence of altitude and urbanisation on trends and mean dates in phenology (1980–2009). Int J Biometeorol 56(2):387–394

Jones AD, Stolbovoy V, Rusco E, Gentile AR, Gardi C, Marechal B, Montanarella L (2009) Climate change in Europe. 2. Impact on soil. A review. Agron Sustain Dev 29:423–432

Joosten H (2012) Zustand und Perspektiven der Moore weltweit. Nat Landsch 87:50–55

Joosten H, Couwenberg J (2008) Peatlands and carbon. In: Parish F, Sirin A, Charman D, Joosten H, Minayeva T, Silvius M, Stringer L (Hrsg) Assessment on peatlands, Biodiversity and climate change. Global Environment Centre, Wetlands International, Kuala Lumpur, Wageningen, S 99–117

Joosten H, Brust K, Couwenberg J, Gerner A, Holsten B, Permien T, Schäfer A, Tanneberger F, Trepel M, Wahren A (2013) MoorFutures. Integration von weiteren Ökosystemdienstleistungen einschließlich Biodiversität in Kohlenstoffzertifikate – Standard, Methodologie und Übertragbarkeit in andere Regionen. BfN-Skripten 350. BfN, Bonn

Kardol P, Reynolds WN, Norby RJ, Classen AT (2011) Climate change effects on soil microarthropod abundance and community structure. Appl Soil Ecol 47:37–44

Karnosky DF, Tallis M, Darbah J, Taylor G (2007) Direct effects of elevated carbon dioxide on forest tree productivity. In: Freer-Smith P, Broadmeadow M, Lynch J (Hrsg) Forestry and climate change. CABI Publishing, Cambridge, S 136–142

Kearns CA, Inouye DW, Waser NM (1998) Endangered mutualisms: the conservation of plant-pollinator interactions. Annu Rev Ecol Syst 29:83–112

Keller F, Körner C (2003) The role of photoperiodism in alpine plant development. Arctic Antarct Alp Res 35(3):361–368

Kersebaum KC, Nendel C (2014) Site-specific impacts of climate change on wheat production across regions of Germany using different CO_2 response functions. Eur J Agronom 52:22–32

Kimble JM, Lal R, Grossmann RB (1998) Alteration of soil properties caused by climate change. Adv Geoecol 31:175–184

Kint V, Aertsen W, Campioli M, Vansteenkiste D, Delcloo A, Muys B (2012) Radial growth change of temperate tree species in response to altered regional climate and air quality in the period 1901–2008. Clim Change 115(2):343–363

Kjøhl M, Nielsen A, Stenseth NC (2011) Potential effects of climate change on crop pollination. Food and Agriculture Organization of the United Nations (FAO), Rom

Klaus G (2007) Zustand und Entwicklung der Moore in der Schweiz. Ergebnisse der Erfolgskontrolle Moorschutz. Umwelt-Zustand Nr. 0730. BAFU, Bern

Kleinbauer I, Dullinger S, Klingenstein F, May R, Nehring S, Essl F (2010) Ausbreitungspotenzial ausgewählter neophytischer Gefäßpflanzen unter Klimawandel in Deutschland und Österreich. BfN-Skripten 275., S 1–74

Knorr W, Prentice LC, House JI, Holland EA (2005) Long-term sensitivity of soil carbon turnover to warming. Nature 433:298–301

Kolářová E, Nekovář J, Adamík P (2014) Long-term temporal changes in central European tree phenology (1946– 2010) confirm the recent extension of growing seasons. Int J Biometeorol 58(8):1739–1748

Kölling C, Zimmermann L (2014) Klimawandel gestern und morgen. Neue Argumente können die Motivation zum Waldumbau erhöhen. LWF Aktuell 99:27–31

Kölling C, Zimmermann L, Walentowski H (2007) Klimawandel: Was geschieht mit Buche und Fichte? AFZ Wald 11:584–588

Körner C, Basler D (2010) Phenology under global warming. Science 327(5972):1461–1462

Kovats RS, Valentini R, Bouwer LM, Georgopoulou E, Jacob D, Martin E, Rounsevell M, Soussana JF (2014) Europe. In: IPCC (Hrsg) Climate change 2014: impacts, adaptation and vulnerability. Part B: regional aspects. Contribution of working group II to the fifth assessment report of the intergovernmental panel on climate change. Cambridge University Press, Cambridge, New York, S 1267–1326

Kowarik I (2010) Biologische Invasionen. Neophyten und Neozoen in Mitteleuropa, 2. Aufl. Ulmer, Stuttgart

Kowarik I (2011) Novel urban ecosystems, biodiversity, and conservation. Environ Pollut 159(8):1974–1983

Krause A (2010) Auswertung der Vegetationsperiode in der Metropolregion Hannover-Braunschweig-Göttingen(-Wolfsburg). Werkstattbericht, Institut für Meteorologie und Klimatologie, Universität Hannover (unveröff.)

Krause B, Culmsee H, Wesche K, Bergmeier E, Leuschner C (2011) Habitat loss of floodplain meadows in North Germany since the 1950s. Biodivers Conserv 20:2347–2364

Kröncke I, Boersma M, Czeck R, Dippner JW, Ehrich S, Exo KM, Hüppop O, Malzahn A, Marencic H, Markert A, Millat G, Neumann H, Reiss H, Sell AF, Sobottka M, Wehrmann A, Wiltshire KH, Wirtz K (2012) Auswirkungen auf marine Lebensräume. In: Mosbrugger V, Brasseur G, Schaller M, Stribrny B (Hrsg) Klimawandel und Biodiversität – Folgen für Deutschland. WBG, Darmstadt, S 106–127

Krüger F, Urban B (2014) Schadstoffregime in Auenböden der Elbe. In: Prüter J, Keienburg T, Schreck C (Hrsg) Klimafolgenanpassung im Biosphärenreservat Niedersächsische Elbtalaue – Modellregion für nachhaltige Entwicklung. Berichte aus den KLIMZUG-NORD Modellgebieten, Bd. 5. TuTech Verlag, Hamburg

Kühn I, Brandl R, Klotz S (2004) The flora of German cities is naturally species rich. Evol Ecol Res 6(5):749–764

Kühn I, Pompe S, Trautmann S, Böhning-Gaese K, Essl F, Rabitsch W (2013) Arealänderungen in der Zukunft. In: Essl F, Rabitsch W (Hrsg) Biodiversität und Klimawandel. Auswirkungen und Handlungsoptionen für den Naturschutz in Mitteleuropa. Springer, Berlin, Heidelberg, S 86–101

Kuttler W (2010) Urbanes Klima. In: Gefahrstoffe – Reinhaltung der Luft. Umweltmeteorologie 70:329–340 (S. 378–382)

LABO (2010) LABO-Positionspapier – Klimawandel – Betroffenheit und Handlungsempfehlungen des Bodenschutzes. Stand 9.6.2010

Lal R (2010) Managing soils for a warming earth in a food-insecure and energy-starved world. J Plant Nutr Soil Sci 173:4–15

Lal R (2014) Principles and practices of soil resource conservation. eLS. Wiley, Chichester

LANU – Landesamt für Natur und Umwelt Schleswig-Holstein (2006) Die Böden Schleswig-Holsteins – Entstehung, Verbreitung, Nutzung, Eigenschaften und Gefährdung. In: Schriftenreihe LANU SH. Geologie und Boden 11. LANU, Flintbek

LANUV – Landesamt für Natur, Umwelt und Verbraucherschutz Nordrhein-Westfalen (2015) Kühlleistung von Böden. Leitfaden zur Einbindung in stadtklimatische Konzepte in NRW. LANUV-Arbeitsblatt 29.

Le Conte Y, Navajas M (2008) Climate change: impact on honey bee populations and diseases. Rev Sci Tech 27(2):499–510

Le Quéré C, Raupach MR, Canadell JG, Marland G, Bopp L, Ciais P, Conway TJ, Doney SC, Feely RA, Foster P, Friedlingstein P, Gurney K, Houghton RA, House JI, Huntingford C, Levy PE, Lomas MR, Majkut J, Metzl N, Ometto JP, Peters GP, Prentice IC, Randerson JT, Running SW, Sarmiento JL, Schuster U, Sitch S, Takahashi T, Viovy N, van der Werf GR, Woodward FI (2009) Trends in the sources and sinks of carbon dioxide. Nat Geosci 2(12):831–836

Leakey AD, Ainsworth EA, Bernacchi CJ, Rogers A, Long SP, Ort DR (2009) Elevated CO_2 effects on plant carbon, nitrogen, and water relations: six important lessons from FACE. J Exp Bot 60:2859–2876

Lenoir J, Gégout JC, Marquet PA, De Ruffray P, Brisse H (2008) A significant upward shift in plant species optimum elevation during the 20th century. Science 320(5884):1768–1771

Lexer MJ, Rabitsch W, Grabherr G, Dokulil MT, Dullinger S, Eitzinger J, Englisch M, Essl F, Gollmann G, Gottfried M, Graf W, Hoch G, Jandl R, Kahrer A, Kainz M, Kirisits T, Netherer S, Pauli H, Rott E, Schleper C, Schmidt-Kloiber A, Schmutz S, Schopf A, Seidl R, Vogl W, Winkler H, Zechmeister HG (2014) Der Einfluss des Klimawandels auf die Biosphäre und Ökosystemleistungen. In: APCC (Hrsg) Österreichischer Sachstandsbericht Klimawandel 2014 (AAR14). Austrian Panel on Climate Change (APCC), Verlag der Österreichischen Akademie der Wissenschaften, Wien, S 467–556

Lu P, Yu Q, Liu J, Lee X (2006) Advance of tree-flowering dates in response to urban climate change. Agr For Meteorol 138(1):120–131

Ludewig K, Korell L, Löffler F, Scholz M, Mosner E, Jensen K (2014a) Vegetation patterns of floodplain meadows along the climatic gradient at the middle Elbe river. Flora 209:446–455

Ludewig K, Hanke JM, Korell L, Jensen K (2014b) Mögliche Auswirkungen des Klimawandels auf die Vegetation von Auenwiesen entlang der mittleren Elbe. In: Prüter J, Keienburg T, Schreck C (Hrsg) Klimafolgenanpassung im Biosphärenreservat Niedersächsische Elbtalaue – Modellregion für nachhaltige Entwicklung. Berichte aus den KLIMZUG-NORD Modellgebieten, Bd. 5. TuTech Verlag, Hamburg

Luo Y, Melillo J, Niu S, Beier C, Clark JS, Classen AT, Davidson E, Dukes JS, Evans RD, Field CB, Czimczik CI, Keller M, Kimball BA, Kueppers LM, Norby RJ, Pelini SL, Pendall E, Rastetter E, Six J, Smith M, Tjoelker MG, Torn MS (2011) Coordinated approaches to quantify long-term ecosystem dynamics in response to global change. Glob Change Biol 17(2):843–854

Lurgi M, López BC, Montoya JM (2012) Novel communities from climate change. P Roy Soc Lond B Bio 367(1605):2913–2922

Manthey M, Leuschner C, Härdtle W (2007) Buchenwälder und Klimawandel. Nat Landsch 82(9/10):441–445

Marhan S, Rempt F, Högy P, Fangmeier A, Kandeler E (2010) Effects of *Aporrectodea caliginosa* (Savigny) on nitrogen mobilization and decomposition of elevated-CO_2 Charlock mustard litter. J Plant Nutr Soil Sci 173:861–868

Mathey J, Rößler S, Lehmann I, Bräuer A, Goldberg V, Kurbjuhn C, Westheld A (2012) Noch wärmer, noch trockener? Stadtnatur und Freiraumstrukturen im Klimawandel. Naturschutz Biol Vielfalt 111:1–220

Maxwell RM, Kollet SJ (2008) Interdependence of groundwater dynamics and land energy feedbacks under climate change. Nat Geosci 1:665–669

McCain CM, Colwell RK (2011) Assessing the threat to montane biodiversity from discordant shifts in temperature and precipitation in a changing climate. Ecol Lett 14(12):1236–1245

Menge DNL, Field CB (2007) Simulated global changes alter phosphorus demand in annual grassland. Glob Change Biol 13(12):2582–2591

Menzel A (2013) Plant phenological "fingerprints". In: Schwartz MD (Hrsg) Phenology: an integrative environmental science. Springer, Dordrecht, S 335–350

Menzel A, Fabian P (1999) Growing season extended in Europe. Nature 397(6721):659–659

Menzel A, Sparks TH, Estrella N, Koch E, Aasa A, Ahas R, Alm-Kübler K, Bissolli P, Braslavská O, Briede A, Chmielewski FM, Crepinsek Z, Curnel Y, Dahl Å, Defila C, Donnelly A, Filella Y, Jatczak K, Måge F, Mestre A, Nordli Ø, Peñuelas J, Pirinen P, Remišová V, Scheifinger H, Striz M, Susnik A, van Vliet AJH, Wielgolaski F-E, Zach S, Zust A (2006a) European phenological response to climate change matches the warming pattern. Glob Change Biol 12(10):1969–1976

Menzel A, Sparks TH, Estrella N, Roy DB (2006b) Altered geographic and temporal variability in phenology in response to climate change. Global Ecol Biogeogr 15(5):498–504

Metropolregion Hamburg (o. J.) Flächennutzung: Siedlungs- und Verkehrsfläche nach Art der tatsächlichen Nutzung

Metzing D (2005) Küstenflora und Klimawandel: Der Einfluss der globalen Erwärmung auf die Gefäßpflanzenflora des deutschen Küstengebietes von Nord- und Ostsee. Dissertation. Universität Oldenburg, Oldenburg

Meyer-Grünefeldt M, Friedrich U, Klotz M, Von Oheimb G, Härdtle W (2015a) Nitrogen deposition and drought events have non-additive effects on plant growth – Evidence from greenhouse experiments. Plant Biosyst 149(2):424–432

Meyer-Grünefeldt M, Calvo L, Marcos E, Oheimb G, Härdtle W (2015b) Impacts of drought and nitrogen addition on *Calluna* heathlands differ with plant life-history stage. J Ecol 103(5):1141–1152

Miehlich G (2010) Die Böden Hamburgs. In: Poppendieck H-H, Bertram H, Brandt I, Engelschall B, v PJ (Hrsg) Der Hamburger Pflanzenatlas. Dölling & Galitz, München, Hamburg, S 18–27

Miehlich G (2015) Böden der Stadt – Plädoyer für einen direkten Draht zum Boden. architekt 1(15):27–35

Montoya JM, Raffaelli D (2010) Climate change, biotic interactions and ecosystem services. P Roy Soc Lond B Bio 365(1549):2013–2018

Morales P, Hickler T, Rowell DP, Smith B, Sykes MT (2007) Changes in European ecosystem productivity and carbon balance driven by regional climate model output. Glob Change Biol 13:108–122

Moritz C, Agudo R (2013) The future of species under climate change: resilience or decline? Science 341(6145):504–508

Morris JT, Sundareshwar PV, Nietch CT, Kjerfve B, Cahoon DR (2002) Responses of coastal wetlands to rising sea level. Ecology 83:2869–2877

Müller-Kroehling S, Walentowski H, Bußler H, Kölling C (2009) Natürliche Fichtenwälder im Klimawandel – hochgradig gefährdete Ökosysteme. LWF Wissen 63:70–85

Myneni RB, Keeling CD, Tucker CJ, Asrar G, Nemani RR (1997) Increased plant growth in the northern high latitudes from 1981 to 1991. Nature 386:698–702

Nehring S, Hesse KJ (2008) Invasive alien plants in marine protected areas: the *Spartina anglica* affair in the European Wadden Sea. Biol Invasions 10(6):937–950

Nehring S, Kowarik I, Rabitsch W, Essl F (2013) Naturschutzfachliche Invasivitätsbewertungen für in Deutschland wild lebende gebietsfremde Gefäßpflanzen. BfN-Skripten 352. BfN, Bonn Bad Godesberg

Nemani RR, Keeling CD, Hashimoto H, Jolly WM, Piper SC, Tucker CJ, Myneni RB, Running SW (2003) Climate-driven increases in global terrestrial net primary production from 1982 to 1999. Science 300(5625):1560–1563

Nentwig W (2010) Invasive Arten. Haupt, Bern

Neubauer SC, Craft CB (2009) Global change and tidal freshwater wetlands: scenarios and impacts. In: Barendregt A, Whigham DF, Baldwin AH (Hrsg) Tidal freshwater wetlands. Backhuys, Leiden, S 253–266

Nolte S, Müller F, Schuerch M, Wanner A, Esselink P, Bakker JP, Jensen K (2013) Does livestock grazing affect sediment deposition and accretion rates in salt marshes? Estuar Coast Shelf Sci 135:296–305

Ovaskainen O, Skorokhodova S, Yakovleva M, Sukhov A, Kutenkov A, Kutenkova N, Shcherbakov A, Meyke E, del Mar Delgado M (2013) Community-level phenological response to climate change. P Natl Acad Sci Usa 110(33):13434–13439

Overbeck F (1975) Botanisch-geologische Moorkunde: unter besonderer Berücksichtigung der Moore Nordwestdeutschlands als Quellen zur Vegetations-, Klima- und Siedlungsgeschichte. Wachholtz, Neumünster

Pan Y, Birdsey RA, Fang J, Houghton R, Kauppi PE, Kurz WA, Phillips OL, Shvidenko A, Lewis SL, Canadell JG, Ciais P, Jackson RB, Pacala SW, McGuire AD, Piao S, Rautiainen A, Sitch S, Hayes D (2011) A large and persistent carbon sink in the world's forests. Science 333(6045):988–993

Parmesan C (2007) Influences of species, latitudes and methodologies on estimates of phenological response to global warming. Glob Change Biol 13(9):1860–1872

Parmesan C, Yohe G (2003) A globally coherent fingerprint of climate change impacts across natural systems. Nature 421(6918):37–42

Pauchard A, Kueffer C, Dietz H, Daehler CC, Alexander J, Edwards PJ, Arevalo JR, Cavieres LA, Guisan A, Haider S, Jakobs G, McDougall K, Millar CI, Naylor BJ, Parks CG, Rew LJ, Seipel T (2009) Ain't no mountain high enough: plant invasions reaching new elevations. Front Ecol Environ 7(9):479–486

Pauli H, Gottfried M, Reiter K, Klettner C, Grabherr G (2007) Signals of range expansions and contractions of vascular plants in the high Alps: observations (1994–2004) at the GLORIA master site Schrankogel, Tyrol, Austria. Glob Change Biol 13:147–156

Pauli H, Gottfried M, Dullinger S, Abdaladze O, Akhalkatsi M, Alonso JLB, Coldea G, Dick J, Erschbamer B, Calzado RF, Ghosn D, Holten JI, Kanka R, Kazakis G, Kollar J, Larsson P, Moiseev P, Moiseev D, Molau U, Mesa JM, Nagy L, Pelino G, Puscas M, Rossi G, Stanisci A, Syverhuset AO, Theurillat JP, Tomaselli M, Unterluggauer P, Villar L, Vittoz P, Grabherr G (2012) Recent plant diversity changes on Europe's mountain summits. Science 336(6079):353–355

Peñuelas J, Sardans J, Estiarte M, Ogaya R, Carnicer J, Coll M, Barbeta A, Rivas-Ubach A, Llusia J, Garbulsky M, Filella I, Jump AS (2013) Evidence of current impact of climate change on life: a walk from genes to the biosphere. Glob Change Biol 19(8):2303–2338

Pfeiffer E-M (1998) Methanfreisetzung aus hydromorphen Böden verschiedener naturnaher und genutzter Feuchtgebiete (Marsch, Moor, Tundra, Reisanbau). Hambg Bodenkd Arb 37:207

Poll C, Marhan S, Back F, Niklaus PA, Kandeler E (2013) Field-scale manipulation of soil temperature and precipition change soil CO_2 flux in a temperate agricultural ecosystem. Agricult Ecosyst Environ 165:88–97

Pompe S, Hanspach J, Badeck F, Klotz S, Thuiller W, Kühn I (2008) Climate and land use change impacts on plant distributions in Germany. Biol Lett 4(5):564–567

Pompe S, Berger S, Bergmann J, Badeck F-W, Lübbert J, Klotz S, Rehse A-K, Söhlke G, Sattler S, Walther G-R, Kühn I (2011) Modellierung der Auswirkungen des Klimawandels auf die Flora und Vegetation in Deutschland. BfN-Skripten 304., S 1–193

Poppendieck HH (2010) Hamburger Artenvielfalt. In: Poppendieck HH, Bertram H, Brandt I, Engelschall B, von Prondzinski J (Hrsg) Der Hamburger Pflanzenatlas von A bis Z. Dölling & Galitz, München, Hamburg, S 99–111

Poppendieck HH, Brandt I (2010) Grünland. In: Poppendieck HH, Bertram H, Brandt I, Engelschall B, von Prondzinski J (Hrsg) Der Hamburger Pflanzenatlas von A bis Z. Dölling & Galitz, München, Hamburg, S 61–67

Poppendieck HH, Bertram H, Brandt I, Engelschall B, von Prondzinski J (Hrsg) (2010) Der Hamburger Pflanzenatlas von A bis Z. Dölling & Galitz, München, Hamburg

Pott R (1999) Lüneburger Heide. Ulmer, Stuttgart

Potts SG, Biesmeijer JC, Kremen C, Neumann P, Schweiger O, Kunin WE (2010) Global pollinator declines: trends, impacts and drivers. Trends Ecol Evol 25(6):345–353

Pretzsch H (1999) Waldwachstum im Wandel. Forstwiss Cbl 118:228–250

Prochnow A, Risius H, Hoffmann T, Chmielewski FM (2015) Does climate change affect period, available field time and required capacities for grain harvesting in Brandenburg, Germany? Agr For Meteorol 203:43–53

van der Putten WH, de Ruiter PC, Bezemer TM, Harvey JA, Wassen M, Wolters V (2004) Trophic interactions in a changing world. Basic Appl Ecol 5(6):487–494

Rabitsch W, Herren T (2013) Phänologie. In: Essl F, Rabitsch W (Hrsg) Biodiversität und Klimawandel. Auswirkungen und Handlungsoptionen für den Naturschutz in Mitteleuropa. Springer, Berlin, Heidelberg, S 52–58

Rabitsch W, Essl F, Kühn I, Nehring S, Zangger A, Bühler C (2013a) Arealänderungen. In: Essl F, Rabitsch W (Hrsg) Biodiversität und Klimawandel. Auswirkungen und Handlungsoptionen für den Naturschutz in Mitteleuropa. Springer, Berlin, Heidelberg, S 59–66

Rabitsch W, Essl F, Kruess A, Nehring S, Nowack C, Walther GR (2013b) Biologische Invasionen und Klimawandel. In: Essl F, Rabitsch W (Hrsg) Biodiversität und Klimawandel. Auswirkungen und Handlungsoptionen für den Naturschutz in Mitteleuropa. Springer, Berlin, Heidelberg, S 66–74

Raupach MR, Canadell JG, Le Quéré C (2008) Anthropogenic and biophysical contributions to increasing atmospheric CO_2 growth rate and airborne fraction. Biogeosciences 5(6):1601–1613

Ringenberg J, von Prondzinski J (2010) Hafen, Industrie und Verkehr. In: Poppendieck HH, Bertram H, Brandt I, Engelschall B, von Prondzinski J (Hrsg) Der Hamburger Pflanzenatlas von A bis Z. Dölling & Galitz, München, Hamburg, S 93–97

Roberts PD (2012) *Spartina anglica* C.E. Hubbard (English cord-grass). In: Francis RA (Hrsg) A handbook of global freshwater invasive species. Earthscan, New York, S 113–123

Rötzer T, Wittenzeller M, Haeckel H, Nekovar J (2000) Phenology in central Europe – differences and trends of spring phenophases in urban and rural areas. Int J Biometeorol 44(2):60–66

Root TL, Price JT, Hall KR, Schneider SH, Rosenzweig C, Pounds JA (2003) Fingerprints of global warming on wild animals and plants. Nature 421(6918):57–60

Rosenthal G, Hildebrandt J, Zöckler C, Hengstenberg M, Mossakowski D, Lakomy W, Burfeindt I (1998) Feuchtgrünland in Norddeutschland. Ökologie, Zustand, Schutzkonzepte. Angewandte Landschaftsökologie 15.

Russell DJ, Sticht C, Schrader S, Wegel H-J (2014) Vielfalt und Funktion der Bodenfauna. In: Hüttl RF, Russell DJ, Sticht C, Schrader S, Weigel H-J, Bens O, Lorenz K, Schneider B, Schneider BU: Auswirkungen auf Bodenökosysteme. In: Mosbrugger V, Brasseur G, Schaller M, Stirbrny B (Hrsg) Klimawandel und Biodiversität – Folgen für Deutschland. 2. Aufl. WBG, Darmstadt

Schaller M, Weigel HJ (2007) Analyse des Sachstands zu Auswirkungen von Klimaveränderungen auf die deutsche Landwirtschaft und Maßnahmen zur Anpassung. Landbauforschung Völkenrode, Sonderheft 316.

Schaller M, Beierkuhnlein C, Rajmis S, Schmidt T, Nitsch H, Liess M, Kattwinkel M, Settele J (2012) Auswirkungen auf landwirtschaftlich genutzte Lebensräume. In: Mosbrugger V, Brasseur G, Schaller M, Stribrny B (Hrsg) Klimawandel und Biodiversität – Folgen für Deutschland. WBG, Darmstadt, S 222–259

Scharnke M, Krüger F, Urban B, Schneider W (2014) Modellierung von klimainduzierten Veränderungen des Bodenwasserhaushalts von Auenböden an der unteren Mittelelbe. In: Prüter J, Keienburg T, Schreck C (Hrsg) Klimafolgenanpassung im Biosphärenreservat Niedersächsische Elbtalaue – Modellregion für nachhaltige Entwicklung. Berichte aus den KLIMZUG-NORD Modellgebieten, Bd. 5. TuTech, Hamburg

Scheffer F, Schachtschabel P (2010) Lehrbuch der Bodenkunde, 16. Aufl. Springer, Heidelberg

Scherber C, Eisenhauer N, Weisser WW, Schmid B, Voigt W, Fischer M, Schulze ED, Roscher C, Weigelt A, Allan E, Beßler H, Bonkowski M, Buchmann N, Buscot F, Clement LW, Ebeling A, Engels C, Halle S, Kertscher I, Klein AM, Koller R, König S, Kowalski E, Kummer V, Kuu A, Lange M, Lauterbach D, Middelhoff C, Migunova VD, Milcu A, Müller R, Partsch S, Petermann JS, Renker C, Rottstock T, Sabais A, Scheu S, Schumacher J, Temperton VM, Tscharntke T (2010) Bottom-up effects of plant diversity on multitrophic interactions in a biodiversity experiment. Nature 468:553–556

Schils R, Kuikman P, Liski J, Van Oijen M, Smith P, Webb J, Alm J, Somogyi Z, Van den Akker J, Billett M, Emmett B, Evans C, Lindner M, Palosuo T, Bellamy P, Alm J, Jandl R, Hiederer R (2008) Final report: review of existing information on the interrelations between soil and climate change. ClimSoil. Alterra, Wageningen

Schipull K (1999) Die Naturlandschaften im Großraum Hamburg - kurze Erläuterungen zu einer Übersichtskarte. Hambg Geogr Stud 48:1–7

Schlichting E (1960) Typische Böden Schleswig-Holsteins. Schriftenreihe der landwirtschaftlichen Fakultät der Universität Kiel, Bd. 26. Universität Kiel, Kiel

Schlünzen KH, Linde M (Hrsg) (2014) Wilhelmsburg im Klimawandel – Ist-Situation und mögliche Veränderungen. Berichte aus den KLIMZUG-NORD Modellgebieten, Bd. 4. TuTech, Hamburg

Schlünzen KH, Hoffmann P, Rosenhagen G, Riecke W (2010) Long-term changes and regional differences in temperature and precipitation in the metropolitan area of Hamburg. Int J Climatol 30(8):1121–1136

Schmelmer K, Urban B (2014) Auswirkungen von Klimaänderungen auf den Bodenwasserhaushalt sandiger Ackerböden; Modellierungen im lokalen Maßstab. In: Urban B, Becker J, Mersch I, Meyer W, Rechid D, Rottgardt E (Hrsg) Klimawandel in der Lüneburger Heide – Kulturlandschaften zukunftsfähig gestalten. Berichte aus den KLIMZUG-NORD Modellgebieten, Bd. 6. TuTech, Hamburg

Schmid B, Balvanera P, Cardinale BJ, Godbold J, Pfisterer AB, Raffaelli D, Solan M, Srivastava DS (2009) Consequences of species loss for ecosystem functioning: meta-analyses of data from biodiversity experiments. In: Naeem S, Bunker DE, Hector A, Loreau M, Perrings C (Hrsg) Biodiversity, ecosystem functioning, and human wellbeing: an ecological and economic perspective. Oxford University Press, Oxford, S 14–29

Schmidt KJ, Poppendieck HH, Jensen K (2014) Effects of urban structure on plant species richness in a large European city. Urban Ecosyst 17(2):427–444

Schmidt SR (2014) Sphagnum in a changing world – from the landscape to the isotope scale. Dissertation. Universität Hamburg, Hamburg

Schoenberg W, Butzeck C, Eick D, Jensen K, Magath V, Thiel R, Rottgardt E, Runge K, Heise S, Hsu PC (2014) Lebensraum Elbe-Ästuar – auch 2050 alles im Fluss? In: KLIMZUG-NORD Verbund (Hrsg) Kursbuch Klimaanpassung. Handlungsoptionen für die Metropolregion Hamburg. TuTech, Hamburg, S 96–97

Scholes MC, Scholes RJ (2013) Dust unto dust. Science 342:565–566

Schuster C, Estrella N, Menzel A (2014) Shifting and extension of phenological periods with increasing temperature along elevational transects in southern Bavaria. Plant Biol 16(2):332–344

Schwartz R, Gröngröft A, Miehlich G (2000) Charakterisierung und Wasserhaushalt typischer Böden im Überschwemmungsbereich der unteren Mittelelbe. In: Friese K, Witter B, Rode M, Miehlich G (Hrsg) Stoffhaushalt von Auenökosystemen. Böden und Hydrologie, Schadstoffe, Bewertungen. Springer, Berlin, Heidelberg, S 65–78

Schweiger O, Biesmeijer JC, Bommarco R, Hickler T, Hulme PE, Klotz S, Kuehn I, Moora M, Nielsen A, Ohlemüller R, Petanidou T, Potts SG, Pysek P, Stout JC, Sykes MT, Tscheulin T, Vila M, Walther G-R, Westphal C, Winter M, Zobel M, Settele J (2010) Multiple stressors on biotic interactions: how climate change and alien species interact to affect pollination. Biol Rev 85(4):777–795

Schweiger O, Essl F, Kruess A, Rabitsch W, Winter M (2013) Erste Änderungen in ökologischen Beziehungen. In: Essl F, Rabitsch W (Hrsg) Biodiversität und Klimawandel. Auswirkungen und Handlungsoptionen für den Naturschutz in Mitteleuropa. Springer, Berlin, Heidelberg, S 75–83

Selsted MB, Van der Linden L, Ibrom A, Michelsen A, Larsen KS, Pedersen JK, Mikkelsen TN, Pilegaard K, Beier C, Ambus P (2012) Soil respiration is stimulated by elevated CO_2 and reduced by summer drought: three years of measurements in a multifactor ecosystem manipulation experiment in a temperate heathland (CLIMAITE). Glob Change Biol 18:1216–1230

Settele J, Scholes R, Betts R, Bunn S, Leadley P, Nepstad D, Overpeck JT, Taboada MA (2014) Terrestrial and inland water systems. In: IPCC (Hrsg) Climate change 2014: impacts, adaptation and vulnerability. Part A: global and sectoral aspects. Contribution of working group II to the fifth assessment report of the intergovernmental panel on climate change. Cambridge University Press, Cambridge, New York, S 271–359

Simberloff D, Martin J-L, Genovesi P, Maris V, Wardle DA, Aronson J, Courchamp F, Galil B, Garcia-Berthou E, Pascal M, Pyšek P, Sousa R, Tabacchi E, Vila M (2013) Impacts of biological invasions: What's what and the way forward. Trends Ecol Evol 28(1):58–66

Sparks TH, Menzel A, Peñuelas J, Tryjanowski P (2011) Species response to contemporary climate change. In: Millington A, Blumler M, Schickhoff U (Hrsg) Handbook of biogeography. SAGE, London, S 231–242

Spiecker H, Mielikäinen K, Köhl M, Skovsgaard JP (Hrsg) (1996) Growth trends in European forests – studies from 12 countries. Springer, Berlin, Heidelberg

Stoate C, Baldi A, Beja P, Boatman ND, Herzon I, von Doorn A, de Snoo GR, Rakosy L, Ramwell C (2009) Ecological impacts of early 21st century agricultural change in Europe – a review. J Environ Manag 91:22–46

Subke J-A, Bahn M (2010) On the 'temperature sensitivity' of soil respiration: Can we use the immeasurable to predict the unknown? Soil Biol Biochem 42:1653–1656

Succow M, Joosten H (Hrsg) (2001) Landschaftsökologische Moorkunde, 2. Aufl. Schweizerbart, Stuttgart

Suchrow S, Pohlmann N, Stock M, Jensen K (2012) Long-term surface elevation changes in German North Sea salt marshes. Estuar Coast Shelf Sci 98:71–83

Sutmöller J, Spellmann H, Fiebiger C, Albert M (2008) Der Klimawandel und seine Auswirkungen auf die Buchenwälder in Deutschland. Beitr NW FVA 3:135–158

Tang J, Riley WJ (2014) Weaker soil carbon–climate feedbacks resulting from microbial and abiotic interactions. Nat Clim Change 5:56–60

Taylor AR, Schröter D, Pflug A, Wolters V (2004) Response of different decomposer communities to the manipulation of moisture availability: potential effects of changing precipitation patterns. Glob Change Biol 10:1313–1324

Theuerl S, Buscot F (2010) Laccases: toward disentangling their diversity and functions in relation to soil organic matter cycling. Biol Fertil Soils 46:215–225

Thompson JR, Gavin H, Refsgaard A, Refstrup Sörensen H, Gowing DJ (2008) Modelling the hydrological impacts of climate change on UK lowland wet grassland. Wetl Ecol Manag 17:503–523

Thuiller W, Lavorel S, Araújo MB, Sykes MT, Prentice IC (2005) Climate change threats to plant diversity in Europe. Proc Natl Acad Sci USA 102:8245–8250

Trnka M, Kersebaum KC, Eitzinger J, Hayes M, Hlavinka P, Svoboda M, Dubrovsky M, Smeradova D, Wardlow B, Pokorny E, Mozny M, Wilhite D, Zalud Z (2013) Consequences of climate change for the soil climate in Central Europe and the central plains of the United States. Clim Change 120:405–418

Trumbore SE, Czimczik CI (2008) An uncertain future for soil carbon. Science 321:1455–1456

Trusilova K, Riecke W (2015) Klimauntersuchung für die Metropolregion Hamburg zur Entwicklung verschiedener meteorologischer Parameter bis zum Jahr 2050. Berichte des Deutschen Wetterdienstes, Bd. 247

Tucker CJ, Slayback DA, Pinzon JE, Los SO, Myneni RB, Taylor MG (2001) Higher northern latitude normalized difference vegetation index and growing season trends from 1982 to 1999. Int J Biometeorol 45(4):184–190

Tylianakis JM, Didham RK, Bascompte J, Wardle DA (2008) Global change and species interactions in terrestrial ecosystems. Ecol Lett 11(12):1351–1363

Umweltbundesamt (Hrsg) (2011) Themenblatt Anpassung an den Klimawandel. Boden. Umweltbundesamt, Dessau-Roßlau

Umweltbundesamt (Hrsg) (2015) Monitoringbericht 2015 zur Deutschen Anpassungsstrategie an den Klimawandel. Bericht der Interministeriellen Arbeitsgruppe der Bundesregierung. Umweltbundesamt, Dessau-Roßlau

Uvarov AV, Tiunov AV, Scheu S (2011) Effects of seasonal and diurnal temperature fluctuations on population dynamics of two epigeic earthworm species in forest soil. Soil Biol Biochem 43:559–570

Vanselow-Algan M (2014) Impact of summer drought on greenhouse gas fluxes and nitrogen availability in a restored bog ecosystem with differing plant communities. Dissertation. Fachbereich Geowissenschaften, Universität Hamburg, Hamburg

Vanselow-Algan M, Schmidt SR, Greven M, Fiencke C, Kutzbach L, Pfeiffer E-M (2015) High methane emissions dominate annual greenhouse gas balances 30 years after bog rewetting. Biogeosci Discuss 12:2809–2842

Varallyay GY (1990) Influence of climatic change on soil moisture regime, texture, structure and erosion. In: Scharpenseel HW, Schomaker M, Ayoub A (Hrsg) Soils on a warmer earth. Dev Soil Sci 20., S 39–49

Varallyay GY (2010) The impact of climate change on soils and their water management. Agron Res 8:385–396

Venterink OH, Davidsson TE, Kiehl K, Leonardson L (2002) Impact of drying and re-wetting on N, P and K dynamics in a wetland soil. Plant Soil 243:119–130

Walentowski H, Kölling C, Ewald J (2007) Die Waldkiefer – bereit für den Klimawandel? LWF Wiss 57:37–46

Walentowski H, Lotsch H, Meier-Uhlherr R (2008) Moore und Klimawandel. LWF Aktuell 67:44–47

Walentowski H, Bolte A, Ibisch PL, Glogner K, Reif A (2009) AFSV-Konzeptpapier Wald im Klimawandel – Möglichkeiten der Risikominderung. Forst Holz 64(9):10–13

Wall DH, Virginia RA (2000) The world beneath our feet: soil biodiversity and ecosystem functioning. In: Raven PH (Hrsg) Nature and human society: the quest for a sustainable world. National Academy of Sciences Press, Washington, S 225–241

Wall DH, Bradford MA, St John MG, Trofymow JA, Behan-Pelletier VI, Bignell DE, Dangerfield JM, Parton WJ, Rusek J, Voigt W, Wolters V, Gardel HZ, Ayuke FO, Bashford R, Beljakova OI, Bohlen PJ, Brauman A, Flemming S, Henschel JR, Johnson DL, Jones TH, Kovarova M, Kranabetter JM, Kutny L, Lin K-C, Maryati M, Masse D, Pokarzhevskii A, Rahman H, Sabara MG, Salamon J-A, Swift MJ, Varela A, Vasconcelos HL, White D, Zou X (2008) Global decomposition experiment shows soil animal impacts on decomposition are climate-dependent. Glob Change Biol 14:2661–2677

Walther G-R, Post E, Convey P, Menzel A, Parmesan C, Beebee TJC, Fromentin J-M, Hoegh-Guldberg O, Bairlein F (2002) Ecological responses to recent climate change. Nature 416(6879):389–395

Walther G-R, Berger S, Sykes MT (2005) An ecological 'footprint' of climate change. P Roy Soc Lond B Bio 272(1571):1427–1432

Walther G-R, Gritti ES, Berger S, Hickler T, Tang Z, Sykes MT (2007) Palms tracking climate change. Glob Ecol Biogeogr 16(6):801–809

Walther G-R, Roques A, Hulme PE, Sykes MT, Pyšek P, Kühn I, Zobel M et al (2009) Alien species in a warmer world: risks and opportunities. Trends Ecol Evol 24(12):686–693

Wan S, Norby RJ, Ledford J, Weltzin JF (2007) Responses of soil respiration to elevated CO_2, air warming, and changing soils availability in a model old-field grassland. Glob Change Biol 13:2411–2424

Wang D, Heckathorn SA, Wang X, Philpott SM (2012) A meta-analysis of plant physiological and growth responses to temperature and elevated CO_2. Oecologia 169(1):1–13

Warren R, van der Wal J, Price J, Welbergen JA, Atkinson I, Ramirez-Villegas J, Osborn TJ, Jarvis A, Shoo LP, Williams SE, Lowe J (2013) Quantifying the benefit of early climate change mitigation in avoiding biodiversity loss. Nat Clim Change 3(7):678–682

Werner P, Zahner R (2009) Biologische Vielfalt und Städte. Eine Übersicht und Bibliographie. BfN-Skripten 245., S 1–129

Wesche K, Krause B, Culmsee H, Leuschner C (2012) Fifty years of change in central European grassland vegetation: large losses in species richness and animal-pollinated plants. Biol Conserv 150:76–85

Wessolek G, Lorenz M, Schwärzel K, Kayser M (2003) Auswirkungen von Klimaänderungen auf bodenhydrologische Zustandsgrößen: Veränderungen des Bodenwasserhaushaltes, der Biomasseproduktion und der Degradierung der Niedermoore als Folgen des globalen Wandels. Endbericht GLOWA-Elbe, Teilthema „Spreewald". Kennzeichen: 203015. TU Berlin, Berlin

Wessolek G, Nehls T, Kluge B (2010) Bodenüberformung und Versiegelung. In: Blume H-P, Horn R, Thiele-Bruhn S (Hrsg) Handbuch des Bodenschutzes, 4. Aufl. Wiley-VCH, Weinheim, S 155–169

Wiesner S, Eschenbach A, Ament F (2014) Urban air temperature anomalies and their relation to soil moisture observed in the city of Hamburg. Meteorol Z 23:143–157

Willand A, Buchsteiner D, Höke S, Kaufmann-Boll C (2014) Erarbeitung fachlicher, rechtlicher und organisatorischer Grundlagen zur Anpassung an den Klimawandel aus Sicht des Bodenschutzes – Teilvorhaben 1: Erarbeitung der fachlichen und rechtlichen Grundlagen zur Integration von Klimaschutzaspekten ins Bodenschutzrecht. Texte 57/2014. Umwelt Bundesamt, Dessau-Roßlau

Wilmanns O (1993) Ericaceen-Zwergsträucher als Schlüsselarten. Ber Reinhold Tüxen Ges 5:91–112

Wiltshire KH, Kraberg A (2013) Meere und Küsten: Klimawandel und Biodiversität. In: Essl F, Rabitsch W (Hrsg) Biodiversität und Klimawandel. Auswirkungen und Handlungsoptionen für den Naturschutz in Mitteleuropa. Springer, Berlin, Heidelberg, S 217–223

Wittich KP, Liedtke M (2015) Shifts in plant phenology: a look at the sensitivity of seasonal phenophases to temperature in Germany. Int J Climatol 35(13):3991–4000

Wittig R (1991) Ökologie der Großstadtflora. Flora und Vegetation der Städte des nordwestlichen Mitteleuropas. Fischer, Stuttgart

Wittig R (2002) Siedlungsvegetation. Ulmer, Stuttgart

Wittig R (2008) Gartenflüchtlinge als neue Mitglieder der Dorfflora in Nordrhein-Westfalen. Braunschweiger Geobot Arb 9:481–490

Wittig R, Becker U (2010) The spontaneous flora around street trees in cities – a striking example for the worldwide homogenization of the flora of urban habitats. Flora 205(10):704–709

Wittig R, Uebeler M, Ehmke W (Hrsg) (2008) Die Flora des Hohen Taunus. Geobotanische Kolloquien 21

Wittig R, Kuttler W, Tackenberg O (2012) Urban-industrielle Lebensräume. In: Mosbrugger V, Brasseur G, Schaller M, Stribrny B (Hrsg) Klimawandel und Biodiversität – Folgen für Deutschland. WBG, Darmstadt, S 290–307

Wohlgemuth T, Brang P, Bugmann H, Rigling A, Zimmermann NE (2014) Forschung zu Wald und Klimawandel in Mitteleuropa: eine Werkschau. Schweiz Z Forstwes 165(2):27–36

Working Group (2006) World reference base for soil resources, 2. Aufl. World Soil Resources Reports No. 103. FAO, Rome

Xu Z, Shimizu H, Yagasaki Y, Ito S, Zheng Y, Zhou G (2013) Interactive effects of elevated CO_2, drought, and warming on plants. J Plant Growth Regul 32:692–707

Yachi S, Loreau M (1999) Biodiversity and ecosystem productivity in a fluctuating environment: the insurance hypothesis. Proc Natl Acad Sci USA 96:1463–1468

Zaehle S, Bondeau A, Carter TR, Cramer W, Erhard M, Prentice IC, Reginster I, Rounsevell MDA, Sitch S, Smith B, Smith PC, Sykes M (2007) Projected changes in terrestrial carbon storage in Europe under climate and land-use change, 1990–2100. Ecosystems 10(3):380–401

Zarnetske PL, Skelly DK, Urban MC (2012) Biotic multipliers of climate change. Science 336(6088):1516–1518

Zhou L, Tucker CJ, Kaufmann RK, Slayback D, Shabanov NV, Myneni RB (2001) Variations in northern vegetation activity inferred from satellite data of vegetation index during 1981 to 1999. J Geophys R Atmos 106(D17):20069–20083

Auswirkungen des Klimawandels in der Region

Land- und Forstwirtschaft, Fischerei

Michael Köhl, Christian Möllmann, Jörg Fromm, Gerd Kraus, Volker Mues

Verantwortliche, vom Lenkungsausschuss berufene Leitautoren: Michael Köhl, Christian Möllmann
Von den Leitautoren hinzugezogene Autoren: Jörg Fromm, Gerd Kraus, Volker Mues

H. Storch, I. Meinke, M. Claußen (Hrsg.),
Hamburger Klimabericht – Wissen über Klima, Klimawandel und Auswirkungen in Hamburg und Norddeutschland,
https://doi.org/10.1007/978-3-662-55379-4_7

Tab. 7.1 Bruttowertschöpfung. (Statistische Ämter des Bundes und der Länder 2015; eigene Berechnungen)

Kreise und kreisfreie Städte	Insgesamt	Land- und Forstwirtschaft, Fischerei		Anteil an der BWS der Land- und Forstwirtschaft, Fischerei
	Tsd. EUR	Tsd. EUR	%	%
Lübeck	6.468.878	5847	0,1	0,35
Neumünster	2.285.996	7933	0,3	0,48
Dithmarschen	3.216.773	116.836	3,6	7,02
Herzogtum Lauenburg	3.368.314	53.058	1,6	3,19
Ostholstein	3.844.180	60.971	1,6	3,66
Pinneberg	6.775.357	84.397	1,2	5,07
Segeberg	6.049.648	72.935	1,2	4,38
Steinburg	3.372.566	77.985	2,3	4,69
Stormarn	5.976.637	38.263	0,6	2,30
Hamburg	8.496.7698	93.726	0,1	5,63
Cuxhaven	3.420.229	161.359	4,7	9,70
Harburg	4.045.402	67.427	1,7	4,05
Lüchow-Dannenberg	922.517	51.204	5,6	3,08
Lüneburg	3.606.832	549.86	1,5	3,31
Rotenburg (Wümme)	3.978.563	132.233	3,3	7,95
Heidekreis	3.425.432	71.332	2,1	4,29
Stade	4.530.509	111.871	2,5	6,72
Uelzen	1.912.231	80.834	4,2	4,86
Nordwestmecklenburg	2.862.129	106.378	3,7	6,39
Ludwigslust-Parchim	3.795.953	214.049	5,6	12,87
Gesamt	158.825.844	1.663.624		

7.1 Einleitung

Land- und Forstwirtschaft sind zusammen mit der Fischerei ein wichtiger Wirtschaftsfaktor der Metropolregion Hamburg (MRH). In den dörflichen und weit von der Hansestadt entfernten Regionen ist die Landwirtschaft ein bedeutender Arbeitgeber (Schulze et al. 2011; Statistisches Amt für Hamburg und Schleswig Holstein 2013; Statistische Ämter des Bundes und der Länder 2015). Fischerei, Land- und Forstwirtschaft tragen etwa 1 % zur Bruttowertschöpfung der MRH bei, wobei der Anteil in den Landkreisen Lüchow-Dannenberg und Ludwigslust-Parchim bei über 5 % liegt (Tab. 7.1). Die geringsten Beiträge zur Bruttowertschöpfung (rund 0,1 %) werden in den kreisfreien Städten Lübeck und Hamburg erzielt. In Hamburg werden rund 6 % der gesamten Bruttowertschöpfung der Land- und Forstwirtschaft und Fischerei erzielt. Dieser im Vergleich zur forst- und landwirtschaftlichen Fläche hohe Anteil an der Bruttowertschöpfung ist auf die Ausrichtung auf den wenig flächenintensiven und hoch produktiven Gartenbau zurückzuführen.

Aufgrund der Unterschiede zwischen terrestrischer und maritimer Biosphäre sowie der dadurch bedingten unterschiedlichen Produktionsbedingungen werden im Folgenden Land- und Forstwirtschaft und Fischerei getrennt dargestellt. Im Gegensatz zum Klimabericht 2011 (von Storch und Claussen 2011) befasst sich der Teilbereich Land- und Forstwirtschaft intensiv mit Wäldern, deren langfristige Produktionszeiträume eine besondere Herausforderung für die Anpassung an erwartete zukünftige Klimaveränderungen darstellen.

7.2 Land- und Forstwirtschaft

Die Hälfte der Landesfläche Deutschlands wird landwirtschaftlich genutzt. Etwa 270.000 landwirtschaftliche Betriebe beschäftigen rund 670.000 Menschen und erwirtschaften Waren im Wert von 500 Mrd. Euro im Jahr (IAB 2013; Statistische Ämter des Bundes und der Länder 2015). Etwa ein Drittel Deutschlands ist von Wäldern bedeckt, die mit einem durchschnittlichen Holzvorrat von 321 m^3/ha zu den vorratsreichsten in ganz Europa zählen. Auch in der MRH prägen Land- und Forstwirtschaft das Landschaftsbild. Landwirtschaftsflächen nehmen rund 62 % der Bodenfläche der MRH ein, ein Fünftel ist mit Wäldern bedeckt (Tab. 7.2). Die Unterschiede zwischen den einzelnen Kreisen und kreisfreien Städten sind aber beachtlich. Lüchow-Dannen-

■ **Tab. 7.2** Boden-, Landwirtschafts- und Waldfläche. (Statistische Ämter des Bundes und der Länder 2015; eigene Berechnungen)

Kreise und kreisfreie Städte	Bodenfläche	Landwirtschaftsfläche			Waldfläche
		Gesamt	Moor	Heide	
	[ha]	[ha]	[ha]	[ha]	[ha]
Lübeck	21.421	6965	2	18	3092
Neumünster	7163	3025	188	2	324
Dithmarschen	142.809	109.092	432	93	5306
Herzogtum Lauenburg	126.297	73.461	311	314	32.406
Ostholstein	139.259	100.541	153	19	14.158
Pinneberg	66.425	41.131	98	130	5855
Segeberg	134.441	89.173	1100	359	23.323
Steinburg	105.614	76.679	833	117	9880
Stormarn	76.629	50.899	303	11	10.495
Hamburg	75.522	18.559	26	658	4807
Cuxhaven	205.777	156.350	6323	565	17.663
Harburg	124.497	65.173	829	1770	35.448
Lüchow-Dannenberg	122.065	63.463	66	746	45.261
Lüneburg	132.350	68.130	69	358	42.887
Rotenburg (Wümme)	207.030	146.142	6363	1574	34.384
Heidekreis	187.367	78.532	821	5285	60.495
Stade	126.602	92.044	2248	202	9078
Uelzen	145.414	77.143	158	545	48.698
Nordwestmecklenburg	211.845	151.368	292	4	28.458
Ludwigslust-Parchim	475.186	283.003	429	352	133.891
Gesamt	2.833.713	1.750.873	21.044	13.122	565.909

berg, Lübeck, Heidekreis und Uelzen weisen einen Waldflächenanteil von über 30 % auf, während in Neumünster, Dithmarschen, Pinneberg, Steinburg, Hamburg, Cuxhaven und Stade weniger als 10 % der Bodenfläche von Wäldern bedeckt sind. Auch bei der landwirtschaftlich genutzten Fläche finden sich deutliche Unterschiede: Den geringsten Anteil an Landwirtschaftsflächen weist mit rund 25 % Hamburg auf; in Dithmarschen, Ostholstein, Steinburg, Cuxhaven, Rotenburg (Wümme), Stade und Nordwestmecklenburg werden über 70 % der Bodenfläche landwirtschaftlich genutzt.

Land- und Forstwirtschaft sind von der globalen bis zur regionalen Ebene stark mit dem Klimawandel verknüpft (■ Abb. 7.1). Weltweit tragen sie durch die Emission von Spurengasen (insbesondere Methan und Distickstoffoxid) und die Freisetzung von CO_2 infolge von Landnutzungsänderungen zur Erhöhung der Treibhausgaskonzentration der Atmosphäre bei und gelten als bedeutende *Ursache* des Klimawandels. Andererseits hat der Klimawandel durch den Temperaturanstieg, erhöhte CO_2-Konzentrationen sowie veränderte Niederschlagsmuster und Extremwetterlagen direkte *Auswirkungen* auf die Land- und Forstwirtschaft, die sich den sich verändernden Umweltbedingungen anpassen muss. Wie wirksam diese *Anpassung* erfolgen kann, hängt insbesondere für die Forstwirtschaft vom zeitlichen Verlauf des Klimawandels ab; aufgrund des hohen Lebensalters von Bäumen erfordert die natürliche Fähigkeit von Waldökosystemen zur Anpassung an veränderte Klimabedingungen lange Zeiträume (Otto 1994). Der rasche Fortschritt des anthropogen verursachten Klimawandels könnte die Anpassungsfähigkeit von

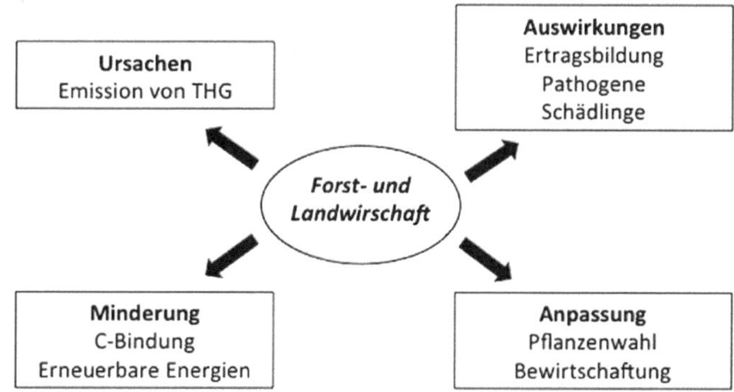

■ **Abb. 7.1** Land- und Forstwirtschaft im Klimawandel. (Nach Schaller und Weigel 2007)

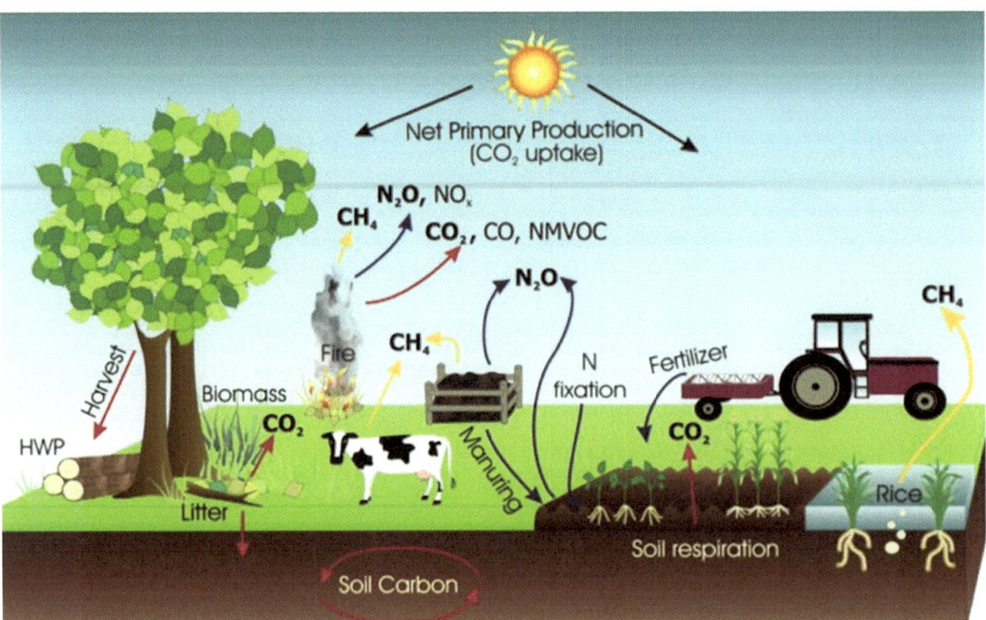

Abb. 7.2 THG-Quellen in der Land- und Forstwirtschaft. (IPCC 2006)

Wäldern überfordern. Land- und insbesondere Forstwirtschaft tragen aber auch zu einer *Minderung* des Klimawandels bei. Pflanzen binden über die Photosynthese atmosphärisches CO_2 und wirken somit als Kohlenstoffsenke. Durch Extensivierungsmaßnahmen, insbesondere durch ökologische Landwirtschaft, kann der Ausstoß von klimaschädlichen Treibhausgasen (THG) pro Flächeneinheit[1] verringert werden. Der Anbau von nachwachsenden Rohstoffen trägt zur Verringerung der THG-Emissionen durch den Ersatz fossiler Energiequellen bei.

Die Wahl von Anpassungs- und Minderungsmaßnahmen ist nicht frei von Zielkonflikten. So werden Entscheidungen zum Anbau klimaangepasster Sorten, zur Erhöhung des Kohlenstoffspeichers von Wäldern durch Nutzungsverzicht oder zum Anbau von nachwachsenden Rohstoffen statt Lebensmitteln kontrovers und häufig nicht ideologiefrei diskutiert (z. B. Sachverständigenrat Umwelt 2012; Erler et al. 2012; Graham-Rowe 2012).

7.2.1 Land- und Forstwirtschaft als Ursache des Klimawandels

Die Landwirtschaft trägt 10–11 % (IPCC 2014) zu den globalen THG-Emissionen bei, Entwaldung, Walddegradierung, Wald- und Torffeuer und die Zersetzung von organischem Kohlenstoff in drainierten Moorböden weitere 10–20 % (van der Werf et al. 2009; Harris et al. 2012; Tubiello et al. 2014). Im Zeitraum 2004–2013 wurden jährlich durchschnittlich 0,9 ± 0,5 GtC durch Landnutzungsänderungen freigesetzt (Le Quéré et al. 2015). 2008 führte das globale Ernährungssystem einschließlich Produktion, Düngemittelherstellung, Kühlung und Emissionen aus Entwaldung und Landnutzungsänderungen zur Freisetzung von 9800–16.900 Mt CO_{2e} (Vermeulen et al. 2012).

Auch in Deutschland trägt die Landwirtschaft zur Emission von THG bei. Im Jahr 2013 war die Landwirtschaft für 6,7 % (i. e. 64 Mio. t CO_{2e}) der gesamten THG-Emissionen Deutschlands verantwortlich und ist damit nach den Emissionen aus stationärer und mobiler Verbrennung der zweitgrößte Verursacher von THG-Emissionen. Die wichtigsten Quellen der globalen THG-Emissionen sind Viehhaltung, landwirtschaftlich genutzte Böden sowie der Einsatz von Düngemitteln und Pestiziden (Schaller und Weigel 2007; IPCC 2014; Umweltbundesamt 2014). Der Maschineneinsatz in der Landwirtschaft führt im Vergleich zum Verkehrssektor zu vernachlässigbaren Emissionen (Schaller und Weigel 2007). 2013 verursachte die Landwirtschaft rund 54 % der Methanemissionen und 77 % der Lachgasemissionen in Deutschland (Umweltbundesamt 2014).

Abb. 7.2 zeigt eine globale Übersicht der THG-Quellen der Land- und Forstwirtschaft. Die wichtigsten Quellen von THG-Emissionen aus der Landwirtschaft sind Emissionen von Methan (CH_4) sowie Lachgas (Distickstoffoxid, N_2O) und seine Vorläufersubstanzen (Stickoxide, NO_x; Stickstoff, N_2). Das klimawirksame Spurengas Methan entsteht durch das Wirtschaftsdüngermanagement (Festmist und Gülle) sowie die enterogene Fermentation im Pansen von Wiederkäuern (Schafe, Rinder). 2013 trug die Lagerung und Ausbringung von Festmist und Gülle rund 20 % zu den gesamten Methanemissionen der deutschen Landwirtschaft bei (Umweltbundesamt 2014), wovon ein Großteil auf die Exkremente von Rindern und in geringerem Umfang von Schweinen zurückgeht. Die entsprechenden Beiträge von anderen Tiergruppen sind vernachlässigbar. Emissionen von Lachgas und seinen Vorläufersubstanzen entstehen vor allem aus umgewidmeten Mooren und Grünland, gedüngten und ungedüngten Ackerkulturen sowie in geringerem Umfang aus Festmist, der bei der Einstreuhaltung anfällt.

In der MRH haben sich zwischen 2009 und 2014 die Rinderbestände leicht erhöht (Tab. 7.3). Gleiches trifft für den Bestand der Milchkühe zu. Legt man den deutschen Rinderbestand

1 Produktbezogene Emissionen sind bei konventioneller Landwirtschaft geringer, ► Abschn. 7.2.3

Tab. 7.3 Bestand Rinder und Milchkühe 2009 und 2014. (Statistische Ämter des Bundes und der Länder 2015)

	Rinder insgesamt		Milchkühe	
	Anzahl 2009	Anzahl 2014	Anzahl 2009	Anzahl 2014
Lübeck	2736	2478	870	815
Neumünster	2329	3104	825	1038
Dithmarschen	137.552	135.335	36.972	41.312
Herzogtum Lauenburg	30.557	30.300	8469	8857
Ostholstein	25.132	25.122	8606	8824
Pinneberg	47.911	47.235	15.120	16.855
Segeberg	73.024	70.548	24.145	25.018
Steinburg	126.524	124.219	42.962	46.122
Stormarn	26.944	28.475	9997	10.849
Hamburg	6436	6283	1053	1152
Cuxhaven	282.156	283.564	99.249	110.246
Harburg	36.873	39.914	10.956	13.650
Lüchow-Dannenberg	22.821	22.757	6675	6524
Lüneburg	30.485	31.292	10.671	11.137
Rotenburg (Wümme)	177.899	179.924	57.731	65.264
Heidekreis	39.309	39.953	11.052	12.447
Stade	106.437	112.371	39.066	45.124
Uelzen	12.999	13.166	3909	4078
Nordwestmecklenburg	45.698	49.112	20.387	–
Ludwigslust-Parchim	–	136.239	–	51.159
Ludwigslust	72.436	–	23.420	–
Insgesamt	1.306.258	1.381.391	432.135	480.471

(Statistische Ämter des Bundes und der Länder 2015) und die Emissionen aus der Tierhaltung (Umweltbundesamt 2014) für eine überschlägige Berechnung zugrunde, führte der Tierbestand in der MRH 2014 zu Emissionen von schätzungsweise 4,1 Mio. Mt CO_{2e}. Dieser Wert entspricht etwa 6 % der Emissionen der gesamten deutschen Landwirtschaft.

Neben der Tierhaltung sind auch landwirtschaftlich genutzte Böden eine Quelle von klimarelevanten Gasen. Hierbei handelt es sich hauptsächlich um Lachgasemissionen sowie erhöhte CO_2-Freisetzungen durch den Umbruch von Grünland- und Moorstandorten. Lachgasemissionen entstehen durch die mikrobakterielle Umwandlung von Stickstoffverbindungen in Böden und werden in direkte und indirekte Emissionen unterschieden. Direkte Lachgasemissionen entstehen durch die Landwirtschaft selbst, indem Nährstoffe umgesetzt werden, die durch Weidegang, Wirtschaftsdünger, Mineraldüngen und Klärschlamm, biologische Stickstofffixierung durch Leguminosen, die Zersetzung von Ernterückständen und Bewirtschaftung organischer Böden ausgebracht bzw. gebunden wurden. Nach FAO (FAOSTAT 2014) stiegen zwischen 1961 und 2010 die Emissionen, die auf die Anwendung synthetischer Dünger zurückzuführen sind, weltweit um 900 %. Ein Kilogramm Düngemittel führt nach Schaller und Weigel (2007) zur Freisetzung von ca. 10 kg CO_{2e}.

Indirekte Lachgasemissionen sind eine Folge von Depositionen reaktiven Stickstoffs sowie Auswaschungen und Oberflächenabfluss auf gedüngten Böden. Letztere wirken sich vor allem auf den Nährstoffhaushalt von naturnahen oder natürlichen Ökosystemen aus. Zwischen 1990 und 2012 sind die Lachgasemissionen aus Böden deutschlandweit um rund 14 % zurückgegangen und betrugen 2012 rund 94 % der gesamten Lachgasemissionen der deutschen Landwirtschaft (Umweltbundesamt 2014). Für die MRH weist der Nationale Treibhausgasbericht (Umweltbundesamt 2014) keine Zahlen aus.

In Deutschland spielen THG-Emissionen durch Landnutzungsänderungen und nichtnachhaltige Waldnutzung eine vernachlässigbare Rolle. Wie in den übrigen Wäldern Deutschlands übersteigt auch in der MRH der Holzzuwachs die Holznutzung, sodass sich der Kohlenstoffspeicher des Waldes in einem kontinuierlichen Aufbauprozess befindet. Auch findet keine CO_2-Freisetzung durch großflächige Waldbrände statt. Zwischen 2011 und 2014 waren in Niedersachsen, Schleswig-Holstein, Mecklenburg-Vorpommern und Hamburg zwischen 12 ha (2014) und 33 ha (2011) von Waldbränden betroffen (BLE 2015). Somit stellt die Forstwirtschaft im Gegensatz zur Landwirtschaft in der MRH keine Ursache des Klimawandels dar.

7.2.2 Auswirkungen des Klimawandels auf die Land- und Forstwirtschaft

Der Klimawandel hat gemäß OECD (2002) agronomische, sozioökonomische und ökologische Auswirkungen auf die Landwirtschaft. Die agronomischen Auswirkungen betreffen u. a. Änderungen der Standortfaktoren und deren Konsequenzen für den Anbau von Kulturpflanzen und die Tierhaltung, Pflanzenschutzmaßnahmen durch veränderte Ausbreitungsmuster und Virulenz von Pathogenen und Krankheiten, zunehmenden Bewässerungsbedarf sowie Veränderungen der Bodenfruchtbarkeit. Umweltauswirkungen entstehen durch den Verlust an Biodiversität, die Belastung von natürlichen und naturnahen Ökosystemen durch den erhöhten Einsatz von Düngemitteln und Pestiziden oder die Beeinflussung der Wasserverfügbarkeit infolge von landwirtschaftlichen Bewässerungsmaßnahmen. Zudem kann der Klimawandel zu Ertrags- und damit Gewinneinbußen führen und das Risiko der landwirtschaftlichen Produktion erhöhen.

Der Faktorenkomplex aus Klima, Boden und Wasserverfügbarkeit bestimmt das natürliche Vorkommen von Baumarten. Mit zunehmender Wärme und länger anhaltenden Trockenperioden im Sommer können Bäume in Hitze- und Trockenstress geraten; das Wachstum und die Vitalität von Wäldern werden negativ beeinflusst. Die Folge wären Ertragseinbußen und eine geringere Kohlenstoffsequestrierung. Zudem steigt durch mildere Winter sowie wärmere und trockenere Sommer das Risiko von Schädlingskalamitäten, z. B. durch Borkenkäfer, und Waldbränden.

Im Folgenden werden die Auswirkungen des Klimawandels auf die Land- und Forstwirtschaft im Hinblick auf veränderte Temperatur- und Niederschlagsverhältnisse, auf das Pflanzenwachstum durch gesteigerte CO_2-Konzentrationen und auf die Entwicklung von Schaderregern und Pflanzenkrankheiten dargestellt.

7.2.2.1 Standortfaktoren Temperatur und Niederschlag

Jährliche Klimavariabilität ist eine der Hauptursachen für schwankende Erträge und das inhärente Risiko der landwirtschaftlichen Produktion. Zur Beurteilung der Auswirkungen des Klimawandels auf das Pflanzenwachstum müssen die Klimafaktoren und der Witterungsverlauf im Zusammenhang mit den Standortansprüchen der einzelnen Pflanzenarten betrachtet werden. In ◘ Tab. 7.4 sind beispielhaft Einflüsse von Temperatur und Niederschlag auf einzelne Komponenten des Agrarökosystems dargestellt.

◘ **Tab. 7.4** Einfluss von Lufttemperatur und Niederschlag auf einzelne Komponenten des Agrarökosystems. (Nach Olesen und Bindi 2004)

Komponente	Temperatur	Niederschlag
Pflanzen	Länge der Wachstumsperiode	Trockenmasseproduktion
Tiere	Wachstum und Reproduktion	Gesundheit
Wasser	Bewässerungsbedarf Versalzung	Grundwasser
Böden	Umsatz organischer Substanz Nährstoffversorgung	Erosion Pflanzenverfügbares Wasser
Schädlinge und Krankheiten	Generationszeit Frühe des Befalls	Populationsdynamik Krankheitsübertragung
Unkräuter	Wirksamkeit von Herbiziden	

Für die Land- und Forstwirtschaft sind neben Temperaturänderungen vor allem die Höhe und die jahreszeitliche Verteilung der Niederschläge von Bedeutung. In den letzten 100 Jahren wurden in der MRH ein Anstieg der Jahresmitteltemperaturen um etwa 1 °C und eine Zunahme der Jahresniederschlagshöhe beobachtet. Gehölze der gemäßigten Breiten können kurzfristige Maximaltemperaturen zwischen 45 und 55 °C ohne irreversible Schäden überstehen (Tesche 1992). Das Zusammenspiel von Niederschlag, Wasserhaltekapazität des Bodens und Verdunstung ist entscheidend für eine ausreichende Wasserversorgung der Pflanzen. Niederschlagsmangel und eine durch hohe Temperaturen gesteigerte Verdunstung führen dazu, dass der Wassergehalt des Bodens absinkt und Pflanzen unter Wassermangel leiden (Otto 1994; Matyssek et al. 2010; Chmielewski 2011a). Durch den Wassermangel vermindert sich zunächst das Volumen der Pflanzenzelle, gefolgt von einer Erhöhung der Zellsaftkonzentration und einer Entquellung des Protoplasmas. Infolge des zurückgehenden Turgordrucks (i. e. Druck des Zellsafts auf die umgebende Zellwand) und eine damit einhergehende Veränderung des osmotischen Wertes in der Zelle wird zunächst das Wachstum verlangsamt. Trockenschäden entstehen, sobald das Wurzelwachstum eingestellt wird. Biomembranläsionen und der Zusammenbruch der Energieversorgung der Pflanzen führen anschließend zum Hitzetod (Roloff und Grundmann 2008).

Die Tendenz zu trockeneren Sommern wirkt sich auf die Land- und Forstwirtschaft stärker aus als die deutliche Zunahme der Niederschläge im Herbst und Winter. Klimaszenarien legen nahe, dass sich die bisherige Tendenz zu höheren Temperaturen und trockeneren Sommern auch in Zukunft fortsetzt (▶ Abschn. 2.4), was zu einer Verschlechterung der Wachstums- und Produktionsbedingungen der Forst- und Landwirtschaft führen würde.

In den letzten Jahrzehnten haben sich die Vegetationsperioden verlängert, was durch Untersuchungen von phänologischen Daten belegt werden konnte (Menzel und Fabian 1999; Chmielewski und Rötzer 2001; Bissolli et al. 2005). So setzen im Jahresverlauf Laubaustrieb oder Blüte deutlich früher ein, Laubverfärbung und Laubwurf nur unwesentlich später. Längere Vegetationsperioden können zu einer Erhöhung der Biomasseproduktion führen. Sie können sich aber auch negativ auf die Wechselwirkungen zwischen Arten z. B. bei der Bestäubung auswirken (Menzel et al. 2006; Thomson 2010). Die Frosthärte von Bäumen wird durch milde Winter verringert und kann so zu einer Zunahme von Spätfrostschäden führen. Durch wärmere Episoden im Winter kann der Stoffwechsel von Bäumen während

■ Tab. 7.5 Feldfruchtarten Hektarerträge (dt/ha), 2013. (Statistische Ämter des Bundes und der Länder 2015)

	Winterweizen	Roggen und Wintermenggetreide	Wintergerste	Sommergerste	Hafer	Triticale	Kartoffeln	Zuckerrüben	Winterraps	Silomais
Lübeck	87,9	84,6	86,4	0	0	0	0	680	42,9	375,8
Neumünster	78,6	79,6	76,4	0	0	0	0	600	47	444,8
Dithmarschen	86,9	76,5	85,4	0	0	0	0	713,2	40,2	389,7
Herzogtum Lauenburg	91,6	75,7	85,7	0	0	0	0	640,6	41,3	369,9
Ostholstein	98,1	75,5	93,3	0	0	0	0	657,3	44	389,4
Pinneberg	83,1	71,6	78,7	0	0	0	0	0	37,8	373,4
Segeberg	87,1	80,3	83,2	0	0	0	0	606,1	40,4	376,3
Steinburg	81,6	75,6	80,4	0	0	0	0	630,9	38,3	383
Stormarn	88,5	81,4	80,5	0	0	0	0	680	40,1	380,9
Hamburg	–	–	–	–	–	–	–	–	–	–
Cuxhaven	82,6	69,6	70,7	59,7	52,9	68,8	422,8	645,3	40,4	405,3
Harburg	80,9	66,8	67,9	59,2	50,5	68,4	429,9	646	38,5	388,5
Lüchow-Dannenberg	80,8	68,9	71,5	60,7	52,3	69,5	449,5	657,1	39,6	411,8
Lüneburg	79,6	72,6	70,5	59,5	50,7	71,3	429,3	638,3	38,9	382
Rotenburg	78,8	73,5	67,9	59,6	46,8	68,6	431,1	641,2	37,9	387,9
Heidekreis	80,6	70,4	68,7	60,8	48,3	69	434,2	644	38,2	393,5
Stade	82,2	73,7	72	60,1	54,3	72,2	447,9	642,2	39,4	414,4
Uelzen	85,5	72,5	73,8	61,6	52,5	71	447	637,6	40,5	400,8
Nordwestmecklenburg	90,4	70	84,3	53,2	54,5	69,9	334	624,7	42,9	330,5
Ludwigslust-Parchim	78,2	60,5	70,7	50,6	47,1	59	367,9	604,5	32,5	303,9

der Winterruhe aktiviert werden und sich durch den damit hervorgerufenen physiologischen Stress negativ auf die Vitalität auswirken (Kätzel 2008). Auch Schadorganismen profitieren von längeren Vegetationszeiten, indem u. a. ihre Populationsgröße durch die Ausbildung zusätzlicher Generationen zunimmt.

Die Nähe zu Nord- und Ostsee prägt das Klima der MRH. Dies führt zu einem wechselhaften Wettercharakter mit nur mäßig warmen Sommern und relativ milden Wintern. Bei Ostwinden dringen kontinentale Luftmassen in die MRH vor. Mit zunehmendem Abstand zu den Küsten nimmt die Kontinentalität des Klimas zu. Der südöstliche Teil der MRH weist im Jahresmittel etwas höhere Temperaturen auf. Besonders die Landkreise Lüneburg, Lüchow-Dannenberg und Uelzen sind im Vergleich zur restlichen MRH trockener (von Storch und Claussen 2011).

Die im Vergleich zum Bundesdurchschnitt kühleren Sommer sowie die relativ gute Niederschlagsversorgung führen in der MRH zu Spitzenerträgen bei verschiedenen Feldfruchtarten, wie Winterweizen, Wintergerste, Roggen oder Raps, sowie im Grünlandbau (Schaller und Weigel 2007; Chmielewski 2011b). ■ Tab. 7.5 zeigt die Hektarerträge (dt/ha) der wichtigsten Feldfruchtarten in den Kreisen der MRH. Unterschiede sind hierbei aber nicht nur auf die unterschiedlichen klimatischen Bedingungen, sondern auch auf Düngemitteleinsatz, Anbaumethoden und vor allem auf die Bodeneigenschaften zurückzuführen.

Veränderte Temperatur- und Niederschlagsverhältnisse zu verschiedenen Zeitpunkten der Vegetationsperiode werden sich auf einzelne Kulturpflanzen unterschiedlich stark auswirken. Unter den Getreidearten stellt *Weizen* die höchsten Ansprüche an die klimatischen Bedingungen. Er verlangt wintermilde und sommerwarme Klimate mit hoher Strahlungsintensität sowie eine ausreichende Wasserversorgung während der Vegetationszeit. Der Transpirationskoeffizient von 500 Litern Wasser pro kg Trockenmasse zeigt den hohen Wasserverbrauch von Weizen. Wassermangel in der Kornfüllungsphase kann zu einer deutlichen Reduzierung der Tausendkornmassen führen. Aber auch in der Zeit vom Schossen bis zur Blüte ist eine ausreichende Wasserversorgung essenziell. Ebenso ist die Temperatur entscheidend für die Weizenentwicklung. Milde Winter und kühle Frühjahrstemperaturen fördern die Entwicklung von Winterweizen. Während der Reifephase wirkt sich Hitze negativ auf die Ausbildung der Korngröße und des Einzelkorngewichts aus (Chmielewski und Köhn 2000). Die Ertragseinbußen, die während des Hitzesommers 2003 beobachtet wurden, geben einen Hinweis auf die Auswirkungen des zukünftigen Klimawandels (Schaller und Weigel 2007).

Wintergerste ist weniger hitzeempfindlich als Winterweizen. Die Begrannung gewährleistet eine Abkühlung der Ähren durch Verdunstung, sofern genügend Wasser aus dem Boden verfügbar ist. Im Vergleich zu Winterweizen ist der Wasserverbrauch der Gerste geringer, da ein größerer Teil der vegetativen Entwicklung bereits im Herbst und Winter erfolgt. In Schleswig-Holstein werden deutschlandweit die höchsten Erträge erzielt (Schaller und Weigel 2007; Statistische Ämter des Bundes und der Länder 2015). Anhand von Dauerfeldversuchen konnte gezeigt werden, dass Klimafaktoren einen Großteil der Ertragsvariabilität von Winterroggen und Sommergetreide erklären können (Chmielewski und Köhn 1999, 2000). Franzaring et al. (2007) verknüpften historische Ertragsstatistiken mit Daten zu Strahlung, Niederschlag, Temperatur und Konzentration atmosphärischer Verbindungen. Für Südwestdeutschland fanden sie starke negative Korrelationen zwischen Sommertemperaturen und Ernteerträgen. Daten der 1990er-Jahre zeigen, dass für jedes Grad Temperatursteigerung die Erträge um 5–10 % sinken. Die Auswirkungen von steigenden Sommertemperaturen auf die Ernteerträge müssen aber auch im Hinblick auf die Wasserversorgung der Pflanzen diskutiert werden (Chmielewski 2011a).

Durch das maritim geprägte Klima ist die MRH ein bevorzugter Standort für *Dauergrünland*. In Hamburg entfällt mit etwa 6800 ha der größte Teil der landwirtschaftlich genutzten Fläche auf Dauergrünland (Bürgerschaft der Freien und Hansestadt Hamburg 2014). Die Zusammensetzung der Pflanzengesellschaften auf Dauergrünland variiert mit den klimatischen Bedingungen und der Nutzung als Weide oder Mahd. Warme Temperaturen im Frühjahr und feuchte Sommer führen zu Höchsterträgen. In trockenen Sommern sind Ertragseinbußen zu erwarten.

In der MRH spielt der Anbau von *Obst und Gemüse* eine besondere Rolle. Das „Alte Land" ist die nördlichste Obstanbauregion Deutschlands und erstreckt sich auf einer Fläche von rund 10.000 ha. Auf rund 88 % der Fläche werden Äpfel angebaut, gefolgt von Süßkirschen (5 %), Birnen (3 %), Pflaumen (1,6 %) und Sauerkirschen (1 %) (Keckl 2005; Chmielewski 2011b). Die am häufigsten angebauten Apfelsorten sind Elstar und Jonagold, wobei die Sortenwahl einen deutlichen Einfluss auf den jährlichen Ertrag, die Lagerfähigkeit und den Preis hat (Keckl 2005). Qualität und Quantität der Produktion hängen in hohem Maße von der Witterung im Erntejahr ab und sind daher starken Schwankungen unterworfen. Der beobachtete Temperaturanstieg hat bereits zu einem deutlich früheren Blühbeginn von Obstgehölzen geführt (Chmielewski et al. 2004). Im Alten Land blühen die Obstgehölze seit 1975 um wenigstens zwei Wochen verfrüht (Chmielewski 2011b). Mit dem früheren Blühbeginn werden sich auch die Erntezeiten zu einem früheren Termin hin verschieben. Ebenso kann die Gefahr von Spätfrostschäden zunehmen, die aber an der Niederelbe im Vergleich zu weiter südlich im Landesinnern gelegenen Anbaugebieten nur gering steigen wird.

Neben Temperatur und Niederschlag während der Vegetationsperiode wirken sich auch die Temperaturen im Winterhalbjahr auf die Obstproduktion aus. Obstgehölze müssen über einen längeren Zeitraum kühleren Temperaturen zwischen ca. 3 und 10 °C ausgesetzt sein, um vom vegetativen zum generativen Zustand übergehen zu können. Um die Blütenbildung auszulösen, müssen diese niedrigen Temperaturen über eine bestimmte Zeitdauer einwirken. Gerade in den wintermilden nordwestlichen Regionen Deutschlands kann dieser Kältereiz, der zur Überwindung der Winterruhe unerlässlich ist, im Zuge des Klimawandels erst später erfüllt sein (Chmielewski et al. 2012). Zu hohe Herbst- und Wintertemperaturen stören diesen Prozess und führen zu einem unregelmäßigen und verspäteten Blühbeginn.

Für die Landwirtschaft in der MRH können sich sowohl Chancen als auch Risiken durch den zu erwartenden Klimawandel ergeben. Konkrete Aussagen sind im Moment aufgrund fehlender Detailstudien noch nicht möglich und werden sich erst durch die zukünftigen Ergebnisse laufender Forschungsarbeiten treffen lassen. Die Wechselwirkungen zwischen Temperatur und Wasserverfügbarkeit werden aber einen entscheidenden Einfluss auf die zukünftigen Wachstumsbedingungen und Ertragspotenziale in der Landwirtschaft haben (Chmielewski 2011a).

Auch in der Forstwirtschaft werden höhere Temperaturen in Verbindung mit abnehmenden Niederschlägen in den Sommermonaten einen entscheidenden Einfluss auf die Vitalität von Bäumen haben. Das natürliche Verbreitungsgebiet von Bäumen wird u. a. von ihrer Hitze- und Trockenheitsresistenz sowie ihrer Frostresistenz beeinflusst. Die Frostresistenz kann in Deutschland bei zukünftigen Änderungen des Temperaturregimes vor allem in höheren Lagen entscheidend für die Verbreitung von Baumarten sein, spielt aber in der MRH ebenso wie die Hitzeresistenz eine eher untergeordnete Rolle. Hier wird vor allem die Trockenheitsresistenz Einfluss auf die zukünftige Baumartenverteilung und die Anbaueignung haben.

Bäume haben im Laufe ihrer Phylogenese Strategien zur Überdauerung von Trockenheitsperioden entwickelt. Hierzu zählen z. B. der vorzeitige Laubabwurf, die Reduktion der verdunstenden Flächen, das Schließen von Spaltöffnungen oder Wachsauflagen auf den Blättern. Bei der Beurteilung der Trockenheitsresistenz muss allerdings zwischen periodischen Ereignissen und langfristigen Veränderungen von Klimamustern unterschieden werden. Während die meisten Baumarten periodische Ereignisse wie den trockenen Sommer im Jahr 2003 bis auf Wachstumsdepressionen unbeschadet überstehen, können sich langfristige Veränderungen auf das Ausbreitungsgebiet der Arten auswirken. Aufzeichnungen der natürlichen Verbreitung von Baumarten (Bohn und Neuhäusl 2003) und Klimadaten können zur Abschätzung der Verschiebung von physiologischen Grenzen und damit den Ausbreitungsgebieten einzelner Arten dienen.

Aus waldökologischer Sicht beeinflussen nicht nur physiologische Grenzen das Vorkommen einer Art. Die potenzielle Arealgrenze einer Art wird bestimmt durch die Kombination von Bodeneigenschaften und Klima. Allerdings wirkt sich auf das potenzielle Verbreitungsareal auch die Konkurrenz anderer Arten aus. So können einzelne Arten von Standorten, die ihren physiologischen Ansprüchen genügen, durch die starke Konkurrenz anderer Arten verdrängt werden. In Mitteleuropa kommt die Kiefer aufgrund ihrer geringen Konkurrenzkraft nur auf Extremstandorten vor, die für konkurrenzstarke Baumarten wie die Buche nicht geeignet sind (Bolte et al. 2008). Daher kann sich das reale vom potenziellen Verbreitungsareal unterscheiden (Otto 1994; Ellenberg 1996). Im Zuge von Klimaveränderungen werden sich nicht nur die Standortbedingungen, sondern auch die Konkurrenzbeziehungen zwischen den Arten verändern. Eine Beurteilung veränderter Verbreitungsareale, die sich ausschließlich auf die Betrachtung sog. bioklimatischer Hüllen

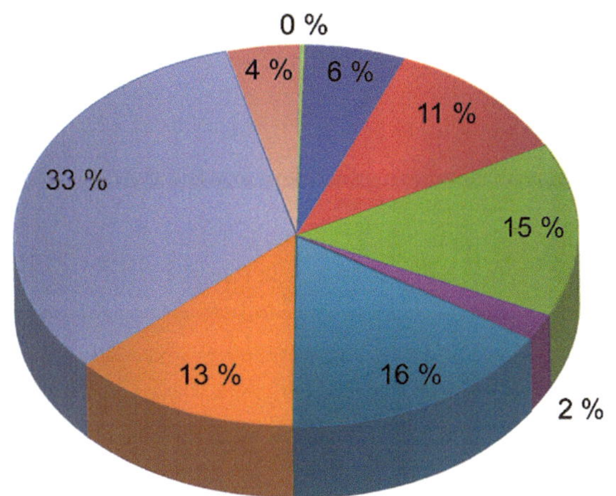

Abb. 7.3 Baumartenverteilung in der MRH in Prozent der Biomasse. (Quelle: Bundeswaldinventur; eigene Berechnungen)

(Klimahüllen, „bioclimatic envelopes“) bezieht (Bakkenes et al. 2002; Kölling 2007), ist daher kritisch zu bewerten (Bolte et al. 2008).

In der MRH sind gemessen am Anteil der Biomasse Kiefer (33,3 %), Eiche (15,5 %), Buche (15,3 %) und Fichte (13,3 %) die häufigsten Baumarten (Abb. 7.3). Diese Baumarten sind im Hinblick auf ihre Reaktionen auf den Klimawandel unterschiedlich zu beurteilen.

Die Buche (*Fagus sylvatica L.*) ist die häufigste Laubbaumart Deutschlands und besonders gut an das ozeanische Klima angepasst. Sie findet sich bereits heute außerhalb ihres physiologischen Optimums. So wachsen Buchen im nordwestdeutschen Küstenraum auf nährstoffarmen und trockenen Dünensanden, obwohl diese Böden nicht zu ihren bevorzugten Standorten gehören (Otto 1994). Die Buche kann aufgrund ihrer hohen Trockenstresstoleranz auch trockene Phasen überstehen (Czajkowski et al. 2005; Czajkowski und Bolte 2006). Kriebitzsch et al. (2008) beschreiben die Wachstumsreaktionen von Buchen im Trockenjahr 2003 und in den darauffolgenden Jahren anhand eines Herkunftsversuchs, der Anfang der 1990er-Jahre in der Nähe von Kiel angelegt wurde. Sechs Buchenherkünfte, die von klimatisch sehr unterschiedlichen Standorten stammen (Brandenburg, Harz, Rumänien, Tschechien, Spanien und Österreich mit mittleren Jahresniederschlägen zwischen 575 und 1400 mm) und im Freilandversuch unter gleichen Bedingungen angebaut werden, wurden in die Untersuchung eingeschlossen. Alle Herkünfte zeigten einen deutlichen Rückgang der Wachstumsraten im Trockensommer 2003, die Erholung der Zuwachsraten erfolgte aber sehr unterschiedlich. Bei einigen Herkünften konnte auch in den Folgejahren eine verringerte Spaltöffnungsweite und damit ein reduzierter Zuwachs beobachtet werden. Nach Kriebitzsch et al. (2008) reagieren einige Herkünfte empfindlicher auf Klimastress und benötigen lange Erholungsphasen, sodass eine dichtere Abfolge von Trockenjahren zur Destabilisierung von Waldbeständen führen könnte.

Die Stieleiche (*Quercus robur L.*) findet optimale Wuchsbedingungen auf tiefgründigen, frischen bis feuchten Böden, gedeiht aber auch gut auf trockenen Böden. Sie verträgt sommerliche Trockenzeiten meist ohne Schaden. Die Traubeneiche (*Quercus petraea (Matt.) Liebl.*) bevorzugt mäßig sommertrockene und wintermilde Klimalagen. Sie hat geringere Ansprüche an die Bodenfeuchtigkeit und wächst auch auf sehr trockenen Standorten (Mayer 1999). Nach Roloff und Grundmann (2008) wird die Eiche vom Klimawandel wahrscheinlich am stärksten profitieren, da sie sich aufgrund ihrer tiefreichenden Pfahlwurzel zunehmend auf den Trockengebieten Norddeutschlands ausbreiten könnte. Von einem wärmeren Klima werden auch andere wärmetolerante Baumarten wie Hainbuche (*Carpinus betulus L.*) oder Sommerlinde (*Tilia platyphyllos Scop.*) profitieren.

In den Wäldern der MRH ist die Kiefer (*Pinus sylvestris L.*) die häufigste Baumart. Sie besitzt das höchste Ausbreitungsgebiet aller heimischen Baumarten, da sie eine hohe klimatische Anpassungsfähigkeit besitzt (9–20 °C Sommertemperaturen, 400–2500 mm Jahresniederschlag, 0 bis −20 °C Wintertemperatur) (Mayer 1999). Daher wird sie auch in Zukunft eine Hauptbaumart bleiben (Döbbeler und Spellmann 2002).

Die Fichte (*Picea abies (L.) Karst.*) gilt als der deutsche Problembaum, da sie über ein sehr schlechtes Anpassungspotenzial verfügt (Roloff und Grundmann 2008). Unter warm-trockenen Klimabedingungen kann die Fichte Wachstumsdepressionen und eine hohe Kalamitätsanfälligkeit sowie ein in höherem Alter zunehmendes Mortalitätsrisiko aufweisen (Schmidt-Vogt 1988).

Im Trockensommer 2003 wurden bei der Fichte im Vergleich zu anderen Baumarten die größten Zuwachsrückgänge beobachtet (Fischer et al. 2006). In der MRH wächst die Fichte außerhalb ihres potenziellen Areals (Bohn und Neuhäusl 2003). Durch die Zunahme warm-trockener Sommer wird die MRH zu einem ungünstigen Standort für den Fichtenanbau werden.

Klimatische Veränderungen wirken sich nicht nur auf Bäume, sondern auch auf waldbewohnende nichtverholzende Pflanzenarten sowie Tierarten aus. Fischer et al. (2014) beschreiben erste Reaktionen auf Temperaturerhöhungen für Buchenwald-Lebensgemeinschaften in Bayern.

7.2.2.2 CO_2-Konzentration der Atmosphäre

Seit der vorindustriellen Zeit ist der atmosphärische CO_2-Gehalt von 280 ppm auf heute etwa 404 ppm angestiegen (Stand Mai 2015; Quelle: National Oceanic and Atmospheric Administration, Washington DC, USA). Die bisherige Dynamik in diesem Anstieg lässt erwarten, dass sich dieser CO_2-Gehalt in den nächsten 100 Jahren sogar noch verdoppelt, falls in den nächsten Jahren keine einschneidenden gegensteuernden Maßnahmen getroffen werden sollten. Gegenwärtig wird, global gesehen, mehr CO_2 aus der Verbrennung fossiler Energieträger sowie aus der großflächigen Vernichtung von Wäldern freigesetzt, als photosynthetisch in Biomasse gebunden wird. Fast ein Drittel der weltweit jährlich freigesetzten Kohlenstoffmenge wird von den Landpflanzen, vornehmlich Bäumen, als Nettozugewinn fixiert (Matyssek et al. 2010). Für die Pflanzen entsteht durch die rasante Zunahme des atmosphärischen CO_2-Gehaltes eine ungewöhnliche Situation, da der über viele Millionen Jahre gebildete fossile Kohlenstoff in nur ca. 200 Jahren vom Menschen in die Atmosphäre emittiert wird. Die direkte Wirkung der CO_2-Anreicherung auf Pflanzen, der sog. CO_2-Düngeeffekt, wurde bereits in zahlreichen Experimenten untersucht. Es hat sich gezeigt, dass erdgeschichtlich jüngere C4-Pflanzen wie z. B. Mais an relativ geringe CO_2-Konzentrationen angepasst sind und bei einem ansteigenden CO_2-Gehalt nicht mit einem Anstieg der Photosyntheserate reagieren. Eigene Versuche im Gewächshaus über eine Vegetationsperiode hinweg haben sogar gezeigt, dass Mais unter 950 ppm CO_2 weniger Biomasse produziert als unter 400 ppm CO_2. Dies bedeutet, dass erhöhte CO_2-Konzentrationen unter Umständen sogar Wachstumsreduktionen hervorrufen können, auch wenn die biochemischen Wirkmechanismen hierfür noch nicht eindeutig geklärt sind. Bäume und die meisten landwirtschaftlichen Kulturpflanzen wie z. B. Getreide oder Hackfrüchte zählen jedoch zu den C3-Pflanzen, die erdgeschichtlich älter sind und sich dementsprechend auch an höhere CO_2-Gehalte anpassen können. Wenn kein Mangel an Licht-, Wasser- und Nährstoffversorgung vorliegt, kann ein erhöhtes CO_2-Angebot das Wachstum von C3-Pflanzen langfristig stimulieren, denn C3-Pflanzen können noch mit weit mehr CO_2 als momentan in der Atmosphäre vorhanden auch mehr Photosynthese betreiben. Beispielsweise lässt sich hierzulande der Ertrag in einer Gewächshausgärtnerei um ca. 30 % steigern, wenn die Pflanzen mit CO_2-Konzentrationen von 600 ppm und mehr begast werden. Auch im Freiland lassen sich bei ca. 600 ppm CO_2 an Weizen und Reis Ertragssteigerungen von 7–12 % erzielen, wenn die Felder ausreichend mit Wasser und Nährstoffen versorgt werden (Kimball et al. 2002). Im Freiland durchgeführte FACE-Versuche („free air carbon enrichment") unter 550 ppm CO_2 zeigten bei landwirtschaftlichen Kulturpflanzen Ertragssteigerungen von etwa 10 % (Weigel et al. 2006; Manderscheid und Weigel 2007).

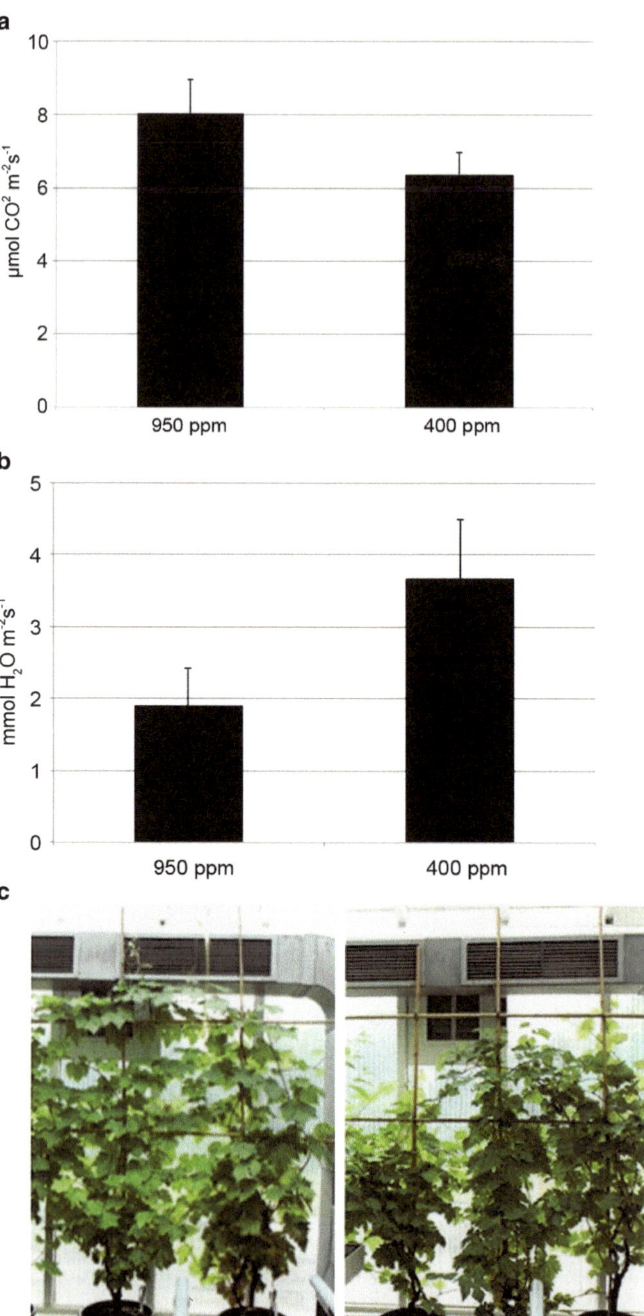

Abb. 7.4 Wein: **a.** CO_2-Aufnahmerate von Pflanzen unter 950 ppm sowie Kontrollbedingungen (400 ppm); **b** Transpirationsrate derselben Pflanzen unter 950 ppm sowie Kontrollbedingungen (400 ppm); **c** oberirdischer Biomassezuwachs unter 950 ppm (*links*) sowie unter Kontrollbedingungen (400 ppm, *rechts*). (Quelle: Gnoth 2015)

Versuche mit Weinpflanzen im Gewächshaus haben z. B. gezeigt, dass bei einer Konzentration von 950 ppm CO_2 die CO_2-Aufnahmerate der Blätter deutlich zunimmt, wobei die Transpirationsrate sinkt, da die Öffnungsweite der Spaltöffnungen aufgrund des Überangebots an CO_2 abnimmt (Abb. 7.4a,b). Insgesamt betrachtet nimmt die Biomasse der Pflanzen aufgrund der erhöhten Photosynthese deutlich zu (◘ Abb. 7.4c). Aufgrund der erhöhten Photosynthese bei gleichzeitig verringerter Transpiration erhöht sich die Wassernutzungseffizienz, d. h., es wird mehr Trockenmasse pro Menge Transpirationswasser gebildet. Dadurch kann unter Normalbedingungen die Bodenfeuchte langsamer absinken. Auch können Pflanzen besser mit Trockenstress umgehen, der voraussichtlich im Rahmen des Klimawandels immer häufiger auftritt. Allerdings könnte bei älteren Beständen auch die Oberflächentemperatur aufgrund reduzierter Transpiration ansteigen. Die Rotbuche, eine der wichtigsten mitteleuropäischen Laubbaumarten, reagiert unter 950 ppm im Gewächshaus ähnlich wie Wein mit erhöhter Photosynthese und Anstieg der Biomasse, was sich auch in einer Zunahme der Jahrringbreite wiederspiegelt (Lotfiomran et al. 2015). Diese Versuche wurden jedoch an zweijährigen Bäumen durchgeführt und lassen sich nur schwer auf Altbestände übertragen. Eine langfristige Anpassung der Biomassezunahme an ein erhöhtes CO_2-Angebot kann somit nicht ausgeschlossen werden. Dementsprechend haben Jahrringanalysen von in der Nähe geologischer CO_2-Quellen wachsenden Steineichen (*Quercus ilex*) in der Toskana gezeigt, dass die Bäume nur in der Jugendphase (bis Alter 30) erhöhte Jahrringbreiten im Vergleich zu weiter entfernten Kontrollbäumen zeigen (Hättenschwiler et al. 1997). Jedoch ist klar erwiesen, dass Altbestände wesentlich mehr Kohlenstoff als junge Wälder speichern. Ein Ersatz von Altbeständen durch jüngere, auch wenn diese auf erhöhte CO_2-Gehalte stärker reagieren, riefe somit einen Verlust der C-Speicherkapazität hervor. Zusätzliche Anpflanzungen von raschwüchsigen Kurzumtriebsplantagen wie z. B. durch Pappel oder Weide können aber fossile C-Quellen ersetzen und leisten somit einen wichtigen Beitrag zur Kohlenstoffentlastung der Atmosphäre. Wenn das Baumwachstum durch erhöhtes CO_2 stimuliert wird, kommt es in vielen Fällen zunächst zu einer Steigerung der Kohlenstoffumsätze, z. B. durch schnelleren Feinwurzelumsatz oder C-Exporte an Mykorrhizapilze, bevor es zum Anstieg der Kohlenstoffvorräte im Baum kommt.

Zusammenfassend lässt sich festhalten, dass der Einfluss von CO_2 auf das Pflanzenwachstum von der Pflanzenart und vom Alter der Pflanzen sowie von der Verfügbarkeit anderer Ressourcen abhängt. Verschiedene Arten können sehr unterschiedlich auf erhöhte CO_2-Konzentrationen reagieren, sodass dadurch eine Verschiebung der natürlichen Wettbewerbsbedingungen erfolgen kann und sich langfristig somit die Artenzusammensetzung in den Ökosystemen verändern wird. Experimentelle Anordnungen von Freilandversuchen haben gezeigt, dass die Intensität, mit der Pflanzen auf CO_2 reagieren, zudem auch wesentlich vom Pflanzenalter sowie von den Versuchsbedingungen und der Versuchsdauer abhängt (Hättenschwiler et al. 1997). Die Reaktion von Pflanzen auf CO_2 hat sich unter optimaler Licht-, Wasser- und Nährstoffversorgung als am stärksten erwiesen. Nimmt aber beispielsweise unter gleichbleibenden Bedingungen die Phosphatverfügbarkeit ab, hat erhöhtes CO_2 keinen stimulierenden Einfluss mehr auf das Wachstum, wie Versuche an Leguminosen gezeigt haben. Die Verfügbarkeit anderer Ressourcen außer CO_2 ist unter natürlichen Bedingungen aber meist begrenzt. Daher ist davon auszugehen, dass unter erhöhtem CO_2 langfristig entweder die Photosynthesekapazität verringert wird oder eine Wachstumssteigerung bei Nährstoffverdünnung stattfindet, was sich z. B. durch größere C/N-Verhältnisse ausdrücken kann. Meist nimmt die Konzentration an nicht strukturgebundenen Kohlenhydraten wie Stärke und Zuckern bei sinkendem Proteingehalt zu. Demzufolge verändert sich die Nahrungsqualität für pflanzenfressende Organismen, sodass sich deren Wachstum und Reproduzierbarkeit verändern kann. Diese Wirkungskette zeigt, wie komplex erhöhtes CO_2 auf die freie Natur wirken kann und dass Resultate aus Gewächshausversuchen kaum auf Ökosysteme übertragen werden können. In welchem Ausmaß zukünftig ein erhöhter atmosphärischer CO_2-Gehalt das Pflanzenwachstum beeinflusst, hängt somit wesentlich vom Standort, von der Pflanzenart und den klimatischen sowie Bodenbedingungen ab.

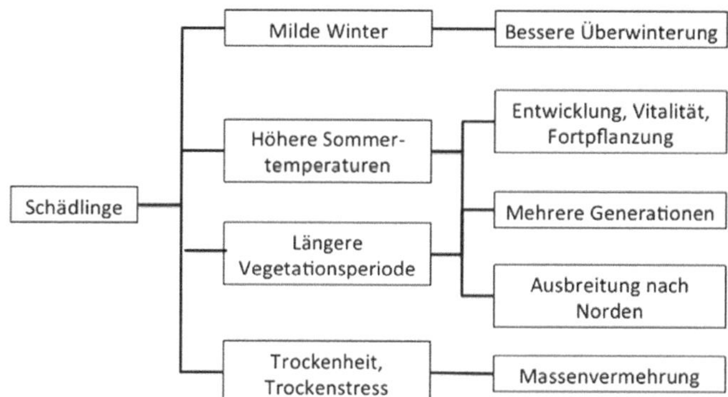

◘ **Abb. 7.5** Mögliche Effekte des Klimawandels auf Schädlinge. (Chmielewski 2009)

7.2.2.3 Veränderungen im Auftreten von Schadorganismen

Die Klimaänderungen könnten auch Folgen für das Auftreten von Krankheiten, Pflanzenschädlingen und in der Landwirtschaft für Unkräuter haben und zu Ertragseinbußen oder gar zum Ausfall ganzer Kulturen oder Bestände führen. Müller (2009) und Petercord et al. (2009) unterscheiden zwischen direkten und indirekten Schadwirkungen als Folge veränderter Klimabedingungen. Direkte Wirkungen sind schadensinduzierende Reaktionen von Schadorganismen, indirekte Wirkungen betreffen Veränderungen der Prädisposition von Pflanzen und die daraus resultierenden Effekte von Schadfaktoren. Die Abschätzung der Wirkung von Schadorganismen unter geänderten Klimabedingungen ist nicht trivial, da zwischen Pathogenen (Viren, Bakterien, Pilze), Überträgern (Zwischenwirte) und Wirtspflanzen komplexe Wirkungsbeziehungen bestehen. Zudem haben potenzielle Schädlinge und Krankheiten natürliche Antagonisten, deren Wirkungseinfluss ebenfalls vom Klimawandel betroffen sein kann (Borner 2009).

Mildere Winter, höhere Sommertemperaturen, längere Vegetationsperioden und Trockenphasen können Effekte auf die Populationsdynamik von Schadorganismen haben (Chmielewski 2009) (◘ Abb. 7.5). Durch wärmere Sommer und verlängerte Vegetationsperioden nimmt die Lebensaktivität von Schadorganismen zu. In milderen Wintern sinkt die Mortalitätsrate von Schädlingen, was im Folgejahr zu höheren Befallsdichten führen kann. Bei einigen Insektenarten können sich höhere Sommertemperaturen negativ auswirken. Bei der Forleule (*Panolis flammea*), einem bedeutenden Kiefernschädling, führen höhere Temperaturen während der Schwärmzeit zu einer Verkürzung des Imaginalstadiums und zu einer unvollständigen Eiablage (Escherich 1931; Schwerdtfeger 1970). Trockene Sommer können sich auch mindernd auf Schäden durch Pilzkrankheiten auswirken, da Pilze in ihrer Entwicklung auf feuchte Bedingungen angewiesen sind.

Veränderte klimatische Bedingungen werden sich auch auf das Auftreten und die Häufigkeit von Ackerunkräutern auswirken. Durch höhere Temperaturen und geringere Niederschläge während der Sommermonate, eine erhöhte CO_2-Konzentration, veränderte Licht- und Strahlungsverhältnisse und die Zunahme extremer Wetterereignisse können bestimmte Ackerunkräuter begünstigt werden. Geänderte Klimabedingungen fördern auch die Ansiedlung neuer, aus anderen Erdteilen stammender Pflanzen, sog. Neophyten. Verfügen diese über eine hohe Konkurrenzstärke und Reproduktionsrate sowie eine Herbizidunempfindlichkeit, können sie schnell Ackerflächen oder Grünland besiedeln und zu Ernteeinbußen führen. Ähnlich zu beurteilen sind sog. Upstarters, worunter opportunistische Unkrautarten verstanden werden, die bereits jetzt auf landwirtschaftlich genutzten Flächen vorkommen und von geänderten Klimabedingungen profitieren (Breitsameter et al. 2014).

7.2.3 Minderungen

Hinsichtlich des THG-Minderungspotenzials sind Land- und Forstwirtschaft unterschiedlich zu beurteilen. Durch die forstliche Produktion wird atmosphärisches CO_2 gebunden. Eine Steigerung des Waldwachstums durch Bewirtschaftungsmaßnahmen erhöht die Bindungsleistung. Im Gegensatz hierzu werden durch die landwirtschaftliche Produktion THG-Emissionen freigesetzt, die im Wesentlichen durch eine Produktionsreduktion vermindert werden können.

Da die Verwendung von Stickstoffdünger eine bedeutende Quelle der THG-Emissionen der Landwirtschaft ist, zielen Minderungsstrategien auf die Verbesserung der N-Produktivität und einen sinkenden Stickstoffdüngereinsatz. Dies kann erreicht werden, indem u. a. die Ausbringungstechnik, die Düngemenge und der Düngezeitpunkt optimiert werden. Durch Steigerung der N-Produktivität können bei jedem Kilogramm ausgebrachten Stickstoffdüngers bis zu 17,5 kg CO_2-Äquivalente eingespart werden (Flessa et al. 2012).

Ein weiteres Einsparpotenzial ergibt sich bei der Viehhaltung, die mit hohen Methanemissionen belastet ist. Durch die Steigerung der Milchleistung würden die mit dem Erhaltungsbedarf von Kühen einhergehenden THG-Emissionen auf eine höhere Produktmenge verteilt. Zusätzlich kann der Anteil des Milchkuhbestands, der jährlich durch Jungtiere ersetzt wird, erhöht werden. Dadurch sinkt zwar die Umtriebszeit von Milchkühen, gleichzeitig werden aber die THG-Emissionen von Jungfärsen reduziert (Osterburg et al. 2013).

Im Rahmen der EU-Richtlinie über erneuerbare Energien wird neben dem Anbau von Energiepflanzen die Umwandlung von Wirtschaftsdünger aus der Viehhaltung in Biogas empfohlen (EU 2009). Im Vergleich zur Biogasgewinnung aus Silomais bietet sich hier ein hohes Potenzial zur Vermeidung von THG-Emissionen, das sowohl aus dem Ersatz fossiler Energien als auch aus der Vermeidung von THG-Emissionen bei der Lagerung von Wirtschaftsdünger resultiert. Nach Osterburg et al. (2013) könnten aus den rund 200 Mio. t Wirtschaftsdünger, die jährlich in Deutschland anfallen, 3,46 Mrd. m^3 Methan zur energetischen Nutzung erzeugt werden. Damit könnten 2 % der deutschen Stromproduktion gedeckt werden.

Ökologische Landwirtschaft wird häufig als Möglichkeit zur Reduzierung des Energieverbrauchs und der THG-Emissionen beschrieben (Rahmann et al. 2008). Durch den Verzicht auf mineralischen Stickstoffdünger und Pestizide sowie den geringeren Viehbesatz werden die THG-Emissionen gegenüber der traditionellen Landwirtschaft verringert. Die Erzeugung der Futtermittel im Betrieb vermeidet Transportemissionen und Emissionen durch Landnutzungsänderungen in den Erzeugerländern von Futtermitteln (Osterburg et al. 2013).

Rahmann et al. (2008) beziffert die Kohlenstoffbindung durch ökologische Flächenbewirtschaftung mit durchschnittlich 400 kg $CO_2\ ha^{-1}\ a^{-1}$. Nach Flessa et al. (2012) ist dies aber lediglich ein temporäres Phänomen, da bei Erreichen des Humusgleichgewichts im Boden keine weitere CO_2-Bindung mehr erfolgt. Anhand einer Metaanalyse zeigten Skinner et al. (2014), dass die flächenbezogenen Stickoxidemissionen beim ökologischen Landbau signifikant niedriger sind als beim traditionellen Landbau. Werden die Stickoxidemissionen aber auf Produktmengen bezogen, schneidet der traditionelle Landbau signifikant besser ab. Kiefer et al. (2014) untersuchten 81 Landbaubetriebe und fanden bei der Milchproduktion in ökologischen Betrieben signifikant höhere CO_2-Emissionen als bei traditionellen Betrieben.

Im Gegensatz zur Landwirtschaft führt Forstwirtschaft in der MRH zu positiven CO_2-Effekten. CO_2 wird in der ober- und unterirdischen Biomasse von lebenden und abgestorbenen Bäumen sowie im Boden und in der Streuauflage als Kohlenstoff (C) gebunden. Durch Abbau- und Zerfallsprozesse wird C wieder als CO_2 in die Atmosphäre freigesetzt oder durch Holznutzung dem Waldspeicher entzogen.

Die Wälder der MRH weisen einen Holzvorrat von rund 203,6 Mio. m^3 auf. Sie speichern rund 45,3 Mio. tC in der oberirdischen und weitere 8,5 Mio. tC in der unterirdischen Biomasse. Pro Hektar sind somit rund 95 tC gebunden. Dieser Wert liegt etwa 10 Tonnen unter dem Durchschnittswert des gesamten Waldes in Deutschland. In den Wäldern der MRH wurden zwischen 2002 und 2012 jedes Jahr durchschnittlich 1,94 Mio. tC in der ober- und unterirdischen Biomasse gebunden. Dies entspricht den jährlichen CO_2-Emissionen von knapp 3,4 Mio. Pkw[2]. In ◘ Abb. 7.6 sind die durchschnittlichen jährlichen Werte für Zuwachs und Nutzung des oberirdischen C-Vorrats für den Zeitraum 2002–2012 abgebildet. Die größten Zuwächse zeigen Kiefer und Fichte, gefolgt von Eiche und Buche. Bei allen Baumarten ist der Zuwachs höher als die Nutzung. Auf jedem Hektar Wald werden pro Jahr durchschnittlich 2,9 tC in der oberirdischen Biomasse gebunden und 2,05 tC genutzt, sodass die C-Speicher der Wälder der MRH kontinuierlich zunehmen.

Minderungspotenziale in der Forstwirtschaft ergeben sich durch die CO_2-Sequestrierung und C-Speicherung in Wäldern.

2 Annahme: 14.000 km Jahresfahrleistung (Quelle: Kraftfahrbundesamt) und 150 g CO_2/km pro Pkw.

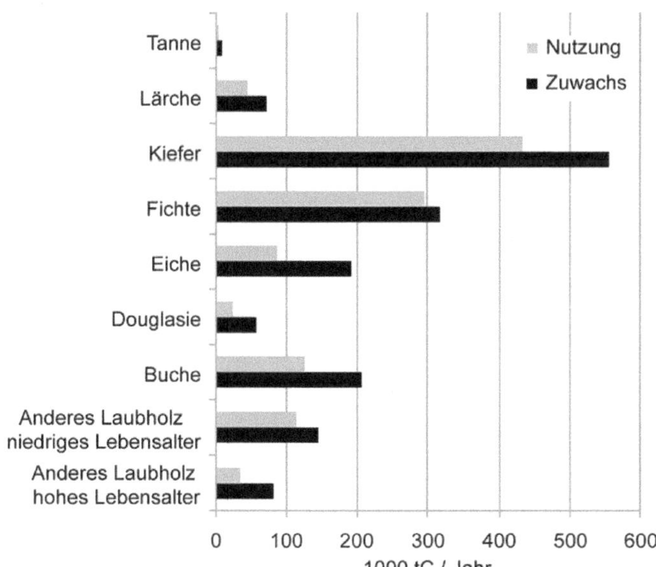

Abb. 7.6 Durchschnittlicher jährlicher Zuwachs und Nutzung des oberirdischen C-Vorrats in den Wäldern der MRH [1000 tC/Jahr]. (Daten: Bundeswaldinventur, eigene Berechnungen)

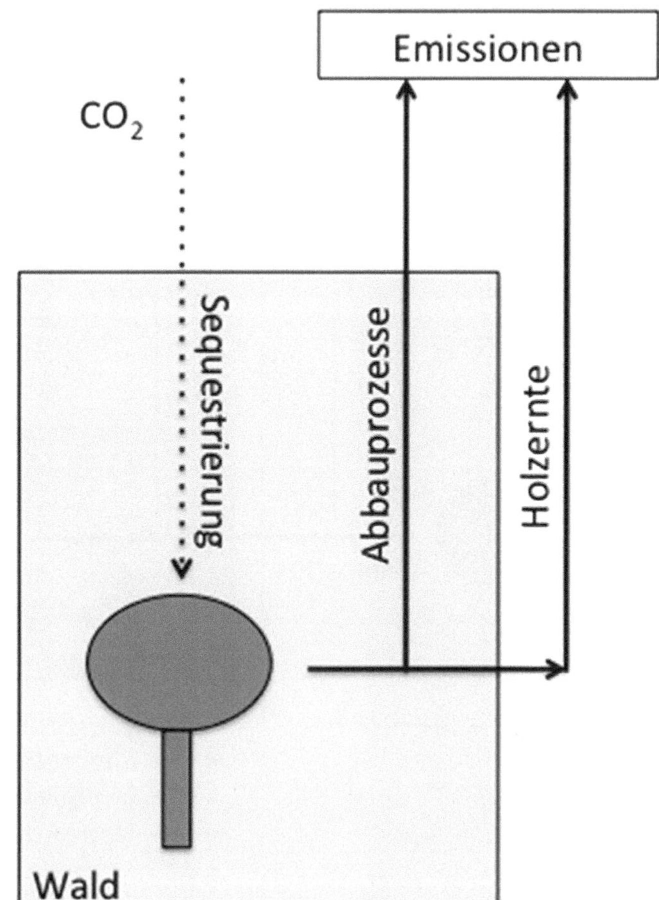

Abb. 7.7 C-Flüsse beim Ökosystemansatz

Durch die Holznutzung kann ein bedeutender Teil des Kohlenstoffs aus dem Waldspeicher entfernt und in Holzprodukten wie Sägeholz oder Holzverbundwerkstoffen gespeichert werden. In der ersten Verpflichtungsperiode (VP) des Kyoto-Protokolls (KP) (2008–2012) wurden die Länder angehalten, Veränderungen des Kohlenstoffspeichers in Wäldern zu berichten. Holzprodukte waren von der Berichtspflicht ausgeschlossen. Daher wurde jede Holzentnahme aus Wäldern als unmittelbare Freisetzung von CO_2 gewertet. Bei der UNFCCC-Vertragsstaatenkonferenz in Durban 2011 wurde entschieden, dass in der zweiten VP des KP (2013–2020) auch der Kohlenstoffspeicher in Holzprodukten angerechnet werden kann. Die unterschiedliche Behandlung von Holzprodukten in der ersten und zweiten VP des KP führte zu zwei Ansätzen, die heute die Diskussionen zu Wald und Klimaschutz bestimmen:

1. Der „Ökosystemansatz" betrachtet vor allem die klimapositiven Wirkungen des Waldes durch den Aufbau und Erhalt seines Kohlenstoffspeichers im Wald (Abb. 7.7).
2. Der „Sektoransatz" berücksichtigt neben dem Kohlenstoffspeicher im Wald auch Emissionsminderungen und Speichereffekte durch Holzverwendung (Abb. 7.8).

Unter dem Ökosystemansatz werden klimapositive Effekte durch Verzicht auf Holznutzung und daraus folgende Steigerung des stehenden Holzvorrats erreicht. Nutzungsverzicht wird zum Primat der Minderung des Klimawandels durch Wälder erhoben. Der Minderungseffekt durch Vorratssteigerung erfolgt in der Aufbauphase von Wäldern und geht in deren Klimaxphase in ein Gleichgewicht zwischen CO_2-Bindung durch Biomasseaufbau und CO_2-Freisetzung durch Biomasseabbau über (Otto 1994; Luyssaert et al. 2008). Bei der Betrachtung der Kohlenstoffbilanz von Wäldern spielt der Verbleib des Kohlenstoffs aus Zersetzungsprozessen eine entscheidende Rolle. Die zweite Bodenzustandserhebung (BZE 2) zeigt, dass in Deutschland die Kohlenstoffvorräte in Waldböden in etwa stabil geblieben oder sogar gestiegen sind (Russ et al. 2011; Block und Gauer 2012; Umweltbundesamt 2014), obwohl die Wälder kontinuierlich genutzt werden.

Der Sektoransatz erlaubt eine Überführung von in Holz gebundenem Kohlenstoff vom Waldspeicher in den Produktspeicher und trägt der Tatsache Rechnung, dass die Holznutzung keine unmittelbare CO_2-Freisetzung bewirkt. Neben der Speicherfunktion führen Holzprodukte durch die Substitution fossiler Energieträger zu einem Minderungseffekt:

- Durch energetische Nutzung von Holz werden CO_2-Emissionen aus fossilen Energieträgern vermieden (energetische Substitution).
- Die Verwendung von Holz erfordert im Herstellungsprozess in der Regel weniger Energie als die Produktion alternativer funktionsgleicher Materialien und vermeidet Emissionen aus fossilen Energieträgern (stoffliche Substitution).

Etwa 80 % der weltweit genutzten Holzmenge wird energetisch verwertet (Köhl et al. 2015). im Vergleich zu fossilen Energieträgern führt die energetische Verwertung von Holz aufgrund seines geringen Brennwertes (15,5 TJ/Gg) zu einer höheren CO_2-Freisetzung. Bei nachhaltiger Waldbewirtschaftung übersteigt der C-Entzug aus dem Waldspeicher den C-Zufluss durch Holzzuwachs nicht, weshalb die durch energetische Verwertung freigesetzte Menge an CO_2 zeitnah im Wald gebunden wird. Im Gegensatz zu fossilen Energieträgern wird daher kein zusätzliches

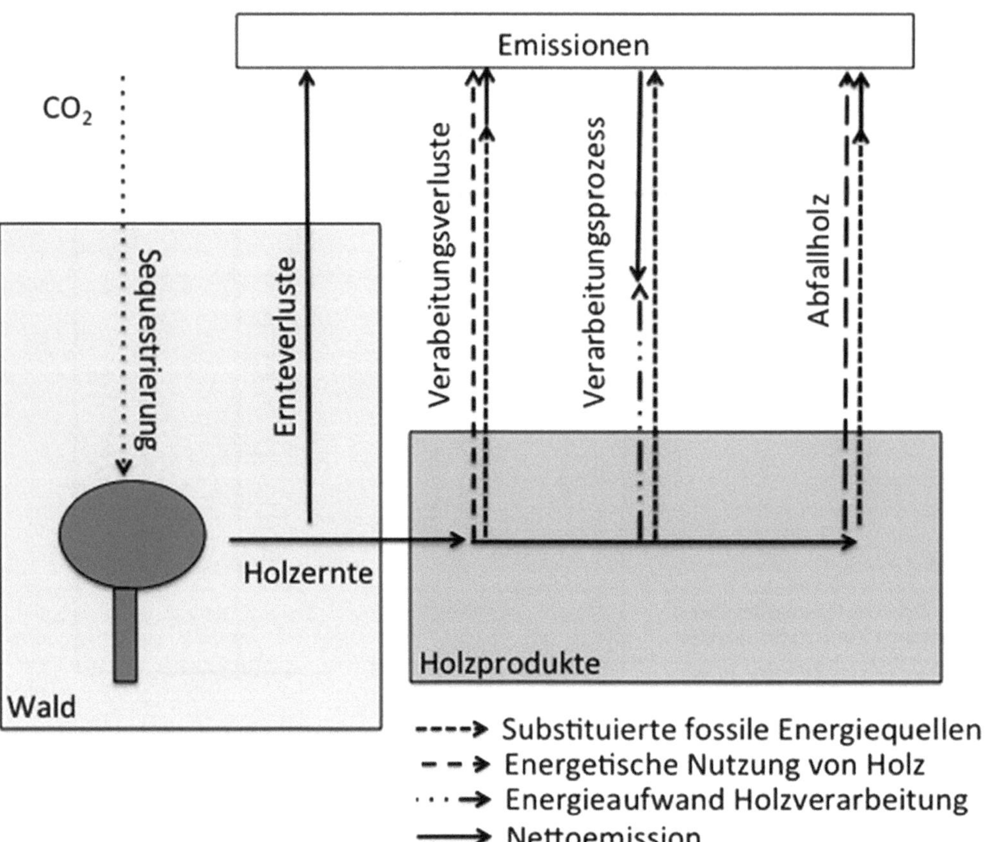

Abb. 7.8 C-Flüsse beim Forstsektoransatz

CO_2 in den globalen Kohlenstoffkreislauf eingebracht, sondern Kohlenstoff im System Atmosphäre-Wald-Holzprodukte verlagert. Daher stellt die energetische Substitution ein bedeutendes Minderungspotenzial dar (Knauf et al. 2015).

Holznutzung verringert die Kohlenstoffvorräte im Wald, führt aber bei stofflicher Verwertung nicht zu CO_2-Emissionen, sondern zu einer Verschiebung von Kohlenstoff vom Waldspeicher in den Produktspeicher (Pingoud et al. 2010; Sathre und O'Connor 2010). Die Herstellung von Holzprodukten erfordert weniger Gesamtenergie und damit THG-Emissionen als die Herstellung der meisten funktionsgleichen Materialien. Ersetzen Holzprodukte Materialien wie Zement, Stahl, Bausteine oder Aluminium, deren Herstellung mit hohen THG-Emissionen belastet ist, werden Emissionen aus fossilen Energieträgern vermieden. Die damit verbundenen Minderungseffekte können durch sog. Substitutionsfaktoren bewertet werden (Sathre und O'Connor 2010). Substitutionsfaktoren sind ein Index für die Effizienz, mit der die Verwendung von Holzbiomasse THG-Emissionen reduziert. Die Höhe der Substitutionsfaktoren hängt von der jeweiligen Anwendung und vom substituierten Material ab. Scharai-Rad und Welling (2002) verglichen den Energieaufwand von Einfamilienhäusern in Backstein- und Holzbauweise und fanden einen Substitutionsfaktor von 2,8 tC/tC. Knight et al. (2005) ermittelten für den Vergleich von Türen aus Stahl- und Holzbauweise einen Substitutionsfaktor von 3,0 tC/tC. Sathre und O'Connor (2010) stellten in einer Metaanalyse die Dispositionsfaktoren aus verschiedenen Anwendungen im Baubereich zusammen und fanden einen mittleren Substitutionsfaktor von 2,1 tC/tC. Entscheidend für die Höhe der Substitutionsfaktoren ist auch die Verwendung der Holzprodukte am Ende ihrer Lebenszeit. Vorzugsweise erfolgt eine energetische Verwertung, die in Deutschland durch das Abfallbeseitigungsgesetz (BMJV 2002) geregelt ist.

Rüter et al. (2011) untersuchten die Speicher- und Substitutionswirkungen des deutschen Wald- und Holzsektors. Unter Zugrundelegung eines Basisszenarios, das die Waldbewirtschaftung um das Jahr 2002 zugrunde legt, ermittelten sie einen Beitrag des Sektors Wald und Holz zur Verringerung der CO_2-Konzentration in der Atmosphäre von 105,5 Mio. t CO_{2e}. Zu diesem Minderungspotenzial tragen vermiedene Emissionen durch Substitution einen Anteil von 82 % bei.

Bei einer abschließenden Beurteilung des Minderungspotenzials der Forst- und Holzwirtschaft muss beachtet werden, dass sowohl Wald- als auch Produktspeicher nicht permanent sind, sondern nur vorübergehend wirken. Das gebundene CO_2 kann innerhalb einer Zeitspanne von Tagen bis Jahrhunderten in die Atmosphäre freigesetzt und dann wieder durch Wälder sequestriert werden. Ersetzt Holz fossile Energieträger oder Materialien, deren Herstellung höhere THG-Emissionen verursacht, führt die Vermeidung von Emissionen aus fossilen Energiequellen durch die Verwendung von Holz zu einer permanenten CO_2-Reduktion.

7.2.4 Anpassung an den Klimawandel

Gemäß IPCC wird Anpassung verstanden als die „Angleichung natürlicher oder anthropogener Systeme als Reaktion auf gegen-

Tab. 7.6 Anpassungsmaßnahmen in der Landwirtschaft und Nutztierhaltung. (Nach Schaller und Weigel 2007)

Maßnahme	Beispiele
Landwirtschaft	
Anpassung der Aussaattermine, Saatdichte, Reihenabstand und Fruchtfolge	Spät reifende Sorten mit hohem Ertragspotenzial
	Anbau von zwei Hauptkulturen in einer Vegetationsperiode (bei ausreichender Wasserversorgung)
	Verstärkter Anbau von Winterungen
Anbau anderer Sorten	Vorverlegung des Aussaattermins und Anbau frühreifer Sorten
	Hitze- und trockenresistente Sorten
	Tief wurzelnde Kulturen
	Wärmeliebende, schnellwüchsige, wassereffiziente Arten
Anpassung der Bodenbearbeitung	Verzicht auf wendende Bodenbearbeitung
	Ausbringung einer Mulchschicht
	Tief lockernde Bodenbearbeitung mit anschließender Festigung des Oberbodens zur Verbesserung der Wasserspeicherung
Wasserversorgung/Be- und Entwässerung	Tröpfchenbewässerung
	Rückbau von Drainagesystemen
Anpassung sonstiger Inputgrößen	Ausreichende Nährstoffversorgung zur Ausnutzung des CO_2-Düngeeffektes
	„Precision farming"
	Integrierter Pflanzenschutz
Monitoring	Erstellung von Managementplänen
Nutztierhaltung	
Physikalische Veränderung der Umgebung	Kühlungssysteme für intensive Tierzuchtbetriebe (Geflügel- und Schweinezucht)
	Belüftung, aktive Ventilation, Sprinkleranlagen zur Verminderung von Hitzestress in der Rinderzucht/Milchkuhhaltung
	Weidesysteme mit Baumbestockung zum Schutz der Tiere vor intensiver Bestrahlung
	Stallhaltung und Fütterung bei verstärktem Winterniederschlag
	Offene Wasserstellen zur Verbesserung der Thermoregulation der Tiere
Genetische Entwicklung hitzetoleranter Rassen	Hitzeresistenz
	Verteilungsmuster der Schweißdrüsen
	Hitze- und trockenstresstolerante Rassen
Verbesserung des Nährstoffmanagements	Kompensation der verringerten Nahrungsaufnahme unter Hitzestress durch Erhöhung der Energiekonzentration des Futters
	Ausreichende Zufuhr von möglichst kaltem Wasser
	Ausreichende Versorgung mit Mineralstoffen
	Verlagerung der Fütterungszeiten

wärtige oder zukünftig zu erwartende klimatische Stimuli und ihrer Effekte, um Nachteile zu vermindern oder Vorteile zu nutzen".

Der zukünftige Klimawandel könnte die biologische Produktion der Land- und Forstwirtschaft in zweierlei Hinsicht betreffen:

- die zukünftige Erhöhung der Temperatur, die langfristige adaptive Maßnahmen erfordert, und
- die zunehmende Klimavariabilität wie Hitzewellen oder Dürreperioden, der durch kurzfristige Anpassungsmaßnahmen zu begegnen ist.

Laut OECD (2002) werden autonome, spontane von geplanten Anpassungsmaßnahmen unterschieden. Spontane Maßnahmen erfolgen überwiegend kurzfristig und reaktiv im privaten Sektor, während geplante Maßnahmen vorausschauend von der öffentlichen Hand initiiert werden und Vorgaben von Wissenschaft und Politik erfordern (Olesen und Bindi 2004).

Nach Schaller und Weigel (2007) können die in Tab. 7.6 zusammengestellten Anpassungsmaßnahmen in der Landwirtschaft und der Nutztierhaltung erfolgen. Zusätzlich können Maßnahmen in der Pflanzenzüchtung auf die Anpassung der Ent-

Tab. 7.7 Waldbewirtschaftung als Anpassungsmaßnahme. (Nach Lindner et al. 2008)

Natürliche Verjüngung	Förderung der genetischen und Artendiversität
	Sicherung einer ausreichenden Anzahl von Samenbäumen
	Erhalt des Reproduktionspotenzials und der Fertilität
Künstliche Verjüngung	Anreicherungspflanzung zur Erhöhung der genetischen Variation
	Einführung von Arten aus anderen Wuchsgebieten
Selektion und Etablierung von besser angepassten, reproduktionsfähigen Baumarten oder Herkünften	Selektion von Pflanzmaterial mit hoher genetischer Diversität zum Erhalt oder zur Verbesserung der genetischen Anpassungsfähigkeit
	Förderung von Herkünften, die besser an das zukünftige Klima angepasst sind
Läuterungs- und Durchforstungsmaßnahmen	Läuterung (Stammzahlreduktion) in jungen Beständen zur Förderung von Mischbeständen
	Höhere Durchforstungsintensitäten, bes. auf Trockenstandorten, zur Verringerung von Evapotranspiration und Trockenstress
	Erhöhung der strukturellen Diversität
	Ausbildung von stabilen Stämmen und damit Verringerung des Risikos von Sturmwurf
Holzernte	Einzelbaumnutzung statt Kahlschläge zum Erhalt von Dauerwaldgesellschaften
	Vermeidung von Bodenschäden durch Maschineneinsatz
Waldumbau	Umwandlung von Nadelholzreinbeständen in Mischbestände zur Reduzierung des Risikos von Insektenkalamitäten
Reduzierung des Risikos von abiotischen Schäden	Vermeidung des Waldbrandrisikos durch „fire-smart landscapes", Entfernung von Totholz, Änderung der Baumartenzusammensetzung
	Reduzierung der Wilddichte zur Sicherung der Verjüngung von Laubhölzern
	Verminderung des Sturmbruch- und Sturmwurfrisikos durch die Förderung standortangepasster Baumarten und Waldbaumaßbaumaßnahmen zur Förderung sturmresistenter Stammformen und Waldbestände

wicklungsrate von Pflanzen an geänderte Klimabedingungen, die Verbesserung der Hitze- und Trockenheitstoleranz, die bessere Ausnutzung des CO_2-Düngeeffektes oder die Erhöhung der Resistenz gegenüber Schädlingen und Krankheiten abzielen. Die erwarteten Veränderungen der Sommerniederschläge könnten besonders im südöstlichen Teil der MRH (Lüneburger Heide, Wendland), der von subkontinentalem Klima geprägt ist, verstärkte Bewässerungsmaßnahmen beim intensiven Ackerbau notwendig machen.

Anpassungsmaßnahmen in der Forstwirtschaft sind aufgrund der langen Lebenszeit von Bäumen meist langfristiger Natur. Der zeitliche Fortschritt des Klimawandels könnte die Fähigkeit von Waldökosystemen zur autonomen Anpassung an geänderte Umweltbedingungen überfordern. Aber auch die zunehmende Klimavariabilität kann die Forstwirtschaft vor Probleme stellen. Entscheidungen über geeignete Anpassungsmaßnahmen durch die Waldbewirtschaftung sind wegen der langfristigen Implikationen mit großen Unsicherheiten verbunden. Sie müssen einerseits kurzfristige Risiken wie Insektenkalamitäten, Waldbrände oder Sturmschäden eingrenzen, andererseits die langfristige Vitalität und Produktivität der Bestockung erhalten. Intensive Bewirtschaftungsmaßnahmen wie N-Dünung, Bewässerung oder der Einsatz von Pestiziden stellen im Wald aus ökonomischen und ökologischen Gründen keine sinnvollen Maßnahmen zur Vermeidung der Folgen von kurzfristig eintretenden Beeinträchtigungen dar.

Lindner et al. (2008) haben Anpassungsstrategien für europäische Wälder untersucht und mögliche Maßnahmen der Waldbewirtschaftung aufgezeigt (Tab. 7.7).

7.2.5 Zusammenfassung: Mögliche Auswirkungen des Klimawandels auf die Land- und Forstwirtschaft in der Metropolregion

Land- und Forstwirtschaft sind von der globalen bis zur regionalen Ebene stark mit dem Klimawandel verknüpft und können zu einem bedeutenden Gegenstand des zukünftigen Klimawandels in der MRH werden, in der sie etwa 80 % der Landfläche einnehmen.

Land- und Forstwirtschaft sind in einem komplexen Wirkungsgefüge mit dem Klimawandel verbunden. Sie gelten als bedeutende *Ursache* des Klimawandels, da sie durch Emissionen von Spurengasen und Freisetzung von CO_2 infolge von Landnutzungsänderungen zur Erhöhung der Treibhausgaskonzentration der Atmosphäre beitragen. Der anthropogen verursachte Klimawandel könnte andererseits auch direkte *Auswirkungen* auf die Land- und Forstwirtschaft haben, da Temperaturanstieg, erhöhte CO_2-Konzentrationen sowie veränderte Niederschlagsmuster und Extremwetterlagen die Wachstums- und Produktionsbedingungen beeinflussen. Da Pflanzen durch Photosynthese atmosphärisches CO_2 binden, kann die biologische Produktion zu einer Senkung

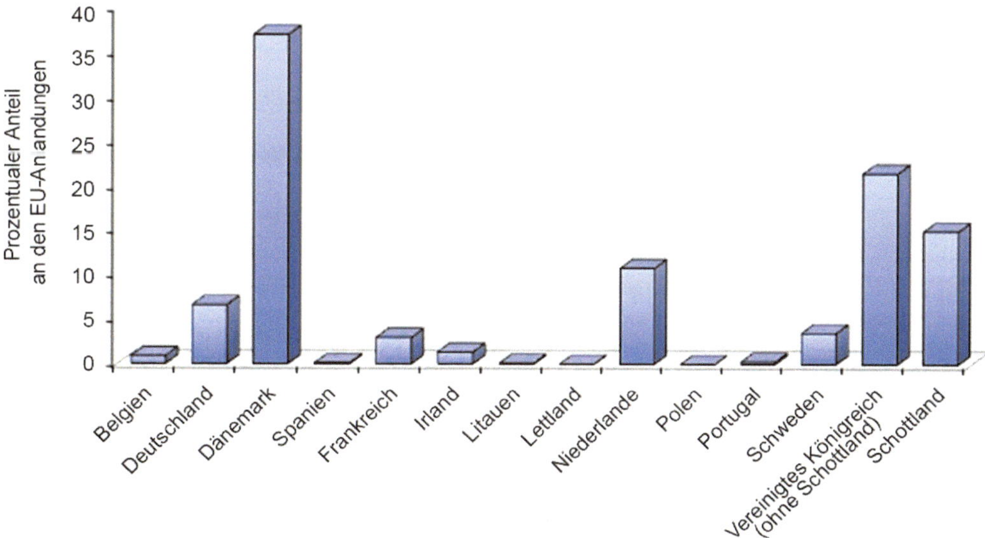

Abb. 7.9 Prozentuale Verteilung der Seefischerei-Anlandungen der EU in der Nordsee im Jahr 2013. (Official Nominal Catches 2006–2013. Version XX-XX-2015. Marine Data Website)

der CO_2-Konzentration der Atmosphäre und dadurch zu einer *Minderung* des Klimawandels beitragen. Veränderte Umweltbedingungen erfordern eine entsprechende *Anpassung* der Land- und Forstwirtschaft, die besonders für Wälder mit ihren langen Produktionszeiträumen weitreichende Maßnahmen erfordern.

In der MRH trägt die Landwirtschaft durch Emissionen – insbesondere Methan und Distickstoffoxid – aus der Tierhaltung und landwirtschaftlich genutzten Böden zur Erhöhung der THG-Konzentration der Atmosphäre bei. Die Wälder der MRH stellen keine Ursache des Klimawandels dar. Sie bilden eine Senke für atmosphärisches CO_2, da der Holzzuwachs die Holznutzung übersteigt.

Der Faktorenkomplex aus Klima, Boden und Wasserverfügbarkeit bestimmt die landwirtschaftliche Produktion und das natürliche Vorkommen von Baumarten. Agronomische Auswirkungen des Klimawandels und dadurch bedingte Änderungen der Standortsfaktoren betreffen den Anbau von Kulturpflanzen und die Tierhaltung, Pflanzenschutzmaßnahmen durch veränderte Ausbreitungsmuster und Virulenz von Pathogenen und Krankheiten, zunehmenden Bewässerungsbedarf und Veränderungen der Bodenfruchtbarkeit. Mit zunehmender Wärme und länger anhaltenden Trockenperioden im Sommer können Bäume in Hitze- und Trockenstress geraten. Zudem werden das Wachstum und die Vitalität von Wäldern negativ beeinflusst. Die Folge wären Ertragseinbußen und eine geringere Kohlenstoffsequestrierung.

Mildere Winter sowie wärmere und trocknere Sommer könnten auch Folgen für das Auftreten von Krankheiten und Pflanzenschädlingen und in der Landwirtschaft für Unkräuter haben und zu Ertragseinbußen oder gar zum Ausfall ganzer Kulturen oder Bestände führen. In Waldbeständen würde besonders das Risiko für Borkenkäferkalamitäten und Waldbrände steigen.

Erhöhte CO_2-Konzentrationen der Atmosphäre können das Pflanzenwachstum beeinflussen. Sie wirken auf das Wachstum von C3-Pflanzen, zu denen Bäume und die meisten landwirtschaftlichen Kulturpflanzen wie z. B. Getreide oder Hackfrüchte zählen, stimulierend, sofern kein Mangel an Licht-, Wasser- und Nährstoffversorgung besteht. Hingegen reagieren C4-Pflanzen wie Mais unter stark erhöhten CO_2-Konzentrationen mit verringerter Biomasseproduktion.

Hinsichtlich des THG-Minderungspotenzials sind Land- und Forstwirtschaft unterschiedlich zu beurteilen. Durch die landwirtschaftliche Produktion werden THG-Emissionen freigesetzt, die durch Maßnahmen wie Produktionsreduktion, Düngemanagement oder Veränderungen der Viehhaltung vermindert werden können. Die Rolle der ökologischen Landwirtschaft wird unterschiedlich bewertet. Zwar sinken die Emissionen in Bezug zur bewirtschafteten Fläche, sie können aber steigen, wenn die Produktmengen als Vergleich herangezogen werden. Durch die forstliche Produktion wird atmosphärisches CO_2 gebunden. Eine Steigerung des Waldwachstums durch Bewirtschaftungsmaßnahmen erhöht die Bindungsleistung.

Der zukünftige Klimawandel könnte unterschiedliche Anpassungsmaßnahmen in der Land- und Forstwirtschaft erforderlich machen. Eine mögliche zukünftige Erhöhung der Temperatur würde zur Notwendigkeit von langfristigen adaptiven Maßnahmen führen, während einer zunehmende Klimavariabilität wie Hitzewellen oder Dürreperioden mit kurzfristigen Anpassungsmaßnahmen zu begegnen wäre.

7.3 Fischerei

7.3.1 Einleitung: Fischerei in der Nordsee und der Einfluss des Klimawandels

Der größte wirtschaftliche Erlös der Fischerei in der MRH wird in der Nordsee erzielt. Diese Anlandungen aus der Nordsee entsprechen 27 % der Eigenanlandungen Deutschlands und stellen somit den größten Anteil vor den Fängen aus dem Nordostatlantik und der Ostsee. Folglich konzentriert sich der folgende Abschnitt auf die Auswirkungen des Klimawandels auf die Fischerei der marinen lebenden Ressourcen der Nordsee. Die Nordsee ist eines der wichtigsten Fischereigebiete der Welt mit Fängen von um die 3,5 Mio. Tonnen an Fisch und Schalentieren, von denen die EU-Länder knapp 1,5 Mio. beitragen. Insgesamt stammt mit 55 % auch ein Großteil der marinen Fänge der EU aus der Nordsee. Die kommerzielle Fischerei der Nordsee wird in der

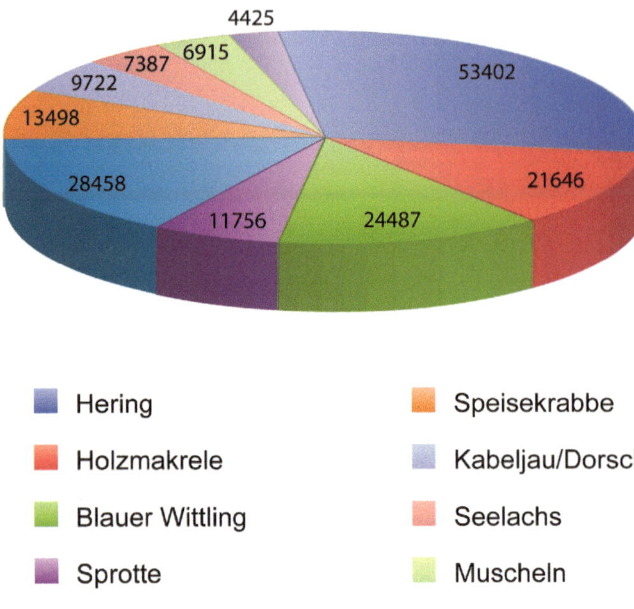

Abb. 7.10 Anlandemengen in Tonnen der 10 wichtigsten Zielarten in der deutschen Fischerei im Jahr 2013. (BLE 2014)

Hauptsache von Norwegen, vom Vereinigten Königreich, von Dänemark, Russland, den Färöern, den Niederlanden sowie in geringerem Maße von Deutschland, Schweden, Frankreich und Belgien betrieben. Die Fänge der deutschen Flotte in der Nordsee umfassen rund 92.000 Tonnen, was etwa 6,5 % der EU-Anlandungen (Abb. 7.9) und knapp 3 % der Gesamtanlandungen aus der Nordsee beträgt.

Die Nordseefischerei wird durch pelagische Arten wie Hering (*Clupea harengus*), Sprotte (*Sprattus sprattus*) und Makrele (*Scomber scombrus*) dominiert. Demersale Bodenfische und hier insbesondere Kabeljau (*Gadus morhua*), Schellfisch (*Melanogrammus aeglefinus*), Wittling (*Merlangius merlangus*) und Seelachs (*Pollachius virens*) sind ebenso von Bedeutung. Die deutsche Flotte untergliedert sich ganz grob in die überwiegend pelagische Hochseefischerei mit Hering, Makrele, Blauem Wittling und Holzmakrelen als wichtige Zielarten (s. Abb. 7.9) und die kleine Kutter- und Küstenfischerei, die überwiegend in Nord- und Ostsee aktiv ist. Für letzteres Segment sind in der Nordsee die Seelachsfischerei, die Grundschleppnetz- und Baumkurrenfischerei auf vermischte Grundfischbestände sowie die Krabbenfischerei von größerer Bedeutung (Abb. 7.10).

Der Klimawandel manifestiert sich im Ökosystem Meer, und damit auch in der Nordsee, in vielfältiger Weise. Neben dem zu erwartenden Anstieg der mittleren Temperatur des Meerwassers gehört dazu auch eine Änderung in der Saisonalität, d. h. im jährlichen Auftreten der Frühjahrserwärmung und der herbstlichen Abkühlung. Weitere Einflüsse der zu erwartenden Klimaänderung sind:

1. Änderungen im Salzgehalt und in der Stratifizierung der Wassersäule (durch veränderte Niederschlags- und Flusswassereintragsmengen),
2. eine Änderung der chemischen Zusammensetzung des Meerwassers und hier insbesondere Änderungen in der Sauerstoffkonzentration und eine Versauerung sowie
3. ein häufigeres Auftreten und eine größere Intensität von Starkwindereignissen.

Diese Konsequenzen des Klimawandels haben nicht nur eine Bedeutung für die Biologie der von der Fischerei genutzten Arten, sondern auch vielfältige Konsequenzen für das Fischereimanagement.

Im Folgenden wird zuerst der Wissensstand zum Einfluss des Klimas auf die marinen lebenden Ressourcen der Nordsee zusammengefasst und ein Ausblick auf die weiteren zu erwartenden Änderungen gegeben. Im Anschluss werden mögliche Auswirkungen auf die Fischerei und das Fischereimanagement für die Nordsee beschrieben. Abschließend werden zukünftige Änderungen der Fischerei in der Nordsee und insbesondere für die deutsche Fischerei und damit die MRH diskutiert.

7.3.2 Klimabedingte Änderungen in der Biologie der lebenden marinen Ressourcen

Klimabedingte Änderungen im Meer haben vielfältige Auswirkungen auf die marinen lebenden Ressourcen. Im Weiteren werden Änderungen in der räumlichen Verteilung und den Jahrgangsstärken sowie der mögliche Effekt der Versauerung und neuer Krankheitserreger und Räuber diskutiert.

7.3.2.1 Änderungen in der räumlichen Verteilung der Fischbestände und der Fischerei

Änderungen in der Verteilung der kommerziell genutzten Fischbestände der Nordsee zeigen klare Zusammenhänge mit langfristigen Änderungen in der Wassertemperatur (Simpson et al. 2011). Analysen von fischereiunabhängigen Monitoringprogrammen in der Nordsee ergaben im Zeitraum von 1977 bis 2001 Änderungen der Verteilungszentren von 48 bis zu 403 km (Beare et al. 2004; Perry et al. 2005, Dulvy et al. 2008). Zudem wurde für die letzten 30 Jahre eine Erhöhung der mittleren Aufenthaltstiefe der demersalen Fischgemeinschaft von ca. 3,6 m pro Jahrzehnt beobachtet (Dulvy et al. 2008). Insgesamt zeigen deutlich mehr Arten (bis zu 8-fach) ein vergrößertes Verteilungsgebiet (Hiddink und ter Hofstede 2008). Die Erwärmung hat dabei in Nordwesteuropa generell zu einer Erhöhung der Bestandsgrößen von Warmwasserarten aus südlicheren Gebieten mit einer geringeren maximalen Körpergröße geführt. Dagegen hat die Abundanz von nördlichen großen Kaltwasserarten in der Nordsee deutlich abgenommen. Typisch für diese „subtropicalization", die für die Nordsee, aber auch für die Ostsee beschrieben wurde, ist eine Änderung der Fischgemeinschaften von einer Dominanz durch Arten wie den Hering und die Sprotte hin zu einer Dominanz von Warmwasserarten wie Makrele, Holzmakrele (*Trachurus trachurus*), Sardine (*Sardina pilchardus*) und Sardelle (*Engraulis encrasicolus*) (Montero-Serra et al. 2015).

Neben den fischereiunabhängigen Monitoringprogrammen können auch kommerzielle Fangdaten Verteilungsänderungen der genutzten Fischbestände anzeigen. Analysen der Fangdaten von Arten wie Kabeljau, Schellfisch und Scholle (*Pleuronectes platessa*) ergaben klare Änderungen in der räumlichen Verteilung während der letzten 100 Jahre (Engelhard et al. 2011, 2014). Die höchsten Fänge des Kabeljaus werden dabei kontinuierlich weiter im Nordosten der Nordsee und damit auch in tieferen Gewässern erzielt. Für den Schellfisch zeigen die Fangdaten eine Verkleinerung des Aufenthaltsgebietes mit einer Änderung des südlichen Verbreitungsgebietes Richtung Norden, und die Scholle wird in zunehmendem Maße im Nordwesten der Nordsee gefangen (van Keeken et al. 2007). Entsprechende Studien bestätigen den Zusammenhang dieser Trends mit der Erwärmung des Wasserkörpers (Engelhard et al. 2014).

Die beobachteten klimabedingten Verteilungsänderungen der kommerziell genutzten Fischbestände und der damit einhergehenden Reorganisation der Fischgemeinschaft in der Nordsee bedeutet aber auch neue Nutzungsmöglichkeiten für die Fischerei. So wurde ein drastisch ansteigender Bestand des Europäischen Wolfsbarsches (*Dicentrarchus labrax*) in der südlichen Nordsee beobachtet und den ansteigenden Wassertemperaturen zugeschrieben (Pawson et al. 2007). Diese Art ist insbesondere auch für die Freizeit- und Angelfischerei von großer Bedeutung. Eine weitere für die Fischerei immer bedeutender werdende Art ist die Rote Meerbarbe (*Mullus barbatus*), welche die Nordsee zunehmend von Süden durch den Ärmelkanal, aber auch von Norden entlang der schottischen Küste bevölkert hat (Beare et al. 2005). Weitere neue Fangmöglichkeiten für die Fischerei bieten erhöhte Bestände des Europäischen Seehechtes (*Merluccius merluccius*) (Cormon et al. 2014) und des Kalmars der Art *Loligo forbesi* (Hastie et al. 2009).

Projektionen weiterer zukünftiger Veränderungen der Nordseefischgemeinschaft durch den Klimawandel wurden basierend auf einer Reihe von verschiedenen Modellierungstechniken erzielt. Diese Studien zeigen generell die Erwartung, dass global und im Nordostatlantik weitere Verteilungsänderungen auftreten werden (Cheung et al. 2009, 2010, 2011). Für die Nordsee sagen ähnliche Simulationen eine mittlere nördliche Verschiebung der genutzten Arten um 27 km voraus (Jones et al. 2012; Defra 2013). Dabei zeigte sich, dass Kalmare und Wolfsbarsch, aber auch Sardine und Sardelle zu den Arten mit den größten Veränderungen gehörten. Weitere Simulationsstudien zeigen das mögliche Verschwinden des Kabeljaus aus der Nordsee unter zukünftig erwarteten Temperaturbedingungen (Beaugrand et al. 2011) und eine weitere Nordverschiebung von anderen dorschartigen Fischen wie dem Schellfisch und dem Seelachs (Lenoir et al. 2011).

7.3.2.2 Änderungen in den Jahrgangstärken genutzter Fischbestände

Klimabedingte Änderungen in den Jahrgangsstärken sind neben der fischereilichen Nutzung die Hauptursache für Schwankungen in der Größe kommerziell genutzter Fischbestände. Die sog. Rekrutierung (Anzahl der überlebenden Nachkommen von der jährlichen Eiproduktion) ist ein Hauptmaß für die Produktivität der Fischbestände und oftmals abhängig von der Verfügbarkeit an Zooplankton für die frühen Larvenstadien (Cushing 1990), aber auch anderer Prozesse während der frühen Lebensstadien (Petitgas et al. 2012). Viele wissenschaftliche Studien zeigen den Zusammenhang zwischen der Rekrutierung und der Größe der kommerziellen Fänge unter den klimatischen Bedingungen für Arten wie z. B. Kabeljau (Brander und Mohn 2004; Cook und Heath 2005; O'Brien et al. 2000), Scholle (Brunel und Boucher 2007), Hering (Nash und Dickey-Collas 2005), Makrele (Jansen und Gislason 2011) und Wolfsbarsch (Pawson 1992). Diese Studien nutzen zumeist die Oberflächentemperatur oder Indizes für klimatische Änderungen durch z. B. die Nordatlantische Oszillation (NAO) oder die Atlantische Multidekadische Oszillation (AMO) als Vorhersagevariablen für den Rekrutierungserfolg und damit für die Größe des Nachwuchsjahrgangs. Für Letztere wurde ein Zusammenhang mit den Beständen des Herings, der Sardelle und der Sardine für die Nordsee gezeigt (Alheit et al. 2012; Gröger et al. 2010). Ein Großteil solcher Studien für die Nordsee beschäftigte sich mit dem Kabeljau und zeigte, obwohl regional unterschiedlich (Planque und Frédou 1999), den negativen Einfluss der Erwärmung für diese kommerziell wichtige Art (O'Brien et al. 2000; Beaugrand et al. 2003; Drinkwater 2005; Heath und Brander 2001).

Ein möglicher Prozess, der zu Schwankungen in der Jahrgangsstärke der Fischbestände führen kann, ist ein sog. Mismatch mit der Planktonproduktion (Cushing 1990). Grund hierfür können sowohl Änderungen im Auftreten (zeitlich, aber auch räumlich) der Fischlarven oder ihrer Nahrung, dem Zooplankton, durch klimatische Schwankungen sein. Änderungen im saisonalen Auftreten des Planktons, insbesondere des Copepoden *Calanus finmarchicus*, haben so wahrscheinlich zur Reduzierung der Rekrutierung des Kabeljaus, aber auch vieler Plattfischbestände beigetragen (Beaugrand et al. 2003; Reid et al. 2001, 2003).

Über eine kontinuierliche Reduzierung der Nachwuchsproduktion kann der Klimawandel zu einer vergrößerten Anfälligkeit der Fischbestände gegenüber der Fischerei führen. Für die Nordseearten Kabeljau, Schellfisch, Wittling, Seelachs, Scholle und Seezunge (*Solea solea*) ergab eine Untersuchung des Zusammenhangs zwischen Wassertemperatur und Rekrutierung, dass für viele Bestände bei der weiteren Erwärmung kleinere Fischereien zu erwarten sind (Cook und Heath 2005). Ähnliche Studien bestätigen dies z. B. für die Makrele in der Nordsee (Jansen und Gislason 2011; Jansen et al. 2012; Mendiola et al. 2007).

7.3.2.3 Der Einfluss der Versauerung auf die lebenden Ressourcen

Eine weitere Folge des Klimawandels (neben der Erwärmung) ist die Versauerung des Meerwassers (Pörtner et al. 2014). Auch für die Nordsee zeigen Modellprojektionen eine Versauerung durch die vermehrte Aufnahme von Kohlendioxid aus der Luft durch das Meerwasser (Artioli et al. 2012). Die Versauerung hat möglicherweise direkte und indirekte Einflüsse auf die Rekrutierung, das Wachstum und das Überleben der genutzten Fischbestände (Fabry et al. 2008; Llopiz et al. 2014), die durch die Erwärmung noch verstärkt werden können (Hale et al. 2011). Dabei sind zuerst Tiere mit Hüllen und Skeletten aus Kalziumkarbonat wie Mollusken, Crustaceen und Echiondermen gefährdet (Kroeker et al. 2010; Hendriks et al. 2010), und Effekte sind dokumentiert für Miesmuschel, Austern, Hummer und Kaisergranat (*Nephrobs norvegicus*) (Agnalt et al. 2013; Gazeau et al. 2010; Styf et al. 2013).

Direkte Effekte auf kommerzielle Fischbestände sind bisher wenig dokumentiert, und Experimente mit den Nordseearten Hering und Kabeljau haben gezeigt, dass diese relativ robust gegenüber der Versauerung sind (Franke und Clemmesen 2011).

Andere Studien zeigen, dass indirekte Effekte über das Nahrungsnetz möglicherweise von größerer Bedeutung sind (Le Quesne und Pinnegar 2012). Es ist aber klar, dass hier noch ein erheblicher Forschungsbedarf besteht.

7.3.2.4 Neue Krankheitserreger und Räuber

Ein bedeutendes Problem für die Nordseefischerei ist der Zusammenhang zwischen dem Klimawandel und dem Auftreten von Krankheitserregern. Global steigt das Auftreten mariner Pathogene mit der Erwärmung an (Harvell et al. 1999). In europäischen Schalentieren kommen insbesondere die Bakterien *Vibrio (V.) parahaemolyticus* und *V. vulnificus* vor, die sehr von den vorherrschenden Salzgehalts- und Temperaturbedingungen abhängig und gefährlich für die menschliche Gesundheit sind (Baker-Austin et al. 2013). Diese Vibrio-Arten vermehren sich insbesondere bei Temperaturen > 18 °C, und starke Ausbrüche treten in Europa vermehrt während sommerlicher Hitzewellen auf. Andere Pathogene wie das Norovirus treten häufig während kalter Winter nach Perioden mit starken Niederschlägen und dem darauffolgenden Abfluss von Wasser aus Kanalisationen auf (Campos und Lees 2014). Insgesamt kann das Auftreten dieser Pathogene zur zeitlich begrenzten Schließung von Fischereien führen.

Der Klimawandel wird außerdem zum Auftreten neuer Räuberarten und damit zu Veränderungen in den Nahrungsnetzen, welche die genutzten Arten produzieren, führen. Ein gut dokumentiertes Beispiel ist hier der Graue Knurrhahn (*Eutriglia gurnardus*), der sich in die nördliche Nordsee ausgebreitet hat (Kempf et al. 2014). Der Graue Knurrhahn ist eine Bedrohung für den Nachwuchs des Kabeljaus geworden, mit Folgen für die Rekrutierung dieser schon durch die Erwärmung bedrohten Art. Ähnliche Folgen mag die Ausbreitung des Europäischen Seehechtes in die nördliche Nordsee haben, die zusätzlich auch ein Nahrungskonkurrent für den Seelachs ist (Cormon et al. 2014). Unklarheit besteht auch über die Bedeutung des Klimawandels für das vermehrte Auftreten von gelatinösem Plankton (d. h. Quallen) (Lynam et al. 2004; Atrill et al. 2007), die negative Auswirkungen als Konkurrenten und Räuber für die Larvenstadien der kommerziell genutzten Fischarten haben können.

7.3.3 Konsequenzen der biologischen Änderungen für die Fischerei

Klimabedingte Änderungen in der Verteilung und Rekrutierung und somit der lokalen Bestandsgrößen haben möglicherweise starke Auswirkungen auf die Verfügbarkeit der lebenden Ressourcen für die kommerzielle Fischerei. Insbesondere räumliche Veränderungen führen zu Problemen im Fischereimanagement, wo die Verteilung von Arten sich über „politische Grenzen" ändert. So hat die Abwanderung der Makrele aus norwegischen Gewässern in die Nordsee zu Konflikten zwischen norwegischen Fischereischiffen und der britischen Fischereikontrolle geführt. Gleichzeitig haben Island und die Färöer-Inseln eine Makrelenquote für sich gefordert, da der Bestand in ihre territorialen Gewässer eingewandert ist. Ein ähnliches Problem besteht im Ärmelkanal und in der südlichen Nordsee durch die Ausbreitung der Sardelle. Da die Sardellenbestände der französischen und spanischen Fischerei erschöpft sind, besteht Uneinigkeit, inwieweit diese Zugang zu den nun nördlicheren Verbreitungsgebieten der Scholle bekommen sollen. Mit dem Klimawandel werden solche Konflikte möglicherweise vermehrt auftreten (Link et al. 2011).

Darüber hinaus haben grundlegende und langfristige Änderungen im Artengefüge der Nordsee Auswirkungen auf die Verteilungsschlüssel der Fangquoten zwischen den EU-Nationen. Im heutigen Managementsystem der Europäischen Union gibt es eine fein austarierte Balance zwischen den Fanganteilen der einzelnen Fischereinationen, die auf der historischen Verteilung der Fangrechte beruht. Diese historischen Fangrechte spiegeln weitgehend auch die Zusammensetzung der Fänge in den für die jeweiligen Nationen typischen Fischereien wider. In der Nordsee, die durch diverse Fischgemeinschaften gekennzeichnet ist, sind dies häufig sog. gemischte Fischereien, die eine Vielzahl von Arten gleichzeitig fangen. Folglich wird jede Managemententscheidung für eine Art indirekte Auswirkungen auf die mitgefangenen Arten haben. Ändert sich die Fangbarkeit der Zielarten durch Verschiebungen in der räumlichen Verteilung oder Produktivität der Bestände, muss dieses „relative Stabilität" genannte Prinzip der Quotenverteilung politisch neu verhandelt werden. Die schon heute mit der 2013er-Reform der Gemeinsamen Fischereipolitik der EU beobachteten politischen Widerstände gegen ein Aufweichen der relativen Stabilität durch handelbare Fangquoten (Kraus und Döring 2013) lassen befürchten, dass hier neue politische Gräben entstehen werden. Verschärft wird die Situation durch das sog. Anlandegebot, das den Rückwurf von gefangenen Fischen weitgehend verbietet. Wenn die Quote für eine Art ausgeschöpft ist, dürfen die überzähligen Fische nicht mehr zurückgeworfen werden. Folglich muss eine gemischte Fischerei sofort gestoppt werden, wenn die Art mit der geringsten Quote ausgefischt ist. Die relative Stabilität verhindert, dass Flexibilität in der Quotenverteilung zwischen den Mitgliedstaaten das Problem löst. Im Falle der klimabedingten Ausbreitung des Seehechtes, für den die Nordseeanrainer traditionell nur sehr geringe Quotenanteile halten, führt dies möglicherweise zu einer zu frühzeitigen Schließung der Fischerei mit starken finanziellen Auswirkungen auf die Fischer (Baudron und Fernandez 2015). Ähnliche Fälle werden mit einem verstärkten Klimawandel vermehrt erwartet.

Klimabedingte Verteilungsänderungen der kommerziellen Fischbestände haben auch einen Einfluss auf die Effektivität von Schutzgebieten (van Keeken et al. 2007), deren Einrichtung eine Maßnahme der Gemeinsamen EU-Fischereipolitik zum Schutz von Aufzucht- und Laichgebieten ist. In der Nordsee bestehen Schutzgebiete für Scholle, Hering, Stintdorsch (*Trisopterus esmarkii*) und Sandaal (*Ammodytes tobianus*). Für die Scholle besteht seit 1989 eine sog. Schollenbox zum Schutz vor Beifang und Discard von juvenilen Tieren, in der lediglich Fangfahrzeuge der kleinen Küstenfischerei fangen dürfen und große, hoch effizient fangende Fahrzeuge mit mehr als 300 PS ausgeschlossen sind. Der Klimawandel hat aber offensichtlich dazu geführt, dass sich die einjährigen Schollen zunehmend aus dem Gebiet der Box in tiefere, küstenfernere Gebiete begeben, was diese zu einem weniger effektiven Mittel des Fischereimanagements macht. Ähnliche Effekte werden bei der zu erwartenden Erwärmung in der Zukunft für die anderen Bestände auftreten (Cheung et al. 2012).

7.3.4 Zusammenfassung: Mögliche Auswirkungen des Klimawandels für die deutsche Fischerei in der Nordsee

Im 5. Sachstandsbericht des IPCC (Pörtner et al. 2014) wird prognostiziert, dass in den nächsten 50 Jahren die globale Produktivität der Ozeane mit steigenden Temperaturen abnehmen wird und damit auch die möglichen Erträge der Fischereiwirtschaft – und das im mehrstelligen Milliarden-Dollar-Bereich. Es wird allerdings regional große Unterschiede geben. Die gemäßigten und höheren Breiten und somit auch die Nordsee und ihre Fischbestände werden von den geänderten Umständen eher profitieren, während es in den niedrigeren Breiten viele negative Auswirkungen geben wird, die einige der weltweit größten Fischereien massiv betreffen werden. Belastbare quantitative Vorhersagen der Auswirkungen des Klimawandels auf die Entwicklung der Nordseefischbestände und ihre Fischereien lassen sich heute noch nicht treffen. Die Unsicherheiten der regionalen Klimamodelle sowie die Komplexität der biologischen Interaktionen sind zu groß. Grundlegende Trends zeichnen sich allerdings schon heute ab:

- Global wird die verminderte Sauerstoffaufnahmekapazität wärmeren Wassers als einer der wichtigsten Faktoren für die prognostizierte Abnahme der Produktivität benannt. Auch das Wasser in der Nordsee wird in der Zukunft deutlich wärmer sein und deswegen weniger Sauerstoff aufnehmen können. Durch die großen Temperaturunterschiede zwischen Sommer und Winter in der Nordsee bricht in aller Regel die Schichtung der oberen Wasserschichten regelmäßig auf, und das Wasser durchmischt sich vollständig. Deswegen sind keine gravierenden physiologischen Auswirkungen oder ein Rückgang der Produktion durch Sauerstoffmangel zu erwarten. Wachstumsraten der Fische werden bei ausreichender Nahrungsverfügbarkeit steigen. Das heißt, bezogen auf das Sauerstoffproblem werden die Fischbestände der Nordsee eher zu den Profiteuren der wärmeren Wassertemperaturen gehören, wobei diese Betrachtung die prognostizierte Zunahme von Extremereignissen nicht einschließt.
- Die Erwärmung der Nordsee hat schon heute zu einer Zunahme an fischereilich interessanten, z. T. hochpreisigen Arten wie Wolfsbarsch und Roter Meerbarbe oder auch Sardellen geführt. Verschiedene Cephalopodenarten dehnen sich ebenfalls massiv in die Nordsee aus und dominieren z. B. im Nordosten Schottlands schon über traditionelle Zielarten der Fischerei (Hastie et al. 2009). Einige für die deutsche Fischerei traditionell wichtige Nordseearten wie die Nordseegarnele, Scholle oder auch Makrele haben sich mit steigenden Wassertemperaturen ebenfalls deutlich positiv entwickelt. So ist zu erwarten, dass trotz eines langfristigen Rückgangs kaltadaptierter Arten wie z. B. dem Kabeljau die deutsche Fischerei in der Nordsee von den neuen Arten und der positiven Entwicklung der anpassungsfähigen heutigen Zielarten profitieren kann. Fischerei und Management werden sich jedoch an die neuen Gegebenheiten anpassen müssen, um in der sich stark ändernden Umgebung konkurrenzfähig zu bleiben. Neben den technischen Anpassungen besteht eine große Herausforderung darin, auf der Managementseite eine gerechte Verteilung der neuen Fangoptionen zu erreichen.
- Weil der Klimawandel sich auf die Verteilung und Produktivität der Bestände in der Nordsee auch über die Grenzen der nationalen Hoheitsgewässer der EU-Staaten hinaus auswirken wird und damit auf die politische Dimension der Fangmöglichkeiten, wird die Ökonomie der Fischereiwirtschaft in Europa und Deutschland ebenfalls betroffen sein. Bioökonomische Modellstudien prognostizieren allerdings, dass die Größe der ökonomischen Konsequenzen eher davon abhängt, wie sich die Gesellschaft und die Märkte auf die Situation einstellen, als von den Klimawandelauswirkungen selbst (Merino et al. 2010). Arnason (2007) zeigte z. B., dass die für Island positiven fischreichen Auswirkungen des Klimawandels im Hintergrundrauschen der Schwankungen des Bruttoinlandsproduktes mehr oder weniger aufgesogen werden. So werden die möglichen positiven ökonomischen Effekte bei gut funktionierender Anpassung der deutschen Nordseefischerei an den Klimawandel vielleicht regional noch sichtbar bleiben, aber gesamtwirtschaftlich ohnehin aufgrund der geringen Bedeutung des Sektors keine Relevanz entfalten.

Literatur

Agnalt AL, Grefsrud ES, Farestveit E, Larsen M, Keulder F (2013) Deformities in larvae and juvenile European lobster (Homarus gammarus) exposed to lower pH at two different temperatures. Biogeosciences 10:7883–7895

Alheit J, Pohlmann T, Casini M, Greve W, Hinrichs H, Mathis M, O'Driscoll K, Vorberg R, Wagner C (2012) Climate variability drives anchovies and sardines into the North and Baltic Seas. Prog Oceanogr 96:128–139

Arnason R (2007) Climate change and fisheries, assessing the economic impact in Iceland and Greenland. Nat Resour Model 20:163–197

Artioli Y, Blackford JC, Butenschön M, Holt JT, Wakelin SL, Thomas TH, Borges AV, Allen JI (2012) The carbonate system in the North Sea: Sensitivity and model validation. J Marine Syst 102–104:1–13

Atrill MJ, Wright J, Edwards M (2007) Climate-related increases in jellyfish frequency suggest a more gelatinous future for the North Sea. Limnol Oceanogr 52:480–485

Baker-Austin C, Trinanes JA, Taylor NGH, Hartnell R, Siitonen A, Martinez-Urtaza J (2013) Emerging Vibrio risk at high latitudes in response to ocean warming. Nat Clim Chang 3:73–77

Bakkenes M, Alkemade JRM, Ihle F, Leemans R, Latour JB (2002) Assessing effects of forecasted climate change on the diversity and distribution for European higher plants for 2050. Glob Change Biol 8:390–407

Baudron AR, Fernandez PG (2015) Adverse consequences of stock recovery: European hake, a new "choke" species under a discard ban? Fish Fish 16(4):563–575

Beare D, Burns F, Peach K, Portilla E, Greig T, McKenzie E, Reid D (2004) An increase in the abundance of anchovies and sardines in the north-western North Sea since 1995. Glob Change Biol 10:1209–1213

Beare D, Burns F, Jones E, Peach K, Reid D (2005) Red mullet migration into the northern North Sea during late winter. J Sea Res 53:205–212

Beaugrand G, Brander KM, Lindley JA, Souissi S, Reid PC (2003) Plankton effect on cod recruitment in the North Sea. Nature 426:661–664

Beaugrand G, Lenoir S, Ibañez F, Manté C (2011) A new model to assess the probability of occurrence of a species, based on presence-only data. Mar Ecol Prog Ser 424:175–190

Bissolli P, Müller-Westermeier G, Dittmann E, Remisová V, Braslavská O, Stastný P (2005) 50-year time series of phenological phases in Germany and Slovakia: a statistical comparison. Meteorol Z 14:173–182

BLE (2014) Die Hochsee- und Küstenfischerei in der Bundesrepublik Deutschland im Jahre 2014. Bericht über die Anlandungen von Fischereierzeugnissen durch deutsche und ausländische Fischereifahrzeuge. Bundesanstalt für Landwirtschaft und Ernährung (BLE), Hamburg

BLE (2015) Waldbrandstatistik der Bundesrepublik Deutschland 2011, 2012, 2013, 2014. Bundesanstalt f. Landwirtschaft u. Ernährung, Bonn

Block J, Gauer J (2012) Waldbodenzustand in Rheinland-Pfalz. In: Mitteilungen aus der Forschungsanstalt für Waldökologie und Forstwirtschaft Rheinland-Pfalz 70/12. Forschungsanstalt für Waldökologie und Forstwirtschaft Rheinland-Pfalz, Trippstadt, S 228

BMJV (2002) Verordnung über Anforderungen an die Verwertung und Beseitigung von Altholz (Altholzverordnung – AltholzV)

Bohn U, Neuhäusl R (2003) Karte der natürlichen Vegetation Europas. BfN Schriftenreihe. BfN, Bonn

Bolte A, Ibisch P, Menzel A, Rothe A (2008) Was Klimahüllen uns verschweigen. AFZ Wald 15:800–803

Borner H (2009) Pflanzenkrankheiten und Pflanzenschutz. Springer, Dordrecht

Brander KM, Mohn R (2004) Effect of the North Atlantic Oscillation on the recruitment of Atlantic cod *(Gadus morhua)*. Can J Fish Aquat Sci 61:1558–1564

Breitsameter L, Bürger J, Edler B, Peters K, Gerowitt B, Steinmann H-H (2014) Klimafolgenforschung zu Ackerunkräutern – Daten, Methoden und Anwendungen auf verschiedenen Skalen. In: 26th German Conference on weed Biology and Weed Control Braunschweig. Julius-Kühn-Archiv 443.

Brunel T, Boucher J (2007) Long-term trends in fish recruitment in the north-east Atlantic related to climate change. Fish Oceanogr 16:336–349

Bürgerschaft der Freien und Hansestadt Hamburg (2014) Agrarpolitisches Konzept 2020. In: Mitteilungen des Senats an die Bürgerschaft Hamburg, S 32

Campos CJA, Lees DN (2014) Environmental transmission of human noroviruses in shellfish waters. Appl Environ Microbiol 80:3552–3561

Cheung WWL, Lam VWY, Sarmiento JL, Kearney K, Watson R, Pauly D (2009) Projecting global marine biodiversity impacts under climate change scenarios. Fish Fish 10:235–251

Cheung WWL, Lam VWY, Sarmiento JL, Kearney K, Watson R, Zeller D, Pauly D (2010) Large-scale redistribution of maximum fisheries catch potential in the global ocean under climate change. Glob Change Biol 16:24–35

Cheung WWL, Dunne J, Sarmiento JL, Pauly D (2011) Integrating ecophysiology and plankton dynamics into projected maximum fisheries catch potential under climate change in the Northeast Atlantic. ICES J Mar Sci 68:1008–1018

Cheung WWL, Pinnegar JK, Merino G, Jones MC, Barange M (2012) Review of climate change and marine fisheries in the UK and Ireland. Aquat Conserv 22:368–388

Chmielewski F-M (2009) Landwirtschaft und Klimawandel. Geogr Rdsch 61(9):28–35

Chmielewski F-M (2011a) Wasserbedarf in der Landwirtschaft. In: Lozán JL, Graßl H, Hupfer P, Karbe L, Schönwiese C-D (Hrsg) Warnsignal Klima: Genug Wasser für alle? Universität Hamburg, Institut f. Hydrobiologie, Hamburg

Chmielewski F-M (2011b) Der Einfluss des Klimawandels auf den Wirtschaftssektor Landwirtschaft. In: von Storch H, Claussen M (Hrsg) Klimabericht für die Metropolregion Hamburg. Springer, Heidelberg, S 211–227

Chmielewski F-M, Köhn W (1999) Impact of weather on yield components of spring cereals over 30 years. Agr For Meteorol 96:4–58

Chmielewski F-M, Köhn W (2000) Impact of weather on yield components of winter rye over 30 years. Agric For Meteorol 102:253–261

Chmielewski F-M, Rötzer T (2001) Response of tree phenology to climate change across Europe. Agr For Meteorol 108:101–112

Chmielewski FM, Müller A, Bruns E (2004) Climate changes and trends in phenology of fruit trees and field crops in Germany, 1961–2000. Agr For Meteorol 121:69–78

Chmielewski F-M, Blümel K, Pálesová I (2012) Climate change and possible shifts of dormancy release for deciduous fruit crops in Germany. Clim Res 54:209–219

Cook RM, Heath MR (2005) The implications of warming climate for the management of North Sea demersal fisheries. ICES J Mar Sci 62:1322–1326

Cormon X, Loots C, Vaz S, Vermard Y, Marchal P (2014) Spatial interactions between saithe *(Pollachius virens)* and hake *(Merluccius merluccius)* in the North Sea. ICES J Mar Sci 71:1342–1355

Cushing DH (1990) Plankton production and year-class strength in fish populations: an update of the match/ mismatch hypothesis. Adv Mar Biol 26:249–293

Czajkowski T, Bolte A (2006) Unterschiedliche Reaktion deutscher und polnischer Herkünfte der Buche *(Fagus sylvatica L.)* auf Trockenheit. Allg Forst Jagdztg 176:133–143

Czajkowski T, Kühling M, Bolte A (2005) Einfluss der Sommertrockenheit im Jahre 2003 auf das Wachstum von Naturverjüngungen der Buche (*Fagus sylvatica L.)* im nordöstlichen Mitteleuropa. Allg Forst Jgdz 176:133–143

Defra (2013) Economics of climate resilience: natural environment theme – sea fish. Department for Environment, Food & Rural Affairs (DEFRA)

Döbbeler H, Spellmann H (2002) Methodological approach to simulate and evaluate silvicultural treatments under climate change. Forstwiss Cent 121:52–69

Drinkwater KF (2005) The response of Atlantic cod *(Gadus morhua)* to future climate change. ICES J Mar Sci 62:1327–1337

Dulvy NK, Rogers SI, Jennings S, Stelzenmüller V, Dye SR, Skjoldal HR (2008) Climate change and deepening of the North Sea fish assemblage: a biotic indicator of warming seas. J Appl Ecol 45:1029–1039

Ellenberg H (1996) Vegetation Mitteleuropas mit den Alpen in ökologischer, dynamischer und historischer Sicht. Ulmer, Stuttgart

Engelhard GH, Pinnegar JK, Kell LT, Rijnsdorp AD (2011) Nine decades of North Sea sole and plaice distribution. ICES J Mar Sci 68:1090–1104

Engelhard GH, Righton DA, Pinnegar JK (2014) Climate change and fishing: a century of shifting distribution in North Sea cod. Glob Change Biol 20:2473–2483

Erler J, Becker G, Spellmann H, Dieter M, Ammer A, Bauhus J, Bitter A, Bolte A, Knoke T, Köhl M, Mosandl R, Möhring B, Schmidt O, von Teuffel K (2012) Einseitig, widersprüchlich und teilweise falsch. Holz Zentralbl 32:810–811

Escherich K (1931) Die Forstinsekten Mitteleuropas. Parey, Berlin

EU (2009) RICHTLINIE 2009/28/EG DES EUROPÄISCHEN PARLAMENTS UND DES RATES vom 23. April 2009 zur Förderung der Nutzung von Energie aus erneuerbaren Quellen und zur Änderung und anschließenden Aufhebung der Richtlinien 2001/77/EG und 2003/30/EG. Amtsblatt der Europäischen Union L140/16.

Fabry VJ, Seibel BA, Feely RA, Orr JC (2008) Impacts of ocean acidification on marine fauna and ecosystem processes. ICES J Mar Sci 65:414–432

FAOSTAT (2014) FAOSTAT database. Food and Agriculture Organization of the United Nations, Rome

Fischer A, Jantsch MC, Müller-Kroehling S (2014) Buchenwald-Lebensgemeinschaften im Klimawandel. Allg Forst Jagdztg 185:71–81

Fischer R, Dobbertin M, Granke O, Karoles K, Köhl M, Kraft P, Meyer P, Mues V, Lorenz M, Nagel H-D, Seidling W (2006) The condition of forests in Europe. Executive Report. UN/ECE, ICP-Forests, Hamburg

Flessa H, Müller D, Plassmann K, Osterburg B, Techen AK, Nitsch H, Nieberg H, Sanders J, Meyer zu Hartlage O, Beckmann E, Anspach V (2012) Studie zur Vorbereitung einer effizienten und gut abgestimmten Klimaschutzpolitik für den Agrarsektor. Landbauforschung – vTI Agriculture and Forestry Research Sonderheft 361

Franke A, Clemmesen C (2011) Effect of ocean acidification on early life stages of Atlantic herring *(Clupea harengus L.)*. Biogeosciences 8:3697–3707

Franzaring J, Henning-Muller I, Funk R, Hermann W, Wulfmeyer V, Claupein W, Fangmeier A (2007) Effects of solar, climatic and atmospheric components on historical crop yields. Gefahrstoffe Reinhaltung Luft 67:251–258

Gazeau FPH, Gattuso JP, Dawber C, Pronker AE, Peene F, Peene J, Heip CHR, Middelburg JJ (2010) Effect of ocean acidification on the early life stages of the blue mussel *Mytilus edulis*. Biogeosciences 7:2051–2060

Gnoth L (2015) Einfluss von erhöhtem atmosphärischen CO_2 auf das Wachstum und die Blattentwicklung von *Vitis vinifera*. Bachelor-Arbeit am Zentrum Holzwirtschaft (Fachbereich Biologie). Universität Hamburg, Hamburg

Graham-Rowe D (2012) Tank gegen Teller (Spektrum der Wissenschaft. Webseite von Spektrum)

Gröger JP, Kruse GH, Rohlf N (2010) Slave to the rhythm: how large-scale climate cycles trigger herring *(Clupea harengus)* regeneration in the North Sea. ICES J Mar Sci 67:454–465

Hale R, Calosi P, McNeill L, Mieszkowska N, Widdicombe S (2011) Predicted levels of future ocean acidification and temperature rise could alter community structure and biodiversity in marine benthic communities. Oikos 120:661–674

Harris NL, Brown S, Hagen SC, Saatchi SS, Petrova S, Salas W, Hansen MC, Potapov PV, Lotsch A (2012) Baseline map of carbon emissions from deforestation in tropical regions. Science 336:1573–1576

Harvell CD, Kim K, Burkholder JM, Colwell RR, Epstein PR, Grimes DJ, Hofmann EE, Lipp EK, Osterhaus ADME, Overstreet RM, Porter JW, Smith GW, Vasta GR (1999) Emerging marine diseases-climate links and anthropogenic factors. Science 285:1505–1510

Hastie L, Pierce G, Pita C, Viana M, Smith J, Wangvoralak S (2009) Squid fishing in UK waters. A report to SEAFISH industry authority. School of Biological Sciences, University of Aberdeen, Aberdeen

Hättenschwiler S, Miglietta F, Raschi A, Körner C (1997) Thirty years of in situ tree growth under elevated CO2: a model for future forest responses? Glob Change Biol 3:436–471

Heath MR, Brander K (2001) Workshop on Gadoid stocks in the North Sea during the 1960s and 1970s. The fourth ICES/GLOBEC backward-facing workshop, 1999. Ices Coop Res Rep 244:1–55

Hendriks IE, Duarte CM, Alvarez M (2010) Vulnerability of marine biodiversity to ocean acidification: a meta-analysis. Est Coast Shelf Sci 86:157–164

Hiddink JD, ter Hofstede R (2008) Climate induced increases in species richness of marine fishes. Glob Chan Biol 14:453–460

IAB – Institut für Arbeitsmarkt und Berufsforschung (2013) Daten zur kurzfristigen Entwicklung von Wirtschaft und Arbeitsmarkt 04/2013

IPCC (2006) Guidelines for national greenhouse gas inventories. Institute for Global Environmental Strategies (IGES), Japan

Jansen T, Gislason H (2011) Temperature affects the timing of spawning and migration of North Sea mackerel. Cont Shelf Res 31:64–72

Jansen T, Kristensen K, Payne M, Edwards M, Schrum C, Pitois S (2012) Long-term retrospective analysis of mackerel spawning in the North Sea: a new time series and modeling approach to CPR data. PLOS ONE 7:e38758

Jones MC, Dye SR, Pinnegar JK, Warren R, Cheung WWL (2012) Modelling commercial fish distributions: prediction and assessment using different approaches. Ecol Model 225:133–145

Kätzel R (2008) Klimawandel. Zur genetischen und physiologischen Anpassungsfähigkeit der Baumarten. Arch Forstwes Landschaftsökol 42:9–15

Keckl G (2005) Obst in Niedersachsen. In: Kommunikationstechnologie, K.f.S. (Hrsg) Mitteilungen des Obstbauversuchsrings des Alten Landes

van Keeken OA, van Hoppe M, Grift RE, Rijnsdorp AD (2007) Changes in the spatial distribution of North Sea plaice *(Pleuronectes platessa)* and implications for fisheries management. J Sea Res 57:187–197

Kempf A, Stelzenmüller V, Akimova A, Floeter J (2014) Spatial assessment of predator–prey relationships in the North Sea: the influence of abiotic habitat properties on the spatial overlap between 0-group cod and grey gurnard. Fish Oceanogr 22:174–192

Kiefer L, Menzel F, Bahrs E (2014) The effect of feed demand on greenhouse gas emissions and farm profitability for organic and conventional dairy farms. J Dairy Sci 97:7564–7574

Kimball BA, Kobayashi K, Bindi M (2002) Responses of agricultural crops to free-air CO2 enrichment. Adv Agron 77:293–368

Knauf M, Köhl M, Mues V, Olschofsky K, Frühwald A (2015) Modeling the CO_2 effects of forest management and wood usage on a regional basis. Carbon Balance Manag. https://cbmjournal.springeropen.com/articles/10.1186/s13021-015-0024-7. Zuletzt zugegriffen am 24.08.2017

Knight L, Huff M, Stockhausen JI, Ross RJ (2005) Comparing energy use and environmental emissions of reinforced wood doors and steel doors. For Prod J 58(6):48–52

Köhl M, Lasco R, Cifuentes M, Jonsson Ö, Korhonen KT, Mundhenk P, de Jesus Navar J, Stinson G (2015) Changes in forest production, biomass and carbon: results from the 2015 UN FAO Global Forest Resources Assessment. Forest Ecol Manag 352:21–34

Kölling C (2007) Klimahüllen für 27 Waldbaumarten. AFZ Wald 23:1242–1245

Kraus G, Döring R (2013) Die Gemeinsame Fischereipolitik der EU: Nutzen, Probleme und Perspektiven eines pan-europäischen Ressourcenmanagements. Z Umweltr 1:3–9

Kriebitzsch W-U, Beck W, Schmitt U, Veste M (2008) Bedeutung trockener Sommer für Wachstumsfaktoren von verschiedenen Herkünften der Buche. AFZ Wald 5:246–248

Kroeker KJ, Kordas RL, Crim RN, Singh GG (2010) Meta-analysis reveals negative yet variable effects of ocean acidification on marine organisms. Ecol Lett 13:1419–1434

Le Quéré C, Moriarty R, Andrew RM, Peters GP, Ciais P, Friedlingstein P, Jones SD, Sitch S, Tans P, Arneth A, Boden TA, Bopp L, Bozec Y, Canadell JG, Chini LP, Chevallier F, Cosca CE, Harris I, Hoppema M, Houghton RA, House JI, Jain AK, Johannessen T, Kato E, Keeling RF, Kitidis V, Klein Goldewijk K, Koven C, Landa CS, Landschützer P, Lenton A, Lima ID, Marland G, Mathis JT, Metzl N, Nojiri Y, Olsen A, Ono T, Peng S, Peters W, Pfeil B, Poulter B, Raupach MR, Regnier P, Rödenbeck C, Saito S, Salisbury JE, Schuster U, Schwinger J, Séférian R, Segschneider J, Steinhoff T, Stocker BD, Sutton AJ, Takahashi T, Tilbrook B, van der Werf GR, Viovy N, Wang Y-P, Wanninkhof R, Wiltshire A, Zeng N (2015) Global carbon budget 2014. Earth Syst Sci Data 7:47–85

Le Quesne WJF, Pinnegar JK (2012) The potential impacts of ocean acidification: scaling from physiology to fisheries. Fish Fish 13:333–344

Lenoir S, Beaugrand G, Lecuyer E (2011) Modelled spatial distribution of marine fish and projected modifications in the North Atlantic Ocean. Glob Change Biol 17:115–129

Lindner M, Garcia-Gonzales J, Kolström M, Green T, Reguera R, Maroschek M, Seidl R, Lexer MJ, Netherer S, Schopf A, Kremer A, Delzon A, Barbati A, Marchetti M, Corona P (2008) Impacts of climate change on European forests and options for adaptation. Report to the European Commission directorate-general for agriculture and rural development, AGRI-2007-G4-06

Link JS, Nye JA, Hare JA (2011) Guidelines for incorporating fish distribution shifts into a fisheries management context. Fish Fish 12:461–469

Llopiz JK, Cowen RK, Hauff MJ, Ji R, Munday PL, Muhling BA, Peck MA, Richardson DE, Sogard S, Sponaugle S (2014) Early life history and fisheries oceanography: new questions in a changing world. Oceanography 27(4):26–41

Lotfiomran N, Fromm J, Luinstra GA (2015) Effects of elevated CO_2 and different nutrient supplies on wood structure of european beech *(Fagus sylvatica)* and gray poplar *(Populus x canescens)*. IAWA J 36:84–97

Luyssaert S, Schulze ED, Börner A, Knohl A, Hessenmöller D, Law BE, Ciais P, Grace J (2008) Old-growth forests as global carbon sinks. Nature 455:213–215

Lynam CP, Hay SJ, Brierley AS (2004) Interannual variability in abundance of North Sea jellyfish and links to the North Atlantic oscillation. Limnol Oceanogr 49:637–643

Manderscheid R, Weigel H-J (2007) Drought stress effects on wheat are mitigated by atmospheric CO_2 enrichment. Agron Sustain Dev 27:79–87

Matyssek R, Fromm J, Rennenberg H, Roloff A (2010) Biologie der Bäume – von der Zelle zur globalen Ebene. UTB, Stuttgart

Mayer H (1999) Waldbau- auf soziologisch-ökologischer Grundlage. Springer, Heidelberg

Mendiola D, Alvarez P, Cotano U, Martínez de Murguía A (2007) Early development and growth of the laboratory reared north-east Atlantic mackerel *Scomber scombrus L.* J Fish Biol 70:911–933

Menzel A, Fabian P (1999) Growing season extended in Europe. Nature 397:659

Menzel A, Sparks TH, Estrella N, Roy DB (2006) Altered geographical and temporal variability in response to climate change. Global Ecol Biogeogr 15:498–504

Merino G, Barange M, Mullon C (2010) Climate variability and change scenarios for a marine commodity: modelling small pelagic fish, fisheries and fishmeal in a globalized market. J Marine Syst 81:196–205

Montero-Serra I, Edwards M, Genner MJ (2015) Warming shelf seas drive the subtropicalization of European pelagic fish communities. Glob Change Biol 21:144–153

Müller M (2009) Auswirkungen des Klimawandels auf ausgewählte Schadfaktoren in den deutschen Wäldern. Wiss Z TU Dresd 58:69–75

Nash RDM, Dickey-Collas M (2005) The influence of life history dynamics and environment on the determination of year class strength in North Sea herring *(Clupea harengus L.)*. Fish Oceanogr 14:279–291

O'Brien CM, Fox CJ, Planque B, Casey J (2000) Climate variability and North Sea cod. Nature 404:142

OECD (2002) Study on the effects of climate change on agriculture. In: Development, organisation for economic co-operation and development. Joint Working Party on Agriculture and the Environment, COM/AGR/CA/EN/EPOC(2002)98. OECD, Paris, S 33

Olesen JE, Bindi M (2004) Agricultural impacts and adaptations to climate change in Europe. Farm Policy J 1:36–46

Osterburg B, Kätsch S, Wolff A (2013) Szenarioanalysen zur Minderung von Treibhausgasemissionen der deutschen Landwirtschaft im Jahr 2050. Thünen Report 13

Otto HJ (1994) Waldökologie. Ulmer, Stuttgart

Pawson MG (1992) Climatic influences on the spawning success, growth and recruitment of bass *(Dicentrarchus labrax L.)* in British waters. ICES Mar Sci Symp 195:388–392

Pawson MG, Kupschus S, Pickett GD (2007) The status of sea bass *(Dicentrarchus labrax)* stocks around England and Wales, derived using a separable catch-at-age model, and implications for fisheries management. ICES J Mar Sci 64:346–356

Perry AL, Low PJ, Ellis JR, Reynolds JD (2005) Climate change and distribution shifts in marine fishes. Science 308:1912–1915

Petercord R, Leonhard S, Muck M, Lemme H, Lobinger G, Immler T, Konnert M (2009) Klimaänderung und Forstschädlinge. LWF Aktuell 72:4–7

Petitgas P, Alheit J, Peck MA, Raab K, Irigoien X, Huret M, van der Kooij J, Pohlmann T, Wagner C, Zarraonaindia I, Dickey-Collas M (2012) Anchovy population expansion in the North Sea. Mar Ecol Prog Ser 444:1–13

Pingoud K, Pohjola J, Valsta L (2010) Assessing the Integrated climatic impacts of forestry and wood products. Silva Fennica 44:155–175

Planque B, Frédou T (1999) Temperature and the recruitment of Atlantic cod *(Gadus morhua)*. Can J Fish Aquat Sci 56:2069–2077

Pörtner H-O, Karl DM, Boyd PW, Cheung WWL, Lluch-Cota SE, Nojiri Y, Schmidt DN, Zavialov PO (2014) Ocean systems. In: Field CB, Barros VR, Dokken DJ, Mach KJ, Mastrandrea MD, Bilir TE, Chatterjee M, Ebi KL, Estrada YO, Genova RC, Girma B, Kissel ES, Levy AN, MacCracken S, Mastrandrea PR, White LL (Hrsg) Climate change 2014: impacts, adaptation, and vulnerability. Part A: global and sectoral aspects. Contribution of working group II to the fifth assessment report of the intergovernmental panel on climate change. Cambridge University Press, Cambridge, New York, S 411–484

Rahmann G, Aulrich K, Barth K, Böhm H, Koopmann R, Oppermann R, Paulsen HM, Weißmann F (2008) Die Klimarelevanz des ökologischen Landbaus – Stand des Wissens. Landbauforsch vTi Agric For Res 58:71–89

Reid PC, Borges MF, Svendsen E (2001) A regime shift in the North Sea circa 1988 linked to changes in the North Sea horse mackerel fishery. Fish Res 50:163–171

Reid PC, Edwards M, Beaugrand G, Skogen M, Stevens D (2003) Periodic changes in the zooplankton of the North Sea during the twentieth century linked to oceanic inflow. Fish Oceanogr 12:260–269

Roloff A, Grundmann B (2008) Klimawandel und Baumarten-Verwendung für Waldökosysteme. Forschungsbericht. TU Dresden, Tharandt, S 46

Russ A, Rieck W, Martin J (2011) Zustand und Wandel der Waldböden Mecklenburg-Vorpommerns. Mitt Forstl Versuchswes Mecklenburg Vorpommern 9:11–108

Rüter S, Rock J, Köthke M, Dieter M (2011) Wie viel Holznutzung ist gut fürs Klima? AFZ Wald 15:19–21

Sachverständigenrat Umwelt (2012) Umweltgutachten 2012: Verantwortung in einer begrenzten Welt. Schmidt, Berlin

Sathre R, O'Connor J (2010) Meta-analysis of greenhouse gas displacement factors of wood product substitution. Environ Sci Policy 13:104–114

Schaller M, Weigel H-J (2007) Analyse des Sachstands zu Auswirkungen von Klimaveränderungen auf die deutsche Landwirtschaft und Maßnahmen zur Anpassung. In: Landbauforschung Völkenrode – FAL Agricultural Research. FAL, Braunschweig, S 247

Scharai-Rad M, Welling J (2002) Environmental and energy balances of wood products and substitutes. FAO, Rome

Schmidt-Vogt H (1988) Die Fichte. Parey, Hamburg, Berlin

Schulze S, Kowalewski J, Döll S (2011) Querschnittsaufgabe Q3: Ökonomie. http://klimzug-nord.de/index.php/page/2009-04-06-Oekonomie. Zuletzt zugegriffen am 24.08.2017

Schwerdtfeger F (1970) Die Waldkrankheiten. Parey, Hamburg

Simpson SD, Jennings S, Johnson MP, Blanchard JL, Schön P-J, Sims DW, Genner MJ (2011) Continental shelf-wide response of a fish assemblage to rapid warming of the sea. Curr Biol 21:1565–1570

Skinner C, Gattinger A, Muller A, Mäder P, Fließbach A, Stolze M, Ruser R, Niggli U (2014) Greenhouse gas fluxes from agricultural soils under organic and non-organic management – a global meta-analysis. Sci Total Environ 468:553–563

Statistisches Amt für Hamburg und Schleswig Holstein (2013) Arbeitskräfte in Hamburg und Schleswig-Holstein 2010, Endgültige Ergebnisse der Landwirtschaftszählung 2010. In: Nord S (Hrsg) Statistische Berichte. Statistisches Amt für Hamburg und Schleswig Holstein, Hamburg

Statistische Ämter des Bundes und der Länder (2015) Regionaldatenbank Deutschland. Statistische Ämter des Bundes und der Länder, Düsseldorf

von Storch H, Claussen M (Hrsg) (2011) Klimabericht für die Metropolregion Hamburg. Springer, Heidelberg

Styf HK, Nilsson Sköld H, Eriksson SP (2013) Embryonic response to long-term exposure of the marine crustacean *Nephrops norvegicus* to ocean acidification and elevated temperature. Ecol Evol 3:5055–5065

Tesche M (1992) Klimaresistenz. In: Lyr H, Fiedler H-J, Tranquillini W (Hrsg) Physiologie und Ökologie der Gehölze. Fischer, Jena, S 279–306

Thomson JD (2010) Flowering phenology, fruiting success and progressive deterioration of pollination in early-flowering geophyte. Philos Trans R Soc Lond B Biol Sci 365:3187–3199

Tubiello FN, Salvatore M, Cóndor Golec RD, Ferrara A, Rossi S, Biancalani R, Federici S, Jacobs H, Flammini A (2014) Agriculture, forestry and other land use: Emissions by sources and removals by sinks. 1990–2011 Analysis. In: FAO Statistics Division (Hrsg) Working paper series ESS/14-02

Umweltbundesamt (2014) Berichterstattung unter der Klimarahmenkonvention der Vereinten Nationen und dem Kyoto-Protokoll 2014, Nationaler Inventarbericht zum Deutschen Treibhausgasinventar 1990–2012. In: Umweltbundesamt (Hrsg) Climate change 24/2014. Umweltbundesamt, Dessau, S 965

Vermeulen SJ, Campbell BM, Ingram JSI (2012) Climate change and food systems. Annu Rev Environ Resour 37:195–222

Weigel HJ, Pacholski A, Waloszczyk K, Frühauf C, Manderscheid R, Anderson TH, Heinemeyer O, Kleikamp B, Helal M, Burkart S, Schrader S, Sticht C, Giesemann A (2006) Effects of elevated atmospheric CO_2 concentrations on barley, sugar beet and wheat in a rotation, examples from the Braunschweig carbon project. Landbauforsch Völkenrode 56(3–4):101–115

van der Werf GR, Morton DC, DeFries RS, Olivier JGJ, Kasibhatla PS, Jackson RB, Collatz GJ, Randerson JT (2009) CO_2 emissions from forest loss. Nat Geosci 2:737–738

Gesundheit

Jobst Augustin, Rolf Horstmann, Timo Homeier-Bachmann, Kai Jensen, Jörg Knieling, Anne Caroline Krefis, Andreas Krüger, Markus Quante, Henner Sandmann, Christina Strube

Verantwortliche, vom Lenkungsausschuss berufene Leitautoren: Jobst Augustin, Rolf Horstmann
Von den Leitautoren hinzugezogene Autoren: Timo Homeier-Bachmann, Kai Jensen, Jörg Knieling, Anne Caroline Krefis, Andreas Krüger, Markus Quante, Henner Sandmann, Christina Strube

H. Storch, I. Meinke, M. Claußen (Hrsg.),
Hamburger Klimabericht – Wissen über Klima, Klimawandel und Auswirkungen in Hamburg und Norddeutschland,
https://doi.org/10.1007/978-3-662-55379-4_8

8.1 Einleitung

Klimaveränderungen werden vermutlich signifikante Auswirkungen auf Gesundheit, Wohlbefinden und Leistungsfähigkeit des Menschen haben (Zacharias und Koppe 2015). Je nach Region sind die Auswirkungen in ihrer Art und Stärke allerdings unterschiedlich (Eis et al. 2010), was beispielsweise mit den vor Ort herrschenden klimatischen Bedingungen/Veränderungen, der Bevölkerungszusammensetzung und ihrer Anpassungskapazität oder auch der bestehenden Gesundheitsinfrastruktur zu begründen ist. Bei den Wirkungspfaden von Klimaänderungen auf die Gesundheit des Menschen kann zwischen direkten und indirekten Ursachen unterschieden werden. Zu den direkten Ursachen gehören thermische Extreme (Hitze/Kälte) sowie das Auftreten von Extremereignissen (z. B. Stürme). Vor allem thermische Extreme stehen seit den Hitzewellen der Jahre 2003 und 2006 zunehmend im Fokus des öffentlichen Interesses. Dem stehen die indirekten Ursachen gegenüber. Dazu gehören u. a. die veränderte Verbreitung von Vektoren (z. B. Mücken, Zecken), eine möglicherweise steigende UV-Strahlungsintensität mit Einfluss auf die Hautkrebshäufigkeit oder eine Zunahme im Auftreten von allergieauslösenden Pollen, welche die Symptome von Pollenallergikern verstärken können.

Im Folgenden werden die Auswirkungen des Klimawandels auf die Gesundheit für die Metropolregion Hamburg (MRH) betrachtet. Die Ausführungen basieren auf aktuellen wissenschaftlichen Studien. Entweder betreffen die Studien direkt die MRH, eine klimatisch vergleichbare Region oder dienen der inhaltlichen Veranschaulichung eines Zusammenhangs. Dabei werden nur die für die Region Hamburg/Norddeutschland potenziell relevanten Aspekte thematisiert. Dazu gehören thermische Auswirkungen (Schwerpunkt Hitze), Extremereignisse (Exkurs) und UV-Strahlung sowie Vektoren, Pollenflug und Lufthygiene. Darauf aufbauend werden mögliche gesundheitliche Anpassungsmaßnahmen an die Folgen des Klimawandels angesprochen, und es wird auf Wissensdefizite hingewiesen.

8.2 Thermische Belastungen und ihre Auswirkungen auf die Gesundheit

Mittels Wärmeproduktion und Wärmeabgabe (Thermoregulation) versucht der menschliche Körper, die Körperkerntemperatur von 37 °C konstant zu halten. Wenn die Umgebungstemperatur von einem thermischen Komfortbereich abweicht, muss der Mensch Maßnahmen im Sinne einer Anpassung des Verhaltens und einer physiologischen Anpassung einleiten. Verhaltensanpassung beschreibt beispielsweise den Wechsel von Kleidung oder das Aufsuchen wärmerer bzw. kühlerer Räume. Eine physiologische Anpassung kann durch Schwitzen und Veränderung des Blutflusses erfolgen. Wenngleich aus Sicht des öffentlichen Gesundheitswesens auch die Kältebelastung von Bedeutung ist (Analitis et al. 2008; Gasparrini et al. 2015a), steht die Wärmebelastung in der Literatur vor dem Hintergrund klimatischer Veränderungen wie etwa der Zunahme von Hitzewellen besonders im Fokus.

Je nach Zustand des Organismus und Bedingungen der Hitzeexposition lassen sich nach Wichert (2014) mehrere Stadien der Hitzebelastung unterscheiden. Sie reichen vom einfachen Hitzestress bis hin zu Notfallsituationen wie einem Hitzschlag oder einer Hyperthermie (Überwärmung). Risikogruppen für thermisch bedingte Gesundheitsschäden sind einerseits alle, die vermehrt Hitze- oder Kältebelastung ausgesetzt sind, beispielsweise Obdachlose oder Menschen, die in städtischen Wärmeinseln leben (Scherber et al. 2013a). Andererseits sind Menschen mit verminderter Fähigkeit zur Anpassung (s. o.) besonders vulnerabel. Dazu zählen z. B. alte Menschen mit bereits bestehenden gesundheitlichen Beeinträchtigungen wie Herz-Kreislauf-, Atemwegs- oder mentalen Erkrankungen (Eis et al. 2010). Neben diesen individuellen Merkmalen liegen weitere Einflussgrößen in der sozialen Isolation (Augustin et al. 2011) dieser Menschen, ihrer fehlenden Mobilität (Wichert 2008) sowie im sozioökonomischen Status und im fehlenden Zugang zu klimatisierten Räumen (Rey et al. 2009).

Im Kontext der Vulnerabilität kommt der individuellen Akklimatisation, d. h. der physiologischen Anpassung des Körpers an seine Umgebungstemperatur, eine besondere Bedeutung zu, denn akklimatisierte Menschen weisen gegenüber thermischen Belastungen eine höhere Toleranz auf. Grundsätzlich ist zwischen kurzfristiger und langfristiger Akklimatisation zu unterscheiden. Im Gegensatz zur kurzfristigen Akklimatisation bleiben bei der Langfristakklimatisation die erworbenen physiologischen Anpassungen an die thermische Umgebung über einen langen Zeitraum erhalten (Hori 1995). Die Geschwindigkeit und Stärke der Akklimatisation sind abhängig vom Individuum und variieren u. a. mit der physiologischen Verfassung (Pandolf 1998). Insofern fällt jüngeren, körperlich gesunden Menschen eine Akklimatisation leichter als älteren Menschen. Je nach Individuum und physiologischer Veränderung (Anpassung des Kreislaufs, Erhöhung der Schweißrate etc.) erfolgt die kurzfristige Akklimatisation an Hitze innerhalb von etwa 14 Tagen (Lambert et al. 2008). Die individuelle Akklimatisation unterliegt allerdings Grenzen. So gehen Sherwood und Huber (2010) davon aus, dass sich die Menschen bei einer globalen Erwärmung von mehr als 7 °C möglicherweise nicht mehr anpassen können. Selbst wenn diese Grenze nicht erreicht wird, weisen Harlan et al. (2014) zukünftig auf eine globale Zunahme von hitzebedingten Todesfällen hin. Allerdings ist dabei von Region zu Region zu unterscheiden. Studien zu den geographischen Unterschieden in der Mortalitätshäufigkeit nach Hitzewellen haben gezeigt, dass eine Abhängigkeit zwischen den Temperaturschwellenwerten für die Hitzesterblichkeit und der geographischen Breite besteht (Michelozzi et al. 2009). In Europa liegt ein Nord-Süd- und West-Ost-Gradient vor (Moshammer et al. 2007), der die klimatischen Verhältnisse und letztlich auch die thermophysiologische Anpassungsfähigkeit reflektiert (Eis et al. 2010). Beispielsweise liegt dieser Temperaturschwellenwert (Mortalitätsminimum) in Oslo bei 10 °C (Nafstad et al. 2001), in Palermo hingegen bei 27 °C (Muggeo und Hajat 2009). Als Temperaturschwellenwert wird nach Eis et al. (2010) die untere und obere Grenze des Komfortbereichs verstanden. Jenseits der Schwellenwerte nimmt die Mortalität zu. Hinzuzufügen ist allerdings, dass weitere geographische (Grad von Kontinentalität/Maritimität, Stadt/Land etc.) bzw. meteorologische Gegebenheiten (Luftfeuchtigkeit, Lufthygiene etc.) Einfluss haben. Studien konnten zeigen, dass die Bevölkerung wärmerer Regionen eine höhere Mortalität nach Kältestress aufweist als nach Hitzebelastung, während für die

Bevölkerung kühlerer Regionen die umgekehrte Beobachtung gemacht wurde (Curriero et al. 2002; Analitis et al. 2008).

Die Wirkung von Hitzewellen auf die Gesundheit ist komplex. Erschwert wird dieser Umstand noch dadurch, dass es keine einheitliche Definition von „Hitzewelle" gibt (Xun et al. 2010) und somit Studienergebnisse untereinander schwer zu vergleichen sind. Einigkeit herrscht allerdings darüber, dass die Wirkung einer Hitzewelle auf die Gesundheit von ihrer Intensität, Dauer und dem Zeitpunkt des Auftretens innerhalb eines Jahres abhängig ist (D'Ippoliti et al. 2010). Je früher diese im Jahr auftritt, desto größer ist ihre Auswirkung auf die Gesundheit (Anderson und Bell 2011; Rocklöv et al. 2011), da im Frühjahr oftmals noch keine ausreichende Akklimatisation an hohe Temperaturen stattgefunden hat. Auch sind nicht zwangsläufig die Maximaltemperaturen entscheidend, sondern die Dauer einer erhöhten Temperatur sowie die Abkühlung während der Nacht. Letzterer Effekt ist insbesondere in Städten („Wärmeinsel") von Bedeutung. Darüber hinaus wirken sich eine hohe Luftfeuchtigkeit sowie erhöhte Werte von Ozon und Feinstaub in Kombination mit einer hohen Temperatur als zusätzlich belastend aus (Breitner et al. 2014a; Burkart et al. 2013).

Das Klima Hamburgs wird von der Nähe zur Nord- und Ostsee geprägt und hat einen maritimen Charakter (Rosenhagen und Schatzmann 2011). Trotz der eher milden Sommer treten mit zunehmender Häufigkeit heiße Tage (Tage mit einem Temperaturmaximum ≥ 30 °C) sowie warme Nächte (Nächte mit einem Temperaturminimum ≥ 15 °C) auf (Riecke und Rosenhagen 2010), die für die hoch vulnerablen Bevölkerungsgruppen eine gesundheitliche Belastung darstellen können. An dieser Stelle soll auf das (Stadt-) Klima Hamburgs jedoch nicht ausführlicher eingegangen werden. Für detailliertere Informationen wird auf ▶ Kap. 2 und 3 verwiesen.

Die Mortalität durch Hitzewellen ist in Deutschland nur unzureichend erforscht (Bittner 2014). Für Hamburg gibt es praktisch keine Kenntnisse hinsichtlich des Auftretens sowie insbesondere der Auswirkung von Hitzewellen auf die Gesundheit. Vor diesem Hintergrund sind Studienergebnisse anderer, in etwa vergleichbarer Städte heranzuziehen. Bittner et al. (2013a) haben beispielsweise die hitzeassoziierte Mortalität zwischen 2003 und 2005 in Freiburg und Rostock miteinander verglichen. Während in Freiburg eine Mortalitätszunahme (21 Tote im Jahr 2003) zu verzeichnen war, wurde in Rostock keine Veränderung der Mortalität festgestellt. Nach Meinung der Autoren ist dies auf den bioklimatisch begünstigenden Einfluss der Ostsee zurückzuführen. Diese sorgt aufgrund der großen Wassermasse bzw. der hohen Wärmekapazität für eine Dämpfung der täglichen und jährlichen Temperaturschwankungen (Riecke und Rosenhagen 2010). Breitner et al. (2014b) haben die kurzfristigen Effekte der Lufttemperatur und der kardiovaskulär bedingten Mortalität zwischen 1990 und 2006 in München, Augsburg und Nürnberg untersucht. Dabei zeigte sich ein Zusammenhang zwischen einer sich verändernden Temperatur (vor allem Zunahme) und der Mortalität, insbesondere beim Herzversagen. Dieser Zusammenhang verstärkt sich nochmals mit zunehmendem Alter der Erkrankten. Åström et al. (2013) haben die Häufigkeit der hitzebedingten Mortalitätsfälle zwischen 1980 und 2009 in Stockholm analysiert. Hier ergab sich gegenüber dem Referenzzeitraum (1900–1929) eine deutliche Zunahme der Hitzeereignisse sowie eine signifikante Zunahme der hitzebedingten Mortalität, die nach Aussage der Autoren möglicherweise auf den Klimawandel zurückzuführen ist.

Wenngleich die Ergebnisse der genannten Studien auf eine Zunahme thermischer Belastung hinweisen, können keine direkten Rückschlüsse auf die zukünftigen Auswirkungen auf die Gesundheit (z. B. zunehmende Mortalität/Morbidität) für Hamburg gezogen werden. Obwohl Hamburg aus bioklimatologischer Sicht aufgrund seiner geographischen Lage auch in Zukunft vermutlich nicht zu den hoch vulnerablen Regionen zählen wird, ist ein zunehmender Einfluss thermischer Extreme auf die Gesundheit dennoch denkbar. Nach Smith et al. (2014) ist bei einem erwarteten Anstieg der Temperatur auch eine Zunahme einer hitzebedingten Morbidität bzw. Mortalität sehr wahrscheinlich. Dies kann vor allem für Regionen der mittleren und nördlichen Breiten von besonderer Bedeutung sein, da die Bevölkerung möglicherweise besonders sensitiv (kurzfristige Akklimatisationskapazität) auf thermische Belastung reagiert. Dies ist allerdings noch mit Unsicherheiten behaftet und steht sogar im Widerspruch zu den Ergebnissen anderer Studien. So konnten Gasparrini et al. (2015b) in einem Vergleich von sieben Ländern einen teilweisen Rückgang der hitzebedingten Mortalität zwischen 1993 und 2006 belegen. Die Ursachen hierfür sind nach Aussagen der Autoren jedoch nicht eindeutig zuzuordnen und werden in einer physiologischen Anpassung, verändertem Bewusstsein in der Bevölkerung oder auch in einer verbesserten Gesundheitsinfrastruktur vermutet.

8.3 UV-Strahlung und assoziierte Erkrankungen

Ultraviolette Strahlung wird in die Wellenlängenbereiche UVC (100–280 nm), UVB (280–315 nm) sowie UVA (315–400 nm) unterteilt, wobei diese Unterteilung zum einen die unterschiedliche Beeinflussung durch das stratosphärische Ozon und zum anderen ihre strahlenbiologischen Wirkungen auf den menschlichen Körper widerspiegelt. Tritt UV-Strahlung in die Atmosphäre ein, so wird sie aufgrund von Absorption, Reflexion und Streuung geschwächt. Die Ozonschicht in ca. 15–50 km Höhe hat daran den Hauptanteil. Sie sorgt dafür, dass in Abhängigkeit von der Wellenlänge ein Teil der UV-Strahlung herausgefiltert wird: Nahezu vollständig betrifft dies den UVC-Bereich. Ähnlich verhält es sich im UVB-Bereich; allerdings bewirken hier bereits geringe Änderungen in der Ozonschichtdicke einen merklich höheren Anteil an UVB-Strahlung auf der Erdoberfläche. Dabei ist aber gerade der UVB-Anteil von elementarer Bedeutung, da er biologisch besonders wirksam ist und sich somit auf die Gesundheit der Menschen auswirken kann. Während UVA-Strahlung lediglich eine vorzeitige Hautalterung verursacht, hat UVB-Strahlung neben akuten Wirkungen wie der Erzeugung von Sonnenbränden und der Immunsuppression insbesondere auch krebserregende (karzinogene) Wirkungen und kann damit als Hauptrisikofaktor für die Entstehung von Hautkrebserkrankungen angesehen werden (Greinert et al. 2008). Im Auge begünstigt eine zu hohe UVB-Exposition die Entstehung eines Grauen Stars (Katarakt) (Shoam et al. 2008). Der Vollständigkeit halber sollte erwähnt werden, dass UVB-Strahlung neben ihrer karzinogenen Wirkung bei richtiger Dosierung auch positive Effekte hat, da sie die Vitamin-D-Produktion im Körper anregt

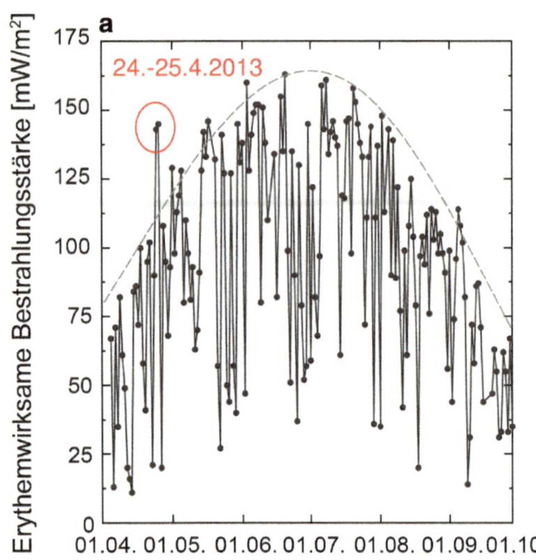

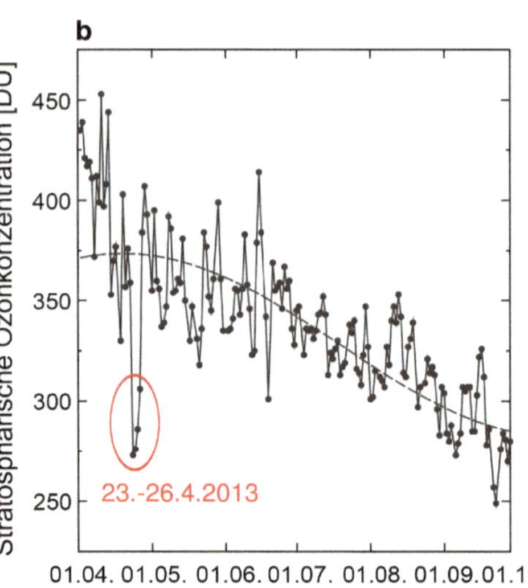

Abb. 8.1 Verlauf der Mittagswerte der erythemwirksamen Bestrahlungsstärke (**a**) sowie Konzentration des stratosphärischen Gesamtozons (**b**) an der Messstation Zingst zwischen April und September 2013

und damit das Risiko reduziert, beispielsweise an Osteoporose zu erkranken (Norval et al. 2011).

Aus epidemiologischer Sicht charakteristisch für Hautkrebs ist die deutliche Zunahme der Hautkrebshäufigkeit in der Bevölkerung innerhalb der letzten 30 Jahre (Breitbart et al. 2012). Mit 234.000 Neuerkrankungen im Jahr 2013 sind schwarzer und weißer Hautkrebs (malignes Melanom, Plattenepithelkarzinom und Basalzellkarzinom) zusammen inzwischen die häufigsten Krebserkrankungen in Deutschland (Katalinic 2013). Die starke Zunahme ist im Wesentlichen auf zwei Faktoren zurückzuführen: eine sich möglicherweise verändernde UV-Strahlung (Greinert et al. 2008) sowie ein sich veränderndes Expositionsverhalten der Menschen gegenüber der UV-Strahlung vor allem in ihrer Freizeit (Völter-Mahlknecht et al. 2004). Erstgenannter Punkt könnte unabhängig vom zu erwartenden Klimawandel auf den verstärkten Eintrag ozonzerstörender Substanzen (vor allem Fluorchlorkohlenwasserstoffe, FCKW) zurückzuführen sein. Dieser hat dazu geführt, dass die natürliche, vor der UV-Strahlung schützende Ozonschicht in der Stratosphäre geschädigt wurde und eine erhöhte UV-Strahlung am Erdboden die Folge war. Als Konsequenz aus der Entdeckung der ozonzerstörenden Wirkungen der FCKW (Molina und Rowland 1974; Farman et al. 1985) wurden internationale Abkommen – u. a. das Montrealer Protokoll von 1994 – zur Reglementierung des Eintrags ozonzerstörender Substanzen ratifiziert. Mittlerweile zeigen diese Abkommen Wirkung, sodass etwa bis Mitte des 21. Jahrhunderts mit einer vollständigen Regeneration der Ozonschicht gerechnet werden kann (Bekki und Bodeker 2010). Unsicherheiten bestehen allerdings beim Einfluss des Klimawandels auf die UV-Strahlung am Erdboden, die neben der Abhängigkeit vom Ozonhaushalt (Ozondynamik und Ozonchemie) vor allem auch von der Bewölkung abhängt. Dameris (2005) geht davon aus, dass klimatische Veränderungen zu einer verzögerten Regeneration der Ozonschicht führen. Darüber hinaus kann der Klimawandel über direkte und indirekte Effekte Rückwirkungen auf die stratosphärische Ozonkonzentration und damit auf die UV-Strahlung am Erdboden nehmen (Bais et al. 2015).

Generell hängt die Stärke der UV-Strahlung am Erdboden neben der Höhe ü. NN insbesondere von der Höhe der Sonne über dem Horizont und damit von der Tages- und Jahreszeit sowie von der geographischen Breite ab. Daher ist in Deutschland ein Nord-Süd-Gradient in der UV-Bestrahlungsstärke und auch in der UV-Jahresdosis festzustellen, mit höheren mittleren Werten im Süden und geringeren Werten im Norden. Aufgrund regionaler topographischer Abweichungen z. B. in den Mittelgebirgen oder speziellen Bewölkungssituationen an der Küste (vor allem auf vorgelagerten Inseln in Nord- und Ostsee mit statistisch höheren Sonnenscheindauern) können sich allerdings lokale Abweichungen ergeben.

Seit den 1990er-Jahren wird im Rahmen eines UV-Messnetzes die solare UV-Strahlung in Deutschland gemessen und medizinisch bewertet (Sandmann 2015). Betreiber des Messnetzes sind das Bundesamts für Strahlenschutz (BfS) und das Umweltbundesamt (UBA); weitere Institutionen sind dem Messnetz assoziiert. In Norddeutschland befinden sich insgesamt vier Stationen: in Westerland auf Sylt (Betreiber: Universität Kiel; Sandmann und Stick 2014), auf Norderney und nahe Rinteln (Niedersächsisches Gewerbeaufsichtsamt) sowie in Zingst (UBA). Die Messung der UV-Strahlung erfolgt das ganze Jahr über kontinuierlich von Sonnenaufgang bis Sonnenuntergang mit modernen Spektralradiometern. Auf diese Weise lassen sich z. B. Erhöhungen der bodennahen UV-Strahlung aufgrund von sog. Low Ozone Events (LOEs) unmittelbar registrieren.

Bei LOEs handelt es sich um lokal und zeitlich begrenzte, reversible Verringerungen der stratosphärischen Ozonkonzentration. Infolgedessen kann es für einige Tage zu einem signifikanten Anstieg der signifikanten erythemwirksamen, also der mit der Wirksamkeit, einen Sonnenbrand zu erzeugen, bewerteten UV-Strahlung (EEr) am Erdboden kommen. Vor allem in den Monaten April und Mai können dann in Norddeutschland UV-Bestrahlungsstärken auftreten, die sonst nur im Hochsommer bei unbewölkten Bedingungen zu erwarten sind (Stick et al. 2006). Die Gefahr besteht dabei, dass sich Menschen unbewusst hohen UV-Belastungen aussetzen und dadurch vermehrt Sonnenbrände auftreten. Ein Beispiel für ein LOE zeigt Abb. 8.1: Dargestellt ist der Verlauf der EEr-Mittagswerte an der Messstation Zingst von April bis September 2013. Der Anstieg der EEr-Werte am 24./25. April um etwa 30 % gegenüber theoretischen Werten (grau gestrichelte Kurve, berechnet für mittlere Ozonwerte und wolkenfreie Bedingungen) korrespondiert mit gleichzeitig um etwa

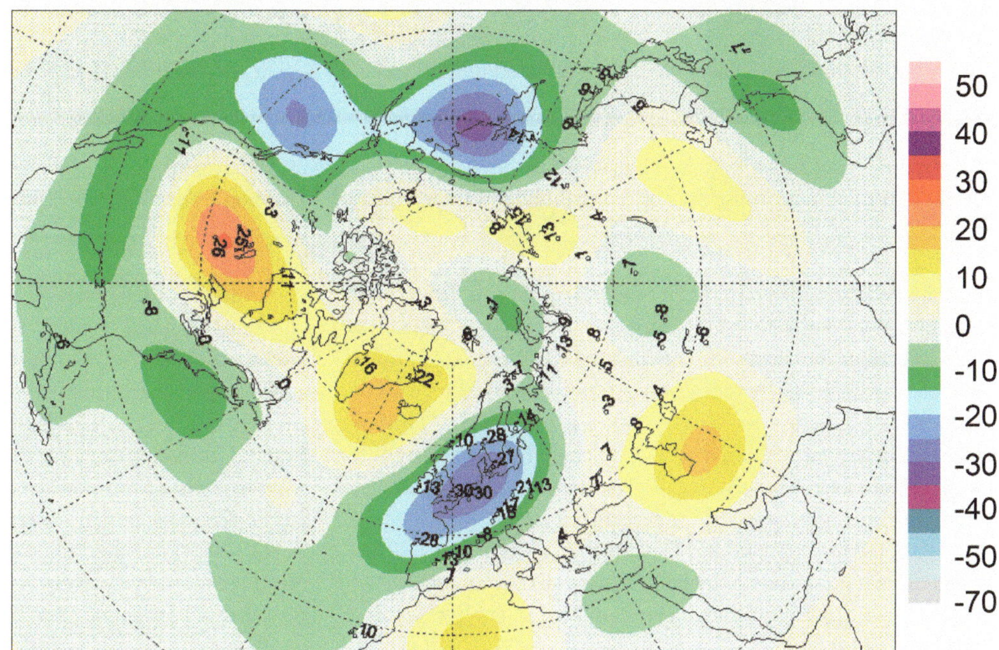

Abb. 8.2 Abweichung des Gesamtozons in % in der Nordhemisphäre am 24. April 2013. Referenz: Januarmittel der Jahre 1978–1988, Nordhemisphäre. (Environment Canada 2013)

30–35 % verringerten Werten des stratosphärischen Gesamtozons (NASA 2013). Der Grund für diese geringen Ozonwerte waren äquatorial gebildete, ozonarme Luftmassen, die vom 23.–26. April in der Stratosphäre über Mitteleuropa hinwegzogen.

Abb. 8.2 zeigt die Ausmaße des LOEs am 24. April 2013, das sich vom Englischen Kanal bis nach Südschweden erstreckte. Das Zentrum lag über der Nordsee, sodass insbesondere Norddeutschland betroffen war. Solche dynamischen Prozesse können möglicherweise im Rahmen des zu erwartenden Klimawandels und des damit verbundenen globalen Temperaturanstiegs zukünftig häufiger auftreten (Rieder et al. 2010). Konkrete Aussagen über einen Trend der UV-Strahlung in Norddeutschland lassen sich aus den Daten des deutschlandweiten solaren UV-Messnetzes bisher nicht eindeutig ableiten. Dies liegt zum einen daran, dass der zurückliegende Messzeitraum noch deutlich kürzer ist als der bei Klimazeitreihen sonst übliche Beobachtungszeitraum von etwa 30 Jahren. Zum anderen liegt die Schwankungsbreite bei der Messung solarer UV-Strahlung selbst bei bestmöglicher Genauigkeit der Messungen und der Kalibration der Messgeräte immer noch im Bereich von etwa 6 % (Bernhard und Seckmeyer 1999), sodass ein möglicher Trend gegenwärtig noch innerhalb des Rauschens der Messwerte liegt.

Es gibt allerdings Anzeichen dafür, dass nach einer Zeit des Anstiegs der UV-Strahlung in der nördlichen Hemisphäre aufgrund abnehmender Luftverunreinigungen („brightening effect") bis Mitte der 2000er-Jahre die UV-Strahlung am Erdboden mittlerweile ein konstantes Niveau erreicht hat bzw. nur geringfügig ansteigt (Zerefos et al. 2011). Die zukünftige Veränderung der UV-Strahlung am Erdboden ist, wie oben erläutert, mit großen Unsicherheiten behaftet. Unabhängig von den klimatischen Verhältnissen kann aber davon ausgegangen werden, dass das Expositionsverhalten der Menschen gegenüber UV-Strahlung von ausschlaggebender Bedeutung ist. Dabei wird das menschliche Verhalten selbst auch von klimatischen Veränderungen beeinflusst (Bharath und Turner 2009; Ilyas 2007). Dieser Umstand ist darauf zurückzuführen, dass der Aufenthalt im Freien in deutlichem Zusammenhang mit den vorherrschenden meteorologischen Bedingungen wie Temperatur, Sonnenscheindauer, Niederschlag oder Bedeckungsgrad steht (Knuschke et al. 2007; Eisinga et al. 2011). Den Zusammenhang zwischen der Umgebungstemperatur, einer damit verbundenen UV-Exposition und der Wahrscheinlichkeit, einen Sonnenbrand zu bekommen, konnte Diffey (2004) aufzeigen. Eine Zunahme niederschlagsfreier Tage mit Temperaturen im thermischen Komfortbereich könnte beispielsweise dazu führen, dass sich die Menschen häufiger im Freien aufhalten als bei schlechtem Wetter und sie somit eine höhere UV-Dosis empfangen. Temperaturen oberhalb des thermischen Komfortbereichs hingegen könnten die Menschen veranlassen, die direkte Sonne zu meiden und Schattenbereiche aufzusuchen oder sich innerhalb von Gebäuden aufzuhalten. Diese Zusammenhänge erscheinen naheliegend, dennoch sind sie im Kontext des Klimawandels und dessen Auswirkungen auf die Gesundheit wichtig, da zukünftige klimatische Veränderungen neben dem Einfluss auf die UV-Strahlung auch eine verhaltensbedingt erhöhte UV-Exposition der Bevölkerung zur Folge haben können (Ilyas 2007).

8.4 Exkurs: Extremereignisse – Stürme und Überschwemmungen

Als Folge des anthropogenen Treibhauseffektes wurde in den vergangenen Jahrzehnten weltweit ein Anstieg in der Anzahl und Stärke einiger Extremwetterereignisse wie Stürme, Starkregenfälle oder Küstenhochwässer beobachtet, der sich voraussichtlich fortsetzen wird (Pachauri und Meyer 2014). Menschen in wirtschaftlich schlechter entwickelten Ländern wie z. B. Pakistan haben besonders mit den schwerwiegenden direkten und indirekten gesundheitlichen Folgen (s. u.) zu kämpfen. Jedoch können auch in wirtschaftlich hoch entwickelten Ländern wie Deutschland Extremereignisse katastrophale Ausmaße annehmen (Grünewald et al. 2003). Beispielsweise forderte das Elbhochwasser im August 2002 allein in Sachsen 21 Todesopfer (Grünewald et al. 2003).

Die gesundheitlichen Auswirkungen von Extremwetterereignissen wie Überschwemmungen oder Sturmfluten spielen im internationalen Vergleich in Hamburg eine eher geringe Rolle. Zwar besteht entlang der Nordseeküste ein hohes Risiko an Sturmfluten, jedoch wurde der Küstenschutz an der Nordsee – wie auch an der Ostsee – auf einem sehr hohen Niveau ausgebaut. In Hamburg wurde dies u. a. durch den Bau von Deichen, Hochwasserschutzwänden, Sturmflutsperrwerken, angepasste Bebauung oder ein etabliertes Frühwarnsystem umgesetzt (Hofstede 2014; Landesbetrieb Straßen, Brücken und Gewässer Hamburg 2012). Potenzielle direkte gesundheitliche Folgen durch Extremereignisse wie Hochwasser, Überschwemmungen und Stürme, auch in Ländern mit hohen Einkommen, sind neben Ertrinken Verletzungen wie Frakturen, Verstauchungen oder Schnittwunden (Ahern und Kovats 2006). Weitere direkte gesundheitsbeeinträchtigende Folgen können Durchfallerkrankungen, vektor- und/oder nagetierübertragbare Erkrankungen (Ahern und Kovats 2006), chemische Kontaminationen, Haut-/Augenerkrankungen (Solomon et al. 2006) und psychische Störungen wie Depressionen und posttraumatische Belastungsstörungen sein (Ginexi et al. 2000; Ahern et al. 2005; Ahern und Kovats 2006). Indirekte gesundheitliche Folgen solcher Extremereignisse sind Beeinträchtigungen der Infrastruktur des Gesundheitswesens, der Wasseraufbereitung und der Trinkwasserversorgung, Ernteausfall und Verknappung von Lebensmitteln, Verlust der Behausung, Zerstörung der Existenzgrundlage, Verlust des Einkommens sowie Umsiedlung der Bevölkerung (Ahern und Kovats 2006; Eis et al. 2010). Zur Anpassung an die erwartungsgemäß zunehmenden Extremereignisse in Hamburg wie auch in Deutschland ist es wichtig, bestehende Warnsysteme sowie Maßnahmen zum Katastrophenschutz und zur Schulung der Bevölkerung beizubehalten und weiterzuentwickeln.

8.5 Bedeutung klimatischer Veränderungen für das Auftreten allergologisch relevanter Pollen

Die World Allergy Organization (WAO) hat in einem kürzlich veröffentlichten Positionspapier auf den Einfluss globaler Umweltveränderungen (inkl. Klimawandel) auf die Häufigkeit von Allergien wie Heuschnupfen (allergische Rhinitis) oder allergischen Asthmas (Asthma bronchiale) hingewiesen (D'Amato et al. 2015). Unter einer Allergie versteht man eine spezifische Änderung der Immunitätslage im Sinne einer krankmachenden Überempfindlichkeit (Ring 2004). Allergien werden durch Allergene (z. B. Pollen) ausgelöst. Derzeit sind in Deutschland 49 % der Erwachsenen gegenüber mindestens einem von 50 getesteten Allergenen sensibilisiert. Bei 34 % sind IgE-Antikörper gegen sog. Inhalationsallergene (über die Atmung aufgenommene Allergene), die Auslöser von Heuschnupfen und Asthma bronchiale, nachweisbar (Langen et al. 2013). Dazu gehören insbesondere Pollen von Gehölzen wie Haselnuss (*Corylus*), Erle (*Alnus*), Birke (*Betula*) und Eiche (*Quercus*), von Süßgräsern (*Poaceae*) und auch von windblütigen Korbblütlern (z. B. Beifuß, *Artemisia*; Traubenkraut, *Ambrosia*). Weitere Umweltfaktoren, wie eine zunehmende Luftverschmutzung oder auch überhöhte Hygienestandards, werden als verstärkende Faktoren für eine Zunahme von Allergien diskutiert. Vor allem in Städten ist der Einfluss von Luftschadstoffen wie NO_2, Ozon und Feinstaub (vor allem Dieselruß) von Bedeutung, da sie die Allergenfreisetzung und auch die Entstehung allergenhaltiger Aerosole verstärken können (Bergmann et al. 2012). Zunehmend in der Diskussion ist der Einfluss klimatischer Veränderungen als Kofaktor für das Auftreten von allergischen Erkrankungen (Höflich 2014; D'Amato et al. 2015). Klimatische Veränderungen können sich nach Ziska und Beggs (2012) auf die Pollensaison (Beginn, Dauer), die Pollenmenge (erhöhte CO_2-Konzentration), die Pollenallergenität, den Pollentransport sowie auch auf die Verbreitung invasiver Arten (Auftreten neuer allergologisch relevanter Arten wie z. B. *Ambrosia artemisiifolia*) auswirken. Auch in der MRH wird sich der prognostizierte Klimawandel auf die entwickelten Ökosysteme auswirken (vgl. Zusammenfassung in Jensen et al. 2011). Allerdings spielen neben den klimatischen und edaphischen (Bodenbeschaffenheit) Bedingungen auch die Landnutzungsform und -intensität eine prägende Rolle für die ökologische Ausstattung der Landschaft. Da in der Zukunft auch weiterhin mit gravierenden Landnutzungsänderungen zu rechnen sein wird, ist eine Prognose zukünftiger Ökosystemzustände (und damit der Zusammensetzung des Pollenspektrums) allein auf der Basis der zu erwartenden Klimaänderungen schwierig. Im Folgenden soll kurz der Stand des Wissens über mögliche klimatisch bedingte Veränderungen von Ökosystemzuständen dargestellt werden, die relevant für die Pollensaison, die Pollenverbreitung und ggf. für die Pollenmenge sein könnten.

Die Auswirkungen des Klimawandels auf die Phänologie von Pflanzenarten sind mittlerweile gut dokumentiert. In Deutschland haben die mittlere Jahrestemperatur (Anstieg um 0,36 °C pro Jahrzehnt) und die für den Beginn der Vegetationsentwicklung bedeutsame Temperatur zwischen Februar und April (Anstieg um 0,41 °C pro Jahrzehnt; 1961–2000) zugenommen. Seit 1960 hat der Beginn der Vegetationsperiode um 2,3 Tage pro Jahrzehnt früher eingesetzt (Chmielewski et al. 2004). In Hamburg hat sich die Forsythienblüte seit 1945 um etwa 4 Wochen verfrüht (Jensen et al. 2011). Dieses allgemein frühere Einsetzen von Blühphasen ist auch für Haselnuss, Erle, Birke im Frühjahr sowie für Süßgräser im Sommer zu erwarten und teilweise dokumentiert: Für Europa wurde ein früherer Blühbeginn von Eichen- (Garcia-Mozo et al. 2006) und Birkenarten (Emberlin et al. 2002) beobachtet und teilweise auch eine höhere Pollenmenge nachgewiesen (Frei und Gassner 2008; Rasmussen 2002). Für die Haselnuss zeigten Crepinsek et al. (2012), dass die Temperaturbedingungen des vorherigen Monats eng mit der phänologischen Entwicklung korreliert sind. Allerdings ist die Blühinduktion der windblütigen Gehölze komplex, und sie wird auch durch die Temperaturbedingungen im Winter sowie die zur Verfügung stehenden Nährstoffe (Jochner et al. 2013) beeinflusst. Wärmere Winter könnten in der Folge veränderter Vernalisierungsbedingungen sogar zu einem späteren Einsetzen des Blühbeginns bei einigen Arten führen (vgl. z. B. Ziska und Beggs 2012). Zusätzlich weisen Zohner und Renner (2014) darauf hin, dass durch klimatisch bedingte Veränderungen der Verbreitungsgebiete von Gehölzen auch spät blühende Arten aus südlichen Gebieten in der Zukunft in nördlichen Regionen auftreten werden. Hierdurch könnte sich die Blühphase relevanter allergener Gehölze in der MRH insgesamt verlängern.

In der Literatur ist auch ein früheres Einsetzen der Blüte von Gräsern dokumentiert (z. B. Emberlin et al. 1999; Burr 1999; Bock et al. 2013 [Wiesenfuchsschwanz]; Siebert und Ewert 2012 [Hafer]). Für das beifußblättrige Traubenkraut (*Ambrosia artemisiifolia*) liegen ebenfalls Arbeiten vor, die ein früheres Einsetzen des Blühbeginns bei höheren Temperaturen nachweisen. Dies zeigen sowohl Gewächshausexperimente mit erhöhter Temperatur als auch Untersuchungen zum Blühbeginn entlang eines urban-ruralen Gradienten in Baltimore, USA (Ziska et al. 2003; Rogers et al. 2006).

Für die Produktivität und Pollenproduktion ist atmosphärisches CO_2 von besonderer Bedeutung, da das Gas die wichtigste Kohlenstoffquelle für die Photosynthese der Pflanzen und damit für die Primärproduktion in terrestrischen Ökosystemen ist. CO_2-Anreicherungen in geschlossenen oder halboffenen Systemen führen in der Regel zu einer Steigerung der Primärproduktion (Jablonski et al. 2002). Auch in natürlichen Ökosystemen ist durch die Erhöhung der atmosphärischen CO_2-Konzentration mit einer Erhöhung der Produktivität zu rechnen, wenn nicht andere für die Primärproduktion relevante Ressourcen limitierend sind (Wasser, Nährstoffe). Ambrosia zeigt bei erhöhter Temperatur und auch bei ansteigender CO_2-Konzentration in Experimenten eine zunehmende Pollenproduktion (Wan et al. 2002; Wayne et al. 2002). Die Zunahme der Pollengehalte in Europa, insbesondere in Städten, könnte nach Ergebnissen von Ziello et al. (2012) durch eine erhöhte atmosphärische CO_2-Konzentration verursacht sein. Damit kommt klimatischen Veränderungen eine besondere Bedeutung für die Produktivität und Pollenproduktion zu, da sowohl die Temperatur- als auch die CO_2-Zunahme begünstigend wirken können. Inwieweit es zu einer Veränderung der Allergenität der Pollen unter sich ändernden klimatischen Bedingungen kommt, ist bislang nicht umfassend untersucht. Studien zu Ambrosia zeigen, dass sich die Konzentration zumindest eines Hauptallergens (Amb a 1) durch eine Erhöhung der CO_2-Konzentration erhöht (Singer et al. 2005). Für die Birke wurde unter erhöhter Temperatur eine Zunahme des Pollenallergens Bet v 1.54 nachgewiesen (Ahlholm et al. 1998).

Hinsichtlich der Verbreitung kann davon ausgegangen werden, dass Tier- und Pflanzenarten nur unter spezifischen Klima- und Standortbedingungen („bioclimatic envelope“) vorkommen können und dass sich bei einer Änderung des Klimas auch das Verbreitungsgebiet der Arten ändert (vgl. z. B. Pompe et al. 2008 für Pflanzenarten in Deutschland). Ob die jeweiligen Arten den Lebensraum innerhalb ihres „bioclimatic envelope“ tatsächlich besiedeln können, hängt vor allem von der Ausbreitungsfähigkeit der einzelnen Arten sowie von der Barriere- bzw. Verbundwirkung der jeweiligen Landschaft ab (z. B. Higgins und Richardson 1999). In den letzten Jahrzehnten wurde beispielsweise für Gehölze eine Verschiebung der Verbreitungsgebiete in nördlichere Regionen (z. B. Desprez et al. 2014 für den Tupelobaum, *Nyssa sylvatica*, in den USA) nachgewiesen. Auch die zunehmende Verbreitung von *Ambrosia artemisiifolia* in Europa wird mit der Erwärmung des Klimas in Verbindung gebracht. Allerdings sind gegenwärtig für den norddeutschen Raum wohl nach wie vor Verunreinigungen von Vogelfutter mit Ambrosiasamen die Hauptursache für Populationsentwicklungen dieser Art mit hochallergenen Pollen (vgl. Poppendieck 2007; Kannabei und Dümmel 2014). Richter et al. (2013) konnten für Bayern und Österreich nachweisen, dass ein Management zum Zurückdrängen von Ambrosia die weitere Ausbreitung der Art erfolgreich einschränken kann. Die Autoren berechneten, dass die Kosten für das Management nur etwa 10 % der im Gesundheitsbereich durch verminderte Allergiekosten erzielten Einsparungen entsprechen.

8.6 Auswirkungen von Klimaveränderungen auf Infektionskrankheiten – das Beispiel Stechmücken

Die drohende Einwanderung der asiatischen Tigermücke (*Aedes [Ae.] albopictus*) nach Süddeutschland und unlängst die Zika-Epidemie in Brasilien haben hierzulande erhebliches öffentliches Interesse an Stechmücken als Überträger von z. T. gefährlichen Infektionskrankheiten erregt (Rathke 2014). Grund ist vermutlich, dass Stechmücken und andere Arthropoden durch die Hygienemaßnahmen unseres aufwendigen Gesundheitssystems nicht erfasst werden. Generell werden zwei Faktoren für die zunehmende Bedrohung durch Stechmücken in unseren Breiten verantwortlich gemacht: die Steigerung des globalen Personen- und Warenverkehrs und der Klimawandel. Da Hamburg durch seinen Hafen intensiv in den globalen Warenverkehr eingebunden ist, stellt sich die Frage, ob diese exponierte Lage zusammen mit Klimaveränderungen bereits zu einer Ansiedlung bedrohlicher Populationen von Stechmücken geführt hat.

Nachdem 1950 der letzte Fall einer in Deutschland erworbenen Malaria registriert wurde und 1973 ganz Europa offiziell für malariafrei erklärt wurde, sank das Interesse an Stechmücken hierzulande drastisch (Weyer 1956; Zahar 1990). So datieren die letzten Studien zur Überwachung von Mückenpopulationen in Deutschland auf die 1960er-Jahre (Mohrig 1969). Eine Ausnahme bildete die Region am Oberrhein, wo Bewohner in erheblichem Ausmaß von Stechmücken – im lokalen Sprachgebrauch „Schnaken“ genannt – belästigt wurden, die in toten Rheinarmen und anderen Überschwemmungsgebieten brüten. Dort wird seit 1976 von den Kommunen eine „Kommunale Aktionsgemeinschaft zur Bekämpfung der Schnakenplage“ (KABS) finanziert, die Stechmückenpopulationen durch biologische Brutplatzbekämpfung wirksam reduziert. Im Rahmen dieser Arbeit führt die KABS inzwischen kontinuierliche Erhebungen zu Vorkommen und Verbreitung von Stechmückenarten in weiten Teilen Südwestdeutschlands durch (Becker und Ludwig 1981; Becker und Kaiser 1995).

Aus medizinischen Gründen erstarkte das Interesse an Stechmücken in den vergangenen Jahren wieder. Einerseits drohen neue Krankheitsüberträger wie die asiatische Tigermücke (*Ae. albopictus*) nach Deutschland einzuwandern (Becker et al. 2013) bzw. sind, wie im Fall der asiatischen Buschmücke (*Ochlerotatus [Oc.] japonicus*), in einigen Bundesländern bereits heimisch geworden (Medlock et al. 2012; Huber et al. 2014; Zielke et al. 2015). Andererseits traten in Südeuropa die ersten autochthonen exotischen Infektionen wie das Chikungunya- und das Dengue-Fieber auf, die von Mücken übertragen werden (Rezza et al. 2007; Gould et al. 2010). Und auch in Deutschland wurden wieder durch Mücken übertragene Erreger wie Batai-, Sindbis und Usutu-Viren entdeckt (Jöst et al. 2010, 2011a, 2011b). Deshalb wurde entschieden, bundesweite Untersuchungen zu Vorkommen und Verbreitung von Mücken wieder aufzunehmen, um die alten Daten über das Vorkommen einheimischer Mückenarten zu aktualisieren und das Auftreten neuer invasiver Mückenarten zu erfassen. Die vorliegende Arbeit konzentriert sich auf Hamburg und seine nähere Umgebung.

Wie andernorts in Deutschland hat sich in den vergangenen Jahrzehnten die Umwelt in Hamburg deutlich verändert. Zum einen folgten nach Zerstörungen im Zweiten Weltkrieg ein massiver Wiederaufbau und eine deutliche Urbanisierung mit einem möglichen Verlust von Mückenbiotopen. Zum anderen wurden in den vergangenen Jahren Überschwemmungsgebiete und zahlreiche Naturschutzgebiete geschaffen, die insbesondere Moore und Marschlande umfassen. Zudem befindet sich in Hamburg Europas zweitgrößter Seehafen, der als Eintrittspforte für invasive Mückenarten dienen könnte. Stechmücken sind aber nicht nur wichtige Krankheitsüberträger und lästige Plagegeister, sie spiegeln auch Veränderungen der Umwelt wie Klima, Landnutzung und Verschmutzung wider. Aus diesem Grund wurden unlängst erhobene Daten zur Verbreitung von Stechmücken im Großraum Hamburg unter dem Aspekt des Klimawandels und anderer Umweltveränderungen gesichtet (Krüger et al. 2014).

An 105 Orten im Großraum Hamburg wurden Mücken gefangen oder deren Gelege gesammelt. Mehr als 10.000 Adulte und Larven wurden untersucht. Die Mehrzahl von über 7000 Individuen wurde mit Mückenfallen gefangen, etwa 2800 Larven wurden durch 168 Schöpfproben gewonnen und die übrigen Exemplare beim Anflug auf Menschen mithilfe von Aspiratoren gesammelt. Alle gesammelten Larven und adulten Mücken wurden nach Mohrig (1969) und Becker et al. (2010) morphologisch klassifiziert. In zahlreichen Fällen wurde die Bestimmung durch DNA-Analysen nach Folmer et al. (1994) bzw. Proft et al. (1999) ergänzt. Etwa 60 % der Proben wurden eindeutig identifiziert und 33 verschiedenen Spezies zugeordnet. Die übrigen 40 % gehörten dem *An.-maculipennis*-Komplex oder den jeweils eng verwandten Spezies von *Ae. cinereus/geminus*, *Culex (Cx.) pipiens/torrentium* oder *Oc. annulipes/cantans* an. Ihre morphologischen Charakteristika sind identisch oder zu ähnlich, um eine eindeutige Zuordnung zu ermöglichen, und DNA-Analysen wurden nicht in allen Fällen durchgeführt. Im Fall der *Ae. cinereus/geminus*, *Cx. pipiens/torrentium* und *Oc. annulipes/cantans* konnte das Vorkommen aller sechs Spezies durch Untersuchung von Männchen eindeutig nachgewiesen werden. Demgegenüber kann nicht ausgeschlossen werden, dass die gefundenen Proben, die dem *An.-maculipennis*-Komplex zugeordnet wurden, auch Spezies umfassen, die nicht den beiden in Hamburg nachgewiesenen Arten *An. maculipennis s. str.* oder *An. messeae* angehören. Dies würde die Zahl der gefundenen Mückenarten auf über 33 erhöhen. Wie erwartet, wurden die Gemeine Hausmücke *Cx. pipiens* und die Art *Cx. torrentium* mit Abstand am häufigsten gefunden, sowohl bzgl. ihrer Dichte als auch ihrer Verbreitung. Die größte Vielfalt, nämlich 70 % der Mückenarten, fand sich in Waldgebieten, obwohl nur ca. 20 % der Sammelstellen in Wäldern lagen.

In den letzten 100 Jahren wurden 36 verschiedene Stechmückenarten in der MRH nachgewiesen. Von diesen wurden fünf, nämlich *Anopheles (An.) algeriensis*, *Cx. modestus*, *Oc. caspius*, *Oc. nigrinus* und *Oc. sticticus*, erstmals in den vergangenen fünf Jahren identifiziert, während *An. atroparvus*, *Culiseta alascaensis* und *Oc. excrucians*, über die noch in den 1960er-Jahren berichtet worden war, nun nicht mehr gefunden wurden. Bemerkenswert ist, dass erstmals *Cx. modestus* nachgewiesen wurde, da es sich um den bisher nördlichsten Fundort dieser ursprünglich mediterranen Mückenart handelt (Mohrig 1964; Harksen et al. 1976; Golding et al. 2012; Reusken et al. 2010; Lundström et al. 2013). Möglicherweise ist die nördliche Ansiedlung von *Cx. modestus* ein sensibler Indikator für einen Klimawandel. Da die Art bereits am Oberrhein nachgewiesen wurde (Weitzel et al. 2009), könnte sie sich kontinuierlich in Deutschland ausgebreitet haben und ist vermutlich nicht über den Hafen importiert worden. Zu beachten ist, dass *Cx. modestus* als einer der wichtigsten Überträger des West-Nil-Virus in Europa identifiziert wurde (Engler et al. 2013). Das West-Nil-Virus hat sich – aus Afrika kommend – 2000 bis 2003 rasant über ganz Nordamerika ausgebreitet. Es verursacht eine grippeähnliche Erkrankung, die in der Regel harmlos verläuft. Wie *Cx. modestus* ist auch *An. algeriensis* mediterranen Ursprungs, der über ein halbes Jahrhundert nicht mehr in Deutschland nachgewiesen worden war und nun erstmals in Norddeutschland gefunden wurde (Krüger und Tannich 2013). Beide, *Cx. modestus* und *An. algeriensis*, sind halophil, d. h., sie bevorzugen brackige Brutplätze. Dasselbe gilt für *Oc. caspius*, dessen Vorkommen in Hamburg ebenfalls zuvor nicht dokumentiert worden war. Umso interessanter ist das Verschwinden von *An. atroparvus*, der ebenfalls als halophil gilt. Vor dem Krieg war er besonders in den norddeutschen Küstenregionen weit verbreitet und wichtigster Überträger der Malaria (Weyer 1956). Bereits in den 1960er-Jahren war er in Hamburg seltener gefunden worden (Zielke 1970). Nun fehlte er vollständig. Ähnliches wurde in den Niederlanden beobachtet und einerseits auf eine solidere Bauweise zurückgeführt, die weniger Möglichkeiten der Überwinterung bietet (Takken et al. 2002), andererseits auf eine zunehmende Verschmutzung der Oberflächengewässer, auf die *An. atroparvus* sensibler reagieren könnte als die anderen gefundenen halophilen Mückenarten (van Seventer 1970). Auch *Oc. excrucians* fehlte, der bis 1968 in Hamburg relativ weit verbreitet war (Peus 1935; Zielke 1970). Da diese Mückenart offene Landschaften wie Wiesen und Weiden bevorzugt, könnte ihr Rückgang durch eine Intensivierung des Ackerbaus im Großraum Hamburg verursacht sein. Die beiden erstmals nachgewiesenen Arten *Oc. nigrinus* und *Oc. sticticus* brüten in Überschwemmungsgebieten. Zudem wurde *Ae. vexans*, die wichtigste „Überschwemmungsmücke", deutlich häufiger gefunden als vor 1970 (Peus 1935; Zielke 1970).

Der Nachweis bzw. die Zunahme dieser Mückenarten ist offenbar Folge der systematischen Entwicklung von Überschwemmungsgebieten in Hamburg. Bemerkenswert ist die Zunahme von *Cx. torrentium*, der immerhin 4 % aller gefundenen Stechmücken ausmachte. Vor 1960 war er gar nicht in Norddeutschland gefunden worden (Mohrig 1969) und bis 1970 nur als ein einzelnes Exemplar (Zielke 1970). Eine ähnliche Zunahme wurde in Süddeutschland beobachtet (Struppe 1989). Aus bisher unbekannten Gründen hat sich diese Art in den letzten 60 Jahren in einem erheblichen Ausmaß in Deutschland ausgebreitet.

Bleibt noch zu berichten, dass bei einer gleichzeitig durchgeführten Erhebung im Hamburger Hafen und am Flughafen Fuhlsbüttel keine Hinweise gefunden wurden, dass die medizinisch bedeutsamen invasiven Arten *Ae. albopictus* (asiatische Tigermücke) und *Oc. japonicus* (asiatische Buschmücke) auf dem See- oder Luftweg nach Hamburg eingeschleppt worden sind.

Zusammenfassend zeigt die vorliegende Erhebung, dass das Auftreten der ursprünglich mediterranen Stechmücken *Cx. modestus* und *An. algeriensis* in der MRH möglicherweise als sensibler Indikator für Klimaveränderungen gewertet werden kann. *Cx. modestus* ist von medizinischer Bedeutung, da er in Teilen Südeuropas als Überträger das West-Nil-Virus identifiziert wurde, das in der Regel harmlose grippeähnliche Erkrankungen verursacht.

8.7 Auswirkungen von Klimaveränderungen auf Infektionskrankheiten – das Beispiel zeckenübertragener Krankheiten

Zecken spielen neben Mücken eine wichtige Rolle als Überträger von Krankheitserregern. Der Gemeine Holzbock *Ixodes ricinus*, die weitaus häufigste Zecke in Deutschland, kann verschiedenste Mikroorganismen übertragen. Zu den bakteriellen Erregern zählen u. a. *Anaplasma phagocytophilum*, der Erreger der humanen granulozytären Anaplasmose, und Rickettsien der Fleckfiebergruppe, die ein grippeähnliches Krankheitsbild hervorrufen können, das mitunter als „Sommergrippe" diagnostiziert wird. Die bedeutendsten übertragenen Pathogene sind jedoch Bakterien der *Borrelia-burgdorferi*-Gruppe (Stanek 2009), die beim Menschen die sog. Lyme-Borreliose auslösen können. Die Borrelien-Infektionsrate der Zecken in Deutschland variiert; es sind Prävalenzen von 3,1 % an der Ostseeküste bis 36,3 % in Bayern beschrieben (Fingerle et al. 1999; Franke et al. 2011). Neben den Bakterien der *Borrelia-burgdorferi*-Gruppe tritt in Deutschland seit einigen Jahren auch *Borrelia miyamotoi* auf, die zu den Rückfallfieber-Borrelien zählt und wie die Rickettsien grippeähnliche Symptome hervorrufen kann. Die Zahl der Berichte über zeckenübertragene Erkrankungsfälle ist in den letzten Jahren stark angestiegen. Hierfür wird neben Faktoren wie der zunehmenden Erholungssuche in der freien Natur oder einer verstärkten Aufmerksamkeit gegenüber zeckenübertragenen Erkrankungen auch der Klimawandel diskutiert, da klimatische Parameter die Aktivität und das Überleben der Zecken beeinflussen. So benötigen Zecken eine relative Luftfeuchtigkeit von > 75 %, um nicht auszutrocknen. Das Aktivitätsmaximum erreicht *Ixodes ricinus* bei 17–20 °C, ist aber bereits ab einer Temperatur von ca. 7 °C aktiv. Im Zuge des Klimawandels ist damit zu rechnen, dass diese Mindesttemperatur an mehr (Winter-)Tagen erreicht sein wird, als es bisher der Fall ist. Dies könnte die Zeckenpopulation durch kürzere Generationszeiten und möglicherweise auch die Infektionsraten mit pathogenen Mikroorganismen maßgeblich beeinflussen. Ferner könnten im Zuge des Klimawandels auch Zeckenarten aus wärmeren Regionen Europas, die als unbemerkte Passagiere von Menschen oder Tieren nach Deutschland „importiert" werden, hier heimisch werden.

Daten zur Prävalenz von Borrelien, Anaplasmen und Rickettsien in Zecken aus dem nordwestlichen Teil Deutschlands waren bisher nur für das Stadtgebiet Hannover verfügbar (Schicht et al. 2012, 2011; Tappe et al. 2014; Tappe und Strube 2013). Um die Infektion von Zecken mit den genannten Krankheitserregern in Grünanlagen im Stadtgebiet Hamburg abschätzen zu können, wurden im Jahr 2011 monatlich von April bis Oktober in 10 verschiedenen Grünanlagen insgesamt 1400 Zecken gesammelt, die sich aus je 20 Zecken pro Ort und Monat zusammensetzten. Alle gesammelten Zecken wurden morphologisch als *Ixodes ricinus* identifiziert. Die Untersuchung auf Borrelien, Anaplasmen und Rickettsien erfolgte anhand einer quantitativen Echtzeit-(Real-Time-)PCR[1] (Tappe et al. 2014; Tappe und Strube 2013; May und Strube 2014; May et al. 2015). Insgesamt waren 34,1 % der Hamburger Zecken mit Borrelien infiziert (May et al. 2015). Die Infektionsrate der Zecken variierte signifikant zwischen 21,4 % am Standort „Schwarzenberg" und 41,4 % im Stadtpark Winterhude bzw. 43,6 % im Raakmoor (◘ Abb. 8.3). Im Frühjahr war der Prozentsatz der Borrelien-positiven Zecken (April: 13,5 %; Mai: 25,0 %) signifikant niedriger als im August und Oktober (42,5 bzw. 48,0 %). Auch für Hannover wurden solche lokalen und saisonalen Unterschiede beschrieben (Tappe et al. 2014), die aus verschiedenen abiotischen und biotischen Bedingungen wie mikroklimatischen Faktoren, Verfügbarkeit geeigneter Reservoirwirte, Zeckendichte, Habitattypen und Vegetation resultieren könnten (Christova et al. 2003). Als weitere zeckenübertragene Pathogene wurden Anaplasmen bei 3,6 % und Rickettsien bei 52,5 % der Zecken nachgewiesen (May und Strube 2014).

Die erhobenen Daten dienen als wichtige Parameter zur Einschätzung des potenziellen Gesundheitsrisikos durch von Zecken übertragenen Pathogenen im Stadtgebiet Hamburg, das aufgrund der hohen Prävalenzen nicht unterschätzt werden sollte. Zwar trug nur etwa jede dreißigste Zecke Anaplasmen, aber etwa jede dritte Zecke war mit Borrelien infiziert, mit Rickettsien sogar jede zweite. Ferner dienen sie als Grundlage für notwendige Folgeuntersuchungen in den kommenden Jahren, welche die Frage beantworten sollen, ob und inwieweit sich die Prävalenz von Borrelien, Anaplasmen und Rickettsien in Hamburgs Zecken im Zuge des Klimawandels erhöht. Hingegen gibt es noch keinerlei Daten, ob mit dem Klimawandel auch die Zahl der Zecken in Hamburg zunimmt, wie immer wieder in der Öffentlichkeit berichtet wird. Ob dies nur ein subjektives Empfinden infolge einer erhöhten Sensibilisierung oder tatsächlich

1 „polymerase chain reaction"

Abb. 8.3 Prozentsatz *Borrelia*-infizierter Zecken an den 10 verschiedenen Sammelorten im Stadtgebiet Hamburg (Raakmoor, Volksdorfer Wald, Neugrabener Heide, Schwarzenberg, Bergedorfer Gehölz, Goßlers Park, Altonaer Volkspark, Alster, Stadtpark Winterhude und Öjendorfer Park). Kartengrundlage: Google Maps

ein mit dem Klimawandel assoziiertes Faktum ist, bleibt derzeit unbeantwortet.

8.8 Klimawandel, Luftschadstoffe und Auswirkungen auf die Gesundheit

Luftschadstoffe beeinträchtigen die Gesundheit des Menschen. Zum einen können erhöhte Emissionen von Vorläufersubstanzen, insbesondere auch biogene Kohlenwasserstoffverbindungen, und auch eine erhöhte Lufttemperatur zu einer vermehrten Bildung von bodennahem Ozon führen. Zum anderen kann es durch erhöhte Sonneneinstrahlung zu einer verstärkten Feinstaubkonzentration (Feinstaubfraktion PM2.5, PM10), z. B. durch Automobilverkehr, aber auch zu einer erhöhten Belastung durch Kohlenmonoxid, Stickstoffoxid und Schwefeloxid u. a. durch Waldbrände kommen (Kislitsin et al. 2005; Faustini et al. 2015).

Der kausale Zusammenhang zwischen erhöhter Luftschadstoff- und Feinstaubbelastung einerseits und erhöhter Krankheitslast andererseits ist vielfach durch Studien belegt (z. B. das WHO-Projekt „Health Risks of Air Pollution in Europe – HRAPIE“, WHO 2013a) oder durch Übersichtsartikel dargelegt worden (WHO-Projekt „Review of Evidence on Health Aspects of Air Pollution – REVIHAAP“; WHO 2013b; Brook et al. 2010; Hoek et al. 2013). Mit den Langzeiteffekten von Luftverschmutzung haben sich u. a. Foraster et al. (2014), Franchini und Mannucci (2012) sowie Beelen et al. (2014) befasst und dabei einen signifikanten Zusammenhang mit dem Auftreten von Bluthochdruck und Herz-Kreislauf-Erkrankungen aufgezeigt. Aber nicht nur die Langzeit-, sondern auch die Kurzzeiteffekte sind von Bedeutung. So konnten z. B. Dominici et al. (2006) den stärksten Zusammenhang zwischen hohen Schadstoffkonzentrationen und z. B. Herz-Kreislauf-Erkrankungen am Tag der Exposition oder zeitlich um 1–2 Tage verzögert belegen. Analitis et al. (2006) fanden im Rahmen der Studie „Air Pollution and Health European Approach (APHEA-2)“, an der 43 Mio. Erwachsene aus 29 europäischen Städten teilnahmen, einen Anstieg der täglichen Sterblichkeitsrate an Herz-Kreislauf-Erkrankungen um 1,5 % pro Anstieg an PM10 um 20 $\mu g/m^3$. Dieser Effekt nahm signifikant zu, sobald zusätzlich erhöhtes Ozon und Hitzewellen in Kombination auftraten (Analitis et al. 2014).

Luftschadstoffe wirken sich jedoch nicht nur auf Herz-Kreislauf-Erkrankungen, sondern auch auf respiratorische Erkrankungen wie Asthma (z. B. Lavigne et al. 2012; Villeneuve et al. 2007) und chronisch-obstruktive Atemwegserkrankungen (COPD) aus (z. B. Faustini et al. 2012; Simoni et al. 2015). Die hier am häufigsten betroffenen Risikogruppen sind ältere Menschen, Kleinkinder und chronisch kranke Personen (z. B. Fischer et al. 2003; Heinrich und Slama 2007; Næss et al. 2007; Simoni et al. 2015; Villeneuve et al. 2007). Jedoch zeigen auch Studien wie z. B. die CAFE-Studie (Forsberg et al. 2005) oder die APHEKOM-Studie (Chanel et al. 2015) allgemein eine Verringerung der Lebenserwartung durch erhöhte Luftschadstoffe. Mehrere epidemiologische Studien haben sich mit der Untersuchung des Einflusses der Temperatur (vor allem von Hitzebelastungen) auf die Sterblichkeit befasst (Basu und Samet 2002; Basu 2009). Jedoch sind Temperatur-Gesundheits-Zusammenhänge noch unzureichend charakterisiert, insbesondere wenn es um Suszeptibilität (Empfindlichkeit gegenüber äußeren Einflüssen) und beeinflussende Faktoren geht.

Die Luftqualität im norddeutschen Raum wird von Verkehrsemissionen, insbesondere durch Kraftfahrzeuge und die Schifffahrt (Matthias et al. 2010; Aulinger et al. 2016; Oeder et al. 2015), durch industrielle Quellen und Kraftwerke, aber auch in erheblichem Maß aus der Landwirtschaft (Backes et al. 2016) bestimmt. Eine Übersicht zu den Schadstoffbelastungen im Nordseeraum vor dem Hintergrund des Klimawandels ist bei Dalsøren und Jonson (2016) zu finden. Kenntnisse zur aktuellen Luftqualität im Hamburger Raum werden im Luftreinhalteplan für Hamburg zusammengefasst (Böhm und Wahler 2012). Der Einfluss von Stadteffekten auf die Luftqualität wird in ► Kap. 3 dieser Veröffentlichung behandelt.

Da die Luftbelastung einer Region neben den Emissionen auch sehr stark von meteorologischen Bedingungen abhängt, ist ein Einfluss des Klimawandels auf die Luftqualität und damit auf die Gesundheit der Bevölkerung zu erwarten. Die Auswirkungen eines sich verändernden Klimas auf die Luftqualität erfolgen durch Veränderungen der Ventilationsgegebenheiten (durch Wind, Mischungsschichthöhe, Konvektion und Frontpassagen), der Auswaschung durch Niederschläge, der chemischen Umwandlungsraten und der natürlichen Emissionen. Insbesondere zeigt sich in Modellstudien, die als wesentliche Grundlage für die Betrachtungen des Zusammenhangs zwischen Luftqualität und Klimawandel herangezogen werden, eine deutliche Abhängigkeit der Ozonkonzentration in Gebieten mit hoher Schadstoffbelastung von der Temperatur. Jacob und Winner (2009) verweisen auf einen über die kommenden Dekaden zu erwartenden Anstieg der Ozonkonzentration im Sommer um 1–10 ppb, der allein auf den Klimawandel zurückzuführen ist. Dabei treten die stärksten Effekte in städtischen Gebieten und während intensiver Belastungsperioden auf. Der mögliche Einfluss des sich wandelnden Klimas auf die Feinstaubkonzentrationen ist komplex; er hängt stark von der Niederschlagshäufigkeit ab, und auch die Mischungsschichthöhe spielt hier eine wichtige Rolle. Beide Größen sind heute in Modellstudien noch mit großen Unsicherheiten behaftet.

Die zukünftige Luftqualität und damit einhergehend die Gesundheit der Bevölkerung im Nordwesten Europas wird sowohl von veränderten Emissionen von Schadstoffen, insbesondere auch denen aus dem Transportsektor, wie auch von Veränderungen meteorologischer Bedingungen durch den Klimawandel abhängen. Die jeweilige Gewichtung der Einflussbereiche ist nicht einfach abzuschätzen. Es existieren einige Modellstudien dazu, die jedoch einen weiten Bereich von Emissionsszenarien und andere methodische Spezifika aufweisen, was eine Vergleichbarkeit entsprechend erschwert (Dalsøren und Jonson 2016). In den nächsten Jahren werden die erhöhten Anteile an Kraftfahrzeugen mit EURO5- und EURO6-Spezifikationen zu niedrigeren Emissionen von Stickoxiden und Partikeln führen. Hafenstädte wie Hamburg und auch viele Küstenregionen werden von Verschärfungen der Bestimmungen für den Schifffahrtssektor profitieren. Im Jahr 2015 wurde der zulässige Schwefelanteil im Schiffskraftstoff auf Nordsee und Ostsee auf 0,1 % gesenkt. Über Reduktionen des Stickoxidausstoßes von Schiffen wird noch verhandelt; vorgeschlagene Maßnahmen würden im Jahr 2030 für diesen Schadstoff im Nordseeraum die durch den prognostizierten Anstieg der Schiffsbewegungen erwarteten Mehrbelastungen in etwa ausgleichen (Matthias et al. 2016). Obwohl es, wie oben erwähnt, unterschiedliche Pfade des Einflusses von Klimaveränderungen auf die Feinstaubkonzentrationen gibt, zeigen verfügbare Modellstudien, dass der Haupteinflussfaktor die Schadstoffemissionen sein werden (Colette et al. 2013; Andersson und Engardt 2010; Katragkou et al. 2011; Langner et al. 2012a, 2012b; Coleman et al. 2013; Dalsøren und Jonson 2016). Hedegaard et al. (2013) bewerten Emissionsänderungen als wesentlichen Grund für Veränderungen beim Feinstaub, für die Ozonkonzentrationen sei der Einfluss durch den Klimawandel aber ebenso bedeutsam. Nach Colette et al. (2013) sind um 2030 im Bereich der südlichen Nordseeregion leicht erhöhte Ozonkonzentrationen zu erwarten, obwohl mit einem Rückgang der Stickoxidemissionen gerechnet wurde. Der Anstieg ließe sich durch geeignete klimapolitische Maßnahmen merklich abfangen. Ozonbelastungen könnten insbesondere im Zusammenhang mit extremen Sommern Bedeutung erlangen, wie z. B. bereits im Jahr 2003 beobachtet werden konnte (Schär et al. 2004). Orru et al. (2013) haben ozonbezogene Mortalität und Krankenhausaufnahmen für die Normalperiode 1961–1990 mit den Projektionen für 2021–2050 verglichen und festgestellt, dass in Europa ein Anstieg der ozonbezogenen Sterblichkeit von bis zu 13,7 % auftreten könnte, wobei für die meisten nördlichen Länder jedoch ein leichter Rückgang zu erwarten wäre.

Für die zukünftige Partikelbelastung ergibt sich kein so klares Bild. Während Colette et al. (2013) und Hedegaard et al. (2013) im Zusammenhang mit dem regionalen Klimawandel für den Nordseeraum eine leichte Verbesserung bei den PM2.5-Konzentrationen erwarten, zeigen andere Studien ein komplexeres Bild mit Konzentrationsab- und -zunahmen auf kleineren Raumbereichen (Nyiri et al. 2010; Manders et al. 2012). Mit der klaren Abhängigkeit der Feinstaubkonzentrationen von den Niederschlagsereignissen schlagen bei den Projektionen die Modellunsicherheiten für diese Variable durch, und es sind kaum Einengungen der Unsicherheitsbereiche für die Entwicklung der Partikelkonzentration in den Modellstudien zu erwarten.

Insgesamt kann festgehalten werden, dass es einige Einflusspfade gibt, über die der Klimawandel die Luftqualität und somit die Gesundheit der Bevölkerung im norddeutschen Raum verändern kann. Allerdings ist auch auf die Bedeutung von Emissionsveränderungen hinzuweisen, deren Auswirkung auf Schadstoffkonzentrationen diejenigen durch den Klimawandel deutlich überlagern würde.

8.9 Klimatische Veränderungen und ihre Bedeutung für die Veterinärmedizin

Die Beobachtung von Wetter- und Klimafaktoren mit dem Ziel der Vorhersage ist ein lange etabliertes Werkzeug für die moderne Landwirtschaft. Es sollen beispielsweise ideale Erntezeitpunkte bestimmt oder Haltungssysteme für Nutztiere optimiert werden. Bei der Untersuchung der Epidemiologie (d. h. der Verbreitung von Krankheiten innerhalb von Populationen) von Tierkrankheiten müssen immer drei Hauptkomponenten analysiert werden: Wirt, Erreger und Umwelt. Das Zusammenwirken dieser drei Faktoren bestimmt die Epidemiologie der betreffenden Krankheit. Haupteinflussgrößen des Faktors Umwelt sind u. a. Klima- und Wetterfaktoren. Außerdem handelt es sich um Daten, die in Echtzeit mess- und verfügbar sind. Viele der genutzten Werkzeuge und Verfahren für die eingangs genannten Vorhersagesysteme ließen sich ebenfalls für eine durch die Kenntnis der Epidemiologie getriebene Vorhersage von Tierkrankheiten nutzen. Dies findet jedoch in einem noch ungenügenden Umfang statt. Werden großräumige Daten verwendet, so ist eine belastbare Vorhersage des Auftretens von Tierkrankheiten schwerlich möglich, daher ist die Integration von Daten zum Mikroklima in der entsprechenden Region erforderlich (Salman 2013). Vielversprechende Ansätze zur Verbesserung der Integration von Klima- und Wetterdaten in epidemiologische Analysen im Bereich der Veterinärmedizin stellen Metaanalysen (d. h. die systematische Analyse einer Vielzahl von Studien) und Zeitreihenanalysen dar (Salman 2013).

Im Folgenden werden einige ausgewählte Bereiche vorgestellt (Erreger, Vektoren und Wirte), die für die Betrachtung des Einflusses des Klimawandels auf die Tiergesundheit von Bedeutung sind.

Der Erreger der Blauzungenkrankheit der Wiederkäuer, das Bluetongue Virus (BTV), wird durch Gnitzen der Gattung *Culicoides* übertragen. Tiere, die sich mit einem bestimmten Infektionserreger noch nie auseinandergesetzt haben, werden in Bezug auf diesen Erreger als naiv bezeichnet. Eine BTV-Infektion kann bei naiven trächtigen Tieren zu schweren Missbildungen der Früchte führen. Es sind insgesamt 28 Serotypen mit unterschiedlicher geografischer Verbreitung bekannt. In Südeuropa existiert die Krankheit seit den 1960er-Jahren. In Mitteleuropa gab es 2006 einen Eintrag (Conraths et al. 2009). In den darauffolgenden Jahren kam es in mehreren Wellen zu großen Ausbrüchen mit über einer Million betroffener Tiere in Deutschland, Frankreich, den Niederlanden, Luxemburg, dem Vereinigten Königreich, Tschechien, Ungarn und der Schweiz. Für die erfolgreiche Etablierung von BTV werden besonders milde Winter in den Jahren 1999–2007 verantwortlich gemacht. Erst sie haben es dem Virus durch den Wegfall einer vektorfreien Zeit ermöglicht, Infektketten, bestehend aus virämischen Tieren und den blutsaugenden Insekten, nicht abreißen zu lassen. Verschiedene Modelle projizieren ein moderates Voranschreiten des Klimawandels in Norddeutschland (Suk et al. 2014), daher ist mit dem erneuten Auftreten von BTV zu rechnen. Im September 2015 ist der Serotyp 8 von BTV in Frankreich wiederaufgetreten und breitet sich seitdem aus (European Commission 2016). Eine besondere Erschwernis ist dabei, dass die Wiederkäuerpopulation zwischenzeitlich wieder naiv geworden ist. Die großen Impfkampagnen der Jahre nach 2006 wurden inzwischen eingestellt, sodass kaum noch geschützte Tiere existieren. Eine naive Population erleichtert es BTV, erneut Fuß zu fassen. Gleiches kann auch für andere von Arthropodenvektoren übertragenen Krankheiten wie z. B. das Rifttal- oder das West-Nil-Fieber (Heffernan et al. 2012) angenommen werden.

Die asiatische Tigermücke (*Aedes albopictus*) ist eine invasive Mückenart, die ursprünglich aus tropischen und subtropischen Gegenden Südostasiens stammt. Sie dient als Vektor für verschiedene, auch zoonotische virale (West-Nil-Fieber, Dengue-Fieber, Gelbfieber, Rifttal-Fieber) und parasitäre (Dirofilarien) Infektionskrankheiten. Ihre Eier sind besonders trockenheitsresistent und werden bevorzugt in nur vorübergehend wassergefüllten Hohlräumen abgelegt. Insbesondere wenn dies beispielsweise in Altreifen o. Ä. geschieht und diese dann nach Europa transportiert werden, kann die Tigermücke nach Europa gelangen. In der Vergangenheit war eine permanente Ansiedlung aufgrund der zu harschen Wintertemperaturen nicht möglich (Caminade et al. 2014). Der außerordentlich milde Winter 2014/2015 hat der Tigermücke offenbar ein Überleben ermöglicht. Mehrere Nachweise von Eiern, Larven, Puppen und ausgewachsenen Mücken an derselben Stelle im Osten Freiburgs, an der im letzten Jahr bereits eine Population gefunden wurde, belegen eine erneute Reproduktion und sprechen für eine Überwinterung. Verschiedene Studien haben diese Entwicklung vorausgesagt und projizieren auch für weite Teile Nordeuropas Veränderungen des Klimas, die eine permanente Ansiedlung der Tigermücke ermöglichen. Jedoch bleibt auch bei einer Etablierung das Risiko der Übertragung minimal, weil die Mücken nicht per se infiziert sind. Da die genannten Infektionskrankheiten insbesondere in Norddeutschland nicht vorkommen, ist es derzeit unwahrscheinlich, dass sich ein Weibchen bei einer Blutmahlzeit bei einem infizierten Wirt selbst infizieren kann (Friedrich-Loeffler Institut 2015) (s. dazu auch ▶ Abschn. 8.6).

Influenzaviren, deren (Haupt-)Wirte Vögel sind, werden unter dem Sammelbegriff aviäre Influenzaviren zusammengefasst. Diese Viren können u. a. die Geflügelpest auslösen, eine hoch ansteckende Tierseuche, die zu sehr hohen Verlusten durch die Krankheit selbst sowie durch die Bekämpfungsmaßnahmen führt. Die aviären Influenzaviren haben in der Regel ihren Ursprung im asiatischen Raum und gelangen durch infizierte Wildvögel nach Europa. Insbesondere langstreckenziehendes Wassergeflügel spielt eine wesentliche Rolle bei diesem Transport. Normalerweise machen die Tiere während des Vogelzuges Rast in der Norddeutschen Tiefebene und ziehen dann weiter in ihre Überwinterungsquartiere. Die Zeit des Vogelzuges ist gleichzeitig auch die Risikoperiode für die Übertragung von Influenzaviren von den Wildvögeln in die Hausgeflügelpopulation. Die Orte, welche die Vögel als Überwinterungsquartiere wählen, werden entsprechend zweier Bedingungen ausgewählt: Erstens muss sich das Überwinterungsquartier möglichst nah an den Brutgebieten befinden, und zweitens müssen im Überwinterungsquartier milde Winter herrschen, um einen stetigen Zugang zu nicht gefrorenen Gewässern zu ermöglichen. Mit fortschreitendem Klimawandel ist anzunehmen, dass in Norddeutschland zunehmend beide Bedingungen erfüllt werden, d. h., Gebiete in Norddeutschland werden künftig zum Überwintern genutzt. Die Tiere werden folglich nicht mehr nur zur Rast in Norddeutschland Halt machen, sondern über einen längeren Zeitraum bleiben. Dadurch verlängert sich die o. g. Risikoperiode, und es ist mit einer Zunahme an Geflügelpestausbrüchen zu rechnen. Ein verschärfender Faktor der norddeutschen Überwinterungsquartiere ist, dass es trotz der eher milden Winter regelmäßig zu

Kälteeinbrüchen kommt. In der Folge versammeln sich die Vögel um die wenigen verbliebenen offenen Wasserstellen. Die hohe Tierdichte erhöht die Wahrscheinlichkeit der Übertragung von Influenzaviren. Die Übertragung findet nicht nur innerhalb einer Art statt, sondern auch zwischen den Arten. Insbesondere die Übertragung zwischen den Arten kann zu Virulenzsteigerungen führen (Reperant et al. 2010; Huaiyu et al. 2015).

Die Fähigkeit von Gesellschaften oder deren Institutionen, den Auswirkungen von Störungen wie beispielsweise dem Klimawandel zu begegnen, wird Resilienz genannt. Basierend auf dem EPSON-Projekt konnte für die Staaten/Regionen Europas jeweils ein Resilienzgrad festgelegt werden. In einer weiteren Untersuchung wurde unter Einbeziehung von Prognosen zur Entwicklung der Temperatur und der Niederschläge simuliert, inwieweit die einzelnen Staaten/Regionen in der Lage sind, den künftigen Herausforderungen des Klimawandels zu begegnen. Die Staaten Zentraleuropas zeichnen sich durch eine gute Resilienz aus und sind daher auch in Prognosen künftiger Klimaveränderungen im europäischen Vergleich gut aufgestellt. Dies gilt auch für das öffentliche Veterinärwesen und dabei insbesondere für die Tierseuchenkontrolle. Für die MRH werden für beide Prognosezeiträume (2035 und 2055) jeweils nur moderate Störungen durch den Klimawandel prognostiziert (Suk et al. 2014).

8.10 Anpassungsstrategien und -maßnahmen zur Reduzierung gesundheitlicher Folgen des Klimawandels

Um den negativen Einfluss des Klimawandels auf die Gesundheit zu reduzieren, werden verschiedene Strategien und Maßnahmen zur Anpassung an die Auswirkungen des Klimawandels diskutiert. Jendritzky (2007) unterscheidet dabei zwischen kurzfristigen und langfristigen Anpassungsstrategien und -maßnahmen. Zu den kurzfristigen Anpassungsmaßnahmen gehören beispielsweise Hitzewarnsysteme oder auch der UV-Index. Sie dienen dazu, die Bevölkerung frühzeitig über ein bevorstehendes Ereignis (z. B. Hitzewelle) zu informieren und somit eine ggf. notwendige Verhaltensanpassung hervorzurufen. Zahlreiche europäische Staaten haben mittlerweile Hitzewarnsysteme erfolgreich eingeführt (Bittner et al. 2013b). Zur langfristigen Anpassung gehören beispielsweise Strategien und Maßnahmen in der Stadt- und Regionalplanung, der Landschafts- und Freiraumplanung sowie des Städtebaus und der Architektur. Im Gegensatz zu den kurzfristigen Maßnahmen zielen die langfristigen weniger darauf ab, das Verhalten zu ändern, als vielmehr mittels planerischer bzw. technischer Maßnahmen die Auswirkungen des Klimawandels auf die Gesundheit zu dämpfen (Claßen et al. 2014; Schanze und Daschkeit 2013).

Um der Entstehung urbaner Hitzeinseln mit gravierenden gesundheitlichen Auswirkungen für besonders vulnerable Bevölkerungsgruppen entgegenzuwirken, stehen insbesondere „blaue" und „grüne" Maßnahmen zur Verfügung (Endlicher et al. 2008). Zu den blauen Maßnahmen zählen kühlende Wasserflächen wie Seen, Flüsse und Bäche sowie feuchte Grünflächen in der Stadt, welche die Luftfeuchtigkeit erhöhen und durch Verdunstung (Evapotranspiration) zur Kühlung beitragen (BMUB 2015, S. 56). Die Vermeidung weiterer Flächenversiegelung und die Rücknahme versiegelter Flächen können ebenfalls negativen Stadtklimaeffekten, die sich durch die Abgabe gespeicherter Wärmeenergie ergeben, entgegenwirken (vgl. FHH 2010; Stadt Karlsruhe, Umwelt- und Arbeitsschutz 2013). Grüne Maßnahmen beziehen sich überwiegend auf den Erhalt und die Entwicklung von Grünflächen zur Frischluftversorgung und als Kaltluftentstehungsgebiete zur Reduzierung von Hitzestress (Schanze und Daschkeit 2013; Jendritzky 2007). Die Berücksichtigung von Frisch- und Kaltluftkorridoren bei der Planung gemäß dem städtebaulichen Leitbild der „perforierten Stadt" (Endlicher et al. 2008) soll die Belüftung innerstädtischer Gebiete ermöglichen sowie zur Minderung von Hitzestaus und zur Lufthygiene beitragen (Baumüller 2014; Welge 2013). Messungen und Simulationen konnten eine Abkühlung des direkten Wohnumfeldes durch Grünflächen um 3–12 °C belegen (BMUB 2015). Auch Straßengrün, insbesondere die Bepflanzung mit (Laub-)Bäumen zur natürlichen Verschattung, hat entsprechende positive Effekte (Emmanuel und Loconsole 2015; Hutter et al. 2013). Bioklimatisch positiv wirken sich auch begrünte Dächer und Fassaden aus, da Dachbegrünungen langfristig zur Verbesserung des Mikroklimas und zur Minderung von Temperaturextremen beitragen. Intensiv und extensiv begrünte Dächer binden und filtern Schadstoffe und regulieren auf Gebäudeebene das Hausklima, indem sie von Hitze abschirmen und als Wärmedämmung dienen (FHH 2014).

Ein 2012 vorgelegtes Gutachten „Stadtklimatische Bestandsaufnahme und Bewertung für das Landschaftsprogramm Hamburg – Klimaanalyse und Klimawandelszenario 2050" weist auf günstige Standortbedingungen Hamburgs in Bezug auf gesundheitliche Beeinträchtigungen durch den Klimawandel hin, da die zahlreichen Grünflächen in der Stadt zur Verminderung von Extremtemperaturen im Sommer beitragen (FHH 2012). Hamburg verabschiedete deshalb 2014 die Hamburger „Gründachstrategie", um Dachbegrünungen zu fördern. Weitere Anpassungsmaßnahmen auf Gebäudeebene sind beispielsweise die Entwicklung wärme- oder kälteisolierender Baustoffe (Schanze und Daschkeit 2013). Im Folgenden werden ausgewählte Anpassungsmaßnahmen vorgestellt, die direkt oder indirekt auch die Stadt Hamburg betreffen.

2007 veröffentlichte die Europäische Kommission das Grünbuch „Anpassung an den Klimawandel in Europa", und 2009 folgte das entsprechende Weißbuch in Form eines Aktionsrahmens (Europäische Kommission 2007, 2009). 2008 legte die Bundesregierung die „Deutsche Anpassungsstrategie an den Klimawandel" (DAS) vor (Deutscher Bundestag 2008). In zahlreichen Bundesländern gibt es darüber hinaus Anpassungsstrategien, -konzepte bzw. -aktionspläne, die stellenweise auch unmittelbar den Zusammenhang zwischen Gesundheit und Klimaanpassung thematisieren. So fordert die Studie „Klimaanpassung Bayern 2020": „In der Stadtplanung sind Strategien und städtebauliche Konzepte zur Reduzierung der Auswirkungen von klimatischen Extremen auf Wohlbefinden und Gesundheit von Menschen vorzubereiten" (Bayerisches Landesamt für Umwelt 2007). Die Freie und Hansestadt Hamburg behandelt die Thematik im „Aktionsplan Anpassung an den Klimawandel".

Im Jahr 2011 beschloss der Hamburger Senat die Drucksache „Entwicklung einer Hamburger Strategie zur Anpassung an den

Klimawandel". Daraufhin wurde der „Aktionsplan Anpassung an den Klimawandel der Stadt Hamburg" erarbeitet und 2013 veröffentlicht (FHH 2013). Der Aktionsplan Anpassung greift das Thema Gesundheit mit dem Ziel auf, die gesundheitlichen Gefahren und Beeinträchtigungen für Menschen durch den Klimawandel möglichst zu vermeiden. Aus den Zielen werden Maßnahmen zum Schutz der menschlichen Gesundheit abgeleitet. Dazu zählen u. a. Maßnahmen für Pflegeeinrichtungen (z. B. Trinkpläne), Erstellung von Informationsbroschüren (z. B. zum Verhalten bei Hitze), Überwachung, ggf. Meldepflicht für bestimmte Infektionskrankheiten sowie Untersuchungen zu klimabedingten Vektoren und Reservoiren. Neben solchen spezifischen Strategien einzelner Bundesländer existieren weitere Empfehlungen zur Anpassung an den Klimawandel wie die des Deutschen Städtetages. Wenngleich diese Empfehlungen keinen regionalen Schwerpunkt haben, sind sie auch für Hamburg und die Metropolregion von Interesse.

Im Positionspapier „Anpassung an den Klimawandel – Empfehlungen und Maßnahmen der Städte" des Deutschen Städtetages (Deutscher Städtetag 2012) werden Handlungsfelder aufgezeigt, die für die zukünftige Ausrichtung des Anpassungsprozesses in Städten von Bedeutung sind. Daraus werden Maßnahmen abgeleitet, die direkt oder indirekt die gesundheitlichen Auswirkungen klimatischer Veränderungen in Städten reduzieren sollen. Zu den aufgeführten Maßnahmen gehören u. a.:

- Nutzung des vom Deutschen Wetterdienst betriebenen Hitzewarnsystems, das die Städte rechtzeitig über bevorstehende Hitzewellen informiert,
- Monitoring der Ausbreitung bestehender bzw. neu auftretender Krankheitserreger (z. B. Tigermücke) über die Gesundheitsämter,
- Erstellung bzw. Überprüfung von Notfallplänen für sensible Einrichtungen (Pflegeheime, Krankenhäuser),
- häufigere und intensivere Kontrolle sensibler Einrichtungen.

Verschiedene deutsche Städte können als Referenzen für derartige Maßnahmen dienen (Dosch 2015). So beinhaltet z. B. das Klimaschutzkonzept Stuttgart 2012 (KLIMAKS) ein gesundheitsbezogenes Hitzewarnsystem (HITWIS) sowie den Aufbau eines Monitoringsystems klimatisch beeinflusster Krankheiten (Landeshauptstadt Stuttgart 2012). Ähnliche Bestrebungen verfolgt die Region Berlin-Brandenburg mit der Entwicklung eines Frühwarnsystems zur klimaadaptiven Gesundheitsvorsorge (vgl. Scherber et al. 2013b). Das „Handbuch Stadtklima" für Nordrhein-Westfalen (MUNLV NW 2010) sowie die Anpassungsstrategien der Städte Nürnberg und Karlsruhe (Stadt Nürnberg, Umweltamt 2012; Stadt Karlsruhe Umwelt- und Arbeitsschutz 2013) berücksichtigen die menschliche Gesundheit. Schwerpunkte dieser Maßnahmen sind zumeist die Vermeidung bzw. die Minderung gesundheitlicher Folgen von Extremwetterereignissen, insbesondere ausgeprägter sommerlicher Hitzeperioden.

8.11 Fazit

In diesem Kapitel werden mögliche Auswirkungen des Klimawandels auf die Gesundheit in der MRH thematisiert. Dabei zeigt sich, dass eine steigende thermische Belastung z. B. in Form von Hitzewellen möglich ist, die vor allem Auswirkungen auf ältere Menschen und Kinder haben kann. Phänologische Veränderungen der Vegetation können eine verlängerte Pollensaison bewirken und so die Beschwerdezeit von Allergikern verlängern. Möglicherweise begünstigt der Klimawandel auch die Verbreitung von Erregern bzw. Überträgern von Infektionskrankheiten.

In allen Unterkapiteln wird aber auch deutlich, dass bislang kaum quantitative Ergebnisse zu den gesundheitlichen Folgen des Klimawandels vorliegen. Die Ursachen dafür liegen in der Komplexität multikausaler dynamischer Zusammenhänge. Konkrete Aussagen oder Prognosen zu den Auswirkungen klimatischer Veränderungen auf die Gesundheit sind daher sehr schwierig zu treffen und mit großen Unsicherheiten behaftet. Anhand der Ergebnisse zweier Studien kann dies beispielhaft verdeutlicht werden: Madrigano et al. (2013) können einen Zusammenhang zwischen der Außentemperatur und der Herzinfarkthäufigkeit belegen. Nach Untersuchungen von Yusuf et al. (2004) sind jedoch für über 90 % aller Herzinfarkte – unabhängig von Alter, Geschlecht und Herkunft der Studienteilnehmer – lediglich neun Risikofaktoren verantwortlich. Diese Faktoren lassen sich unter Konsumverhalten (Rauchen, Alkohol), Ernährung, Bewegung, individueller Gesundheitszustand (Übergewicht) und genetischer Veranlagung zusammenfassen. Damit wird deutlich, dass klimatische Veränderungen zwar einen Einfluss auf die Gesundheit haben können, die maßgeblichen Einflussgrößen vermutlich jedoch im individuellen Verhalten etc. zu suchen sind. Dies ist nur ein Beispiel, macht aber deutlich, dass gesundheitsbeeinflussende klimatische Folgen oftmals „nur" als beeinflussende „Hintergrundgröße" oder auslösender Faktor zu betrachten sind und nicht als maßgebliche Einflussgröße auf die Gesundheit. Dennoch können vereinzelte Studien mittlerweile einen Zusammenhang zwischen klimatischen Veränderungen und einem Einfluss auf die Gesundheit belegen (z. B. Åström et al. 2013). Davon betroffen sind insbesondere die verwundbaren (vulnerablen) Bevölkerungsgruppen, zu denen in erster Linie ältere Menschen und Kinder zählen. Älteren Menschen kommt aufgrund des demographischen Wandels bzw. der Überalterung der Gesellschaft zukünftig nochmals eine besondere Rolle zu.

Anhand dieser Unsicherheiten lassen sich Forschungsdefizite ableiten. Um Ausmaß und Prognose des Einflusses des Klimawandels auf die Gesundheit mit größerer Sicherheit bewerten und prognostizieren zu können, bedarf es auf allen Gebieten breit und langfristig angelegter Feldstudien, die möglichst alle Einflussfaktoren einbeziehen. Insbesondere in den Gesundheitswissenschaften sind Studien dieser Art aufgrund des hohen Aufwands selten. Zudem ist eine intensivere Vernetzung (z. B. zum Methodenaustausch) zwischen den bislang eher autark arbeitenden Fachdisziplinen wie etwa der Meteorologie, den Sozialwissenschaften und der Epidemiologie notwendig. Die vorhandenen Wissensdefizite dürfen nicht dazu führen, dass der Entwicklung und Etablierung von Anpassungsmaßnahmen weniger Beachtung geschenkt wird. Bereits jetzt können Maßnahmen wie die Ausweitung der Überwachung gesundheitsrelevanter Umweltfaktoren, die Etablierung von Hitzewarnsystemen sowie die Anlage von Grünflächen und andere Kompensationsvorkehrungen einen wichtigen Beitrag dazu leisten, das Risiko vulnerabler Gruppen zu reduzieren.

Literatur

Ahern M, Kovats RS (2006) The health impacts of floods. In: Few R, Matthies F (Hrsg) Flood hazards and health: responding to present and future risks. Earthscan, London, S 28–53

Ahern M, Kovats RS, Wilkinson P, Few R, Matthies F (2005) Global health impacts of floods: epidemiologic evidence. Epidemiol Rev 27(1):36–46

Ahlholm JU, Helander ML, Savolainen J (1998) Genetic and environmental factors affecting the allergenicity of birch (*Betula pubescens* ssp. czerepanovii [Orl.] Hamet-Ahti) pollen. Clin Exp Allergy 28(11):1384–1388

Analitis A, Katsouyanni K, Dimakopoulou K, Samoli E, Nikoloulopoulos AK, Petasakis Y, Touloumi G, Schwartz J, Anderson HR, Cambra K, Forastiere F, Zmirou D, Vonk JM, Clancy L, Kriz B, Bobvos J, Pekkanen J (2006) Short-term effects of ambient particles on cardiovascular and respiratory mortality. Epidemiology 17(2):230–233

Analitis A, Katsouyanni K, Biggeri A, Baccini M, Forsberg B, Bisanti L, Kirchmayer U, Ballester F, Cadum F, Goodman PG, Hojs A, Sunyer J, Tiittanen P, Michelozzi P (2008) Effects of cold weather on mortality: results from 15 European cities within the PHEWE project. Am J Epidemiol 168(12):1397–1408

Analitis A, Michelozzi P, D'Ippoliti D, De'Donato F, Menne B, Matthies F, Atkinson RW, Iñiguez C, Basagaña X, Schneider A, Lefranc A, Paldy A, Bisanti L, Katsouyanni K (2014) Effects of heat waves on mortality: effect modification and confounding by air pollutants. Epidemiology 25(1):15–22

Anderson GB, Bell ML (2011) Heatwaves in the United States: Mortality risk during heat waves and effect modification by heatwave characteristics in 43 U.S. communities. Environ Health Perspect 119(2):210–218

Andersson C, Engardt M (2010) European ozone in a future climate: Importance of changes in dry deposition and isoprene emissions. J Geophys Res 115(D2). https://doi.org/10.1029/2008JD011690

Åström DO, Forsberg B, Ebi KL, Rocklöv J (2013) Attributing mortality from extreme temperatures to climate change in Stockholm, Sweden. Nat Clim Chang 3:1050–1054

Augustin J, Paesel HK, Mücke H-G, Grams H (2011) Anpassung an die gesundheitlichen Folgen des Klimawandels. Untersuchung eines Hitzewarnsystems am Fallbeispiel Niedersachsens. Praev Gesundheitsf 6(3):179–184

Aulinger A, Matthias M, Zeretzke J, Bieser M, Quante M, Backes A (2016) The impact of shipping emissions on air pollution in the greater North Sea region. Part I: current emissions and concentrations. Atmos Chem Phys 16:739–758

Backes A, Aulinger A, Bieser J, Matthias V, Quante M (2016) Ammonia emissions in Europe, Part I: development of a dynamical ammonia emission inventory. Atmos Env 131:55–66

Bais AF, McKenzie RL, Bernhard G, Aucamp PJ, Ilyas M, Madronich S, Tourpalia K (2015) Ozone depletion and climate change: impacts on UV radiation. Photochem Photobiol Sci 14(1):19–52

Basu R (2009) High ambient temperature and mortality: a review of epidemiologic studies from 2001 to 2008. Environ Health 8:40

Basu R, Samet JM (2002) Relation between elevated ambient temperature and mortality: a review of the epidemiologic evidence. Epidemiol Rev 24(2):190–202

Baumüller J (2014) Wie verändert sich das Stadtklima? In: Lozán JL (Hrsg) Warnsignal Klima. Gesundheitsrisiken/Gefahren für Pflanzen, Tiere und Menschen. Institut f. Hydrobiologie Universität Hamburg, Hamburg (Webseiten der Universität Hamburg)

Bayerisches Landesamt für Umwelt (2007) Klimaanpassung – Bayern 2020. Der Klimawandel und seine Auswirkungen – Kenntnisstand und Forschungsbedarf als Grundlage für Anpassungsmaßnahmen. Kurzfassung einer Studie der Universität Bayreuth.

Becker N, Kaiser A (1995) Die Culicidenvorkommen in den Rheinauen des Oberrheingebiets mit besonderer Berücksichtigung von *Uranotaenia* (Culicidae, Diptera) – einer neuen Stechmückengattung für Deutschland. Mitt Dtsch Ges Allg Angew Entomol 10(1–6):407–413

Becker N, Ludwig HW (1981) Untersuchungen zur Faunistik und Ökologie der Stechmücken *(Culicinae)* und ihrer Pathogene im Oberrheingebiet. Mitt Dtsch Ges Allg Angew Entomol 2:186–194

Becker N, Petrić D, Zgomba M, Boase C, Madon M, Dahl C, Kaiser A (2010) Mosquitoes and their control, 2. Aufl. Springer, Berlin, Heidelberg

Becker N, Geier M, Balczun C, Bradersen U, Huber K, Kiel E, Krüger A, Lühken R, Orendt C, Plenge-Bönig A, Rose A, Schaub GA, Tannich E (2013) Repeated introduction of *Aedes albopictus* into Germany, July to October 2012. Parasitol Res 112(4):1787–1790

Beelen R, Raaschou-Nielsen O, Stafoggia M, Andersen ZJ, Weinmayr G, Hoffmann B, Wolf K, Samoli E, Fischer P, Nieuwenhuijsen M, Vineis P, Xun WW, Katsouyanni K, Dimakopoulou K, Oudin A, Forsberg B, Modig L, Havulinna AS, Lanki T, Turunen A, Oftedal B, Nystad W, Nafstad P, De Faire U, Pedersen NL, Östenson CG, Fratiglioni L, Penell J, Korek M, Pershagen G, Eriksen KT, Overvad K, Ellermann T, Eeftens M, Peeters PH, Meliefste K, Wang M, Bueno-de-Mesquita B, Sugiri D, Krämer U, Heinrich J, de Hoogh K, Key T, Peters A, Hampel R, Concin H, Nagel G, Ineichen A, Schaffner E, Probst-Hensch N, Künzli N, Schindler C, Schikowski T, Adam M, Phuleria H, Vilier A, Clavel-Chapelon F, Declercq C, Grioni S, Krogh V, Tsai MY, Ricceri F, Sacerdote C, Galassi C, Migliore E, Ranzi A, Cesaroni G, Badaloni C, Forastiere F, Tamayo I, Amiano P, Dorronsoro M, Katsoulis M, Trichopoulou A, Brunekreef B, Hoek G (2014) Effects of long-term exposure to air pollution on natural-cause mortality: an analysis of 22 European cohorts within the multicentre ESCAPE project. Lancet 838(9919):785–795

Bekki S, Bodeker GE (2010) Future Ozone and its Impact on Surface UV. Ozone Assessment Report 2010. World Meteorological Organization. Global Ozone Research and Monitoring Project – Report No. 52

Bergmann K-H, Zuberbier T, Augustin J, Mücke H-G, Straff W (2012) Klimawandel und Pollenallergie: Städte und Kommunen sollten bei der Bepflanzung des öffentlichen Raums Rücksicht auf Pollenallergiker nehmen. Allergo J 21(2):103–108

Bernhard G, Seckmeyer G (1999) The uncertainty of measurements of spectral solar UV irradiance. J Geophys Res 104(D12):14321–14345

Bharath AK, Turner RJ (2009) Impact of climate change on skin cancer. J R Soc Med 102(6):215–218

Bittner MI (2014) Auswirkungen von Hitzewellen auf die Mortalität in Deutschland. Gesundheitswesen 76:508–512

Bittner MI, Nübling M, Stössel U (2013a) Heat-Related Mortality in Freiburg and Rostock in 2003 and 2005 – Methodology and Results. Gesundheitswesen 75(8–9):126–130

Bittner MI, Matthies EF, Dalbokova D, Menne B (2013b) Are European countries prepared for the next big heat-wave? Eur J Public Health 24(4):615–619

BMUB (Bundesministerium für Umwelt, Naturschutz, Bau und Reaktorsicherheit) (2015) Grün in der Stadt – Für eine lebenswerte Zukunft. Grünbuch Stadtgrün, Berlin

Bock A, Sparks TH, Estrella N, Menzel A (2013) Changes in the timing of hay cutting in Germany do not keep pace with climate warming. Glob Chang Biol 19(10):3123–3132

Böhm J, Wahler G (2012) Luftreinhalteplan für Hamburg. 1. Fortschreibung 2012. Behörde für Stadtentwicklung und Umwelt, Amt für Immissionsschutz und Betriebe:196. Behörde für Stadtentwicklung und Umwelt, Amt für Immissionsschutz und Betriebe, Hamburg

Breitbart EW, Waldmann A, Nolte S, Capellaro M, Greinert R, Volkmer B, Katalinic A (2012) Systematic skin cancer screening in Northern Germany. J Am Acad Dermatol 66(2):201–211

Breitner S, Wolf K, Devlin RB, Diaz-Sanchez D, Peters A, Schneider A (2014a) Short-term effects of air temperature on mortality and effect modification by air pollution in three cities of Bavaria, Germany: a time-series analysis. Sci Total Environ 1(485–486):49–61

Breitner S, Wolf K, Peters A, Schneider A (2014b) Short-term effects of air temperature on cause-specific cardiovascular mortality in Bavaria, Germany. Heart 100(16):1272–1280

Brook RD, Rajagopalan S, Pope CA 3rd, Brook JR, Bhatnagar A, Diez-Roux AV, Holguin F, Hong Y, Luepker RV, Mittleman MA, Peters A, Siscovick D, Smith SC Jr, Whitsel L, Kaufman JD, American Heart Association Council on Epidemiology and Prevention, Council on the Kidney in Cardiovascular Disease, Council on Nutrition, Physical Activity and Metabolism (2010) Particulate matter air pollution and cardiovascular disease: An update to the scientific statement from the American Heart Association. Circulation 121(21):2331–2378

Burkart K, Canário P, Scherber K, Breitner S, Schneider A, Alcoforado MJ, Endlicher W (2013) Interactive short-term effects of equivalent temperature and air pollution on human mortality in Berlin and Lisbon. Environ Pollut 183:54–63

Burr ML (1999) Grass pollen: trends and predictions. Clin Exp Allergy 29(6):735–738

Caminade C, Medlock JM, Ducheyne E, McIntyre KM, Leach S, Baylis M, Morse AP (2014) Suitability of European climate for the Asian tiger mosquito *Aedes albopictus*: recent and future trends. J R Soc Interface 9(75):2708–2717

Chanel O, Perez L, Künzli N, Medina S, Aphekom group (2015) The hidden economic burden of air pollution-related morbidity: evidence from the Aphekom project. Eur J Health Econ. https://doi.org/10.1007/s10198-015-0748-z

Chmielewski FM, Müller A, Bruns E (2004) Climate changes and trends in phenology of fruit trees and field crop in Germany, 1961–2000. Agr For Meteorol 121(1-2):69–78

Christova I, van de Pol J, Yazar S, Velo E, Schouls L (2003) Identification of *Borrelia burgdorferi* sensu lato, *Anaplasma* and *Ehrlichia* species, and spotted fever group *Rickettsiae* in ticks from Southeastern Europe. Eur J Clin Microbiol Infect Dis 22(9):535–542

Claßen T, Völker S, Baumeister H, Heiler A, Matros J, Pollmann T, Kistemann T, Krämer A, Lohrberg F, Hornberg C (2014) Welchen Beitrag leisten urbane Grünräume (Stadtgrün) und Gewässer (Stadtblau) für eine gesundheitsförderliche Stadtentwicklung? UMID 2:30–37

Coleman L, Martin D, Varghese S, Jennings SG, O'Dowd CD (2013) Assessment of changing meteorology and emissions on air quality using a regional climate model: impact on ozone. Atmos Env 69:198–210

Colette A, Bessagnet B, Vautard R, Szopa S, Rao S, Schucht S, Klimont Z, Menut L, Clain G, Meleux F, Curci G, Rouïl L (2013) European atmosphere in 2050, a regional air quality and climate perspective under CMIP5 scenarios. Atmos Chem Phys 13(15):7451–7471

Conraths FJ, Gethmann JM, Staubach C, Mettenleiter TC, Beer M, Hoffmann B (2009) Epidemiology of Bluetongue virus serotype 8, Germany. Emerg Infect Dis 15(3):433–435

Crepinsek Z, Stampar F, Kajfez-Bogataj L, Solar A (2012) The response of Corylus avellana L. phenology to rising temperature in north-eastern Slovenia. Int J Biometerol 56(4):681–694

Curriero FC, Heiner KS, Samet JM, Zeger SL, Strug L, Patz JA (2002) Temperature and mortality in 11 cities of the eastern United States. Am J Epidemiol 155(1):80–87

Dalsøren SB, Jonson JE (2016) Socio-economic impacts – air quality, Chapter 16. In: Quante M, Colijn F (Hrsg) North Sea region climate change assessment. Springer, Berlin, Heidelberg, S 431–446

D'Amato G, Holgate ST, Pawankar R, Ledford DK, Cecchi L, Al-Ahmad M, Al-Enezi F, Al-Muhsen S, Ansotegui I, Baena-Cagnani CE, Baker DJ, Bayram H, Bergmann KC, Boulet L-P, Buters JTM, D'Amato M, Dorsano S, Douwes J, Finlay SE, Garrasi D, Gómez M, Haahtela T, Halwani R, Hassani Y, Mahboub B, Marks G, Michelozzi P, Montagni M, Nunes C, Oh JJ-W, Popov TA, Portnoy J, Ridolo E, Rosário N, Rottem M, Sánchez-Borges M, Sibanda E, Sienra-Monge JJ, Vitale C, Annesi-Maesano I (2015) Meteorological conditions, climate change, new emerging factors, and asthma and related allergic disorders. A statement of the World Allergy Organization. World Allergy Organ 8(1):25

Dameris M (2005) Klima-Chemie-Wechselwirkungen und der stratosphärische Ozonabbau. Promet 31(1):2–11

Desprez J, Iannone BV III, Yang P, Oswalt CM, Fei S (2014) Northward migration under a changing climate: a case study of blackgum *(Nyssa sylvatica)*. Clim Change 126(1):151–162

Deutscher Bundestag (2008) Deutsche Anpassungsstrategie an den Klimawandel (Drucksache 16/11595 des Deutschen Bundestages vom 19.12.2008). Deutscher Bundestag, Berlin

Deutscher Städtetag (2012) Positionspapier Anpassung an den Klimawandel – Empfehlungen und Maßnahmen der Städte

Diffey B (2004) Climate change, ozone depletion and the impact on ultraviolet exposure of human skin. Phys Med Biol 49(1):R1–R11

D'Ippoliti D, Michelozzi P, Marino C, de'Donato F, Menne B, Katsouyanni K, Kirchmayer U, Analitis A, Medina-Ramón M, Paldy A, Atkinson R, Kovats S, Bisanti L, Schneider A, Lefranc A, Iñiguez C, Perucci CA (2010) The impact of heat waves on mortality in 9 European cities: results from the EuroHEAT project. Environ Health 9:37

Dominici F, Peng RD, Bell ML, Pham L, McDermott A, Zeger SL, Samet JM (2006) Fine particulate air pollution and hospital admission for cardiovascular and respiratory diseases. JAMA 295(10):1127–1134

Dosch F (2015) Wie sich Städte auf den Klimawandel vorbereiten können. Modellvorhaben einer klimawandelgerechten Stadtentwicklung. In: Knieling J, Müller B (Hrsg) Klimaanpassung in der Stadt- und Regionalentwicklung, Ansätze, Instrumente, Maßnahmen und Beispiele, Reihe Klimawandel in Regionen zukunftsfähig gestalten, Bd. 7. Oekom, München, S 77–102

Eis D, Helm D, Laußmann D, Stark K (2010) Klimawandel und Gesundheit – Ein Sachstandsbericht. Robert Koch-Institut, Berlin

Eisinga R, Franses PH, Vergeer M (2011) Weather conditions and daily television use in the Netherlands, 1996–2005. Int J Biometeorology 55(4):555–564

Emberlin J, Mullins J, Corden J, Jones S, Millington W, Brooke M, Savage M (1999) Regional variations in grass pollen seasons in the UK, long-term trends and forecast models. Clin Exp Allergy 29(3):347–356

Emberlin J, Detandt M, Gehrig R, Jaeger S, Nolard N, Rantio-Lehtimaki A (2002) Responses in the start of *Betula* (birch) pollen seasons to recent changes in spring temperatures across Europe. Int J Biometeorol 46(4):159–170

Emmanuel R, Loconsole A (2015) Green infrastructure as an adaptation approach to tackling urban overheating in the Glasgow Clyde Valley Region, UK. Landsc Urban Plan 138:71–86

Endlicher W, Müller M, Gabriel K (2008) Climate change and the function of urban green for human health. In: Schweppe-Kraft B (Hrsg) Ecosystem services of natural and semi-natural ecosystems and ecologically sound land use Papers and Presentations of the Workshop „Economic Valuation of Biological Diversity – Ecosystem Services", International Academy for Nature Conservation, Vilm, 13–16 May 2007. Bonn, S 119–128

Engler O, Savini G, Papa A, Figuerola J, Groschup MH, Kampen H, Medlock J, Vaux A, Wilson AJ, Werner D, Jöst H, Goffredo M, Capelli G, Federici V, Tonolla M, Patocchi N, Flacio E, Portmann J, Rossi-Pedruzzi A, Mourelatos S, Ruiz S, Vázquez A, Calzolari M, Bonilauri P, Dottori M, Schaffner F, Mathis A, Johnson N (2013) European surveillance for West Nile virus in mosquito populations. Int J Environ Res Public Health 10(10):4869–4895

Environment Canada (2013) Daily ozone maps (Webseiten der kanadischen Regierung)

Europäische Kommission (2007) Grünbuch der Kommission an den Rat, das europäische Parlament, den europäischen Wirtschafts- und Sozialausschuss und den Ausschuss der Regionen: Anpassung an den Klimawandel in Europa – Optionen für Maßnahmen der EU. Europäische Kommission, Brüssel

Europäische Kommission (2009) Weissbuch: Anpassung an den Klimawandel – Ein europäischer Aktionsrahmen. Europäische Kommission, Brüssel

European Commission (2016) Animal Disease Notification System (ADNS) (Webseiten der Europäischen Kommission)

Farman JC, Gardiner BG, Shanklin JD (1985) Large losses of total ozone in Antarctica reveal seasonal ClO_x/NO_x interaction. Nature 315:207–210

Faustini A, Stafoggia M, Cappai G, Forastiere F (2012) Short-term effects of air pollution in a cohort of patients with chronic obstructive pulmonary disease. Epidemiology 23(6):861–869

Faustini A, Alessandrini ER, Pey J, Perez N, Samoli E, Querol X, Cadum E, Perrino C, Ostro B, Ranzi A, Sunyer J, Stafoggia M, Forastiere F, MED-PARTICLES study group (2015) Short-term effects of particulate matter on mortality during forest fires in Southern Europe: results of the MED-PARTICLES Project. Occup Environ Med 72(5):323–329

FHH (Freie und Hansestadt Hamburg) (2010) Hamburgs Klima – Kein Problem? Die Bedeutung Grünflächen und Grünstrukturen für das Stadtklima. Dokumentation der Fachtagung im Wilhelmsburger Bürgerhaus am 11. Mai 2011

FHH (Freie und Hansestadt Hamburg) (2012) Stadtklimatische Bestandsaufnahme und Bewertung für das Landschaftsprogramm Hamburg - Klimaanalyse und Klimawandelszenario 2050

FHH (Freie und Hansestadt Hamburg) (2013) Aktionsplan Anpassung an den Klimawandel. Mitteilung des Senats an die Bürgerschaft. Drucksache 20/8492

FHH (Freie und Hansestadt Hamburg) (2014) Gründachstrategie für Hamburg – Zielsetzung, Inhalt und Umsetzung. Einzelplan 6 Behörde für Stadtentwicklung und Umwelt. Mitteilung des Senats an die Bürgerschaft. Drucksache 20/11432}

Fingerle V, Munderloh U, Liegl G, Wilske B (1999) Coexistence of *Ehrlichiae* of the phagocytophila group with *Borrelia burgdorferi* in *Ixodes ricinus* from Southern Germany. Med Microbiol Immunol 188(3):145–149

Fischer P, Hoek G, Verhoeff A, van Wijnen J (2003) Air pollution and mortality in the Netherlands: are the elderly more at risk? Eur Respir J Suppl 40:34s–38s

Folmer O, Black M, Hoeh W, Lutz R, Vrijenhoek R (1994) DNA primers for amplification of mitochondrial cytochrome c oxidase subunit I from diverse metazoan invertebrates. Mol Mar Biol Biotechnol 3(5):294–299

Foraster M, Künzli N, Aguilera I, Rivera M, Agis D, Vila J, Bouso L, Deltell A, Marrugat J, Ramos R, Sunyer J, Elosua R, Basagaña X (2014) High blood pressure and long-term exposure to indoor noise and air pollution from road traffic. Environ Health Perspect 122(11):1193–1200

Forsberg B, Hansson HC, Johansson C, Areskoug H, Persson K, Järvholm B (2005) Comparative health impact assessment of local and regional particulate air pollutants in Scandinavia. Ambio 34(1):11–19

Franchini M, Mannucci PM (2012) Air pollution and cardiovascular disease. Thromb Res 129(3):230–234

Franke J, Hildebrandt A, Meier F, Straube E, Dorn W (2011) Prevalence of Lyme disease agents and several emerging pathogens in questing ticks from the German Baltic coast. J Med Entomol 48(2):441–444

Frei T, Gassner E (2008) Climate change and its impact on birch pollen quantities and the start of the pollen season an example from Switzerland for the period 1969–2006. Int J Biometeorol 52(7):667–674

Friedrich-Loeffler Institut (2015) Pressemitteilung vom 30. Juli 2015

Garcia-Mozo H, Galan C, Jato V, Belmonte J, de la Guardia CD, Fernandez D, Gutierrez M, Aira M, Roure J, Ruiz L, Trigo M, Dominguez-Vilches E (2006) *Quercus* pollen season dynamics in the Iberian peninsula: response to meteorological parameters and possible consequences of climate change. Ann Agric Environ Med 13(2):209–224

Gasparrini A, Guo Y, Hashizume M, Lavigne E, Zanobetti A, Schwartz J, Tobias A, Tong S, Rocklöv J, Forsberg B, Leone M, De Sario M, Bell LM, Guo Y-LL, Wu C, Kan H, Yi S-M, Zanotti Stagliorio Coelho M, Saldiva PHN, Honda Y, Kim H, Armstrong B (2015a) Mortality risk attributable to high and low ambient temperature: a multicountry observational study. Lancet 386(9991):369–375

Gasparrini A, Guo Y, Hashizume M, Kinney PL, Petkova EP, Lavigne E, Zanobetti A, Schwartz JD, Tobias A, Leone M, Tong S, Honda Y, Kim H, Armstrong BG (2015b) Temporal variation in heat-mortality associations: a multicountry study. Environ Health Perspect 123(11):1200–1207

Ginexi EM, Weihs K, Simmens SJ, Hoyt DR (2000) Natural disaster and depression: a prospective investigation of reations to the 1993 Midwest floods. Am J Community Psychol 28(4):495–518

Golding N, Nunn MA, Medlock JM, Purse BV, Vaux AG, Schäfer SM (2012) West Nile virus vector *Culex modestus* established in southern England. Parasit Vectors 5:32

Gould EA, Gallian P, De Lamballerie X, Charrel RN (2010) First cases of autochthonous dengue fever and chikungunya fever in France: from bad dream to reality! Clin Microbiol Infect 16(12):1702–1704

Greinert R, Breitbart E-W, Volkmer B (2008) UV-induzierte DNA-Schäden und Hautkrebs. In: Kappas M (Hrsg) Klimawandel und Hautkrebs. Ibidem-Verlag, Stuttgart, S 145–173

Grünewald U, Dombrowsky WR, Kaltofen M, Kreibich H, Merz B, Petrow T, Schümberg S, Streitz W, Thieken A (2003) Hochwasservorsorge in Deutschland. Lerne aus der Katastrophe 2002 im Elbgebiet. Deutsches Komitee für Katastrophenvorsorge e. V. (DKKV), Bonn

Harksen E, Mönke R, Schumann H (1976) Faunistisch-ökologische Untersuchungen zur Stechmückenfauna Berlins. Dtsch Entomol Z 23(4-5):367–406

Harlan SL, Chowell G, Yang S, Petitti DB, Butler EMJ, Ruddell BL, Ruddell DM (2014) Heat-related deaths in hot cities: estimates of human tolerance to high temperature thresholds. Int J Environment Res Public Health 11(3):3304–3326

Hedegaard GB, Christensen JH, Brandt J (2013) The relative importance of impacts from climate change vs. emissions change on air pollution levels in the 21st century. Atmos Chem Phys 13(7):3569–3585

Heffernan C, York L, Salman M (2012) Livestock infectious disease and climate change: a review of selected literature. CAB Rev 7(11):1–26

Heinrich J, Slama R (2007) Fine particles, a major threat to children. Int J Hyg Environ Health 210(5):617–622

Higgins SI, Richardson DM (1999) Predicting plant migration rates in a changing world: the role of long-distance dispersal. Am Nat 153(5):464–475

Hoek G, Krishnan RM, Beelen R, Peters A, Brunekreef B, Kaufman JD (2013) Long-term air pollution exposure and cardio-respiratory mortality: a review. Environ Health 12(1):43

Höflich C (2014) Klimawandel und Pollen-assoziierte Allergien der Atemwege. Umweltmedizinischer Informationsd 1:5–10

Hofstede J (2014) Management von Küstenrisiken in Schleswig-Holstein. Geogr Rundsch 3(2014):14–21

Hori S (1995) Adaptation to heat. Jap J Physiol 45(6):921–946

Huaiyu T, Zhou S, Dong L, van Boeckel TP, Pei Y, Wu Q, Yuan W, Guo Y, Huang S, Chen W, Lu X, Liu Z, Bai Y, Yue T, Grenfell B, Xu B (2015) Climate change suggests a shift of H5N1 risks in migrators birds. Ecol Model 306(24):6–15

Huber K, Schuldt K, Rudolf M, Marklewitz M, Fonseca DM, Kaufmann C, Tsuda Y, Junglen S, Krüger A, Becker N, Tannich E, Becker SC (2014) Distribution and genetic structure of *Aedes japonicus japonicus* populations (Diptera: Culicidae) in Germany. Parasitol Res 113(9):3201–3210

Hutter HP, Allex B, Arnberger A, Eder R, Gerersdorfer T, Haas W, Koch E, Kundi M, Mauritz E, Moshammer H, Weisz U (2013) Klima und Gesundheit. Amt der Kärntner Landesregierung, Klagenfurt

Ilyas M (2007) Climate augmentation of erythemal UV-B radiation dose damage in the tropics and global change. Curr Sci 93(11):1604–1608

Jablonski LM, Wang X, Curtis PS (2002) Plant reproduction under elevated CO2 conditions: a meta-analysis of reports of 79 crop and wild species. New Phytol 156(1):9–26

Jacob DJ, Winner DA (2009) Effect of climate change on air quality. Atmos Environ 43(1):51–63

Jendritzky G (2007) Folgen des Klimawandels für die Gesundheit. In: Endlicher W, Gerstengarbe F-W (Hrsg) Der Klimawandel – Einblicke, Rückblicke, Ausblicke. Institut für Klimafolgenforschung, Potsdam, S 108–118

Jensen K, Reisdorff C, Pfeiffer EM, von Oheimb G, Schmidt K, Schmidt S, Schrautzer J, Meyer-Grünefeldt M, Härdtle (2011) Klimabedingte Änderungen in terrestrischen und semi-terrestrischen Ökosystemen. In: von Storch H, Claussen M (Hrsg) Klimabericht der Metropolregion Hamburg. Springer, Heidelberg

Jochner S, Höfeler J, Beck I, Göttlein A, Ankerst DP, Traidl-Hoffmann C, Menzel A (2013) Nutrient status: a missing factor in phenological and pollen research? J Exp Bot 64(7):2081–2092

Jöst H, Bialonski A, Storch V, Günther S, Becker N, Schmidt-Chanasit J (2010) Isolation and phylogenetic analysis of Sindbis viruses from mosquitoes in Germany. J Clin Microbiol 48(5):1900–1903

Jöst H, Bialonski A, Maus D, Sambri V, Eiden M, Groschup MH, Günther S, Becker N, Schmidt-Chanasit J (2011a) Isolation of usutu virus in Germany. Am J Trop Med Hyg 85:551–553

Jöst H, Bialonski A, Schmetz C, Günther S, Becker N, Schmidt-Chanasit J (2011b) Isolation and phylogenetic analysis of Batai virus, Germany. Am J Trop Med Hyg 84(2):241–243

Kannabei S, Dümmel T (2014) Vier Jahre „Berliner Aktionsprogramm gegen Ambrosia": Erfolge und Grenzen, Webseiten von CAB Direct

Katalinic A (2013) Wie häufig ist Hautkrebs in Deutschland? Gesellschaftspolitische Kommentare, Sonderausgabe 1/2013. Hautkrebs 54(1):7–8

Katragkou E, Zanis P, Kioutsioukis I, Tegoulias I, Melas D, Krüger BC, Coppola E (2011) Future climate change impacts on summer surface ozone from regional climate-air quality simulations over Europe. J Geophys Res Atmos 116(D22):1–14

Kislitsin V, Novikov S, Skvortsova N (2005) Moscow smog of summer 2002. Evaluation of adverse health effects. In: Kirch W, Menne B, Bertollini R (Hrsg) Extreme weather events and public health responses. WHO regional office for europe. Springer, Berlin, Heidelberg, New York, S 255–265

Knuschke P, Unverricht I, Ott G, Janssen M (2007) Personenbezogene Messung der UV-Exposition von Arbeitnehmern im Freien – Projekt F 1777. Bundesanstalt für Arbeitsschutz und Arbeitsmedizin, Dortmund

Krüger A, Tannich E (2013) Rediscovery of *Anopheles algeriensis Theob.* (Diptera: Culicidae) in Germany after half a century. J Eur Mosq Control Assoc 31:14–16

Krüger A, Börstler J, Badusche M, Lühken R, Garms R, Tannich E (2014) Mosquitoes (Diptera: Culicidae) of metropolitan Hamburg, Germany. Parasitol Res 113(8):2907–2914

Lambert MI, Mann T, Dugas JP (2008) Ethnicity and temperature regulation. Med Sport Sci 53:104–120

Landesbetrieb Straßen, Brücken und Gewässer Hamburg (2012) Gewässer und Hochwasserschutz in Zahlen. Berichte des Landesbetriebes Straßen, Brücken und Gewässer Nr. 14/2012

Landeshauptstadt Stuttgart (2012) Klimaanpassungskonzept Stuttgart – KLIMAKS. Webseiten der Landeshauptstadt. Stuttgart

Langen U, Schmitz R, Steppuhn H (2013) Häufigkeit allergischer Erkrankungen in Deutschland. Bundesgesundheitsblatt 56:698–706

Langner J, Engardt M, Baklanov A, Christensen JH, Gauss M, Geels C, Hedegaard GB, Nuterman R, Simpson D, Soares J, Sofiev M, Wind P, Zakey A (2012a) A multi-model study of impacts of climate change on surface ozone in Europe. Atmos Chem Phys 12(21):10423–10440

Langner J, Engardt M, Andersson C (2012b) European summer surface ozone 1990–2100. Atmos Chem Phys 12(21):10097–10105

Lavigne E, Villeneuve PJ, Cakmak S (2012) Air pollution and emergency department visits for asthma in Windsor, Canada. Can J Public Health 103(1):4–8

Lundström JO, Schäfer ML, Hesson JC, Blomgren E, Lindström A, Wahlqvist P, Halling A, Hagelin A, Ahlm C, Evander M, Broman T, Forsman M, Persson Vinnersten TZ (2013) The geographic distribution of mosquito species in Sweden. J Eur Mosq Control Assoc 31:21–35

Madrigano J, Mittleman MA, Baccarelli A, Goldberg R, Melly S, von Klot S, Schwartz J (2013) Temperature, myocardial infarction and mortality: effect modification by individual and area-level characteristics. Epidemiology 24(3):439–446

Manders AMM, van Meijgaard E, Mues AC, Kranenburg R, van Ulft LH, Schaap M (2012) The impact of differences in large-scale circulation output from climate models on the regional modeling of ozone and PM. Atmos Chem Phys 12(20):9441–9458

Matthias V, Bewersdorff I, Aulinger A, Quante M (2010) The contribution of ship emissions to air pollution in the North Sea regions. Environ Pollut 158(6):2241–2250

Matthias V, Aulinger A, Backes A, Bieser J, Geyer B, Quante M, Zeretzke M (2016) The impact of shipping emissions on air pollution in the Greater North Sea region. Part II: Scenarios for 2030. Atmos Chem Phys 16(2):759–776

May K, Strube C (2014) Prevalence of Rickettsiales (*Anaplasma phagocytophilum* and *Rickettsia* spp.) in hard ticks *(Ixodes ricinus)* in the city of Hamburg, Germany. Parasitol Res 113(6):2169–2175

May K, Jordan D, Fingerle V, Strube C (2015) *Borrelia burgdorferi* sensu lato and coinfections with *Anaplasma phagocytophilum* and *Rickettsia* spp. in *Ixodes ricinus* in Hamburg, Germany. Vet Med Entomol 29(4):425–429

Medlock JM, Hansford KM, Schaffner F, Versteirt V, Hendrickx G, Zeller H, Van Bortel W (2012) A review of the invasive mosquitoes in Europe: ecology, public health risks, and control options. Vector Borne Zoonotic Dis 12(6):435–447

Michelozzi P, Accetta G, De Sario M, D'Ippoliti D, Marino C, Baccini M, Biggeri A, Anderson HR, Katsouyanni K, Ballester F, Bisanti L, Cadum E, Forsberg B, Forastiere F, Goodman PG, Hojs A, Kirchmayer U, Medina S, Paldy A, Schindler C, Sunyer J, Perucci CA (2009) High temperature and hospitalizations for cardiovascular and respiratory causes in 12 European cities. Am J Respir Crit Care Med 179(5):383–389

Mohrig W (1964) Faunistisch-ökologische Untersuchungen an Culiciden der Umgebung von Greifswald. Dtsch Entomol Z 11(4–5):327–352

Mohrig W (1969) Die Culiciden Deutschlands. Parasitol Schr Reihe 18. Gustav Fischer, Jena, S 1–260

Molina M, Rowland FS (1974) Stratospheric sink for chlorofluoromethanes: chlorine atom-catalysed destruction of ozone. Nature 249:810–812

Moshammer H, Hutter H-P, Frank A, Gerersdorfer T, Hlava A, Sprinzl G, Leitner B (2007) Einflüsse der Temperatur auf Mortalität und Morbidität in Wien, Endbericht von StartClim2005. A1a. In: StartClim2005: Klimawandel und Gesundheit. Medizinische Universität, Wien

Muggeo VM, Hajat S (2009) Modelling the non-linear multiple-lag effects of ambient temperature on mortality in Santiago and Palermo: a constrained segmented distributed lag approach. Occup Environ Med 66(9):584–591

MUNLV NW (Ministerium für Umwelt und Naturschutz, Landwirtschaft und Verbraucherschutz des Landes Nordrhein-Westfalen) (2010) Handbuch Stadtklima. Maßnahmen und Handlungskonzepte für Städte und Ballungsräume zur Anpassung an den Klimawandel (Webseiten des MUNLV NW)

Næss Ø, Nafstad P, Aamodt G, Claussen B, Rosland P (2007) Relation between concentration of air pollution and cause-specific mortality: four-year exposures to nitrogen dioxide and particulate pollutants in 470 neighborhoods in Oslo, Norway. Am J Epidemiol 165(4):435–443

Nafstad P, Skrondal A, Bjertness E (2001) Mortality and temperature in Oslo, Norway, 1990–1995. Eur J Epidemiol 17(7):621–627

NASA (2013) FTP-Server der NASA

Norval M, Lucas RM, Cullen AP, de Gruijl FR, Longstreth J, Takizawa Y, van der Leun JC (2011) The human health effects of ozone depletion and interactions with climate change. Photochem Photobiol Sci 10(2):199–255

Nyiri A, Gauss M, Tsyro S, Wind P, Haugen JE (2010) Future air quality, including climate change. In: Norwegian Meteorological Institute (Hrsg) Norwegian Meteorological Institute. Transboundary Acidification, Eutrophication and Ground Level Ozone in Europe in 2008. EMEP Repport 1/2010. Meteorologisk Institutt, Oslo

Oeder S, Kanashova S, Sippula O, Sapcariu SC, Streibel T, Arteaga-Salas JM, Passig J, Dilger M, Paur H-R, Schlager C, Mülhopt S, Diabaté S, Weiss C, Stengel B, Rabe R, Harndorf H, Torvela T, Jokiniemi JK, Hirvonen M-R, Schmidt-Weber C, Traidl-Hoffmann C, BéruBé KA, Wlodarczyk AJ, Prytherch Z, Michalke B, Krebs T, Prévôt ASH, Kelbg M, Tiggesbäumker J, Karg E, Jakobi G, Scholtes S, Schnelle-Kreis J, Lintelmann J, Matuschek G, Sklorz M, Klingbeil S, Orasche J, Richthammer P, Müller L, Elsasser M, Reda A, Gröger T, Weggler B, Schwemer T, Czech H, Rüger CP, Abbaszade G, Radischat C, Hiller K, Buters JTM, Dittmar G, Zimmermann R (2015) Particulate matter from both heavy fuel oil and diesel fuel shipping emissions show strong biological effects on human lung cells at realistic and comparable in vitro exposure conditions. PLOS ONE 10(6):e0126536

Orru H, Andersson C, Ebi KL, Langner J, Aström C, Forsberg B (2013) Impact of climate change on ozone-related mortality and morbidity in Europe. Eur Respir J 41(2):285–294

Pachauri RK, Meyer LA, The Core Writing Team (2014) Climate change 2014: synthesis report. Contribution of working groups I, II and III to the fifth assessment report of the intergovernmental panel on climate change (Webseiten des IPCC)

Pandolf KB (1998) Time course of heat acclimatisation and its decay. Int J Sports Med 19(Suppl2):157–160

Peus F (1935) Fam. Culicidae. In: Dipterenfauna von Schleswig-Holstein und den benachbarten westlichen Nordseegebieten. Part IV, Diptera, Nematocera. Verh Ver naturw Heimatfor Hamburg 24., S 115–119

Pompe S, Hanspach J, Badeck F, Klotz S, Thuiller W, Kuhn I (2008) Climate and land use change impacts on plant distributions in Germany. Biol Lett 4:564–567

Poppendieck HH (2007) Die Gattungen *Ambrosia* und *Iva* (Compositae) in Hamburg, mit einem Hinweis zur Problematik der Ambrosia-Bekämpfung. Ber Bot Verein Hambg 23:53–70

Proft J, Maier WA, Kampen H (1999) Identification of six sibling species of the *Anopheles maculipennis* complex (Diptera: Culicidae) by a polymerase chain reaction assay. Parasitol Res 85:837–843

Rasmussen A (2002) The effects of climate change on the birch pollen season in Denmark. Aerobiologia (Bologna) 18(3):253–265

Rathke M (2014) Exotische Mücken in Deutschland längst heimisch. Die WELT, Springer Verlag, Webseiten von Die WELT

Reperant LA, Fuckar NS, Osterhaus AD, Dobson AP, Kuiken T (2010) Spatial and temporal association of outbreaks of H5N1 influenza virus infection in wild birds with the 0 °C isotherm. Plos Pathog 6(4):e10000854

Reusken C, De Vries A, Den Hartog W, Braks M, Scholte E-J (2010) A study of the circulation of West Nile virus in mosquitoes in a potential high-risk area for arbovirus circulation in the Netherlands, "De Oostvaardersplassen". Eur Mosq Bull 28:69–83

Rey G, Fouillet A, Bessemoulin P, Frayssinet P, Dufour A, Jougla E, Hémon D (2009) Heat exposure and socio-economic vulnerability as synergistic factors in heat-wave-related mortality. Eur J Epidemiology 24(9):495–502

Rezza G, Nicoletti L, Angelini R, Romi R, Finarelli AC, Panning M, Cordioli P, Fortuna C, Boros S, Magurano F, Silvi G, Angelini P, Dottori M, Ciufolini MG, Majori GC, Cassone A, CHIKV study group (2007) Infection with chikungunya virus in Italy: an outbreak in a temperate region. Lancet 370(9602):1840–1846

Richter R, Berger UE, Dullinger S, Essl F, Leitner M, Smith M, Vogl G (2013) Spread of invasive ragweed: climate change, management and how to reduce allergy costs. J Appl Ecol 50(6):1422–1430

Riecke W, Rosenhagen G (2010) Das Klima in Hamburg. Entwicklung in Hamburg und der Metropolregion. Berichte des Deutschen Wetterdienstes 234. Selbstverlag des Deutschen Wetterdienstes, Offenbach am Main

Rieder HE, Staehelin J, Maeder JA, Peter T, Ribatet M, Davison AC, Stübi R, Weihs R, Holawe F (2010) Extreme events in total ozone over Arosa – Part 1: application of extreme value theory. Atmos Chem Phys 10(20):10021–10031

Ring J (2004) Angewandte Allergologie, 3. Aufl. Urban & Vogel, München

Rocklöv J, Ebi K, Forsberg B (2011) Mortality related to temperature and persistent extreme temperatures: a study of cause-specific and age-stratified mortality. Occup Environ Med 68(7):531–536

Rogers CA, Wayne PM, Macklin EA, Muilenberg ML, Wagner CJ, Epstein PR, Bazzaz Fakhri (2006) Interaction of the onset of spring and elevated atmospheric CO2 on ragweed *(Ambrosia artemisiifolia L.)* pollen production. Environ Health Perspect 114(6):865–869

Rosenhagen G, Schatzmann M (2011) Das Klima der Metropolregion auf Grundlage meteorologischer Messungen und Beobachtungen. In: von Storch H, Claussen M (Hrsg) Klimabericht für die Metropolregion Hamburg. Springer, Heidelberg

Salman MD (2013) Salmon surveillance tools and strategies for animal disease in a shifting climate context. Anim Health Res Rev 14(2):147–150

Sandmann H (2015) Das solare UV-Messnetz des BfS/UBA. Strahlenschutz PRAXIS 4/2015:38–40

Sandmann H, Stick C (2014) Spectral and spatial UV sky radiance measurements at a seaside resort under clear sky and slightly overcast conditions. Photochem Photobiol 90(1):225–232

Schanze J, Daschkeit A (2013) Risiken und Chancen des Klimawandels. In: Birkmann J, Vollmer M, Schanze J (Hrsg) Raumentwicklung im Klimawandel. Herausforderungen für die räumliche Planung. Forschungsberichte der ARL 2. Verlag der ARL, Hannover, S 69–89

Schär C, Vidale PL, Lüthl D, Frei C, Häberli C, Liniger MA, Appenzeller C (2004) The role of increasing temperature variability in European summer heatwaves. Nature 427(6972):332–336

Scherber K, Langner M, Endlicher W (2013a) Spatial analysis of hospital admissions for respiratory diseases during summer months in Berlin. Erde 144(3–4):217–237

Scherber K, Endlicher W, Langner M (2013b) Klimawandel und Gesundheit in Berlin-Brandenburg. In: Jahn HJ, Krämer A, Wörmann T (Hrsg) Klimawandel und Gesundheit – Internationale, nationale und regionale Herausforderungen und Antworten. Springer, Berlin, Heidelberg, S 25–38

Schicht S, Junge S, Schnieder T, Strube C (2011) Prevalence of *Anaplasma phagocytophilum* and coinfection with *Borrelia burgdorferi* sensu lato in the hard tick *Ixodes ricinus* in the city of Hanover (Germany). Vector Borne Zoonotic Dis 11(12):1595–1597

Schicht S, Schnieder T, Strube C (2012) *Rickettsia* spp. and coinfections with other pathogenic microorganisms in hard ticks from northern Germany. J Med Entomol 49(3):766–771

van Seventer HA (1970) The disappearance of malaria in the Netherlands. Tijdschr Ziekenverpl 23:78–79

Sherwood SC, Huber M (2010) An adaptability limit to climate change due to heat stress. Proc Natl Acad Sci USA 107(21):9552–9555

Shoam A, Hadziahmetovic M, Dunaief JL, Mydlarski MB, Schipper HM (2008) Oxidative stress in disease of the human cornea. Free Radic Biol Med 45(18):1047–1055

Siebert S, Ewert F (2012) Spatio-temporal patterns of phenological development in Germany in relation to temperature and day length. Agric For Meteorol 152:44–57

Simoni M, Baldacci S, Maio S, Cerrai S, Sarno G, Viegi G (2015) Adverse effects of outdoor pollution in the elderly. J Thorac Dis 7(1):34–45

Singer BD, Ziska LH, Frenz DA, Gebhard DE, Straka JG (2005) Increasing Amb a 1 content in common ragweed *(Ambrosia artemisiifolia)* pollen as a function of rising atmospheric CO2 concentration. Funct Plant Biol 32:667–670

Smith KR, Woodward A, Campbell-Lendrum D, Chadee DD, Honda Y, Liu Q, Olwoch JM, Revich B, Sauerborn R (2014) Human health: impacts, adaptation, and co-benefits. In: Field CB, Barros VR, Dokken DJ, Mach KJ, Mastrandrea MD, Bilir TE, Chatterjee M, Ebi KL, Estrada YO, Genova RC, Girma B, Kissel ES, Levy AN, MacCracken S, Mastrandea PR, White LL (Hrsg) Climate change 2014: impacts, adaptation, and vulnerability. Part A: global and sectoral aspects. Contribution of working group II to the fifth assessment report of the intergovernmental panel on climate change. Cambridge University Press, New York

Solomon GM, Hjelmroos-Koski M, Rotkin-Ellman M, Hammond SK (2006) Airborne mold and endotoxin concentrations in New Orleans, Louisiana, after flooding, October through November 2005. Environ Health Perspect 114(9):1381–1386

Stadt Karlsruhe, Umwelt- und Arbeitsschutz (2013) Anpassung an den Klimawandel. Bestandsaufnahme und Strategie für die Stadt Karlsruhe (Webseiten der Stadt Karlsruhe)

Stadt Nürnberg, Umweltamt (2012) Handbuch Klimaanpassung. Bausteine für die Nürnberger Anpassungsstrategien (Webseiten der Stadt Nürnberg)

Stanek G (2009) Pandora's Box: pathogens in *Ixodes ricinus* ticks in Central Europe. Wien Klin Wochenschr 121(21–22):673–683

Stick C, Krüger K, Schade N, Sandmann H, Macke A (2006) Episode of unusual high solar ultraviolet radiation over central Europe due to dynamical reduced total ozone in May 2005. Atmos Chem Phys 6(7):1771–1776

Struppe T (1989) Biologie und Ökologie von *Culex torrentium* Martini unter besonderer Berücksichtigung seiner Beziehungen im menschlichen Siedlungsbereich. Z F Angew Zool 76(3):257–286

Suk JE, Ebi KL, Vose D, Wint W, Alexander N, Mintiens K, Semenza JC (2014) Indicators for tracking European vulnerabilities to the risk of infectious disease transmission due to climate change. Int J Environ Res Public Health 11(2):2218–2235

Takken W, Geene R, Koenraadt S (2002) Malaria mosquitoes in South- Holland, The Netherlands—a future public health risk? Proc Exper Appl Entomol NEV Amsterdam 13:143–146

Tappe J, Strube C (2013) *Anaplasma phagocytophilum* and *Rickettsia* spp. infections in hard ticks *(Ixodes ricinus)* in the city of Hanover (Germany): revisited. Ticks Tick Borne Dis 4(5):432–438

Tappe J, Jordan D, Janecek E, Fingerle V, Strube C (2014) Revisited: *Borrelia burgdorferi* sensu lato infections in hard ticks *(Ixodes ricinus)* in the city of Hanover (Germany). Parasit Vectors 7:441

Villeneuve PJ, Chen L, Rowe BH, Coates F (2007) Outdoor air pollution and emergency department visits for asthma among children and adults: a case-crossover study in northern Alberta, Canada. Environ Health 6:40

Völter-Mahlknecht S, Rose D, Drexler H, Letzel S, Wehrmann W (2004) Klinik und Pathogenese UV-induzierter Hauttumoren. Arbeitsmed Sozialmed Umweltmed 39:344–349

Wan S, Yuan T, Bowdish S, Wallace L, Russell SD, Luo Y (2002) Response of an allergenic species, *Ambrosia psilostachya (Asteraceae)*, to experimental warming and clipping: implications for public health. Am J Bot 89(11):1843–1846

Wayne P, Foster S, Connolly J, Bazzaz F, Epstein P (2002) Production of allergenic pollen by ragweed *(Ambrosia artemisiifolia L.)* is increased in CO_2-enriched atmospheres. Ann Allergy Asthma Immunol 88(3):279–282

Weitzel T, Collado A, Jöst A, Pietsch K, Storch V, Becker N (2009) Genetic differentiation of populations within the *Culexpipiens* complex and phylogeny of related species. J Am Mosq Control Assoc 25(1):6–17

Welge A (2013) Empfehlungen und Maßnahmen zu Klimaschutz und Klimaanpassung: Stadtklima im Zeichen des Wandels. Eur Kommunal 4:3–7

Weyer F (1956) Bemerkungen zum Erlöschen der ostfriesischen Malaria und zur Anopheles-Lage in Deutschland. Z Tropenmed Parasitol 7(2):219–228

WHO (2013a) Health Risks of Air Pollution in Europe – HRAPIE project. Recommendations for concentration-response functions for cost-benefit analysis of particulate matter, ozone and nitrogen dioxide. World Health Organization, Geneva

WHO (2013b) Review of Evidence on Health Aspects of Air Pollution – REVIHAAP project: final technical report. World Health Organization, Geneva

Wichert PV (2008) Hitzewellen und thermophysiologische Effekte bei geschwächten bzw. vorgeschädigten Personen. In: Lozán JL, Grassl H, Karbe L, Jendritzky G, Karbe L (Hrsg) Warnsignal Klima – Gesundheitsrisiken. Gefahren für Pflanzen, Tiere und Menschen. Klima Warnsignale Uni Hamburg, Hamburg, S 154–158

Wichert PV (2014) Hitzewellen und thermophysiologische Effekte bei geschwächten bzw. vorgeschädigten Personen. In: Lozán JL, Graßl H, Karbe

L, Jendritzky G (Hrsg) Warnsignal Klima: Gefahren für Pflanzen, Tiere und Menschen, 2. Aufl. Klima Warnsignale Uni Hamburg, Hambur

Xun WW, Khan AE, Michael E, Vineis P (2010) Climate Change epidemiology: methodological challenges. Int J Public Health 55(2):85–96

Yusuf S, Hawken S, Ounpuu S, Dans T, Avezum A, Lanas F, McQueen M, Budjai A, Pais P, Varigos J, Lisheng L (2004) Effect of potentially modifiable risk factors associated with myocardial infarction in 52 countries (the INTERHEART study): case-control study. Lancet 364(9438):937–952

Zacharias S, Koppe C (2015) Einfluss des Klimawandels auf die Biotropie des Wetters und die Gesundheit bzw. die Leistungsfähigkeit der Bevölkerung in Deutschland. Umwelt und Gesundheit 06/2015. Umweltbundesamt, Dessau

Zahar AR (1990) Vector bionomics in the epidemiology and control of malaria. Part II. The WHO European region and the WHO eastern Mediterranean region. Unpublished document, VBC/90.1. World Health Organization, Geneva

Zerefos CS, Tourpali K, Eleftheratos K, Kazadzis S, Meleti C, Feister U, Koskela T, Heikkilä A (2011) Evidence of a possible turning point of UV-B increase over Canada, Europe and Japan. Atmos Chem Phys Discuss 11(10):28545–28561

Zielke E (1970) Beobachtungen über die Zusammensetzung der Stechmückenfauna von Hamburg und Umgebung. Entomol Mitt Zool Mus Hambg 4:97–124

Zielke DE, Ibáñez-Justicia A, Kalan K, Merdić E, Kampen H, Werner D (2015) Recently discovered *Aedes japonicus japonicus* (Diptera: *Culicidae*) populations in The Netherlands and northern Germany resulted from a new introduction event and from a split from an existing population. Parasit Vector 8:40

Ziello C, Sparks TH, Estrella N, Belmonte J, Bergmann KC, Bucher E, Brighetti MA, Damialis A, Detandt M, Gallán C, Gehrig R, Grewling L, Gutíerrez Bustillo AM, Hallsdóttir M, Kockhans-Bieda M-C, De Linares C, Myszkowska D, Páldy A, Sánchez A, Smith M, Thibaudon M, Travaglini A, Uruska A, Valencia-Barrera RM, Vokou D, Wachter R, de Weger LA, Menzel A (2012) Changes to airborne pollen counts across Europe. PLOS ONE 7(4):e34076

Ziska LH, Beggs PJ (2012) Anthropogenic climate change and allergen exposure: the role of plant biology. J Allergy Clin Immunol 129(1):27–32

Ziska LH, Gebhard DE, Frenz DA, Faulkner S, Singer BD, Straka JG (2003) Cities as harbingers of climate change: common ragweed, urbanization, and public health. J Allergy Clin Immunol 111(2):290–295

Zohner CM, Renner S (2014) Common garden comparison of the leaf-out phenology of woody species from different native climates, combined with herbarium records, forecasts long-term change. Ecol Lett 17(8):1016–1025

Infrastrukturen (Energie- und Wasserversorgung)

Markus Groth, Julia Rose

Verantwortliche, vom Lenkungsausschuss berufene Leitautoren: Markus Groth, Julia Rose

H. Storch, I. Meinke, M. Claußen (Hrsg.),
Hamburger Klimabericht – Wissen über Klima, Klimawandel und Auswirkungen in Hamburg und Norddeutschland,
https://doi.org/10.1007/978-3-662-55379-4_9

9.1 Einleitung

Mit der Energie- und Wasserversorgung werden in diesem Kapitel zwei Sektoren betrachtet, denen jeweils eine große gesamtgesellschaftliche Bedeutung zukommt. Sie werden daher auch als Kritische Infrastrukturen (Bundesministerium des Innern 2009) bezeichnet, denn ihr Ausfall oder ihre Beeinträchtigung kann zu nachhaltig wirkenden Versorgungsengpässen, erheblichen Störungen der öffentlichen Sicherheit oder anderen Problemen führen (Deutscher Bundestag 2011). Die grundsätzliche Relevanz von Auswirkungen klimatischer Veränderungen auf Kritische Infrastrukturen wie beispielweise die Energieversorgung ist zunehmend Teil der wissenschaftlichen Diskussion und auch für Deutschland erkennbar (z. B. Rubbelke und Vogele 2011; Schaeffer et al. 2012; Vine 2012; van Vliet et al. 2012; Groth und Cortekar 2015). Bei der Analyse möglicher Verletzlichkeiten dieser Kritischen Infrastrukturen sind grundsätzlich alle Gefahren relevant, die zu einer Unterbrechung der Versorgung führen können. Aspekte des Klimawandels und damit verbundene Folgen werden vor allem unter dem Oberbegriff der Naturgefahren diskutiert (Birkmann et al. 2010).

Auch wenn mit entsprechenden Einschränkungen oder Ausfällen Kritischer Infrastrukturen ganz unterschiedliche Auswirkungen wie eine Beeinträchtigung der Lebensqualität, Gesundheitsgefahren oder auch Gefahren sozialer Unruhen verbunden sein können (Bundesministerium des Innern 2009), zeigen doch vor allem ökonomische Abschätzungen die entsprechende Bedeutung ganz unmittelbar auf. So werden monetäre Schäden, die durch Versorgungsunterbrechungen der Energieversorgung auftreten können, bereits in einigen Studien eindrucksvoll aufgezeigt. Eine deutschlandweite einstündige Versorgungsunterbrechung an einem Werktag im Winter könnte beispielsweise volkswirtschaftliche Kosten zwischen 0,6 und 1,3 Mrd. € verursachen. Ein ganztägiger Ausfall würde zu volkswirtschaftlichen Kosten von bis zu 30 Mrd. € führen (Bothe und Riechmann 2008). Es sind also nicht nur Versorgungsunterbrechungen von langer Dauer, die hohe Schäden bewirken. Bereits kurze Versorgungsunterbrechungen von wenigen Sekunden bis Minuten können beträchtliche Schäden verursachen. Diese treten insbesondere dort ein, wo hoch synchronisierte Produktionsketten (z. B. in der Papierindustrie) betroffen sind. Die durchschnittlichen direkten Kosten für einen einstündigen Stromausfall könnten sich differenziert nach Landkreisen, Städten, Tageszeiten, verschiedenen Wirtschaftszweigen und privaten Haushalten beispielsweise für Berlin auf rund 15 Mio. € und für Hamburg auf 12,5 Mio. € belaufen (Piaszeck et al. 2013). Eine nach Regionen und Sektoren differenzierende Studie kommt zu dem Ergebnis, dass eine stromausfallbedingt fehlende Gigawattstunde zu durchschnittlichen Ausfallkosten von etwa 7,6 Mio. € führt. Die durchschnittlichen Kosten eines einstündigen deutschlandweiten Stromausfalls belaufen sich demnach auf rund 430 Mio. € (Growitsch et al. 2015).

Bei derartigen ökonomischen Bewertungen ist die Ursache einer Versorgungsunterbrechung zunächst nicht relevant. Auch stehen ökonomische Abschätzungen ausschließlich klimawandelbedingter Auswirkungen auf die Energie- und Wasserversorgung für Deutschland bisher noch nicht im Fokus wissenschaftlicher Untersuchungen. Dennoch sind entsprechende Rückschlüsse auch auf mögliche Versorgungsunterbrechungen zu ziehen, die durch veränderte Klimabedingungen (mit) verursacht werden.

Das Kapitel ist wie folgt aufgebaut: Der zunächst betrachtete Infrastrukturbereich ist die Energieversorgung. Dabei wird exemplarisch auf die Stromversorgung fokussiert. Die Wärme- und die Gasversorgung werden nicht explizit analysiert, da sie weniger kritisch für das Funktionieren einer Gesellschaft sind als die Stromversorgung und gleichzeitig als weniger anfällig für Folgen des Klimawandels einzuschätzen sind. Da bzgl. der Stromversorgung noch keine Untersuchungen vorliegen, die sich speziell mit der Energieversorgung in Hamburg und der Metropolregion befassen, wird das folgende Vorgehen gewählt: Zunächst wird basierend auf bereits vorliegenden Untersuchungen (Cortekar und Groth 2013, 2015; Groth und Cortekar 2015) ein Überblick über den aktuellen Wissensstand zu physikalischen Betroffenheiten des deutschen Energiesektors entlang zentraler Stufen der Wertschöpfungskette (Gewinnung und Verfügbarkeit, Erzeugung und Umwandlung sowie Verteilung und Netze) sowie für die unterschiedlichen Energieträger (fossile und erneuerbare) gegeben. Danach wird der Fokus auf die Auswirkungen des Klimawandels auf die Energieversorgung in Hamburg gelegt. Im Zuge dessen wird der Stand des Wissens zur klimawandelbedingten Betroffenheit des Energiesektors auf die Struktur der Energieversorgung in Hamburg übertragen. Die zentralen Ergebnisse für diesen ersten Bereich der Versorgungsinfrastrukturen werden in einem Zwischenfazit zusammengefasst, wobei zudem bestehende Wissenslücken und weitere Wissensbedarfe skizziert werden.

Im zweiten Teil des Kapitels wird insbesondere die Wasserversorgung in Hamburg und ergänzend auch die Abwasserentsorgung betrachtet, da diese Bereiche oft eng zusammenhängen und in vielen Studien parallel untersucht werden. Somit umfasst ► Abschn. 9.3 die zwei großen Bereiche der Siedlungswasserwirtschaft. Der Aufbau ist ähnlich dem der Energieversorgung. Zunächst wird allgemein auf die Auswirkungen des Klimawandels auf die Wasserversorgung eingegangen. Der Klimawandel kann dabei sowohl Auswirkungen auf den Wasserkreislauf und damit das Angebot von Wasser haben als auch auf die Infrastrukturanlagen und den Verbrauch von Haushalten, Industrie und Gewerbe. In diesem Teil werden vorhandene Studien und Arbeiten aus anderen Regionen Deutschlands sowie teilweise aus dem Ausland herangezogen. Anschließend wird auf die Struktur der Wasserversorgung in Hamburg eingegangen, mit Informationen zur Wassergewinnung und -verteilung sowie zur Abwasserentsorgung. Danach werden die wenigen verfügbaren Untersuchungen für Hamburg und umliegende Regionen vorgestellt, die es zu den Auswirkungen des Klimawandels auf die Wasserversorgung gibt. In einem Zwischenfazit werden die bestehenden Erkenntnisse zusammengeführt.

9.2 Energieversorgung

9.2.1 Stand des Wissens zu klimawandelbedingten Betroffenheiten der Energieversorgung und -infrastruktur in Deutschland

9.2.1.1 Auswirkungen des Klimawandels auf die Energiegewinnung und -verfügbarkeit

Konventionelle Energieträger

Bei der Gewinnung von Öl und Gas muss zunächst grundsätzlich zwischen der On- und Offshore-Förderung unterschieden werden (Groth und Cortekar 2015). Während für die Onshore-Förderung derzeit keine nennenswerten Beeinträchtigungen durch den Klimawandel identifiziert werden können, ist hinsichtlich der Offshore-Förderung der Meeresspiegelanstieg ein mögliches Risiko. Diese Gefährdung bezieht sich vor allem auf die Förderanlagen (Lauwe 2009; Scheele und Oberdörffer 2011; Bardt et al. 2013). Zudem kann es bei der Offshore-Förderung von Öl und Gas zu Herausforderungen durch eine mögliche Zunahme von Extremwetterereignissen kommen (Kuckshinrichs et al. 2008; Hirschl und Dunkelberg 2009).

Der Abbau von Braunkohle (ausschließlich) und Uran (überwiegend) erfolgt in Tagebauen. Um einer potenziellen Beeinträchtigung der Anwohner von Braunkohletagebauen durch Staubentwicklung nach längerer Trockenheit entgegenzuwirken, muss die Braunkohle befeuchtet werden, wobei hierfür ausreichend Wasser zur Verfügung stehen muss (Bardt et al. 2013). Mögliche Auswirkungen auf die Wasserhaltung bei Braunkohletagebauen sind aufgrund von Extremereignissen wie Hitzeperioden oder lang anhaltenden hydrologischen und meteorologischen Dürren zu erwarten (Kuckshinrichs et al. 2008; Hirschl und Dunkelberg 2009). Eine ausreichende Wasserverfügbarkeit ist eine wichtige Herausforderung, da die Braunkohlekraftwerke zumeist über das abgepumpte und sonst in den Tagebau nachsickernde Grundwasser gekühlt werden (Groth und Cortekar 2015). Auch wenn eine lange Trockenheit zu keiner Beeinträchtigung der Förderung führt, so können Starkregenereignisse aufgrund von Erosion und Bodendegradierung zu Abrutschungen im Tagebau führen.

Der Abbau von Steinkohle erfolgt unter Tage. Hier sind derzeit keine klimawandelbedingten Beeinträchtigungen der Gewinnung in Deutschland zu erwarten. Deutschland ist jedoch auch auf Steinkohleimporte angewiesen, und es sind durchaus negative Auswirkungen auf die Förderung sowie den Transport von Steinkohle in und aus anderen Regionen der Welt zu erwarten (Bardt et al. 2013).

Neben der als eher gering eingeschätzten Betroffenheit bei der Gewinnung der Rohstoffe werden klimawandelbedingte Beeinträchtigungen des Transports der Energieträger zu den Kraftwerken am ehesten dort erwartet, wo die zugrunde liegende Infrastruktur sensibel auf klimatische Veränderungen reagiert (Cortekar und Groth 2013). Dies kann beispielsweise die Schieneninfrastruktur sein, wobei in der Literatur in erster Linie die besondere Relevanz des Transports mit Schiffen hervorgehoben wird; so kann die Schiffbarkeit auf Binnenwasserstraßen durch zu hohe oder zu niedrige Pegelstände beeinträchtigt werden (Bundesministerium für Verkehr, Bau und Stadtentwicklung 2007; Bundesregierung 2008; Hirschl und Dunkelberg 2009; Lauwe 2009; Scheele und Oberdörffer 2011; Bardt et al. 2013). Dieser Effekt ist in erster Linie bei der Versorgung von Steinkohlekraftwerken zu sehen (Kuckshinrichs et al. 2008). Ein weiteres grundsätzliches Gefährdungspotenzial für die Rohstoffversorgung besteht insbesondere in einer möglichen Betroffenheit von Pipelines durch Extremwetterereignisse (Hirschl und Dunkelberg 2009).

Regenerative Energieträger

Für die Nutzung von Biomasse zur Energieerzeugung zeichnen sich zwei durch klimatische Einflüsse bedingte Betroffenheiten ab:

Einerseits könnten sich aufgrund trockener werdender Sommer die Anbauperioden und damit potenziell auch die Verfügbarkeit von Energiepflanzen verschieben (Kuckshinrichs et al. 2008; Scheele und Oberdörffer 2011). Hinzu kommt, dass die Energie gegenwärtig noch zu einem überwiegenden Anteil aus den Pflanzen selbst und nicht aus deren Abfallstoffen gewonnen wird. Hier könnte sich eine zunehmende Konkurrenz zur Nahrungsmittelnutzung abzeichnen (Bardt et al. 2013), die in Lieferengpässen resultieren kann.

Andererseits können Extremwetterereignisse das Angebot an Biomasse beeinträchtigen (Bundesregierung 2008; Scheele und Oberdörffer 2011). Im Zuge dessen könnten beispielsweise auch Lebensmittelkrisen durch den klimawandelbedingten Ausfall von Anbauflächen verschärft werden. Diese Effekte müssen sowohl auf einem globalen als auch regionalen Maßstab betrachtet werden und wirken sich tendenziell negativ aus (Cortekar und Groth 2013).

Der Flusspegel beeinträchtigt nicht nur die Schiffbarkeit, sondern auch die Energieerzeugung in Wasserkraftanlagen, sowohl durch zu viel als auch zu wenig verfügbares Wasser. Unterschieden werden muss hier zwischen Laufwasserkraftwerken und Speicherkraftwerken, wobei Laufwasserkraftwerke sensibler auf zu niedrige oder zu hohe Pegelstände reagieren. Dies führt bestenfalls nur zu einer reduzierten Auslastung, schlimmstenfalls müssen die Anlagen ganz abgeschaltet werden (Kuckshinrichs et al. 2008; Finley und Schuchard 2009; Lauwe 2009; Scheele und Oberdörffer 2011; Bardt et al. 2013).

Hinsichtlich der Sonnenenergie muss zwischen Photovoltaikanlagen und solarthermischen Kraftwerken unterschieden werden (Groth und Cortekar 2015). Während Photovoltaikanlagen beispielsweise auch bei bewölktem Himmel Energie erzeugen, liefern solarthermische Kraftwerke nur bei direkter Sonneneinstrahlung Energie. Für Solaranlagen findet sich in der Literatur die Einschätzung, dass insgesamt mit einer zunehmenden Leistung im Sommer zu rechnen ist (Scheele und Oberdörffer 2011; Bardt et al. 2013). Für die Wintermonate zeigen sich unterschiedliche Einschätzungen. So kommen Bardt et al. (2013) zu dem Ergebnis, dass im Winter mit einer Abnahme der Kapazitäten zu rechnen sei, während Scheele und Oberdörffer (2011) zu der Einschätzung gelangen, dass sich die Voraussetzungen für solarthermische Kraftwerke aufgrund einer Abnahme der Schneemenge, der Schneebedeckung und der Schneetage insbesondere in den Wintermonaten grundsätzlich verbessern könnten. Im Rahmen des europäischen Forschungsprojektes IMPACT2C wurden mögliche Auswirkungen eines globalen Temperaturanstiegs um 2 Grad auf den Energiesektor untersucht, wobei die Schlussfolgerung dort lautet, dass die Erträge von Photovoltaikanlagen im Zuge des Klimawandels eher abnehmen werden (IMPACT2C 2016).

9.2.1.2 Auswirkungen des Klimawandels auf die Energieerzeugung und -umwandlung Konventionelle Energieträger

Die Energieerzeugung aus konventionellen Energieträgern ist derzeit – und wird zukünftig – insbesondere durch zwei Faktoren beeinträchtigt: zum einen durch die bereits erwähnte Verfügbarkeit und Temperatur von Wasser zur Kühlung der Kraftwerke (Förster und Lilliestam 2010; Linnerud et al. 2011) und zum anderen durch die insbesondere in den Sommermonaten steigenden Durchschnittstemperaturen (sowohl der Luft als auch des Wassers). Beide Faktoren beeinträchtigen allerdings nicht die Energieerzeugung aus einem bestimmten Energieträger, sondern vielmehr die Erzeugung in einem bestimmten Kraftwerkstyp (Buth et al. 2015).

Von den beiden genannten Einflussgrößen sind Braunkohlekraftwerke am geringsten betroffen. Zwar handelt es sich hierbei – wie bei Steinkohle, Erdöl, Erdgas und auch Kernenergie – um Kraftwerke, die auf die Verfügbarkeit von Kühlwasser angewiesen sind, es zeigen sich jedoch unterschiedliche Einschätzungen bzgl. der Betroffenheit (Cortekar und Groth 2013). Während Hirschl und Dunkelberg (2009) die Leistungsfähigkeit aller thermischen Kraftwerke grundsätzlich durch ein im Sommer geringeres Wasserdargebot (sowohl Grund- als auch Flusswasser) zur Kühlung betroffen sehen, kommen Bardt et al. (2013) zu dem Ergebnis, dass Braunkohlekraftwerke zur Kühlung in erster Linie das aus dem meist nahe gelegenen Tagebau abgepumpte Wasser verwenden und damit weniger von der Kühlwasserproblematik betroffen seien. Sie sehen die Leistungsfähigkeit eher durch hohe Temperaturen beeinträchtigt, die physikalisch gering, aber wirtschaftlich spürbar seien. Die Wirkungsgradverluste aufgrund hoher Außentemperaturen sind bei allen thermischen Kraftwerkstypen gleichermaßen zu erkennen, bei Gaskraftwerken aber besonders deutlich (Engelhard 2011; Wachsmuth et al. 2012; Bardt et al. 2013).

Anders als Braunkohlekraftwerke, die sich meist in der Nähe der Tagebaue befinden, stehen andere thermische Kraftwerke (Steinkohle, Gas, Öl, Kernkraft) häufig an Flüssen. Dies sichert zum einen die gute logistische Versorgung mit den Rohstoffen via Schiff, zum anderen ist die Verfügbarkeit von Kühlwasser aus dem Fluss gegeben (Groth und Cortekar 2015). In Hitzeperioden können die Wasserentnahmemengen aufgrund sinkender Flusspegel allerdings eingeschränkt sein (Finley und Schuchard 2009). Zudem darf das wieder eingeleitete Wasser aus wasserrechtlichen Gründen eine bestimmte Temperatur nicht überschreiten, die im Sommer in der Regel ohnehin schon erhöht ist (Groth und Cortekar 2015). Beides kann dazu führen, dass die betroffenen Kraftwerke gedrosselt werden müssen oder weniger effizient arbeiten (Europäische Kommission 2007; Bundesregierung 2008; Kuckshinrichs et al. 2008; Finley und Schuchard 2009; Hirschl und Dunkelberg 2009; Lauwe 2009; Engelhard 2011; Wachsmuth et al. 2012; Bardt et al. 2013), da ein größerer Teil der erzeugten Energie für das Pumpen eingesetzt werden muss (Eskeland et al. 2008). Aufgrund beider Effekte sind die Kraftwerke an Oberläufen im Vergleich zu den Kraftwerken an Flussunterläufen als weniger stark betroffen anzusehen (Engelhard 2011). Sowohl Bardt et al. (2013) als auch Engelhard (2011) gelangen zu dem Ergebnis, dass die Kühlung künftig von der Verfügbarkeit von Flusswasser unabhängiger werde, da die Kraftwerke zunehmend über Kühltürme verfügten. Hirschl und Dunkelberg (2009) sehen die Effizienz der Kühltürme insbesondere bei hohen Temperaturen allerdings ebenfalls beeinträchtigt.

Die Produktion innerhalb thermischer Kraftwerke wird unter Klimawandelgesichtspunkten zusammenfassend somit vor allem von den hydrologischen Standortgegebenheiten beeinflusst, also vom Abfluss und der Wassertemperatur. Daneben sind die Wahl des Kühlsystems und der vom Kühlsystem abhängige Kühlwasserbedarf von Bedeutung. Einfache Durchlaufkühlsysteme sind gegenüber hohen Wassertemperaturen und einer geringen Wasserverfügbarkeit – beispielsweise bei niedrigen Pegelständen – anfälliger als Kreislaufkühlsysteme (Hoffmann et al. 2012; Koch und Vögele 2013; Koch et al. 2014).

Regenerative Energieträger

Bei der Windkraftnutzung muss zwischen der On- und Offshore-Erzeugung unterschieden werden (Cortekar und Groth 2013). So sind die Onshore-Anlagen wesentlich durch eine mögliche Zunahme von Starkwinden in zweierlei Hinsicht beeinträchtigt: Einerseits steigen die Anforderungen an die Standfestigkeit und die mechanische Belastung der Bauteile, andererseits könnten Zwangsabschaltungen häufiger notwendig werden (Hirschl und Dunkelberg 2009; Lauwe 2009; Scheele und Oberdörffer 2011; Bardt et al. 2013). An Offshore-Anlagen werden zusätzliche Anforderungen hinsichtlich der Standfestigkeit, beispielsweise aufgrund des steigenden Meeresspiegels, steigender Wellenhöhen und einer möglichen Zunahme von Sturmfluten gestellt (Hirschl und Dunkelberg 2009; Scheele und Oberdörffer 2011).

Hinsichtlich möglicher Auswirkungen des Klimawandels auf das Potenzial der Windkraftnutzung sind bis Mitte des Jahrhunderts nur geringe Einflüsse zu erwarten. Für Nord- und Zentraleuropa ist für Onshore-Windkraft mit positiven Effekten zu rechnen – vor allem im Herbst und Winter (Pryor et al. 2005a, 2005b). Hinsichtlich des Potenzials von Offshore-Windanlagen ist in Nordeuropa eine geringfügige Abnahme zu erwarten, wobei hier eine große Streuung der Ergebnisse zu berücksichtigen ist (Barstad et al. 2012). In der Summe ist ein positiver Nettoeffekt der Auswirkungen des Klimawandels zu erwarten, wobei es zu monatlichen Unterschieden kommen kann. Innerhalb Deutschlands sind für Mittel- und Norddeutschland eher positive Effekte zu erwarten, wohingegen in Süddeutschland lediglich geringe positive bzw. mitunter auch negative Effekte möglich sind. Für die Jahresproduktion ergibt sich insgesamt eine Erhöhung um 2–5 % (Koch et al. 2015).

Die Erzeugungsanlagen zur Nutzung der Sonnenenergie werden allgemein als robust bzgl. klimatischer Veränderungen eingeschätzt. Weder Photovoltaikanlagen noch solarthermische Kraftwerke werden in ihrem Betrieb durch höhere Temperaturen beeinträchtigt (Cortekar und Groth 2013). Eine geringe Anfälligkeit zeigt sich lediglich bei Wetterextremen wie Starkwinden, Hagel und Blitzschlag, wodurch die Anforderungen an die Sicherheit der Befestigung z. B. auf Hausdächern steigen können (Bundesregierung 2008; Scheele und Oberdörffer 2011; Bardt et al. 2013). Eskeland et al. (2008) weisen darauf hin, dass die Effizienz von Photovoltaikanlagen bei hohen Temperaturen und insbesondere bei länger anhaltenden Hitzewellen geringfügig reduziert sein kann. Für Photovoltaikanlagen wurden die

Auswirkungen des Klimawandels beispielsweise in der Region Bremen-Oldenburg analysiert. Dabei zeigt sich, dass verglichen mit dem Zeitraum 1981–2010 leicht positive Effekte des Klimawandels für die Perioden 2036–2065 und 2071–2100 zu erkennen sind (Wachsmuth et al. 2013). Jedoch sind diese Abschätzungen mit hohen Unsicherheiten behaftet, da z. B. Extremwetterereignisse oder thermische Effekte wie die Reduktion der Effizienz von Photovoltaikanlagen mit steigender Temperatur nicht berücksichtigt wurden.

Die Kraftwerke zur Erzeugung von Energie aus Biomasse sind hinsichtlich Beeinträchtigungen im operativen Betrieb ähnlich einzuschätzen wie Braunkohlekraftwerke (Groth und Cortekar 2015). Höhere Außentemperaturen – das zeigt der Betrieb vergleichbarer Anlagen an unterschiedlichen Standorten – beeinträchtigen die Wirkungsgrade nur geringfügig. Die Kühlwasserproblematik entsteht nur bei größeren und komplexeren Anlagen, und selbst dort ist der Kühlwasserbedarf deutlich geringer als bei anderen thermischen Kraftwerken. Demgegenüber ist zu erwarten, dass vor allem der Ertrag aus Biomasse von den Folgen des Klimawandels beeinflusst wird, da die Bodenbeschaffenheit kaum geschützt werden kann (Bardt et al. 2013).

Auf die Gewinnung von Energie aus Erdwärme (Geothermie) sind für Deutschland keine spürbaren Auswirkungen durch den Klimawandel zu erwarten – diese Einschätzung bezieht sich einerseits auf den Betrieb der Anlagen, andererseits aber auch auf Ertragsschwankungen (Cortekar und Groth 2013).

9.2.1.3 Auswirkungen des Klimawandels auf die Energieübertragung und -verteilung

Der Wertschöpfungsstufe Energieübertragung und -verteilung ist die größte physikalische Anfälligkeit zu attestieren (Groth und Cortekar 2015). Davon ist zum einen die physikalische Leitungsfähigkeit bei hohen Temperaturen im Sommer und niedrigen Temperaturen im Winter betroffen (Deb 2000; Stephen et al. 2002; Hu et al. 2006; Eskeland et al. 2008; Dunkelberg et al. 2009; Finley und Schuchard 2009; Hirschl und Dunkelberg 2009; Rothstein und Halbig 2010; Bardt et al. 2013), zum anderen kann die Übertragungsinfrastruktur (Masten, Kabel, Transformatoren) selbst durch Wetterextreme beeinträchtigt bzw. beschädigt werden (Groth und Cortekar 2015).

Dabei zeigen sich deutliche Unterschiede hinsichtlich der Betroffenheit in den unterschiedlichen Netzen. Während die Verteilnetze bereits heute zu einem beträchtlichen Teil unterirdisch verlaufen und somit nur eine geringe Klimaexposition gegeben ist (Engelhard 2011), verlaufen die Übertragungsnetze größtenteils überirdisch und sind den Wetter- und Klimaeinflüssen direkt ausgesetzt. Die Auswirkungen auf den oberirdischen Teil der Netze können dabei vielfältig sein. Wenngleich die Masten und Leitungen grundsätzlich auf Wetterextreme ausgelegt sind, so können sie beispielsweise durch hohe Eis- bzw. Schneelasten oder Blitzschläge beschädigt werden (Bundesregierung 2008; Hirschl und Dunkelberg 2009; Scheele und Oberdörffer 2011). Es ist allerdings wahrscheinlich, dass bisher schon beobachtete Zusammenbrüche der Masten nicht monokausal auf die Eis- und Schneelast zurückzuführen sind, sondern auf das Zusammenwirken unterschiedlicher Einflussfaktoren (Bundesnetzagentur 2006; Lauwe 2009; Schmitt 2012).

Ein weiteres Gefährdungspotenzial geht von Hochwasserereignissen aus. So könnten Mastfundamente unterspült werden, was veränderte Anforderungen an die Standfestigkeit mit sich bringen würde, und Umspannungsanlagen von Hochwasser zunehmend durch Überflutung betroffen sein (Europäische Kommission 2007; Bundesregierung 2008; Groth und Cortekar 2015).

Wenngleich die Überlandverkabelung besonders exponiert gegenüber klimatischen Einflüssen ist, so gibt es vereinzelt auch Gefährdungspotenziale für Erdkabel. So könnten durch Hochwasser Kabeltrassen freigespült werden (Dunkelberg et al. 2009; Hirschl und Dunkelberg 2009) oder in langen Hitzeperioden Schäden an Erdkabeln entstehen (Kuckshinrichs et al. 2008; Hirschl und Dunkelberg 2009). Wachsmuth et al. (2012) weisen allerdings darauf hin, dass noch keine Wirkmodelle vorliegen, die ein verändertes Ausfallverhalten im Zusammenhang mit einer Veränderung von Klima- oder Wetterparametern (Bodentemperatur und -feuchte) erklären können.

9.2.2 Struktur der Energieversorgung und -infrastruktur in Hamburg

Der jährliche Gesamtstromverbrauch belief sich im Jahr 2014 in Hamburg auf 12,4 TWh (Energieportal Hamburg 2015). Dabei schwankt die Erzeugungsbilanz in der Regel je nach Tag und Tageszeit.

Ganz überwiegend ist Hamburg jedoch stark von einer Einspeisung von außerhalb der Stadt abhängig. Für das gesamte Jahr 2014 wurde der Gesamtstromverbrauch beispielsweise nur im Umfang von 2,9 TWh durch in Hamburg erzeugten Strom gedeckt, was einem Anteil von rund 23 % entspricht.

Basierend auf den jüngsten Daten des Statistischen Amtes für Hamburg und Schleswig-Holstein (2014) zur Nettostromerzeugung in Hamburg wird deutlich, dass wiederum 81,6 % des in 2013 in Hamburg erzeugten Stroms aus fossilen Energieträgern, 14,8 % aus erneuerbaren Energiequellen, 1,2 % aus nichtbiogenen Abfällen und 2,5 % aus sonstigen Energieträgern (inkl. Pumpspeicheranlagen) stammte.

Im Hinblick auf den Anteil erneuerbarer Energien zeigt sich für Hamburg zum 31.12.2014 die folgende Struktur und Menge der installierten Leistung (Energieportal Hamburg 2015): Insgesamt belief sich die installierte Leistung regenerativer Energien auf 144.083 kW, bereitgestellt von 2910 Anlagen. Davon entfielen auf Solarenergie 34.733 kW (2653 Anlagen), auf Windenergie 59.340 kW (59 Anlagen), auf Wasserkraft 0,110 kW (1 Anlage) sowie auf Biomasse 49.900 kW (197 Anlagen). Deponie-, Klär- und Grubengas wurden in Hamburg nicht genutzt.

Es ist wichtig, neben der Struktur der Energieversorgung in Hamburg auch die infrastrukturellen Gegebenheiten des Stromnetzes zu betrachten. Deutschlandweit sind insgesamt vier Übertragungsnetzbetreiber dafür zuständig, den Strom zu rund 900 Verteilnetzbetreibern zu transportieren. Für die Metropolregion und das Bundesland Hamburg gibt es unterschiedliche Betreiber. So ist für das Bundesland Hamburg die 50 Hz Transmission GmbH zuständig, für die Metropolregion jedoch die Tennet TSO GmbH. Die elektrische Energie kommt mit 380 kV Höchstspannung über Höchstspannungsleitungen nach Hamburg. Von drei

Umspannwerken, die an das Übertragungsnetz der 50 Hz Transmission GmbH angeschlossen sind, wird die elektrische Energie dann von 380 auf 110 kV umgewandelt und in das Hamburger Verteilnetz eingespeist. In insgesamt 53 Umspannwerken wird der Strom von der Hochspannung auf die Mittelspannung heruntertransformiert und gelangt anschließend über rund 7500 Kunden- und Netzstationen in das Stromnetz der Niederspannungsebene (Stromnetz Hamburg GmbH 2015).

Eine spezifische Übersicht zum aktuellen Zustand der Energieinfrastruktur fasst die technischen Daten des Stromverteilnetzes der Hansestadt zusammen (Stromnetz Hamburg GmbH 2014). Da der dort zitierte Netzzustandsbericht 2014 und der Strukturbericht 2014 nur der Bundesnetzagentur zur Verfügung gestellt werden und somit nicht öffentlich verfügbar sind (Polkehn-Appel 2015), ist dies hierzu die einzige verfügbare Quelle. Die nachfolgenden Ausführungen zur Struktur der Energieinfrastruktur in Hamburg beziehen sich daher ausschließlich auf diese Übersicht.

Das Verteilnetz besteht aus Teilnetzen in den Spannungsebenen Hochspannung (110 kV), Mittelspannung (10 kV) und Niederspannung (0,4 kV). Zum Stromverteilnetz in Hamburg gehören über 27.000 km Stromleitungen, wobei 44 % der Leitungen bereits vor 1970 verlegt bzw. errichtet wurden. 95 % der Stromkabel sind unterirdisch verlegt. Die Stromkreislängen betragen für die Hochspannung 362 km als Kabel in der Erde und 613 km als Freileitungen. Die Stromkreislänge der Mittelspannung besteht ausschließlich aus unterirdisch verlegten Kabeln mit einer Gesamtlänge von 5833 km. Im Bereich der Niederspannung werden 19.958 km unterirdisch verlegte Kabel und 731 km Freileitungen genutzt. Die Endverbraucher in Hamburg teilen sich ungefähr in 29 Hochspannungskunden, 2000 Mittelspannungskunden und 1,1 Mio. Niederspannungskunden auf.

Insgesamt sind die Anlagen des Verteilnetzes derzeit in einem anforderungsgerechten Zustand, wobei sich das Alter der Anlagen deutlich unterscheidet. Durch die zunehmende Alterung der Anlagen mit einer betriebsgewöhnlichen Nutzungsdauer zwischen 30 und 40 Jahren ist jedoch bereits jetzt ein Bedarf für Sanierungen oder sogar den Ersatz von Anlagen gegeben, beispielsweise bei Hochspannungs- und Mittelspannungsschaltanlagen in den Umspannwerken.

Mittelfristig wird Sanierungsbedarf u. a. auch bei Mittelspannungskabeln, Transformatoren im Bereich Hochspannung zu Mittelspannung oder auch Hochspannungsschaltanlagen in den Umspannwerken gesehen.

Der Bereich der Hochspannungsfreileitungen und -kabel besteht zu rund zwei Dritteln aus Freileitungen, wobei die Masten ausschließlich aus Stahl gefertigt sind. Bei den Freileitungen sind 97 % und bei den Kabeln 82 % älter als 20 Jahre. Mittelfristiger Sanierungsbedarf wird im Bereich der Kabel gesehen. Im Bereich der Freileitungen und Masten ist erst langfristig Sanierungsbedarf zu erwarten.

Hinsichtlich der Anlagen auf der Umspannebene von Hoch- zu Mittelspannung ist entsprechend der Altersstruktur – 78 % der Transformatoren und 28 % der Umspannwerke wurden vor 1991 in Betrieb genommen – mittelfristig mit einem stark zunehmenden Sanierungsbedarf bei den Transformatoren zu rechnen.

Auch für Freileitungen und Kabel im Bereich der Niederspannung ist mittelfristig mit einem Anstieg des Sanierungsbedarfs zu rechnen, da entsprechend der Altersstruktur in den kommenden Jahren zunehmend viele Niederspannungskabel die betriebsgewöhnliche Nutzungsdauer von 40 Jahren erreichen werden. In Hamburg betrifft dies rund 8000 km der Kabel, die bereits vor 1970 gelegt wurden. Der Bestand an Freileitungen mit meist Holzmasten befindet sich in Kleingartenanlagen und Stadtrandsiedlungen, wobei Freileitungen nicht mehr neu errichtet werden.

9.2.3 Mögliche Auswirkungen des Klimawandels auf die Energieversorgung und -infrastruktur in Hamburg

Bislang liegen noch keine wissenschaftlichen Untersuchungen vor, die sich umfassend mit der Analyse des Klimawandels und seinen Auswirkungen auf die Energieversorgung in Hamburg und der Metropolregion beschäftigt haben. Auch in den von der Stadt Hamburg veröffentlichten Konzepten zum Klimaschutz oder zur Anpassung an die Folgen des Klimawandels werden diese Aspekte, wenn überhaupt, nur kurz adressiert. Im Masterplan Klimaschutz (Bürgerschaft der Freien und Hansestadt Hamburg 2013a) wird im Bereich Energie/Energieversorgung insbesondere auf geplante Aktivitäten zur Einsparung von Energie, Effizienzsteigerungen sowie den Ausbau und die Integration erneuerbarer Energien eingegangen. Detaillierte Notwendigkeiten im Hinblick auf den Ausbau oder die Instandsetzung von Energieinfrastrukturen werden dort ebenso wenig thematisiert wie die Rolle möglicher Klimawandelfolgen. Innerhalb des Aktionsplans Anpassung an den Klimawandel (Bürgerschaft der Freien und Hansestadt Hamburg 2013b) wird einleitend die Zunahme von Extremwetterereignissen als eine besonders relevante Auswirkung des Klimawandels angesprochen und als hier wichtige vorbereitende Maßnahme die Katastrophenschutzplanung für Stromausfälle genannt. Des Weiteren wird nur noch im Rahmen des Handlungsfeldes Infrastrukturen auf die Energieversorgung eingegangen, indem die langfristige Sicherstellung der Energieversorgung als ein Ziel der Anpassung genannt wird – Maßnahmen dazu werden jedoch keine benannt. Im Zuge der Berichterstattung der Stadt Hamburg innerhalb des Cities Program des CDP (ehemals Carbon Disclosure Project; CDP Worldwide 2014a) unter Nutzung des CDP Cities 2014 Information Request (CDP Worldwide 2014b) werden zwar unterschiedliche klimawandelbedingte Risiken und mögliche Auswirkungen auf Hamburg genannt, die Energieversorgung wird jedoch nicht angesprochen (CDP Worldwide 2014c).

Der in Hamburg erzeugte Strom basiert vor allem auf fossilen Energieträgern. Zukünftig ist hier vor dem Hintergrund der Klimaschutzziele im Rahmen der Energiewende ein weiterer Ausbau des Anteils erneuerbarer Energien zu erwarten. Durch diese weitere Dezentralisierung des Versorgungssystems und die damit verbundene stärkere Bedeutung regenerativer Energiequellen verändert sich auch die Anfälligkeit des Systems gegenüber Klimaänderungen, sowohl was das Zusammenspiel einer größeren Zahl kleinerer Kraftwerke angeht als auch die größeren Anforderungen an die Netzinfrastrukturen zum Stromtransport.

Deutlich ist beispielsweise, dass sich auf der einen Seite die Abhängigkeiten von langen Transportketten und den Gewinnungsbedingungen in den Rohstofflieferländern verringern. Auf der anderen Seite sind die regenerativen Energiequellen deutlich abhängiger von den vorherrschenden und variablen Wetterbedingungen: Sonnenscheindauer, Windstärken, Wolkenbildung und Wasserdargebot können die Leistungsfähigkeit dieser Energieformen beeinträchtigen, aber auch steigern.

In den bisherigen Ausführungen zur Struktur der Energieversorgung ist deutlich geworden, dass Hamburg überwiegend von einer Einspeisung von außerhalb abhängig ist. Zudem sind Teile des Verteilnetzes relativ alt, sodass hier auch bereits kurz- bis mittelfristig Sanierungsbedarf zu erwarten ist. Somit sind insbesondere mögliche klimawandelbedingte Auswirkungen auf die Energienetzinfrastruktur relevant. Diese werden nachfolgend betrachtet.

Bislang wurden für Hamburg lediglich als Folge der schnee- und eisbedingten Schäden im Münsterland im Winter 2005 Prüfungen zum Erfordernis von Sanierungsmaßnahmen vorgenommen. Bei dem extremen Wetterereignis am 25. Dezember 2005 war es zu ungewöhnlich starken Schneefällen gekommen. Daraufhin waren beispielweise in den Landkreisen Steinfurt und Borken 50 Strommasten unter der Schneelast zusammengebrochen und in der Folge bis zu 600.000 Menschen von der Stromversorgung abgeschnitten (Bundesnetzagentur 2006; Schmitt 2012). In dieser Extremsituation hatte das Zusammentreffen unterschiedlicher Faktoren die Masten deutlich stärker beansprucht, als es die Errichtungsnorm vorsieht, was zu der umfassenden Schadenssituation geführt hatte (Bundesnetzagentur 2006). Einflussfaktoren waren:

1. starker Wind (bis Orkanstärke), der das Anbacken des Schnees erst ermöglichte und Staudruck auf die Leiterseile ausübte,
2. extreme Schneefallmengen,
3. Temperaturen um 0 °C,
4. sehr nasser Schnee mit hohem spezifischem Gewicht,
5. einsetzender Regen, der die Schnee- und Eiswalzen weiter beschwerte,
6. eine einseitige Belastung der Abspannfelder, die auf Abspannmasten torsionsauslösend wirkten,
7. eine Windrichtung senkrecht zur Trassenführung sowie
8. einzelne Leiterseile, die in sich drehbar waren und das Anwachsen auf allen Seiten ermöglichten.

Für Hamburg ergaben Prüfungen im Hinblick auf Wind- und Eisbelastungsklassen sowie andere Bestimmungen keinen Befund. Die Studie wurde durch die LBD-Beratungsgesellschaft durchgeführt, ist aber nicht öffentlich verfügbar (hier zitiert nach Stromnetz Hamburg GmbH 2014).

Grundsätzlich ist zu berücksichtigen, dass das Verteilnetz in Hamburg nicht nur teilweise relativ alt ist und zukünftig ohnehin in unterschiedlichen Fristen verschiedene Sanierungs- und Instandhaltungsmaßnahmen durchzuführen sind, sondern dass es auch strukturelle Besonderheiten aufweist, die zu klimawandelbedingten Betroffenheiten führen können.

Aufgrund der geographischen Lage Hamburgs mit Zugang zur Nordsee sind große Teile des Stadtgebietes und der Metropolregion sturmflutgefährdet (s. dazu das einführende ▶ Kap. 4 dieses Klimaberichtes), was bei der Planung von Standorten und Trassen berücksichtigt werden sollte. Auch ist die Wahlmöglichkeit hinsichtlich der Leitungstrassen aufgrund einer überdurchschnittlichen Anzahl an Wasserüberquerungen erheblich eingeschränkt (Stromnetz Hamburg GmbH 2014).

In welcher Form ganz konkret klimawandelbedingte Auswirkungen für die Energieversorgung und -infrastruktur in Hamburg zu erwarten sind, ist nach aktuellem Wissensstand nicht zu beantworten. Jedoch ist davon auszugehen, dass die innerhalb dieses Kapitels für Deutschland beschriebenen Auswirkungen des Klimawandels für die Energieübertragung und -verteilung grundsätzlich auch für Hamburg zu erwarten sind. Positiv wirkt sich aus, dass 95 % der Stromkabel im Hamburger Stromnetz unterirdisch verlegt sind. Somit besteht hier bereits ein Schutz vor äußeren Einflüssen wie Extremwetterereignissen oder Blitzeinschlägen.

Der Gefahr eines umfassenden Stromausfalls hat Hamburg entgegenzusetzen, dass durch die Einbindung der Anlagen in sog. Versorgungsringe immer eine Versorgung von zwei Seiten möglich ist. Bisherige Untersuchungen zur Versorgungszuverlässigkeit des Hamburger Stromnetzes für das Jahr 2014 zeigen, dass ein Hamburger Netzkunde im Jahr durchschnittlich 11,7 min von einem Stromausfall betroffen war. Die durchschnittliche Dauer eines Stromausfalls betrug 60,6 min. Im Durchschnitt muss jeder Hamburger Niederspannungskunde alle 5,2 Jahre mit einem Stromausfall rechnen (Stromnetz Hamburg GmbH 2015). Die durchschnittliche Länge der Versorgungsunterbrechungen je Stromverbraucher in Deutschland belief sich demgegenüber im Jahr 2013 beispielsweise auf 15,32 min (Bundesnetzagentur 2014).

Um ein hohes Maß an Versorgungssicherheit aufrechtzuerhalten, bietet es sich an, dass auch in Hamburg die ohnehin anstehenden Sanierungs- und Instandhaltungsmaßnahmen durch die ergänzende Berücksichtigung regionaler Klimainformationen so dimensioniert werden, dass sie auch zum Beseitigen potenzieller Schwachstellen genutzt werden.

9.2.4 Zwischenfazit

Von den möglichen Auswirkungen des Klimawandels wird eine Vielzahl gesellschaftlicher Bereiche betroffen sein, wobei dem Energiesektor eine große Bedeutung zukommt. Basierend auf der Auswertung des aktuellen Wissensstandes zu klimawandelbedingten Betroffenheiten des Energiesektors zeigt sich, dass die meisten Bereiche der Wertschöpfungskette negativ betroffen sein werden. Als wesentliche Einflussfaktoren konnten die Wasserverfügbarkeit, Extremwetterereignisse und steigende Durchschnittstemperaturen identifiziert werden. Zudem ist deutlich geworden, dass die Netzinfrastruktur die verletzlichste Komponente des Energiesystems ist. Auch wenn sich bei einzelnen Aspekten unterschiedliche Einschätzungen gezeigt haben, so kann doch festgehalten werden, dass die Betroffenheit der Energieversorgung insgesamt als grundsätzlich gut handhabbar anzusehen ist.

Darüber hinaus lassen sich die Auswirkungen des Klimawandels jahreszeitlich differenzieren. Extremwetterbedingte Schäden an Kraftwerken und Leitungsnetzen sind vorranging in den Wintermonaten zu erwarten, während im Sommer Versorgungsengpässe infolge einer Zunahme des Kühlenergiebedarfs bei gleichzeitiger Beeinträchtigung der Stromproduktion bei Wasser- und thermischen Kraftwerken auftreten können.

Es ist deutlich geworden, dass die zu erwartenden Auswirkungen des Klimawandels schon jetzt auch in Hamburg und der Metropolregion für anstehende Infrastrukturmaßnahmen relevant sind. Um damit verbundene negative Auswirkungen zu vermeiden oder zumindest abzumildern, besteht beispielsweise die Möglichkeit, die ohnehin notwendige Transformation der Energiesysteme auch zum Beseitigen entsprechender Schwachstellen zu nutzen. Zudem haben Investitionen in Infrastrukturen wie Anlagen zur Energieerzeugung oder Netze in der Regel sehr langfristige Konsequenzen und Nutzungsdauern von 40 Jahren oder mehr. Selbst durchschnittliche Technologieerneuerungszyklen bei kostenintensiven Bauteilen liegen noch bei rund 30 Jahren. Einmal getätigte (Fehl-)Investitionen können also nur in langen Zeiträumen oder zu hohen Kosten korrigiert werden (Groth und Cortekar 2014).

Wie sich in diesem Teilkapitel jedoch auch gezeigt hat, bestehen im Hinblick auf spezifische Aussagen zu Betroffenheiten der Energieversorgung in Hamburg und der Metropolregion noch Wissenslücken und Forschungsbedarf. Dies liegt insbesondere daran, dass dazu bislang regional keine spezifischen wissenschaftlichen Untersuchungen durchgeführt wurden. Auch erfolgt in diesem Kapitel eine Fokussierung auf die Stromversorgung, sodass beispielsweise für die Wärme- und die Gasversorgung keine Aussagen getroffen werden können. Zudem besteht noch ein umfassender Forschungsbedarf zu Kosten-Nutzen-Abschätzungen von Anpassungsmaßnahmen im Energiesektor. Dies gilt auch für die notwendige Berücksichtigung von Klimawandelfolgen im Rahmen der zukünftigen Ausgestaltung regulatorischer Rahmenbedingungen sowie im Hinblick auf die damit verbundenen ökonomischen Anreizsetzungen. Im Mittelpunkt steht hier die Analyse des politischen Rahmens der Energiewende hinsichtlich der Berücksichtigung von Klimawandelfolgen und der Erarbeitung von Handlungsempfehlungen – insbesondere im Hinblick auf die Anpassung von Infrastrukturen der Energieversorgung. Und nicht zuletzt erfordert auch die Berücksichtigung des Einflusses des nationalen und europäischen Energiesystems auf die Energieversorgung regionaler Metropolen weitere wissenschaftliche Analysen. Die entscheidende Auswirkung des Klimawandels auf die Energiewirtschaft besteht derzeit somit insgesamt im regulatorischen Bereich (Groth und Cortekar 2014; Buth et al. 2015). Zudem ist hervorzuheben, dass über die hier vorgenommene isolierte Betrachtung einer einzelnen Versorgungsinfrastruktur hinausgehend weitere Forschungsnotwendigkeiten bestehen. Diesbezüglich ist insbesondere eine erweiterte Systembetrachtung notwendig, die sowohl die Wärme- und Gasversorgung als auch mögliche Wechselwirkungen grundlegend unterschiedlicher Infrastrukturen beinhaltet. Zu nennen ist hier beispielsweise die Relevanz von Kaskadeneffekten Kritischer Infrastrukturen wie der Energie- und Wasserversorgung.

Des Weiteren besteht für Deutschland sowie spezifisch für die Metropolregion Hamburg Forschungsbedarf dahingehend, welche klimawandelbedingten Auswirkungen auf die Stromnachfrage zu erwarten sind und wo dort zukünftig mit kritischen Spitzenlasten zu rechnen ist. Vor dem Hintergrund des im Rahmen der Energiewende notwendigen Strukturwandels der Energieversorgung in Deutschland wurden diese Aspekte hier ausgeklammert. Die grundsätzliche Relevanz auch der Betrachtung von Nachfrageänderungen ist ohne Frage vorhanden und wird auch in der Literatur entsprechend betont (U.S. – Canada Power System Outage Task Force 2004; Jayant et al. 2011).

9.3 Wasserversorgung

9.3.1 Stand des Wissens zu klimawandelbedingten Betroffenheiten der Wasserversorgung und -infrastruktur in Deutschland

9.3.1.1 Auswirkungen des Klimawandels auf Wasserangebot, Wasserversorgungsinfrastruktur und Abwasserentsorgung

Hoch- und Niedrigwasser

In Einzugsgebieten von Flüssen wirken sich vor allem Hoch- und Niedrigwasserereignisse sowie damit einhergehende Veränderungen des Grundwasserspiegels auf die Wassernutzung aus. Sinkt der mittlere Niedrigwasserabfluss unter bestimmte Schwellenwerte, ist mit einer Beeinträchtigung der Wasserversorgung für Wärmekraftwerke, Bergbau, verarbeitendes Gewerbe sowie Landwirtschaft und der öffentlichen Wasserversorgung zu rechnen. Da Niedrigwasser im Zuge langer Dürreperioden auch zu einem Absinken des Grundwasserspiegels führt, kann es zu Problemen bei der Gewinnung von Trinkwasser kommen, die in vielen Regionen Deutschlands aus dem Grundwasserspeicher erfolgt (Scherzer et al. 2010). Dannenberg et al. (2009) erwarten, abgesehen von lokalen und temporären Einzelereignissen, in Deutschland allerdings keine zukünftige Gefährdung der Trinkwassersicherheit.

Neben Trockenperioden werden im Zuge des Klimawandels auch verstärkt Starkniederschläge erwartet, die zu Hochwasserereignissen führen können (Braubach 2011). Eine Untersuchung des Augusthochwassers 2002 in Sachsen und Sachsen-Anhalt hat gezeigt, dass durch ein solches Ereignis erhebliche Schäden an der Wasserversorgungsinfrastruktur entstehen können und die Wasserqualität beeinträchtigt werden kann. In 66 % der Kreise mit hochwasserbetroffener Wasserversorgung war die Versorgung eingeschränkt, und in 50 % dieser Kreise kam es zu Beeinträchtigungen der Wasserqualität (Braubach 2011). Die Beeinträchtigung der Wasserversorgung wurde dabei durch Schäden an Anlagen der Energie-, Mess-, Steuer- und Regelungstechnik, an Brunnen- und Fassungsanlagen, an Wasseraufbereitungsanlagen sowie am Rohrnetz verursacht (Wricke et al. 2003).

Veränderte Niederschlagsmengen

Änderungen der Menge und der Variabilität von Niederschlägen können zum einen Auswirkungen auf die Wasserverfügbarkeit haben. Zum anderen können sich die Anforderungen an das Kanalisationsnetz zur Ableitung von Regenwasser ändern.

Zwei Studien für die USA (Titus 1992) bzw. Kalifornien (Hanemann und Dale 2006) zeigen die ökonomischen Schäden eines Wassermangels für die Wasserversorgung der Bevölkerung durch niedrigere Niederschlagsmengen auf. Für Kalifornien ergibt sich dadurch ein Schaden in Höhe von 3,2 Mrd. US-$ pro Jahr. Für die USA wird zudem ein Preisanstieg durch die Wasserverknappung erwartet. Zusammen mit einem Erlösrückgang in der Landwirtschaft aufgrund von Wasserrationierungen wird für die USA mit klimawandelbedingten Schäden in Höhe von 6–8 Mrd. US-$ pro Jahr gerechnet. Dies sind 10–12 % der Wasserkosten ohne Berücksichtigung des Klimawandels. Entsprechende Berechnungen liegen für Deutschland derzeit nicht vor.

Welche Auswirkungen der Klimawandel auf die Abwasserinfrastruktur haben kann, zeigen zwei Studien für die Emscher-Lippe-Region sowie für Helsingborg in Schweden. Für die Emscher-Lippe-Region zeigen Kersting und Werbeck (2013), dass die Jahresschmutzwassermenge aufgrund wirtschaftlicher und demographischer Entwicklungen bis zum Jahr 2030 um 25–30 % zurückgehen wird. Die durch die Kanalisationssysteme abzuleitende Jahresregenwassermenge unter Berücksichtigung des Klimawandels würde hingegen je nach Szenario um 1,4–10,8 % zunehmen. Flächenentsiegelung und Maßnahmen zur Regenwasserversickerung können dieser Zunahme allerdings entgegenwirken.

Für Helsingborg fanden Semadeni-Davies et al. (2008) auf der Basis eines hydrologischen Modells heraus, dass der Klimawandel zu einer Verschärfung der bestehenden Abwasserprobleme führen kann. Dazu gehört vor allem das Überlaufen der Mischwasserkanäle bei Starkregen, was bereits heute mehrmals im Jahr vorkommt und zu Verunreinigungen im Hafenwasser und in Badegewässern führt. Dabei wurden unterschiedliche Klimaszenarien mittels veränderter Regenwassermengen sowie unterschiedlicher Urbanisierungsszenarien untersucht.

9.3.1.2 Auswirkungen des Klimawandels auf die Wassernachfrage

Die Entwicklung des Wasserbedarfs von Haushalten sowie Industrie und Gewerbe hängt grundsätzlich von vielen Faktoren ab. Hierzu gehören demographische und wirtschaftliche Entwicklungen sowie der Wasserpreis und der Einsatz wassersparender Technologien (Ansmann 2013). Außerdem wird ein Zusammenhang zwischen Temperatur und Wasserbedarf angenommen, sodass auch mit Auswirkungen des Klimawandels auf die Wassernachfrage gerechnet wird.

Für das Untersuchungsgebiet Dresden zeigen Tränckner et al. (2012), dass ein spürbarer Einfluss auf den Wasserverbrauch erst ab einer ortspezifischen Temperaturschwelle von 15 bis 20 °C erfolgt. Dabei steigt der Temperatureinfluss auf den Wasserverbrauch mit den Tagen ohne Niederschlag. Insgesamt zeigt sich aber, dass Wasserverbrauch und Schmutzwasserabfall vorrangig durch die Bevölkerungszahl erklärt werden.

Ähnliche Analysen wurden für die Emscher-Lippe-Region im KLIMZUG-Projekt dynaklim vorgenommen. Es wird erwartet, dass sich hier die durchschnittliche Trinkwassermenge klimawandelbedingt um 2–3 % erhöhen wird. Wirtschaftliche und demographische Entwicklungen (weniger und ältere Einwohner) wirken diesem Anstieg entgegen, wodurch insgesamt mit einem Rückgang der Trink- und Abwassermenge gerechnet wird. Allerdings wird sich die Variabilität der Mengen deutlich erhöhen. Die Bandbreite der klimabedingten Schwankungen der Tagesmengen steigt von −8 bis +18 % auf −7 bis +33 bzw. 29 %, je nach angenommenem Klimaszenario (Kersting und Werbeck 2013). Das führt dazu, dass die Spitzenkapazitäten seitens der Wasserversorgungsunternehmen weiterhin aufrechterhalten werden müssen. Kersting und Werbeck (2013) schlussfolgern sogar, dass die Wasserversorgungskapazität erhöht werden müsse, falls sich der klimawandelbedingte Anstieg der Spitzenlast früher auswirken sollte als der sozioökonomisch bedingte Rückgang des durchschnittlichen Wasserverbrauchs.

Im Rahmen des Projektes „Anpassungsstrategien an Klimatrends und Extremwetter und Maßnahmen für ein nachhaltiges Grundwassermanagement (AnKliG)“ wurde für den Raum Südhessen eine Wasserbedarfsprognose für das Jahr 2100 erstellt. Dabei wurde sowohl die Entwicklung des Wasserbedarfs in Normaljahren untersucht als auch die Entwicklung von Bedarfsspitzen, die in ausgeprägten Trockenjahren auftreten (Mikat et al. 2010; Roth et al. 2011). Im Prognosezeitraum bis 2100 wird für Trockenjahre mit einem Zuschlag von 8 % auf den Wasserbedarf in Normaljahren gerechnet. Dieser Zuschlag wird im Vergleich zu den Auswirkungen anderer Faktoren als relativ gering angesehen. Wesentlich relevanter für die Entwicklung des Wasserversorgung seien vielmehr die allgemeine Bedarfsentwicklung sowie die Entwicklung des nutzbaren Grundwassers und der Grundwasserneubildung (Roth et al. 2011).

Vereinzelt existieren auch Studien für andere Länder. So wird beispielsweise für England ein Anstieg des Pro-Kopf-Wasserverbrauchs um 2–5 % in den kommenden 20–50 Jahren erwartet (Downing et al. 2003).

Neben den Auswirkungen des Klimawandels auf den Wasserbedarf insgesamt werden auch Auswirkungen auf die saisonalen Schwankungen der Wassernachfrage erwartet. Heiße Sommer oder ein Anstieg von Hitzetagen können diese Schwankungen der Wassernachfrage verstärken. Auf der einen Seite wird mit einem Rückgang des Pro-Kopf-Verbrauchs durch die Bevölkerung und der Wasserabgabe an Gewerbe und Industrie gerechnet. Dies wird vor allem aufgrund von Sanierung sowie Anschaffung neuer, wassersparender Endgeräte erwartet (Tränckner et al. 2012). Auf der anderen Seite müssen die Versorgungsbetriebe die Kapazitäten für den Spitzenbedarf bei langen Hitze- und Trockenperioden sicherstellen. Hierzu zählt auch das Vorhalten von Löschwasser. Diverse industrielle Sektoren wie die Nahrungsmittel- und Getränkeproduktion verzeichnen in den Sommermonaten eine erhöhte Nachfrage. Dem entsprechend steigt auch der Wasserbedarf. Da viele Produkte einen großen Anteil an Wasser enthalten, können technologische Maßnahmen zum Wassersparen in der Produktion nur einen Teil des steigenden Bedarfs ausmachen (Koch und Grünewald 2011).

Der Großteil der veröffentlichten Untersuchungen geht davon aus, dass in den meisten deutschen Regionen mit einem Anstieg des Wasserbedarfs während langer Hitzeperioden zu rechnen ist. Einen Anhaltspunkt für mögliche zukünftige Auswirkungen des Klimawandels geben auch Werte aus anderen Ländern. So lag der Wasserverbrauch im August des Hitzesommers 2003 in den Niederlanden um 15 % über dem langjährigen Mittelwert (EEA 2007). Die Folge solcher Schwankungen können Unterauslastungen von Anlagen in Perioden mit relativ geringem Wasserbedarf sein, die zu Ineffizienzen des Betriebs von Einrichtungen führen (Der Beauftragte der Bundesregierung für die Neuen Länder 2011).

9.3.2 Struktur der Wasserversorgung und Wasserversorgungsinfrastruktur in Hamburg

9.3.2.1 Wasserversorgungs- und Abwasserentsorgungsinfrastruktur

Trinkwasserversorgung

Das Hamburger Verbundsystem besteht aus insgesamt 16 Wasserwerken, welche die Hansestadt Hamburg sowie 20 Umlandgemeinden – das sind rund 2 Mio. Einwohner – mit Trinkwasser versorgen (HAMBURG WASSER 2015b). Das Betriebsgelände im Stadtteil Rothenburgsort bildet das Kernstück der Trinkwasserversorgung in Hamburg. Von hier aus werden alle Wasserwerke des Verbunds gesteuert und überwacht. Es besteht aus dem Hauptpumpwerk, von dem mehr als 25 % des Trinkwassers in das Verteilnetz abgegeben werden, sowie dem Wasserwerk Billbrook und einem Wasserlabor. Außerdem befinden sich hier die Verwaltung sowie Konferenz-, Schulungs- und Ausbildungszentren (HAMBURG WASSER 2015c).

Das Grundwasser wird mittels Brunnen gefördert. Die meisten Brunnen im Hamburger Verbund sind Vertikalbrunnen, die in Tiefen von 20 bis 429 m reichen. Unterhalb des Grundwasserspiegels eingebaute Unterwasserpumpen fördern das Wasser zum Wasserwerk. Des Weiteren kommen Flachbrunnen zum Einsatz, die bis maximal 24 m in die Tiefe reichen. Das Wasser wird hier mittels Vakuumpumpen in die Wasserwerke transportiert. In den Wasserwerken wird das Wasser aufbereitet und gefiltert und anschließend in große Reinwasserbehälter geleitet. Von hier aus wird es je nach Bedarf mittels Pumpen durch das Versorgungsnetz zum Verbraucher transportiert. Um die Wasserleitungen vor Bodenfrost zu schützen, sind sie ca. 1,5 m unter der Oberfläche verlegt. Das Anlagevermögen von HAMBURG WASSER, das für die Wasserversorgung eingesetzt wird, beläuft sich auf 521 Mio. € (HAMBURG WASSER 2015a).

Die Trinkwasserbehälter dienen auch als Puffer für die ständig schwankende Wasserentnahme. Sie leeren sich bei hohem Bedarf (tagsüber) und füllen sich bei geringem Bedarf (nachts). Damit auch in Notfällen (z. B. beim Ausfall eines Wasserwerks) die Versorgung sichergestellt ist, lässt sich das Wasser innerhalb des Verbunds umleiten, da jede größere Verbrauchszone von mehreren Wasserwerken beliefert wird. Bei geringem Verbrauch in der Nacht werden einige Werke auch gänzlich abgeschaltet. Damit Wasser bei Bedarf von einer in die andere Zone abgegeben werden kann, sind z. T. Pumpen oder regelbare Armaturen installiert, denn der Wasserdruck ist je nach Höhenlage in den Zonen unterschiedlich. Teilweise werden auch Hochbehälter in Höhenlage (z. B. in Baursberg) eingesetzt, um den Wasserdruck aufrechtzuerhalten. Dieser liegt im Hamburger Gebiet zwischen 2,0 und 7,0 bar.

Die Verfügbarkeit nutzbaren Grundwassers ist in Hamburg also Grundlage für eine sichere Trinkwasserversorgung. Durch die starke Versiegelung durch Gebäude, Straßen und Plätze in der Stadt Hamburg (wie auch in anderen urbanen Räumen) ergeben sich allerdings Probleme bei der Grundwasserneubildung. Der natürliche Kreislauf, bei dem ein Teil des Regenwassers versickert und Grundwasser bildet, wird gestört, da der Niederschlag vermehrt über Oberflächengewässer abfließt. Zudem haben Eindeichung, Begradigung und Vertiefung von Flüssen, die Trockenlegung von Mooren und das Abholzen von Wäldern den Grundwasserspiegel bereits vielerorts sinken lassen.

Abwasserentsorgung

Das Abwassernetz wird in Hamburg Sielnetz genannt. Es bezeichnet das System unterirdischer Rohre und Kanäle, über die das städtische Abwasser zum Klärwerk geleitet wird. Insgesamt besteht dieses System aus 5800 km Leitungen – davon sind ca. ein Viertel Mischsiele (Regen- und Schmutzwasser fließen hier gemeinsam). Der Rest des Abwassers wird über eine Trennkanalisation abgeleitet. Hier werden Schmutz- und Regenwasser unabhängig voneinander geleitet. Das Schmutzwasser wird zum Klärwerk transportiert und dort gereinigt. Das Regenwasser wird in umliegende Gewässer geleitet oder in der Region versickert. Dies fördert die Grundwasserneubildung und hält mehr Wasser in der Region. Insgesamt gibt es vier Klärwerke. Nahezu das gesamte Abwasser aus Hamburg und einigen Randgebieten wird in den Klärwerksanlagen Köhlbrandhöft und Dradenau behandelt. Sielnetze, Klärwerke und Pumpanlagen bildeten im Jahr 2013 zusammen ein Anlagevermögen von 3,193 Mrd. € (HAMBURG WASSER 2015d).

Besonders bei starken Regenfällen muss die örtliche Kanalisation entlastet werden, um sie vor dem Überlaufen in Grundstücke und in die Gewässer zu schützen. Hierfür dienen Transportsiele, Sammler und Mischwasser-Rückhaltebecken als Speicher. Sind die Siele voll, läuft das Wasser in die Rückhaltebecken, wo es zwischengespeichert und bei Wiederaufnahmefähigkeit der Siele zurückgepumpt wird.

Insbesondere die im Zuge der wachsenden Stadt Hamburg fortschreitende Versiegelung verhindert die Versickerung der Niederschläge. Dies führt bei starkem Regen zu einer Überlastung der Abwasserleitungen. Durch die Entlastung der Systeme soll möglichst ein Überlaufen der Mischkanalisation in die Oberflächengewässer verhindert werden, was wiederum eine starke Belastung für Flora und Fauna bedeutet.

Wasserabgabe

Die Wasserabgabe der Hamburger Wasserwerke betrug im Jahr 2011 rund 108,8 Mio. m^3, die sich wie folgt auf die einzelnen Verbrauchsgruppen verteilt (Kluge et al. 2014):

Haushalte	75,8 Mio. m^3	(69,7 %)
Gewerbe, Handel, Dienstleistungen	23,3 Mio. m^3	(21,4 %)
Weiterverteiler	3,5 Mio. m^3	(3,1 %)
Industrie	2,8 Mio. m^3	(2,6 %)
Sonstige	1,6 Mio. m^3	(1,5 %)

Die größte Abnehmergruppe der Hamburger Wasserwerke sind demnach die Haushalte, die knapp 70 % des Wassers erhalten. Rund 21 % der Wasserabgabe entfallen auf Gewerbe,

Handel und Dienstleistungen. Industriebetriebe nehmen lediglich 2,6 % des Wassers ab. Die Wasserentnahme für die Produktionsprozesse erfolgt vorwiegend aus der Natur (Statistisches Bundesamt 2014).

9.3.3 Mögliche Auswirkungen des Klimawandels auf die Wasserversorgung in Hamburg

9.3.3.1 Auswirkungen des Klimawandels auf Wasserangebot, Wasserversorgungsinfrastruktur und Abwasserentsorgung

Es liegen derzeit nur wenige Untersuchungen zu den Auswirkungen des Klimawandels auf das Wasserangebot, die Versorgungsinfrastruktur und die Abwasserentsorgung in Hamburg und der Metropolregion vor. Dennoch ist dieses Thema bereits im Aktionsplan Anpassung der Stadt Hamburg verankert. Hier wird zum einen die Problematik veränderter Niederschlagsmuster und gleichzeitig zunehmender Versiegelung angesprochen. Es wird erwartet, dass die prognostizierte Zunahme von Regenintensität und -frequenz zu zukünftigen Überlastungen der Siele und potenziellen Überflutungen sowie zu einer Zunahme der Gewässerverunreinigung durch vermehrt abfließendes Regenwasser (z. B. von Straßen) führen kann. Eine Kapazitätsanpassung der Siele soll dem entgegenwirken (Bürgerschaft der Freien und Hansestadt Hamburg 2013). In Projekten, die von der Behörde für Umwelt und Energie gefördert werden, wie z. B. RISA (RegenInfraStrukturAnpassung) und KLIQ (Klimafolgenanpassung innerstädtischer hochverdichteter Quartiere in Hamburg), sollen zudem frühzeitig geeignete Lösungsansätze entwickelt werden, damit Überflutungen und zusätzliche Gewässerbelastungen verhindert werden können. Als weiteres Ziel wird die Sicherstellung der Trinkwasserversorgung genannt. Hierfür wird eine Modellierung des zukünftig zur Verfügung stehenden Grundwassers angestrebt, sodass mögliche Knappheiten frühzeitig erkannt werden (Bürgerschaft der Freien und Hansestadt Hamburg 2013).

Eine umfangreiche Untersuchung in diesem Zusammenhang wurde im Rahmen des Forschungsprojektes GLOWA-Elbe (Globaler Wandel des Wasserkreislaufs) für das Elbeeinzugsgebiet vorgenommen. Die Ergebnisse zeigen, dass Wassermengenkonflikte infolge des Klimawandels generell entstehen können, wenn die im Rahmen des existierenden Systems von Speichern bestehenden Möglichkeiten zum Wasserrückhalt und zur gezielten Niedrigwasseraufüllung ausgeschöpft sind. Dabei ist eine zunehmende Umverteilung von Abflüssen ein Frühindikator für die Annäherung an eine solche Grenze (Wechsung et al. 2013).

Von einer klimawandelbedingten Verringerung des Wasserdargebots werden aber vermutlich nur wenige Wirtschaftssektoren und Haushalte betroffen sein. Vielmehr scheint es, dass durch die Auswirkungen eines zukünftig weiter reduzierten Wasserdargebots bereits bestehende Verknappungen verstärkt werden (Grossmann et al. 2013). Es wird allerdings erwartet, dass der geringeren Wasserverfügbarkeit im Zuge des Klimawandels mit Investitionen begegnet wird, durch die der Wasserbedarf weiter verringert und Wasserverschmutzung reduziert wird. Möglich erscheinen diese Investitionen aufgrund der positiven wirtschaftlichen Entwicklung. Für diese Einschätzung wurden von Blazejczak et al. (2011) zwei Szenarien bis zum Jahr 2020 von den globalen IPCC-Szenarien abgeleitet und regionalisiert. Anhand eines regionalökonomischen Modells, das die Prozesse demographischer und ökonomischer Prozesse beschreibt, wird eine zukünftige Verteilung der Bevölkerung sowie von Beschäftigten und Einkommen in den Regionen des Elbeeinzugsgebietes simuliert. Diese bilden die Grundlage für die Modellierung von Landnutzung, Wassernachfrage, Abwasseraufkommen und Wasserangebot von Industrie und Energiesektor. In beiden Szenarien werden Beschäftigtenwachstumsraten von über 10 % für die Hansestadt Hamburg simuliert, und auch in den umliegenden Regionen in der Metropolregion zeichnen sich steigende Bevölkerungszahlen ab. In ländlichen Regionen wird dagegen mit weiteren Bevölkerungs- und Beschäftigungsrückgängen gerechnet (Blazejczak et al. 2011).

Der Klimawandel führt allerdings möglicherweise dazu, dass bestehende Kapazitäten aufrechterhalten werden müssen. So wäre es möglich, dass die Dimensionierung der Wasserver- und -entsorgung trotz verringerten Wasserbedarfs nicht reduziert werden kann, weil klimawandelbedingt erwartete Extremereignisse dies erforderlich machen (Hansjürgens et al. 2013). Diese Einschätzung passt zu dem Vorhaben der Stadt Hamburg, die Kapazitäten der Siele an die erwarteten Niederschlagsänderungen anzupassen (Bürgerschaft der Freien und Hansestadt Hamburg 2013).

Für Industrien, die Elbwasser in Hamburg nutzen und von Niedrigwasser betroffen sind, werden für die Periode 2048–2051 keine Schäden erwartet – zum einen, weil industrielle Nutzer und Kraftwerke meist an Gewässerabschnitten mit einer größeren Durchflussmenge angesiedelt sind und vielfältige Anpassungsmechanismen umsetzen, zum anderen wird für diese Nutzungen in allen Szenarien ein Rückgang des Entnahmebedarfs projiziert, der im Zusammenhang mit Bevölkerungs-, Technologie- und Wirtschaftsentwicklung steht. Ökonomische Schäden werden nur für Nutzer erwartet, die das Elbwasser für die Beregnung landwirtschaftlicher Flächen nutzen, für die einstaubewässerten Feuchtgebiete sowie für die Teichwirtschaft. Die Ergebnisse zeigen, dass es sinnvoll wäre, Anpassungen im Bereich Wasserressourcenmanagement auf bereits heute in Trockenperioden auftretende Probleme in der Wasserbewirtschaftung auszurichten (Grossmann et al. 2013).

9.3.3.2 Auswirkungen des Klimawandels auf die Wassernachfrage

Für das Einzugsgebiet von HAMBURG WASSER erstellten Kluge et al. (2014) eine Wasserbedarfsprognose bis zum Jahr 2045 auf der Basis des Jahres 2011. Für die unterschiedlichen Verbrauchergruppen werden spezifische Faktoren analysiert, die Einfluss auf deren Wassernachfrage haben. So werden für Haushalte sowohl technische als auch siedlungs- und sozialstrukturelle Faktoren berücksichtigt. Für die Verbrauchergruppen Industrie, Gewerbe und Dienstleistungen werden Erwerbstätige sowie die spezifischen Wasserbedarfe einzelner Sektoren als Bezugsgröße gewählt. Entwicklungstrends werden hier anhand von Eckdaten aus gängigen Wirtschaftsprognosen herausgearbeitet.

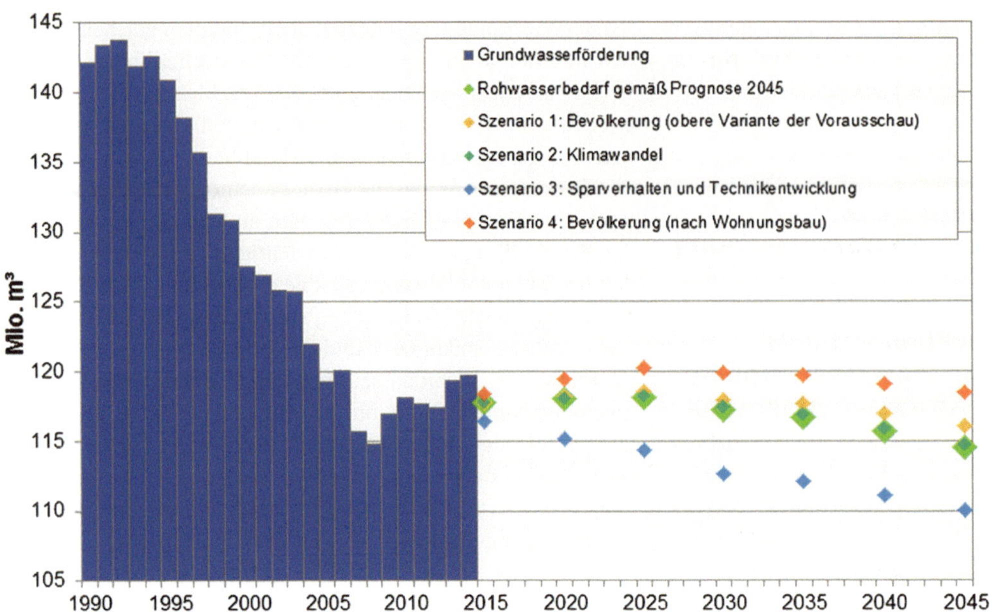

Abb. 9.1 Szenarien zukünftiger Entwicklung des Rohwasserbedarfs in Hamburg bis 2045 in 5-Jahres-Schritten. (Nach Kluge et al. 2014)

Für die Wirkungsabschätzung klimatischer Veränderungen auf den Wasserbedarf werden die täglichen Wasserabgabemengen sowie kalendarische und meteorologische Einflussfaktoren in einem Modell analysiert. Im Szenario „Klimawandel" wird von einer Zunahme längerer Phasen trockener bzw. sowohl heißer als auch trockener Tage ausgegangen. Der Gesamtwasserbedarf erhöht sich dadurch um 0,2 Mio. m^3 im Vergleich zum Referenzszenario. Die Ergebnisse zeigen zudem, dass (a) die Temperaturen erst über 25 °C exponentiell an Einfluss gewinnen, (b) der Wasserbedarf in längeren Phasen geringen Niederschlags deutlich ansteigt und (c) der Wasserbedarf in Trocken- und Hitze-Trocken-Perioden deutlich ansteigt (Kluge et al. 2014). Der Einfluss des Klimawandels auf den Wasserbedarf ist allerdings relativ gering im Vergleich zu anderen Faktoren. Abb. 9.1 verdeutlicht, dass die Bevölkerungsentwicklung, das Wassersparverhalten und die Technikentwicklung bis zum Jahr 2045 wesentlich bedeutender für den Rohwasserbedarf in Hamburg sein werden als die erwarteten klimatischen Veränderungen.

9.3.4 Zwischenfazit

Das Trinkwasser in der Stadt Hamburg wird ausschließlich aus Grundwasser gewonnen. Durch die starke Versiegelung in der Stadt wurde der natürliche Kreislauf, bei dem ein Teil des Regenwassers versickert und Grundwasser bildet, bereits gestört, da der Niederschlag vermehrt über Oberflächengewässer abfließt. Versiegelung und andere Faktoren, wie Eindeichung von Flüssen oder die Trockenlegung von Mooren, haben bereits heute vielerorts den Grundwasserspiegel sinken lassen. Trotz dieser Entwicklungen und des erwarteten Klimawandels sind für die Region Hamburg nach derzeitigem Kenntnisstand zukünftig keine Engpässe bei der öffentlichen Wasserversorgung und eventuell damit einhergehende Preiserhöhungen, wie sie beispielsweise in den USA erwartet werden, zu befürchten. Betroffen wären von einer solchen Verknappung vor allem die Haushalte, die rund 70 % des Trinkwassers abnehmen. Klimawandelbedingte Schäden erscheinen dagegen eher bei Nutzern der natürlichen Wasservorräte möglich, und hier vorwiegend in der Landwirtschaft, die Elbwasser für die Beregnung nutzt und Einschränkungen durch Niedrigwasser erfahren könnte.

Änderungen durch den Klimawandel können sich zudem auf der Wassernachfrageseite ergeben. Die Wasserbedarfsprognose für Hamburg zeigt, dass durch den Klimawandel mit einer leichten Erhöhung der Wassernachfrage in Hamburg gerechnet werden muss. Dieses Ergebnis stimmt mit dem Großteil der Untersuchungen für andere deutsche Regionen überein. Ausschlaggebend hierfür sind die unter dem Klimawandel erwarteten heißeren und trockeneren Sommer sowie ein Anstieg von Hitzetagen. Für Hamburg erhöht sich der Gesamtwasserbedarf dadurch um 0,2 Mio. m^3 bis 2045 im Vergleich zum Referenzszenario ohne Klimawandel.

Es wird zudem erwartet, dass klimatische Änderungen stärkere Schwankungen in der Wassernachfrage verursachen. Die Folge solcher Schwankungen können Unterauslastungen von Anlagen in Perioden mit relativ geringem Wasserbedarf sein, die zu Ineffizienzen führen. Auf der anderen Seite wird in der Literatur darauf hingewiesen, dass Kapazitäten für die Bedienung des Spitzenbedarfs aufrechterhalten werden sollten, wozu beispielsweise auch das Vorhalten von Löschwasser zählt. Die Trinkwasserbehälter dienen bereits heute als Puffer für die ständig schwankende Wasserentnahme. Sie leeren sich bei hohem Bedarf (tagsüber) und füllen sich bei geringem Bedarf (nachts).

Verschiedene Studien zeigen für Regionen in Deutschland und auch für Hamburg allerdings, dass zukünftig andere Faktoren wie die allgemeine Bevölkerungsentwicklung und technologische Veränderungen einen wesentlich größeren Einfluss auf die Wassernachfrage haben werden als der Klimawandel.

Herausforderungen durch den Klimawandel können bei der Ableitung von Regenwasser insbesondere bei Starkregenereignissen auftreten, die im Zuge des Klimawandels den Projektionen zufolge auch im Hamburger Raum vermehrt auftreten werden. Auch wenn zu den Auswirkungen auf die Wasserinfrastruktur keine direkten wissenschaftlichen Untersuchungen für Hamburg vorliegen, ist die Stadt bereits dabei, die Kapazitäten der Siele anzupassen. Durch eine Überlastung der Siele können Überschwemmungen auftreten. Diese können zu Schäden an Gebäuden, Infrastrukturen und anderen Vermögensgegenständen führen. Darüber hinaus werden insbesondere durch das Überlaufen der Mischsiele – ein Viertel der Siele in Hamburg führen Regen- und Schmutzwasser gemeinsam – Schadstoffe über den Oberflächenablauf transportiert, die zu Verunreinigungen in Gewässern führen können.

Eine Untersuchung des Augusthochwassers 2002 in Sachsen und Sachsen-Anhalt hat gezeigt, dass durch starke Überschwemmungsereignisse erhebliche Schäden an der Wasserversorgungsinfrastruktur entstehen können, durch die auch die Wasserqualität beeinträchtigt werden kann. Die Beeinträchtigung der Wasserversorgung wurde dabei durch Schäden an Anlagen der Energie-, Mess-, Steuer- und Regelungstechnik, an Brunnen- und Fassungsanlagen, an Wasseraufbereitungsanlagen sowie am Rohrnetz verursacht. Da große Teile Hamburgs in sturmflut- oder binnenhochwassergefährdeten Gebieten liegen, wäre ein Ereignis mit ähnlichen Folgen auch für Hamburg denkbar. Vorkehrungen für einen Notfall, bei dem ein Wasserwerk ausfällt, sind seitens des Hamburger Wasserversorgers bereits getroffen worden, indem sich das Wasser innerhalb des Verbunds umleiten lässt, da jede größere Verbrauchszone von mehreren Wasserwerken beliefert wird.

Die bisherigen Untersuchungen für Hamburg geben bereits einen Einblick in die Herausforderungen, die sich der Wasserwirtschaft durch den Klimawandel stellen. Vor allem die Entwicklung der Wassernachfrage, die auch durch den Klimawandel beeinflusst wird, wurde detailliert für Hamburg untersucht. Allerdings zeigt sich, dass noch weiterer Forschungsbedarf besteht. Bisher liegen keine flächendeckenden Analysen für die Auswirkungen des Klimawandels auf das Wasserangebot und die Wasserversorgungsinfrastrukturen vor – weder für Hamburg noch für die Metropolregion Hamburg. Darüber hinaus fehlen monetäre Bewertungen für Schadensereignisse wie Überschwemmungen und damit verbundene Überlastungen der Siele oder Ausfälle der Wasserversorgung. Diese wären für die Bewertung von Anpassungsmaßnahmen beispielsweise anhand von Kosten-Nutzen-Analysen notwendig. Zudem gibt es keine wissenschaftlichen Erkenntnisse zur zukünftigen Ausgestaltung von Infrastrukturanlagen, die auch auf die Herausforderungen des Klimawandels ausgerichtet sind. Es gibt allerdings Forschungsinitiativen, die hier in naher Zukunft Erkenntnisse liefern können, wie beispielsweise Projekte der Forschungsinitiative INIS (Intelligente und multifunktionelle Infrastruktursysteme für eine zukunftsfähige Wasserversorgung und Abwasserentsorgung) des Bundesministeriums für Bildung und Forschung (Deutsches Institut für Urbanistik gGbmH 2015). Auch die Arbeit des Department Urban Water Management der schweizerischen Forschungseinrichtung EAWAG könnte übertragbare Ergebnisse liefern (u. a. Veronesi et al. 2013).

9.4 Fazit

Es zeigt sich zusammenfassend für Hamburg und die Metropolregion, dass es ratsam ist, Produktions- und Versorgungsinfrastrukturen mittel- bis langfristig an die Folgen des Klimawandels anzupassen. Da eine Umsteuerung in diesen Infrastrukturen nur in längerfristigen Zeitmaßstäben zu verwirklichen ist, wird deutlich, wie wichtig es ist, bereits heute Abschätzungen zu den Auswirkungen des Klimawandels vorzunehmen und ggf. entsprechende Anpassungen zu planen.

Basierend auf der Auswertung des aktuellen Wissensstandes zu klimawandelbedingten Betroffenheiten des Energiesektors zeigt sich, dass die meisten Bereiche der Wertschöpfungskette negativ betroffen sein werden. Als wesentliche Einflussfaktoren konnten die Wasserverfügbarkeit, Extremwetterereignisse und steigende Durchschnittstemperaturen identifiziert werden. Auch wenn sich bei einzelnen Aspekten unterschiedliche Einschätzungen gezeigt haben, so kann doch festgehalten werden, dass die Betroffenheit der Energieversorgung insgesamt als grundsätzlich gut handhabbar anzusehen ist. Zudem ist deutlich geworden, dass die Netzinfrastruktur die verletzlichste Komponente des Energiesystems ist. Somit ist zu erwarten, dass im Energiesektor insbesondere Investitionen in die Anpassung der Anlagen sowie der Übertragungs- und Verteilnetze notwendig sind.

Aus den bisherigen Studien geht zudem hervor, dass der Wassersektor in Hamburg vor allem im Bereich der Abwasserentsorgung durch eine Zunahme von Starkregenereignissen und im Bereich der Wassernachfrage durch einen Anstieg von Hitzeperioden betroffen ist. Daraus ergibt sich, dass bei der Anpassung an den Klimawandel besonderes Augenmerk auf die Sielkapazitäten für die Ableitungen von Regenwasser bei Starkregenereignissen gelegt werden sollte. Darüber hinaus zeigt sich mit Blick auf den Klimawandel die Relevanz einer Überprüfung der Wasserversorgungsinfrastruktur auf ihre Hochwassersicherheit in den entsprechend gefährdeten Gebieten sowie auf die steigenden Anforderungen durch stärkere Schwankungen in der Wassernachfrage.

Im Hinblick auf spezifische Aussagen zu Betroffenheiten der Energie- und Wasserversorgung in Hamburg und der Metropolregion bestehen noch Wissenslücken und Forschungsbedarf, da hierzu bislang kaum wissenschaftliche Untersuchungen durchgeführt wurden. Des Weiteren hat sich gezeigt, dass bislang auch noch ein umfassender Forschungsbedarf zu monetären Abschätzungen von klimawandelbedingten Betroffenheiten bei Versorgungsinfrastrukturen besteht. Dies gilt auch für die notwendige Berücksichtigung von Klimawandelfolgen im Rahmen der zukünftigen Ausgestaltung regulatorischer Rahmenbedingungen und damit verbundener ökonomischer Anreizsetzungen.

Literatur

Energieversorgung

Bardt H, Biebeler H, Haas H (2013) Einfluss des Klimawandels auf die deutsche Energieversorgung. Wirtschaftsdienst 93(5):307–315

Barstad I, Sorteberg A, dos-Santos Mesquita M (2012) Present and future offshore wind power potential in northern Europe based on downscaled global climate runs with adjusted SST and sea ice cover. Renew Energ 44:398–405

Birkmann J, Bach C, Guhl S, Witting M, Welle T, Schmude M (2010) State of the Art der Forschung zur Verwundbarkeit kritischer Infrastrukturen am Beispiel Strom/Stromausfall. Freie Universität Berlin, Berlin (Webseiten der Freien Universität Berlin)

Bothe D, Riechmann C (2008) Hohe Versorgungszuverlässigkeit bei Strom wertvoller Standortfaktor für Deutschland. Energiewirtsch Tagesfr 58(10):31–36

Bundesministerium des Innern (2009) Nationale Strategie zum Schutz Kritischer Infrastrukturen (KRITIS-Strategie). BMI, Berlin (Webseiten des Bundesministeriums des Innern)

Bundesministerium für Verkehr, Bau und Stadtentwicklung (2007) Schifffahrt und Wasserstraßen in Deutschland – Zukunft gestalten im Zeichen des Klimawandels: Bestandsaufnahme. BMVI, Bonn (Webseiten des Bundesministeriums für Verkehr, Bau und Stadtentwicklung)

Bundesnetzagentur (2006) Untersuchungsbericht über die Versorgungsstörungen im Netzgebiet des RWE im Münsterland vom 25.11.2005. Forschungsbericht. Bundesnetzagentur, Bonn (Webseiten der Bundesnetzagentur)

Bundesnetzagentur (2014) Monitoringbericht 2014. Bundesnetzagentur, Bonn (Webseiten der Bundesnetzagentur)

Bundesregierung (2008) Deutsche Anpassungsstrategie an den Klimawandel. Bundesregierung, Bonn (Webseiten der Bundesregierung)

Bürgerschaft der Freien und Hansestadt Hamburg (2013a) Aktionsplan Anpassung an den Klimawandel. Mitteilung des Senats an die Bürgerschaft. Drucksache 20/8492. Bürgerschaft der Freien und Hansestadt Hamburg, Hamburg (Webseiten der Bürgerschaft der Freien und Hansestadt Hamburg)

Bürgerschaft der Freien und Hansestadt Hamburg (2013b) Masterplan Klimaschutz – Zielsetzung, Inhalt und Umsetzung. Mitteilung des Senats an die Bürgerschaft. Drucksache 20/8493. Bürgerschaft der Freien und Hansestadt Hamburg, Hamburg (Webseiten der Bürgerschaft der Freien und Hansestadt Hamburg)

Buth M, Kahlenborn W, Savelsberg J, Becker N, Greiving S, Fleischhauer M, Zebisch M, Schneiderbauer S, Schauser I (2015) Vorbereitungspapier zur Fachkonferenz Vulnerabilität Deutschlands gegenüber dem Klimawandel des Netzwerks Vulnerabilität am 1. Juni 2015 in Berlin. Sektorenübergreifende Analyse des Netzwerks Vulnerabilität

CDP Worldwide (2014a) Cities program (Webseiten des CDP)

CDP Worldwide (2014b) CDP Cities 2014 Information Request (Webseiten des CDP)

CDP Worldwide (2014c) CDP Cities 2014 Information Request Hamburg (Webseiten des CDP)

Cortekar J, Groth M (2013) Der deutsche Energiesektor und seine mögliche Betroffenheit durch den Klimawandel – Synthese der bisherigen Aktivitäten und Erkenntnisse. Climate Service Center, Hamburg

Cortekar J, Groth M (2015) Adapting energy infrastructure to climate change – Is there a need for government interventions and legal obligations within the German "Energiewende"? Energy Procedia 73:12–17

Deb AK (2000) Powerline Ampacity system theory, modeling, and applications. CRC Press, Boca Raton

Deutscher Bundestag (2011) Gefährdung und Verletzbarkeit moderner Gesellschaften am Beispiel eines großräumigen und langandauernden Ausfalls der Stromversorgung. Bericht des Ausschusses für Bildung, Forschung und Technikfolgenabschätzung (Webseiten des Deutschen Bundestags)

Dunkelberg E, Hirschl B, Hoffman E (2009) Ergebnis des Stakeholderdialogs zu Chancen und Risiken des Klimawandels – Energiewirtschaft

Energieportal Hamburg (2015) Hamburg in Zahlen (Webseiten des Energieportals Hamburg)

Engelhard P (2011) Erwartungen an die Anpassungspolitik. Vortrag auf dem Workshop der Forschungsgruppe Chamäleon und dem Bundesverband der Energie- und Wasserwirtschaft (BDEW), Berlin. http://www.climate-chameleon.de/htm/documents/DokumentationEnergieWorkshop_11-06-27_final.pdf. Zuletzt zugegriffen am 27.06.2011, 05.4.2011.

Eskeland G, Jochem E, Neufeldt H, Traber T, Rive N, Behrens A (2008) The future of European electricity – choices before 2020. CEPS policy briefs

Europäische Kommission (2007) Grünbuch der Kommission an den Rat, das Europäische Parlament, den Europäischen Wirtschafts- und Sozialausschuss und den Ausschuss der Regionen – Anpassung an den Klimawandel in Europa – Optionen und Maßnahmen der EU. Europäische Kommission, Brüssel (Webseiten der Europäischen Kommission)

Finley T, Schuchard R (2009) Adapting to climate change – a guide for the energy and utility industry (Webseiten der BSR)

Förster H, Lilliestam J (2010) Modeling thermoelectric power generation in view of climate change. Reg Environ Change 10:327–338

Groth M, Cortekar J (2014) Climate change adaptation strategies within the framework of the German "Energiewende" – Is there a need for government interventions and legal obligations? University of Lüneburg Working Paper Series in Economics. Working Paper 315. University of Lüneburg, Lüneburg

Groth M, Cortekar J (2015) Die Relevanz von Klimawandelfolgen für Kritische Infrastrukturen am Beispiel des deutschen Energiesektors. University of Lüneburg Working Paper Series in Economics. Working Paper 335. University of Lüneburg, Lüneburg

Growitsch C, Malischek R, Nick S, Wetzel H (2015) The costs of power interruptions in Germany: a regional and sectoral analysis. Ger Econ Rev 16(3):307–323

Hirschl B, Dunkelberg E (2009) Problemaufriss – Auswirkungen des Klimawandels auf die Energiewirtschaft. Vortrag bei dem Stakeholderdialog zu Chancen und Risiken des Klimawandels – Energiewirtschaft, Dessau, 30.6.2009.

Hoffmann B, Häfele S, Karl U (2012) Analysis of performance losses of thermal power plants in Germany – A system dynamics model approach using data from regional climate modelling. Energy 49:193–203

Hu PT, Negnevitsky M, Kashem MA (2006) Loading capabilities assessment of power transmission lines. Australasian Universities Power Engineering Conference (AUPE'06), Melbourne, S 1–5

IMPACT2C (2016) Solar photovoltaics potential (Webseiten des Projektes IMPACT2C)

Jayant S, Dale L, Fitts G, Larsen P, Koy K, Lewis S, Lucena A (2011) Estimating risk to California energy infrastructure from projected climate change. California Energy Commission, Sacramento (Publication number: CEC-500-2011-XXX)

Koch H, Vögele S (2013) Hydro-climatic conditions and thermoelectric electricity generation – Part I: development of models. Energy 63:42–51

Koch H, Vögele S, Hattermann F, Huang S (2014) Hydro-climatic conditions and thermoelectric electricity generation – Part II: model application to 17 nuclear power plants in Germany. Energy 69:700–707

Koch H, Vögele S, Hattermann F, Huang S (2015) The impact of climate change and variability on the generation of electrical power. Meteorol Z 24(N2.2):173–188

Kuckshinrichs W, Fischedick M, Venjakob J, Fichtner W, Rothstein B (2008) Annex 2. In: Deutsche Anpassungsstrategie (DAS) an den Klimawandel – Bericht zum Nationalen Symposium zur Identifizierung des Forschungsbedarfs

Lauwe P (2009) Die kritische Infrastruktur Energieversorgung. Vortrag bei dem Stakeholderdialog zu Chancen und Risiken des Klimawandels – Energiewirtschaft, Dessau, 30.6.2009

Linnerud K, Mideksa T, Eskeland G (2011) The impact of climate change on nuclear power supply. Energ J 32:149–168

Piaszeck S, Wenzel L, Wolf A (2013) Regional diversity in the costs of electricity outages – results for German counties. In: HWWI Research Paper 142. Hamburgisches WeltWirtschaftsInstitut (HWWI), Hamburg

Polkehn-Appel A (2015) Auskunft per Email der Pressesprecherin der Stromnetz Hamburg GmbH auf eine Anfrage zur Möglichkeit der Verwendung des Netzzustandsberichts 2014 und des Strukturberichts 2014 vom 16. Juli 2015

Pryor SC, Barthelmie RJ, Kjellström E (2005a) Potential climate change impact on wind energy resources in northern Europe: analyses using a regional climate model. Clim Dynam 25:815–835

Pryor SC, Schoof JT, Barthelmie RJ (2005b) Climate change impacts on wind speeds and wind energy density in northern Europe: empirical downscaling of multiple AOGCMs. Clim Res 29:183–198

Rothstein B, Halbig G (2010) Weather sensitivity of electricity supply and data services of the German met office. Manag Weather Clim Risk Energy Ind. S 253–265

Rubbelke D, Vogele S (2011) Impacts of climate change on european critical infrastructures: the case of the power sector. Environ Sci Policy 14:53–56

Schaeffer R, Szklo AS, de Lucena AFP, Borba BSMC, Nogueira LPP, Fleming FP, Troccoli A, Harrison M, Boulahya MS (2012) Energy sector vulnerability to climate change: a review. Energy, Bd. 38., S 1–12

Scheele U, Oberdörffer J (2011) Transformation der Energiewirtschaft – Zur Raumrelevanz von Klimaschutz und Klimaanpassung

Schmitt R (2012) Schneelast an Stromleitungen – Heute und in Zukunft. Climate Service Center, Hamburg

Statistisches Amt für Hamburg und Schleswig-Holstein (2014) Stromerzeugung in Hamburg 2013 (Webseiten des Statistischen Amts für Hamburg und Schleswig-Holstein)

Stephen R, Douglas D, Gaudry M (2002) Thermal behavior of overhead conductors. CIGRE Report 207. Cigré, Paris

Stromnetz Hamburg GmbH (2014) Technische Daten. Stromverteilnetz Hamburg. http://daten.transparenz.hamburg.de/Dataport.HmbTG.ZS.Webservice.GetRessource100/GetRessource100.svc/e1f7a240-784c-4eeb-83f8-1f889d88a06a/Upload__Technische_Daten_Stromnetz_Hamburg.pdf. Zuletzt zugegriffen am 30.10.2015

Stromnetz Hamburg GmbH (2015) Wie der Strom zu den Hamburgern kommt (Webseiten der Stromnetz Hamburg GmbH)

US-Canada Power System Outage Task Force (Hrsg) (2004) Final Report on the August 14 2003 Blackout in the United States and Canada – Causes and Recommendations, Washington, Ottawa

Vine E (2012) Adaptation of California's electricity sector to climate change. Clim Change 111:75–99

van Vliet MTH, Yearsley JR, Ludwig F, Vögele S, Lettenmaier DP, Kabat P (2012) Vulnerability of US and European electricity supply to climate change. Nat Clim Chang 2:676–681

Wachsmuth J, von Gleich A, Gößling-Reisemann S, Lutz-Kunisch B, Stührmann S, Gabriel J, Meyer S (2012) Kapitel 4.8 – Energiewirtschaft. In: Schuchardt B, Wittig S (Hrsg) Vulnerabilität der Metropolregion Bremen-Oldenburg gegenüber dem Klimawandel (Synthesebericht). Nordwest2050-Berichte 2. Projektkonsortium ‚nordwest2050', Bremen, Oldenburg, S 94–111

Wachsmuth J, Blohm A, Gößling-Reisemann S, Eickemeier T, Ruth M, Gasper R, Stührmann S (2013) How will renewable power generation be affected by climate change? The case of a metropolitan region in northwest Germany. Energy 58:192–201

Wasserversorgung

Ansmann T (2013) Szenarien zur Wassernachfrage der öffentlichen Wasserversorgung. In: Wechsung F, Hartje V, Kaden S, Venohr M, Hansjürgens B, Gräfe P (Hrsg) Die Elbe im globalen Wandel – Eine integrative Betrachtung. Konzepte für eine nachhaltige Entwicklung einer Flusslandschaft, Bd. 9. Weissensee Verlag, Berlin, S 319–340

Blazejczak J, Gornig M, Hartje V (2011) Downscaling nonclimatic drivers for surface water vulnerabilities in the Elbe river basin. Reg Environ Change 12(1):69–80

Braubach A (2011) Vulnerabilität der kritischen Infrastruktur Wasserversorgung gegenüber Naturkatastrophen – Auswirkungen des Augusthochwassers 2002 auf die Wasserversorgung und das Infektionsgeschehen der Bevölkerung in Sachsen und Sachsen-Anhalt. Bundesamt für Bevölkerungsschutz und Katastrophenhilfe: Forschung im Bevölkerungsschutz, Bd. 12. (Webseiten des Bundesamts für Bevölkerungsschutz und Katastrophenhilfe)

Bürgerschaft der Freien und Hansestadt Hamburg (2013) Aktionsplan Anpassung an den Klimawandel. Mitteilung des Senats an die Bürgerschaft. Drucksache 20/8492. Bürgerschaft der Freien und Hansestadt Hamburg, Hamburg (Webseiten der Stadt Hamburg)

Dannenberg A, Mennel T, Osberhaus D, Sturm B (2009) The economics of adaptation to climate change – the case of Germany. Diskussionspapier 09-057. Zentrum für Europäische Wirtschaftsforschung (ZEW), Mannheim (Webseiten des ZEW)

Der Beauftragte der Bundesregierung für die neuen Bundesländer (2011) Daseinsvorsorge im demografischen Wandel zukunftsfähig gestalten – Handlungskonzept zur Sicherung der privaten und öffentlichen Infrastruktur in vom demografischen Wandel besonders betroffenen ländlichen Räumen. Der Beauftragte der Bundesregierung für die neuen Bundesländer, Berlin (Webseiten der Beauftragten der Bundesregierung für die neuen Bundesländer)

Deutsches Institut für Urbanistik gGmbH (2015) Intelligente und multifunktionelle Infrastruktursysteme für eine zukunftsfähige Wasserversorgung und Abwasserentsorgung – Zwischenergebnisse aus den INIS-Projekten. difu, Berlin (Webseiten des difu)

Downing TE, Butterfield RE, Edmonds B, Knox JW, Moss S, Piper BS, Weatherhead EK, CCDeW Projektteam (2003) Climate change and demand for water. Research report. Stockholm Environment Institute Oxford Office, Stockholm

EEA (2007) Climate change and water adaptation issues. EEA-Report 2/2007. European Environment Agency, Kopenhagen (Webseiten der EEA)

Grossmann M, Koch H, Lienhoop N, Vögele S, Mutafoğlu K, Dietrich O, Möhring J, Kaltofen M (2013) Ökonomische Bewertung von Wasserdefiziten: ein integrierter ökonomisch-hydrologischer Modellansatz. In: Wechsung F, Hartje V, Kaden S, Venohr M, Hansjürgens B, Gräfe P (Hrsg) Die Elbe im globalen Wandel – Eine integrative Betrachtung. Konzepte für eine nachhaltige Entwicklung einer Flusslandschaft, Bd. 9. Weissensee Verlag, Berlin, S 443–477

HAMBURG WASSER (2015a) Unser Wasser – Trinkwasser und Abwasser in der Hansestadt Hamburg. HAMBURG WASSER, Hamburg (Webseiten von HAMBURG WASSER)

HAMBURG WASSER (2015b) Zahlen zur Wasserversorgung: Versorgungsnetz in Zahlen. HAMBURG WASSER, Hamburg. http://www.hamburgwasser.de/wasserversorgung-in-zahlen.html. Zuletzt zugegriffen am 30.10.2015

HAMBURG WASSER (2015c) Die Wasserwerke im Bereich Mitte/Ost – Geschichte, Wasserförderung, Aufbereitung. HAMBURG WASSER, Hamburg (Webseiten von HAMBURG WASSER)

HAMBURG WASSER (2015d) Abwasserentsorgung in Zahlen. HAMBURG WASSER, Hamburg. http://www.hamburgwasser.de/abwasserentsorgung-in-zahlen.html. Zuletzt zugegriffen am 30.10.2015

Hanemann WM, Dale L (2006) Economic damages from climate change: an assessment of market impacts. Working Paper 1029. Department of Agricultural and Resource Economics UCB, Berkeley

Hansjürgens B, Wechsung F, Gräfe P (2013) Szenarien und Wirkungsanalyse – eine integrative Schlussbetrachtung für das Elbeeinzugsgebiet. In: Wechsung F, Hartje V, Kaden S, Venohr M, Hansjürgens B, Gräfe P (Hrsg) Die Elbe im globalen Wandel – Eine integrative Betrachtung, Konzepte für eine nachhaltige Entwicklung einer Flusslandschaft, Bd. 9. Weissensee Verlag, Berlin, S 591–596

Kersting M, Werbeck N (2013) Trinkwasser und Abwasser in Zeiten des Wandels – Eine Szenarienbetrachtung für die dynaklim-Region. dynaklim-Publikation Nr. 39. (Webseiten des dynaklim-Projekts)

Kluge T, Liehr S, Schulz O, Sunderer G, Wackerbauer J, Lippelt J (2014) Wasserbedarfsprognose 2045 für das Versorgungsgebiet von HAMBURG WASSER –Aktualisierung der Wasserbedarfsprognose 2030 für das Versorgungsgebiet der Hamburger Wasserwerke GmbH (HWW) in der Metropolregion Hamburg. Institut für sozial-ökologische Forschung (ISOE) GmbH, Frankfurt am Main, München

Koch H, Grünewald U (2011) Anpassungsoptionen der Wasserbewirtschaftung an den globalen Wandel in Deutschland. acatech-Materialien Nr. 5. acatech, München (Webseiten von acatech)

Mikat H, Wagner H, Roth U (2010) Wasserbedarfsprognose für Südhessen 2100 – Langfristige Prognose im Rahmen eines Klimafolgen-Projektes. gwf Wasser Abwasser 151(12):1178–1186 (Webseiten der Hessenwasser GmbH und Co. KG)

Roth U, Mikat H, Wagner H (2011) Prognose zur Entwicklung des Spitzenwasserbedarfs unter dem Einfluss des Klimawandels – Eine Abschätzung am Beispiel der hessischen Landeshauptstadt Wiesbaden. gwf Wasser Abwasser 152(1):94–100

Scherzer J, Grigoryan G, Schultze B, Stadelbacher V, Niederberger J, Pöhler H, Disse M, Jacoby C, Heinisch T (2010) WASKlim – Entwicklung eines übertragbaren Konzeptes zur Bestimmung der Anpassungsfähigkeit sensibler Sektoren an den Klimawandel am Beispiel der Wasserwirtschaft. Texte 47/2010. Umweltbundesamtes, Dessau-Roßlau (Webseiten des Umweltbundesamts)

Semadeni-Davies A, Hernebring C, Svensson G, Gustafsson LG (2008) The impacts of climate change and urbanisation on drainage in Helsingborg, Sweden: combined sewer system. J Hydrol 350:100–113

Statistisches Bundesamt (2014) Umweltnutzung und Wirtschaft – Tabellen zu den Umweltökonomischen Gesamtrechnungen Teil 4: Rohstoffe, Wassereinsatz, Abwasser, Abfall. Statistisches Bundesamt, Wiesbaden (Webseiten des Statistischen Bundesamts)

Titus JG (1992) The cost of climate change to the United States. Ursprünglich erschienen. In: Majumdar SK, Kalkstein LS, Yarnal B, Miller EW, Rosenfeld LM (Hrsg) Global climate change: implications, challenges, and mitigation measures. Academy of Sciences, Pennsylvania, S 385–409

Tränckner J, Koegst T, Nowack M (2012) Auswirkungen des demographischen Wandels auf die Siedlungsentwässerung (DEMOWAS). Abschlussbericht.

Technische Universität Dresden, Dresden (Webseiten des DEMOWAS-Projekts)

Veronesi M, Chawla F, Maurer M, Lienert J (2013) Climate change and the willingness to pay to reduce ecological and health risk from wastewater flooding in urban centers and the environment. Working Paper Series 1. Department of Economics, University of Verona, Verona

Wechsung F, Hansjürgens B, Hartje V, Kaden S, Venohr M (2013) Klimaverletzlichkeit des Flussgebiets Elbe. In: Wechsung F, Hartje V, Kaden S, Venohr M, Hansjürgens B, Gräfe P (Hrsg) Die Elbe im globalen Wandel – Eine integrative Betrachtung, Konzepte für eine nachhaltige Entwicklung einer Flusslandschaft, Bd. 9. Weissensee Verlag, Berlin, S 1–31

Wricke B, Tränckner J, Böhler E (2003) Dokumentation von typischen Schäden und Beeinträchtigungen der Wasserversorgung durch Hochwasserereignisse, Ableitung von Handlungsempfehlungen. Studie. DVGW, Sächsisches Ministerium für Umwelt und Landwirtschaft, Dresden (Webseiten des DVGW)

Migration

Michael Brzoska, Jürgen Oßenbrügge, Christiane Fröhlich, Jürgen Scheffran

Verantwortliche, vom Lenkungsausschuss berufene Leitautoren: Michael Brzoska, Jürgen Oßenbrügge
Von den Leitautoren hinzugezogene Autoren: Christiane Fröhlich, Jürgen Scheffran
Die Verfasser bedanken sich bei Frank Kopitsch für die Zusammenstellung umfangreicher Materialien zur Hamburger Migrationsgeschichte sowie bei Thomas Pohl und Simon Pommerin für die Aufbereitung der Daten über die Flüchtlingsunterkünfte in Hamburg.

H. Storch, I. Meinke, M. Claußen (Hrsg.),
Hamburger Klimabericht – Wissen über Klima, Klimawandel und Auswirkungen in Hamburg und Norddeutschland,
https://doi.org/10.1007/978-3-662-55379-4_10

10.1 Einleitung

Seit der Klimawandel stärker ins öffentliche Bewusstsein drängt, wird er vom Schreckensbild hunderter Millionen von Umweltvertriebenen begleitet. Schon im ersten Bericht des Weltklimarates (Intergovernmental Panel on Climate Change, IPCC) von 1990 wird gewarnt, dass Veränderungen bei Niederschlägen und Temperaturen zu großen Migrationsbewegungen führen könnten, die „über einen Zeitraum von einigen Jahren ernsthafte Störungen von Siedlungsmustern und soziale Instabilität auslösen könnten" (IPCC 1990, S. 20).

Als der ehemalige Vizepräsident der Vereinigten Staaten Al Gore 2007 den Friedensnobelpreis erhielt, argumentierte er: „Klimaflüchtlinge sind in Regionen gewandert, die schon von Menschen mit unterschiedlichen Kulturen, Religionen und Traditionen bevölkert sind, wodurch das Potenzial für Konflikte erhöht wird" (Gore 2007). Sind das belastbare Prognosen? Sind schon heute viele Migranten[1] Klimaflüchtlinge, oder ist das Schwarzmalerei? Als wie belastbar haben sich frühere Voraussagen erwiesen? Wissen wir mehr über Ursachen und Folgen der Klimamigration als vor 25 oder 10 Jahren? Welche Folgen sind schon festzustellen, welche für die Zukunft zu erwarten? Und was hat das mit Hamburg zu tun? Wird Hamburg mit mehr Flüchtlingen zu rechnen haben, und wie kann sich die Stadt darauf vorbereiten? Derartige Fragen sind seit dem Jahr 2015 durch die große Zahl an Flüchtlingen, die nach Hamburg gekommen sind, nicht nur besonders aktuell, sondern zeigen auch die Dringlichkeit, gelungene Antworten auf bereits bestehende und in Zukunft zu erwartende Herausforderungen zu finden, die von Migrationsprozessen ausgehen.

Flüchtlingsfragen sind aber nur ein Aspekt, der im Kontext von Bevölkerungsbewegungen im Allgemeinen und umweltbedingter Migration im Besonderen zu behandeln ist. Flüchtlinge sind nach Auffassung des Flüchtlingshochkommissariats der Vereinten Nationen (UNHCR) Menschen, die durch Krieg, gravierende Menschenrechtsverletzungen, politische Unterdrückung und Umweltkatastrophen vertrieben werden (Box 1). Ende 2015 waren davon mindestens 59,5 Mio. Menschen betroffen (UNHCR 2016). Weitaus höhere Zahlen ergeben sich, wenn das gesamte Ausmaß der internationalen Migration in den Blick genommen wird. Die Bevölkerungsabteilung der Vereinten Nationen hat für Ende 2013 geschätzt, dass 232 Mio. Menschen in einem anderen Land lebten als dem, in dem sie geboren wurden (United Nations 2013, S. 1). Nicht eingeschlossen sind in dieser Zahl ca. 30–40 Mio. Nomaden (New World Encyclopedia 2015), die auf ihren Wanderungen häufig auch internationale Grenzen überschreiten, sowie die hohe Zahl von Menschen, die innerhalb eines Landes ihren Lebensmittelpunkt örtlich verändert haben, permanent oder über einen längeren Zeitraum. Nach Schätzungen sind ca. 10 % der Weltbevölkerung Migranten in diesem Sinne (UNDP, Foresight 2011, S. 37).

Die Gründe dafür, warum Menschen ihre Heimatorte verlassen, sind vielfältig. Wirtschaftliche, soziale, politische und ökologische Ursachen sind oft nicht voneinander zu trennen. Auch wo Menschen nicht durch Umweltkatastrophen oder „komplexe Notfälle", in denen sich Umweltprobleme und Gewaltanwendung gegenseitig verstärken, zur Flucht veranlasst werden, kann der Klimawandel die Entscheidungen von Menschen für das Bleiben oder ein Weggehen beeinflussen, etwa durch den Anstieg des Meereswasserspiegels oder abnehmende landwirtschaftliche Produktivität.

In diesem Kapitel des Klimaberichtes gehen wir zunächst der Frage nach, in welchem Umfang Migration bereits durch Klimawandel beeinflusst wird und welche Veränderungen in der Zukunft zu erwarten sind. Daran anschließend beziehen wir dieses Wissen auf die lokale Situation. Hamburg ist als weltoffene Stadt mit florierender Wirtschaft ein Magnet für Migranten aus vielen Ländern. Das hat dazu beigetragen, dass der Anteil von Menschen mit Migrationshintergrund in Hamburg hoch ist. Hamburg und seine Bewohner haben umfangreiche Erfahrungen mit der Aufnahme und Integration von Flüchtlingen. Trotzdem hat die hohe Zahl an Schutzsuchenden, die seit 2015 nach Hamburg kamen, die Stadt vor große Herausforderungen gestellt, die auch aktuell noch nicht bewältigt sind.

Neben der Beschreibung von Migrationsbewegungen in die Metropolregion Hamburg ist der Umgang mit den Schutzsuchenden ein weiteres Thema. Dabei gehen wir von der Annahme aus, dass die Kenntnis der bisherigen migrationsbedingten Veränderungen der Stadtentwicklung helfen wird, Antworten auf folgende Frage zu geben: Was würde geschehen, wenn spürbar mehr Menschen aufgrund des Klimawandels nach Hamburg kämen?

Die Ausführungen in diesem Beitrag beruhen überwiegend auf einer Auswertung des Standes der Forschung, insbesondere zu den Folgen des Klimawandels für Migration, zur historischen Einwanderung und zur aktuellen Einwanderungspolitik in Hamburg. Hinzu kommt der sehr begrenzte Forschungsstand, den es bereits zu Zusammenhängen von Klimawandel, Migration und Hamburg gibt. Damit werden verschiedene bisher unverbundene Forschungsstränge zusammengeführt. Wir werden sehen, dass noch große Lücken bei der Beantwortung der aufgeworfenen Fragen bestehen, die sich durch weitere Forschung nur langsam werden schließen lassen. Auch wenn, wie weiter unten gezeigt, das zukünftige Ausmaß klimarelevanter Zuwanderung nach Hamburg völlig offen ist, liefern die aktuellen Debatten über die Herausforderungen großer und überraschender Migrationsbewegungen auch wichtiges Material zur Vertiefung von Konzepten der resilienten Stadt, wie sie gegenwärtig im Hinblick auf andere Folgen des Klimawandels diskutiert werden.

Flüchtlinge oder Migranten

Viele Begriffe in der Debatte über Bevölkerungsbewegungen sind emotional und politisch aufgeladen. Das reflektiert moralisch und politisch sehr unterschiedliche Ansichten darüber, ob und welche Art von Bevölkerungsbewegung unterstützt, toleriert oder verhindert werden soll. Auch hängen an den Begriffen gravierende Unterschiede, was den rechtlichen Status angeht. Besonderen Schutz genießen Personen, die als individuell politisch Verfolgte unter dem Schutz

1 Umfasst männliche und weibliche Migranten

des Grundgesetzes Artikel 16 oder aufgrund besonderer Schutzbedürftigkeit unter das „Abkommen über die Rechtsstellung der Flüchtlinge" von 1951 Anrecht auf Asyl haben. Dieses häufig „Genfer Flüchtlingskonvention" genannte Abkommen soll Menschen schützen, die aufgrund ihrer Rasse, Religion, Nationalität oder Zugehörigkeit zu einer bestimmten politischen Gruppe oder ihrer politischen Überzeugung eine begründete Furcht vor staatlicher Verfolgung haben und deshalb ihr Heimatland verlassen. Staaten, welche die Konvention (oder ein Folgeprotokoll von 1967) ratifiziert haben[2], müssen Flüchtlingen Schutz gewähren. Darüber hinaus steht mit dem Hochkommissariat für Flüchtlinge (UNHCR) eine Organisation der Vereinten Nationen bereit, Flüchtlingen in solchen Staaten zu helfen, die dazu selber nicht in der Lage sind. Viele Staaten, internationale Organisationen und Nichtregierungsorganisationen sehen sich darüber hinaus in der Pflicht, auch Personen zu unterstützen, die aus anderen Gründen, etwa nach Umweltkatastrophen, ihre Wohnorte verlassen haben. Auch diese Menschen werden häufig als Flüchtlinge bezeichnet, wenn sie ihr Land verlassen, haben aber nicht den rechtlichen Schutz derjenigen, die unter die Genfer Flüchtlingskonvention fallen. Bleiben sie im Land, werden sie im Deutschen häufig als „Binnenflüchtlinge" bezeichnet, international wird für letztere Gruppe der Begriff der „internally displaced persons" (IDP) benutzt. Soweit sie internationale Unterstützung erhalten, erfolgt dies häufig nicht durch den UNHCR, sondern durch andere internationale, staatliche und nichtstaatliche humanitäre Organisationen wie die Internationale Organisation für Migration oder das Welternährungsprogramm der Vereinten Nationen. Viele Staaten bieten außerhalb der Genfer Flüchtlingskonvention die Möglichkeit zur Einwanderung, wobei allerdings in der Regel die Notlage der Menschen, die kommen wollen, kein Kriterium ist. Wenn Menschen ohne staatliche Genehmigung Grenzen überschreiten, werden sie zu illegalen Migranten. Eine besondere Gruppe von Migranten stellen Nomaden da, deren traditionellen Wanderungsräume durch internationale Grenzen zerteilt worden sind. In diesem Kapitel wird der Begriff Migration als Sammelbegriff für alle Bevölkerungsbewegungen benutzt. Andere Begriffe wie Flüchtlinge werden als Unterbegriffe verstanden und restriktiv nur dann verwendet, wenn sie eine klar definierte Gruppe von Menschen umfassen.

10.2 Wissenschaftliche Debatte über Klimawandel als Ursache von Migration

Die Frage, in welchem Umfang Klimawandel bereits zu Migration beigetragen hat oder in Zukunft beitragen könnte, wird in der Wissenschaft kontrovers diskutiert (Foresight 2011; Piguet und Guchteneire 2011; Gómez 2013; Obokata et al. 2014; McLeman und Smit 2014; IPCC 2014). Eine Literaturübersicht stellt 23 Studien, in denen ein Einfluss von Umweltfaktoren auf Migration über internationale Grenzen gefunden wurde, fünf gegenüber, in denen dies nicht der Fall war (Obokata et al. 2014). Das IPCC hat in 17 Studien Evidenz für verstärkte Migration gefunden, allerdings in 6 weiteren Studien eine Verminderung sowie in 7 Studien nach sozialen Gruppen unterschiedliches Migrationsverhalten (IPCC 2014, S. 769 f). Die uneinheitlichen Ergebnisse betreffen nicht nur unterschiedliche Regionen und Formen von Umweltveränderungen, sondern sie resultieren auch aus divergierenden wissenschaftlichen Zugängen zu den Bedingungsfaktoren von Migration und der allgemein ungesicherten Datenlage über die Bedeutung von Umweltveränderungen für Migrationsbewegungen (Neumann und Hildering 2014). Umweltfaktoren sind selten der entscheidende Einflussfaktor für Migration.

Für Erkenntnisgewinne ist eine differenzierende Betrachtung unterschiedlicher Formen von Migration hilfreich. Aber auch sie wird nur erste Hinweise darauf liefern, wie sich zukünftige Umweltveränderungen auf Migration auswirken werden, nicht zuletzt, weil auch die Zusammenhänge zwischen Klimawandel und relevanten Umweltveränderungen komplex sind (Foresight 2011; Neumann und Hildering 2014; IPCC 2014).

10.2.1 Klimabedingte Umweltveränderungen als Ursache von Migration

Der erste hier zu behandelnde, ökologische Zugang zum Thema hat seinen Ursprung im Nachdenken über mögliche Folgen des Klimawandels beginnend in den 1980er-Jahren. Im Fokus standen dabei vor allem anhaltende Dürren, Überschwemmungen und der Anstieg des Meeresspiegels. Bereits der erste IPCC-Bericht von 1990 warnt: „Migration und Umsiedlung könnten die gravierendsten kurzfristigen Auswirkungen von Klimawandel auf menschliche Besiedlung sein" (IPCC 1990, S. 5–9). Auf dieser Grundlage aufbauend hat der britische Ökologe Norman Myers Schätzungen für zukünftige klimabedingte Migration veröffentlicht (Myers 1991, 1997, 2005). Im Jahr 2005 meinte er, dass die Zahl der Umweltvertriebenen im Jahre 2010 bei 50 Mio. Menschen liegen werde. Für 2050 sagte er 200 Mio. voraus.

Diese und ähnliche Vorhersagen, in denen hohe Millionenzahlen genannt wurden, sind heftig kritisiert worden (Gemenne 2011; Jakobeit und Methmann 2012). Wichtigster Kritikpunkt ist, dass die Schätzungen den Klimawandel isoliert als Faktor betrachten, der zu Migration führen kann und z. B. Gegenmaßnahmen gegen die mit dem Klimawandel erwarteten Umweltveränderungen ausblenden. So kam Myers auf seine hohen Zahlen nicht zuletzt aufgrund der Annahme, dass ein Anstieg des Meeresspiegels alle Menschen, die in niedriger gelegenen Gebieten leben, vertreiben würde (Foresight 2011; Neumann und Hildering 2014).

Das ist offensichtlich nicht realistisch. Maßnahmen zur Anpassung an den Klimawandel sowie Schutzmaßnahmen haben bereits in vielen Regionen begonnen. Sie werden nicht überall ausreichend umsetzbar sein, sodass Migration wegen eingetretener Umweltveränderungen vor allem dort zu erwarten ist, wo entweder die Kosten für geeignete Schutzmaßnahmen besonders hoch sind, wie etwa bei kleinen Inseln im Pazifischen Ozean oder im sehr ausgedehnten Flussdelta des Nils, oder wo

2 Stand Oktober 2015

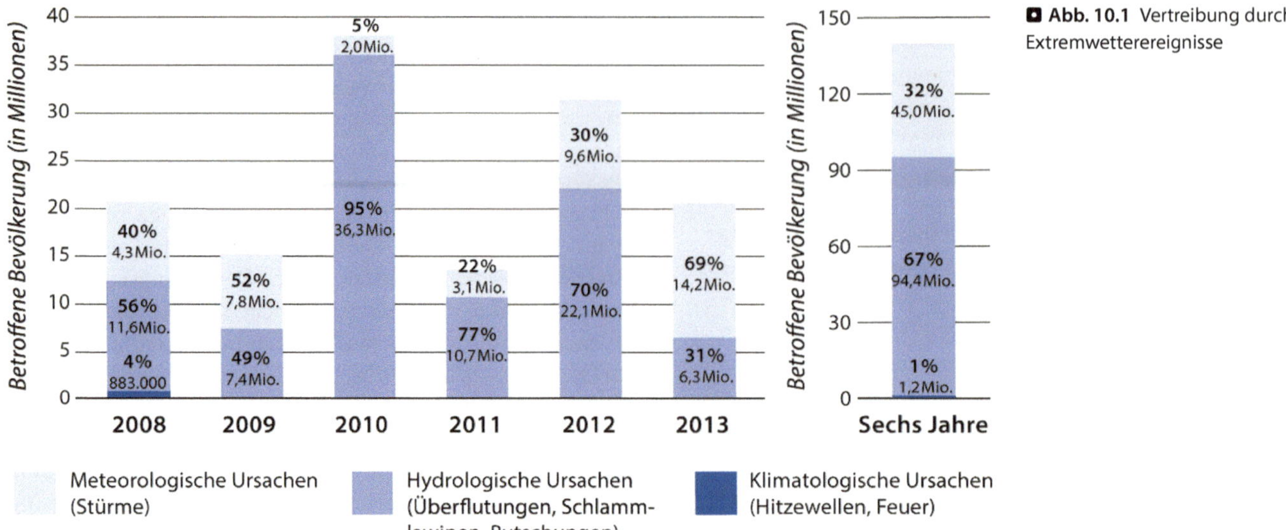

Abb. 10.1 Vertreibung durch Extremwetterereignisse

die Möglichkeiten, entsprechende Finanzmittel aufzubringen, gering sind. Dieses betrifft beispielsweise Menschen mit geringen Einkommen im besonders häufig von Dürren betroffenen Sahel-Gürtel. Da Art und Umfang der zukünftigen Schutz- und Gegenmaßnahmen sich gegenwärtig nicht begründet abschätzen lassen, sind auch Aussagen über aktuelle Zahlen oder Prognosen über den Umfang der klimabedingten Migration nicht belastbar (Gemenne 2011; IPCC 2014).

Auch für eine bereits erfolgte Flucht vor Umweltveränderungen sind nur z. T. Daten vorhanden. Ein relevanter Aspekt, für den internationale Statistiken vorliegen, sind Extremwetterereignisse. Nach den Zahlen des Internal Displacement Monitoring Centre (IDMC) des Norwegian Refugee Council wurden in den letzten Jahren im Schnitt 27 Mio. Menschen jährlich durch Extremwetterereignisse vertrieben (Abb. 10.1). In diesen Zahlen ist Migration aufgrund von extremer Trockenheit nicht enthalten, da es, anders als bei Stürmen oder Überflutungen, oft nicht klar ist, inwieweit Menschen fliehen mussten. Immerhin liefern Schätzungen über die Anzahl der von verschiedenen Arten von Umweltkatastrophen betroffenen Menschen auch Anhaltspunkte für die wahrscheinliche Zahl möglicher Flüchtlinge als Folge von Dürren. In den Jahren 2006–2015 waren im Schnitt ca. 160 Mio. Menschen von Extremwetterereignissen betroffen, davon ca. ¼ von Dürren (Abb. 10.2). Sollte der Anteil der Flüchtlinge unter den Betroffenen bei Dürren ähnlich hoch sein wie bei anderen Extremwetterereignissen, ergäbe sich dadurch eine Schätzung aller Umweltflüchtlinge von 36 Mio. Menschen als Durchschnitt der letzten Jahre. Bei allen diesen Zahlen ist aber nicht nur zu beachten, dass sie auf unsicherer Datenlage beruhen, sondern auch, dass sie alle Extremwetterereignisse betreffen – unabhängig davon, ob sich eine Verbindung zum Klimawandel herstellen lässt oder nicht (IPCC 2012).

Während für die Zahl der von bestimmten Extremwetterereignissen betroffenen und vertriebenen Menschen globale Zahlen erhoben werden, ist dies für die Zahl der Rückkehrer nicht der Fall. Angaben zu einzelnen Katastrophen schwanken stark. So wird geschätzt, dass nur rund zwei Drittel der etwa 400.000 Bewohner von New Orleans, die vom Hurrikan Katrina betroffen waren, wieder in die Stadt zurückgekehrt sind (Fussell et al. 2010). In anderen Regionen waren die Rückkehrerquoten höher. So sind die Bevölkerungszahlen auf den besonders häufig von Stürmen heimgesuchten Inseln Indonesiens sogar trotz temporärer Fluchtbewegungen weiter gestiegen, wenn auch unter dem Durchschnitt für das ganze Land.[3]

Forschung zu Migration hat nicht erst mit der stärkeren Beachtung des Klimawandels begonnen, sie hat eine lange Tradition. Nachdem dies zunächst wenig der Fall war, werden seit den späten 1990er-Jahren Erkenntnisse der Migrationsforschung stärker auch in der wissenschaftlichen Diskussion zum Zusammenhang von Klimawandel und Migration wahrgenommen (Foresight 2011). Daher sollen im folgenden Abschnitt einige Grundlagen der Migrationsforschung dargestellt und mit Überlegungen zur Bedeutung von Umweltveränderungen verbunden werden.

10.2.2 Entscheidungsmodelle für Migration

Verschiedene Traditionen der Migrationsforschung lassen sich unterscheiden (Piguet 2010). Besondere Bedeutung haben ökonomische und soziologische Ansätze. In ökonomischen Ansätzen werden Kosten und Nutzen von Migration im Vergleich zu Nichtmigration in den Mittelpunkt der Analyse gestellt. Einzelne Personen wandern dann, wenn das Einkommen, das sie durch die Migration glauben erzielen zu können („pull"), höher ist als das am Heimatort erwartete Einkommen. Sie bleiben, wenn dies nicht der Fall ist. Neben erwarteten Einkommen lassen sich mit diesem Ansatz aber auch andere Faktoren berücksichtigen, welche die Lebensqualität beeinflussen, wie etwa die Stabilität des gesellschaftlichen Systems oder politische Unterdrückung.

Da Migration nicht nur mit den unmittelbaren Kosten der Ortsveränderung verbunden ist, sondern häufig auch mit Wartezeiten am Zielort, bevor Einkommen erzielt werden, lässt sich Migration auch als eine Art von Investition ansehen. Daraus lässt sich die Annahme ableiten, dass an Kosten-Nutzen-Kategorien orientierte Menschen nur migrieren, wenn diese Investition sich nach ihrem Kenntnisstand „rechnet". Eine Fol-

3 Bevölkerungsdaten der Philippine Statistics Authority

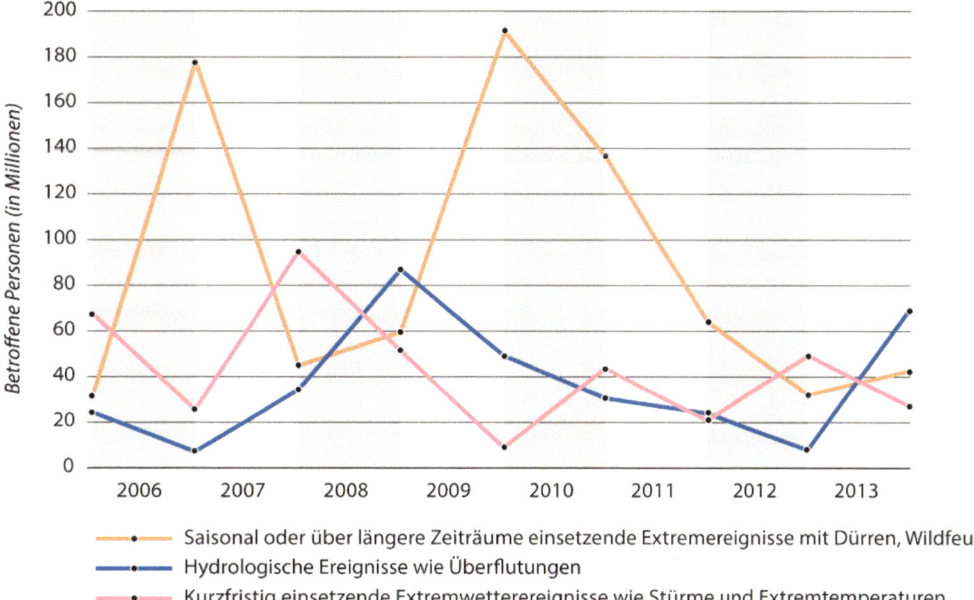

Abb. 10.2 Von Extremwetterereignissen Betroffene. *Blau*: saisonal oder über längere Zeiträume einsetzende Extremereignisse mit Dürren, Wildfeuer; *cyan*: hydrologische Ereignisse wie Überflutungen; *magenta*: kurzfristig einsetzende Extremwetterereignisse wie Stürme und Extremtemperaturen. (Quelle: Emdat)

gerung aus diesen Überlegungen ist, dass Menschen, für die die Einkommensdifferenzen zwischen Heimat- und Zielregion besonders hoch sind, etwa weil sie über eine Ausbildung verfügen, die in der Ziel-, nicht jedoch in der Heimatregion hoch vergütet wird, eher wandern als Personen, für die Einkommensunterschiede geringer ausfallen. Eine andere Schlussfolgerung ist, dass Migration ohne hinreichendes Kapital, um Transport und Wartezeit finanzieren zu können, kaum möglich ist. In der Kombination bedeutet dies, dass Menschen im Durchschnitt eher und über größere Strecken wandern werden, wenn sie gut ausgebildet sind, jünger sind und über mehr Kapital verfügen (Docquier und Rapoport 2012).

In der soziologischen Migrationsforschung wird der Blick über das Individuum hinweg auf Familien und Gruppen gerichtet. Es ist empirisch belegt, dass Migrationsentscheidungen häufig nicht von Individuen allein, sondern in Gruppen getroffen werden. Oft werden die finanziellen Mittel gepoolt, um einem Gruppenmitglied die Migration zu finanzieren, nicht selten in der Erwartung, dass dieses Mitglied dann andere Mitglieder nachholt, wenn es im Zielland ein entsprechend hohes Einkommen erzielt. Häufig sind es Männer, die als erste wandern, um dann ihre Familien nachzuholen. In einigen Kontexten aber wandern gerade Frauen als erste, etwa wo die Arbeit als Haushaltshilfe besondere Chancen auf dem Arbeitsmarkt bietet. Auch über Familien hinaus entstehen häufig über einzelne Personen soziale Netzwerke, die Migration für die Nachfolgenden erleichtern und verstärken können.

Klimawandel kann Entscheidungskalküle über Migration auf verschiedene Weise verändern. Extremereignisse und die Verschlechterung von Einkommensmöglichkeiten verändern Kosten und Nutzen. Führt der Klimawandel etwa durch Bodenerosion zur Verschlechterung der Einkommensmöglichkeiten von Bauern, erhöht dies die Wahrscheinlichkeit der Migration. Hält diese Verschlechterung an, kann sie aber auch dazu führen, dass Migration zumindest über längere Strecken nicht mehr finanzierbar ist und die Personen in ihrer Heimat bleiben müssen. Klimawandel kann darüber hinaus aber auch andere Faktoren beeinflussen, die ihrerseits Einfluss auf Migration haben (Abb. 10.3). Führt Klimawandel etwa zu einer Schwächung des politischen Systems, dann kann dies zu mehr Migration führen.

Während die eingangs dieses Kapitels erwähnte, in den 1990er-Jahren dominierende ökologische Ausrichtung der Diskussion von Klimawandel und Migration vor allem Szenarien betrachtete, bei denen die Lebensbedingungen sich so verschlechterten, dass Menschen zur Flucht gezwungen waren („push"), stehen bei Entscheidungsmodellen eher schleichende, die Lebensbedingungen nicht grundsätzlich vernichtende Veränderungen im Vordergrund der Analyse. Auch Extremereignisse lassen sich in solche Modelle zwängen, aber sie sind vor allem für weniger rasch kommende und tief gehende Veränderungen geeignet.

Die Zahl der Menschen, die zur Verbesserung ihrer Lebensbedingungen ihren Heimatort verlassen, ist hoch. Die weit überwiegende Zahl bleibt aber in ihrem Heimatland: Schätzungen zufolge 4 von 5 Migranten (IPCC 2014, S. 767). Welchen Anteil der Klimawandel bereits an diesen innerstaatlichen Migrationsbewegungen hat, lässt sich seriös nicht schätzen.

10.2.3 Migration als Anpassung an klimabedingte Umweltveränderungen

Ein umfassenderer Zugang zur Analyse der Zusammenhänge von Klimawandel und Bevölkerungsbewegungen umfasst auch die Voraussetzungen und Folgen von Migration (McLeman und Smit 2006; Black et al. 2011, 2013; Foresight 2011). Über die Betrachtung existenzbedrohender Katastrophen und einfacher Entscheidungsmodelle hinaus werden auch Rückkopplungseffekte in Heimatregionen und Wirkungen in Zielregionen betrachtet. Zudem wird besonderes Augenmerk auf Personen gerichtet, die nicht migrieren können, weil ihnen die Möglichkeiten dafür fehlen. Diese „trapped populations" sind, unter humanitärem Gesichtspunkt, häufig schon heute, etwa bei Dürren und Überschwemmungen, eine größere Herausforderung als die Menschen, die abwandern (Foresight 2011; IPCC 2014). Eine weitere

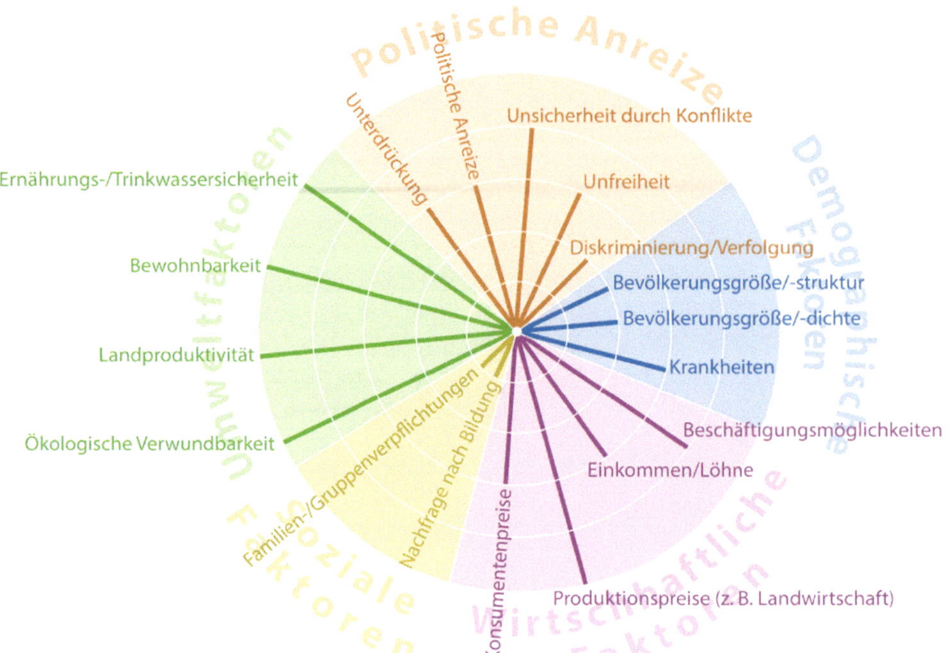

Die Länge der Linie repräsentiert den Einfluss von Umweltwandel auf den Faktor - je länger die Linie, desto bedeutender

Abb. 10.3 Der Einfluss von Umweltfaktoren auf Triebfedern für Migration. (Nach Foresight 2011, S. 54)

relevante Bevölkerungsgruppe, für die der Klimawandel bereits große Auswirkungen hat, sind Nomaden. Einerseits bieten sie ein ausgeprägtes Beispiel für eine Lebensweise, die räumliche Mobilität zur Anpassung an Umweltveränderungen nutzt, andererseits aber auch der Anpassungsleistungen bis hin zur Aufgabe zyklischer Wanderungen, die durch Klimawandel erforderlich werden könnten (IPCC 2014).

Ein weiterer wichtiger Aspekt von Migration sind die häufig komplexen Folgen für Herkunfts- und Zielregionen. Migration kann Familien auseinanderreißen, aber auch wieder zusammenführen. Wo Migration nach Geschlechtern unterschiedlich erfolgt, werden die Familien- sowie Geschlechterrollen und -verhältnisse sowohl in den Herkunfts- als auch in den Zielregionen verändert. Weiterhin führt Abwanderung häufig zu Bevölkerungsverlusten, was für die Regionen, aus denen die Menschen weggehen, ein großer Verlust sein kann. Die Diskussion über den „brain drain", die Abwanderung der jüngeren, aktiveren Bevölkerung, verweist auf erhebliche migrationsbedingte Nachteile.

Gleichzeitig führt Migration häufig zum Zufluss von finanziellen Mitteln, etwa in Form von Rücküberweisungen, in die Herkunftsregion. Migration kann als Reaktion auf Umweltveränderungen andere Anpassungsmaßnahmen möglich machen. So zeigen zahlreiche Feldstudien, dass verbesserte Einkommen von einzelnen Mitgliedern eines Haushalts, die migriert sind, es anderen Mitgliedern erleichtern, in ihren Heimatregionen zu bleiben (Scheffran et al. 2012; Obokata et al. 2014; IPCC 2014). Dies gilt für kleinräumige, oft saisonale Migration ebenso wie für internationale Migration. Rücküberweisungen von internationalen Migranten haben nach Schätzungen der Weltbank aktuell jährlich ein Volumen von ca. 583 Mrd. US-$ (World Bank 2015) und übertreffen damit die offiziellen Entwicklungshilfezahlungen um ein Vielfaches.

Durch Migration ermöglichte Einkommenstransfers von Ziel- in Heimatregionen können damit zu einem wichtigen Instrument der offenen Entscheidung über weitere Migration werden. Oft sind diese Konstellationen aber fragil: Durch die Abwanderung der besonders produktiven Mitglieder einer Gemeinschaft entsteht eine Abwärtsspirale, die meist ländliche Abwanderungsregionen wirtschaftlich schwächt. In vielen Regionen verlangsamt temporäre und saisonale Migration daher nur über eine oder zwei Generation hinweg die Verlagerung der Bevölkerung in wirtschaftliche Zentren.

10.2.4 Formen und Folgen klimabedingter Migration

Die empirische Forschung zu klimabedingter Migration steckt noch weitgehend in den Anfängen und hat nur wenig belastbare Ergebnisse erbracht. Unterschiedliche Ergebnisse lassen sich häufig auf unterschiedliche theoretische Ansätze, Daten und Methoden zurückführen. Einige Trends lassen sich aber herausarbeiten. Dabei ist es hilfreich, analog zu den wichtigsten erwarteten Umweltwirkungen des Klimawandels, idealtypisch vier signifikante Konstellationen klimabedingter Migration zu unterscheiden:

- **Umweltkatastrophen als Auslöser:** Kurzfristig eintretende Extremwetterereignisse wie Stürme und Überflutungen sind häufig mit großen Bevölkerungsbewegungen verbunden. Diese bleiben aber weit überwiegend kleinräumig (Foresight 2011; Bohra-Mishra et al. 2014; IPCC 2014). Hauptgrund sind häufig geringe Möglichkeiten der Betroffenen für weiträumigere Migration sowie die Rückkehrmöglichkeiten. Internationale humanitäre Hilfe ist ein wichtiger Faktor, der Menschen ein Überleben in der Nähe ihrer Heimatorte ermöglicht, gleichzeitig aber weiträumige und permanente Umsiedlung weniger wahrscheinlich macht.

- **Einkommensmindernde Umweltveränderungen:** Verschlechterungen von Einkommensmöglichkeiten, die als Folgen des Klimawandels angesehen werden können, wurden vor allem in der Landwirtschaft festgestellt (Cai et al. 2014). Ihre Bedeutung für Migration ist in zahlreichen kleinräumigen Fallstudien nachgewiesen worden, wobei aber Umfang und Richtung der Migration sehr stark von zahlreichen Faktoren in Heimat- und Zielregion abhängen (Foresight 2011). Von Einkommensverlusten betroffenen Haushalten und Gruppen stehen vielfältige Anpassungsmöglichkeiten zur Verfügung. Migration umfasst – zumindest zunächst – selten ganze Haushalte und ist häufig temporär oder saisonal (Foresight 2011; IPCC 2014). Internationale Migration ist aufgrund ihrer Kosten für Menschen, die unmittelbar aus umweltinduzierter Verarmung migrieren, zunächst eher selten. Allerdings kann es durch „Knock-on"-Effekte zu weitergehender Migration kommen. Makrostatistische Untersuchungen kommen daher überwiegend zu dem Ergebnis, dass Umweltveränderungen ein signifikanter Antriebsfaktor für internationale Migration sind (Bohra-Mishra et al. 2014; Obokata et al. 2014).
- **Komplexe Katastrophen:** Umweltveränderungen müssen nicht nur im Zusammenwirken mit anderen migrationsbeeinflussenden Faktoren gesehen werden, sie können diese auch über kumulative und Rückkopplungseffekte verändern. Ein besonders problematisches Zusammenspiel ergibt sich häufig in Kriegssituationen in stark von der Landwirtschaft abhängigen Regionen. Ein Bespiel hierfür war die Dürre in Ostafrika 2011/12, die mit einer Massenflucht in die Nachbarländer, insbesondere nach Kenia, verbunden war. Die Auswirkungen der Dürre wären vermutlich deutlich geringer geblieben, wenn es nicht zu einer Intensivierung bewaffneter Auseinandersetzungen über knapper gewordene Ressourcen gekommen wäre (Lindley 2014). Zwar ist es plausibel, in der Dürre eine Ursache für die Gewalt zu sehen, aber die Kausalkette ist schwer nachweisbar – auch früher ist es schon zu Gewaltausbrüchen ohne Dürre gekommen. Die Komplexität der Zusammenhänge, die es schwierig macht, die Bedeutung von Umwelteinflüssen zu isolieren, wird auch am Beispiel des syrischen Bürgerkriegs deutlich. Für in Hamburg interviewte Flüchtlinge aus Syrien war die Gewalt der eindeutig wichtigste Fluchtgrund. Nur einer unter den Befragten sah in der Dürre einen Faktor, der zu der brisanten politischen Situation vor dem Bürgerkrieg beigetragen hat (Box 2).
- **Lebensbedingungen zerstörende Umwelteinflüsse:** Insbesondere der Meeresspiegelanstieg, aber auch Wüstenbildung kann dazu führen, dass notwendige Ressourcen – Land und Wasser – permanent nicht mehr zur Verfügung stehen. Da es keine Rückkehrmöglichkeit gibt, ist Umsiedlung notwendig. In verschiedenen Regionen gibt es bereits einer Reihe kleinerer Umsiedlungsprogramme, so im Mekong-Delta in Vietnam, entlang des Limpopo in Mosambik, an der Küste von Alaska, in der Inneren Mongolei in China und von den Carteret-Inseln nach Bougainville (de Sherbinin et al. 2011; Böge 2013). Bei weiterem Klimawandel wird erwartet, dass Umfang und Zahl solcher Programme deutlich steigen werden (de Sherbinin et al. 2011).

10.4 Zukünftige Migrationsbewegungen

Klimawandel wird über Umweltveränderungen mehr Situationen schaffen, in denen Menschen vor die Alternative gestellt werden, zu gehen oder zu bleiben, entweder weil Extremwetterereignisse sie dazu zwingen oder weil veränderte Lebenssituationen, die sie nicht hinnehmen oder ändern wollen, dies nahelegen. Wie viele Menschen dies betreffen wird und wie viele dann tatsächlich migrieren werden, lässt sich seriös nicht prognostizieren – zu groß ist das Gewicht zahlreicher anderer Faktoren, die Umweltveränderungen, Lebensbedingungen und Migration beeinflussen. Trotzdem lassen sich einige Überlegungen dazu herausarbeiten, welche Bedeutung klimabedingte Migration für eine Stadt wie Hamburg in der Zukunft haben könnte:

- Aus der Erwartung, dass Extremwetterereignisse mit dem Klimawandel in Zahl und Intensität zunehmen werden, lässt sich die Annahme einer zunehmenden Anzahl von Migranten ableiten. Die große Mehrzahl von ihnen dürfte auch in Zukunft kleinräumig und mit Rückkehrerwartung migrieren. Dies stellt eine zunehmende humanitäre und entwicklungspolitische Herausforderung dar. Weiträumige und internationale Migration ist vor allem dann zu erwarten, wenn die Menschen vor Ort keine Chance mehr zur Rückkehr sehen.
- Die Nachfrage nach Umsiedlungsprogrammen wird steigen. Zu erwarten ist dieses in solchen Regionen, die unausweichlich vom Meeresspiegelanstieg betroffen sind oder in denen Schutzmaßnahmen nicht möglich sind oder nicht in hinreichendem Maß erfolgen (de Sherbinin et al. 2011). Das Ausbleiben von Umsiedlungsprogrammen, aber auch deren schlechte Ausführung könnte zu spontaner Migration auch in weiter entfernt liegende Regionen beitragen.
- Besonders wo marginale Landwirtschaft betrieben wird, etwa in Hochgebirgen oder ariden Gebieten, dürften sich die Einkommens- und Lebensbedingungen verschlechtern, soweit sich nicht neue Einkommensmöglichkeiten auftun. Migration als eine Möglichkeit zur Einkommenserzielung wird zunehmen. Verschiedene Autoren und Autorengruppen haben regionale „Hotspots" identifiziert, wo dies zu erwarten ist (Sherbinin 2013; ◘ Abb. 10.4). Diese Bevölkerungsbewegungen werden vor allem zur Verstädterung in den jeweiligen Regionen beitragen.
- Eher indirekt als unmittelbar könnte dies auch zu einer Verstärkung der internationalen Migration beitragen, da diese in der Regel entsprechende finanzielle Mittel und/oder persönliche Netzwerke voraussetzt. Umweltinduzierte Migration könnte auch zu „Knock-on"-Effekten führen, indem Eingesessene aufgrund steigender ökonomischer Konkurrenz durch Migranten ihrerseits die Entscheidung

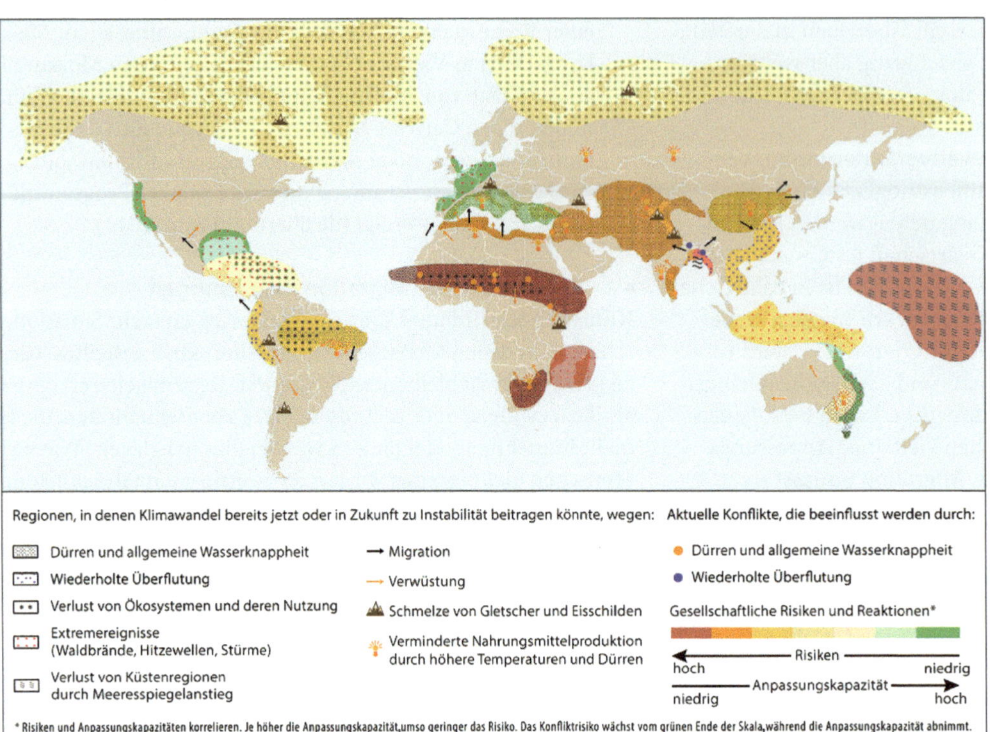

Abb. 10.4 Hotspots des Klimawandels und politische Instabilität. (Scheffran und Battaglini 2011)

treffen, zu gehen. Zudem können Menschen auch in Städten Umweltveränderungen, etwa Überflutungen, ausgesetzt werden, die sie zu weiträumiger Migration veranlassen (Foresight 2011).

- Die größte Unbekannte sind komplexe Katastrophen mit Umweltbedingungen als einer entscheidenden Komponente. Die Kombination von Kriegen mit massiv verschlechterten Umweltbedingungen könnte zu großen Bevölkerungsbewegungen führen. Derartige Migrationen verbleiben vornehmlich regional, aber sie können, wenn sie über längere Zeiträume andauern, auch zu verstärkter Fernwanderung führen. Allerdings lassen sich solche komplexen Katastrophen weder konkret vorhersagen, noch ist klar, ob sie in Zukunft zunehmen werden. Zumindest ein Teil der Konfliktforschung konstatiert einen langfristigen Trend der Abnahme bewaffneter Gewalt (Pinker 2010).

Nicht nur der Klimawandel, auch andere Faktoren wie Bevölkerungswachstum oder steigende Einkommensunterschiede zwischen Ziel- und Heimatregionen beeinflussen Bevölkerungsbewegungen. Bisher dürfte die Bedeutung des Klimawandels für Migration, mit Ausnahme einiger besonders betroffener Regionen, im Vergleich zu anderen Bedingungsfaktoren von Migration eher gering gewesen sein. Global dürfte dies auch für die nächsten Jahrzehnte gelten. Sollte die Wirtschaft Afrikas mit der gleichen Rate wachsen wie im Durchschnitt der letzten 10 Jahre (knapp 5 % pro Jahr), wird das Bruttosozialprodukt 2050 mehr als fünfmal so hoch sein wie heute (Chuhan-Pole et al. 2015). Gleichzeitig wird, so schätzen die Vereinten Nationen, die Bevölkerung von 1,186 Mrd. auf 2,478 Mrd. Menschen zunehmen (United Nations 2015, S. 1). Klimawandel wird die Migration, die von diesen starken Trends ausgeht, verändern, aber nicht bestimmen können.

10.2.5 Hamburg als Ort von Migration

Stadtentwicklung und Migrationsbewegungen sind historisch und aktuell in vielfältigen Formen miteinander verbunden. Dieses gilt sowohl für die Zuwanderung aus dem Umland der Städte als Landflucht oder (Re-)Urbanisierung als auch für die grenzüberschreitende internationale Zuwanderung. Analoges trifft auf die Abwanderung zu, die sich z. B. in der Suburbanisierung oder in unterschiedlichen Formen der Binnenmigration und der Auswanderung zeigt. Städte, besonders Hafenstädte, können auch ein wichtiger Transitraum für Fernwanderungen sein. Auf diese großen und vielfältigen Bedeutungen der Wanderungen für die Stadtentwicklung ist eindrücklich in dem Buch „Arrival City" (Saunders 2011) aufmerksam gemacht worden, das gleichzeitig auf die vielen Vorteile der Zuwanderung für verschiedene Felder der Stadtentwicklung verweist.

Für die urbane Migrationsgeschichte europäischer Städte und für Hamburg sind Land-Stadt-Wanderungen immer wichtig gewesen, die z. B. im Zuge der Industrialisierung im 19. Jahrhundert zur Entstehung zahlreicher Großstädte geführt haben. Wesentlich sind aber auch freiwillige und erzwungene Migrationen, die aus religiösen, ethnisch-kulturellen, politischen, wirtschaftlichen und militärischen Motiven erfolgt sind. Somit haben nahezu alle Stadtbewohner immer auch eine Migrationsgeschichte in ihrer Familie, und damit gehört Migration zur urbanen Alltagswelt.

Für dieses Teilthema liegen zwar reichhaltige Quellen und Sekundärliteratur vor, die bisher aber nicht systematisch zusammengefasst wurden (vgl. Amenda 2012, S. 404). Ein Fachgebiet regionale Migrationsgeschichte gibt es nicht. Vor diesem allgemeinen Hintergrund ist lediglich eine knappe Zusammenfassung der Geschichte Hamburgs und Norddeutschlands angesichts der Vielfalt und Komplexität nur entlang einiger für das Thema wichtigen Auffälligkeiten möglich.

Tab. 10.1 Bevölkerungsentwicklung von (Groß-)Hamburg, 1871–1937

Jahr	Einwohner (absolut)	Einwohner 1871 = 100	Anteil (%) Zuwanderer	Ausländer (absolut)	Anteil (%) Ausländer
1871	471.022	100		9361	2,0
1900	1.073.159	227,8		13.346	1,2
1910	1.007.710	292,6	53,5	23.557	2,3
1937	1.670.363	354,6		7439	0,4

Groß-Hamburg: bis 1937 Summe der Bevölkerung der Städte Hamburg, Altona, Wandsbek und Harburg-Wilhelmsburg abzüglich der an Preußen abgegebenen Landgemeinden, nach 1937 = FHH (Ausländer: ohne Arbeitsmigranten). (Möller 1999, S. 56, erweitert)

10.2.5.1 Historische Stadtentwicklung und Migration

Als Hafen und Handelsplatz ist Hamburg immer „international" gewesen. In der Hansezeit und frühen Neuzeit prägten nicht nur der Austausch und Transport von Gütern die Stadt, sondern es zogen auch immer unterschiedlich zu charakterisierende Personengruppen nach Hamburg. Dazu gehörten u. a. See- und Kaufleute oder verfolgte religiöse Gemeinschaften. So war Hamburg im späten Mittelalter durch die Zuwanderung aus den Niederlanden geradezu geprägt, aber auch portugiesische Flüchtlinge bereicherten nachhaltig die Stadtentwicklung. Im Verlauf der Industrialisierung verstärkte sich die Zuwanderung nach Hamburg wegen des expandierenden Hafens und damit verbundener Industrien wie z. B. Werften und solcher Zweige des produzierenden Gewerbes, die auf importierte Rohstoffe aufbauten (u. a. Kaffee, Gummi, Öl). Ende des 19. Jahrhunderts wurde Hamburg auch ein wichtiger Aufenthaltsort für ost- und südosteuropäische Transmigranten, die überwiegend nach Nordamerika weiterziehen wollten. Die heutige „Auswandererwelt BallinStadt" auf der Veddel ist Zeugnis dieser Wanderungsbewegung. In der Zeit zwischen 1850 und 1914 wurden über 5 Mio. Fahrkarten für die Auswanderung über Hamburg und die Bremer Häfen verkauft. Das Geschäft mit den Transmigranten verhalf der Reederei HAPAG zum weltweit führenden Rang, und die von diesem Unternehmen mit ihrer Hamburg-Amerika-Linie ausgehenden Infrastruktur-, Schiffsneubau- und Reparaturaufträge gelten als der wesentliche Faktor der Hamburger Wirtschaft der Jahrhundertwende (Brinckmann 2012, S. 415).

Neben den Transmigranten war auch die zunehmende Stadtbevölkerung durch Ausländer geprägt (Tab. 10.1). Die Hamburger Bevölkerungsstatistik weist für das Jahr 1895 die Zahl 12.600 europäische Ausländer aus, wobei die größte ausländische Gruppe der polnischen Arbeitsmigranten nicht registriert wurde und daher nicht einbezogen ist. Nach Brinckmann (2012, S. 419 f) waren Barmbek, Rothenburgsort, Veddel und Wilhelmsburg Zentren polnischer Ansiedlung. In dieser Zeit entstanden auch fremdenfeindliche Zuschreibungen, die besonders im Zuge der Cholerakatastrophe 1892, die anfangs auch als von Migranten eingeschleppte Epidemie angesehen wurde, in vielfältige rassistische Aussagen und Sprüche mündeten. Zwar warb die Hansestadt bereits damals mit einem städtischen Leben, das als ein „kosmopolitisches im besten Sinne" beschrieben wurde (Verein zur Förderung des Fremden-Verkehrs in Hamburg 1907, S. 8), der urbane Alltag war aber eher von Abgrenzung und Abwertung sowie Isolierung der ausländischen Mitbewohner und der Transmigranten geprägt.

10.2.5.2 Hamburger Bevölkerung und ihr Ausländeranteil

Ein näherer Blick auf die ausländische Bevölkerung in Hamburg in der Zeit nach dem Zweiten Weltkrieg ist ein erster Zugang, der Annahmen über ähnliche oder unterschiedliche Muster der derzeitigen Zuwanderung zulässt (Tab. 10.2). In den letzten 50 Jahren ist der Ausländeranteil an der Hamburger Gesamtbevölkerung zweimal deutlich angestiegen. In den 1970er-Jahren wirkte sich die Anwerbung von Gastarbeitern auch in Hamburg stark aus. Migranten aus Portugal, Spanien, Italien, Griechenland und der Türkei erhöhen den Ausländeranteil in der offiziellen Statistik von ca. 4 % im Jahr 1970 auf ca. 10 % 1980 bzw. 12 % 1990 bei gleichzeitig abnehmender Gesamtbevölkerung der Stadt. Verbunden war damit eine demographische Transformation der Stadtbevölkerung, da sich der Zuzug der mediterranen Bevölkerung mit der Suburbanisierung, also dem Wegzug besonders der Mittelschichtbevölkerung in die umliegenden Landkreise, verbunden hat.

Ein zweiter stärkerer Anstieg der ausländischen Bevölkerung vollzog sich in den 1990er-Jahren, der für den bisher höchsten registrierten Ausländeranteil mit gut 15 % um die Jahrhundertwende gesorgt hat. Ausschlaggebend dafür waren Zuwanderer aus Osteuropa, insbesondere Polen, dem Gebiet der ehemaligen UdSSR, aus den Konfliktregionen des ehemaligen Jugoslawiens sowie aus Iran, Afghanistan, Nigeria und Ghana. Seit 2000 hat sich der Ausländeranteil als Folge der veränderten Zugangsbarrieren zur deutschen Staatbürgerschaft verringert, und er ist erst in den letzten Jahren wieder leicht ansteigend. Die wichtigsten Herkunftsregionen der offiziell in Hamburg lebenden Ausländer vermittelt Tab. 10.3.

Seit einigen Jahren erhebt das Statistikamt Nord auch Angaben über Personen mit Migrationshintergrund (vgl. Statistisches Amt für Hamburg und Schleswig-Holstein 2014 und 2015). Danach haben knapp 31 % der Hamburger Gesamtbevölkerung oder 550.000 Menschen internationale Bezüge in ihrer eigenen oder in ihrer Familiengeschichte. Auch wenn bundesweite Stadtvergleiche problematisch sind (vgl. BBSR 2015), liegen die Werte für Hamburg zwar über dem Bundesdurchschnitt, aber deutlich niedriger als in süd- und westdeutschen Vergleichsstädten wie München, Stuttgart, Frankfurt oder Köln.

Das gegenwärtige Zusammenspiel von Migration und Stadtentwicklung wird nach der Diskussion über den Erfolg oder das Scheitern des Multikulturalismus unter der Bezeichnung Diversität geführt (ARL 2015). In diesem Ansatz wird die Vielfalt, die u. a. durch den Zustrom unterschiedlicher Migrantengruppen

Tab. 10.2 Bevölkerungsentwicklung Hamburgs 1970–2010. (Quelle: Statistikamt Nord)

1	2	3	4	5
Jahr	**Bevölkerung**	**Ausländer insgesamt**	**Anteil (in % von 2)**	**Weibl. Anteil (in % von 3)**
1970	1.793.640	69.170	3,9	37,5
1980	1.579.884	157.519	10,0	44,9
1990	1.652.363	196.098	11,9	44,4
2000	1.715.392	261.886	15,3	45,7
2005	1.743.627	247.912	14,2	47,1
2010	1.786.448	242.107	13,6	47,6

Tab. 10.3 Hamburger Bevölkerung mit ausländischer Staatsangehörigkeit (> 2500 Personen in 2015). (Quelle: Statistisches Amt für Hamburg und Schleswig 2017)

Herkunftsland	Anteil (%) an Ausländern insg.	Herkunftsland	Anteil (%) an Ausländern insg.	Herkunftsland	Anteil (%) an Ausländern insg.
Türkei	15,8	Italien	2,7	Ghana	1,9
Polen	9,9	Syrien	2,5	Frankreich	1,8
Afghanistan	5,1	Spanien	2,2	China	1,5
Portugal	3,5	Iran	2,1	Österreich	1,5
Russland	2,9	Griechenland	2,1	Vereinigtes Königreich	1,5
Bulgarien	2,9	Kroatien	2,1	Vereinigte Staaten	1,2
Rumänien	2,8	Philippinen	1,9	Niederlande	0,9

entsteht, als wichtige Ressource für die wirtschaftliche und kulturelle Weiterentwicklung der Großstädte angesehen. Allerdings bestehen auch hier wie in der Vorläuferdebatte kontroverse Auffassungen, die unter dem Eindruck aktueller Flüchtlingsbewegungen selten mit soliden wissenschaftlichen Erkenntnissen verbunden sind.

Innerhalb des Stadtraums sind die Personen mit Migrationshintergrund ungleich verteilt. In einigen Stadtteilen liegt der Anteil über 70 % (Billbrook, Veddel), in den Vier- und Marschlanden teilweise unter 10 %. Drei Einflussfaktoren lassen sich dabei unterscheiden: 1. die gesuchte Nachbarschaft der Migranten, 2. die sozialräumliche Segregation, die durch den Wohnungsmarkt gesteuert wird, sowie 3. besondere historische Konstellationen.

1. Aus der Forschung über Migrationsnetzwerke ist bekannt, dass familiäre oder weiter gefasste soziokulturelle Netzwerke sowohl die Wanderungsziele als auch die Suche nach Unterkunft in der Zielregion bestimmen (Gans 2014). In der neuen Umgebung ermöglicht die Nachbarschaft zu Migranten aus derselben Herkunftsregion vielfältige alltagsbezogene Unterstützungen, die große Bedeutung besonders für die erste Generation der Migranten haben können.
2. Die bewusste Schaffung von Nachbarschaften von Migranten ist aber den jeweiligen Ausprägungen des Wohnungsmarktes unterworfen. Diese sind seit Jahren mit starken Kostensteigerungen, Abnahme des Bestands an Sozialwohnungen und mit Verdrängungsprozessen für einkommensschwache Bevölkerungsgruppen verbunden (Gentrifizierung). Aus diesem Grund ergibt sich auch eine Konzentration der Bevölkerung mit Migrationshintergrund in sog. benachteiligten Quartieren, in denen Wohnraum leichter gefunden werden kann. Dadurch entstehen gesamtstädtische Probleme zunehmender sozialräumlicher Polarisierung und Quartiersprobleme, da degradierte „Alteingesessene" auf finanziell schwache Zuwanderergruppen treffen.
3. Besondere stadträumliche Muster entstehen in spezifischen historischen Konstellationen. Sie resultieren zum einen aus Migrationswellen, die sich aus Naturkatastrophen, Systemtransformationen und militanten Konflikten und Kriegen herleiten. Zum anderen sind die zu diesen Zeitpunkten jeweils verfügbaren Wohnungsangebote ausschlaggebend. In Hamburg steht der Stadtteil Allermöhe für diesen Zusammenhang. Dieses neue Großwohngebiet wurde Ende der 1980er-Jahre fertiggestellt (Allermöhe-West) und damit gewissermaßen Auffangbecken für die Zuwanderer aus dem Osten (ehemals UdSSR) sowie die Flüchtlinge der Balkankriege.

10.2.5.3 Aktuelle Debatten und Kontroversen über Migration und Flüchtlinge in Hamburg

Im Europa der offenen Grenzen ist eine Stadt wie Hamburg den Herausforderungen von Migrations- und Flüchtlingsbewegungen aus Krisenregionen direkt ausgesetzt. Dabei lässt sich eine starke Zuwanderung von Flüchtlingen nicht allein auf kommunaler oder stadtstaatlicher Ebene bewältigen. Nötig ist die

Tab. 10.4 Positive und negative Effekte von Migration in der Wahrnehmung von HamburgerInnen und Migranten. (Nach Gardner 2015, Befragung von Ortsansässigen und Migranten [n = 20])

	Wahrnehmungen von HamburgerInnen	Wahrnehmungen von MigrantInnen
Positive Effekte von Migration	Gesellschaftliches Engagement und Freiwilligentätigkeit; Führungsrolle und neue Initiativen Deutschlands zur Flüchtlingshilfe; Baumaßnahmen, Schaffung von Unterkünften und Arbeitsplätzen; Wirtschaftlicher Stimulus für lokale Lieferanten und Vermieter; Kompensation für den Bevölkerungsrückgang	Zuwanderung qualifizierter und ausgebildeter Arbeitskräfte; Nutzung internationaler wirtschaftlicher Netzwerke; Beratung und moralische Unterstützung; Zustrom jüngerer Bevölkerung mit Kindern; städtische Einnahmen durch Steuern; erhöhte lokale Ausgaben und Wissenstransfer; kulturelle Vielfalt; Attraktivität der Stadt
Negative Effekte von Migration	Verbrechen; Drogenhandel; persönliche Sicherheit; sexuelle Belästigung; Angriffe unter Asylsuchenden; Lärm; Rückgang der Immobilienwerte; Infektionen; Missachtung für Flüchtlingshelfer; verringerte Verfügbarkeit von Gemeindediensten wie Freiflächen, Schulen, Ärzten, Parks und Sportanlagen; Einfluss des Islamismus; finanzielle Belastungen	Erhöhte Kriminalität (u. a. Diebstahl und Drogen); Wettbewerb auf lokalem Arbeitsmarkt (billige Arbeitskräfte), Segregation zwischen deutschen Bürgern und internationalen Einwohnern; kulturelle Unterschiede (z. B. mit Problemfällen bei Lärm, Probleme mit nichtintegrierten MigrantInnen), die dem Ruf der anderen schaden

Zusammenarbeit auf Länder-, Bundes- und Europaebene, die in zahlreiche grundsätzliche politische Debatten und in medial vermittelte öffentliche Diskurse eingebettet ist. Erste kleinere Untersuchungen charakterisieren einige Aspekte der Situation in Hamburg, die zum einen die sog. Willkommenskultur spiegeln, zum anderen die Standorte für die Flüchtlinge im Stadtraum problematisieren.

Das Spektrum der medialen Diskurse in Hamburg reicht von einem hohen Grad an Akzeptanz über Skepsis, Fehldarstellungen und Bedrohungswahrnehmungen bis hin zu rassistisch motivierten Handlungen. Für 2014 verzeichnete das Landesamt für Verfassungsschutz 81 fremdenfeindliche Delikte (Landesamt für Verfassungsschutz Hamburg 2015, S. 131) – eine im Vergleich zur Gesamtzahl von 990 Delikten für Deutschland relativ hohe Zahl (Bundesamt für Verfassungsschutz 2015, S. 28). Wie in anderen Teilen der Republik wuchsen angesichts der raschen Zunahme von Flüchtlingsbewegungen im Sommer 2015 die Befürchtungen, dass bestehende Kapazitäten überfordert und Widerstände in der Bevölkerung verstärkt werden können. Damit wurde die Migrationsfrage zunehmend zu einem Gegenstand innerstädtischer Auseinandersetzungen. Zu nennen sind hier schon länger schwelende Differenzen über die Hindernisse bei der Aufnahme von Flüchtlingen aus dem Mittelmeerraum und Nordafrika, die in Protesten der Lampedusa-Initiative in Hamburg ihren Ausdruck gefunden haben. Daneben gibt es wichtige Initiativen von ehrenamtlichen Helfern, Hilfsorganisationen und Einrichtungen wie das *Café Why Not?*, das über Sprachkurse und andere Aktivitäten eine aktive Eingliederung von Migranten fördert.

In den Debatten über die Zuwanderung in Hamburg stoßen verschiedene Perspektiven aufeinander (Tab. 10.4).

Das Spektrum der Einstellungen und Bewertungen erweist sich bereits bei dieser kleinen Stichprobe als breit und gegensätzlich, sowohl zwischen den Ortsansässigen und Zuwanderern als auch innerhalb der hier getrennt aufgeführten Gruppen. Dies überrascht angesichts der derzeitigen Debatte nicht. Die als positiv wahrgenommen Effekte bestätigen die Vorstellung, Deutschland und Hamburg könnten sich erfolgreich zu einer Einwanderungsgesellschaft transformieren. Die negativen Wahrnehmungen verweisen auf Gefahren der Radikalisierung bis hin zu sozialem Stress, politischer Polemik und institutionellem Rassismus. Derzeit scheint die negative Variante die Politik und die öffentliche Meinung zu beherrschen, da Übergriffe wie in der Silvesternacht 2015/16 und der Terroranschlag in Berlin zu einer erheblichen Verunsicherung beigetragen haben.

Eine weitere Befragung zeigt, dass bei den Migranten Krieg, politische Verfolgung, soziale (Obdachlosigkeit, Hunger) und ökonomische Motive (Armut, Wohlstand, Karrierestreben) im Vordergrund stehen, während Klima- und andere Umweltveränderungen in ihrem Bewusstsein keine wesentliche Rolle spielen (Box 2). Zwar haben einige Erfahrungen und Probleme mit Umweltveränderungen in ihren Heimatländern genannt, die aber eher mit temporären Wetterereignissen und Ressourcenfragen zu tun hatten. Die Vorstellungen über den Klimawandel sind nicht präzise und werden in den Kontext der anderen Motive eingeordnet.

Flüchtlinge aus Syrien in Hamburg

Der syrische Bürgerkrieg begann im Frühjahr 2011 nach der blutigen Unterdrückung von Demonstrationen gegen das Assad-Regime. Die Demonstranten hatten zahlreiche Kritikpunkte, einer war der Umgang der Regierung mit Umweltproblemen, insbesondere den Auswirkungen einer Dürre zwischen 2006 und 2010. Möglicherweise bis zu 1,5 Mio. Menschen, insbesondere Bauern und Landarbeiter, mussten wegen Wasserknappheit und sinkender Einkommen ihr Land verlassen. Viele endeten verarmt in Slumsiedlungen am Rand der großen Städte.Aus der zeitlichen Abfolge hat eine Reihe von Autoren gefolgert, dass die Dürre ursächlich für den Bürgerkrieg gewesen sei (Gleick 2013; Femia und Werrell 2012; Kelley et al. 2015). In der Logik dieser Argumentation wären dann auch die Flucht zahlreicher Syrerinnen und Syrer – bis Herbst 2015 etwa 8 Mio. Binnenflüchtlinge und 4 Mio. internationale Flüchtlinge – eine Folge der Dürre. Es ließe sich dann auch erwarten, dass die syrischen Flüchtlinge, die nach Hamburg gekommen sind, diesen Zusammenhang artikulieren würden.In Interviews mit syrischen Flüchtlingen, die von der Hamburger Forscherin Hedda Lökken im Sommer und Herbst 2015 durchgeführt wurden, wird die Dürre allerdings selten als ein Ursachenfaktor für Protest, Bürgerkrieg und Flucht genannt. In einer Serie von fünf Interviews erwähnte nur ein Befragter auf Nachfrage nach der Dürre, dass er Auswirkungen bemerkt habe. Die Zuwanderung aus von der Dürre betroffenen Regionen habe die Arbeitslosigkeit steigen lassen und die Lebenshaltungskosten in einigen Stadtteilen von Damaskus in die Höhe getrieben. Von einigen der anderen Interviewten werden staatliche Misswirtschaft, insbesondere die Vernachlässigung der Landwirtschaft für diese Phänomene verantwortlich gemacht. Ein Grund dafür, dass die Dürre von 2006 bis 2010 im Narrativ nur weniger Flüchtlinge einen Platz hat, könnte sein, dass ihre Auswirkungen im Vergleich zu anderen Kritikpunkten an der Regierung als gering angesehen werden. Zu bedenken ist dabei, dass Flüchtlinge aus Syrien überwiegend aus früher wirtschaftlich besser gestellten sozialen Gruppen kommen und Bauern und Landarbeiter, insbesondere wenn sie bereits vor dem Bürgerkrieg verarmt waren, eher unterrepräsentiert sind. Insgesamt zeigen die Interviews ein sehr heterogenes Bild der Situation in Syrien vor und während des Bürgerkrieges, mit sehr unterschiedlichen Begründungen für das Verlassen des Landes in Richtung Europa.

10.2.5.4 Standorte der öffentlichen Unterbringung von Flüchtlingen in Hamburg

Der starke Flüchtlingszustrom des Jahres 2015 ist nur eingeschränkt mit den stadträumlichen Implikationen früherer Zuwanderungen vergleichbar. Die Zahl der Flüchtlinge erzeugt zunächst kapazitäre Engpässe in der Erstaufnahme und der Errichtung von dauerhaft nutzbaren Unterkunftsplätzen. Jedoch ist mittelfristig davon auszugehen, dass die heutigen Flüchtlinge langfristig diejenigen Trends verstärken, die generell bei Personen mit Migrationshintergrund anzutreffen sind.

Ein besonderes Augenmerk verdient die Frage, ob bereits derzeit die bestehenden und geplanten Unterkunftsplätze die vorhandenen sozialräumlichen Unterschiede in Hamburg verstärken werden. ◘ Abb. 10.5 verschneidet die Standorte der öffentlichen Unterbringung von Flüchtlingen mit einem Sozialindikator, der die Intensität sozialer Problemlagen auf Stadtteilebene abbildet. Damit wird bereits sichtbar, dass Flüchtlingsunterkünfte häufig auch in benachteiligten Stadtteilen lokalisiert werden. Harburg, Wilhelmsburg, Jenfeld, Billbrook oder Osdorf fallen besonders auf. Stadtteile, die im doppelten Sinne als „grün" ansprechbar sind, da sie nicht nur einen geringen Anteil an Transferempfängern aufweisen, sondern auch überwiegend gute Wohnlagen, werden weniger stark durch bestehende und neue Unterkünfte verändert. Der Zuzug und die Unterbringung von Flüchtlingen erweitern und vertiefen auf diese Weise das bestehende politische Handlungsfeld „soziale Stadt". Integration bleibt daher auch in sozialräumlicher Perspektive eine enorme Herausforderung für die Stadtpolitik.

10.3 Formen heutiger Klimamigrationspolitik und Alternativen

Offizielle Migrationspolitik kennt keine „Klimamigranten". Menschen, die nach einem Extremwetterereignis über eine internationale Grenze fliehen, haben international keinen gesonderten rechtlichen oder politischen Status gegenüber Migranten, die aus anderen Gründen ihre Heimat verlassen haben. Bislang gibt es keine einheitliche internationale Definition der Begriffe Umwelt- und Klimamigration[4]. Das UN-Flüchtlingskommissariat (UNHCR) hat bislang explizit darauf verzichtet[5].

Seit den späten 1990er-Jahren gibt es Bemühungen, dies zu ändern und die rechtliche und politische Situation von Klimaflüchtlingen zu verbessern (Biermann und Boas 2012; Gibb und Ford 2012). Hauptargument der Befürworter ist, dass die Verschlechterung der Lebensbedingungen, die zur Migration geführt haben, nicht von den Opfern, sondern von anderen, insbesondere den Industrieländern zu verantworten ist. Eine Anerkennung von „Klimaflüchtlingen" könnte, so das Argument, zu humanitärer Unterstützung verpflichten und die Last des Klimawandels gerechter verteilen helfen. Ziel dieser Bemühungen ist die Einrichtung einer eigenen Schutzkategorie, entweder in der Genfer Konvention oder in einer anderen rechtlich verbindlichen Form, die an den Grundsätzen der Menschlichkeit, der Menschenwürde und der Menschenrechte zu orientieren sei. Auf dem Weltklimagipfel in Cancún 2009 vereinbarten die Mitgliedstaaten, das Verständnis über die klimabedingte Abwanderung aus benachteiligten Regionen zu verbessern und bei der Bewältigung der klimabedingten Migration zusammenzuarbeiten.

Kritiker bezweifeln, dass eine Heraushebung von klimabedingter Migration gegenüber anderen Fluchtgründen möglich und sinnvoll ist. Zum einen sind Umweltveränderungen selten der alleinige oder auch nur Hauptgrund für Migration. Die rechtliche Anwendung einer solchen Kategorie würde daher auf große praktische Probleme stoßen. Zweitens wird argumentiert, dass eine Ausweitung des Flüchtlingsstatus bzw. der Flüchtlingsdefinition dem Schutz der Flüchtlinge, die vor politischer Gewalt und Kriegen geflohen sind, abträglich sein könnte. Nachdem über einige Jahre die Idee einer neuen Kategorie von Klimaflüchtlingen an Unterstützung gewann, wächst in den letzten Jahren eher die Skepsis. Aber das Ergebnis der politischen und rechtlichen Debatte ist weiter offen (Methmann und Oels 2015). Zwar hat im Juli 2015 das oberste neuseeländische Gericht die Klage eines Bewohners von Kiribati auf Gewährung von Asyl abgewiesen (The Law Library of Congress 2015), aber weitere Klagen sind anhängig. Demgegenüber haben Bemühungen, den Schutz

4 Die Internationale Organisation für Migration (IOM) benennt als Gründe für Umweltmigration „plötzliche oder fortschreitende Umweltveränderungen, die [das] Leben oder [die] Lebensbedingungen so beeinträchtigen, dass [Menschen] gezwungen sind oder sich dafür entscheiden, ihre Heimat vorübergehend oder permanent zu verlassen" (IOM 2008, S. 399).

5 UNHCR – Expert Meeting on Climate Change and Displacement. Siehe Webseite des UNHCR. Zugegriffen: 05.04.2017.

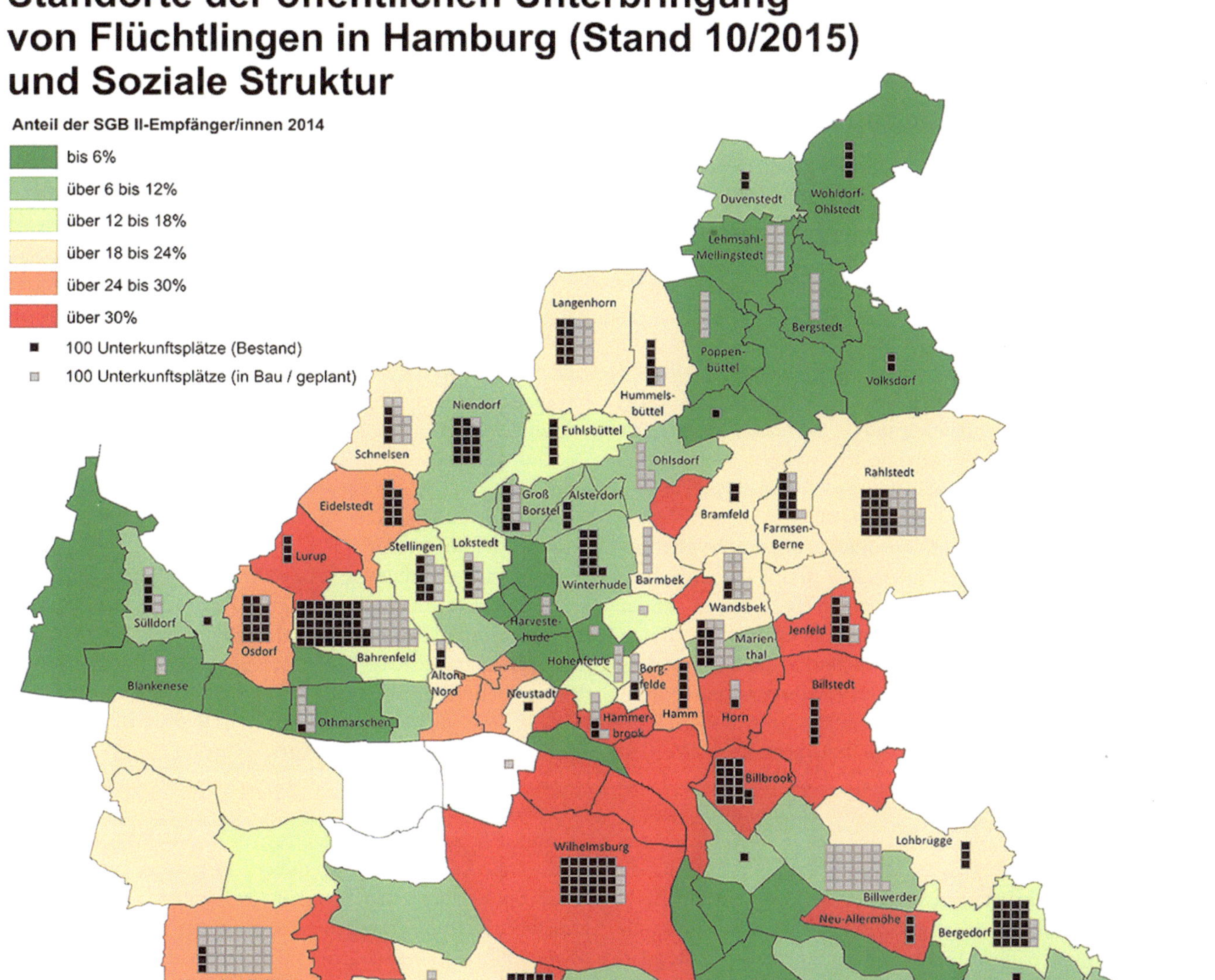

Abb. 10.5 Bestehende und geplante Unterkünfte für Flüchtlinge und sozialräumliche Struktur in Hamburg 2015

von Menschen vor und nach Extremereignissen zu verbessern, international starke Unterstützung gefunden.

Einen wichtigen Ansatzpunkt dafür bieten die 2011 in Oslo vorgestellten „Nansen Principles on Climate Change and Displacement". Darin festgehaltene und von einer großen Zahl von Regierungen unterstützte Grundsätze für den Umgang mit Klimaflüchtlingen sind die Nichtdiskriminierung einzelner Personen und Gruppen, die Partizipation der Betroffenen und Partnerschaft mit den Betroffenen. Im Herbst 2011 boten sich die Regierungen Norwegens und der Schweiz an, eine auf diesen Prinzipien aufbauende Initiative zu fördern. Inzwischen wird die Nansen-Initiative von mehr als 100 Regierungen unterstützt.[6] Ziel der Initiative ist die Entwicklung eines Schutzregimes für Menschen, die durch Umweltkatastrophen, einschließlich solcher, in denen dem Klimawandel Bedeutung zukommt, über internationale Grenzen vertrieben werden. Angestrebte Ele-

6 Siehe Webseite der Nansen-Initiative.

mente sind die Verbesserung der internationalen Zusammenarbeit und Solidarität, die Verbreitung von Standards für die Behandlung betroffener Menschen, insbesondere in Bezug auf Zugang, Aufenthalt und Status, sowie die Entwicklung neuer Instrumente zur Unterstützung von Umweltvertriebenen, z. B: durch spezielle Fonds und in der Arbeit humanitärer und entwicklungspolitischer Akteure. In diese Richtung gehen auch internationale Bemühungen, die Prävention und Nachsorge von Umweltkatastrophen zu verbessern (Nash 2015). So unterstützen viele Staaten und die Vereinten Nationen das *Sendai Framework for Disaster Risk Reduction 2015–2030,* in dem u. a. vorgesehen ist, die Rechte von Umweltvertriebenen zu stärken.[7]

Ein Grund für die Zurückhaltung vieler Regierungen, einschließlich der deutschen, gegenüber der Idee einer rechtlichen Verpflichtung zur Aufnahme von Klimaflüchtlingen dürfte darin liegen, dass sie befürchten, die sowieso schon hoch kontroversen Debatten über Migration durch das Thema klimabeeinflusster Migration weiter anzuheizen. Migrationsdebatten allgemein sind stark von Ängsten geprägt, wozu die eingangs erwähnten hohen Schätzungen über die Zahl von Klimaflüchtlingen mit beigetragen haben dürften (Jakobeit und Methmann 2012). Zu den Schreckensbildern massiver Migration aus armen in reiche Länder aus wirtschaftlichen oder demographischen Gründen kam nun das der Klimamigration hinzu und verstärkte die insbesondere in Europa schon vorher ausgeprägten Abschottungstendenzen der „Festung Europa". Die von der Europäischen Union im Rahmen des Schengen-Abkommens von 1991 getroffenen Vereinbarungen und Maßnahmen zielten auf eine möglichst geringe Zuwanderung ab. Der zunächst schleichende und 2015 massive Zusammenbruch des Schengen-Systems und die darauf folgenden Beschlüsse der EU vom Winter 2015 und Frühjahr 2016 haben nur geringfügige Änderungen an dieser Zielstellung gebracht.

Die Nachhaltigkeit einer prinzipiellen Abschottungspolitik ist allerdings fraglich. Das zeigte das Ausmaß der illegalen Einwanderung sowohl vor dem Sommer 2015 als auch seit dem Frühjahr 2016. Eine solche Politik ignoriert auch die Verantwortung, die europäische Staaten für Flucht- und Migrationsgründe der hierher kommenden Menschen zu tragen haben. Ein Beispiel ist die Zuwanderung aus dem Nahen und Mittleren Osten: Hier hat die Aufteilung der Region in Mandatsgebiete (Sykes-Picot-Abkommen 1916) und die seither andauernde europäische Einflussnahme maßgeblich zu den heutigen Konfliktkonstellationen beigetragen – durch Stellvertreterkriege, Waffenlieferungen, konditionierte Partnerschaften oder die Unterstützung autokratischer Herrschaftssysteme. Ein anderes ist der Klimawandel, zu dem vor allem die Emissionen der Industrieländer beitragen.

Die Industrieländer haben sich, u. a. durch die Schaffung von Fonds für Anpassungsmaßnahmen in besonders betroffenen Ländern, prinzipiell zu ihrer besonderen Verantwortung für den anthropogenen Klimawandel bekannt. Damit lassen sich auch Maßnahmen fördern, die geeignet sind, internationale Klimamigration zu begrenzen – durch Prävention negativer Folgen des Klimawandels oder besseren Flüchtlingsschutz in den betroffenen Ländern. Dies dürfte zwar die mit dem Klimawandel der Zukunft verbundenen Bevölkerungsbewegungen bestenfalls abschwächen, macht es aber wahrscheinlicher, dass die eingangs zitierten Prognosen hoher Zahlen Umweltvertriebener nicht eintreffen und die Chance für Umweltvertriebene, – wie heute schon – in oder nahe ihren Heimatregionen erfolgreich Schutz zu suchen, größer wird.

Eine Stadt wie Hamburg muss sich vermutlich unabhängig davon, welche Migrationspolitik gewählt wird, auf Zuwanderung aus Ländern einstellen, die vom Klimawandel besonders betroffen sind, sei es durch illegale Einwanderung im Falle von Abschottung oder legale Einwanderung in einem offeneren System. Darunter werden auch auf absehbare Zeit eher wenige Menschen sein, für die Umweltveränderungen der wichtigste Grund für Migration sind, hingegen möglicherweise mehr Menschen, bei denen Klimawandel ein Grund unter mehreren ist, das eigene Land zu verlassen und nach Deutschland zu kommen. Die internationale Gemeinschaft trägt der Aufweichung der Grenzen zwischen Migration und Flucht immerhin bereits terminologisch Rechnung, indem sie die Kategorie der „gemischten Migration" eingeführt hat. Sie soll verdeutlichen, dass individuelle Motive und Gründe für freiwillige und unfreiwillige Migration eng miteinander verwoben sind.

Kurzfristige massive Bevölkerungsbewegungen nach Deutschland und Hamburg aufgrund von klimabedingten Ereignissen sind in den nächsten Jahrzehnten eher unwahrscheinlich. Sollten gravierende Katastrophen eintreten, wird die Masse der Vertriebenen mit großer Wahrscheinlichkeit in der Region bleiben. Was vermutlich in solchen Fällen in weit größerem Maße gefordert sein wird, ist kurzfristige humanitäre Hilfe und langfristige Unterstützung beim (Wieder-)Aufbau nachhaltiger Lebensverhältnisse.

Statt Klimamigration nachträglich abzuwehren, wäre es effektiver, die Vorbeugung gegenüber Klimawandel und Umweltkatastrophen zu stärken, etwa durch eine Energiewende hin zu klimaverträglichen erneuerbaren Ressourcen und Technologien, sowie den Erhalt menschlicher Lebensgrundlagen. Sofern Klimawandel bereits eingetreten ist, geht es darum, die soziale Resilienz der betroffenen Gemeinschaften zu verbessern, um ungewollte Migration zu vermeiden, und auch die Abwanderung als eine legitime Anpassungsmaßnahme gegen unwvermeidbare Klimarisiken anzuerkennen. Dazu bedarf es internationaler Unterstützung – hier bleiben die Geberländer bisher hinter ihrer Rhetorik zurück – und der Mitwirkung von Migrations- und Diasporanetzwerken, etwa durch Rücküberweisungen oder den Transfer von Wissen und Technologie, welche die Lebensbedingungen in den Herkunftsgebieten verbessern.

Vorausschauende Klimamigrationspolitik, die Risiken abschwächt, unnötige Kosten vermeidet und positive Synergieeffekte für Herkunfts- und Zielländer wie auch für Migranten entwickelt, steht vor großen Herausforderungen, bietet aber auch erhebliche Chancen (Foresight 2011). Das Ziel, Migration als Teil der Lösung entwicklungs- und klimapolitischer Herausforderungen anzusehen, wird breit geteilt, so von den Teilnehmenden der Hamburger Konferenz über Klimawandel und Migration 2012, die eine entsprechende Erklärung verabschiedeten[8], bis hin zur

7 The United Nations Office for Disaster Risk Reduction

8 Zu finden auf der Webseite des Climate Service Center Germany (GERICS). Eine Sonderausgabe zur Hamburger Tagung in der Zeitschrift Migration and Development ist im Erscheinen.

EU-Kommission, die eine „Einwanderungspolitik, die allen nützt" anstrebt (Europäische Kommission 2011, S. 13). Ideen und Ansätze in Richtung auf diese Ziele finden sich, etwa in den Bestrebungen der Nansen-Initiative, aber es wird weiterer Foren und Anstrengungen bedürfen, um Klima-, Migrations- und Entwicklungspolitik besser zu integrieren (Foresight 2011; Scheffran und Vollmer 2012).

10.4 Zusammenfassung

Die wissenschaftliche Forschung zu den Folgen des Klimawandels für Migration ebenso wie zu den Auswirkungen von Migration auf Anpassungsmaßnahmen steckt noch in den Anfängen. Das gilt zum einen für die globale und regionale Ebene, für die bereits grobe Schätzungen vorgelegt worden sind, zum anderen besonders auch für die lokale Ebene. Mikrostudien für einzelne Städte existieren bislang nicht und sind aus verschiedenen Gründen mit großen konzeptionellen Problemen verbunden. Trotz der noch unzureichenden Datenlage werden in diesem Kapitel aktuelle und zukünftig zu erwartende Problemstellungen skizziert, die sich aus den Folgen des Klimawandels und der damit verbundenen Zuwanderung für Hamburg ergeben. Dazu verbinden wir die bestehenden Forschungsergebnisse zu Klimawandel und Migration mit der Geschichte und Erfahrungen über Zuwanderung nach Hamburg.

Besonders prominent ist in der öffentlichen Diskussion die Flucht aus besonders stark von klimabedingten Umweltveränderungen in Afrika und dem Mittleren Osten. Die Zahl zukünftiger Klimaflüchtlinge ist allerdings nicht solide abschätzbar, ebenso wie deren wahrscheinlicher Verbleib, etwa in einer Stadt wie Hamburg. Ein Grund ist, dass Migration häufig multikausal und daher eine Isolierung des Fluchtgrundes „Klimawandel" nicht zielführend ist. Ein anderer ist das komplexe Zusammenspiel von Migrationsanreizen, Migrationsmöglichkeiten, Migrationshindernissen und der Attraktivität von Zielregionen. So sind etwa von Dürren, Überschwemmungen oder schweren Stürmen Betroffene selten in der Lage, weiter als bis zum nächsten Flüchtlingslager zu wandern. Weiterhin kann umweltinduzierte Migration in vom Klimawandel besonders betroffenen Regionen auch Folgeeffekte erzeugen, wenn andere wegen zunehmender Konkurrenz durch Migranten ihrerseits die Entscheidung treffen, die lange und teure Reise nach Europa anzutreten.

Seit langer Zeit ist Hamburg wie viele andere europäische Großstädte ein Ort mit hohen Zuwanderungsraten und vielfältigen Erfahrungen in der Integration von Migranten. Diese Geschichte setzt sich aktuell durch die hohe Zahl von Flüchtlingen aus Kriegsgebieten weiter fort, die seit 2015 nach Hamburg kommen. In der Stadtforschung herrscht weitgehende Einigkeit, dass der Zustrom unterschiedlicher Migrantengruppen eine wichtige Ressource für die wirtschaftliche und kulturelle Weiterentwicklung von Großstädten darstellt. Sie stellen aber auch Herausforderungen für bestehende Felder der Stadtentwicklung dar wie die Wohnungsversorgung besonders in preisgünstigen Segmenten, der sozialen Infrastruktur wie Kindergärten, Schulen und der Unterstützung der Älteren und des Arbeitsmarktes. Hinzu tritt die Integrationsaufgabe, die zum einen durch spezielle Angebote wie Sprachkurse oder Begegnungsorte befördert werden kann, deren erfolgreiche Lösung zum anderen aber auch vom Alltagshandeln und der sog. Willkommenskultur aller Stadtbewohner abhängig ist. Die Gestaltung des Zusammenspiels von Zuwanderung und Stadtentwicklung ist politisch zumeist kontrovers begleitet worden.

Somit lassen sich die Herausforderungen, die durch die Verbindungen von Klimawandel mit Migration für eine Stadt wie Hamburg entstehen, zwar benennen, aber bisher nicht exakt bestimmen. Allerdings sollte kein Zweifel bestehen, dass umweltbedingte Migration im 21. Jahrhundert zunehmen wird und damit auch die Stadtregion Hamburg als Wanderungsziel bedeutungsvoll bleibt. Darauf haben sich Stadtpolitik und Stadtplanung einzustellen.

Literatur

Amenda L (2012) „Welthafenstadt". Globalisierung, Migration und Alltagskultur in Hamburg 1880 bis 1930. In: Hempel D, Schröder I, Nottscheid M (Hrsg) Andocken: Hamburgs Kulturgeschichte 1848 bis 1933. Beiträge zur hamburgischen Geschichte 4., S 396–408

ARL – Akademie für Raumordnung und Landesplanung (2015) Zuwanderung. Herausforderungen für die räumliche Planung. Nachrichten – Magazin der Akademie für Raumforschung und Landesplanung, Heft 3. ARL, Hannover

BBSR – Bundesinstitut für Bau-, Stadt- und Raumforschung (2015) Internationale Migration in deutsche Großstädte. BBSR-Analysen KOMPAKT 11/2015. BBSR, Bonn

Biermann F, Boas I (2012) Climate change and human migration: towards a global governance system to protect climate refugees. In: Scheffran J, Brzoska M, Brauch HG, Link PM, Schilling J (Hrsg) Climate change, human security and violent conflict. Springer, Berlin, S 291–300

Black R, Bennett SRG, Thomas SM, Beddington JR (2011) Climate change: migration as adaptation. Nature 478:447–449

Black R, Arnell NW, Adger WN, Thomas D, Geddes A (2013) Migration, immobility and displacement outcomes following extreme events. Environ Sci Policy 27:S32–S43

Böge V (2013) Challenges and pitfalls of resettlement: pacific experiences. In: Faist T, Schade J (Hrsg) Disentangling migration and climate change: methodologies, political discourses and human rights. Springer, Berlin, S 165–181

Bohra-Mishra P, Oppenheimer M, Hsiang SM (2014) Nonlinear permanent migration response to climatic variations but minimal response to disasters. Proc Natl Acad Sci USA 111(27):9780–9785

Brinckmann A (2012) Auswandererhafen und Einwandererstadt: Hamburg im Schnittpunkt überseeischer Massenemigration und europäischer Arbeitsmigration 1850 bis 1914. In: Hempel D, Schröder I, Nottscheid M (Hrsg) Andocken: Hamburgs Kulturgeschichte 1848 bis 1933. Beiträge zur hamburgischen Geschichte 4, S 409–423

Bundesamt für Verfassungsschutz (2015) Verfassungsschutzbericht 2014. Bundesministerium des Inneren, Berlin

Cai R, Feng S, Pytliková M, Oppenheimer M (2014) Climate variability and international migration: the importance of the agricultural linkage. CReAM Discussion Paper Series 18/14. Centre for Research and Analysis of Migration (CReAM), Department of Economics University College, London

Chuhan-Pole P, Ferreirea FHG, Calderon C, Christiansen L, Evans D, Kambou G, Boreux S, Korman V, Kubota M, Biutano M (2015) Africa's pulse Bd. 11. World Bank, Washington

Docquier F, Rapoport H (2012) Globalization, brain drain and development. J Econ Lit 50(3):681–730

Europäische Kommission (2011) Mitteilung zur Migration. KOM(2011) 248 endgültig. Europäische Kommission, Brüssel (Webseiten der Europäischen Kommission)

Femia F, Werrell C (2012) Syria: climate change, drought and social unrest (Webseiten des Center for Climate & Security)

Foresight (2011) Migration and global environmental change. Government Office for Science, London
Fussell E, Sastry N, van Landingham M (2010) Race, socioeconomic status, and return migration to New Orleans after Hurricane Katrina. Popul Environ 31(1–3):20–42
Gans P (2014) Räumliche Auswirkungen der internationalen Migration. Forschungsberichte der ARL. ARL, Hannover
Gardner E (2015) Barriers to Migration as an Adaptation Strategy to Climate Change (and Other Governance Failures): A Case Study of Hamburg. Master's Thesis in Integrated Climate System Sciences Hamburg, October 2015
Gemenne F (2011) Why the numbers don't add up: a review of estimates and predictions of people displaced by environmental changes. Glob Environ Change 21(1):41–49
Gibb C, Ford J (2012) Should the United Nations framework convention on climate change recognize climate migrants? Environ Res Lett 7(4):045601
Gleick P (2013) Syria, water, climate change, and violent conflict
Gómez O (2013) Climate change and migration: a review of the literature. A study commissioned by the International Institute of Social Studies and Erasmus University. Erasmus University, Rotterdam
Gore Al (2007) Nobel Lecture. Oslo, 10 December 2007
IOM (International Organisation for Migration (2008) World Migration Report 2008, Webseiten der IOM
IPCC (1990) First Assessment Report, Working Group II. IPCC, Geneva
IPCC (2012) Managing the risks of extreme events and disasters to advance climate change adaptation (SREX). IPCC, Geneva
IPCC (2014) Fifth assessment report. impacts, adaptation, and vulnerability. Working group II report. IPCC, Geneva
Jakobeit C, Methmann C (2012) 'Climate refugees' as dawning catastrophe? A critique of the dominant quest for numbers. Climate change, human security and violent conflict. Hexag Ser Hum Environ 8:301–314
Kelley CP, Mohtadi S, Cane MA, Seager R, Kushnir Y (2015) Climate change in the fertile crescent and implications of the recent Syrian drought. Proc Natl Acad Sci USA 112(11):3241–3246
Landesamt für Verfassungsschutz Hamburg (2015) Verfassungsschutzbericht 2014. Behörde für Inneres und Sport, Hamburg
Lindley A (2014) Questioning 'drought displacement': environment, politics and migration in Somalia. Forced Migr Rev 45:39–45
McLeman R, Smit B (2006) Migration as an adaptation to climate change. Clim Change 76(1–2):31–53
Methmann C, Oels A (2015) From 'fearing' to 'empowering' climate refugees: governing climate-induced migration in the name of resilience. Secur Dialogue 46(1):51–68
Möller I (1999) Hamburg, 2. Aufl. Perthes, Gotha
Myers N (1991) Population, resources and the environment: the critical challenges. United Nations Population Found, New York
Myers N (1997) Environmental refugees. Popul Environ 19(2):167–182
Myers N (2005) Environmental refugees: an emergent security issue. Organization for Security and Co-operation in Europe, Vienna
Nash S (2015) Towards an 'environmental migration management' discourse. A discursive turn in environmental migration advocacy? In: Rosenow-Williams K, Gemenne F (Hrsg) Organizational perspectives on environmental migration. Routledge studies in development, mobilities and migration. Routledge, London, S 198–215
Neumann K, Hildering H (2014) Opportunities and challenges for investigating the environment-migration nexus. Hum Ecol 43:309–322
New World Encyclopedia (2015) Eintrag "Nomad", Webseiten der New World Encyclopedia
Obokata R, Veronis L, McLeman R (2014) Empirical research on international environmental migration: a systematic review. Popul Environ 36(1):111–135
Piguet E (2010) Linking climate change, environmental degradation, and migration: a methodological overview. WIREs Clim Chang 1:517–524
Piguet E, de Guchteneire P (2011) Migration and climate change: an overview. Refug Surv Q 30(3):1–23
Pinker S (2010) The better angels of our nature. Viking, New York
Saunders D (2011) Arrival City. Blessing, München
Scheffran J, Battaglini A (2011) Climate and conflicts: the security risks of global warming. Reg Environ Change 11:27–39
Scheffran J, Vollmer R (2012) Migration und Klimawandel: Globale Verantwortung der EU statt Angstdebatte. In: Schoch B, Hausdewell C, Kursawe J, Johannsen M (Hrsg) Friedensgutachten 2012. LIT, Münster, S 209–221
Scheffran J, Marmer E, Sow P (2012) Migration as a contribution to resilience and innovation in climate adaptation: Social networks and co-development in Northwest Africa. Appl Geogr 33:119–127
de Sherbinin A (2013) Climate change hotspots mapping: what have we learned? Clim Change 123(1):23–37
de Sherbinin A, Castro M, Gemenne F, Cernea MM, Adamo S, Fearnside PM, Krieger G, Lahmani S, Oliver-Smith A, Pankhurst A, Scudder T, Singer B, Tan Y, Wannier G, Boncour P, Ehrhart C, Hugo G, Pandey B, Shi G (2011) Preparing for resettlement associated with climate change. Science 334(6055):456–457
Statistisches Amt für Hamburg und Schleswig-Holsten (2017) Statistisches Jahrbuch Hamburg 2016/2017. Statistisches Amt für Hamburg und Schleswig-Holsten, Hamburg
Statistisches Amt für Hamburg und Schleswig-Holstein (2014) Bevölkerung mit Migrationshintergrund in den Hamburger Stadtteilen Ende 2013.Statistik informiert ... Nr. IX/2014). Statistisches Amt für Hamburg und Schleswig-Holstein, Hamburg
Statistisches Amt für Hamburg und Schleswig-Holstein (2015) Bevölkerung mit Migrationshintergrund in den Hamburger Stadtteilen Ende 2014. Statistik informiert ... Nr. III/2015, 26.Oktober 2015. Statistisches Amt für Hamburg und Schleswig-Holstein, Hamburg
The Law Library of Congress (2015) New Zealand: „Climate Change Refugee". Case Overview, Washington
UNHCR – United High Commissioner for Refugees (2016) Global trends 2015. Figures at a glance
United Nations (2013) Department of economic and social affairs. Population Facts No. 2013/2
United Nations (2015) World population prospects. The 2015 revision. Key findings and advance tables. Department of economic and social affairs. Population division new York, UNDP (united nations development program) 2009. Human Development Report 2009: Overcoming Barriers: Human Mobility and Development. UN, New York
Verein zur Förderung des Fremden-Verkehrs in Hamburg (1907) Wegweiser durch Hamburg und Umgebung. Verein zur Förderung des Fremden-Verkehrs, Hamburg
World Bank (2015) Migration and Remittances Data, Webseiten der World Bank

Hafen Hamburg, Schifffahrt und Verkehr

Birgit Weiher

Verantwortliche, vom Lenkungsausschuss berufene Leitautorin: Birgit Weiher

H. Storch, I. Meinke, M. Claußen (Hrsg.),
Hamburger Klimabericht – Wissen über Klima, Klimawandel und Auswirkungen in Hamburg und Norddeutschland,
https://doi.org/10.1007/978-3-662-55379-4_11

11.1 Einleitung

Internationale Seehäfen spielten und spielen für die Entwicklung der menschlichen Zivilisation und Wirtschaft eine überragende Rolle (Dwarakish und Salim 2015; Puig et al. 2015; Fenton 2014; Becker et al. 2013; Merk 2013). Etwa 80 % des globalen Gütertransports erfolgen durch die Seeschifffahrt (OECD 2015). Dies und die Tatsache, dass der Hamburger Hafen als größter Hafen in der Bundesrepublik Deutschland und als zweitgrößter Containerhafen in Europa (HPA 2013) zu den wichtigsten Industriesektoren der Stadt Hamburg gehört, macht die besondere Bedeutung der Seeschifffahrt und des Hafens für die Stadt Hamburg deutlich.

Insgesamt 122.000 Arbeitsplätze in der Stadt Hamburg (d. h. jeder zehnte Arbeitsplatz) und überregional rund 138.000 Arbeitsplätze sind vom Hafen Hamburg abhängig (HPA 2013). Die Wertschöpfung im Zusammenhang mit den wirtschaftlichen Aktivitäten des Hafens Hamburg betrug 2012 in Hamburg 11,278 Mrd. Euro (Einbeziehung der Wertschöpfung überregionaler hafenabhängiger Unternehmen in Höhe von 5,993 Mrd. Euro) und bundesweit 19,513 Mrd. Euro. Im gleichen Jahr trug der Hafen Hamburg zu Steuereinnahmen der Stadt Hamburg in Höhe von 791 Mio. Euro bei (HPA 2013). Die Bedeutung des Hafens für die Stadt Hamburg hat auch in Zeiten europäischer und asiatischer Konkurrenz nicht abgenommen, wie die wirtschaftliche Entwicklung des Hafens in der Vergangenheit gezeigt hat. So sind seit 2010 kontinuierliche Steigerungen des Seegüterumschlags zu verzeichnen (HPA 2013).

Die besondere Bedeutung der internationalen Seeschifffahrt und Seehäfen führt gleichzeitig zu diversen Umweltbeeinträchtigungen (► Abschn. 11.2). Der internationale Transportsektor trägt einen Anteil von derzeit ca. 28 % am weltweiten Energieverbrauch und von ca. 23 % an den weltweiten Treibhausgasemissionen (IPCC 2014a). An den weltweit verursachten Treibhausgasemissionen im Transportsektor hat die weltweite Seeschifffahrt bezogen auf das Jahr 2010 einen Anteil von 37 % (OECD 2015). Aufgrund der prognostizierten Wachstumszahlen des internationalen Transportwesens werden die weltweiten CO_2-Emissionen bezogen auf das Jahr 2010 bis 2050 trotz des Einsatzes energieeffizienter Technologien voraussichtlich um das 3,9-Fache zunehmen (OECD 2015). Schließlich hat die internationale Seeschifffahrt einen wesentlichen Anteil auch bei anderen Schadstoffemissionen wie Schwefel und Stickoxid (IMO 2014), welche die Luft belasten. Darüber hinaus macht der Industriesektor Hafen, Seeschifffahrt und Verkehr durch weitere Umweltbeeinträchtigungen der Gewässer von sich reden, so etwa infolge der Verklappung von Öl und anderen Schadstoffen, die Verschmutzung durch Bilgenwasser, die Einschleppung fremder Arten in die heimischen Ökosysteme oder die Emission von Lärm. In der öffentlichen Wahrnehmung präsent sind ebenso diverse Infrastrukturmaßnahmen, wie z. B. Fahrrinnenerweiterungen, die Ausweitung von Hafenanlagen, Straßen und Schienensystemen.

Solche Infrastrukturmaßnahmen, welche die Topographie von Küsten- und Flussgebieten verändern, können im Zusammenwirken mit dem klimawandelbedingten Meeresspiegelanstieg sowie mit meteorologischen Einflüssen die Sturmflutwasserstände beeinflussen (► Abschn. 4.1.2.4, von Storch et al. 2015). Damit zeigt sich gleichzeitig die besondere Verwundbarkeit internationaler Seehäfen und der Seeschifffahrt gegenüber direkten klimawandelbedingten Beeinträchtigungen (► Abschn. 11.2.5, 4.2) wie Sturmfluten, Meeresspiegelanstieg, höherer Wellengang und Starkwinde (Becker et al. 2013; Hanson et al. 2011; Nicholls et al. 2008). Indirekte Einflüsse können sich aus gesetzgeberischen Initiativen ergeben, z. B. durch die Einführung von Schadstoffgrenzwerten (Lemper 2010), die entsprechende Anpassungsmaßnahmen erforderlich machen. Die klimawandelbedingten Veränderungen können sich allerdings auch positiv auswirken, indem z. B. die Abnahme des Polareises und die damit einhergehende Öffnung der Nordpassage kürzere Transportwege von Europa nach Asien mit sich bringen können (Ircha und Higginbotham 2015).

Damit sind die Seehäfen und die Schifffahrt Verursacher, Leidtragende und Profiteure des Klimawandels in einem. Der Klimawandel ist daher ein entscheidender Impactfaktor für die Entwicklung internationaler Häfen (Becker et al. 2013) wie auch für die weitere Entwicklung des Hamburger Hafens (Merk und Hesse 2012). Umso wichtiger ist es, Hindernisse bei der Implementierung von Anpassungsmaßnahmen zu überwinden (► Kap. 4).

11.2 Häfen, Schifffahrt und Verkehr als Verursacher des Klimawandels und daraus abzuleitende Konsequenzen

11.2.1 Der Transportsektor allgemein als Verursacher des Klimawandels

Der Transportsektor trägt einen erheblichen Anteil am Klimawandel. Im Jahr 2010 betrug der Energieverbrauch durch das gesamte Transportwesen ca. 28 % des weltweiten Energieverbrauchs, und 23 % der gesamten Treibhausgase wurden durch den weltweiten Transport emittiert (IPCC 2014a). Der Anstieg der durch den weltweiten Transport verursachten Treibhausgasemissionen ist ungebremst und beträgt trotz effizienterer Fahrzeuge und Maßnahmen zur Reduzierung des Treibhausgasausstoßes seit 1970 (2,8 Mrd. Tonnen) bis 2010 (7,0 Mrd. Tonnen) 250 % (IPCC 2014a). Neben dem CO_2-Ausstoß trägt der Transportsektor auch zu weiteren Schadstoffemissionen bei, etwa von Methan, Stickoxiden (NO_X), Schwefeldioxid (SO_2) u. v. m. (IPCC 2014a). Da Prognosen zeigen, dass der internationale Transport bis 2050 um das 4,3-Fache steigen wird, ist zu erwarten, dass die weltweiten CO_2-Emissionen im gleichen Zeitraum um das 3,9-Fache zunehmen werden (OECD 2015).

11.2.2 Die Schifffahrt im Besonderen als Verursacher des Klimawandels

Bezogen auf einen Anteil von 80 % am weltweiten Transport ist der Beitrag der Seeschifffahrt zu dem durch den internationalen Transport verursachten CO_2-Austoß mit 37 % im Jahr 2010 und prognostizierten 32 % im Jahr 2050 relativ gering (OECD 2015). Eine noch unbekannte Größe bei den Prognosen zum Einfluss der Seeschifffahrt auf den Klimawandel ist die Eisschmelze in der Arktis. Die bisher beobachtete Eisschmelze und die damit einhergehende Öffnung der Nordpassage für den Schiffsverkehr könnten zu einem deutlichen Anstieg der Transportaktivitäten führen (BACC II Author Team 2015). Corbett et al. (2010) prognostizieren einen daraus folgenden Anstieg der NO_X-Emissionen um das 1,7-Fache bis 2030 bzw. das 3,8-Fache bis 2050, bezogen auf 2004.

Auch wenn die Schifffahrt infolge ihres gemessen an der zurückgelegten Fahrstrecke geringen Anteils an CO_2-Emissionen das umweltfreundlichste Transportmittel sein mag, stellt die Emissionsbelastung in den Seehäfen infolge der Nutzung preiswerter und minderwertiger Schweröle ein besonderes Problem dar (OECD 2015). Die Treibhausgasemissionen in den Seehäfen betragen zwar nur etwa 2 % des gesamten durch die internationale Seeschifffahrt verursachten Ausstoßes (OECD 2015). Jedoch ist der Anteil dieser Emissionen am Gesamtschadstoffausstoß in den Hafenstädten selbst relativ groß (OECD 2015; Corbett et al. 2007). Darüber hinaus verursachen bestimmte Schadstoffe gravierende Gesundheitsprobleme. So werden NO_2, CO- und SO_2-Emissionen mit teilweise tödlichen Lungenerkrankungen in Verbindung gebracht (OECD 2015; Corbett et al. 2007). Untersuchungen zum Anteil der Schiffsemissionen am Gesamtschadstoffausstoß der Häfen in Hongkong und Los Angeles/Long Beach zeigen, dass etwa 50 % der Schwefeldioxidemissionen von den dort vor Anker liegenden Schiffen ausgestoßen werden (OECD 2015).

Prognosen hinsichtlich der zukünftigen Entwicklung von Schiffsemissionen variieren stark, in Abhängigkeit von den Annahmen zum Einsatz und zur Effektivität neuer Technologien (Eyring et al. 2005; BACC II Author Team 2015). Soweit es jedoch mittelfristig nicht gelingt, die Schiffsemissionen signifikant zu reduzieren, ist zu vermuten, dass diese bezogen auf das Jahr 2010 bis zum Jahr 2050 aufgrund des stetig wachsenden internationalen Handels und des damit einhergehend steigenden Transportwesens um bis zu 400 % ansteigen werden (OECD 2015).

Neben den vor Anker liegenden schadstoffemittierenden Schiffen beeinträchtigen die Seehäfen auf weitere vielfältige Weise die Umwelt und leisten damit auch einen Beitrag zum Klimawandel. So tragen die Seehäfen infolge des erhöhten Verkehrsaufkommens im Hinterland (Fenton 2014) maßgeblich zum Ausstoß von Treibhausgasen bei. Die für die nächsten Jahrzehnte prognostizierten Steigerungen des Transportvolumens (OECD 2015) verstärken diesen Effekt, denn daraus ergibt sich ein zusätzlicher Ausbaubedarf bei den Seehafenhinterlandanbindungen (BMVBS 2009). Die Hauptverkehrsträger im Hinterland, Straße und Schiene, stoßen in den Einzugsbereichen der deutschen großen Seehäfen Hamburg, Bremerhaven und Wilhelmshaven durch die enormen Containermengen bereits jetzt an ihre Kapazitätsgrenzen (BMVBS 2009). Die Bewältigung des Umschlagwachstums erfordert daher eine Kapazitätserweiterung der Hafenfläche und der Hinterlandanbindung (BMVBS 2009). Dies wiederum führt jedoch zu zusätzlichen Belastungen:

1. der Gewässer durch Schadstoffe, durch im Ballastwasser von Schiffen mitgeführte fremde Arten und durch Infrastrukturmaßnahmen an den Binnenwasserstraßen wie Fahrrinnenvertiefungen und -erweiterungen,
2. der Luft durch Staub und Abgase sowie
3. der Umgebung durch Lärm. Gerade im Hinterlandverkehr besitzt die Lärmproblematik einen besonderen Stellenwert, da die Hauptanbindungsstrecken häufig durch dicht besiedelte Gebiete führen und erhebliche Lärmbelästigungen der Anwohner zur Folge haben (BMVBS 2009).

11.2.3 Gesetzliche Regelungen

Infolge der erheblichen Beeinträchtigungen durch den Energieverbrauch und den Schadstoffausstoß im internationalen Transport ist auch dieser von Klimaschutzmaßnahmen betroffen. Ausgangspunkt für solche Maßnahmen sind Regelungen auf internationaler und nationaler Ebene. Die übergeordnete Regelung ist das Rahmenübereinkommen der UN über Klimaänderungen von 1992 (UN Framework Convention on Climate Change UNFCCC – sog. Rio-Übereinkommen, BGBl. 1993 II, S. 1783, in Kraft seit dem 21.03.1994) sowie das darauf aufbauende Kyoto-Protokoll von 1997 (BGBl. 2002 II, S. 966). Letzteres verpflichtet die europäischen Unterzeichnerstaaten zur Reduktion der Treibhausgase um 5 % bezogen auf das Jahr 1992. Der See- und Luftverkehr wurde hierbei ausdrücklich ausgenommen. Erste konkret auf die Seeschifffahrt bezogene internationale Regelungen zum Klima- und Umweltschutz finden sich in dem 1994 in Kraft getretenen UN-Seerechtsübereinkommen (SRÜ) (BGBl. 1994 II, S. 1798). Gegenstand des SRÜ ist u. a. die Regelung des Ressourcenverbrauchs in den Meeren, beispielsweise der Schutz der Fischbestände, aber auch der Meere selbst vor Verschmutzungen. Das Übereinkommen legt den Meeresumweltschutz als staatliche Aufgabe fest und definiert den Begriff „Verschmutzung der Meeresumwelt“ so weit, dass hiervon auch die Freisetzung von Treibhausgasen umfasst ist. Regelungen zu Grenzwerten von Emissionen und Einträgen in die Weltmeere enthält das SRÜ jedoch genauso wenig wie das Kyoto-Protokoll. Dies ist Gegenstand anderer internationaler Initiativen, die von der International Maritime Organisation (IMO), der World Ports Climate Initiative (WPCI) sowie der Europäischen Union ausgehen.

So hat die IMO diverse Abkommen zu Schadstoffreduktionen erlassen. Daneben trifft die International Convention for the Prevention of Marine Pollution from Ships (MARPOL-Übereinkommen BGBl. 1996 II, S. 399) diverse Regelungen zur Verhütung der Meeresverschmutzung durch Schiffe (Anlage I: Verbot des Transports von Schweröl in Einhüllentankern, Anlage II und III: Regelungen zum Gefahrguttransport, Anlagen IV und V: Einleitungsverbote von Abwässern in der 12-Seemeilen-Zone sowie Regelungen zur Bilgenwasseraufbereitung). Von besonderer Bedeutung ist die Anlage VI, die Emissionsgrenzwerte für Schwefel und Stickoxide festschreibt. Für bestimmte Gebiete gelten besondere Grenzwerte (sog. „(sulphur) emission control areas“, (S)ECAs). Diese Gebiete befinden sich in der Ostsee, Nordsee inklusive Ärmelkanal und an der nordamerikanischen Küste. Aufgrund der deutlich höheren regionalen Grenzwerte in den (S)ECAs wird der Einsatz neuer Technologien erforderlich werden. Lemper (2010) prognostiziert in diesem Zusammenhang eine erhebliche Kostensteigerung der Schiffstransporte infolge der erforderlichen Compliancemaßnahmen. Sehr wahrscheinlich wird dies u. a. eine Verlagerung von Transporten auf den Landweg zur Folge haben, zumindest was den Kurztransport anbelangt (Lemper 2010). Eine weitere Initiative der IMO ist die Einführung eines Energy Efficiency Design Index (EEDI), der für Schiffsneubauten das erlaubte Verhältnis von Kosten für die Umwelt (ausgedrückt im CO_2-Footprint) zum gesellschaftlichen Nutzen (ausgedrückt in der Bruttotragfähigkeit des Schiffes) festlegt. Seit 2013 stellt der EEDI eine definierte Referenzlinie für Neubauten dar, die nicht unterschritten werden darf. Des Weiteren ist das Ballastwasserabkommen der IMO aus dem Jahr 2004 zu nennen (International Convention for the Control and Management of Ships' Ballast Water and Sediments), das Standards zum Management und zur Behandlung von Ballastwasser festlegt. Das Abkommen ist allerdings noch nicht in Kraft. Trotz all der Initiativen geht die IMO von einer erheblichen Steigerung der Schadstoffemissionen bis 2050 durch die internationale Seeschifffahrt aus (IMO 2014).

Die Europäische Union hat in der Luftreinhaltungsrichtlinie 2005/33/EG u. a. geregelt, dass Schiffe in EU-Häfen ihre Motoren zur Stromerzeugung nur nutzen dürfen, wenn sie Treibstoffe mit einem Schwefelgehalt von weniger als 0,1 % verwenden. Schiffe, deren Motoren die Anforderungen nicht einhalten, müssen auf die Nutzung von Landstrom zurückgreifen. Da allerdings die von den Häfen vorgehaltenen Stromanschlüsse weltweit nicht normiert sind, müssen die Schiffe kostenaufwendig mehrere Anschlüsse vorhalten (Gibbs et al. 2014). Auch der Aus- und Neubau von Binnenwasserstraßen unterliegt Regelungen der Europäischen Union, und zwar der Wasserrahmenrichtlinie. Danach sind Infrastrukturmaßnahmen an Binnenwasserstraßen mit dem europarechtlich festgelegten Ziel des Schutzes und der Verbesserung des Zustandes von Gewässerökosystemen in Einklang zu bringen und die Auswirkungen des Klimawandels zu berücksichtigen. Auf europäischer Ebene wird außerdem über die Einführung eines Emissionshandelssystems für die Schifffahrt nachgedacht (Corbett et al. 2010; Nikolakaki 2013).

11.2.4 Initiativen

Im Wege einer freiwilligen Selbstverpflichtung haben sich eine Anzahl von Häfen dem von der World Ports Climate Initiative (WPCI) entwickelten Environmental Ship Index (ESI) unterworfen. Danach werden Schiffe im Hinblick auf ihre Schadstoffemissionen (SO_X, NO_X, CO_2) indiziert und die Hafengebühren entsprechend der Höhe der Emissionen angepasst (Gibbs et al. 2014). Derzeit setzen mehr als 35 Häfen, zu denen auch der Hafen Hamburg gehört, den ESI um (WPCI 2015a), und es sind bereits über 4000 Schiffe nach dem ESI indiziert worden (WPCI 2015b).

Auf nationaler Ebene verfolgt das Bundesministerium für Verkehr, Bau und Stadtentwicklung (BMVBS) das Ziel, die Binnenschifffahrt zu fördern, um die zu erwartenden Verkehrszuwächse, insbesondere im Seehafenhinterlandverkehr, nachhaltig zu bewältigen (BMVBS 2009). Dies erfordert Verbesserungen an den Binnenschifffahrtswegen, wie z. B. im Hinblick auf die Durchfahrtshöhen bei Brücken, die Abmessungen der Schleusenkammern sowie die nutzbaren Fahrrinnentiefen und -breiten (BMVBS 2009). Des Weiteren will der Bund die europäische Kurzstreckenseeschifffahrt („short sea shipping") und das europäische Konzept der Meeresautobahnen („motorways of the sea") fördern, die das Ziel haben, Güterverkehrsströme möglichst auf einige wenige Korridore zu konzentrieren und die Verkehrsverlagerung von Gütertransporten auf die Wasserstraßen zu unterstützen (BMVBS 2009). Des Weiteren fördert das BMVBS die Modernisierung der deutschen Binnenschifffahrt durch Zuschüsse für den Einbau von emissionsärmeren Dieselmotoren, Partikelfiltern und Katalysatoren (BMVBS 2009). Der Lärmproblematik im Hinterlandverkehr begegnet das BMVBS mit einem nationalen Verkehrslärmschutzpaket. Insbesondere geht es hierbei um die Reduzierung des vom Schienengüterverkehr ausgehenden Lärms durch die Umrüstung von Güterwaggons auf lärmmindernde Verbundstoffbremssohlen (sog. Flüsterbremsen) (BMVBS 2009).

11.2.5 Forschung

Die bereits vorliegenden und zu erwartenden Maßnahmen zur Reduktion des Schadstoffausstoßes in der Schifffahrt haben den Impuls für die Entwicklung alternativer, energieeffizienter Antriebssysteme gegeben, wie den dieselelektrischen Pod-Antrieb, den Brennstoffzellenantrieb, den Elektroantrieb, Antriebe auf Solarenergie- oder aber Windenergiebasis sowie den Nuklearantrieb (Eyring et al. 2005). Die Effektivität dieser Antriebssysteme ist teilweise jedoch gering, da insbesondere die Reichweite für die Seeschifffahrt nicht ausreichend ist (so beim Elektroantrieb oder bei der Solarenergie), es an der erforderlichen Infrastruktur zur Treibstoffversorgung mangelt (so beim Brennstoffzellenantrieb), die erforderliche Ausrüstung sehr viel Platz erfordert (so bei der Nutzung von Windenergie) oder erhebliche Sicherheitsbedenken (so beim Nuklearantrieb) bestehen (Jahn et al. 2011). Daher wird in der Schifffahrtsbranche dem dieselelektrischen Pod-Antrieb, der bewirkt, dass sich die Dieselmotoren immer im optimalen Drehzahlbereich befinden und dadurch ihr Wirkungsgrad optimiert wird, die größte Bedeutung beigemessen (Jahn et al. 2011). Weitere Maßnahmen zur Verbesserung bzw. Anpassung der Antriebssysteme sind die Nutzung von „liquefied natural gas" (LNG) oder von Biokraftstoffen, die Optimierung der Schiffsrümpfe sowie der Antriebe und die Abgasrückführung sowie Abwärmenutzung. Da die Kosten für LNG und Biokraftstoffe höher liegen als für herkömmlich verwendete Schweröle und auch die Nachrüstung der bestehenden Schiffsflotte Kosten verursacht, ist mit einer Umstellung auf diese Treibstoffe erst bei Neubauten zu rechnen (Love et al. 2010). Auch der Platzverbrauch bei LNG sowie der damit verbundene Ressourcenverbrauch bei Biokraftstoffen sind als Nachteile zu nennen (Lemper 2010). Lohnenswert könnte die Verwendung von LNG und Biokraftstoffen vor allem für Schiffe sein, die in den (S)ECAs eingesetzt werden, da der Schwefeloxidausstoß durch die alternativen Kraftstoffe erheblich reduziert werden kann (Lemper 2010). Die Rumpfoptimierung als bauliche Maßnahme kommt im Wesentlichen bei Neubauten zum Tragen. Allerdings können auch innovative Rumpfanstriche oder Optimierungen von Propeller und Ruder eines Schiffes Treibstoffeinsparungen bewirken (Jahn et al. 2011). Neben den vorgenannten neuen

Technologien bieten auch Methoden Einsparungspotenziale, die im Wesentlichen auf Verhaltensänderungen beruhen und daher weniger Innovationskosten mit sich bringen. So kann die Reduzierung der Fahrtgeschwindigkeit („slow steaming") einen überproportionalen Einspareffekt beim Treibstoffverbrauch hervorrufen (Love et al. 2010). Auch die Optimierung der Ladung bzw. die Aufnahme von Ballastwasser kann infolge der dadurch verbesserten Trimmung des Schiffes erhebliche Einsparungen erzielen (Jahn et al. 2011).

11.3 Bedeutung des Klimawandels für Häfen, Schifffahrt und Verkehr im Allgemeinen

11.3.1 Einflussgrößen des Klimawandels auf Häfen, Schifffahrt und Verkehr im Allgemeinen

Internationale Seehäfen und die mit ihnen verbundenen Transportinfrastrukturen (Straßen, Schienen, Tunnel, Brücken) sind infolge ihrer küstennahen Lage im Hinblick auf klimawandelbedingte Veränderungen wie Meeresspiegelanstieg, stärkere und veränderte Winde, verstärkte Niederschläge und daraus folgende Extremwetterereignisse wie Sturmfluten extrem gefährdet (IPCC 2014b; BACC II Author Team 2015). Überflutungen von Hafenanlagen und angeschlossenen Transportanbindungen können zu Betriebsausfällen und damit zu großen volkswirtschaftlichen Schäden führen. Dies liegt darin begründet, dass in den internationalen Seehäfen erhebliche Vermögenswerte angesiedelt sind, sodass eine Beeinträchtigung derselben unmittelbare und langfristige nachteilige Effekte für den Handel, die Schifffahrt und die inländischen Transportströme mit sich bringen würde (IPCC 2014b; Becker et al. 2013, Coumou und Rahmstorf 2012; Nicholls et al. 2008).

Neben den Gefahren infolge des Meeresspiegelanstiegs und zunehmender Extremwetterereignisse können auch Veränderungen des Salzgehaltes in den Ozeanen und Flüssen sowie Erhöhungen der Wasser- und Lufttemperaturen den Transportsektor erheblich beeinträchtigen (Koppe et al. 2012). Gleiches gilt für die Veränderungen der Tide. So ist erkennbar, dass regional die Flut nicht nur stärker, sondern auch zunehmend länger auftritt und so die Schadensanfälligkeit für Hafenanlagen steigt (Forbes et al. 2004).

Ein weiterer Effekt auf die Seeschifffahrt und die Seehäfen ist die infolge der Erderwärmung merkliche Abschmelzung des Polareises (IPCC 2014b; BACC II Author Team 2015; Ircha und Higginbotham 2015; Verny 2015; Gao et al. 2015). So ist über die letzten 30 Jahre das Sommereis um 8,9 % je Dekade und das Wintereis um 2,5 % je Dekade zurückgegangen (IPCC 2014b; Bitner-Gregersen et al. 2013). Nach Brigham (2008) kann für das 21. Jahrhundert mit zunehmend eisfreien Gebieten gerechnet werden. Untersuchungen von Wang und Overland (2009) sowie Overland und Wang (2013) zeigen, dass das Sommereis in der Arktis bis 2050 vollständig verschwunden sein könnte (IPCC 2014b). Diese Entwicklung eröffnet in positiver Hinsicht neue zeit- und kosteneinsparende Schifffahrtsrouten (IPCC 2014b; Ircha und Higginbotham 2015; Verny 2015).

11.3.2 Auswirkungen des Klimawandels auf Häfen, Schifffahrt und Verkehr im Allgemeinen

Die Fachdiskussion um die Auswirkungen des Klimawandels auf die internationale Seeschifffahrt wird vornehmlich vom Bedrohungspotenzial des steigenden Meeresspiegels und zunehmender Extremwetterereignisse dominiert (Restemeyer et al. 2015; Becker et al. 2015; Hanson et al. 2011; Dannenberg et al. 2009; Gayathri et al. 2015; Wenzel und Treptow 2013; Weisse et al. 2012; Feser et al. 2015; Messner et al. 2013; Koetse und Rietveld 2009; Bitner-Gregersen et al. 2013; Nicholls et al. 2008; McEvoy et al. 2013). Letztlich gibt es keine hinreichende Studienlage zu den Auswirkungen des Meeresspiegelanstiegs und zunehmender Hochwasserereignisse auf küstennahe Infrastrukturen wie Seehäfen (IPCC 2014b). Allerdings sind im Hinblick auf einzelne Seehäfen und Seerouten unterschiedliche Studien veröffentlicht worden, die einen summarischen Überblick über die Einflussfaktoren und möglichen Konsequenzen des Klimawandels bieten, u. a.: Hallegatte et al. (2011) zu Kopenhagen, Messner et al. (2013) zu San Diego, Smythe (2015) zu New York, Nicholls et al. (2008) und Hanson et al. (2011) zur Gefährdung von 136 internationalen Seehäfen, Slack und Comtois (2015) zum St.-Lawrence-Great-Lake-System, Acciaro (2015, 2014) zum Panamakanal, Gayathri et al. (2015) zur Bucht von Bengalen, Cusano et al. (2015) zu Italien, Stenek et al. (2015) zum Hafen Muelles El Bosque, Cartagena (Kolumbien), Wenzel und Treptow (2013, 2014) zum Lübecker Hafen, Schröder et al. (2013) sowie Schröder und Hirschfeld (2014) zu den Ostseehäfen, Becker et al. (2015) zu Gulfport und Providence, Esteban et al. (2015) zu Japan, Osthorst (2015) und Osthorst et al. (2014) zu Bremerhaven, Cahoon et al. (2015); Scott et al. (2013) und McEvoy et al. (2013) zu Australien, Ircha und Higginbotham (2015), Verny (2015); Gao et al. (2015) und Brigham (2008) zur Arktis, Koppe et al. (2012) sowie Schempp und Kowaleski (2014) zum Hafen Hamburg. Soweit sich die Studien mit der Gefährdungslage einzelner Seehäfen befassen, beziehen sie sich vornehmlich auf die Gefahrenpotenziale von Überflutungen und möglichen Anpassungsoptionen. Vergleichbare Studien zu anderen klimawandelbedingten Beeinträchtigungen wie z. B. Starkniederschlägen oder erhöhten Luft- und Wassertemperaturen existieren nicht. Insgesamt ist die Forschung zu konkreten Einflussfaktoren und ihren positiven und/oder negativen Auswirkungen auf die jeweilige Transportinfrastruktur noch in ihren Anfängen. Ableitbare Handlungsoptionen für die Entscheidungsträger im jeweils betroffenen Einzelfall sind den Studien nur selten zu entnehmen. Hier herrscht daher noch großer Forschungsbedarf.

Die Autoren unterscheiden zwischen direkten und indirekten Schäden durch klimawandelbedingte Beeinträchtigungen (Schempp und Kowaleski 2014; Hallegatte et al. 2011; Nicholls et al. 2008; Hanson et al. 2011), wobei Becker et al. (2015) von den indirekten Schäden noch die nicht quantifizierbaren Folgeschäden wie z. B. Umweltverschmutzung, Gesundheitsschäden abgrenzen. Die direkten Schäden sind solche, die unmittelbar durch das Ereignis an den Hafenanlagen einschließlich Wasserstraßen und Hinterlandanbindung, an Frachtgütern und anderen Vermögenswerten entstehen, die indirekten Schäden sind Kosten und

Folgeschäden als Konsequenz der direkten Schäden, vornehmlich in Form von sog. Vermögensschäden durch z. B. Produktionsausfälle, Beeinträchtigungen der Handelsbeziehungen, Preiserhöhungen durch Verknappung, Umweltverschmutzung u. v. m.

11.3.2.1 Auswirkungen auf die Häfen im Allgemeinen

Direkte Schäden

Direkte Schäden der Häfen infolge klimawandelbedingter Beeinträchtigungen lassen sich wie folgt beschreiben: Der Meeresspiegelanstieg, einhergehend mit höheren Wellen und stärkeren Winden bis hin zu Stürmen, bringt die Gefahr von vermehrten, stärkeren und länger andauernden Überflutungen der Hafenanlagen mit sich, was entsprechende betriebliche Ausfallzeiten zur Folge hätte (Esteban et al. 2015; Stenek et al. 2015; Cahoon et al. 2015; Scott et al. 2013; Becker et al. 2013; Koppe et al. 2012; Koetse und Rietveld 2009; Wenzel und Treptow 2013). Betroffen wären von den Überflutungen neben den Liegeplätzen auch die Stromversorgung sowie die Lagerflächen, sodass die Transportgüter beschädigt werden könnten (Stenek et al. 2015; Wenzel und Treptow 2013; Schröder und Hirschfeld 2014). Ebenso wären die Zu- und Abfahrtswege von Stürmen und Überflutungen betroffen (Schröder et al. 2013). Mehr und stärkere Stürme beeinträchtigen die Ankunftsgenauigkeit der Schiffe und erschweren infolge des stärkeren Wellengangs ihre Be- und Entladung (Wenzel und Treptow 2013; Schröder und Hirschfeld 2014). Auch der Transport und die Stapelung von Leercontainern wird durch stärkere Stürme erschwert (Wenzel und Treptow 2013; Koppe und Hurtienne 2011), wie auch hochragende Anlagen (z. B. Kräne) beschädigt werden können (Stenek et al. 2015). Der Meeresspiegelanstieg wird möglicherweise den Tidehub verändern und so einerseits zur vermehrten Sedimentation führen, was die Befahrbarkeit der Wasserstraßen für Schiffe mit entsprechendem Tiefgang beeinträchtigen könnte (Cahoon et al. 2015; Kofalk et al. 2014), und andererseits den Wasserpegel so erhöhen, dass die erforderliche Durchfahrtshöhe unter Brücken nicht mehr gewährleistet wäre (Schröder und Hirschfeld 2014; Koppe et al. 2012). Auch eine erhöhte Küstenerosion ist eine mögliche Folge des Meeresspiegelanstiegs (Becker et al. 2013; Scott et al. 2013). Ebenso wäre eine erhöhte Korrosionsrate von in den Hafenanlagen verbauten Materialien infolge eines erhöhten Salzgehaltes im Wasser möglich (Wenzel und Treptow 2013; Koppe et al. 2012; Koppe und Hurtienne 2011). In gleicher Weise könnten sich mikrobielle Veränderungen, bedingt durch eine Erhöhung der Wassertemperatur, auswirken (Wenzel und Treptow 2013; Koppe et al. 2012; Koppe und Hurtienne 2011). Eventuell eintretende Erhöhungen der Niederschlagsmenge und der Lufttemperatur könnten die Nutzung der Hafeninfrastruktur z. B. im Hinblick auf Kühlsysteme, tiefer liegende Zufahrtsstraßen, auf die Beschaffenheit und Befahrbarkeit von Fahrbahndecken und Terminalbelägen, die Alterungsraten von Holzelementen und die Entwässerungssysteme beeinflussen (Cahoon et al. 2015; Stenek et al. 2015; Wenzel und Treptow 2013; Scott et al. 2013; Koppe und Hurtienne 2011; Schröder und Hirschfeld 2014). Geringere Niederschlagsmengen wiederum könnten regional zu einem sinkenden Wasserpegel führen und damit die Befahrbarkeit der Wasserstraßen im Hafen erschweren (Koppe und Hurtienne 2011). Ebensolches gilt für so wichtige Schifffahrtsstraßen wie den Panamakanal, was in der Konsequenz nicht nur Kostensteigerungen für die Seetransporte infolge längerer Transportwege mit sich brächte, sondern auch erhebliche Einkommenseinbußen der diese Schifffahrtsstraßen betreibenden Staaten (Acciaro 2014, 2015 für Panama).

Indirekte Schäden

Die indirekten Kosten und Folgeschäden für Häfen infolge der vorstehend beschriebenen klimawandelbedingten Beeinträchtigungen sind schwer zu beziffern. Dies trifft insbesondere auf die sehr negativen und im Fokus der Öffentlichkeit stehenden Auswirkungen von z. B. Wirbelstürmen oder schweren Sturmfluten zu (Becker et al. 2013; Oh und Reuveny 2010; Koetse und Rietveld 2009). Solche Ereignisse führen zu der gravierendsten Beeinträchtigung für Seehäfen: der Unterbrechung ihres Betriebes und der von ihnen abhängenden Transportströme. So schätzen Becker et al. (2012), dass z. B. der Hurrikan Katrina einen Schaden in Höhe von etwa 1,7 Mrd. US-$ verursacht und die Wirtschaft in über 30 US-Staaten beeinträchtigt hat. In ihrer Untersuchung zur Stadt Kopenhagen schätzen Hallegatte et al. (2011), dass sich im Falle eines Jahrhundertereignisses (Überflutung 150 cm über dem Meeresspiegel) die direkten Schäden auf bis zu 3 Mrd. Euro belaufen könnten. In dieser Schätzung ist der prognostizierte Meeresspiegelanstieg infolge der Erderwärmung nicht berücksichtigt. Hallegatte et al. (2011) führen aus, dass ein Meeresspiegelanstieg von 25 cm die direkten Schäden auf 4 Mrd. Euro, von 50 cm auf 4,8 Mrd. Euro und von 100 cm auf 8 Mrd. Euro erhöhen würde. Weitere in der Studie nicht quantifizierte indirekte Schäden wären der Verlust tausender Arbeitsplätze, Todesfälle, körperliche und seelische Erkrankungen, Kosten für den Wiederaufbau und der Verlust der Wettbewerbsfähigkeit der Region für einen über viele Jahre gehenden Zeitraum (Hallegatte et al. 2011). Hanson et al. (2011) und Nicholls et al. (2008) beschreiben in einer Untersuchung der 136 weltweit größten Hafenstädte das Gefahrenpotenzial von Flutkatastrophen für die küstennahen Infrastrukturen und Bevölkerungen und damit eingehende Vermögensschäden. Danach sind gegenwärtig über 40 Mio. Menschen potenziell von klimawandelbedingten Extremwetterereignissen betroffen und Infrastrukturen im Wert von 3000 Mrd. US-$, entsprechend ca. 5 % des weltweiten Bruttosozialprodukts. Bis 2070, so die Aussage der Studie, könnte sich in Abhängigkeit vom Bevölkerungswachstum und vom weiteren Meeresspiegelanstieg die betroffene Bevölkerungszahl verdreifachen und der Wert der betroffenen Infrastrukturen gar verzehnfachen (entsprechend 9 % des weltweiten Bruttosozialprodukts). Die möglichen Folgekosten durch Extremwetterereignisse sind folglich kaum quantifizierbar und betreffen astronomisch hohe Vermögenswerte.

Positive Effekte

Jede Medaille hat zwei Seiten, und so können viele der vorstehend beschriebenen klimawandelbedingten Veränderungen neben negativen auch positive Effekte auf die Seehäfen haben (Koppe und Hurtienne 2011, ◘ Tab. 11.1). Eine Erhöhung des Meeresspiegels z. B. würde die Befahrbarkeit der Wasserstraßen in den Häfen mit größeren Schiffen ermöglichen und damit die Kosten für Ausbaggerungsarbeiten erheblich reduzieren (Kofalk

Tab. 11.1 Einflüsse des Klimawandels auf Entwurf und Unterhaltung von Freilagern. (Quelle: Koppe und Hurtienne 2011)

Einfluss des Klimawandels	Chancen	Risiken
Anstieg der jährlichen Luftdurchschnittstemperatur		Erhöhung der Tautiefe von Permafrostböden und daraus resultierend Gründungsprobleme
Anstieg der jährlichen Wasserdurchschnittstemperatur		Anstieg der mikrobiellen Aktivität und somit Anstieg der mikrobiellen Korrosion in der Wasserwechselzone von Spundwänden Einwanderung neuer Arten, die potenziell zu höheren Alterungsraten von Holzelementen wie Dalben führen können
Abnehmende Anzahl der Tage mit Temperaturen unter dem Gefrierpunkt	Verringerung der Eislasten	
Anstieg der minimalen Lufttemperatur	Verringerung der Eislasten	
Anstieg der jährlichen Niederschlagsmenge		Anstieg des Grundwasserstandes und somit Anstieg des aktiven Erddrucks an geschlossenen Konstruktionen
Anstieg der Häufigkeit von Sturmereignissen		Anstieg der Anzahl von Flutereignissen am Liegeplatz und folglich Anstieg der betrieblichen Ausfallzeit
Anstieg der Sturmintensität		Anstieg der Höhe von Sturmhochwasserständen am Liegeplatz und somit Anstieg der betrieblichen Ausfallzeit infolge von Überflutung des Liegeplatzes
Intensivierung des Wellenklimas infolge höherer Windgeschwindigkeiten		Anstieg der Wellenunruhe am Liegeplatz und somit Anstieg der betrieblichen Ausfallzeit
Änderungen des Anlaufwinkels von Wellen infolge einer Änderung der Windrichtungsverteilung	Potenzielle Verringerung der Stundenzahl mit kritischer Wellenunruhe am Anleger und somit Verringerung der betrieblichen Ausfallzeit	Potenzieller Anstieg der Stundenzahl mit kritischer Wellenunruhe am Anleger und somit Anstieg der betrieblichen Ausfallzeit
Windabhängige Änderungen des Wasserstandes infolge von Änderungen der Windgeschwindigkeit und der Windrichtungsverteilung	Potenziell geringeres Überflutungsrisiko am Anleger	Potenziell höheres Überflutungsrisiko am Anleger
Anstieg des Wasserspiegels als direkte Folge eines Meeresspiegelanstiegs		Erhöhung des Überflutungsrisikos und somit Anstieg der betrieblichen Ausfallzeit und der potenziellen Überflutungsschäden
Anstieg des Salzgehaltes		Anstieg der Korrosionsrate von Stahl- und Betonelementen wie Spundwandkonstruktionen und Schwergewichtsmauern
Verringerung des Salzgehaltes	Verringerung der Korrosionsrate von Stahl- und Betonelementen wie Spundwandkonstruktionen und Schwergewichtsmauern	
Versäuerung		Anstieg der Korrosionsrate von Stahl- und Betonelementen wie Spundwandkonstruktionen und Schwergewichtsmauern
Anstieg der jährlichen Luftdurchschnittstemperatur	Potenziell bessere Bedingungen für die Lufttrocknung von Holz	Höherer Energieverbrauch von Kühlcontainern Einwanderung neuer Arten, die potenziell zu Schädigungen an Lagerholz führen können Erhöhung der Tautiefe von Permafrostböden und daraus resultierend Gründungs- und Setzungsprobleme
Anstieg der maximalen Lufttemperatur		Höherer Energieverbrauch von Kühlcontainern
Abnehmende Anzahl der Tage mit Temperaturen unter dem Gefrierpunkt	Weniger Schnee und Eis auf den Lagerflächen und somit bessere Verkehrsbedingungen auf den Lagerflächen	Höherer Energieverbrauch von Kühlcontainern Erhöhung der Tautiefe von Permafrostböden und daraus resultierend Gründungs- und Setzungsprobleme

Tab. 11.1 *(Fortsetzung)*

Einfluss des Klimawandels	Chancen	Risiken
Anstieg der jährlichen Niederschlagsmenge		Längere Lagerzeiten für die Lufttrocknung von Holz
Abnahme der jährlichen Niederschlagsmenge	Kürzere Lagerzeiten für die Lufttrocknung von Holz	
Anstieg der Starkregenintensität		Anstieg des Risikos von Drainageausfällen und somit der Überflutungsgefahr auf Lagerflächen
Anstieg der Intensität von Hagelschauern		Anstieg des Schadensrisikos in Freilagern für Fahrzeuge
Anstieg der Sturmintensität		Anstieg der Gefahr des „Verwehens" von Gütern im Freilager; dies betrifft nicht nur Schüttgüter, sondern auch Container, insbesondere Leercontainer (Gegenmaßnahme: Reduzierung der Stapelhöhe)

et al. 2014; Krämer et al. 2013; Schröder und Hirschfeld 2014; Stenek et al. 2015). Ein Anstieg der minimalen Lufttemperatur könnte zu einer Verringerung der Schnee- und Eislasten führen, was die Nutzung der Hafenanlagen im Winter erleichtern, eine bessere Anbindung der Straßen und Schienen gewährleisten und insgesamt weniger Betriebsausfälle mit sich bringen würde (Schröder und Hirschfeld 2014; Wenzel und Treptow 2013; Koppe et al. 2012; Koppe und Hurtienne 2011). Auch die Kosten für die Gebäude- und Fahrbahnerhaltung könnten hierdurch reduziert (Koppe et al. 2012) und Güter, die in Hafenanlagen in der Regel unter freiem Himmel gelagert werden, weniger beeinträchtigt werden (Koppe und Hurtienne 2011). Dies gälte in Kombination mit geringeren Niederschlägen insbesondere für feuchtigkeitsempfindliche Güter wie z. B. Holz und Papier (Wenzel und Treptow 2013; Koppe und Hurtienne 2011). Schließlich wäre auch eine Veränderung der Windrichtung, und damit einhergehend die Veränderung des Anlaufwinkels von Wellen, je nach Lage der Hafeneinfahrt, evtl. von Vorteil. So sänke hierdurch ggf. die Stundenzahl der für den Hafenbetrieb kritischen Wellenunruhe, sodass betriebliche Ausfallzeiten abnähmen und die Ankunft sowie Be- und Entladung der Schiffe weniger gestört wäre (Wenzel und Treptow 2013; Koppe und Hurtienne 2011).

11.3.2.2 Auswirkungen auf die Schifffahrt im Allgemeinen

Nicht nur Häfen sind von den klimawandelbedingten Veränderungen betroffen, sondern auch Seeschiffe. Ein häufigeres Zusammentreffen von höherem Wellengang – bis hin zu Extremereignissen wie den sog. Monsterwellen oder Kaventsmännern – mit stärkeren Winden in Kombination mit dem Meeresspiegelanstieg auf hoher See würde die Seeschiffe besonders beeinträchtigen (Onorato et al. 2006; Toffoli et al. 2011), was in die Risikobewertung für die Schifffahrt einfließen müsste, da die daraus resultierende Gefahr von erheblichen Beschädigungen am Schiffsrumpf und einem daraus folgenden Totalverlust von Schiff und Mannschaft erheblich ist (Bitner-Gregersen et al. 2013).

Allerdings kann es infolge des Klimawandels auch positive Effekte für die Schifffahrt geben, denn der mit der Erderwärmung einhergehende Rückgang des Polareises eröffnet potenziell neue Schifffahrtswege (IPCC 2014b; Ircha und Higginbotham 2015; Verny 2015; Koetse und Rietveld 2009). Die damit verbundene Verkürzung der Transportzeiten kann erheblich sein. So beträgt das Einsparpotenzial im Hinblick auf die Transportzeiten auf der Nordostpassage entlang der russischen Küste von Russland nach Asien 40 % gegenüber der Route durch den Suezkanal und auf der Nordwestpassage entlang der kanadischen Küste von der Westküste Kanadas nach Europa 1000 nautische Meilen gegenüber der Route durch den Panamakanal (Ircha und Higginbotham 2015). Darüber hinaus besteht auf der Nordwestpassage auch Einsparpotenzial infolge der Möglichkeit erhöhter Zuladung, da der maximale Tiefgang im Panamakanal 12 m beträgt und auf der Nordwestpassage 14 m (Ircha und Higginbotham 2015). All dies zeigt auch signifikante Potenziale für die Minimierung von Transportkosten auf (IPCC 2014b; Ircha und Higginbotham 2015; Verny 2015), was sich bereits gegenwärtig in einem ansteigenden Schiffsverkehr in der Polargegend bemerkbar macht (IPCC 2014b; Ircha und Higginbotham 2015; Verny 2015).

11.3.2.3 Auswirkungen auf die Hinterlandanbindung im Allgemeinen

Für die Wettbewerbs- und Betriebsfähigkeit der Seehäfen ist eine funktionierende Hinterlandanbindung unabdingbar (Ninnemann 2015). Oben wurde bereits gezeigt, dass die Straßen- und Schieneninfrastrukturen von den klimawandelbedingten Einflüssen je nach Szenario positiv oder negativ beeinflusst sein können. Gleiches gilt für die Binnenschifffahrt als weiteres Transportmodul im Hinterlandverkehr. So würden steigende Luft- und Wassertemperaturen die Eisbedeckung inländischer Wasserwege minimieren, was ihre Befahrbarkeit im Winter verbessern würde (IPCC 2014b; ICPDR 2012; Koetse und Rietveld 2009). Im Sommer allerdings könnten die erhöhten Temperaturen zusammen mit geringeren Niederschlägen zu niedrigeren Wasserständen führen, was Einfluss auf die Tiefe und Schiffbarkeit der Wasserstraßen hat (IPCC 2014b; ICPDR 2012; Jonkeren et al. 2014; Koetse und Rietveld 2009; Kofalk et al. 2014). Ein zu niedriger Wasserstand führt möglicherweise dazu, dass die Schiffe entweder nicht voll beladen werden können oder die Binnenschifffahrt ganz zum Erliegen kommt (Koetse und Rietveld 2009). Das Ausweichen auf andere – kostenträchtigere – Verkehrsträger (Straße oder Schiene) wäre damit unausweichlich (Nilson et al. 2014). Höhere Wasserstände infolge von schneedominierten Abflüssen, erhöhten Niederschlägen oder eines Meeresspiegelanstiegs würden wiederum die Schiffbarkeit der Wasserwege für größere Schiffe verbessern (Nilson et al. 2014; ICPDR 2012). Aber auch dies gilt nicht uneingeschränkt, denn der höhere Wasserpegel beeinträchtigt möglicherweise die Schiffbarkeit der Wasserstraßen, z. B. infolge einer zu niedrigen Durchfahrtshöhe unter Brücken (Nilson et al. 2014; ICPDR 2012). Für Westeuropa ergeben Studien zu klimawandelbedingten Einflüssen auf die Binnenwasserstraßen eine Erhöhung der Transportkosten infolge niedrigerer Wasserstände (Nilson et al. 2014; ICPDR 2012; Koetse und Rietveld 2009). So gehen Nilson et al. (2014) beispielsweise für den Rhein bis Ende des 21. Jahrhunderts im ungünstigsten Fall von einer klimabedingten Steigerung der Schiffsbetriebskosten von rund 9 % gegenüber dem derzeitigen Stand aus. Die Folge einer Kostensteigerung der Binnenschifffahrt könnte ein „modal shift" hin zur Straße oder Schiene sein (Nilson et al. 2014; Koetse und Rietveld 2009).

11.3.3 Erforderliche Anpassungsmaßnahmen für Häfen, Schifffahrt und Verkehr im Allgemeinen

11.3.3.1 Erforderliche Anpassungsmaßnahmen für Häfen im Allgemeinen

Die potenziellen Beeinträchtigungen der Häfen durch den Klimawandel machen Anpassungsmaßnahmen erforderlich, da andernfalls mit erheblichen Störungen von Betriebsabläufen und verbundenen Infrastrukturen zu rechnen wäre. Vornehmlich werden drei mögliche Reaktionsweisen auf die klimawandelbedingten Herausforderungen beschrieben: 1. ein verbesserter Schutz vor Sturmfluten, 2. Landaufschüttungen, um den Meeresspiegelanstieg zu kompensieren, oder 3. die Verlagerung von Infrastrukturen in geschützte Gebiete (Becker et al. 2013; Messner et al. 2013). All diese Handlungsoptionen sind kostenintensiv und bergen unterschiedliche Probleme (Messner et al. 2013; Nicholls et al. 2008). So kann der Küstenschutz mit den Bedürfnissen des Naturschutzes kollidieren, die Anhebung der Hafenanlagen mit der landseitigen Transportanbindung inkompatibel oder eine Umsiedlung der Hafenanlagen mangels alternativer Flächen faktisch unmöglich sein (Becker et al. 2013; Messner et al. 2013). Insgesamt gibt es nach Becker et al. (2013) noch wenige Erkenntnisse zu der Frage, welche Arten von Anpassungsmaßnahmen bezüglich welcher klimawandelbedingten Beeinträchtigungen in welchem Zeitraum getätigt werden sollten. Die meisten Studien befassen sich mit dem verbesserten Schutz der Hafenanlagen vor Flutereignissen. Diskutiert werden Hochwasserschutzanlagen auf Terminals, Lagerflächen und der landseitigen Verkehrsinfrastruktur (Straßen und Schiene) (Esteban et al. 2015; Koppe und Hurtienne 2011).

Weitere mögliche Maßnahmen im Zusammenhang mit dem Schutz vor Beeinträchtigungen durch Hochwasser sind die Anpassung von Entwässerungssystemen und Ölabscheidern, der Schutz eingelagerter Güter vor Meerwasser sowie die Anhebung der Lagerhallen, der Verkehrswege und der Schutz elektrischer Anschlüsse (Wenzel und Treptow 2013; Scott et al. 2013). Vergleichbare Anpassungsmaßnahmen sind nach Wenzel und Treptow (2013) auch bei zunehmender Gefahr stärkerer Stürme und Niederschläge erforderlich, wobei zusätzlich die Sicherung leerstehender Container und Trailer sowie großer Hallenvordächer, Tore und Luken vorgesehen werden sollte. Auch Schutzmaßnahmen wie der Bau von Windschutzmauern werden diskutiert (Paulauskas et al. 2009).

Einer vermehrten Sedimentation kann demgegenüber weniger aktiv durch Schutzmaßnahmen denn reaktiv durch vermehrte Aushubarbeiten begegnet werden (Nilson et al. 2014; ICPDR 2012; Koppe et al. 2012).

Erhöhte Lufttemperaturen machen die Anpassung der Kühlsysteme, der Fahrbahndecken und Terminalbeläge erforderlich (Koppe et al. 2012; Koppe und Hurtienne 2011), wobei auch evtl. steigende Arbeitstemperaturen für die Hafenmitarbeiter Änderungen der Arbeitsabläufe erfordern können (Wenzel und Treptow 2013). Gemäß der Studie der National Climate Change Adaptation Research Facility und der RMIT-Universität (McEvoy et al. 2013) können die Anpassungsstrategien der Seehäfen z. B. die Entwicklung von neuen Technologien (z. B. Kräne, die stärkeren Winden standhalten können), Maßnahmen des Gebäudeschutzes und Abstimmung zwischen unterschiedlichen Partnern der Logistikkette erfordern.

11.3.3.2 Erforderliche Anpassungsmaßnahmen für die Schifffahrt im Allgemeinen

Genauso wie die Seehäfen wird auch die Konstruktion der Seeschiffe von Veränderungen der Meerestemperatur, des Windes, der Wellen, des Meeresspiegels und des Polareises betroffen sein, wie Bitner-Gregersen et al. (2013) dies am Beispiel von Tankern aufzeigen. Unter Zugrundelegung zukünftiger stärkerer Winde sowie einer Erhöhung der signifikanten Wellenhöhe um 1 m auf See kommen Bitner-Gregersen et al. (2013) zu dem Ergebnis, dass die Materialstärke der Tanker um 5–8 % angehoben werden müsste. Auch im Hinblick auf die Verhinderung der Einschleppung fremder Arten werden Veränderungen an den Schiffsrümpfen wie z. B. durch bestimmte Anstriche oder Oberflächenbehandlungen diskutiert (Burdon et al. 2014). Wird die Navigation in den Polargebieten angestrebt, ist dies nur mit Schiffen der entsprechenden Eisklasse möglich. Dies bedeutet, dass die Schiffe verstärkte Rümpfe und kräftigere Antriebssysteme haben müssen, was ihr Gewicht erhöht (Ircha und Higginbotham 2015). Die Ladekapazität dieser Schiffe ist demgegenüber reduziert, was im Verhältnis zu höheren Konstruktions- und Betriebskosten führt (Ircha und Higginbotham 2015).

11.3.3.3 Erforderliche Anpassungsmaßnahmen für die Hinterlandanbindung im Allgemeinen

Im Hinblick auf die landseitige Anbindung kann es erforderlich sein, die Straßen- und Schienensysteme durch Dämme vor Überflutungen zu schützen und die Entwässerungssysteme so zu verbessern, dass auch höhere Niederschläge bzw. Starkniederschläge die Nutzbarkeit nicht beeinträchtigen (Scott et al. 2013; Koppe und Hurtienne 2011). Höhere Temperaturen mögen den Einsatz hitzebeständigerer Baustoffe erhöhen (Scott et al. 2013; McEvoy et al. 2013), demgegenüber niedrigere Temperaturen eine häufigere Beseitigung von Eis- und Schneelasten erfordern (Koppe und Hurtienne 2011). Schließlich wären für den Schienenverkehr die Signalanlagen und die Stromversorgung vor Starkwinden und Stürmen zu schützen (Koppe und Hurtienne 2011).

Bezüglich der Binnenschifffahrt sind ingenieurtechnische Maßnahmen im Hinblick auf das Niedrig- und Hochwassermanagement erforderlich (ICPDR 2012; Nilson et al. 2014). Nilson et al. (2014) führen diesbezüglich Wassereinsparungsmaßnahmen, Talsperren, Überleitungen, Deiche und Polder auf. Einen umfangreichen Maßnahmenkatalog hat die Internationale Kommission zum Schutz der Donau (ICPDR) zusammengestellt (ICPDR 2012). Dazu gehören zunächst allgemeine Maßnahmen wie die Überwachung des Wasserpegels und die rechtzeitige Bereitstellung dieser Informationen für die Binnenschiffer, eine effektive Bewirtschaftung der Wasserstraßen durch Maßnahmen im Hinblick auf die Sedimente, der Ausgleich unterschiedlicher Wassermengen durch Dämme, die Modernisierung der Infrastrukturen und die Vertiefung der Fahrrinnen (ICPDR 2012).

Nach Nilson et al. (2014) bestehen generell im Bereich der Binnenschifffahrt Anpassungsoptionen u. a. für die Bereiche Schiffstechnik, Schiffsbetrieb, Flottenstruktur, Logistik und Wasserbau. So zählt auch die ICPDR in ihrer Studie konkrete Vorschläge zur Anpassung der Binnenschiffe an die in Zukunft veränderten Wasserpegel auf, etwa die Förderung von Containerschiffen mit geringem Tiefgang, die Änderung der Schiffskonstruktionen durch Verwendung von Leichtbaumaterialien und die Verbesserung der Manövrierfähigkeit der Binnenschiffe (ICPDR 2012). Mögliche weitere Anpassungsmaßnahmen wären nach Nilson et al. (2014) die Vergrößerung der Lagerflächen, die Verlagerung von Transporten auf andere Verkehrsträger, der Einsatz von zusätzlichen Schiffen und der Umstieg auf kleinere Schiffsgrößen. Als Nachteile dieser Anpassungsmaßnahmen sind beispielsweise höhere Kosten und geringere freie Kapazitäten auf Straße und Schiene zu nennen, wenn es zu Verlagerungen des Transports auf andere Verkehrsträger kommt.

11.4 Bedeutung des Klimawandels für Hafen, Schifffahrt und Verkehr der Stadt Hamburg im Besonderen

11.4.1 Einflussgrößen des Klimawandels auf Hafen, Schifffahrt und Verkehr der Stadt Hamburg

Der Hafen Hamburg wird trotz seiner mehr als 100 km im Inland befindlichen Flusslage nicht weniger von den klimawandelbedingten Veränderungen wie dem Meeresspiegelanstieg (vgl. hierzu ▶ Abschn. 4.1) und Sturmfluten betroffen sein als andere küstennahe Seehäfen (von Storch et al. 2015; Büscher und Rudolph 2014a; Koppe et al. 2012; Daschkeit und Renken 2009). Im Gegenteil kann sogar davon ausgegangen werden, dass der Meeresspiegelanstieg in der Nordsee höher ausfällt als im globalen Mittel (▶ Abschn. 4.1.2), was sich auch in einem erhöhten Wasserstand der Elbe bemerkbar machen kann (▶ Abschn. 4.2.2). Allerdings zeigen jüngere Studien keine signifikante Veränderung der Sturmflutintensität, wohl aber der Sturmfluthäufigkeit auf (▶ Abschn. 2.4.2.3). Weitere spezifische Einflussgrößen sind die natürliche Landsenkung im Bereich der deutschen Nordseeküste (▶ Abschn. 4.1.2.4), eine verstärkte Flutstromdominanz (▶ Abschn. 4.2.2.3) und der damit verbundene stromaufwärts gerichtete Sedimenttransport sowie Eintrag salzhaltigen Wassers (Büscher und Rudolph 2014a; Kofalk et al. 2014; Seiffert und Hesser 2014; Koppe et al. 2012; Daschkeit und Renken 2009). Jedoch wird erwartet, dass sich die Erhöhung des Salzgehaltes nicht bis zur Höhe der Großen Elbinsel erstrecken und sich damit nicht im Hafenbereich auswirken wird (Büscher 2014; Kofalk et al. 2014; Koppe et al. 2012).

Prinzipiell sind die vorstehenden Phänomene Auswirkungen des Meeresspiegelanstiegs bzw. der durch den Meeresspiegelanstieg (▶ Abschn. 4.1.2.4, 4.2.2.3) ausgelösten Erhöhung des Tidehubs (▶ Abschn. 4.2.2; Koppe et al. 2012; Seiffert und Hesser 2014; Schlünzen und Linde 2014; Büscher und Rudolph 2014b) und der Flutstromgeschwindigkeit (Büscher 2014). Allerdings befördern niedrigere Oberwasserzuflüsse infolge längerer Trockenperioden mit wenig Niederschlag diesen Effekt noch (Büscher 2014; Büscher und Rudolph 2014b). Die Ausbaggerungen und Eindeichungen und daraus folgenden Veränderungen der Flusstopographie (von Storch et al. 2015, 2008) tragen ein Übriges bei.

Der durch den Meeresspiegelanstieg zu erwartende Elbwasseranstieg (▶ Abschn. 4.2.2.3) kann schließlich in Kombination mit klimawandelbedingten höheren Niederschlagsmengen und Starkniederschlägen (Rechid 2011; Linde et al. 2014; Holtrup und Warsewa 2008) das Grundwasserpotenzial anheben und somit Einfluss auf die Entwässerungssysteme haben (Schlünzen und Linde 2014; Koppe et al. 2012; Daschkeit und Renken 2009). Da außerdem die Niederschläge vornehmlich im Winter zunehmen könnten, hat dies voraussichtlich eine höhere Belastung der Infrastrukturen gerade in der Sturmflutsaison zur Folge (Büscher und Rudolph 2014a).

Nach Koppe et al. (2012) ist auch eine Erhöhung der Wassertemperatur der Elbe zu erwarten (ebenso ▶ Abschn. 4.2.2.6) mit einer dadurch entstehenden vermehrten mikrobiellen Aktivität. Die für die Metropolregion Hamburg bis Ende des 21. Jahrhunderts projizierte Erhöhung der durchschnittlichen Jahrestemperatur mit unterschiedlichen Ausprägungen über das Jahr (Rechid 2011; Linde et al. 2014; Schlünzen und Linde 2014) wird demgegenüber nach Koppe et al. (2012) nur eine geringe Einflussgröße für den Hafen Hamburg darstellen. Allerdings konnten für die letzten Jahre mäßigere Eiswinter auf der Elbe festgestellt werden (▶ Abschn. 4.2.1.5).

11.4.2 Auswirkungen für Hafen, Schifffahrt und Verkehr der Stadt Hamburg infolge des Klimawandels

11.4.2.1 Überflutungen

Zuvorderst ist als Beeinträchtigung des Hafens Hamburg die Gefahr durch Überflutungen infolge von Sturmfluten (▶ Abschn. 4.2.1.3), von höheren Wasserständen infolge des Meeresspiegelanstiegs (▶ Abschn. 4.2.1.2) und von erhöhten Niederschlagsmengen bzw. Starkniederschlägen zu nennen (von Storch et al. 2015, 2008; Koppe et al. 2012). Solche Überflutungen der Hafenanlagen führen unmittelbar zu einer Unterbrechung des Hafenbetriebes mit allen damit verbundenen weiteren indirekten Schäden durch die Unterbrechung der Transportströme und langwierigen Wiederaufbaumaßnahmen (Schempp und Kowaleski 2014; Koppe et al. 2012). Aufgrund der durch einen erhöhten Meeresspiegel zukünftig zu erwartenden längeren Dauer hoher Wasserstände werden diese Überflutungen auch dementsprechend länger anhalten als bisher (Büscher et al. 2014). Die vom Hafen abhängige Wirtschaft wäre von einer Unterbrechung des Hafenbetriebes besonders stark betroffen (Schempp und Kowaleski 2014).

Insbesondere bei einer, von Schempp und Kowaleski (2014) allerdings als unwahrscheinlich eingestuften, Überspülung der Deiche kann es zu großen wirtschaftlichen Schäden durch die Beschädigung oder Zerstörung von Produktionsanlagen und Gebäuden kommen. Auch Starkwinde könnten zu Betriebsstörungen oder gar vermehrten Betriebsunterbrechungen im Hamburger Hafen führen (Koppe et al. 2012). So haben Koppe und Hurtienne (2011) als grundsätzliches Problem infolge stärkerer Winde die erschwerte Lagerung von Leercontainern beschrieben. Dieser Effekt stellt auch für den Hamburger Hafen als bedeutendem Containerumschlagsplatz eine besondere Beeinträchtigung dar. Genauso wie in anderen Seehäfen (Stenek et al. 2015) wären auch im Hafen Hamburg Kräne und andere hochragende Anlagen (z. B. Signalanlagen für den Eisenbahnverkehr) von den erhöhten Belastungen betroffen. Ein stärkerer Wellengang könnte, wie von Wenzel und Treptow (2013) für die Ostseehäfen festgestellt, die Navigation der Schiffe im Bereich des Hafens Hamburg erschweren.

11.4.2.2 Veränderungen der Niederschläge

Eine Zunahme der Niederschläge im Winter und vermehrte Starkniederschlagsereignisse führen im Zusammenspiel mit dem dauerhaft erhöhten Wasserstand zu einem erhöhten Grundwasserpotenzial und damit in der Konsequenz zur Überflutung von tiefer liegenden Gebäude- und Freiflächen, Brücken und Terminalanlagen (Meier und Schneider 2014; Koppe et al. 2012). Auch die Hinterlandanbindung kann von Überflutungen betroffen sein. Das 124 km umfassende Straßennetz und 304 km umfassende Schienennetz befindet sich teilweise unterhalb des Meeresspiegels, weswegen auch diese von Überflutungen durch Hochwasser, Starkniederschlägen oder einem erhöhten Grundwasserpotenzial betroffen sein würden (Koppe et al. 2012). Schließlich können starke und dauerhaft erhöhte Hochwasserstände auftreten (Nilson et al. 2014), sodass die Durchfahrt unter Straßen- und Eisenbahnbrücken für größere Schiffe nicht mehr möglich ist, was vermehrte Störungen der Binnenschifffahrt mit sich brächte (Koppe et al. 2012).

Demgegenüber führen geringere Niederschläge und eine mögliche Verstärkung des stromaufwärts gerichteten Sedimenttransports sowie die daraus resultierende Ablagerung derselben in der Fahrrinne zu einem Niedrigwasserstand, der die Schiffbarkeit der Elbe für größere Schiffe einschränken würde (Seiffert und Hesser 2014; Meier et al. 2014; Kofalk et al. 2014; Nilson et al. 2014; Koppe et al. 2012). Nach Nilson et al. (2014) sind im Bereich der Elbe solche Niedrigwassersituationen aufgrund ihrer relativ langen Andauer für den Binnenschiffstransport relevanter als Hochwasserereignisse. Die Transportleistung in der Schifffahrt und damit der Umschlag des Hafenbetriebes wären dadurch empfindlich beeinträchtigt (Nilson et al. 2014). Bei fortschreitendem Klimawandel ist nach Nilson et al. (2014) allerdings erst im weiteren Verlauf des Jahrhunderts nach 2050 Handlungsbedarf gegeben.

11.4.2.3 Veränderungen der Luft- und Wassertemperatur

Die Projektionen zur zukünftigen klimawandelbedingten Erhöhung der Lufttemperaturen in der Metropolregion Hamburg lassen nach Koppe et al. (2012) keine negativen Auswirkungen für den Hafen erwarten. Im Gegenteil können sich erhöhte Lufttemperaturen positiv auswirken, insoweit geringere Eis- und Schneelasten weniger Schäden an Gebäuden, Fahrbahnen und Terminalbelägen verursachen, geringere Kosten für die Eis-/Schneebefreiung von Straßen, Schienen und Terminals mit sich bringen und weniger Betriebsausfälle infolge nicht nutzbarer Straßen, Terminalbereiche sowie Wasser- und Schienenwege zu befürchten sind (Koppe et al. 2012). Auch für die Binnenschifffahrt ergäbe sich daraus ein positiver Effekt, und zwar die geringeren Beeinträchtigungen der Binnenschifffahrt infolge eines verminderten Eisganges (Koppe et al. 2012).

Die höheren Wassertemperaturen führen zu einer höheren mikrobiellen Aktivität und damit einerseits zu einer stärkeren Korrosion von in den Hafenanlagen verbauten Materialien und andererseits zu einer vermehrten Biomasseproduktion mit einem entsprechendem Sauerstoffverlust im Wasser (Meier et al. 2014; Koppe et al. 2012).

11.4.2.4 Quantifizierung der direkten und indirekten Schäden

Soweit versucht wird, die Auswirkungen des Klimawandels auf die Wirtschaft zu quantifizieren, ist mit Daschkeit und Renken (2009) festzustellen, dass hierfür die wissenschaftliche Basis äußerst gering ist, wenn auch Studien zur Modellierung möglicher Szenarien in jüngster Zeit vermehrt erstellt werden. De Kok et al. (2009) beispielweise modellieren die zu erwartenden Schäden infolge von Hochwasserereignissen im deutschen Elbeeinzugsgebiet unter den Gesichtspunkten des Risikopotenzials für verschiedene Infrastrukturen und Vermögenswerte. Die Einschätzung der gesamten Auswirkungen solcher klimawandelbedingten Beeinträchtigungen erfordert daher Kenntnisse über die betroffenen Vermögenswerte und über die Anpassungsfähigkeiten der hafenwirtschaftlichen Betriebe (Schempp und Kowaleski 2014). Kenntnisse über die möglicherweise betroffenen Vermögenswerte im Falle eines Extremwetterereignisses kann man verschiedenen Studien entnehmen. Nach jüngeren umfangreichen Schadensschätzungen auf der Grundlage verschiedener Sturmflutereignisse für den Stadtteil Wilhelmsburg beträgt dort der direkte Schaden an Gebäuden und Inventar ca. 5,5 Mrd. Euro (KLIMZUG Nord 2014). Die daraus resultierenden Produktionsunterbrechungen im Bereich Wilhelmsburg würden in der Folge zu Lieferengpässen führen, sodass auch Betriebe ihre Produktion einschränken müssten, die nicht direkt von der Flut betroffen wären. Der indirekte Wertschöpfungsverlust könnte sich damit auf rund 550 Mio. Euro belaufen (KLIMZUG Nord 2014).

Weitere indirekte Schäden, welche die direkten Schäden sogar übersteigen könnten, würden eintreten, wenn größere Teile Hamburgs von der Unterbrechung des Hafenbetriebes betroffen wären (KLIMZUG Nord 2014). Grünig et al. (2012) haben für ein 200-jähriges Hochwasserereignis der Stadt Hamburg je nach Ausmaß des Deichbruchs (20 m bzw. 200 m) einen Schaden in Höhe von 352 Mio. bzw. von bis zu 956 Mio. Euro errechnet. Nicholls et al. (2008) haben in ihrer Studie zum Ranking von internationalen Seehäfen unter der Annahme eines Jahrhundertflutereignisses die in Hamburg potenziell betroffenen Vermögenswerte mit 127,27 Mrd. US-$ und die betroffene Bevölkerungszahl mit bis zu 255.000 beziffert. Die Anpassungsfähigkeit der betroffenen Unternehmen schließlich hängt entscheidend von ihrer Größe ab (Schempp und Kowaleski 2014). So sind kleine Betriebe weniger in der Lage, im Vorfeld Anpassungsmaßnahmen zu entwickeln und im Falle eingetretener Schäden den Wiederaufbau zu betreiben. Unter Berücksichtigung der Tatsache, dass ein großer Anteil der Arbeitsplätze im Hafengebiet von kleinen Betrieben abhängt (Schempp und Kowaleski 2014), ergibt sich hieraus ein großes Risikopotenzial. Schempp und Kowaleski (2014) empfehlen daher die Bereitstellung staatlicher Hilfen für diese kleineren Unternehmen.

11.4.2.5 Wirtschaftliche Vorteile

Neben den vorbezeichneten Risiken könnten sich für die Stadt Hamburg aus dem Klimawandel wirtschaftliche Vorteile ergeben, und zwar aus der zukünftig möglichen Nutzung der Nordostpassage (Kreft 2009). Dies bietet deswegen besondere Chancen für den Hafen Hamburg, da sein Containerumschlag zur Hälfte dem Seeverkehr von und nach Asien entspringt (HPA 2012). Die Zeit- und Kosteneinsparungsmöglichkeiten auf diesen Routen wären erheblich, denn beispielsweise beträgt die Distanz von Hamburg nach Yokohama über die Nordostpassage 6920 Seemeilen, während die Route über den Suezkanal 11.439 Seemeilen beträgt (Johansson und Donner 2015). Allerdings wären für die Nutzung der vornehmlich für Hamburg interessanten Nordostpassage Gebühren an den Anrainerstaat Russland und Entgelte für die Begleitung mit Eisbrechern zu zahlen, denn anders als es Kanada für die Nordwestpassage handhabt, ist das Befahren der Nordostpassage nur in Begleitung von Eisbrechern erlaubt (Ircha und Higginbotham 2015). Weitere Kosten können sich aus dem Erfordernis der Nutzung von Schiffen mit höheren Eisklassen ergeben. Mit Blick auf die Beschränkungen des Tiefganges wäre auch zu prüfen, ob diese entsprechend anders konstruierten und schwereren Schiffe die Elbe zum Hafen passieren können.

11.4.3 Erforderliche Anpassungsmaßnahmen für Hafen, Schifffahrt und Verkehr der Stadt Hamburg

Infolge der Gefahr zunehmender und schwerwiegender Überschwemmungen als Konsequenz des steigenden Sturmflut- und Hochwasserrisikos werden einerseits technische Maßnahmen wie Anpassungen von Eindeichungen, Sperrwerken und Überlaufpoldern hinter den Deichen (Holtrup und Warsewa 2008; Seiffert und Hesser 2014; Büscher 2014; Koppe et al. 2012; Kofalk et al. 2014) und andererseits die Wiederherstellung natürlicher Funktionen von Überflutungsflächen (von Storch et al. 2008, KLIMZUG Nord 2014) diskutiert, was im Übrigen auch der europäischen Hochwasserrisikomanagementrichtlinie RL 2007/60/EG entspräche. Flankierende Maßnahmen betreffen die Aufbereitung von Informationen für den Katastrophenschutz wie Deichgefahrenkarten, Abwehrpläne und Ausbildung des Personals (Büscher 2014; Kofalk et al. 2014).

Sturmfluten und höhere Wasserstände erfordern auch die Verstärkung von Kaianlagen, Ankerplätzen und Stromleitungen (Koppe et al. 2012). Ebenso kann es erforderlich sein, Brücken, Straßen und Schienen anzuheben, um ihre Überflutung bei Hochwasser zu verhindern bzw. um ihre Passierbarkeit durch größere Schiffe zu gewährleisten (Koppe et al. 2012). Auch Entwässerungssysteme müssen den höheren Belastungen infolge vermehrter, längerer und erhöhter Sturmfluten standhalten (Koppe et al. 2012). Ebenso könnte die Zunahme der Niederschläge im Winter und der Starkniederschlagsereignisse bei gleichzeitigem Anstieg des mittleren Elbwassers die Kapazitäten der Entwässerungssysteme überschreiten, sodass diese anzupassen wären (Koppe et al. 2012; Daschkeit und Renken 2009).

Höhere Lufttemperaturen, wenn diese auch moderat ausfallen, führen nach Koppe et al. (2012) zu vermehrten Kosten für die Kühlung von Gebäuden (Lager- und Arbeitsräumen). Schlünzen und Linde (2014) empfehlen im Zusammenhang mit erhöhten anthropogenen Wärmeabgaben in den Hafenbetrieben eine Verbesserung der Arbeitsbedingungen im Hafenbereich durch die Begrünung von Wänden und Dächern. Hierdurch könnten, so Schlünzen und Linde (2014), die Temperaturen insgesamt reduziert und der Energieverbrauch für die Kühlung verringert werden. Weiterer Anpassungsmaßnahmen im Zusammenhang mit Lufttemperaturerhöhungen (z. B. der Einsatz neuer Instandhaltungstechnologien für Schienensysteme oder modifizierter Baustoffe für Straßen) bedarf es nach Koppe et al. (2012) nur, soweit die Temperarturseigerungen die projizierten Entwicklungen überschreiten.

Infolge des erhöhten Sedimenttransports sind Kapazitäten für vermehrte Erhaltungsmaßnahmen der Fahrrinne bereitzustellen, um die Schiffbarkeit des Hamburger Hafens zu erhalten (Büscher 2014; Koppe et al. 2012; Kofalk et al. 2014). Nach Kofalk et al. (2014) lassen die bisherigen Klimaprojektionen allerdings den Schluss zu, dass bis 2050 diesbezüglich keine besonderen Maßnahmen zu veranlassen sind, da mit den derzeit vorhandenen Methoden und Ressourcen die Beeinträchtigungen bewältigt werden können. Ein Anpassungsbedarf im Hinblick auf den Erhalt der Fahrrinne ergibt sich nach Kofalk et al. (2014) daher erst ab Mitte des Jahrhunderts. Problematisch ist zukünftig allerdings, dass der infolge des Temperaturanstiegs im Meerwasser reduzierte Sauerstoffgehalt Restriktionen im Hinblick auf den Aushub von Sedimenten setzen könnte (Daschkeit und Renken 2009; Koppe et al. 2012). Des Weiteren führt bereits derzeit die Schadstoffbelastung des Sediments, die ihren Ursprung im gesamten Einzugsgebiet der Elbe bis in die Tschechische Republik hat, zu Einschränkungen im Hinblick auf die Ablagerung derselben (HPA 2012). Bis 2025 werden die ausgehobenen Sedimente an Land behandelt und abgelagert. Maßnahmen zur Verringerung der Schadstoffbelastung der zu lagernden vermehrten Sedimentation, wie ihre mechanische Trennung und Entwässerung, sind daher auch in Zukunft unabdingbar (HPA 2012). Mittel- bis langfristig soll mit Maßnahmen zur Reduzierung der Schadstoffbelastung in den Sedimenten entsprechend der Vorgaben der Wasserrahmenrichtlinie 2000/60/EG eine Schwebstoffqualität erreicht werden, die eine Umlagerung der Sedimente innerhalb des Flusses ermöglicht. Darüber hinaus hat die Hamburg Port Authority (HPA) gemeinsam mit der Wasser- und Schifffahrtsverwaltung des Bundes (WSV) ein Konzept für das Strombau- und Sedimentmanagement in der Tideelbe entwickelt, das zu einer Reduzierung der Baggermengen führen soll (HPA 2012).

11.4.4 Implementierung von Anpassungsmaßnahmen

Bezüglich des Hafens Hamburg hat die HPA in ihrem Hafenentwicklungsplan 2025 an verschiedenen Stellen Maßnahmen aufgeführt, die dazu dienen können, den Hafen vor den klimawandelbedingten Einflüssen wie beispielsweise vermehrte Sedimentation oder Hochwasser zu schützen (HPA 2012). Der Schwerpunkt im „Masterplan Klimaschutz“ des Senats der Freien und Hansestadt Hamburg liegt darauf, einen Beitrag zur Erreichung der nationalen Klimaschutzziele, die sich auf die Reduzierung der CO_2-Emission konzentrieren, durch vermehrte Energieeffizienz zu leisten (Bürgerschaft der Freien und Hansestadt Hamburg 2013). Bei der Implementierung einer umfassenden Anpassungsstrategie für den Hafen Hamburg an klimawandelbedingte Beeinträchtigungen wäre zu beachten, dass es erhebliche Unsicherheiten und Zweifel in Bezug auf die Bewertung der Eintrittswahrscheinlichkeit von Gefahren gibt.

Den unkalkulierbaren Kosten im Falle klimawandelbedingter Beeinträchtigungen durch z. B. Sturmfluten stehen erhebliche Unsicherheiten und Zweifel bei der Bewertung der Eintrittswahrscheinlichkeit und Vulnerabilität einer bestimmten Region gegenüber (Schröder et al. 2013). So quantifizieren die bisherigen Studien und Projekte, wie z. B. in Europa ADAM, MEDIATION und ClimateCost (Grünig et al. 2012), allenfalls die möglichen Schäden im Falle des Eintritts eines Jahrhundertereignisses, geben aber keine Auskunft über die Wahrscheinlichkeit des Schadenseintritts in der nahen Zukunft, für welche die jetzigen Entscheidungsträger Verantwortung tragen. Insbesondere sind Feststellungen zu konkreten Bedrohungsszenarien in einer gegebenen Region und/oder einem bestimmten Transportsektor (Seefahrt, Luftfahrt, Landverkehr) nur schwer zu treffen, da die Beobachtungen der Klimaveränderungen zeigen, dass es lokal signifikante Unterschiede gibt (Love et al. 2010; Coumou und Rahmstorf 2012; Bitner-Gregersen et al. 2013). Darüber hinaus werden belastbare Vorhersagen für einzelne Regionen und Transportsektoren nach Love et al. (2010) dadurch erschwert, dass sich das Klima seiner Natur nach nicht linear verändert, sondern sehr unterschiedlich und schwankend sein kann und außerdem die Infrastrukturen der unterschiedlichen Transportsektoren (hier: Seefahrt, Luftfahrt, Landverkehr) und somit auch die Erkenntnisse zu diesen nicht miteinander vergleichbar bzw. nicht notwendigerweise übertragbar sind. Aus diesem Grunde ist es Love et al. (2010) zufolge unmöglich, die Auswirkungen des Klimawandels auf den Transportsektor insgesamt zu generalisieren. Damit stellt sich die drohende Beeinträchtigung durch z. B. den Meeresspiegelanstieg für den Entscheidungsträger als abstrakte und nicht als konkrete Gefahr dar. Die Begründungschwierigkeiten der Entscheidungsträger für oder gegen einzelne Maßnahmen verstärken sich schließlich noch dadurch, dass keine generalisierenden Aussagen über die Vulnerabilität einzelner Hafensysteme möglich sind. So gibt es Hafensysteme, die bereits gegenwärtig vom Klimawandel betroffen sind, wohingegen andere Hafenbetriebe kurz- und mittelfristig nur geringe Effekte erfahren werden, sodass dort der Anpassungsdruck gering ist (Koppe und Hurtienne 2011).

Es liegen folglich für die Entscheidungsträger weder belastbare Aussagen zur Eintrittswahrscheinlichkeit von klimawandelbedingten Ereignissen noch zur Vulnerabilität ihres Hafens vor. Diese Problematik zeigt eine Befragung bei zehn Ostseehäfen auf, die von Schröder et al. (2013) durchgeführt wurde. Für die Mehrheit der Befragten sind u. a. die mangelnde Verständlichkeit von Informationen zum Klimawandel sowie Zweifel an den Auswirkungen des Klimawandels ein Hemmnis für die Umsetzung von Anpassungsmaßnahmen des eigenen Hafens an die Folgen des Klimawandels (Schröder et al. 2013). Da die Eintrittswahrscheinlichkeit eines schädigenden Ereignisses eine unbekannte Größe ist, werden die möglichen ökonomischen Folgen und Verluste, die eine Katastrophe mit sich bringen kann, bei der Entscheidungsfindung häufig vernachlässigt (Becker et al. 2013). So hat eine weltweite Befragung von 93 Hafenbehörden ergeben, dass für die meisten Häfen keine Vorbereitungen getroffen werden, um Beeinträchtigungen durch den Klimawandel zu begegnen (Becker et al. 2012). Wenngleich die Befragten zwar ihre Besorgnis im Hinblick auf die Gefahren für den Hafenbetrieb infolge des Meeresspiegelanstiegs, des Seegangs und des Hochwassers äußerten, sahen sie konkret für ihren jeweiligen Hafen keinen Handlungsbedarf. Vielmehr waren die Befragten überwiegend der Ansicht, dass die Herausforderungen des Klimawandels nach dem derzeitigen Stand der Technik gemeistert werden können und deshalb besondere Anpassungsmaßnahmen an den Klimawandel nicht erforderlich sind (Becker et al. 2012).

Ursächlich hierfür können die Unterschiede zwischen den eher kurzen Planungszeiträumen der Entscheidungsträger einerseits und den langen Prognosehorizonten der Klimaforscher sowie der langen Lebensdauer von Hafenanlagen andererseits sein (Scott et al. 2013; Wenzel und Treptow 2013; Becker et al. 2012, 2013; Koppe und Hurtienne 2011). Die Projektionshorizonte zur zukünftigen Entwicklung des Klimas sind aufgrund seiner naturbedingten Variabilität relativ lang und umfassen einen Vorhersagezeitraumen von 50 bis 100 Jahren. Darüber hinaus weisen die Hafenanlagen zumeist eine Lebensdauer von bis zu 100 Jahren auf (Koppe und Hurtienne 2011; Becker et al. 2012). Demgegenüber sind die Planungszeiträume von Entscheidungsträgern im Management und in der Politik kurzfristig und umfassen durchschnittlich 5–10 Jahre (Scott et al. 2013; Wenzel und Treptow 2013; Becker et al. 2012; Koppe und Hurtienne 2011). Es ist daher wahrscheinlich, dass die Planungsentscheidungen weder die klimawandelbedingten Änderungen noch die langfristig erforderliche Belastbarkeit der Hafenanlagen hinreichend in Betracht ziehen. Es bedarf nach Koppe und Hurtienne (2011) daher einer individuellen Analyse der einzelnen Hafenanlagen im Hinblick auf ihre Sensitivität für klimawandelbedingte Veränderungen. Solche Analysen fehlen bislang.

Nach Becker et al. (2013) gibt es indessen einige Häfen, die bereits Maßnahmen zum Schutz vor klimawandelbedingten Beeinträchtigungen getroffen haben. So erwähnen Becker et al. (2013) das Rotterdam Climate Proof Programme, das in Zusammenarbeit mit diversen Beteiligten zum Ziel hat, die Belastbarkeit u. a. des Hafens Rotterdam mit Blick auf die Gefahren des Klimawandels bis 2025 zu sichern (Rotterdam Climate Change Adaption Strategy 2013). Ähnliche Programme bestehen für den Hafen von San Diego (City of San Diego 2012) und für den Hafen von Muelles el Bosque/Cartagena, Kolumbien (Stenek et al. 2015).

11.5 Fazit

Für die internationalen Seehäfen zeigt die Studienlage, dass sich der Klimawandel regional unterschiedlich auswirkt, sodass generalisierende Aussagen zu den daraus erwachsenen Chancen und Risiken von Häfen, Schifffahrt und Verkehr nicht möglich sind. Für die Stadt Hamburg sind die Studien überschaubar, die Übertragbarkeit der zahlreichen Studienergebnissen bzgl. anderer Häfen wäre im Detail zu evaluieren. Festzustellen ist aber, dass viele der zukünftigen Auswirkungen des Klimawandels für den Hafen Hamburg als bekannt anzusehen sind. Allerdings sind Aussagen zum Bedrohungspotenzial im Hinblick auf die Eintrittswahrscheinlichkeit sowie Gefährdungslage des Hafens Hamburg nur schwer zu treffen. Um den Entscheidungsträgern belastbare Entscheidungsgrundlagen an die Hand geben zu können, ist hier weiterer Forschungsbedarf gegeben.

Für die Entwicklung einer Anpassungsstrategie wäre eine Evaluierung und Auswertung der Chancen und Risiken des Hafens Hamburg im Zusammenhang mit der Klimafolgenanpassung sinnvoll. Als wichtige Aspekte wären hier z. B. die geographische Lage des Hafens Hamburg, die Notwendigkeit des Erhalts und der Verbreiterung der Fahrrinnen im Spannungsfeld mit möglichen Restriktionen infolge des Urteils des Europäischen Gerichtshofes vom 1. Juli 2015 (Az. C-461/13), die zukünftig mögliche schiffbare Nordostpassage Richtung Asien und der klimapolitisch herausragende „modal split" bei der Hinterlandanbindung (HPA 2012) zu nennen.

Schließlich werden zukünftige auf die Reduzierung oder Vermeidung von Klimawandelfolgen gerichtete politische und gesetzgeberische Maßnahmen Anpassungsmaßnahmen erforderlich machen. Die bisherigen Regulierungen zeigen bereits einen nicht unerheblichen Einfluss auf die Wettbewerbsfähigkeit internationaler Häfen auf.

Literatur

Acciaro M (2014) Anpassung an den Klimawandel im Panamakanal. In: Bundesministerium für Verkehr und digitale Infrastruktur (Hrsg) The world association for waterborne transport infrastructure XXXIII. Internationaler Schifffahrtskongress, Deutsche Beiträge, San Francisco. VZB, BAW, Bonn, S 134–148 (Webseiten der Verkehrswasserbaulichen Zentralbibliothek (VZB) der Bundesanstalt für Wasserbau (BAW))

Acciaro M (2015) Climate change adaptation in the Panama canal. In: Ng AKY, Becker A, Cahoon S (Hrsg) Climate change and adaptation planning for ports. Routledge, New York, S 172–193

Author Team BACC II (2015) Second assessment of climate change for the baltic sea basin. Regional climate studies. Springer, Berlin, London

Becker A, Inoue S, Fischer M, Schwegler B (2012) Climate change impacts on international seaports: knowledge, perceptions, and planning efforts among port administrators. Clim Change 110(1):5–29

Becker A, Acciaro M, Asariotis R, Cabrera E, Cretegny L, Crist P, Esteban M, Mather A, Messner S, Naruse S, Ng AKY, Rahmstorf S, Savonis M, Song DW, Stenek V, Velegrakis AF (2013) A note on climate change adaptation for seaports: a challenge for global ports, a challenge for global society. Clim Change 120(4):683–695

Becker A, Matson P, Fischer M, Mastrandrea MD (2015) Towards seaport resilience for climate change adaptation: stakeholder perceptions of hurricane impacts in Gulfport (MS) and Providence (RI). Prog Plann 99:1–49

Bitner-Gregersen EM, Eide LI, Hørte T, Skjong R (2013) Ship and offshore structure design in climate change perspective. SpringerBriefs in Climate Studies. Springer, Berlin, Heidelberg

BMVBS – Bundesministerium für Verkehr, Bau und Stadtentwicklung (2009) Nationales Hafenkonzept für die See- und Binnenhäfen. 17. Juni 2009

Brigham LW (2008) Arctic shipping scenarios and coastal state challenge. WMU J Marit Aff 7:477–484

Burdon D, Boyes S, Elliott M (2014) Policy and governance synthesis as a tool for stakeholders. In: Vectors of change in oceans and sea marine life, impact on economic sectors (Webseite des VECTORS Projekt)

Bürgerschaft der Freien und Hansestadt Hamburg (2013) Masterplan Klimaschutz – Zielsetzung, Inhalt und Umsetzung. Mitteilung des Senats an die Bürgerschaft. Drucksache20/8493. 20. Wahlperiode. 25. Juni 2013

Büscher A (2014) Änderungen der mittleren Wasserstandsverhältnisse sowie der Trübungs- und Brackwasserzone. In: Schlünzen KH, Linde M (Hrsg) Wilhelmsburg im Klimawandel – Ist-Situation und mögliche Veränderungen. Berichte aus den KLIMZUG-NORD Modellgebieten, Bd. 1. TuTech, Hamburg

Büscher A, Rudolph E (2014a) Änderungen der Sturmflutverhältnisse. In: Schlünzen KH, Linde M (Hrsg) Wilhelmsburg im Klimawandel – Ist-Situation und mögliche Veränderungen. Berichte aus den KLIMZUG-NORD Modellgebieten, Bd. 1. TuTech, Hamburg

Büscher A, Rudolph E (2014b) Bedeutung der Klimaänderungen für Tide- und Sturmflutverhältnisse. In: Schlünzen KH, Linde M (Hrsg) Wilhelmsburg im Klimawandel – Ist-Situation und mögliche Veränderungen. Berichte aus den KLIMZUG-NORD Modellgebieten, Bd. 1. TuTech, Hamburg

Büscher A, Rudolph E, Schlünzen KH (2014) Empfehlungen zu mittleren Wasserstandsverhältnissen und Sturmfluten. In: Schlünzen KH, Linde M (Hrsg) Wilhelmsburg im Klimawandel – Ist-Situation und mögliche Veränderungen. Berichte aus den KLIMZUG-NORD Modellgebieten, Bd. 1. TuTech, Hamburg

Cahoon S, Chen SL, Brooks B, Smith G (2015) The impact of climate change on Australian ports and supply chains: the emergence of adaptation strategies. In: Ng AKY, Becker A, Cahoon S (Hrsg) Climate change and adaptation planning for ports. Routledge, New York, S 194–214

City of San Diego (2012) Climate mitigation & adaptation plan draft 28 August 2012

Corbett JJ, Winebrake JJ, Green EH, Kasibhatla P, Eyring V, Lauer A (2007) Mortality from ship emissions: a global assessment". Environ Sci Technol 41:8512–8518

Corbett JJ, Lack DA, Winebrake JJ, Harder S, Silberman JA, Gold M (2010) Arctic shipping emission inventories and future scenarios. Atmos Chem Phys 10:9689–9704

Coumou D, Rahmstorf S (2012) A decade of weather extremes. Nat Clim Chang 2:491–496

Cusano MI, Ferrari C, Tei AL (2015) Port planning and climate change: evidence from Italy. In: Ng AKY, Becker A, Cahoon S (Hrsg) Climate change and adaptation planning for ports. Routledge, New York, S 103–116

Dannenberg A, Mennel T, Osberghaus D, Sturm B (2009) The economics of adaptation to climate change – the case of Germany. Discussion Paper 09-057. Zentrum für Europäische Wirtschaftsforschung (ZEW), Mannheim

Daschkeit A, Renken AL (2009) Klimaänderung und Klimafolgen in Hamburg: Fachlicher Orientierungsrahmen. Umweltbundesamt, Dessau (Gutachten des Umweltbundesamtes im Auftrag der Behörde für Stadtentwicklung und Umwelt der Freien und Hansestadt Hamburg)

Dwarakish GS, Salim AM (2015) Review on the role of ports in the development of a nation. International Conference on Water Resources, Coastal and Ocean Engineering (ICWRCOE 2015). Aquat Procedia 4:295–301

Esteban M, Takagi H, Shibayama T (2015) Adaptation to an increase in typhoon intensity and sea level rise by Japanese ports. In: Ng AKY, Becker A, Cahoon S (Hrsg) Climate change and adaptation planning for ports. Routledge, New York, S 117–132

Eyring V, Köhler HW, Lauer A, Lemper B (2005) Emissions from international shipping: 2. impact for future technologies on scenarios until 2050. J Geophys Res 110:D17306

Fenton P (2014) The role of port cities and networks: reflections on the World Ports Climate Initiative. Conference paper

Feser F, Barcikowska M, Krueger O, Schenk F, Weisse R, Xia L (2015) Storminess over the north atlantic and northwestern Europa – a review. Q J Roy Meteor Soc 141:350–382

Forbes DL, Parkes GS, Manson GK, Ketch LA (2004) Storms and shoreline retreat in the southern Gulf of St. Lawrence. Mar Geol 210:169–204

Gao Y, Sun J, Li F, He S, Sandven S, Yan Q, Zhang Z, Lohmann K, Keenlyside N, Furevik T, Suo L (2015) Arctic sea ice and Eurasian climate: a review. Adv Atmos Sci 32:92–114

Gayathri R, Bhaskaran PK, Sen D (2015) Numerical study on storm surge and associated coastal inundation for 2009 AILA cyclone in the head bay of Bengal. Aquat Procedia 4:404–411

Gibbs D, Rigot-Muller P, Mangan J, Lalwani C (2014) The role of seaports in end-to-end maritime transport chain emissions. Energ Policy 64:337–348

Grünig M, Kowalewski J, Schulze S, Stiller S, Tröltzsch J (2012) Gutachten zu den ökonomischen Folgen des Klimawandels und Kosten der Anpassung für Hamburg (Im Auftrag der Behörde für Stadtentwicklung und Umwelt der Freien und Hansestadt Hamburg (BSU). HWWI/Ecologic)

Hallegatte S, Ranger N, Mestre O, Dumas P, Corfee-Morlot J, Herweijer C, Wood RM (2011) Assessing climate change impacts, sea level rise and storm surge risk in port cities: a case study on Copenhagen. Clim Change 104:113–137

Hanson S, Nicholls R, Ranger N, Hallegatte S, Corfee-Morlot J, Herweijer C, Chateau J (2011) A global ranking of port cities with high exposure to climate extremes. Clim Change 104:89–111

Holtrup A, Warsewa G (2008) Der Wandel maritimer Strukturen. Schriftenreihe Institut Arbeit und Wirtschaft. Universität/Arbeitnehmerkammer Bremen, Bremen (Nr. 02/2008)

HPA – Hamburg Port Authority (2012) Hamburg hält Kurs: Der Hafenentwicklungsplan bis 2025. Freie und Hansestadt Hamburg – Behörde für Wirtschaft, Verkehr und Innovation, Hamburg Port Authority, Hamburg

HPA – Hamburg Port Authority (2013) Fortschreibung der Berechnung zur „Regional- und gesamtwirtschaftlichen Bedeutung des Hamburger Hafens" für das Jahr 2012. Management Summary vorgelegt von PLANCO Consulting GmbH. Essen. 23. September 2013

ICPDR – International Commission for the Protection of the Danube River (2012) Danube study – climate change adaptation "study to provide a common and basin-wide understanding towards the development of a climate change adaptation strategy in the danube river basin". Department of Geography Chair of Geography and Geographical Remote Sensing. Ludwig-Maximilians-Universität München, München

IMO – International Maritime Organisation (2014) Reduction of GHG emissions from ships: third IMO GHG study 2014 – final report. Note by the secretariat. Marine Environment Protection Committee. 67th session. Agenda item 6. MEPC 67/INF.3. 25th july 2014

IPCC – Intergovernmental Panel on Climate Change (2014a) Climate change 2014: mitigation of climate change. Contribution of working group III to the fifth assessment report of the intergovernmental panel on climate change. Edenhofer O, Pichs-Madruga R, Sokona Y (Hrsg). Cambridge University Press, New York, Cambridge

IPCC – Intergovernmental Panel on Climate Change (2014b) Climate change 2014: impacts, adaptation, and vulnerability. Part A: global and sectoral aspects. Contribution of working group II to the fifth assessment report of the intergovernmental panel on climate change. Field CB, Barros VR, Dokken DJ (Hrsg). Cambridge University Press, New York, Cambridge

Ircha MC, Higginbotham J (2015) Canada's arctic shipping challenge: towards a twenty-first-century Northwest passage. In: Ng AKY, Becker A, Cahoon S (Hrsg) Climate change and adaptation planning for ports. Routledge, New York, S 232–245

Jahn C, Bosse C, Schwientek A (2011) Seeschifffahrt 2020. Aktuelle Trends und Entwicklungen. Fraunhofer Verlag, Stuttgart

Johansson T, Donner P (2015) The shipping industry, ocean governance and environmental law in the paradigm shift. Springerbriefs in law. Springer, Berlin, Heidelberg

Jonkeren O, Rietveld P, van Ommeren J, te Linde A (2014) Climate change and economic consequences for inland waterway transport in Europe. Reg Environ Change 14:953–965

KLIMZUG-NORD Verbund (2014) Kursbuch Klimaanpassung – Handlungsoptionen für die Metropolregion Hamburg. TuTech, Hamburg

Koetse MJ, Rietveld P (2009) The impact of climate change and weather on transport: an overview of empirical findings. Transportation Res Part D 14:205–221

Kofalk S, Wienhaus S, Moser H, Gratzki A, Heinrich H, Heyer H (2014) Die Auswirkungen des Klimawandels auf Wasserstraßen und Schifffahrt in Deutschland einschätzen: Unterstützung für Entscheidung zur Anpassung. In: PIANC Deutschland Bundesministerium für Verkehr und digitale Infrastruktur (Hrsg) The world association for waterborne transport infrastructure XXXIII. Internationaler Schifffahrtskongress, San Francisco. PIANC, Bonn

de Kok JL, Grossmann M (2009) Large-scale assessment of flood risk and the effects of mitigation measures along the river Elbe. Nat Hazards 52:143–166

Koppe B, Hurtienne W (2011) Klimaänderung und Seehäfen – Einflüsse und Anpassungsmaßnahmen. Hafentechnische Gesellschaft HTG – Kongress, Würzburg

Koppe B, Schmidt M, Strotmann T (2012) IAPH-report on seaports and climate change and implementation case study for the port of Hamburg. In: The 6th Chinese-German Joint Symposium on Hydraulic and Ocean Engineering (JOINT 2012) National Taiwan Ocean University Keelung 23 26.9.2012, S 401–414

Krämer I, Borenäs K, Daschkeit A, Filies Ch, Haller I, Janßen H, Karstens S, Küle L, Lapinskis J, Varjopur R (2013) Climate change impacts on infrastructure in the baltic sea region. In: Krarup Leth O, Dahl K, Peltonen H, Krämer I, Küle L (Hrsg) Sectoral impact assessments for the baltic sea region – climate change impacts on biodiversity, fisheries, coastal infrastructure and tourism. Coastline Reports 21., S 55–90

Kreft S (2009) Klimawandel in Norddeutschland, Meeresspiegelanstieg und mehr: Was kommt auf uns zu? Germanwatch e.V.

Lemper B (2010) Die weitere Reduzierung des Schwefelgehalts in Schiffsbrennstoffen auf 0,1 % in Nord- und Ostsee im Jahr 2015: Folgen für die Schifffahrt in diesem Fahrtgebiet. Endbericht. Unter Mitarbeit von Hader A, Hübscher A, Maatsch S, Tasto M. Institut für Seeverkehrswirtschaft und Logistik (ISL), Bremen

Linde M, Hoffmann P, Kipsch F, Petersen J, Rechid D, Schlünzen KH, Schoetter R (2014) Klimaänderungen. In: Schlünzen KH, Linde M (Hrsg) Wilhelmsburg im Klimawandel – Ist-Situation und mögliche Veränderungen. Berichte aus den KLIMZUG-NORD Modellgebieten, Bd. 1. TuTech, Hamburg

Love G, Soares A, Püempel H (2010) Climate change, climate variability and transportation. Proc Environ Sci 1:130–145

McEvoy D, Mullett J, Millin S, Scott H, Trundle A (2013) Understanding future risks to ports in Australia. Report Series: Enhancing the resilience of seaports to a changing climate. National Climate Adaptation Research Facility. RMIT University, Melbourne

Meier AG, Schneider W (2014) Hydrologische und wasserwirtschaftliche Veränderungen. In: Schlünzen KH, Linde M (Hrsg) Wilhelmsburg im Klimawandel – Ist-Situation und mögliche Veränderungen. Berichte aus den KLIMZUG-NORD Modellgebieten, Bd. 1. TuTech, Hamburg

Meier AG, Linde M, Kowalewski J, Kipsch F (2014) Akteursbefragung. In: Schlünzen KH, Linde M (Hrsg) Wilhelmsburg im Klimawandel – Ist-Situation und mögliche Veränderungen. Berichte aus den KLIMZUG-NORD Modellgebieten, Bd. 1. TuTech, Hamburg

Merk O (2013) The competitiveness of global port-cities: synthesis report. OECD regional development working papers 2013/13. OECD Publishing, Paris

Merk O, Hesse M (2012) The competitiveness of global port-cities: the case of Hamburg. OECD regional development working papers 2012/06. OECD Publishing, Paris

Messner S, Moran L, Reub G, Campbell J (2013) Climate change and sea level rise impacts at Ports and a consistent methodology to evaluate vulnerability and risk. Wit Trans Ecol Environ 169:141–153

Nicholls RJ, Hanson S, Herweijer C, Patmore N, Hallegatte S, Corfee-Morlot J, Chateau J, Muir-Wood R (2008) Ranking port cities with high exposure and vulnerability to climate extremes: exposure estimates. OECD Environment Working Papers 1. OECD Publishing, Paris

Nikolakaki G (2013) Economic incentives for maritime shipping relating to climate protection. Wmu J Marit Aff 12(2013):17–39

Nilson E, Krahe P, Lingemann I, Horsten T, Klein B, Carambia M, Larina M (2014) Auswirkungen des Klimawandels auf das Abflussgeschehen und die Binnenschifffahrt in Deutschland. Schlussbericht KLIWAS-Projekt 4.01. KLIWAS-43/2014. BfG, Koblenz

Ninnemann J (2015) Relevance of efficient hinterland access for the inter-port competitiveness of European container ports. In: Dethloff J, et al (Hrsg) Logistics management. Springer, Berlin, Heidelberg, S 227–237

OECD – Organisation for Economic Co-operation and Development (2015) ITF transport outlook 2015. OECD Publishing/ITF, Paris

Oh CH, Reuveny R (2010) Climatic natural disasters, political risk, and international trade. Global Environ Chang 20:2443–2254

Onorato M, Osborne AR, Serio M (2006) Modulation instability in crossing sea states: a possible mechanism for the formation of freak waves. Phys Rev Lett 96:014503

Osthorst W (2015) Climate adaptation of German North Sea ports: the example of Bremerhaven. In: Ng AKY, Becker A, Cahoon S (Hrsg) Climate change and adaptation planning for ports. Routledge, New York, S 89–102

Osthorst W, Nibbe J, Kupczyk M (2014) Eine sektorale Roadmap of Change zur Klimaanpassung für das Cluster der Hafen- und Logistikwirtschaft in der Metropolregion Bremen-Oldenburg. Nordwest 2050 – Perspektiven für klimaangepasste Innovationsprozesse in der Metropolregion Bremen-Oldenburg im Nordwesten. Hochschule Bremen, Bremen

Overland JE, Wang M (2013) When will the summer arctic be nearly sea ice free? Geophys Res Lett 40:2097–2101

Paulauskas V, Paulauskas D, Wijffels J (2009) Ships safety in open ports. Comput Model New Technol 13:48–55

Puig M, Wooldridge C, Michail A, Darbra RM (2015) Current status and trends of the environmental performance in European ports. Environ Sci Policy 48:57–66

Rechid D (2011) Daten und Informationen zum Klimawandel in den Landkreisen der Metropolregion Hamburg. Querschnittsaufgabe Q 1 Klimawandel KLIMZUG-NORD

Restemeyer B, Woltjer J, van den Brink M (2015) A strategy-based framework for assessing the flood resilience of cities – a Hamburg case study. Plan Theory Pract 16(2015):45–61

Rotterdam climate initiative Climate Proof (2013) Rotterdam climate change adaption strategy., City of Rotterdam

Schempp S, Kowalewski J (2014) Empfehlungen zur Planung und Durchführung von Anpassungsmaßnahmen und Anpassungsstrategien. In: Schlünzen KH, Linde M (Hrsg) Wilhelmsburg im Klimawandel – Ist-Situation und mögliche Veränderungen. Berichte aus den KLIMZUG-NORD Modellgebieten, Bd. 1. TuTech, Hamburg

Schlünzen KH, Linde M (2014) Schlussbemerkungen. In: Schlünzen KH, Linde M (Hrsg) Wilhelmsburg im Klimawandel – Ist-Situation und mögliche Veränderungen. Berichte aus den KLIMZUG-NORD Modellgebieten, Bd. 1. TuTech, Hamburg

Schröder A, Hirschfeld J (2014) Anpassung der deutschen Ostseehäfen an die Folgen des Klimawandels. RADOST-Berichtsreihe Bericht 32

Schröder A, Hirschfeld J, Fritz S (2013) Auswirkungen des Klimawandels auf die deutschen Ostseehäfen. RADOST-Berichtsreihe Bericht 23

Scott H, McEvoy D, Chhetri P, Basic F, Mullett J (2013) Climate change adaptation guidelines for ports. Enhancing the resilience of seaports to a changing climate report series. National climate change adaptation research facility gold coast 2013

Seiffert R, Hesser F (2014) Investigating climate change impacts and adaptation strategies in German estuaries. Küste 81:551–563

Slack B, Comtois C (2015) Climate change and adaptation strategies of Canadian ports and shipping: the case of the St. Lawrence-Great lakes system. In: Ng AKY, Becker A, Cahoon S (Hrsg) Climate change and adaptation planning for ports. Routledge, New York, S 45–58

Smythe TC (2015) The impacts of hurricane Sandy on the port of New York and New Jersey: lessons learned for port recovery and resilience. In: Ng AKY, Becker A, Cahoon S (Hrsg) Climate change and adaptation planning for ports. Routledge, New York, S 74–88

Stenek V, Amado JC, Connell R (2015) Terminal Maritimo Muelles el bosque, Cartagena, Colombia. In: Ng AKY, Becker A, Cahoon S (Hrsg) Climate change and adaptation planning for ports. Routledge, New York, S

von Storch H, Gönnert G, Meine M (2008) Storm surges – an option for Hamburg, Germany, to mitigate expected future aggravation of risk. Environ Sci Policy 11:735–742

von Storch H, Emeis K, Meinke I, Kannen A, Matthias V, Ratter BMW, Stanev E, Weisse R, Wirtz K (2015) Making coastal research useful – cases from practice. Oceanologia 57:3–16

Toffoli A, Bitner-Gregersen EM, Osborne AR (2011) Extreme waves in random crossing seas: laboratory experiments and numerical simulations. Geophys Res Lett 38:L06605

Verny J (2015) Arctic transportation and new global supply chain organizations: the Northern Sea Route in international economic geography. In: Ng AKY, Becker A, Cahoon S (Hrsg) Climate change and adaptation planning for ports. Routledge, New York, S 246–264

Wang M, Overland JE (2009) A sea ice free summer arctic within 30 years? Geophys Res Lett 36:L07502

Weisse R, von Storch H, Niemeyer HD, Knaack H (2012) Changing North Sea storm surge climate: an increasing hazard? Ocean Coast Manage 68:58–68

Wenzel H, Treptow N (2013) Anpassungsstrategie an den Klimawandel für die zukünftige Entwicklung der öffentlichen Lübecker Häfen. Teil 1: Zukunftsszenarien und Klimarisiken. RADOST-Berichtsreihe Bericht 20.

Wenzel H, Treptow N (2014) Anpassungsstrategie an den Klimawandel für die zukünftige Entwicklung der öffentlichen Lübecker Häfen. Teil 2: Eine monetäre Bewertung. RADOST-Berichtsreihe Bericht 28

WPCI – World Ports Climate Initiative (2015a) List of participating incentive providers

WPCI – World Ports Climate Initiative (2015b) List of participating ships

Regionaler Klimawandel und Gesellschaft

Klimawandel in den Medien

Michael Brüggemann, Irene Neverla, Imke Hoppe, Stefanie Walter

Verantwortliche, vom Lenkungsausschuss berufene Leitautoren: Michael Brüggemann, Irene Neverla
Von den Leitautoren hinzugezogene Autoren: Imke Hoppe, Stefanie Walter

H. Storch, I. Meinke, M. Claußen (Hrsg.),
Hamburger Klimabericht – Wissen über Klima, Klimawandel und Auswirkungen in Hamburg und Norddeutschland,
https://doi.org/10.1007/978-3-662-55379-4_12

12.1 Medienberichterstattung als Beitrag zur sozialen Konstruktion des Klimawandels

Die Menschen konstruieren den gegenwärtigen Klimawandel in zweierlei Hinsicht: Der anthropogene Klimawandel ist Nebenfolge der Entwicklung von Gesellschaft und Technik. Und: Der Klimawandel als ein Phänomen, das öffentliche Debatten, Politik, Wissenschaft und Kultur beschäftigt, unterliegt der gesellschaftlichen Deutung und ist insoweit ein gesellschaftlich konstruiertes Phänomen (Beck 1996, S. 128). Menschen verständigen sich darüber, was sie unter Klimawandel verstehen, ob sie ihn als Problem ansehen und was dagegen zu tun ist. Gegenstand einer kommunikationswissenschaftlichen Analyse des Klimawandels sind genau diese Prozesse sozialer Deutungsproduktion und ihre Folgen für die Gesellschaft: „Rather than starting with (scientific) ignorance and ending with (scientific) certainty, telling the story of climate change is in fact much more interesting. It is the unfolding story of an idea and how this idea is changing the way that we think, feel and act" (Hulme 2009, S. 42).

Die klassischen Massenmedien stehen dabei als zentrale Foren öffentlicher Kommunikation im Fokus, da sie verschiedene gesellschaftliche Kommunikationsprozesse zusammenführen und einem breiten Publikum eine zumindest passive Teilnahme ermöglichen (Neidhardt 1994; Ferree et al. 2002). Der (Klima-) Journalismus bringt dabei sein ganzes Repertoire an Themenselektion, Informationssuche und Darstellungsformen zum Einsatz (Neverla und Trümper 2012), auch mit visuellen Mitteln wie der Pressefotografie (Grittmann 2012). Daneben erlauben heute Kommentarfunktionen, soziale Medien sowie vielfältige Spezialforen und Blogs im Web die aktive Teilnahme aller Interessierten an öffentlicher Kommunikation. Beides, neue digitale Medien und klassische Medien, sind darum wichtige Orte, um zu erforschen, wie der Klimawandel als soziales Problem konstruiert wird. Die mediale Debatte bietet sowohl den Bürgerinnen und Bürgern (Brulle et al. 2012) als auch politischen Eliten Orientierung bei der Meinungsbildung. Vor diesem Hintergrund ist im Hamburger Klimabericht der Wahrnehmung des Klimawandels in der Bevölkerung ein eigenes Kapitel gewidmet (► Kap. 13).

Indem die verschiedensten Akteure und ihre medial vermittelten Debatten über den Klimawandel auch Handlungsoptionen mit definieren, beeinflussen sie, wie Menschen als Konsumenten, politische oder ökonomische Entscheidungsträger auf den Klimawandel reagieren, individuell und in Form von Klimapolitik. Die Folgen von (unterlassenen) Anpassungs- und Mitigationsmaßnahmen beeinflussen letztlich auch wieder das Klimasystem. Weil das Klimasystem im Anthropozän (Crutzen 2002) ohne die Analyse sozialer Prozesse nicht zu verstehen ist, umfasst der Hamburger Klimabericht – im Gegensatz zu den Berichten des Weltklimarates (IPCC), in denen das Thema nach wie vor fehlt – in dieser zweiten Auflage auch ein Kapitel über die Rolle der Medienkommunikation. Es unternimmt den Versuch, wichtige Studien und Befunde aus diesem Bereich zusammenzufassen. Dennoch kann ein Buchkapitel der Vielzahl an Studien aus verschiedensten Perspektiven, die in mehr als zwei Jahrzehnten Forschung zum Thema entstanden sind, nicht gerecht werden: Moser (2016) verzeichnet allein im Jahr 2014 über 250 Artikel zum Thema Klimakommunikation in wissenschaftlichen Fachzeitschriften. Daher verweisen wir schon hier auf Syntheseartikel, die diesen Überblick gut ergänzen und vertiefen (Moser 2016; Schäfer 2015, 2012; Neverla und Schäfer 2012a; Boykoff und Smith 2010; Carvalho 2010; Anderson 2009; Neverla et al. 2017).

Im Folgenden stellen wir im ersten Schritt wichtige allgemeine Muster der Medienberichterstattung zum Klimawandel vor, während wir Unterschiede von Klimadebatten in unterschiedlichen gesellschaftlichen Kontexten im zweiten Schritt in den Blick nehmen. Im dritten Schritt wenden wir uns der Mediennutzung und den Wirkungen von Medienberichterstattung zu, bevor wir im vierten Schritt den noch sehr dünnen Wissensstand über die regionale Klimadebatte im Raum Hamburg explorieren. Das nur begrenzte Wissen über die regionalen Debatten lässt sich einerseits daraus erklären, dass es sich beim Klimawandel um ein globales Problem handelt, bei dem sich transnationale Gemeinsamkeiten, nationale und regionale Debatten überlappen. Anderseits liegt eindeutig eine Forschungslücke zur lokalen bzw. regionalen Klimakommunikation vor, sodass es bisher auch keine lokal vergleichende Forschung gibt.

12.2 Allgemeine Muster der Klimadebatte

Seit knapp drei Jahrzehnten ist das Thema Klimawandel in Mediendebatten deutlich sichtbar. Der Startpunkt einer intensivierten Debatte in westlichen Medien wird häufig ins Jahr 1988 gelegt, in dem nicht nur der Weltklimarat (IPCC) gegründet wurde, sondern auch Margret Thatcher eine vielzitierte Rede vor der Royal Society hielt, in der sie vor einem „Experiment mit unserem Planeten" warnte, während der Klimawissenschaftler James Hansen vor dem US-Kongress ebenfalls auf ernste Folgen des „Treibhauseffekts" hinwies (Hulme 2013, S. 1–11; Ungar 2014; Carvalho und Burgess 2005). In Deutschland kam es ab 1986 zu einer intensivierten Debatte, als eine Presseerklärung der Deutschen Physikalischen Gesellschaft den Begriff „Klimakatastrophe" prägte, den der Spiegel mit seiner Titelseite des im Meer versinkenden Kölner Doms ikonenhaft illustrierte (Grittmann 2012; Weingart et al. 2000). Im Folgenden beschreiben wir drei Muster, welche die grenzüberschreitende Klimadebatte prägen, und erklären jeweils die wichtigsten Triebkräfte dahinter.

12.2.1 Masterframe: anthropogener Klimawandel

Das verschiedene Debatten integrierende und dominante Interpretationsmuster, das man auch als Masterframe bezeichnen kann (Benford und Snow 1992), enthält die vom Weltklimarat vielfach betonten Grundannahmen des anthropogenen Klimawandels: dass es eine außergewöhnliche globale Erwärmung gibt, die menschlich durch Emission von Treibhausgasen verursacht und mit gravierenden Problemen und Risiken verbunden ist. Dieser „climate change frame" (Shehata und Hopmann 2012; Grundmann und Krishnamurthy 2010; McCright und Dunlap 2000; Brüggemann und Engesser 2014, 2017) dominiert die Debatte in verschiedenen Ländern (für Deutschland: Weingart et al. 2000; für Schweden: Olausson 2009; für die Debatte in den USA der 1980er- und 1990er-Jahre: Trumbo 1996; ländervergleichend: Grundmann und Scott 2014; Painter und Ashe 2012).

Die Entstehung eines grenzüberschreitenden Masterframes hat mindestens vier Gründe: Erstens kann sie mit der langjährigen Tätigkeit des Weltklimarats (IPCC) in Verbindung gebracht werden, dessen regelmäßige Klimaberichte zur Konsensbildung in diesen zentralen Punkten beigetragen haben. Zweitens spielen die UN-Konferenzen zur Bekämpfung des Klimawandels eine wichtige Rolle, die in der Folge des ersten großen Umweltgipfels in Rio 1992 fast jährlich stattfanden und klar von der Annahme ausgehen, dass es einen problematischen anthropogenen Klimawandel gibt. Drittens haben die Kommunikationsaktivitäten medienaffiner Wissenschaftler und professionelle Umweltschutz- und Wissenschafts-PR, dazu beigetragen, dass sich mittlerweile auch unter Klimajournalisten eine „interpretive community" rund um die Kernannahmen der IPCC-Reports gebildet hat (Brüggemann und Engesser 2014). Viertens lässt sich innerhalb der großen Gruppe der Journalisten, die hin und wieder über den Klimawandel berichten, ein harter Kern von „prolific writers" identifizieren – Experten-Journalisten, die sich intensiv mit Klimawandel und Klimapolitik beschäftigen und zwei Drittel der Berichterstattung der untersuchten Medien hervorbrachten (Brüggemann und Engesser 2014). Es ist wahrscheinlich, dass diese Vielschreiber relativ gute Kenner der Klimaforschung sind und selbst wiederum als Meinungsführer im stark von Kollegenorientierung geprägten Journalismus fungieren und so zur Ausbildung eines breiten Konsenses rund um die Grundidee des anthropogenen Klimawandels beigetragen haben.

12.2.2 Die Prominenz der „Klimaskeptiker"

Neben diesem dominanten Diskurs, der sich zumindest grob an den Annahmen der Klimawissenschaft orientiert, gibt es in einigen Ländern und Medien ein vom Stand der wissenschaftlichen Diskussion deutlich abweichendes Berichterstattungsmuster, das die Existenz des anthropogenen Klimawandels als Gegenstand einer offenen Debatte zwischen sog. Skeptikern und Warnern darstellt (zur Problematik der Benennung dieser Gruppe als Skeptiker, Leugner, Zweifler, Gegner usw. s. O'Neill und Boykoff 2010). In führenden US-Zeitungen kamen die Fundamentalkritiker in den 1990er-Jahren fast in jedem zweiten Artikel zu Wort (Boykoff und Boykoff 2004). Angesichts des sehr breiten Konsenses der Wissenschaft über die Grundannahmen des Klimawandels (Oreskes 2004; Anderegg et al. 2010) erweckten die Medien somit den falschen Eindruck einer offenen Debatte und einer großen Unsicherheit („uncertainty frame") über die grundlegenden Annahmen der Klimawissenschaft (Antilla 2005; Painter 2013; Schlichting 2013; Shehata und Hopmann 2012; Zehr 2000). Eine weitere Spielart, die Notwendigkeit politischen Handelns abzustreiten, besteht in der Betonung negativer wirtschaftlicher Konsequenzen bei Einschränkung von Emissionen („economic-consequences frame") (Schlichting 2013; Shehata und Hopmann 2012; Grundmann 2007).

Die Prominenz skeptischer Stimmen in der Klimaberichterstattung lässt sich, wie oben ausgeführt, nicht dadurch erklären, dass die Journalisten selbst zu einem substanziellen Teil Klimaskeptiker wären (Brüggemann und Engesser 2014), sondern dass sie beruflichen Routinen folgen und das Meinungsspektrum politischer Eliten widerspiegeln. Zu diesen Routinen gehört die Norm der „ausgewogenen" Berichterstattung, die nahelegt, in Konflikten beide Seiten neutral gegenüberzustellen, was – in diesem Fall – zu einer falschen Ausgewogenheit, zu „balance as bias" führt (Boykoff und Boykoff 2004). Die US-amerikanischen Journalisten scheinen außerdem zumindest am Ende des 20. Jahrhunderts tatsächlich noch nicht gewusst zu haben, dass sich die Wissenschaft über die Existenz eines anthropogenen Klimawandels weitgehend einig ist (Wilson 2000). Das Wissen über den Stand der Klimaforschung hat sich seitdem offenbar erhöht, wie neue Journalistenbefragungen zeigen (Brüggemann und Engesser 2014; Sundblad et al. 2009). Eine aktuelle Studie zeigt zudem, dass die Zitierung von Klimaskeptikern in führenden Medien in den Jahren nach 2010, besonders in den angelsächsischen Ländern, immer noch prominent ist, dass der Journalismus die Skeptiker aber klar kontextualisiert, indem er z. B. auf ihre fehlende wissenschaftliche Expertise verweist: Es kommt zu „dismissive quotations" (Brüggemann und Engesser 2017) – eine Praxis, die eher auf interpretativen Journalismus als auf Berichterstattung nach dem alten Muster der Ausgewogenheit verweist.

Auch heute bietet die Thematisierung von Klimawandel als Streit zwischen „Warnern" und „Skeptikern" den Journalisten aber die Chance, wichtige Nachrichtenfaktoren zu betonen, wie Konflikt, Drama und Personalisierung (Boykoff und Boykoff 2007). Schließlich ist als medienexterner Einflussfaktor zumindest in den angelsächsischen Ländern die „denial machine" zu nennen (Dunlap und MacCright 2010): PR-Strategien einer von der Ölindustrie und privaten Großinvestoren finanzierten Armada von Think Tanks, NGOs und mit ihnen vernetzten privaten Blogs, die gegen eine wirksame Klimapolitik zu Felde ziehen und zumindest in den USA einen Teil der Führung der republikanischen Partei hinter sich haben.

12.2.3 Fehlende Kontextualisierung und Vereinfachung wissenschaftlicher Erkenntnisse

Es zeichnet sich insgesamt jedoch auch eine gegensätzliche Tendenz der Berichterstattung ab, auf Kontextualisierungen zu verzichten. So werden Unsicherheiten von Forschungsergebnissen weggelassen und Szenarien über die Entwicklung des Klimas als Gewissheiten dargestellt (Maurer 2011). Dies führt z. B. dazu, dass Befunde über mögliche Auswirkungen des Klimawandels dramatisiert werden (Ladle et al. 2005). Ein typisches Beispiel ist die Berichterstattung vom Typ „Klimakatastrophe", wie sie im schon erwähnten Titelblatt vom versinkenden Kölner Dom zum Ausdruck kommt (Weingart et al. 2008), oder auch die Titelseitenaufmacher der Bild-Zeitung „Unser Planet stirbt!" (03.02.2007) und „Wir haben nur noch 13 Jahre Zeit" (23.02.2007).

Grund hierfür ist, dass Wissenschaft, Politik und Journalismus nach unterschiedlichen Handlungslogiken funktionieren: Während Wissenschaftler dazu neigen, auf Unsicherheiten bei der Interpretation ihrer Ergebnisse hinzuweisen, sind Journalisten und politische Akteure eher an klaren und eindeutigen Aussagen interessiert (Boykoff und Timmons Roberts 2007; Weingart et al. 2000). So werden Szenarien zu Vorhersagen und Wahrscheinlichkeiten zu Gewissheiten. Auch führen Journalisten „Extremereignisse wie Stürme, Hitzewellen, Überschwemmungen, Flutkatastrophen o. Ä. nicht selten auf den Klimawandel zurück, obwohl aus wissenschaftlicher Sicht lediglich eine Zunahme derartiger Ereignisse insgesamt, nicht jedoch ein konkretes Ereignis, auf den Klimawandel zurückzuführen ist" (Neverla und Schäfer 2012b, S. 18). Die unzulässigen Vereinfachungen und die fehlende Kontextualisierung (Boykoff 2011) führen dann auch zu „unexplained flip-flops" (Stocking 1999), bei denen Einzelergebnisse von Studien verabsolutiert werden und sich Artikel aneinanderreihen, die sich zu widersprechen scheinen: Erst schmelzen die Gletscher, Eisschilde usw. schneller als gedacht, dann weniger schnell. Diese Art der Berichterstattung kommt wiederum Klimaskeptikern zugute, da sie den Eindruck vermittelt, dass der Klimawandel als solcher ein höchst umstrittenes Thema ist (Brüggemann und Engesser 2015).

12.3 Dynamiken und Unterschiede der Klimadebatten in unterschiedlichen Kontexten

Bisher haben wir Tendenzen und Muster der Klimadebatte aufgezeigt, wie sie insgesamt die Klimadebatte prägen. Trotz dieser allgemeinen Muster variiert die Klimaberichterstattung aber stark 1. im Zeitverlauf, 2. in verschiedenen Ländern und 3. in verschiedenen Medientypen. Komparative Studien und Langzeituntersuchungen zeigen auf, wie verschiedene historische, kulturelle und mediale Kontexte auch unterschiedliche Debatten hervorbringen.

12.3.1 Dynamiken

Zwar findet das Thema Klimawandel weltweit Aufmerksamkeit in den Medien, aber die Intensität der Klimaberichterstattung variiert stark je nach historischem Kontext. Erste mediale Berichterstattung über anthropogene Klimaveränderungen fand bereits in den 1950er-Jahren statt; eine intensivere Debatte zeichnete sich aber erst seit Ende der 1980er-Jahre ab, wobei Mitte der 2000er-Jahre noch mal ein deutlicher Anstieg zu verzeichnen war (Holt und Barkemeyer 2012; Schäfer 2015). Wichtige Ereignisse in diesem Zeitraum waren der Film „An Inconvenient Truth", der 2006 vom ehemaligen US-Vizepräsidenten Al Gore lanciert wurde, der 4. IPCC-Bericht von 2007 und die Verleihung des Friedensnobelpreises an den IPCC und Al Gore im selben Jahr. Eine Studie von Schmidt et al. (2013), welche die Medienberichterstattung über den Klimawandel in 27 Ländern im Zeitraum von 1996 bis 2009 analysiert, bestätigt in allen Ländern einen Zunahme in der Berichterstattung, wenn auch unterschiedlich stark. Grundsätzlich lässt sich ein Trend steigender Aufmerksamkeit nur über Jahrzehnte hinweg und nur in ausgewählten Ländern bestätigen. Bezeichnender ist jedoch, dass die Medienberichterstattung über den Klimawandel im Zeitverlauf variiert und im Kontext von bestimmten Ereignissen besonders stark ansteigt. Solche Ereignisse umfassen internationale Klimakonferenzen, neu veröffentlichte Berichte des Weltklimarates und extreme Wetterereignisse. Wetter und Klima sind dabei weniger entscheidend für intensive Klimadebatten als politische Ereignisse wie die UN Klimakonferenzen (Schäfer et al. 2013). Höhepunkte der globalen Intensität der Klimaberichterstattung waren der UN-Klimagipfel von Kopenhagen 2009 und der fast zeitgleiche vermeintliche Skandal um den E-Mail-Verkehr einiger führender Klimawissenschaftler („Climategate"): Der Klimagipfel wurde zum fast globalen Medienereignis, aber auch der von Klimaskeptikern inszenierte PseudoSkandal schaffte es, die Aufmerksamkeit der Medien in verschiedenen Ländern auf sich zu ziehen. Nach dem Scheitern der Klimaschutzkonferenz von Kopenhagen verfielen viele Medien in eine Jahre andauernde „climate fatigue" (Kerr 2009, S. 927), die erst zum UN-Gipfel in Paris wieder nachgelassen hat, wie die Analyse der Berichterstattungshäufigkeiten zeigt (Boykoff et al. 2016).

Auch die dominanten Frames in der Klimadebatte haben sich im Laufe der Zeit gewandelt. So trat der Masterframe „anthropogenic climate change as a global problem" zuerst in den 1990er-Jahren auf und bildet, wie beschrieben, mittlerweile eine Konstante der Berichterstattung in vielen Medien (Schäfer 2015). Der Frame „scientific uncertainty" entwickelte sich Mitte der 1990er-Jahre als Ergebnis der systematischen Lobbyarbeit von Klimaregulierungsgegnern. Der Frame „economic consequences" erkennt die Existenz eines anthropogenen Klimawandels wiederum an, betont aber, dass Maßnahmen gegen den Klimawandel schädlich für die wirtschaftliche Entwicklung sind. Dieser Frame war z. B. zwischen den Verhandlungen zum Kyoto-Protokoll 1997 bis in die frühen 2000er-Jahre in den Medien stark vertreten (Shehata und Hopmann 2012). Ein breiterer Frame-Begriff würde einen „Economic-Consequences"-Frame diagnostizieren, immer wenn es um wirtschaftliche Aspekte geht: Einmal ist der Klimaschutz teuer und damit wirtschaftlich schädlich, ein andermal eine Chance für die Wirtschaft (Nisbet 2010). In beiden Fällen wird durch die ökonomische Brille auf das Thema Klimawandel geschaut.

Nachdem aktuelle Analysen zeigen, dass die Leugnung des Klimawandels in vielen Ländern zur Randerscheinung wird (Painter und Ashe 2012), bleibt interessant, welche neuen Frames den alten Unsicherheitsframe beerben werden: In den PR-Strategien von Unternehmen zeigt sich das Motiv der Selbstverpflichtung einer ökologisch engagierten Industrie (Schlichting 2013). Frames zukünftiger Berichterstattungen zeigen sich möglicherweise auch in kognitiven Frames, also den Vorstellungen von Journalisten, die in einer aktuellen Befragung exploriert wurden (Engesser und Brüggemann 2015): Technikoptimismus erweist sich als ein bisher in Inhaltsanalysen vernachlässigter Frame, der auf alte und neue Technologien (Atomkraft, „carbon capture" und „carbon storage" u. a.) setzt, um das Klimaproblem zu lösen. Auf der anderen Seite des ideologischen Spektrums findet sich ein kapitalismuskritischer Nachhaltigkeitsframe, der eine grundlegende Reform unserer Konsumkultur fordert (Engesser und Brüggemann 2015). Neuere Studien wie z. B. von O'Neill et al. (2015), zeigen auch, dass neben dem Unsicherheitsframe durchaus ein „Settled-Science"-Frame existiert, der den Expertenkonsens und politischen Handlungsbedarf betont. Der „Politicised-Conflict"-Frame stellt die Debatte mit den Klimaskeptikern als politischen Kampf zweier Lager dar und nicht als wissenschaftliche Kontroverse wie noch im Unsicherheitsframe (weitere Frames, vgl. auch: Nisbet 2009).

12.3.2 Länderunterschiede

Die Entwicklung der Debatte verlief in verschiedenen Ländern unterschiedlich. Dies betrifft sowohl die Intensität der Klimadebatte als auch ein mehr oder weniger starkes Framing als Streit zwischen „Skeptikern" und „Warnern". Beides hat miteinander zu tun: So wird in den Ländern besonders viel über den Klimawandel debattiert, wo sich polarisierte Fronten gebildet haben. In Australien wird besonders intensiv über den Klimawandel berichtet, in vielen europäischen Ländern fällt die Aufmerksamkeit dagegen eher gering aus (Holt und Barkemeyer 2012; Schmidt et al. 2013). Andere plausible Triebkräfte wie die Betroffenheit vom Klimawandel oder extreme Wetterphänomene haben nur eingeschränkte Erklärungskraft: So zeigen Schäfer et al. (2013) für die Klimaberichterstattung in führenden Zeitungen in Australien, Deutschland und Indien, dass für die australische und indische Berichterstattung allgemeine Temperaturentwicklungen keine Rolle spielen, während in deutschen Medien nach Perioden mit höheren Temperaturen mehr Artikel über den Klimawandel erscheinen. Schmidt et al. (2013) untersuchen, ob das Ausmaß an Betroffenheit durch den Klimawandel Unterschiede in der Intensität der Berichterstattung erklären kann, finden aber für diese Annahme keine Belege. Eine mögliche Erklärung ist, dass es sich bei den am stärksten betroffenen Ländern um Entwicklungsländer handelt, denen es an journalistischen Ressourcen für intensive Berichterstattung zu dem Thema mangelt (Schäfer et al. 2013, S. 1243).

Die unterschiedlichen Muster der Berichterstattung erklären sich hauptsächlich durch den Mechanismus der nationalen „Domestizierung" des Klimawandels (Neverla und Trümper 2012; Olausson 2014) und des „Indexing" (Bennett 1990): Medien passen ihre Berichterstattung lokalen Lebenswelten an und spiegeln die Meinungen politischer Eliten wider. In den USA bestreiten auch führende Parlamentarier den Klimawandel (Schreurs 2004) ebenso wie gut organisierte Lobbygruppen (McCright und Dunlap 2000). In Europa kommt beides fast nicht vor. Die mediale Berichterstattung reflektiert diese Unterschiede.

12.3.3 Medientypen und Redaktionskulturen

Grundsätzlich unterscheidet sich die Klimaberichterstattung auch nach Art der Medienorganisation und -plattform. Gemeinsam hat die Onlinekommunikation mit den klassischen Medien, dass es eine Zunahme an Aufmerksamkeit im Zeitverlauf gab (Carvalho 2010). Kirilenko und Stepchenkova (2014) analysieren Debatten zum Klimawandel auf Twitter und finden, dass es auch online wenige Elitenakteure aus der alten Offlinewelt sind, die die Debatte dominieren, mit stärkster Beteiligung durch Teilnehmer aus den USA und Großbritannien. Außerdem fluktuiert die Intensität der Onlinedebatte stark, wie auch die traditionelle Medienberichterstattung. Und auch in der Onlinesphäre spielen traditionelle Medien eine wichtige Rolle, so ist der Guardian auch auf Twitter eine der wichtigsten Informationsquellen zum Klimawandel. Ergebnisse verschiedener Studien weisen jedoch auch darauf hin, dass in der Onlinekommunikation im Vergleich zur traditionellen Medienberichterstattung Haltungen größere Aufmerksamkeit zukommt, die den Klimawandel abstreiten, sodass das Bild des Klimawandels online von der klimawissenschaftlichen Sichtweise abweicht (Schäfer 2012). Dabei ist es nicht so, dass sich die Webseiten klassischer Medienhäuser von ihren gedruckten Produkten unterscheiden. Auch online sind es nicht die Leitmedien mit einem großen Publikum, sondern private Blogs sowie die Seiten von konservativen Think-Tanks und anderen Lobbyorganisationen, auf denen der Klimawandel offensiv infrage gestellt wird. Untersuchungen zur Onlinekommunikation auf einschlägigen Plattformen – von klassischen Onlinemedien über Expertenblogs bis hin zu offenen Onlinediskussionsforen – zeigen eine gewisse Funktionsteilung im öffentlichen Diskurs: Während journalistische Angebote die Themen setzen, Wissen vermitteln und politische Implikationen in den Vordergrund stellen, widmen sich die User sowohl in Expertenblogs als auch in Laiendiskussionsforen bevorzugt den wissenschaftlichen Detailfragen (Lörcher und Neverla 2015).

Das Internet bietet Bürgern zudem die Möglichkeit, sich leichter an öffentlichen Diskursen zu beteiligen und ihre Meinungen zu Gehör zu bringen, z. B: durch Nutzerkommentare in Onlinezeitungen. In diesem Bereich gibt es im Hinblick auf den Klimawandel bisher erst relativ wenig Forschung (Koteyko et al. 2013). Die Ergebnisse zeigen jedoch, dass die Kommentare eine wichtige Rolle für die Äußerung von klimaskeptischen Positionen spielen. Dabei sind die Meinungen, die in den Nutzerkommentaren vertreten werden, nicht nur eine Reproduktion der in den Medieninhalten vertretenen Meinungen. Vielmehr spielen Antworten auf die Kommentare anderer Nutzer eine wichtige Rolle (Koteyko et al. 2013). Auch in den Boulevardmedien weicht das Bild des Klimawandels von der klimawissenschaftlichen Sichtweise ab (Boykoff und Mansfield 2008; Boykoff 2008).

Aber auch innerhalb eines Medientypus (z. B. dem der Qualitätszeitungen eines Landes) gibt es erhebliche Abweichungen je nach „Redaktionskultur" (Brüggemann 2011), also der herrschenden Deutung und Umsetzung eines Themas in der einzelnen Redaktion. So weisen Analysen deutliche Unterschiede in der britischen Qualitätspresse nach: Es war vor allem die konservative Presse, welche die Existenz des Klimawandels infrage gestellt hat (Carvalho 2007). Studien aus den USA weisen auf ähnliche Unterschiede hin. So zweifelt der TV-Sender Fox News den Klimawandel häufiger an und gibt Klimaskeptikern mehr Platz in der Berichterstattung als andere Sender (Feldman et al. 2011). Auch in führenden amerikanischen Zeitungen zeigen sich deutliche Unterschiede in der Klimaberichterstattung. Feldman et al. (2015) belegen, dass das *Wall Street Journal* im Vergleich zu anderen amerikanischen Zeitungen die Folgen des Klimawandels weniger oft diskutiert, gleichzeitig aber öfter Konflikte sowie negative wirtschaftliche Konsequenzen in der Klimaberichterstattung betont.

12.4 Rezeption und Wirkung des Klimawandels in den Medien

Bilder von donnernden Stürmen, schmelzenden Gletschern und sterbenden Arten – begleitet durch präzise Prognosen von Wissenschaftlern, ernsten Mahnungen von Aktivisten und wortstarken Absichtserklärungen von Politikern: Der Klimawandel in den Medien wartet mit einer breiten Klaviatur an Kommunikatoren, Botschaften und Darstellungsformen auf. Was bewirkt diese umfassende, in Schüben wiederkehrende Präsenz des Themas in den Köpfen der Menschen? Mit diesem Themenkomplex befasst sich die Rezeptions- sowie die Medienwirkungsforschung. Die Rezeptionsforschung untersucht, wie die Darstellung des Klimawandels erlebt wird (z. B. als erschreckend oder bedrohlich). Die Medienwirkungsforschung interessiert sich in Bezug auf die Klimakommunikation insbesondere für drei Effekte. Erstens fragt sie, ob Menschen aufgrund ihrer Medienerfahrung und ihres Medienerlebens bestimmte Einstellungen und damit ein bestimmtes Klimabewusstsein ausbilden, ob sie zweitens durch die öffentliche Kommunikation mehr über den Klimawandel wissen und drittens darüber hinaus angeregt werden, selbst mehr zum Klimaschutz beizutragen. Diese drei Dimensionen – Einstellungen, Wissen und Handlungsintentionen – sind die zentralen Medienwirkungen, die im Zentrum des Forschungsinteresses stehen. Sie sind eng miteinander verwoben und werden deshalb häufig auch gemeinsam untersucht. Als Erklärung für diese Medienwirkungen werden im bisherigen Forschungsstand folgende Faktoren untersucht: die individuellen Eigenschaften der Rezipierenden (z. B. ihr Umweltbewusstsein, ihre politischen Einstellungen, Bildung, Alter, Geschlecht), ihre Mediennutzung (z. B. Präferenz für öffentlich-rechtlichen Rundfunk) sowie teilweise auch ihr Rezeptionserleben (z. B. ob Katastrophenszenarien als erschreckend erlebt werden).

Ein Kernbefund dieses Forschungsfeldes zeigt sich in der für Deutschland repräsentativen Onlinebefragung von Taddicken und Neverla (2011): Die Nutzung klassischer Medien korreliert am ehesten mit höherem klimabezogenem Wissen, weniger jedoch mit Klimabewusstsein und am wenigsten mit klimabezogenen Handlungsintentionen. Zudem sind diese Zusammenhänge abhängig von der Bildung der Rezipienten sowie ihrem Interesse am Thema, aber auch vom Informationsfokus des Mediums. Die Befunde verweisen zugleich auf einen engen Zusammenhang von klimabezogenem Wissen, Einstellungen und Handlungsoptionen mit dem allgemeinen Umweltbewusstsein von Menschen, das seinerseits aus vielfältigen und interaktiv zusammenwirkenden Kommunikationsgeflechten medialer und interpersonaler Art herrührt.

Die folgenden Ausführungen ordnen die bisherigen Befunde im Forschungsstand hinsichtlich des Einflusses der Medien auf Einstellungen (bzw. ein Bündel von Einstellungen, die sich als „Klimabewusstsein" fassen lassen), auf Wissen und auf Handlungsabsichten.

12.4.1 Das Klimabewusstsein

Der Begriff „Klimabewusstsein" („climate change awareness") hat sich etabliert, um die Einstellungen von Menschen zum Thema Klimawandel zusammenzufassen. Klimabewusstsein wird häufig als zweidimensionales Einstellungskonstrukt mit einer affektiven und einer kognitiven Komponente verstanden (Cabecinhas et al. 2008; Arlt et al. 2010; Zhao 2009; Binder 2010); einige Wissenschaftler integrieren auch die konative (d. h. handlungsbezogene) Dimension (Taddicken und Neverla 2011).

Die Studie von Brulle et al. (2012) aus den USA ist die bisher einzige bevölkerungsrepräsentative Studie, die den Einfluss der Medien mit anderen Faktoren (wie Extremwetter- und Wirtschaftsdaten) vergleicht, und zwar im Rahmen eines Längsschnitt-Designs (2002–2010). Das zentrale Ergebnis ist, dass das Klimabewusstsein in den USA am deutlichsten durch die Medienberichterstattung beeinflusst wird. Der stärkste Prädiktor für ein Ansteigen des Klimabewusstseins ist dabei – im Untersuchungszeitraum – der Umfang der Statements der Demokraten in den Medien sowie die Berichterstattung der *New York Times* über den Kinofilm „An Inconvenient Truth". Den negativsten Effekt haben Statements der Republikaner sowie eine hohe Arbeitslosenquote in den USA. Die Anzahl veröffentlichter Publikationen aus der Klimawissenschaft (z. B. in *Science*) hatte hingegen keine Auswirkungen auf das Klimabewusstsein, was die Autoren der Studie zu dem Schluss führt, dass die Aktivitäten der Klimawissenschaft allein (d. h. ohne ihre mediale Präsenz) keinen Effekt auf das breite öffentliche Klimabewusstsein haben. Ebenso hatten Wetterextreme auf diesem Aggregatdatenniveau einen verschwindend geringen Einfluss.

Die methodische Leerstelle der Studie von Brulle et al. (2012) – nämlich das Fehlen der Variable „individuelle Mediennutzung" – kann durch Befunde aus qualitativen Studien beleuchtet werden (Smith und Joffe 2013; Ryghaug et al. 2011), aber auch durch quantitative Studien, die diesen Zusammenhang zwischen individueller Mediennutzung und Medienwirkung untersuchen, darunter Zhao et al. (2011) ebenso wie Zhao (2009). Für Deutschland gibt es ebenso eine vergleichsweise breite empirische Datenbasis für diesen Zusammenhang, vor allem durch die Studien von Arlt et al. (2010), Taddicken und Neverla (2011), Taddicken (2013) sowie Metag et al. (2015). Für Portugal ist zumindest eine Studie zu verzeichnen, und zwar von Cabecinhas et al. (2008). Zu den genannten Studien ist wiederum anzumerken, dass nur die individuelle Mediennutzung als erklärende Variable integriert wird, nicht aber die Medieninhalte der genutzten Medien untersucht werden, also beispielsweise, wie umfangreich und in welcher Art und Weise der Klimawandel in den faktisch genutzten Medien präsent ist. Dennoch geben diese Studien wichtige Einblicke in die Rolle von öffentlicher Kommunikation für das Klimabewusstsein in der Bevölkerung.

Es zeigt sich studienübergreifend, dass verschiedene Medientypen und -angebote sehr unterschiedlich auf das Klimabewusstsein wirken, also sowohl einen positiven als auch einen negativen Effekt haben können, was darüber hinaus länderspezifisch unterschiedlich ist. Die Nutzung von Tageszeitungen hat beispielsweise in der Studie von Zhao (2009) aus den USA einen positiven Effekt auf das Klimabewusstsein, einen gegenteiligen (nämlich einen schwach negativen) Effekt hatten Zeitungen in der deutschen Studie von Arlt et al. (2010). Die Erklärungskraft der entwickelten Variablenmodelle steigt, sofern die untersuchten Medien möglichst genau differenziert und sofern Nutzungsmodi unterschieden werden, etwa die habituelle, gewohnheitsmäßige

Mediennutzung versus die selektive, gezielte Mediennutzung im Sinne einer aktiven Informationssuche zum Thema Klimawandel (Taddicken und Neverla 2011).

Die experimentell orientierten Studien, die untersuchen, wie Klimabewusstsein durch mediale Kommunikation gefördert wird, konzentrieren sich auf die Wirkung spezifischer Darstellungsformen des Klimawandels (z. B. Katastrophenbilder) oder auch auf besonders populäre Medienangebote. Das Medienangebot, das zur Frage der Bewusstseinsbildung besonders umfangreich untersucht worden ist, ist der Actionfilm „The Day after Tomorrow" von Roland Emmerich aus dem Jahr 2004. Sowohl Lowe et al. (2006) als auch Leiserowitz (2004) konnten in ihren Wirkungsstudien im quasiexperimentellen Pretest-Posttest-Design jedoch nur einen sehr schwach positiven Effekt des Films auf das Klimabewusstsein feststellen. Eine mögliche Erklärung dafür ist, dass die im Film dargestellten Katastrophenszenarien als sehr unrealistisch erlebt wurden, was aber in der Studie nicht empirisch erfasst wurde. Hart und Nisbet (2012) untersuchen in ihrem Wirkungsexperiment einen Zeitungsartikel zu den negativen gesundheitlichen Folgen des Klimawandels auf Europäer und US-Bürger. Sie vermuten, dass die Darstellung dieser gesundheitlichen Gefahren dazu führt, dass politische Klimaschutzmaßnahmen stärker unterstützt werden. Diese Hypothese konnte jedoch nur für diejenigen Personen bestätigt werden, die grundsätzlich der Überzeugung sind, dass es einen anthropogenen Klimawandel gibt. Bei starken Anhängern der Partei der Republikaner hingegen griffen Abwehrmechanismen, welche die Zustimmungswerte für Klimaschutzmaßnahmen sogar sinken ließen.

Dieser Befund macht die Bedeutung individueller Rezipienteneigenschaften (wie die Präferenz für eine Partei) deutlich, die in den quantitativen Typologiestudien im Mittelpunkt stehen. Diese Typologiestudien liegen bisher für die USA (Leiserowitz et al. 2011), Indien (Leiserowitz et al. 2013), Australien (Sherley et al. 2014) und Deutschland (Metag et al. 2015) vor. Metag et al. (2015) können mit ihrer Typologie zeigen, dass ein bestimmtes Bildungs- und Einkommensniveau mit charakteristischen Einstellungen zum Thema Klimawandel einhergeht. Diese verschiedenen Typen wiederum zeichnen sich durch ein spezifisches Mediennutzungsmuster aus. Ein höheres Klimabewusstsein hängt beispielsweise mit einer stärkeren, selektiven Informationsnutzung zum Klimawandel zusammen, was sich auch schon in den Studien von Taddicken und Neverla (2011) gezeigt hatte.

12.4.2 Wissen über den Klimawandel

Die zweite Medienwirkung, die in der aktuellen Forschung zur Klimakommunikation untersucht wird, ist die des „Klimawissens". Hier wird untersucht, ob Menschen durch die Mediennutzung und -rezeption etwas über den Klimawandel lernen, sich also Wissen zum Thema aneignen. Insgesamt muss konstatiert werden, dass der Aspekt des Wissens weitaus weniger umfassend erforscht ist als der Aspekt des Klimabewusstseins.

Eine der ersten bevölkerungsrepräsentativen Studien zum Klimawissen zu dieser Frage führte Bell (1994) in Neuseeland durch. Es zeigte sich, dass schon damals die überwiegende Mehrheit der Befragten den Begriff „Treibhauseffekt" kannte, es allerdings auch zahlreiche Verwechslungen mit Begriffen wie „Ozonloch" und „Klimawandel" gab. Zwar untersuchte Bell (1994) in einer parallelen Inhaltsanalyse, ob die journalistischen Medien die Begriffe ebenso falsch verwendeten und folglich zu diesen Missverständnissen beitrugen. Allerdings wurden diese beiden Datensätze nicht miteinander verknüpft, sodass dieser Ursache-Wirkungs-Zusammenhang de facto nicht empirisch untersucht wurde. Eine der ersten Studien, die diese individuelle Mediennutzung als zentrales Moment bei der Aneignung von Wissen über den Klimawandel berücksichtigt, ist die von Stamm et al. (2000) aus den USA. Die Autoren fragten ihre Probanden, aus welchen medialen Quellen ihr Wissen zum Klimawandel stammt. Hier ist jedoch kritisch anzumerken, dass es sich um eine erinnerte Mediennutzung handelt und deswegen vermutlich ungenau ist. Die Ergebnisse lassen vermuten, dass das Wissen über den Klimawandel stark mit soziodemographischen Faktoren und weniger mit der individuellen Mediennutzung zusammenhängt: Je weniger gebildet und je älter die Befragten waren, desto wahrscheinlicher war, dass sie im Jahr 2000 noch nichts vom Thema Klimawandel gehört hatten. Es wurden jedoch keine multivariaten Regressionsanalysen gerechnet, sodass die Stärke der Einflussfaktoren (Bildung versus Mediennutzung) nicht miteinander verglichen wurde. Die Befunde können also auch Ausdruck dessen sein, dass höher gebildete Menschen eher dazu tendieren, sich über bestimmte Themen wie den Klimawandel vertiefend zu informieren, als dass hier eine spezifische Medienwirkung nachgewiesen werden konnte.

Cabecinhas et al. (2008) untersuchten in Portugal ebenfalls die selektive, informationsbezogene Mediennutzung („Wie häufig suchen Sie in den folgenden Medien Informationen über den Klimawandel?") als Erklärung für ein höheres Klimawissen und konnten diese Vermutung auf der Basis von Befragungsdaten bestätigen. Anhand einer Faktorenanalyse wurde zwischen der Nutzung „aktiver" (z. B. das Internet) und „passiver" Medien (z. B. Fernsehen) unterschieden. Die Nutzer „aktiver Medien" wiesen dabei ein signifikant höheres Niveau an Klimawissen auf als die Nutzer „passiver Medien". In beiden Fällen ging die selektive Mediennutzung mit einer höheren Ausprägung des Wissens über den Klimawandel einher.

Zhao (2009) fokussierte auf den Zusammenhang zwischen allgemeiner, habitueller Mediennutzung und der selektiven, informationsbezogenen Mediennutzung und führte dazu eine Sekundäranalyse der Daten aus einer bevölkerungsrepräsentativen Studie aus dem Jahr 2006 in den USA durch. Medienwirkung, so die Prämisse der Studie, kann auch darin bestehen, dass die habitualisierte Mediennutzung ein höheres Klimabewusstsein (bzw. Interesse am Thema) bewirkt und infolgedessen zu selektiver Zuwendung zu Medienangeboten über den Klimawandel führt. Tatsächlich kann die Studie anhand einer Pfadanalyse zeigen, dass Zeitung und Onlinenutzung einen direkten, schwach positiven Effekt auf das wahrgenommene subjektive Wissen zum Klimawandel haben, das dann wiederum ein höheres Klimabewusstsein und die gezielte Suche von Informationen über den Klimawandel bewirkt. Kritisch bedacht werden sollte hier jedoch, dass es sich dennoch um ein Querschnittsdesign handelt und – besonders kritisch zu beurteilen – um ein „gefühltes Wissen", d. h. die Probanden haben lediglich selbst angegeben, wie gut sie sich zum Thema Klimawandel informiert *fühlen*.

Die qualitativen Studien (Ryghaug et al. 2011; Smith und Joffe 2013) aus Großbritannien und Norwegen beleuchten, dass keinesfalls von einem linearen Übertragungsmodell des medial dargestellten Wissens auf die Rezipierenden ausgegangen werden kann: Die Informationen in den Medien werden durch individuelle Deutungsmuster (z. B. dass Medien grundsätzlich übertreiben würden) und bestehende Einstellungen (z. B. zum Umweltschutz, s. auch Peters und Heinrichs 2005) überlagert und individuell sehr unterschiedlich interpretiert und gewichtet. Generell zeigen die qualitativen Studien jedoch, dass Medien auch aus der subjektiven Perspektive der Befragten die zentrale Quelle sind, um sich über den Klimawandel zu informieren und damit auseinanderzusetzen.

12.4.3 Klimaschonendes Handeln & Handlungsintentionen

Die dritte zentrale Medienwirkung im Forschungsfeld, nämlich eine mögliche Wirkung auf das individuelle klimaschonende Handeln von Menschen, ist gerade im Hinblick auf die Umsetzung klimapolitischer Ziele zur CO_2-Reduktion sehr relevant. Denn für deren Erreichung sind auch individuelle Lebensstiländerungen notwendig. Eines der wichtigsten Ergebnisse aller bisher durchgeführten bevölkerungsrepräsentativen Studien (Cabecinhas et al. 2008; Arlt et al. 2010; Zhao 2009; Binder 2010; Taddicken und Neverla 2011) wurde hier schon genannt, und zwar dass sich kein pauschales (und ganz besonders kein mobilisierendes) Muster für die Wirkungen auf klimaschonende Handlungsintentionen und Handlungen feststellen ließ. Diesen komplexen Zusammenhang können einerseits die qualitativen Studien (Ryghaug et al. 2011; Smith und Joffe 2013) beleuchten und zum anderen experimentell orientierte Rezeptionsstudien, die einen detaillierteren Blick auf verschiedene Darstellungsformen des Klimawandels werfen.

Die qualitativen Studien (Peters und Heinrichs 2008; Ryghaug et al. 2011; Smith und Joffe 2013) zeigen vor allem, dass die Binsenweisheit „Viel hilft viel" hier nicht greift: Der Appell, dass in den Medien häufiger oder umfangreicher über das Thema Klimawandel berichtet werden müsste, ist folglich wenig erfolgversprechend. Beispielsweise wird die Darstellung politischer Konflikte zwar häufig als wichtig und bedeutsam, aber gleichermaßen auch als sehr komplex und schwer nachvollziehbar erlebt, was dazu führen kann, dass es für „Laien" unmöglich erscheint, einen eigenen Beitrag dazu zu leisten (O'Neill und Nicholson-Cole 2009; Ryhaug et al. 2011; Smith und Joffe 2013). So ist also nicht zwingend gesagt, dass die umfangreiche Berichterstattung sowie eine intensive Rezeption dieser Berichterstattung dazu führen, dass Menschen automatisch „klimabewusster" handeln – sondern sogar gegenteilige Wirkungen (Frustration, Ablehnung, Themenvermeidung) eintreten können.

Eine Reihe von experimentell orientierten Studien (Hart 2011; Hart und Nisbet 2012; Peters und Heinrichs 2008; Lowe et al. 2006; Leiserowitz 2004; Hoppe 2016) untersuchte die Wirkung und Rezeption einzelner Medienangebote. Thematische Frames, die den Klimawandel und seine Auswirkungen anhand von Statistiken als ein allgemeines und gesellschaftliches Problem darstellen, hatten in der Studie von Hart (2011) keine Folgen für die Formulierung von Handlungsintentionen, bewirkten allerdings eine größere Unterstützung politischer Klimaschutzmaßnahmen. Katastrophenszenarien – egal ob im Bewegtbild (Lowe et al. 2006; Leiserowitz 2004) oder in anderen Formen visueller Kommunikation (O'Neill und Nicholson-Cole 2009) – scheinen die Kluft zwischen moralischen Überzeugungen und der Umsetzung von Handlungsintentionen sogar zu vergrößern. Katastrophenszenarien führen in den genannten Studien nämlich dazu, dass das Thema Klimawandel zwar als wichtig bewertet, zugleich aber das Gefühl der Unfähigkeit verstärkt wird, diesem als übermächtig erlebten Thema durch eigenes Handeln begegnen zu können. Die Studie von Hoppe (2016) greift die Ergebnisse aus den qualitativen Studien von O'Neill und Nicholson-Cole (2009) zur positiven Rolle des Alltagsbezugs auf: Hier hatte sich gezeigt, dass insbesondere Visualisierungen von Handlungsoptionen im Alltag (Fahrräder, Heizungsthermostat etc.) einen positiven Effekt hatten. Die Wirkungshypothesen werden mithilfe eines Mehrmethodenansatzes im Rahmen einer quantitativen Online-Evaluationsstudie geprüft. Die Ergebnisse konkretisieren die zentrale Bedeutung des Alltagsbezuges: werden in einem Medienangebot realistische und klimaschonende Handlungsalternativen für den Alltag spielerisch erfahrbar gemacht und zudem ihre Auswirkungen auf die CO_2-Ersparnis zu visualisieren, hatte einen ebenso positiven Effekt wie die Darstellung von Charakteren, die in Alltagssituationen zwischen Klimaschutz und kurzfristigem Komfortbedürfnis schwanken.

Eine Lücke in der Nutzungs- und Wirkungsforschung gibt es im Hinblick auf international vergleichende Untersuchungen und solche zu nicht-westlichen Ländern. Eine Ausnahme stellt die Studie von Mahmud (2016) dar, der sich mit der Wahrnehmung von Klimawandel und der Kommunikation darüber in Bangladesch befasst – einem Land, das zu den „most vulnerable countries" im Hinblick auf Klimawandel und regionalen Extremwetterereignissen (hier Stürme, Sturmfluten, Überschwemmungen) gehört. Zugleich ist der kommunikative Kontext in Bangladesch völlig anders geartet als z. B. in Europa oder Nordamerika, mit einer niedrigen Alphabetisierungsrate und geringer Reichweite der Massenmedien vor allem in ländlichen Gebieten. Mahmud zeigt hier mithilfe einer qualitativ-ethnographischen Studie, wie das jahrhundertealte tradierte Wissen um Extremwetterrisiken mit dem medial vermittelten Wissen zum Klimawandel vermischt wird.

12.5 Fallbeispiel Hamburg und norddeutscher Raum

Wie generell gilt auch für Hamburg und den norddeutschen Raum, dass das Feld der regionsspezifischen Untersuchungen zum Klimawandel sehr überschaubar ist. Doch eigentlich ist es aus sozial- und kommunikationswissenschaftlicher Perspektive sehr relevant, den Blick auf eine bestimmte Region zu fokussieren und deren Besonderheiten zu untersuchen. Gerade durch diese fokussierte Perspektive auf einen bestimmten Lebensraum kann sich genauer zeigen, wie Menschen eines hochindustrialisierten Landes in ihrem individuellen Alltag (Mikroebene) sowie in ihrem soziokulturellen Umfeld (Mesoebene) mit dem Klimawandel umgehen, ihn wahrnehmen und beobachten und welche Rolle (mediale) Kommunikationsprozesse dabei spielen.

Hamburg und der norddeutsche Raum bringen dabei eine Reihe von spezifischen Charakteristika mit. Der prominenteste Bezugspunkt in der bisherigen Forschung ist dabei wohl der Umgang der Bevölkerung mit den Sturmfluten sowie mit den diesbezüglichen Adaptationsmaßnahmen (z. B. Deicherhöhungen, Bauschutzmaßnahmen, Ratter 2014), wobei jedoch auch andere klimatische Besonderheiten von Interesse wären – beispielsweise die Konsequenzen, die aus der Zunahme von Niederschlägen und der Temperaturänderung für die Landwirtschaft entstehen, die Situation von Flora und Fauna in der Elberegion oder im Weltnaturerbe Wattenmeer (von Storch und Claussen 2011). Aus kommunikationswissenschaftlicher Perspektive relevant sind die Fragen, was die Menschen über den Klimawandel in ihrer jeweiligen Region tatsächlich wissen, wie sie damit umgehen, welche Risiken sie als besonders hoch und welche sie als eher niedrig bewerten und wie sie sich dazu informieren und austauschen.

Die Untersuchung von Peters und Heinrich (2005) für die norddeutsche Küstenregion bezog sich auf die Betrachtungen von Klimawandel und Sturmflutrisiken im Auge verschiedener Akteure (▶ Kap. 13). Dabei wurden Inhaltsanalysen von Zeitungen, Interviews mit Journalisten und Klimaforschern sowie Interviews mit der ansässigen Bevölkerung durchgeführt. Es zeigte sich, dass das Verhältnis zwischen Experten und berichtenden Journalisten von beiden Seiten überwiegend als kooperativ gesehen und empfunden wurde, dass die Bevölkerung hohes Vertrauen in die Küstenschutzmaßnahmen hatte und sich im Lichte dessen auch vom Klimawandel wenig bedroht fühlte. In einer ähnlich angelegten, jedoch methodisch weniger anspruchsvollen Studie verglichen Heinrichs und Grunenberg (2009) die Hansestädte Bremen und Hamburg, die im Hinblick auf Sturmflutrisiken und Meeresspiegelanstieg Gemeinsamkeiten aufweisen. Die Autoren kommen zu dem Schluss, dass die Bevölkerung in Bremen trotz objektiv höherer Gefährdung ein geringeres Risikobewusstsein äußert. Eine Erklärung dafür könnte die im kollektiven Gedächtnis verankerte Erinnerung an die Sturmflut in Hamburg 1962 bieten.

Der Sturmflut in Hamburg 1962 widmeten sich zwei Untersuchungen: Die erste Studie fokussierte auf Hamburg und war ebenfalls triangulär angelegt (Inhaltsanalyse von regionalen und überregionalen Zeitungen; Befragung von Hamburger Journalisten, Klimaforschern und politischen Akteuren sowie Gruppendiskussionen mit der Bevölkerung). Die Befunde zeigen, wie sich im Laufe von Jahrzehnten Erinnerungen an „Naturkatastrophen" ins kollektive Gedächtnis einbrennen, zugleich jedoch überformt und in diesem Fall auch mit Themen des Klimawandels oder stadtplanerischen Projekten wie der HafenCity verbunden werden (Lüthje 2013). Der Klimawandel brachte einen neuen Begründungszusammenhang für das ständig wiederkehrende Phänomen Sturmflut in Hamburg und hat damit die Funktion eines Erinnerungs- und Wahrnehmungstransformators. Die Funktion der Medien in diesem Prozess ist mehrdimensional („sharing, shaping, stimulating", Lüthje 2013): Erinnerungen an eine Naturkatastrophe werden von den Medien zu bestimmten Berichterstattungsanlässen öffentlich thematisiert und geteilt und dabei den gegenwärtigen Bedingungen angepasst, also aktualisiert. Gleichzeitig stimulieren die medialen Erinnerungen Anschlusskommunikation in der Bevölkerung.

In einer weiteren komparativ angelegten Langzeitstudie wurde die regionale und überregionale Medienberichterstattung in Erinnerung an die Hamburger Sturmflut von 1962 analysiert und mit der entsprechenden Medienberichterstattung der niederländischen Presse zur Sturmflut von 1953 verglichen. Auch hierbei konnte gezeigt werden, wie nachhaltig – also anhaltend, immer wieder und zu besonderen Jahrestagen sehr ausführlich – der Journalismus über Jahrzehnte hinweg an diese Ereignisse erinnert (Trümper und Neverla 2013; Trümper 2016). Mit Blick auf Hamburg und den norddeutschen Raum ist insbesondere der Befund interessant, dass die Erinnerung an die Sturmflut von 1962 häufig gerahmt wird mit Fragen, wie es um die gegenwärtige und künftige Sturmflutsicherheit der Hansestadt bestellt bzw. wie groß die Bedrohung diesbezüglich ist. In der niederländischen Presse hingegen ist ein derartiger Frame, der bis zu einem gewissen Grad Unsicherheit impliziert, im Zuge der medialen Katastrophenerinnerung deutlich weniger ausgeprägt.

12.6 Fazit: Beitrag der Medien zur sozialen Konstruktion des Klimawandels

Der Klimawandel wäre weitgehend ein innerhalb der Wissenschaft relevantes Phänomen geblieben, wenn dieses Thema nicht von publizistischen Medien aufgegriffen und so in die breitere Öffentlichkeit und in den politischen Raum getragen worden wäre. Diese Thematisierungs- und auch Deutungsfunktion des Journalismus fand in den vergangenen Jahren zunehmend Resonanz in der Onlinekommunikation in diversen Foren und insbesondere in den sozialen Netzwerken. Mit einem gewissen Abstand betrachtet lässt sich die nun schon jahrzehntelange Verlaufsgeschichte vor allem der journalistischen Klimadebatte kennzeichnen als die Emergenz eines Masterframes, der den anthropogenen Klimawandel anerkennt, jedoch flankiert wird von inzwischen abnehmender öffentlicher Leugnung des Klimawandels und andauernden journalistischen Schwierigkeiten im Umgang mit den Unsicherheiten der Klimaforschung. Dynamiken der Berichterstattung sind im Zeitverlauf erkennbar und eng an bestimmte (Medien-)Ereignisse vor allem im politischen Feld wie den UN-Klimakonferenzen gebunden. Auf der Basis von Übereinstimmungen über grundlegende Merkmale des Klimawandels werden in der journalistischen Berichterstattung Differenzen nach Ländern und Regionen deutlich, die als „Domestizierung" und „Indexing" den Deutungsmustern der (nationalen) Eliten folgen und außerdem die politisch-ideologischen Ausrichtungen der Medienorganisationen durchschimmern lassen.

Aus der Perspektive der Rezeptionsforschung und als Fazit aus den methodisch und konzeptionell sehr unterschiedlichen Studien zu den drei Medienwirkungen (Klimabewusstsein, Klimawissen, klimaschonendes Handeln), die zudem auch geographisch und zeitlich unterschiedlich verankert waren, lässt sich zusammenfassend sagen: In gewissem Maße zeigt die klimabezogene Medienberichterstattung Wirkung. Es handelt sich jedoch um einen hoch komplexen und zugleich diffizilen Zusammenhang. Medienwirkungen zu klimabezogenen Themen entstehen allenfalls langfristig und erzeugen eher Aufmerksamkeit und eine gewisse Wissensdichte über den Zeitverlauf hinweg, während die Wirkung auf Einstellungen und Handlungsintentionen nur in engem Zusammenwirken mit einer allgemeinen Aufmerksamkeit für Umweltthemen zu sehen ist. Die klassischen Medien haben das Thema in einer breiten Öffentlichkeit bekannt gemacht; in den Onlinemedien finden Diskurse in allen Richtungen statt, sie bestätigen jedoch letztlich die Bedeutung des Themas in der Öffentlichkeit. Journalistische Berichterstattung wirkt in erster Linie in der Agenda-Setting-Funktion, generiert also Aufmerksamkeit und damit Öffentlichkeit für das Thema Klimawandel. Journalismus vermittelt auch bis zu einem gewissen Grad Wissen und fördert in geringerem Maße auch eine Einstellung, die als „Klimabewusstsein" wirksam wird. Am wenigsten Wirkung zeigt die Nutzung klassischer Medien im Hinblick auf klimabezogene Handlungsintentionen. Hier spielt wohl eine Rolle, dass beim klimabezogenen Handeln vielfältige Referenzpunkte von Bedeutung sind. Neben dem klimabezogenen Wissen sowie klima- und umweltbezogenen Einstellungen sind dies etwa allgemeines Konsumverhalten oder auch individuelle sowie organisatorische und volkswirtschaftliche Rahmenbedingungen.

Obwohl das Thema Klimawandel über Jahrzehnte hinweg in vielen Medien auf der Tagesordnung stand und steht, sind die Medien folglich bisher keineswegs die allein weichenstellenden Akteure in dieser Thematik – wobei hierzu nur sehr wenige Studien vorliegen. Die Wirkkraft der Medien ist (wie in vielen anderen Themenbereichen auch) abhängig von den individuellen Eigenschaften der Rezipienten, von ihrem Bildungsgrad und Medienrepertoire und nicht zuletzt auch von ihrer gesamten Einstellung zu Umweltfragen. Diese Komplexität wird durch das Zusammenspiel von Journalismus und interaktiver Onlinekommunikation verstärkt.

Dennoch ist dieser eher „niedrigschwellige" Charakter der Medienwirkung nicht zu unterschätzen, denn Medienwirkung summiert sich über Jahrzehnte und vielfältigen Medienkonsum hinweg. Im konkreten Fall regionaler Szenarien zeigen sich jedenfalls dicht verknüpfte, rhizomartige kommunikative Verflechtungen. Im Fallbeispiel Hamburg wird Klimawandel zu einem Topos, um den herum aktuelles Geschehen (Sturmfluten heute, Stadtentwicklung in der HafenCity, regionale Landwirtschaft) und vergangenes Geschehen (Sturmflutkatastrophe von 1962) enge Verflechtungen eingehen.

Das Thema Klimawandel hat weit über das wissenschaftliche Ursprungsfeld hinaus an gesellschaftlicher Bedeutung gewonnen. Es ist mit Betrachtungen der eigenen Lebenswelt, des eigenen Lebensstils, politischen Entscheidungen, Erinnerungen und Zukunftsängsten verknüpft. Die Medien – klassische journalistische Medien, soziale Netzwerke und digitale Medien – haben in diesem Deutungsprozess eine zentrale Rolle gespielt. Und weder ist dieser Deutungsprozess zu einem Ende gekommen, noch hat die Bedeutung der Medien bei der Ausdeutung des Klimawandels abgenommen.

Eine zentrale und in Zukunft immer wichtigere Fragestellung bezieht sich dabei auf das Zusammenspiel von Massenmedien und sozialen Medien, beispielsweise im Hinblick auf die Hoheit bei Themensetzung (Agenda-Setting) und der Perspektiven (Framing), unter denen das Thema Klimawandel diskutiert wird.

Literatur

Anderegg W, Prall JW, Harold J, Schneider SH (2010) Expert credibility in climate change. P Natl Acad Sci Usa 107(27):12107–12109

Anderson A (2009) Media, politics and climate change. Towards a new research agenda. Sociol Compass 3(2):166–182

Antilla L (2005) Climate of scepticism. US newspaper coverage of the science of climate change. Global Environ Chang 15(4):338–352

Arlt D, Hoppe I, Wolling J (2010) Klimawandel und Mediennutzung. Wirkungen auf Problembewusstsein und Handlungsabsichten. Medien Kommunikationswiss 58(1):3–25

Beck U (1996) Weltrisikogesellschaft, Weltöffentlichkeit und globale Subpolitik. Ökologische Fragen im Bezugsrahmen fabrizierter Unsicherheiten. Kolner Z Soz Sozpsychol 48(Sonderheft 36):119–147

Bell A (1994) Media (mis)communication on the science of climate change. Public Underst Sci 3(3):259–275

Benford RD, Snow DA (1992) Master frames and cycles of protest. In: Morris AD, McClurg Mueller C (Hrsg) Frontiers in social movement theory. Yale University Press, New Haven, S 133–155

Bennett WL (1990) Toward a theory of press-state relations in the United States. J Commun 40(2):103–125

Binder AR (2010) Routes to attention or shortcuts to apathy? Exploring domain-specific communication pathways and their implications for public perceptions of controversial science. Sci Commun 32(3):383–411

Boykoff MT (2008) The cultural politics of climate change discourse in UK tabloids. Polit Geogr 27(5):549–569

Boykoff MT (2011) Who speaks for the Climate? Making sense of media reporting on climate change. Cambridge University Press, Cambridge

Boykoff MT, Boykoff JM (2004) Balance as bias: global warming and the US prestige press. Global Environ Chang 14(2):125–136

Boykoff MT, Boykoff JM (2007) Climate change and journalistic norms. A case-study of US mass-media coverage. Geoforum 38:1190–1204

Boykoff MT, Mansfield M (2008) 'Ye Olde Hot Aire': reporting on human contributions to climate change in the UK tabloid press. Environ Res Lett 3:024002

Boykoff MT, Smith J (2010) Media presentations of climate change. In: Lever-Tracy C (Hrsg) Routledge handbook of climate change and society. Routledge, New York, S 210–218

Boykoff MT, Timmons Roberts J (2007) Media coverage of climate change: current trends, strengths, weaknesses. In: Human development report 2007/2008. Fighting climate change: human solidarity in a divided world. United Nations Development Programme, New York, S 1–53

Boykoff M, Daly M, Gifford L, Luedecke G, McAllister L, Nacu-Schmidt A, Andrews K (2016) World newspaper coverage of climate change or global warming 2004-2016. Center for Science and Technology Policy Research, Cooperative Institute for Research in Environmental Sciences, University of Colorado, Colorado

Brüggemann M (2011) Journalistik als Kulturanalyse. Redaktionskulturen als Schlüssel zur Erforschung journalistischer Praxis [Journalism studies as studies of journalistic culture: Editorial cultures as key concept for the analysis of journalistic practice. In: Quandt T, Jandura O (Hrsg) Methoden der Journalismusforschung. VS, Wiesbaden, S 47–66

Brüggemann M (2014) Between frame setting and frame sending: how journalists contribute to news frames. Commun Theor 24(1):61–82

Brüggemann M, Engesser S (2014) Between consensus and denial: climate journalists as interpretive community. Sci Commun 36(4):399–427

Brüggemann M, Engesser S (2015) Skeptiker müssen draußen bleiben: Weblogs und Klimajournalismus. In: Hahn O, Hohlfeld R, Knieper T (Hrsg) Digitale Öffentlichkeit(en). UVK, Konstanz, S 165–182

Brüggemann M, Engesser S (2017) Beyond false balance: how interpretive journalism shapes media coverage of climate change. Glob Environ Chang 42:58–67

Brulle RJ, Carmichael J, Jenkins JC (2012) Shifting public opinion on climate change: an empirical assessment of factors influencing concern over climate change in the U.S., 2002–2010. Clim Change 114(2):169–188

Cabecinhas R, Lázaro A, Carvalho A (2008) Media uses and social representations of climate change. In: Carvalho A (Hrsg) Communicating climate

change: discourses, mediations and perceptions. CES/Universidade do Minho, Braga, S 170–189
Carvalho A (2007) Ideological cultures and media discourses on scientific knowledge: re-reading news on climate change. Public Underst Sci 16(2):223–243
Carvalho A (2010) Reporting the climate change crisis. In: Allan S (Hrsg) The Routledge companion to journalism and the news. Routledge, New York, S 485–495
Carvalho A, Burgess J (2005) Cultural circuits of climate change in U.K. broadsheet newspapers 1985–2003. Risk Anal 25(6):1457–1469
Crutzen PJ (2002) Geology of mankind. Nature 415(6867):23
Dunlap RE, MacCright AM (2010) Climate change denial: sources, actors and strategies. In: Lever-Tracy C (Hrsg) Routledge handbook of climate change and society. Routledge, New York, S 240–260
Engesser S, Brüggemann M (2015) Mapping the minds of the mediators: the cognitive frames of climate journalists from five countries. Public Underst Sci 25(7):825–841
Feldman L, Maibach EW, Roser-Renouf C, Leiserowitz A (2011) Climate on cable. The nature and impact of global warming coverage on Fox News, CNN, and MSNBC. Int J Press Politics 17(1):3–31
Feldman L, Hart PS, Milosevic T (2017) Polarizing news? Representations of threat and efficacy in leading US newspapers' coverage of climate change. Public Underst Sci 26(4):481–497
Ferree MM, Gamson WA, Gerhards J, Rucht D (2002) Shaping abortion discourse. Democracy and the public sphere in Germany and the United-States. Cambridge University Press, Cambridge
Grittmann E (2012) Visuelle Konstruktionen von Klima und Klimawandel in den Medien. Ein Forschungsüberblick. In: Neverla I, Schäfer MS (Hrsg) Das Medien-Klima: Fragen und Befunde der kommunikationswissenschaftlichen Klimaforschung. VS, Wiesbaden, S 171–196
Grundmann R (2007) Climate change and knowledge politics. Environ Polit 16(3):414–432
Grundmann R, Krishnamurthy R (2010) The discourse of climate change. A corpus-based approach. Crit Approach Discours Anal Discipl 4(2):113–133
Grundmann R, Scott M (2014) Disputed climate science in the media: do countries matter? Public Understand Sci 23(2):220–235
Hart PS (2011) One or many? The influence of episodic and thematic climate change frames on policy preferences and individual behavior change. Sci Commun 33(1):28–51
Hart PS, Nisbet EC (2012) Boomerang effects in science communication: how motivated reasoning and identity cues amplify opinion polarization about climate mitigation policies. Commun Res 39(6):701–723
Heinrichs H, Grunenberg H (2009) Klimawandel und Gesellschaft: Perspektive Adaptionskommunikation. VS, Wiesbaden
Holt D, Barkemeyer R (2012) Media coverage of sustainable development issues – attention cycles or punctuated equilibrium? Sustain Dev 20(1):1–17
Hoppe I (2016) Klimaschutz als Medienwirkung. Eine kommunikationswissenschaftliche Studie zur Konzeption, Rezeption und Wirkung eines Online-Spiels zum Stromsparen, 1. Aufl. Buchreihe NEU „Nachhaltigkeits-, Energie- und Umweltkommunikation", Wolling J, Schäfer SM, Bonfadelli H, Quiring O, Bd. 3. Universitätsverlag Ilmenau, Ilmenau
Hulme M (2009) Why we disagree about climate change. In: Rowcliffe N (Hrsg) The Carbon Yearbook. The annual review of business and climate change 2009–10. ENDS, London, S 41–43
Hulme M (2013) Exploring climate change through science and in society an anthology of Mike Hulme's essays, interviews and speeches. Routledge, New York
Kerr RA (2009) Amid worrisome signs of warming, 'climate fatigue' sets. Science 326(5955):926–928
Kirilenko AP, Stepchenkova SO (2014) Public microblogging on climate change: one year of Twitter worldwide. Global Environ Chang 21(2):752–760
Koteyko N, Jaspal R, Nerlich B (2013) Climate change and 'climategate' in online reader comments: a mixed methods study. Geogr J 179(1):74–86
Ladle RJ, Jepson P, Whittaker RJ (2005) Scientists and the media: the struggle for legitimacy in climate change and conservation science. Interdiscipl Sci Rev 30(3):231–240
Leiserowitz A (2004) Day after tomorrow: study of climate change risk perception. Environ Sci Policy Sustain Dev 46(9):22–39
Leiserowitz A, Maibach E, Roser-Renouf C, Smith N (2011) Global warming's six Americas, May 2011. Yale project on climate change communication. Yale University and George Mason University, New Haven
Leiserowitz A, Thaker J, Feinberg G, Cooper D (2013) Global warming's six Indias. Yale project on climate change communication. Yale University, New Haven
Lörcher I, Neverla I (2015) The dynamics of issue attention in online communication on climate change. Media Commun 3(1):17
Lowe T, Brown K, Dessai S, de France DM, Haynes K, Voncent K (2006) Does tomorrow ever come? Disaster narrative and public perceptions of climate change. Public Underst Sci 15(4):435–457
Lüthje C (Hrsg) (2013) Medienwandel – Kommunikationswandel – Wissenschaftswandel: Wissenschaftskommunikation historisch betrachtet. Themenheft Medien & Zeit – Kommunikation in Vergangenheit und Gegenwart 28/4
Mahmud S (2016) Public Perception and Communication of Climate Change Risks in the Coastal Region of Bangladesh: A Grounded Theory Study. Dissertation, WiSo-Fakultät Universität, Hamburg
Maurer M (2011) Wie Journalisten mit Ungewissheit umgehen. Eine Untersuchung am Beispiel der Berichterstattung über die Folgen des Klimawandels. Medien Kommunikationswiss 59(1):60–74
McCright AM, Dunlap RE (2000) Challenging global warming as a social problem: an analysis of the conservative movement's counter-claims. Soc Probl 47:499–522
Metag J, Füchslin T, Schäfer M (2017) Global warming's five Germanys: A typology of Germans' views on climate change and patterns of media use and information. Public Underst Sci 26(4):434-451
Morrison M, Duncan R, Sherley C, Parton K (2013) A comparison between attitudes to climate change in Australia and the United States. Australasian Journal of Environmental Management 20(2): 87–100
Moser SC (2016) Reflections on climate change communication research and practice in the second decade of the 21st century. What more is there to say? WIREs Clim Chang 7(3):345–369
Neidhardt F (1994) Öffentlichkeit, öffentliche Meinung, soziale Bewegungen. In: Neidhardt F (Hrsg) Öffentlichkeit, öffentliche Meinung, soziale Bewegungen. Kölner Zeitschrift für Soziologie und Sozialpsychologie, Sonderheft 34. Westdeutscher Verlag, Opladen, S 7–41
Neverla I, Schäfer M (Hrsg) (2012a) Das Medien-Klima. Fragen und Befunde der kommunikationswissenschaftlichen Klimaforschung. Springer VS, Wiesbaden
Neverla I, Schäfer M (2012b) Einleitung: Der Klimawandel und das „Medien-Klima". In: Neverla I, Schäfer M (Hrsg) Das Medien-Klima. Fragen und Befunde der kommunikationswissenschaftlichen Klimaforschung. Springer VS, Wiesbaden, S 9–25
Neverla I, Trümper S (2012) Journalisten und das Thema Klimawandel: Typik und Probleme der journalistischen Konstruktionen von Klimawandel. In: Neverla I, Schäfer M (Hrsg) Das Medien-Klima. Fragen und Befunde der kommunikationswissenschaftlichen Klimaforschung. Springer VS, Wiesbaden, S 95–118
Neverla I, Taddicken M, Lörcher I, Hoppe I (2017) Klimawandel aus Sicht der Medienrezipienten und User. Springer VS, Wiesbaden
Nisbet MC (2009) Communicating climate change: why frames matter for public engagement. Environ Sci Policy Sustain Dev 51(2):12–23
Nisbet MC (2010) Knowledge into action: Framing the debates over climate change and poverty. In: D'Angelo P, Kuypers JA (Hrsg) Doing news framing analysis. Empirical and theoretical perspectives. Routledge, New York, S 43–83
Olausson U (2009) Global warming – global responsibility? Media frames of collective action and scientific certainty. Public Underst Sci 18(4):421–436
Olausson U (2014) The diversified nature of "domesticated" news discourse. Journalism Stud 15(6):711–725
O'Neill SJ, Boykoff M (2010) Climate denier, skeptic, or contrarian? Proc Natl Acad Sci Usa 107(39):E151 (author reply E152)
O'Neill SJ, Nicholson-Cole S (2009) "Fear won't do it". Promoting positive engagement with climate change through visual and iconic representations. Sci Commun 30(3):355–379

O'Neill SJ, Williams HTP, Kurz T, Wiersma B, Boykoff M (2015) Dominant frames in legacy and social media coverage of the IPCC fifth assessment report. Nat Clim Chang 5:380–385
Oreskes N (2004) Beyond the ivory tower. The scientific consensus on climate change. Science 306:1686
Painter J (2013) Climate change in the media: reporting risk and uncertainty. Tauris, London
Painter J, Ashe T (2012) Cross-national comparison of the presence of climate scepticism in the print media in six countries, 2007–10. Environ Res Lett 7(4):44005
Peters HP, Heinrichs H (2005) Öffentliche Kommunikation über Klimawandel und Sturmflutrisiken. Bedeutungskonstruktion durch Experten, Journalisten und Bürger. Schriften des Forschungszentrums Jülich, Reihe Umwelt, Bd. 58. Forschungszentrum Jülich, Jülich
Peters HP, Heinrichs H (2008) Legitimizing climate policy: the 'risk construct' of global climate change in the German mass media. Int J Sustain Commun 3:14–36
Ratter BMW (2014) Hamburger fürchten Sturmfluten mehr als Klimawandel. In: Exzellenzcluster CLISAP (Hrsg) Hören, wie die Erde knirscht. Zehn Klimaforscher berichten, S 24–29
Ryghaug M, Sorensen H, Holtan K, Naess R (2011) Making sense of global warming. Norwegians appropriating knowledge of anthropogenic climate change. Public Underst Sci 20(6):778–795
Schäfer M (2012) Online communication on climate change and climate politics: a literature review. WIREs Clim Chang 3(6):527–543
Schäfer M (2015) Climate change and the media. In: International encyclopedia of the social & behavioral sciences, 2. Aufl. Elsevier, Amsterdam, New York, S 853–859
Schäfer M, Ivanova A, Schmidt A (2013) What drives media attention for climate change? Explaining issue attention in Australian, German and Indian print media from 1996 to 2010. Int Commun Gazette 76(2):152–176
Schlichting I (2013) Strategic framing of climate change by industry actors: a meta-analysis. Environ Commun 7(4):493–511
Schmidt A, Ivanova A, Schäfer M (2013) Media attention for climate change around the world: a comparative analysis of newspaper coverage in 27 countries. Global Environ Chang 23(5):1233–1248
Schreurs MA (2004) The climate change divide: the European Union, the United States, and the Future of the Kyoto protocol. In: Vig NJ, Faure MG (Hrsg) Green giants?: Environmental policies of the United States and the European Union. MIT Press, Cambridge, S 207–230
Shehata A, Hopmann DN (2012) Framing climate change. Journalism Stud 13(2):175–192
Smith N, Joffe H (2013) How the public engages with global warming: a social representations approach. Public Underst Sci 22(1):16–32
Stamm KR, Clark F, Reynolds Eblacas P (2000) Mass communication and public understanding of environmental problems: the case of global warming. Public Underst Sci 9(3):219–237
Stocking HS (1999) How journalists deal with scientific uncertainty. In: Friedman SM, Dunwoody S, Rogers CS (Hrsg) Communicating uncertainty. Media coverage of new and controversial science. Lawrence Erlbaum, Mahwah, S 23–41
von Storch H, Claussen M (Hrsg) (2011) Klimabericht für die Metropolregion Hamburg. Springer, Heidelberg
Sundblad EL, Biel A, Gärling T (2009) Knowledge and confidence in knowledge about climate change among experts, journalists, politicians, and laypersons. Environ Behav 41(2):281–302
Taddicken M (2013) Climate change from the user's perspective. J Media Psych: Theor Methods Appl 25(1):39–52
Taddicken M, Neverla I (2011) Klimawandel aus Sicht der Mediennutzer. Multifaktorielles Wirkungsmodell der Medienerfahrung zur komplexen Wissensdomäne Klimawandel. Medien Kommunikationswiss 59(4):505–525
Trumbo C (1996) Constructing climate change: claims and frames in US news coverage of an environmental issue. Public Underst Sci 5(3):269–283
Trümper S (2016) Nachhaltige Erinnerung im Journalismus. Diss. WiSo-Fakultät, Universität Hamburg, Hamburg
Trümper S, Neverla I (2013) Sustainable memory. Stud Commun Media 2(1):1–37
Ungar S (2014) Media context and reporting opportunities on climate change: 2012 versus 1988. Environ Commun 8(2):233–248
Weingart P, Engels A, Pansegrau P (2000) Risks of communication. Discourses on climate change in science, politics, and the mass media. Public Underst Sci 9(3):261–283
Weingart P, Engels A, Pansegrau P (2008) Von der Hypothese zur Katastrophe. Der anthropogene Klimawandel im Diskurs zwischen Wissenschaft, Politik und Massenmedien. Barbara Budrich, Opladen
Wilson KM (2000) Drought, debate, and uncertainty: measuring reporters' knowledge and ignorance about climate change. Public Underst Sci 9(1):1–13
Zehr SC (2000) Public representations of scientific uncertainty about global climate change. Public Underst Sci 9(2):85–103
Zhao X (2009) Media use and global warming perceptions. A snapshot of the reinforcing spirals. Commun Res 36(5):698–723
Zhao X, Leiserowitz AA, Maibach EW, Roser-Renouf C (2011) Attention to science. Environment news positively predicts and attention to political news negatively predicts global warming risk perceptions and policy support. J Commun 61(4):713–731

Wahrnehmung des Klimawandels in der Metropolregion Hamburg

Beate M. W. Ratter

Verantwortliche, vom Lenkungsausschuss berufene Leitautorin: Beate M. W. Ratter

H. Storch, I. Meinke, M. Claußen (Hrsg.),
Hamburger Klimabericht – Wissen über Klima, Klimawandel und Auswirkungen in Hamburg und Norddeutschland,
https://doi.org/10.1007/978-3-662-55379-4_13

„Auch wenn die Hochwasserschutzanlagen in Hamburg einem sehr hohen Schutzstandard entsprechen, erhält die Aufgabe, das Bewusstsein für die Sturmflutgefahr in der Bevölkerung wach zu halten, durch den Klimawandel noch größere Bedeutung" (Bürgerschaft der Freien und Hansestadt Hamburg 2013). Was die Hansestadt Hamburg in ihrem Aktionsplan zur Anpassung an den Klimawandel betont, spiegelt den Kern der sozialwissenschaftlichen Klima- und Risikoforschung wider. Das Wissen um das Risikobewusstsein der Bevölkerung ist eine wichtige Größe im Risikomanagement. Wenn es in den Köpfen der Menschen keinen Platz für persönliches präventives Handeln und aktiven Schutz im Katastrophenfall gibt, wird es auch für alle weiteren Maßnahmen schwer werden, wirksam zu greifen (Scannell und Gifford 2011). Denn das Zusammenspiel des staatlichen und persönlichen Risikomanagements kann nur dann wirksam funktionieren, wenn das Risiko auch auf der persönlichen Ebene richtig eingeschätzt wird (Kates und Wilbanks 2003; Martens et al. 2009). Das Thema Risikowahrnehmung bekommt auch praktische Relevanz, wenn es darum geht, das Bewusstsein für die vorhandene Bedrohung mit geeigneter Risikokommunikation in der betroffenen Bevölkerung zu steigern.

Bewusstsein für die Bedrohung durch den Klimawandel setzt voraus, dass der Klimawandel als Bedrohung wahrgenommen wird (vgl. Hulme 2009; Kahan et al. 2012; Leiserowitz 2004, 2005), und diese Bedrohungswahrnehmung wiederum ist hinreichende, wenn auch nicht ausreichende Voraussetzung für ein Handeln zur Anpassung (z. B. Kates und Wilbanks 2003; Leiserowitz 2007). Aber warum ist das Thema Klimawandel für den Laien so schwer verständlich, und welche Faktoren beeinflussen die Wahrnehmung von Klimawandel?

Eingebettet in den wissenschaftlichen Diskurs zur Wahrnehmung des Klimawandels wird im Folgenden der aktuelle Forschungsstand zur Wahrnehmung von Klimawandel in Hamburg und Norddeutschland dokumentiert und untersucht, zu welchen Ergebnissen die vorliegenden Studien gelangt sind. Fühlt sich die Bevölkerung durch den Klimawandel bedroht? Welche Rolle spielen Erfahrungen und Einstellungen bei der Bereitschaft, etwas gegen den Klimawandel zu tun?

13.1 Einflussfaktoren bei der Klimawandel- und Risikowahrnehmung

Welches Risiko für die Bewohner einer Region besteht und wie proaktiv mit diesem Risiko umzugehen ist, wird von der Wahrnehmung der auftretenden Gefahren bestimmt. Das „Wahrnehmen" eines Risikos ist ein subjektiver Einschätzungsprozess, eine mentale Konstruktion eingebettet in und bestimmt durch die Kultur einer Gesellschaft (Crona et al. 2013; Barnett und Breakwell 2001). Die individuelle subjektive Risikoeinschätzung ist intuitiv und unbewusst: „Risk perception is all about thoughts, beliefs and constructs" (Sjöberg 2000a, S. 408, 2000b). Spricht man im Alltag über Wahrnehmung, so verbirgt sich hinter dem Begriff eine Beurteilung bzw. Bewertung von Situationen oder Objekten, ohne dass hierbei auf exakte Daten oder Modelle zurückgegriffen wird. Die subjektive Wahrnehmung bzw. Risikowahrnehmung und die Logik, der sie folgt, ist vielschichtig. So werden die Einflussfaktoren eines Risikos durch eine Reihe von persönlichen Urteilen, Prinzipien und Haltungen bestimmt, die u. a. aufgrund von Erfahrung und Einschätzungen zustande kommen (Plapp und Werner 2006). Unter Wahrnehmung im kognitiven Sinn können „alle mentalen Prozesse verstanden werden, bei der eine Person über die Sinne Informationen aus der Umwelt (physisch ebenso wie kommunikativ) aufnimmt, verarbeitet und auswertet" (Renn et al. 2007, S. 77). Individuelle Risikowahrnehmungen sind nicht völlig beliebig, sondern folgen gewissen affektiven und kognitiven Mechanismen der mentalen Informationsverarbeitung, und diese finden in bestimmten gesellschaftlichen Kontexten (kulturelle Bezüge, soziale und politische Institutionen) statt (Renn 2008, S. 141–145). Sie unterliegen demnach unterschiedlichen Einflussfaktoren auf der individuellen und der gesellschaftlichen Ebene.

Die Wahrnehmung des Risikos Klimawandel ist bereits auf der affektiven und kognitiven Ebene mit einem Problem konfrontiert. Klimawandel ist eine Konstruktion, so wie „Klima" eine statistische Größe ist. Der statistische Mittelwert Klima lässt sich vom Einzelnen nicht fühlen. Klimawandel ist nicht „erlebbar". Wahrgenommen werden allenfalls die Auswirkungen, die man für Folgen des Klimawandels hält oder erklärt bekommt. Was der Einzelne als Klimawandel wahrnimmt, sind in vielen Fällen wetterbezogene Phänomene. Wie wirkmächtig solche Alltagsvorstellungen über Klima durch das Erleben von Wetter sein können, beschreiben u. a. Stehr und von Storch (2010, S. 105 ff) in ihrem Buch „Klima, Wetter, Mensch" (s. auch Moser und Dilling 2011; Whitmarsh 2008, 2011). Und wie schwierig das Thema Klimawandel für den „Normalbürger" zu verstehen ist, haben bereits Kempton (1991) und Bostrom et al. (1994) dargelegt, indem auch sie aufzeigen, dass u. a. häufig Wetter mit Klima gleichgesetzt wird oder dass die Ausdünnung der Ozonschicht mit dem Treibhauseffekt verwechselt wird. Für das Verstehen der vielschichtigen und miteinander in Beziehung stehenden Informationen über Klimawandel wird nach Sterman und Booth Sweeney (2007) im Alltäglichen auf einfache, statische mentale Modelle zurückgegriffen, um die Komplexität der Informationen zu komprimieren, oder mit bereits erlebten Phänomenen gleichgesetzt, die bereits affektiv oder kognitiv wahrnehmbar waren.

Was für den Einzelnen Klimawandel bedeutet, hängt also von den vorhandenen Informationen, der mentalen Informationsverarbeitung und den eigenen Erfahrungen ab. Unabhängig davon, welche Information zur Verfügung steht, wird die Vorstellung von Klimawandel persönlich und individuell konstruiert (Weber 2010).

Welche Faktoren darüber hinaus die Wahrnehmung von Klimawandel beeinflussen oder die Meinung zu Klimawandel bestimmen, untersuchten u. a. Capstick et al. (2015) anhand einer Metaanalyse von Studien aus den letzten Jahrzehnten. Zu den wichtigsten Einflussfaktoren für die unterschiedliche Wahrnehmung von Klimawandel gehören u. a. der regionale naturräumliche und soziale Kontext der Befragten (Akerlof et al. 2012), der Grad der Risikoexponiertheit gegenüber Naturereignissen, die zu Katastrophen werden können (Hartmuth 2001; Martens et al. 2009; Myers et al. 2012), kulturelle Werte und der politische Kontext (Adger et al. 2013; Devine-Wright 2013a) und nicht zuletzt auch die Art und Weise der medialen Aufbereitung und Verbreitung (s. Arlt et al. 2010; Capstick et al. 2015). Eine besondere Rolle nehmen Schlüsselereignisse ein, die im gesellschaftlichen Gedächtnis verankert bleiben (z. B. Hartmuth 2001) oder politische Schlüsselereignisse (z. B. das Kyoto Protokoll, s. Krosnick et al. 2000; Brechin 2003), soweit sie nicht durch periodische Wiederholung zu Ermüdungs- und Abstumpfungserscheinungen führen wie die zahlreichen, in der Öffentlichkeit meist als erfolglos eingestuften UN-Klimagipfel. Auch künstlerisch oder medial aufbereitete Beiträge tragen zur Meinungsbildung bei (etwa die Filme „The Day after Tomorrow" von 2004 und „An Inconvenient Truth" von 2007).

Zur Klimawandelwahrnehmung im regionalen, naturräumlichen und sozialen Kontext betonen Adger et al. (2013) die Bedeutung der soziokulturellen Rahmung der Wahrnehmung des Klimawandels und verweisen darauf, dass diese gesellschaftliche Dimension nicht nur die Wahrnehmung beeinflusst, sondern dass sie auch den gesellschaftlichen Umgang mit dem Klimawandel im Alltagshandeln des Einzelnen bestimmt. Gerade in den vergangenen Jahren wurde in zahlreichen Studien festgestellt, dass Klimawandelwahrnehmung ortsabhängig und kulturell gerahmt ist (Capstick et al. 2015; Brechin und Bhandari 2011; Renn und Rohrmann 2000). Studien zur Klimawandelwahrnehmung in den peruanischen Anden (Paerregaard 2013), in Norwegen (Ryghaug et al. 2011), in Sibirien (Lavrillier 2013), in Großbritannien (Capstick 2012), bei Hispanics in den USA (Davenport 2015) oder bei Migranten in Hamburg (de Guttry et al. 2016) verweisen auf die orts- und kulturabhängige Verankerung von Klimawandel in täglichen Praktiken und Ritualen sowie deren Wandel im Laufe der Zeit. Dabei spielen u. a. ortsbezogene Wetterphänomene und Extremereignisse eine entscheidende Rolle, auch unterschiedliche kulturelle Einstellungen zu Umwelt und Natur zeigen hier ihre Wirkung (Adger et al. 2013; Devine-Wright 2013a, 2013b, 2015b; Dunlap 1998; Upham et al. 2009; Wolf und Moser 2011). Diese kulturellen Einstellungen zu Umwelt und Natur finden sich in sog. gesellschaftlichen „Archiven" historischen Wissens wieder, die nicht unabhängig von spezifischen Räumen zu sehen sind. Nach Meusburger (2006) bilden sich in bestimmten Räumen durch historische Sedimentierungen von Wissen bestimmte Strukturen, die für die Wahrnehmung und das Handeln der Menschen orientierend wirken. Meusburger (2006, S. 280) weist darauf hin, dass das spezifische historische Wissen eines (Kultur-)Raumes eine entscheidende Bedeutung für die Entstehung persistierender Pfadabhängigkeiten hat. Die Aufnahme und Verbreitung neuen Wissens im spezifischen räumlichen Kontext kann dadurch beeinflusst werden (vgl. Christmann et al. 2012, S. 31). Dementsprechend belegen die genannten Studien, dass Klimawandelwahrnehmung auf der regionalen Ebene entscheidend ist, dass Klimawandelwahrnehmung ortsgebunden und gesellschaftlich gerahmt ist. Diese regionalen und lokalen Wahrnehmungsmuster gilt es offenzulegen, weil sie für die Diskussion und Planung regional eingebetteter Anpassungsstrategien wichtig sind (Arbuckle et al. 2013; Brügger et al. 2015; Chess und Johnson 2007; Döring und Ratter 2017; Taylor et al. 2014a, 2014b; Weber und Stern 2011).

Klimawandelwahrnehmung findet darüber hinaus in einem bestimmten politischen Kontext statt. So spielt in demokratischen Gesellschaften Wahrnehmung nicht nur für das eigene Handeln eine entscheidende Rolle, sondern es bestimmt auch die politische Willensbildung und politische Entscheidungsprozesse der Wähler, die nicht zuletzt auf der Basis ihrer Einstellungen zur Erteilung oder eben Nichterteilung eines Mandats zur aktiven Gestaltung des Umgangs mit dem Klimawandel beitragen (Dietz und Stern 2008; Lorenzoni et al. 2007; Shwom et al. 2010). Interessant ist dabei, dass die Bedeutung von naturwissenschaftlichem Wissen für die Wahrnehmung von Klimawandel und für die eigene wertende Positionierung dazu als nur randständig wichtig betrachtet werden kann und vielmehr von den Werten und der Weltanschauung des Einzelnen abhängt (Devine-Wright 2013a, 2013b, 2015a, 2015b). So verläuft z. B. die Anerkennung von Klimawandel als anthropogenes Phänomen in den USA entlang parteipolitischer Trennlinien (Brewer 2012; Guber 2013; Krosnick et al. 2000). Meinungsbilder entwickeln sich im Kontext gesellschaftlicher Prozesse (Kahan et al. 2012; O'Neill und Hulme 2009; Raaijmakers et al. 2008). Kahan et al. (2012) konnten in ihrer Studie zeigen, dass die Einschätzung von Klimawandel viel eher von Interessenkonflikten bestimmt wird und die Haltung zum Klimawandel sich entlang der Gruppenbildungsprozesse von Gleichgesinnten ergibt.

Eine entscheidende Rolle spielen Schlüsselereignisse und die Risikoexponiertheit gegenüber Naturereignissen. Nach Hartmuth (2001, S. 243) beeinflussen extreme Wetterereignisse mit lokalen Auswirkungen die soziale Repräsentation des anthropogenen Klimawandels, und ein wichtiger Faktor ist die Erfahrung mit Extremereignissen in der Vergangenheit (Whitmarsh 2008; Grant et al. 2015). Dabei kommt auch der Art und Weise der medialen Aufbereitung, Verbreitung und Verankerung in der Berichterstattung eine zentrale Rolle zu (Trümper und Neverla 2013; Arlt et al. 2010).

Neben der räumlichen und soziokulturellen Unterschiedlichkeit von Klimawandelwahrnehmung unterliegt die Wahrnehmung auch einer zeitlichen Veränderung. Capstick et al. (2015) unterscheiden vier Phasen der Klimawandelwahrnehmung, die sie seit den Anfängen der breiteren Untersuchung in den 1980er-Jahren identifiziert haben. Nach einer frühen Phase der wachsenden Sensibilisierung (1980 bis frühe 1990er-Jahre) folgte eine Phase des Anstiegs und der Betroffenheitsschwankungen (Mitte 1990 bis Mitte 2000); danach zeigte sich eine Phase von wachsendem Skeptizismus und Polarisierung (bis späte 2000er-Jahre), die anschließend in eine neue Phase der öffentlichen Wahrnehmung (seit Ende der 2000er- bis zu den frühen 2010er-Jahren) mündete. Sicherlich sind diese Phasen nicht trennscharf voneinander abzugrenzen und bedürfen darüber hinaus der empirischen Untermauerung in verschiedenen soziokulturellen Kontexten. Allerdings erweist es sich dabei als problematisch, dass die meisten Wahrnehmungsuntersuchungen nur Momentaufnahmen darstellen und nur sehr wenige konsistente Langzeitstudien vorliegen. So können sich vermeintlich ausgemachte rückläufige Trends bei genauerer Betrachtung auch als bloße Schwankung erweisen (Ratter et al. 2012).

Insgesamt bleibt festzuhalten, dass Wahrnehmungsforschung in einem konkreten gesellschaftlichen Kontext steht, der für die Analyse der erhobenen Konstruktionen von Klimawandel und Einschätzung von Klimawandelfolgen mit zu berücksichtigen ist. Bereits die frühen Studien von Bostrom et al. (1994) zum

(Nicht-)Wissen oder zum Verständnis von US-Bürgern über den Klimawandel oder Studien von Weber (2008) zu den Alltagsbildern des Klimawandels und zum Klimabewusstsein in Deutschland verdeutlichen die Notwendigkeit der Kontextualisierung und der gesellschaftlichen Analyse von Klimabild und Klimawahrnehmung in den Köpfen der Menschen (s. auch Lorenzoni und Pidgeon 2006).

13.2 Studien zur Klimawandelwahrnehmung in der Metropolregion Hamburg

Auch wenn insgesamt eine fast unüberschaubare Vielzahl an Publikationen zum Thema Wahrnehmung des Klimawandels existiert (▶ Abschn. 13.1), ist das Feld der öffentlich zugänglichen Studien und wissenschaftlichen Beiträge für Hamburg und den norddeutschen Raum überschaubar. Für die vergangene Dekade konnten insgesamt 10 Studien und Forschungsprojekte identifiziert werden, die sich mit Fragen der Wahrnehmung und Risikoeinschätzung von Klimawandel in der Metropolregion Hamburg und im norddeutschen Küstenraum befassen; speziell für Hamburg konnten nur zwei Wahrnehmungsstudien identifiziert werden. Einige der Studien beziehen sich dabei vornehmlich auf die Wahrnehmung von Sturmfluten sowie die Risiken des Küstenschutzes und stehen nur mittelbar im Kontext der Klimawandeldiskussion. Diese einzelnen Studien werden im Folgenden vorgestellt – unter dem besonderen Augenmerk der oben beschriebenen Einflussfaktoren auf die Klimawandelwahrnehmung.

Am Leibniz-Institut für Raumbezogene Sozialforschung e. V. (IRS) in Erkner entstanden im Zusammenhang mit dem Potsdamer Forschungs- und Technologieverbund zu Naturgefahren, Klimawandel und Nachhaltigkeit (PROGRESS) im Teilprojekt „D3.1 – Gesellschaftliche Verarbeitungen von Klimarisiken" mehrere Untersuchungen zum Klimawandel in deutschen Küstenstädten und Gemeinden, die sich u. a. mit der sozialen Konstruktion von Klimawandel sowie mit Handlungsempfehlungen beschäftigten (Balgar und Mahlkow 2013; Christmann et al. 2012; Heimann und Christmann 2013; Heimann und Mahlkow 2012). Dabei liegt insbesondere eine vergleichende Analyse von lokaler Konstruktion zu Vulnerabilität und Resilienz in Lübeck und Rostock vor (Christmann et al. 2014). In dieser Studie konnte nachgewiesen werden, dass Wahrnehmungsunterschiede von Klimarisiken größer sind als angenommen und dass lokale Vorstellungen über den Klimawandel in spezifische städtische Traditionslinien bzw. Pfade eingebettet sind und sich infolgedessen unterscheiden können. Die Analysen der Mediendiskurse weisen darauf hin, dass – vermittelt über internationale und nationale Diskurse – mögliche Bedrohungen durch den Klimawandel zwar wahrgenommen werden, die Art und Weise der Wahrnehmung sich jedoch unterscheidet, je nachdem, in welche kulturellen Traditionslinien und lokalen Wissensbezüge sie eingeordnet werden (Christmann et al. 2014, S. 32).

Im Projekt COMRISK wurde u. a. die Beziehung zwischen Sturmflutrisiken und Sturmflutmanagement untersucht (Kaiser et al. 2004; Birkholz et al. 2014) sowie raum-zeitliche Muster von Flut-Anpassungsmaßnahmen auf Haushaltsebene identifiziert (Koerth et al. 2014). Im Rahmen des Teilprojekts 3 („Public perception of coastal flood defence and participation in coastal flood defence planning"; vgl. Kaiser et al. 2004) wurde mithilfe einer standardisierten Befragung entlang der Nordseeküste in Dänemark, Deutschland, Niederlande, Belgien und dem Vereinigten Königreich die Risikowahrnehmung von Sturmfluten von Bürgern sowie deren Partizipation an Küstenschutzmaßnahmen untersucht. Ziel des Projektes war es, vorhandene Informationsmethoden zu verbessern, um die lokale Bevölkerung für Sturmflutrisiken und Küstenschutzmaßnahmen nachhaltig zu sensibilisieren. Die Untersuchung der Wahrnehmung von Klimawandel als solches spielte hierbei allerdings keine Rolle.

Im KRIM-Projekt wurden die Interpretationen des globalen Klimawandels durch die Öffentlichkeit und ihre Konsequenzen für die Risikowahrnehmung und die Implementierung eines vorbeugenden Küstenschutzes untersucht (Peters und Heinrichs 2004). Es ging dabei um die Analyse der bestehenden Bedeutungskonstruktionen von Klimawandel und Sturmflutrisiken (Peters und Heinrichs 2005) sowie um Alltagsbilder und Bewusstsein des Klimawandels (Weber 2008; Heinrichs und Grunenberg 2009). In einer dreiteiligen Studie aus Medienanalyse, Interaktions- und Rezeptionsstudie mit Experten, Journalisten und Bürgern aus Bremen, Wilhelmshaven und dem Wangerland wurden Risikovorstellungen zu den Themen Klimawandel und Küstenschutz untersucht. Peters und Heinrichs (2005) konnten zeigen, dass die Vorstellungen von Klimawandel in weiten Teilen durch den klimawissenschaftlichen Diskurs beeinflusst sind, während Vorstellungen über Sturmfluten hauptsächlich durch lokal- bzw. regionalpolitisch-administrative Institutionendiskurse geprägt werden. Insbesondere die Bevölkerung zeigte hohes Vertrauen in die Küstenschutzmaßnahmen und fühlte sich vor diesem Hintergrund auch vom Klimawandel wenig bedroht (Peters und Heinrichs 2005, S. 191).

Im EU-Interreg-Projekt SAFECOAST – Sustainable Coastal Risk Management – Subproject: „The Informed Society" ging es um die Frage der zukünftigen Küstenschutzstrategie für 2050 und die Konsequenzen des angenommenen Klimawandels für die Raumentwicklung und die öffentliche Sicherheit gegenüber Sturmflutrisiken. Aufbauend auf empirischen Erhebungen und Analysen des Sturmflut-Risikobewusstseins der Bevölkerung in den Nordsee-Anrainerstaaten wurde Informationsmaterial für die Küstenbevölkerung Schleswig-Holsteins über Sturmflutrisiken und individuelle Verhaltensmöglichkeiten erarbeitet (Heinrichs et al. 2007). Auch in diesem Projekt spielte der Klimawandel nur indirekt und die Klimawandelwahrnehmung gar keine Rolle.

Im Rahmen des BMBF-Projektes „Integriertes Hochwasserrisikomanagement in einer individualisierten Gesellschaft" (INNIG) verglichen Heinrichs und Grunenberg (2007) in einer empirischen Studie zu Klimawandel und Gesellschaft unterschiedliche Perspektiven der Adaptationskommunikation. Dabei untersuchten sie einerseits die institutionelle Risikokommunikation und die (lokale) Informationsumwelt, in der die Bürger leben; u. a. führten sie eine repräsentative Umfrage in Bremen und Hamburg mit Telefoninterviews unter je 400 Bürgern durch. In diesem Projektteil ging es um die Einschätzung der Sturmflutrisiken und des Meeresspiegelanstiegs aus Sicht der Bevölkerung. Die Studie kommt zu dem Ergebnis, dass durchaus Gemeinsamkeiten, aber auch Unterschiede nachzuweisen sind und dass die

Bevölkerung in Bremen trotz objektiv höherer Gefährdung ein geringeres Risikobewusstsein aufweist (vgl. Martens et al. 2009). Eine Erklärung dafür könnte nach Heinrichs und Grunenberg (2009) in der unterschiedlich im kollektiven Gedächtnis verankerten Erinnerung an die Sturmflut in Hamburg 1962 bieten (vgl. ► Kap. 12).

Hartmuth (2001) beschäftigte sich in einer ausgewählten Fallstudie mit den Einstellungen zum Klimawandel. Im Rahmen von zwei aufeinanderfolgenden Interviewreihen untersuchte er, wie das Thema Klimawandel im Vergleich zu anderen lokalen Themen auf Sylt repräsentiert wird. Es wurden insgesamt 70 Schlüsselpersonen aus dem Natur-, Umwelt- und Küstenschutz sowie unterschiedliche Akteure aus Wirtschaft und Gesellschaft befragt. Zunächst ging es um die Aufdeckung des allgemeinen Kontextes der wirtschaftlichen, gesellschaftlichen und ökologischen Entwicklungen auf Sylt. Daran schloss sich die Analyse der Interpretation von Klimawandel und der damit in Verbindung stehenden Fragen an. Es zeigte sich, dass das Thema Klimawandel für die befragten Schlüsselpersonen nur eine untergeordnete Rolle spielte (Hartmuth 2001, S. 158 ff). Relevante Unterschiede zwischen den sozialen Gruppen konnten dabei nicht nachgewiesen werden. Im Hinblick auf mögliche Auswirkungen des Klimawandels wurden hauptsächlich Wetteränderungen (93 %), der Anstieg des Meeresspiegels (87 %) und Überschwemmungen/Landverlust (86 %) angegeben. Sturmfluten folgten mit 59 % ebenfalls als relativ häufig genannte Auswirkung des Klimawandels (Hartmuth 2001, S. 178), die insbesondere von der Gruppe der Küstenschützer genannt wurde.

In einer vom Helmholtz-Zentrum Geesthacht durchgeführten umfassenden persönlichen Straßenumfrage wurden über 800 Einwohner entlang der deutschen Nordseeküste befragt (Ratter et al. 2009). Ziel der Studie war es, ein Bild der gesellschaftlichen Sicht in der Nordseeregion zu gewinnen und die Beziehung der Küstenbewohner zu ihrer natürlichen und sozialen Umwelt, insbesondere die Wahrnehmung der Bevölkerung zu den Themen Heimat und Region, Natur und Umwelt, Gefahren und Maßnahmenbedarf sowie zukünftige Entwicklung aufzudecken. Die Studie hat gezeigt, dass die Nordsee für ihre Anwohner einerseits einen Ort der Ressourcen, andererseits aber auch einen Ort der Gefahren darstellt. Sturmfluten und Deichbaumaßnahmen sind die historischen Ereignisse, die den an der Küste lebenden Menschen geprägt haben. Gleichermaßen zeigte sich das Bewusstsein, dass der Mensch die Region maßgeblich gestaltet hat und gleichzeitig Sturmfluten in der Wahrnehmung der Küstenbewohner auch heute noch die bedeutendste Gefahr darstellen, die bedingt durch den Klimawandel in Zukunft eine noch größere Rolle spielen wird. Bei der Wahrnehmung der Gefahren gibt es kaum regionale Unterschiede. Die Gefahren werden von den Menschen in der Küstenzone Niedersachsens und Schleswig-Holsteins nur geringfügig anders gewertet. Immerhin die Hälfte der Befragten fühlt sich von diesen Gefahren persönlich betroffen. Die Menschen betonen die potenziell weit reichende Dimension der Schäden für Anwohner durch Sturmflutereignisse mit Äußerungen wie: „Jeder ist betroffen, der hier lebt – die Lebensgrundlagen sind dann weg" oder „Dann hätte ich keine Heimat mehr" (Ratter und Sobiech 2011). Den höchsten Maßnahmen- und Schutzbedarf sehen die Befragten im Küsten- und Inselschutz. Allerdings zeigt sich gleichzeitig, dass die Befragten mit den aktuell getroffenen Maßnahmen sehr zufrieden sind. Das hohe Vertrauen in die verantwortlichen Institutionen ist gepaart mit der Einsicht, dass es für die Befragten schwer erscheint, persönlich Schutzstrategien zu entwickeln. Für viele gibt es keine Kontroll- und Einflussmöglichkeiten auf unmittelbare Gefahren wie den Klimawandel.

Im Projekt A-Küst (Veränderliches Küstenklima – Evaluierung von Anpassungsstrategien im Küstenschutz), ein Teilprojekt in KLIFF (Klimafolgenforschung in Niedersachsen), wurden an der deutschen Nordseeküste in der Ems-Dollart-Region die regionale Wahrnehmung des Klimawandels und seine Bedeutung für Klimawandelpassungsmaßnahmen untersucht (Schmidt et al. 2014). Im Zentrum standen in diesem Projekt die Verständigung und die Zusammenarbeit unterschiedlicher Akteure in Bezug auf Klimaanpassungsstrategien im Küstenschutz. Im Rahmen des Projektes wurden u. a. mögliche Szenarien für unterschiedliche Küstenschutzstrategien vorgestellt und bewertet. Begleitend zu diesem Diskussionsprozess wurden im Rahmen zweier halbstandardisierter Befragungen neben der Wahrnehmung des Klimawandels und der Akzeptanz alternativer Küstenschutzoptionen durch die Bevölkerung auch die Themenfelder Verbundenheit zur Region, langfristige Perspektiven unter Klimawandelbedingungen sowie Nutzungsänderungen und damit verbundene potenzielle Konflikte untersucht. Die beiden Bevölkerungsbefragungen haben gezeigt, dass das wissenschaftliche Wissen über Ursache und Wirkung des Klimawandels in der Bevölkerung nur unvollständig bis fehlerhaft vorhanden ist. Diese Unsicherheit ist allerdings gleichzeitig mit einem ausgeprägten Vertrauen in die Küstenschutzinstitutionen verknüpft (Behörden, Deichverbänden, Wissenschaft), das sich vor allem auf die positiven Erfahrungen der letzten Jahrzehnte stützt. Das festgestellte gegenwärtig geringe Bedrohungsgefühl durch den Klimawandel kann mitunter auf dieses starke Vertrauen zurückgeführt werden (Schmidt et al. 2014).

Das Verbundprojekt KLIMZUG Nord beschäftigte sich vornehmlich mit raumplanerischen Aspekten und den Herausforderungen der Anpassungsstrategien an den Klimawandel. Das Projekt REKLIMAR, in dem eine Studie zu Perspektiven für klimaangepasste Innovationsprozesse in der Metropolregion Bremen-Oldenburg im Nordwesten durchgeführt wurde, befasste sich mit der Wahrnehmung des Klimawandels im Alltag und seinen Folgen für Konsumverhalten und Vulnerabilität in der Nordwest-Region (Weller et al. 2010; Krapf und Weller 2013). Anhand einer quantitativen Erhebung wurden repräsentative Aussagen darüber gewonnen, welche Einstellungen die Bewohner der Metropolregion Bremen-Oldenburg gegenüber Klimawandel, Klimaschutz und Klimaanpassung haben und welches Meinungsbild gegenüber erneuerbaren Energien und damit verbundenen Entwicklungen besteht (Weller et al. 2010). REKLIMAR zielte zudem darauf, den Einfluss sozioökonomischer und raumbezogener Faktoren auf die Wahrnehmung des Klimawandels und seiner Folgen in der Region zu bestimmen. Die Ergebnisse zeigen, dass das Problem des Klimawandels im Alltag der Bürger der Nordwest-Region präsent ist. Dies zeigt sich u. a. darin, dass subjektiv wahrgenommene Umweltveränderungen mit dem Klimawandel assoziiert werden, bei klimaschädlichem Verhalten ein schlechtes

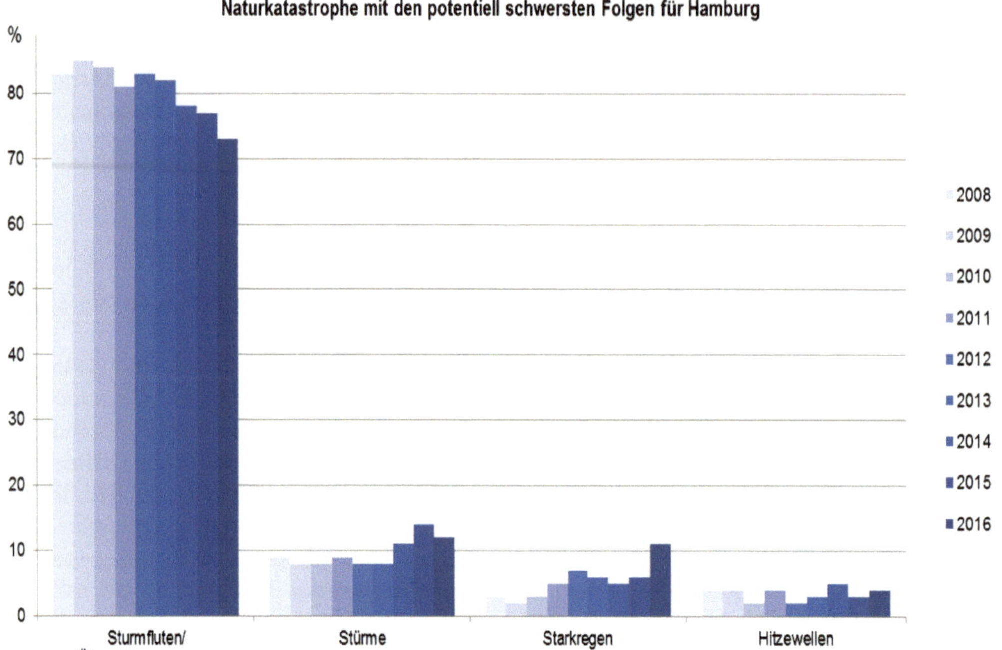

Abb. 13.1 Einschätzung der Befragten: Naturkatastrophe mit den potenziell schwersten Folgen für Hamburg (2008–2016)

Gewissen besteht oder auch über mögliche Anpassungsmaßnahmen an die Folgen des Klimawandels nachgedacht wird. Allerdings besteht, obgleich der Klimawandel bei den Bürgern präsent ist, in mehrfacher Hinsicht Unsicherheit, und es zeigte sich laut Krapf und Weller (2013), dass die festgestellten gruppenspezifischen Unterschiede die Notwendigkeit zielgruppenspezifischer Strategien klimawandelbezogener Information und Kommunikation unterstreichen (Krapf und Weller 2013, S. 50).

In einer umfassenden Studie des Bundesexzellenzclusters CliSAP an der Universität Hamburg wurde mit einer deutschlandweiten Umfrage systematisch der Zusammenhang zwischen vorhandener Klimawandelskepsis, Energiepräferenz und politischer Partizipation untersucht (Engels et al. 2013). Die Autoren gehen davon aus, dass Klimawandelwahrnehmung auch die Basis für Entscheidungen für oder gegen CO_2-reduzierende Maßnahmen bildet, und dies gilt sowohl in der Politik als auch beim Einzelnen (Whitmarsh 2011). Im Fokus der Untersuchung stand die Beziehung zwischen Klimaskepsis und Unterstützung von Mitigations- (z. B. Energiepräferenzen, Sparmaßnahmen) oder Anpassungsmaßnahmen von privaten Haushalten und Bürgerbeteiligungsaktionen, bei denen die Wahrnehmung eine zentrale Rolle spielt. Deutschland wird hier, wegen seiner weitreichend diskutierten „Energiewende", als „interessantes Testfeld" bezeichnet. Die Ergebnisse der Studie verweisen darauf, dass es in Deutschland vergleichsweise weniger Klimaskeptiker gibt als z. B. in den USA, solche Zweifler allerdings häufig negativ mit politischer Beteiligung und mit einer Unterstützung erneuerbarer Energien korrelieren.

Neben den umfassenderen Studien zur Klimawandelwahrnehmung aus dem norddeutschen Kontext gibt es zwei Studien, die sich spezifisch mit Hamburg und den Hamburger Bürgern befassen. Das Forschungslabor der Fakultät Wirtschafts- und Sozialwissenschaften der Universität Hamburg führt seit 2012 unter der Leitung von Kai-Uwe Schnapp jährlich Umfragen unter Hamburger Bürgern durch. Fragen zum Klimawandel wurden allerdings nur in der ersten Runde der sozialwissenschaftlichen Umfragestudie behandelt. Die erste Befragung fand zwischen dem 16. April und dem 3. August 2012 statt. Die klimabezogenen Themen begannen mit der Frage, inwiefern der Klimawandel ein ernsthaftes Problem darstellt. 69 % der Befragten stimmten der Aussage „voll und ganz" zu, weitere 18 % stimmten dieser Aussage „eher zu" als nicht zu. 55 % befürchteten eine Zunahme von Sturmfluten, weitere 27 % sahen eine wachsende Bedrohung durch Überschwemmungen. Schaut man auf die Wählerschaft der einzelnen Parteien, werden Unterschiede deutlich. So waren 82 % der Wähler der Linkspartei voll und ganz der Meinung, dass der Klimawandel ein ernsthaftes Problem ist; bei SPD, Grünen und Piraten waren es je 75 %. In der Wählerschaft der FDP lag die volle Zustimmung zu dieser Aussage bei 66 % und bei den Wählern der CDU bei 55 %. 94 % der Befragten stimmten der Aussage, dass der Mensch der Umwelt ernsthaften Schaden zufügt, „voll und ganz" oder „eher zu" (Bock und Schnapp 2012, S. 18).

Seit 2008 wird jährlich das Risikobewusstsein der Hamburger Bürger für den Klimawandel in einer Umfrage vom Institut für Küstenforschung des Helmholtz-Zentrums Geesthacht erhoben. In Zusammenarbeit mit dem Meinungsforschungsinstitut Forsa werden in einer Telefonumfrage ca. 500 Bürger in Hamburg über ihre Einschätzung zum Einfluss des Klimawandels auf ihr Leben sowie nach der Wahrscheinlichkeit des Eintretens von Naturkatastrophen befragt. Die Frage „Stellt der Klimawandel Ihrer Meinung nach eine sehr große, eine große, eine weniger große oder überhaupt keine Bedrohung für Hamburg dar?" wurde dabei zwischen 2008 und 2016 überwiegend mit „groß" bis „sehr groß" eingestuft. Nach einem Rückgang zwischen 2010 und 2012, bei dem über die Hälfte der befragten Hamburger den Klimawandel nicht als „große" oder „sehr große" Bedrohung wahrgenommen hatte, sahen in den vergangenen drei Jahren zunehmend mehr Befragte den Klimawandel als Bedrohung für Hamburg („sehr groß" 15 %, „groß" 41 %). Seit 2011 emp-

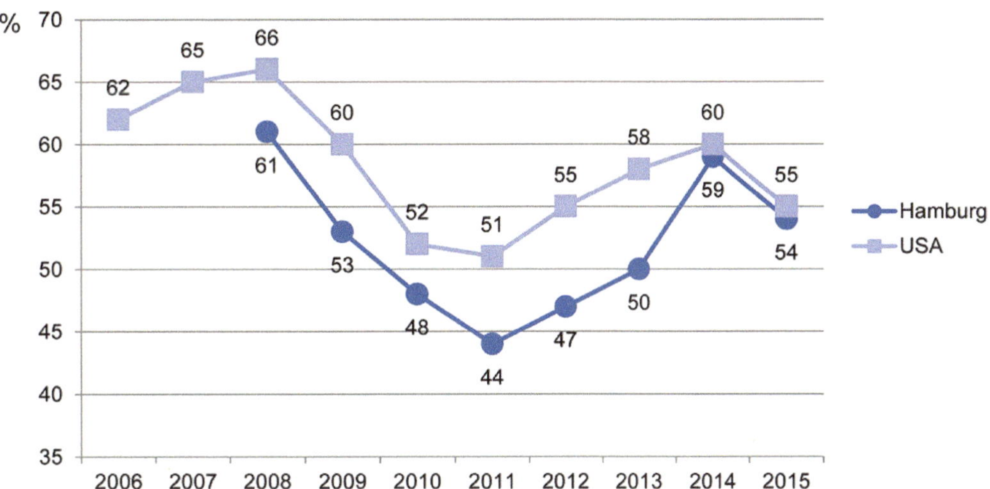

Abb. 13.2 Wahrnehmung der Bedrohung durch Klimawandel in Hamburg und den USA (2006–2015). (Vgl. auch Ratter et al. 2012)

fand die deutliche Mehrheit der Befragten Hamburger spürbare Auswirkungen des Klimawandels bereits heute und nicht erst in Zukunft. Von den 39 % (2016) der Befragten, die die Folgen des Klimawandels bereits heute wahrnehmen, sind 44 % Frauen und 32 % Männer. Der Anteil derjenigen, die schon heute Klimawandelfolgen bemerken, steigt mit dem Bildungsstand. Der prozentuale Anteil derer, die erst in über 30 Jahren mit Klimafolgen rechnen, ist dabei wie in den Vorjahren unter den 14- bis 29-Jährigen im Vergleich zu den anderen Altersgruppen besonders hoch (16 vs. 6–8 %).

Während in den Jahren 2008 bis 2012 Sturmfluten von der deutlichen Mehrheit der Befragten als Naturkatastrophe mit den potenziell schwersten Folgen für Hamburg wahrgenommen wurde[1], zeichnet sich seit 2013 ein neuer Trend ab: zwar nehmen 2016 immer noch 73 % der Teilnehmer Sturmfluten als gravierendste Bedrohung wahr, dies sind allerdings 10 % weniger als im ersten Umfragejahr 2008. Stattdessen stieg die Wahrnehmung von Stürmen und Starkregen als Ereignisse mit schweren Folgen für Hamburg in den letzten Jahren kontinuierlich an. Im Vergleich zu 9 % (Stürme) bzw. 3 % (Starkregen) in 2008 nehmen im Jahr 2016 12 bzw. 11 % der Befragten diese Ereignisse als bedrohlich für die Stadt wahr. Vor allem Starkregenereignisse sind in der Wahrnehmung der Bürger stark angestiegen (6 auf 11 %) (vgl. ◘ Abb. 13.1). Persönlich betroffen von den Naturkatastrophen im Rahmen des Klimawandels fühlte sich ähnlich wie im Vorjahr die knappe Mehrheit der Teilnehmer (ja: 52 %, nein: 47 %). Ein besonders großer Anteil der 14- bis 29-Jährigen beantwortet die Frage nach persönlicher Betroffenheit mit „ja" (60 %, nein: 37 %).

Die Langzeitstudie zeigt, dass die Entwicklung der Klimawandelwahrnehmung unter Hamburger Bürgern Schwankungen unterliegt. Nach einem Hochpunkt in 2008 und einem Tiefpunkt in 2011 scheint der Spitze von 2014 bereits wieder vorüber zu sein. Ähnliche Tendenzen zeigt der Vergleich mit US-amerikanischen Befragungsergebnissen von Gallup[2], wo nach dem Anstieg von 2011 bis 2014 der Klimawandel in 2015 wieder als weniger bedrohlich eingeschätzt wird. In beiden Befragungsräumen sank der Wert 2015 um fünf Prozentpunkte. Der Hype nach der Veröffentlichung des jüngsten IPCC-Weltklimaberichtes im Jahr 2014 ist schon wieder vorbei, und andere Probleme als der Klimawandel rücken in der Wahrnehmung der Bevölkerung in den Vordergrund (Ratter et al. 2012; ◘ Abb. 13.2).

13.3 Resümee: Wahrnehmung und die soziale Konstruktion des Klimawandels

Die vorliegenden Studien zur Wahrnehmung von Klimawandel in Norddeutschland und Hamburg ergeben nicht nur wegen ihrer unterschiedlichen Ziele, eingesetzten Methoden und unterschiedlichen Untersuchungsräume ein mosaikartiges Bild der Klimawandelwahrnehmung in der Bevölkerung. Sie bestätigen jedoch die in internationalen Studien herausgestellten Trends zur Klimawandelwahrnehmung und deren Einflussfaktoren.

Das Problem des Klimawandels ist im Alltag der Bürger durchaus präsent; das gilt für alle Studien gleichermaßen. Für Hamburg zeigten beide Umfragen, dass der Klimawandel für die Befragten ein „ernsthaftes Problem" darstellt. Allerdings lässt sich einschränkend feststellen, dass Klimawandel nicht das wichtigste Problem für die befragten Bürger darstellt. Nur wenige Studien betrachten diese Entwicklung über einen längeren Zeitraum hinweg. Diejenigen, die dies tun, belegen, dass sich die Besorgnis über die Risiken durch den Klimawandel bislang auf einem gleich bleibenden, wenn auch schwankenden Niveau hält (Ratter et al. 2012). Anders als in US-amerikanischen Studien lässt sich für den deutschen Kontext keine eindeutige Verbindung zwischen par-

1 Die Frage nach der Naturkatastrophe, die für Hamburg die schwersten Folgen bringen wird, wurde als geschlossene Frage mit vorgegebenen Antwortkategorien gestellt: „Zu den negativen Folgen des Klimawandels können unter anderem auch Naturkatastrophen gehören. Welche der folgenden Naturkatastrophen hätte Ihrer Meinung nach die schwersten Folgen für Hamburg (Einfachnennung): Stürme, Starkregen, Hitzewellen, Sturmfluten und Überschwemmungen?"

2 Quelle: http://www.gallup.com/poll/182150/views-climate-change-stable-extreme-winter.aspx

teipolitischer Präferenz und Einstellung zum Klimawandel feststellen.

Der Klimawandel wird vor allem mit subjektiv wahrgenommenen Umwelt- und Wetterveränderungen assoziiert. Mögliche Auswirkungen des Klimawandels werden hauptsächlich mit Wetteränderungen und erst in zweiter Linie mit dem Anstieg des Meeresspiegels oder anderen Extremereignissen wie Überschwemmungen/Landverlusten gleichgesetzt. Sturmfluten spielen hierbei eine besondere Rolle, nicht nur weil sie als kulturelle Traditionslinien mit lokalen Wissensbezügen eingeordnet werden können (vgl. Christmann et al. 2014, S. 32), sondern weil sie auch einen wichtigen Faktor als Erfahrung mit Extremereignissen in der Vergangenheit darstellen (vgl. Whitmarsh 2008; Christmann et al. 2012; Grant et al. 2015).

In den Vergleichsstudien zwischen Lübeck und Rostock sowie Hamburg und Bremen zeigte sich, dass Wahrnehmungsunterschiede von Klimarisiken größer sind als vielleicht angenommen und dass diese Unterschiede bei den lokalen Vorstellungen über den Klimawandel in spezifische städtische Traditionslinien bzw. Pfade eingebettet sind. Für Hamburg ist die Sturmflut von 1962 bis heute prägend. Die Sturmflut in Hamburg 1962 hat sich im Laufe von Jahrzehnten als Erinnerung an „Naturkatastrophen" ins kollektive Gedächtnis eingebrannt, und zugleich wird diese Erinnerung überformt und mit Themen des Klimawandels verbunden (Trümper und Neverla 2013; Kruse 2015, Kruse und Siedschlag 2012; Ratter und Kruse 2010). Der Klimawandel brachte einen neuen Begründungszusammenhang für das ständig wiederkehrende Phänomen Sturmflut in Hamburg und hat damit die Funktion eines Erinnerungsankers. Dieser Zusammenhang zwischen Sturmfluten und Klimabewusstsein wird in den regelmäßig stattfindenden Umfragen in der Hamburger Bevölkerung deutlich, die zeigen, dass die Einschätzungen der Gefährdung Hamburgs durch den Klimawandel im Anschluss an Sturmfluten etwas zunehmen, jedoch mit zeitlicher Distanz zu Sturmfluten wieder zurückgehen.

Insgesamt ergeben sich unterschiedliche individuelle Einstellungen und Bedeutungszuschreibungen zum Klimawandel, und diese sind dynamisch und verändern sich mit neuen Erfahrungen und neuen Informationen. Aber Informationen allein reichen nicht aus, um ein Engagement zu stimulieren. Information ist nicht mit Wissen gleichzusetzen und führt nicht zwangsläufig zum Handeln oder zur Umsetzung von Anpassungs- und Vermeidungsstrategien bzgl. des Klimawandels (Barnett und Breakwell 2001; Chess und Johnson 2007). Die Anpassung an den Klimawandel wird als direkte vorsorgende Schadensbegrenzung/-vermeidung verstanden. Die Akteure adressieren konkrete und erwartete Auswirkungen durch den Klimawandel (z. B. Starkregen, Wärmeinseln bei steigenden Temperaturen, verstärkte Hochwasserereignisse). Eine mögliche persönliche Betroffenheit wirkt sich dabei positiv auf die Bereitschaft aus, Maßnahmen umzusetzen.

Klimaanpassungshandeln ist zunächst individuell – man schützt sich und sein Hab und Gut. Die Entscheidung über die Art der geeigneten Maßnahmen und den Umgang damit wird durch die lokale und regionale Verwundbarkeit bedingt (z. B. Maßnahmen zum Hochwasserschutz). Die Einwohner Hamburgs fühlen sich sicher – auch vor den Auswirkungen des Klimawandels. Warum also sein Verhalten ändern? Die neue Situation zu vermitteln, das Bewusstsein für die möglichen Risiken wachzuhalten und sich auf die Folgen des Klimawandels bereits zeitnah einzustellen, sich also anzupassen, wird eine öffentliche und private Aufgabe sein, der sich die Hamburger zu stellen haben.

Aus dem Stand der derzeitigen Forschung und den Ergebnissen der vorliegenden Studien lässt sich für die Zukunft ein Forschungsbedarf ableiten, der für das angepasste Risikomanagement, die Risikokommunikation und notwendige Klimaanpassungsmaßnahmen wichtig sein kann. So stellt sich z. B. für Hamburg die Frage, inwieweit es Unterschiede in der Klimawahrnehmung zwischen Bewohnern unterschiedlicher Stadtbezirke gibt bzw. ob sich unterschiedliche Sicherheitsgefühle in Bezug auf die Auswirkungen des Klimawandels feststellen lassen. Inwieweit ließe sich ein unterschiedliches Sicherheitsgefühl auf topographische Exponiertheit, auf technische Maßnahmen oder auf die mediale Präsentation zurückführen? Und welche Möglichkeiten sehen die Bürger, sich an die Folgen des Klimawandels anzupassen bzw. aus welchen Gründen tun sie dies (noch) nicht?

Literatur

Adger WN, Barnett J, Brown K, Marshal N, O'Brien K (2013) Cultural dimensions of climate change impacts and adaptation. Nat Clim Chang 3:112–117

Akerlof K, Maibach EW, Fitzgerald D, Cedeno AY, Neuman AEC (2012) Do people „personally experience" global warming, and if so how, and does it matter? Glob Environ Change 23:81–91

Arbuckle JG, Morton LW, Hobbs J (2013) Farmer beliefs and concerns about climate change and attitudes toward adaptation and mitigation: Evidence from Iowa. Clim Change 118:551–563

Arlt D, Hoppe I, Wolling J (2010) Klimawandel und Mediennutzung. Wirkungen auf Problembewusstsein und Handlungsabsichten. Medien Kommunikationswiss 58(1):3–25

Balgar K, Mahlkow N (2013) Lokalkulturelle Konstruktionen von Vulnerabilität und Resilienz im Kontext des Klimawandels. IRS Working Paper 47.

Barnett J, Breakwell GM (2001) Risk perception and experience: hazard personality profiles and individual differences. Risk Anal 21(1):171–177

Birkholz S, Muro M, Jeffrey P, Smith HM (2014) Rethinking the relationship between flood risk perception and flood management. Sci Total Environ 478:12–20

Bock O, Schnapp K-U (2012) Politische Stimmung in der Freien und Hansestadt Hamburg: Ergebnisse einer allgemeinen Bevölkerungsumfrage. WiSo-HH Working Paper Series. Fakultät Wirtschafts- und Sozialwissenschaften H-Lab Working Paper Nr 2. (Webseiten der Universität Hamburg)

Bostrom A, Morgan GM, Fischhoff B, Read D (1994) What do people know about global climate change? 1. mental models. Risk Anal 14(6):959–970

Brechin SR (2003) Comparative public opinion and knowledge on global climatic change and the Kyoto Protocol: the US versus the world? Int J Sociol Soc Pol 23:106–134

Brechin SR, Bhandari M (2011) Perceptions of climate change worldwide. WIREs Clim Chang 2(6):871–885

Brewer PR (2012) Polarisation in the USA: climate change, party politics, and public opinion in the Obama era. Eur Polit Sc 11(1):7–17

Brügger A, Dessai S, Devine-Wright P, Morton TA, Pidgeon NF (2015) Psychological responses to the proximity of climate change. Nat Clim Chang 5:1031–1037

Bürgerschaft der Freien und Hansestadt Hamburg (2013) Mitteilungen des Senats an die Bürgerschaft, Drucksache 20/8492 vom 25.6.2013

Capstick SB (2012) Climate change discourses in use by the UK public: commonalities and variations over a fifteen year period. Unpublished Doctoral Dissertation, Cardiff University, 2012. http://orca.cf.ac.uk/24182/. Zuletzt zugegriffen am 17.02.2016

Capstick S, Whitmarsh L, Poortinga W, Pidgeon N, Upham P (2015) International trends in public perceptions of climate change over the past quarter century. WIREs Clim Chang 6(1):35–61

Chess C, Johnson BB (2007) Information is not enough. In: Moser SC, Dilling L (Hrsg) Creating a climate for change: Communicating climate change and facilitating social change. Cambridge University Press, Cambridge, S 153–166

Christmann G, Heimann T, Mahlkow N, Balgar K (2012) Klimawandel als soziale Konstruktion? ZZF 1(1):20–36

Christmann G, Balgar K, Mahlkow N (2014) Local constructions of vulnerability and resilience in the context of climate change. A comparison of Lübeck and Rostock. Soc Sci 3(1):142–159

Crona B, Wutich A, Brewis A, Gartin M (2013) Perceptions of climate change: linking local and global perceptions through a cultural knowledge approach. Clim Change 119(2):519–531

Davenport C (2015) Climate Is Big Issue for Hispanics, and Personal. New York Times Feb 9, 2015 (Webseiten der New York Times)

Devine-Wright P (2013a) Think global, act local? The relevance of place attachments and place identities in a climate changed world. Glob Environ Chang 23:61–69

Devine-Wright P (2013b) Dynamics of place attachment in a climate changed world. In: Manzo LC, Devine-Wright P (Hrsg) Place attachment. Routledge, New York, S 165–177

Devine-Wright P (2015a) Local attachments and identities: a theoretical and empirical project across disciplinary boundaries. Progr Hum Geogr 39(4):527–530

Devine-Wright P, Price J, Levionson Z (2015b) My country or my planet? Exploring the influence of multiple place attachments and ideological beliefs upon climate change attitudes and opinions. Glob Environ Chang 30:68–79

Dietz T, Stern PC (2008) Public participation in environmental assessment and decision making. National Academies Press, Washington, DC

Döring M, Ratter B (2017) The regional framing of climate change: Towards an 'emplaced' perspective on regional climate change perception in North Frisia. J Coast Conserv. Published online 28. Februar 2017. https://doi.org/10.1007/s11852-016-0478-0

Dunlap RE (1998) Lay perceptions of global risk: public views of global warming in cross-national context. Int Sociol 13:473–498

Engels A, Hüther O, Schäfer M, Held H (2013) Public climate-change skepticism, energy preferences and political participation. Glob Environ Chang 2(3):1018–1027

Grant S, Crim Tamason C, Mackie Jensen PK (2015) Climatization: a critical perspective of framing disasters as climate change events. Clim Risk Manag 10:27–34

Guber DL (2013) A cooling climate for change? Party polarization and the politics of global warming. Am Behav Sci 57:93–115

de Guttry C, Döring M, Ratter B (2016) Challenging the current climate change – migration nexus: exploring migrants' perceptions of climate change in the hosting country. Erde 147(2):109–118

Hartmuth G (2001) Soziale Repräsentationen des anthropogenen Klimawandels auf Sylt. Eine explorative Analyse lokal kontextualisierter Vorstellungen von Schlüsselpersonen. Dissertation, Universität Magdeburg, Fakultät für Geistes-, Sozial- und Erziehungswissenschaften

Heimann T, Christmann GB (2013) Klimawandel in den deutschen Küstenstädten und -gemeinden. Befunde und Handlungsempfehlungen für Praktiker. Leibniz Institute for Regional Development and Structural Planning, IRS Sonderpublikation, Erkner

Heimann T, Mahlkow N (2012) The social construction of climate adaptation governance: cultural differences in European coastal areas. Leibniz Institute for Regional Development and Structural Planning, Erkner

Heinrichs H, Grunenberg H (2007) Risikokultur - Kommunikation und Repräsentation von Risiken am Beispiel extremer Hochwasserrisiken. Endbericht für das BMBF. Leuphana Universität, Lüneburg

Heinrichs H, Grunenberg H (2009) Klimawandel und Gesellschaft. Perspektive Adaptionskommunikation. Springer VS, Wiesbaden

Heinrichs H, Grunenberg H, Knolle M (2007) Safecoast: the informed society. Final report. Schleswig-Holstein State Ministry for Agriculture, Environment and Rural Areas, Kiel (Webseiten der Europäischen Kommission, Projektseite Safecoast)

Hulme M (2009) Why we disagree about climate change: understanding controversy, inaction and opportunity. Cambridge University Press, Cambridge

Kahan DM, Peters E, Wittlin M, Slovic P, Ouellette LL, Braman D, Mandel G (2012) The polarizing impact of science literacy and numeracy on perceived climate change risks. Nat Clim Chang 2(10):732–735

Kaiser G, Reese S, Sterr H-J, Markau H (2004) COMRISK – common strategies to reduce the risk of storm floods in coastal lowlands – subprojekt 3: Public perception of coastal flood defence and participation in coastal flood defense planning – Final report. Department of Geography University of Kiel, Kiel

Kates RW, Wilbanks TJ (2003) Making the global local: responding to climate change concerns from the bottom up. Environment 45:12–23

Kempton W (1991) Lay perspectives on global climate change. Glob Environ Chang 1(3):183–208

Koerth J, Vafeidis AT, Carretero S, Sterr H, Hinkel J (2014) A typology of household-level adaptation to coastal flooding and its spatio-temporal patterns. Springerplus 3:466

Krapf H, Weller I (2013) Wahrnehmung des Klimawandels im Nordwesten. Ergebnisse einer repräsentativen Untersuchung zur Wahrnehmung von Klimawandel, Klimaschutz und Klimaanpassung in der Metropolregion Bremen-Oldenburg. In: Forschungszentrum Nachhaltigkeit (artec) (Hrsg) Artec-Paper Nr. 192. Forschungszentrum Nachhaltigkeit (artec), Bremen, S 1–87

Krosnick JA, Holbrook AL, Visser PS (2000) The impact of the fall 1997 debate about global warming on American public opinion. Public Underst Sci 9:239–260

Kruse N (2015) Klimawandel und Sturmfluten – Mentale Modelle von Expert*innen und Bürger*innen der Stadt Hamburg. In: Bundesamt für Bevölkerungsschutz und Katastrophenhilfe (Hrsg) Tagungsband LÜKEX 2015 3. Thementag: Herausforderungen großflächiger Evakuierungen, Bonn, S 16–23

Kruse N, Siedschlag D (2012) Sturmfluten und Küstenschutz an der schleswig-holsteinischen Nordseeküste – eine vergleichende Betrachtung der Wahrnehmung von Bevölkerung und Experten. In: Bremer Beiträge zur Geographie und Raumplanung Beiträge der 29. Jahrestagung des Arbeitskreises „Geographie der Meere und Küsten. Bd. 44, S 120–129

Lavrillier A (2013) Climate change among nomadic and settled Tungus of Siberia: continuity and changes in economic and ritual relationships with the natural environment. Polar Rec 49:260–271

Leiserowitz AA (2004) Before and after - the day after tomorrow: a U.S. study of climate change risk perception. Environment 46(9):22–44

Leiserowitz AA (2005) American risk perceptions: Is climate change dangerous? Risk Anal 25:1433–1442

Leiserowitz AA (2007) Communicating the risks of global warming: American risk perceptions, affective images, and interpretive communities. In: Moser SC, Dilling L (Hrsg) Creating a climate for change: communicating climate change and facilitating social change. Cambridge University Press, Cambridge, S 44–63

Lorenzoni I, Pidgeon N (2006) Public views on climate change: European and USA perspectives. Clim Change 77(1-2):73–95

Lorenzoni I, Nicholson-Cole S, Whitmarsh L (2007) Barriers perceived to engaging with climate change among the UK public and their policy implications. Glob Environ Chang 17:445–459

Martens T, Garrelts H, Grunenberg H, Lange H (2009) Taking the heterogeneity of citizens into account: flood risk communication in coastal cities – a case study of Bremen. Nat Hazards Earth Syst Sci 9(6):1931–1940

Meusburger P (2006) Wissen und Raum – ein subtiles Beziehungsgeflecht. Bildung und Wissensgesellschaft. Heidelb Jahrb 49:269–308

Moser SC, Dilling L (2011) Communicating climate change: closing the science-action gap. In: Dryzek J, Norgaard R, Schlosberg D (Hrsg) The Oxford handbook of climate change and society. Oxford University Press, Cary, S 161–174

Myers TA, Maibach EW, Roser-Renouf C, Akerlof K, Leiserowitz AA (2012) The relationship between personal experience and belief in the reality of global warming. Nat Clim Chang 3(4):343–347

O'Neill SJ, Hulme M (2009) An iconic approach for representing climate change. Glob Environ Chang 19:402–410

Paerregaard K (2013) Bare rocks and fallen angels: environmental change, climate perceptions and ritual practice in the Peruvian Andes. Religions (Basel) 4:290–305

Perkins S (2010) Atmospheric science: the cold facts. Nat Clim Chang. Published 09. November 2010. https://doi.org/10.1038/nclimate1008

Peters HP, Heinrichs H (2004) Interpretation des globalen Klimawandels durch die Öffentlichkeit. Konsequenzen für die Risikowahrnehmung und die Implementierung eines vorbeugenden Küstenschutzes; Projektbericht zum Teilprojekt 6 "Klimawandel und Öffentlichkeit" im Verbundvorhaben "Klimawandel und präventives Risiko- und Küstenschutzmanagement an der deutschen Nordseeküste" (KRIM) des deutschen Klimaforschungsprogramms DEKLIM, Schwerpunkt C "Klimawirkungsforschung". Technische Informationsbibliothek und Universitätsbibliothek Hannover, Forschungszentrum Jülich Programmgruppe MUT, Hannover, Jülich

Peters HP, Heinrichs H (2005) Öffentliche Kommunikation über Klimawandel und Sturmflutrisiken. Bedeutungskonstruktion durch Experten, Journalisten und Bürger. Schriften des Forschungszentrums Jülich, Reihe Umwelt, Bd. 58.

Plapp T, Werner U (2006) Understanding risk perception from natural hazards: examples from Germany. In: Amman WJ, Dannenmann ST, Vulliet L (Hrsg) Risk 21 – coping with risks due to natural hazards in the 21st century. Taylor & Francis, London, S 101–108

Raaijmakers R, Krywkow J, van der Veen A (2008) Flood risk perceptions and spatial multi-criteria analysis: an exploratory research for hazard mitigation. Nat Hazards 46(3):307–322

Ratter B, Kruse N (2010) Klimawandel und Wahrnehmung: Risiko und Risikobewusstsein in Hamburg. In: Böhner J, Ratter BMW (Hrsg) Klimawandel und Klimawirkung. Hamburger Symposium Geographie, Bd. 2. Institut für Geographie der Universität Hamburg, Hamburg, S 119–137

Ratter B, Sobiech C (2011) Heimat, Umwelt und Gefahren - Wahrnehmungen der Bevölkerung an der deutschen Nordseeküste. In: Fischer L, Reise K (Hrsg) Küstenmentalität und Klimawandel - Küstenwandel als kulturelle und soziale Herausforderung. oekom, München, S 181–196

Ratter B, Lange M, Sobiech C (2009) Heimat, Umwelt und Risiko an der deutschen Nordseeküste. Die Küstenregion aus Sicht der Bevölkerung. GKSS-Forschungszentrum, Geesthacht

Ratter B, Philipp K, von Storch H (2012) Between hype and decline: recent trends in public perception of climate change. Environ Sci Policy 18:3–8

Renn O (2008) Risk governance: coping with uncertainty in a complex world. Earthscan, London

Renn O, Rohrmann B (2000) Cross-cultural risk perception research: state and challenges. In: Renn O, Rohrmann B (Hrsg) Cross-cultural risk perception. A survey of empirical studies. Kluwer, Dordrecht, Boston, S 211–233

Renn O, Schweizer P, Dreyer M, Klinke A (2007) Risiko: Über den gesellschaftlichen Umgang mit Unsicherheit. oekom, München

Ryghaug M, Sørensen KH, Næss R (2011) Making sense of global warming: Norwegians appropriating knowledge of anthropogenic climate change. Public Underst Sci 20(6):778–795

Scannell L, Gifford R (2011) Personally relevant climate change: the role of place attachment and local versus global message framing in engagement. Environ Behav 45:60–85

Schmidt A, Striegnitz M, Kuhn K (2014) Integrating regional perceptions into climate change adaptation: a transdisciplinary case study from Germany's North Sea Coast. Reg Environ Chang 14(6):2105–2114

Shwom R, Bidwell D, Dan A, Dietz T (2010) Understanding US public support for domestic climate change policies. Glob Environ Chang 20:472–482

Sjöberg L (2000a) The methodology of risk perception research. Qual Quant 34(4):407–418

Sjöberg L (2000b) Factors in risk perception. Risk Anal 20(1):1–11

Stehr N, von Storch H (2010) Klima, Wetter, Mensch. Barbara Budrich, Opladen

Sterman JD, Booth Sweeney L (2007) Understanding public complacency about climate change: Adults' mental models of climate change violate conservation of matter. Clim Chang 80(3-4):213–238

Taylor AL, Bruine de Bruin W, Dessai S (2014a) Climate change beliefs and perceptions of weather-related changes in the United Kingdom. Risk Anal 11(34):1995–2004

Taylor AL, Dessai S, Bruine de Bruin W (2014b) Public perception of climate risk and adaptation in the UK: a review of the literature. Clim Risk Manag 4–5:1–16

Trümper S, Neverla I (2013) Sustainable memory. How journalism keeps the attention for past disasters alive. Stud Commun Media 2(1):1–37

Upham P, Whitmarsh L, Poortinga W, Purdam K, Darnton A, McLachlan C, Devine-Wright P (2009) Public attitudes to environmental change: a selective review of theory and practice. A research synthesis for the living with environmental change research programme. Research Councils UK, Swindon

Weber EU (2010) What shapes perceptions of climate change? WIREs Clim Chang 1:332–342

Weber M (2008) Alltagsbilder des Klimawandels: zum Klimabewusstsein in Deutschland. VS, Wiesbaden

Weber EU, Stern PC (2011) Public understanding of climate change in the United States. Am Psychol 66(4):315–328

Weller I, Krapf H, Wehlau D, Fischer K (2010) Untersuchung der Wahrnehmung des Klimawandels im Alltag und seiner Folgen für Konsumverhalten und Vulnerabilität in der Nordwest-Region. Eine explorative Studie. In: Forschungszentrum Nachhaltigkeit (artec) (Hrsg) Artec-Paper, artec-paper Nr. 166. artec, Bremen, S 1–103

Whitmarsh L (2008) Are flood victims more concerned about climate change than other people? The role of direct experience in risk perception and behavioural response. J Risk Res 11(3):351–374

Whitmarsh L (2011) Scepticism and uncertainty about climate change: dimensions, determinants and change over time. Glob Environ Chang 21:690–700

Wolf J, Moser SC (2011) Individual understandings, perceptions, and engagement with climate change: insights from in-depth studies across the world. WIREs Clim Chang 2:547–569

Lokale Klima-Governance im Mehrebenensystem: formale und informelle Regelungsformen

Anita Engels, Martin Wickel, Jörg Knieling, Nancy Kretschmann, Kerstin Walz

Verantwortliche, vom Lenkungsausschuss berufene Leitautoren: Anita Engels, Martin Wickel
Von den Leitautoren hinzugezogene Autoren: Jörg Knieling, Nancy Kretschmann, Kerstin Walz

H. Storch, I. Meinke, M. Claußen (Hrsg.),
Hamburger Klimabericht – Wissen über Klima, Klimawandel und Auswirkungen in Hamburg und Norddeutschland,
https://doi.org/10.1007/978-3-662-55379-4_14

Dieses Kapitel des Klimaberichts befasst sich mit den Handlungsspielräumen für lokalen Klimaschutz, die spezifischen Formen lokaler Klima-Governance sowie der Einbindung Hamburgs und der Metropolregion in ein komplexes Mehrebenensystem der Klima-Governance. Da im vergangenen Klimabericht der Fokus auf Adaptationsprozessen lag, wird im Folgenden insbesondere das Thema Mitigation (Klimaschutz) beleuchtet. Anders als in der Anpassungsproblematik wird für das Ziel der Mitigation häufig infrage gestellt, dass die lokale Ebene einen wichtigen Beitrag leisten kann. Daher wird hier zunächst eine grundlegende Einführung in die Möglichkeiten lokaler Klima-Governance im Rückgriff auf die breit gefächerte internationale Forschungsliteratur geleistet, bevor auf dieser Grundlage eine Einordnung der spezifischen Bedingungen und Potenziale für den Klimaschutz in Hamburg erfolgt. Ein besonderer Fokus liegt dabei erstens auf einer Betrachtung der formal-rechtlichen Instrumente und zweitens auf den weiteren informellen Governance-Instrumenten. Dem Status von Hamburg als Stadtstaat kommt dabei eine besondere Bedeutung zu. Ausgeklammert bleibt eine ausführliche Darstellung der Literatur zu finanziellen Anreizsystemen. Eine systematische Betrachtung der technischen Optionen (im Unterschied zu den Governance-Aspekten) wird erst in ▶ Kap. 15 geleistet.

Folgende Fragen stehen im Vordergrund:

- Was motiviert Städte, sich als eigene Akteure im Klimaschutz zu positionieren?
- Welche Faktoren fördern und behindern das Engagement von Städten als Klimaschutzakteuren allgemein, und wie ist die spezifische Situation Hamburgs hier einzuordnen?
- Wie werden die Instrumente der hamburgischen Steuerung des Klimaschutzes, insbesondere der Klimaplan, eingeschätzt im Vergleich zu den Möglichkeiten formaler, vor allem gesetzlicher Regelungsformen?
- Wie werden die informellen Regelungsformen eingeschätzt, die insbesondere die Abstimmung zwischen verschiedenartigen Akteuren sowie Beteiligungsverfahren in Hamburg betreffen?

14.1 Städte als Akteure im Klimaschutz: eine allgemeine Einleitung

Der anthropogene Klimawandel wird vor allem auf global kumulierte Treibhausgasemissionen zurückgeführt. Die primär verantwortlichen Vertragspartner der Klimaschutzabkommen der Vereinten Nationen sind Nationalstaaten, die im Rahmen nationaler Gesetzgebung und Anreizprogramme auch die Möglichkeit zur Umsetzung von Klimaschutzzielen zu ihrer Verfügung haben. Dennoch geraten zunehmend auch die lokale Ebene und damit Städte und Gemeinden als eigenständige Akteure des Klimaschutzes in den Blick. Im Wesentlichen besteht in der Forschungsliteratur zur Klima-Governance Einigkeit darüber, dass subnationale Regierungen wichtige Ansprech- und Umsetzungspartner für das Ziel der Emissionsminderung sind (Jollands et al. 2008). Die Frage, welche Möglichkeiten konkret in der Praxis bestehen und welche Strategien als vielversprechend beurteilt werden, wird jedoch kontroverser diskutiert. Reckien et al. (2014) haben die prozentuale Verteilung von Adaptations- und Mitigationsplanungen in einer Studie von 200 europäischen Städten untersucht, die eine regional-repräsentative Stichprobe der europäischen Länder darstellen. Ihre Ergebnisse zeigen, dass mittlerweile 65 % der Städte des Samples klimaschützende Maßnahmen in einer Strategie bündeln und 88 % dieser Strategien Emissionsreduktionsziele quantifizieren, wobei das Ausmaß der Einsparungen stark variiert (Reckien et al. 2014, S. 335 f).

Ein grundlegendes Merkmal von Städten und lokalen Regierungen ist ihre Einbettung in das politische Mehrebenensystem. Die dadurch erforderliche Multilevel-Governance zeichnet sich durch sich überschneidende Kompetenzen und Funktionen und durch zahlreiche horizontale und vertikale Abhängigkeiten aus, woraus ein erhöhter Koordinationsaufwand resultiert (Bulkeley und Betsill 2013; Benz 2004). Dies bedeutet für städtische und regionale Akteure die Zusammenarbeit in wechselnden Konstellationen mit vielschichtigen Vernetzungsstrukturen und Entscheidungsprozessen (Knodt 2010). Städte bewegen sich daher an einer entscheidenden Schnittstelle: einerseits nah an den Bürgerinnen und Bürgern, andererseits eingebunden in die Gesetzgebungen der höheren Ebenen (Azevedo et al. 2013; Beermann 2014; Bulkeley 2010; Pasimeni et al. 2014).

Governance umfasst neben einigen direkten Steuerungsinstrumenten auch eine verstärkte Nutzung indirekter Steuerungsmechanismen. Neben den formalen gesetzlichen Grundlagen stehen verschiedene informelle Abstimmungsinstrumente zur Verfügung. Derzeit zeichnet sich eine Verschiebung von direkter Einflussnahme hin zu einer verstärkten Aktivierung weiterer Akteure und Ressourcen sowie zur Nutzung vielfältiger Netzwerke, Partnerschaften und Marktdynamiken ab, also von direkten zu indirekten Steuerungsmechanismen (Bevir 2009; Schneider 2004). Dabei geht es vor allem um Auslagerungsprozesse, öffentlich-private Partnerschaften und weitere (zivilgesellschaftliche) Entitäten, die einen Teil der Regierungsaufgaben übernehmen. Auch (transnationale) Städtenetzwerke und -partnerschaften spielen zunehmend eine Rolle im Klimaschutz.

14.2 Welche Faktoren fördern und behindern das Engagement von Städten als Klimaschutzakteure allgemein?

Städte sind zunächst als verantwortliche Akteure in der Klimarahmenkonvention der Vereinten Nationen und deren Folgevereinbarungen nicht vorgesehen. Ihr Engagement im Klimaschutz ist in vielen Bereichen freiwillig. Vereinzelt – wie z. B. in der Planung oder Raumnutzung – können höhere politische Ebenen Städte dazu verpflichten, sich mit Klimaschutz auseinanderzusetzen. Einschränkend wirkt sich aus, dass Städte nicht unbegrenzt Maßnahmen ergreifen können, da viele für den Klimaschutz wichtige Entscheidungen auf übergeordneten politischen Ebenen getroffen werden und viele gesetzliche Rahmungen außerhalb des Kompetenzbereichs von Städten liegen. Dies wirft die Frage auf, welche Faktoren dazu führen, dass manche Städte Klimaschutzstrategien verabschieden, die teils sogar über nationale Ambitionen hinausgehen, während andere keine solchen Strategien entwickeln (Bulkeley und Kern 2006, S. 2240; Marsden et al. 2014; Schreurs 2008, S. 353).

14.2.1 Förderliche Faktoren

Einer der ausschlaggebenden Gründe sieht Gore (2010, S. 34) in der Nähe der lokalen Regierungen zu den Bürgerinnen und Bürgern. In der Bevölkerung wird die lokale Lebensqualität oftmals mit breiteren Aspekten einer nachhaltigen Entwicklung verbunden, so dass der Klimaschutz zum identitätsstiftenden Motor von Stadt- und Regionalentwicklung werden kann (Schneidewind und Scheck 2012). Es hat sich gezeigt, dass ökologische Präferenzen der Bürgerinnen und Bürger das Engagement von Städten im Klimaschutz positiv beeinflussen (Milliard-Ball 2012, S. 290). In der Tendenz treten eher wohlhabende Städte als Vorreiter beim Klimaschutz in Erscheinung, die eine liberale Bevölkerung mit hohem Bildungsniveau haben. Einkommen und Bildung sind auch ganz allgemein sozioökonomische Faktoren, die mit ökologischen Präferenzen korrelieren (Krause 2012, S. 588). Ein zentraler förderlicher Faktor ist das persönliche Engagement von Führungspersonen (Bulkeley 2010). Nur wenn für einen gewissen Zeitraum hochrangige Entscheidungsträger Klimaschutzprogramme priorisieren, können auch ambitionierte lokale Klimapläne entstehen (Bulkeley und Kern 2006, S. 2240; Keirstead und Schulz 2010, S. 4874; Schreurs 2008, S. 352). Der Grad des nationalen Ambitionsniveaus hat offenbar keine systematischen Auswirkungen. Es existieren Städte mit hohen Zielsetzungen beim Klimaschutz in Ländern, die keine ehrgeizigen Klimastrategien verfolgen. Gleichzeitig sind anspruchsvolle nationale Rahmensetzungen kein Garant dafür, dass sich Städte mit der Thematik auseinandersetzen und eigene Ansätze entwickeln (Reckien et al. 2014, S. 335). Auch bieten die Themenkomplexe des Klimaschutzes und der Anpassung die Möglichkeit, sich als Vorreiter einer Region oder eines Landes zu etablieren und auf diese Weise das eigene Profil zu schärfen sowie die Reputation zu erhöhen.

Zudem argumentieren immer mehr Forschende, dass lokale Regierungen und Städte aufgrund ihrer Mitgliedschaft in transnationalen Klimakoalitionen Strategien verabschieden (u. a. Gore 2010, S. 34; Sharp et al. 2011). Mitglied eines größeren Netzwerks zu sein, kann dabei auch die interne Dynamik neu anstoßen und dazu führen, stadtbezogene Klimapolitiken voranzutreiben (Lee und Koski 2014). Durch Zusammenschlüsse werden zudem Stimmen gebündelt und eine gemeinsame Problemdefinition bereitgestellt. Dies kann im nationalen Kontext die eigene Position stärken und in der Folge die nationalen Agenden in Richtung des eigenen Standpunktes beeinflussen (Giest und Howlett 2013, S. 349). In einer quantitativen Studie kommen Lee und Koski zu dem Schluss, dass die Mitgliedschaft in Netzwerken signifikant und substanziell die Wahrscheinlichkeit erhöht, dass Städte Maßnahmen entwickeln, um dem Klimawandel zu begegnen (Lee und Koski 2014, S. 489). Auch Hakelberg (2011) führt die Einführung vieler urbaner Klimastrategien in seiner quantitativen Studie auf die Mitgliedschaft in transnationalen Netzwerken zurück. Seit den 1990er-Jahren entstanden beispielweise ICLEI (International Council for Local Environment Initiatives), die in Deutschland gegründete Climate Alliance (Klima-Bündnis) sowie das in Frankreich entstandene Energy Cities (energie-cités). Es folgte eine Welle weiterer Zusammenschlüsse und Programme von Bürgermeistern, z. B. das European Covenant of Mayors, das U.S. Mayors Climate Protection Agreement (MCPA), C40 Cities Climate Leadership Group, World Mayors Council on Climate Change (WMCCC) in New York und unzählige Graswurzelnetzwerke der Zivilgesellschaft, u. a. das Transition Town Netzwerk oder Recht auf Stadt (Gore 2010; Morlet und Keirstead 2013; Pasimeni et al. 2014; Rosenzweig et al. 2010).

14.2.2 Hemmende Faktoren

Lokale Klimaschutzstrategien unterscheiden sich in mehreren Hinsichten von anderen Steuerungsgegenständen, mit denen Städte typischerweise zu tun haben. So wäre z. B. auch bei sehr weitgehenden Klimaschutzmaßnahmen eine tatsächliche Wirkung auf das globale Klima erst mit einer deutlichen Verzögerung spürbar, wenn es bspw. gelingt, die globale Erwärmung im Laufe dieses Jahrhunderts zu verlangsamen bzw. auf das derzeitige globale Ziel von 2 Grad bis zum Jahr 2100 zu begrenzen. Welche Maßnahme welchen Beitrag daran hätte, wäre im Nachhinein nicht rekonstruier- oder messbar (Bläser 2012). Dem stehen die vergleichsweise kurzen politischen Wahlzyklen bei der Verabschiedung von Klimaschutzmaßnahmen und der Durchführung von Programmen entgegen. Sie können dazu führen, dass politisch Verantwortliche eine „Not in my term"-Haltung einnehmen, da positive Auswirkungen nur in seltenen Fällen sofort sichtbar werden (Azevedo et al. 2013, S. 987). Kurzfristige politische Erfolgskriterien geraten in Konkurrenz zu den Anforderungen eines langfristig angelegten Klimaschutzes (Böcher und Nordbeck 2014).

Klimaschutz bedarf zudem auch einer sektorübergreifenden Koordination, da sich die Verursacherstruktur der Treibhausgasemissionen sehr heterogen darstellt. Traditionell ist städtische Governance aber eher von spezialisierten Ressortzuständigkeiten geprägt. Dabei kann die Koordination und Integration traditionell getrennter Politikfelder auf Widerstand bei denjenigen Akteuren oder Sektoren stoßen, die Nutznießer traditionell ausgerichteter Sektoralpolitik sind (vgl. Azevedo et al. 2013, S. 987; Benz 2004, S. 14; Greiving und Fleischhauer 2008, S. 64 ff.). Untersuchungen zeigen, dass der Klimaschutz in der Praxis oft als Randthema bearbeitet wird, womit eine Begrenzung auf die Umweltbehörde oder einzelne Abteilungen einhergeht. Nur selten wird Klimaschutz in der kommunalen Praxis als Querschnittsthema behandelt (Bulkeley 2010, S. 235). Zusätzlich können sich unklare Aufgabenverteilungen zwischen der nationalen und lokalen Ebene einschränkend auswirken, da es häufig offen bleibt, wie sich die Verantwortlichkeiten zur Erreichung von Mitigationszielen zwischen nationaler und lokaler Ebene verteilen (Marsden et al. 2014).

Insgesamt fällt bei der Betrachtung einzelner Klimaschutzpolitiken auf, dass der Klimawandel in der Regel nicht allein auf der Agenda erscheint, sondern mit anderen Logiken und Zielen verknüpft wird, um weitere Co-Benefits zu generieren. Gesetzte Ziele korrelieren meist mit weiteren erstrebenswerten Entwicklungen auf der lokalen Ebene, z. B. finanziellen Einsparungen durch Energieeffizienz, Anreizsetzungen für den Arbeitsmarkt durch die Generierung zusätzlicher Arbeitsplätze oder auch die Verringerung der lokalen Luftverschmutzung (Keirstead und Schulz 2010, S. 4873; Morlet und Keirstead 2013, S. 853; Schreurs 2008, S. 353).

Diese pragmatische Synergieförderung und Integration anderer Prioritäten führt in einem ersten Schritt dazu, klimaschützende Programme zu verabschieden und in verschiedene Bereiche hineinzutragen. Moloney und Horne (2015) stellen jedoch infrage, inwieweit die derzeit angewandten Politikprogrammatiken auch zu dem benötigten soziotechnischen Wandel führen können, da nach wie vor zu häufig Logiken und Prioritäten die Politik bestimmen, die dem Klimaschutz konträr entgegenstehen. Beispiele betreffen den ökonomischen Wachstumsimperativ sowie die anhaltende Förderung fossiler Energieträger und der urbanen Infrastruktur für das Auto. Auf diese Weise könne der Klimawandel nicht zur Priorität werden (Marsden et al. 2014).

14.3 Welche Handlungsoptionen und Handlungspotenziale für den Klimaschutz bestehen für Städte im Mehrebenensystem?

In vielen für den Klimaschutz relevanten Handlungsfeldern haben subnationale Regierungen nur begrenzt Einfluss. Der nationale Kontext bestimmt die grundlegenden Strukturen und Rahmenbedingungen für lokale Strategien und versucht längerfristige Entwicklungen aufzuzeigen. Dies schlägt sich auch darin nieder, dass die Zeithorizonte zwischen Planungen der nationalen und lokalen Ebene variieren. Nach Pasimeni et al. (2014) umfassen lokale Strategieplanungen meist einen Zeitrahmen zwischen 10 und 20 Jahren, nationale Pläne in der Tendenz hingegen von mindestens 30 Jahren. Entscheidungen der nationalen Ebene – z. B. zum Ausbau von erneuerbaren Energien und die schrittweise Abkehr von fossilen Energieträgern sowie damit einhergehende Infrastrukturanpassungen – geben maßgeblich den Rahmen für die lokale Ebene vor. Auch mittelbare Einflussmöglichkeiten wie national verankerte Anreizsysteme (Subventionen, Förderprogramme) sind wichtige Impulsgeber für die Gestaltung lokaler Strategien (Bulkeley 2010, S. 238; Keirstead und Schulz 2010, S. 4874; Nelson et al. 2015, S. 99; Schreurs 2008, S. 344, 353; Starzer 2005; Singh et al. 2010), auch wenn der Vollzug in vielen Fällen den Ländern oder den Kommunen obliegt. Das spiegelt sich auch in der Verteilung von Klimaschutzprogrammen auf die verschiedenen Ebenen wider: Eine Auswertung von Artikeln der Zeitschrift *Energy Policy* von Keirstead und Schulz (2010, S. 4871) ergab, dass 59 % der Veröffentlichungen über Energiepolitiken die nationale Ebene fokussierten, 26 % internationale Programme und nur etwa 10 % die subnationale bzw. lokale Ebene.

Das Spektrum der national-lokalen Verflechtungen reicht von hierarchischer Kontrolle, d. h., Städte adaptieren Agenden und treffen Entscheidungen aufgrund festgeschriebener Verpflichtungen, bis hin zu Entscheidungen, die den höheren Ebenen zuwiderlaufen (Keirstead und Schulz 2010, S. 4873). Häufig kann die Wirksamkeit von lokalen Förderprogrammen und Anreizsystemen für private Akteure erst im Zusammenspiel mit nationalen Rahmenbedingungen eingeschätzt werden. Setzen sich urbane Strategien von nationalen Strukturen ab, kann dies andererseits aber auch dazu führen, dass Städte wechselwirkend Einfluss auf die nationale Gesetzgebung nehmen. Es lassen sich viele Beispiele nennen, bei denen lokale Regierungen hinsichtlich nationaler Strategien und Zielsetzungen zu Agendasettern wurden (Schreurs 2008, S. 346, 350). Ihre erfolgreichen Handlungen und Strategien können für nationale Prozesse auf diese Weise als Blaupause dienen und Erfahrungen aus bereits umgesetzten lokalen Programmen in die Konzeption neuer Politiken einfließen (Jollands et al. 2008; Pohlmann 2011, S. 15; Khan 2013, S. 133). Zwar können regionale oder lokale Klimapolitiken die nationalen Klimaschutzprogramme nicht ersetzen, doch sind sie in der Lage, die mögliche Diskrepanz zwischen teils praxisferner Entwicklung und der lokalen Umsetzung geringer zu halten (Carney und Shackley 2009, S. 4301). Eine Bündelung der Landes- und der lokalen Ebene stellen die Stadtstaaten (Hamburg, Berlin, Bremen) dar, die Kompetenzen von Städten und Bundesländern vereinen (Bulkeley und Kern 2006, S. 2238; Morlet und Keirstead 2013, S. 856).

Neben diesen vertikalen Verflechtungen stehen die politisch Verantwortlichen auch horizontal mit Akteuren der Wirtschaft, Nichtregierungsorganisationen und der Zivilgesellschaft in ständigem Austausch, da die Verwaltung vermehrt als Vermittler und Prozessbegleiter auftritt und weniger als Steuerungsinstanz (Khan 2013, S. 133). Die Pluralisierung der Akteure (Khan 2013, S. 134; Keirstead und Schulz 2010, S. 4877) ist ein wesentliches Merkmal derzeit stattfindender Entwicklungen. Besonders nichtstaatliche Akteure gewinnen an Gewicht und reformieren die konzeptionelle Art und Weise, wie die Entwicklung von Strategien und die Etablierung neuer Herangehensweisen im Kontext von Klima-Governance gedacht werden müssen (Bulkeley und Betsill 2013, S. 149; Okereke et al. 2009, S. 58).

Worin bestehen nun konkrete Handlungspotenziale auf städtischer Ebene im Mehrebenensystem? Bürgermeisterinnen und Bürgermeister werden häufig direkt gewählt und ihr Verantwortungsbereich betrifft zentrale Sektoren wie Bildung, Gesundheit, Abfallwirtschaft, Landnutzungsplanung ebenso wie den Transportbereich. Zudem ermöglicht das Grundgesetz (Art. 28 Abs. 2), dass sich örtliche Entscheidungsträger eigenverantwortlich mit allen Angelegenheiten auseinandersetzen, die für die lokale Gemeinschaft relevant sind. Gleichzeitig bestehen gesetzlich festgeschriebene Verpflichtungen der nationalen Regierung. Städte und Kommunen befinden sich demnach im Spannungsfeld als umsetzende Instanz nationaler Verpflichtungen und der Möglichkeit, bzgl. abgesteckter Felder, Maßnahmen und Ziele eigenverantwortlich Prioritäten zu setzen (Bulkeley und Kern 2006, S. 2239).

Entscheidungsträger von Städten und Kommunen sind in der Lage, durch die Bereitstellung finanzieller Ressourcen (z. B. durch Förderprogramme) ressourcenschonende Investitionen und Effizienzsteigerungen anzuregen. Die Einführung von Effizienzprogrammen ist in der Praxis denn auch eines der bewährten und häufig genutzten Instrumente (Sovacool und Brown 2010, S. 4865). Öffentlich-private Partnerschaften sind ein weit verbreitetes Mittel in diesem Zusammenhang (Bulkeley und Kern 2006, S. 2249). Darüber hinaus können durch Bildungsmaßnahmen und Öffentlichkeitsarbeit die breite Bevölkerung oder auch spezifische Zielgruppen erreicht werden. Durch Selbstregulierungen sind Städte und Kommunen zudem in der Lage, die eigenen Verbräuche zu kontrollieren und durch grüne (Beschaffungs-) Standards oder festgesetzte Energieeinsparungen zu regulieren (Bulkeley und Kern 2006, S. 2244; Schreurs 2008, S. 353).

Weit verbreitet im Modus der Selbstregulierung urbaner Regierungen ist der Austausch von Leuchtmitteln (z. B. bei der Straßenbeleuchtung und in Innenräumen von städtischen Gebäuden), da dies verhältnismäßig leicht umzusetzen ist und doch erhebliche prozentuale Einsparungen mit sich bringt (Jollands et al. 2008). In einer umfangreichen Untersuchung zeigten Jollands et al (2008), dass durch derartige Projekte zwar zwischen 20 und 50 % Energie und Emissionen eingespart wurden (ebd.), doch der Effekt gemessen in absoluten Einsparungen eher gering bleibt. Bulkeley und Kern (2006, S. 2245) sehen daher auch eher die Vorbildfunktion solcher Programme als relevant an („get your own house in order") und weniger die tatsächlich zu erreichenden Einsparungen, da sich diese lediglich auf 1–5 % der gesamten Emissionen des urbanen Einzugsgebietes belaufen würden.

Grundlegend können laut Gore (2010, S. 38) die politisch Verantwortlichen in dem Sinne strategisch intervenieren, dass sie durch die Nachfrage nach energiesparenden Produkten und Dienstleistungen den Markt in eine emissionenreduzierende Richtung lenken können. In ihrem räumlichen Einflussgebiet können lokale Regierungen demnach Rahmenbedingungen, Restriktionen und Förderungen so gestalten, dass sie eine kohlenstoffarme Entwicklung der örtlichen Industrie und urbaner Gebiete befördern (Azevedo et al. 2013, S. 896). An verschiedenen Stellen wird in diesem Zusammenhang auf die Planungshoheit hinsichtlich der Landnutzung und des Ressourcenmanagements verwiesen. In manchen Mehrebenensystemen sind Städte demnach in der Lage, durch vordefinierte Landnutzung und Standardsetzungen im Gebäudebereich zu regulieren (Bulkeley und Kern 2006, S. 2247).

Im Bereich Mobilität gibt es ebenfalls zahlreiche Möglichkeiten der lokalen Governance, Klimaschutzziele zu befördern. Gebührenerhebungen im privaten Personenverkehr durch die Einführung von Mautgebühren für urbane Zonen, die Förderung alternativer Technologien bspw. im Bereich der Elektromobilität, Fahrverbote oder den grundlegenden Ausbau des öffentlichen Nahverkehrs werden hier diskutiert (Azevedo et al. 2013; Sovacool und Brown 2010, S. 4865). Ein gut ausgebautes Netz des öffentlichen Nahverkehrs ist z. B. eine Grundvoraussetzung für die Abnahme des individuellen Personenverkehrs.

In der Vergangenheit wurde den kommunalen Regierungen traditionell ein noch höheres Maß an Einfluss zugesprochen, als dies heute der Fall ist. In Bezug auf die Bereitstellung von Elektrizität, Wasserversorgung, öffentlichem Verkehr sowie Abwasser- und Abfallentsorgung hatten sie in vielen Fällen nahezu eine Monopolstellung inne (Wollmann 2003, S. 89). Doch im Zuge der europäischen Marktliberalisierung wurden in den letzten Jahrzehnten viele öffentliche Versorgungsstrukturen – vor allem im Energie- und Transportbereich – privatisiert. Stadtstaaten und Länder verkauften Anteile, und in der Folge sank auch ihr Maß an Einfluss (Bulkeley und Kern 2006, S. 2242). Derzeit ist der Energiesektor in Deutschland moderat konzentriert. Es existieren vier Zonen mit vier Versorgungsanbietern; Wettbewerb ist daher nur eingeschränkt möglich. Auch wenn ihre Handhabe abgenommen hat, spielen regionale und lokale Autoritäten nach wie vor eine wichtige Rolle bei der Energiepolitik. Sie können regulierend eingreifen, stellen teils noch Versorgungsleistungen bereit und lenken, indem sie bestimmte soziotechnische Innovationen fördern (Morlet und Keirstead 2013, S. 853).

Die lokalen Regierungen, die nach wie vor im Besitz von Stadtwerken sind, haben hinsichtlich des Klimaschutzes einen größeren Handlungsspielraum (Weimer-Jehle et al. 2001, S. 4). Sind sie Mehrheitsgesellschafter der Versorgungsunternehmen, können sie in den Sektoren Energie, Transport, Wasser und Abfall aktiv auf deren Aktivitäten einwirken (Huber 1997, S. 80). Sie können beispielsweise die Elektrizitätsgenerierung direkt beeinflussen und Fernwärmeversorgung sowie Kraft-Wärme-Kopplungsanlagen priorisieren. In der Praxis zeigt sich, dass lokale Regierungen vor allem in der Rolle des Verteilers agieren und die Generierung Privatunternehmen überlassen wird (Bulkeley und Kern 2006, S. 2245). Denjenigen, die keinen direkten Einfluss auf die Stadtwerke haben, ermöglicht das Erneuerbare-Energien-Gesetz ebenso wie das Kraft-Wärme-Kopplungsgesetz, die Entwicklung regenerativer Energieträger und Kraft-Wärme-Kopplungsanlagen zu einem gewissen Grad zu fördern (ebd. S. 2246).

Im Kontrast zum Energiesektor wird den Regierungsverantwortlichen auch heute schon ein höherer Einfluss hinsichtlich des Abfallsektors attestiert, da hier öffentliche Unternehmen die Verantwortungsträger sind. In der Folge wird auch die Integration von Klimaschutzmaßnahmen erleichtert, z. B. durch die Generierung von Energie und Fernwärme durch Abfall (Bulkeley und Kern 2006, S. 2245).

Das Baugesetzbuch erlaubt den einzelnen Kommunen nunmehr auch, die Planung der Nutzung von Grundstücken am Klimaschutz als Ziel zu orientieren (§ 1 Abs. 5). In Bebauungsplänen können beispielsweise bestimmte Energieträger für die Wohnraumbeheizung dezidiert ausgeschlossen werden (§ 9 Abs. 1 Nr. 23 Buchst. a) oder bestimmte Vorgaben für die Nutzung erneuerbarer Energien oder von Kraft-Wärme-Kopplung gemacht werden (§ 9 Abs. 1 Nr. 23 Buchst. b). So ergeben sich hier Einflussmöglichkeiten, auch wenn die sonstigen Gebäudestandards meist auf der nationalen Ebene verabschiedet werden (Bulkeley und Kern 2006, S. 2247).

14.4 Wie ist vor dem Hintergrund dieser allgemeinen Zusammenhänge die spezifische Situation Hamburgs einzuordnen?

In Hamburg herrschte lange Zeit ein sektoraler Zugang vor. Zwar zeigte die Hansestadt schon 1996 formales Engagement mit dem Beitritt zur Aalborg-Agenda (Charta von Aalborg 1994), doch wurden nachfolgend alle den Klimaschutz betreffenden Angelegenheiten der Umweltbehörde übertragen. Bemühungen blieben in der Folge ressortgebunden und konkurrierten mit Programmatiken anderer Verwaltungseinheiten (Kopatz et al. 2010, S. 10). Eine stärker koordinierende Funktion übt inzwischen die Leitstelle Klimaschutz aus, die auch für die strategisch-konzeptionelle Weiterentwicklung der klimapolitischen Gesamtstrategie des Senats verantwortlich ist. Der Masterplan Klimaschutz, der seit 2013 das Hamburger Klimaschutzkonzept abgelöst hat, sowie der aktuelle Klimaplan, der im Dezember 2015 vom Senat beschlossen wurde, sind vor diesem Hintergrund zu betrachten.

Wie zuvor ausgeführt, führt die Einbindung in das Mehrebenensystem dazu, dass es vielfältige Überlappungen mit der nationalen Ebene gibt. So führte beispielsweise das Einspeisegesetz für erneuerbare Energien, das auf nationaler Ebene verabschiedet wurde, auch in Hamburg zu einer deutlichen Verringerung der CO_2-Emissionen (Kopatz et al. 2010, S. 22). Häufig kann die Wirksamkeit von lokalen Förderprogrammen und Anreizsystemen für private Akteure erst im Zusammenspiel mit nationalen Rahmenbedingungen eingeschätzt werden (für den Fall von Betrieben im Hamburger Hafen vgl. Hackstedt 2015). Umgekehrt wird der Hamburger Klima-Governance auch eine Agenda-Setting-Funktion konstatiert (Leal Filho 2010, S. 132).

Ohne an dieser Stelle eine vollständige Aufzählung der Hamburger Klimaschutzmaßnahmen leisten zu können, sei auf zentrale Programme und Maßnahmen verwiesen. So nutzt die Stadt Hamburg insgesamt ein breites Portfolio zur Förderung unternehmerischer Nachhaltigkeit (Kopatz et al. 2010, S. 206). Das größte anreizgebende Programm im Hamburger Kontext ist „Unternehmen für Ressourcenschutz". In Hamburg sind außerdem die Umweltpartnerschaft Hamburg sowie die freiwillige Selbstverpflichtung der Industrie zu nennen. Vor allem Letztere ist an die energieintensive Industrie Hamburgs adressiert, um diese Emittenten als Partner für CO_2-Verringerungen zu gewinnen. Aufbauend auf den genannten Zusammenschlüssen wurde 2013 zusätzlich die Energiekooperation smartPORT Energy ins Leben gerufen, um die Energiewende auch im Hafen mit seinen energieintensiven Unternehmen explizit zu befördern. Für das Projekt entwickelten die Behörde für Umwelt und Energie (BUE; damals Behörde für Stadtentwicklung und Umwelt), die Behörde für Wirtschaft, Verkehr und Innovation (BWVI) sowie die Hamburg Port Authority (HPA) eine gemeinsame strategische Ausrichtung, bündelten divergierende Kerninteressen und stellten sich der Herausforderung, Klimaschutz ressortübergreifend zu adressieren (Walz 2015). Seit einigen Jahren wird in Hamburg unter dem Stichwort der Clusterpolitik zudem die Vernetzung zwischen den verschiedenen Akteuren einer Branche intensiviert (Stiller 2012, S. 176). Vor allem das Cluster der erneuerbaren Energien spielt im Kontext des Klimawandels eine entscheidende Rolle.

Auch öffentliche Einrichtungen werden adressiert. Im Zeitraum 1995–2005 wurden in Hamburg beispielsweise über 200.000 Lampen in 426 Gebäuden ausgetauscht und energetisch verbessert (Kopatz et al. 2010, S. 127). Ebenfalls verbreitet sind Energieeinsparprojekte, bei denen die Reduktionen ebenfalls den Energienutzern und Energiebeauftragten zugutekommen. Die sog. Fifty-Fifty-Programme Hamburgs, die sich an öffentliche Einrichtungen wie Schulen oder Universitäten richteten, verfolgten diesen Zweck. Ebenfalls in diesen Bereich fällt die Festsetzung eigener Nutzerquoten erneuerbarer Energiequellen oder die Entwicklung von Demonstrationsprojekten zu erneuerbaren Energien (Azevedo et al. 2013; Bulkeley und Kern 2006, S. 2244; Bulkeley 2010, S. 235; Keirstead und Schulz 2010, S. 4874; Schreurs 2008, S. 353). Hamburg setzte in dem im Jahr 2002 erneuerten Stromliefervertrag fest, fortan 10 % des Stroms aus erneuerbaren Energien zu beziehen (Kern et al. 2005, S. 29). Im Zuge der Rekommunalisierungswelle der letzten Jahre wurde „Hamburg Energie" gegründet. Nach einem Bürgerentscheid erfolgte 2015 zudem der Rückkauf des Stromnetzes, und für die Jahre 2018/19 steht der Stadt eine Kaufoption für die Gas-und Fernwärmenetze 2018/19 offen (Hamburg Webseite o.J.) Als städtischer Energieversorger kann die öffentliche Hand nun wieder stärker Einfluss auf den hiesigen Energiemarkt nehmen.

Demonstrationen von Praxisbeispielen des Klimaschutzes bündeln sich vor allem im Rahmen der Internationalen Bauausstellung (IBA) von 2006 bis 2013. Beispiele sind u. a. der Energieberg Georgswerder, der durch Windkraft und Solartechnik 4000 Hamburger Haushalte mit Strom versorgt (IBA 2015a), verschiedene Quartiersentwicklungen, die sich an umweltschonenden Kriterien ausrichten, und innovative Bauweisen, die in der Bauausstellung erprobt wurden, in bereits bestehenden Quartieren weiterzuführen (IBA 2015b).

Eine besondere Bedeutung kommt auch dem öffentlichen Nahverkehr zu. Hamburgs dichtes Netz mit hoher Taktung, die kostenlose Nutzung von Stadträdern sowie der Status als Modellregion für Elektromobilität liefern Impulse für umweltschonendere und klimaschützende Mobilitätsstrukturen (Kopatz et al. 2010, S. 22).

Die Stadt Hamburg ist außerdem Mitglied in translokalen Netzwerken: seit 2007 im Klima-Bündnis (2016), seit 2008 in ICLEI (2015) und dem Covenant of Mayors (2015).

Hamburgs Gestaltungsoptionen müssen demnach vor dem gerade skizzierten kommunalen Handlungspotenzial und dem Status als Stadtstaat mit seinen weiterführenden Kompetenzen gesehen werden. Eine weitere Besonderheit Hamburgs ergibt sich aus der Verflechtung mit der Metropolregion Hamburg (MRH). Im Folgenden werden vor allem die letzten beiden Charakteristika in ihrer formalen und informellen Ausgestaltung sowie die damit verbundenen Governance-Instrumente näher beleuchtet.

14.5 Formelle Instrumente des Klimaschutzrechts

14.5.1 Eigenschaften formeller Instrumente

Hamburg sowie die übrigen Länder und Gemeinden innerhalb der MRH können sich zur Erreichung von Zielen im Bereich des Klimaschutzes sowohl formeller als auch informeller Instrumente bedienen. Dabei wird im Folgenden Informalität im Sinne von Entformalisierung verstanden. Gegenüber formalisiertem staatlichem Handeln, das Vorgaben etwa hinsichtlich Kompetenz, Verfahren und Form folgt, „umfasst entformalisiertes staatliches Handeln jede informale Staatstätigkeit außerhalb rechtlich formalisierter Entscheidungsverfahren (unter Umständen auch Entscheidungszuständigkeiten) sowie jenseits präzise normierter rechtlicher Voraussetzungen für das staatliche Handeln" (Schoch 2005, Rn. 22). Es besteht demgemäß ein Nebeneinander informellen und formellen Verwaltungshandelns (Schuppert 2011, S. 17). Dabei können Formalität und Informalität auch als Pole eines Kontinuums gesehen werden, innerhalb dessen sich das staatliche Handeln bewegt (Schuppert 2011, S. 19). Theoretisch kann der Gesetzgeber die Instrumente des Klimaschutzes formalisieren oder diesen Bereich einer informellen Verwaltungspraxis überlassen. In Deutschland werden derzeit beide Ansätze verfolgt. Hamburg ist ein Beispiel für den Verzicht auf die Formalisierung, während in anderen Bundesländern der MRH die gesetzliche Formalisierung vorbereitet wird. Deshalb liegt es nahe, die beiden Ansätze zu vergleichen und der Frage nachzugehen, ob bei der Erfüllung der Aufgabe des Klimaschutzes deutliche Vorteile der einen oder anderen Vorgehensweise festzustellen sind.

14.5.2 Formelle und informelle Pläne und Konzepte

Wichtige Instrumente im Bereich des Klimaschutzes sind Pläne und Konzepte, wobei im Folgenden vereinfachend allein auf Pläne Bezug genommen wird. Die Begriffe können häufig auch synonym verwendet werden. In Plänen können die zu erreichenden Ziele definiert und die zu ergreifenden Maßnahmen koordiniert werden. Die Bedeutung für den Klimaschutz, dessen Erreichung Maßnahmen in vielen Handlungsbereichen erfordert, ist offensichtlich. Auch Pläne lassen sich in die Kategorien formell und informell einordnen. Formelle Pläne unterscheiden sich von informellen durch ihre gesetzliche Verankerung und Ausgestaltung. Während der Einsatz und die Handhabung Letzterer im Ermessen der Behörden steht, unterliegen die Behörden bei der Frage nach dem Ob und Wie der Anwendung formeller Pläne gesetzlichen Bindungen. Dies bedeutet nicht, dass informelle Pläne keinen rechtlichen Bindungen unterliegen. Der vom Gesetzgeber definierte Handlungsrahmen ist bei informellen Instrumenten in der Tendenz jedoch weiter. Dies geht einerseits mit größerer Flexibilität einher, ist aber z. T. auch mit größerem Aufwand verbunden, weil die Vorgaben des Gesetzgebers, die Orientierung bieten, fehlen. Zugleich geht die größere Flexibilität (Kahl und Schmidtchen 2013, S. 345) beim Einsatz informeller Instrumente mit einem Verlust an Steuerungswirkung einher, da besondere Wirkungen wie etwa die unmittelbare Außenwirkung, die der Gesetzgeber formellen Instrumenten beilegen kann, auf informellem Wege nicht erzeugt werden können.

14.5.3 Systematisierung des Klimaschutzrechts und Einordnung in das staatliche Gefüge

Formellen Instrumenten ist damit eine gesetzliche Regelung etwa von Kompetenzen, Verfahren und Rechtswirkungen zu eigen. Eine Betrachtung der formellen Instrumente des Klimaschutzes kann somit von der Analyse der gesetzlichen Regelungen zum Klimaschutz her erfolgen. Betrachtet man das Klimaschutzrecht und damit die darin angelegten formellen Instrumente, ergibt sich das Bild einer fragmentierten Regelungsmaterie, das auf den Charakter des Klimaschutzes als Querschnittsmaterie, die viele verschiedene Lebensbereiche berührt, zurückzuführen ist (Gärditz 2008, S. 325; Koch 2011, S. 742; Rodi und Sina, 2011, S. 57; Groß 2011, S. 171). Maßnahmen, die dem Klimaschutz dienen, finden sich heute in verschiedenen Rechtsbereichen. Zuvörderst ist das Energierecht, das primär die Erzeugung der Energie regelt, zu nennen (Sailer 2011, S. 719). Daneben gibt es eine Reihe weiterer Regelungsbereiche, in denen der Klimaschutz eine prominente Rolle spielt. Hierzu zählt etwa das Planungs- und Baurecht. Eine einheitliche Betrachtung der gesetzlichen Regelungen zum Klimaschutz ist damit nicht einfach. Von einer kohärenten Regelungsmaterie Klimaschutzrecht lässt sich nicht reden.

Diese Fragmentierung spiegelt sich auch in den Gesetzgebungskompetenzen wider, mittels derer die Gesetzgebung zwischen den staatlichen Ebenen Bund und Ländern (Art. 70 ff GG) verteilt wird. Hierin kommt, wie in ► Abschn. 14.1 beschrieben, zum Ausdruck, dass Governance des Klimaschutzes eine Aufgabe in einem Mehrebenensystem ist (Franzius 2015; Koch 2011). Bei einer genaueren Betrachtung wird deutlich, dass der legislative Einfluss der Länder insgesamt beschränkt ist, weil wichtige Materien etwa des Energiewirtschaftsrechts (Art. 74 Abs. 1 Nr. 11 GG) oder der Luftreinhaltung (Art. 74 Abs. 1 Nr. 24 GG) dem Grunde nach dem Bund zugeordnet sind. Die Möglichkeiten der Länder ergeben sich hier vor allem aus Offenlassungen des Bundesrechts, die es den Ländern erlauben, auch im Bereich des Klimaschutzes legislativ tätig zu werden. Ein aktuelles Beispiel sind die Anforderungen des baden-württembergischen Erneuerbare-Wärme-Gesetzes, die in bestimmten Teilen über die Anforderungen des EEWärmeG des Bundes hinausgehen (Steinwachs 2015).

Neben Instrumenten, die ihre Grundlage etwa im Energierecht oder im Planungs- und Baurecht finden und die konkrete Umsetzung von Maßnahmen zugunsten des Klimaschutzes ermöglichen, ist in jüngerer Zeit auch die Herausbildung eines neuen legislativen Bereichs zu beobachten, der sich als Klimaschutzrecht im engeren Sinne beschreiben lässt. Dieser ist dadurch gekennzeichnet, dass sein primärer Zweck Klimaschutz darstellt. Damit unterscheidet er sich von den bereits genannten Materien, die in erster Linie jeweils andere – z. B. energiewirtschaftliche oder städtebauliche – Ziele verfolgen, bei denen Klimaschutz jeweils nur ein weiterer zu beachtender Aspekt ist. Diese neue Gesetzgebungsmaterie konzentriert sich auf die strategische Steuerung des Klimaschutzes. Zum einen werden Zielvorgaben formuliert und gesetzlich verbindlich festgeschrieben. Zum anderen werden Instrumente einer strategischen Steuerung der vielfältigen Bemühungen um den Klimaschutz herausgebildet (z. B. Klimaschutzpläne). Beispiele für diesen neuen Bereich der Gesetzgebung finden sich derzeit nur außerhalb der MRH. Zu nennen ist das nordrhein-westfälische Klimaschutzgesetz (nwKlSchG, Gesetz vom 29.01.2013, GV NRW 2013, 33), das erste Gesetz dieser Art, dem Gesetze in Baden-Württemberg (bwKlSchG, Gesetz vom 23.07.2013, GBl. 2013, 229), Rheinland-Pfalz (rhpfKlSchG, Gesetz vom 23.08.2014, GVBl. 2014, 188) und Bremen (bremKEG, Gesetz vom 24.03.2015, Brem. GBl. 2015, 124) folgten. Dass die Länder und damit auch die Bundesländer der MRH überhaupt als gesetzgebende Akteure im Raum stehen, ist insofern bemerkenswert, als dem Bund auch hier die Gesetzgebungskompetenz zusteht (Rodi und Sina 2011, S. 302 f.). Von dieser hat er bislang keinen Gebrauch gemacht, namentlich kein Klimaschutzgesetz erlassen, was den Ländern gemäß Art. 72 GG die Möglichkeit zur Gesetzgebung eröffnet (Heß et al. 2013, S. 156 f.; Wickel 2013, S. 82 f.).

Bei der Betrachtung dem Klimaschutz dienender formeller Instrumente ergibt sich somit das Bild eines Kerns primär oder ausschließlich auf den Klimaschutz gerichteter rechtlicher Regelungen, die vor allem Instrumente zur Artikulation einer Klimaschutzstrategie und zur Koordination von in anderen Rechtsbereichen wurzelnden Klimaschutzbemühungen bereithalten. Da hier allgemeine, bereichsübergreifende Regelungen zum Klimaschutz getroffen werden, lässt sich auch von einem allgemeinen Klimaschutzrecht sprechen (Rodi und Sina 2011, S. 290 ff.). Um diesen Kern herum findet sich ein äußerer Ring von Regelungen in verschiedenen Regelungsbereichen, die ebenfalls dem Klimaschutz dienen und zumeist die Grundlage für konkrete Maßnahmen bieten, die aber neben dem Klimaschutz auch und z. T. primär anderen Regelungszwecken verpflichtet sind. In der Diktion von Gesetzeskodifikationen lässt sich hier in

Abgrenzung von dem soeben eingeführten Begriff des allgemeinen Klimaschutzrechts von einem besonderen Klimaschutzrecht sprechen (Rodi und Sina 2011, S. 289).

Die folgenden Ausführungen konzentrieren sich auf den Bereich des allgemeinen Klimaschutzrechts. Da der Bund in den Handlungsfeldern des besonderen Klimaschutzrechts wie dem Energierecht oder dem Planungs- und Baurecht von seinen Gesetzgebungskompetenzen sehr weitgehend Gebrauch gemacht hat, bestehen hier nur geringe legislative Spielräume für die Länder. Es werden zwar zahlreiche formelle Instrumente wie etwa die Bauleit- oder Raumordnungsplanung bereitgestellt. Es ergeben sich aber nur beschränkt landesspezifische Unterschiede. Anders verhält es sich hingegen im Bereich des allgemeinen Klimaschutzrechts, in dem der Bund in seiner Gesetzgebungstätigkeit bislang Zurückhaltung übt und den Ländern damit Spielräume belässt.

14.5.4 Vorteile formeller Instrumente gegenüber informellen Instrumenten des Klimaschutzes

14.5.4.1 Keine Klimaschutzgesetze neuen Typs in der Metropolregion

In der MRH fehlt es bislang an Klimaschutzgesetzen oder entsprechenden Gesetzen, die die Funktionen des allgemeinen Klimaschutzrechts mittels formeller Instrumente erfüllen würden. Allerdings ist zu bemerken, dass zumindest in Schleswig-Holstein und in Niedersachsen entsprechende Gesetze vorbereitet werden. Die Rechtsentwicklung ist hier somit noch im Fluss. Auch Hamburg hat kein entsprechendes Gesetz. Zwar ist das HmbKlSchG (Gesetz vom 25.06.1997, HmbGVBl. 1997, 261) das erste und damit älteste Klimaschutzgesetz in Deutschland, es verfolgt aber einen grundsätzlich anderen Ansatz. Es verzichtet auf die Formulierung von Klimaschutzzielen oder die Regelung von koordinierenden (Planungs-)Instrumenten. Demgegenüber beschränkt es sich auf die Schaffung von gesetzlichen Grundlagen für konkrete Maßnahmen, die in diesem Gesetz gebündelt werden.

Vor diesem Hintergrund wollen wir im Folgenden die sich in den genannten neuen Klimaschutzgesetzen herausbildenden formellen Instrumente näher betrachten und die Frage aufwerfen, welche Konsequenzen sich aus der Abwesenheit dieser Instrumente in der MRH ergeben. Als Vergleich sollen insbesondere die Regelungen des Hamburger Klimaplans herangezogen werden, da durch den Erlass des Masterplans Klimaschutz und des Klimaplans die politischen Bemühungen zur Bewältigung der entsprechenden Aufgabe deutlich präsent sind. Hamburg kann dementsprechend innerhalb der MRH als ein Beispiel für den Verzicht auf formelle Instrumente betrachtet werden.

14.5.4.2 Klimaschutzziele

Ein Kerninhalt der Klimaschutzgesetze neueren Typs ist die Festlegung von Klimaschutzzielen als quantifizierte Reduktionen von Treibhausgasemissionen, bezogen auf das Basisjahr 1990. Alle neuen Klimaschutzgesetze kennen solche Ziele. Die Verbindlichkeit der Ziele wird in den neuen Klimaschutzgesetzen unterschiedlich ausgestaltet. Zum Teil werden Soll-Ziele formuliert (§ 3 Abs. 1 nwKlSchG, § 4 Abs. 1 rpKlSchG, § 4 Abs. 1 bwKlSchG bzgl. des Ziels für 2020), zum Teil wird aber auch lediglich vorgegeben, dass die Erreichung des Ziels anzustreben ist, oder dies wird als Ziel des Gesetzes genannt (§ 4 Abs. 1 bwKlSchG bzgl. des Ziels für 2050, § 1 Abs. 2 bremKEG). In den Soll-Zielen kommt zum Ausdruck, dass besondere Umstände eine Abweichung erlauben. Die anderen Formulierungen bleiben hinsichtlich der Bindungswirkung noch dahinter zurück. Der Verzicht auf eine strikte Verbindlichkeit ist insofern konsequent, als die Erreichung der Reduktionsziele von vielen Faktoren abhängt, welche die Länder selbst nicht beeinflussen können (Thomas 2013, S. 680; Wickel 2013, S. 79). Gerade die Erreichung der nationalen Klimaschutzziele (80–95 %) für das Jahr 2050 wird voraussichtlich tief greifende Veränderungen in der Wirtschaft und der privaten Lebensführung erfordern, für die insbesondere die legislativen Rahmenbedingungen auf anderer Ebene – Bund, Europa – zu setzen sind.

Die gesetzlichen Zielbestimmungen benennen auch die Adressaten, wobei die Regelungen der neuen Klimaschutzgesetze hier durchaus uneinheitlich sind. Durchgängig sind die Landesregierungen die primären Adressaten der Klimaschutzziele. Während jedoch etwa § 4 Abs. 1 nwKlSchG die Landesregierung darauf verpflichtet, allgemein „ihre Handlungsmöglichkeiten" zu nutzen, um die Klimaschutzziele zu erreichen, kommen die Zielbestimmungen in anderen Gesetzen im Wesentlichen bei der Aufstellung der Klimaschutzpläne zum Tragen (§ 6 Abs. 1 bwKlSchG, § 4 Abs. 1 bremKEG, § 6 rpKlSchG). In Nordrhein-Westfalen und in Baden-Württemberg wird überdies die Raumordnung in die Bindungswirkung einbezogen (§ 12 Abs. 6 Satz 2 nwKlSchG, § 11 Abs. 2 Satz 2 bwKlSchG). Darüber werden Behörden, Körperschaften, Anstalten und Stiftungen des öffentlichen Rechts (§ 11 Abs. 3 bwKlSchG) oder allgemein öffentliche Stellen (§ 9 Abs. 2 rpKlSchG) adressiert. Eine Besonderheit enthält § 8 Abs. 1 bwKlSchG, demgemäß jeder nach seinen Möglichkeiten zur Verwirklichung der Klimaschutzziele beitragen soll.

Bislang hat keines der Bundesländer der MRH Klimaschutzziele in gesetzlicher Form formuliert. Allerdings enthält beispielsweise der Hamburger Klimaplan – insofern über den Masterplan Klimaschutz von 2013 (HmbBü Drs. 20/8493: 2) hinausgehend – Klimaschutzziele für die Jahre 2050 (mindestens 80 % CO_2-Reduktion) und 2030 (50 % CO_2-Reduktion). Für das Jahr 2020 verzichtet Hamburg auf die Formulierung eines eigenen Ziels und postuliert stattdessen einen Beitrag zum nationalen Ziel von 40 % CO_2-Reduktion (HmbBü Drs. 21/2521: 7).

Gegenüber den gesetzlichen Zielen der neuen Klimaschutzgesetze fehlen solchen Zielsetzungen die rechtlichen Bindungswirkungen, die mit der gesetzlichen Normierung von Klimaschutzzielen einhergehen. Zu beachten ist jedoch, dass auch die gesetzlichen Klimaschutzziele zur Disposition des politischen Gesetzgebers stehen, also später wieder geändert werden können. Die mangelnde gesetzliche Festlegung hat insoweit nur symbolische Bedeutung. Allerdings unterliegt die spätere Loslösung von gesetzlich normierten Klimaschutzzielen durch den Gesetzgeber Beschränkungen hinsichtlich des verfassungsrechtlich begründeten Vertrauensschutzes. Dieser ist jedoch durch die beschriebene Einschränkung der Verbindlichkeit der Ziele abgeschwächt. Rechtswirkungen gegenüber Dritten (vgl. § 8 Abs. 1 bwKlSchG) fehlen informell begründeten Klimaschutzzielen zwangsläufig völlig. Zusammenfassend wird man aber feststellen können, dass die fehlende gesetzliche Festlegung von Klimaschutzzielen in Hamburg rechtlich nur beschränkte Auswirkungen haben dürfte.

14.5.4.3 Planungsinstrumente

Koordination als Aufgabe der Planungsinstrumente

Eine wesentliche Aufgabe der Klima-Governance besteht in der Koordination. Hierbei kann man einerseits von einer horizontalen Koordinationsaufgabe sprechen, die der Koordination verschiedener politischer und administrativer Handlungsbereiche dient (Wickel 2015, S. 193 f.; Thomas 2013, S. 681). Daneben tritt in einem Mehrebenensystem eine vertikale Koordinationsaufgabe über die verschiedenen Ebenen der hierarchisch gegliederten Verwaltung hinweg. Diese Dimension der Koordinationsaufgabe wird in der MRH vor allem in den Flächenstaaten deutlich. Die der MRH angehörigen Gemeinden und Kreise müssen in ihren Klimaschutzbemühungen eingebunden werden in die Gesamtanstrengungen der jeweiligen Bundesländer. Formelle Instrumente ermöglichen es, Gemeinden und Kreise sowie andere öffentliche Stellen zu Adressaten von Vorgaben zu machen, die im Rahmen dieser formellen Instrumente definiert werden. Zugleich können diese ihrerseits zur Erreichung dieser Vorgaben von formellen Instrumenten Gebrauch machen, die ihnen entweder vom Landesgesetzgeber (z. B. Planung örtlicher Infrastrukturen) oder häufiger vom Bundesgesetzgeber (z. B. Bauleitplanung) zur Verfügung gestellt werden.

Der Erfüllung dieser Koordinationsaufgaben dient vor allem die Schaffung eines Planungsinstrumentariums. Dementsprechend ist ein solches in allen neuen Klimaschutzgesetzen enthalten (§ 6 nwKlSchG: Klimaschutzplan; § 6 bwKlSchG: integriertes Energie- und Klimaschutzkonzept; § 6 rpKlSchG: Klimakonzept; § 4 bremKEG: Klimaschutz- und Energieprogramm). Andererseits zeigt die Existenz des Hamburger Masterplans Klimaschutz, des Hamburger Klimaplans sowie vieler anderer kommunaler Klimaschutzkonzepte, dass zur Erfüllung der beschriebenen Koordinationsaufgabe auch ein informelles Planungsinstrumentarium eingesetzt werden kann. Es stellt sich dementsprechend die Frage, ob und durch welchen Belangen formelle Pläne informellen Plänen überlegen sind.

Verpflichtung zur Aufstellung von Plänen

Der erste deutliche Unterschied, der sich zeigt, ist die fehlende gesetzliche Pflicht zur Aufstellung eines Klimaschutzplans. Dabei ist zu beachten, dass die Aufstellung von Klimaschutzplänen auf Landesebene oder auf kommunaler Ebene nicht allein Zweckmäßigkeitserwägungen folgt. Sie hat auch rechtliche Auswirkungen. Soweit klimaschützende Maßnahmen mit Eingriffen in Grundrechtspositionen, vor allem des Eigentums, einhergehen, bedürfen sie der Rechtfertigung unter dem Gesichtspunkt der Verhältnismäßigkeit. Die lange Kausalkette zwischen der Emission von Treibhausgasen und möglichen Schäden legt es nahe, die Rechtfertigung von Maßnahmen aus einem „langfristigen, auf eine einheitliche und gleichmäßige Durchführung angelegten Konzept" (BVerwG, Urt. v. 17.02.1984 – 7 C 8/82 –) abzuleiten (Wickel 2013, S. 79). Umfassende Klimaschutzkonzepte könnten diese Anforderungen erfüllen (Heß et al. 2013, S. 161). Allerdings kann diese Funktion auch von informellen Konzepten erfüllt werden. Die Pflicht zur Aufstellung solcher Konzepte stellt damit lediglich deren Existenz sicher. Werden sie auch ohne entsprechende Verpflichtung auf informellem Wege aufgestellt, folgt daraus kein Nachteil.

Beteiligung

Ein Nachteil des Verzichts auf eine Formalisierung der Klimaschutzplanungen könnte auch in fehlenden formell-rechtlichen Vorgaben liegen und hier vor allem in fehlenden Beteiligungsregelungen. Betrachtet man die bestehenden neuen Klimaschutzgesetze konkret, scheint der Nachteil des Fehlens der gesetzlichen Ausgestaltung des Beteiligungsprozesses jedoch zunächst nicht allzu gravierend. Denn auch diese Klimaschutzgesetze enthalten überwiegend keine oder nur rudimentäre Verfahrensregelungen. § 6 Abs. 1 nwKlSchG verlangt die umfassende Beteiligung gesellschaftlicher Gruppen und der kommunalen Spitzenverbände, § 6 Abs. 1 bwKlSchG die Anhörung von Verbänden und Vereinigungen, und § 4 Abs. 1 bremKEG sieht die Mitwirkung der Gemeinden vor. Das rpKlSchG schließlich sieht keine besonderen Beteiligungsregelungen vor. Größer fällt die Diskrepanz aus, wenn man wie der nordrhein-westfälische Gesetzgeber davon ausgeht, dass die Klimaschutzpläne in den Anwendungsbereich der Richtlinie zur Strategischen Umweltprüfung (SUP) (Richtlinie 2001/42/EG des Europäischen Parlaments und des Rates vom 27. Juni 2001 über die Prüfung der Umweltauswirkungen bestimmter Pläne und Programme) fallen. In diesem Fall wären Behörden und die Öffentlichkeit, einschließlich der Umweltverbände, nach §§ 14h f. UVPG zu beteiligen. Voraussetzung für die Anwendbarkeit ist gemäß Art. 2 lit. a SUP-Richtlinie, dass der Plan aufgrund einer Rechtsvorschrift erstellt wird. Insoweit käme die Anwendung der SUP-Richtlinie für die gesetzlich vorgesehenen Klimaschutzpläne in Betracht, was die Geltung der Verfahrensregelungen nach sich ziehen würde. Das Fehlen einer gesetzlichen Grundlage bei informellen Plänen lässt hingegen die Anwendung der SUP-Richtlinie und der damit verbundenen Verfahrensregelungen entfallen (Bunge 2010, Rn. 306).

Bei der konkreten Betrachtung zeigt sich, dass jedenfalls der Masterplan Klimaschutz umfängliche Beteiligungsprozesse dokumentiert (HmbBü-Drs. 20/8493: 21 f.), die hinter den ausdrücklich in den Klimaschutzgesetzen normierten Beteiligungsprozessen im Wesentlichen nicht zurückbleiben. Geht man für die gesetzlich vorgesehen Klimaschutzpläne jedoch von der Anwendbarkeit der SUP aus, würde dem Masterplan Klimaschutz die Beteiligung der allgemeinen Öffentlichkeit entsprechend § 14i UVPG fehlen. Dies wäre ein gravierendes, aus der fehlenden Formalisierung erwachsendes Defizit. Allerdings stünde es im Ermessen des Senats, bei der Aufstellung entsprechender Pläne auch eine allgemeine Öffentlichkeitsbeteiligung durchzuführen.

Inhaltliche Vorgaben für Pläne

Ein Nachteil der fehlenden gesetzlichen Ausgestaltung informeller Pläne können auch die fehlenden Vorgaben für den Inhalt sein. Auch hier ist ein deutlicher Unterschied zwischen den bestehenden Klimaschutzgesetzen festzustellen. Allen Klimaschutzgesetzen ist zunächst gemein, dass sie die Konkretisierung von Maßnahmen zur Erreichung der Klimaschutzziele verlangen (§ 6 Abs. 2 und 4 Nr. 4 nwKlSchG; § 6 Abs. 1 und 2 Nr. 3 bwKlSchG; § 6 Abs. 2 Nr. 1 rpKlSchG; § 4 Abs. 1 Nr. 1 bremKEG). Weiterhin verlangen sie teilweise eine Aufgliederung der Maßnahmen nach Emittentengruppen (§ 6 Abs. 2 Nr. 1 bwKlSchG,

§ 6 Abs. 4 Nr. 4 nwKlSchG und § 6 Abs. 2 Nr. 1 rpKlSchG). Der Differenzierung nach Emittentengruppen kommt deshalb besondere Bedeutung zu, weil Konflikte über die Verteilung der Reduzierungslasten zwischen verschiedenen Bereichen, etwa Industrie und Gewerbe, Verkehr und private Haushalte, absehbar sind. Die Pläne müssen diese Konflikte somit offen legen und, soweit möglich, bewältigen. § 6 Abs. 4 Nr. 1 mwKlSchG und § 1 Abs. 2 bremKEG verlangen die Aufstellung von Zwischenzielen. Diesen kommt vor allem bei den langfristigen, auf 2050 bezogenen Klimaschutzzielen eine wesentliche Rolle zu. Denn erst die Definition von Zwischenzielen macht erkennbar, ob die notwendigen Schritte zu Erreichung des Klimaschutzzieles unternommen werden (Thomas 2013, S. 681). Weiterhin werden die verschiedenen Facetten des Klimaschutzes – Ausbau der erneuerbaren Energien, Energieeinsparung, Erhöhung der Energieeffizienz – jeweils ausdrücklich adressiert (z. B. § 6 Abs. 4 Nr. 2 nwKlSchG, § 6 Abs. 2 Nr. 2 bwKlSchG und § 4 Abs. 1 Nr. 3 bremKEG).

Informelle Pläne müssen hinter diesen gesetzlichen Vorgaben nicht zurückbleiben. Der Vorteil gesetzlicher Regelungen liegt hier aber im Wesentlichen darin, dass es der Gesetzgeber ist, der die Vorgaben definiert und dies nicht in das Ermessen der Verwaltung stellt. Auch dürften die Pläne bei gesetzlichen Vorgaben auf lange Sicht eine höhere Konstanz bzgl. ihrer Inhalte aufweisen, was eine Betrachtung der Entwicklung erleichtern kann.

Bindungswirkung der Pläne

Die gesetzliche Ausgestaltung des Planungsinstrumentariums ermöglicht auch die Regelung der Bindungswirkungen der Pläne. Soweit ihnen keine Rechtsform mit Außenwirkung zukommt, haben sie zunächst nur verwaltungsinterne Wirkung. Eine besondere Rechtsform sieht keines der neuen Klimaschutzgesetze vor. Gemäß § 6 Abs. 1 nwKlSchG wird der Klimaschutzplan zwar vom Landtag beschlossen. Daraus folgt jedoch nicht die Qualifizierung als Gesetz (Heß et al. 2013, S. 159; Thomas 2013, S. 681). § 6 Abs. 6 nwKlSchG ermächtigt die Landesregierung jedoch, bestimmte Inhalte des Klimaschutzplanes für öffentliche Stellen durch Rechtsverordnung für verbindlich zu erklären. Dahingegen sehen § 6 Abs. 3 bwKlSchG und § 6 Abs. 3 rpKlSchG lediglich vor, dass das jeweilige Konzept als Entscheidungsgrundlage dient, womit, wie es die baden-württembergische Regelung auch ausdrücklich regelt, allein die Landesregierung adressiert sein dürfte. Damit dürfte die Bindungswirkung auf ein internes Berücksichtigungsgebot reduziert sein. Allerdings geht § 11 Abs. 5 bwLPlG für die Raumordnung darüber hinaus, indem er vorgibt, dass die Regionalpläne die raumbedeutsamen Inhalte des Energie- und Klimaschutzkonzeptes enthalten sollen. Auch der nordrhein-westfälische Gesetzgeber regelt die Bindungswirkung für die Raumordnung ausdrücklich. Gemäß § 12 Abs. 3 nwLPlG besteht bei der Erarbeitung der Raumordnungspläne eine Berücksichtigungspflicht. Aus § 12 Abs. 7 nwLPlG ergibt sich für bestimmte für verbindlich erklärte Inhalte sogar eine strikte Umsetzungspflicht (Heß et al. 2013, S. 159).

Es zeigt sich somit, dass die Planungsinstrumente in den Klimaschutzgesetzen jenseits der Möglichkeit der Verbindlicherklärung in Nordrhein-Westfalen und der genannten Wirkungen für die Raumordnungsplanung bislang keine vertikalen Koordinationsfunktionen wahrnehmen. Die Nachteile informeller Pläne wären hier entsprechend beschränkt, wobei allerdings nicht übersehen werden darf, dass gerade die Raumordnung für den Klimaschutz ein nicht unwesentliches Instrumentarium darstellen dürfte. Bei der Betrachtung Hamburgs als Beispiel ist im Übrigen, wie mehrfach erwähnt, die besondere Situation als Stadtstaat zu beachten. In Hamburg werden staatliche und gemeindliche Aufgaben nicht getrennt (Art. 4 Abs. 1 Hamburgische Verfassung). Rechtlich betrachtet ist Hamburg damit nicht Stadt im Sinne einer Kommune, sondern Bundesland und damit Staat. Der Senat bildet die Spitze der Hamburger Verwaltung (Bull 2006, S. 93 f) und hat mit den Instrumenten der Aufsicht nach §§ 42 ff Bezirksverwaltungsgesetz weitgehende Steuerungsmöglichkeiten, die andere formelle Instrumente zur Steuerung des Klimaschutzes z. T. entbehrlich erscheinen lassen.

14.5.4.4 Verpflichtung anderer Stellen

Die Klimaschutzgesetze eröffnen weiterhin die Möglichkeit, ein Planungsinstrumentarium auch für andere öffentliche Stellen als die Landesregierung zu schaffen. Bislang wurden ausschließlich die Planungsinstrumente der Landesregierungen betrachtet. Als öffentliche Stellen kommen Behörden, Einrichtungen, Sondervermögen eines Landes, Gemeinden und Gemeindeverbände, juristische Personen des öffentlichen Rechts oder juristische Personen des Privatrechts, auf die die öffentlichen Stellen einen bestimmenden Einfluss ausüben, in Betracht (§ 2 Abs. 2 nwKlSchG). Es zeigt sich allerdings, dass von den hier untersuchten Klimaschutzgesetzen lediglich das nordrhein-westfälische von dieser Möglichkeit Gebrauch macht (§ 5 Abs. 1 nwKlSchG). Der Vorteil einer solchen Regelung liegt darin, dass auf diese Weise einheitliche Ansätze für Inhalte, Verfahren und Methodik der Klimaschutzkonzepte vorgegeben werden können (Heß et al. 2013, S. 160). In diesem Punkt bedeutet das Fehlen einer gesetzlichen Regelung einen Nachteil. Speziell für Hamburg ist hier allerdings zu konstatieren, dass eine solche Regelung aufgrund des Fehlens einer kommunalen Ebene und damit der wohl bedeutendsten Gruppe öffentlicher Stellen nicht die gleiche Rolle spielen würde wie in den Flächenstaaten.

14.5.4.5 Monitoring

Ein weiteres Element der Klimaschutz-Governance stellt schließlich das Monitoring dar. Diesem kommt besondere Bedeutung zu, weil es gerade bei der Verfolgung von weit in die Zukunft weisenden Zielen – der Planungshorizont beträgt mit Blick auf die Klimaschutzziele für das Jahr 2050 weit über 30 Jahre – einer zwischenzeitlichen Evaluation bedarf, um die eingesetzten Strategien ggf. zu modifizieren.

Alle Klimaschutzgesetze neuen Typs sehen ein Monitoring vor. Baden-Württemberg (§ 9 bwKlSchG) und Rheinland-Pfalz (§ 7 rpKlSchG) verlangen sowohl eine Kurzberichterstattung über die Entwicklung der Treibhausgasemissionen und der energiewirtschaftlichen und energiepolitischen Rahmenbedingungen als auch – in längeren Zyklen – eine ausführlichere Berichterstattung über die bereits genannten Punkte sowie den Umsetzungsstand wichtiger Ziele und Maßnahmen, eine Bewertung der Ergebnisse und Vorschläge zur Weiterentwicklung der Klimaschutzplanung. Sie unterscheiden sich dabei im Wesentlichen durch die Dauer der Berichtszyklen (ein- und dreijährig, zwei- und vierjährig). Nordrhein-Westfalen (§ 8 nwKlSchG) sieht weitgehend die gleichen Inhalte vor, ohne zwischen Kurz- und ausführlicheren Berichten zu unterscheiden. Ein Zyklus wird auch nicht vorgegeben. Alle drei Bundesländer sehen vor, dass das Monitoring die Grundlage für die Fortschreibung des Planungsinstruments sein soll. Nordrhein-Westfalen und Rheinland-Pfalz sehen es daneben auch als ein Instrument zur Information der Öffentlichkeit. Das bremische Gesetz weicht von dieser Regelungsstruktur leicht ab. § 5 bremKEG sieht jährliche Berichte über die Entwicklung der Kohlendioxidemissionen vor, verbunden mit einer Stellungnahme bzgl. der Erreichung der festgelegten quantitativen Ziele. Bei einer Verfehlung der Minderungsziele sollen auf dieser Grundlage Maßnahmen mitgeteilt werden, die der etwaigen Verfehlung entgegenwirken können. Während die Inhalte der Berichte den Monitoringberichten der drei anderen Bundesländer ähneln dürften, fehlt hier die ausdrückliche Bezugnahme auf die Fortentwicklung des Klimaschutz- und Energieprogramms.

In Abwesenheit gesetzlicher Regelungen bleibt es den jeweiligen Behörden überlassen, ob und in welchem Umfang sie ein Monitoring durchführen. Der Hamburger Klimaplan beispielsweise sieht ein informelles Monitoring vor (HmbBü Drs. 21/2521, S. 67). Die Darstellung erfolgt im Rahmen der Fortschreibung des Klimaplans und bezieht sich auf „die Monitoringergebnisse zur Zielerreichung in einzelnen Handlungsfeldern und Projekten, die Projektentwicklung (abgeschlossene und neu aufgelegte Maßnahmen) sowie Veränderungen der Rahmenbedingungen". Eine Berichterstattung bzgl. der Erreichung von Klimaschutzzielen scheint ebenso wie ein Einbeziehung der Öffentlichkeit nicht ausdrücklich gefordert sein.

14.5.4.6 Fazit der Betrachtung der Vorteile formeller Instrumente

Zusammenfassend lässt sich festhalten, dass die Ausgestaltung formeller Instrumente durchaus Vorteile gegenüber dem Einsatz informeller Instrumente haben kann. Die bestehenden Klimaschutzgesetze machen aber von diesen Möglichkeiten nicht im vollen Umfang Gebrauch. Auch wenn in einzelnen Punkten Nachteile der informellen Instrumente festgestellt wurden, erscheint vor diesem Hintergrund der Verzicht auf formelle Regelungen in Hamburg nicht so schwerwiegend, wie dies zunächst hätte vermutet werden können.

14.6 Informelle Instrumente und Ansätze in der Planung

14.6.1 Merkmale informeller Instrumente

Im Bereich des Klimaschutzes gibt es einerseits informelle Instrumente, die explizit zur Bewältigung der Aufgabe des Klimaschutzes entwickelt wurden, etwa Energie- und/oder Klimaschutzkonzepte auf Quartiers-, kommunaler oder regionaler Ebene. Darüber hinaus sind informelle Instrumente der querschnittsorientierten Raumplanung bzw. Raumentwicklung von Interesse, wie sie im Raumordnungsgesetz genannt sind, sofern sie Inhalte des Klimaschutzes einbeziehen. Dies können beispielsweise regionale Entwicklungskonzepte, regionale und interkommunale Netzwerke und Kooperationsstrukturen sowie regionale Foren und Aktionsprogramme zu aktuellen Handlungsanforderungen (§ 13 (2) Satz 2 ROG) sowie Leitbilder der räumlichen Entwicklung (§ 26 (2) ROG) sein. Zudem können die in § 13 (2) Satz 3 ROG geregelte Durchführung von Raumbeobachtungen und die Bereitstellung der Ergebnisse für regionale und kommunale Träger sowie für Träger von Fachplanungen im Hinblick auf raumbedeutsame Planungen und Maßnahmen und die Beratung dieser Träger sowie Informationssysteme zur räumlichen Entwicklung im Bundesgebiet (§ 25 (1) ROG) Grundlagen für die Anwendung informeller Instrumente und Ansätze in der Planung bieten.

Folgende Merkmale charakterisieren informelle Instrumente und Vorgehensweisen (Danielzyk 2005):
- flexible, situationsgerechte Planung (Verfahren und Ergebnisse),
- unmittelbare Einbeziehung umsetzungsrelevanter Akteure,
- Verbindlichkeit und Umsetzung aus Selbstbindung der Akteure,
- keine Vorgaben aus dem öffentlichen Recht zu Verfahren, Produkten, beteiligten Akteuren,
- Verfahren nicht formlos: Akteure geben sich selbst Verfahrensregeln, oder Vorgaben erfolgen von übergeordneten Ebenen,
- dialogisch und umsetzungsorientiert.

Die Abgrenzung zu den formellen Instrumenten ergibt sich dabei aus der fehlenden Verbindlichkeit sowie den fehlenden Vorgaben (► Abschn. 14.5.4). Gerade aus dem partiellen Fehlen verbindlicher Anforderungen ergibt sich jedoch die Möglichkeit, informelle Instrumente flexibel und problemorientiert ohne rechtlich verbindliche Anforderungen einzusetzen. Ihre Wirkung beruht in erster Linie auf der Überzeugungskraft ihrer Ergebnisse sowie der Koordinationsfähigkeit in Bezug auf unterschiedliche Positionen und Interessen. Hierfür ist die aktive Einbindung der relevanten Akteure und Institutionen notwendig. Die Bedeutung informeller Instrumente hat in der Vergangenheit in dem Maße zugenommen, wie die Grenzen hoheitlicher staatlicher Steuerung sichtbarer geworden sind.

Als Nachteil informeller Instrumente werden u. a. die fehlende Rechtsverbindlichkeit der Ergebnisse sowie fehlende Sanktionsmöglichkeiten gesehen (Mitschang 2009; ARL 2011; Rannow und Finke 2008).

14.6.2 Kommunale und Regionale Energie- und Klimaschutzkonzepte

Zum Klimaschutz auf städtischer und regionaler Ebene wurden in den vergangenen Jahren vielfach Klimaschutz- und Energiekonzepte erarbeitet. Bei kommunalen und regionalen Klimaschutzkonzepten handelt es sich per definitionem zunächst einmal um Entwicklungskonzepte gemäß § 13 (2) Satz 2 ROG. Sie dienen der abgestimmten kooperativen Entwicklung einer Kommune bzw. Region und beinhalten für kurz- bis mittelfristige Zeiträume Aussagen mit teilräumlichen und sachlich ausdifferenzierter Intensität zu wesentlichen Aspekten der Regionalentwicklung. Häufig werden Leitprojekte entwickelt, welche die Umsetzung von diesen Konzepten fördern und beschleunigen (Danielzyk und Knieling 2011).

Kerninhalte von Klimaschutz- und Energiekonzepten sind eine Bestands- und Potenzialanalyse für die Region, Leitlinien und politische Ziele zur energiepolitischen Entwicklung sowie eine abgestimmte Umsetzungsstrategie (BMVI 2015). Werden derartige Konzepte für die regionale Ebene erstellt, können diese als koordinierendes Instrument dienen, da beispielsweise die räumlichen Auswirkungen von erneuerbaren Energien und Stromtrassen Gemeinde- und Landkreisgrenzen überschreiten. Zudem fehlen auf kommunaler Ebene oftmals Institutionen mit originären Zuständigkeiten für energiefachliche und energiepolitische Fragen, sodass regionale Energiekonzepte den Handlungsrahmen zur Nutzung erneuerbarer Energien und die Förderung des Klimaschutzes schaffen können (BMVBS 2011).

Ein Klimaschutz- und Energiekonzept für die gesamte MRH gibt es bisher nicht. Jedoch liegen derartige Konzepte für die einzelnen Teilräume der Metropolregion vor. Der bereits diskutierte Masterplan Klimaschutz der Freien und Hansestadt Hamburg wurde im Juni 2013 verabschiedet und 2015 durch den Klimaplan Hamburg aktualisiert. Ziel ist die Reduzierung der CO_2-Emissionen auf ein Minimum; dabei orientiert sich der Masterplan an den Bundeszielsetzungen von 40 % bis 2020 und mindestens 80 % bis 2050. Der Masterplan zeigt zum einen Handlungsoptionen bis 2050, zum anderen Umsetzungsoptionen bis 2020 für die neun Handlungsfelder „Energie/Energieversorgung“, „Industrie, Gewerbe und Hafen“, „Gebäude“, „Mobilität und Verkehr“, „Konsum und Entsorgung“, „Integrierte Betrachtung Klimaschutz: Stadtentwicklung“, „Bildung“, „Forschung und Wissenschaft“ sowie „Integrierte Betrachtung Klimaschutz: Anpassung an den Klimawandel“ auf. Ein weiterer Abschnitt thematisiert die Einbindung der Akteure zur Umsetzung des Masterplans sowie den Prozess zu dessen Fortschreibung (HmbBü-Drs. 20/8493). Im Rahmen der Fortschreibung zum Klimaplan Hamburg fand eine Beteiligung der Fachöffentlichkeit statt.

Klimaschutz- und Energiekonzepte liegen nicht nur für die Stadt Hamburg vor, sondern mit teilräumlichem Bezug auf die MRH auch für die Flächenländer Mecklenburg-Vorpommern, Niedersachsen und Schleswig-Holstein. Gleichzeitig hat zwischenzeitlich eine Vielzahl der (Land-)Kreise der MRH Klimaschutzstrategien und -konzepte erstellt. Mit Ausnahme der Landkreise Uelzen und Ludwigslust-Parchim sowie der Kreise Steinburg und Ostholstein haben alle (Land-)Kreise ein Klimaschutzkonzept entwickelt (Stand: MRH 2014). Mittlerweile sind auch diese Lücken größtenteils geschlossen. So befindet sich der Landkreis Uelzen (Hansestadt Uelzen 2016) in einem umfassenden Beteiligungsprozess zur Erstellung eines Klimaschutzkonzeptes. In der kreisfreien Stadt Neumünster und im Kreis Ostholstein ist dieser Prozess bereits erfolgreich vollzogen und im Februar 2015 (Stadt Neumünster 2015) bzw. im März 2016 (Kreis Ostholstein 2016) wurden integrierte Klimaschutzkonzepte für die Räume verabschiedet. Auch der Kreis Steinburg verabschiedete bereits im November 2014 ein Energie- und Klimaschutzprogramm (Kreis Steinburg 2014). Der Landkreis Ludwigslust-Parchim hat zwar bis heute kein umfassendes Klimaschutzkonzept, dennoch sind Aktivtäten in diesem Handlungsfeld zu verzeichnen; bspw. wurde Ende 2014 ein Klimaschutzmanager für den Kreis eingesetzt, der u. a. das Projekt „Energiesparmodell in Schulen“ umsetzt (Landkreis Ludwigslust-Parchim 2016).

14.6.3 Partizipation für Klimaschutz: Information, Beteiligung und Kooperation

Neben den umfassenden Energie- und Klimaschutzkonzepten auf den verschiedenen Maßstabsebenen zählen zu informellen Instrumenten des Klimaschutzes die zahlreichen Ausprägungen informeller Formen der Information, Beteiligung und Kooperation. Im Folgenden werden diese unter dem Oberbegriff der Partizipation zusammengefasst.

Mit dem Anwenden von Partizipationsformen werden laut Walk (2008) drei Funktionen erfüllt: Zunächst dient es dem Begegnen von Politikverdrossenheit und der verbesserten Legitimation von politischen Entscheidungen (demokratischer Aspekt). Hinzu kommt, dass das Verbessern der Kommunikation zwischen den Beteiligten und das Berücksichtigen aller Interessen eine bedürfnisgerechte Planung fördert (ökonomischer Aspekt). Und schließlich mindert das vermehrte Einbinden einzelner Bevölkerungsgruppen deren Benachteiligung (emanzipatorischer Aspekt). Partizipation zeichnet sich laut Newig (2011) durch folgende fünf Charakteristika aus:

- Es werden gemeinsam über Kommunikation und Kooperation Probleme gelöst bzw. Entscheidungen getroffen.
- Die getroffenen Entscheidungen betreffen den öffentlichen Raum und machen Vorgaben zu künftigem Handeln in diesem für einen größeren Personenkreis, wodurch sie Konfliktpotenzial bergen.
- Es werden Personenkreise an den Entscheidungen beteiligt, die derartige Entscheidungen nicht routinemäßig treffen.
- An die beteiligten Personenkreise wird Macht abgegeben.
- Die beteiligten Personenkreise repräsentieren diejenigen mit einem die Entscheidung betreffend legitimen Anliegen.

Die einsetzbaren Partizipationsformen unterscheiden sich hinsichtlich der Mitgestaltungsmöglichkeiten der Beteiligten. Merkmale sind die Anzahl der Beteiligten bei der Anwendung des jeweiligen Instruments, der Zeit- und Kostenaufwand, das Einsatzfeld, die Repräsentativität und, im Rahmen ihrer Ausgestaltung, die Strukturiertheit – festgelegter, schematischer Ablauf oder flexible Vorgehensweise (Bischoff et al. 2005). Danach lassen sich die kommunikativen Instrumente und Verfahren gemäß ihrer Funktion in die drei Kategorien „Informieren“, „Beteiligen“ und „Kooperieren“ untergliedern.

Instrumente der Kategorie „Information“ dienen der Information der Öffentlichkeit und/oder der Planungsbeteiligten. Sie werden schwerpunktmäßig zu Beginn eines Verfahrens oder Projektes angewandt, um Wissen zu sammeln und die Haltungen und Handlungsmotive der Beteiligten zu erfassen, sowie im Laufe des Verfahrens oder Prozesses zwecks Transparenz- und Akzeptanzsteigerung. Dazu zählen im Fall der „one-way communication“ zum Inkenntnissetzen von Zielgruppen oder der breiten Öffentlichkeit u. a. Wurfsendungen oder Pressearbeit; im Fall der „two-way communication“ zum gegenseitigen Austausch beispielsweise Bürgerversammlungen.

Instrumente der Kategorie „Beteiligen“ dienen dem Mitwirken der breiten oder Teilöffentlichkeit oder ausgewählter Zielgruppen an Planungs- und Entscheidungsprozessen in wechselseitigen Dialogprozessen. Informelle, nicht gesetzlich geregelte

Abb. 14.1 Kommunale Klimaschutzakteure. (DifU 2010, S. 132)

Beteiligungsverfahren und -instrumente der Beteiligung kommen meist im Vorfeld zu formellen Beteiligungsverfahren und/oder parallel zu diesen zum Einsatz.

Instrumente der Kategorie „Kooperation" beinhalten den Dialog gleichberechtigter Gesprächspartner, die gemeinsam eine Lösung für ein Problem ermitteln und umsetzen. Zu diesen Instrumenten zählen u. a. Runde Tische oder Mediationen. Letztere kommen in Konfliktsituationen zum Einsatz, die bereits eskaliert und in denen die Beteiligten außerstande sind, gemeinsam eine Lösung zu finden (Glasl 2013). Die Lösungsfindung wird dann im Rahmen informeller Mediationsverfahren gesucht.

Die für den Klimaschutz relevanten Akteure stellt Abb. 14.1 dar. Dazu zählen neben den Fraktionen und Parteien, kommunalen Unternehmen und lokalen Energieversorgern auch regionale Banken, Vertreter der Sektoren Land- und Forstwirtschaft, Gewerbe und Industrie sowie Handel und Handwerk, aber auch Hochschulen, Religionsgemeinschaften, Vereine und Verbände sowie Bürger und daraus hervorgegangene Bürgerinitiativen oder zivilgesellschaftliche Gruppen, etwa Energiegenossenschaften. Diese Akteure arbeiten je nach Thema bzw. Aufgabenstellung in variierenden Konstellationen zusammen (DifU 2010).

In der MRH werden verschiedenste Partizipationsformate zum Thema Klimaschutz eingesetzt. Die Aktivitäten reichen von der Information der Bürger zu politischen Dokumenten wie dem Masterplan Klimaschutz auf der Homepage Hamburgs (Freie und Hansestadt Hamburg 2016), der Bereitstellung von Material zu Förderprogrammen für Unternehmen bspw. durch die niedersächsische Klimaschutz- und Energieagentur (Klimaschutz- und Energieagentur Niedersachsen 2016) oder Tools zur Erhebung der eigenen CO_2-Bilanz für die Verwaltung (Imagine Initiative 2014) oder die Bürgerinnen und Bürger (KlimAktiv 2016). Im Bereich Beteiligung finden zahlreiche Bürgerdialoge, Workshops oder Werkstätten mit Bürgerinnen und Bürgern statt, insbesondere im Zusammenhang mit der Erstellung und Fortschreibung von Klimaschutzkonzepten. Kooperationen bestehen bspw. in Form des KlimaCampus Hamburg, der in Hamburg Universitäten, Forschungseinrichtungen und Behörden zum Thema Klima zusammenbringt. Auf kommunaler Ebene dienen Klimaschutzgesellschaften dazu, aus einem eigens angelegten Klimaschutzfonds heraus Projekte wie z. B. die Umrüstung der Straßenbeleuchtung anzustoßen. Aber auch in der Arbeitsstruktur der Metropolregion ist das Thema verankert, in Form der Arbeitsgruppe Klimaschutz und Energie, in der Akteure der Region gemeinsam Leitprojekte zum Thema entwickeln. Aktuell fehlt es allerdings noch an einer umfassenden Erhebung der verschiedenen Partizipationsangebote und einer Untersuchung ihrer Arbeits- und Wirkungsweise sowie ihrer Effektivität.

14.6.4 Netzwerke

► Abschn. 14.2.1 thematisierte bereits die Teilnahme an (internationalen) Netzwerken als einen für den Klimaschutz förderlichen Faktor. In der Planungspraxis sind Netze im Kontext einer verstärkten Umsetzungs- und Innovationsorientierung der Raumordnung sowie der Organisation kollektiven Handelns zu sehen. In einer komplexen, sich ständig weiter ausdifferenzierenden Gesellschaft bedarf es intelligenter Steuerungsmechanismen, um die vielfältigen Interessen einer zunehmenden Zahl von Akteuren auf den verschiedenen Handlungsebenen in Einklang zu bringen. Netzwerke sind in vielerlei Hinsicht charakterisierbar, hinsichtlich des zu bearbeitenden Gegenstands (funktional/räumlich), des Verpflichtungsgrades (Pflicht-/freiwillige Aufgabe), der Struktur (Art der Netzknoten), der räumlichen Ausprägung (Distanzen zwischen den Knoten) oder der zeitlichen Ausprägung (dauerhaft/befristet) (Knieling und Kunzmann 2005). Vorrangiges Ziel von Netzwerken im Zusammenhang mit dem Thema Klimaschutz ist der Erfahrungsaustausch, um gegenseitig von den lokalen und regionalen Erfahrungen zu profitieren.

Hamburg ist, wie bereits in ▶ Abschn. 14.4 beschrieben, Teil verschiedener Netzwerke, u. a. von Klimabündnis, ICLEI sowie Covenant of Mayors. An dieser Stelle soll ergänzend auf das internationale Metropolennetzwerk METREX hingewiesen werden, da die Institution MRH hier Mitglied ist und dies eine Ergänzung zu den städtischen Netzwerkaktivitäten darstellt. Bei METREX handelt es sich um ein multifunktionales Netzwerk, das u. a. das Thema Klimaschutz bearbeitet und die Möglichkeit zum Erfahrungsaustausch bietet.

Prinzipiell ist der wohl größte Vorteil von Zusammenschlüssen der damit einhergehende Zugang zu Ressourcen. Über Netzwerke können Expertise, Fördermöglichkeiten, Finanzierungshilfen sowie Best-Practice-Beispiele und Lösungsansätze Verbreitung finden (Azevedo et al. 2013, S. 898; Bulkeley 2010, S. 237; Lee und Koski 2014). Es werden formelle Kommunikationskanäle bereitgestellt, die eine stärkere öffentliche Wirksamkeit haben, ebenso wie informelle Kanäle des Austausches. Netzwerke bieten bereits fertige und attraktive Mechanismen für eine Zusammenarbeit individueller Gruppen oder Institutionen (Gore 2010, S. 35). Lokale Regierungen können auf diese Weise fehlende Kapazitäten und Kosten zu einem gewissen Grad ausgleichen, indem sie bei Umweltherausforderungen, die oftmals nicht zu den höchsten Prioritäten zählen, auf vorhandenes Wissen und Erfahrungen zugreifen können. Klimaschutzstrategien müssen nicht vollkommen eigenständig entwickelt werden, vielmehr kann sich für die eigene lokale Lösung an vorhandenen Konzepten orientiert werden (Emelianoff 2014; Giest und Howlett 2013, S. 351; Lee und Koski 2014). Bei ICLEI werden über die genannten Aspekte hinaus noch ein technischer Support und spezifische Software bereitgestellt, ebenso wie Foren für den Informationsaustausch und (teils webbasierte) Seminare und themenspezifische Trainings (Krause 2012, S. 585).

Aber auch auf Ebene der Bundesländer sind netzwerkartige Strukturen im Bereich des Klimaschutzes vorhanden, die ähnliche Vorteile entfalten sollen. Zu nennen ist bspw. das Netzwerk der Niedersächsischen Klimaschutzmanager. Die Klimaschutz- und Energieagentur Niedersachsen organisiert speziell für die kommunalen Klimaschutzmanager regelmäßige Treffen, bei denen fachliche Fragen und praktische Erfahrungen hinsichtlich der Umsetzung von Klimaschutzkonzepten diskutiert werden.

14.7 Wirkungen lokaler Klima-Governance

Für die lokale Klima-Governance stellt sich grundsätzlich die Frage, welche Reichweite Klimaschutzstrategien auf dem lokalen Level erreichen können. Wollen lokale Entscheidungsträger Emissionen nachhaltig reduzieren, haben sie nur begrenzt direkte Durchsetzungsmechanismen, Sanktionen können kaum verhängt werden (Milliard-Ball 2012, S. 302). Denn die aufgezeigten Handlungspotenziale entstehen oftmals durch Aushandlungsprozesse mit indirekten Governance-Instrumenten und weiteren Akteursgruppen wie der Wirtschaft oder der Zivilgesellschaft. In der Regel müssen daher divergierende Logiken der Akteursgruppen zusammengebracht werden, wobei die Thematik Klimaschutz oftmals nicht zu den höchsten Prioritäten zählt. Dies hat zur Folge, dass nur selten radikale Einsparungen und Strukturänderungen erfolgen. Der Governance-Modus, der theoretisch die stärksten Auswirkungen entfalten könnte – die Planungshoheit und Definition der Landnutzung (vgl. ▶ Abschn. 14.3) – wird laut Bulkeley und Kern (2006, S. 2250) in der Praxis bislang selten mit Klimaschutzzielen verbunden und angewandt.

Insgesamt wäre es zu pauschal, allen Städten die gleiche Handlungsfähigkeit zu attestieren. Urbane Regionen haben in Bezug auf finanzielle und personelle Ressourcen sehr unterschiedliche Kapazitäten, was neben institutionellen Rahmenbedingungen erheblich beeinflusst, inwieweit Regierungen in der Lage sind, Klimaschutzstrategien zu entwickeln (Bulkeley und Kern 2006, S. 2238; Hodson und Marvin 2009, S. 532).

Eine zentrale Frage, die immer wieder diskutiert wird, betrifft die tatsächlichen Auswirkungen durch die Einführung von Klimaplänen und damit verknüpften Maßnahmen. Eine immer wichtiger werdende Kategorie ist dabei das Monitoring i. S. der Emissionserfassung (vgl. ▶ Abschn. 14.5.4). While et al. (2010) benennen „carbon control" bzw. „carbon management" als neues dominierendes Regulierungskonzept, nachdem lange Zeit eine breiter gefasste nachhaltige Entwicklung adressiert wurde. Die Entwicklung wirkungskräftiger Mitigationspläne erfordert, dass lokale Regierungen einen fundierten Überblick über den Emissionsverbrauch und das damit einhergehende Reduktionspotenzial haben (Bader und Bleischwitz 2009, S. 2). Durch die Messbarmachung von erreichten Reduzierungen und deren Zurechnung auf lokale Strategien wird eine bessere Beurteilung und Vergleichbarkeit hergestellt. Gerade in diesem Punkt sehen aktuelle Forschungen aufgrund verschiedener damit einhergehender Herausforderungen jedoch ein enormes Wissensdefizit (Azevedo et al. 2013; Bulkeley und Betsill 2013; Bulkeley 2010; Kennedy et al. 2012; Morlet und Keirstead 2013; Pasimeni et al. 2014; Schulz 2010).

Die Datengrundlagen der Städte weichen oft stark voneinander ab. Es gibt kein einheitliches Vorgehen darüber, welche Emissionen erfasst und einberechnet werden. Je nach Messmethode, „thematischem" Umfang der Emissionen und der Definition des urbanen Gebietes variieren sie zu stark, um örtliche Vergleiche ziehen zu können (Dhakal 2010; Kennedy et al. 2012). Zwar gibt es bereits unterschiedliche Instrumente, um Emissionen im urbanen Kontext zu erfassen (z. B. CO_2-Grobbilanz, ECO_2Regio, GRIP, Bilan Carbone, CO_2-Calculator, Project 2 Degrees), doch sind deren methodologische Unterschiede in einigen zentralen Bereichen zu stark, als dass durch die generierten Daten aussagekräftige Vergleiche möglich wären (Bader und Bleischwitz 2009, S. 10 f).

Herausforderungen sind vor allem mit der Kategorie der indirekten Emissionen verbunden. Einige Städte berechnen nach dem „activity principle" auch die indirekten Emissionen ein, d. h. alle Treibhausgase, die durch jegliche Aktivitäten in ihren Grenzen entstehen, unabhängig davon, wo sie letztlich ausgestoßen werden; andere Städte beschränken sich auf den Ausstoß innerhalb des örtlich definierten Raumes (Bader und Bleischwitz 2009, S. 4). Kritische Grenzbereiche sind dabei mit Import und Export verbunden, mit der Abfallwirtschaft sowie dem Flugverkehr oder Emissionen, die in Häfen entstehen. Einige der Industrieemissionen sind zudem nicht erfassbar, wenn die Unternehmen diese nicht zur Verfügung stellen (Dhakal 2010; Kennedy et al. 2012). Gerade der Luftverkehr, der stellenweise die größte Emissionskategorie darstellt, wird oft nicht in urbane Berechnungen einbezogen, sondern es wird darauf verwiesen, dass es sich dabei stärker um eine nationale oder globale Kategorie handelt und in der Folge Reduktionsbemühungen auch auf diesen Ebenen anzusiedeln sind (Schulz 2010, S. 20). Dieser Aspekt wirkt sich auch relativierend auf die Tatsache aus, dass in Vergleichsstudien oftmals Städte prozentual stärker Emissionen einsparen als die jeweils nationale Ebene. Denn im nationalen Kontext werden auch Treibhausgase aus übergreifenden Teilbereichen auf den Pro-Kopf-Verbrauch hinzugerechnet – beispielsweise aus der Landwirtschaft, der Schwerindustrie oder dem Luftverkehr (Kennedy et al. 2012). Ein Vergleich erscheint demnach nur schwer umsetzbar.

Auch Studien, die konkret untersuchen, wie viel Emissionen in einem bestimmten Zeitraum in einer Stadt eingespart wurden, können nicht abschließend einschätzen, welcher Anteil daran der Klimapolitik zuzuschreiben ist. Auf der einen Seite führen auch andere Dynamiken oftmals zur Steigerung der Energieeffizienz oder zu einem Wechsel zu weniger CO_2-intensiven Energieträgern – etwas, das vor allem auch durch die nationale Ebene befördert werden kann (Kennedy et al. 2012). Auf der anderen Seite enthalten Klimapläne nicht automatisch alle Aktivitäten innerhalb urbaner Räume, die zur Mitigation beitragen, da nicht alle als dezidierte Maßnahmen ausgewiesen sind (Reckien et al. 2014, S. 339; Castán Broto und Bulkeley 2012). Insgesamt fehlen ausdifferenzierte Daten, die etwas über die Kausalzusammenhänge der Reduktionen aussagen. Zu ähnlichen Schlüssen kommt Milliard-Ball (2012, S. 290) bei der Untersuchung der Auswirkungen urbaner Klimapläne: Städte mit Klimastrategie erreichen zwar grundsätzlich mehr Emissionsreduzierungen als Städte ohne Klimaplan. Sie besitzen häufiger „grüne", energieeffiziente Gebäude, investieren stärker in die Fahrradinfrastruktur und fördern in der Tendenz stärker die Aufbereitung von Abfall. Kontrolliert man jedoch auf Marktmechanismen und Politikprogramme, die sich nicht auf den Klimaschutz beziehen, so verliert sich der Zusammenhang zwischen den Aktivitäten und den Klimastrategien. Als Gründe für Zweifel an der nachhaltigen Wirkung von Klimaplänen bzgl. Emissionsreduzierungen nennt Milliard-Ball (2012, S. 291 ff.), dass Klimapläne ggf. Maßnahmen beinhalten, die ohnehin umgesetzt worden wären bzw. die nur schnell erreichbare, jedoch keine großen Emissionseinsparungen mit sich bringen oder die sich mit anderen Programmatiken überschneiden, sodass es sich in der Konsequenz vielmehr um kodifizierte Ergebnisse handelt, die auch ohne formelle Strategie erreicht worden wären.

Aufgrund der beschriebenen Herausforderungen würden eine bessere Quantifizierung sowie Vergleichswerte für die Diskussion der urbanen Neuausrichtung zentrale Einblicke liefern, um Programme, Rahmenbedingungen und unterschiedliche Zielsetzungen von Städten besser beurteilen zu können (Morlet und Keirstead 2013, S. 862). Es fehlen aber bisher Monitoringsysteme mit klaren Ziel- und Performanceindikatoren (Pasimeni et al. 2014, S. 171) sowie Untersuchungen, die auch kleine, einzelne Maßnahmen und Instrumente in ihrer Wirkkraft bzgl. Emissionsreduzierungen beurteilen (Bulkeley 2010, S. 235 f.). Dhakal (2010, S. 281) fordert in diesem Zusammenhang außerdem stärker ausdifferenzierte Methoden, die einbeziehen, für wie viel direkte und indirekte Emissionen die Stadt in Bereichen von urbanen Institutionen verantwortlich ist, auf die sie direkt Einfluss nimmt. Erst dann könnten das Einsparpotenzial realistisch eingeschätzt und Anknüpfungspunkte besser identifiziert werden.

14.8 Fazit und Forschungslücken

Der Klimaschutz stellt besondere Herausforderungen an regionales und kommunales Handeln. Die Langfristigkeit der Klimaänderung sowie die damit verbundenen Unsicherheiten sind Rahmenbedingungen, die in Politik, Verwaltung und Wirtschaft Entscheidungsprozesse zugunsten des Klimaschutzes erschweren. Zudem bewegen sich die Regionen, Städte und Kommunen innerhalb eines komplexen Mehrebenensystems. Städte und Kommunen sind aber die zentrale Umsetzungsebene für die auf internationaler und nationaler Ebene getroffenen Entscheidungen zum Klimaschutz und zur CO_2-Reduzierung. Gleichzeitig können sie Einfluss auf übergeordnete Ebenen nehmen, da die Durchlässigkeit der Entscheidungsprozesse zugenommen hat. Gründe hierfür sind zum einen die zunehmende Fragmentierung der Ebenen und Verflechtungen, zum anderen die Pluralisierung der Akteure.

Der Umfang des Engagements auf kommunaler und regionaler Ebene liegt im eigenen Ermessen und weist in der Praxis eine große Vielfalt auf. Dies gilt auch für die MRH, wo zahlreiche Aktivitäten zum Klimaschutz zu finden sind. Zwar nahm das Land Hamburg mit dem 1997 verabschiedeten HmbKlSchG, das Regelungen aus verschiedenen Rechtsbereichen gebündelt und in einem Gesetz zusammengeführt hat, eine Vorreiterrolle ein. Inzwischen ist allerdings ein weitgehendes „Klimaschutz-Mainstreaming" in der Gesetzeslandschaft zu beobachten. Gegenwärtig fehlen in der Metropolregion Regelungen der beteiligten Länder zur Koordination der Klimaschutzbemühungen in den verschiedensten Bereichen, wie es sie beispielsweise in Baden-Württemberg und Nordrhein-Westfalen gibt. Ergänzend zu bestehenden bzw. fehlenden formellen Regularien tragen informelle Instrumente zur Umsetzung von Klimaschutzmaßnahmen bei.

Zu den am häufigsten eingesetzten Instrumenten gehören Klimaschutzkonzepte. Für die MRH liegt zwar kein übergreifendes Konzept vor, aber für die beteiligten Bundesländer sowie fast flächendeckend auf kommunaler Ebene für die (Land-)Kreise und kreisfreien Städte. Diese informellen Konzepte unterscheiden sich in Alter, Ziel- und Schwerpunktsetzung, beteiligten Akteuren, Umfang und Grad der Umsetzung, da keine vereinheitlichenden Vorgaben bestehen. Mögliche Nachteile betreffen u. a. die fehlenden formalen Vorgaben zum Aufstellungsverfahren und den daran zu beteiligenden Akteuren, Mängel bezogen auf die Inhalte, etwa das Fehlen quantifizierter Ziele, die ein zielgerichtetes Monitoring ermöglichen könnten, oder die kaum nachvollziehbare Methodik der CO_2-Bilanzierung und eine fehlende Konkretisierung der Maßnahmen, insbesondere auch bzgl. der Finanzierung. Hinsichtlich der Bindungswirkung bei der Umsetzung von Klimaschutzplänen weist Hamburg jedoch gegenüber den Flächenländern einen Vorteil auf. Die Flächenstaaten benötigen zur Erzeugung einer landesweiten Bindungswirkung ihrer Klimaschutzkonzepte, insbesondere auch gegenüber den Kommunen, formelle Instrumente. Der Hamburger Senat ist hingegen in der Lage, die Vorgaben des Klimaplans mit bereits vorhandenen Instrumenten für die gesamte Hamburger Verwaltung verbindlich zu machen.

14.9 Ausblick

Hamburg, aber auch die Kommunen der Metropolregion, bieten vielfältige Handlungspotenziale für den Klimaschutz: durch formelle Instrumente, durch die Bereitstellung finanzieller Ressourcen sowie durch partizipative und kooperative Instrumente. Die angewandten Maßnahmen in der Region unterscheiden sich entsprechend den jeweils verfügbaren Ressourcen und den institutionellen Rahmenbedingungen, etwa wenn Hamburg als Stadtstaat aufgrund der Länderkompetenz eine höhere Handlungsfähigkeit aufweist. Angesichts der Vielfalt der kommunalen und regionalen Strukturen in der die Ländergrenzen überschreitenden Metropolregion stellt sich generell die Frage, welche unterschiedlichen Möglichkeiten und Ansatzpunkte die Kommunen besitzen, Klimaschutz zu betreiben. Eine übergreifende Erhebung und Auswertung der im Raum der Metropolregion eingesetzten Instrumente wäre zu empfehlen, um weiterführende Möglichkeiten des Klimaschutzes erkennen und aufzeigen zu können.

Bei allen eingesetzten formellen und informellen Instrumenten der lokalen Klimaschutz-Governance stellt sich zudem die Frage nach ihrer Wirkung und ihrem Erfolg in Bezug auf den Klimaschutz. Evaluationen können verschiedene Funktionen haben: Zum einen können Informationen zu räumlichen Prozessen generiert werden (Erkenntnisfunktion), zum anderen bestehende Fördermaßahmen damit legitimiert (Legitimationsfunktion) oder die Zweckmäßigkeit der eingesetzten Finanzmittel geprüft werden (Kontrollfunktion). Ein neuerer Zugang, der insbesondere für das noch junge Forschungsfeld Klimaschutz interessant sein dürfte, ist zudem die Dialogfunktion. Evaluation wird in diesem Sinn als Lerninstrument aufgefasst, das in laufenden Prozessen mögliche Schwachstellen aufzeigt, um Korrekturen vornehmen zu können (Beier 2007). Dieses Verständnis ist auch für den Klimaschutz interessant, da es sich hierbei noch immer um ein neues Handlungsfeld handelt, das vielfach mithilfe informeller Instrumente bearbeitet wird, und kaum Evaluierungsansätze vorliegen. Forschungsarbeiten können in dieser Richtung Ansatzpunkte liefern, um künftige Minderungsstrategien und -maßnahmen zu optimieren (Fröhlich und Knieling 2013).

Dass dieses Feld noch deutliche Forschungslücken aufweist, resultiert aus besonderen Restriktionen, die mit der Evaluation kommunaler und regionaler Steuerungsinstrumente verbunden sind. Dazu zählt zum einen die Schwierigkeit, derart komplexe Sachverhalte mit einer Vielzahl von Einflussfaktoren abzubilden, zum anderen sind quantitative Parameter vielfach nicht verfügbar. Letztendlich ist die Validität der Studien oftmals gering (Wiechmann und Beier 2004). Dennoch sind erste Ansätze vorhanden, wenn auch nicht im Zusammenhang mit Klimaschutzaktivitäten. Diese beziehen sich vor allem auf die Wirkung formeller Steuerungsinstrumente, etwa Regional- oder Flächennutzungspläne. Aber auch informelle Instrumente rücken gerade vor dem Hintergrund begrenzter formaler Durchsetzungsmöglichkeiten zunehmend in den Fokus der Forschung. Für die MRH könnte eine Evaluation der Klimaschutzaktivitäten wichtige Erkenntnisse zur Reflexion und Weiterentwicklung des Klimaschutzes liefern.

Ebenfalls im Zusammenhang mit der Wirkung von Klimaschutzmaßnahmen steht die Erfassung der tatsächlichen CO_2-Reduzierung. Dies betrifft die Erhebung der tatsächlichen Emissionen sowie deren Veränderung durch die angestrebten Maßnahmen. Hier ergibt sich Forschungs- und Handlungsbedarf im Hinblick auf die Berechnung der indirekten Emissionen und Wirkungszusammenhänge sowie die Anwendung des „carbon control" bzw. „carbon management". Dabei fehlen u. a. geeignete Monitoringsysteme mit klaren Ziel- und Performanceindikatoren, ohne die eine Bewertung des Erfolgs der Klimaschutzmaßnahmen nicht möglich ist.

Aufgrund der starken Heterogenität hinsichtlich Zielsetzungen, bearbeiteten Handlungsfeldern, angedachten Maßnahmen sowie Umfang und Alter der Klimaschutzkonzepte könnte ein für die MRH übergeordnetes Konzept als Dach für die vielfältigen Aktivitäten fungieren. Ein erster Schritt dazu müsste eine differenziertere inhaltliche Auswertung der bestehenden Klimaschutzkonzepte sein, die in der Methodik über die bereits vorgelegte Studie (MRH 2014) hinausgeht.

Ebenfalls vertiefender Untersuchungen bedarf die Frage, inwieweit andere, in ▶ Abschn. 14.2.1 beschriebene, für den kommunalen Klimaschutz förderliche Faktoren auf die Situation in der Stadt Hamburg und in der Metropolregion zutreffen. Dies betrifft die Relevanz der Nähe zum Bürger auf die Stärke der Ambitionen zur Umsetzung von Klimaschutzbemühungen, d. h., inwieweit Städte und Gemeinden sowie die Region versuchen, über die Profilierung im Sinne einer nachhaltigen Stadt- und Regionalentwicklung und des Klimaschutzes die Lebensqualität für ihre Bevölkerung zu steigern und in welcher Form deren ökologische Präferenzen als entscheidender Einflussfaktor zum Handeln für Städte und Regionen beitragen. Ein weiterer Aspekt ist die Korrelation zwischen dem Wohlstand von Städten und dem Bildungsniveau der Bewohnerinnen und Bewohner sowie der potenziellen Vorreiterrolle der jeweiligen Stadt im (inter-)nationalen oder regionalen Vergleich. Gleiches gilt für den Mehrwert der Mitgliedschaft Hamburgs und anderer Kommunen der Metropolregion oder der Metropolregion selbst in Klimaschutznetzwerken auf Länder-, Bundes- oder internationaler Ebene oder in internationalen Forschungsverbünden (etwa auf europäischer Ebene) und die daraus generierten positiven Effekte und Einflüsse auf die Klimaschutzaktivitäten.

Literatur

ARL – Akademie für Raumforschung und Landesplanung (2011) Strategische Regionalplanung. Positionspapier aus der ARL 84. ARL, Hannover (Webseiten der ARL)

Azevedo I, Delarue E, Meeus L (2013) Mobilizing cities towards a low-carbon future: tambourines, carrots and sticks. Energy Policy 61:894–900

Bader N, Bleischwitz R (2009) Measuring urban greenhouse gas emissions: the challenge of comparability. Cities Clim Chang 2(3):1–15

Beermann J (2014) Urban partnerships in low-carbon development: Opportunities and challenges of an emerging trend in global climate politics. urbe 6(541):170–183

Beier M (2007) Erfolgsmessung in der Raumentwicklung: Die Leistungsfähigkeit von informellen Instrumenten der Regionalentwicklung. Räumliche Planung im Wandel – Welche Instrumente haben Zukunft? 9. Junges Forum der ARL, Darmstadt, 17.–19. Mai 2006. ARL Arbeitsmaterial., S 34–41

Benz A (Hrsg) (2004) Governance – Regieren in komplexen Regelsystemen. Springer VS, Wiesbaden

Bevir M (2009) Key concepts in governance. SAGE, London

Bischoff A, Selle K, Sinning H (2005) Informieren, Beteiligen, Kooperieren. Kommunikation in Planungsprozessen. Eine Übersicht zu Formen, Verfahren, Methoden und Techniken. Rohn, Dortmund

Bläser D (2012) Klimaschutz braucht mehr als ein Konzept. PlanerIn 12(4):8–10

Böcher M, Nordbeck R (2014) Klima-Governance – Die Integration und Koordination von Akteuren, Ebenen und Sektoren als klimapolitische Herausforderung Einführung in den Schwerpunkt. dms – der moderne staat. Z Public Policy Recht Manag 7(2):253–268

BMVBS (Hrsg) (2011) Erneuerbare Energien: Zukunftsaufgabe der Regionalplanung. Webseiten des Bundesinstituts für Bau-, Stadt- und Raumforschung (BBSR). Zugegriffen: 10. Apr. 2017

BMVI (2015) Regionale Energiekonzepte in Deutschland – Bestandsaufnahme. MORO Forschung Heft 1. BMVI, Berlin

Bulkeley H (2010) Cities and the governing of climate change. Annu Rev Environ Resour 35(1):229–253

Bulkeley H, Betsill M (2013) Revisiting the urban politics of climate change. Env Polit 22(1):136–154

Bulkeley H, Kern K (2006) Local government and the governing of climate change in Germany and the UK. Urban Stud 43(12):2237–2259

Bull HP (2006) Recht der Verwaltungsorganisation und des Verwaltungshandelns. In: Hoffmann-Riem W, Koch H-J (Hrsg) Hamburgisches Staats- und Verwaltungsrecht. Nomos, Baden-Baden, S 89–146

Bunge T (2010) Beteiligung in umweltbezogenen Verwaltungs- und vergleichbaren Verfahren. In: Schlacke S, Schrader C, Bunge T (Hrsg) Informationsrechte, Öffentlichkeitsbeteiligung und Rechtsschutz im Umweltrecht. Erich Schmidt, Berlin

Carney S, Shackley S (2009) The Greenhouse Gas Inventory Project (GRIP): designing and employing a regional greenhouse gas measurement tool for stakeholder use. Energy Policy 37(11):4293–4302

Castán-Broto V, Bulkeley H (2012) A survey of urban climate change experiments in 100 cities. Glob Environ Chang 23:92–102

Charta von Aalborg (1994) Charta der Europäischen Städte und Gemeinden auf dem Weg zur Zukunftsbeständigkeit. Webseiten des Aktionsprogramm Umwelt und Gesundheit (APUG).. Zugegriffen: 19. Apr. 2017

Covenant of Mayors (2015) Signatories (Webseiten des Covenant of Mayors)

Danielzyk R (2005) Informelle Planung. In: ARL (Hrsg) Handwörterbuch der Raumordnung. Akademie für Raumforschung und Landesplanung, Hannover, S 465–469

Danielzyk R, Knieling J (2011) Informelle Planungsansätze. In: ARL (Hrsg) Grundriss der Raumordnung und Raumentwicklung. Akademie für Raumforschung und Landesplanung, Hannover, S 473–498

Dhakal S (2010) GHG emissions from urbanization and opportunities for urban carbon mitigation. Curr Opin Environ Sustain 2(4):277–283

DifU (Hrsg) (2010) Nutzung erneuerbarer Energien durch die Kommunen – Ein Praxisleitfaden. Deutsches Institut für Urbanistik, Köln

Emelianoff C (2014) Local energy transition and multilevel climate governance: the contrasted experiences of two pioneer cities (Hanover, Germany, and Vaxjo, Sweden). Urban Stud 51(7):1378–1393

Franzius C (2015) Regulierung und Innovation im Mehrebenensystem. Verwaltung 48(2):175–201

Freie und Hansestadt Hamburg (2016) Masterplan Klimaschutz – Auf dem Weg zum Hamburger Klimaplan (Webseiten der Freien und Hansestadt Hamburg)

Fröhlich J, Knieling J (2013) Conceptualizing climate change governance. In: Knieling J, Leal WF (Hrsg) Climate change governance. Series Climate Change Management. Springer, Heidelberg, S 9–26

Gärditz KF (2008) Einführung in das Klimaschutzrecht. JuS 4:324–329

Giest S, Howlett M (2013) Comparative climate change governance: Lessons from European transnational municipal network management efforts. Env Pol Gov 23(6):341–353

Glasl F (2013) Konfliktmanagement. Ein Handbuch für Führungskräfte, Beraterinnen und Berater, 11. Aufl. Haupt, Stuttgart

Gore CD (2010) The limits and opportunities of networks: municipalities and Canadian climate change policy. Rev Pol Res 27(1):27–46

Greiving S, Fleischhauer M (2008) Raumplanung - in Zeiten des Klimawandels wichtiger denn je! RaumPlanung 137:61–66

Groß T (2011) Klimaschutzgesetze im europäischen Vergleich. Z Umweltr 4:171–177

Hackstedt C (2015) Energiewende im Hamburger Hafen – Rationale Orientierung und Anpassungsstrategien von energieintensiven Unternehmen. Masterarbeit. Universität Hamburg, Hamburg

Hakelberg L (2011) Governing climate change by diffusion, transnational municipal networks as catalysts of policy spread. FFU-Report 08-2011. Freie Universität Berlin, Forschungszentrum für Umweltpolitik, Berlin

Hamburg Webseite (o. J.) Rückkauf der Energienetze – Umsetzung Schritt für Schritt. Webseiten der Stadt Hamburg

Hansestadt Uelzen (2016) Klimaschutzkonzept des Landkreises Uelzen (Webseiten der Hansestadt Uelzen)

Heß J, Kachel M, Lange S (2013) Das Klimaschutzgesetz Nordrhein-Westfalen. EnWZ 4:155–162

Hodson M, Marvin S (2009) Cities mediating technological transitions: understanding visions, intermediation and consequences. Technol Anal Strateg 21(4):515–534

Huber M (1997) Leadership and unification: climate change politics in Germany. In: Collier U, Lofstedt R (Hrsg) Cases in climate change policy: political reality in the European Union. James & James, London, S 65–86

IBA (2015a) Energieberg Georgswerder (Webseiten der IBA Hamburg)

IBA (2015b) Aktuelle Projekte (Webseiten der IBA Hamburg)

ICLEI (2015) Member in the Spotlight. Webseiten der ICLEI – Local Governments for Sustainability. Zugegriffen: 19. Apr. 2017

Imagine Initiative (2014) Low-energy city policy handbook. Part B - lost in energy transition? Methods & tools (Webseiten von Energy Cities)

Jollands N, Kenihan S, Wescott W (2008) Promoting energy efficiency – best practice in cities. A pilot study. International energy agency (Webseiten der IEA)

Kahl W, Schmidtchen M (2013) Kommunaler Klimaschutz durch Erneuerbare Energien. Mohr Siebeck, Tübingen

Keirstead J, Schulz NB (2010) London and beyond: taking a closer look at urban energy policy. Energy Policy 38:4870–4879

Kennedy C, Demoullin S, Mohareb E (2012) Cities reducing their greenhouse gas emissions. Energy Policy 49:774–777

Kern K, Niederhafner S, Rechlin S, Wagner J, Wissenschaftszentrum für Sozialforschung gGmbH (2005) Kommunaler Klimaschutz in Deutschland – Handlungsoptionen, Entwicklung und Perspektiven. Discussion Paper SPS IV 2005-101, WZB. Webseiten von SSOAR (Social Science Open Access Repository). Zugegriffen: 19. Apr. 2017

Khan J (2013) What role for network governance in urban low carbon transitions? J Clean Prod 50:133–139

Klima-Buendnis (2016) Kommunen. Webseiten von Klima-Bündnis. Zugegriffen: 19. Apr. 2017

KlimAktiv (2016) CO2 Bilanz (Webseiten von KlimAktiv)

Klimaschutz- und Energieagentur Niedersachsen (2016) Energieeffizient im Unternehmen. Webseiten der Klimaschutz- und Energieagentur Niedersachsen. Zugegriffen: 19. Apr. 2017

Knieling J, Kunzmann K-R (2005) Netze, räumlich und funktional. In: Handwörterbuch der Raumordnung. Akademie für Raumforschung und Landesplanung, Hannover, S 704–709

Knodt M (2010) Kommunales Regieren im europäischen Mehrebenensystem. In: Abels G, Eppler A, Knodt M (Hrsg) Die EU-Reflexionsgruppe „Horizont 2020-2030": Herausforderungen und Reformoptionen für das Mehrebenensystem. Nomos, Baden-Baden, S 153–168

Koch HJ (2011) Klimaschutzrecht. NVwZ 30(11):641–654

Kopatz M et al (2010) Zukunftsfähiges Hamburg: Zeit zum Handeln. Eine Studie des Wuppertal Institut für Klima, Umwelt, Energie. Dölling & Galitz, München

Krause RM (2012) An assessment of the impact that participation in local climate networks has on cities' implementation of climate, energy, and transportation policies. Rev Pol Res 29(5):585–604

Kreis Ostholstein (2016) Integriertes Klimaschutzkonzept (Webseiten des Kreises Ostholstein)

Kreis Steinburg (2014) Energie- und Klimaschutzprogramm 2015–2017 (Webseiten des Kreises Steinburg)

Landkreis Ludwigslust-Parchim (2016) Klimaschutzprojekt des Landkreises Ludwigslust-Parchim – Einführung eines Energiesparmodells in Schulen (Webseiten des Landkreises Ludwigslust-Parchim)

Leal Filho W (2010) Climate change and governance: state of affairs and actions needed. Int J Glob Warm 2(2):128–136

Lee T, Koski C (2014) Mitigating global warming in global cities: Comparing participation and climate change policies of C40 cities. J Comp Pol Anal 16(5):475–492

Marsden G, Ferreira A, Bache I, Flinders M, Bartle I (2014) Muddling through with climate change targets: a multi-level governance perspective on the transport sector. Clim Policy 14(5):617–636

Milliard-Ball A (2012) Do city climate plans reduce emissions? J Urban Econ 71:289–311

Mitschang S (2009) Klimaschutz und Energieeinsparung als Aufgaben der Regional- und Bauleitplanung. In: Mitschang S (Hrsg) Klimaschutz und Energieeinsparung in der Stadt- und Regionalplanung. Peter Lang, Frankfurt a. M., S 15–66

Moloney S, Horne R (2015) Low carbon urban transitioning: from local experimentation to urban transformation? Sustainability 7(3):2437–2453

Morlet C, Keirstead J (2013) A comparative analysis of urban energy governance in four European cities. Energy Policy 61:852–863

MRH (2014) Vergleichende Studie zum Status quo und den Zielsetzungen in den Klimaschutz- und Energiekonzepten der Länder, Landkreise, Kreise und kreisfreie Städte in der Metropolregion Hamburg. TuTech, Hamburg

Nelson HT, Rose A, Wei D, Peterson T, Wennberg J (2015) Intergovernmental climate change mitigation policies: theory and outcomes. J Publ Pol 35(1):97–136

Newig J (2011) Partizipation und neue Formen der Governance. In: Groß M (Hrsg) Handbuch Umweltsoziologie. Springer VS, Wiesbaden, S 485–502

Okereke C, Bulkeley H, Schroeder H (2009) Conceptualizing climate governance beyond the international regime. Global Environ Pol 9(1):58–78

Pasimeni MR, Petrosillo I, Aretano R, Semeraro T, de Marco A, Zaccarelli N, Zurlini G (2014) Scales, strategies and actions for effective energy planning: a review. Energy Policy 65:165–174

Pohlmann A (2011) Local climate change governance. In: Engels A (Hrsg) Global transformations towards a low carbon society. Working Paper Series 5. University of Hamburg/KlimaCampus, Hamburg

Rannow S, Finke R (2008) Instrumentelle Zuordnung der planerischen Aufgaben des Klimaschutzes. In: Klee A, Knieling J, Scholich D, Weiland U (Hrsg) Städte und Regionen im Klimawandel. Akademie für Raumforschung und Landesplanung, Hannover, S 44–67

Reckien D, Flacke J, Dawson RJ, Heidrich O, Olazabal M, Foley A, Hamann JJP, Orru H, Salvia M, De Gregorio Hurtado S, Geneleti D, Pietrapertosa F (2014) Climate change response in Europe: what's the reality? Analysis of adaptation and mitigation plans from 200 urban areas in 11 countries. Clim Change 122(1–2):331–340

Rodi M, Sina S (2011) Das Klimaschutzrecht des Bundes – Analyse und Vorschläge zu seiner Weiterentwicklung. In: Umweltbundesamt (Hrsg) Climate Change 17/2011 (Webseiten des Umweltbundesamtes)

Rosenzweig C, Solecki W, Hammer SA, Mehrotra S (2010) Cities lead the way in climate-change action. Nature 467:909–911

Sailer F (2011) Klimaschutzrecht und Umweltenergierecht – Zur Systematisierung beider Rechtsgebiete. NVwZ 12:718–723

Schneider V (2004) Organizational Governance – Governance in Organisationen. In: Benz A (Hrsg) Governance – Regieren in komplexen Regelsystemen. Springer VS, Wiesbaden, S 173–192

Schneidewind U, Scheck H (2012) Zur Transformation des Energiesektors – ein Blick aus der Perspektive der Transition-Forschung. In: Servatius H-G, Schneidewind U, Rohlfing D (Hrsg) Smart energy. Springer, Berlin, Heidelberg, S 45–61

Schoch F (2005) Enformalisierung staatlichen Handelns. In: Isensee J, Kirchhof P (Hrsg) Demokratie – Bundesorgane. Handbuch des Staatsrechts, Bd. III. C.F. Müller,, Heidelberg (§ 37)

Schreurs MA (2008) From the bottom up: local and subnational climate change politics. J Env Dev 17(4):343–355

Schulz N (2010) Lessons from the London climate change strategy: focusing on combined heat and power and distributed generation. J Urban Technol 17(3):3–23

Schuppert GF (2011) Der Rechtsstaat unter den Bedingungen informaler Staatlichkeit. Nomos, Baden-Baden

Sharp EB, Daley DM, Lynch MS (2011) Understanding local adoption and implementation of climate change mitigation policy. Urban Affairs Rev 47(3):433–457

Singh H, Muetze A, Eames PC (2010) Factors influencing the uptake of heat-pump technology by the UK domestic sector. Renew Energy 35(4):873–878

Sovacool BK, Brown MA (2010) Twelve metropolitan carbon footprints: a preliminary comparative global assessment. Energy Policy 38:4856–4869

Stadt Neumünster (2015) Integriertes Klimaschutzkonzept für die Stadt Neumünster (Webseiten der Stadt Neumünster)

Starzer O (2005) Combining IPPC and emission trading: an assessment of energy efficiency and CO_2 reduction potentials in the Austrian paper industry. In: Proceedings ACEEE summer study on energy efficiency in industry, S 136–145

Steinwachs D (2015) Das Erneuerbare-Wärme-Gesetz in Baden-Württemberg – praktische Erfahrungen und Ausblick auf die Novelle. In: Müller T, Kahl H (Hrsg) Energiewende im Föderalismus. Nomos, Baden-Baden, S 203–218

Stiller S (2012) Hamburg: Wissensbasierter Strukturwandel beeinflusst die Standortpolitik. In: Kauffmann A, Rosenfeld MTW (Hrsg) Städte und Regionen im Standortwettbewerb. Verlag der ARL, Hannover, S 163–180

Thomas C (2013) Klimaschutz auf Landesebene – Eine Betrachtung des nordrhein-westfälischen Klimaschutzgesetzes. NVwZ 11:679–683

Walk H (2008) Partizipative Governance. Beteiligungsformen und Beteiligungsrechte im Mehrebenensystem der Klimapolitik. Springer VS, Wiesbaden

Walz K (2015) Energiewende im Hamburger Hafen – Governance-Strukturen im Spannungsfeld von Verwaltung und privaten Akteuren. Masterarbeit. Universität Hamburg, Hamburg

Weimer-Jehle W, Hampel J, Pfenning U (2001) Kommunaler Klimaschutz in Baden-Württemberg. Ergebnisse einer Umfrage. Arbeitsbericht. Akademie für Technikfolgenabschätzung in Baden-Württemberg. (Webseiten der Universität Stuttgart)

While A, Jonas AEG, Gibbs D (2010) From sustainable development to carbon control: eco-state restructuring and the politics of urban and regional development. Trans Inst Br Geogr 35(1):76–93

Wickel M (2013) Mögliche Inhalte von Klimaschutzgesetzen auf Länderebene. DVBl 2:77–84

Wickel M (2015) Klimaschutz auf Länderebene. In: Müller T, Kahl H (Hrsg) Energiewende im Föderalismus. Nomos, Baden-Baden, S 187–202

Wiechmann T, Beier M (2004) Evaluationen in der Regionalentwicklung – Eine vernachlässigte Herausforderung für die Raumplanung. Raumforsch Raumordng 62(6):387–396

Wollmann H (2003) German local government under the double impact of democratic and administrative reforms. In: Kersting N, Vetter A (Hrsg) Reforming local government in Europe: closing the gap between democracy and efficiency. Leske + Budrich, Opladen, S 85–112

Technischer Klimaschutz

Detlef Schulz, Thomas Weiß

Verantwortlicher, vom Lenkungsausschuss berufener Leitautor: Detlef Schulz
Vom Leitautor hinzugezogener Autor: Thomas Weiß

H. Storch, I. Meinke, M. Claußen (Hrsg.),
Hamburger Klimabericht – Wissen über Klima, Klimawandel und Auswirkungen in Hamburg und Norddeutschland,
https://doi.org/10.1007/978-3-662-55379-4_15

Tab. 15.1 Im Gebiet der FFH installierte Kraftwerkskapazitäten im Bereich der Strom- und Wärmeversorgung auf der Basis von Daten der Bundesnetzagentur (2015)

Kraftwerksnummer der BNetzA	Primärenergieträger	Inbetriebnahme	Vergütung nach EEG	KWK	Nennleistung [MW]
BNA0398	Abfall	1999	Nein	Ja	24,0
BNA0399	Biomasse	2005	Ja	Ja	20,0
BNA0400	Erdgas	2009	Nein	Ja	127,0
BNA0401	Erdgas	1992	Nein	Ja	22,5
BNA0402	Steinkohle	1993	Nein	Ja	194,0
BNA0405a	Windenergie	2009	Ja	Nein	12,0
BNA0405b	Windenergie	2009	Ja	Nein	12,0
BNA1294	Mineralölprodukte	1993	Nein	Ja	38,0
BNA1558	Steinkohle	2015	Nein	Nein	766,0

15.1 Energieerzeugung

15.1.1 Hamburg als Stromimporteur

Hamburg als dicht besiedelter Ballungsraum ist ein Nettoimporteur von Strom. Im Jahr 2014 z. B. wurden in Hamburg insgesamt 12,4 TWh Elektrizität verbraucht, aber nur 3 TWh innerhalb der Stadtgrenzen produziert. Die beste Option für den Klimaschutz in der Energieerzeugung ist die Vermeidung von Treibhausgasen durch Nutzung erneuerbarer Quellen, wenn der Strom auch lokal verbraucht und in Zeiten geringen erneuerbaren Angebots nicht durch emissionsintensive Kraftwerke substituiert wird. Der Anteil von erneuerbaren Energien in der FHH am Primärenergieverbrauch lag 2012 mit 4,7 % deutlich unter dem Bundesdurchschnitt von 10,3 %. Noch deutlicher ist die Differenz bei der Stromerzeugung. Während in der Freien und Hansestadt Hamburg (FHH) 2,9 % des Bruttostromverbrauchs durch erneuerbare Energien gedeckt werden konnten, waren dies bundesweit bereits 23,7 % (Umweltbundesamt 2015). Der primäre Grund hierfür ist die für Stadtstaaten typische Flächenknappheit. Eine ausführliche Betrachtung der unterschiedlichen Kraftwerkstypen sowie die Auswirkungen des Klimawandels auf diese findet sich in ► Abschn. 9.2.

15.1.2 Status Quo des Kraftwerkparks

In Tab. 15.1 sind die im Gebiet von Hamburg installierten Kraftwerke mit einer installierten Leistung von mehr als 10 MW aufgelistet. Auffällig ist, dass bis auf das im Jahr 2015 in Betrieb genommene Steinkohlekraftwerk Moorburg alle Verbrennungskraftwerke mit einer Kraft-Wärme-Kopplung arbeiten und somit die Gesamteffizienz steigern. Dem Kraftwerk Moorburg als dem mit Abstand größten Kraftwerk in Hamburg wird im Folgenden ein gesonderter Abschnitt gewidmet. Kraft-Wärme-Kopplung spielt zudem im Kraftwerksbereich eine wichtige Rolle, da Hamburg ein gut ausgebautes Fernwärmenetz hat (460.000 Wohneinheiten, 816 km Rohrleitungen) und das Hamburgische Gesetz zum Schutz des Klimas durch Energieeinsparung (HmbKliSchuG) nach § 4 Abs. 1 erlaubt, die Anbindung z. B. an das Fernwärmenetz in bestimmten Gebieten vorzuschreiben. Eine Einspeisevergütung nach dem Erneuerbare-Energien-Gesetz (EEG) erhalten nur die Windkraftanlagen und die Biomasseanlage der Müllverwertung Borsigstraße GmbH (Müllverwertung Borsigstraße 2015).

Tab. 15.2 Aggregierte Auflistung von EEG-Anlagen mit einer installierten Leistung < 10 MW auf der Basis von Daten der Bundesnetzagentur (2015) und von Energieportal Hamburg (2015)

Primärenergieträger	Vergütung nach EEG	Nennleistung [MW]
Biomasse	Ja	22,9
Laufwasser	Ja	0,1
Solare Strahlungsenergie	Ja	36,2
Windenergie	Ja	35,3

In Tab. 15.2 ist zudem die kumulierte Leistung per Primärenergieträger der erneuerbaren Energien mit einer installierten Leistung von < 10 MW dargestellt. Obwohl Hamburg ein bedeutender Standort der Windindustrie ist, ist hier die installierte Leistung der solaren Strahlungsenergie höher. Ergänzende Informationen zum Status Quo der Energieversorgung im Allgemeinen finden sich in ► Abschn. 9.2.2.

15.1.3 Potenziale für erneuerbare Energien

Die Entwicklung der installierten Leistung der unterschiedlichen erneuerbaren Energien ist in Abb. 15.1 dargestellt. Bei allen Energieträgern außer Wasser ist in den letzten Jahren ein deutlicher Anstieg zu verzeichnen. Aufgrund des urbanen Charakters ist das Potenzial für den weiteren Ausbau jedoch begrenzt. Eine für die FHH angefertigte Studie (Projects energy GmbH 2009) kommt für Biomasse noch auf ein Gesamtpotenzial von 740 GWh/Jahr. Das technische Potenzial für Photovoltaik in Hamburg beträgt nach Angaben der Agentur für Erneuerbare Energien (2015) sogar bis zu 1960 GWh/Jahr. Für Windenergie sieht der Bundesverband für Windenergie noch ein Ausbau-

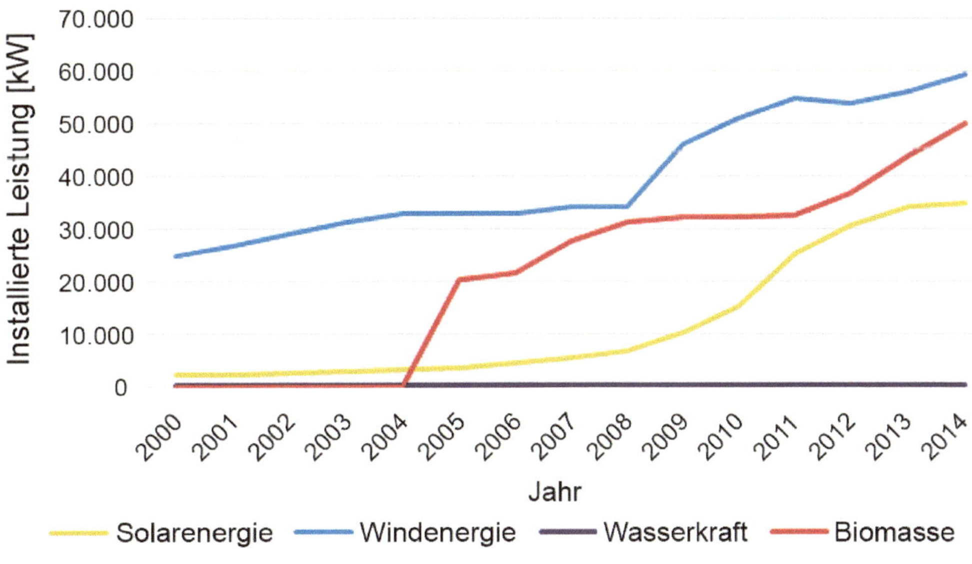

◘ Abb. 15.1 Entwicklung der installierten Leistung von Solarenergie, Windenergie, Wasserkraft und Biomasse zwischen den Jahren 2000 und 2014. (HSU, Daten: Bundesnetzagentur, Anlagenstammdatenregister der deutschen Übertragungsnetzbetreiber)

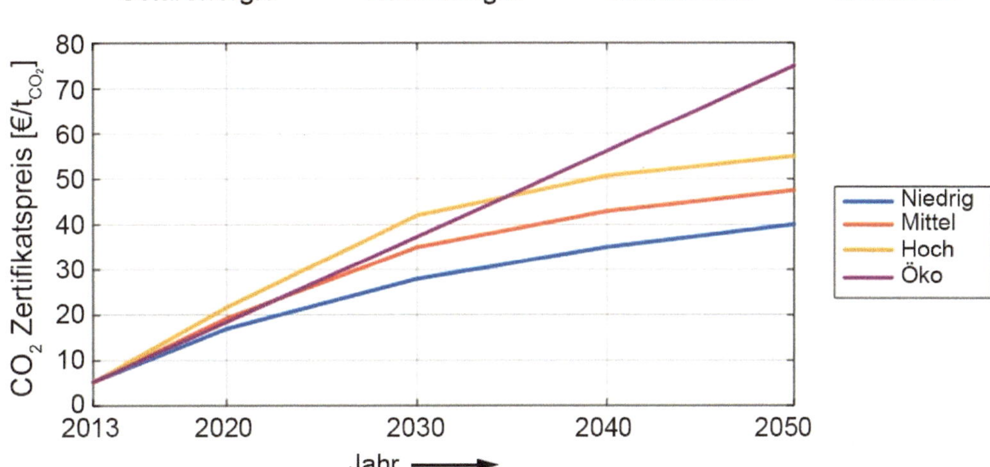

◘ Abb. 15.2 Entwicklung der CO_2-Zertifikatspreise. Prognosen für einen schwachen (*Niedrig*), moderaten (*Mittel*) und starken (*Hoch*) Anstieg. Zusätzlich von Greenpeace ermittelter ökologisch korrekter Preis (*Öko*). (Weiß 2016)

potenzial auf 300 MW bei einer mittleren jährlich produzierten Energiemenge von 600 GWh/Jahr (BWE 2012). Wasserkraft bleibt selbst bei voller Ausnutzung der vorhanden Potenziale bei weniger als 1 GWh/Jahr und wird auch zukünftig nicht maßgeblich zu einer nachhaltigen Energieversorgung Hamburgs beitragen (Wagner und Rindelhardt 2008). Selbst wenn man alle technischen Potenziale addiert, liegt der Wert mit 3,3 TWh deutlich unter dem der verbrauchten Energie (12 TWh). Somit ist Hamburg auch zukünftig auf Energieimporte oder Beiträge aus konventioneller Kraftwerkstechnik angewiesen.

15.1.4 Emissionsrechtehandel

Der im Jahr 2005 eingeführte CO_2-Zertifikatehandel zwingt Kraftwerksplaner, bei Neubauten vermehrt auf den Wirkungsgrad zu achten. Gerade bei Neubauten hat die Reduzierung des CO_2-Ausstoßes eine große Bedeutung, da ein hoher Anstieg der Zertifikatspreise erwartet wird (◘ Abb. 15.2). Um Kosten für CO_2-Zertifikate einzusparen, gibt es nur die Möglichkeit der CO_2-Abspaltung oder der Effizienzsteigerung. Im Nachfolgenden werden kurz Möglichkeiten zur Emissionsreduzierung in fossil befeuerten Kraftwerken erläutert und aktuelle Projekte in der Energieversorgung dargestellt.

15.1.5 Emissionsreduzierung bei fossil befeuerten Kraftwerken

Gerade Kohlekraftwerke haben einen hohen Ausstoß an Stickoxiden, Flugstaub und Schwefeldioxid, deren Grenzwerte gesetzlich festgeschrieben sind. Aus diesem Grund sind in allen Kohlekraftwerken (u. a. KW Moorburg) Abspaltungs- und Reinigungsanlagen verbaut. Besonders aufwendig sind dabei die Einrichtungen zur Entstickung (DeNOx). Das heutzutage meistgenutzte Verfahren ist das SCR-Verfahren („selective catalytic reduction"), das die Reaktion von Stickoxiden im Rauchgas mit eingedüstem Ammoniak zu Stickstoff und Wasser nutzt (Heuck et al. 2013). Für die Reinigung von Staubpartikeln wird meist ein Elektrofilter eingesetzt (elektrische Gasreinigung). Das Prinzip beruht auf der Elektrostatik und erreicht einen Absonderungsgrad von bis zu 99,9 %. Schwefelhaltige fossile Brennstoffe erzeugen bei der Verbrennung Schwefelverbindungen (SO_2 und SO_3). Seit 1974 ist es in Deutschland daher vorgeschrieben, Rauchgasentschwefelungsanlagen (REA) in Kohlekraftwerken, aber auch in Müllverbrennungsanlagen (falls Schwefelgehalt höher als 1 %) vorzusehen. Bei der Rauchgasentschwefelung werden regenerative und nichtregenerative Verfahren unterschieden. Das weltweit am häufigsten eingesetzte nichtregenerative Verfahren ist die Kalkwäsche. Dabei wird das Rauchgas über eine Kalk-Wasser-Emulsion geleitet, wobei durch Zugabe von Kalk

Gips entsteht, der in der Baustoffindustrie weiterverwendet werden kann. Ein zumeist in Raffinerien genutztes regeneratives Verfahren ist das Wellmann-Lord-Verfahren. Bei diesem Verfahren besteht die Waschflüssigkeit aus einer Natriumsulfitlösung (Na_2SO_3), und der weiterverwendbare Stoff am Ende des Verfahrens ist Schwefel (Fritz und Kern 1992; Heuck et al. 2013).

Die oben beschriebenen Verfahren entfallen wegen des reineren Brennstoffs bei Gaskraftwerken. Allen Kraftwerken gemein ist jedoch der CO_2-Ausstoß, auch wenn dieser je nach Brennstoff und Art des Kraftwerks deutlich voneinander abweicht (z. B. 1142 g/kWhel bei Braunkohlekraftwerken und 5 g/kWhel bei Erdgas-Blockheizkraftwerken) (Plaßmann und Schulz 2013). Die Diskussion um die Abspaltung von CO_2 hat sich, insbesondere auch durch die Einführung des Zertifikatehandels, in den letzten Jahren deutlich intensiviert. Meist wird die Abspaltung in Verbindung mit der Speicherung von CO_2 diskutiert und unter dem Begriff CO_2-Sequestrierung oder CCS („carbon capture and storage") zusammengefasst. Es gibt drei Verfahren zur Abscheidung von CO_2, das „Post-Combustion"-, das „Pre-Combustion"- und das „Oxyfuel"-Verfahren (Gibbins und Chalmers 2012; Guerrero-Lemus und Martinez-Duart 2013; Plaßmann und Schulz 2013). Alle Verfahren erreichen eine Abscheidungsrate von bis zu 90 %. Die Abscheidung ist jedoch sehr energieintensiv, was zu Wirkungsgradeinbußen von 5–12 % führt. Auch die Kosten der Anlagen sind sehr hoch. Bei Anlagen mit CCS-Technologie sind die Investitionskosten ca. 50–100 % höher als ohne CCS. Ein weiterer sehr kontrovers diskutierter Punkt ist die Speicherung des abgespaltenen CO_2. Von Forschern wird die Lagerung in tiefen Sedimentschichten favorisiert. Dies konkurriert mit der Nutzung von Geothermie sowie anderen Kavernenspeichern für Gase und Treibstoffe auf der einen Seite, aber auch der viel diskutierten Gewinnung von Schiefergas mittels Fracking (s. u.) auf der anderen Seite. Die Lagerung von CO_2 gilt wegen der möglichen bodennahen Ablagerung von entweichendem Gas als nicht risikoarm, weswegen sich auch in der Bevölkerung immer mehr Widerstand gegen diese Art der Lagerung formiert. Die Technik befindet sich immer noch in der Entwicklung. Das Braunkohleversuchskraftwerk Schwarze Pumpe bei Spremberg wurde im Jahr 2014 aufgrund mangelnder Chancen zur industriellen Nutzung von CCS wieder stillgelegt (Bundeszentrale für politische Bildung 2013). Ein von RWE geplantes Projekt für ein IGCC-Kraftwerk („integrated gasification combined cycle") mit CCS scheiterte laut Unternehmen an der deutschen und europäischen Gesetzgebung zur CO_2-Speicherung (RWE 2015). Ein sich noch im Betrieb befindliches CCS-Kraftwerk steht in Kanada, und es gibt Pläne für neue Kraftwerke mit CO_2-Abscheidung in den USA und Großbritannien (Wirtschaftswoche 2014). Neue Kraftwerke in Deutschland können vom TÜV Nord ein Zertifikat „CCS ready" erwerben. Den Kraftwerken wird damit bescheinigt, dass sie für die nachträgliche Installation der Abscheidung vorbereitet sind (TÜV Nord 2015). Auch Fracking wurde im Gebiet der FHH untersucht und diskutiert. So erhielt eine Tochterfirma von ExxonMobile die Erlaubnis, in Teilen von Bergedorf, Allermöhe, Wilhelmsburg und Harburg nach potenziellen Förderstellen zu suchen, auch wenn die Möglichkeit einer tatsächlichen Förderung vonseiten der Politik stets verneint wurde.

Eine weitere Möglichkeit der Emissionsreduzierung ist die Erhöhung des Gesamtwirkungsgrades. Somit kann mit weniger Brennstoff eine höhere Menge Energie gewonnen werden. Durch die steigenden Weltmarktpreise für Steinkohle und Gas, verbunden mit dem zu erwartenden Anstieg der CO_2-Zertifikatspreise, werden die Anreize für Kraftwerksplaner weiter steigen, in Forschung und Entwicklung zu investieren, um die Wirkungsgrade weiter steigern zu können.

15.1.6 Projekte

Das größte Projekt in Hamburg im Bereich der Energieversorgung ist das Kraftwerk Moorburg mit einer installierten Leistung von 1,635 MWel, aufgeteilt auf zwei Kraftwerksblöcke. Das Steinkohlekraftwerk soll nach vollständiger Inbetriebnahme jährlich rund 11 TWh Energie erzeugen. Das ist fast der komplette Elektrizitätsbedarf der FHH. Im Vergleich zu anderen in Deutschland betriebenen Steinkohlekraftwerken hat das KW Moorburg mit 46,5 % einen sehr hohen Wirkungsgrad. Dadurch können die spezifischen CO_2-Emissionen auf 750 g/kWh gesenkt werden (Durchschnitt der deutschen Steinkohle-KW: ca. 800 g/kWh). Das Kraftwerk besitzt alle in ► Abschn. 15.1.5 beschriebenen Abscheidungsmechanismen und unterschreitet die gesetzlichen Grenzwerte für NO_2, SO_2 und CO deutlich. Zudem ist es „CCS-ready"-zertifiziert. Kraftwerksblock B ist seit dem 28. Februar 2015 im kommerziellen Betrieb, während Block A am 31. August 2015 in den kommerziellen Betrieb ging (Vattenfall 2015a, 2015b). Ein weiterer Vorteil des Kraftwerks ist die Lage an der Süderelbe, sodass kein landgebundener Transport notwendig ist, sondern die Kohle direkt von den Schiffen verladen werden kann.

Ein weiteres Projekt ist das Innovationskraftwerk Wedel, welches das bisherige Steinkohlekraftwerk Wedel ablösen soll. Durch Kraft-Wärme-Kopplung in dem Gas- und Dampfkraftwerk kann der Gesamtwirkungsgrad auf 88 % gebracht werden. Zudem soll ein Wärmespeicher integriert werden, um die Wärme- und die damit einhergehende Stromerzeugung an die fluktuierende Einspeisung aus Windkraft anpassen zu können. Die Baugenehmigung liegt vor, es wurde jedoch noch nicht mit dem Bau begonnen, da es in Politik, Bürgerinitiativen und Naturschutzorganisationen keinen Konsens darüber gibt, ob das neue Kraftwerk überhaupt wirtschaftlich betrieben werden kann. Seit Kurzem ist auch eine Laufzeitverlängerung des alten Steinkohlekraftwerks bis ins Jahr 2021 im Gespräch. Dies wäre auch mit Investitionen in die Ertüchtigung des Steinkohlekraftwerks verbunden.

Die Inbetriebsetzung des neuen Spitzenlast-Heizkraftwerks in Altona im Haferweg ist für Mai 2016 geplant und soll zur Heizperiode 2016/2017 abgeschlossen sein. Das Kraftwerk wird aus drei erdgasbefeuerten Kesseln mit je 50 MW Leistung bestehen und einen Brennstoffnutzungsgrad von über 90 % aufweisen.

Im urbanen Umfeld gibt es aber auch andere Primärenergieträger, die effizient zur Energieerzeugung genutzt werden können. Das Biogas- und Kompostwerk Bützberg erzeugt seit der Inbetriebnahme 2011 stündlich bis zu 350 m^3 Biogas, das in einer angeschlossenen Aufbereitungsanlage gereinigt und dann als Biomethan in das Gasnetz eingespeist wird. Der Biomüll wird dann noch weiter zu Kompost verarbeitet (Stadtreinigung Hamburg 2015). Die Müllverwertung Borsigstraße GmbH der Stadtreinigung Hamburg unterhält seit 2005 ein Biomassekraftwerk, das jährlich mehr als 150.000 t Altholz verwertet und über KWK in das Fernwärme- und Stromnetz eingespeist wird. Das Kraftwerk hat eine moderne Rauchgasreinigungstechnik und kann so die gesetzlichen Grenzwerte teils um bis zu 99 % unterschreiten (Müllverwertung Borsigstraße 2015).

Weitere Projekte gibt es im Bereich der Optimierung von bestehenden Systemen (TUHH 2015a) wie z. B. die Minimierung der Klimagasemissionen bei der Energieversorgung komplexer Krankenhäuser am Beispiel des UK Hamburg-Eppendorf (TUHH 2015b). Im Bereich Mobilität werden weitere Projekte auch im Bereich der Energieversorgung von großen energetischen Verbrauchern beschrieben, wie z. B. das Blockheizkraftwerk zur Wärme- und Elektrizitätsversorgung des Flughafens Hamburg oder die Windkraftanlagen am Eurogate-Terminal.

15.1.7 Forschung und Entwicklung

Für die Metropolregion Hamburg ist der Energiesektor seit Langem ein wichtiger Standortfaktor. Stromgroßabnehmer und -produzenten sind entscheidende Wirtschaftsakteure; zudem entwickelt sich die Stadt mehr und mehr zu einem Zentrum für erneuerbare Energien mit einer Vielzahl an branchenspezialisierten Ingenieurbüros, Finanzdienstleistern oder Zertifizierern sowie führenden Unternehmen der Windkraftbranche. Zusätzlich gibt es in Hamburg eine vielseitige Hochschullandschaft mit weitreichenden Kompetenzen im Bereich der Energieforschung in ihrer gesamten Bandbreite. Zur besseren Vernetzung und stärkeren Koordination dieser Energieforschungsaktivitäten wurde mit Unterstützung des Senats der Stadt Hamburg Anfang 2013 der Hamburger Energieforschungsverbund (EFH) gegründet. In diesem Verbund sind die fünf großen Hamburger Hochschulen – Universität Hamburg, Technische Universität Hamburg-Harburg, Helmut-Schmidt-Universität, HafenCity Universität und Hochschule für Angewandte Wissenschaften – zusammengeschlossen, um gemeinsam F&E-Projekte im Energiebereich anzustoßen und durchzuführen. Aufseiten der Wirtschaft wurde 2011 bereits das Branchennetzwerk Cluster Erneuerbare Energien Hamburg (EEHH) gegründet. Dieses organisiert eine Bündelung der weitgefächerten Kompetenzen der Unternehmen, Forschungseinrichtungen und Institutionen. Außerdem schafft es Plattformen für den Dialog der Akteure untereinander und fördert Schnittstellen zu anderen Branchen – z. B. in der Logistik. Innerhalb der im Jahr 2005 gegründeten Akademie der Wissenschaften Hamburg gibt es eine Arbeitsgruppe Energie und Ressourcen, die sich aus 19 in diesem Bereich forschenden Professoren zusammensetzt. Die Arbeitsgruppe organisiert Workshops zu energierelevanten Themen. Zudem wird ein neues Schülerlabor ins Leben gerufen, das jungen Menschen die Themen der Energieversorgung näherbringen soll.

15.2 Mobilität

Beim Überbegriff „Mobilität“ muss zwischen den unterschiedlichen Einsatzgebieten auf dem Land, auf dem Wasser und in der Luft unterschieden werden (◘ Abb. 15.3). Hamburg weist unter den deutschen Großstädten wohl die am stärksten ausgeprägte Verteilung zwischen den einzelnen Sektoren auf. Im Bereich der Landnutzung unterscheidet sich Hamburg nicht wesentlich von anderen Großstädten. Die Untergliederung erfolgt hier in Kraftfahrzeuge, den öffentlichen Personennahverkehr (ÖPNV) und das Fahrrad. Im Bereich der Wassernutzung gibt es eine große Vielfalt in Hamburg, die in diesem Abschnitt in die Kategorien Industrie, öffentlicher Personennahverkehr und Tourismus untergliedert ist. Die Luftfahrt untergliedert sich in Produktion und Nutzung. Eine über den technischen Klimaschutz hinausgehende Betrachtung des Themas Mobilität findet sich in ▶ Kap. 11.

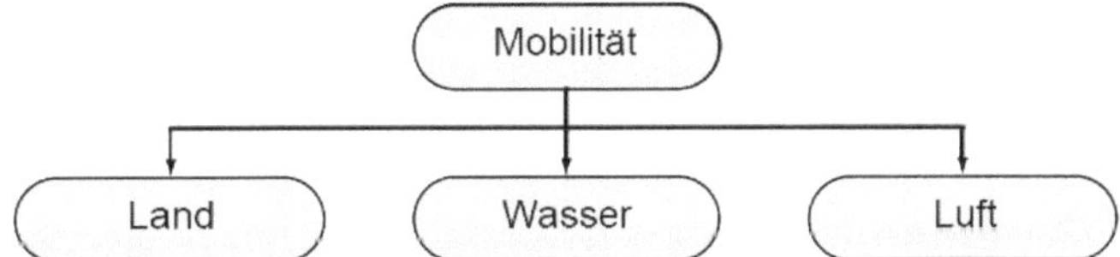

◘ **Abb. 15.3** Separation des Begriffs „Mobilität“ in die Unterkategorien der Mobilität an Land, auf dem Wasser und in der Luft

15.2.1 Landverkehr außer Hafen

Hamburg hat als einziges wirtschaftlich starkes Bundesland keine Umweltzone eingeführt.

15.2.1.1 Elektromobilität

Seit 2009 ist Hamburg Modellregion für Elektromobilität im Rahmen der vom Bundesministerium für Verkehr und digitale Infrastruktur geförderten Initiative (BMVI 2015). Für den Ausbau der Ladeinfrastruktur wurde 2014 vom Senat ein Masterplan beschlossen (Starterset Elektromobilität 2015). Bis zum Herbst 2016 sollen dabei knapp 600 öffentliche Ladepunkte zur Verfügung stehen. Das Laden der Fahrzeuge erfolgt ausschließlich über zertifizierten Grünstrom und wird über eine zentrale IT-Plattform von Stromnetz Hamburg gesteuert und koordiniert (Stromnetz Hamburg 2015). Im Jahr 2015 wurden zudem separate Kennzeichen für Elektroautos eingeführt, die damit ab dem 01.11.2015 von der Parkgebührenpflicht im gesamten Stadtgebiet befreit sind. In Hamburg sind aktuell (Stand Oktober 2015) 1550 elektrisch betriebene Pkw gemeldet. Auch die Hamburger Initiative „Hamburg – Wirtschaft am Strom“ fördert die Nutzung der Elektromobilität in Unternehmen. Von den 740 geplanten Fahrzeugen sind mittlerweile über 700 im Projekt integriert. Zudem haben Elektrofahrzeuge bei behördlichen Beschaffungen seit 2014 Vorrang vor herkömmlichen Antrieben. Gegenwärtig sind somit schon 340 Elektrofahrzeuge bei kommunalen Trägern in der Metropolregion im Einsatz. Im Carsharing-Dienst DriveNow wurden 30 BMWi3 in die Flotte integriert und können seit Juni 2015 frei genutzt werden. Hamburg startet nach Amsterdam und Zürich als dritte europäische Großstadt einen großflächigen Feldversuch mit 50 elektrisch betriebenen Taxis, aktuell sind bereits 21 E-Taxis im Einsatz. Auch die Verkehrsbetriebe Hamburg Holstein (VHH) haben 4 E-Smarts und mehrere Elektrofahrräder in ihrer Flotte. Einen Überblick über die bisher erwähnten Maßnahmen findet sich auf der extra dafür eingerichteten Internetseite zur Elektromobilität Hamburg.

Das Potenzial für Elektromobilität in Hamburg als Großstadt ist sehr hoch. Eine von der Handelskammer Hamburg angefertigte Studie zu Einsatzpotenzialen für Elektrofahrzeuge in der Hamburger Wirtschaft kam zu dem Schluss, dass bis 2020 allein in den Hamburger Unternehmen 18.000 Elektrofahrzeuge zum Einsatz kommen könnten (Handelskammer Hamburg 2013).

15.2.1.2 ÖPNV

Der Öffentliche Personennahverkehr gliedert sich in Hamburg in Busse, U-Bahnen, S-Bahnen und Fähren. Bei den Bussen hat Hamburg das erklärte Ziel, ab 2020 nur noch Busse mit emissionsfreien Antrieben anzuschaffen. Im Rahmen des EU-Projekts Clean Urban Transport for Europe (CUTE) waren zwischen 2003 und 2010 bereits 6 mit Brennstoffzellen betriebene Busse bei der Hochbahn im Einsatz. Seit Herbst 2014 ist auf der Linie 48 in Blankenese bereits ein rein elektrisch betriebener Bus im Einsatz. Auf der Linie 109 fahren seit Anfang 2015 auch zwei Brennstoffzellenbusse. Geplant war, dass Mitte 2015 in Hamburg fünf Tankstellen für Wasserstoff im öffentlichen Raum zur Verfügung stehen. Ende 2015 waren bisher jedoch nur drei Projekte realisiert (Ecomento tv 2015). Mit europäischen Nachbarländern wie z. B. Dänemark werden bereits weitere Tankstellen geplant, um auch den grenzüberschreitenden Verkehr zu ermöglichen. In den nächsten Jahren baut die Hochbahn einen vollständig neuen Betriebshof für klimaschonende Busse. Auf dieses Gelände passen über 250 Busse, die mittelfristig alle emissionsfrei sein werden. Bei den U-Bahnen gibt es keine alternativen Antriebe, jedoch wird durch Leichtbauweise neuer Bahnen erheblich Gewicht und somit elektrische Energie gespart. Weiterhin speisen neue U-Bahnen des Typs DT4 beim Bremsen Energie zurück ins Stromnetz, die sich in der Nähe befindende Bahnen zum Anfahren nutzen können. Die S-Bahn Hamburg ist derzeit das einzige Eisenbahnunternehmen, das ausschließlich mit Strom aus erneuerbaren Quellen fährt. Bereits seit 2010 fahren die S-Bahnen nur mit zertifiziertem Ökostrom. Bei den HADAG-Fähren im Hamburger ÖPNV gibt es in den letzten Jahren keine nennenswerten Neuerungen. Es gibt jedoch Pläne, die Fähren auf Flüssigerdgas (LNG – liquefied natural gas) umzustellen, was den Schadstoffausstoß erheblich reduzieren würde. Konkrete Pläne für die Umsetzung liegen noch nicht vor.

15.2.1.3 Sonstige

Des Weiteren gibt es gut funktionierende Konzepte zur grundsätzlichen Vermeidung von Personenkraftverkehr oder zur besseren Ressourcennutzung. Das StadtRAD Hamburg wurde im Juni 2009 gestartet und hat aktuell über 150 Stationen mit mehr als 2000 Rädern und 268.000 registrierten Kunden. An Spitzentagen im Jahr 2012 wurde jedes Rad bis zu siebenmal genutzt. Neben StadtRAD gibt es noch unterschiedliche Carsharing-Angebote. Zu den Anbietern zählen Car2go (Smart), DriveNow (MINIs, BWM 1er, BMW X1, BMW Active E) und mehrere kleinere Anbieter (Carsharing Hamburg 2015). Hinzu kommt noch der Ausbau der Park+Ride-Angebote in Hamburg, wodurch eine weitere Belastung des Stadtgebietes durch Pkw vermieden werden soll.

15.2.2 Wasser und Hafen

Die Mobilität im Bereich Wasser teilt sich in Hamburg in die beiden Gewässer Elbe und Alster, wobei die Elbe durch den Industriehafen und die Verbindung zur Nordsee den deutlich größeren Anteil hat. Die Alster wird aus Sicht des Klimaschutzes nur touristisch genutzt. Das Alsterschiff Zemship (Zero Emission Ship) wurde am 29.08.2008 in Dienst gestellt. Das Schiff wird mit zwei 50 kW Brennstoffzellen und einer Blei-Gel-Batterie betrieben. Eigens für dieses Schiff wurde auch eine Wasserstofftankstelle am Anleger Hellbrookstraße auf dem Gelände der Hamburger Hochbahn eingerichtet. Pro Jahr können damit im Vergleich zu dieselbetriebenen Schiffen 1000 kg Stickoxide, 220 kg Schwefeldioxide, 40 kg Partikel und 70 t CO_2 eingespart werden (Fredriks 2015). Im Bereich des Hafens wurde von unterschiedlichen Seiten ein breites Spektrum von Maßnahmen beschlossen und auch umgesetzt. Dies betrifft zum einen die Hamburg Port Authority (HPA) mit den „Smart-Port-Energy“-Programmen, aber auch die großen Terminalbetreiber wie z. B. HHLA oder Eurogate. Die HHLA setzt sich das Ziel, den Ausstoß von CO_2 pro umgeschlagenem Container bis zum Jahr 2020 um mindestens 30 % zu mindern, Eurogate will diesen Ausstoß um 25 % reduzieren und dabei 20 % weniger Energie verbrauchen. Basisjahr für diese Zahlen ist das Jahr 2008 (Eurogate 2015; HHLA 2015). Die HHLA konnte nach ihrem Nachhaltigkeitsbericht (HHLA2) die CO_2-Emissionen pro Container bis 2014 bereits um 25,5 % reduzieren, während jedoch die Gesamtemission von 88.000 t CO_2 auf 134.988 t CO_2 gestiegen ist. Seit dem 01.01.2015 sind die gesamte Nord- und Ostsee SECAs („sulphur emission control areas“). Das bedeutet, dass nur noch Treibstoffe mit einem Schwefelmassenanteil von 0,1 % verbrannt werden dürfen (Maritime LNG Plattform 2015).

Nachfolgend sind einige Projekte und Maßnahmen ausgeführt, die seit dem 1. Hamburger Klimabericht ins Leben gerufen und auch schon realisiert wurden, zusammengefasst in übergeordneten Themengruppen.

15.2.2.1 Landstromversorgung von Kreuzfahrtschiffen

Die Landstromanlage in Altona ist Teil des Gesamtkonzeptes zur alternativen Energieversorgung von Kreuzfahrtschiffen im Hamburger Hafen. Vor dem Hintergrund steigender Schiffsanlaufzahlen hatten Senat und Bürgerschaft in der vergangenen Legislaturperiode die Hamburg Port Authority (HPA) mit dem Bau einer Landstromanlage am Kreuzfahrtterminal Altona und der Infrastruktur für die landseitige Stromversorgung von Kreuzfahrtschiffen durch eine LNG Power Barge am Terminal HafenCity beauftragt und hierfür 8,85 Mio. Euro bereitgestellt. Neben der Förderung durch den Bund wird das Pilotprojekt mit 3,5 Mio. Euro auch von der Europäischen Union gefördert. Die Landstromanlage in Altona ist in ihrer Dimension einzigartig in Europa (Hamburg News 2015). Bei der LNG Power Barge wird die Energie auf der schwimmenden LNG Hybrid Barge (einem Leichter) in Blockheizkraftwerksmotoren und Generatoren mittels Flüssiggas (LNG) erzeugt. Der so gewonnene Strom wird flexibel, je nach Bedarf, in das Versorgungsnetz des Kreuzfahrtschiffes eingespeist (LNG 2015).

15.2.2.2 Umstellung der Verladeinfrastruktur auf elektrische oder alternative Energie

Am Container Terminal Burchardkai (CTB) der HHLA gibt es ein rein elektrisch betriebenes Lagerkransystem. Zudem wurde die Flotte der elektrisch betriebenen Pkw auf mittlerweile 64 ausgebaut und Automated Guided Vehicle (AGV) von Diesel auf Elektroantrieb umgestellt. Am Container Terminal Altenwerder (CTA) wird mit dem Forschungsprojekt BESIC untersucht, wie Batterien von Containertransportfahrzeugen genau dann geladen werden können, wenn Ökostromspitzen im Netz sind. Die Bundesregierung hat BESIC zum Leuchtturmprojekt für Elektromobilität erklärt. Auch Eurogate schließt sich dieser Entwicklung an. Durch effizientere Motorentechnik und Umstellung auf dieselelektrische Antriebe werden bis zu 30 % Emissionen eingespart. Darüber hinaus untersucht Eurogate die Potenziale alternativer Kraftstoffe wie LNG oder Wasserstoff. Einige Werkstattfahrzeuge werden bereits mit LNG betrieben. Alle neuen Van Carrier werden zudem mit hocheffizienter LED-Beleuchtung ausgerüstet.

15.2.2.3 Integration von erneuerbaren Energien

Bei der HHLA wird der Strombedarf für alle selbst genutzten Bürogebäude und Werkstätten in Hamburg sowie für den Container Terminal Altenwerder (CTA) und das rein elektrisch betriebene Lagerkransystem am Container Terminal Burchardkai (CTB) aus erneuerbaren Energien gedeckt. Dadurch konnte allein 2014 der CO_2-Ausstoß bilanziell um 26.635 t verringert werden. Eurogate hat in den letzten Jahren vier Photovoltaikanlagen mit einer Gesamtleistung von 73 kWp auf den Terminalstandorten installiert. Dadurch werden jährlich ca. 40 t CO_2 eingespart. Im Jahr 2013 wurde zudem die erste eigene Windkraftanlage (WKA) in Hamburg in Betrieb genommen. Diese deckt fast die Hälfte des Stromverbrauchs des EUROGATE Container Terminals Hamburg. Seit Anfang 2015 ist auch eine WKA am Terminal Bremerhaven in Betrieb. Beide Anlagen sparen pro Jahr 9000 t CO_2.

15.2.2.4 Effizienzsteigerung

Bei den Containerbrücken von Eurogate werden durch die Nutzung frei werdender Energie beim Senken des Containers und Bremsen des Fahrwerks bis zu 25 % der Energie zurückgespeist. Dies entspricht einer jährlichen Reduktion der CO_2-Emissionen um ca. 4400 t. Aktuell wird zudem untersucht, ob es Einsparpotenzial beim Standby-Verbrauch und der Beleuchtung gibt. Im Bereich der Terminalbeleuchtung konnten am EUROGATE Container Terminal Hamburg durch die Optimierung der Beleuchtungssteuerung und Umstellung auf LED 25 % Energie eingespart werden. Durch die Erneuerung der Klimaanlage des Rechenzentrums in Hamburg konnte eine Einsparung von jährlich 30 % realisiert werden.

15.2.3 Luft

Der Bereich Luft ist in Hamburg durch die drei Unternehmen Airbus, Flughafen Hamburg und Lufthansa geprägt. Während Airbus dem produzierenden Gewerbe zuzuordnen ist, sind der Flughafen und Lufthansa eher Nutzer. Grundsätzlich hat im Bereich Luftfahrt die Forschung an klimaverträglicherer Antriebstechnik an Bedeutung gewonnen. Neben Herstellern und Betreibern gibt es auch auf europäischer Ebene großes Interesse an einer emissionsärmeren Luftfahrt. Die Single European Sky Initiative (European Commission 2015) bemüht sich seit 2004 darum, das Air Traffic Management (ATM) auf europäischer und nationaler Ebene zu verbessern. In diesem Rahmen wurde im Jahr 2007 auch das SESAR Joint Undertaking gegründet (SESAR 2015). Im Bereich der Forschung und Entwicklung gibt es in Hamburg die Hamburg Aviation, ein Cluster für die Unternehmen der Luftfahrbranche, das sich um die drei oben genannten Kernunternehmen gruppiert und mit 300 Zulieferern und 40.000 Fachkräften gut vertreten ist.

Auf nationaler Ebene hat sich die Luftfahrtindustrie das konkrete Branchenziel gesetzt, die Emissionen auf der Basis der Werte von 2005 pro Passagiersitz bis 2050 zu halbieren. Die Reduktion der Emissionen kann entweder durch einen Wechsel des Treibstoffes oder eine Reduktion des Kerosinverbrauchs pro Passagier erfolgen. Im EU-Programm ITAKA wird beispielsweise der Einsatz von Biokraftstoffen untersucht (ITAKA 2015). In diesem Projekt wird ein Airbus mit Biokraftstoffen für 20 kommerzielle Langstreckenflüge eingesetzt. Für Flugzeuge gibt es zwei Möglichkeiten der Treibstoffreduktion: die Senkung des Gewichts oder die effizientere Nutzung der Energie und somit eine Reduktion des Gesamtenergieverbrauchs. Airbus setzt wie Boeing auf beide Faktoren, z. B. durch eine höhere Elektrifizierung des Flugzeuges und modernere Energieversorgungsstrukturen (Lücken et al. 2013; Brombach und Schulz 2013). Des Weiteren gibt es Untersuchungen, die Auxiliary Power Unit (APU) durch z. B. Brennstoffzellen zu ersetzen und somit Treibstoff vor allem in den Nichtflugphasen zu sparen (Terörde et al. 2014). So können bis zu 400 Liter Kerosin pro Jet und Tag gespart werden. Bei der Gewichtsreduktion wird auch auf Leichtbau mit leichten Verbundwerkstoffen gesetzt. Der A380 besteht z. B. schon zu 25 % aus Leichtbaumaterialien. Weitere Ansätze sind veränderte Flügelformen (Hamburg Airport 2015), leichtere Sitze etc.

Im Bereich des Umweltschutzes hat Lufthansa eine Umweltstrategie 2020 entwickelt (Lufthansa Group 2015b). Dabei sind vor allem folgende Punkte von Bedeutung: CO_2-Emissionen reduzieren, Ausstoß von Stickoxiden verringern, alternative Kraftstoffe fördern, Effizienz im operativen Bereich steigern, Infrastruktur verbessern, Emissionshandel global umsetzen, CO_2-Kompensation fortführen, weitere Anreizsysteme entwickeln, Fluglärm vermindern, Flugzeuge verbessern, Flugverfahren optimieren, umfassende Verkehrskonzepte entwickeln, ökologisches Bauen und das Umweltmanagement erweitern. Detaillierte Pläne zu den einzelnen Punkten sind auf der Konzernwebseite zu finden (Lufthansa Group 2015b). Der aktuelle Umweltbericht der Lufthansa findet sich unter (Lufthansa Group 2015a).

Auch der Hamburger Flughafen verfügt über ein breites Spektrum an Maßnahmen zur Verbesserung seiner Umweltbilanz. Schon vor einem Jahr hat Hamburg Airport das „Mobilitätskonzept 2020" beschlossen. Es sieht vor, über die Hälfte aller Fahrzeuge mit alternativen Antrieben auszurüsten. Dabei sollen Standardfahrzeuge sogar zu 100 % alternativ angetrieben werden. Schon jetzt fahren alle Passagierbusse und Gepäckschlepper am Flughafen Hamburg mit Erdgas und werden auch direkt am Flughafen betankt. Seit 2006 gilt zudem ein APU-Verbot. Das bedeutet, dass Flugzeuge das kerosinbetriebene Hilfsaggregat nach der Landung nicht mehr verwenden dürfen. Den notwendigen Strom beziehen die Flieger an den Pierpositionen über das flughafeneigene Blockkraftheizwerk und auf den Vorfeldpositionen über mobile Aggregate. Diese Maßnahme spart jährlich 9200 t CO_2 ein (Hamburg Airport 2015). Seit Januar 2010 erhebt der Flughafen Hamburg von den Airlines zudem emissionsabhängige Start- und Landeentgelte, die 7–8 % vom Gesamtentgelt ausmachen. Auch bei der Energieversorgung sind die Grundsteine gelegt. Es kann schon jetzt rund 70 % des Energiebedarfs am Flughafen durch das flughafeneigene erdgasbetriebene Blockheizkraftwerk vergleichsweise klimafreundlich gedeckt werden. Seit 5 Jahren wird ferner zur ökoeffizienten Klimatisierung der Terminalgebäude erfolgreich ein sog. Thermolabyrinth genutzt. Durch zwei Türme neben Terminal 1 wird Luft angesaugt (555.000 m^3 Frischluft pro Stunde) und in das Thermolabyrinth geleitet. Darin herrscht durch die natürliche Erdwärme ganzjährig eine ausgeglichene Temperatur von ca. 10–12 °C. Im Sommer wird die angesaugte Außenluft hier vorgekühlt, im Winter vorgewärmt, indem Umlenkwände einen Temperaturaustausch mit dem umliegenden Erdreich gewährleisten. Somit können rund 400 t CO_2 pro Jahr wird vermieden werden (Hamburg Airport 2015).

15.3 Zusammenfassung

Das Thema technischer Klimaschutz wurde erstmalig in den 2. Hamburger Klimabericht aufgenommen. Dies zeigt den hohen Stellenwert, der technologischen Entwicklungen im Rahmen des Klimaschutzes zuzuordnen ist. Zum einen lässt sich gerade in den Bereichen Energieversorgung und Mobilität der technische nicht mehr vom organisatorischen Klimaschutz trennen, da die Forschung und Entwicklung in diesen Bereichen die Grundlage für die Umsetzung von Klimaschutzmaßnahmen ist. Zum anderen sind die Forschung und Entwicklung im Bereich neuer Technologien für die Energieversorgung und neue Mobilitätskonzepte ein Grundpfeiler für den Paradigmenwechsel in Richtung sauberer und regenerativer Energieerzeugungs- und Antriebskonzepten. Die Hamburger Forschungslandschaft unterstreicht mit den behandelten Themen den hohen Stellenwert des Klimaschutzes in der Technik. Zudem werden auf industrieller Seite klimafreundliche Lösungen auch aus Marketingsicht immer attraktiver.

In der Energieversorgung ist es für Hamburg als Stadtstaat schwer, sich im Bereich regenerativer Erzeugung mit Flächenstaaten gleichzustellen. Aufgrund der Flächenknappheit wird Hamburg immer von Stromimport und vom Ausbau der regenerativen Erzeugungskapazitäten in den benachbarten Bundesländern abhängig sein. Nichtsdestotrotz wird im Bereich der Stromerzeugung bei Neubauten und Ertüchtigungen auf neueste Technologie und die Reduzierung von Treibhausgasen geachtet. In der Wärmeversorgung hat Hamburg mit einem sehr gut ausgebauten Fernwärmenetz noch großes Potenzial, den regenerativen Anteil zu erhöhen. Bei der Forschung und Entwicklung baut sich Hamburg zu einem führenden Bundesland bei der nichtnuklearen Forschung aus.

In der Mobilität ist Hamburg in den Bereichen Luft, Wasser und Land stark vertreten und verfolgt in allen Bereichen innovative Konzepte für neue klimaschonende Technologien von morgen. In der Mobilität wird gerade im Bereich des ÖPNV viel unternommen, und durch den geplanten flächendeckenden Ausbau der Ladeinfrastruktur wird Hamburg als Stadt auch für Elektromobilität im Allgemeinen interessanter. Bei der Schiff- und Luftfahrt ist der Umstieg auf nichtfossile Energieträger deutlich schwieriger. Es sind zwar erste Schritte in Richtung einer regenerativen Land- bzw. Bodenstromversorgung unternommen worden, jedoch sind in diesen Bereichen die Potenziale noch bei Weitem nicht ausgeschöpft.

Literatur

Agentur für Erneuerbare Energien (2015) Föderal Erneuerbar (Webseiten der Agentur für Erneuerbare Energien)

Brombach J, Schulz D (2013) Optimale Integration neuer Bordnetzarchitekturen in die bestehende Flughafeninfrastruktur. Ingenieurspiegel 2013(1):65–67

BMVI – Bundesministerium für Verkehr und digitale Infrastruktur (2015) Modellregion Hamburg (Webseiten des BMVI)

Bundesnetzagentur (2015) Aktuelle Kraftwerksliste (Webseiten der Bundesnetzagentur)

Bundeszentrale für politische Bildung (2013) Energieverbrauch und Energieeinsparung. Energ Umw 3(319):8–12

BWE – Bundesverband Windenergie (2012) Potential der Windenergienutzung an Land. Studie im Auftrag des Bundesverband WindEnergie e.V (Webseiten der BWE)

Carsharing Hamburg (2015) Die Angebote im Überblick (Webseiten der Carsharing-News)

Ecomento tv (2015) Wasserstoff-Tankstellen: Wo sie stehen & wo sie kommen sollen (Webseiten von Ecomento tv)

Energieportal Hamburg (2015) Anlagenzubau Regenerative Energien (Webseiten des Energieportals Hamburg)

EUROGATE (2015) Unser Engagement für die Umwelt (Webseiten von EUROGATE)

European Commission (2015) Single European Sky Program (Webseiten der Europäischen Kommission)

Fredriks (2015) Die Alsterschifffahrt in Hamburg: Das Zemship „FSC Alsterwasser" und die Wasserstofftankstelle (Webseiten von Fredriks)

Fritz W, Kern H (1992) Umweltschutz Entsorgungstechnik: Reinigung von Abgasen – Gesetzgebung zum Emissionsschutz, Maßnahmen zur Verhütung von Emissionen. Physikalische Grundlagen, technische Realisierung, 3. Aufl. Vogel, Würzburg

Gibbins J, Chalmers H (2012) Carbon capture and storage: more energy and less carbon? Energy Policy 8:4317–4322

Guerrero-Lemus R, Martinez-Duart J (2013) Renewable energies and CO_2. In: Carbon capture and storage. Lecture notes in energy. Springer, Berlin, Heidelberg, S 9–33

Hamburg Airport (2015) Hamburg Airport – das tun wir für den Umweltschutz. Innovativ, umweltbewusst, vorbildlich (Webseiten des Hamburg Airport)

Hamburg News (2015) Landstrom für das Kreuzfahrtterminal Altona (Webseiten von Hamburg News)

Handelskammer Hamburg (2013) Einsatzpotentiale für Elektrofahrzeuge in der Hamburger Wirtschaft. Ergebnisse einer Unternehmensbefragung und Handlungsempfehlungen (Webseiten der Handelskammer Hamburg)

Heuck K, Dettmann KD, Schulz D (2013) Elektrische Energieversorgung, 9. Aufl. Springer, Wiesbaden. ISBN 978-3834821744

HHLA (2015) Vorreiter in Sachen Ökologie (Webseiten der HHLA)

ITAKA – Initiative towards sustainable kerosene for aviation (2015) Webseiten der ITAKA

LNG Hybrid and Hybrid Port Energy (2015) Webseiten von MarineLink

Lücken A, Kut T, Rothkranz H, Dickmann S, Schulz D (2013) Zuverlässigkeitsanalyse einer elektrischen Architektur zur Integration multifunktionaler Brennstoffzellen in moderne Verkehrsflugzeuge. Deutscher Luft- und Raumfahrtkongress, Stuttgart, 10.–12. September 2013. Deutsche Gesellschaft für Luft- und Raumfahrt

Lufthansa Group (2015a) Klima- und Umweltverantwortung. (Webseiten der Lufthansa Group)

Lufthansa Group (2015b) Umweltstrategie 2020. (Webseiten der Lufthansa Group)
Maritime LNG Plattform (2015) Die Zukunft der umweltfreundlichen maritimen Wirtschaft. (Webseiten der Maritime LNG Platform)
Müllverwertung Borsigstraße (2015) Webseiten der Müllverwertung Borsigstraße
Plaßmann W, Schulz D (Hrsg) (2013) Handbuch Elektrotechnik: Grundlagen und Anwendungen für Elektrotechniker, 6. Aufl. Springer, Wiesbaden
Projects energy GmbH (2009) Studie zum Biomassepotential in der Freien und Hansestadt Hamburg. Im Auftrag der Landwirtschaftskammer Hamburg mit Unterstützung der Behörde für Stadtentwicklung und Umwelt der Freien und Hansestadt Hamburg (Webseiten der Stadt Hamburg)
RWE (2015) IGCC-CCS-Kraftwerk (Webseiten der RWE)
SESAR Joint undertaking (2015) Background on single European sky (Webseiten von SESAR Joint undertaking)
Stadtreinigung Hamburg (2015) Natur pur - Biogas- und Kompostwerk Bützberg (Webseiten der Stadtreinigung Hamburg)
Starterset Elektromobilität (2015) Masterplan zur Weiterentwicklung der öffentlich zugänglichen Ladeinfrastruktur für Elektrofahrzeuge in Hamburg (Webseiten der Stadt Hamburg)
Stromnetz Hamburg (2015) Elektromobilität in Hamburg (Webseiten der Elektromobilität Hamburg)
Terörde M, Lücken A, Schulz D (2014) Weight saving in the electrical distribution systems of aircraft using innovative concepts. Int J Energ Res 38(8):1075–1082
TUHH – Technische Universität Hamburg (2015a) Webseiten der TUHH
TUHH – Technische Universität Hamburg (2015b) Minimierung der Klimagasemissionen bei der Energieversorgung komplexer Krankenhäuser (Webseiten der TUHH)
TÜV Nord (2015) TÜV NORD CERT – Zertifizierung „Carbon Capture Ready"
Umweltbundesamt (2015) Erneuerbare Energien in Zahlen (Webseiten des Umweltbundesamtes)
Vattenfall (2015a) Fragen und Antworten Fischtreppe (Webseiten von Vattenfall)
Vattenfall (2015b) Kraftwerk Moorburg (Webseiten von Vattenfall)
Wagner E, Rindelhardt U (2008) Stromerzeugung aus regenerativer Wasserkraft – Potenzialanalyse. Ew Elektrizitätswirtsch 107(1–2):78–81
Weiß T (2016) Optimizing electricity system operation and planning – development of the energy system optimization studio. Dissertation. Helmut-Schmidt-Universität, Hamburg
Wirtschaftswoche (2014) Werden Kohle und Gas nun sauber? Erste Kraftwerke pressen CO_2 unter die Erde (Webseiten der Wirtschaftswoche)

Klimawandel, Nachhaltigkeit und Transformationsgestaltung

Harald Heinrichs

Verantwortlicher, vom Lenkungsausschuss berufener Leitautor: Harald Heinrichs

H. Storch, I. Meinke, M. Claußen (Hrsg.),
Hamburger Klimabericht – Wissen über Klima, Klimawandel und Auswirkungen in Hamburg und Norddeutschland,
https://doi.org/10.1007/978-3-662-55379-4_16

16.1 Einleitung: Klimawandel im Kontext von nachhaltiger Entwicklung – global, national, regional, lokal

Analysen und Handlungsempfehlungen zum globalen Klimawandel sowie zur nachhaltigen Entwicklung sind seit einem Vierteljahrhundert einerseits eng miteinander verbunden, andererseits laufen sie parallel nebeneinander her: Ende der 1980er-Jahre wurde vom International Panel on Climate Change (IPCC) der erste Sachstandsbericht zum Klimawandel veröffentlicht, und fast zeitgleich wurde der Abschlussbericht der Brundtland-Kommission „Our Common Future" publiziert (IPCC 1988; UN 1992). Beide Dokumente bildeten eine wichtige Grundlage für die Weltkonferenz zu Umwelt und Entwicklung in Rio de Janeiro 1992, auf der 179 Staaten das globale Leitbild der nachhaltigen Entwicklung beschlossen. Es wurden fünf Dokumente verabschiedet, die als Referenzrahmen für die Bearbeitung von zentralen globalen Herausforderungen fungieren sollten: Walddeklaration, Klimaschutzkonvention, Biodiversitätskonvention, Deklaration von Rio über Umwelt und Entwicklung sowie die Agenda 21. Auf zahlreichen internationalen Nachfolgekonferenzen wurden dann seit den 1990er-Jahren die fünf Themenbereiche weiter bearbeitet. Neben der internationalen Koordination ging es dabei immer auch um die Frage der Entwicklung und Implementierung von Maßnahmen in den nationalen, regionalen und lokalen Handlungsräumen.

Zu dem als Dachthema angelegten Leitbild der nachhaltigen Entwicklung wurde bislang zweimal Bilanz gezogen und nächste Schritt vereinbart: auf dem Weltgipfel für eine nachhaltige Entwicklung in Johannesburg 2002 und auf dem sog. Rio+20-Gipfel 2012 in Rio de Janeiro. Dabei wurde jeweils konstatiert, dass sich die Welt insgesamt trotz einzelner Fortschritte weiterhin auf einem nichtnachhaltigen Entwicklungspfad befindet (UNEP 2012; UN 2012a, 2012b). Der Konkretisierung von nationalen und lokalen Handlungsmöglichkeiten auf der Johannesburg-Konferenz, wie beispielsweise Ansätzen zur Etablierung von nationalen Nachhaltigkeitsstrategien, folgte auf der Rio+20-Konferenz die – inzwischen realisierte – Entwicklung globaler Nachhaltigkeitsziele („sustainable development goals"), die durch länder- und kommunalspezifische Nachhaltigkeitsziele ergänzt werden sollen; zudem wurde die Einsetzung eines globalen Nachhaltigkeitsrates bei den UN vereinbart. Damit ist die internationale Agenda zur nachhaltigen Entwicklung für die kommenden 15 Jahre definiert (United Nations General Assembly 2015).

Analog zur Entwicklung des globalen Referenzrahmens für eine nachhaltige Entwicklung insgesamt wurden auch zu den anderen in Rio 1992 verabschiedeten Dokumenten mehr oder weniger erfolgreiche Nachfolgeprozesse in Gang gesetzt. Dem globalen Klimawandel wurde dabei von Beginn an im Vergleich mit anderen Nachhaltigkeitsthemen besonders hohe Aufmerksamkeit in Politik, Wirtschaft und Öffentlichkeit gewidmet. Für international führende Nachhaltigkeitsexperten wie Jeffrey Sachs, den „Special Advisor" für Nachhaltigkeitsfragen des UN-Generalsekretärs Ban Ki-Moon, steht die Bekämpfung des globalen Klimawandels zu Recht im Zentrum: „There is no doubt that the greatest of all of these threats is human-induced climate change, coming from the buildup of GHG's including carbon dioxide, methane, nitrous oxide and some other industrial chemicals" (Sachs 2015, S. 394). Die Begründung dafür ist, dass zum einen die erwarteten Konsequenzen eines fortschreitenden Klimawandels wie Extremwetterereignisse und Meeresspiegelanstieg sehr viele ökonomische, soziale und ökologische Bereiche betreffen (werden); das Spektrum reicht vom Artenverlust über Süßwasserverknappung bis hin zu Risiken für küstennahe Siedlungsgebiete. Zum anderen stellt der Klimaschutz eine äußerst komplexe Herausforderung dar, da eine tiefe Dekarbonisierung von Wirtschaft und Gesellschaft Ansätze in den verschiedensten Gebieten von Gebäuden über Verkehr und Industrie bis hin zu Landwirtschaft und Deforestation erfordert (WBGU 2011). Aufgrund der vielfältigen Wechselwirkungen mit anderen Themenfeldern und der schleichenden Veränderungen im Klimasystem mit ihren langfristigen Wirkungen ist der globale Klimawandel geradezu paradigmatisch für (nicht)nachhaltige Entwicklung. Internationale Klimapolitik mit den beiden Handlungsfeldern Klimaschutz und Klimaanpassung, die seit der Rio-Konferenz 1992 unter dem Dach des United Nations Framework Convention on Climate Change (UNFCC) organisiert wird und mit der Vertragsstaatenkonferenz von Paris im Dezember 2015 einen weiteren Meilenstein erreicht hat, ist ohne Zweifel ein hervorgehobenes Nachhaltigkeitsthema.

Die internationalen nachhaltigkeits- und klimapolitischen Entwicklungen der vergangenen 25 Jahre wurden von den 193 Nationalstaaten, die den Vereinten Nationen angehören, in unterschiedlichem Maße durch nationale, regionale und lokale Aktivitäten in Politik, Wirtschaft und Zivilgesellschaft unterstützt (Bertelsmann Stiftung 2013). Trotz Teilerfolgen, beispielsweise bei der Bekämpfung von extremer Armut und Hunger in Asien, haben die Bemühungen bislang insgesamt nicht zu einer Umkehr nichtnachhaltiger Entwicklungstrends geführt (Sachs 2015). Im Gegenteil: Der Ausstoß klimaschädlicher Gase, insbesondere CO_2, ist trotz internationaler Klimapolitik parallel zum Weltsozialprodukt angestiegen. Eine relative Entkopplung von CO_2-Emissionen und Wirtschaftswachstum in einigen Ländern, wie z. B. Deutschland, wurden durch den Aufstieg der Schwellenländer überkompensiert. Ebenso wenig sind durchgreifende Erfolge auf anderen Nachhaltigkeitsfeldern, wie etwa beim Biodiversitätsschutz, zu verzeichnen (WWF 2012). Diese ernüchternde nachhaltigkeits- und klimapolitische (Zwischen-)Bilanz hat – auch unter dem Eindruck der globalen Wirtschafts- und Finanzkrise der vergangenen sieben Jahre – aus Nischen in Wissenschaft und Zivilgesellschaft heraus zu einem Diskurs über die vermeintliche Notwendigkeit einer grundlegenden Transformation von Wirtschaft und Gesellschaft geführt. Dabei wird kontrovers diskutiert, ob die Einführung von nachhaltigen, beispielsweise klimafreundlichen Technologien und Ansätzen nachhaltigen Wirtschaftens im Sinne einer ökologischen Modernisierung (Jänicke 2008) hinreichend sind, ob „echte" nachhaltige Entwicklung in einer auf Wachstum orientierten kapitalistischen Wirtschaftsordnung überhaupt möglich ist (Jackson 2011) oder ob nicht vielmehr konkrete Problemlösungen durch ökonomisch-technische Kosten-Nutzen-Analysen priorisiert werden sollten, statt weitreichende Transformationsstrategien für Langfristherausforderungen zu entwickeln, die mit vielen Wissensunsicherheiten behaftet sind (Lomborg 2004, 2010; Tol 2005, 2009). Unter Überschriften wie „Große Transformation" (WBGU 2011), „Transformationsdesign" (Sommer und Welzer 2014), „Suffizienzpolitik" (Schneidewind und Zahrnt 2013), „Post- und Entwachstum" (Paech 2012) oder auch „Wachstum, Wohlstand, Lebensqualität" findet gerade auch in Deutschland ein auf (fundamentale) Transformation von Staat, Wirtschaft und Gesellschaft zielender Nachhaltigkeitsdiskurs statt. Und praktische Ansätze wie „Soziale Innovationen" (Rückert-John 2013) „Realexperimente" (Groß et al. 2005) oder „Transition Towns" (Hopkins 2008) adressieren in diesem Kontext insbesondere die lokale Ebene als Transformationsarena.

Die bis hierhin skizzierte Perspektive des Klimawandels im Kontext von nachhaltiger Entwicklung und Transformation, die in den nächsten Abschnitten weiter ausdifferenziert wird, war im ersten Klimabericht für die Metropolregion Hamburg (MRH), der hauptsächlich auf die Aspekte Klimawandel und Klimaanpassung fokussierte und Klimaschutz nur randständig behandelte, nicht Gegenstand eines eigenen Kapitels und wurde im Bericht insgesamt nicht explizit behandelt (von Storch und Claussen 2011). Indirekt war die Nachhaltigkeitsperspektive jedoch repräsentiert durch die Betrachtung der ökologischen und sozioökonomischen Wirkungen von Klimawandel (Teil 2 „Klimabedingte Änderungen in Ökosystemen"; Teil 3 „Klimabedingte Änderungen im Wirtschaftssektor Tourismus") sowie durch die Darstellung der planerisch-organisatorischen und technischen Anpassungspotenziale (Teil 3). Insbesondere das Kapitel zu planerisch-organisatorischen Anpassungspotenzialen (Kap. 10) zeigte: „… Der wissenschaftliche Diskurs über planerisch-organisatorische Potenziale und Lösungsstrategien der Anpassung an den Klimawandel befindet sich noch am Anfang. Dies gilt auch für die Metropolregion Hamburg. Weiter fortgeschritten ist dagegen die Auseinandersetzung mit einzelnen fachplanerischen sowie problem- bzw. raumbezogenen (Management-)Ansätzen, z. B. in Flussgebieten und Küstenräumen …" (von Storch und Claussen 2011, S. 15). Mit Blick auf die Ausführungen zu integriertem Küstenzonenmanagement und der Nutzung von informellen Regelungsansätzen, die formale Planungsprozeduren durch die Mitwirkung nichtstaatlicher Akteure an der Gestaltung nachhaltiger Küstenzonenentwicklung ergänzen (können), sowie der Ausführungen zum nachhaltigen Tourismus unter Klimawandelbedingungen im Kap. 8 lässt sich im Rückblick auf den ersten Klimabericht sagen, dass das Thema Klimawandel, Klimaanpassung und Klimaschutz nicht systematisch und explizit mit der Perspektive der nachhaltigen Entwicklung und Transformation verknüpft wurde. Im folgenden Abschnitt wird deshalb erstmalig für den Klimabericht die verfügbare Literatur zu konzeptionellen und empirischen Erkenntnissen zu Klimawandel als Nachhaltigkeitsthema und Transformationsherausforderung unter besonderer Berücksichtigung der MRH analysiert. Der globale Klimawandel soll damit explizit in den Diskurs über Nachhaltigkeitstransformation eingebettet werden.

16.2 Klimawandel als Nachhaltigkeitsthema und Transformationsherausforderung

Bevor wesentliche theoretisch-konzeptionelle Ansätze und empirische Erkenntnisse zu den Themen Nachhaltigkeit und Transformation diskutiert werden, soll im Folgenden zunächst begründet werden, warum der globale Klimawandel als eine paradigmatische Nachhaltigkeitsherausforderung verstanden werden kann und Klimawandel, Nachhaltigkeit und Transformation einen eng verzahnten Themenkomplex darstellen. Der globale Klimawandel zeichnet sich durch eine sehr hohe Komplexität aus. Er ist komplex, weil er durch natürliche und sozioökonomische Systemdynamiken konstituiert wird, die in nichtlinearen, dynamischen Wechselbeziehungen stehen (vgl. von Storch und Claussen 2011). In der Anthroposphäre werden in Produktions- und Konsumprozessen Emissionen (CO_2, Methan) freigesetzt und Landnutzungsänderungen durchgeführt, die Zustände und Mechanismen in der Atmosphäre beeinflussen, welche ihrerseits wiederum Wirkungen in der Biosphäre und Hydrosphäre auslösen; diese biogeochemischen Veränderungen in der Umwelt wirken schließlich wieder zurück auf die Anthroposphäre. Die Komplexität ist aber nicht nur durch die als Koevolution beschreibbare Wechselbeziehung zwischen Umwelt und Gesellschaft gekennzeichnet, sondern vielmehr durch die Vielzahl der wechselwirkenden Elemente innerhalb der menschlichen und natürlichen (Teil-)Systeme (WBGU 1993). Analog zur naturwissenschaftlichen Systemperspektive sind systemtheoretische Ansätze der sozialwissenschaftlichen Systemtheorie grundlegend für das Verständnis der Anthroposphäre, in der die Problemlösungen schließlich gefunden und realisiert werden müssen.

Zentraler Ausgangspunkt sozialwissenschaftlicher Systemtheorie ist, dass es beim Übergang von der Feudalgesellschaft zur modernen Gesellschaft zu Differenzierungsprozessen gekommen ist, bei denen sich gesellschaftliche Funktionssysteme wie Politik, Wirtschaft oder auch Medien herausgebildet haben, die spezifischen Systemlogiken folgen und sich eigendynamisch fortentwickeln (vgl. Schimank 1993; Luhmann 1984). So sind beispielsweise (Kommunikations-)Handlungen im System Wirtschaft auf die Codierung Zahlung/Nichtzahlung und das Kommunikationsmedium Geld ausgerichtet, während es in der Politik um Macht entlang des binären Codes Regierung/Opposition geht und in den Medien um Aufmerksamkeit mit der Codierung Information/Nichtinformation. Die Konzeptionalisierung funktionalistisch-struktureller Differenzierung moderner Gesellschaften trägt zum besseren Verständnis der enormen Steigerung von Optionen und damit einhergehend von sozialer Komplexität bei. Die Differenzierungsdynamik hat auch zur Folge, dass politische Planungs- und direktive Steuerungspotenziale an Grenzen stoßen. Aufgrund der divergierenden Systemlogiken kann der Systemtheorie zufolge Politik nicht bzw. kaum mehr „durchregieren" und Gesellschaft „steuern" (Willlke 1998; Luhmann 2000). Dies gilt insbesondere dann, wenn der Steuerungsgegenstand mehrere Themenfelder betrifft und plurale Akteursgruppen involviert sind.

In dieser system- und komplexitätstheoretischen Perspektive erscheint der globale Klimawandel als eine besonders schwierig zu bearbeitende Herausforderung. In empirischer Hinsicht lässt sich konstatieren, dass sowohl Klimaschutz zur Eindämmung des Klimawandels (Mitigation) als auch Maßnahmen zur Anpassung an bereits in Gang gebrachte und sich verstärkende Klimaveränderungen (Adaptation) eine Vielzahl gesellschaftlicher und natürlicher Systeme und damit auch sehr viele Akteure betreffen – letztendlich jeden Einzelnen. Die inzwischen im breiten gesellschaftspolitischen Konsens als notwendig erachtete tiefe Dekarbonisierung von Wirtschaft und Gesellschaft als zentralem Klimaschutzansatz – in Deutschland ist das politische Ziel 80 % CO_2-Reduktion bis zum Jahr 2050 – bedeutet eine grundsätzliche Neuausrichtung von Energieproduktion, -verteilung und -konsum und stellt damit eine systemische Herausforderung dar, die einfache, punktuelle Regulierungsansätze übersteigt (Hennicke und Bodach 2010). Sowohl aus systemtheoretischer Perspektive als auch aus empirischer Beobachtung lassen sich somit wissenschaftlich gut begründete Unterschiede bei Klimaschutz und Klimaanpassung im Vergleich zur regulativen Bearbeitung anderer Umweltprobleme, wie beispielsweise der Einführung von Autokatalysatoren und von Industriefiltern zur Reduktion umwelt- und gesundheitsgefährdender Emissionen oder auch dem Verbot von FCKW zur Bearbeitung der Ozonproblematik, konstatieren. Beim Klimaschutz sind sowohl Konsumenten in Konsum- und Mobilitätsentscheidungen gefordert als auch Unternehmen bei der Gestaltung energieeffizienter Produktionsprozesse und Produkte, aber auch Politik und Verwaltungen bei der Entwicklung von Infrastrukturen, die energieeffizientes und -suffizientes Handeln befördern. Ähnliches gilt für Klimaschutzmaßnahmen in den Bereichen Landnutzungsänderungen sowie Landwirtschaft und Ernährung.

Auch die Anpassung an den Klimawandel lässt sich nicht allein durch die Einführung einzelner Technologien und regulativer Maßnahmen bearbeiten (vgl. von Storch und Claussen 2011). Wetterextreme wie Hitzewellen, Starkregenereignisse und Stürme fordern genauso wie der projizierte Meeresspiegelanstieg oder substanzielle Veränderungen von Wasserregimen unterschiedlichste gesellschaftliche Akteure von Stadtplanung über Landwirtschaft bis hin zum Tourismus. Neben der Vielfalt der betroffenen Bereiche und Akteure, die keine einfachen Problemlösungen zulassen, verweisen andere wissenschaftliche Studien darauf, dass der globale Klimawandel nicht nur eine (technische) Managementaufgabe für Klimaschutz und Klimaanpassung, sondern eine inhärent ethische Herausforderung ist. Die Frage der sozialen (Verteilungs-)Gerechtigkeit und Vulnerabilität sowohl innerhalb von Staaten als auch zwischen Staaten – insbesondere frühindustrialisierten Ländern und Entwicklungsländern – und schließlich zwischen heutigen und zukünftigen Generationen ist essenziell für den Umgang mit dem Klimawandel (O'Neill et al. 2011). Eine (rein) technokratische Betrachtung des Klimawandels, die Aspekte wie die historische (CO_2-)Schuld der Industrieländer gegenüber den Entwicklungs- und Schwellenländern, die ungleichmäßig verteilten Wirkungen und Adaptationspotenziale gegenüber dem Meeresspiegelanstieg in Ländern wie Deutschland oder Bangladesch oder die heutige Verantwortung für zukünftige Schäden nicht berücksichtigt, wird dieser Diskursperspektive zufolge dem Klimaproblem nicht gerecht. Auf der Grundlage der natur- und sozialwissenschaftlichen Systemperspektive sowie der klimaethischen Literatur lassen sich zusammenfassend vier zentrale Herausforderungen für die Bearbeitung des Klimawandels in einer sozial komplexen Gesellschaft benennen: Querschnitts-, Langfrist-, Gerechtigkeits- und Partizipationsherausforderung. Aufgrund dieser Charakteristika ist der globale Klimawandel ein archetypisches Nachhaltigkeitsthema.

Das Leitbild einer nachhaltigen Entwicklung hat in den vergangenen 25 Jahren eine beeindruckende gesellschaftliche Verbreitung erfahren (vgl. Heinrichs 2013, S. 237 f). Ausgehend von dem Bericht der Brundtland-Kommission, in dem nachhaltige Entwicklung definiert wurde als eine „Entwicklung, die die Bedürfnisse der heutigen Generation befriedigt, ohne zu riskieren, dass künftige Generationen ihre eigenen Bedürfnisse nicht befriedigen können", und den darauf aufbauenden internationalen Beschlüssen auf der Konferenz für Umwelt und Entwicklung in Rio de Janeiro 1992, haben sich die Diskurse und Praktiken zur Nachhaltigkeit in Wissenschaft, Politik, Wirtschaft und Zivilgesellschaft weiterentwickelt. In der Wirtschaft, vor allem bei börsennotierten Unternehmen, sind Nachhaltigkeitsmanagement und Nachhaltigkeitsberichterstattung inzwischen eher die Regel als die Ausnahme; in Politik und Verwaltung haben sich vielfältige Instrumente wie die Nachhaltigkeitsprüfung von Gesetzen und Programmen, organisatorische Maßnahmen wie Nachhaltigkeitsbeiräte sowie übergreifende Ansätze wie Nachhaltigkeitsstrategien mit Nachhaltigkeitszielen, -indikatoren und zugeordneten Maßnahmen in vielen Ländern etabliert. In der Wissenschaft und Bildung wurden Studiengänge eingerichtet, Journals gegründet, Forschungsprogramme aufgelegt, Schulprogramme entwickelt: Durch die (organisierte) Zivilgesellschaft werden innovative Nachhaltigkeitsaktivitäten in Gang gesetzt; Nachhaltigkeit ist Thema in der Medienberichterstattung und Meinungsumfragen belegen, dass das Thema bei Bürgern, gerade auch in Deutschland, einen hohen Stellenwert hat, der sich (teilweise) auch in nachhaltigem Konsum zeigt.

Im Zuge dieses Diffusionsprozesses in der gesellschaftlichen Praxis ist auch eine konzeptionelle Differenzierung und Präzisierung der nachhaltigen Entwicklung festzustellen (zusammenfassend: Michelsen und Adomßent 2014). Von grundlegender Bedeutung im internationalen Kontext ist die Konzeptionalisierung und sukzessive Etablierung von Nachhaltigkeitswissenschaft(en) als eine inter- und transdisziplinäre Wissenschaft, die auf das normative Ziel nachhaltiger Entwicklung ausgerichtet ist (Heinrichs und Michelsen 2014). Auch wenn es bislang keine konsistente, allgemein akzeptierte Nachhaltigkeitstheorie gibt, ist insbesondere im deutschsprachigen Nachhaltigkeitsdiskurs die idealtypische Unterscheidung von drei Nachhaltigkeitskonzeptionen breit akzeptiert (Kopfmüller et al. 2001):

- Der Ansatz der ökologischen Nachhaltigkeit fokussiert besonders auf die ökologische Dimension nachhaltiger Entwicklung, soziale und ökonomische Aspekte sind dabei nachrangig.
- Im additiven Nachhaltigkeitsverständnis geht es um die Etablierung von Nachhaltigkeit in unterschiedlichen Handlungsfeldern (soziale Nachhaltigkeit, ökonomische Nachhaltigkeit, ökologische Nachhaltigkeit).
- Und das integrative Nachhaltigkeitsverständnis zielt auf die systemische Bearbeitung miteinander in Wechselwirkung stehender Nachhaltigkeitsfelder.

Eine andere gängige Differenzierung betrifft den Grad der technischen Substituierbarkeit natürlicher Lebensgrundlagen: Starke Nachhaltigkeit meint dabei die unbedingte Erhaltung von Naturkapital, während schwache Nachhaltigkeit die technische Gestaltbarkeit der materiellen Welt betont (Ott und Döring 2008).

Die Interpretationsoffenheit des Leitbildes nachhaltiger Entwicklung ebenso wie der konzeptionelle Pluralismus ermöglichen Anschlussfähigkeit für heterogene Akteure und Themen. Gleichzeitig ist Nachhaltigkeit aber auch nicht willkürlich, weil die unterschiedlichen Konzeptionen, anknüpfend an die Brundtland-Definition, zentrale normativ-analytische Eckpunkte teilen. Der Querschnittscharakter gehört ebenso dazu wie die Langfristorientierung, die intra- und intergenerationelle Gerechtigkeit und die Notwendigkeit, nachhaltige Entwicklung als gemeinsamen Such-, Lern- und Gestaltungsprozess zu organisieren, um der inhärenten Themen- und Akteursvielfalt gerecht zu werden. Nachhaltigkeit und nachhaltige Entwicklung lassen sich somit als wissenschaftlich begründete, normative Referenzrahmen für politisches, wirtschaftliches und zivilgesellschaftliches Handeln zur zukunftsfähigen Gestaltung der in die natürliche Umwelt eingebetteten menschlichen Zivilisation beschreiben. Die im Jahr 2015 verabschiedeten universell gültigen globalen Nachhaltigkeitsziele und die damit verbundene globale Transformationsagenda, die Industrie-, Schwellen- und Entwicklungsländer adressiert, auf nationaler und subnationaler Ebene in den kommenden Jahren konkretisiert werden soll und staatliche wie nichtstaatliche Akteure auffordert, in ihren jeweiligen Handlungsbereichen Nachhaltigkeit zu realisieren, reflektiert den Fortschritt im 25-jährigen internationalen Verständigungsprozess zu nachhaltiger Entwicklung in der gesellschaftlichen Praxis (United Nations General Assembly 2015).

Trotz dieser nachweisbaren und nicht zu unterschätzenden Fortschritte in der weltgesellschaftlichen – wissenschaftlichen wie praktischen – Selbstverständigung über das, was nachhaltige Entwicklung sein soll und mit welchen Maßnahmen sie realisiert werden kann, belegen die zu Beginn dieses Beitrags genannten bilanzierenden Studien von wissenschaftlichen und politischen Akteuren, dass abgesehen von Teilerfolgen, wie bei der Ozonproblematik oder im Kampf gegen Armut und Hunger in Asien, nichtnachhaltige Trends dominieren. Angesichts dieser theoretischen und empirischen Erkenntnisse hat in jüngerer Zeit die Diskussion über die Notwendigkeit einer grundlegenderen Transformation von Politik, Wirtschaft und Gesellschaft an Bedeutung gewonnen, die über bisherige Verständnisse und Ansätze von Nachhaltigkeitsmanagement und -politik zur Zukunftsgestaltung hinausgehen.

Der durch die zwischenstaatlichen Vereinbarungen unter dem Dach der Vereinten Nationen geprägte Ansatz der nachhaltigen Entwicklung folgt einer modernisierungstheoretischen Grundlogik. Er zielt auf eine ökologische Modernisierung, ergänzt um eine sozial inklusive Form des Wirtschaftens („green and fair economy“). Es geht zentral um die umwelt- und sozialverträgliche Ausgestaltung einer auf Wachstum orientierten kapitalistischen globalen Marktwirtschaft (vgl. Sachs 2015). Dieses in politischen wie wirtschaftlichen Eliten dominante Nachhaltigkeits- und Transformationsverständnis wird aus verschiedenen Denkschulen heraus kritisch betrachtet. Der gemeinsame Nenner ist dabei eine kritische Reflexion auf die Möglichkeiten und Grenzen nachhaltigen Wachstums und die Notwendigkeit systemisch-struktureller Veränderungen, die über bisherige Ansätze ökologischer Modernisierung hinausgehen, beispielsweise durch die Betonung von (Umwelt-)Verteilungsgerechtigkeit. So werden aus neomarxistischer Perspektive, insbesondere aus Entwicklungsländern, das dominante Nachhaltigkeitsverständnis als Neoimperialismus und Neokolonialismus kritisiert und radikale konzeptionelle Gegenentwürfe wie „Ecodevelopment“ oder „Buen vivir“ eingebracht (Costa 2015). Der Fokus ist dabei gerichtet auf die Gestaltung eines „genügsamen Lebens“ durch die Stärkung lokaler Selbstorganisation und (Selbst-)Versorgungsstrukturen sowie die Zurückdrängung globalwirtschaftlicher Dynamiken. Ähnliche Entwürfe werden von Vertretern der wissenschaftlichen und sozialen Bewegung um Post- und Entwachstum gemacht (Paech 2012). Ausgehend von der Diagnose planetarer Grenzen (Rockström et al. 2009), die als bereits teilweise überschritten angesehen werden, und einer grundlegenden Skepsis gegenüber der Möglichkeit von technologischen Durchbrüchen zur Realisierung von nachhaltigem Wachstum, wird in dieser Variante des Transformationsdiskurses die Überwindung der wachstumsorientierten kapitalistischen Gesellschafts- und Wirtschaftsordnung analytisch und normativ begründet. In diesen Ansätzen wird ein starker Akzent gesetzt auf „Small-is-beautiful“-Lösungen, die sich in alternativen, gemeinschaftlichen Lebensstilen realisieren sollen. Diese Ansätze adressieren stark die Zivilgesellschaft als entscheidenden Veränderungsakteur. Neben den fundamental-alternativen Ansätzen gibt es wachstumskritische, aber nicht explizit antikapitalistische Perspektiven, die, über die im etablierten Nachhaltigkeitsdiskurs zentrale Herausforderung der Entkopplung von wirtschaftlichem Handeln und natürlichen Lebensgrundlagen hinausgehend, die Entkopplung von Lebensqualität und materiellem Wohlstand thematisieren (Jackson 2011). Dieser Diskurs greift zurück auf Studien aus der Glücksforschung sowie zu objektiven und subjektiven Aspekten von Lebensqualität, die zeigen, dass persönliche Zufriedenheit und positiv bewertete Lebensqualität nur teilweise durch materiellen Wohlstand erklärbar sind. Postmaterielle Werte wie gelingende Sozialbeziehung oder eine gute Umweltqualität gewinnen mit steigendem Einkommen an Bedeutung, während der Grenznutzen von materiellem Wohlstand tendenziell abnimmt.

Von besonderer Relevanz für die Nachhaltigkeitsdiskussion ist im Kontext dieser Erkenntnisse die wissenschaftliche und politische Arbeit zur neuen Wohlstandsmessung (Stiglitz et al. 2009). Dabei wird die hervorgehobene Stellung des Bruttosozialprodukts (BIP) als wirtschaftlicher sowie als gesellschaftlicher Orientierungsmaßstab kritisch, weil zu eindimensional, betrachtet und eine soziale und ökologische Aspekte mit berücksichtigende Wohlfahrtsindikatorik entworfen. Eng verbunden mit diesem vielschichtigen Diskurs zum Verhältnis von materiellem Wohlstand und Lebensqualität mit Blick auf ökologische Tragfähigkeit und soziale Gerechtigkeit sind Analysen und Handlungsansätze, die auf die Gestaltung eines suffizienten und ressourcenleichten Lebens zielen (Schneidewind und Zahrnt 2013). Im Gegensatz zum Leitbild einer nachhaltigen Entwicklung, die Wirtschaftswachstum innerhalb von planetaren Grenzen nicht nur als möglich, sondern auch als zentralen Problemlösungsmechanismus ansieht, konzipieren die dargestellten Ansätze die wirtschaftliche Produktivkraft als Problem, das mehr oder weniger weit reichend adressiert werden muss und strukturelle Veränderungen in Wirtschaft, Gesellschaft und Politik erforderlich macht.

Neben dem Spektrum von modernisierungstheoretischen bis wachstumskritischen Transformationsperspektiven gibt es jedoch auch Positionen, die den Hauptströmungen des Klimawandel- und Nachhaltigkeitsdiskurses insgesamt skeptisch gegenüberstehen (Lomborg 2004, 2010; Tol 2005, 2009). In diesen Ansätzen werden existierende Unsicherheiten im Wissen zu Klimawandel und Nachhaltigkeit hervorgehoben, und es wird eine Position eingenommen, die aus ökonomischer Kosten-Nutzen-Perspektive weit reichende Transformationsforderungen kritisch bewertet. Angesichts von Wissensunsicherheiten und -grenzen bzgl. langfristiger Entwicklungen wird der Fokus auf die Analyse und Bearbeitung kurz- bis mittelfristiger Herausforderungen statt auf langfristige systemische Transformationen gerichtet. Diese Analyseperspektive hilft, den Blick dafür zu schärfen, dass gerade in

Themenfeldern wie dem globalen Klimawandel und nachhaltiger Entwicklung, die durch langfristige, komplexe Wirkungsketten charakterisiert sind, gesellschaftlich-politische Entscheidungen inhärent mit Wissensunsicherheit konfrontiert sind. Die Bandbreite der wissenschaftlichen Standpunkte von modernisierungstheoretisch über wachstumskritisch bis hin zu transformationsrelativierend macht sichtbar, dass es beim Umgang mit Klimawandel und Nachhaltigkeit schließlich wesentlich um kulturell-normative Wertentscheidungen geht. Angesichts der Aufmerksamkeit, die das Thema der Transformation in Nachhaltigkeitswissenschaften und -praxis in den vergangenen Jahren bekommen hat, gewinnt nichtsdestotrotz die Frage an Bedeutung, wie gesellschaftliche Strukturveränderungen analysiert und gestaltet werden können. Dies ist das Thema der Transitions- und Transformationsforschung (Feola 2015). Im Zentrum dieser Studien steht nicht die politikökonomisch ausgerichtete Kritik an wachstumsorientierter nachhaltiger Entwicklung, sondern die Betrachtung von Übergängen und Wandel soziotechnischer und sozialökologischer Systeme.

In der Transitions- und Transformationsforschung zur nachhaltigen Entwicklung lassen sich unterschiedliche Strömungen unterscheiden. Die sozialökologische Forschung untersucht historische und gegenwärtige Wechselbeziehungen zwischen Gesellschaft und Natur und hat dabei ein ausdifferenziertes analytisches Instrumentarium sowie instruktive Erkenntnisse zur Koevolution gekoppelter Mensch-Umwelt-Systeme vorgelegt (Becker und Jahn 2006). Dabei werden der industriegesellschaftliche Metabolismus sowie die herrschenden gesellschaftlichen Naturverhältnisse in ihren strukturellen und machtbezogenen Dimensionen kritisch analysiert und zum Ausgangspunkt für die empirisch begründete normative Forderung nach sozialökologischen Transformationsprozessen gemacht. Transformationen sollen dabei wesentlich durch transdisziplinäre Projekte und Prozesse angestoßen werden, in denen natur- und sozialwissenschaftliche Disziplinen gemeinsam mit Praxisakteuren nichtnachhaltige Handlungsroutinen analysieren und innovative soziale Praktiken entwickeln und etablieren (Bergmann et al. 2010). Während in der sozialökologischen Forschung die kritische integrative Betrachtung von Gesellschaft und Umwelt den epistemischen Kern bildet, steht beim Ansatz des Transition Managements, ausgehend von der sozialwissenschaftlichen System- und Innovationsforschung, die Frage des Übergangs (Transition) von einem soziotechnischen Systemzustand zu einem anderen im Vordergrund (Loorbach 2007; Geels und Schot 2007). Der Übergang von einem nuklearfossilen Energiesystem hin zu einem auf erneuerbaren Energien beruhenden System wäre dafür beispielhaft.

Bei einer Transition finden Veränderungen auf und zwischen der soziologischen Mikroebene des interindividuellen Handelns, der Mesoebene der Institutionen und der Makroebene der gesellschaftlichen Dynamik statt. In der Sprache des Transition Managements wird von Nische (Mikroebene), Regime (Mesoebene) und Landschaft (Makroebene) gesprochen. Der Ansatz beansprucht, sowohl analytisch – beispielsweise durch die historische Analyse von vorangegangenen Transitionen – als auch gestaltend für die Transition in Richtung einer nachhaltigen Gesellschaft nutzbar zu sein. Der Begriff „Management" zeigt den Gestaltungsanspruch auf. Dabei betont der Ansatz die besondere Bedeutung von partizipativ ausgerichteten Experimenten in Nischen, die zu Systeminnovationen werden, wenn sie durch Regimeveränderungen begleitet werden und langfristig zu veränderten „Landschaften" führen. Die Idee, dass Nachhaltigkeitsinnovationen aus Nischen heraus entstehen, wird in Konzeptionen zu Realexperimenten bzw. Reallaboren weiter differenziert. Es sollen Möglichkeitsräume für transformative Praktiken zur nachhaltigen Entwicklung geschaffen werden. Kritisch kann angemerkt werden, dass diese Ansätze Fragen von soziostruktureller Ungleichheit und politökonomischer Machtverteilung ebenso randständig behandeln wie die besondere Rolle von formaler Politik und Staat als Primus inter Pares in einer repräsentativen Demokratie (Meadowcroft 2009). Die jüngere Transformationsforschung schließt an Überlegungen des Transition Managements und der sozialökologischen Forschung an, geht aber in mehrfacher Hinsicht über diese hinaus.

Der Wissenschaftliche Beirat Globale Umweltveränderungen hat mit seinem Gutachten „Welt im Wandel – Gesellschaftsvertrag für eine große Transformation" die jüngere Debatte zu Nachhaltigkeit und Transformation mit einem besonderen Fokus auf den globalen Klimawandel entscheidend geprägt (WBGU 2011). Anknüpfend an das Werk „Great Transformation" von Polanyi (1957), der Transformation als umfassenden gesellschaftlichen Wandel beschreibt – illustriert am Übergang von der Jäger- und Sammlergesellschaft zur Agrargesellschaft sowie von der Agrargesellschaft zur Industriegesellschaft – und für die Wiedereinbettung der sich verselbstständigenden kapitalistischen Wirtschaft am Beginn des 20. Jahrhunderts argumentiert, konzeptionalisiert der WBGU die große Transformation hin zu einer dekarbonisierten nachhaltigen Gesellschaft als gerichteten Prozess sozialen Wandels. Im Unterschied zum immer stattfindenden sozialen Wandel als einer Grundkonstante menschlicher Gesellschaften zielt der Gesellschaftsvertrag für die große Transformation auf einen intendierten sozialen Wandel. Die Transformation lässt sich zwar nicht im deterministischen Sinne planen und steuern, jedoch sollen Veränderungsdynamiken auf das Ziel Nachhaltigkeit hin initiiert und katalysiert werden. Die Nutzung des Begriffs „Gesellschaftsvertrag" verweist auf die gerichtete Koordination von Akteuren aus unterschiedlichen gesellschaftlichen Bereichen. Im Vergleich zu anderen Ansätzen der Transitions- und Transformationsforschung, die stark auf die (zivil-)gesellschaftliche (Selbst-) Veränderungskraft setzen, betont der WBGU die besondere Rolle des Staates für die Nachhaltigkeitstransformation. Dabei wird dem Staat sowohl eine hierarchisch-regulierende als auch eine Nischenexperimente ermöglichende Funktion zugeschrieben. In Studien wurde die Verantwortung der Politik für eine nachhaltige Entwicklung sowie die Notwendigkeit der Weiterentwicklung von staatlichen Institutionen, um dieser Aufgabe gerecht zu werden, inzwischen weiter empirisch analysiert und konzeptionalisiert.

Über die genannten Ansätze hinaus erscheinen insbesondere weitere transformationstheoretische Ansätze aus Politikwissenschaft und Soziologie potenziell relevant und sollten zukünftig für die Analyse von Nachhaltigkeitstransformationen fruchtbar gemacht werden. Insbesondere die politikwissenschaftliche Perspektive zur Transformation von sozialen und politischen Systemen beim Übergang von Staatssozialismus zu Marktwirtschaft und Demokratie (Merkel 2010) sowie die soziologische Perspektive auf sozialen Wandel durch die von vermachteten Akteursbeziehungen, Wissens- und Präferenzänderungen geprägte, dynamische Interdependenzbeziehung zwischen gesellschaftlichen Strukturen und Praktiken wären hierfür relevant (Reißig 2009). Zusammenfassend lässt sich für die konzeptionelle und empirische Transitions- und Transformationsforschung zur nachhaltigen Entwicklung sagen, dass zwar noch keine kohärente Nachhaltigkeitstransformationstheorie vorliegt, die heterogenen Ansätze aber wesentliche Kernpunkte teilen: Ausgehend von natur- und sozialwissenschaftlichen Diagnosen zur Persistenz nichtnachhaltiger Entwicklungen gibt es in Klima- und Nachhaltigkeitswissenschaften – wenn auch in der Reichweite variierend – insgesamt einen breiten Konsens über die Notwendigkeit systemisch-struktureller Veränderungen. Das Spektrum reicht von kapitalismus- und marktkritischen, auf Selbstveränderung von Zivil- und Bürgergesellschaft setzende Ansätzen über marktkompatible, auf soziotechnische Systeminnovationen bauende Konzepte bis hin zum Gesellschaftsvertrag des WBGU, bei dem der Staat eine zentrale Rolle spielt, um Veränderungsdynamiken in Richtung nachhaltiger Entwicklung zu initiieren und zu katalysieren.

Betrachtet man den Klimawandel nicht als durch einzelne Gesetze zu regulierendes und durch einzelne Technologien zu lösendes Phänomen, sondern als komplexes Nachhaltigkeitsthema und nachhaltige Entwicklung wiederum als Transformationsherausforderung, wie es Transitions- und Transformationsforschung tut, bedeutet das für Politik, Wirtschaft und Gesellschaft weitergehende Nachhaltigkeitsanstrengungen, als bislang realisiert. Wie in dieser Perspektive die Situation in der MRH zu bewerten ist, wird im folgenden Abschnitt auf der Grundlage verfügbarer wissenschaftlicher Literatur diskutiert.

16.3 Klimawandel und Nachhaltigkeitstransformation in der Metropolregion Hamburg

„Für den Hamburger Senat hat nachhaltiges Handeln eine außerordentliche Priorität. Die Regierungspolitik orientiert sich am Prinzip der Nachhaltigkeit", so steht es im Jahr 2015 auf der Webseite der Stadt Hamburg. Vor dem Hintergrund dieser Selbstpositionierung des aktuellen Senats und der in diesem Kapitel bislang diskutierten theoretisch-konzeptionellen Perspektiven werden anhand der verfügbaren wissenschaftlichen Literatur im Folgenden die Entwicklung sowie der Stand von Nachhaltigkeit und Transformationsgestaltung im Stadtstaat Hamburg bewertet. Ein besonderes Augenmerk wird dabei auf die Frage gerichtet, ob und inwieweit Klimaschutz und -anpassung als integraler Bestandteil von Nachhaltigkeitstransformation konzeptionalisiert sind. Zunächst lässt sich festhalten, dass die wissenschaftliche Publikationsbasis für das Themenfeld „Nachhaltigkeit und Transformationsgestaltung in Hamburg" sehr begrenzt ist. Dazu gehören insbesondere eine als Buch veröffentlichte Dissertation (Schindler 2011), ein Sammelband (Bauridel et al. 2008), ein Zeitschriftenartikel (Sepe 2014), eine Auftragsstudie (Wuppertal-Institut 2010) sowie ein Nachhaltigkeitsbericht einer zivilgesellschaftlichen Organisation (Zukunftsrat Hamburg 2015). Positiv ist, dass diese Publikationen in den vergangenen fünf Jahren veröffentlicht wurden, sodass sie einen aktuellen Einblick in die Entwicklung und den Stand des Untersuchungsthemas ermöglichen.

Nachhaltigkeit hat in Hamburg eine ca. 20-Historie. Vier Jahre nach der Annahme der Agenda 21 auf der Weltkonferenz in Rio de Janeiro hat der Hamburger Senat 1996 die sog. Aalborg-Charta unterzeichnet. Die Aalborg-Charta, die 1994 auf einer Konferenz europäischer Städte und Gemeinden in der dänischen Stadt Aalborg verabschiedet wurde, ist eine Selbstverpflichtung von Städten und Gemeinden, nachhaltige Entwicklung im Sinne der Agenda 21 für die lokale Ebene zu konkretisieren und umzusetzen. Mit der Unterzeichnung der Charta hat Hamburg nachhaltige Entwicklung als politisches Ziel formal anerkannt. Im Jahr 2008 hat die Stadt Hamburg mit der Unterzeichnung der Aalborg-Commitments ihre Bereitschaft zur politischen Gestaltung nachhaltiger Entwicklung dann noch einmal bekräftigt. Die tatsächliche Bedeutung von Nachhaltigkeit in Hamburger Politik und Verwaltung seit 1996 wird von der ausgewerteten Literatur jedoch kritisch beurteilt. Insbesondere die differenzierte politikwissenschaftliche Analyse von Schindler (2011) zeigt, dass von wechselnden Regierungen das Thema in unterschiedlicher Stärke und mit divergierenden Akzentsetzungen bearbeitet wurde, insgesamt aber zu keinem Zeitpunkt eine starke Institutionalisierung von Nachhaltigkeit in Politik und Verwaltung beobachtet werden kann. Dies gilt sowohl für Steuerungsinstrumente, beispielsweise systematische Partizipationsverfahren, als auch für Ressourcenausstattung und für Politikmaßnahmen, die Nachhaltigkeit als politikfeldübergreifende Querschnitts- und Langfristherausforderung adäquat adressieren. In der Studie wird auch der sich wandelnde politische Stellenwert im Zeitverlauf deutlich. Während 1997 in der Präambel der rot-grünen Koalitionsregierung die Orientierung der zukünftigen Entwicklung der Stadt am Leitbild der Nachhaltigkeit und Umweltverträglichkeit, wie es in der Agenda 21 niedergelegt ist, als handlungsleitend für das Regierungshandeln deklariert wird und nachhaltigkeitsrelevante Schwerpunkte in Senatskanzlei und Umweltbehörde in Gang gesetzt wurden, wurden ab 2002 unter der neuen Koalitionsregierung deutlich andere Akzente gesetzt.

Unter dem Leitbild der „wachsenden Stadt" wurde eine klare Ausrichtung auf Einwohner-, Siedlungs-, Infrastruktur- und Wirtschaftswachstum gesetzt und damit eine Stadtentwicklungsperspektive verfolgt, in der Ökonomie und Ökologie in ein Spannungsverhältnis treten. Schindler (2011) weist in ihrer Studie jedoch auch darauf hin, dass – zumindest auf dem Papier – der Ansatz der „wachsenden Stadt" mit dem Anspruch auf eine nachhaltige Entwicklung verknüpft wurde: „Wachstum und Nachhaltigkeit sind gut miteinander vereinbar, wenn das Wachstum im Sinne einer nachhaltigen Entwicklung insbesondere ein beschäftigungsintensives Wachstum der Wertschöpfung ist, das möglichst entkoppelt wird vom Verbrauch an knappen natürlichen Ressourcen" (S. 192). Des Weiteren hat in dieser Phase ein kooperatives Staatsverständnis Platz gegriffen, in dem nachhaltige Entwicklung in Kooperation mit Selbstorganisation durch zivilgesellschaftliche und privatwirtschaftliche Akteure realisiert werden sollte. Dazu wurden ab 2006 auch Nachhaltigkeitskonferenzen als Dialog zwischen Politik, Stadtgesellschaft und Wirtschaft organisiert. Als „best practice" für nachhaltige Stadtentwicklung wurde dabei die HafenCity als eines der größten europäischen Stadtentwicklungsprojekte positioniert. In einer jüngeren Publikation, die auf sozioökonomische und kulturelle Nachhaltigkeitsaspekte fokussiert, aber auch ökologische Aspekte aufgreift, wird eine positive Bilanz zur HafenCity als städtischem Transformationsprojekt gezogen (Sepe 2014).

Im Jahre 2009 wurde mit einem weiteren Regierungswechsel das Leitbild wieder expliziter mit Nachhaltigkeit verknüpft: „Wachsen mit Weitsicht" betonte die angestrebte Weiterentwicklung von rein quantitativem hin zum qualitativen Wachstum. Die Zivilgesellschaft scheint seit Beginn der Hamburger Nachhaltigkeitsaktivitäten von Relevanz zu sein und als konstruktiv-kritischer Akteur zu fungieren. Zum einen gab es um die Jahrtausendwende in fünf von sieben Bezirken Lokale-Agenda-21-Initiativen, in denen sich organisierte Zivilgesellschaft und Bürger mit Nachhaltigkeitsaktiven auseinandersetzten. Aufgrund unzureichender bzw. nicht vorhandener struktureller Unterstützung von Politik und Verwaltung konnten sich die meisten jedoch nicht dauerhaft etablieren. Demgegenüber ist der als Metanetzwerk organisierte „Zukunftsrat Hamburg", der ebenfalls 1996 gegründet wurde und heute über 100 Mitgliedsorganisationen aus Zivilgesellschaft und Wirtschaft umfasst, ein, wenn nicht der zentrale Nachhaltigkeitsakteur. Der Zukunftsrat fungiert als Kritiker, Mahner, Treiber und Initiator von Nachhaltigkeitsinitiativen. Dabei übernimmt er teilweise auch Aufgaben, die in den Verantwortungsbereich staatlicher Nachhaltigkeitspolitik fallen (sollten). Hier sind insbesondere das indikatorengestützte Nachhaltigkeitsmonitoring (HEINZ) und die darauf gründende Nachhaltigkeitsberichterstattung zu nennen (Zukunftsrat Hamburg 2015). Auch wenn diese zivilgesellschaftliche Berichterstattung nicht die Qualität von Monitoring- und Berichterstattungssystemen wie beispielsweise die im Rahmen der seit 2002 fortgeschriebenen bundesstaatlichen Nachhaltigkeitsstrategie (Bundesregierung 2012) und vom Bundesamt für Statistik durchgeführten Indikatorenberichte (Statistisches Bundesamt 2014) erreichen kann, so geben die Ergebnisse doch aussagekräftige Hinweise auf die Entwicklung der Nachhaltigkeit in Hamburg. Mittels einer „Nachhaltigkeitsampel" werden die Monitoringergebnisse übersichtlich zusammengefasst (Zukunftsrat Hamburg 2015, S. 88):

- Auf „Rot" und damit problematisch in Bezug auf Entwicklungsdynamik und Zielerreichungsgrad sind folgende ökologische, soziale und ökonomische Bereiche eingestuft: Die Arbeitslosenquote ist wieder angestiegen; der Anteil erneuerbarer Energieträger ist viel zu gering; die Rohstoffproduktivität ist sehr gering (BIP: Rohstoffverbrauch); Natura-2000-Flächen unterschreiten den EU-Durchschnitt; Oberflächen- und Grundwasser entsprechen nicht der EU-Wasserrichtlinie; Feinstaub belastet, Stickstoffoxide liegen seit Jahren über dem Grenzwert; der Fluglärm geht zu langsam zurück; die CO_2-Emissionen gehen kaum noch zurück; die CO_2-Emissionen im Verkehr nehmen wieder zu; die Abfallmenge ist wieder angestiegen; der Abstand zwischen den reichen und armen Stadtteilen ist immer noch unvertretbar groß; die Ungleichheit der Bruttoverdienste von Männern und Frauen ist stabil; die Zahl der Sozialleistungsempfänger ist immer noch sehr hoch; die Kriminalitätsrate ist wieder angestiegen.
- Auf „Gelb" auf einem mittleren Zielerreichungsniveau liegen deutlich weniger Bereich: Regionale Versorgung (Beispiel Äpfel) könnte Zielsetzung erreichen; der öffentliche Haushalt wird solider, aber immer noch werden neue Kredite aufgenommen; der Anteil der Siedlungs- und Verkehrsfläche an der Landesfläche stagniert; die Abbrecherquote bei Schülern mit Migrationshintergrund ist weiter zurückgegangen; die Altersstruktur der Bevölkerung hat sich stabilisiert; der Anteil der Väter, die Elterngeld beziehen, steigt an; die vorzeitige Sterblichkeit stagniert.
- Im „grünen" Bereich sind den erhobenen Daten zufolge nur vier Bereiche: Es besteht zurzeit keine Inflationsgefahr; die Zins-Steuer-Quote des öffentlichen Haushaltes ist gegenwärtig in Ordnung; der geringe Wasserverbrauch ist nachhaltig; die Abbrecherquote aller Schüler und Schülerinnen geht zurück, das Ziel kann erreicht werden.

Der Nachhaltigkeitsbericht des Zukunftsrates kommt entsprechend zu dem Schluss, dass die politisch-administrativen Nachhaltigkeitsaktivitäten nicht hinreichend sind, und kritisiert, dass es keine bewusst gestaltete Institutionalisierung von Nachhaltigkeit und keinen professionellen Einsatz von Nachhaltigkeitsinstrumenten im Hamburger Senat gibt. Mit Blick auf den Klimawandel als wesentliches Nachhaltigkeitsthema lässt sich konstatieren, dass der Klimaschutz über die Indikatoren zu CO_2-Emissionen sowie erneuerbare Energien und die darauf bezogenen Aktivitäten in der Nachhaltigkeitsbetrachtung Berücksichtigung finden, das Thema Anpassung an den Klimawandel jedoch nicht explizit berücksichtigt wird. Die Gesamtbilanz des Zukunftsrates, dass offenbar seit dem Regierungswechsel 2011 und auch unter der aktuellen Koalitionsregierung Nachhaltigkeit im Sinne einer integrativen, strategischen Nachhaltigkeitspolitik keinen hohen Stellenwert hat bzw. nicht existent ist, wird durch ein Projekt der Bertelsmann-Stiftung zu Nachhaltigkeitsstrategien in Bundesländern bestätigt (Bertelsmann Stiftung 2014, 2015). Hamburg ist demnach eines von nur noch vier Bundesländern in Deutschland, die über keine Nachhaltigkeitsstrategie verfügen oder diese gerade entwickeln. Durch das Fehlen einer systematischen, strategischen Nachhaltigkeitspolitik scheint Hamburg auf dem Weg zu einer nachhaltigen Entwicklung nur unzureichend voranzukommen.

In einer Studie des Wuppertal-Instituts in Kooperation mit dem Zukunftsrat, der Diakonie und dem BUND in Hamburg aus dem Jahr 2014 werden neben Schwächen der Hamburger Nachhaltigkeitsleistung auch punktuelle positive Entwicklungsansätze wie z. B. der Masterplan Klimaschutz aufgegriffen und darauf aufbauend Ansätze zur Transformationsgestaltung für ein nachhaltiges, zukunftsfähiges Hamburg unterbreitet (Wuppertal-Institut 2010). Die vorgeschlagenen Handlungsoptionen in der Wuppertal-Studie reichen von eher inkrementellen Gestaltungsoptionen bis hin zu fundamentalen Transformationsperspektiven, beispielsweise hinsichtlich einer geplanten Post- bzw. Entwachstumsstrategie. Gerade bei den auf umfassende Systemtransformation zielenden Ansätzen wird deutlich, welche zentrale Bedeutung plurale und miteinander konfligierende Wissens-, Werte- und Interessenperspektiven bei der gesellschaftlichen und politischen Konkretisierung von nachhaltiger Entwicklung unvermeidbar spielen (würden).

Zusammenfassend lässt sich festhalten, dass seit zwanzig Jahren Nachhaltigkeitsdiskurse und -aktivitäten in Hamburg existieren, dass die Zivilgesellschaft einen besonderen Beitrag dazu geleistet hat, die wechselnden Regierungskoalitionen das Thema mehr oder weniger stark aufgegriffen haben, es aber nie systematisch in Politik und Verwaltung institutionalisiert und keine systematische Transformationsperspektive verfolgt wurde und wird. Der Klimawandel ist nur ansatzweise mit dem Thema Nachhaltigkeit verzahnt, vor allem im Bereich Klimaschutz. Klimawandelanpassung ist bislang nicht als nachhaltigkeitspolitische Herausforderung konzeptionalisiert, obwohl Klimastudien für Hamburg und die Metropolregion aufzeigen, wie bedeutsam die für eine nachhaltige Entwicklung charakteristischen Herausforderungen wie politikfeldübergreifende, transsektorale Ansätze, Akteurspartizipation und strategische Langfristorientierung sind (von Storch und Clausen 2011; Frei und Kowalewski 2013). Eine vorausschauende, ambitionierte (politisch-administrative) Transformationsgestaltung hin zu einem nachhaltigen Hamburg ist kaum erkennbar; vielmehr sind in Einzelbereichen Ansätze zu verzeichnen, die aber bislang nicht in einer übergreifenden strategischen Nachhaltigkeitspolitik zusammengeführt sind.

16.4 Fazit

Das Jahr 2015 stellte für die beiden großen Zivilisationsherausforderungen Klimawandel und nachhaltige Entwicklung eine Weggabelung dar. Durch die von 193 Mitgliedstaaten der Vereinten Nationen angenommene Transformationsagenda 2030 und die darin enthaltenen 17 universellen Nachhaltigkeitsziele einerseits und die Ergebnisse des Klimaschutzgipfels von Paris andererseits sind die Weichen neu gestellt und die Anforderungen an die internationale Gemeinschaft, die Nationalstaaten, Wirtschaft, Zivil- und Bürgergesellschaft erhöht worden, Klimawandel und nachhaltige Entwicklung ernsthafter in Angriff zu nehmen. Dass beide Themen gerade auch auf lokaler Ebene zusammengedacht und bearbeitet werden müssen, ergibt sich zum einen aus der Natur der Herausforderung: Es handelt sich um sozial und sachlich komplexe, also durch vielfältig miteinander wechselwirkende Entwicklungsdynamiken gekennzeichnete Phänomene, die eine stärker integrative und transformative Analyse- und Gestaltungsperspektive erfordern. Zum anderen adressieren zwei der 17 globalen Nachhaltigkeitsziele unmittelbar das Thema Klimawandel und lokale nachhaltige Entwicklung: Ziel 11 „Sustainable Cities and Communities" und Ziel 13 „Climate Action". Auch wenn in modernen, stark differenzierten und pluralen Gesellschaften eine nachhaltige Entwicklung zwingend auf die Kooperation und Kreativität der nichtstaatlichen Akteure wie der Privatwirtschaft, der organisierten Zivilgesellschaft oder der Individuen in ihren Rollen als Bürger und Konsumenten angewiesen ist, haben die staatlichen Akteure aus Politik und Verwaltung eine besondere (Führungs-)Verantwortung als Primus inter Pares in einer repräsentativen Demokratie (Heinrichs und Laws 2012, 2014). Für den Stadtstaat Hamburg lässt sich vor diesem Hintergrund schlussfolgern, dass Politik und Verwaltung organisationsstrukturell, prozedural, instrumentell und in der inhaltlichen Konkretisierung noch nicht hinreichend aufgestellt sind für die lokale Umsetzung der globalen Nachhaltigkeits- und Klimaziele und der auf diese bezogenen überarbeiteten nationalen Nachhaltigkeitsstrategie, die auf Bundesebene verabschiedet wurde (Bundesregierung 2017).

16.5 Zusammenfassung

Seit der Verabschiedung der Agenda 21 im Jahr 1992 auf der UN-Konferenz für Umwelt und Entwicklung in Rio de Janeiro werden die Themen Klimawandel und nachhaltige Entwicklung teilweise parallel, teilweise überlappend in Wissenschaft und Praxis bearbeitet. Die Annahme der Paris-Vereinbarung zur internationalen Klimapolitik und die Transformationsagenda 2030 zur nachhaltigen Entwicklung mit den 17 globalen Nachhaltigkeitszielen durch die Völkergemeinschaft im Jahr 2015 bestätigt die Eigenständigkeit und Wechselbeziehung der beiden globalen Politikfelder. Aufgrund der hohen sozialen (Akteursvielfalt) und sachlichen (Themenvielfalt) Komplexität, die eine Querschnitts- und Langfristorientierung in Problemlösungsansätzen ebenso erfordert wie die Adressierung von Gerechtigkeitsfragen und Akteursbeteiligung, ist der globale Klimawandel paradigmatisch für (nicht)nachhaltige Entwicklung und die damit verbundene Diskussion zu (Nachhaltigkeits-)Transformation. Aus diesem Grund wird im vorliegenden Klimabericht das Thema Nachhaltigkeit und Transformation im Kontext des Klimawandels erstmals behandelt. Es werden grundlegende theoretisch-konzeptionelle Ansätze der Nachhaltigkeitswissenschaften und der Transformations- und Transitionsforschung diskutiert. Dabei wird das Spektrum von modernisierungstheoretischen (nachhaltiges Wachstum) über wachstumskritische (Postwachstum) bis zu transformationsrelativierenden (überschätzter Veränderungsbedarf) Perspektiven beleuchtet. Schließlich wird die zu diesem Themenfeld verfügbare Literatur für die MRH ausgewertet. Es wird festgestellt, dass der Stand des wissenschaftlichen Wissens zu Nachhaltigkeit und Transformationsgestaltung unter besonderer Berücksichtigung des globalen Klimawandels für die Metropolregion begrenzt ist. Auf der Basis der (eingeschränkten) Analyse lässt sich konstatieren, dass in der MRH explizit auf Nachhaltigkeitstransformation ausgerichtete Politikansätze nur ansatzweise vorhanden sind. Es besteht demnach Entwicklungspotenzial in der Nachhaltigkeitspolitik einerseits und einer integrativeren Ausrichtung von Nachhaltigkeits- und Klimapolitik andererseits.

Literatur

Bauridel S, Schindler D, Winkler M (Hrsg) (2008) Stadtzukünfte denken. Nachhaltigkeit in europäischen Stadtregionen. oekom, München

Becker E, Jahn T (Hrsg) (2006) Soziale Ökologie: Grundzüge einer Wissenschaft von den gesellschaftlichen Naturverhältnissen. Campus, Frankfurt a. M.

Bergmann M, Jahn T, Knobloch T, Krohn W, Pohl C, Schramm E (2010) Methoden transdisziplinärer Forschung. Ein Überblick mit Anwendungsbeispielen. Campus, Frankfurt a. M.

Bertelsmann Stiftung (Hrsg) (2013) Erfolgreiche Strategien für eine nachhaltige Zukunft. Bertelsmann Stiftung, Gütersloh

Bertelsmann Stiftung (Hrsg) (2014) Nachhaltigkeitsstrategien erfolgreich entwickeln. Strategien für eine nachhaltige Zukunft in Deutschland, Europa und der Welt. Bertelsmann Stiftung, Gütersloh

Bertelsmann Stiftung (Hrsg) (2015) Nachhaltigkeitsstrategien erfolgreich entwickeln. Grundlagen – Analysen – Konzepte. Bertelsmann Stiftung, Gütersloh

Bundesregierung (2012) Nationale Nachhaltigkeitsstrategie – Fortschrittsbericht 2012. Bundesregierung, Berlin

Bundesregierung (Hrsg) (2017) Deutsche Nachhaltigkeitsstrategie 2016. Bundesregierung, Berlin

Costa A (2015) Buen Vivir – Vom Recht auf ein gutes Leben. oekom, München

Feola G (2015) Societal transformation in response to global environmental change: a review of emerging concepts. Ambio 44:376–390

Frei X, Kowalewski J (2013) Sektorale und regionale Betroffenheit durch den Klimawandel am Beispiel der Metropolregion Hamburg. HWWI Research Paper 139, Hamburg. http://klimzug-nord.de/file.php/2013-06-07-Kowa-

lewski-J.-Frei-X.-2013-Sektorale-und-regionale-Be. Zuletzt zugegriffen am 30.10.2015

Geels F, Schot J (2007) Typology of sociotechnical transition pathways. Res Policy 36:399–417

Groß M, Hoffmann-Riem H, Krohn W (2005) Realexperimente – Ökologische Gestaltungsprozesse in der Wissensgesellschaft. transcript, Bielefeld

Heinrichs H (2013) Nachhaltigkeitspolitik: Neuer Kontext für Entscheidungen unter Unsicherheit und Risiko. In: von Detten R, Faber F, Bemmann M (Hrsg) Unberechenbare Umwelt. Zum Umgang mit Unsicherheit und Nicht-Wissen. Springer VS, Wiesbaden, S 219–152

Heinrichs H, Laws N (2012) Politikbarometer zur Nachhaltigkeit in Deutschland – Mehr Macht für eine nachhaltige Zukunft. WWF, Berlin

Heinrichs H, Laws N (2014) Sustainability state in the making? Institutionalization of sustainability in German federal policy making. Sustainability 6(5):2623–2641

Heinrichs H, Michelsen M (Hrsg) (2014) Nachhaltigkeitswissenschaften. Springer, Berlin, Heidelberg

Hennicke P, Bodach S (2010) Energie Revolution. Effizienzsteigerung und erneuerbare Energien als neue globale Herausforderung. oekom, München

Hopkins R (2008) The transition handbook: from oil dependency to local resilience. Green Books, Cambridge

IPCC (1988) Climate change. The IPCC scientific assessment. Cambridge University Press, Cambridge

Jackson T (2011) Wohlstand ohne Wachstum. Leben und Wirtschaften in einer endlichen Welt. oekom, München

Jänicke M (2008) Megatrend Umweltinnovation. oekom, München

Kopfmüller J, Brandl V, Jörissen J, Paetau M, Banse G, Coenen B, Grunwald A (2001) Nachhaltige Entwicklung integrativ betrachten. Konstitutive Elemente, Regeln, Indikatoren. Edition Sigma, Berlin

Lomborg B (2004) The skeptical environmentalist: measuring the real state of the world. Cambridge University Press, New York

Lomborg B (Hrsg) (2010) Smart solutions to climate change. Comparing costs and benefits. Cambridge University Press, New York

Loorbach Derk (2007) Transition management: new mode of governance for sustainable development. International Books, Utrecht

Luhmann N (1984) Soziale Systeme. Grundriß einer allgemeinen Theorie. Suhrkamp, Frankfurt a. M.

Luhmann N (2000) Die Politik der Gesellschaft. Suhrkamp, Frankfurt a. M.

Meadowcroft J (2009) What about the politics? Sustainable development, transition management, and long term energy transitions. Policy Sci 42:323–340

Merkel W (2010) Systemtransformation: Eine Einführung in die Theorie und Empirie der Transformationsforschung. Springer VS, Wiesbaden

Michelsen G, Adomßent M (2014) Nachhaltige Entwicklung: Hintergründe und Zusammenhänge. In: Heinrichs H, Michelsen G (Hrsg) Nachhaltigkeitswissenschaften. Springer, Heidelberg

O'Neill J, Lindley S, Kandeh J, Lawson N, Christian R, O'Neill M (2011) Justice, vulnerability and climate change: an integrated framework. Joseph Rowntree Foundation, York

Ott K, Döring R (2008) Theorie und Praxis starker Nachhaltigkeit. Metropolis, Marburg

Paech N (2012) Befreiung vom Überfluss. oekom, München

Polanyi K (1957) The great transformation. Beacon Press, Boston

Reißig R (2009) Gesellschaftstransformation im 21. Jahrhundert. Ein neues Konzept sozialen Wandels. Springer VS, Wiesbaden

Rockström J, Steffen W, Noone K, Persson A, Stuart Chapin F, Lambin EF, Lenton TM, Scheffer M, Folke C, Schellnhuber HJ, Nykvist B, de Wit CA, Hughes T, van der Leeuw S, Rodhe H, Sörlin S, Snyder PK, Costanza R, Svedin U, Falkenmark M, Karlberg L, Corell RW, Fabry VJ, Hansen J, Walker B, Liverman D, Richardson K, Crutzen P, Foley JA (2009) A safe operating space for humanity. Nature 461(24):472–475

Rückert-John J (Hrsg) (2013) Soziale Innovation und Nachhaltigkeit. Perspektiven sozialen Wandels. Springer VS, Heidelberg

Sachs J (2015) The age of sustainable development. Columbia University Press, New York

Schimank U (1993) Theorien gesellschaftlicher Differenzierung. Leske + Budrich, Opladen

Schindler D (2011) Urban Governance. Wandel durch das Leitbild Nachhaltigkeit? Kassel University Press, Kassel

Schneidewind U, Zahrnt A (2013) Damit gutes Leben einfacher wird. Perspektiven einer Suffizienzpolitik. oekom, München

Sepe M (2014) Urban transformation, socio-economic regeneration and participation: two cases of creative urban regeneration. Int J Urban Sustain Dev 6(1):20–41

Sommer B, Welzer H (2014) Transformationsdesign. Wege in eine zukunftsfähige Moderne. oekom, München

Statistisches Bundesamt (2014) Nachhaltige Entwicklung in Deutschland – Indikatorenbericht (Webseiten des Rates für Nachhaltige Entwicklung)

Stiglitz J, Sen A, Fitoussi JP (2009) Report by the commission on the measurement of economic performance and social progress. The New Press, Paris

von Storch H, Claussen M (Hrsg) (2011) Klimabericht für die Metropolregion Hamburg. Springer, Heidelberg

Tol R (2005) The marginal damage costs of carbon dioxide emissions: an assessment of the uncertainties. Energy Policy 33(16):2064–2074

Tol R (2009) The economic effects of climate change. J Econ Perspect 23(2):29–51

UN – United Nations (1992) Agenda 21 (Webseiten der UN)

UN – United Nations (2012a) Back to our common future. Sustainable development in the 21st (SD21) century project (Webseiten der UN)

UN – United Nations (2012b) The millennium development goals report (Webseiten der UN)

UNEP – United Nations Environmental Program (2012) Global environmental outlook – GEO6. Nairobi (Webseiten der UNEP)

United Nations General Assembly (2015) Transforming our world: the 2030 agenda for sustainable development

Wissenschaftlicher Beirat der Bundesregierung Globale Umweltveränderungen (1993) Welt im Wandel – Grundstruktur globaler Mensch-Umwelt-Beziehungen. Hauptgutachten. Economica, Bonn

WBGU – Wissenschaftlicher Beirat Globale Umweltveränderungen (2011) Welt im Wandel. Gesellschaftsvertrag für eine große Transformation (Webseiten der WBGU)

Willke, H (1998) Systemisches Wissensmanagement. UTB, Lucius & Lucius Verlagsgesellschaft mbh, Stuttgart

Wuppertal-Institut für Klima, Umwelt und Energie (2010) Zukunftsfähiges Hamburg – Zeit zum Handeln. Herausgegeben von BUND Hamburg, Diakonie Hamburg und Zukunftsrat Hamburg. Dölling & Galitz, München, Hamburg

WWF (2012) Living planet report (Webseiten des WWF)

Zukunftsrat Hamburg (2015) Hamburger Nachhaltigkeitsbericht 2015 (Webseiten des Zukunftsrats Hamburg)